Wolfgang Matthes

Embedded Electronics 1

Passive Bauelemente

Elektor-Verlag, Aachen

Für die Mitteilung eventueller Fehler sind Verlag und Autor dankbar.

Umschlaggestaltung: Etcetera, Aachen
Umschlagfoto: Lucian Palangeanu, Bukarest
Satz und Aufmachung: Ulrich Weber, Aachen
Druck: WILCO, Amersfoort (NL)

Printed in the Netherlands

ISBN 978-3-89576-184-3

Elektor-Verlag Aachen
www.elektor.de
079006-1/D

Inhaltsverzeichnis

Vorwort

Die weitaus meisten der heutigen elektronischen Geräte beruhen nicht nur auf einem einzigen Wirkprinzip. Sie enthalten gleichsam von jedem etwas – programmgesteuerte Einrichtungen, Analogschaltungen, Digitalschaltungen, Interfaceschaltungen, Leistungsschaltungen und Stromversorgungsschaltungen (Abb. 1).

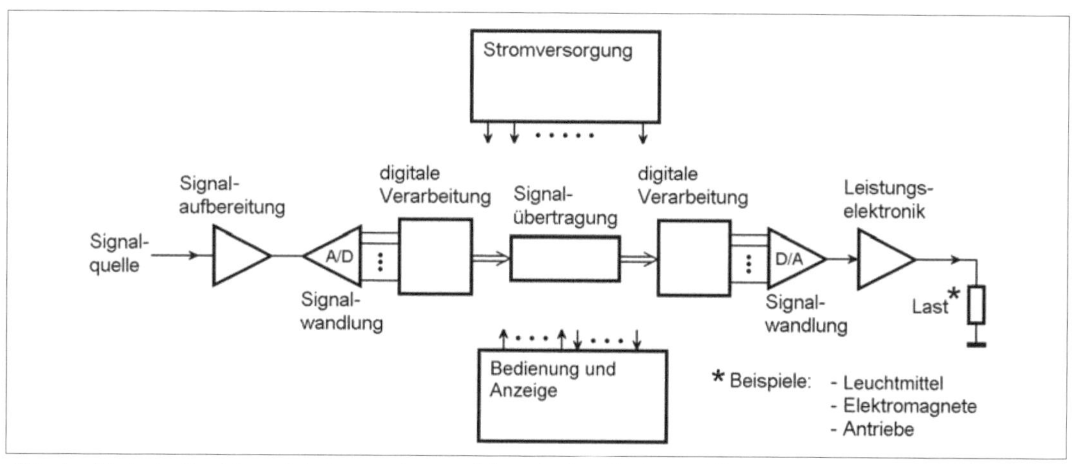

Abb. 1: *Typische Funktionseinheiten moderner elektronischer Geräte und Systeme (nach Texas Instruments).*

Oftmals steht irgend eine Art Computer (zumeist ein Mikrocontroller) im Mittelpunkt (Abb. 2). Aus dieser grundsätzlichen Struktur heraus – der Einbettung des Computers in eine bestimmte Anwendungsumgebung – hat sich die Allgemeinbezeichnung *Embedded Systems* ergeben.

Obwohl es in vielen Fällen möglich ist, solche Systeme nach dem Baukastenprinzip aus fertigen Funktionseinheiten zusammenzustellen, müssen die meisten von Grund auf entwickelt werden. Das ist vor allem dann erforderlich, wenn besondere Anforderungen zu erfüllen sind (geringe Stückkosten, hohe Stückzahlen, hohes Leistungsvermögen, ungewöhnliche oder neuartige Funktionen). Hierbei kommt es wirklich auf jede Kleinigkeit an, auch wenn – vgl. Abb. 2 – der Computer über allem anderen zu stehen scheint; der Satz vom schwächsten Glied der Kette gilt hier ohne Einschränkung. Deshalb sind Findigkeit und Vielseitigkeit gefragt.

Das vorliegende Buch betrifft passive Bauelemente in derartigen Vorhaben.

Beim Schreiben des Buches wurde der Standpunkt des Allround-Entwicklers eingenommen, der heute einen A-D-Wandler einsetzt, morgen aus 2,4 V 44 V bei 30 mA herstellen muss und übermorgen ein Tastenfeld an einen Mikrocontroller anzuschließen hat. Hieraus ergeben sich typische Arbeitsbedingungen:

- eine exakte Behandlung der Teilprobleme ist nicht möglich,
- man kann sich nicht allzu lange bei Einzelheiten aufhalten (es muss alles schnell gehen),
- man muss sich zu helfen wissen.

Die in Rede stehenden Anwendungsgebiete lassen sich durch einige wenige Wertangaben kennzeichnen:

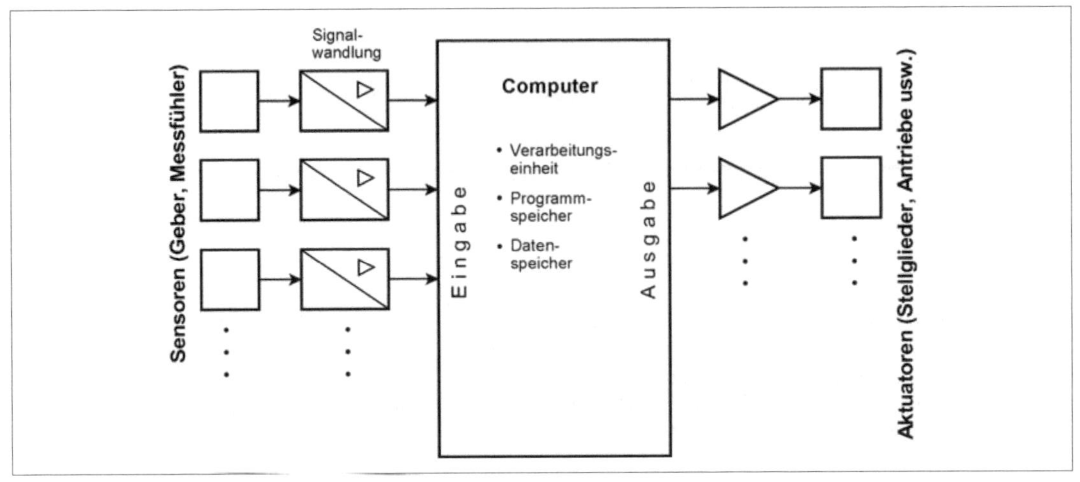

Abb. 2: *Der Computer – zumeist ein Mikrocontroller – steht im Mittelpunkt.*

- Leistung: von µW bis ca. 3000 W,
- Spannung: von µV bis ein paar hundert V,
- Strom: von µA bis einige zehn A,
- Frequenz: von Gleichstrom (DC) bis ca. 30 MHz.

Die Wertebereiche von Strom, Spannung und Leistung schließen den Sensor ebenso ein wie den üblichen 230-V-Netzanschluss[1]. Die obere Grenze des Frequenzbereichs ergibt sich vor allem aus den Anforderungen der Digitaltechnik (Taktfrequenzen) und aus der Entwicklungspraxis – geht es um nicht mehr als um ca. 30 MHz, so kann man noch auf Faustregeln zurückgreifen (und kommt womöglich mit Zweiebenen-Leiterplatten aus).

Das Buch wendet sich aber nicht nur an den Praktiker, sondern vor allem auch an den Lernenden, der die Absicht hat, sich in die professionelle Schaltungs- und Systementwicklung einzuarbeiten[2].

Gegenstand des Buches sind die passiven Bauelemente, ihre Ausführungen, Kennwerte und Einsatzbedingungen. In vier Kapiteln werden Widerstände, Kondensatoren, Induktivitäten und Kontaktbauelemente behandelt.

Auf den ersten Blick sehen diese Bauelemente einfach aus. Sie werden nicht selten mit dem jeweiligen elektrischen Kennwert (ohmscher Widerstand, Kapazität, Induktivität) gleichgesetzt. In der elektrotechnischen Grundausbildung begnügt man sich üblicherweise damit, solche Kennwerte zu bestimmen (z. B. im Zuge einer Schaltungsberechnung). Das tatsächliche Bauelement hat aber nicht nur diesen einen Kennwert, sondern auch Grenzen der Belastbarkeit (Verlustleistung, Spannungsfestigkeit usw.). Der Kennwert selbst kann nicht mit absoluter Genauigkeit, sondern nur mit bestimmten Abweichungen (Toleranzen) dargestellt werden. Das Bauelement gibt Wärme ab und ist seinerseits temperaturabhängig. Es muss auf der Leiterplatte oder im Gerät seinen Platz finden und mit der übrigen Schaltung verbunden werden. Und es weist parasitäre Kennwerte auf. Genaugenommen sind Widerstände, Kondensatoren, Spulen, Transformatoren, Schalter, Relais usw. als mehr oder weniger komplizierte Schaltungsanordnungen anzusehen, die ihrerseits ohmsche Widerstände, Kapazitäten und Induktivitäten enthalten (Ersatzschaltungen). Von den Einsatzbedingungen hängt es ab, welche dieser parasitären Effekte sich so stark bemerkbar machen, dass sie nicht mehr vernachlässigt werden können.

1 Wir schließen also folgende Gebiete aus: die Präzisionsmesstechnik, die Leistungselektronik im Bereich höherer Ströme und Spannungen (von 380/400 V Drehstrom an aufwärts) sowie die Hochfrequenztechnik.

2 Und zwar ausgehend von formalen Grundkenntnissen der Elektrotechnik, wie sie u. a. in der Berufsausbildung und in den ersten Semestern des Hochschulstudiums vermittelt werden.

Einschlägige Angaben stehen im Datenmaterial und in den Anwendungsschriften der Hersteller. Datenblätter enthalten zumeist keine Erläuterungen, Anwendungsschriften befassen sich oftmals nur mit den Besonderheiten bestimmter Baureihen oder Typen. In der Literatur wird diesen Problemen nur wenig Raum gegeben. Bringen wir also, was der Praktiker braucht:

- einen Überblick darüber, welche Ausführungen es gibt und wofür sie eingesetzt werden,
- grundsätzliche Wirkprinzipien und Zusammenhänge,
- Hinweise auf Spitzfindigkeiten[3], um wenigstens die gröbsten Fehler von vornherein vermeiden zu können,
- Richtwerte, Dimensionierungsregeln und Anwendungshinweise,
- einen Überblick über die Fachbegriffe, vor allem jener der englischen Fachsprache (da die Hersteller ihr Datenmaterial nahezu ausnahmslos nur noch in Englisch publizieren).

Hinweis: Das vorliegende Buch ist keine Datensammlung. Alle einschlägigen Angaben sind lediglich Beispiele. Die Kennwerte, Kennlinien und Anwendungshinweise zu bestimmten Bauelementen sollten stets den Originalquellen entnommen werden, also den Datenblättern und Applikationsschriften der Hersteller, überblicksweise auch den Katalogen der Distributoren. Grundsätzlich ist das nicht schwierig – heutzutage ist *das* Internet das große allgemeine Datenbuch. Um dort aber nach wirklich Brauchbarem suchen zu können, benötigen wir eine gewisse Grundausstattung an Fachbegriffen. Und wir sollten sie nicht nur dem Namen nach kennen, sondern auch mit dem, was sie bedeuten, eine deutliche Vorstellung verbinden ...

3 Im US-amerikanischen Fach-Jargon Gotchas genannt.

1. Widerstände

1.1 Grundlagen

Widerstände sind Bauelemente, die einen Spannungsabfall aufweisen, der der Stärke des durchfließenden Stroms proportional ist. Es gibt Festwiderstände, einstellbare Widerstände und Bauelemente, deren Widerstandswert von anderen Einflussgrößen abhängt (Abb. 1.1).

Wird an einen Widerstand eine Spannung angelegt, so begrenzt der Widerstandswert den Stromfluss I (Abb. 1.2b):

$$I = \frac{U}{R} \tag{1.3}$$

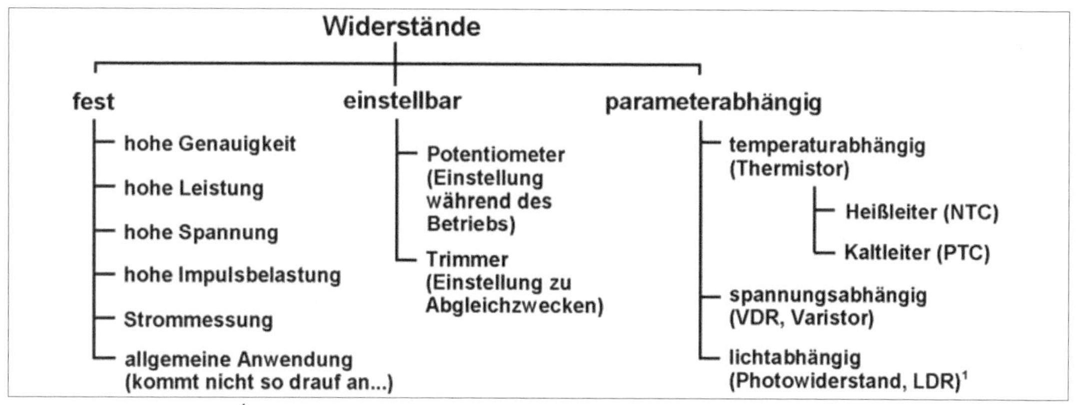

Abb. 1.1: *Widerstände. ([1] Photowiderstände – als Bauelemente der Optoelektronik – werden hier nicht behandelt.)*

1.1.1 Elementare Zusammenhänge

Der Widerstandswert R ist ein Spannungs-Strom-Verhältnis:

$$R = \frac{U}{I} \text{ (Ohmsches Gesetz)} \tag{1.1}$$

An einem stromdurchflossenen Widerstand fällt eine Spannung U ab (Abb. 1.2a)

$$U = I \cdot R \tag{1.2}$$

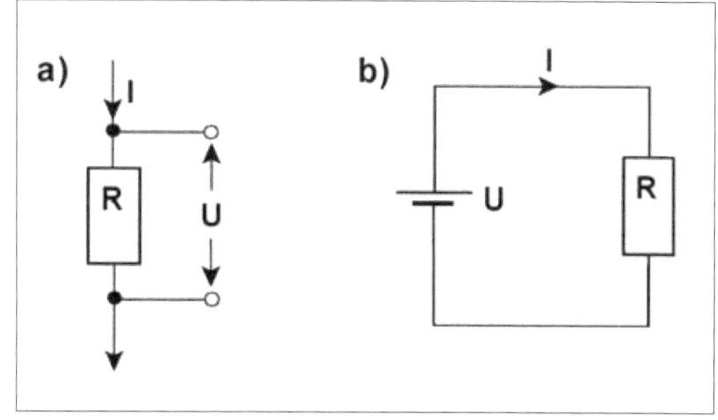

Abb. 1.2: *Der Widerstand im Stromkreis. a) Erzeugung eines Spannungsabfalls; b) Strombegrenzung.*

In einem stromdurchflossenen Widerstand wird eine Verlustleistung P in Wärme umgesetzt:

$$P = U \cdot I \qquad P = I^2 \cdot R \qquad P = \frac{U^2}{R} \tag{1.4}$$

1.1.2 Der Widerstand im Schaltplan

In Abb. 1.3 sind die üblichen Schaltsymbole für Widerstände zusammengestellt.

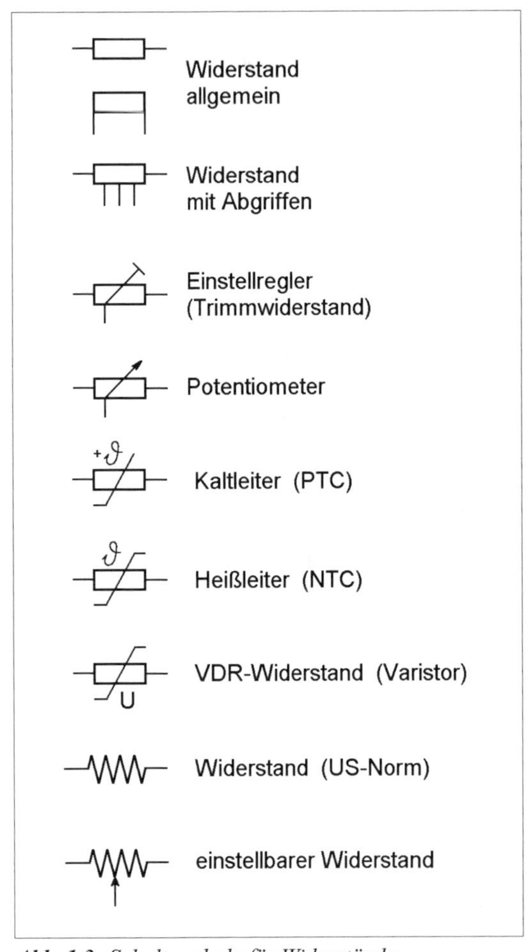

Abb. 1.3: *Schaltsymbole für Widerstände.*

1.1.3 Ersatzschaltungen

Abb. 1.4 zeigt verschiedene Ersatzschaltungen für Widerstände. Welche davon jeweils in Betracht kommt, hängt von Ausführung und Betriebsfrequenz ab.

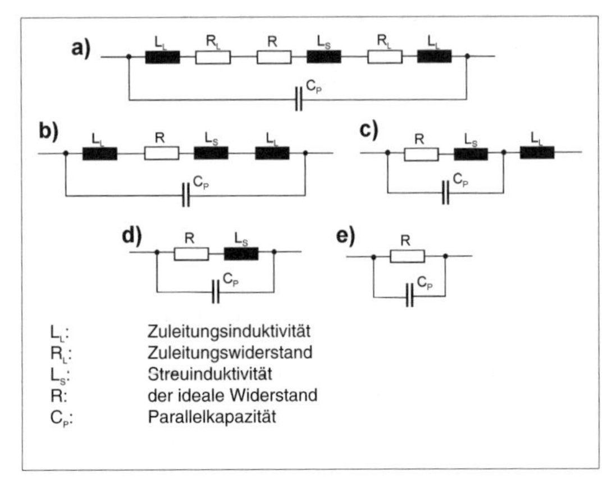

Abb. 1.4: *Ersatzschaltungen für Widerstände.*
a) allgemein;
b) bis e) Vereinfachungen.
d) gilt bei niedrigen Widerstandswerten bzw. sehr hohen Frequenzen,
e) bei höheren Widerstandswerten und Frequenzen bis zu einigen MHz.

Das allgemeine Ersatzschaltbild (Abb. 1.4a) ergibt sich aus dem grundsätzlichen Aufbau der Widerstandsbauelemente. Der Widerstandswert R wird durch ein sogenanntes Widerstandselement dargestellt, das aus einem Widerstandsmaterial besteht. Die mechanische Gestaltung des Widerstandselements ergibt eine Streuinduktivität L_S. Sie ist dann besonders hoch, wenn das Widerstandselement als Wicklung ausgeführt ist (Drahtwiderstand) oder wendelförmige Einschnitte aufweist (manche Schichtwiderstände). Die Zuleitungen und Anschlüsse haben einen ohmschen Widerstand R_L und eine Induktivität L_L. Zudem ergibt sich zwischen den Anschlüssen eine Parallelkapazität C_P.

Die Zuleitungswiderstände R_L können zumeist vernachlässigt werden[1] (Abb. 1.4b). Beide Zuleitungsinduktivitäten R_L kann man durch eine einzige ersetzen (Abb. 1.4c). Da sie nur bei sehr hohen Frequenzen von Bedeutung ist, kann man sie zumeist ganz vernachlässi-

1 Aber nicht immer – vor allem dann nicht, wenn hohe Ströme fließen und wenn der Spannungsabfall über dem Widerstand genau erfaßt werden soll (beispielsweise bei der Strommessung; vgl. S.28 und 29).

gen (Abb. 1.4d). Ist der Widerstandswert R vergleichsweise hoch, so können bei nicht allzu hohen Frequenzen die parasitären Induktivitäten insgesamt vernachlässigt werden (Abb. 1.4e). Wann welches Ersatzschaltbild gilt, hängt von der Größenordnung des Widerstandswertes R ab:

- sind es weniger als einige hundert Ohm, gilt Abb. 1.4d (induktives Verhalten; Impedanz wächst mit zunehmender Frequenz),
- sind es mehr, gilt Abb. 1.4e (kapazitives Verhalten; Impedanz sinkt mit zumehmender Frequenz).

Richtwerte: Parallelkapaziät einige pf, Reiheninduktivität bis zu einigen zehn nH (Drahtwiderstände).

1.1.4 Kennwerte

Bezugstemperatur (Nenntemperatur)
Die typischen Kennwerte sind temperaturabhängig. Wertangaben werden deshalb auf eine Nenntemperatur bezogen. Das sind heutzutage zumeist + 25 °C[2] bzw. rund 300 K.

Widerstandswert
Der Nennwert (Nominal / Rated Resistance) ist der Widerstandswert, der das jeweilige Bauelement kennzeichnet. Widerstände werden in einer Vielzahl genormter, abgestufter Nennwerte gefertigt. Die genormten Nennwerte sind in den E-Reihen vorgegeben (Anhang). Zudem ist es möglich, Widerstände auf Kundenwunsch fertigen zu lassen.

Ist der Widerstand einstellbar, entspricht der Nennwert näherungsweise dem größten einstellbaren Widerstandswert. Hängt der Widerstandswert von einem anderen Parameter (Temperatur, Spannung, Lichteinstrahlung) ab, bezieht sich der Widerstandsnennwert auf einen bestimmten Nennwert dieses Parameters.

Der Bereich der angebotenen Nennwerte erstreckt sich – über alles gesehen – von etwa 1 mΩ bis zu ca. 100 TΩ. In der üblichen Praxis hat man es vor allem mit Nennwerten zwischen einigen Ohm und etwa 10 MΩ zu tun. Baulemente mit sehr geringem Nennwert (< 1 Ω) werden vor allem als Strommesswiderstände eingesetzt.

Die Nennwertangabe betrifft den unbelasteten Widerstand bei Nenntemperatur. Der tatsächliche Widerstandswert im praktischen Betrieb hängt von der Genauigkeit, mit der das Bauelement gefertigt wurde (Toleranz), und von den Einsatzbedingungen ab (Belastung, Umgebungstemperatur).

Kurzbezeichnung mit Buchstaben und Ziffern – der RKM-Code
Um kurze Bezeichnungen zu haben, lässt man bei Widerstandsangaben auf Bauelementen (oftmals auch in Schaltplänen, Stücklisten und Katalogen) das Symbol weg und schreibt die jeweilige Vorsatzangabe anstelle des Kommas (Tabelle 1.1).

Widerstandsangabe	Anstelle des Kommas steht ein	Beispiele
in Ω	R	3,3 Ω = 3R3; 0,68 Ω = R68
in kΩ	K	2,2 kΩ = 2K2
in MΩ	M	1 MΩ = 1M

Tabelle 1.1: *Kurzbezeichnung mit Buchstaben und Ziffern (RKM-Code; IEC 62).*

Toleranz
Die zulässige Abweichung des Widerstandswertes wird in Prozenten vom Nennwert angegeben. In den E-Reihen nach DIN/IEC sind Toleranzbereiche von ± 20 % bis ± 0,5 % vorgesehen (siehe Anhang). Die Toleranzangabe betrifft den unbelasteten Widerstand bei Nenntemperatur.

Festwiderstände werden heutzutage vergleichsweise präzise gefertigt. Baureihen mit ± 20 % oder ± 10 % umfassen praktisch nur noch Typen für Sonderanwendungen, bei denen andere Kennwerte oder Anwendungseigenschaften (z. B. die Impulsbelastbarkeit) wichtiger sind. Kostengünstige Festwiderstände für den allgemeinen Einsatz haben typischerweise Toleranzen von ± 5 % oder ± 1 %. Präzisionstypen der Massenfertigung haben Toleranzen bis zu ± 0,01 % (Richtwert). Drahtwiderstände können bis auf ± 0,005 % genau gefertigt werden, Metallfolienwiderstände bis auf ± 0,0005 %.

Kennzeichnung der Toleranz
Oftmals wird an eine Wertangabe gemäß Tabelle 1.1 ein Buchstabe angehängt, der die Toleranz kennzeichnet (Tabelle 1.2).

2 In der älteren Literatur sind oftmals + 20 °C üblich.

Toleranz	Kennbuchstabe
± 20%	M
± 10%	K oder k
± 5%	J
± 2%	G
± 1%	F
± 0,5%	D
± 0,25%	C
± 0,1%	B

Tabelle 1.2: *Kennbuchstaben zur Toleranzkennzeichnung (IEC 62).*

Einstellbare und parameterabhängige Widerstände weisen größere Nennwerttoleranzen auf. Richtwerte: ± 5 % ... ± 30 %.

Hinweis: Oftmals kommt es nicht auf die absolute Abweichung vom Nennwert an, sondern auf das Verhältnis der Widerstandswerte von zwei oder mehr Bauelementen (es kann z. B. um ein bestimmtes Spannungsteilerverhältnis gehen oder darum, dass mehrere Widerstände exakt den gleichen Wert aufweisen).

Toleranzverhältnis
Das Toleranzverhältnis (Resistance Ratio, Matching Tolerance) kennzeichnet die relative Abweichung von Widerstandswerten (z. B. eines Widerstandsnetzwerks) untereinander. Beispiel: Absolute Toleranz: ± 0,25%, Toleranzverhältnis 0,1%.

Belastbarkeit
Die Belastbarkeit (Nennverlustleistung, Power Dissipation, Power Rating) wird in W angegeben. Genaugenommen gilt der Wert für die jeweils spezifizierte Gehäuse- oder Oberflächentemperatur. Auch die Belastbarkeit ist in genormte Klassen eingeteilt. Typische Werte: 1/16 W, 1/10 W, 1/8 W, 1/4 W, 1/2 W, 1 W, 2 W, 2,5 W, 3 W, 6 W, 10 W, 15 W, 25 W, 50 W, 100 W, 200 W, 300 W.

Aus der Belastbarkeitsangabe ergibt sich, welcher maximale Strom I durch den Widerstand fließen und welche maximale Spannung U über dem Widerstand abfallen darf:

$$I \leq \sqrt{\frac{P}{R}} \tag{1.5}$$

$$U \leq \sqrt{P \cdot R} \tag{1.6}$$

Die Belastbarkeit wird üblicherweise auf eine Umgebungstemperatur von 70 °C und eine zulässige Gehäusetemperatur von 125 °C bezogen.

Zu hohe Temperatur
Wird die maximale Betriebstemperatur überschritten, so ist die Belastung zu verringern (Derating). Typisch ist ein lineares Absinken der zulässigen Verlustleistung bis auf den Wert Null bei + 125° C.

Betrieb bei niedriger Temperatur
Bleibt die Betriebstemperatur unter allen Umständen niedrig, so kann man gelegentlich das Bauelement über die Nennverlustleistung hinaus belasten (Uprating).

Hohe Widerstandswerte
Es kann sein, dass bei Ausnutzung der Nennverlustleistung der Spannungsabfall, der sich gemäß (1.6) ergibt, die maximal zulässige Betriebsspannung übersteigt.

Maximale Betriebsspannung
Die maximale Betriebsspannung (Betriebsdauerspannung, Operating Voltage, Limiting Element Voltage) ist die Spannung, die über dem Bauelement höchstens anliegen darf (mehr hält es nicht aus). Beispiele: (1) 25 V (Präzisionsnetzwerk); (2) 200 V (Kohleschichtwiderstand; 0,125 W); (3) 500 V (Hochlastwiderstand). Es ist darauf zu achten, dass die Nennverlustleistung nicht überschritten wird. Ggf. Kontrollrechnung:

$$P \leq \frac{U^2}{R} \tag{1.7}$$

Hinweis: Bei Wechselspannung- oder Impulsbetrieb Scheitelwert nicht höher als $\sqrt{2} \cdot$ Kennwertangabe (es sei denn, es sind andere Impulskennwerte angegeben).

Impulsbelastung
In vielen Einsatzfällen wird das Bauelement nicht ständig, sondern nur stoßweise belastet. Manchmal kommt es darauf an, eine nur selten auftretende kurzzeitige Überlast auszuhalten (Beispiele: Einschaltströme, Kurzschlüsse, Ableiten von Störungen). Bauelemente, die für derartige Anwendungen vorgesehen sind, werden durch entsprechende Impulskennwerte charakterisiert (z. B. maximal zulässige Ströme und Spannungen bei bestimmten Größenordnungen von Impulsdauer und Wiederholrate).

Betriebstemperatur
Dies ist die maximale Temperatur, bei der das Bauelement noch mit seiner Nennverlustleistung belastet wer-

den darf. Für Bauelemente, die zu Montage auf Leiterplatten vorgesehen sind, werden typischerweise + 70 °C angegeben.

Umgebungs- bzw. Betriebstemperaturbereich
In diesem Bereich (Ambient / Operating Temperature Range) ist das Bauelement grundsätzlich betriebsfähig. Beispiel: - 55 °C bis + 155 °C.

Temperaturkoeffizient
Der Temperaturkoeffizient kennzeichnet die Abhängigkeit des Widerstandswertes von der Gehäusetemperatur. Typische Symbole: TK, TC, TCR, α. Er wird üblicherweise in ppm/ C angegeben (andere Angaben z. B. 1/°C oder 1/K). Richtwerte: einige hundert ppm bis hinab zu etwa 0,5 ppm.

Berechnung
Bei einer niedrigeren Temperatur T_1 und einer höheren Temperatur T_2 wird jeweils der Widerstandswert gemessen. Der erste Wert ist der Kaltwiderstand R_1, der zweite der Warmwiderstand R_2. Üblicherweise entspricht T_1 der Bezugstemperatur (+ 25 °C)[3] und T_2 einer um 100 ° höheren Temperatur (also + 125 °C). Daraus ergibt sich der Temperaturkoeffizient TC in ppm/°C zu:

$$TC = \frac{1}{R_1} \cdot \frac{R_2 - R_1}{T_2 - T_1} \cdot 10^6 = \frac{1}{R_1} \cdot \frac{\Delta R}{\Delta T} \cdot 10^6 \qquad (1.8)$$

Die Widerstandsdifferenz ΔR ergibt sich aus Temperaturkoeffizient TC (in ppm/°C) und Kaltwiderstand R_1 folgendermaßen:

$$R_2 - R_1 = TC \cdot (T_2 - T_1) \cdot R_1 \cdot 10^{-6}$$

$$\Delta R = TC \cdot R_1 \cdot 10^{-6} \qquad (1.9)$$

Prozentuale Widerstandsänderung:

$$\Delta R\,[\%] = \frac{R_2 - R_1}{R_1} \cdot 100\,\% = TC \cdot \Delta T \cdot 10^{-4}\,\% \qquad (1.10)$$

Berechnung des Widerstandswertes bei einer gegebenen Temperaturdifferenz:

$$R_2 = R_1 \cdot (1 + TC \cdot \Delta T \cdot 10^{-6}) \qquad (1.11)$$

Temperaturdifferenz und Temperaturkoeffizient sind jeweils vorzeichengerecht zu verrechnen.

Das Vorzeichen des Temperaturkoeffizienten
Ist der Temperaturkoeffizient positiv, so wächst der Widerstandswert mit zunehmender Temperatur, ist der Temperaturkoeffizient negativ , so nimmt der Widerstandswert ab. Kohle- und Kohleschichtwiderstände haben negative Temperaturkoeffizienten, alle andern Ausführungen typischerweise positive.

Genaugenommen hat der Temperaturkoeffizient seinerseits eine Toleranz. Beispiel: für Werte < 1k - 700 ± 200 ppm, für Werte ≥ 1k -1000 ± 300 ppm. Die Werte sind hier negativ und betragsmäßig recht groß (es handelt sich um Kohle-Keramik-Widerstände einer bestimmten Baureihe). Die meisten Typen haben jedoch beträchtlich geringere Temperaturkoeffizienten. Deshalb spezifiziert man oft nicht einen TK-Nennwert ± Toleranz, sondern gibt pauschal einen ± Bereich an. Beispiel: ± 10 ppm/°C (ein Präzisions-Widerstandsnetzwerk).

Hinweis: Oftmals kommt es nicht auf den absoluten Wert an, sondern darauf, dass die Temperaturkoeffzienten mehrerer Widerstände möglichst nicht voneinander abweichen. Das betrifft vor allem Präzisionsspannungsteiler und Widerstandsnetzwerke.

Verhältnis der Temperaturkoeffizienten
Diese Angabe (TCR Ratio, Matching TCR) kennzeichnet die relative Abweichung von mehreren Temperaturkoeffizienten (z. B. eines Widerstandsnetzwerks) untereinander. Beispiel: absolut: ± 10 ppm/°C, Verhältnis 2 ppm/°C.

Temperaturkompensation
Durch Zusammenschalten von Bauelementen, deren Temperaturkoeffizienten unterschiedliche Vorzeichen haben, kann man Schaltungen bauen, die gegen Temperaturschwankungen weitgehend unempfindlich sind.

Thermospannung
Die Werkstoffkombinationen im Bauelement und in dessen Verbindungen mit dem Rest der Schaltungen (z. B. Lötstellen auf der Leiterplatte) wirken als Thermolemente (Seebeck-Effekt), die eine Thermospannung (Thermal EMF) erzeugen. Richtwerte: (1) Widerstandsdraht gegen Kupfer (Anschlussdraht) ≈ 1...3,5

3 R_1 entspricht somit dem Nennwert.

μV/°C; (2) 0,1 μV/°C (Pauschalangabe im Datenblatt eines Präzisionswiderstandes).

Hinweis: Die Thermospannungen der einzelnen Werkstoffkombinationen an beiden Enden des Bauelements sind gegeneinander gerichtet. Bei gleicher Größe heben sie sich gegenseitig auf.
Sie sind also dann grundsätzlich bedeutungslos, wenn der Widerstand[4] überall die gleiche Temperatur hat (wenn es also nicht an dem einen Ende kälter und an dem anderen wärmer ist).

Spannungskoeffizient
Der Widerstandswert sollte nicht von der anliegenden Spannung beeinflusst werden. In der Praxis ist er aber spannungsabhängig. Davon sind vor allem Kohle- und Kohleschichtwiderstände betroffen. Der Spannungskoeffizient (Voltage Coefficient) wird üblicherweise in Prozent je Volt (%/V) oder in ppm je V (ppm/V) angegeben. Beispiele: (1) ± 0,035 %/V (ein Kohlewiderstand); (2) ± 1 ppm/V (ein Präzisions-Dünnschichtwiderstand).

Berechnung
Bei zwei unterschiedlichen Spannungen U_1, U_2 werden jeweils die Widerstandswerte R_1, R_2 bestimmt. Üblicherweise entspricht U_1 der maximalen Betriebsspannung (Limiting Element Voltage), und U_2 ist 10% von U_1. Daraus ergibt sich der Spannungskoeffizient in %/V oder ppm/V zu:

$$\textit{Spannungskoeffizient} = \frac{R_1 - R_2}{(U_1 - U_2) \cdot R_2} \cdot 100\,\%$$

$$\textit{bzw.} \quad \frac{R_1 - R_2}{(U_1 - U_2) \cdot R_2} \cdot 10^6 \qquad (1.12)$$

Stabilität
Aus dieser Angabe (Load Life Stability) ist ersichtlich, in welchem Maße der Widerstandswert erhalten bleibt, wenn – bei einer gegebenen Bezugstemperatur – verschiedene Umwelteinflüsse auf das Bauelement einwirken. Die Stabilität wird typischerweise in ppm angegeben, wobei der Wert auf bestimmte Prüfbedingungen bezogen ist. Die beste Stabilität weisen Draht - und Metallfolienwiderstände auf. Beispiel: ± 500 ppm über 2000 Stunden bei 70 °C Betriebstemperatur (ein Präzisions-Dünnschichtwiderstand).

Lagerfähigkeit
Diese Angabe (Shelf Life Stability) betrifft die Änderung der Kennwerte bei längerem Lagern[5]. Beispiel: 100 ppm über 1 Jahr bei +25 °C Lagertemperatur.

Isolationsspannung
Die Isolationsspannung (Insulation Voltage) ist die maximal zulässige Spannung zwischen beliebigen Anschlüssen des Bauelements und anderen mit dem Bauelement verbundenen leitfähigen Teilen. Beispiel: 500 V.

Prüfspannung
Die Prüfspannung (Durchschlagfestigkeit, Dielectric Strength) ist die höchste Spannung zwischen beliebigen Anschlüssen des Bauelements und anderen mit dem Bauelement verbundenen leitfähigen Teilen, bei der – unter Prüfbedingungen – keine Durchbruchserscheinungen auftreten. Beispiel: 2000 V.

Isolationswiderstand
Der Isolationswiderstand (Insulation Resistance) ist der Mindestwert des Widerstandes zwischen beliebigen Anschlüssen des Bauelements und anderen mit dem Bauelement verbundenen leitfähigen Teilen bei Anliegen einer bestimmten Gleichspannung (Beispiel: 1000 MΩ bei 500 V).

Wärmewiderstand
Der Wärmewiderstand (Thermal Resistance / Impedance Θ oder R_{TH}) hat die Form °C/W (oder K/W). Der Kennwert gibt an, um wieviel Grad die Gehäusetemperatur ansteigt (Differenz ΔT zwischen Umgebungs- und Gehäusetemperatur), wenn eine bestimmte Verlustleistung P umgesetzt wird (Eigenerwärmung):

$$\Theta = \frac{\Delta T}{P} \qquad (1.13)$$

4 Einschließlich seiner Anschlüsse (z. B. auf der Leiterplatte).

5 Solche Werte sind u. a. dann von Bedeutung, wenn es darum geht, für das fertige Produkt eine Lagerfähigkeit (Shelf Life) über mehrere Jahre zu garantieren (Beispiel: Datensicherungslaufwerke).

Die Temperaturdifferenz ΔT (Eigenerwärmung) lässt sich aus dem Wärmewiderstand und der umgesetzten Verlustleistung P bestimmen:

$$\Delta T = P \cdot \Theta \quad (1.14)$$

Bei gegebener Umgebungstemperatur T_A ergibt sich die Gehäusetemperatur T_C zu:

$$T_C = T_A + P \cdot \Theta \quad (1.15)$$

Beispiel: Θ = 100 °C/W. Wird eine Verlustleistung P = 0,5 W umgesetzt, so liegt die Gehäusetemperatur 50 °C über der Umgebungstemperatur.

Hinweis: Der Kennwert wird typischerweise am einzelnen Bauelement bei ruhender Luft und vergleichsweise großem Luftvolumen gemessen (Klimakammer). Im praktischen Einsatz sind die Bauelemente aber dicht beieinander in knapp bemessenen Gehäusen angeordnet, und sie werden von bewegter Luft umspült (von der natürlichen Konvektion bis hin zur Zwangsbelüftung). Der Wärmewiderstand ist deshalb nur für Überschlagsrechnungen oder zu Vergleichszwecken brauchbar[6].

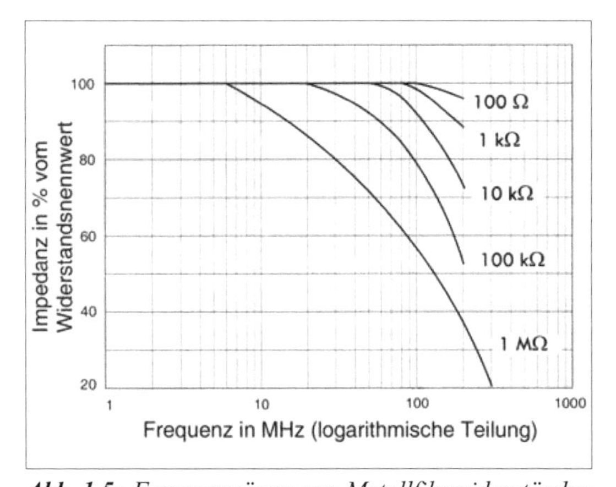

Abb. 1.5: *Frequenzgänge von Metallfilmwiderständen (nach [10]). Die parasitäre Kapazität hat entscheidenden Einfluss; also sinkt die Impedanz mit zunehmender Frequenz. Da die Kapazität nicht allzu groß ist (Richtwert: einige pF), also ihrerseits eine hohe Impedanz darstellt, kommt sie um so stärker zur Wirkung, je größer der Widerstandswert ist.*

Frequenzgang

Infolge der parasitären Kapazitäten und Induktivitäten (vgl. Abb. 1.4) ist der Widerstandswert frequenzabhängig. Das ist solange unproblematisch, wie die entsprechenden Abweichungen geringer sind als die Widerstandstoleranz. Der Frequenzgang hängt von der Bauart und vom Widerstandswert ab. Typischerweise hat die Kapazität entscheidenden Einfluss (Abb. 1.5; vgl. auch Abb.1.4e). Bei niedrigen Widerstandswerten (Richtwert: bis zu zu einigen hundert Ω) oder bei extremen Frequenzen (viele MHz) kommt auch die Induktivität zur Wirkung (Abb. 1.6; vgl. auch Abb. 1.4d). Ist dabei der Einfluss der Kapazität nicht zu vernachlässigen (also bei hohen Frequenzen), so ergibt sich eine Resonanzstelle (Abb. 1.7).

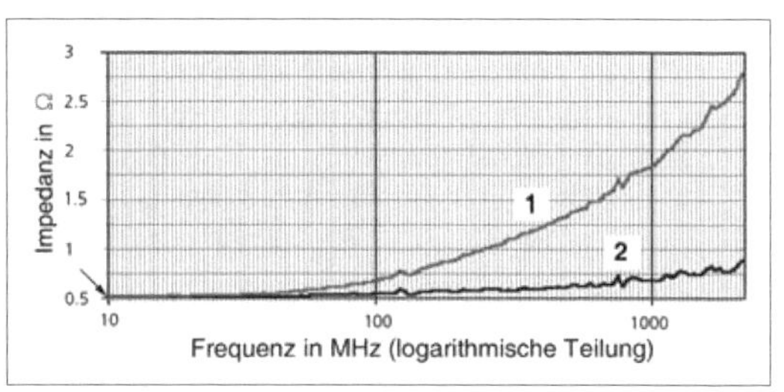

Abb. 1.6: *Ist der Widerstandswert gering, wirkt sich vor allem die parasitäre Induktivität aus. Somit steigt die Impedanz mit zunehmender Frequenz. Im Beispiel handelt es sich um Strommesswiderstände mit einem Nennwert von 0,5 Ω (Pfeil). 1 - Drahtwiderstand mit bauartbedingt hoher Induktivität; 2 - ein ausgesprochen induktivitätsarm ausgelegter Dickschicht-Chipwiderstand (nach [1.1]).*

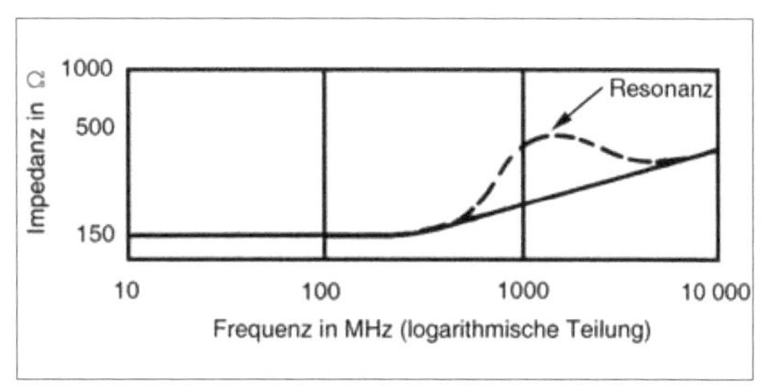

Abb. 1.7: *Bei sehr hohen Frequenzen wirkt sich sowohl die Kapazität als auch die Induktivität aus. Oberhalb der Resonanzfrequenz hat die Induktivität den entscheidenden Einfluss. Der Nennwert des Beispiels:150 Ω (nach [4]).*

6 Näheres in [15].

Hinweise:

1. Das Hochfrequenzverhalten ist oftmals gar nicht oder nur unzulänglich dokumentiert. Es bleibt dann nichts anderes übrig, als zu experimentieren oder das Hochfrequenzverhalten messtechnisch zu erfassen.
2. Auf gutes Hochfrequenzverhalten hin ausgelegte Bauformen haben nur wenige Einschnitte im Widerstandselement (Wendel, Mäander usw.).
3. Schichtwiderstände können bis zu 100 MHz als nahezu frequenzunabhängig angesehen werden.
4. Drahtwiderstände sind für Hochfrequenz grundsätzlich ungeeignet.
5. Widerstände mit geringerem Durchmesser haben typischerweise ein besseres Hochfrequenzverhalten (Länge zu Durchmesser 4:1 bis 10:1).
6. Bei sehr hohen Frequenzen können sich auch die Zuleitungsinduktivitäten auswirken. Abhilfe: SMD-Bauelemente.
7. Kapazitäten kann man durch Reihenschaltung verringern. Die parasitäre Kapazität schadet um so weniger, je kleiner der Widerstandswert ist (vgl. Abb. 1.5). Anwendung: den jeweils gewünschten Widerstandswert durch Reihenschaltung von zwei oder mehreren Widerständen darstellen.
8. Induktivitäten kann man durch Parallelschaltung verringern. Die parasitäre Induktivität schadet um so weniger, je größer der Widerstandswert ist. Anwendung: den jeweils gewünschten Widerstandswert durch Parallelschaltung von zwei oder mehreren Widerständen darstellen. Das betrifft vor allem niederohmige Werte (Beispiel: einen Abschlusswiderstand von 50 Ω mit zwei 100-Ω-Widerständen aufbauen).

Rauschverhalten

Jeder Widerstand, über dem eine Gleichspannung abfällt, überlagert diese Spannung mit einer regellosen Wechselspannung von vergleichsweise geringer Amplitude, dem Rauschen (Noise). Diese Rauschspannung beeinflusst nicht den Widerstandswert, wirkt sich aber oft störend aus. So wird das Eigenrauschen der Widerstände in den Eingangsstufen eines Verstärkers ebenso verstärkt wie das Nutzsignal.

Thermisches Rauschen (Johnson Noise) wird durch die Wärmebewegung der Elektronen verursacht. Die Rauschspannung steigt mit zunehmender Temperatur. Das Frequenspektrum ist flach – es kommen praktisch alle Frequenzen mit nahezu gleicher Amplitude vor („weißes Rauschen"). Die Stromstärke und die Bauart des Widerstandes haben keinen Einfluss.

Rauschspannungsberechnung:

$$E = \sqrt{4 \cdot R \cdot k \cdot T \cdot \Delta f} \qquad (1.16)$$

E: Rauschspannung (V) als Effektivwert (quadratischer Mittelwert (RMS)),
R: Widerstand (Ω),
k: Boltzmannkonstante ($1{,}38 \cdot 10^{-23}$ Ws/K),
T: Temperatur (K = °C + 273),
Δf: Bandbreite (Hz).

Rauschspannungsberechnung mit zugeschnittener Größengleichung:

$$E = 7{,}43 \cdot \sqrt{R \cdot T \cdot \Delta f} \qquad (1.17)$$

E: Rauschspannung (nV),
R: Widerstand (kΩ),
T: Temperatur (K),
Δf: Bandbreite (kHz).

Diese Größengleichung auf Raumtemperatur (300 K) zugeschnitten:

$$E = 128{,}7 \cdot \sqrt{R \cdot \Delta f} \qquad (1.18)$$

Eine alternative Größengleichung liefert eine frequenzbezogenen Spannungsangabe.

$$E_f = 4 \cdot \sqrt{\frac{R}{1 k\Omega}} \left[\frac{nV}{\sqrt{Hz}}\right] \qquad (1.19)$$

E_f: frequenzbezogene Rauschspannung in $\frac{nV}{\sqrt{Hz}}$,
R: Widerstand (kΩ).

Die Rauschspannung E in nV erhält man gemäß

$$E = E_F \cdot \sqrt{\Delta f} \qquad (1.20)$$

Δf: Bandbreite (Hz).

Beispiel: Ein Widerstand von 1 MΩ hat gemäß (1.19) eine Rauschspannung von 126 nV/$\sqrt{Hz}$. Gemäß (1.20) ergeben sich bei 1 MHz Bandbreite 126 µV, gemäß (1.18) rund 129 µV (die Unterschiede resultieren aus der Rundung der Konstanten in den Formeln).

Stromrauschen (Current Noise) ist proportional dem Quadrat der Stromstärke und nimmt mit wachsender Frequenz ab (z. B. gemäß 1/f). Bei sehr hohen Frequenzen ist das Stromrauschen praktisch bedeutunglos. Der Rauschpegel wird typischerweise in dB oder als µV je V Spannungsabfall (µV/V) bei 1 MHz Bandbreite angegeben.

$$\text{Rauschindex NI} = 20\,lg\left(\frac{U_N}{U_{DC}}\right) \quad (1.21)$$

U_N: Rauschspannung (µV) als Effektivwert (quadratischer Mittelwert (RMS)),
U_{DC}: Spannungsabfall (V) über dem Widerstand (Bezugsgleichspannung).

$$\text{Rauschspannung } U_N = U_{DC} \cdot 10^{\frac{NI}{20}} \cdot \sqrt{lg\frac{f_2}{f_1}} \quad (1.22)$$

f_1 und f_2 geben den Frequenzbereich an, in dem das Rauschen ermittelt wird. Man bezieht sich typischerweise auf eine Dekade ($f_2 = 10\ f_1$), so dass sich (1.22) vereinfacht zu

$$U_N = U_{DC} \cdot 10^{\frac{NI}{20}} \quad (1.23)$$

Beispiel: -30...- 40 dB = 0,03 ... 0,01 µV/V.

Kontaktrauschen (Contact Noise) hängt vom Widerstandsmaterial und vom durchfließenden Strom ab. Vor allem Widerstände auf Kohlebasis, aber auch Metallschicht- und Metalloxidwiderstände weisen ein intensives Kontaktrauschen auf. Bei niedrigen Frequenzen übertrifft es alle anderen Arten des Rauschens. Es ist also ein Problem, wenn z. B. niederfrequente Signale zu verstärken sind. Es nimmt mit wachsender Frequenz ab (gemäß 1/f) und ist bei hohen Frequenzen praktisch bedeutunglos. Fließt kein oder nur sehr wenig Strom, gibt es auch kein Kontaktrauschen. Abhilfe:

- Im Vergleich zur Auslegung des Widerstandes wenig Strom fließen lassen. Mit anderen Worten: überdimensionieren; z. B. einen 2-Watt-Typ einsetzen, wenn ein 0,5-W-Typ ausreichen würde.
- Auf andere Bauformen ausweichen. Beispielsweise haben Drahtwiderstände praktisch kein Kontaktrauschen.

Schrotrauschen (Shot Noise) wird vom durchfließenden Gleichstrom hervorgerufen. Jeder elektrische Leiter ist davon betroffen. Dem Gleichstrom wird ein Rauschstrom überlagert, der sich folgendermaßen ergibt:

$$I_N = \sqrt{2 \cdot q \cdot I \cdot \Delta f} \quad (1.24)$$

I_N: Rauschstrom (A),
q: Elementarladung ($1{,}6 \cdot 10^{-19}$ C),
I: Strom (A),
Δf: Bandbreite (Hz).

Als zugeschnittene Größengleichung:

$$I_N = 17{,}9 \cdot \sqrt{I \cdot \Delta f} \quad (1.25)$$

I_N: Rauschstrom (nA),
Δf: Bandbreite (kHz).

Eine alternative Größengleichung liefert eine frequenzbezogenen Stromangabe:

$$I_{NF} = 0{,}566 \cdot \sqrt{I} \quad \left[\frac{nA}{\sqrt{Hz}}\right] \quad (1.26)$$

I_{NF}: frequenzbezogener Rauschstrom in $\frac{nA}{\sqrt{Hz}}$,
I: Strom (A).

Den Rauschstrom I_N in nA erhält man gemäß

$$I_N = I_{NF} \cdot \sqrt{\Delta f} \quad (1.27)$$

Δf: Bandbreite (Hz).

Beispiel: ein Gleichstrom von 1 A hat einen Rauschstrom von rund 0,566 nA/$\sqrt{Hz}$ zur Folge. Bei einer Bandbreite von 1 MHz ergeben sich also 566 nA. Das entspricht einen Fehleranteil von (nochmals gerundet) ± 0,5 ppm.

Abhilfe: Das Schrotrauschen an sich ist von Widerstandswert und Bauart unabhängig. Es hilft nur, möglichst wenig Gleichstrom fließen lassen. Das läuft auf eine hochohmige Schaltungsauslegung hinaus. Um hierbei die erforderliche Genauigkeit[7] zu gewährleisten, sind entsprechende Präzisionstypen auszuwählen (z. B. Draht- oder Schichtwiderstände).

7 Aus obigem Beispiel ist ersichtlich, dass es um sehr geringe Größenordnungen geht. Wenn sie tatsächlich von Bedeutung sind, haben wir es mit Schaltungen zu tun, bei denen es auf wirkliche Präzision ankommt.

Die Rangfolge der Bauarten in Hinblick auf das Rauschverhalten:

1. Drahtwiderstände (weisen praktisch nur thermisches Rauschen auf).
2. Chip- und Metallschichtwiderstände.
3. Metalloxidwiderstände.
4. Kohleschichtwiderstände.
5. Kohlewiderstände (die mit Abstand schlimmsten Rauschquellen).

1.2 Festwiderstände

1.2.1 Grundlagen

Der im Bauelement Widerstand ausgenutzte physikalische Effekt ist der elektrische Widerstand eines Festkörpers, der sich aus der Art des Werkstoffs (Widerstandsmaterial) und aus seinen Abmessungen (Querschnitt und Länge) ergibt (Abb. 1.8).

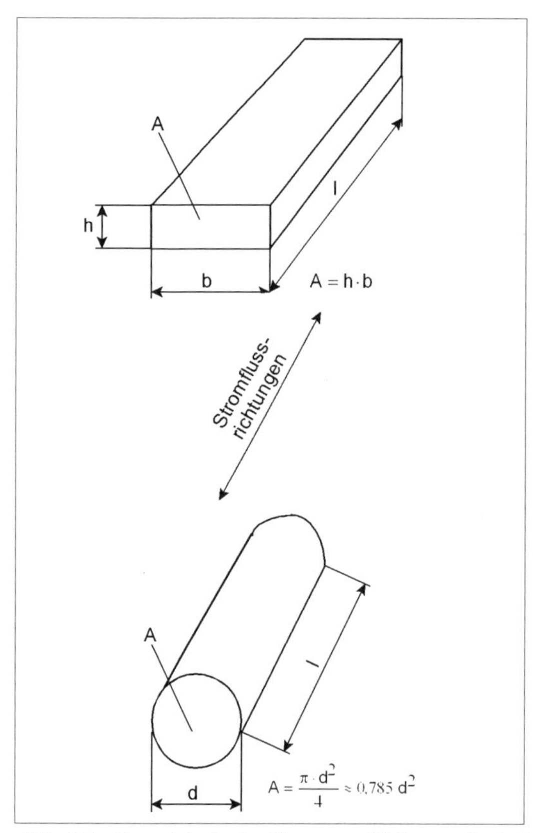

Abb. 1.8: *Der elektrische Kennwert Widerstand wird durch ein Stück Widerstandsmaterial dargestellt.*

$$R = \frac{\rho \cdot l}{A} \;;\; R = \frac{l}{\gamma \cdot A} \tag{1.28}$$

Diese Formeln werden üblicherweise als zugeschnittene Größengleichungen aufgefasst.

l: Länge (m),
A: Querschnitt (mm^2),

ρ: Spezifischer Widerstand $\left(\frac{\Omega\, mm^2}{m}\right)$,

γ: Leitfähigkeit $\left(\frac{m}{\Omega mm^2} = \frac{S\, m}{mm^2}\right)$; $\gamma = \frac{1}{\rho}$.

Tabelle 1.3 enthält entsprechende Angaben zu typischen Werkstoffen.

Hinweis: Rechnet man ausschließlich mit SI-Einheiten, so ergeben sich folgende Maßangaben:

- für den spezifischen Widerstand: Ω m,
- für die Leitfähigkeit: S/m.

Manchmal findet man auch Angaben der Form Ω cm oder S/cm. Umrechnung:

$$[\Omega m] = \left[\frac{\Omega\, mm^2}{m}\right] \cdot 10^{-6};\; \left[\frac{\Omega\, mm^2}{m}\right] = [\Omega\, m] \cdot 10^6$$

$$[\Omega\, cm] = \left[\frac{\Omega\, mm^2}{m}\right] \cdot 10^{-4};\; \left[\frac{\Omega\, mm^2}{m}\right] = [\Omega\, cm] \cdot 10^4$$

$$\left[\frac{S}{m}\right] = \left[\frac{S\, m}{mm^2}\right] \cdot 10^6;\; \left[\frac{S\, m}{mm^2}\right] = \left[\frac{S}{m}\right] \cdot 10^{-6}$$

$$\left[\frac{S}{cm}\right] = \left[\frac{S\, m}{mm^2}\right] \cdot 10^4;\; \left[\frac{S\, m}{mm^2}\right] = \left[\frac{S}{cm}\right] \cdot 10^{-4} \tag{1.29}$$

Das Widerstandsmaterial ist typischerweise auf einen Tragkörper aufgebracht. Diese Anordnung bildet das Widerstandselement, das an beiden Enden mit einer sog. Anschlussarmatur versehen wird (Abb. 1.9). Diese kann u. a. als Schelle oder als aufgepresste Kappe ausgeführt sein. Widerstände werden vorzugsweise auf Leiterplatten angeordnet. Es gibt Ausführungen für die Durchsteckmontage (Drahtanschlüsse) und für die Oberflächenmontage (SMD). Größere Hochlastwiderstände haben besondere Befestigungs- und Anschlussvorkehrungen (Schraubbefestigung, Lötösen, Schraubklemmanschlüsse, Schiebehülsenanschlüsse).

Werkstoff	Spezifischer Widerstand	Leitfähigkeit	Temperaturkoeffizient [ppm/°C]
Aluminium	0,028	35,4	4000
Eisen	0,12	8,3	4800
Kupfer	0,01724	58	3930
Silber	0,0164	61	3800
Zinn	0,12	8,3	4500
Chromnickel	1,09	0,92	40
Manganin	0,43	2,32	10
Stahldraht (WM13)	0,13	7,7	4800
Neusilber (WM 30)	0,3	3,33	350
Nickelin (WM 43)	0,43	2,32	230
Konstantan (WM 50)	0,5	2	-10
Kohle	65	0,015	-100

Tabelle 1.3: *Widerstands- und Leitfähigkeitsangaben zu typischen Werkstoffen (Auswahl).*

Die Abbildungen 1.10 und 1.11 veranschaulichen typische Festwiderstände.

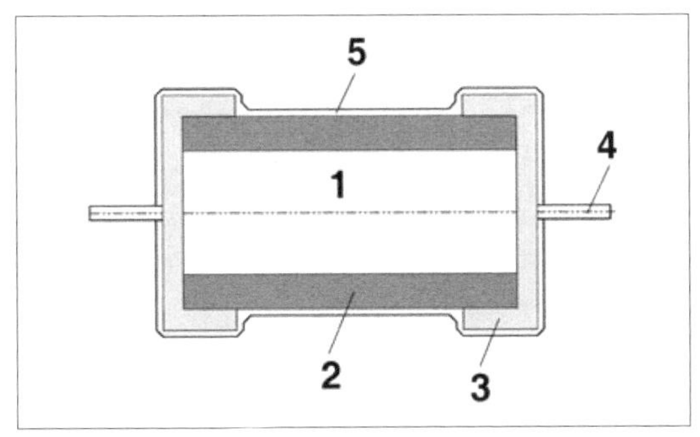

Abb. 1.9: *Widerstandsbauelement im Querschnitt. 1 - Tragkörper; 2 - Widerstandsmaterial; 3 - Anschlusskappe; 4 - Anschlussdraht; 5 - Isolation (z. B. Lack, Kunstharz oder Glasur).*

Ausführungsformen:

- Massewiderstände (Volumenwiderstände). Es gibt keinen besonderen Tragkörper. Der Widerstand ist ein Stab, der aus dem eigentlichen Widerstandsmaterial und einem Bindemittel hergestellt wird (Sinterverfahren).
- Drahtwiderstände. Das Widerstandsmaterial ist ein Stück Draht, das auf den Tragkörper aufgewickelt ist.
- Schichtwiderstände. Das Widerstandsmaterial ist als (dünne) Schicht auf dem Tragkörper aufgebracht. Den genauen Widerstandswert erhält man, indem in die Schicht eine Wendel eingeschnitten wird. Deren Breite bestimmt den stromleitenden Querschnitt.

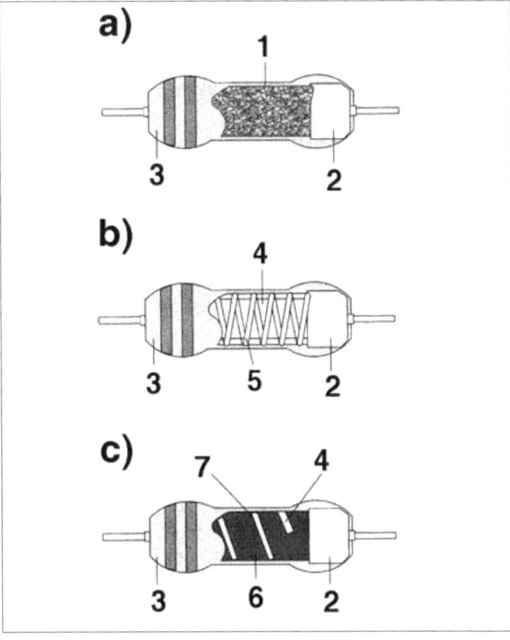

Abb. 1.10: *Festwiderstände (nach [10]). a) Massewiderstand; b) Drahtwiderstand; c) Schichtwiderstand. 1 - Widerstandselement (Widerstandsmaterial + Bindemittel); 2 - Endkappe; 3 - Isolation; 4 - Tragkörper (Keramik); 5 - Drahtwicklung; 6 - Schicht (Film) aus Widerstandsmaterial (z. B. Kohlenstoff oder Metall); 7 - Wendel (zum Abgleichen auf den genauen Widerstandswert).*

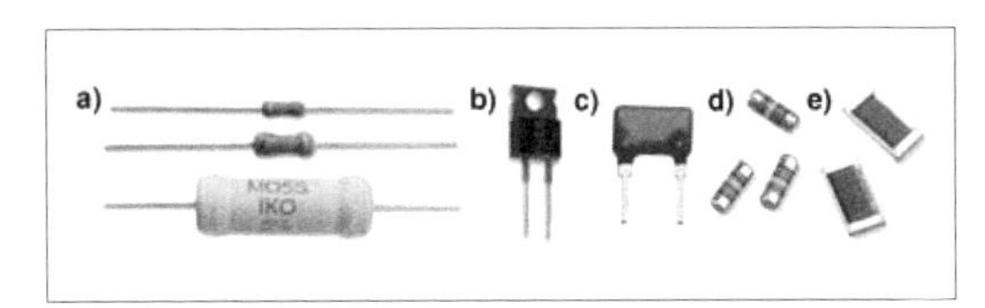

Abb. 1.11: *Widerstände für Leiterplattenmontage. a) die herkömmliche Zylinderbauform mit axialen Drahtanschlüssen. b) Gehäuse TO-220 (eigentlich ein Transistorgehäuse). Eingearbeitetes Kühlblech. Kann an Kühlkörper montiert werden. c) SIP-Gehäuse; d) SMD-Widerstände in MELF-Bauform (MELF = Metal Electrode Face Bonding); e) SMD-Chipwiderstände.*

1.2.2 Technologien und Bauformen

Drahtwiderstände

Drahtwiderstände (Wirewound Resistors) bestehen aus Widerstandsdraht, der auf einen Isolierstoffkörper gewickelt ist. Mit dieser Technologie kann man sowohl hochpräzise als auch hoch belastbare Widerstände fertigen. Durch entsprechende Ausführung der Wicklung (bifilar, gegenläufig usw.) kann die parasitäre Induktivität und Kapazität gering gehalten werden. Trotzdem sind diese Einflüsse zu spüren. Bei niedrigen Frequenzen macht sich die parasitäre Induktivität bemerkbar, bei höheren die parasitäre Kapazität.
Faustregel: Für Frequenzen von mehr als 50 kHz sind Drahtwiderstände ungeeignet; manche ausgesprochen induktivitätsarme Typen können noch bis ca. 200 kHz brauchbar sein (Versuchssache).

Präzisionstypen
Der Drahtwiderstand ist der traditionelle Präzisionswiderstand, da er sehr genau gefertigt werden kann (Richtwert: bis auf ± 0,005 ppm), indem man den Widerstandswert beim Wickeln laufend misst. Die Bauart ist aber auf vergleichsweise niedrige Widerstandswerte beschränkt (von weniger als 1Ω bis zu ca. 100 kΩ), da hohe Widerstandswerte extreme Drahtlängen erfordern (einige hundert m).

Hochlasttypen
Die Belastbarkeit ist im Grunde nur eine Frage des Drahtquerschnitts und der Wärmeabfuhr, so dass – bei entsprechend großen Abmessungen – Drahtwiderstände auch für extreme Verlustleistungen gefertigt werden können. Siehe weiterhin S. 30.

Isolation und Schutz der Wicklung
Es gibt mehrere Bauformen:

- Kein Schutz (Wicklung frei). Die Wärme kann ungehindert abstrahlen. Somit kann die Belastbarkeit praktisch bis zum Äußersten ausgenutzt werden. Andererseits ist die Wicklung gegen Korrosion anfällig. Sie ist zudem nicht gegen benachbarte leitende Schaltungsteile isoliert.
- Lackierung. Sie gewährleistet lediglich die Isolation. Die sonstige Schutzwirkung ist unzulänglich. Die Oberflächentemperatur des Bauelements darf nie so hoch werden, dass die Lackschicht zu schmelzen beginnt (eingeschränkte Belastbarkeit).
- Glasierung. Die Wicklung ist sowohl isoliert als auch nahezu vollkommen geschützt. Da die Schutzschicht hohe Temperaturen aushält, kann die Belastbarkeit weitgehend ausgenutzt werden.
- Zementierung. Sie entspricht in den Gebrauchseigenschaften nahezu der Glasierung und ist kostengünstiger. Sie lässt aber Feuchtigkeit durch.

Kohlewiderstände

Kohlewiderstände (Carbon Composition Resistors) sind Massewiderstände. Der Widerstandswert wird durch die Abmessungen und durch das Mischungsverhältnis von Kohlenstoff und Bindemittel bestimmt. Für allgemeine Anwendungen kommen sie praktisch nicht mehr in Betracht (große Toleranzen, intensives Kontaktrauschen, ungünstiges Hochfrequenzverhalten(Skineffekt, Boella-Effekt)). Da das ganze Volumen leitet, sind sie aber hoch überlastbar. Sie werden deshalb dort eingesetzt, wo hohe Impulsbelastungen auszuhalten sind, z. B. in Schutzschaltungen oder als Vorwiderstände zum Laden von Kondensatoren. Für solche Anwendungsfälle werden eigens neue Typen entwickelt (Abb. 1.12).

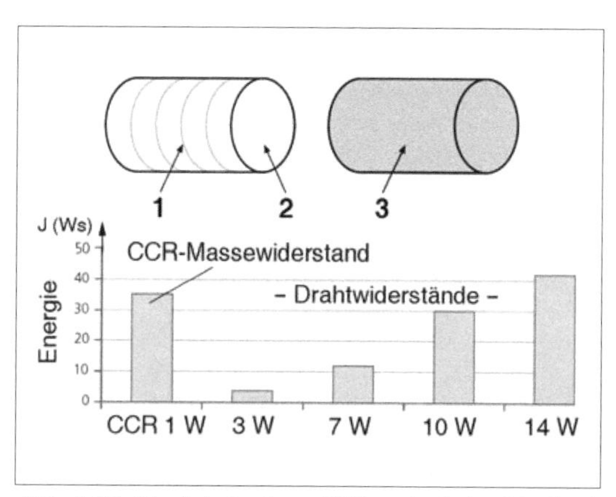

Abb. 1.12: *Hoch belastbare Widerstände im Vergleich (nach [1.2]). Links Drahtwiderstand, rechts Massewiderstand (Carbon Composition Resistor CCR). 1 - Drahtwicklung; 2 - Tragkörper; 3 - Widerstandskörper, bestehend aus Kohlenstoff und einem keramischen Bindemittel. Offensichtlich kann der massive Widerstandskörper mehr Energie aufnehmen als der Draht. Das Balkendiagramm veranschaulicht die zulässige Energieaufnahme bei Belastung mit Impulsen von 1 ms Dauer. Ein 1-W-CCR-Typ ist hierbei einem 10-W-Drahtwiderstand deutlich überlegen (er kann 35 Ws aufnehmen, ein Drahtwiderstand mit gleichen Abmessungen hingegen nur ca. 4 Ws).*

Kohleschichtwiderstände
Kohleschichtwiderstände (Carbon Film Resistors) sind besonders preisgünstig. Sie haben ein gutes Hochfrequenzverhalten, sind aber in vergleichsweise starkem Maße temperatur- und spannungsabhängig (Temperaturkoeffizient, Spannungskoeffizient). Der Temperaturkoeffizient ist typischerweise negativ. Das wird gelegentlich zur Temperaturkompensation ausgenutzt.

Metallschichtwiderstände
Metallschichtwiderstände (Metal Film Resistors) können mit sehr geringen Toleranzen gefertigt werden (bis hinab zu ± 0,01%). Sie haben gutes Hochfrequenzverhalten und einen vergleichsweise geringen Temperaturgang. Der Metallschichtwiderstand ist die naheliegende Wahl für die weitaus meisten Anwendungen – man wird typischerweise nur dann zum Kohleschichtwiderstand greifen, wenn es um geringe Kosten geht oder wenn dessen besonderen Eigenschaften ausgenutzt werden sollen, z. B. zwecks Temperaturkompensation[8].

Metalloxidwiderstände
Metalloxidwiderstände (Metal Oxide Resistors) können Überlastung, hohe Temperaturen und andere ungünstige Umgebungsbedingungen aushalten. In dieser Technologie werden vor allem kleinere Hochlasttypen für die Leiterplattenmontage angeboten (Richtwerte: 0,5 W bis 5 W), die u. a. dort eingesetzt werden, wo hohe Impulsbelastungen auszuhalten sind (Alternative zum Kohle- und zum Drahtwiderstand). Im Vergleich zum Kohlewiderstand sind die Toleranzen geringer (Richtwerte: 1 % bis 5 %), und es können, anders als beim Drahtwiderstand, höhere Widerstandswerte gefertigt werden.

Dünn- und Dickschichtwiderstände
Dünn- und Dickschichtwiderstände (Thin / Thick Film Resistors) bestehen aus Widerstandsschichten, die auf ein Keramiksubstrat aufgebracht werden (Abb. 1.13, Tabelle 1.4). Dünnschichtwiderstände können mit höherer Genauigkeit gefertigt werden, sind aber nur wenig überlastbar. Dickschichtwiderstände hingegen können auch stärkere Impulsbelastungen aushalten. In dieser Technologie lassen sich sogar echte Hochlasttypen fertigen.

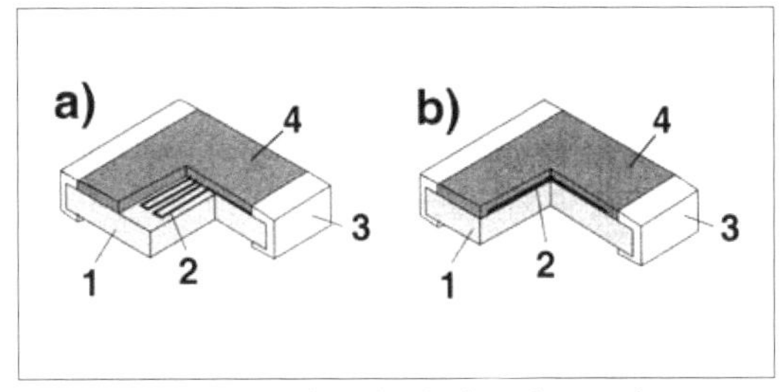

Abb. 1.13: *Dünn- und Dickschichtwiderstände. a) Dünnschicht-, b) Dickschichtwiderstand. 1 - Keramiksubstrat; 2 - Widerstandsschicht; 3 - Anschluss; 4 - Deckschicht (isolierend).*

Technologie	**Dünnschicht**	**Dickschicht**
Schichtdicke	< 1 µm	12 µm (Richtwert)
Widerstandsmaterial	NiCr	RuO_2
Aufbringen der Widerstandsschicht	Aufdampfen, Sputtering	Drucken
Besondere Vorteile	Hohe Genauigkeit, sehr geringer Temperaturgang	Höher belastbar

Tabelle 1.4: *Dünn- und Dickschichttechnologien im Vergleich.*

Metallfolienwiderstände
Metallfolienwiderstände (Bulk Metal Foil Resistors) bestehen aus dem gleichen Widerstandsmaterial wie die Drahtwiderstände. Es wird als Folie auf ein Keramiksubstrat aufgebracht. Sie weisen sehr niedrige Temperaturkoeffizienten auf und können mit hoher Genauigkeit gefertigt werden. Das Hochfrequenzverhalten ist gut (geringe parasitäre Induktivität und Kapazität). Der Wertebereich ist allerdings beschränkt. Richtwerte:

- Wertebereich: 10 Ω ...100 kΩ ,
- Belastbarkeit: 100...600 mW,
- Toleranz: ± 0,2 5%...0,01 %,
- Temperaturkoeffizient: ± 2...0,2 ppm/°C.

Widerstandsnetzwerke
Widerstandsnetzwerke (Resistor Arrays / Networks) sind Anordnungen mehrerer – vorwiegend gleichartiger – Widerstände, die in einem Gehäuse untergebracht sind (Abb. 1.14 und 1.15). Kostengünstige Typen werden

8 Bei Ersatzbestückungen (im Service) und beim Experimentieren achtgeben – manchmal kommt es nicht nur auf den Wert, sondern auch auf die Bauart des Widerstandes an ...

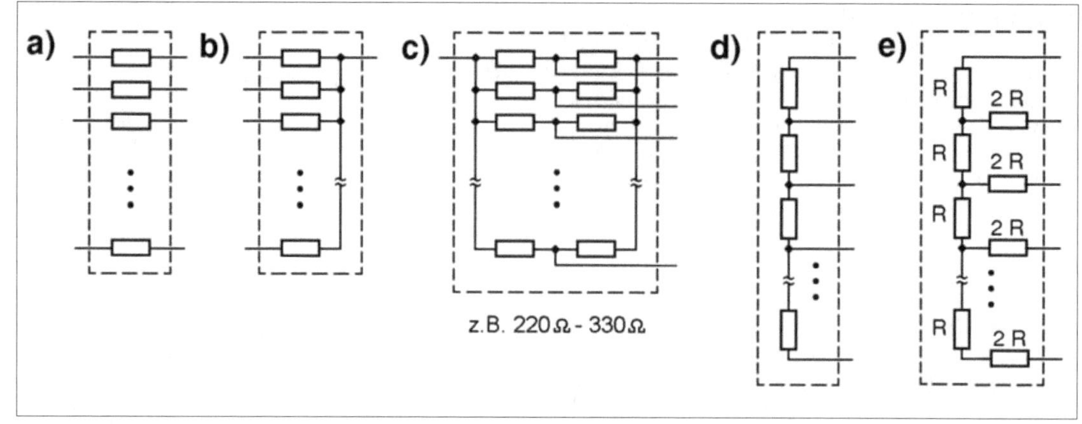

Abb. 1.14: Typische Widerstandsnetzwerke. a) einzelne Widerstände; b) Widerstände mit gemeinsamem Anschluss; c) Widerstandspaare als Spannungsteiler (z. B. Leitungsabschluss); d) mehrstufiger Spannungsteiler; e) R/2R-Leiternetzwerk.

meist in Dickschichttechnologie gefertigt, Präzisionstypen vor allem in Dünnschicht- und Metallfolientechnologie. Der einzelne Widerstand ist typischerweise mit etwa 0,1 W belastbar. Folgende Ausführungen sind üblich:

- mehrere einzelne Widerstände (Abb. 1.14a),
- Widerstände mit gemeinsamem Anschluss (Abb. 1.14b; Einsatz z. B. als Pull-up-Widerstände),
- Widerstandspaare mit zwei gemeinsamen Anschlüssen (Spannungsteiler, die z. B. als Leitungsabschluss eingesetzt werden; Abb. 1.14c),
- in Reihe geschaltete Widerstände mit Abgriffen (Spannungsteiler; Abb. 1.14d und 1.16),
- Leiternetzwerke der Art R/2R, wie sie z. B. in Analog-Digital-Wandlern eingesetzt werden (Abb. 1.14e),
- Präzisionsspannungsteiler (Abb. 1.16 und 1.17),
- anwendungsspezifische Sonderausführungen.

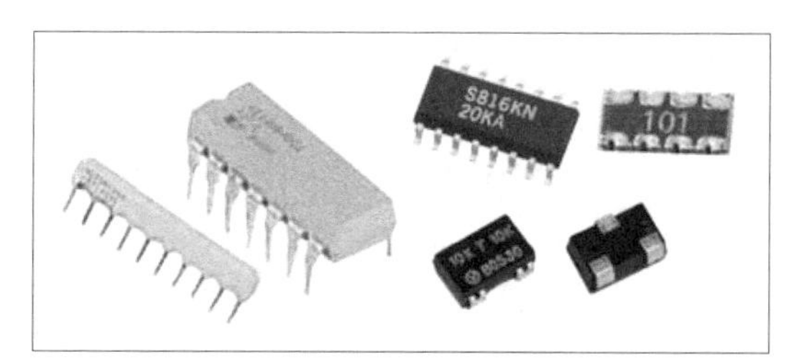

Abb. 1.15: Widerstandsnetzwerke. Links für Durchsteck-, rechts für Oberflächenmontage.

Gleichartige Widerstände im Netzwerk sind untereinander (nahezu) vollkommen gleich. Das ist dann von besonderer Bedeutung, wenn es vor allem auf Widerstandsverhältnisse ankommt und weniger auf absolute Werte (Spannungsteiler, Beschaltung von Operationsverstärkern usw.). Diese Eigenschaft kommt in besonderen Kennwerten zum Ausdruck (Tabelle 1.5):

- Widerstandsverhältnis oder Toleranz zwischen den Widerständen (Resistance Ratio, Matching Tolerance o. dergl.),
- gegenseitige Abweichungen im Temperaturgang (Tracking Temperature Coefficient)[9].

9 Dieser Wert gilt allerdings nur dann, wenn alle Widerstände im Netzwerk der gleichen Umgebungstemperatur ausgesetzt sind, wenn es also nicht an einem Ende des Bauelements kälter ist als am anderen (ggf. beim Anordnen auf der Leiterplatte beachten).

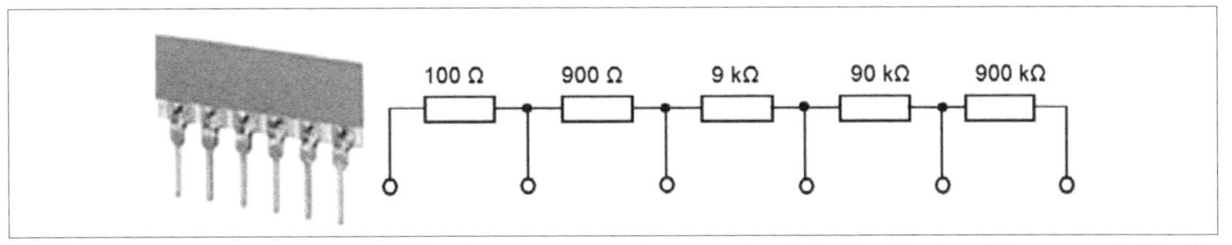

Abb. 1.16: *Dekadischer Spannungsteiler in Dünnschichttechnologie (nach [1.3]). Absolute Toleranz: ± 0,1%, Widerstandsverhältnis: ± 0,01%....0,1%; Temperaturkoeffizient absolut: ± 25 ppm; gegenseitige Abweichung: ± 5 ppm.*

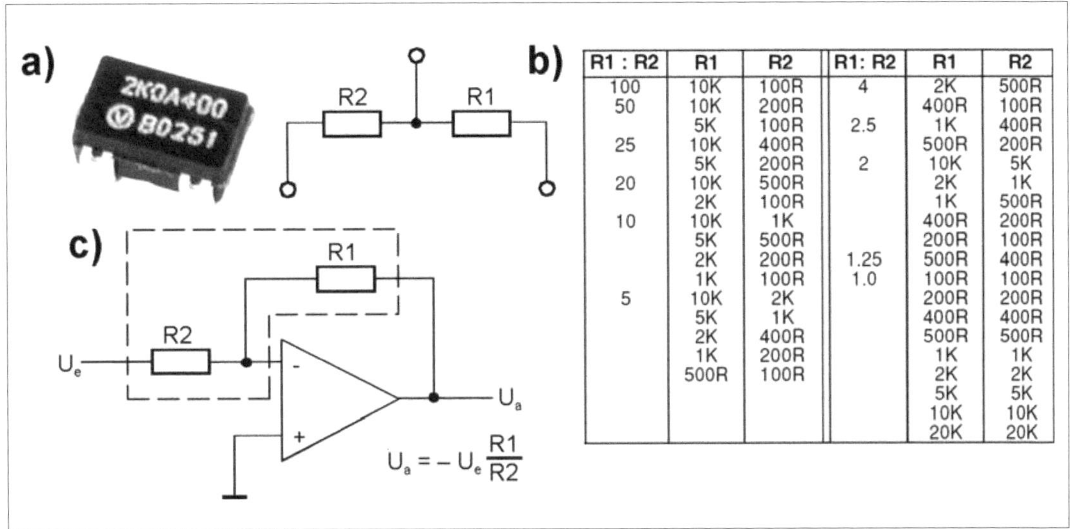

R1 : R2	R1	R2	R1: R2	R1	R2
100	10K	100R	4	2K	500R
50	10K	200R		400R	100R
	5K	100R	2.5	1K	400R
25	10K	400R		500R	200R
	5K	200R	2	10K	5K
20	10K	500R		2K	1K
	2K	100R		1K	500R
10	10K	1K		400R	200R
	5K	500R		200R	100R
	2K	200R	1.25	500R	400R
	1K	100R	1.0	100R	100R
5	10K	2K		200R	200R
	5K	1K		400R	400R
	2K	400R		500R	500R
	1K	200R		1K	1K
	500R	100R		2K	2K
				5K	5K
				10K	10K
				20K	20K

Abb. 1.17: *Präzisionsspannungsteiler in Metallfolientechnologie (nach [1.4]).*
a) das Bauelement; b) gängige Widerstandsverhältnisse und Widerstandswerte; c) eine typische Anwendung. Absolute Toleranz: ± 0,02 %, Widerstandsverhältnis: ± 0,01 %. Temperaturkoeffizient absolut: ± 2 ppm/°C; gegenseitige Abweichung: ± 0,5 ppm/°C.

	Dickschichtnetzwerke	**Dünnschichtnetzwerke**
Wertebereich	10 Ω...10 MΩ	100 Ω...200 kΩ
Absolute Toleranz	±1 %...5 %	± 0,25 %
Toleranz zwischen den Widerständen	Typischerweise nicht spezifiziert. Richtwert < ± 1 %	Zwischen ± 1% und ± 0,05 % (gängige Präzisionstypen 0,1%)
Absoluter Temperaturkoeffizient	± 100...250 ppm/°C	± 25 ppm/°C
Gegenseitige Abweichung	± 50 ppm/°C	± 2...10 ppm/°C

Tabelle 1.5: *Daten typischer Widerstandsnetzwerke (Richtwerte).*

1.2.3 Festwiderstände im Einsatz

Allgemeine Anwendungen

An die meisten Widerstände werden keine besonderen Anforderungen gestellt. Es genügt, einen nach Wert, Toleranz, Belastbarkeit und Technologie geeigneten Typ aus einem der gängigen Kataloge auszuwählen. Tabelle 1.6 gibt einen Überblick über typische Bereiche der Kennwerte.

Technologie	Draht	Kohleschicht	Metallschicht
Wertebereich	0,1Ω ...100 kΩ	10 Ω ...4,7 MΩ	1 Ω ...10 MΩ
Toleranzen	± 1%...10%	± 5%...20%	± 0,1%...10%
Belastbarkeit	Von 2,5 W an aufwärts	0,125 W...2 W	0,125 W...1 W
Temperatur-koeffizient	± 20...150 ppm/° C	- 200...800 ppm/° C	± 2...200 ppm/°C
typische Baureihen	5 W; ± 5%	0,25 W; ± 5%	0,25 W...0,6 W; ± 1%

Tabelle 1.6: *Kennwerte gängiger Widerstandsbaureihen für allgemeine Anwendungen.*

Null-Ohm-Widerstände

Der Null-Ohm-Widerstand ist ein Bauteil, das wie ein Widerstand aussieht, aber eigentlich eine Drahtbrücke ist, die keinen nennenswerten Widerstand aufweist. Weshalb nimmt man dann nicht gleich ein Stück Draht? – Es müsste von Hand zurechtgebogen und (auf der Leiterplatte) bestückt werden. Hingegen kann man Null-Ohm-Widerstände (die es in allen Widerstandsbauformen gibt) in üblichen Bestückungsautomaten verarbeiten.

Präzisionswiderstände

Wirkliche Präzision beginnt bei einer Genauigkeit, die besser ist als ± 1%. Zur Präzision gehören aber auch ein geringer Temperaturkoeffizient, geringe Spannungsabhängigkeit und gute Langzeitstabilität. Derart hochgenaue Widerstände werden in verschiedenen Technologien gefertigt (Tabelle 1.7). Sie sind vergleichsweise teuer. Die Mehrkosten sind aber oftmals gerechtfertigt – vor allem dann, wenn es durch Einsatz derartiger Bauelemente möglich ist, Einstellvorgänge zu vermeiden.

Schutz- und Sicherungswiderstände

Schutzwiderstände sollen Einschaltströme, von Störungen hervorgerufene Stromspitzen usw. begrenzen. Hierbei kommt es weniger auf enge Toleranzen an, sondern darauf, dass die Bauelemente eine jeweils typische impulsförmige Überlastung aushalten. Sie werden vor al-

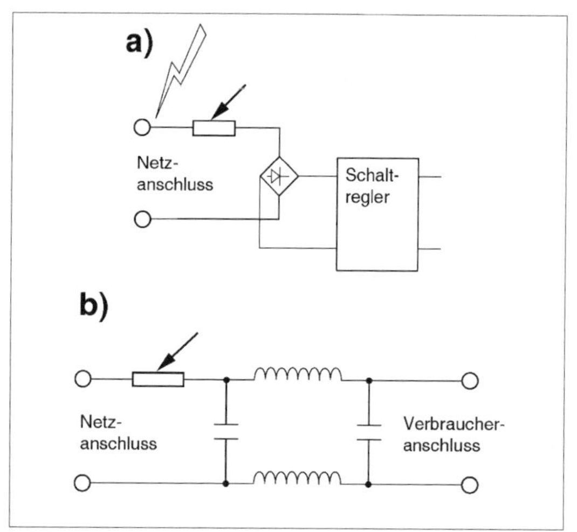

Abb. 1.18: *Zwei Anwendungsfälle von Sicherungswiderständen (nach [1.5]). a) Netzanschluss eines Schaltnetzteils oder Ladegeräts; b) Netzfilter. Der Widerstand muss Einschaltströme begrenzen und gelegentlich sogar die Auwirkungen von Blitzschlägen wegstecken können. Wenn es überhaupt nicht mehr geht (z. B. bei einem Kurzschluss in der nachgeordneten Schaltung), muss er durchschmelzen und den Stromkreis trennen.*

Technologie	Toleranz	Temperaturgang	Anmerkungen
Draht	± 0,1 %...0,005 %. Handelsüblich z. B. ± 0,1 % ; +- 0,05 %; +- 0,01 %	bis zu ± 3 ppm/°C	Nur für Gleichstrombetrieb geeignet (z. B. zum Bereitstellen von Referenzspannungen)
Metallschicht	Handelsüblich z. B. +- 0,5%; ± 0,25%; +- 0,1%	± 15...25 ppm/°C	
Dünnschicht	Handelsüblich z. B. +- 0,5%; ± 0,1%; +- 0,05%	± 25 ppm/°C	Praktisch kaum überlastbar, Betriebsspannung zwischen 25 und 100 V
Dickschicht	± 0,5%; +- 0,1%	± 50 ppm/°C	
Metallfolie	± 0,25%...0,01% (handelsüblich). Extreme Genauigkeiten bis ca. +- 0,0005%	± 2...0,2 ppm/° C	Betriebsspannung z. B. 25 V

Tabelle 1.7: *Präzisionswiderstände (allr Datenangaben sind Richtwerte).*

lem in Kohle-, Draht-, Metalloxid- oder Dickschichttechnologie gefertigt.

Sicherungswiderstände sind Schutzwiderstände, die bei dauernder Überlastung garantiert durchbrennen[10], so dass der Stromkreis sicher getrennt wird. Sie vereinen die Funktionen eines strombegrenzenden Vorwiderstandes und einer Schmelzsicherung (Abb. 1.18 bis 1.20). Richtwerte:

- Wertebereich: 1 Ω ...einige kΩ,
- Belastbarkeit: 0,125 W...2 W,
- Toleranz: ± 2 %, ± 5 %, ± 10%.

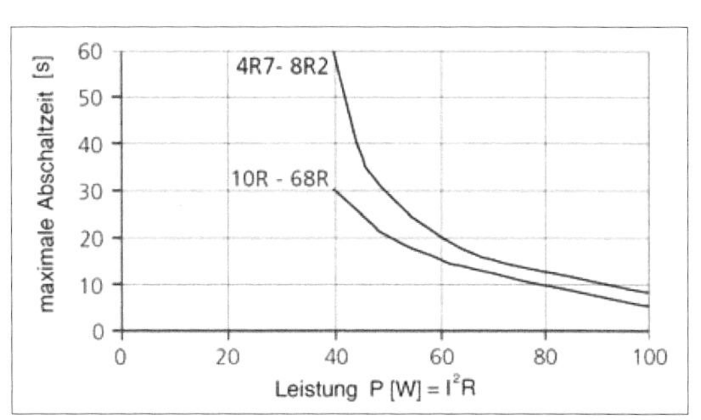

Abb. 1.20: Das Abschaltverhalten von Sicherungswiderständen. Zwei Beispiele (nach [1.6]).

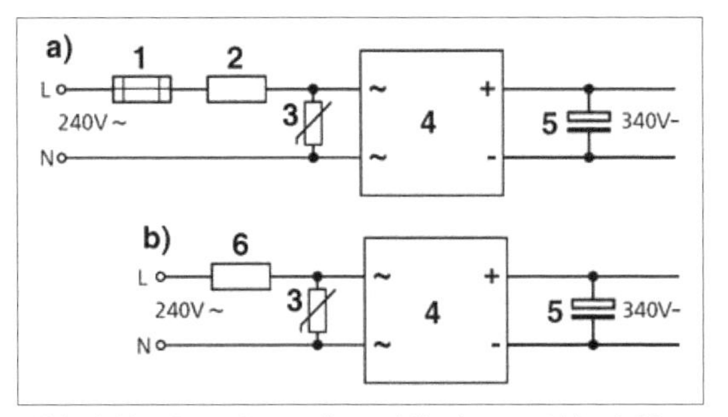

Abb. 1.19: Der Anwendungsfall a) von Abb. 1.19 im Einzelnen (nach [1.6]). a) herkömmliche, b) zeitgemäße Lösung. 1 - Feinsicherung; 2 - Strombegrenzungswiderstand; 3- Metalloxidvaristor oder Suppressordiode; 4 - Brückengleichrichter; 5 - Ladekondensator; 6 - ein Sicherungswiderstand ersetzt Feinsicherung 1 und Strombegrenzungswiderstand 2. Der Sicherungswiderstand muss die typischen Einschaltströme und zeitweilige Spannungsspitzen aushalten, bei bei einem Dauerkurzschluss (z B. im Brückengleichrichter oder Ladekondensator) jedoch durchbrennen.

Widerstandswert	115 V		
	Leistungsumsatz	Abschaltzeit	
		Typ.	Max.
4,7 Ω	2,8 kW	0,1	0,3
68 Ω	195 W	1	3
Widerstandswert	**240 V**		
	Leistungsumsatz	**Abschaltzeit**	
		Typ.	**Max.**
4,7 Ω	12 kW	0,03	0,1
68 Ω	850 W	0,1	0,3

Tabelle 1.8: Abschaltzeiten beim Einsatz an Netzanschlüssen (nach [1.6]).

Hinweis: Abb. 1.20 betrifft das Abschaltverhalten bei minimaler Abschaltleistung. Typische Abschaltzeiten liegen bei etwa 1/3 des jeweiligen Maximalwertes. Bei Einsatz an Netzanschlüssen (vgl. Abb. 1.18 und 1.19) führt der Kurzschluss eines Entstörkondensators oder eines Netzgleichrichters dazu, dass über dem Widerstand nahezu die volle Netzspannung abfällt. Hierdurch ergibt sich ein Leistungsumsatz von mehreren hundert W, und die Abschaltzeiten liegen typischerweise unter einer Sekunde (Tabelle 1.8).

Widerstandswert	Betriebs-spannung	Anmerkungen
100k...100 M	1... 3 kV	SMD Dickschicht
100k...10M	1,6...3,5 kV	Axiale Drahtanschlüsse; ½ und ¼ W
47k...1G	1,7...10 kV	Axiale Drahtanschlüsse; 1, ½ und ¼ W
20k...1,5G1,	10...10 kV	Dickschichttechnologie, flache Bauform
1k...50G	4...100 kV	Dickschichttechnologie; axiale Anschlüsse
100 M...100 T (10^{14} Ω)	0,5...1 kV	Glasgehäuse mit zusätzlichem Schutzanschluss (Guard Band)

Tabelle 1.9: Typische Baureihen von Hochspannungswiderständen (nach [1.7])

10 Und zwar so, dass in der Umgebung nichts anbrennt...

Hochspannungswiderstände
Hochspannungswiderstände sind für sehr hohe Spannungen zugelassen. Manche haben extreme Widerstandswerte. Typische Toleranzen: ± 1%, ± 2%, ± 5 %. Temperaturkoeffizent: ± 25...250 ppm/°C.
Tabelle 1.9 gibt einen Überblick über typische Ausführungen.

Strommesswiderstände
Strommesswiderstände (Shunts, Current Sensing Resistors) werden nicht nur in der Messtechnik verwendet. In Stromversorgungs- und Leistungsschaltungen sowie zur Überwachung der Lade- und Entladeströme von Akkumulatoren werden sie in großen Stückzahlen eingesetzt. Strommesswiderstände haben sehr geringe Widerstandswerte (Tabelle 1.10). Sie müssen sowohl den jeweiligen Dauerstrom als auch Impulsbelastungen (z. B. Einschaltströme) aushalten. Die Abb. 1.21 und 1.22 veranschaulichen typische Einsatzfälle. Das Angebot umfasst neben den ursprünglich für die Messtechnik bestimmten Spezialtypen (Abb. 1.23) auch kostenoptimierte Bauformen (Abb.1.24). Richtwerte:

- Wertebereich: 0,1 mΩ ...1Ω,
- Belastbarkeit: 0,5...20 W,
- Toleranz: ± 1 %..10 %,
- Temperaturkoeffizient: ± 500...100 ppm/°C.

Zur Auswahl:

1. Welcher Strom fließt durch den Widerstand?

2. Was geschieht bei Überlastung (z. B. Einschalt- oder Kurzschlussströme)? Greifen dann andere Maßnahmen (z. B. Einschaltstrombegrenzung, Sicherung) oder muss der Messwiderstand diese Betriebsfälle aushalten?

3. Wie hoch darf die Induktivität des Widerstands sein? – Sie ist dann vonn Bedeutung, wenn Impuls- oder Wechselströme zu erfassen sind. Drahtwiderstände (mit Induktivitäten von mehreren nH) und Dickschichttypen mit wendelförmiger Widerstandsbahn sind dann nicht einsetzbar (als Alternative kommen flächenhafte Dickschicht- oder Metalltypen in Betracht; vgl. auch Abb. 1.25).

4. Welchen Spannungsabfall (Bürdenspannung) kann man sich leisten? – Es liegt nahe, diese anwendungsseitige Grenze auszunutzen, damit die Auswerteschaltung nicht zu aufwendig wird. Ein hoher Spannungsabfall bedeutet aber auch hohe Verlustleistung im Strommesswiderstand. Deshab muss ein Kompromiss gefunden werden. Richtwerte: Strommessverstärker-Schaltkreise (Current-Shunt Monitors) arbeiten mit Messspannungen zwischen 20 und 200 mV, übliche (3½stellige) Digitalmultimeter nutzen zur Strommessung einen Spannungsmessbereich von 200 mV. Viele Messschaltungen ähnlich Abb. 1.21 sind so ausgelegt, dass am Messwiderstand etwa 100 mV abfallen, wenn der durchfließende Strom seinen Nenn- oder Sollwert hat .

Praxistipp: Bei der Strommessung geht es um mV. Deshalb darauf achten, dass die Messung nicht durch magnetische Streufelder beeinflusst wird. Die Messanordnung (vgl. Abb. 1.22) gedrängt aufbauen (Bauelemente eng zusammen, Leiterzüge der Messspannung mit geringstem Abstand nebeneinander).

Widerstandswert	Spannungsabfall (Bürdenspannung)	Strommessbereich	Richtwerte[2)]
1 Ω	1 V/A = 1 mV/mA	200 mA[1)]	200 mA – 200 mV – 40 mW
100 mΩ	100 mV/A	2 A[1)]	2A – 200 mV – 0,4 W
10 mΩ	10 mV/A	20 A[1)]	20 A – 200 mV – 4 W
1 mΩ	1 mV/A	50...> 100 A	100 A – 100 mV – 10 W
0,1 mΩ	100 µV/A	≥ 150 A	150A – 15 mV – 2,25 W

1): betrifft einen Spannungshub von 200 mV (vgl. die üblichen Digitalmultimeter);
2): angegeben sind jeweils: Strom - Spannungsabfall - Verlustleistung

Tabelle 1.10: *Strommesswiderstände (Auswahl).*

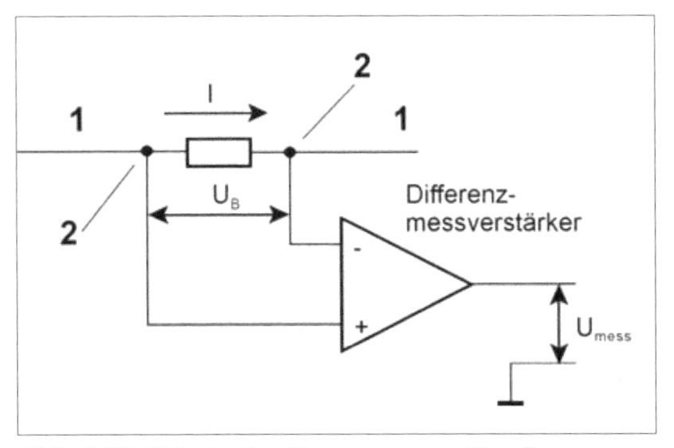

Abb. 1.21: Prinzip der Strommessung. Der Spannungsabfall über dem Messwiderstand (Bürdenspannung U_B) wird vom Differenzmessverstärker in eine Messspannung (U_{mess}) umgesetzt.
1 - Stromweg; 2 - Abnahme der Bürdenspannung. Richtwert: U_B bei Sollwert der Stromstärke (Nennstrom) = 100...200 mV.

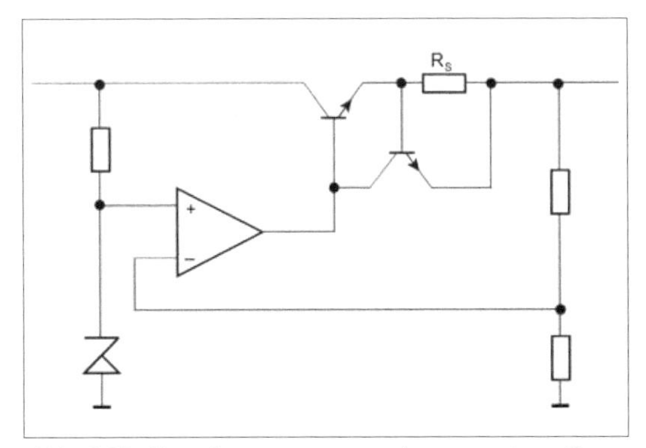

Abb. 1.22: Strombegrenzung am Ausgang einer Spannungsstabilisierungsschaltung (nach [1.5]). Der Widerstand R_S muss sorgfältig ausgewählt werden. Zum einen muss bei maximalem Stromfluss eine Spannung abfallen, die ausreicht, den zugehörigen Transistor aufzusteuern, zum anderen muss der Widerstand den maximalen Strom womöglich über Stunden hinweg aushalten.

Vierdrahtanschluss (Kelvin Sensing)

Solche Strommesswiderstände haben unabhängige Anschlüsse für Stromweg und Spannungsmessung (vgl. Abb. 1.23a, c, d). Damit wird vermieden, dass der Spannungsabfall, der über den stromführenden Leitungen und Anschlüssen auftritt (Zuleitungswiderstand) mitgemessen wird.

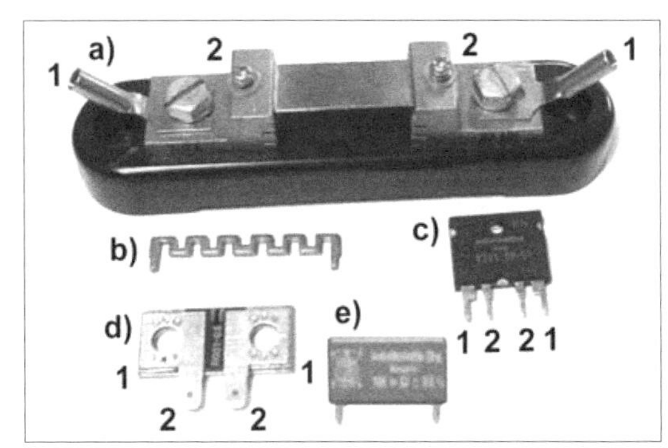

Abb. 1.23: Herkömmliche Strommesswiderstände. a) Hochstrom-Shunt (1 m , 50 A); b) Hochstrom-Shunt in kostengünstiger Ausführung (10 mΩ, 20 A); c) Präzisionsshunt 10 W (bei Montage auf Kühlkörper); d) Präzisionsshunt 1 mΩ für Montage zwischen Stromschienen (max. 20 W); e) Präzisionsshunt 1 W. a), c) und d) sind für Vierdrahtanschluss ausgelegt. 1 - Stromweganschlüsse; 2 - Spannungsmessanschlüsse.

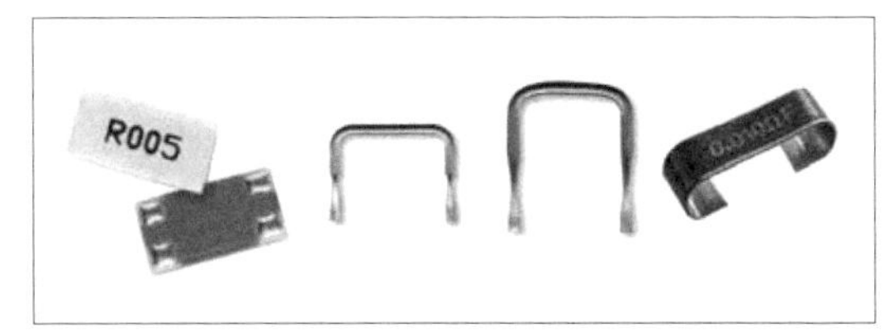

Abb. 1.24: Kostengünstige Strommesswiderstände (nach [1.8] und [1.9]). Links ein Dickfilm-Chipwiderstand für Vierdrahtanschluss; Mitte und rechts einfache Metallwiderstände.

Die Dickfilmtypen haben einige Vorteile (Abb. 1.25 und 1.26). Da sie eine größere Fläche haben, strahlen sie die Wärme gleichmäßiger ab (demgegenüber leiten

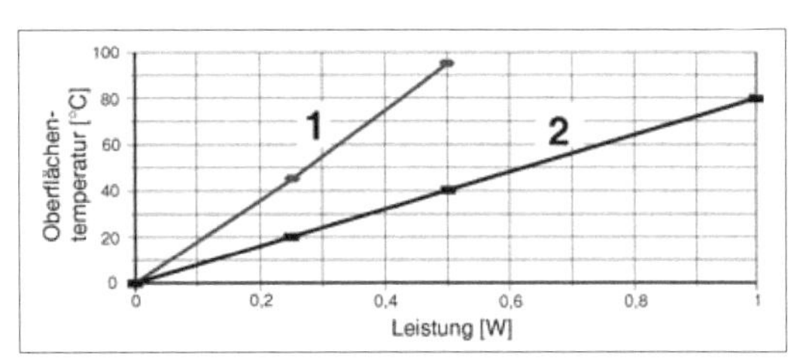

Abb. 1.25: Ein Vorteil des Dickfilm-Chipwiderstandes – er wird nicht so warm (nach [1.1]). Der einfache Metallwiderstand 1 (vgl. Abb. 1.25 Mitte und rechts) erreicht schon bei Belastung mit 0,5 W eine Oberflächentemperatur von über 90° C. Der Chipwiderstand 2 kommt bei dieser Belastung auf nur 40° C.

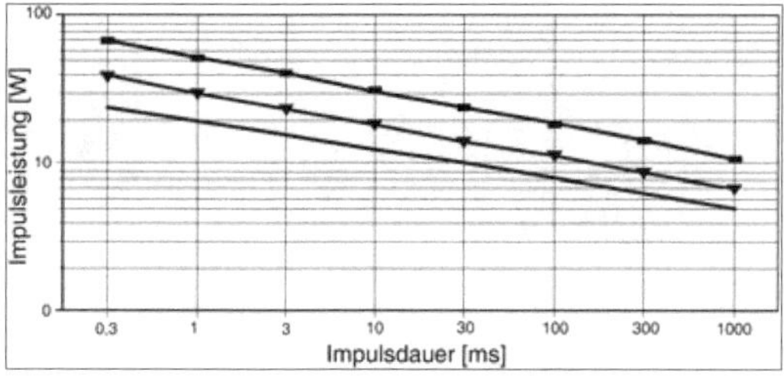

Abb. 1.26: *Zur Impulsbelastbarkeit verschiedener Typen von Dickfilm-Chipwiderständen (nach [1.1]). Je kürzer der Impuls, desto höher ist die Verlustleistung, die der Widerstand aushalten kann.*

Metallwiderstände die Wärme großenteils über die Lötanschlüsse in die Leiterplatte ein), und sie halten kurzzeitige Überlastungen (z. B. infolge von Einschaltströmen) gut aus.

Hochlastwiderstände

Hochlastwiderstände werden für Leistungsbereiche von einigen W bis zu mehreren hundert W angeboten. Sie werden typischerweise als Draht-, Metalloxid- oder Dickschichtwiderstände gefertigt (Abb. 1.27). Anwendungsbeispiel: das Abbremsen von Elektromotoren (Bremswiderstände).

Nennwerte

Die Staffelung der typischen Baureihen entspricht der Normreihe E12: 1,0 – 1,2 – 1,5 – 1,8 – 2,2 – 2,7 – 3,3 – 3,9 – 4,7 – 5,6 – 6,8 – 8,2.

Nennverlustleistung

Die typische Staffelung: 0,5 W – 1 W – 2 W – 2,5 W – 3 W – 6 W – 10 W – 15 W – 25 W – 50 W – 100 W – 200 W – 300 W. Preisgünstige Baureihen sind für 0,5 bis ca. 10 W bei Toleranzen von typischerweise ± 1% oder ± 5% ausgelegt. Bauelemente in diesem Verlustleistungsbereich können noch auf Leiterplatten oder zwischen Lötstützpunkten montiert werden. Typen mit einer Belastbarkeit von 10 W an aufwärts sind auf entsprechenden Kühlkörpern oder Kühlflächen zu befestigen[11].

Hinweis: Bei der Unterbringung solcher Bauelemente auf die Umgebung achten (Abstand von der Leiterplatte, zu benachbarten Bauelementen und Gehäuseteilen, Berührungsschutz usw.). Werden z. B. Drahtwiderstände hinsichtlich ihrer Belastbarkeit voll ausgenutzt (offene, glasierte oder zementierte Ausführungen), so können Oberflächentemperaturen von über 400 °C auftreten.

Hoch belastete Widerstände werden warm

Da hilft auch extreme Überdimensionierung (z. B. ein 100-W-Widerstand für 20 W Verlustleistung) nichts. Die Nennverlustleistungen von Hochlast-Typen in Metallgehäusen (Abb. 1.28) können nur bei Montage auf entsprechenden Kühlkörpern ausgenutzt werden. Zulässige Verlustleistung ohne Kühlkörper: bei 10...100-W-Typen 50% der Nennverlustleistung, bei 200- und 300-W-Typen 25% der Nennverlustleistung. Tabelle 1.11 gibt zusammen mit den Abbildungen 1.29 bis 1.31 einige Anregungen zur Dimensionierung von Kühlvorkehrungen und zur Ausnutzung der Bauelemente.

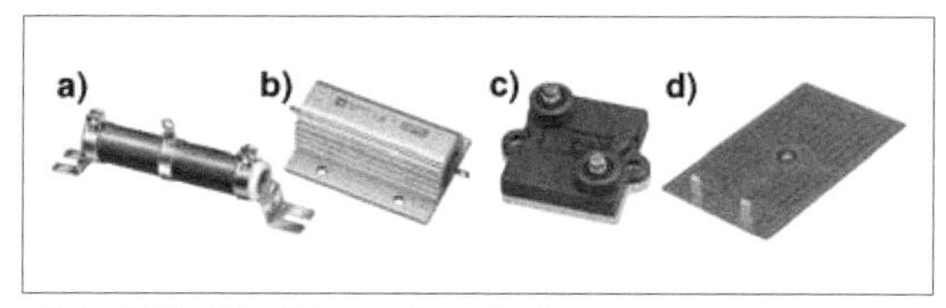

Abb. 1.27: *Hochlastwiderstände.*
a) Drahtwiderstand mit Abgriffschelle.
b) Drahtwiderstand in Aluminiumgehäuse;
c) Dickfilmwiderstand;
d) Dickfilmwiderstand auf Stahlplatine.

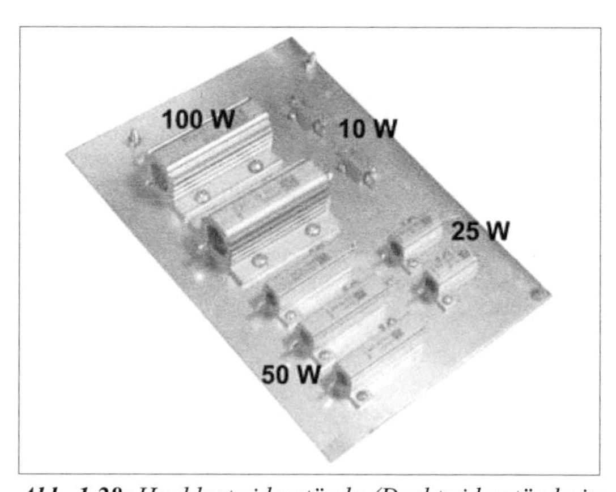

Abb. 1.28: *Hochlastwiderstände (Drahtwiderstände in Aluminiumgehäuse).*

11 Aber bitte fachmännisch ... (Wärmeleitpaste dazwischen, richtig verschrauben usw.).

Nennverlust-leistung	Belastbarkeit bei 25° C		Kühlfläche
	Mit Kühlkörper	Ohne Kühlkörper	
5 W	10 W	5,5 W	415 cm²; 1 mm dick
10 W	16 W	8 W	415 cm²; 1 mm dick
25 W	25 W	12,5 W	535 cm²; 1 mm dick
50 W	50 W	20 W	535 cm²; 1 mm dick
75 W	75 W	45 W	995 cm²; 3 mm dick
100 W	100 W	50 W	995 cm²; 3 mm dick
150 W	150 W	55 W	995 cm²; 3 mm dick
200 W	200 W	50 W	3750 cm²; 3 mm dick
250 W	250 W	60 W	4765 cm²; 3 mm dick
300 W	300 W	75 W	5780 cm²; 3 mm dick

Tabelle 1.11: *Hochlastwiderstände in Aluminiumgehäuse. Richtwerte zur umsetzbaren Verlustleistung und zu den Erfordernissen der Kühlung (nach [1.10])*

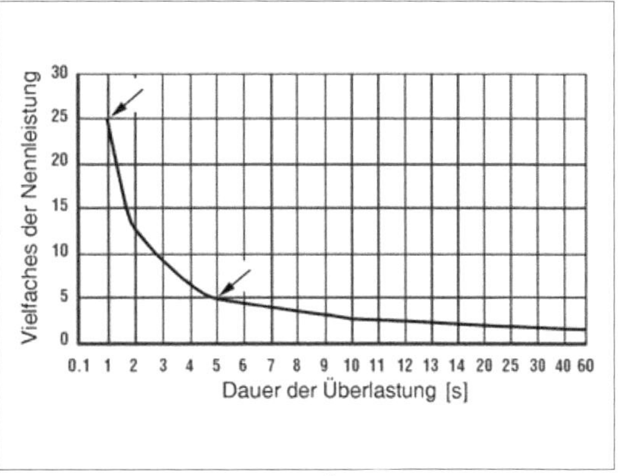

Abb. 1.30: *Zur kurzzeitigen Überlastbarkeit von Hochlastwiderständen in Aluminiumgehäusen (nach [1.10]). Ablesebeispiele (Pfeile): Eine 25fache Überlastung darf bis zu einer Sekunde dauern, eine fünffache Überlastung bis zu fünf Sekunden. Das sollte eigentlich ausreichen, um darauf zu reagieren ...*

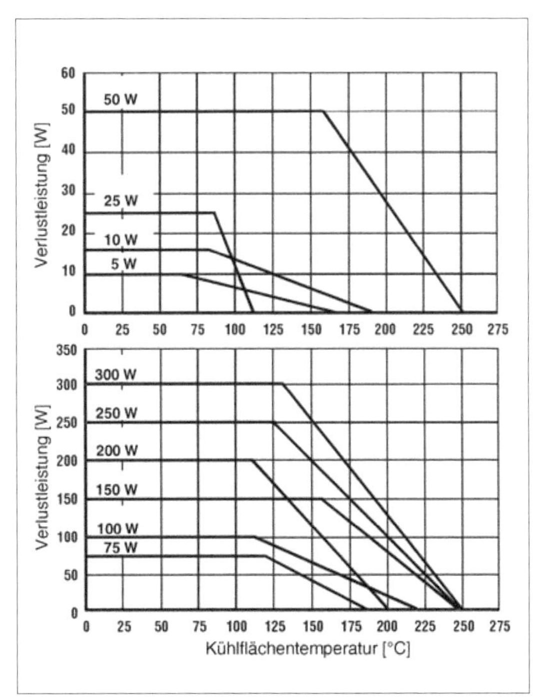

Abb. 1.29: *Derating-Kurven für Hochlastwiderstände in Aluminiumgehäusen (nach [1.10]). Oben 5 W bis 50 W, darunter 75 W bis 300 W. Zum Derating s. S. 33 - 37.*

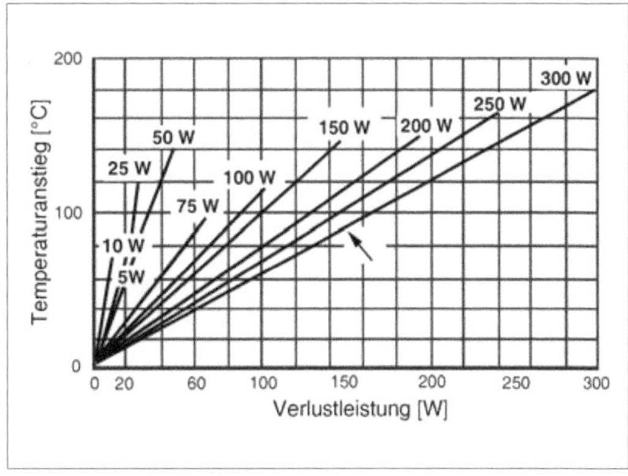

Abb. 1.31: *Auch die Kühlkörper werden warm ... Der Anstieg der Oberflächentemperatur in Abhängigkeit von der umgesetzten Verlustleistung für Hochlastwiderstände mit 5 bis 300 W Nennleistung bei Montage auf einer Kühlfläche gemäß Tabelle 1.11 (nach [1.10]). Ablesebeispiel (Pfeil): werden in einem 300-W-Widerstand 150 W umgesetzt, steigt die Temperatur der Kühlfläche um mehr als 80 Grad – und das, obwohl sie über einen halben Quadratmeter umfasst ...*

Leiter als Widerstände

Niederohmige Widerstände (z. B. Strommesswiderstände) kann man auch mit Draht oder mit Leiterzügen realisieren.

Rechenweg:

1. Den erforderlichen Querschnitt bestimmen (Strombelastbarkeit).
2. Länge berechnen. Tabelle 1.12 enthält einige Richtwerte. Um genau zu rechnen, (1.28) umstellen:

$$l = \frac{R \cdot A}{\rho}; \quad l = R \cdot A \cdot \gamma \qquad (1.30)$$

Eine entsprechende Leiterbahn wird üblicherweise als Mäander ausgeführt. Der Vorteil: Es ist kein Widerstandsbauelement erforderlich. Die Nachteile:

- Es wird deutlich mehr Leiterplattenfläche belegt.
- Kupfer hat einen extrem hohen Temperaturkoeffizienten (etwa 4000 ppm/°C). Die Genauigkeit ist somit beschränkt. Günstigstenfalls ergibt sich eine Toleranz in der Größenordnung von ± 5 %.

Breite	Dicke			
	18 µm	35 µm	70 µm	105 µm
0,3 mm	31,9	16,4	8,2	5,5
0,5 mm	19,2	9,8	4,9	3,2
1 mm	9,6	4,9	2,45	1,6

Tabelle 1.12: *Zur Orientierung: 1 cm Leiterbahn hat den jeweils angegebenen Widerstand in mΩ (bei Normaltemperatur).*

Durch Nutzung von Widerstandsdraht (vgl. Tabelle 1.3) kann man hohe Anforderungen an die Genauigkeit erfüllen. Braucht man aber eine Länge, die man nicht mehr als einfache Drahtbrücke verlegen kann (Richtwert: mehr als 10 cm), so läuft es darauf hinaus, einen Drahtwiderstand selbst zu bauen. Ob sich das lohnt, ist Sache der Kosten-Nutzen-Rechnung.

1.2.4 Festwiderstände auswählen

Der Ausgangspunkt

Aus der Schaltungsentwicklung heraus hat sich ein Widerstandswert R_E ergeben. Zu Beginn des Auswahlvorgangs ist zu klären:

1. Mit welcher Toleranz ist dieser Wert einzuhalten?
2. Kann ein passender Standardwert R_S gefunden werden?

Wenn nicht: Wie genau kommt es wirklich darauf an? Um dies zu beurteilen, müssen wir untersuchen, wozu das Bauelement in der Schaltung eigentlich dient (Abb. 1.32).

Wenn der Wert R_E präzise einzuhalten ist, aber kein passender Standardwert R_S zu finden ist:

- Lässt sich der geforderte Wert mit einer Kombination aus mehreren Standardwerten darstellen (Reihen- und/oder Parallelschaltung)?
- Kommt ein Abgleichen in Betracht (Trimmer) oder eine Maßnahme in einem anderen Teil der Schaltung (z. B. eine passende Verstärkungseinstellung)?
- Lohnt sich die Fertigung eines anwendungsspezifischen Bauelements? Es ist eine Frage der Kosten, der Termine und der Stückzahl.
- Probieren, ob sich durch Schaltungsänderung nicht doch etwas machen lässt (Motto: Lasst Euch was einfallen ...).

Anwendungsspezifische Widerstände

Es gibt immer wieder verlockende Angebote, die nicht nur von sechsstelligen Stückzahlen an von Interesse sind. Beispielsweise haben Muster von Dick- und Dünnschichtnetzwerken Lieferzeiten von einigen Tagen bis einigen Wochen. Dafür erhält man aber auch Anwendungseigenschaften (Toleranzen, Temperaturgang, Frequenzgang usw.), die sich mit hausbackenen Lösungen nur mit hohem Aufwand oder überhaupt nicht verwirklichen lassen.

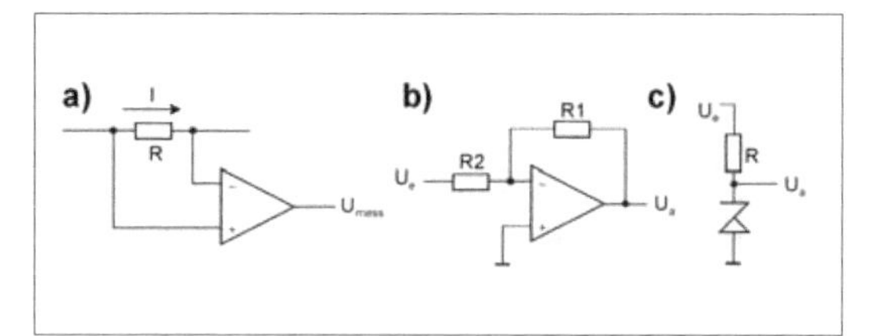

Abb. 1.32: *Typische Anwendungsfälle von Widerständen. a) Strommessung. Der Widerstandswert bestimmt den Messwert. Es kommt also wirklich darauf an. b) Die Verstärkung dieser Schaltung wird durch das Widerstandsverhältnis (R2:R1) bestimmt. Es kommt auf das Verhältnis an, nicht auf die Absolutwerte. c) Der Widerstand bestimmt den Stromfluss durch ein nichtlineares Bauelement, das seinerseits die Höhe der Ausgangsspannung bestimmt. Der Widerstand muss nur dafür sorgen, dass weder zuviel noch zuwenig Strom durchfließt. Aus diesen Grenzen ergibt sich typischerweise ein breiter Bereich zulässiger Nennwerte.*

Es hat sich ein Standardwert R_S gefunden
Jetzt ist ein Bauelement zu wählen, das die im Einsatz auftretenden Belastungen aushält:

1. Welcher Strom I muss schlimmstenfalls durchfließen?
   Daraus ergibt sich die Verlustleistung $P = I^2 \cdot R$. Baureihe mit entsprechender Belastbarkeit suchen:

   a) Es geht um Versuche oder um unkritische Einsatzfälle (z. B. Büroumgebung, keine übermäßige Wärmeentwicklung usw.): berechnete Verlustleistung P mal zwei (doppelte Sicherheit). Dann eine Baureihe mit der nächst-höheren Belastbarkeit wählen. Eine weitergehende Überdimensionierung lohnt sich typischerweise nicht.

   b) Es kommt wirklich darauf an (ungünstige Betriebsbedingungen und/oder konsequente Kostenoptimierung): Genau nachrechnen (Derating / Uprating).

2. Welche Spannung U kann schlimmstenfalls über dem Widerstand abfallen? Eine Baureihe mit entsprechender Betriebsspannung (Limiting Element Voltage) suchen. Gegenkontrolle: $U \leq \sqrt{P \cdot R}$. Gegebenenfalls ein Bauelement mit entsprechend höherer Nennverlustleistung wählen.

   Richtwerte zur Betriebsspannung: Bis 0,25 W Belastbarkeit: um 150 V, höher belastbare Typen bis zu 1 000 V.

   Abhilfe: Für hohe Spannungen mehrere Widerstände in Reihe schalten (Richtwerte: wenigstens 1 W, Spannungsabfall über dem einzelnen Widerstand ca. 500 V).

3. Welche Spannungen ergeben sich zwischen dem Widerstand und benachbarten Bauelementen, dem Gehäuse usw.? Mit anderen Worten: Kommt es auf Isolationsspannung, Isolationswiderstand und Durchschlagfestigkeit an?

4. Handelt es sich um besondere Einsatzbedingungen (z. B. Impulsbelastung)? Wenn ja, eine passende Ausführung suchen und die Eignung anhand der Datenblattangaben kontrollieren.

5. Wie kritisch ist das Temperaturverhalten? Kommt es hier auf hohe Genauigkeit an (kein Temperaturgang)? Wenn ja, sind folgende Möglichkeiten zu untersuchen:

   - Wahl eines Typs mit hinreichend geringem Temperaturkoeffizienten,
   - Kühlung (durch Kühlkörper, Lüfter usw.), damit die Temperatur nicht allzu sehr ansteigt,
   - Schaltungsmaßnahmen zur Temperaturkompensation,
   - im Extremfall: Temperaturkonstanthaltung (Thermostat).

Temperaturberechnungen
Die Temperatur hat Einfluss auf die Genauigkeit und darauf, ob das Bauelement überlastet wird oder nicht, mit anderen Worten, ob es überhaupt zuverlässig arbeiten kann. Die Temperatur, der der Widerstand ausgesetzt ist (Gehäusetemperatur T_C), ergibt sich aus zwei Anteilen:

- der Umgebungstemperatur T_A,
- der Eigenerwärmung ΔT infolge der im Widerstand umgesetzten Verlustleistung.

$$T_C = T_A + \Delta T \quad (1.31)$$

Temperatur und Genauigkeit
Der Einfluss der Temperatur wird durch den Temperaturkoeffizienten TCR (TK, α) beschrieben. Die Genauigkeit im praktischen Einsatz wird durch zwei Anteile bestimmt:

1. Durch die Toleranz nach Datenblatt. Diese gilt bei Bezugstemperatur T_R (typischerweise + 25 °C).
2. Durch die Widerstandsänderung, die sich ergibt, wenn die Gehäusetemperatur von der Bezugstemperatur abweicht: $(T_C - T_R) \cdot TCR$.

Die maximale Abweichung vom Nennwert ergibt sich durch Addition dieser Anteile.

$$\text{Maximale Abweichung} = \text{Toleranzangabe} + (T_C - 25\ °C) \cdot TCR \cdot 10^{-4} \quad (1.32)$$

(Maximale Abweichung und Toleranz in %, TCR in ppm/°C, Bezugstemperatur = 25 °C.)

Temperatur und Belastbarkeit
Der Widerstand darf nur bis zu einer bestimmten Umgebungstemperatur mit seiner Nennverlustleistung belas-

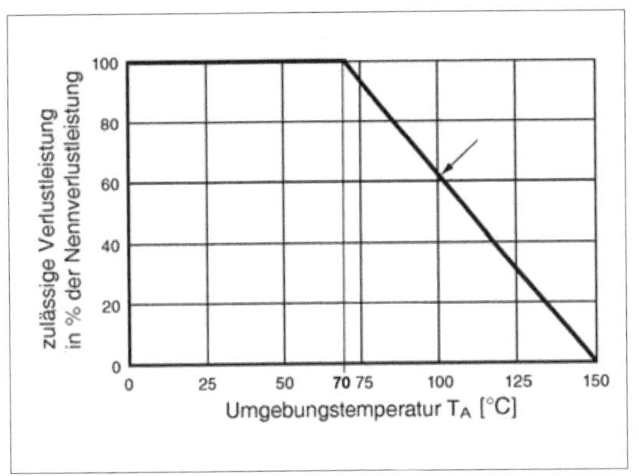

Abb. 1.33: Ein Derating-Diagramm (nach [1.11]). Bis zu einer Umgebungstemperatur von 70 °C ist die Nennverlustleistung voll ausnutzbar (ein 1-W-Widerstand darf mit 1 W belastet werden). Von 70 °C an sinkt die zulässige Belastung linear ab, bis bei 150 °C der Widerstand überhaupt nicht mehr belastet werden darf. Ablesebeispiel (Pfeil): bei 100 °C Umgebungstemperatur sind nur 60 % der Nennverlustleistung zulässig (ein 1-W-Widerstand darf mit höchstens 0,6 W belastet werden).

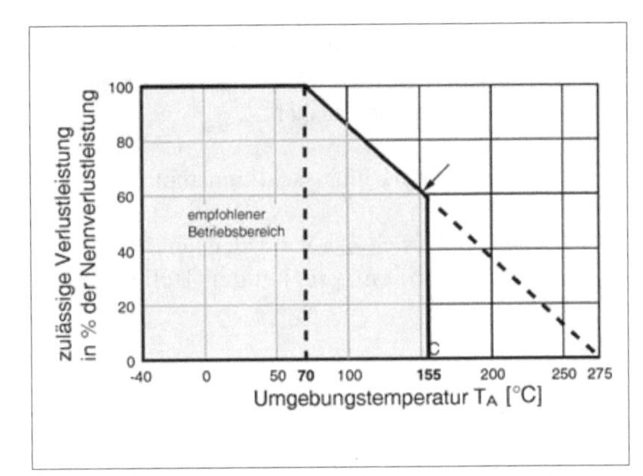

Abb. 1.34: In diesem Derating-Diagramm ist ein empfohlener Betriebsbereich angegeben (nach [1.11]) . Die Umgebungstemperatur sollte 155 °C nicht übersteigen. Bei dieser Temperatur darf der Widerstand mit höchstens 60 % seiner Nennverlustleistung belastet werden (Pfeil).

tet werden. Die tatsächliche Belastung, die man dem Widerstand zumuten kann, hängt von der Umgebungstemperatur T_A und von der maximal zulässigen Gehäuse- oder Oberflächentemperatur T_C ab. Bei höherer Temperatur ist die Belastung entsprechend zu verringern (Derating). Der Zusammenhang zwischen Temperatur und Belastbarkeit wird in sog. Derating-Diagrammen angegeben (Abb. 1.33 und 1.34).

Faustregeln (falls kein Derating-Diagramm zur Verfügung steht):

1. Bei einer Umgebungstemperatur von + 70 °C darf noch die volle Nennverlustleistung umgesetzt werden. + 70 °C können auf Leiterplatten in Gehäusen bereits bereits dann vorkommen, wenn die Einrichtung in einer üblichen Büroumgebung (+ 25 °C) betrieben wird (Wärmestau).
2. Wird die volle Nennverlustleistung umgesetzt, so ist die Gehäusetemperatur typischerweise 60 °C höher als die Umgebungstemperatur (bei 25 °C Umgebungstemperatur hat die Gehäuseoberfläche also 85 °C, bei 70 °C Umgebungstemperatur 130 °C – anfassen sollte man so ein Bauelement also besser nicht...).
3. Für je 30° Anstieg der Umgebungstemperatur über 70 °C hinaus die Belastung halbieren.

Umgebungstemperatur und Gehäusetemperatur

Die waagerechte Achse des Derating-Diagramms kennzeichnet den Bereich der Umgebungstemperatur. Die höchste zulässige Gehäusetemperatur ist aus dem Nulldurchgang der Derating-Kurve ersichtlich. Hier wird im Widerstand gar keine Verlustleistung umgesetzt; das Gehäuse nimmt allmählich die Temperatur seiner Umgebung an. Mit anderen Worten: Der Hersteller legt den Nulldurchgang der Derating-Kurve auf den Wert der Gehäusetemperatur, die das Bauelement gerade noch aushält – gleichgültig, wodurch die Erwärmung zustande gekommen ist. In Abb. 1.33 sind das 150 °C, in Abb. 1.34 275 °C.

Derating-Angaben im Datenmaterial[12]:

- die maximale Umgebungstemperatur, bei der noch die volle Leistung umgesetzt werden darf (T_{Amax}),

12 Die Bezeichnungen und Formelzeichen sind nicht durchgehend standardisiert. Beim Datenblattstudium mitdenken. Ggf. in Glossarien oder Verzeichnissen der Abkürzungen und Formelzeichen (Symbols, Terms and Definitions) nachsehen.

- die höchste zulässige Eigenerwärmung (ΔT_{max}) oder die höchste zulässige Gehäusetemperatur T_{Cmax} ,
- die höchste zulässige Verlustleistung (P_{max}).

Sind die Kennwerte nicht in Zahlenform angegeben, so kann man sie aus dem Derating-Diagramm ablesen. Für Überschlagsrechnungen kann man – falls nichts Brauchbares zu finden ist – auf das Datenmaterial vergleichbarer Typen (Bauform, Technologie, Nennwerte) anderer Hersteller zurückgreifen.

Der Wärmewiderstand im Derating-Diagramm
Die Steigung der Geraden entspricht dem Wärmewiderstand Θ oder R_{TH} (Abb. 1.35). Aus dem Wärmewiderstand und der umgesetzten Verlustleistung kann die Eigenerwärmung ΔT nach (1.14) bestimmt werden; die Gehäusetemperatur T_C ergibt sich gemäß (1.15).

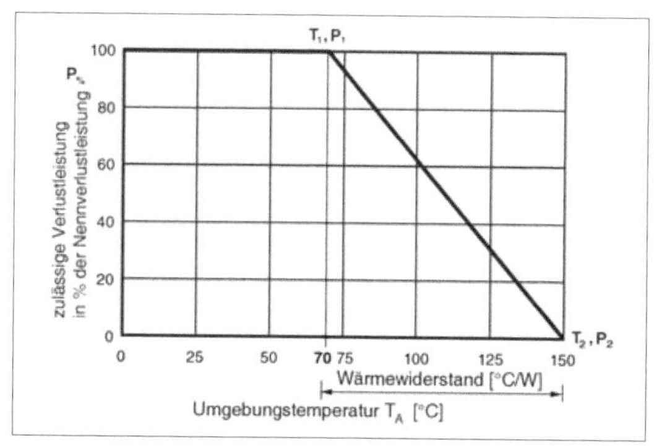

Abb. 1.35: *Die Steigung der Geraden entspricht dem Wärmewiderstand. Sie kann aus zwei beliebigen Punkten T_1, P_1 und T_2, P_2 berechnet werden. Es liegt nahe, die Endpunkte zu nehmen. Dann gilt $T_1 = T_{Amax}$; $T_2 = T_{Cmax}$; $P_1 = P_{max}$ (Datenblattwerte); $P_2 = 0$. (Temperaturen in °C oder K, Leistung in W, Wärmewiderstand in °C/W oder K/W.)*

Prozentrechnung
Derating-Diagramme gelten zumeist für ganze Typenreihen. Die jeweils zulässige Verlustleistung wird in % der Nennverlustleistung angegeben (P_{max} = 100 %). Oft ist es zweckmäßig, zunächst mit prozentualen Wärmewiderstands- und Leistungswerten ($\Theta_{\%}$, $P_{\%}$) zu rechnen und erst zum Schluss auf die absolute Verlustleistung überzugehen (vgl. (1.38)). Die folgenden Gleichungen werden deshalb sowohl in absoluter als auch in prozentualer Form angegeben.

Bezieht man sich auf beide Endpunkte der Geraden, so ist T_1 die höchste Gehäusetemperatur T_{Cmax}, bei der noch die Nennverlustleistung $P_1 = P_{max}$ umgesetzt werden darf (das sind üblicherweise + 70 °C), und T_2 ist die Umgebungstemperatur T_{Amax}, bei der die Verlustleistung gleich Null sein muss. Hiermit ergibt sich der Wärmewiderstand zu:

$$\Theta = \frac{T_2 - T_1}{P_1 - P_2} = \frac{T_{Amax} - T_{Cmax}}{P_{max}} \tag{1.33}$$

$$\Theta_{\%} = \frac{T_2 - T_1}{100\%} = \frac{T_{Amax} - T_{Cmax}}{100\,\%} \left[\frac{°C}{\%}\right]$$

Typische Aufgabenstellungen:

a) Aus der Anwendung heraus ist eine Umgebungstemperatur $T_A > T_{Amax}$ gegeben, und es ist die umsetzbare Verlustleistung P gesucht. Hierbei wird das Bauelement bis zur höchsten zulässigen Gehäusetemperatur T_{Cmax} ausgenutzt.

b) Die umsetzbare Verlustleistung P wird gesucht. Es sind aber anwendungsspezifische Temperaturgrenzen gegeben. So darf manchmal eine bestimmte Gehäusetemperatur TC nicht überschritten werden, z. B. in der Nähe von wärmeempfindlichen Bauelementen oder bei der Montage am Gerätegehäuse bzw. an berührbaren Teilen.

c) Eine bestimmte Verlustleistung P ist umzusetzen. Welche Nennverlustleistung muss das Bauelement mindestens haben?

d) Eine bestimmte Verlustleistung P ist umzusetzen – und zwar in einem Bauelement mit einer gegebener Nennverlustleistung P_{max}. Welche Umgebungstemperatur ist hierbei zulässig?

Ausnutzung des Bauelements bis zur höchsten zulässigen Gehäusetemperatur
Ist die höchste zulässige Gehäusetemperatur T_{Cmax} nicht angegeben, so kann man sie aus dem Derating-Diagramm ablesen (Nulldurchgang; vgl. beispielsweise T_2 in Abb. 1.35) oder folgendermaßen berechnen:

$$\Delta T_{max} = T_{CMAX} - T_A; \quad T_{Cmax} = T_A + \Delta T_{max} \tag{1.34}$$

Die umsetzbare Verlustleistung P nimmt mit wachsender Umgebungstemperatur im Bereich $T_{Amax} < T_A < T_{Cmax}$ gleichmäßig ab (lineares Derating):

$$P \le \frac{T_{Amax} + \Delta T_{max} - T_A}{\Delta T_{max}} \cdot P_{max} = \frac{T_{Cmax} - T_A}{T_{Cmax} - T_{Amax}} \cdot P_{max}$$

$$P_{\%} \le \frac{T_{Amax} + \Delta T_{max} - T_A}{\Delta T_{max}} \cdot 100\% = \frac{T_{Cmax} - T_A}{T_{Cmax} - T_{Amax}} \cdot 100\% \qquad (1.35)$$

Berechnung der zulässigen Verlustleistung für beliebige Temperaturgrenzen

Eine maximale Gehäusetemperatur T_C und eine maximale Umgebungstemperatur T_A sind vorgegeben. Welche Verlustleistung P darf unter diesen Bedingungen umgesetzt werden? Mit allgemeinen Werten aus dem Derating-Diagramm (vgl. Abb. 1.35) ergibt sich:

$$P \le \frac{T_C - T_A}{\Theta} = \frac{T_C - T_A}{T_2 - T_1} \cdot P_1 \qquad (1.36)$$

$$P_{\%} \le \frac{T_C - T_A}{\Theta_{\%}}; \quad P_{\%} \le \frac{T_C - T_A}{T_2 - T_1} \cdot 100\%$$

Mit den Grenzwerten (Datenblatt):

$$P \le \frac{T_C - T_A}{T_{Cmax} - T_{Amax}} \cdot P_{max} \qquad (1.37)$$

$$P_{\%} \le \frac{T_C - T_A}{T_{Cmax} - T_{Amax}} \cdot 100\%$$

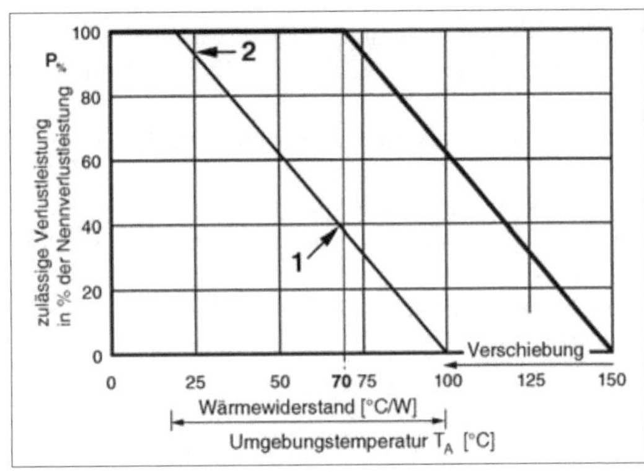

Abb. 1.36: *Das Problem: Die Gehäusetemperatur darf nur noch 100 °C betragen. Wie hoch darf der Widerstand belastet werden? Das kann man an einer entsprechend verschobenen Geraden ablesen. Beispiele:*
1 – bei + 70 °C Umgebungstemperatur sind etwa 40 % der Nennverlustleistung zulässig (rechnerisch nach (1.37)): 37,5 %);
2 – auch bei Zimmertemperatur (+ 25 °C) kann die volle Verlustleistung nicht ausgenutzt werden; statt dessen sind nur etwas über 90 % zugelassen (rechnerisch: 93,75 %).

Graphische Ermittlung: durch entsprechendes Verschieben der Geraden im Derating-Diagramm (Abb. 1.36).

Das Material bis zum Anschlag ausnutzen (Uprating)

Der Widerstand ist dafür ausgelegt, eine bestimmte maximale Gehäusetemperatur zu vertragen. Was um ihn herum passiert und wie die Gehäusetemperatur zustande kommt, ist ihm gleichgültig[13]. Wenn die Umgebungstemperatur T_A garantiert niedriger ist als die Maximalangabe (T_{Amax}) im Datenblatt[14], und wenn man es sich leisten kann, das Bauelement bei der höchsten zulässigen Gehäusetemperatur zu betreiben[15], kann man ihm auch mehr zumuten, als das Datenblatt erlaubt. Das lässt sich gemäß (1.36) bzw. (1.37) ausrechnen oder im Derating-Diagramm graphisch ermitteln. Dazu muss es erforderlichenfalls nach oben verlängert werden (Abb. 1.37).

13 Diese Aussage muss dann nicht immer gelten, wenn es auf Genauigkeit ankommt (Beispiele ungünstiger Nebeneffekte hoher Gehäusetemperaturen: Thermospannungen, Rauschen).

14 Richtwert: niedriger als + 70 °C.

15 Man kann es sich u. dann *nicht* leisten, wenn hierdurch benachbarte Bauelemente oder berührbare Gehäuseteile unzulässig erwärmt werden oder wenn bestimmte Zuverlässigkeitsvorgaben einzuhalten sind.

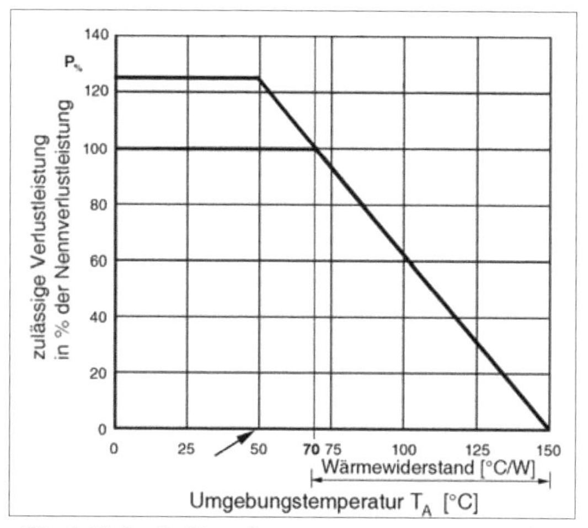

Abb. 1.37: *Ist die Umgebungstemperatur geringer, kann man dem Widerstand eine höhere Belastung zumuten. Beispiel: Die Umgebungstemperatur wird nicht höher als 50 °C; die Gehäusetemperatur darf aber nach wie vor 150 °C betragen. Eine entsprechende Erweiterung des Derating-Diagramms ergibt, dass unter diesen Bedingungen der Widerstand mit über 120 % der Nennverlustleistung belastet werden darf (rechnerisch nach (1.37): 125 %).*

Minimale Nennverlustleistung (Bauelementeauswahl)
Die Berechnungen zum Derating oder Uprating ((1.35) bis (1.37)) führen auf eine Prozentangabe $P_{\%}$. Beispiel: unter den jeweiligen Betriebsbedingungen dürfen nur 40 % der Nennverlustleistung ausgenutzt werden. Aus der Anwendung heraus ergibt sich eine Verlustleistung P_{ANW}. Welche Nennverlustleistung P_{NENN} ist zu bestellen?

$$P_{NENN} \geq \frac{P_{ANW}}{P_{\%}} \cdot 100\% \qquad (1.38)$$

(Auf den nächst höheren Belastbarkeitswert aufrunden.)

Hinweis: Es kann sein, dass für die nun auszuwählende Baureihe ein anderes Derating-Diagramm gilt. Zur Kontrolle ist die Derating-Rechnung mit den neuen Werten zu wiederholen.

Maximale Umgebungstemperatur bei gegebener Verlustleistung P
Der zu berechnende Temperaturwert kann als Grenzwert zu Kontrollzwecken[16] oder als Zielvorgabe für den Entwurf von Kühlmaßnahmen verwendet werden. Aus (1.35) ergibt sich:

$$T_A \leq T_{Amax} + \Delta T_{max} \cdot \left(1 - \frac{P}{P_{max}}\right) = \\ = T_{Cmax} - (T_{Cmax} - T_{Amax}) \cdot \frac{P}{P_{max}}$$

$$T_A \leq T_{Amax} + \Delta T_{max} \cdot \left(1 - \frac{P_{\%}}{100\%}\right) = \\ = T_{Cmax} - (T_{Cmax} - T_{Amax}) \cdot \frac{P_{\%}}{100\%} \qquad (1.39)$$

Im Extremfall geht es darum, die Nennverlustleistung P_{max} voll auszunutzen. Dann ist nach Lösungen dafür zu suchen, die Umgebungstemperatur T_A nicht über T_{Amax} hinaus anwachsen zu lassen (Kühlung).

1.3 Einstellbare Widerstände

1.3.1 Grundlagen

Einstellbare Widerstände (Regler[17]) haben einen Schleifkontakt, der eine Widerstandsbahn abgreift (Abb. 1.38). Der Kontakt wird entweder an einem drehbar gelagerten Arm über eine kreisbogenförmig ausgeführte Widerstandsbahn geschwenkt (Drehwiderstand) oder über eine gerade Widerstandsbahn hin- und herbewegt (Schiebewiderstand).

Drehwiderstände sind am weitesten verbreitet. Eine Widerstandsbahn der Länge l braucht – zum Kreis gebogen – nur etwa 1/3 dieser Länge, und es ist einfacher,

16 Anwendung: Wenn es nicht wärmer wird als berechnet, kann die jeweilige Verlustleistung P unbedenklich umgesetzt werden.

17 Der Ausdruck ist an sich nicht ganz korrekt, aber seit langem üblich (zum Ursprung vgl. S. 45).

eine Anordnung aus Lager und Welle zu fertigen als eine präzise Geradführung. Zudem lassen sich solche Teile leichter einbauen – eine Bohrung in der Frontplatte ist viel einfacher herzustellen als ein Schlitz.

Schiebewiderstände kommen vor allem dann in Betracht, wenn

- mehrere Regler unmittelbar nebeneinander anzuordnen sind,
- die Einstellung auf den ersten Blick erkennbar sein soll,
- die Bedienhandlungen nicht nur im – vergleichsweise seltenen – Einstellen, sondern im ständigen Ändern bestehen. Typische Einsatzfälle: Mischpulte und graphische Equalizer.

Es gibt zwei grundsätzliche Ausführungsformen (Abb. 1.39):

a) *Potentiometer* sind zum Verstellen während des normalen Betriebs vorgesehen. Sie werden typischerweise während ihrer gesamten Lebenszeit immer wieder betätigt. Die Betätigungselemente (z. B. Drehknöpfe) sind zumeist außen am Gerät angeordnet.

b) *Trimmwiderstände (Trimmpotentiometer, Trimmer)* sind zu Einstellzwecken vorgesehen. Sie werden nur beim Hersteller und – wenn notwendig – im Servicefall betätigt. Sie sind während des normalen Betriebs üblicherweise unzugänglich.

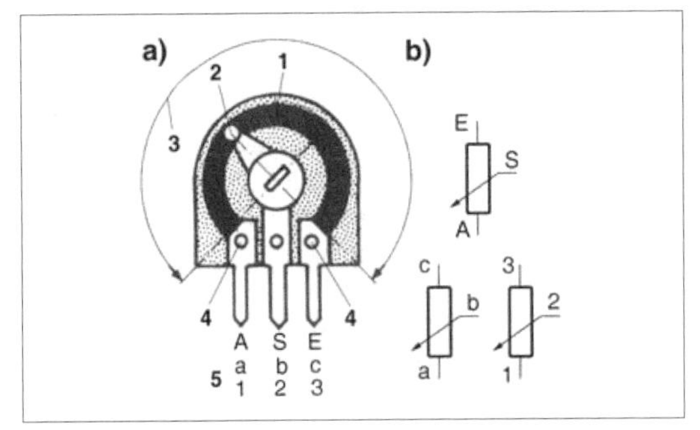

***Abb. 1.38:** Zum Prinzip des einstellbaren Widerstands.*
a) Übersicht;
b) Schaltsymbole mit typischen Anschlussbezeichnungen.
A - Anfangsanschluss; E - Endanschluss; S - Schleiferanschluss. 1 - Widerstandsbahn; 2 - Schleifer; 3 - Drehbereich; 4 - Anschläge; 5 - typische Anschlussbezeichnungen.

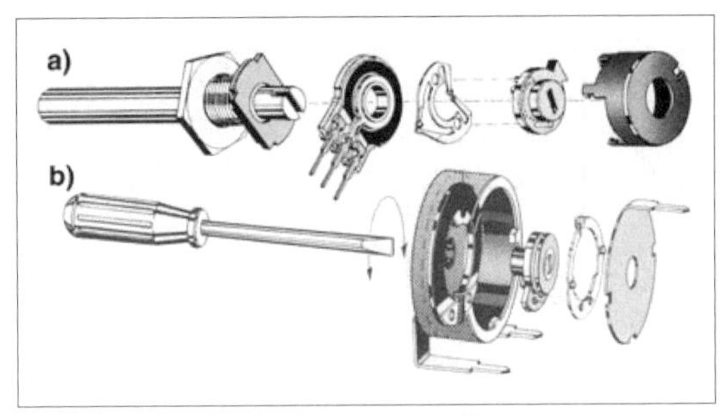

***Abb. 1.39:** Einstellbare Widerstände.*
a) Potentiometer; b) Trimmer.

Die Widerstandsbahn

Sie wird auch als Widerstandselement bezeichnet. Folgende Auslegungen sind üblich:

- Kohleschicht,
- Dickschicht (Cermet),
- Draht (Wirewound),
- leitfähiger Kunststoff (Leitplastik; Conductive Plastic),
- Metallfolie (Bulk Metal).

Betriebsweisen

Im Grunde gibt es nur zwei Betriebsweisen (Abb. 1.40):

a) *Spannungsteiler.* Es geht darum, ein Spannungsteilerverhältnis darzustellen. Hierzu werden alle drei Anschlüsse genutzt. An den Außenanschlüssen liegt eine Eingangsspannung U_e an. Am Schleiferanschluss wird eine Ausgangsspannung U_a abgenommen. Durch das Bauelement fließt ein Strom I_Q (Querstrom des Spannungsteilers). Über den Schleifer fließt ein Strom I_s, dessen Stärke von der Belastung des Spannungsteilers abhängt. In vielen Einsatzfällen ist sie so gering, dass I_s vernachlässigt werden kann. Das Bauelement hat somit nur den Querstrom I_Q auszuhalten, der sich aus Eingangspannung U_e und Gesamtwidertsand (Nennwiderstand) R_N ergibt; über den Schleifer fließt nahezu nichts. Die Verlustleistung (Belastung) P ist dann praktisch konstant.

$$I_Q = \frac{U_e}{R_N}; \quad P = I^2 \cdot R_N = \frac{U_e^2}{R_N} \qquad (1.40)$$

b) *Veränderlicher Widerstand (Rheostat).* Es geht darum, einen Widerstandswert darzustellen. Hierzu werden nur zwei Anschlüsse benötigt. Der gesamte Strom fließt über den Schleifer. Ist eine Last R_L nachgeschaltet, so ergibt sich der Strom aus der Spannung U_e und dem zwischen Anschluss 1 und Schleifer 2 jeweils eingestellten Widerstand R_V. Da R_V sehr klein werden kann (theoretischerweise – wenn der Schleifer am linken Anschlag steht – sogar Null), kann sich ein Stromfluss ergeben, der das Bauelement überlastet.

$$I = \frac{U_e}{R_V + R_L}; \quad P = I^2 \cdot R_V = \frac{U_e^2 \cdot R_V}{(R_V + R_L)^2} \tag{1.41}$$

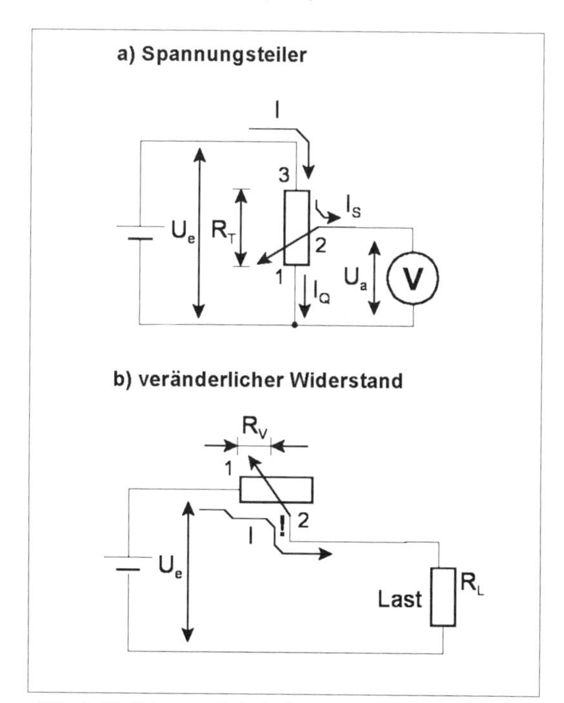

Abb. 1.40: *Die grundsätzlichen Betriebsweisen der einstellbaren Widerstände.*

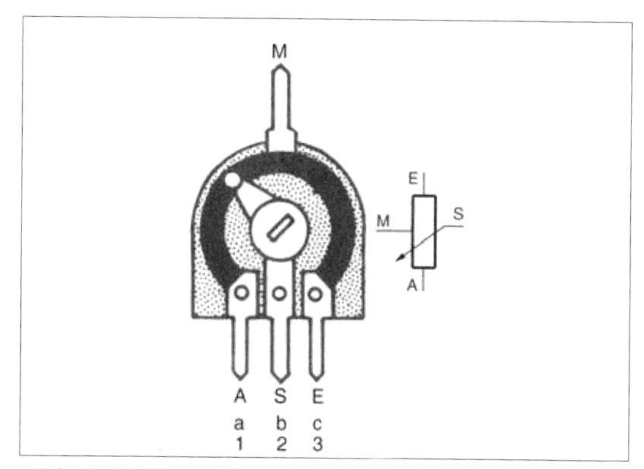

Abb. 1.41: *Einstellbarer Widerstand mit Mittenanzapfung (Center Tap).*

Anzapfungen

Bauelemente mit Anzapfungen (Taps) haben eine Widerstandsbahn mit zusätzlichen Anschlüssen. Am weitesten verbreitet ist eine einzige Anzapfung in der Mitte (Abb. 1.41). Anwendungsbeispiel: Offsetkompensation von Operationsverstärkern.

1.3.2 Kennwerte

Der einstellbare Widerstand ist eine Kombination aus einem Widerstandselement, einem beweglichen Abgreifkontakt (dem Schleifer) und einer Mechanik. Mit den jeweiligen Kennwerten werden diese Bestandteile sowohl einzeln als auch in ihrem Zusammenwirken charakterisiert.

Kennwerte der Mechanik

Die Mechanik dient dazu, den Schleifer zu bewegen. Die Schleiferbewegung spielt sich typischerweise zwischen zwei Anschlägen ab[18] (Abb. 1.42). Liegt der Schleifer am Anschlag, so ist praktisch kein Widerstand zwischen dem Schleifer und dem zum Anschlag gehörenden Anschluss der Widerstandsbahn zu erwarten. Im Idealfall bilden Anschlag und Schleifer einen gewöhnlichen Kontakt mit einem Widerstand von 0 Ω . Damit sich definierte Widerstandswerte gemäß der Widerstandskennlinie des Bauelements ergeben, muss der Schleifer wirklich satt auf der Widerstandsbahn auflie-

18 Potentiometer mit „endloser" Widerstandsbahn (360°) und kontinuierlich drehbarem Schleifer wurden für Sonderzwecke entwickelt (z. B. zum Erzeugen von Sinusspannungen sehr niedriger Frequenz), sind aber heutzutage nicht mehr üblich.

gen. Hierzu muss man den Schleifer vom Anschlag wegbewegen. Infolge der unvermeidlichen Toleranzen ergibt sich – vom Anschlag ausgehend – ein Bereich, der zur Widerstandseinstellung nicht nutzbar ist (Endzone).

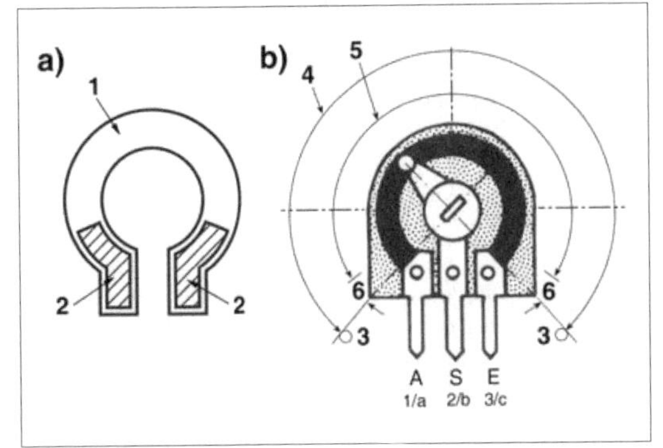

Abb. 1.42: *Drehbereiche. a) das Widerstandselement; b) Drehbereichskennwerte. 1 - Widerstandsbahn; 2 - nicht nutzbare Bereiche (Endzonen); 3 - Anschläge; 4 - Gesamtdrehbereich (mechanischer Drehbereich); 5 - effektiver (nutzbarer) Drehbereich (elektrischer Drehbereich); 6 - ineffektive (nicht nutzbare) Drehbereiche (Anfangsweg, Endweg).*

Wege und Winkel
Ist das Widerstandselement gerade (Schiebewiderstand), werden die Wege in Längeneinheiten (mm oder Zoll) angegeben, ist es kreisbogenförmig (Drehwiderstand), in Winkelgraden. Die folgende Darstellung betrifft ausschließlich die Auslegung als Drehwiderstand (die sinngemäße Übertragung auf Schiebewiderstände ist offensichtlich).

Drehrichtung
Drehrichtungs- und Positionsangaben (z. B. im Uhrzeigersinn (clockwise), entgegen dem Uhrzeigersinn (counterclockwise), links oder rechts) gelten für die Blickrichtung vom Bediener auf das Betätigungselement (Welle oder Einstellschraube).

Anfang und Ende
Anfang = linker Anschlag, Ende = rechter Anschlag.

Mechanischer oder Gesamtdrehbereich
Diese Angabe (Nenndrehbereich N; Mechanical Travel, Rotation Angle) betrifft den gesamten Drehbereich von Anschlag zu Anschlag. Sind mehrere Umdrehungen des Bedienelements erforderlich, um den Weg von Anschlag zu Anschlag zu durchlaufen (Wendelpotentiometer, Spindeltrimmer usw.), wird die Anzahl der Umdrehungen (Turns) oder ein entsprechendes Vielfaches von 360° angegeben, z. B. 3600° = 10 Umdrehungen (Zehngang-Wendelpotentiometer).

Elektrischer oder nutzbarer (effektiver) Drehbereich
Diese Angabe (Actual Electrical Travel, Effective Travel) betrifft den Drehbereich, in dem der Widerstand zwischen dem Schleiferanschluss und dem entsprechenden Anschluss des Widerstandselements der Widerstandskennlinie entspricht.

Anfangsweg A_W
Der Anfangsweg ist der Weg, den der Schleifer zurücklegen muss, um vom Anfangsanschlag auf die eigentliche Widerstandsbahn zu gelangen. Innerhalb des Anfangswegs darf der Widerstand zwischen Anfangsanschluss A und Schleiferanschluss S den Anfangsspringwert nicht überschreiten. Ist das Potentiometer mit einem Drehschalter kombiniert, ist dessen Schaltweg zu berücksichtigen.

Endweg E_W
Der Endweg ist der Weg, den der Schleifer zurücklegen muss, um vom Ende der Widerstandsbahn bis zum Endanschlag zu gelangen. Richtwert: maximal 20°.

Nutzbarer Drehbereich
= Gesamtdrehbereich - Anfangswert - Endwert

(1.42)

Richtwerte:

- Nenndrehbereich: 220...320°,
- Anfangs- und Endwege: maximal 20°, typisch um 10°. Bessere Trimmer haben Endzonen von 1..2 % des Einstellbereichs.

Betätigungsdrehmoment
Das Betätigungsdremoment (Operating Torque) ist das zum Drehen des Schleifers (in beiden Richtungen) höchstens erforderliche Drehmoment. Zu manchen Bauelementen gibt es zwei Angaben: Die eine betrifft das Drehmoment, das erforderlich ist, um den ruhenden Schleifer in Bewegung zu setzen, die andere das zur fortlaufenden Bewegung aufzubringende Drehmoment.

Anschlagdrehmoment

Das Anschlagdrehmoment (Torque at End Stop, Stopper Strength) ist das höchste zulässige Drehmoment, mit dem der Schleifer gegen den Anschlag gedrückt werden darf (sonst geht das Bauelement kaputt)[19].

Richtwerte:

- Betätigungsdrehmoment: 0,5...5 Ncm = 0,005... 0,05 Nm,
- Anschlagfestigkeit: 60 Ncm = 0,6 Nm,
- von Hand aufzubringendes Drehmoment (Faustregel): Drehmoment in Ncm = 6...7 mal Bedienknopfdurchmesser in mm.

Hinweis: Bei der Befestigung des Potentiometers das aufzunehmende Drehmoment berücksichtigen. Bauelement ggf. richtig mechanisch befestigen (auch bei Leiterplattenmontage). Verdrehsicherungen (Abflachungen am Befestigungsgewinde, Nasen usw.) ausnutzen.

Weitere mechanische Belastungsgrenzen

Einschlägige Kennwerte betreffen u. a. das zulässige Drehmoment beim Anziehen der Befestigungsmutter und den zulässigen axialen Druck auf die Potentiometerwelle.

Lebensdauer

Die Lebensdauer (Mechanical oder Rotational Life) wird als Mindestzahl der Betätigungszyklen oder der Umdrehungen (Wendelpotentiometer) angegeben. Ein Betätigungszyklus entspricht dem Bewegen des Schleifers von einem Anschlag zum anderen und zurück.

Richtwerte:

- Potentiometer 10 000... 20 000 Zyklen,
- Trimmer: 200 Zyklen.

Widerstandskennwerte

Die Widerstandskennwerte betreffen die gesamte Widerstandsbahn sowie Spitzfindigkeiten, die sich aus dem mechanischen Aufbau ergeben (Abb. 1.43).

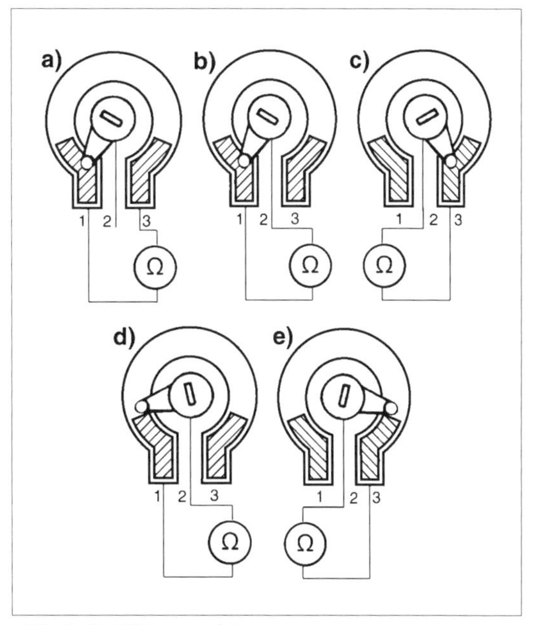

Abb. 1.43: *Widerstandskennwerte.*
a) Gesamtwiderstand; b) Anfangsanschlagwert; c) Endanschlagwert; d) Anfangsspringwert; e) Endspringwert.
Achtung – das Ohmmetersymbol kennzeichnet nur, dass eine Widerstandsmessung stattfindet. Beim praktischen Messen auf den eingespeisten Strom achten – vor allem dann, wenn er über den Schleifer fließt...

Gesamtwiderstand, Nennwiderstand

Der Nennwiderstand (Total Resistance TR, Rated Resistance RT) ist der Widerstand des Widerstandselements zwischen Anfangsanschluss A und Endanschluss E. Dieser Widerstandswert bildet die Grundlage der Bauelementeauswahl. Typische Abstufungen:

- 1 – 2,5 – 5,
- 1 – 2 – 5,
- Reihe E3 oder E6.

Typische Toleranzen: ±5...30%.

19 Manche Typen haben eine Rutschkupplung o. dergl., um Beschädigungen zu vermeiden. Der Kennwert betrifft dann das Drehmoment, von dem an die Kupplung anspricht.

Hinweise:

1. Die gesamte Widerstandsbahn zwischen den Anschlüssen A (1) und E (3) kann – hinsichtlich der Dimensionierung – wie ein Festwiderstand behandelt werden. Vgl. Abschnitte 1.1.4 und 1.24.
2. Bei Betrieb als Spannungsteiler ist die Toleranz des Nennwiderstandes zumeist praktisch bedeutungslos. Der tatsächliche Wert des Gesamtwiderstandes bestimmt zwar den Querstrom, nicht aber das Teilerverhältnis.

Anschlagwerte, Endwiderstand

Die Anschlagwerte betreffen den Widerstand zwischen dem Schleifer, der an einem Anschlag liegt, und dem zugehörigen Anschluss des Widerstandselements. Gemäß DIN 41450 gibt es zwei Angaben:

- *Anfangsanschlagwert* R_a. Der Widerstandswert zwischen Anfangsanschluss A und Schleiferanschluss S bei Stellung des Schleifers am Anfangsanschlag.
- *Endanschlagwert* R_e. Der Widerstandswert zwischen Endanschluss E und Schleiferanschluss S bei Stellung des Schleifers am Endanschlag.

In neuzeitlichen Datenblättern werden diese Widerstandswerte nicht als Anschlagwerte, sondern als Endwiderstand (End Resistance ER, Absolute Minimum Resistance) bezeichnet. Endwiderstandsangaben sind Maximumangaben in Ohm oder in Prozent vom Nennwiderstand TR (Bedeutung: befindet sich der Schleifer am Anschlag, so ist der Widerstand zum nächstliegenden Anschluss des Widerstandselements nicht größer als ER).

Springwerte, nutzbarer Mindestwiderstand

Springwerte betreffen den Widerstand zwischen dem am Anfang der eigentlichen Widerstandsbahn (des nutzbaren Bereichs) liegenden Schleifer und dem zugehörigen Anschluss des Widerstandselements. Gemäß DIN 41450 gibt es zwei Angaben:

- *Anfangsspringwert* R_A. Der Widerstandswert, der sich zwischen Anfangsanschluss A und Schleiferanschluss S ergibt, wenn der Schleifer am Anfang der Widerstandsbahn steht (d. h. nach Zurücklegen des Anfangswegs).
- *Endspringwert* R_E. Der Widerstandswert, der sich zwischen Endanschluss E und Schleiferanschluss S ergibt, wenn der Schleifer am Ende der Widerstandsbahn steht (d. h. vor Zurücklegen des Endwegs).

In neuzeitlichen Datenblättern werden diese Widerstandswerte nicht als Springwerte, sondern als nutzbarer Mindestwiderstand (Absolute Minimum Resistance, Minimum Effective Resistance MR) bezeichnet. Mindestwiderstandsangaben sind Maximumangaben in Ohm oder in Prozent vom Nennwiderstand TR (Bedeutung: befindet sich der Schleifer am Anfang des nutzbaren Bereichs, so ist der Widerstand zum nächstliegenden Anschluss des Widerstandselements nicht größer als MR).

Nutzbarer Widerstand.

Der nutzbare Widerstand (Effective Resistance) ist der Anteil des Gesamtwiderstandes, der gemäß der Widerstandskennlinie ausgenutzt werden kann:

Nutzbarer Widerstand =
Gesamtwiderstand - Anfangsspringwert - Endspringwert

oder (wenn für beide Enden die Mindestwiderstandsangabe MR gilt):

Nutzbarer Widerstand = Gesamtwiderstand - 2 · MR

(1.43)

Teilerverhältnisse

Die Bauelemente können nicht nur als veränderliche Widerstände, sondern als Spannungsteiler charakterisiert werden (Abb. 1.44).

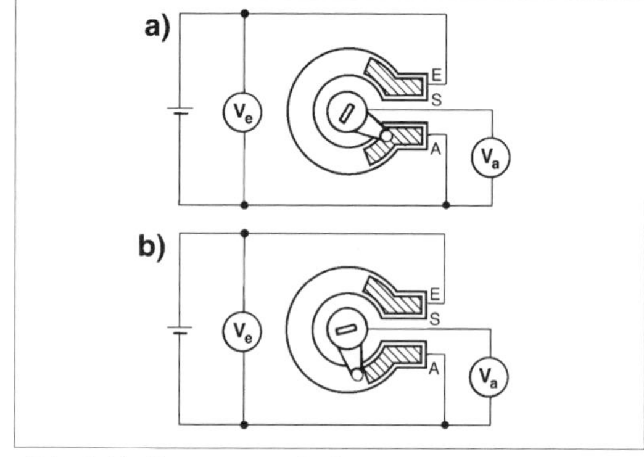

Abb. 1.44: *Spannungsteilerkennwerte.*
a) Endteilerverhältnis; b) minimales Teilerverhältnis. Teilerverhältnis = $V_e : V_a$.

Endteilerverhältnis

Das Endteilerverhältnis (End Voltage Ratio, End Setting) ist das Spannungsteilerverhältnis, das sich ergibt, wenn der Schleifer am Anfangsanschlag steht.

Minimales Teilerverhältnis

Das minimale Teilerverhältnis (Minimum Voltage Ratio) ist das Spannungsteilerverhältnis, das sich ergibt, wenn der Schleifer am Anfang der Widerstandsbahn steht (wenn also vom Anschlag aus der Anfangsweg durchlaufen wurde).

Richtwerte für diese Teilerverhältnisse: 0,1 %...3 % vom Widerstandsnennwert.

Kontaktwiderstand

Der Kontaktwiderstand (Contact Resistance) ist der Widerstand zwischen dem Kontakt des Schleifers und der Widerstandsbahn.

Kontaktwiderstandsänderung

Die Kontaktwiderstandsänderung (Contact Resistance Variation CRV) wird in Prozent vom Nennwiderstand TR angegeben. Sie betrifft die maximale Änderung des Kontaktwiderstandes, die sich beim Bewegen des Schleifers ergibt (ohne Anfangs- und Endweg).

Stabilität

Die Stabilität (Setting Stability) betrifft die Änderung der Ausgangsspannung bzw. des eingestellten Widerstandswertes bei feststehendem Schleifer (solche Änderungen ergeben sich zumeist infolge von Umwelteinflüssen). Dieser Kennwert ist vor allem für Trimmer von Bedeutung. Angabe in Prozent der Eingangsspannung des Spannungsteilers oder vom Nennwiderstand TR. Beispiel: ± 0,05% TR. Je niedriger der Wert, desto besser.

Einstellvermögen

Das Einstellvermögen (Setting Ability) betrifft die Möglichkeit, ein bestimmtes Teilerverhältnis oder einen bestimmten Widerstandswert einzustellen.

Auflösung

Die Auflösung (Resolution) ist die kleinste Schrittweite zwischen aufeinanderfolgenden einstellbaren Werten. Auflösungsangaben gibt es typischerweise nur für Bauelemente, die keine kontinuierliche Widerstandsschicht haben, also für Draht- und Metallfolientypen (Abb. 1.45). Die theoretische Auflösung eines Drahtpotentiometers (in Prozent):

$$\frac{1}{\textit{Anzahl der Windungen}} \cdot 100\,\% \tag{1.44}$$

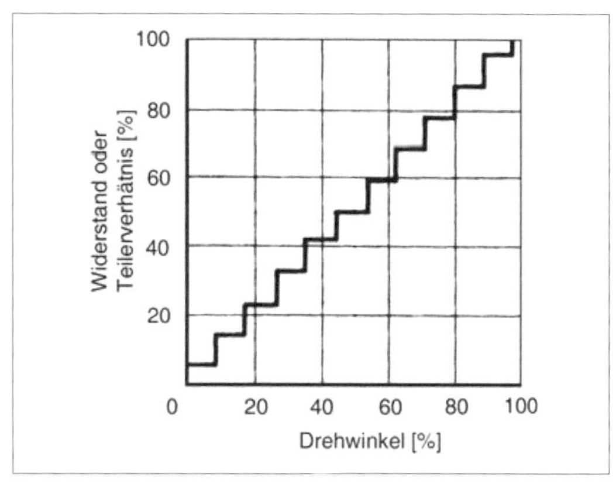

Abb. 1.45: *Der Widerstands- oder Spannungsverlauf am Schleifer eines Draht- oder Metallfolientyps. Die Höhe einer Stufe entspricht (beim Drahtpotentiometer) der Länge der einzelnen Windung.*

Temperaturkoeffizient

Der Temperaturkoeffizient kennzeichnet die Abhängigkeit des Widerstandswertes von der Gehäusetemperatur. Richtwerte: ± 100 ... ± 1000 ppm/°C.

Widerstandskennlinie

Die Widerstandskennlinie (Potentiometer Law, Taper) beschreibt die Abhängigkeit des Widerstandes vom Stellweg bzw. Drehwinkel. Gebräuchlich sind lineare und sog. logarithmische (zumeist exponentielle) Kennlinien.

Die lineare Kennlinie

Eine lineare Abhängigkeit des Widerstandes oder Teilerverhältnisses ergibt sich dann, wenn die Widerstandsbahn über ihre gesamte Länge gleichförmig ausgelegt wird (gleiches Widerstandsmaterial, gleiche Breite, gleiche Schichtdicke oder gleicher Windungsabstand). Alle anderen Kennlinienverläufe erfordern deutlich mehr Fertigungsaufwand. Typen mit linearer Kennline weisen geringere Toleranzen und eine höhere Belastbarkeit auf als z. B. Typen mit logarithmischer Kennlinie, die in der gleichen Baureihe angeboten werden. Zudem ist das Sortiment an Nennwerten umfangreicher (Tabelle 1.13). Genau betrachtet, ist die Kennlinie allerdings nicht perfekt linear (Abb. 1.46).

Kennlinie	Linear	Nichtlinear
Verlustleistung	0,25 W	0,12 W
Nennwerte	100R bis 4M7	1k bis 2M2

Tabelle 1.13: *Lineare und nichtlineare Potentiometer einer typischen Baureihe (Beispiel).*

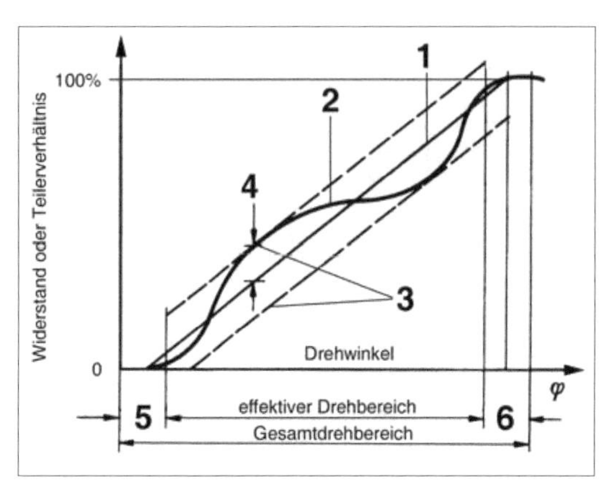

Abb. 1.46: *Die lineare Widerstandskennlinie im einzelnen ([4]; [1.12]).*
1 - die ideale Kennlinie ist eine wirkliche Gerade.
2 - der tatsächliche Kenlinienverlauf;
3 - die Toleranzgrenzen;
4 - ein Maß der Abweichung von der idealen Kennlinie (Linearität);
5 - Anfangsweg;
6 - Endweg.

Linearität (Linearity)

Der Name trifft nicht ganz zu, denn es handelt sich eigentlich um die Abweichung des tatsächlichen Kennlinienverlaufs von einer idealen Geraden, also um eine Nichtlinearität. Im Datenblatt wird jeweils die maximale Abweichung angegeben (Beispiel: ± 0,25 %). Es gibt verschiedene Linearitätsangaben, die sich darin unterscheiden, auf welche ideale Gerade der Kennlinienverlauf bezogen wird:

- *Anschlussbezogene Linearität* (Terminal Based Linearity). Die ideale Gerade verbindet die Punkte des minimalen und des maximalen Widerstandes bzw. Teilerverhältnisses miteinander (wie in Abb. 1.46 dargestellt).
- *Anfangsbezogene Linearität* (Zero Based Linearity). Die ideale Gerade beginnt am Punkt des minimalen Widerstandes oder Teilerverhältnisses. Sie wird so durch den tatsächlichen Kennlinienverlauf gelegt, dass die Abweichungen minimal werden.
- *Unabhängige Linearität* (Independent Linearity). Die ideale Gerade wird – ohne Rücksicht auf Anfangs- und Endwerte – so durch den tatsächlichen Kennlinienverlauf gelegt, dass die Abweichungen minimal werden.

Der Schleifer ist im Grunde ein mechanischer Kontakt

Er ist deshalb nichts hundertprozentig Festes (Abb. 1.47). Es ist immer mit Störungen und zeitweiligen Abweichungen zu rechnen und zwar nicht nur, wenn der Schleifer bewegt wird, sondern auch dann, wenn er ruht. Diese Abweichungen werden durch Rauschkennwerte (Wiper Noise) oder über die Kontaktwiderstandsänderung (CRV) charakterisisert.

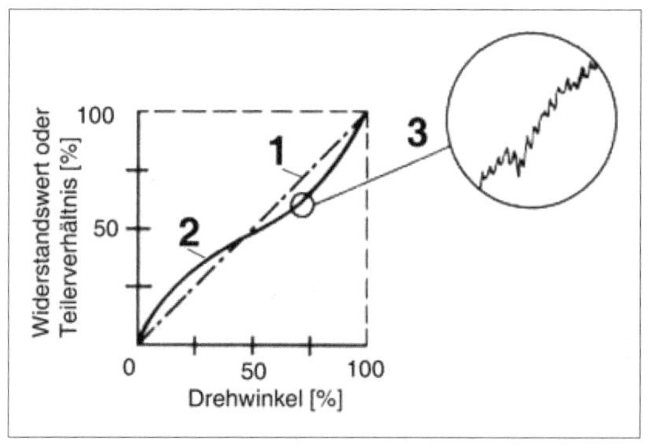

Abb. 1.47: *Das Rauschen am Schleifkontakt (nach [1.15]).*

Nichtlineare Kennlinien

Nichtlineare Potentiometer wurden ursprünglich zur Lautstärkeeinstellung entwickelt. Da die Lautstärkewahrnehmung des menschlichen Gehörs eine näherungsweise logarithmische Abhängigkeit hat, lag es nahe, den Lautstärkeregler mit einer passenden Widerstandskennlinie auszulegen. Einige Auslegungen haben sich als besonders zweckmäßig erwiesen (Abb. 1.48 und 1.49).

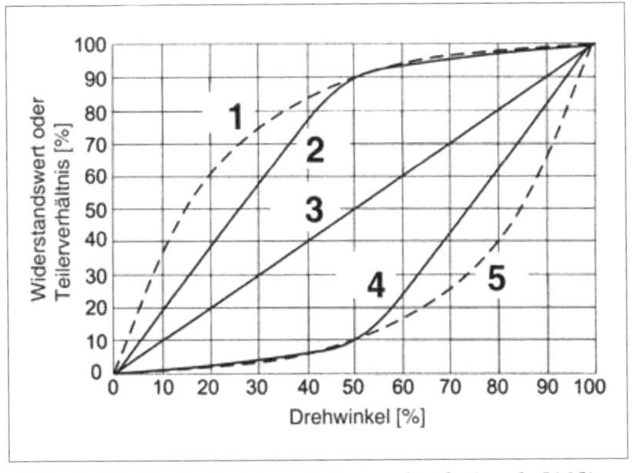

Abb. 1.48: Typische Kennlinienverläufe (nach [10]).
1 - invers logarithmisch („Antilog“);
2 - näherungsweise invers logarithmisch;
3 - linear;
4 - näherungsweise logarithmisch;
5 - logarithmisch.

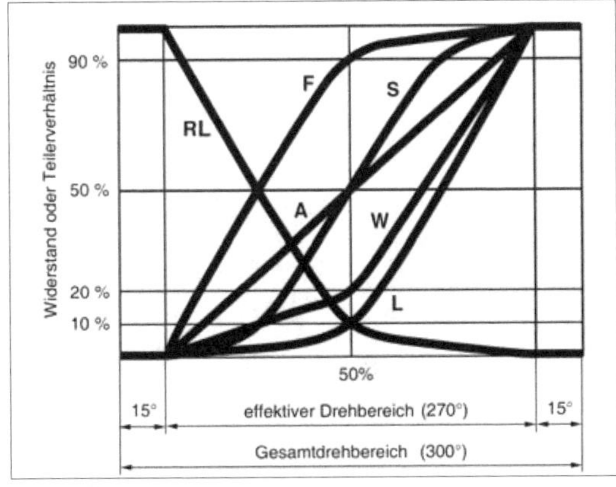

A – linear,

L – 10 % logarithmisch im Uhrzeigersinn (der typische Lautstärkeregler (Audio Taper)),

F – invers logarithmisch im Uhrzeigersinn,

RL – 10 % logarithmisch gegen den Uhrzeigersinn (negativ logarithmisch),

W – 20 % logarithmisch im Uhrzeigersinn,

S – S-förmig.

***Abb. 1.49:** Typische Potentiometerkennlinien und ihre Kennbuchstaben (nach [1.13]).*

Was heißt eigentlich logarithmisch?
Im Mathematikbuch sieht eine logarithmische Kurve aus wie die Kurve 1 in Abb. 1.48. Die Kurve 5 wäre dort ein exponentieller (invers logarithmischer) Verlauf. Weshalb verhält es sich beim Potentiometer gerade anders herum? – Das hängt mit dem ursprünglichen Einsatzgebiet zusammen, der Lautstärkeregelung. Das Ohr ist bei geringen Pegeln sehr empfindlich. Es wird immer unempfindlicher, je mehr der Schallpegel ansteigt. Die Abhängigkeit der Lautstärkewahrnehmung als Funktion des Schallpegels ist somit ein im mathematischen Sinne logarithmischer Verlauf ähnlich Kurve 1. Abb. 1.51 veranschaulicht einen typischen Anwendungsfall. Der Lautstärkeregler ist ein Spannungsteiler (Abschwächer) vor dem Verstärkereingang. Hier ist der Ausdruck „Regler“ durchaus zutreffend, wenngleich der eigentliche Regler vor dem Apparat sitzt und am Knopf dreht. Ist die Wiedergabe zu leise, dreht er nach rechts (und erhöht so die Eingangsspannung des Verstärkers), ist sie zu laut, dreht er nach links (und vermindert damit die Eingangsspannung). Der Nutzer wünscht eine lineare Abhängigkeit der (empfundenen) Lautstärke vom Drehwinkel (Kurve 3 in Abb. 1.48). Sein Ohr verhält sich aber gemäß Kurve 1, also logarithmisch. Demzufolge muss die Eingangsspannung des Verstärkers exponentiell vom Drehwinkel abhängen (Kurve 5)[20]. Niedrige Pegel dürfen nur wenig, hohe Pegel müssen intensiv abgeschwächt werden. Dieser Kurvenverlauf heißt also deshalb logarithmisch, weil mit ihm eine lo-

Herkömmliche Bezeichnung	Der Widerstandsverlauf in Abhängigkeit vom Drehwinkel	Abb. 1.48	Abb. 1.49
Logarithmisch im Uhrzeigersinn (die am weitesten verbreitete Ausführung)	Exponentieller Widerstandsanstieg mit zunehmendem Drehwinkel	4, 5	L, W
Logarithmisch gegen den Uhrzeigersinn; negativ logarithmisch	Exponentielle Widerstandsabnahme mit zunehmendem Drehwinkel (wie vorstehend, nur entgegengesetzter Drehsinn)	–	RL
Invers logarithmisch (Antilog) im Uhrzeigersinn	Logarithmischer Widerstandsanstieg mit zunehmendem Drehwinkel	1, 2	F
Invers logarithmisch (Antilog) gegen den Uhrzeigersinn	Logarithmische Widerstandsabnahme mit zunehmendem Drehwinkel (wie vorstehend, nur entgegengesetzter Drehsinn)	–	–

***Tabelle 1.14:** Gebräuchliche Bezeichnungen „logarithmischer“ Kennlinien.*

20 Bei Darstellung des Funktionswerts im logarithmischen Maßstab (logarithmische Teilung der y-Achse) wird eine Exponentialfunktion zur Geraden.

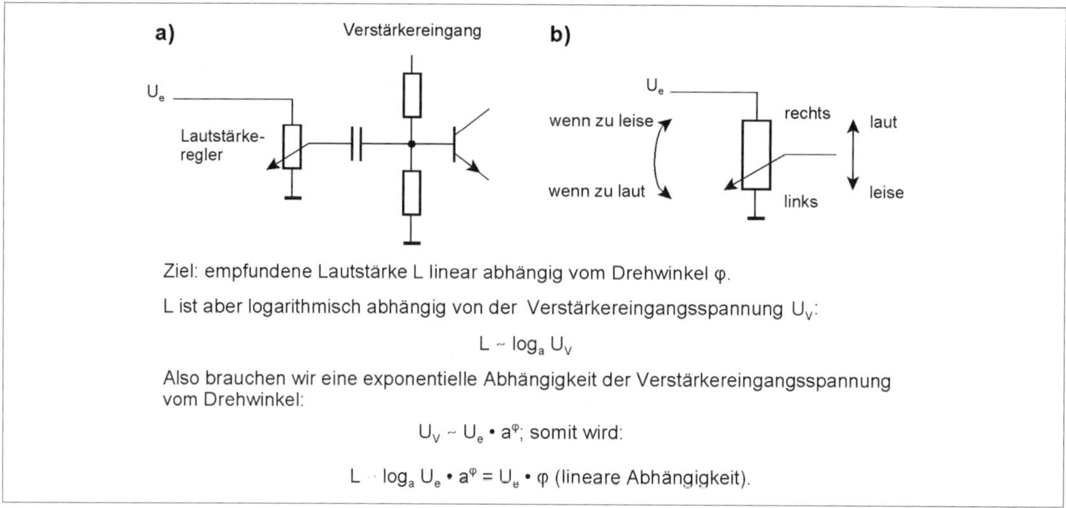

Abb. 1.50: *Zum Begriff der logarithmischen Kennlinie.*

garithmische Abhängigkeit ausgeregelt werden kann. Die Bezeichnung ist eigentlich unzutreffend, aber seit Jahrzehnten üblich (Tabelle 1.14). Für andere Schaltungsauslegungen braucht man andere Kennlinienverläufe (vgl. Abb. 1.49).

Ein einigermaßen genauer exponentieller oder logarithmischer Kennlinienverlauf lässt sich nur mit Widerstandselementen auf Grundlage von Drahtwindungen (Abb. 1.51) oder entsprechend geätzten Metallfolien realisieren (teuer). Kostengünstige Schichtpotentiometer haben lediglich näherungsweise exponentielle bzw. logarithmische Kennlinienverläufe. Sie sind am Anfang linear und knicken bei einem Drehwinkel von 50 % des Drehbereichs ab. Solche Kennlinienverläufe werden durch eine Prozentangabe dargestellt. Z. B. bedeutet „10 % logarithmisch“, dass 10 % des Gesamtwiderstandes in den ersten 50 % des Drehbereichs liegen; mit anderen Worten, dass sich bei 50 % Drehwinkel ein Widerstandswert oder Teilerverhältnis von 10 % ergibt. Industrieübliche Kennlinnienverläufe werden mit Buchstaben bezeichnet (vgl. Abb. 1.49). Man spricht dann z. B. vom A Law oder A Taper (und meint einen linearen Kennlinienverlauf), vom L Law oder L Taper usw.

Hinweis: Die Bezeichnungen der Kurvenverläufe sind nicht immer einheitlich. Stets im jeweiligen Datenmaterial nachsehen!

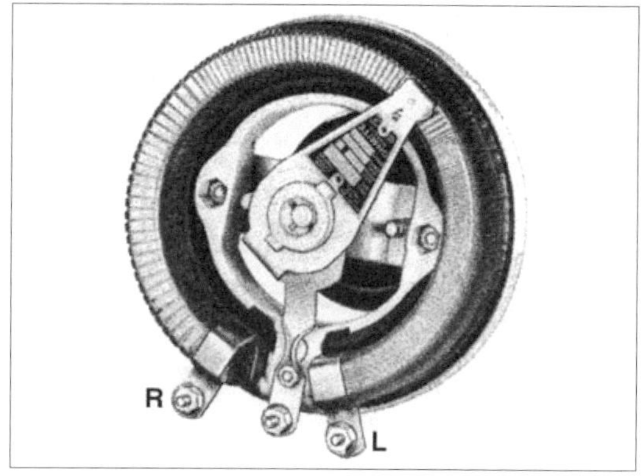

Abb. 1.51: *Ein Drahtpotentiomerter mit nichtlinearer Kennlinie ([1.14]). Es ist ersichtlich, dass der Abstand zwischen den Windungen vom linken zum rechten Anschlag nach und nach zunimmt (links und rechts von der Betätigungsseite her gesehen). Links bewirkt eine bestimmte Drehwinkeländerung eine große Widerstandsänderung, rechts eine geringe.*

Konformität

Die Konformität (Conformity) kennzeichnet die Abweichung des tatsächlichen Kennlinienverlaufs vom idealen. Es wird jeweils die maximale Abweichung angegeben (in Prozentform; Beispiel: ± 1 %). Die Linearität (s. oben) ist ein Sonderfall der Konformität (mit einer Geraden als idealer Kennline).

Elektrische Betriebkennwerte
Aus diesen Angaben ist ersichtlich, was dem Potentiometer oder Trimmer im Einsatz zugemutet werden darf. Sie betreffen das gesamte Widerstandselement (zwischen den Anschlüssen A und E bzw. 1 und 3). Es kann praktisch wie ein Festwiderstand behandelt werden (vgl. hierzu die Abschnitte 1.1.4 und 1.2.4.).

Belastbarkeit
Aus der Belastbarkeitsangabe (Nennverlustleistung, Power Rating, Power Dissipation) ergibt sich, welcher maximale Strom I durch das Widerstandselement fließen bzw. welche maximale Spannung U darüber abfallen darf.

Maximale Betriebsspannung
Dies ist die Spannung, die über dem Widerstandselement höchstens anliegen darf (Limiting Element Voltage). Dabei darf die Nennverlustleistung nicht überschritten werden. Der ungünstigste Fall ergibt sich, wenn im Betrieb als Spannungsteiler zusätzlich zum Querstrom I_Q ein vergleichsweise hoher Strom I_S durch den Schleifer fließt. Kontrollrechung:

$$P \leq U_{max} \cdot (I_Q + I_S) \qquad (1.45)$$

Betriebstemperatur
Potentiometer, die für die Frontplattenmontage vorgesehen sind, werden typischerweise für eine maximale Betriebstemperatur von + 40° C spezifiziert (weil es an der Frontplatte nicht allzu warm wird), Trimmer hingegen zumeist für + 70° C. Zum Absinken der zulässigen Belastung mit zunehmender Temperatur (Derating) s. Seite 33 - 37.

Isolationsangaben
Aus diesen Kennwerten ist ersichtlich, welche Spannungsdifferenzen zwischen dem Bauelement und seiner Umgebung höchstens zulässig sind.

Isolationsspannung
Die Isolationspannung (Insulation Voltage) ist die maximal zulässige Spannung zwischen beliebigen Anschlüssen des Bauelements und anderen mit dem Bauelement verbundenen leitfähigen Teilen. Richtwert: wenigstens das 1,4fache der maximalen Betriebsspannung.

Prüfspannung
Die Prüfspannung (Durchschlagfestigkeit, Dielectric Strength) ist die höchste Spannung zwischen beliebigen Anschlüssen des Bauelements und anderen mit dem Bauelement verbundenen leitfähigen Teilen, bei der – unter Prüfbedingungen – keine Durchbruchserscheinungen auftreten. Richtwert: wenigstens das 1,4fache der Isolationsspannung.

Isolationswiderstand
Der Isolationswiderstand (Insulation Resistance) ist der Mindstwert des Widerstandes zwischen beliebigen Anschlüssen des Bauelements und anderen mit dem Bauelement verbundenen leitfähigen Teilen bei Anliegen einer bestimmten Gleichspannung (Beispiel: 1000 MΩ bei 500 V).

1.3.3 Potentiometer

Die Abb 1.52 und 1.53 zeigen eine kleine Auswahl aus dem vielfältigen Angebot.

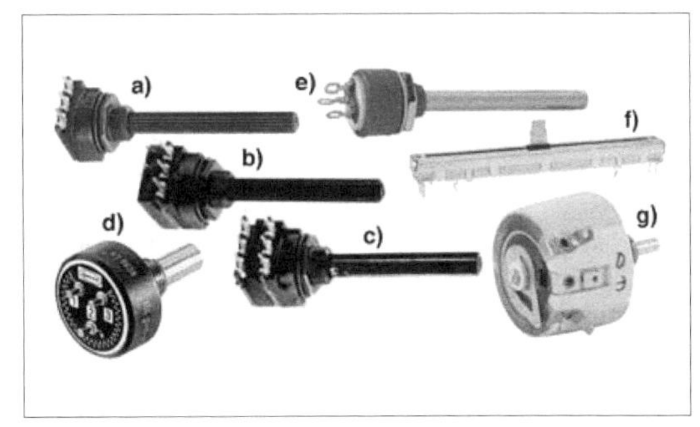

Abb. 1.52: *Typische Potentiometer.*
a) Kohleschichtpotentiometer;
b) wie a), aber mit Schalter;
c) wie a), aber Doppelausführung;
d) Leitplastik-Potentiometer;
e) Cermet-Potentiometer;
f) Schieberegler;
g) Hochlast-Drahtpotentiometer.

Kohleschichtpotentiometer
Kohleschichtpotentiometer (Abb. 1.52a, b, c) sind besonders preisgünstig. Sie haben geringe Betätigungskräfte, aber hohe Toleranzen. Zudem sind sie verschleißanfällig.

Potentiometer mit Schalter
Die herkömmliche Anwendung: Netzschalter in Rundfunkgeräten usw. (in Kombination mit der Lautstärke-

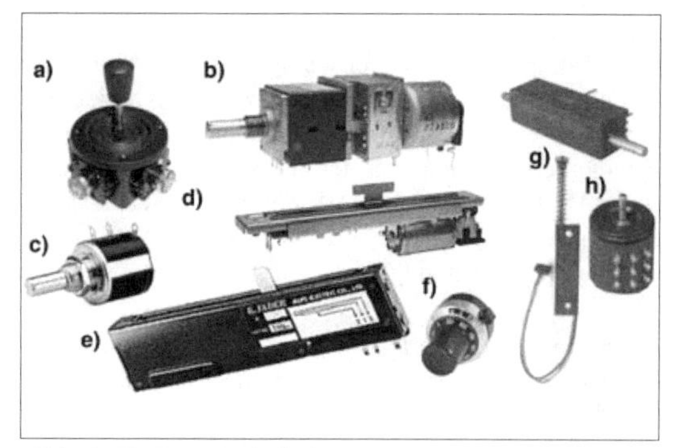

Abb. 1.53: *Ungewöhnliche Potentiometertypen.*
a) Joystick-Potentiometer;
b) Audio-Potentiometer mit Hand- und Motorbetätigung;
c) Zehngang-Wendelpotentiometer;
d) Schieberegler (Fader) mit Hand- und Motorbetätigung;
e) Präzisionsschieberegler (Studio-Fader);
f) Betätigungsvorsatz für Mehrgangpotentiometer;
g) zwei lineare Positionsgeber;
h) Rotationsgeber (Servopotentiometer).

einstellung). Übliche Auslegung (Abb. 1.52b): als zweipoliger Schließer (DPST), der für maximal 250 V Wechselspannung zugelassen ist (Richtwert: 2 A). Miniaturbauformen haben kleinere Schalter, z. B. einpolig (SPST) für 12 V Gleichspannung (Richtwert: 1 A). Die Kombination Potentiometer + Schalter hat aber einige Nachteile:

- Der Schaltweg geht vom nutzbaren Drehbereich ab,
- die Schalter sind nicht besonders robust,
- da zu jedem Ausschalten das Potentiometer auf den linken Anschlag zurückgedreht werden muss und da beim Schalten die Mechanik des Potentiometers stärker beansprucht wird, ist der Verschleiß höher,
- der eingestellte Wert (z. B. eine als angenehm empfundene Lautstärke) geht beim Ausschalten verloren und muss bei jedem Einschalten neu eingestellt werden.

Deshalb ist ein getrennter Schalter zumeist besser.

Potentiometer mit mehreren Widerstandsbahnen (Ganged Potentiometers)
Die am weitesten verbreitete Ausführung hat zwei gleiche Widerstandsbahnen (Tandempotentiometer). Es gibt Typen mit gemeinsamer Welle (Anwendungsbeispiel: Lautstärkeeinstellung in Stereoverstärkern) und mit koaxialen, unabhängigen Wellen (z. B. als Balanceregler in Stereoverstärkern). Bei gemeinsam angetriebenen gleichartigen Potentiometern (Abb. 1.52c) sind allerdings beachtliche Abweichungen im Teilerverhältnis zu erwarten (Datenblattangabe Resistance Ratio, Matching Tolerance o. dergl.). Beispiel: 2 dB = 26 %.

Cermet- und Leitplasik-Potentiometer
Diese Potentiometer (Abb. 1,52 d, e) haben bessere Kennwerte als die Kohleschichttypen.
Typische Vorteile:

- Cermet: Temperaturkoeffzient und Widerstandstoleranz,
- Leitplastik: Auflösung und Linearität.

Drahtpotentiometer
Drahtpotentiometer haben zwei typische Einsatzgebiete: hohe Verlustleistung oder hohe Genauigkeit. Sie sind allerdings – ebenso wie die entsprechenden Festwiderstände – nicht für hohe Frequenzen geeignet (Richtwert: nicht mehr als 10 kHz). Auch sollten sie nicht in einer korrosiven Umgebung eingesetzt werden (wegen des Kontakts Metall auf Metall).

Hochlastpotentiometer (Abb. 1.52g) werden für Verlustleistungen bis zu 60 W und mehr angeboten. Nennwiderstandswerte: zwischen einigen Ohm bis einigen Kiloohm.

Wendelpotentiometer (Mehrgangpotentiometer, Multi-Turn Potentiometers; Abb.1.53c) haben eine schraubenförmig ausgeführte Widerstandsbahn (Abb. 1.54), so dass mehrere Umdrehungen erforderlich sind, um den Schleifer von einem Ende zum anderen zu bewegen. Da die gesamte Widerstandsbahn vergleichsweise lang ist, kann man den gewünschten Widerstandswert sehr genau einstellen. Hierzu gibt es Betätigungsvorsätze mit Skala, Umdrehungszählwerk und Feststellhebel (Abb. 1.53f). Typische Auslegungen: 3 Umdrehungen = 1080°, 5 Umdrehungen = 1800°; 10 Umrehungen = 3600°.
Richtwerte:

- Auflösung bis zu 0,04% (Beispiele: 100 Ω 0,05%, 100 kΩ 0,013%),
- Linearität 0,25 %...1%,
- Temperaturkoeffizient 20...80 ppm; bei niedrigem Nennwiderstand (z. B. 100 Ω) um 500 ppm.

Der typische Einsatzfall: das Einstellen von Referenzspannungen (Gleichstrombetrieb).

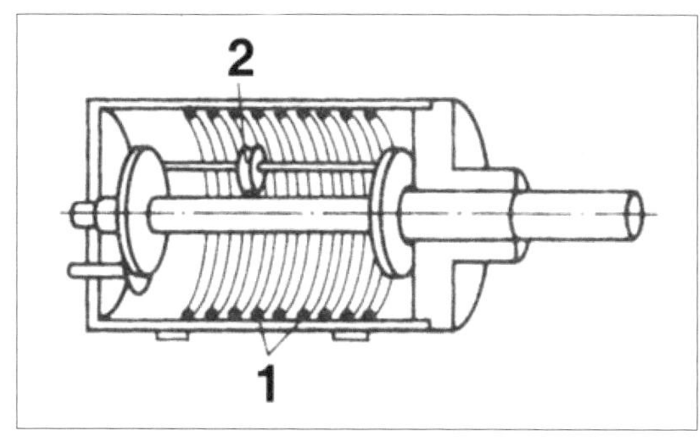

Abb. 1.54: *Wendelpotentiometer (Prinzip).*
1 - Widerstandsbahn;
2 - Schleifer.

Joystick-Potentiometer

Joystick-Potentiometer (Abb. 1.53a) sind Anordnungen aus wenigstens zwei Potentiometern, die über einen Steuerhebel betätigt werden. Das eine Potentiometer erfasst die X-Richtung der Steuerhebelauslenkung, das andere die Y-Richtung. Manche Typen haben ein drittes Potentiometer, das betätigt wird, indem man den Steuerhebel um seine Längsachse dreht.

Wie sich der Steuerhebel beim Betätigen und Loslassen verhält, ist zumeist wählbar. Typische Wahlmöglichkeiten:

- Nulllage (Neutralisierung) ja/nein. Wenn ja, wird der Steuerhebel nach dem Loslassen durch Federkraft in die Nulllage gezogen. Ansonsten bleibt er in jeder beliebigen Lage stehen.
- Rastung ja/nein. Wenn ja, gibt es deutlich fühlbare Rastpunkte (z. B. drei in jeder Bewegungsachse).

Manche Typen muss man entsprechend bestellen (feste Betriebsweise), manche kann man auf die jeweils gewünschte Betriebsweise umbauen (z. B. durch Einoder Aushängen von Rückholfedern).

Kennwerte anhand eines Beispiels:

- Potentiometer: 5kΩ; Toleranz ± 20 %; 0,125 W,
- Drehweg: 220°; davon 40° genutzt,
- Lebensdauer: 1 Million Betätigungszyklen,
- typische Beschaltung: als Spannungsteiler. Bei 5 V Betriebsspannung Nullpunkt bei 2,5 V (Mittellage); Auslenkung zwischen 2 und 3 V.

Positionsgeber und Servopotentiometer

Dies sind Präzisionsbauelemente zum Erfassen von Wegen und Drehwinkeln (Linear Motion Potentiometers, Rotational Transducers o. dergl.; Abb. 1.53g, h). Das Widerstandselement besteht typischerweise aus leitfähigem Kunststoff und hat somit eine praktisch unbegrenzt feine Auflösung (Richtwert: 0,1 %). Lebensdauer: zwischen 500 000 und 50 Millionen Zyklen.

- Auflösung: 0,1 % und besser (Beispiele: 100 Ω: 0,05%, 100 kΩ: 0,013%),
- Temperaturkoeffizient 20..80 ppm; bei niedrigem Nennwiderstand (z. B. 100 Ω) um 500 ppm.
- lineare Geber (Abb. 2.53g): Betätigungsweg 5,08 bis 12,7 mm; Nennwerte 1 kΩ ...50 kΩ ±20 %[21] ; 0,12 W oder 0,25 W; Linearität ± 5 %.
- Rotationsgeber (Abb. 2.53h): Drehwinkel 340°; Nennwerte 1 kΩ ...20 kΩ ± 10 %*; Linearität ± 1 %... 0,015%.

1.3.4 Trimmer

Trimmer unterscheiden sich grundsätzlich nach der Art der Widerstandsbahn und nach der Auslegung des Antriebs. Abb 1.55 zeigt typische Bauformen. Die Hersteller bieten in ihren Baureihen oftmals die Wahl zwischen mehreren Gehäusen und zwischen senkrechter oder waagerechter Lage der Drehachse. So lässt sich in nahezu allen Fällen das Problem lösen, den Trimmer dort anzuordnen, wo er seiner elektrischen Funktion nach hingehört[22], aber auch dann noch mühelos zum Einstellen heranzukommen, wenn die Leiterplatte voll bestückt ist.

Die Widerstandsbahn

Sie wird typischerweise in Kohleschicht- oder Dickschichttechnologie (Cermet) oder als Drahtwicklung gefertigt. Die preisgünstigsten Trimmer sind Kohleschichttypen mit offener Widerstandsbahn. Sie haben aber große Toleranzen und sind störanfällig. Vor allem aber halten sie die modernen Fertigungsverfahren (Lö-

21 Bei Betrieb als Spannungsteiler ist die absolute Widerstandstoleranz praktisch bedeutungslos.

22 Also mitten in der Schaltung (mit anderen Worten: dort, wo man auch entsprechende Festwiderstände anordnen würde).

ten, Waschen usw.) nicht aus. Man bevorzugt deshalb Dickschicht- und Drahttrimmer in gekapselter Ausführung.

Die Einstellmechanik
Es gibt zwei grundsätzliche Auslegungen:

- Direkteinstellung (Single Turn). Der Schleifer wird direkt bedient.
- Untersetzung (Multi-Turn). E sind mehrere Umdrehungen erforderlich, um den Schleifer von Anschlag zu Anschlag zu bewegen (Abb. 1.56). Hierzu werden Spindel- und Schneckenantriebe eingesetzt.

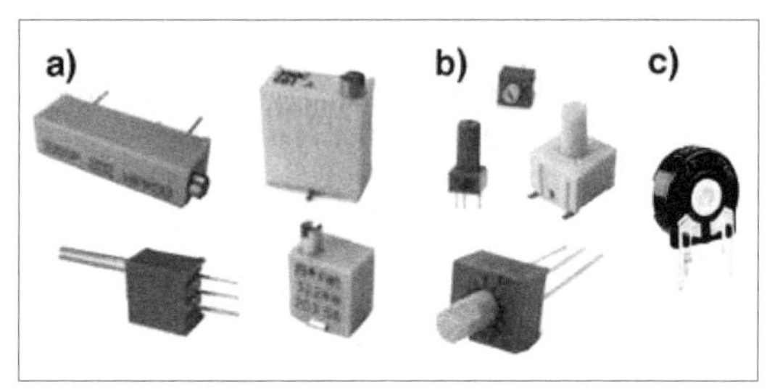

Abb. 1.55: *Typische Trimmer.*
a) Draht- und Dickschichttrimmer (Cermet) mit Untersetzung (Spindeltrimmer);
b) direkt einstellbare Dickschichttrimmer;
c) Kohleschichttrimmer.

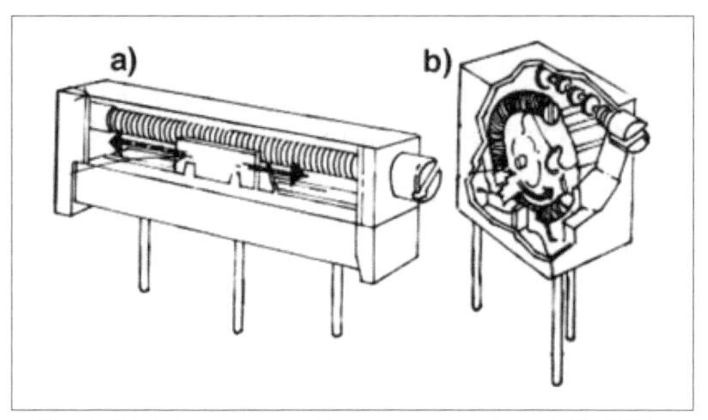

Abb. 1.56: *Trimmer mit Untersetzung (nach [1.15]).*
a) Schiebewiderstand mit Spindelantrieb;
b) Drehwiderstand mit Schneckenantrieb.

Antriebsprinzip und Auflösung
Die Auflösung wird an sich nur von der Widerstandsbahn bestimmt; der Antrieb hat damit nichts zu tun. Jedes Einstellgetriebe fügt aber toten Gang hinzu, so dass letzten Endes die Mechanik die Auflösung bestimmt.

Aus dieser Sicht ist also die Direkteinstellung zweckmäßiger. Die Erfahrung zeigt aber, dass sich Trimmer mit untersetztem Antrieb leichter einstellen lassen. Liegt der einzustellende Wert in einem Drehbereich von 250...300°, so ist es viel schwieriger, ihn zu treffen als dann, wenn der Einstellbereich über mehrere Umdrehungen gestreckt ist.

Wie genau kann ein Präzisionstrimmer eingestellt werden?
Richtwerte für die Direkteinstellung (nach [1.15]):

- als Spannungsteiler bis auf 0,05 % der Eingangsspannung,
- als veränderlicher Widerstand bis auf auf 0,15 % des Gesamtwiderstandes TR.

Das erfordert aber feinfühliges Arbeiten. Alternativen (wenn das Einstellen schnell gehen soll):

- Verringern des Einstellbereichs durch zusätzliche Festwiderstände (hierdurch wird der Einstellbereich schmaler, aber über den gesamten Drehbereich gestreckt),
- zwei Trimmer nehmen (Grob- und Feineinstellung; s. weiter unten Abb. 1.63),
- einen Trimmer mit untersetztem Antrieb nehmen.

Dickschicht- oder Drahttrimmer?
Es kommt auf den Einsatzfall an (Tabelle 1.15).

Dickschichttrimmer (Cermet)	Drahttrimmer
• hohe Auflösung • kleiner Endwiderstand • Wertebereich 10 Ω ...5 MΩ • bessere Einstellgenauigkeit • parasitäre Induktivität und Kapazität geringer (wichtig bei höheren Frequenzen) • kostengünstiger • kleinere Abmessungen	• höhere Lebensdauer (geringerer Verschleiß) • bessere Konformität über die Lebensdauer • Wertebereich 10 Ω ...50 kΩ • geringeres Rauschen • geringerer Temperturkoeffizient (typisch + 50 ppm) • höhere Verlustleistung • geringere Toleranz • höhere Stabilität

Tabelle 1.15: *Dickschicht- und Drahttrimmer im Vergleich (nach [1.15]).*

Hinweise zur Trimmerauswahl:

1. Aus der Anwendung ergeben sich Nennwiderstand, Spannung und Strom. Gegenkontrolle: Verlustleistung nicht überschreiten.
2. Trimmer vorzugsweise als Spannungsteiler einsetzen, nicht als veränderlichen Widerstand. Wenn es doch sein muss, für Strombegrenzung sorgen (falls der Schleifer am Anschlag steht).
3. Welche Verstärkung hat die Anwendungsschaltung, wie empfindlich ist sie gegen kleine Parameteränderungen? – Daraus ergeben sich die Anforderungen an die Auflösung und Einstellbarkeit.
4. Wie rauschempfindlich ist die Anwendungsschaltung? – Ggf. Rauschkennwerte des Trimmers beachten.
5. In welchem Bereich bewegt sich die Umgebungstemperatur? – Ggf. Bauelement mit passendem Temperaturkoeffizienten auswählen. Trimmer keinem Temperaturgefälle aussetzen (das eine Ende kalt, das andere warm) – es können Thermospannungen bis 100 µV auftreten.
6. Den kleinsten Widerstandswert wählen, der für den Einstelbereich der Anwendung genügt.
7. Falsch: Einen Trimmer mit höherem Widerstandswert einsetzen, um ggf. zusätzliche Festwiderstände einzusparen.
8. Einstellbereich so festlegen, dass höchstens 10...90 % des Nennwiderstandes überstrichen werden. Die ersten und letzten 10 % nicht ausnutzen.
9. Auf Zugänglichkeit der Stellschraube achten. Passende Bauform wählen.
10. Ggf. Fertigungbedingungen (Bestücken, Löten, Waschen) berücksichtigen.
11. Einstellung nicht mit Farbe oder Klebstoff fixieren (kann in den Kontakt zwischen Schleifer und Widerstandsbahn hineinlaufen oder korrosive Gase absondern). Die Antriebe moderner voll verkapselter Trimmer sind typischerweise selbsthemmend. Wenn ein Fixieren nicht zu umgehen ist, handwerklich sorgfältig arbeiten und einen Klebstoff wählen, der nicht ausgast.
12. Trimmer nicht mit einem x-beliebigen Ohmmeter einstellen – es kann sein, dass es keine Strombegrenzung hat (Seite 54).

Soll durch den Schleifer ein Mindeststrom fließen (um die Kontaktgabe zu verbessern)? Eine alte Streitfrage. Richtwerte (nach [1.15]):

- Kohleschichttrimmer: 1...10 µA,
- Dickschichttrimmer: 25 µA, besser 100 µA. Moderne Dickschichttrimmer funktionieren jedoch auch bei geringeren Strömen (wenige µA) hinreichend zuverlässig.

1.3.5 Zur Anwendungspraxis der Potentiometer und Trimmer

Auswahl der Nennwerte

Wenn man überhaupt die Wahl hat – z. B. bei Spannungsteilern – mittlere Größenordnungen wählen, also kΩ. Extrem niedrige und extrem hohe Werte (Ω, MΩ) vermeiden. Potentiometer und Trimmer zwischen 1 kΩ und 100 kΩ (Richtwerte) haben typischerweise geringere Toleranzen und Temperaturkoeffizienten.

Spannungsteilerbetrieb

a) Wann kann der Strom, der durch den Schleifer fließt, vernachlässigt werden?

Faustregel: Dann, wenn die Belastung wenigstens das 10fache des Widerstandsnennwertes beträgt. Dann fließt nicht mehr als 1/10 des Querstroms I_Q über den Schleifer.

$$I_S \leq 0{,}1 \cdot I_Q = 0{,}1 \cdot \frac{U_e}{R_p} \qquad (1.46)$$

Diese Faustregel besagt zunächst, dass der resultierende Strom durch den Schleifer dem Bauelement nicht schadet. Ob die Veränderung des Teilerverhältnisses (infolge der Belastung) tragbar ist, hängt vom jeweiligen Anwendungsfall ab:

a) Wenn es nicht auf den Drehwinkel ankommt, stellt man den Regler einfach so ein, dass sich die gewünschte Ausgangsspannung ergibt. Somit lässt sich der Einfluss der Belastung ausgleichen („wegtrimmen“) .
b) Drehwinkel und Ausgangsspannung müssen einander entsprechen (z. B. dann, wenn der jeweilige Spannungswert anhand einer Skala eingestellt werden soll). Welche Belastung zulässig ist, hängt dann von den Anforderungen an die Linearität bzw. Konformität ab.
c) Der Spannungsteiler darf praktisch nicht belastet werden. Das ist dann der Fall, wenn hohe Anforderungen an Linearität bzw. Konformität zu erfüllen sind. Eine naheliegende Abhilfe: dem Schleifer

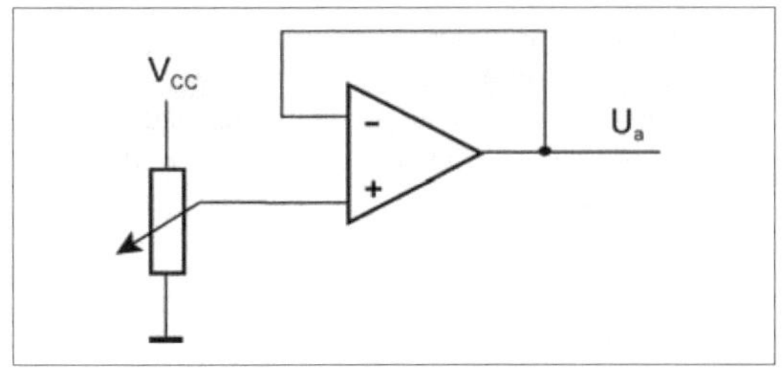

Abb. 1.57: *Spannungsteiler mit nachgeschaltetem Puffer.*

eine Pufferstufe (Impedanzwandler) nachschalten (Abb. 1.57).

b) Endzonen
Diese Teile des Drehbereichs nicht nutzen. Ggf. Einstellbereich durch in Reihe geschaltete Festwiderstände eingrenzen (Abb. 1.58).

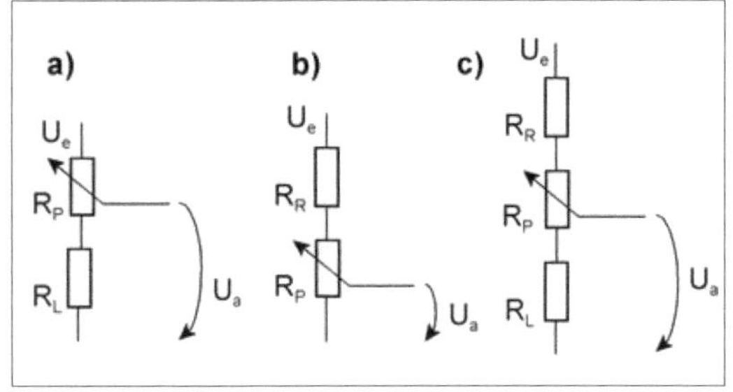

Abb. 1.58: *Begrenzung des Einstellbereichs mit Festwiderständen.*
a) Begrenzung am linken Anschlag;
b) Begrenzung am rechten Anschlag;
c) Begrenzung an beiden Anschlägen.

Dimensionierung
Sie beginnt mit der Festsetzung des Querstroms I_Q, der durch den Spannungsteiler fließen soll (zu dessen Maximalwert vgl. weiter unten (1.50)). Die minimale Ausgangsspannung U_{amin} entspricht dem Spannungsabfall über dem unteren Festwiderstand R_L (Schleifer ganz unten):

$U_{amin} = R_L \cdot I_Q$; daraus ergibt sich R_L zu:

$$R_L = \frac{U_{amin}}{I_Q} \qquad (1.47)$$

Die maximale Ausgangsspannung U_{amax} entspricht der Differenz zwischen der Eingangsspannung U_e und dem Spannungsabfall über dem oberen Festwiderstand R_R (Schleifer ganz oben):

$U_{amax} = U_e - R_R \cdot I_Q$; daraus ergibt sich R_R zu:

$$R_R = \frac{U_e - U_{amax}}{I_Q} \qquad (1.48)$$

Der Nennwiderstand R_P des Potentiometers oder Trimmers ergibt sich zu:

$$R_P = \frac{U_e}{I_Q} - R_L - R_R = \frac{U_{amax} - U_{amin}}{I_Q} \qquad (1.49)$$

Fehlt die Begrenzung am rechten Anschlag (Abb. 1.58a), ist $U_{amax} = U_e$, fehlt sie am linken (Abb. 1.58b), ist $U_{amin} = 0$ V.

Betrieb als veränderlicher Widerstand

a) Den Strom durch Schleifer begrenzen
Da die Nennverlustleistung für die gesamte Widerstandsbahn gilt, hängt die jeweils zulässige Belastbarkeit indirekt proportional vom Drehwinkel ab (Abb. 1.59). Steht der Schleifer in der Mitte, so fließt der Strom nur noch über 50 % des Widerstandselements, steht er ganz am linken Anschlag, so gibt es nichts, was den durch den Schleifer fließenden Strom aufhält. Dann ist ggf. eine Strombegrenzung erforderlich (z. B. durch einen in Reihe geschalteten Festwiderstand).

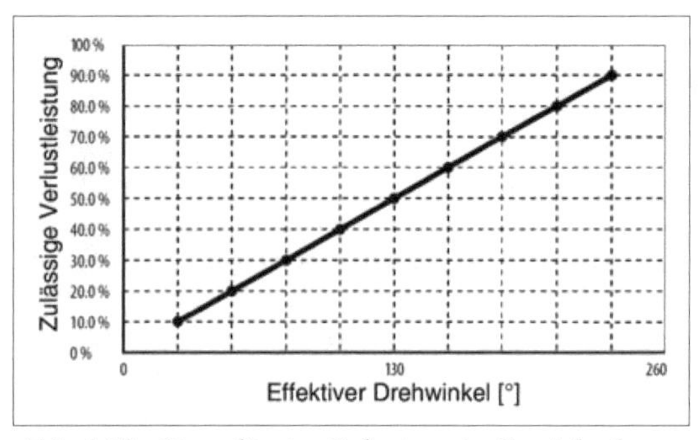

Abb. 1.59: *Die zulässige Belastung im Betrieb als veränderlicher Widerstand ([1.16]).*

Faustregel: Der maximal zulässige Strom über den Schleifer entspricht dem Strom, der eine Belastung mit der Nennverlustleistung P bewirkt, wenn er durch den Nennwiderstand R fließt[23]– also dem maximalen Querstrom durch das Bauelement, wenn es als Spannungsteiler genutzt wird. In manchen Datenblättern ist zudem eine absolute Obergrenze angegeben. Beispiel:100 mA (Tabelle 1.16).

$$I \leq \sqrt{\frac{P}{R}} \qquad (1.50)$$

Nennwiderstand [Ω]	Nennleistung			
	0,25 W	0,5 W	0,75 W	1,0 W
10	100,0*	100,0*	100,0*	100,0*
20	100,0*	100,0*	100,0*	100,0*
50	70,7	100,0*	100,0*	100,0*
100	50	70,7	86,6	100,0*
200	35,4	50	61,2	70,7
500	22,4	31,6	38,7	44,7
1k	15,8	22,4	27,4	31,6
2k	11,2	15,8	19,4	22,4
5k	7,1	10	12,2	14,1
10k	5	7,1	8,7	10
20k	3,5	50	6,1	7,1
50k	2,2	3,2	3,9	4,5
100k	1,6	2,2	2,7	3,2
200k	1,1	1,6	1,9	2,2
500k	0,7	1	1,2	1,4
1M	0,5	0,7	0,9	1
2M	0,4	0,5	0,6	0,7

Tabelle 1.16:*Der maximal zulässige Strom (in mA) über den Schleifer (nach [1.16]). [Die 100 mA sind hier eine absolute Obergrenze. Die anderen Werte ergeben sich gemäß (1.50).]*

b) Beschaltung des ungenutzten Anschlusses
Nicht offen lassen. Besser: mit Schleifer verbinden (Abb. 1.60). So bleibt der Stromweg auch dann geschlossen, wenn der Schleifer keinen Kontakt gibt (Ausfallsicherung).

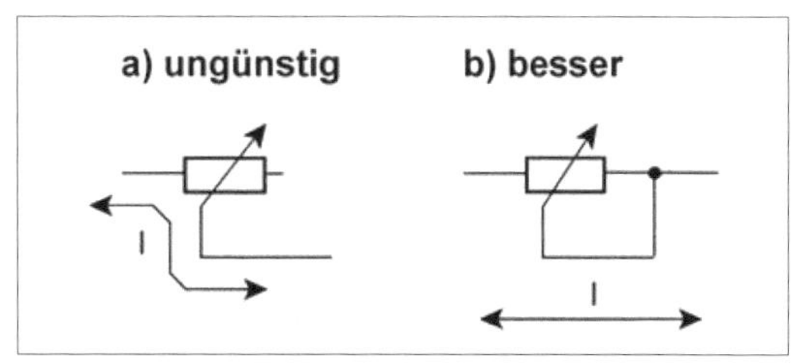

Abb. 1.60: *Der ungenutzte Anschluss beim Betrieb als veränderlicher Widerstand.*

c) Kohleschichttypen bei Gleichstrombetrieb
Den Schleifer an den positiveren Pegel legen (Abb. 1.61). Ansonsten kann der Kontakt zwischen Schleifer und Widerstandsbahn oxidieren (vor allem bei höherer Luftfeuchtigkeit).

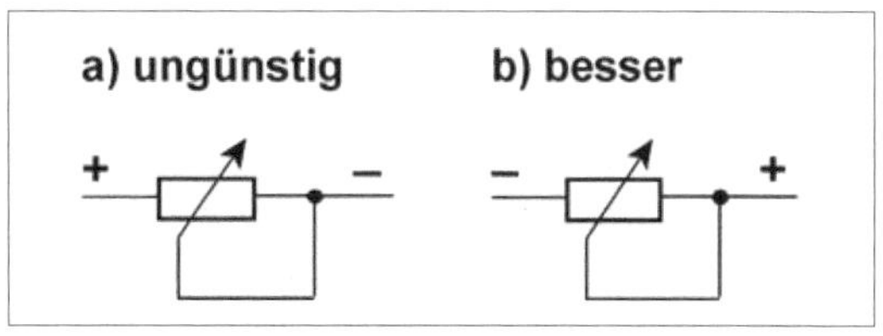

Abb. 1.61: *Kohleschichtbauelemente bei Gleichstrombetrieb richtig herum anschließen (nach [1.17]).*

Wenn das Verhalten an den Anschlägen stört
Zwischen dem Anschlag und dem Beginn der eigentlichen Widerstandsbahn (Anfangsweg, Endweg) ist der Kontakt zum Schleifer oftmals unsicher (Abb. 1.62). Wird der Schleifer in diesen Bereichen (Endzonen) bewegt, so kann dies mit starkem Rauschen oder sprunghaften Widerstandsänderungen verbunden sein. Das Vorschalten von Festwiderständen (vgl. Abb. 1.58) nützt in dieser Hinsicht nichts.

23 Dies entspricht der in Abb. 1.59 dargestellten linearen Derating-Funktion.

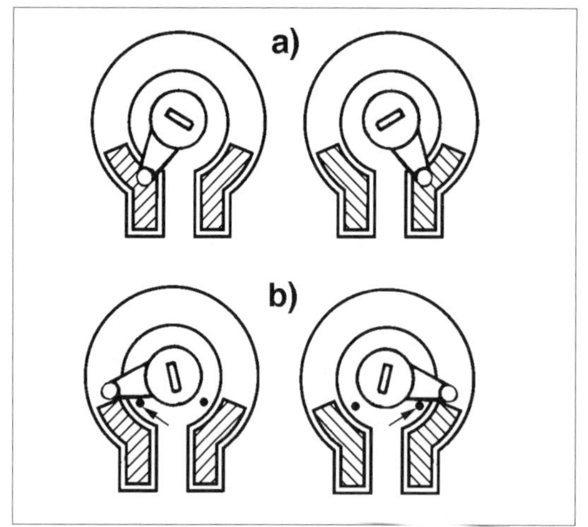

Abb. 1.62: Der Schleifer am Anschlag.
a) in diesen Stellungen ist mit Störungen zu rechnen.
b) Abhilfe. Der Schleifer verbleibt immer auf der eigentlichen Widerstandsbahn. Das kann beispielsweise mit externen Anschlägen gewährleistet werden (Pfeile).

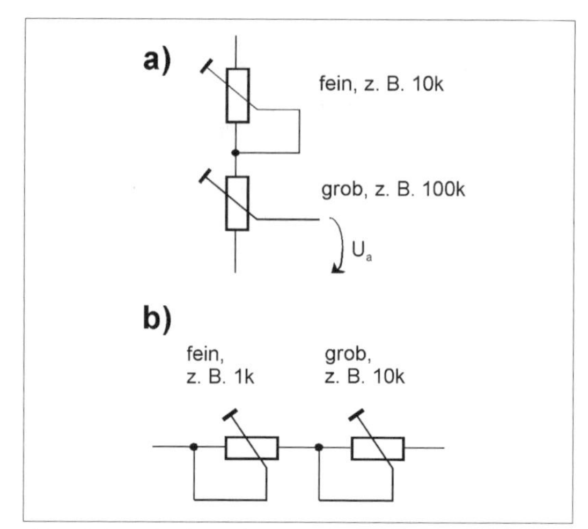

Abb. 1.63: Grob- und Feineinstellung.
a) Spannungsteiler,
b) veränderlicher Widerstand.

Abhilfe beim Potentiometer: Den Schleifer nur zwischen Anfang und Ende der Widerstandsbahn drehen lassen. Um das Weiterdrehen zu verhindern, können beispielsweise externe mechanische Anschläge vorgesehen werden (Abb. 1.62b).

Abhilfe beim Trimmer: Den Einstellbereich so festlegen, dass an den Anschlägen genug Luft bleibt (mit anderen Worten, die Endzonen nicht ausnutzen). Trimmer werden typischerweise mit Schleifer in Mittelstellung geliefert, so dass man sich beim Einstellen nach links und rechts vortasten kann. Das Vermeiden der Endzonen ist Sache der Einstellvorschrift.

Feineinstellung

Zwei einstellbare Widerstände verwenden (Grob- und Feineinstellung; Abb. 1.63). Nennwerte: Feinregler etwa 1/10 des Grobreglers.

Abgleichvorschrift:

1. Feinregler in Mittellage.
2. Mit Grobregler abgleichen, so gut es eben geht.
3. Mit Feinregler genau abgleichen.

Nutzung von Ohmmetern

Das betrifft das Prüfen einstellbarer Widerstände sowie das Voreinstellen von Trimmern. *Vorsicht.* Nachsehen, ob das Ohmmeter eine Strombegrenzung hat – wenn nicht, kann es sein, dass das Bauelement stirbt, falls der Schleifer am Anschlag liegt.

Abhilfe:

- Beim Prüfen einen passenden (hinreichend genauen)Vorwiderstand in Reihe schalten (Strombegrenzung).
- Nicht mit Ohmmeter prüfen, sondern in einer ggf. improvisierten Spannungsteilerschaltung (Labornetzgerät, Voltmeter).

Zum maximal zulässigen Strom – gleichgültig ob Querstrom (Spannungsteiler) oder Strom über den Schleifer – vgl. (1.50) und (als Beispiel) Tabelle 1.16.

Wie kann man Bauelemente mit nichtlinearer Kennlinie vermeiden?

Sie haben typischerweise größere Toleranzen und eine geringere Nennverlustleistung als ähnliche Typen mit linearer Widerstandskennlinie. Zudem ist der Bereich der Nennwerte beschränkt.

Alternativen:

- Bauelement mit linearer Kennline einsetzen und den gewünschten Funktionszusammenhang schaltungstechnisch verwirklichen. Zur näherungsweisen Nachbildung verschiedener nichtlinearer Kennlinien genügt bereits die Beschaltung mit einem Festwiderstand.

- Bauelement mit linearer Kennlinie einsetzen und den gewünschten Funktionszusammenhang programmseitig verwirklichen (Formelberechnung oder Wertetabelle). Anwendung z. B. bei Lautstärkeeinstellung über Mikrocontroller.
- Kein Potentiometer, sondern eine grundsätzlich andere Bedienphilosophie (Inkrementalgeber, Rauf-Runter-Tasten usw.).

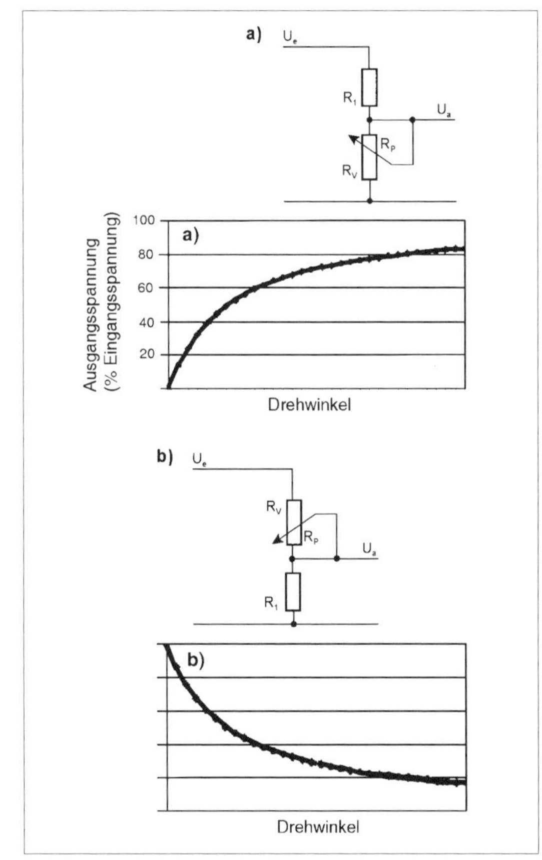

Abb. 1.64: *Nachbildung nichtlinearer Widerstandskennlinien (nach [1.18]). a) näherungsweise logarithmischer Widerstandsanstieg mit zunehmendem Drehwinkel (herkömmliche Bezeichnung: invers logarithmisch); b) näherungsweise exponentielle Widerstandsabnahme mit zunehmendem Drehwinkel (herkömmliche Bezeichnungen: logarithmisch gegen den Uhrzeigersinn; negativ logarithmisch).*
Vgl. auch Abb. 1.48 und 1.49. Dimensionierungsbeispiel: $R_1 = 10\,k\Omega$; $R_P = 50\,k\Omega$.

Näherungsweise Nachbildung einer nichtlinearen Kennlinie

Die Abb. 1.64 bis 1.69 veranschaulichen, wie auf einfache Weise nichtlineare (vor allem: logarithmische oder exponentielle) Kennlinien nachgebildet werden können.

Gemäß Abb. 1.64 wird der Spannungsteiler mit einem Festwiderstand R_1 und einem veränderlichen Widerstand mit dem Nennwert R_P gebildet. Er ist jeweils auf einen aktuellen (veränderlichen) Wert R_V eingestellt.

Logarithmischer Widerstandsanstieg (invers logarithmisch)

Die Ausgangsspannung der Schaltung von Abb. 1.64a ergibt sich zu:

$$U_a = U_e \cdot \frac{R_V}{R_1 + R_V} \quad (R_V \approx 0\Omega \ldots R_p) \qquad (1.51)$$

U_a kann hierbei zwischen 0 V und einem Größtwert $U_{amax} < U_e$ eingestellt werden:

$$U_{amax} \approx U_e \cdot \frac{R_p}{R_1 + R_p} = R_p \cdot I_Q \qquad (1.52)$$

Exponentielle Widerstandsabnahme (logarithmisch gegen den Uhrzeigersinn)

Die Ausgangsspannung der Schaltung von Abb. 1.64b ergibt sich zu:

$$U_a = U_e \cdot \frac{R_1}{R_1 + R_V} \quad (R_V \approx 0\Omega \ldots R_p) \qquad (1.53)$$

U_a kann hierbei zwischen einem Mindestwert U_{amin} und der Eingangsspannung U_e eingestellt werden:

$$U_{amin} \approx U_e \cdot \frac{R_1}{R_1 + R_p} = R_1 \cdot I_Q \qquad (1.54)$$

Dimensionierung

Man muss sich herantasten. Zunächst eine Größenordnung des Querstroms I_Q festlegen. Daraus ergibt sich ein Anfangswert für den Gesamtwiderstand:

$$R_1 + R_p = \frac{U_e}{I_Q} \qquad (1.55)$$

R_1 entscheidet über den Verlauf der Widerstandskennlinie. Anfänglicher Richtwert: R_1 = 20 % von R_P. Ggf. aufgrund einer gewünschten Ausgangsspannung U_{amax} oder U_{amin} R_P aus (1.52) oder R_1 aus (1.54) bestimmen. Mit diesen Anfangswerten experimentieren[24].

Ein weiterer Zugang ergibt sich über den Anstieg der Widerstandskennlinie. Dabei liegt es nahe, sich auf den Anstieg im Nullpunkt der Widerstandskennlinie (R_V = 0) zu beziehen (Tabelle 1.17, Abb. 1.65).

a) Logarithmischer Anstieg	b) Exponentielle Abnahme
$\frac{dU_a}{dR_V} = U_e \cdot \frac{R_1}{(R_1 + R_V)^2}$	$\frac{dU_a}{dR_V} = -U_e \cdot \frac{R_V}{(R_1 + R_V)^2}$
$\frac{\Delta U_a}{\Delta R_V} = \frac{U_e}{R_1}$	$\frac{\Delta U_a}{\Delta R_V} = -\frac{U_e}{R_1}$
$R_1 \approx \left\lvert U_e \cdot \frac{\Delta R_V}{\Delta U_a} \right\rvert$	

Tabelle 1.17: Zur Dimensionierung der Schaltungen von Abb. 1.64.
Von oben nach unten: Ableitung; Anstieg bei R_V = 0; Dimensionierung von R_1.

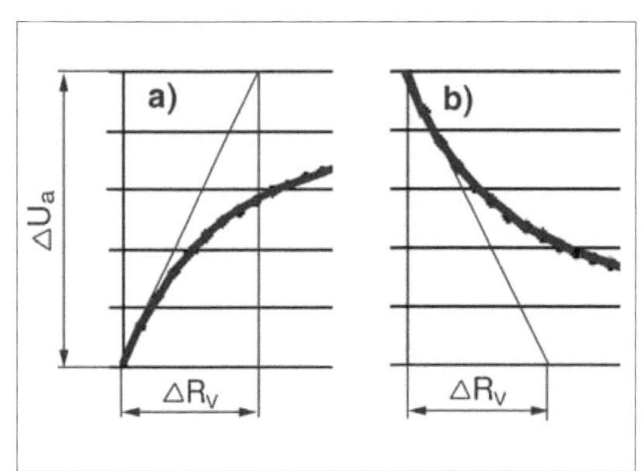

Abb. 1.65: Der Anstieg bei RV = 0.
a) näherungsweise logarithmischer Anstieg;
b) näherungsweise exponentielle Abnahme (hier ist ΔU_a negativ; vgl. das Vorzeichen in Zeile 2 der Tabelle).

Nichtlineare Kennlinie durch Belastung eines Spannungsteilers

Gemäß Abb. 1.66 wird der Schleifer mit einem Festwiderstand beschaltet. Richtwert: 0,05 · Nennwert des Potentiometers oder Trimmers. Die Schaltung hat eine näherungsweise exponentiell ansteigende (in üblicher Redeweise: logarithmische) Kennlinie.
Die Ausgangsspannung ergibt sich zu:

$$U_a = U_e \cdot \frac{R_1 \cdot R_V}{R_P \cdot R_V - R_V^2 + R_P \cdot R_1} \qquad (1.56)$$

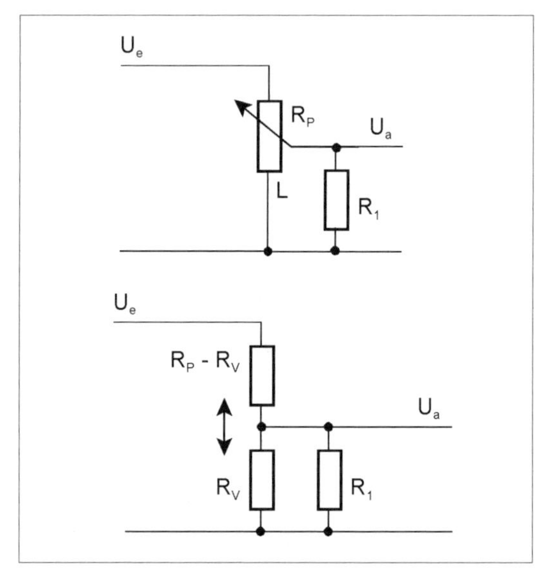

Abb. 1.66: Nachbildung einer nichtlinearen Widerstandskennlinie durch Beschalten des Schleifers. Oben Schaltung, unten Ersatzschaltung. Es handelt sich im Grunde um einen belasteten Spannungsteiler.
Dimensionierungsbeispiel (nach [1.19]): R_P = 50 kΩ, R_1=2,7 kΩ.

Nichtlineare Kennlinie durch Beschalten der Anzapfung

Es wird ein Bauelement mit Anzapfung (Tap) eingesetzt. Diese wird mit einem Festwiderstand beschaltet (Abb. 1.67).

24 Z. B. Kennlinien gemäß (1.51) oder (1.53) vom Computer zeichnen lassen und ggf. die Parameter verändern.

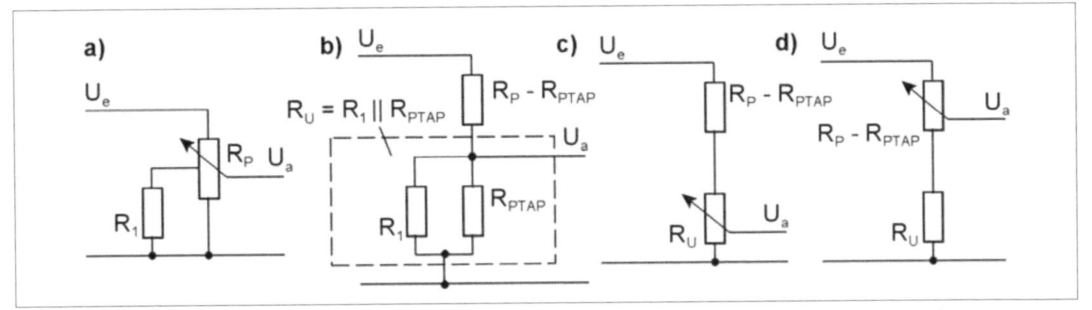

Abb. 1.67: *Bauelement mit Mittenanzapfung, beschaltet zur Realisierung einer nichtlinearen Kennlinie. a) Grundschaltung; b), c), d) Ersatzschaltungen. b) Schleifer in Mittellage; c) Schleifer in der unteren Hälfte, d) Schleifer in der oberen Hälfte.*

Es ergibt sich eine aus zwei Geraden bestehende, im Drehwinkel der Anzapfung geknickte Kennlinie (näherungsweise exponentiell ansteigend, also in herkömmlicher Bezeichnung (vgl. Tabelle 1.14) logarithmisch; Abb. 1.68). Handelsübliche Bauelemente haben typischerweise eine Mittenanzapfung. Es sind aber auch Ausführungen auf Kundenwunsch lieferbar (Frage der Stückzahl).

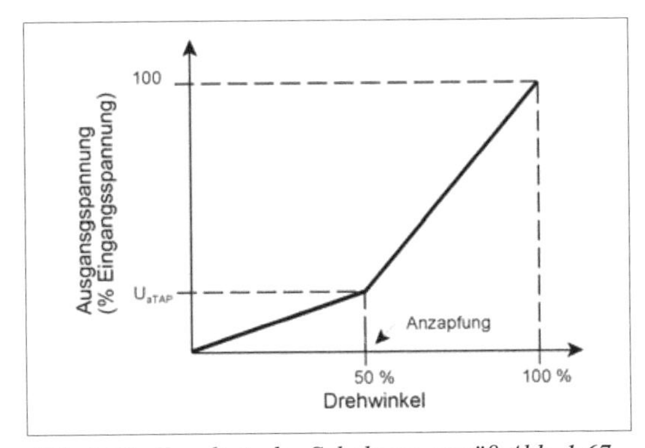

Abb. 1.68: *Kennlinie der Schaltung gemäß Abb. 1.67.*

Um die Schaltung zu dimensionieren, ist zunächst die Ausgangsspannung U_{aTAP} am Punkt der Anzapfung festzulegen. Der Nennwert R_P des Potentiometers oder Trimmers wird gemäß einem näherungsweise festgelegten Querstrom I_Q ausgewählt. R_{PTAP} ist der Widerstand zwischen dem linken Anschlag und der Anzapfung. Bei Mittenanzapfung ist $R_{PTAP} = 0{,}5\ R_P$.
Aus Abb. 1.67b ergibt sich:

$$U_{aTAP} = U_e \cdot \frac{R_U}{R_U - (R_P - R_{PTAP})}$$

$$\Rightarrow \qquad R_U = \frac{U_{aTAP} \cdot (R_P - R_{PTAP})}{U_e - U_{aTAP}} \qquad (1.57)$$

Bei Mittenanzapfung:

$$U_{a0,5} = U_e \cdot \frac{R_U}{R_U - 0{,}5 \cdot R_P}$$

$$R_U = 0{,}5 \cdot \frac{U_{a0,5} \cdot R_P}{U_e - U_{a0,5}} \qquad (1.58)$$

Aus $R_U = R_{PTAP} \,||\, R_1$ ist dann R_1 zu bestimmen:

$$R_1 = \frac{R_U \cdot R_{PTAP}}{R_{PTAP} - R_U} \qquad (1.59)$$

Die mechanische Beanspruchung beim Betätigen
Es damit zu rechnen, dass Druck- und Zugkräfte auf die Achse ausgeübt werden und dass der Schleifer mit Gewalt gegen den Anschlag gedreht wird. Ist die Achse zu lang, könne auch unangenehme Biegekräfte auftreten. Diese Gefahrenpunkte sind zu untersuchen. Erforderlichenfalls sind Gegenmaßnahmen vorzusehen:

- Drehknopfdruchmesser nicht größer als nötig,
- lange Achsen mit Zusatzlagerung abstützen,
- Rutschkupplung zwischenschalten,
- Getriebe zwischenschalten, das die Betätigungskräfte vom Potentiometer fernhält,
- Motorbetätigung,
- gar kein Potentiometer (statt dessen grundsätzlich andere Bedienphilosophie).

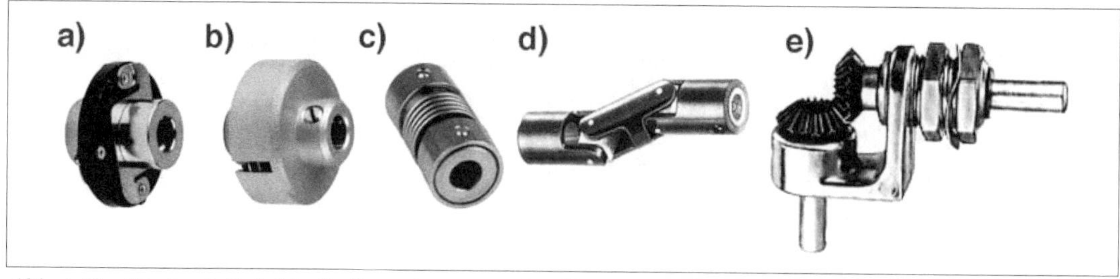

Abb. 1.69: *Mechanik-Zubehör für Potentiometer – eine kleine Auswahl (Mentor).*
a) elastische Kupplung; b) Rutschkupplung; c) Gelenkkupplung; d) doppelte Gelenkkupplung; e) Winkelgetriebe.

Abb. 1.69 zeigt eine kleine Auswahl handelsüblicher Einzelteile und Baugruppen, mit denen einschlägige Vorkehrungen in der Mechanik realisiert werden können.

1.3.6 Alternativen zum einstellbaren Widerstand

Einstellbare Widerstände sind in der Auswahl knifflige und im Einsatz mit Toleranzen und Unzuverlässigkeiten behaftete Bauelemente. Im Grunde sind es traditionelle elektromechanische Lösungen, entwickelt zu Zeiten, als an kontaktlose, „vollelektronische" Schaltungen gar nicht zu denken war. Heutzutage liegt es also nahe, sich nach Alternativen umzusehen.

Trimmer
Diese Bauelemente sind mittlerweile so zuverlässig geworden (moderne, voll verkapselte Cermet-, Draht- und Metallfolientypen), dass jede Alternative überlegt sein will (Kosten-Nutzen-Rechnung). Als Alternativlösungen bieten sich an:

- schaltbare Festwiderstände,
- digitale Potentiometer oder Digital-Analog-Wandler,
- Einsatz präziserer Bauelemente (so dass nichts mehr abgeglichen werden muss), beispielsweise Referenzspannungsquellen, hochgenaue Festwiderstände und Spannungsteiler,
- grundsätzlich alternative Schaltungslösungen, die keinen Abgleich erfordern (bis hin zum Übergang auf digitale Wirkprinzipien).

Nichtmechanische Bauelemente (z. B. Digitalpotentiometer oder Digital-Analog-Wandler) sind weniger empfindlich (in Hinsicht auf Löten, Waschen, Verschmutzung, Verschleiß usw.). Die Einstellvorkehrungen sind aber – aufs Ganze gesehen – typischerweise aufwendiger (Software, Anschluss entsprechener Einstellgeräte[25] usw.; demgegenüber kommt der gewöhnliche Trimmer mit einem simplen Schraubendreher aus).

Potentiometer
Es sind zwei grundsätzliche Anwendungsfälle zu unterscheiden:

1. Das Potentiometer ist umittelbar – als Spannungsteiler oder veränderlicher Widerstand – in die (analoge) Schaltung eingebaut.
2. Das Potentiometer dient lediglich als Bedienmittel. In solchen Einsatzfällen wirkt es typischerweise auf einen Wandler, der von einem Mikrocontroller programmseitig ausgewertet wird.

Das Potentiometer als Widerstandsbauelement in einer Analogschaltung
Es ist entweder zu ersetzen oder zu vermeiden. Alternativen:

- schaltbare Festwiderstände,
- digitale Potentiometer oder Digital-Analog-Wandler,
- grundsätzlich alternative Schaltungslösungen, die anderweitig (typischerweise digital) eingestellt werden können (bis hin zum Übergang auf durchgehend digitale Wirkprinzipien, z. B. digitale Signalverarbeitung).

25 Wenn kein Mikrocontroller eingebaut ist, der die Abgleicharbeit nebenbei übernehmen könnte.

Das Potentiometer als Bedienmittel

Es wird oftmals dann gewählt, wenn eine kontinuierliche, absolute Einstellung gewünscht ist oder wenn kontinuierliche Bewegungen zu erfassen sind (z. B. Joystick oder Fader). Das Prinzip der Absoluteinstellung hat einige anwendungspraktische Vorteile:

- die Wahlmöglichkeiten können durch Beschriftung der Frontplatte kenntlich gemacht werden (kein Display o. dergl. erforderlich),
- die Einstellung bleibt im ausgeschalteten Zustand erhalten,
- es kann vor dem Einschalten eingestellt werden. Anwendungsbeispiel:Ein Labornetzgerät, dem man schon von außen ansieht, auf welche Spannung es eingestellt ist und das nach dem Einschalten sofort auf diesen Wert hochläuft (vgl. auch Abb. 4.50).

Sollen diese Vorteile erhalten bleiben, wäre zunächst zu prüfen, ob eine wirklich kontinuierliche, lückenlose Einstellbarkeit überhaupt erforderlich ist. Oftmals ist es nämlich nicht notwendig; in vielen Anwendungsfällen kommt man mit vergleichsweise wenigen (z. B. 8...16) einstellbaren Stufen ohne weiteres aus. Anwendungsbeispiele: Füllmengen von Kaffeetassen, Intensität von Wasch- oder Geschirrspülvorgängen, Helligkeit von LED- oder LCD-Displays. Dann liegt es nahe, das Potentiometer durch einen entsprechenden Schalter zu ersetzen, der unmittelbar digital abgefragt wird[26].

Ansonsten bieten sich folgende Alternativen an:

- Einsatz anderer Bedienmittel z. B. Winkelcodierer (Absolut-Encoder vgl. Abb. 4.44),
- Übergang auf eine grundsätzlich andere Bedienphilosophie (z. B. Einstellung nach dem Prinzip Rauf-Runter mit entsprechender Wertanzeige).

Geschaltete Festwiderstände

Festwiderstände werden mit Schaltern kombiniert, um durch Herstellen oder Auftrennen von Verbindungen abgestufte Widerstandswerte darzustellen. Als Schalter kommen u. a. in Betracht:

- manuell zu bedienende Schalter beliebiger Art,
- Steckbrücken, DIL-Schalter, Lötbrücken, aufzu-

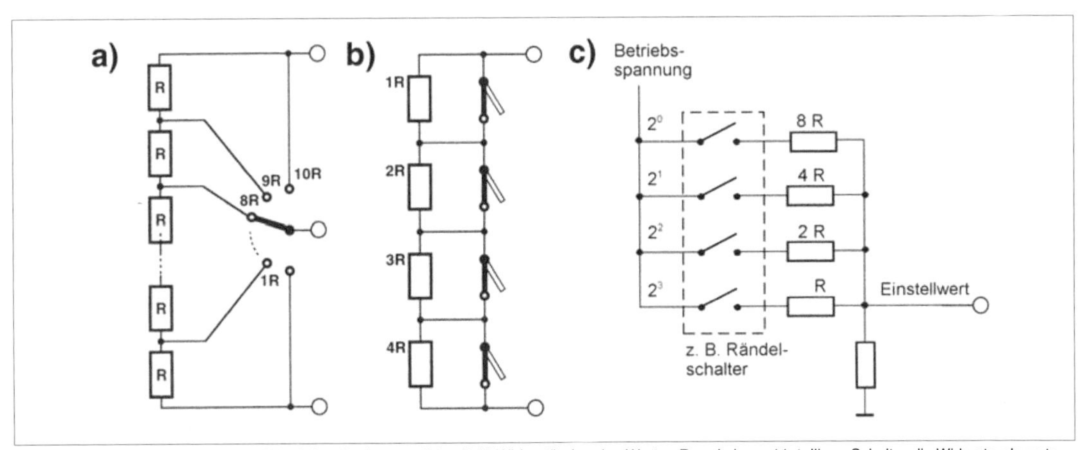

a) Auswahl in Reihenschaltung. Beispielsweise lassen sich mit 10 Widerständen des Wertes R und einem 11stelligen Schalter die Widerstandswerte 0 Ω, R, 2 R usw. einstellen (Widerstandsdekade).

b) Auswahl durch Summierung in Reihenschaltung. Der Widerstandswert wird aus den Einzelwerten R, 2 R, 3 R und 4 R gebildet. Ein geschlossener Schalter überbrückt den jeweiligen Widerstand; durch Öffnen des Schalters wird der Widerstand wirksam. Mit R = 10 Ω ergeben sich beispielsweise die Werte 0 Ω (alle Schalter geschlossen), 10 Ω, 20 Ω, 30 Ω, 40 Ω, 50 Ω (= 10 + 40 Ω oder 20 + 30 Ω), 60 Ω (= 20 + 40 Ω oder 10 + 20 + 30 Ω), 70 Ω = (30 + 40 Ω), 80 Ω (= 10 + 30 + 40 Ω), 90 Ω (= 20 + 30 + 40 Ω) und 100 Ω (=10 + 20 + 30 + 40 Ω).

c) Ein einfacher Digital-Analog-Wandler erlaubt es, z. B. die Stellung eines Rändel-Codierschalters in einen analogen Spannungswert umzusetzen. Die Genauigkeit dieser Einfachlösung ist jedoch sehr beschränkt.

Abb. 1.70: *Praxisschaltungen mit Festwiderständen (1).*

26 Der Grundgedanke: Mit billigen Potentiometern und Wandlerlösungen (um die Potentiometerstellung vom Mikrocontroller aus abzufragen) erreicht man in der Praxis auch keine bessere Auflösung – also kann man gleich einen Schalter nehmen.

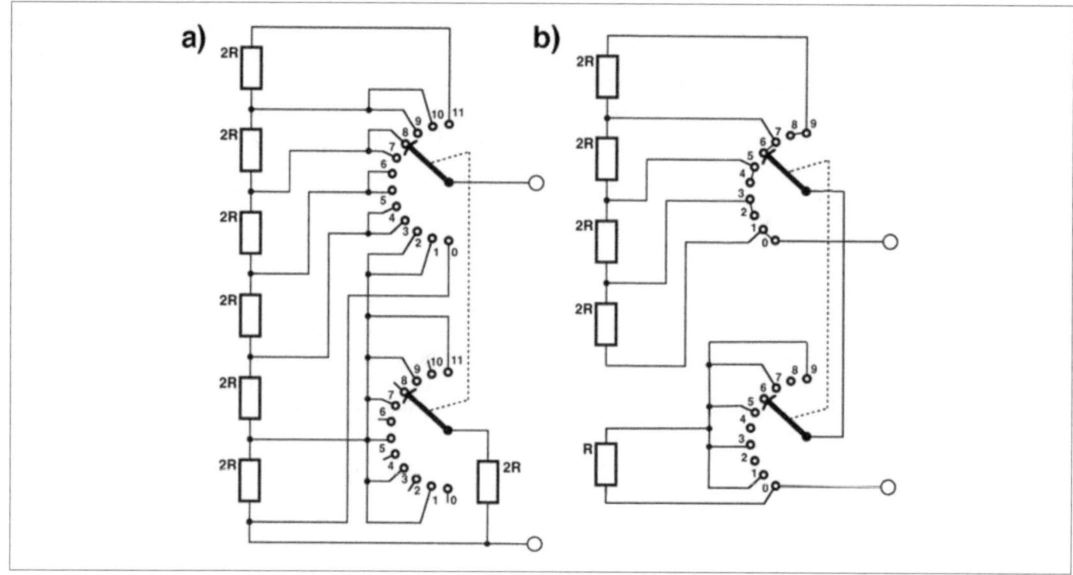

a) Mit 7 Widerständen des Wertes 2 R kann man die Werte 0, R, 2 R, 3 R...11 R einstellen. Hierbei wird dem untersten Widerstand der Reihenschaltung in allen „ungeraden" Schalterstellungen (1, 3, 5 usw.) ein weiterer Widerstand 2 R parallelgeschaltet, wodurch sich der Wert des untersten Widerstandes auf R vermindert. In Stellung 1 ist der Fall klar: 2 R II 2 R = R. In Stellung 2 wirkt der unterste Widerstand allein, also 2 R. In Stellung 3 wird der nächste Widerstand ausgewählt, und dem untersten Widerstand wird der zusätzliche Widerstand parallelgeschaltet, also 2 R + (2 R II 2 R) = 3 R. In Stellung 4 entfällt die Parallelschaltung, also 2 R + 2 R = 4 R usw.

b) Sparschaltung mit nur 5 Widerständen. Die Widerstandswerte 2R werden in Reihenschaltung ausgewählt (vgl. Abb. 1.70a). In jeder „ungeraden" Schalterstellung wird der Widerstandswert R zusätzlich in Reihe geschaltet.

Abb. 1.71: *Praxisschaltungen mit Festwiderständen (2). Weitere Schaltungen von Widerstandsdekaden.*

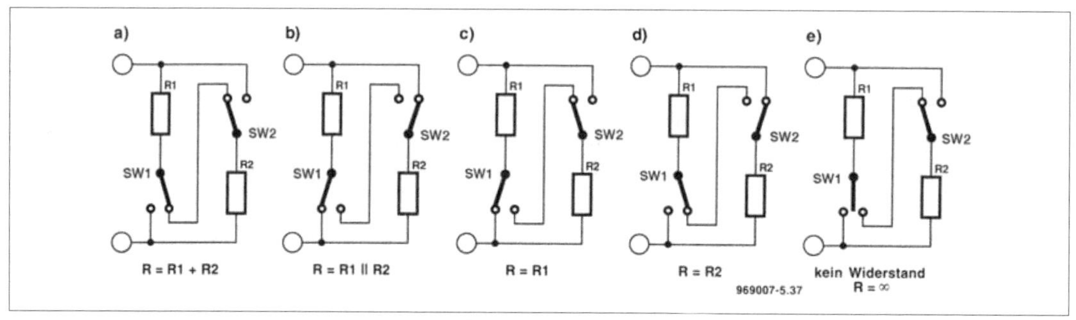

Abb. 1.72: *Praxisschaltungen mit Festwiderständen (3). Zwei Widerstände, zwei Wechselschalter, fünf einstellbare Widerstandswerte. a) Reihenschaltung; b) Parallelschaltung; c) nur R1; d) nur R2; e) Widerstand = ∞ (hierzu muss der Wechselschalter SW 1 drei Stellungen haben).*

trennende Leiterzüge usw. (zu Einstell- und Abgleichzwecken),

- Relais beliebiger Art,
- Halbleiterschalter, z. B. Analogschalter, Analogmultiplexer und diskrete Feldeffekttransistoren.

Um entsprechende Lösungen zu finden, kann man sich von der Schaltungstechnik der digitalen Potentiometer, der Widerstandsdekaden und der Digital-Analog-Wandler anregen lassen (Abb. 1.70 bis 1.73). Mit diskreten Bauelementen kann man aber nur geringe Auflösungen verwirklichen (Richtwert: maximal 16 Abstufungen; sonst wird es wirklich zu aufwendig). Ein wesentlicher Vorteil solcher Schaltungslösungen ist die Möglichkeit, sie so robust auszulegen, wie man will (bis hin zu sehr hohen Verlustleistungen oder Spannungen) – es ist lediglich eine Frage der Bauelementeauswahl.

Dekadenschalter
Widerstandsdekaden eignen sich nicht nur zum Experimentieren. Das Prinzip kann man überall dort ausnutzen, wo Widerstandswerte mit hoher Genauigkeit und feiner Abstufung einzustellen sind. Eine Widerstandsdekade erlaubt es beispielsweise, einen beliebigen Widerstandswert zwischen 0 Ω (= Durchgang) und 1 MΩ in Schritten von 1 Ω einzustellen. Dabei ist für jede Zehnerstelle ein Drehschalter oder eine Schiebe- bzw. Kippschalteranordnung vorgesehen. Die Abb. 1.70 und 1.71 zeigen Möglichkeiten, die Einstellung in einer Dezimalstelle zu verwirklichen. Falls erforderlich, können mehrere Dezimalstellen in Reihe geschaltet werden.

Digitale Potentiometer

Digitalpotentiometer sind integrierte Halbleiterschaltungen, die anstelle der Widerstandsbahn eine Kette von Festwiderständen und anstelle des Schleifers eine auf Analogschaltern beruhende Auswahlschaltung enthalten (Abb. 1.73). Sie können ebenso wie die elektromechanischen Typen als Spannungsteiler oder als veränderlicher Widerstand betrieben werden[27].

Nennwiderstand
Typische Werte reichen von einem kΩ bis zu ca. 100 kΩ. Die Toleranz ist vergleichsweise groß (Richtwert: ± 20%). Typische Abstufungen: 1 - 2 - 5.

Auflösung, Widerstandsänderung und Bitanzahl hängen zusammen. Ein für n Bits ausgelegtes Digitalpotentiometer hat $2^n - 1$ Widerstände. Der Widerstand oder das Teilerverhältnis am Schleiferausgang W kann somit nur in Stufen geändert werden, wobei sich der Abstand von Stufe zu Stufe (R_S)wie folgt ergibt (R_{AB} = Nennwiderstand, n = Auflösung in Bits):

$$R_S = \frac{R_{AB}}{2^n - 1} \qquad (1.60)$$

Widerstandskennlinie
Die meisten Typen haben einen linearen Widerstandsverlauf. Es gibt aber auch Typen mit näherungsweise exponentieller oder logarithmischer Kennlinie (vor allem für Audioanwendungen).

Ströme
Digitalpotentiometer sind keine Leistungsbauelemente. Zulässige Ströme durch die Widerstandsanordnung liegen in der Größenordnung von einigen hundert µA bis zu wenigen mA.

Betriebsspannung
Dies ist die wohl bedeutsamste Einschränkung gegenüber dem elektromechanischen Bauelement. Der Betriebsspannungsbereich liegt typischerweise zwischen

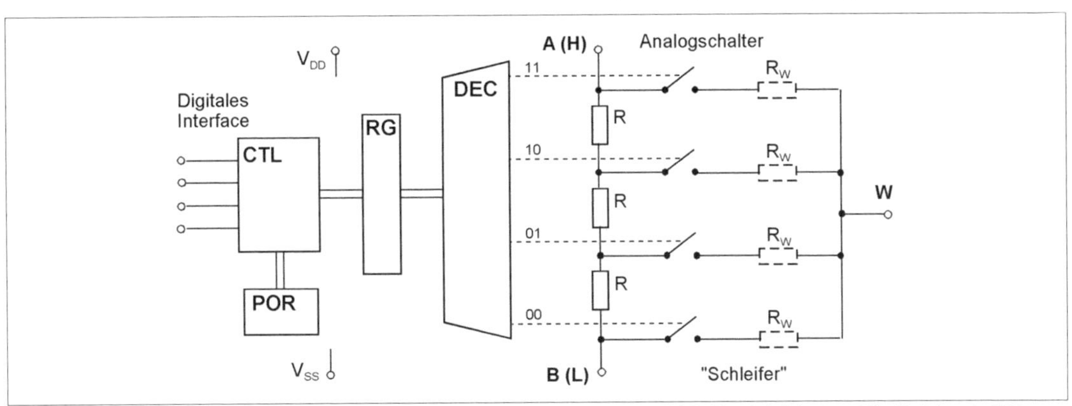

Im Betrieb ist stets einer der Analogschalter geschlossen. CTL - Interfaceanschlusssteuerung; POR - Einschaltrücksetzen; RG - Register oder Zähler (enthält eine Binärzahl, die den aktuellen Widerstandswert bestimmt); DEC - 1-aus-n-Decoder (aktiviert jeweils einen der Analogschalter), V_{SS} - negative Versorgungsspannung; V_{DD} - positive Versorgungsspannung. Das Beispiel zeigt eine 2-Bit-Ausführung. Sie hat drei Widerstände und ermöglicht es, den Schleifer mit einer von vier Anzapfungen der Widerstandskette zu verbinden. A, B oder H, L sowie W (Wiper = Schleifer) sind übliche Anschlussbezeichnungen (A/H = oben; B/L = unten). Der Durchgangswiderstand R_W des „Schleifers" hat eine solche Größenordnung, dass er eigens hervorgehoben wird.

***Abb. 1.73:** Ein Digitalpotentiometer im Blockschaltbild.*

27 Es gibt Typen, die nur zwei Potentiometeranschlüsse haben und ausschließlich zur Nutzung als veränderlicher Widerstand (Rheostat Mode) vorgesehen sind.

+ 2 V und + 6 V. Manche Typen können auch im Bereich von ± 15 V (Richtwert) arbeiten. Keiner der Anschlüsse der Widerstandsanordnung (A, B, W) darf ein negatives Potential gegenüber V_{SS} oder ein positives Potential gegenüber V_{DD} führen (mit anderen Worten, die Pegel sind auf Werte im Bereich zwischen V_{SS} und V_{DD} beschränkt (demgegenüber sind die Potentiale, die ein elektromechanisches Bauelement verträgt, nur durch seine Durchschlagfestigkeit bzw. Isolationsspannung beschränkt).

Der Widerstand des Schleifers (R_W)
Er ist vergleichsweise hoch – zwischen einigen zehn Ohm und etwa 1 kΩ. Temperaturgang etwa 300 ppm/°C. Es handelt sich im Wesentlichen um den Durchgangswiderstand der Feldeffekttransistoren, die als Analogschalter eingesetzt werden.

Der Widerstand zwischen dem Schleifer und dem unteren Anschluss B oder L (Potentiometer in Stellung N; $0 < N < 2^n-1$):

$$R_{WB} = \frac{R_{AB} \cdot N}{2^n - 1} + R_W \qquad (1.61)$$

Der Widerstand zwischen dem Schleifer und dem oberen Anschluss A oder H (Potentiometer in Stellung N; $0 < N < 2^n-1$):

$$R_{WA} = \frac{R_{AB} \cdot (2^n - N)}{2^n - 1} + R_W \qquad (1.62)$$

Der Schleifer am Anschlag
An beiden Enden (also in den Stellungen 0 und $2^n - 1$) wird der Schleiferanschluss W direkt mit dem jeweiligen Endanschluss (B oder A) verbunden.

Bits
Üblich sind Ausführungen mit 5 bis 8 Bits (Tabelle 1.18). 5-Bit-Typen (32 Stufen) sind vor allem für Audioanwendungen vorgesehen.

Bits	Schritte	Stufe
5	32	1:31 = 0,03226
6	64	1:63 = 0,01587
7	128	1:127 = 0,007874
8	256	1:255 = 0,003922

Tabelle 1.18: *Übliche Digitalpotentiometer.*

Mehrfachpotentiometer enthalten zwei bis (Richtwert) sechs Digitalpotentiometer in einem Gehäuse.

Interface
Es werden verschiedene Interfaces angeboten:

- I^2C,
- SPI,
- andere bitserielle Interfaces,
- Einfachinterfaces mit Zählfunktion (Up/Down). Abb. 1.74 veranschaulicht zwei typische Varianten. Weitere Interfaces sind u. a. zum direkten Anschließen von Tasten oder Inkrementalgebern ausgelegt.

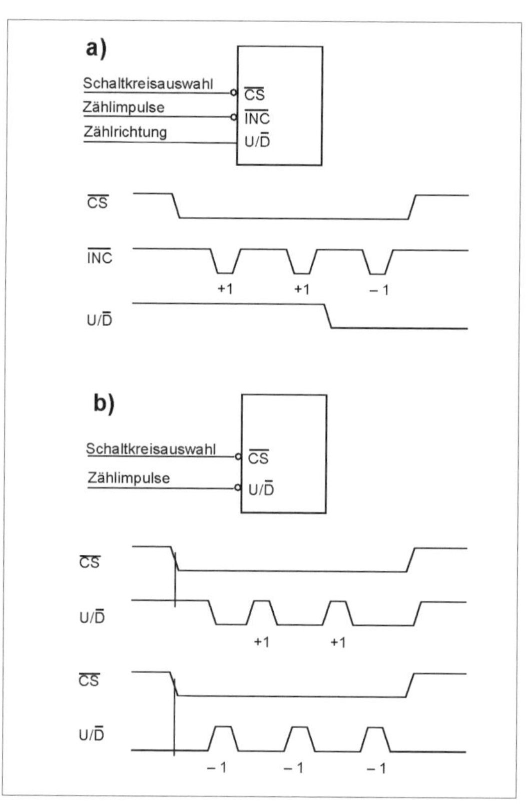

Abb. 1.74: *Typische Einfachinterfaces mit Zählfunktion (nach [1.20]).*
a) mit drei Signalen. CS wählt den Schaltkreis aus, U/D bestimmt die Zählrichtung. Die Zählimpulse werden über INC zugeführt.
b) mit zwei Signalen. Die Zählrichtung wird eingestellt, wenn CS aktiv wird. Ist dabei U/D mit High belegt, wird vorwärts gezählt, andernfalls rückwärts. Gelangt der Wert an den jeweiligen Anschlag, so haben weitere Zählimpulse keine Wirkung.

Umschalten bei Nulldurchgang
Das Einstellen eines Digitalpotentiometers bewirkt eine sprunghafte Widerstandsänderung. Liegt das Digitalpotentiometer in einem Signalweg, so ergeben sich daraus zusätzliche Störungen, die manchmal nicht tragbar sind. Der typische Einsatzfall: die Lautstärkeeinstellung von Audiosignalen. Die Umschaltvorgänge können sich dabei als vernehmliche Störgeräusche bemerkbar machen. Der Ausweg: Es wird nur dann umgeschaltet, wenn der Signalwert Null beträgt. In manche Dgitalpotentiometer ist eine entsprechende Schaltung (Zero Crossing Detector) eingebaut.

Stromsparen
Manche Digitalpotentiometer haben eine entsprechende Betriebsart (als Shutdown o. ä. bezeichnet). Die Wirkung (Abb. 1.75): Ist der Shutdown-Eingang aktiviert, wird der Querstrom durch den Spannungsteiler abgeschaltet, und der Schleifer wird auf den Anfangsanschlag gestellt (liegt also – in einfachsten Spannungsteileranwendungen – praktisch auf Massepotential).

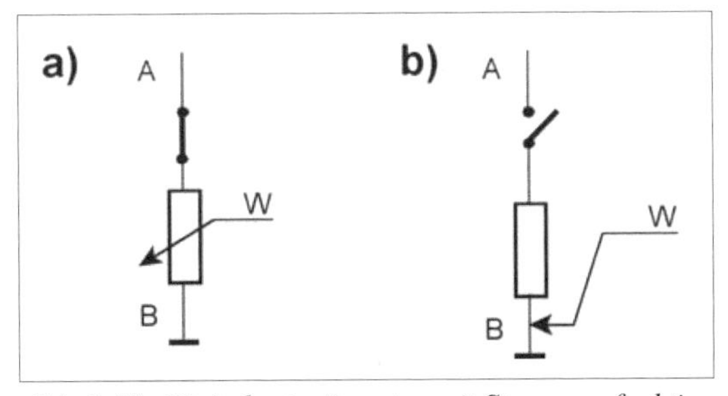

***Abb. 1.75:** Digitalpotentiometer mit Stromsparfunktion (nach [1.20]).*
a) Nomalbetrieb als Spannungsteiler;
b) Stromsparbetrieb (Shutdown).

Das Digitalpotentiometer beim Einschalten und beim Verlust der Betriebsspannung
Es gibt Typen mit flüchtiger und mit bleibender Widerstandseinstellung (volatile / nonvolatile). Typen mit flüchtiger Widerstandseinstellung haben eine Schaltung, die das Zuschalten und Abfallen der Speisespannung erkennt (Power On Reset / Brownout Detector). In solchen Fällen wird der Schleifer gleichsam in die Mittellage gebracht (also auf rund 1/2 Nennwert eingestellt). Typen, die ihre Einstellung auch im ausgeschalteten Zustand nicht verlieren, enthalten einen EEPROM. Beim Abfallen der Speisespannung (Brownout) wird die aktuelle Einstellung gespeichert, beim Hochlaufen (Power On) wieder eingestellt. Manche Typen, die zum Einsatz als Trimmer vorgesehen sind, haben Schutzvorkehrungen, die ein Verstellen während des normalen Betriebs verhindern (z. B. einen zusätzlichen Erlaubniseingang oder ein Interface, das zum Einstellen mit höheren Signalpegeln angesteuert wird[28]).

D-A-Wandler
Wird lediglich ein veränderlicher Spannungswert gegen Masse benötigt, kommt auch ein Digital-Analog-Wandler in Betracht. Der grundsätzliche Unterschied zum digitalen Potentiometer besteht an sich nur darin, dass der D-A-Wandler sein Widerstandsnetzwerk nicht zur freien Beschaltung anbietet, sondern über einen eingebauten Pufferverstärker eine Ausgangsspannung liefert, die einem digital vorgegebenen Anteil der Referenzspannung entspricht. D-A-Wandler sind für diese Funktion optimiert und haben eine deutlich höhere Auflösung als Digitalpotentiometer (10...14 Bits und mehr). Oft ist die Wahl lediglich eine Kostenfrage[29].

Pulsweitenmodulation (PWM)
Spannungswerte, die sich nur vergleichsweise langsam ändern, kann man nach dem Prinzip der Pulsweitenmodulation darstellen. Der Schaltungsaufwand ist sehr gering (dem Prinzip nach genügt ein einfaches RC-Glied), und es können hohe Genauigkeiten realisiert werden. Man braucht allerdings eine Einrichtung, die eine zyklische Impulsfolge mit einstellbarem Tastverhältnis liefert, z. B. einen Mikrocontroller.

1.4 Heißleiter (NTC-Widerstände)

1.4.1 Grundlagen

Heißleiter sind temperaturabhängige Widerstandsbauelemente (Thermistoren) mit negativem Temperaturkoeffizienten (NTC = Negative Temperature Coefficient). Ihr Widerstand sinkt mit zunehmender Temperatur (Abb. 1.76). Der Heißleiter ist ein Volumenwiderstand

28 Beispiel: WiperLock (Microchip; [1.20]).

29 Zum Für und Wider s. beispielsweise [1.21].

aus keramischen Werkstoffen auf Grundlage von Metalloxiden. Abb. 1.77 zeigt einige typische Bauformen.

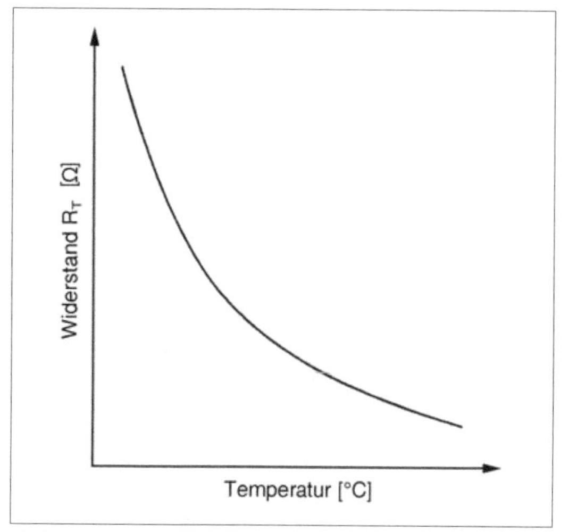

Abb. 1.76: *Heißleiter. Die Widerstands-Temperatur-Kennlinie im Überblick.*

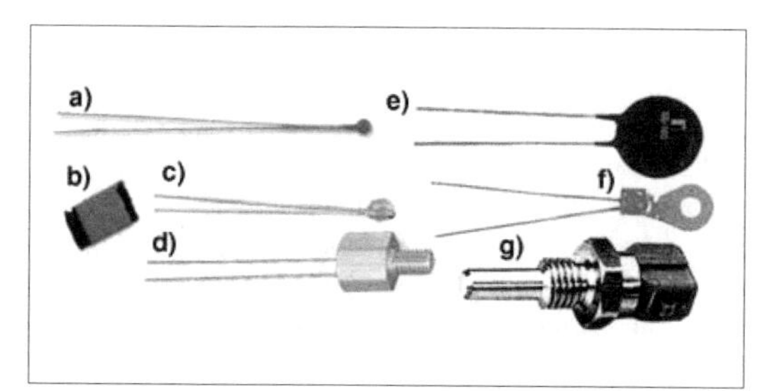

Abb. 1.77: *Typische Bauformen (Auswahl).*
a) Perle;
b) SMD;
c) Perle in Glaskörper;
d) Schraubgewinde;
e) Scheibe;
f) mit Flansch (zum Anschrauben);
g) zur Temperaturmessung von Flüssigkeiten (wird in den Behälter eingeschraubt; der zylindische Teil wird von der Flüssigkeit umspült).

Anwendung
Die Vielfalt der Anwendungsfälle unterscheidet sich vor allem dadurch, wie die Temperatur in das Bauelement hineinkommt:

Erfassen der Umgebungstemperatur (Temperaturmessung, Temperaturüberwachung, Temperaturkompensation). Das Bauelement soll die Temperatur an der jeweiligen Erfassungsstelle möglichst unverfälscht annehmen und in einen auswertbaren Widerstandswert umsetzen. Die Eigenerwärmung infolge des durchfließenden Stroms muss so gering gehalten werden, dass sie die Genauigkeit der Temperaturerfassung nicht beeinträchtigt.

Ausnutzung der Eigenerwärmung. Fließt Strom durch das Bauelement, so heizt es sich auf. Dadurch sinkt sein Widerstand. Dieses Verhalten kann u. a. zu Zwecken der Einschaltstrombegrenzung, Zeitverzögerung und Regelung ausgenutzt werden.

Fremdgeheizte Heißleiter sind Kombinationen aus einem Heißleiter und einer Heizwendel[30], die voneinander isoliert sind, aber in engem Wärmekontakt stehen. Um Temperatureinflüsse der Umgebung auszuschließen, ist die Anordnung typischerweise in einen evakuierten Glaskolben eingebaut. Der Widerstandswert des Heißleiters hängt von der Temperatur der Heizwendel ab. Ein solches Bauelement ist praktisch ein stromgesteuerter Widerstand, der vom Steuerstromkreis galvanisch getrennt ist. Anwendungsgebiete: Regelungstechnik, Verstärkungs- und Amplitudenregelung in der Hochfrequenzechnik, Effektivwertmessung (geeignet für extreme Frequenzen und beliebige Spannungsverläufe).

Typische Vorteile der Heißleiter:

- kostengünstig (Fertigung erfordert keine Halbleitertechnologien),
- sehr kleine Bauformen möglich (z. B. Perlen mit 0,4 mm Durchmesser),
- großer Bereich der Nennwerte,
- starke Temperaturabhängigkeit des Widerstandswertes (zwischen - 2 %/°C bis - 6 %/°C),
- Heißleiter können als vergleichsweise präzise Temperatursensoren ausgeführt werden.

30 Ausführungsbeispiel: Widerstand 100 Ω , Heizstrom 20 mA.

Richtwerte im Überblick:

- Widerstandsbereich: 1 Ω ...100 MΩ,
- Verlustleistung: einige mW...mehrere W,
- Temperaturbereich: - 60... 200 °C (es gibt aber auch Typen, die bis zu 600 °C aushalten),
- Toleranzen (bezogen auf R_{25}): ± 0,1...20 %.

Heißleiter einsetzen
Die Zusammenhänge sind komplex und rechnerisch nur näherungsweise zu erfassen. Deshalb kommt man nicht ohne Experimente aus. Manche Hersteller halten Rechen- und Simulationsprogramme bereit, um das Herantasten zu unterstützen. Auch geben die von den Herstellern veröffentlichten Prüfverfahren (zum Ermitteln der Kennwerte) brauchbare Hinweise für eigene Versuche.

Auswahl der Bauform
Es kommt auf den Einsatzfall an. Typische Beispiele:

- Temperaturmessung, Temperaturkompensation. Der Heißleiter muss innigen Wärmekontakt mit den jeweiligen Einrichtungen haben. Er wird z. B. in einen Kühlkörper eingeschraubt oder in SMD-Ausführung unmittelbar neben dem Bauelement angeordnet, dessen Temperaturgang kompensiert werden soll.
- Zeitverzögerung, Spannungsstabilisierung. Diese Wirkungen hängen nur von der Eigenerwärmung ab. Der Heißleiter sollte deshalb von seiner Umgebung nach Möglichkeit gar nicht beeinflusst werden (die extreme Auslegung: Unterbringung in einem evakuierten Glaskolben).
- Strombegrenzung. Hier wird der Heißleiter selbst richtig warm. Es muss für Wärmeabfuhr gesorgt werden. Manchmal ist die Umgebung vor übermäßiger Wärmeabgabe zu schützen (an der richtigen Stelle auf der Leiterplatte oder im Gerät anordnen, hinreichend Platz zu temperaturempfindlichen Schaltungsteilen lassen usw.).

Die Anschlüsse des Heißleiters

- können zusätzliche Wärme in das Bauelement einleiten,
- können Wärme aus dem Bauelement ableiten (und somit z. B. die Leiterplatte aufheizen),
- haben selbst einen temperaturabhängigen Widerstand.

1.4.2 Kennwerte

Nennwiderstandswert
Der Nennwiderstandswert (Rated Resistance R_R) ist der Widerstandswert des unbelasteten Heißleiters bei einer bestimmten Nenntemperatur. Die allgemein übliche Nenntemperatur: + 25 °C = 298,15 K. Dieser Kennwert wird mit R_{25} bezeichnet.

Die Abhängigkeit des Widerstandes von der Temperatur
Sie kann anhand von Kennlinien, Formeln oder Tabellen beschrieben werden (Näheres in Abschnitt 1.4.3). Solche Angaben werden benötigt, um Bauelemente auszusuchen, Anwendungsschaltungen zu dimensionieren und Messergebnisse programmseitig auszuwerten (der typische Einsatzfall: ein Mikrocontroller soll aus einem Spannungs- oder Widerstandswert eine – möglichst präzise – Temperaturangabe in °C ausrechnen).

Temperaturkoeffizienten (α_R, TC o. ä.) werden gelegentlich angegeben. Es sind aber nur sehr grobe Richtwerte, die nur bei geringen Abweichungen von der jeweils zugehörigen Bezugstemperatur gelten.

B-Wert
Der B-Wert bildet die Grundlage der formelmäßigen Beschreibung des Widerstands-Temperatur-Verhaltens (Thermistorkonstante). Er ergibt sich aus den Materialeigenschaften des Heißleiters. Der B-Wert wird in Kelvin (K) angegeben. Richtwert: einige tausend K.

Temperaturgrenzen
Es gibt zwei Angaben. Sie beschreiben den Temperaturbereich, in dem das Bauelement eingesetzt werden darf:

- die untere Grenztemperatur (Lower Category Temperature) T_{min},
- die obere Grenztemperatur (Upper Category Temperature) T_{max}.

Toleranzen
Es gibt mehrere Toleranzangaben. Sie betreffen:

- Den unbelasteten Widerstand bei Nenntemperatur, also üblicherweise die maximal zulässige Abweichung vom Nennwert R_{25} (Manufacturing Tolerance MT). Richtwerte: ± 1...25 %.
- die maximal zulässige Abweichung des B-Wertes. Richtwerte: ± 1 ...2 %.

- die maximal zulässige Abweichung der Temperatur, bezogen auf den Widerstandswert (Temperaturtoleranz). Richtwerte: ± 0,1... 5 %.

Näheres in Abschnitt 1.4.3.

Belastbarkeit
Die Belastbarkeitsangabe (Nennverlustleistung, Power Dissipation, Power Rating P) betrifft die maximal zulässige Verlustleistung bei der jeweils angegebenen Bezugstemperatur T, wobei die Oberflächentemperatur des Heißleiters die obere Grenztemperatur nicht überschreiten darf. Der Datenblattwert gilt typischerweise bei einer Bezugstemperatur von + 25 °C (P_{25}). Bei beliebiger Temperatur T gilt:

$$P_T = I^2 \cdot R_T \qquad (1.63)$$

Hinweis: Der Datenblattwert gilt nur für einen gewissen Temperaturbereich. Bei niedrigeren oder höheren Temperaturen ist die zulässige Verlustleistung zu verringern (Derating).

Maximalstrom
Ob eine Maximalstromangabe (I_{max}) im Datenblatt zu finden ist, richtet sich nach der vorgesehenen Anwendung des Bauelements:

- Bei Anwendung als Temperaturfühler sollte so wenig Strom wie möglich fließen. Deshalb wird oftmals gar kein Stromkennwert angegeben. Die zulässige Strombelastung kann aus der Belastbarkeit errechnet werden. Maximal zulässige Messströme liegen bei wenigen mA.
- Wenn die Eigenerwärmung ausgenutzt werden soll, betrifft die Maximalstromangabe typischerweise den zulässigen Dauerstrom, bezogen auf den minimalen Widerstand oder auf die obere Grenztemperatur. Richtwerte: einige hundert mA bis einige zehn A (Spezialtypen für die Einschaltstrombegrenzung). Ergänzend dazu ist gelegentlich noch eine Impulsbelastbarkeit (Energy Rating) in J (Ws) angegeben.

Spannungsangaben
Manche Datenblätter enthalten keine. Solche Bauelemente halten dann die Spannung aus, die sich aus Widerstandswert und Belastbakeit ergibt:

$$U_{max} \leq \sqrt{P_T \cdot R_T} \qquad (1.64)$$

Manchmal sind Maximalwerte angegeben, z. B. als Nennspannung (Rated Voltage), maximale Betriebsspannung (Operating / Working Voltage) o. dergl. Trotzdem sollte eine Kontrollrechnung nach (1.64) ausgeführt werden. Der jeweils kleinere Wert darf nicht überschritten werden.

1.4.3 Der unbelastete Heißleiter

Ein Heißleiter ist dann unbelastet, wenn nur sehr geringe Ströme fließen und somit praktisch keine Eigenerwärmung auftritt. Eine genauere Definition: dann, wenn sich bei beliebiger Änderung der Belastung der Widerstandswert um nicht mehr als ± 0,1 % ändert (Nulllastwiderstand).

Die Widerstands-Temperatur-Kennlinie (R-T-Kennlinie) hat typischerweise eine linear geteilte Temperatur- und eine logarithmisch geteilte Widerstandsachse (Abb. 1.78). Damit sieht die Kurve viel weniger krumm aus, als sie tatsächlich ist. Der überstrichene Widerstandsbe-

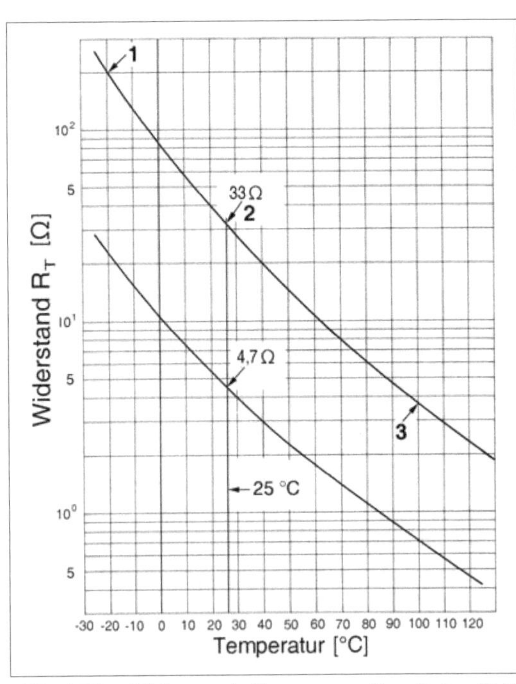

Abb. 1.78: *Widerstands-Temperatur-Kennlinie (R-T-Kennlinie) von Heißleitern (zwei Beispiele). Die Widerstandswerte gelten bei einer Nenntemperatur von + 25 °C. Wenn es kälter wird, steigt der Widerstandswert; wenn es wärmer wird, sinkt er. 1, 2, 3 - Ablesebeispiele (s. Text).*

reich ist aber beachtlich. Die Ablesebeispiele in Abb. 1.78 ergeben:

1: bei 25 °C: 33 Ω (Nennwert),
2: bei - 20 °C: 200 Ω,
3: bei 100 °C: etwa 3,5 Ω.

Das Verhältnis der beiden Endwerte beträgt rund 57 : 1.

Kennlinien sind aber nur für eine pauschale Orientierung geeignet; genaue Werte kann man nicht entnehmen. Auch eignen sie sich nicht zur rechentechnischen Auswertung. Der genaue Verlauf der Abhängigkeit des Widerstandes von der Temperatur (R-T-Kurve) wird deshalb formelmäßig oder durch Tabellen dargestellt. In Anwendungen auf Grundlage von Mikrocontrollern oder Prozessoren hat man die Wahl, die jeweilige Formel durchzurechnen oder eine gespeicherte Tabelle zu durchsuchen.

Der Zusammenhang zwischen Temperatur und Widerstandswert als Formel

Gleichung (1.65) gibt näherungsweise an, wie sich der Widerstand in Abhängigkeit von der Temperatur ändert:

$$R_T = R_R \cdot e^{B \cdot \left(\frac{1}{T} - \frac{1}{T_R}\right)} \qquad (1.65)$$

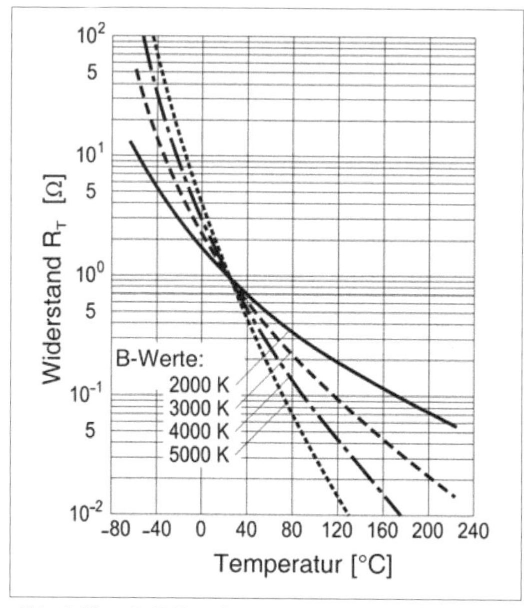

Abb. 1.79: *R-T-Kennlinein von Heißleitern mit verschiedenen B-Werten (nach [1.22]).*

R_T Widerstandswert [Ω] bei Temperatur T [K],
R_R Widerstandswert [Ω] bei Bezugstemperatur T_R in K (z. B. R_{25} bei T_{25} = 298,15 K),
B Thermistorkonstante [K)] Der Wert bestimmt den Verlauf der R-T-Kennlinie (Abb. 1.79).

Messtechnische Bestimmung von B: Durch Messen der Widerstandswerte R_R und R_T [Ω] bei zwei verschiedenen Temperaturen T_R und T [K]:

$$B = \frac{T \cdot T_R}{T_R - T} \cdot \ln\frac{R_T}{R_R} = \frac{T \cdot T_R}{T - T_R} \cdot \ln\frac{R_R}{R_T} \qquad (1.66)$$

Der zweite Ausdruck in (1.66) ergibt sich, indem beim Umstellen von (1.65) Zähler und Nenner mit -1 multipliziert werden. So kommt man bei Temperaturerhöhung ($T > T_R$) auf durchgehend positive Zahlenwerte.

Typische B-Angaben betreffen die übliche Bezugstemperatur T_R = 298,15 K (+ 25 °C) und verschiedene industrieübliche Messtemperaturen T (Tabelle 1.19):

B-Angabe	Bezugstemperatur T_R	Messtemperatur T	Berechnung
$B_{25/100}$	+ 25 °C = 298,15 K	+ 100°C = 373,15 K	$B_{25/100} = 1484{,}4 \cdot \ln\frac{R_{25}}{R_{100}}$
$B_{25/85}$		+ 85°C = 358,15 K	$B_{25/85} = 1779{,}7 \cdot \ln\frac{R_{25}}{R_{85}}$
$B_{25/50}$		+ 50°C = 323,15 K	$B_{25/50} = 3853{,}9 \cdot \ln\frac{R_{25}}{R_{50}}$

Tabelle 1.19: *Typische B-Angaben.*

Der Temperaturkoeffizient

Der Temperaturkoeffizient (α_R oder TC) wird typischerweise in Prozent je Temperaturgrad angegeben (%/K oder %/°C). Da die R-T-Kennlinie nichtlinear ist, gilt der Wert strenggenommen nur in einem Punkt (Bezugstemperatur T_R, Bezugswiderstand R_R). Der Temperaturkoeffizient ergibt sich aus dem Anstieg der R-T-Kennlinie in diesem Punkt:

$$TC = \frac{1}{R_R} \cdot \frac{dR}{dT} \cdot 100\%; \qquad (1.67)$$

$$TC = \frac{1}{R_1} \cdot \frac{R_2 - R_1}{T_2 - T_1} \cdot 100\%$$

Die untere Formel in (1.67) betrifft die praktische Berechnung aus zwei Punkten der Kennlinie (aus Tabellen oder Diagrammen abgelesen oder messtechnisch ermittelt). Braucht man den Temperaturkoeffizienten für eine bestimmte Temperatur T_R, wählt man T_1 und T_2 so, dass T_R in der Mitte des Intervalls zu liegen kommt: $T_1 < T_R < T_2$ [31]. Beispiel: gesucht ist der TC für $T_R = 50$ °C. Dann wählt man z. B. $T_1 = 49$ °C und $T_2 = 51$ °C.

Bei bekannter Thermistorkonstante B lässt sich der Temperaturkoeffzient für eine beliebige Bezugstemperatur T_R wie folgt bestimmen:

$$TC = -\frac{B}{T_R^2} \cdot 100 \tag{1.68}$$

Temperaturbestimmung – die typische Messaufgabe
Bekannt sind der B-Wert und der Nennwert R_{25}, gemessen wurde ein Widerstandswert R_T. Daraus ist die aktuelle Temperatur T zu bestimmen. Durch Umstellen von (1.66) ergibt sich:

$$T = \frac{T_R}{1 - \frac{T_R}{B} \cdot \ln\frac{R_R}{R_T}} \tag{1.69}$$

$$T = \frac{298{,}15\,K}{1 - \frac{298{,}15\,K}{B} \cdot \ln\frac{R_{25}}{R_T}}$$

(Der untere Ausdruck ist zugeschnitten für eine Bezugstemperatur von 25 °C.)

Die Temperatur kann auch über den Temperaturkoeffizienten TC näherungsweise bestimmt werden. Aus (1.67)[32] ergibt sich die Differenz ΔT zur Bezugstemperatur:

$$\Delta T = \frac{1}{R_R} \cdot \frac{\Delta R}{TC} \cdot 100\% \tag{1.70}$$

Beide Formeln (1.69), (1.70) sind ungenau. Die Abweichung wächst mit dem Temperaturbereich. Je größer die Differenz zwischen Bezugstemperatur T_R und Messtemperatur T, desto größer der Fehler. (1.70) ist rechnerisch einfach, aber eine sehr grobe Näherung (die Formel gilt strenggenommen nur für kleine Abweichungen von der jeweiligen Bezugstemperatur).

Rechnet man mit der Thermistorkonstanten B ((1.68), (1.69)), so können sich Fehler in folgenden Größenordnungen ergeben (nach [1.23]):

- mehr als ±1 % über einen Temperaturbereich zwischen 0 °C und + 100 °C,
- um ± 5 % über den gesamten Temperaturbereich eines typischen Heißleiters.

Um diese Ungenauigkeiten zu verringern, wurden verschiedene Korrekturformeln angegeben.

1. Beispiel (nach [1.24]):
Es wird mit einem temperaturabhängigen Kennwert $B(\vartheta)$ gerechnet, der aus dem Datenblattwert B folgendermaßen gebildet wird:

$$B(\vartheta) = B \cdot (1 + \beta \cdot (\vartheta - 100)) \tag{1.71}$$

Hierin ist ϑ die Temperatur in °C. Der Korrekturfaktor β nimmt einen der folgenden Werte an:

- $\beta = 5 \cdot 10^{-4}$ /K für $\theta < 100$ °C,
- $\beta = 2{,}5 \cdot 10^{-4}$ /K für $\theta > 100$ °C.

2. Beispiel: Die Steinhart-Hart-Gleichung
(nach [1.23]):
Diese alternative Formel zur Temperaturberechnung wird als eine der besten Annäherungen angesehen[33]:

$$\frac{1}{T} = A + B \cdot (\ln R) + C \cdot (\ln R)^3 \tag{1.72}$$

A, B und C sind messtechnisch zu bestimmende Konstanten. Typische Fehler bei Anwendung dieser Gleichung: weniger als ± 0,15 °C über einen Temperaturbereich von - 55 °C bis + 150 °C. Ist der Temperaturbe-

31 T_1 ist der nächstniedrigere, T_2 der nächsthöhere Temperaturwert, z. B. in einer Tabelle ähnlich Abb. 1.80.

32 Mit Differenzenquotienten ΔR/ ΔT anstelle des Differentialquotienten.

33 Sie wurde empirisch gefunden.

reich auf 100 °C beschränkt, so kann ein Fehler von weniger als ± 0,01 °C erwartet werden (hinreichende Messgenauigkeit vorausgesetzt).

Ist eine noch größere Genauigkeit zu realisieren, müssen die Heißleiter einzeln eingemessen (kalibriert) werden (messtechnische Aufnahme der R-T-Kurve in hinreichend feiner Abstufung und Speicherung als Tabelle, z. B. im EEPROM eines Mikrocontrollers).

Tabellenangaben

Der Zusammenhang zwischen Temperatur und Widerstandswert wird in Tabellen angegeben. Einschlägige Tabellen haben typischerweise eine Schrittweite von 10, 5 oder 1 °C (Abb. 1.80). Diese Tabellen können zum Aussuchen von Bauelementen, zur Schaltungsberechnung oder auch zur Temperaturmessung im laufenden Betrieb verwendet werden (indem man die jeweils benötigten Angaben binär codiert und im Mikrocontroller speichert[34]).

Der Widerstandswert R_T bei einer bestimmten Betriebstemperatur T ergibt sich aus den abzulesenden Tabellenwerten R_T/R_{25} und R_{25} zu:

$$R_T = R_T / R_{25} \cdot R_{25} \qquad (1.73)$$

Zwischenwerte können auf Grundlage des Temperaturkoeffizienten TC interpoliert werden. Der Widerstandswert R_T bei einer bestimmten Temperatur T ergibt sich aus dem zu einer Temperatur T_1 gehörenden Widerstandswert R_{T1} und Temperaturkoeffizienten TC_1 zu:

$$R_T = R_{T1} \cdot e^{\frac{TC_1}{100} \cdot T_1^2 \cdot \left(\frac{1}{T} - \frac{1}{T_1}\right)} \qquad (1.74)$$

(Nach [1.28]; T und T_1 in K.)

T_1 ist der jeweils nächstniedrigere Tabellenwert. R_{T1} ergibt sich gemäß (1.73), TC_1 kann direkt abgelesen werden.

1 2 3 4 5

RESISTANCE VALUES AT INTERMEDIATE TEMPERATURES FOR 2381 633 5.... SERIES

T_{oper} (°C)	R_T/R_{25}	ΔR DUE TO B-TOLERANCE (%)	TC (%/K)	R_{25} 2381 633				
				5.103	5.203	5.303	5.104	5.224
- 40	33.06	4.65	6.59	330.6	661.2	991.8	3306	-
- 35	23.90	4.21	6.37	239.0	478.1	717.1	2390	-
- 30	17.47	3.79	6.16	174.7	349.4	524.1	1747	-
- 25	12.90	3.38	5.96	129.0	258.0	387.0	1290	-
- 20	9.621	2.99	5.77	96.21	192.4	288.6	962.1	-
- 15	7.242	2.61	5.59	72.42	144.8	217.3	724.2	-
- 10	5.501	2.24	5.41	55.01	110.0	165.0	550.1	-
- 5	4.214	1.89	5.24	42.14	84.28	126.4	421.4	-
0	3.255	1.55	5.08	32.55	65.09	97.64	325.5	-
5	2.534	1.22	4.93	25.34	50.67	76.01	253.4	-
10	1.987	0.90	4.78	19.87	39.74	59.62	198.7	-
15	1.570	0.59	4.64	15.70	31.40	47.10	157.0	-
20	1.249	0.29	4.51	12.49	24.98	37.46	124.9	-
25	1.000	0.00	4.38	10.00	20.00	30.00	100.0	220000
30	0.8059	0.28	4.25	8.059	16.12	24.18	80.59	179500
35	0.6534	0.55	4.13	6.534	13.07	19.60	65.34	-
40	0.5329	0.82	4.02	5.329	10.66	15.99	53.29	121300
45	0.4371	1.08	3.91	4.371	8.742	13.11	43.71	-

Abb. 1.80: *Auszug aus einer Heißleitertabelle (nach [1.26]).*
1 - Betriebstemperatur (in Schritten zu 5 °C); 2 - Widerstandswertverhältnis; 3 - Widerstandsabweichung infolge der B-Toleranz; 4 - Temperaturkoeffizient; 5 - Widerstandwerte verschiedener Typen (in kΩ ; rechts außen in Ω). Der jeweilige Nennwert ist aus der Zeile für 25 °C ersichtlich (Pfeile).

34 Auf Grundlage dieses Prinzips (Table Lookup) ergeben sich – verglichen mit dem Durchrechnen von Formeln – typischerweise weit überlegene Rechengeschwindigkeiten.

Temperaturbestimmung
Wurde ein Widerstandswert R_T gemessen, so ergibt sich R_T/R_{25} zu:

$$R_T / R_{25} = \frac{R_T}{R_{25}} \quad (1.75)$$

Mit diesem Wert in die zweite Tabellenspalte gehen und die zugehörige Temperatur ablesen.

Bestimmung von Zwischenwerten durch Interpolation:

1. Nach (1.75) R_T/R_{25} ausrechnen und den nächstliegenden Wert in der Tabelle aufsuchen. Die zugehörige Temperaturangabe aus der Tabelle entnehmen.
2. Aus dem Tabellenwert von R_T/R_{25} nach (1.73) den zugehörigen Widerstandswert R_T berechnen,
3. Gemäß (1.70) Temperaturdifferenz ΔT = Verbesserung ausrechnen und zu der aus der Tabelle entnommenen Temperaturangabe addieren (R_T = der gemessene Widerstandswert; R_R = der in Schritt 2 berechnete Wert; TC aus Tabelle). Alternative: (1.74) nach T umstellen. Aus R_T ergibt sich R_{T1} als der nächsthöhere Tabellenwert[35]. TC_1 und T_1 werden aus der Tabelle entnommen.

Toleranzen
Es gibt zwei Arten der Toleranzspezifikation und dementsprechend zwei Ausführungen von Heißleitern:

- *Point Matching.* Die Toleranzangabe gilt für eine einzige Bezugstemperatur. Das ist zumeist + 25°C, kann aber auch eine anwendungsspezifischer Wert sein (z. B. 0 °C für Typen, die als Temperaturfühler in Kühlschränken vorgesehen sind).
- *Curve Tracking.* Die Toleranzangabe gilt für einen Temperaturbereich (z. B. zwischen 0 und + 70 °C); es wird also eine maximale Abweichung von einem bestimmten Verlauf der R-T-Kurve gewährleistet.

R-T-Kurven
Die Hersteller bieten Heißleiter mit verschiedenen R-T-Verläufen (Kurven) an. Neben typspezifischen gibt es standardisierte Kurven, die jeweils für mehrere Typenreihen gelten (Tabelle 1.20, Abb. 1.81). Sie werden üblicherweise durchnummeriert (man spricht dann z. B. von Kurve Nr. 2, Kurve Nr. 14 usw.). Die genauen Verläufe sind in Tabellen dargestellt, die zu jedem Temperaturwert (z. B. in Stufen zu 5 oder 1 °C) den Verhältniswert R_T/R_{25} angeben. Gemäß diesen Kurven werden verschiedene Typenreihen mit unterschiedlichen Temperaturtoleranzen angeboten.

Kurve	TC (%/°C)	$\beta_{25/75}$
1	-4,40	3964
2	-3,83	3477
3	-3,70	3181
4	-4,68	4247
7	-4,83	4437
8	-4,30	3925
9	-4,03	3679
12	-5,23	4842
13	-6,22	5718
14	-3,10	3022
17	-4,54	4064

Tabelle 1.20: *Grundkennwerte standardisierter R-T-Kurven (nach [1.26]).*

Aus den Tabellenwerten kann man Temperaturkoeffizienten TC für jede Temperaturangabe ausrechnen (z. B. zu Interpolationszwecken):

$$TC = \frac{1}{R_T / R_{25}(1)} \cdot \frac{R_T / R_{25}(2) - R_T / R_{25}(1)}{T_{STEP}}$$

(1.76)

(T_{STEP} = Schrittweite der Tabelle in °C.)

Je kleiner die Schrittweite, desto genauer der Wert. Verbesserung: zwei TCs ausrechnen; TC_1 für den Übergang zum nächsthöheren Temperaturwert, TC_2 für den Übergang zum nächstniederen. Daraus den Mittelwert bilden: $TC = 0{,}5\,(TC_1 + TC_2)$.

35 Es ist der Tabelleneintrag mit der nächstniedrigeren Temperatur aufzusuchen. Diese entspricht dem nächsthöheren Widerstandwert.

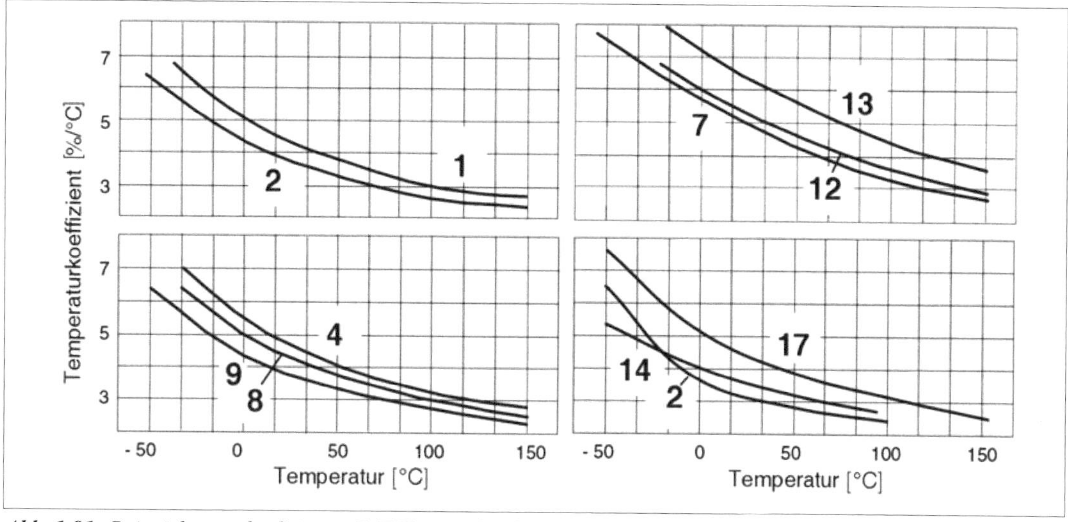

Abb. 1.81: *Beispiele standardisierter R-T-Kurven (nach [1.26]). Zu den Kurvennummern vgl. Tabelle 1.20.*

Widerstands- und Temperaturtoleranz
Toleranzangaben können die Temperatur oder den Widerstand betreffen.

Widerstandstoleranz
Der jeweiligen Temperatur ist ein bestimmter Bereich der Widerstandswerte zugeordnet. Die Widerstandstoleranz wird typischerweise in Prozent angegeben.

Gilt die Toleranzangabe nur für eine einzige Bezugstemperatur (Point Matching), so ergibt sich die gesamte Widerstandstoleranz ΔR aus der Toleranz ΔR_R des Widerstandswertes bei Bezugstemperatur und der Toleranz des B-Wertes ΔB:

$$\Delta R = \Delta R_R + \Delta B \quad (1.77)$$

Der Betrag der Widerstandstoleranz $\Delta R_T/R_T$ bei einer Temperatur T ergibt sich aus dem Betrag der Toleranz des Nennwiderstandes ΔR/R (Manufacturing Tolerance MT) und der Toleranz des B-Wertes ΔB/B:

$$\left|\Delta R_T / R_T\right| = \left|\Delta R_R / R_R\right| + \left|\Delta B / B \cdot B \cdot \left(\frac{1}{T} - \frac{1}{T_R}\right)\right| \quad (1.78)$$

(Temperaturen in K.)

Temperaturtoleranz
Dem jeweiligen Widerstandswert ist ein bestimmter Temperaturbereich zugeordnet. Die Temperaturtoleranz wird in °C oder K angegeben.

Umrechnungen:

Widerstandstoleranz = TC · Temperaturtoleranz

$$\frac{\Delta RT}{RT} = TC \cdot \Delta T \quad (1.79)$$

$$\text{Temperaturtoleranz} = \frac{\text{Widerstandstoleranz}}{\text{TC}}$$

$$\Delta T = \frac{1}{TC} \cdot \frac{\Delta R_T}{R_T} \quad (1.80)$$

Thermische Zeitkonstanten
Diese Kennwerte beschreiben die Zeit, die der unbelastete Heißleiter benötigt, um bei einer Temperaturänderung seinen Widerstandswert zu ändern. Solche Ausgleichsvorgänge sind in ihrem zeitlichen Ablauf dem Umladen von Kondensatoren oder dem Ein- und Ausschalten von Induktivitäten analog (Exponentialfunktionen). Das Prinzip: Anfänglich hat der Heißleiter bei einer Temperatur T_k einen Widerstandwert R_k (Kaltwiderstand). Die Temperatur ändert sich auf einen Endwert T_w, wobei sich ein Widerstandswert R_w ergibt

(Warmwiderstand). Die Zeitkonstante ist die Zeit, die vergeht, bis 63,2 % der Widerstandsänderung $|R_k - R_w|$ erreicht sind. Manchmal gibt man zwei Zeitkonstanten an, eine für das Erwärmen und eine für das Abkühlen. Gelegentlich enthält das Datenmaterial genauere Messbedingungen. Richtwerte: 5...50 s.

In Analogie zu den Zeitkonstanten der RC- und LC-Glieder kann nach 4...7 τ eine völlige Angleichung an die jeweilige Umgebungstemperatur angenommen werden.

Die thermische Zeitkonstante (Thermal Time Constant τ_a oder T.C.) betrifft die Dauer der Temperaturerhöhung des unbelasteten Heißleiters. Messbeispiel: Der Heißleiter mit einer Gehäusetemperatur von + 25 °C wird in ein Medium mit einer Temperatur von + 85 °C gebracht (Temperaturdifferenz $\Delta T = 60$ °C). Es wird die Zeit gemessen, die vergeht, bis sich der Heißleiter auf 62,9 °C erwärmt hat (das entspricht 63,2 % der Temperaturdifferenz ΔT).

Die Temperaturzunahme im Laufe der Zeit:

$$T(t) = T_k + \Delta T \cdot \left(1 - e^{-\frac{t}{\tau_a}}\right) \qquad (1.81)$$

Die thermische Abkühlzeitkonstante (Thermal Cooling Time Constant τ_C) betrifft das Abkühlen des unbelasteten Heißleiters. Messbeispiel: Der Heißleiter wird in einem Medium auf + 85°C erwärmt. Dann lässt man ihn in ruhender Luft mit einer Umgebungstemperatur von + 25°C abkühlen (Temperaturdifferenz $\Delta T = 60$ °C). Es wird die Zeit gemessen, die vergeht, bis sich der Heißleiter auf 47,1 °C abgekühlt hat (das entspricht 63,2 % der Temperaturdifferenz ΔT).

Die Temperaturabnahme im Laufe der Zeit:

$$T(t) = T_k + \Delta T \cdot e^{-\frac{t}{\tau_c}} \qquad (1.82)$$

Reaktionszeit

Diese Zeitangabe (Response Time) vermittelt einen Eindruck davon, wie schnell der Heißleiter auf eine Änderung der Umgebungstemperatur reagiert. Dabei verbleibt er im jeweiligen Medium, kann also allen Temperaturänderungen sofort folgen. Im Gegensatz dazu geht es bei den thermischen Zeitkonstanten um Ausgleichsvorgänge als Antwort auf sprunghafte Änderungen der Umgebungstemperatur. Deshalb ist die Reaktionszeit typischerweise deutlich kürzer (z. B. < 1 s bei Zeitkonstanten von mehreren s).

Hinweis: Solche Zeitangaben sind nur grobe Richtwerte. Im praktischen Einsatz sind die Zeiten von den Umgebungsbedingungen abhängig (vor allem vom umgebenden Medium).

1.4.4 Der stromdurchflossene Heißleiter

Wird der bisher stromlose Heißleiter von einem hinreichend starken Strom durchflossen, so erwärmt er sich zunächst schnell. Die Eigenerwärmung klingt jedoch nach und nach ab. Schließlich wird ein stationärer Zustand erreicht, indem die zugeführte Leistung über Wärmeleitung und Wärmestrahlung an die Umgebung abgegeben wird.

Eigenerwärmung

Die im Heißleiter umgesetzte elektrische Leistung bewirkt, dass das Bauelement wärmer wird als seine Umgebung. Der allgemeine Zusammenhang zwischen der umgesetzten elektrischen Leistung P und der Erwärmung des Heißleiters erfasst sowohl den stationären Zustand als auch die Temperaturänderung:

$$P = \vartheta_{th} \cdot (T - T_A) + C_{th} \cdot \frac{dT}{dt} \qquad (1.83)$$

Der erste Anteil beschreibt die Temperaturdifferenz zwischen Heißleiter (T) und Umgebung (T_A), der zweite die Änderung der Temperatur des Heißleiters im Laufe der Zeit. Im stationären Zustand – wenn sich die Temperatur des Heißleiters nicht mehr ändert – wird dieser Ausdruck zu Null. Die Eigenschaften des jeweiligen Bauelements werden durch zwei Konstanten ausgedrückt, den Wärmeleitwert ϑ_{th} und die Wärmekapazität C_{th}.

Wärmeleitwert

Der Wärmeleitwert (Verlustleistungskonstante G_{th}, Dissipation Factor δ_{th}, Dissipation Constant D.C.) ist das Verhältnis des Zuwachses der im Heißleiter umgesetzten Verlustleistung (ΔP) zur Temperaturerhöhung (ΔT). Die Angaben (in mW/K oder µW/K) sind ein Ausdruck für die Leistung, die erforderlich ist, um die Temperatur des Heißleiters um 1 K (bzw. 1 °C) gegenüber der Umgebungstemperatur zu erhöhen.

$$\vartheta_{th} = \frac{\Delta P}{\Delta T} \qquad (1.84)$$

Im stationären Fall gilt (vgl. (1.80)):

$$P = U \cdot I = \delta_{th} \cdot (T - T_A) \qquad (1.85)$$

Der Heißleiter darf bei einer gegebenen Umgebungstemperatur T_A nicht wärmer werden als zulässig. Hieraus ergibt sich die obere Grenze der Belastung:

$$P_{max} = \delta_{th} \cdot (T_{max} - T_A) \qquad (1.86)$$

Auf Grundlage des Wärmeleitwerts lassen sich Strom und Spannung bestimmen, die erforderlich sind, um eine bestimmte Eigenerwärmung (= Temperaturerhöhung des Heißleiters gegenüber der Umgebungstemperatur) zu bewirken:

$$I = \sqrt{\frac{\delta_{th} \cdot (T - T_A)}{R_T}} \qquad (1.87)$$

$$U = \sqrt{\delta_{th} \cdot (T - T_A) \cdot R_T} \qquad (1.88)$$

Kontrollrechnung: Die maximal zulässigen Strom-, Spannungs- und Leistungswerte dürfen nicht überschritten werden. Die Werte, die sich unter den angenommenen Einsatzbedingungen ergeben, nach (1.85), (1.87) und (1.88) ausrechnen und mit den Grenzwert-Angaben im Datenmaterial vergleichen.

Wärmekapazität

Die Wärmekapazität (Heath Capacity C_{th}) ist das Verhältnis der Zunahme der im Heißleiter gespeicherten Wärmemenge (ΔH) zur Temperaturerhöhung (ΔT). Die Angabe (in J/K bzw. mJ/K; 1 J = Ws) ist ein Ausdruck für die Wärmemenge, die erforderlich ist, um die Temperatur des Heißleiters um 1 K zu erhöhen. Die Zunahme der Wärmemenge ΔH ergibt sich aus der spezifischen Wärme c (eine Materialeigenschaft; in J/K · g), aus der Masse m des Bauelements (in g) und aus der Temperaturdifferenz Δt (in K):

$$\Delta H = c \cdot m \cdot \Delta t$$

Die Wärmekapazität C_{th} hängt somit wesentlich von der Masse des Bauelements ab.

$$C_{th} = \frac{\Delta H}{\Delta T} = \delta_{th} \cdot \tau_C = c \cdot m \qquad (1.89)$$

Die Spannungs-Strom-Kennlinie

Diese Kennlinie veranschaulicht, wie die über dem Heißleiter abfallende Spannung vom durchfließenden Strom abhängt (Abb. 1.82).

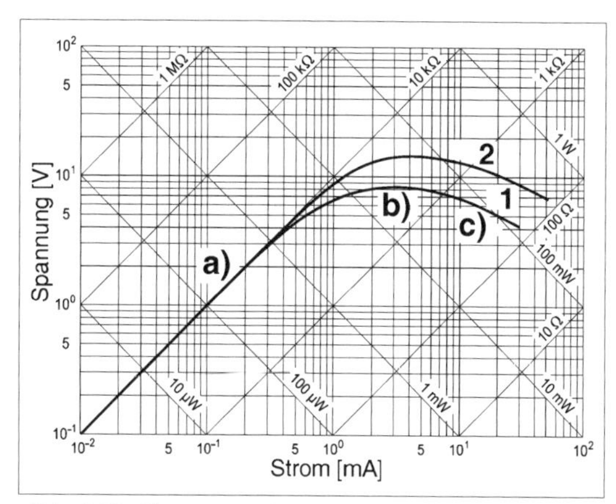

Abb. 1.82: *Spannungs-Strom-Kennlinie (nach [1.22]). 1 - in Luft; 2 - in Wasser. Es handelt sich um eine doppelt logarithmische Darstellung. Zur Orientierung sind zusätzlich Kurven gleicher Leistung und gleichen Widerstandes eingezeichnet (die bei dieser Art der Darstellung zu Geraden werden). a), b) c) - die typischen Bereiche der Kennline (s. Text).*

Die Spannungs-Strom-Kennlinie kann in drei Bereiche eingeteilt werden (vgl. Abb. 1.82):

a) Niedrige Stromstärken bewirken nur eine geringe Eigenerwärmung. Der Widerstandswert wird praktisch allein von der Umgebungstemperatur bestimmt. Dieser Kennlinienabschnitt wird in messtechnischen Anwendungen ausgenutzt.

b) Anstieg bis zum maximalen Spannungsabfall. Mit steigender Stromstärke macht sich die Eigenerwärmung nach und nach bemerkbar und führt zu einer deutlichen Verringerung des Widerstandes. Am Scheitelpunkt der Kurve (d. h. bei maximalem Spannungsabfall) ist die relative Abnahme des Widerstandes gleich dem relativen Anstieg der Stromstärke:

$$\frac{\Delta R}{R} = \frac{\Delta I}{I} \qquad (1.90)$$

c) Bei weiterer Erhöhung der Stromstärke nimmt der Widerstand schneller ab als der Strom ansteigt. Dieser Kennlinienabschnitt wird durchlaufen, wenn die Eigenerwärmung zur Lösung der Anwendungsaufgabe ausgenutzt wird (z. B. bei der Einschaltstrombegrenzung).

Der Heißleiter in verschiedenen Medien
Die Angaben in den Datenblättern werden am frei stehenden Bauelement in ruhender Luft ermittelt. Das betrifft sowohl den Wärmeleitwert ϑ_{th} als auch die Spannungs-Strom-Kennlinie. In der Anwendung sind die Zusammenhänge zwischen Verlustleistung und Temperatur und zwischen Strom und Spannung von vielen Einflüssen abhängig (Bauart, Montage, Art des Mediums usw.). In strömender Luft, in einer Flüssigkeit, bei Einbau des Heißleiters in ein Gehäuse, bei Montage an Kühlköpern usw. (vgl. beispielsweise Abb. 1.77d, f, g) kann der Wärmeleitwert um den Faktor 2 bis 6 (Richtwerte) ansteigen. Somit verschiebt sich die Spannungs-Strom-Kennlinie in Richtung größerer Strom- und Spannungswerte (vgl. (1.87) und (1.88) sowie die Kennlinienverläufe 1 und 2 in Abb. 1.82). Im Vakuum hingegen ist der Wärmeleitwert niedriger, da es kein Medium gibt, über das die Wärme durch Wärmeleitung oder Konvektion abgeführt werden kann (es gibt nur die Wärmestrahlung). Somit verschiebt sich die Spannungs-Strom-Kennlinie in Richtung geringerer Strom- und Spannungswerte.

Temperatur und Belastbarkeit; Derating
Heißleiter sind nicht im gesamten Temperaturbereich in gleichem Maße belastbar. Die zulässige Belastung in Abhängigkeit von der Temperatur wird – wie bei den Festwiderständen und einstellbaren Widerständen – in Derating-Diagrammen angegeben. Im Gegensatz zu den Derating-Kurven der genannten Widerstände fällt die zulässige Belastbarkeit auch im Bereich der tiefen Temperaturen ab (Abb. 1.83).

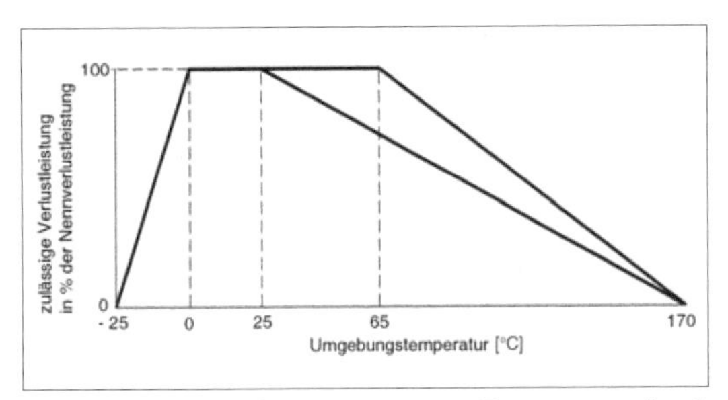

Abb. 1.83: *Beispiel eines Derating-Diagramms (nach [1.27]). Es sind die Derating-Kurven für zwei Heißleitertypen dargestellt. Der eine darf zwischen 0 und + 25 °C voll belastet werden, der andere zwischen 0 und + 56 °C. Bei - 25 °C und + 170 °C darf überhaupt kein Strom durch den Heißleiter fließen. Solche Diagramme sind genauso abzulesen und auszuwerten wie jene der Festwiderstände (vgl. Seite 33 - 37).*

1.4.5 Zur Anwendungspraxis

Näherungsweise Linearisierung der R-T-Kennlinie
Schaltet man dem Heißleiter einen Festwiderstand R_P parallel, so wird aus dem exponentiellen ein S-förmiger Kennlinienverlauf (Abb. 1.84). Das gelingt allerdings nur in vergleichsweise beschränkten Temperaturbereichen mit einer Breite von (Richtwert) 80...100 K (Beispiel: von + 5°C bis + 100 °C). Da der Kennlinienverlauf flacher wird, verringert sich allerdings die Empfindlichkeit ($\Delta R / \Delta T$).

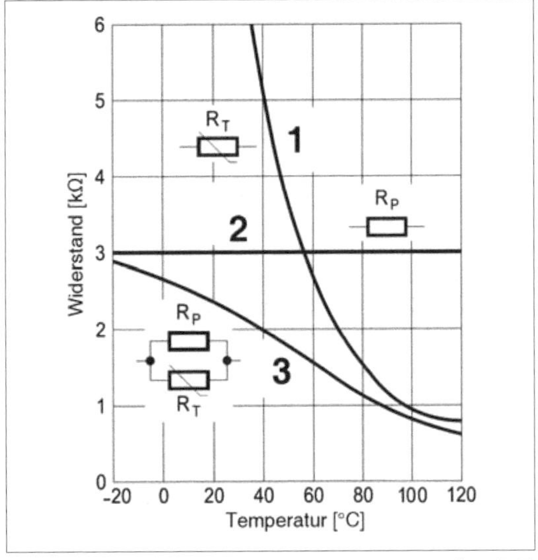

Abb. 1.84: *Näherungsweise Linearisierung der R-T-Kurve durch Parallelschalten eines Widerstandes (nach [1.27]).*
1 - Kennlinie des Heißleiters,
2 - Kennlinie des Festwiderstandes;
3 - Kennline der Parallelschaltung.

Den Wendepunkt des „S“ legt man zweckmäßigerweise in die Mitte des Temperaturbereichs. Diese mittlere Arbeitstemperatur sei T_M (in K). Der Widerstandswert R_P des Festwiderstandes ergibt sich näherungsweise zu:

$$R_P = R_{TM} \cdot \frac{B - 2T_M}{B + 2T_M} \tag{1.91}$$

Der temperaturabhängige Gesamtwiderstand $R_{TP} = R_T \parallel R_P$:

$$R_{TP} = \frac{R_T \cdot R_P}{R_T + R_P} \tag{1.92}$$

Der Anstieg der linearisierten R-T-Kennlinie (= Empfindlichkeit, z. B. in Ω/K):

$$\frac{dR}{dT} = -\frac{R_{TM}}{\left(1+\frac{R_{TM}}{R_P}\right)^2} \cdot \frac{B}{T_M^2} \tag{1.93}$$

Rechnerische Behandlung: durch Herantasten. Aus dem Anwendungsproblem ergibt sich zunächst eine Größenordnung des temperaturabhängigen Gesamtwiderstandes R_{TPM} bei der mittleren Arbeitstemperatur T_M. Aus (1.91) kann man das Verhältnis R_{TM}/R_P bestimmen:

$$\frac{R_{TM}}{R_P} = \frac{B + 2T_M}{B - 2T_M} \tag{1.94}$$

Ein erster Ansatz könnte beispielsweise mit den Richtwerten B = 4000 K und T_M = + 50 °C = 323 K beginnen. Daraus ergibt sich ein Verhältnis R_{TM}/R_P von ≈1,4. Somit wird $R_P \approx 0{,}7\ R_{TM}$. Aus (1.92) ergibt sich $R_{TPM} \approx 0{,}4\ R_{TM}$, also $R_{TM} \approx 2{,}4\ R_{TPM}$. Damit in die Tabellen der Hersteller gehen und nach Heißleitern suchen, die bei der Temperatur T_M einen Widerstandswert R_{TM} in dieser Größenordnung aufweisen. Mit dem zugehörigen genauen B-Wert nach (1.94) das tatsächliche Verhältnis R_{TM}/R_P errechnen. Schließlich auf Grundlage der gewünschten Empfindlichkeit (Betrag von ΔR/ΔT) aus (1.93) den genauen Wert für R_{TM} bestimmen:

$$R_{TM} = \left|\frac{\Delta R}{\Delta T}\right| \cdot \left(1+\frac{R_{TM}}{R_P}\right)^2 \cdot \frac{T_M^2}{B}$$

(1.94) eingesetzt ergibt:

$$R_{TM} = \left|\frac{\Delta R}{\Delta T}\right| \cdot \left(1+\frac{B + 2T_M}{B - 2T_M}\right)^2 \cdot \frac{T_M^2}{B} \tag{1.95}$$

R_P ergibt sich dann zu $R_{TM} : (R_{TM}/R_P)$. Ggf. sind mehrere Heißleiter mit verschiedenen B-Werten und Nennwiderständen zu untersuchen.

Temperaturmessung

Die Temperatur ergibt sich aus dem aktuellen Widerstandswert R_T des Heißleiters. Es sind somit zwei grundsätzliche Probleme zu lösen:

- die – möglichst belastungslose – Messung des Widerstandswertes RT (Abb. 1.85),
- die Umsetzung dieses Messwertes in eine der jeweiligen Anwendungsaufgabe entsprechende Wirkung[36] oder Temperaturdarstellung.

Temperaturmessung hat Zeit

Es geht typischerweise um Sekunden, nicht um Mikrosekunden. Somit lassen sich auch anspruchsvolle Aufgaben der Messwert- und Signalverarbeitung mit kleinen Mikrocontrollern lösen. Es liegt also nahe, den Aufwand in den analogen Schaltungsteilen so gering wie möglich zu halten. Prinzip: Eine dem aktuellen Widerstandswert R_T entsprechende Messgröße möglichst un-

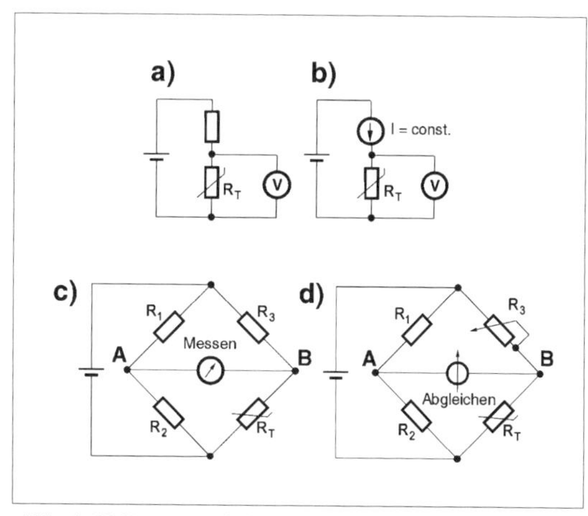

Abb. 1.85:*Prinzipschaltungen der Temperaturmessung.*
a) Messung des Spannungsabfalls in einer Spannungsteilerschaltung;
b) Messung des Spannungsabfalls bei Einspeisung eines konstanten Stroms (Richtwert: 1 mA);
c) Spannungs- oder Strommessung in Wheatstone-Brücke;
d) Messen durch Abgleichen einer Wheatstone-Brücke.

36 Ein- oder Ausschalten einer Heizwendel, Beeinflussung der Drehzahl eines Lüfters usw.

verfälscht ins Digitale wandeln und alles andere (Linearisierung, Glättung, Wandlung in „echte“ Temperaturangaben usw.) programmseitig erledigen.

Temperaturmessung durch Spannungsmessung
Diese einfache Lösung (Abb. 1.85a) reicht für viele Anwendungsfälle aus. Wird eine hohe Genauigkeit gewünscht, kann man den „oberen“ Widerstand des Spannungsteilers durch eine präzise Konstantstromquelle ersetzen (Abb. 1.85b). Geht es nur um Ein-Aus-Funktionen (z. B. Übertemperaturanzeige), lässt sich die Messspannung mit einem Komparator auswerten. Manchmal genügt sogar eine Transistor-Schaltstufe[37].

Linearisierung der Ausgangsspannungskennlinie
Der „obere“ Festwiderstand des Spannungsteilers (vgl. Abb. 1.85a) bewirkt bereits eine gewisse Glättung des temperaturabhängigen Verlaufs. Eine weitere Annäherung an eine lineare Abhängigkeit der Ausgangsspannung von der Temperatur ergibt sich, indem man dem Heißleiter – wie bereits erläutert – einen Festwiderstand parallelschaltet (Abb. 1.86).

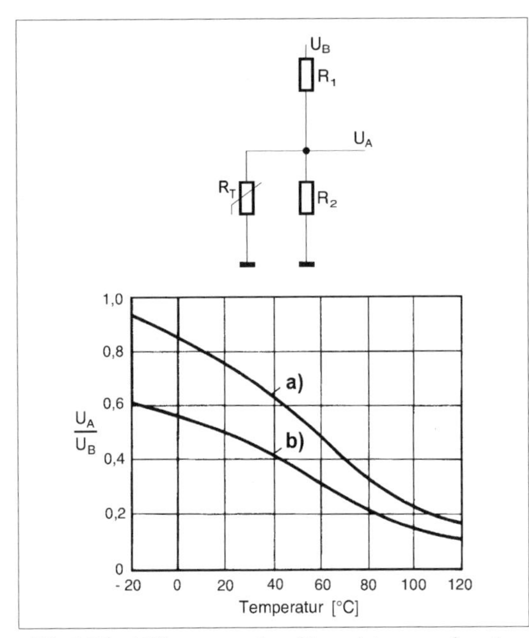

Abb. 1.86: *Näherungsweise Linearisierung der Ausgangsspannungs-Temperatur-Kennlinie einer Spannungsteileranordnung.*
a) nur Widerstand R_1;
b) zusätzlicher Parallelwiderstand R_2.

Berechnung: Einen zur Linearisierung der R-T-Kennlinie geeigneten Parallelwiderstand R_P berechnen (vgl. S. 74). Dann R_1 und R_2 so dimensionieren, dass die folgende Gleichung erfüllt ist:

$$R_P = R_1 \parallel R_2 = \frac{R_1 \cdot R_2}{R_1 + R_2} \qquad (1.96)$$

Das Verhältnis der beiden Widerstandswerte ist Versuchssache. Der Serienwiderstand (R_1) beeinflusst den Kennlinienverlauf vor allem bei höheren Temperaturen, der Parallelwiderstand (R_2) vor allem bei niederen. Richtwert: $R_2 \approx 2...10\ R_1$. Abb. 1.87 zeigt ein dimensioniertes Beispiel.

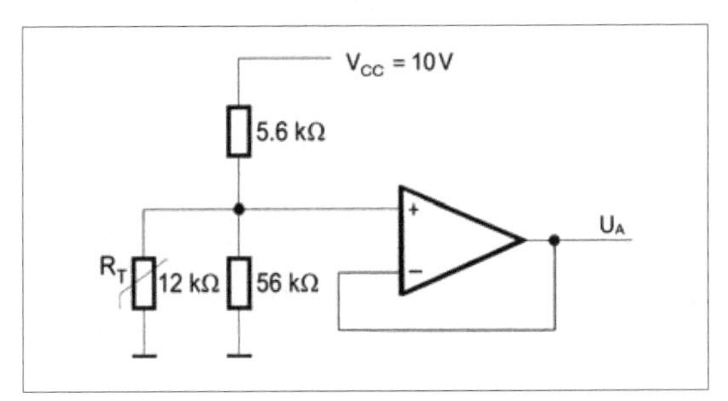

Abb. 1.87: *Heißleiter-Messschaltung mit Pufferstufe (die z. B. durch einen Komparator ersetzt werden kann). Näherungsweise Linearisierung durch Parallelwiderstand. Dimensionierungsbeispiel (nach [1.27]).*

Temperaturmessung mittels Wheatstone-Brücke
Aus der Spannungsdifferenz zwischen den Punkten A und B (vgl. Abb. 1.85c) oder aus dem fließenden Strom lässt sich der Widerstandswert R_T bestimmen. Die Spannung zwischen den Punkten A und B kann z. B. mittels Differenzmessverstärker (Instrumentation Amplifier) gemessen werden.

Alternativ dazu kann die Brücke durch Verändern von R_3 (vgl. Abb. 1.85d) abgeglichen werden (zwischen A und B keine Spannungsdifferenz oder kein Stromfluss).

37 Die sich aber wie ein Schmitt-Trigger verhalten sollte (Schwellwert, Hysterese). Von simplen Bastellösungen wird abgeraten.

R_T lässt sich dann aus den Werten der anderen Widerstände errechnen. In typischen Anwendungslösungen ist R_3 ein Digitalpotentiometer, das von einem Mikrocontroller verstellt wird.

Die maximale Belastung
Richtwert: Eigenerwärmung ≤ 50 % der geforderten Messgenauigkeit (Temperaturtoleranz) Δt_m (in K). Um diese Forderung einzuhalten, darf der Heißleiter höchstens folgendermaßen belastet werden:

$$P_{\max} \leq 0{,}5 \cdot \vartheta_{th} \cdot \Delta t_m$$

$$I_{\max} \leq \sqrt{\frac{P_{\max}}{R_T}} \qquad (1.97)$$

$$U_{\max} = \sqrt{P_{\max} \cdot R_T}$$

Heißleiterauswahl
Es sind zunächst die beiden Endpunkte des Messbereichs zu betrachten:

- Am oberen Ende des Messbereichs sollte der Widerstandswert nicht zu niedrig sein, da sonst andere Fehlerquellen zuviel Einfluss gewinnen (Kontakt- und Zuleitungswiderstände, Eigenerwärmung). Richtwert: wenigstens noch 0,5..1 kΩ .
- Am unteren Ende (= Anfang) des Messbereichs sollte der Widerstandswert nicht zu hoch sein, da es sonst nicht möglich ist, ihn hinreichend genau zu messen.

Typische Probleme bei zu hohen Widerstandswerten:

- Der Eingangswiderstand der Messschaltung wirkt als merkliche Belastung. Also: Widerstandswert deutlich kleiner als Eingangswiderstand R_{Emess} der Messschaltung:

$$R_{Tmax} < R_{Emess} \qquad (1.98)$$

- Konstantstromquellen funktionieren nicht mehr, da sie den erforderlichen Spannungshub nicht aufbringen können (100 µA durch 1 MΩ entspricht einem Spannungsabfall von 100 V). Also: Widerstand nur so groß, dass die Spannungskomplianz U_{Kompl} der Stromquelle nicht überschritten wird.

$$R_{Tmax} < \frac{U_{Kompl}}{I_{mess}} \qquad (1.99)$$

- Der Spannungsabfall über dem Heißleiter wird zu hoch. Also:

$$R_{Tmax} < \frac{U_{\max}}{I_{mess}} \qquad (1.100)$$

- Brückenschaltungen lassen sich nicht mehr abgleichen (vgl. Abb. 1.85d: wenn R_T sehr groß wird, muss auch R_3 sehr groß werden – es ist die Frage, ob das mit einem (typischerweise linearen) Digitalpotentiometer zu schaffen ist[38]). Also: Widerstand nur so groß, dass die Abgleichbedingung auch im ungünstigsten Fall erfüllt werden kann:

$$R_{Tmax} < R_{3max} \cdot \frac{R_2}{R_1} \qquad (1.101)$$

Die R-T-Kurve
Liegen die Endwerte des temperaturabhängigen Widerstandes R_T fest, ist eine passende R-T-Kurve auszusuchen. Vorauswahl: Der Temperaturbereich $T_{min}...T_{max}$ der Anwendung muss überdeckt werden. Welche der angebotenen Kurvenverläufe (vgl. beispielsweise Abb. 1.81) brauchbar ist, hängt von der jeweiligen Anwendung ab (Toleranz, Empfindlichkeit (Anstieg der Kennlinie), Auflösung in bestimmten Abschnitten des Temperaturbereichs[39], Art der Auswertung[40]). Aus den in Betracht kommenden R-T-Kurven die Nennwerte (R_{25}) bestimmen. Hierzu die zu den Temperaturwerten T_{min} und T_{max} angegebenen R_T/R_{25}-Werte ablesen.

38 Abhilfe: Ergänzung des Potentiometers durch umschaltbare Festwiderstände (Aufwand).

39 Beispiel: Messbereich - 40 bis + 120 °C. Es muss aber nur zwischen 0 und 70 °C genau gemessen werden; ansonsten genügen Näherungswerte.

40 Z. B. genaue Messung oder nur Schaltverhalten in Bezug auf einen bestimmten Schwellwert.

$$R_{25(1)} = \frac{R_{Tmin}}{R_T / R_{25}(T_{min})}$$
$$R_{25(2)} = \frac{R_{Tmax}}{R_T / R_{25}(T_{max})} \quad (1.102)$$

Beide R_{25}-Werte müssen eng genug beieinander liegen, und das zur jeweiligen R-T-Kurve angebotene Typensortiment muss einen näherungsweise passenden R_{25}-Wert enthalten. Ansonsten mit der nächsten Kurve probieren.

Wenn es nicht gelingt, einen wirklich passenden Typ auszuwählen:

- Den gesamten Temperaturmessbereich in mehrere (typischerweise zwei) überlappende Teilbereiche zerlegen und für jeden Teilbereich einen gesonderten Heißleiter einsetzen. Die Bereichsumschaltung bietet keine besonderen Schwierigkeiten (Bereichsauswahl z. B. über Analogschalter oder -multiplexer, Umschaltung über Komparatoren oder vom Mikrocontroller aus). Der Aufwand ist jedoch höher. Vor allem aber müssen alle Heißleiter wirklich der gleichen Temperatur ausgesetzt werden.
- Ggf. auf einen grundsätzlich anderen Temperatursensor ausweichen.

Temperaturkompensation

Die Kennwerte vieler Bauelemente hängen von der Umgebungstemperatur ab. Heißleiter können dazu verwendet werden, solche Kennwertänderungen durch entsprechende Gegenwirkung auszugleichen. Beispiel: Ein Festwiderstand mit positivem Temperaturkoeffizienten wird mit einem Heißleiter so zusammengeschaltet (in Reihe oder parallel), dass der Gesamtwiderstand eine deutlich geringere Temperaturabhängkeit aufweist.

Der Heißleiter und das Bauelement, dessen Temperaturverhalten zu kompensieren ist, müssen der gleichen Umgebungstemperatur ausgesetzt sein. Passende Bauform wählen (z. B. mit Schraubgewinde oder Befestigungsflansch oder als SMD; vgl. Abb. 1.77).

Temperaturkompensation ist im Grunde eine Art Temperaturmessung im geschlossenen Regelkreis. Deshalb darf der Heißleiter nicht soweit belastet werden, dass die Eigenerwärmung die Messgenauigeit merklich beeinträchtigt (vgl. (1.95)). Geht es um größere Ströme und/oder Spannungen, muss der Heißleiter über ein Stellglied auf die Schaltung einwirken (Abb. 1.88). Auch hierbei ergibt sich oft die Alternative, die korrigierende Wirkung programmseitig zu veranlassen (das Stellglied wird vom Mikrocontroller aus angesteuert; der Heißleiter dient nur zum Abfühlen der Temperatur).

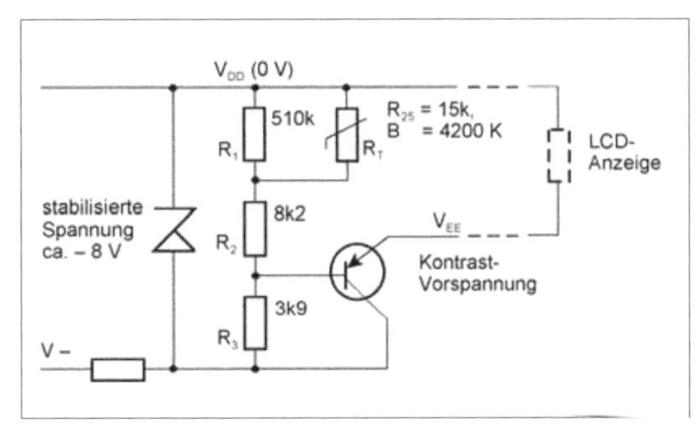

Abb. 1.88: *Temperaturkompensation der Kontrasteinstellung einer LCD-Anzeige (Dimensionierungsbeispiel nach [1.29]). Der Kontrast der Anzeige nimmt mit steigender Temperatur zu. Um ihn konstant zu halten, muss die (negative) Kontrastvorspannung betragsmäßig verringert werden, wenn es wärmer, und erhöht werden, wenn es kälter wird. Als Stellglied wird hier ein pnp-Transistor eingesetzt, der als Emitterfolger geschaltet ist.*

Sensoren

Dieser Anwendungsbereich beruht darauf, dass der Verlauf der Spannungs-Strom-Kennlinie von den Eigenschaften des umgebenden Mediums abhängt. Hierzu muss der Heißleiter im Bereich der Eigenerwärmung betrieben werden, also – vgl. Abb. 1.82 – in den Abschnitten b) oder c) der Spannungs-Strom-Kennlinie. Wird die zugeführte Wärme nur langsam oder nahezu gar nicht abgeführt (ruhende Luft, Vakuum), so wird der Heißleiter wärmer, und es ergibt sich ein niedriger Widerstand R_T. Wird hingegen die zugeführte Wärme schnell abgeführt (strömende Luft, Flüssigkeit), so kann der Heißleiter nicht so warm werden, und es ergibt sich ein höherer Widerstand R_T. Abb. 1.89 veranschaulicht einen einfachen Anwendungsfall.

Zeitverzögerung

In diesem Anwendungsbereich nutzt man die Tatsache aus, dass die Eigenerwärmung und damit das Absinken des Widerstandswertes R_T Zeit kostet. Die typische Aufgabe: Es ist ein Ausgangsimpuls zu bilden, der gegenüber einem Eingangsimpuls mit einer bestimmten Zeitverzögerung Δt einschaltet. Die Lösung: Der Eingangsimpuls bewirkt, dass Strom durch den Heißleiter

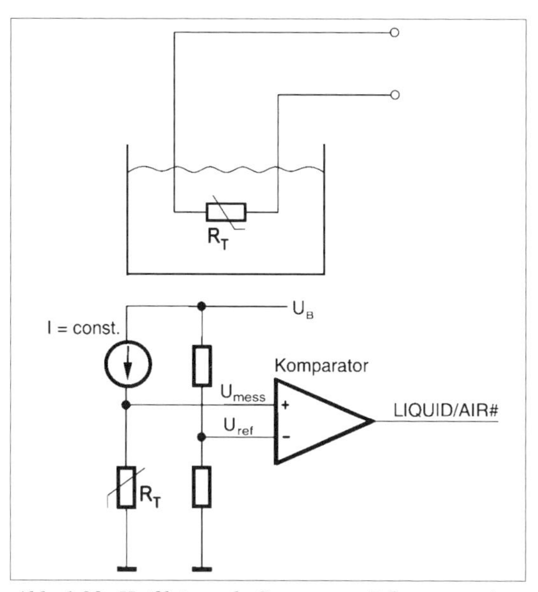

Abb. 1.89: *Heißleiter als Sensor zur Erkennung eines Flüssigkeitspegels. Der Arbeitspunkt wird näherungsweise in den Scheitelbereich der Strom-Spannungs-Strom-Kennlinie gelegt. Praxisbeispiel (vgl. Abb. 1.82): Es wird ein Strom von 5 mA eingespeist. In ruhender Luft ergibt sich ein Widerstandwert R_T von etwa 1,6 kΩ und somit ein Spannungsabfall U_{mess} von rund 8 V. In Wasser erhöht sich der Widerstandswert R_T auf etwa 3 kΩ. Hierdurch steigt der Spannungsabfall U_{mess} auf rund 15 V. Die Schaltung ist so zu dimensionieren, dass U_{mess} bei kaltem Heißleiter (in Flüssigkeit) größer und bei warmem Heißleiter (in Luft) kleiner ist als die Referenzspannung U_{ref}. In vielen Einsatzfällen kann die Konstantstromquelle durch einen Vorwiderstand ersetzt werden.*

fließt – und zwar soviel, dass die Eigenerwärmung in Gang kommt. Infolgedessen sinkt allmählich sein Widerstandswert. Ist ein bestimmter Widerstandswert erreicht, wird der Ausgangsimpuls wirksam (Abb. 1.90). Der Vorteil des Heißleiters liegt darin, dass mit geringem Aufwand[41] große Zeitkonstanten (Millisekunden bis Sekunden) realisiert werden können. Der Heißleiter muss allerdings Gelegenheit haben, zwischen den aufeinanderfolgenden Erregungen wieder abzukühlen (Wiederbereitschaftszeit).

Richtwert bei mäßiger Eigenerwärmung: Wiederbereitschaftszeit des unbelasteten Heißleiters 4 τ_C (thermische Abkühlzeitkonstante; vgl. S. 72).

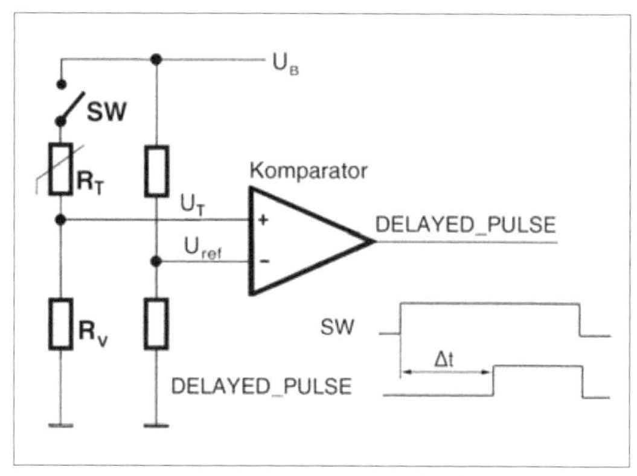

Abb. 1.90: *Zeitverzögerung mittels Heißleiter (Prinzipdarstellung). Ist der Schalter SW geöffnet, so liegt der +–Eingang des Komparators auf Massepegel, und der Ausgang ist inaktiv. Wird der Schalter SW betätigt, so fließt Strom durch den Heißleiter. Da sich dessen Widerstand R_T allmählich verringert, steigt die Spannung U_T an. Sobald sie die Referenzspannung U_{ref} überschreitet, wird der Ausgang aktiv. Er wird wieder inaktiv, wenn SW geöffnet wird (nur Einschaltverzögerung, keine Ausschaltverzögerung). Der Schalter SW kann beispielsweise durch einen Relaiskontakt oder eine Transistorschaltstufe ersetzt werden.*

Wie kann das zeitliche Verhalten des Heißleiters beschrieben werden?
Ein bewährtes Darstellungsmittel ist die Strom-Zeit-Kennlinie, die zeigt, wie sich die Stärke des durch den Heißleiter fließenden Stroms im Laufe der Zeit ändert (Abb. 1.91 und 1.92).

Die Darstellung gemäß Abb. 1.92 ermöglicht es, Verzögerungs- und Strombegrenzungsschaltungen graphisch zu dimensionieren.

Geht es um die Zeitverzögerung mit Schaltungen ähnlich Abb. 1.90, braucht man die Spannung U_T, die nach einer bestimmten Zeit über dem Heißleiter abfällt (z. B. um die Referenzspannung U_{ref} entsprechend festlegen zu können).

41 Im Vergleich dazu sind Kondensatoren für solche Zeitkonstanten viel größer (und zudem mit hohen Toleranzen behaftet). Digitale Zählschaltungen hingegen sind deutlich aufwendiger.

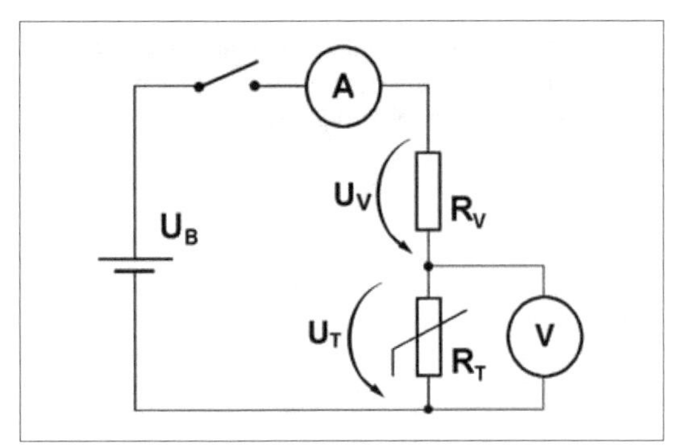

Abb. 1.91: *Prinzip der Kennlinienaufnahme. Der kalte Heißleiter wird über einen Vorwiderstand R_V an eine Betriebsspannung U_B gelegt. Der durch den Heißleiter fließende Strom wird fortlaufend gemessen und in der Kennliniendarstellung über der Zeit aufgetragen. Zudem ist es sinnvoll, den vom jeweiligen Stromfluss verursachten Spannungsabfall U_T zu messen (Spannungs-Strom-Kennlinie).*

Geht es z. B. um die Begrenzung von Einschaltströmen, so sind von Interesse: der Anfangsstrom I_A, der Endstrom I_E sowie die Zeit, die vergeht, bis der Endstrom I_E fließen kann. R_V ist hier der Widerstand der Last, deren Einschaltstrom zu begrenzen ist.

Prinzip: Die Spannungs-Strom-Kennlinie gibt an, welche Spannung beim jeweiligen – durch die Erwärmung bedingten – Widerstandswert R_T über dem Heißleiter abfällt. Hierzu muss der Strom aber auch tatsächlich fließen können. Der Stromfluss wird jedoch durch den Vorwiderstand begrenzt. Der Spannungsabfall U_T über dem Heißleiter ergibt sich aus der Betriebsspannung U_B durch Subtraktion der Spannung U_V, die über dem Vor- bzw. Lastwiderstand R_V abfällt:

$$U_T = U_B - U_V \qquad (1.103)$$

Um diese Subtraktion graphisch ausführen zu können, ist die Widerstandskennlinie 1 des Vor- bzw. Lastwiderstandes R_V negativ (= abwärtsgeneigt) in das Strom-Spannungs-Diagramm einzutragen (im Beispiel: 400 Ω bedeuten eine Spannungsänderung von 4 V bei einer Stromänderung von 10 mA). Der steile Anstieg der Strom-Spannungs-Kennlinie wird geradlinig nach oben verlängert (Tangente 2). Diese Gerade ist die Widerstandskennline des anfänglichen Heißleiterwiderstandes (R_{25}). Der stationäre Zustand ist dann erreicht, wenn der Widerstand R_T des Heißleiters soweit gesunken ist,

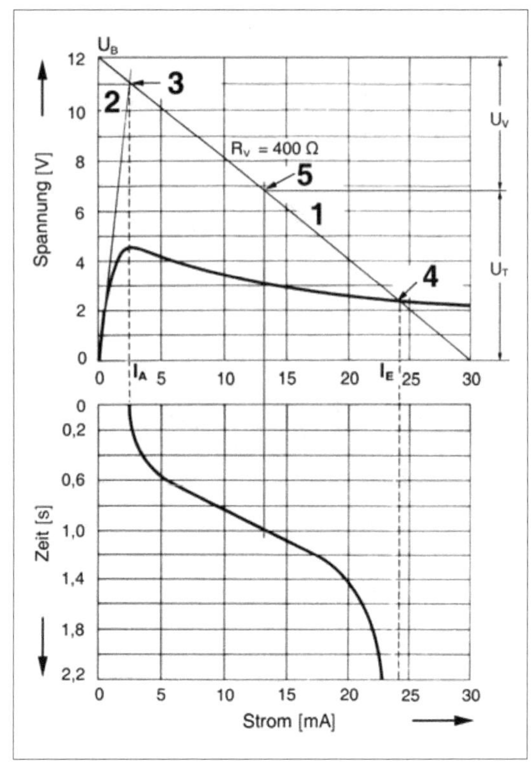

Ablesebeispiele:

- R_{25} = 11 V : 2,5 mA = 4,4 kΩ
- R_E = 2,5 V : 24 mA = 104 Ω
- Nach 1 s fallen über R_T ca. 7 V ab.

Abb. 1.92: *Beispiel einer Strom-Zeit-Kennlinie (nach [1.24]), hier zusammen mit der Spannungs-Strom-Kennlinie. Oben die Spannungs-Strom-Kennlinie (lineare Darstellung), darunter die Strom-Zeit-Kennlinie.*
1- Widerstandskennlinie des Vorwiderstandes R_V;
2 - Tangente am steilen Anstieg der Spannungs-Strom-Kennlinie;
3 - dieser Schnittpunkt ergibt den Anfangsstrom I_A;
4 - dieser Schnittpunkt ergibt den Endstrom I_E;
5 - der Spannungsabfall über dem Heißleiter 1 s nach dem Einschalten.

dass er über den Vorwiderstand R_V tatsächlich seinen Endstrom I_E ziehen kann. Strom, Zeit und Vorwiderstand hängen somit über folgende Schnittpunkte zusammen:

- Der Anfangsstrom I_A ergibt sich aus dem Schnittpunkt 3 der R_V-Widerstandskennlinie 1 mit der Tangente 2 (dem anfänglichen Widerstand R_{25} des Heißleiters). Rechnerisch:

$$I_A = \frac{U_B}{R_V + R_{25}} \qquad (1.104)$$

- Der Endstrom I_E ergibt sich aus dem Schnittpunkt 4 der R_V-Widerstandskennlinie 1 mit der Strom-Spannungs-Kennlinie. Aus der Verlängerung ins Strom-Zeit-Diagramm (senkrecht nach unten) ist abzuschätzen, wie lange es dauert, bis dieser Zustand erreicht ist.

- Welche Spannung U_T nach einer bestimmten Zeit über dem Heißleiter abfällt, lässt sich auf einfache Weise bestimmen, indem man vom entsprechenden Punkt des Strom-Zeit-Diagramms aus eine Senkrechte 5 bis zur Kennlinie des Vorwiderstandes R_V zieht.

Kennlinien ähnlich Abb. 1.92 sind im Datenmaterial jedoch nur selten zu finden. Abhilfe: selbst aufnehmen (z. B. mittels PC-Messkarte und Erfassungssoftware). Um Schaltungen ähnlich Abb. 1.90 zu dimensionieren, genügt womöglich schon eine einfache Spannungs-Zeit-Kurve, die man in einer Anordnung ähnlich Abb. 1.91 mittels Digitalspeicheroszilloskop aufnehmen kann.

Einschaltstrombegrenzung

Der kalte Heißleiter hat zunächst einen hohen Widerstand, der die Stärke des durchfließenden Stroms begrenzt. Die vom Stromfluss umgesetzte Verlustleitung P = $I^2 \cdot R_T$ heizt aber das Bauelement auf. Hierdurch nimmt R_T ab, der Strom nimmt weiter zu usw., bis ein stationärer Endzustand erreicht ist. Dieses Verhalten kann ausgenutzt werden, um Einschaltströme zu begrenzen (Abb. 1.93). Für diesen Anwendungsfall werden eigens Heißleiter gefertigt, die sehr hohe Ströme aushalten (ICL = Inrush Current Limiter). Richtwerte: von einigen hundert mA bis zu etwa 30 A. Das Prinzip ist einfach – es genügt, den Heißleiter mit der stromaufnehmenden Einrichtung in Reihe zu schalten (Abb. 1.94).

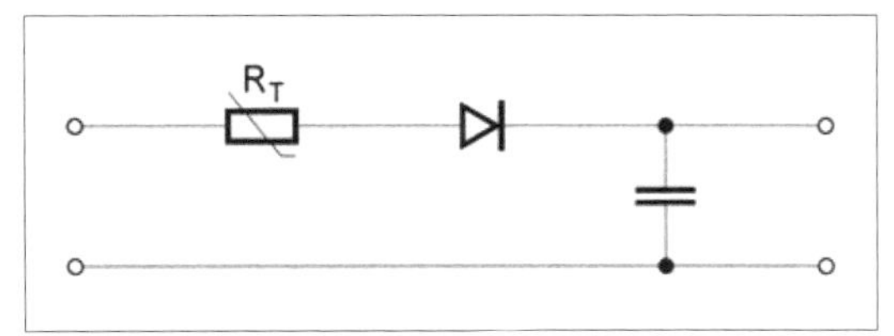

Abb. 1.94: *Einsatzbeispiel der Einschaltstrombegrenzung (nach [1.27]). Beim Einschalten stellt der (ungeladene) Kondensator praktisch einen zeitweiligen Kurzschluss dar. Infolge der extremen Stromspitze (vgl. Abb. 1.93a) könnte die Diode Schaden nehmen. Ein vorgeschalteter Heißleiter begrenzt den Einschaltstrom auf einen ungefährlichen Wert (vgl. Abb. 1.93b).*

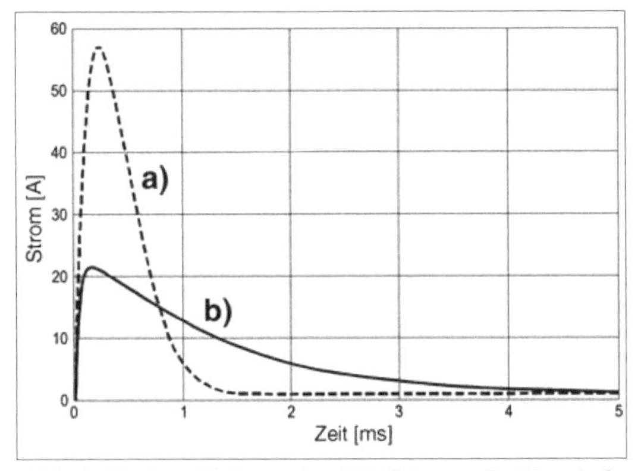

Abb. 1.93: *Die Wirkung des Heißleiters als Einschaltstrombegrenzung (nach [1.27]). Viele Einrichtungen nehmen einen hohen Einschaltstrom auf. Durch Vorschalten eines Heißleiters kann die anfängliche Stromaufnahme zeitlich gestreckt und deren Amplitude beträchtlich vermindert werden.*
a) Stromspitze ohne Heißleiter;
b) der Heißleiter begrenzt den Einschaltstrom.

Welchen Energiestoß muss der Heißleiter beim Einschalten aushalten?
Manche Hersteller geben einen Energiewert an (z. B. Energy Rating J_{max}), andere eine Ersatzkapazität (z. B. C_{test}). Der Grundgedanke: Eine Stromspitze entsteht, wenn eine Spannung an einen ungeladenen Kondensator angelegt wird (vgl. Abb. 1.94). Somit kann man die maximale Belastbarkeit des Heißleiters auch durch die Kapazität ausdrücken, die – bei Anlegen einer bestimmten Spannung (typischerweise 110 V oder 230 V) – einen entsprechenden Energiestoß bewirkt. Umrechnungen:

$$E_{max} = \frac{C_{test} \cdot U_{test}^2}{2}; \; C_{test} = 2 \cdot \frac{E_{max}}{U_{test}^2} \qquad (1.105)$$

Betriebsstrom und Umgebungstemperatur
Der Betriebsstrom darf den maximal zulässigen Dauerstrom (Max Steady State Current I_{max}) nicht überschreiten. Außerhalb des Temperaturbereichs, in dem I_{max} spezifiziert ist, verringert sich der zulässige Dauerstrom entsprechend (Derating; vgl. Abb. 1.83).

Begrenzung des Einschaltstroms
Der Einschaltstrom, den man – aus Sicht der Anwendung – höchstens zulassen möchte (I_{Imax}), bestimmt die Wahl des Kaltwiderstandes R_{25}:

$$R_{25} \geq \frac{U}{I_{Imax}} \quad (1.106)$$

Wenn sich kein passendes Bauelement finden lässt, ist zu untersuchen, woran es liegt:

- Die Belastung könnte zu hoch sein. Das Parallelschalten mehrerer Heißleiter ist unzulässig (Stromübernahme). Ggf. Übergang auf anderes Prinzip der Einschaltstrombegrenzung (z. B. Festwiderstand, der mittels Relais überbrückt wird).
- Der Einschaltstrom kann nicht genug begrenzt werden. Mit anderen Worten: Alle in Betracht kommenden Typen haben einen zu niedrigen Kaltwiderstand. Probieren, ob es mit zwei oder mehr Heißleitern in Reihe funktioniert.

Näherungswerte für den temperaturabhängigen Widerstand R_T
Manche Datenblätter enthalten einschlägige Kennwerte und Formeln. Beispiel ([1.27]):

$$R_T = k \cdot I^n ; \qquad 0{,}3 \cdot I_{\max} < I \leq I_{\max} \quad (1.107)$$

R_T in Ω, I in A; k und n sind Datenblattwerte. Die Formel gilt für einen Betriebsstrom I im Bereich von 0,3 I_{max} bis I_{max}.

Die Betriebstemperatur kann hoch werden (Richtwert: bis 250 °C). Darauf achten, wenn das Bauelement im Gerät oder auf der Leiterplatte angeordnet wird[42].

Die Abkühlung
Nach dem Abschalten des Stroms kühlt sich der Heißleiter langsam ab. Das kann dauern. Richtwert: nach 0,5...2 Minuten ist der Kaltwiderstand (R_{25}) wieder erreicht (Wiederbereitschaftszeit).

Die Wiederbereitschaftszeit in solchen Einsatzfällen ist – infolge der stärkeren Eigenerwärmung – zumeist deutlich höher als 4 τ_C (vgl. S. 72). Ermittlung: gemäß einschlägigen Applikationshinweisen der Hersteller oder durch Versuch.

Das Problem: Wird während der Wiederbereitschaftszeit eingeschaltet, ist die Strombegrenzung gar nicht oder noch nicht in vollem Umfang wirksam.

Der traditionelle Ausweg: die Dienstvorschrift („Nach dem Ausschalten wenigstens 30 s bis zum Wiedereinschalten warten.“). Verträgt die Einrichtung Stromspitzen ähnlich Abb. 1.93a überhaupt nicht, könnte man ggf. mit einer flinken Feinsicherung nachhelfen, die bei Nichteinhaltung der Dienstvorschrift anspricht.

Eine komfortablere Lösung: Im Normalbetrieb wird der Heißleiter mit einem Relaiskontakt überbrückt, so dass er bereits vor dem Ausschalten abkühlen kann.

Hinweis: Ist man grundsätzlich bereit, ein Relais einzusetzen (Aufwand), könnte man zur Einschaltstrombegrenzung auch einen Festwiderstand nehmen. Demgegenüber hat der Heißleiter den Vorteil, dass er bei gleicher Nennverlustleistung (Belastbarkeit P) einen größeren Energiestoß aushalten kann. Anders herum gesehen: Für eine bestimmte Energiebelastung (in J bzw. Ws) oder Ersatzkapazität C_{test} kommt man mit einer kleineren Bauform aus (der Heißleiter braucht weniger Platz als der Festwiderstand).

Spannungsstabilisierung
Hierzu nutzt man den abfallenden Bereich der Strom-Spannungs-Kennlinie (vgl. Abb. 1.82c). Der Heißleiter wird mit einem Festwiderstand in Reihe geschaltet (Abb. 1.95). Die graphische Addition beider Kennlinien ergibt eine zwar gekrümmte, aber in einem gewissen Bereich nahezu waagerecht verlaufende Kurve (Abb. 1.96).

Richtwerte:

- Serienwiderstand R_S: etwa 1 % des Kaltwiderstandes (R_{25}),
- Verhältnis minimaler zu maximaler Stromentnahme: 1 : 10,
- Ausgangsspannungsabweichung: ca. ± 10 %.

42 Achtung – über die Anschlüsse wird die Wärme auch in die Leiterplatte eingeleitet.

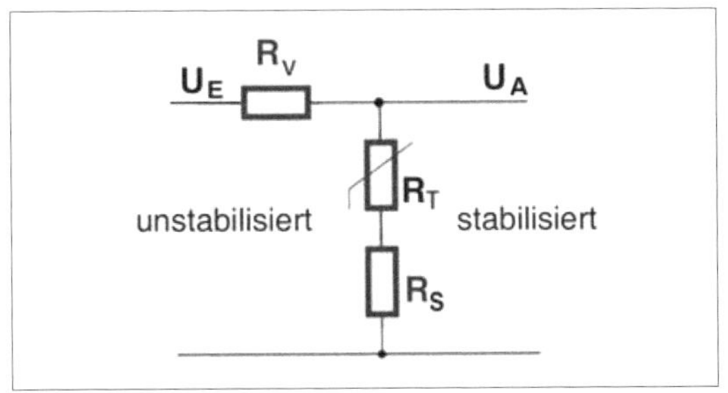

Abb. 1.95: Spannungsstabilisierung mit Heißleiter. Da sie auf thermischer Grundlage funktioniert, kann sie auch Wechselspannungen stabilisieren – bis hin zu sehr hohen Frequenzen.

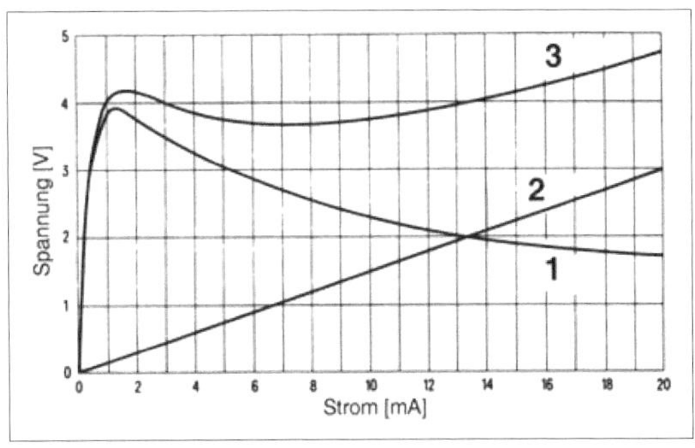

***Abb. 1.96:** Zur Wirkungsweise der Spannungsstabilisierung (nach [1.24]). Es sind folgende Strom-Spannungs-Kennlinien dargestellt (lineare Teilung):*
1 - der Heißleiter R_T allein;
2 - der Serienwiderstand R_S allein;
3 - beide Bauelemente in Reihe. Dimensionierungsbeispiel: $R_{25} = 10\ k\Omega$; $R_S = 150\ \Omega$.

1.5 Kaltleiter (PTC-Widerstände)

1.5.1 Grundlagen

Kaltleiter sind temperaturabhängige Widerstandsbauelemente (Thermistoren) mit positivem Temperaturkoeffizienten (PTC = Positive Temperature Coefficient). Ihr Widerstand steigt mit zunehmender Temperatur. Sie bestehen aus dotierten keramischen Werkstoffen auf Grundlage von Bariumtitanat. Die typischen Bauformen entsprechen denen der Heißleiter; es gibt Perlen, Tropfen oder Scheiben, SMD-Bauformen, Gehäuse mit Montagevorkehrungen (z. B. Gewinde) usw. (vgl. Abb. 1.77).

Kaltleiter oder Heißleiter?

Beide Thermistorarten beruhen auf keramischen Werkstoffen, in denen komplexe Leitungsmechanismen wirksam sind. Sie verhalten sich aber nicht spiegelbildlich zueinander.

Leitungsmechanismus und Kennlinienverlauf

Der in einem Heißleiter vorherrschende Leitungsmechanismus hängt von der Materialzusammensetzung ab, bleibt aber über den gesamten Temperaturbereich gleich. Somit ergibt sich im gesamten Temperaturbereich eine mit steigender Temperatur fallende Widerstands-Temperatur-Kennlinie (vgl. Abb. 1.76), und es ist möglich, Bauelemente zu fertigen, die einen bestimmten Kennlinienverlauf mit geringen Abweichungen einhalten (Curve Tracking).

Im Kaltleiter kommen in Abhängigkeit von der Temperatur verschiedene Leitungsmechanismen zur Wirkung. Deshalb ergibt sich nur in einem Teil des gesamten Temperaturbereichs ein mit zunehmender Temperatur ansteigender Verlauf der Widerstands-Temperatur-Kennlinie (Abb. 1.97). Bei niedrigeren oder höheren

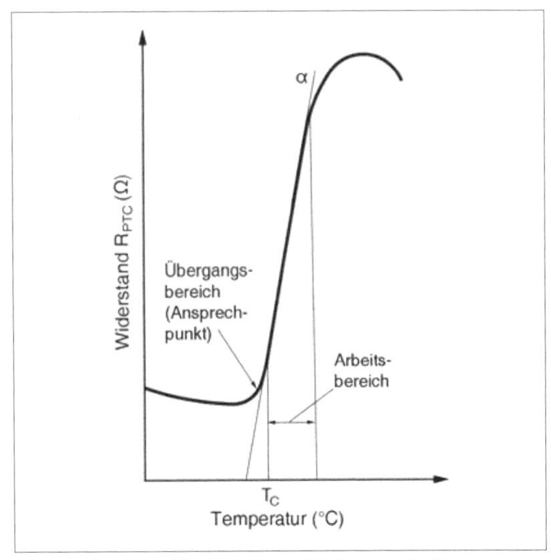

***Abb. 1.97:** Kaltleiter. Die Widerstands-Temperatur-Kennlinie im Überblick. Die Temperaturachse ist linear, die Widerstandsachse logarithmisch geteilt. T_C - ferroelektrische Curie-Temperatur. Ab hier beginnt der (näherungsweise) exponentielle Anstieg des Widerstandes (der in der logarithmischen Darstellung zur Geraden wird). α - Temperaturkoeffizient.*

Temperaturen weist die Kennlinie Abschnitte auf, die einen mit steigender Temperatur abfallenden Verlauf haben; der Temperaturkoeffizient ist also an beiden Enden des Temperaturbereichs negativ.

Der Kaltleiter besteht aus kleinsten Kristallelementen, die an ihren Grenzen Sperrschichten (Potentialwälle) bilden. Unterhalb der Curie-Temperatur ist die Dielektrizitätskonstante hoch, und die Sperrpotentiale sind gering. Die freien Elektronen haben nur geringen Widerstand zu überwinden; das Bauelement ist niederohmig. Wird die Curie-Temperatur überschritten, so sinkt die Dielektrizitätskonstante und die Sperrpotentiale steigen an. Infolgedessen wächst auch der Widerstand des Bauelements. Mit zunehmender Erwärmung werden schließlich weitere Ladungsträger freigesetzt (thermische Aktivierung), so dass der Widerstand mit weiter steigender Temperatur wieder abnimmt.

Vom gesamten Kennlinienverlauf werden vor allem zwei Bereiche ausgenutzt:

- Der Bereich des steilen Anstiegs (Arbeitsbereich). Dieser Bereich ist vor allem für Anwendungen von Bedeutung, die auf der Temperaturmessung beruhen, denn nur hier ist eine gewisse Genauigkeit zu erwarten.
- Der Bereich des Übergangs zwischen geringen Widerstandswerten und dem steilen Anstieg. Anwendungsbeispiele: Übertemperaturerkennung, Überlastungsschutz, Überstrom- und Übertemperatursicherung. In solchen Anwendungen wird ein möglichst schlagartiges Umschalten zwischen nieder- und hochohmigem Widerstand gewünscht (Schwellwertverhalten), das möglichst bei einem einzigen Temperaturwert stattfinden soll (Ansprechpunkt, Trip Point).

Temperaturkoeffizient und Anstieg der Widerstands-Temperatur-Kennlinie
Kaltleiter können mit wesentlich größeren Temperaturkoeffizienten oder (was das gleiche bedeutet) steilerem Anstieg des Kennlinienverlaufs[43] gefertigt werden als Heißleiter. Richtwerte: Heißleiter - 2 %/°C bis - 6 %/°C, Kaltleiter 10 %/°C bis über 30 %/°C (im steilsten Bereich des Kennlinienverlaufs).
Als Temperatursensor ist der Heißleiter präziser, der Kaltleiter hingegen empfindlicher.

Der Bereich der Nennwiderstandswerte ist vergleichsweise klein. Richtwerte: wenige Ω bis wenige kΩ.

Spannungs- und Frequenzabhängigkeit
Der Kaltleiter ist beiden Einflüssen unterworfen. Der Widerstand hängt in einem solchen Maße von der Frequenz ab, dass Kaltleiter praktisch nur für Gleichspannung oder im Frequenzbereich der Netzwechselspannung einsetzbar sind.

Kaltleiter sind eher was fürs Grobe
Durch Einsatz solcher Bauelemente ist es oftmals möglich, in Temperaturüberwachungsschaltungen und Übertemperatur-Schutzschaltungen auf Operationsverstärker, Komparatoren, Stellglieder usw. zu verzichten. In vielen Einsatzfällen kann der Kaltleiter direkt in den zu schützenden Stromweg eingebaut werden.

Der Kaltleiter als Temperaturfühler
Ist die Umgebungstemperatur zu messen oder innerhalb enger Toleranzbereiche zu überwachen, so entsprechen Einsatzbedingungen und Anwendungsschaltungen im Grunde denen des Heißleiters. Bei hohen Anforderungen an die Genauigkeit kommt nur ein Heißleiter in Betracht. Ansonsten ist es eine Ermessens- oder Preisfrage (Kaltleiter sind oftmals kostengünstiger).

Viele Anwendungsfälle der Temperaturüberwachung laufen auf ein pauschales Unterscheiden zwischen den Zuständen „normal" und „zu warm/zu kalt" hinaus, wobei es auf Genauigkeit nicht besonders ankommt. Hierfür werden eigens Typenreihen von Kaltleitern angeboten, die auf ein entsprechendes Schwellwertverhalten hin ausgelegt sind (Overtemperature Protection, Limit Temperature Sensors o. ä.).

Ausnutzung der Eigenerwärmung
Fließt Strom durch den Kaltleiter, so heizt er sich auf. Dadurch steigt sein Widerstand. Dieses Verhalten kann u. a. zu Zwecken der Überstrombegrenzung und Zeitverzögerung ausgenutzt werden. Weitere Anwendungsbereiche: das Durchschalten kurzzeitiger Stromimpulse (z. B zum Entmagnetisieren von Farbbildröhren oder zum Anlassen von Induktionsmotoren) sowie die Nutzung als Wärmequelle (Heizelement).

43 Hier ist nur vom Betrag die Rede.

Der von außen erwärmte Kaltleiter
Dass mit zunehmender Temperatur der Widerstand ansteigt, kann zu Schutzzwecken ausgenutzt werden. Entsprechende Bauelemente werden z. B. in den Wicklungen von Transformatoren oder Motoren angeordnet. Sie bewirken, dass bei zu starker Erwärmung der Stromfluss verringert oder dass die gefährdete Einrichtung abgeschaltet wird.

Typische Vorteile der Kaltleiter:

- kostengünstig (Fertigung erfordert keine Halbleitertechnologien),
- kleine Bauformen möglich,
- für viele Anwendungen ausreichender Bereich der Nennwerte,
- extreme Temperaturabhängigkeit des Widerstandswertes (zwischen 3 %/°C bis zu etwa 30 %/°C).

Richtwerte im Überblick:

- Widerstandsbereich: 1 Ω ...10 kΩ,
- Verlustleistung: einige mW...mehrere W,
- Temperaturbereich: - 50... + 170 °C (Sensoranwendungen); als Schalt- oder Heizelemente bis 300 °C,
- Toleranzen (bezogen auf R_{25}): ± 1...20 %.

Kaltleiter einsetzen
Die Zusammenhänge sind komplex und rechnerisch nur näherungsweise zu erfassen. Deshalb kommt man nicht ohne Experimente aus.

Auswahl der Bauform.
Es kommt – wie beim Heißleiter[44] – auf den Einsatzfall an. Typische Beispiele:

- Temperaturmessung, Temperaturüberwachung. Der Kaltleiter muss innigen Wärmekontakt mit den jeweiligen Einrichtungen haben. Er wird z. B. in einen Kühlkörper eingeschraubt, in eine Spulenwicklung eingebunden oder in SMD-Ausführung unmittelbar neben dem Bauelement angeordnet, dessen Temperatur überwacht werden soll.
- Zeitverzögerung. Diese Wirkungen hängen nur von der Eigenerwärmung ab. Der Kaltleiter sollte deshalb von seiner Umgebung nach Möglichkeit gar nicht beeinflusst werden.
- Überstromsicherung oder direktwirkende Schalter (zum anfänglichen Durchschalten von Stromimpulsen). Hier wird der Kaltleiter selbst richtig warm[45]. Es muss für Wärmeabfuhr gesorgt werden. Manchmal ist die Umgebung vor übermäßiger Wärmeabgabe zu schützen (an der richtigen Stelle auf der Leiterplatte oder im Gerät anordnen, hinreichend Platz zu temperaturempfindlichen Schaltungsteilen lassen usw.).
- Wärmequelle (Heizelement). Der Kaltleiter kann sehr warm werden (Richtwert: bis zu 300 °C). Die Wärme muss schnell an die Umgebung abgegeben werden. Entsprechende Bauelemente sind deshalb besonders dünn ausgeführt. Sie haben keine Lötanschlüsse, sondern metallisierte Oberflächen, die über Klemmverbindungen kontaktiert werden.

1.5.2 Kennwerte

Nennwiderstandswert
Der Nennwiderstandswert (Rated Resistance R_R) ist der Widerstandswert des unbelasteten Kaltleiters bei einer bestimmten Nenntemperatur T_R. Die allgemein übliche Nenntemperatur: + 25 °C. Dieser Kennwert wird mit R_{25} bezeichnet.

Die Abhängigkeit des Widerstandes von der Temperatur
Sie wird typischerweise anhand der Kennlinie dargestellt und mit einigen Angaben beschrieben, die auffallende Punkte im Kennlinienverlauf betreffen (Abb. 1.98).

Anfangstemperatur und Minimalwiderstand
Die Anfangstemperatur (Minimum Temperature T_{min}) ist die Temperatur, an der der Temperaturbereich mit positivem Temperaturkoeffizienten beginnt. Der zugehörige Widerstandswert ist der Anfangs- oder Minimalwiderstand (Minimum Resistance R_{min}). Bis zum Erreichen der Anfangstemperatur bleibt der Widerstand nahezu konstant. Dann steigt er mit zunehmender Temperatur an (vgl. Abb. 1.98).

44 Vgl. Abschnitt 1.4.

45 In diesen Einsatzfällen bleibt der Kaltleiter solange heiß (Richtwert: über 200 °C), bis der Stromfluss abgestellt wird. Und das kann manchmal Stunden dauern ...

Bezugstemperatur und Bezugswiderstand
Die Bezugstemperatur (Reference Temperature T_{ref}) ist die Temperatur, an der der steile Anstieg der Kennline beginnt (vgl. Abb. 1.98). Der zugehörige Widerstandswert ist der Bezugswiderstand (Reference Resistance R_{ref}). T_{ref} entspricht näherungsweise der ferroelektrischen Curie-Temperatur des Widerstandsmaterials.

Definition der Bezugstemperatur: T_{ref} ist die Temperatur, die in der Kennlinie einem Bezugswiderstand R_{ref} = 2 R_{min} entspricht.

Nennansprechtemperatur
Das ist eine andere Bezeichnung der Bezugstemperatur (Nennansprechtemperatur T_{NAT}; Nominal Threshold Temperature T_{NTT} mit zugehörigem Widerstandswert R_{NTT}). T_{NTT} und R_{NTT} sind typische Datenblattangaben für Kaltleiter, die als Temperaturfühler zu Überwachungszwecken vorgesehen sind. Sie stehen dort anstelle der Werte T_{ref} und R_{ref}. R_{NTT} ist ein Widerstandswert im steil ansteigenden Bereich der Kennlinie; T_{NTT} ist die zugehörige Temperatur. Die Widerstandsangabe gilt typischerweise für eine Temperaturtoleranz von ± 5 °C. Manche Datenblätter enthalten zudem Widerstandswerte, die sich in der Umgebung der Nennansprechtemperatur einstellen (z. B. bei T_{NTT} - 5 °C, T_{NTT} + 5 °C und T_{NTT} + 15 °C). Diese Widerstandsangaben können genutzt werden, um Temperaturüberwachungsschaltungen zu dimensionieren, die auf das Über- oder Unterschreiten der Nenntemperaturschwelle reagieren.

Endwiderstand und Endtemperatur
Der Endwiderstand (R_E) ist der größte Widerstandswert, der als Kennwert angegeben ist. Es handelt sich um einen Minimalwert, der besagt, dass bei einer Umgebungstemperatur T_E das Bauelement einen Widerstand von wenigsten R_E Ohm hat. Die Endtemperatur (T_E) ist die zugehörige Temperaturangabe. Das Wertepaar T_E, R_E gibt an, wo der steil ansteigende Bereich der Kennlinie zu Ende ist. Der Arbeitsbereich – also der Bereich des steilen Anstiegs – liegt zwischen Bezugstemperatur und Endtemperatur.

Temperaturkoeffizient
Der Temperaturkoeffizient (α, TC, TCR) wird typischerweise in Prozent je Temperaturgrad angegeben (%/K oder %/°C). Er wird folgendermaßen definiert:

$$TC = \frac{1}{R} \cdot \frac{dR}{dT} \cdot 100\% = \frac{d\,lnR}{dT} \cdot 100\% \qquad (1.108)$$

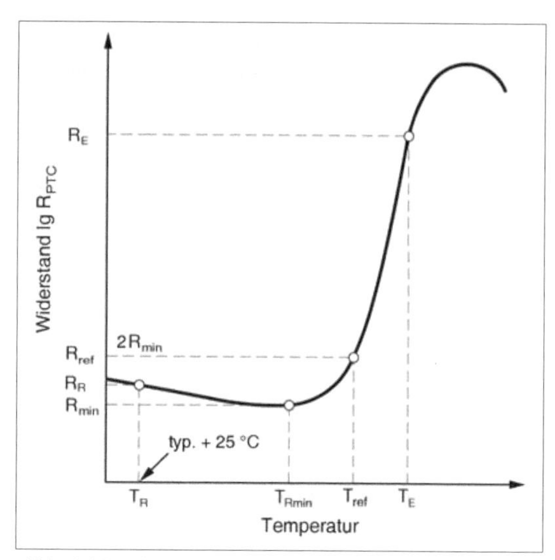

Abb. 1.98: *Elementare Widerstands- und Temperaturkennwerte in der Widerstands-Temperatur-Kennlinie. T_R, R_R - Nenntemperatur und Nennwiderstand; T_{Rmin} und R_{min} - Anfangstemperatur und Anfangswiderstand (Minimalwiderstand); T_{ref}, R_{ref} –Bezugstemperatur und Bezugswiderstand; T_E, R_E –Endtemperatur und Endwiderstand. T_R und R_{ref} sind Definitionssache (+ 25 °C, 2 R_{min}), alle anderen Werte ergeben sich aus der Kennlinie.*

Richtwerte: 10...30 %/K (Dünnfilm-Präzisionstypen z. B. 0,3 %/K = 3000 ppm/K).

Im steilen Bereich der Widerstands-Temperatur-Kennlinie kann er als nahezu konstant angenommen werden. Er ergibt sich dann aus den Widerstands- und Temperaturwerten (R_1, T_1; R_2, T_2) zweier Punkte des Kennlinienverlaufs:

$$TC = \frac{\ln \frac{R_2}{R_1}}{T_2 - T_1} \qquad (1.109)$$

Auf Grundlage von (1.109) kann der Temperaturkoeffizient messtechnisch ermittelt werden (Messung der Widerstandswerte R_1, R_2 bei bei zwei verschiedenen Temperaturen T_1, T_2).

Der Widerstand R_2 bei einer gegebenen Temperatur T_2 ergibt sich zu:

$$R_2 = R_1 \cdot e^{TC \cdot (T_2 - T_1)} \qquad (1.110)$$

T_2 ist beispielsweise eine zu überwachende Temperaturgrenze; R_1 und T_1 sind Datenblattwerte (z. B. T_{ref} und R_{ref} oder T_{NTT} und R_{NTT}).

Durch Umstellen von (1.109) oder (1.110) kann man die Temperatur T_2 aus einem gemessenen Widerstandswert R_2 und Datenblattwerten für R_1 und T_1 (s. vorstehend) berechnen:

$$T_2 = \frac{1}{TC} \cdot \ln \frac{R_2}{R_1} + T_1 \qquad (1.111)$$

Toleranzen
Welche Kennwerte durch Toleranzangaben näher spezifiziert werden, hängt vom Einsatzgebiet der Bauelemente ab. Typische Toleranzangaben betreffen:

- die maximal zulässige Abweichung vom Nennwert R_{25} (Manufacturing Tolerance MT). Richtwerte: ± 5..20 % ; Präzisionstypen auch ± 0,5 ... 1%.
- die maximal zulässige Abweichung vom Nennwert R_{25} zwischen den Bauelementen in einer Verpackungseinheit (Resistance Matching / Tracking $R_{25,match}$). Diese Angabe ist u. a. von Bedeutung, wenn mehrere Kaltleiter gemeinsam – z. B. auf einer Leiterplatte – zu Schutzzwecken (Strombegrenzung, Überstromabschaltung) in Signal- oder Stromwege eingefügt werden (es ist hierbei zu vermeiden, dass – im gleichen Überlastfall – der eine Weg getrennt wird und der andere nicht). Richtwerte: ± 1... 10 %.
- die maximal zulässige Abweichung des Temperaturkoeffizienten. Richtwert: ± 10 %.
- die maximal zulässige Abweichung von der Linearität des Kennlinienverlaufs (Maximum Linear Deviation). Dieser Wert wird zu Bauelementen angegeben, die für genauere Temperaturmessungen vorgesehen sind. Er kennzeichnet die Temperaturabhängigkeit des Temperaturkoeffizienten im steilen Bereich der Kennlinie[46]. Richtwert: bis zu ± 0,01 % (Präzisions-Dünnfilmtypen).

Maximal zulässige Betriebstemperatur
Dies ist die höchste Oberflächentemperatur (Surface Temperature T_{surf}), die das Bauelement unter stationären Bedingungen (= im thermischen Gleichgewicht mit seiner Umgebung) annehmen darf. Die Datenblattangaben gelten typischerweise für eine Umgebungstemperatur von + 25 °C.

Betriebstemperaturbereich
In diesem Temperaturbereich (Operating Temperature Range) darf das Bauelement eingesetzt werden. Manche Datenblätter enthalten einschränkende Angaben zum Betrieb mit höheren Spannungen. Beispiel: - 25 ... + 125 °C bei 0 V, aber nur 0...40 °C bei Anliegen der maximalen Betriebsspannung V_{max}.

Belastbarkeit
Die Belastbarkeitsangabe (Nennverlustleistung, Power Dissipation, Power Rating P) betrifft die maximal zulässige Verlustleistung bei der jeweils angegebenen Bezugstemperatur T, wobei die Oberflächentemperatur die maximal zulässige Betriebstemperatur nicht überschreiten darf. Belastbarkeitsangaben im Datenblatt betreffen typischerweise eine Bezugstemperatur von + 25 °C (P_{25}). Bei beliebiger Temperatur T gilt:

$$P_{PTC} = I^2 \cdot R_{PTC} = \frac{U^2}{R_{PTC}} \qquad (1.112)$$

Viele Datenblätter enthalten keine Belastbarkeitsangaben, da es in den jeweiligen Einsatzbereichen vor allem auf die Spannungs- und Stromkennwerte ankommt. Bei Betrieb innerhalb der entsprechenden Grenzen wird auch die zulässige Verlustleistung nicht überschritten (Erwärmung und Verlustleistung wirken einander entgegen – vgl. auch weiter unten Abb. 1.114).

Kontrollrechnung: Die maximal zulässigen Strom-, Spannungs- und Leistungswerte dürfen nicht überschritten werden. Bei bekannter Belastbarkeit ergeben sich die maximal zulässigen Strom- und Spannungswerte aus dem Widerstandswert im jeweiligen Betriebsfall:

$$U_{max} \leq \sqrt{P_{PTC} \cdot R_{PTC}}\ ; \quad I_{max} \leq \sqrt{\frac{P_{PTC}}{R_{PTC}}} \qquad (1.113)$$

Der Schaltungsdimensionierung ist der jeweils kleinere der Maximalwerte (Datenblattangaben oder Ergebnisse gemäß (1.113)) zugrunde zu legen.

46 Der Temperaturkoeffzient ist theoretisch eine Konstante. Die Linearitätsangabe besagt, um wieviel % sich dieser Wert in Abhängigkeit von der Temperatur ändern kann.

Nennspannung
Die Nennspannung (Rated Voltage V_R) ist die maximale Betriebsspannung, für die das Bauelement vorgesehen ist. Richtwerte: 12... > 300 V.

Maximale Betriebsspannung
Die maximale Betriebspannung (Maximum Operating Voltage V_{max}) ist die höchste Spannung, die ständig am Bauelement anliegen darf. Die Angabe gilt nur für die jeweils spezifizierte Umgebungstemperatur T_A bei Betrieb im steil ansteigenden Bereich der Kennlinie (stationärer hochohmiger Zustand). Beispiel: 30 V. Richtwert (wenn V_{max} nicht angegeben): V_{max} = Nennspannung V_R + 15 V bei einer Umgebungstemperatur T_A von + 40 bis 60 °C (Bauelement in ruhender Luft).

Durchbruchspannung
Die Durchbruchspannung (Breakdown Voltage V_{BD}) ist die höchste Spannung, die das Bauelement aushalten kann. Wird die Spannung über diesen Wert hinaus erhöht, verliert es seine funktionellen Eigenschaften und kann ggf. zerstört werden.

Maximale Messspannung
Die maximale Messspannung (Maximum Measuring Voltage $V_{meas,max}$) ist die höchste Spannung, die am Bauelement anliegen darf, wenn es als Temperaturfühler eingesetzt wird. Beispiel: 7,5 V. Liegt eine höhere Spannung an, werden die Fehler durch Eigenerwärmung und Feldstärkeabhängigkeit zu groß.

Isolations-Prüfspannung
Die Isolations-Prüfspannung (Insulation Test Voltage V_{ins}) ist die höchste Spannung zwischen dem Körper des Bauelements und seiner Umhüllung, bei der – unter Prüfbedingungen – keine Durchbruchserscheinungen auftreten. Die Prüfspannung wird typischerweise 5 s lang angelegt.

1.5.3 Der unbelastete Kaltleiter

Ein Kaltleiter ist dann unbelastet, wenn nur sehr geringe Ströme fließen und somit praktisch keine Eigenerwärmung auftritt (Nulllastwiderstand). Beim Einsatz von Kaltleitern als Temperaturfühler sind aber weitere Effekte zu beachten; der Widerstand ist sowohl spannungs- als auch frequenzabhängig. Viele Typen sind nicht für genauere Messungen, sondern lediglich dazu vorgesehen, das Über- oder Unterschreiten eines Grenzwertes zu überwachen (Overtemperature Protection, Limit Temperature Sensors). Abb. 1.99 und 1.100 veanschaulichen einschlägige Widerstands-Temperatur-Kennlinien. Solche Bauelemente sind gemäß der zu überwachenden Temperatur auszuwählen (Nennansprechtemperatur T_{NTT}). Die Datenblätter enthalten Angaben zu Widerstandswerten bei bestimmten Temperaturen. Drei Werte sind üblich:

- T_{NTT} - 5 °C. Der angegebene maximale Widerstandswert wird typischerweise unterschritten.
- T_{NTT} + 5 °C. Der angegebene minimale Widerstandswert wird typischerweise überschritten.
- T_{NTT} + 15 °C. Der angegebene minimale Widerstandswert wird typischerweise überschritten.

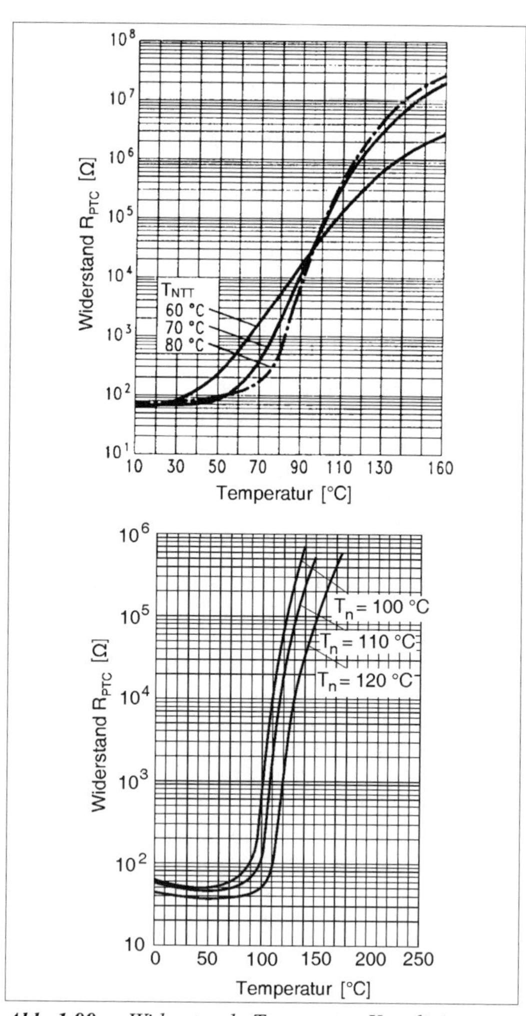

Abb. 1.99: *Widerstands-Temperatur-Kennlinien von Temperaturfühlern mit verschiedenen Nennansprechtemperaturen (nach [1.30] und [1.33]).*

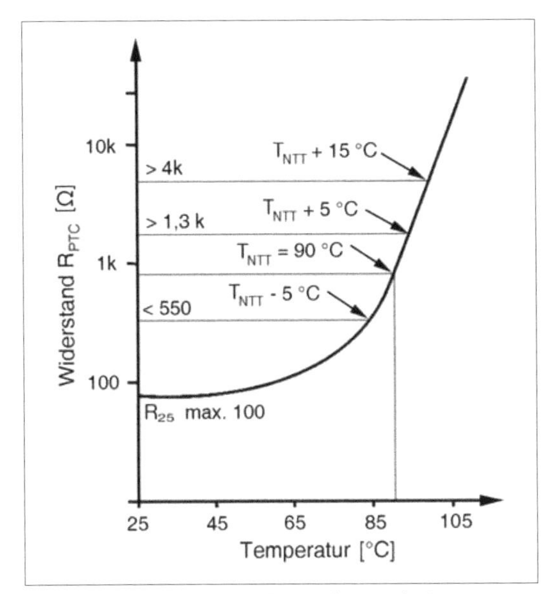

Abb. 1.100: *Einzelheiten der Widerstands-Temperatur-Kennline eines Kaltleiters für die Übertemperaturkontrolle. Die Widerstandsangaben zu den Temperaturwerten stehen im Datenblatt. Ablesebeispiel: T_{NTT} = 90 °C. Widerstand bei 85 °C:< 550 Ω, bei 95 °C: > 1,3 kΩ, bei 105: °C > 4 kΩ.*
Solche Werte gelten typischerweise für ganze Baureihen mit abgestuften Nennansprechtemperaturen, z. B. von 70 bis 150 °C in Stufen zu 5 oder 10 °C.

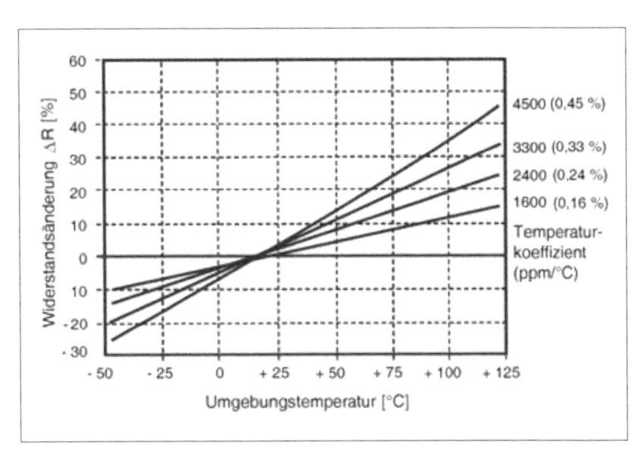

Abb. 1.101: *Dieser Kennlinienausschnitt betrifft eine Baureihe präziser Kaltleiter in Dünnfilmtechnologie (Vishay). Der Temperaturkoeffizient ist gering. Es ist aber erkennbar, dass sich über den gesamten Temperaturbereich eine nahezu lineare Abhängigkeit der Widerstandsänderung von der Temperatur ergibt.*

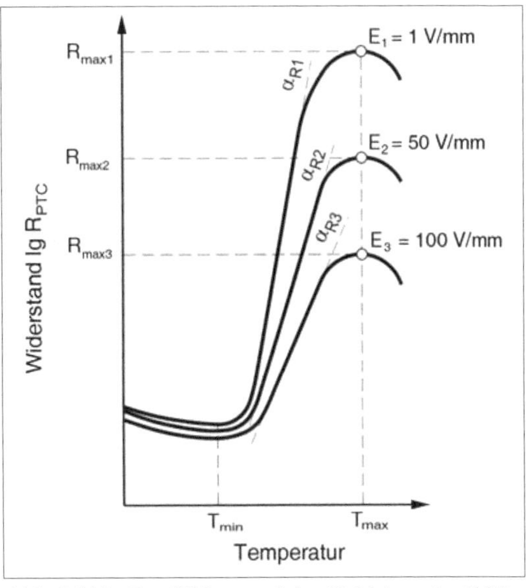

Abb. 1.102: *Der Widerstand des Kaltleiters in Abhängigkeit von der Temperatur und der elektrischen Feldstärke E (nach [1.31]). Mit zunehmender Feldstärke verringert sich der Widerstand (Varistoreffekt).*

Kaltleiter für genauere Temperaturmessungen

Solche Bauelemente haben deutlich geringere Temperaturkoeffizienten (Richtwert: 0,3... 3 %/K). Typische Toleranzen liegen bei ± 5 % oder ± 10%. Es werden aber auch Typen angeboten, die ihren Nennwiderstand R_{25} mit ± 0,5 oder 1 % einhalten. Die typische Toleranz des Temperaturkeoffizienten: ± 10 %. Man legt hierbei aber Wert auf Linearität, also darauf, dass der Temperaturkoeffizient über den gesamten Bereich des steilen Anstiegs der Kennlinie wirklich eine Konstante bleibt (Toleranz z. B. 0,1 ...0,01 %). Abb. 1.101 zeigt einen entsprechenden Kennlinienausschnitt.

Der Widerstand des Kaltleiters ist spannungsabhängig

Je höher die Spannung, desto höher die Feldstärke an den Grenzen zwischen den Kristallelementen, aus denen das Bauelement besteht. Sie wirkt den Sperrpotentialen entgegen, so dass sich der Widerstand verringert (Varistoreffekt; Abb. 1.102).

Der Widerstand des Kaltleiters ist frequenzabhängig

Das liegt an den Sperrschichten. Sie bewirken, dass die Körnchen (Kristallelemente) nicht nur kleine ohmsche Widerstände darstellen, sondern auch kapazitiv miteinander verkoppelt sind (Abb. 1.103).

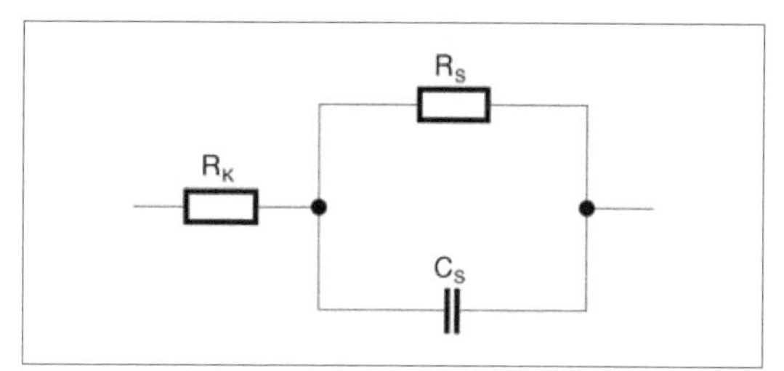

Abb. 1.103:*Das Wechelspannungs-Ersatzschaltbild des Kaltleiters (nach [1.31]).*
R_x - Widerstand der Kristallelemente;
R_S - ohmscher Widerstand der Sperrschichten;
C_S - Sperrschichtkapazität.

Infolge der zum ohmschen Widerstand R_S parallel wirkenden Sperrschichtkapazität C_S muss sich der Widerstand des Bauelements mit zunehmender Frequenz verringern. Bereits vergleichsweise niedrige Frequenzen (z. B. im Audiobereich) haben einen beachtlichen Einfluss (Abb. 1.104). Kaltleiter eignen sich somit nur für Gleichspannung und für Wechselspannungen mit Frequenzen in der Größenordnung der Netzfrequenz.

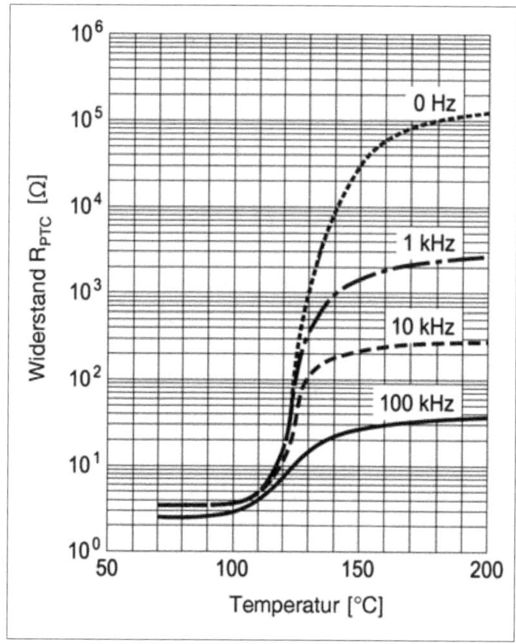

Abb. 1.104: *Der Widerstand des Kaltleiters in Abhängigkeit von der Temperatur und der Frequenz (nach [1.31]). Mit zunehmender Frequenz verringert sich der Widerstand.*

Die thermische Abkühlzeitkonstante
Diese Zeitangabe (Thermal Cooling Time Constant τ_{th}) beschreibt die Zeit, die der unbelastete Kaltleiter benötigt, damit sich bei einer Temperaturänderung seine Gehäusetemperatur an die Umgebungstemperatur T_A angleicht. Die Zeitkonstante ist die Zeit, die vergeht, bis 63,2 % der Temperaturänderung erreicht sind.

Die Temperaturabnahme im Laufe der Zeit:

$$T(t) = T_A + \Delta T \cdot e^{-\frac{t}{\tau_{th}}} \qquad (1.114)$$

In Analogie zu den Zeitkonstanten der RC- und LC-Glieder kann nach 4...7 τ_{th} eine völlige Angleichung an die jeweilige Umgebungstemperatur angenommen werden.

Thermische Ansprechzeit
Dieser Kennwert (Thermal Threshold Time t_a) gibt an, wie lange der unbelastete Kaltleiter braucht, um sich von der Anfangstemperatur (+ 25 °C) bis auf die Bezugs- oder Ansprechtemperatur (T_{ref}, T_{NTT}) zu erwärmen, wenn von außen Wärme zugeführt wird.

1.5.4 Der stromdurchflossene Kaltleiter

Wird an den Kaltleiter eine hinreichend hohe Spannung angelegt, so kommt ein Stromfluss zustande, der ausreicht, das Bauelement zu erwärmen (Eigenerwärmung). Mit zunehmender Temperatur wächst jedoch der Widerstand, so dass der Stromfluss bei weiter steigender Spannung wieder abnimmt. Schließlich wird ein stationärer Zustand erreicht, indem die zugeführte Leistung über Wärmeleitung und Wärmestrahlung an die Umgebung abgegeben wird.

Eigenerwärmung
Die im Kaltleiter umgesetzte elektrische Leistung bewirkt, dass das Bauelement wärmer wird als seine Umgebung. Der allgemeine Zusammenhang zwischen der umgesetzten elektrischen Leistung P und der Erwärmung des Kaltleiters erfasst sowohl den stationären Zustand als auch die Temperaturänderung:

$$P = G_{th} \cdot (T - T_{A)} + C_{th} \cdot \frac{dT}{dt} \qquad (1.115)$$

Der erste Anteil beschreibt die Temperaturdifferenz zwischen Kaltleiter (T) und Umgebung (T_A), der zweite die Änderung der Temperatur des Kaltleiters im Laufe der Zeit. Im stationären Zustand – wenn sich die Temperatur des Kaltleiters nicht mehr ändert – wird dieser Ausdruck zu Null. Die Eigenschaften des jeweiligen Bauelements werden durch zwei Konstanten ausgedrückt, den Wärmeleitwert G_{th} und die Wärmekapazität C_{th}.

Wärmeleitwert

Der Wärmeleitwert (Verlustleistungskonstante G_{th}, Dissipation Factor δ_{th}, Dissipation Constant D.C.) ist das Verhältnis des Zuwachses der im Kaltleiter umgesetzten Verlustleistung (ΔP) zur Temperaturerhöhung (ΔT). Die Angaben (in mW/K oder µW/K) sind ein Ausdruck für die Leistung, die erforderlich ist, um die Temperatur des Kaltleiters um 1 K (bzw. 1 °C) gegenüber der Umgebungstemperatur zu erhöhen.

$$G_{th} = \frac{\Delta P}{\Delta T} \quad (1.116)$$

Im stationären Fall gilt (vgl. (1.115)):

$$P = U \cdot I = G_{th} \cdot (T - T_A) \quad (1.117)$$

Wärmekapazität

Die Wärmekapazität (Heath Capacity C_{th}) ist das Verhältnis der Zunahme der im Kaltleiter gespeicherten Wärmemenge (ΔH) zur Temperaturerhöhung (ΔT). Die Angabe (in J/K bzw. mJ/K; 1 J = Ws) ist ein Ausdruck für die Wärmemenge, die erforderlich ist, um die Temperatur des Kaltleiters um 1 K zu erhöhen. Die Zunahme der Wärmemenge H ergibt sich aus der spezifischen Wärme c (eine Materialeigenschaft; in J/K · g), aus der Masse m des Bauelements (in g) und aus der Temperaturdifferenz Δt (in K):

$$\Delta H = c \cdot m \cdot \Delta t$$

Die Wärmekapazität C_{th} hängt somit wesentlich von der Masse des Bauelements ab.

$$C_{th} = \frac{\Delta H}{\Delta T} = G_{th} \cdot \tau_C = c \cdot m \quad (1.118)$$

Stromkennwerte

Die Stromkennwerte des Kaltleiters betreffen vor allem die typischen Anwendungsfälle Strombegrenzung und Überstromsicherung. Hierbei kommt es darauf an, wann das Bauelement anspricht, also vom niederohmigen in den hochohmigen Zustand übergeht. Die Datenblattwerte gelten typischerweise für eine Umgebungstemperatur von + 25 °C.

Nennstrom

Der Nennstrom (Rated Current I_R) ist der Höchstwert des Stroms, bei dem der Kaltleiter nicht anspricht, also noch sicher im Bereich niedriger Widerstandswerte bleibt.

Schaltstrom

Der Schaltstrom (Switching Current I_S) ist der geringste Wert des Stroms, bei dem der Kaltleiter anspricht, also sicher in den Bereich hoher Widerstandswerte übergeht.

Reststrom

Der Reststrom (Residual Current I_r) ist der Höchstwert des Stroms, der fließt, wenn die maximale Betriebsspannung V_{max} anliegt und thermisches Gleichgewicht besteht (stationärer Zustand).

Maximaler Nennstrom und maximaler Schaltstrom

Diese Angaben (I_{max}, I_{Smax}) betreffen Spitzenströme, die kurzzeitig durch das (noch) kalte Bauelement fließen dürfen.

Anzahl der Erwärmungs- und Abkühlungsvorgänge

Diese Angabe (Number of Switching Cycles N) betrifft den Einsatz als selbstrückstellende Sicherung und als direktwirkender Verzögerungsschalter. Ein Schaltzyklus besteht aus drei Abschnitten:

1. Ein starker Strom durchfließt das zunächst kalte Bauelement.
2. Infolge der Erwärmung steigt der Widerstand so stark an, dass der Stromfluss praktisch aufhört (Sicherung hat angesprochen, Schalter hat Stromfluss nahezu unterbrochen).
3. Die Ursache des zu starken Stromes (z. B. ein Kurzschluss) wurde beseitigt (Sicherung) oder die Versorgungsspannung wird abgeschaltet (Verzögerungsschalter). Das Bauelement kühlt sich ab, so dass es in der Lage ist, wieder Strom durchzuleiten.

Wird das Bauelement solchen Zyklen häufiger ausgesetzt als im Datenblatt angegeben, so kann sich das auf die Zuverlässigkeit bzw. Lebensdauer auswirken. Richtwerte: Sicherungen 100 Zyklen, Verzögerungsschalter 100 000 Zyklen.

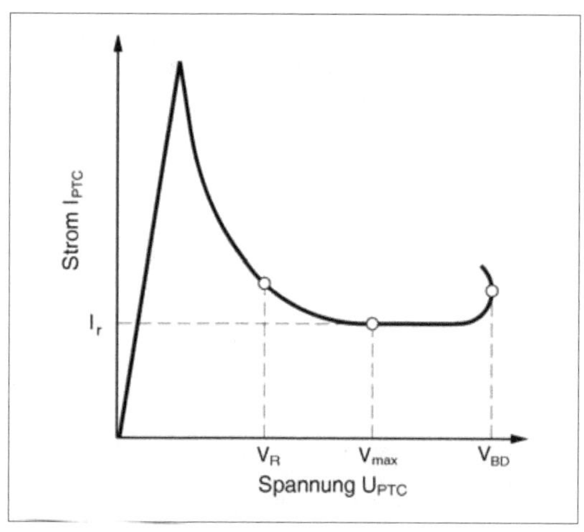

Abb. 1.105: *Strom-Spannungs-Kennlinie (nach [1.31]). V_R - Nennspannung; V_{max} - maximale Betriebsspannung; V_{BD} - Durchbruchspannung; I_r - Reststrom. Bei Erreichen der Durchbruchspannung wirkt das Bauelement nicht mehr als Kaltleiter.*

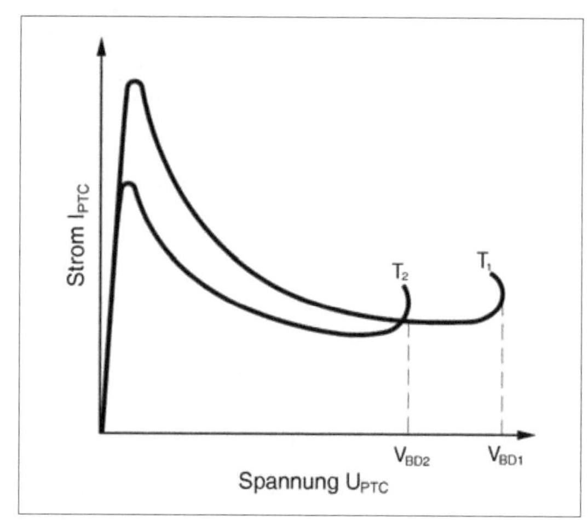

Abb. 1.106: *Ein Bauelement, zwei Umgebungstemperaturen (nach [1.31]). T_2 ist höher als T_1. Wenn es in der Umgebung wärmer ist, kann weniger Strom fließen, und der Kaltleiter hält weniger aus (Durchbruchspannung V_{BD}).*

Schaltzeit

Dieser Kennwert (Switching Time T_S) beschreibt das Abschaltverhalten eines als Sicherung eingesetzten Kaltleiters durch Angabe der Zeit, die vergeht, bis bei einer bestimmten Spannung die Stromstärke auf 50 % zurückgeht.

Strom-Spannungs-Kennlinie

Diese Kennlinie veranschaulicht, wie der durch den Kaltleiter fließende Strom von der anliegenden Spannung abhängt (Abb. 1.105).

Der Einfluss der Umgebungstemperatur

Je höher die Temperatur, desto höher der Widerstand. Also fließt weniger Strom, die Strom-Spannungs-Kennlinie verschiebt sich nach unten. Zudem verringert sich die Durchbruchspannung (Abb. 1.106).

1.5.5 Zur Anwendungspraxis

Temperaturfühler

Die Eigenerwärmung und der Einfluss der elektrischen Feldstärke (Varistoreffekt) müssen vernachlässigbar klein sein. Richtwert: elektrische Feldstärke ca. 1 V/mm. Aus dieser Forderung ergeben sich Messspannungen um 1,5 V. Typische maximale Messspannungen (Datenblattwerte) liegen bei etwa 7 V. Solche höheren Werte können dann ausgenutzt werden, wenn es nicht auf absolute Genauigkeit ankommt (Temperaturüberwachung).

Temperaturmessung

Die Temperatur ergibt sich aus dem aktuellen Widerstandswert R_{PTC} des Kaltleiters – es ist im Grunde das gleiche Problem wie beim Heißleiter. Die typische Grundschaltung ist der Spannungsteiler, wobei der Spannungsabfall über dem Kaltleiter ausgewertet wird. Er wird entweder entsprechend verstärkt[47] (kontinuierliche Temperaturmessung; Abb. 1.107) oder mit einer Referenzspannung verglichen (Überwachung eines beliebig einstellbaren Temperaturwertes; Abb. 1.108). Li-

47 Z. B. auf einen Spannungshub, der dem Eingangsspannungsbereich eines nachgeschalteten Analog-Digital-Wandlers entspricht.

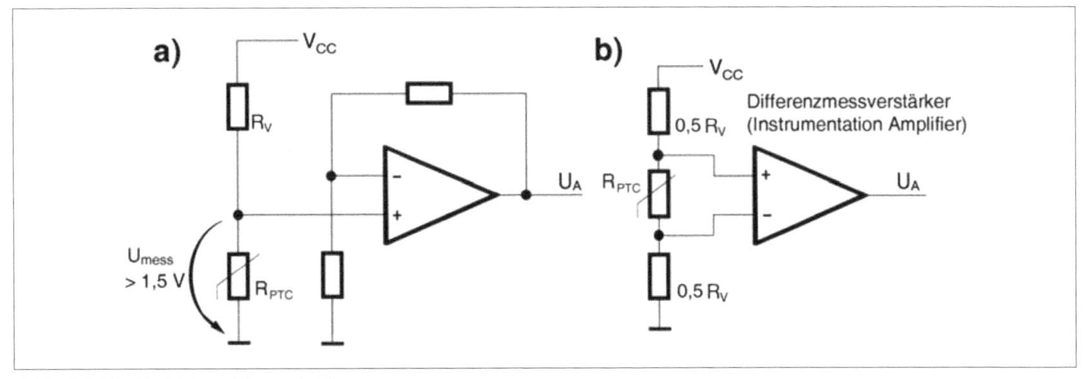

Abb. 1.107: *Kaltleiter-Messschaltungen.*
a) Messung der über dem Kaltleiter abfallenden Spannung.
b) Bei Betrieb mit nur einer Speisespannung (Single Rail) können Messspannungen, die nur wenig höher sind als das Massepotential, nicht mehr korrekt verstärkt werden. Deshalb Messung des Spannungsabfalls als Differenzspannungsmessung deutlich oberhalb des Massepegels.

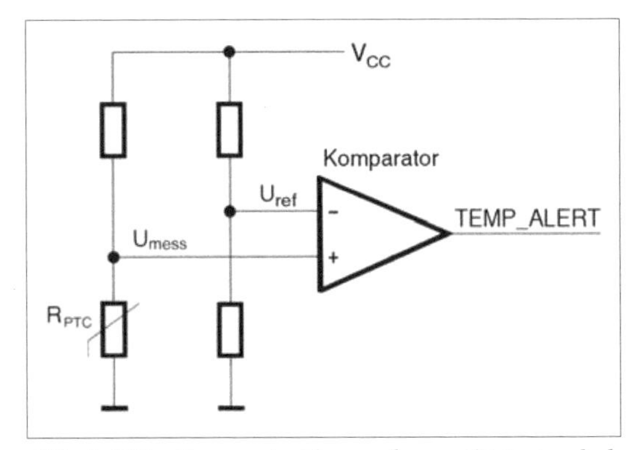

Abb. 1.108: *Temperaturüberwachung (Prinzipschaltung). Übersteigt die über dem Kaltleiter abfallende Messspannung die Referenzspannung, wird der Komparatorausgang aktiv.*

nearisierung ist nicht erforderlich. Für höhere Anforderungen sind Kaltleiter mit entsprechend linearisiertem Verlauf der Widerstands-Temperatur-Kennlinie verfügbar (vgl. Abb. 1.101).

Pauschale Temperaturüberwachung
Hierzu gibt es besondere Kaltleitertypen (Overtemperature Protection, Limit Temperature Sensors o. ä.). Die Prinzipschaltung entspricht Abb. 1.108. Die Temperaturschwelle wird aber nicht durch Einstellen einer Referenzspannung, sondern durch Auswahl des Bauelements bestimmt (typischerweise kann die Dimensionierung der Schaltung für eine ganze Baureihe von Kaltleitern gleich bleiben).

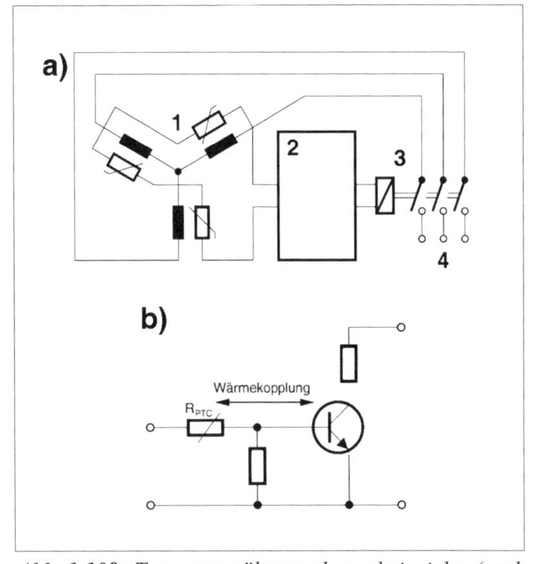

Abb. 1.109: *Temperaturüberwachungsbeispiele (nach [1.32]). a) die Temperaturfühler befinden sich in den Wicklungen eines Drehstrommotors. 1 - Kaltleiter; 2 - Steuergerät; 3 - Schaltschütz; 4 - Speisespannungszuführung. Die Temperaturauswertung im Steuergerät ist z. B. gemäß Abb. 1.108 ausgelegt (spricht der Komparator an, wird die Spannungsversorgung aufgetrennt). b) Schutz einer Leistungsstufe gegen Übertemperatur. Der Kaltleiter muss mit dem Leistungstransistor thermisch gekoppelt sein, z. B. durch Einschrauben in den Kühlkörper – es gibt eigens entsprechende Bauformen (vgl. Abb. 1.77). Mit steigender Temperatur wächst der Widerstand des Kaltleiters, so dass sich der Basisstrom verringert.*

In vielen Anwendungsfällen ist ein Komparator gar nicht erforderlich. Manchmal genügen einfache Transistor-Schaltstufen. Oftmals ist es sogar möglich, den Kaltleiter direkt wirkend in die vor zu hoher Temperatur zu schützende Schaltung einzubauen – manche Bauelemente sind eigens für solche „rohen" Anwendungsfälle vorgesehen (Abb. 1.109).

Kaltleiter in Reihe schalten

Der Grundgedanke: Es genügt, dass einer der Kaltleiter hochohmig wird, um die ganze Reihe als hochohmig erscheinen zu lassen (vgl. Abb. 1.109a). Das entspricht einer ODER-Verknüpfung von Temperaturüberwachungssensoren. Bei der Dimensionierung ist die ungünstigste Kennwertkombination zu betrachten. Sie liegt dann vor, wenn alle Bauelemente bei T_{NTT} - 5 °C den maximalen Widerstandswert sowie bei T_{NTT} + 5 °C oder bei T_{NTT} + 15 °C (je nach Ansprechschwelle) den minimalen Widerstandswert haben. Unter diesen Annahmen sind die ungünstigsten Betriebsfälle zu betrachten. Mit dem Beispiel von Abb. 1.109a (drei Kaltleiter in Reihe) und den Kennwerten von Abb. 1.100 ergeben sich:

- Fall 1: Alle drei Bauelemente haben nicht angesprochen. Maximaler Widerstand bei T_{NTT} - 5 °C : 3 · 550 Ω = 1650 Ω.
- Fall 2: Ein Bauelement hat angesprochen, die beiden anderen haben nicht angesprochen. Minimaler Widerstand bei T_{NTT} + 5 °C bzw. T_{NTT} + 15 °C = 1300 Ω bzw. 4000 Ω. Die beiden anderen Widerstände zusammen: 2 · 550 Ω = 1100 Ω. Also ergibt sich ein Gesamtwiderstand von 2400 Ω bzw. 5100 Ω.

Soll bereits bei T_{NTT} + 5 °C reagiert werden, muss die Auswerteschaltung imstande sein, den Unterschied zwischen 1650 Ω und 2400 Ω sicher zu erkennen. Ist ein Ansprechen bei T_{NTT} + 15 °C gefordert, so genügt es, zwischen 1650 Ω und 5100 Ω zu unterscheiden.

Fühler für Flüssigkeitspegel

Dieses Anwendungsgebiet beruht darauf, dass der Verlauf der Strom-Spannungs-Kennlinie von den Eigenschaften des umgebenden Mediums abhängt. Hierzu muss der Kaltleiter im Bereich der Eigenerwärmung betrieben werden (Abb. 1.110 und 1.111). Richtwerte: Betriebsspannung um 10...12 V, elektrische Feldstärke zwischen 6 bis 30 V/mm. Unter solchen Betriebsbedingungen ist die aufgenommene Leistung nahezu spannungsunabhängig, so dass an der Stromaufnahme erkennbar ist, ob sich das Bauelement in einem Medium befindet, das die Wärme schneller (Flüssigkeit) oder langsamer abführt (Luft)[48]. Es gibt eigens hermetisch verkapselte Ausführungen für solche Einsatzfälle.

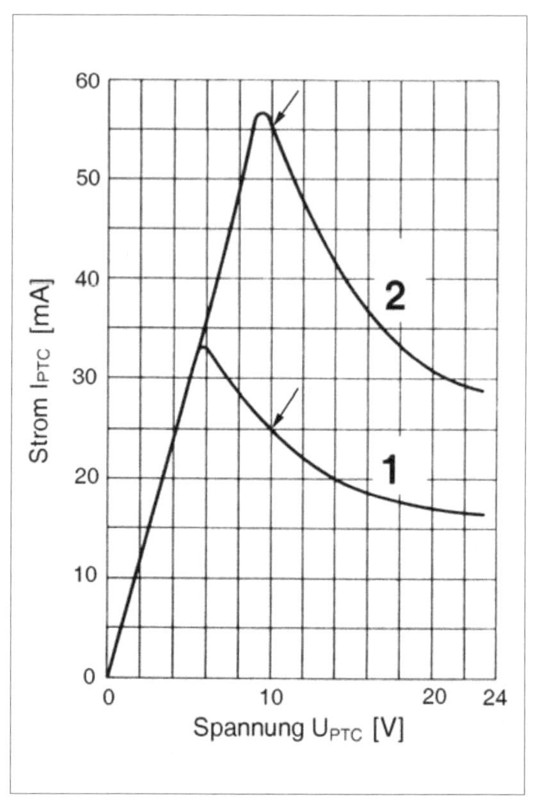

Abb. 1.110: *Beispiel einer Strom-Spannungs-Kennlinie bei Einsatz als Fühler für Flüssigkeitspegel (nach [1.24]).*
1 - Kaltleiter in Luft;
2 - Kaltleiter in Öl.
Unter den gewählten Betriebsbedingungen wird der hier interessierende Ausschnitt der Kennlinie zu einer Verlustleistungshyperbel (nahezu konstante Verlustleistung bei gleichbleibenden Umgebungsbedingungen). Bei einer Spannung von etwa 10 V ergeben sich gut auswertbare Unterschiede der Stromstärke (25 mA in Luft, 55 mA in Öl).

48 Auf gleiche Weise kann man erkennen, ob sich der Kaltleiter in einem ruhenden oder einem strömenden Medium befindet.

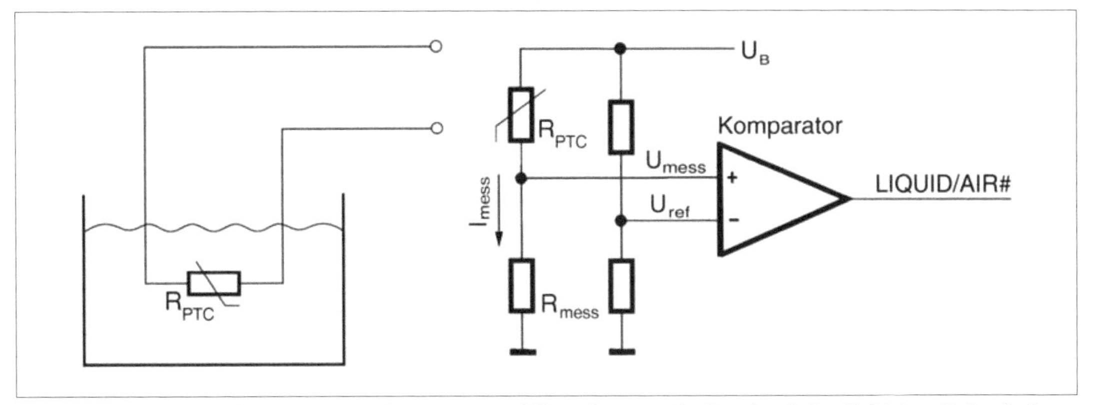

Abb. 1.111: *Kaltleiter als Sensor zur Erkennung eines Flüssigkeitspegels. Der durch den Kaltleiter fließende Strom bewirkt einen Spannungsabfall über einem niederohmigen Messwiderstand ($R_{mess} << R_{PTC}$). Wird nur wenig Wärme abgeleitet (in Luft), so ist der Messstrom gering. Bei intensiver Wärmeableitung (in Flüssigkeit) steigt der Messstrom an. Die Schaltung ist so zu dimensionieren, dass U_{mess} bei warmem Kaltleiter (Luft) niedriger und bei kaltem Kaltleiter (Flüssigkeit) höher ist als die Referenzspannung U_{ref}.*

Zeitkennwerte für Flüsigkeitspegelfühler:

- Reaktionszeit (Response Time T_R). Die Zeit, die der Kaltleiter höchstens braucht, um sich auf das jeweils andere Medium einzustellen. Spätestens nach Ablauf dieser Zeit fließt – bei anliegender Messspannung – der jeweils typische gleichbleibende Messstrom.
- Bereitschaftszeit (Settling Time T_E). Die Zeit, die der Kaltleiter höchstens braucht, bis er nach Anlegen der Messspannung betriebsbereit ist.

Der Kaltleiter als Schutzbeschaltung

In dieser Funktion soll er Stromflüsse unterbrechen (Überstromsicherung) oder wenigstens abschwächen (Strombegrenzung). Hierzu kann sowohl die Eigen- als auch die Fremderwärmung ausgenutzt werden. Der Kaltleiter wird im zu schützenden Stromkeis mit der Last in Reihe geschaltet (Abb. 1.112).

Eigenerwärmung

Ein zu starker Strom erwärmt den Kaltleiter soweit, dass er in den hochohmigen Bereich gelangt und somit den Stromfluss begrenzt. Für solche Anwendungen optimierte Bauelemente können bei entsprechender Erwärmung den Stromfluss praktisch vollständig unterbinden. Sie wirken somit als Sicherungen (die sich – wenn die Überlast verschwunden ist – durch Abkühlen selbst zurückstellen)[49].

Überspannungsschutz

Eine zu hohe Spannung führt zu einem anfänglich starken Stromfluss, der das Bauelement erwärmt. Hierdurch erhöht sich der Widerstand, so dass die an einem Ende anliegende Spannung am anderen nicht mehr schaden kann. Beispiel: Schutz der Anschlüsse von Mess- oder Telekommunikationsgeräten gegen irrtümliches Anlegen von Netzspannung.

Fremderwärmung

Wird die zu überwachende Einrichtung zu heiß, so wächst der Widerstand des Kaltleiters bis in den hochohmigen Bereich hinein und begrenzt somit den Stromfluss. Der Kaltleiter muss hierzu in engem Wärmekontakt mit der zu überwachenden / zu schützenden Einrichtung stehen. Entsprechende Bauformen lassen sich in Wicklungen von Transformatoren oder Motoren einbinden, an Kühlkörper anschrauben usw. (Abb. 1.112).

49 Die selbströckstellende Überstrom-Sicherung (Handelsnamen PolySwitch, Multifuse usw.) ist im Laufe der Zeit zu einem der wichtigsten Einsatzfälle von PTC-Bauelementen geworden (vgl. beispielsweise [1.34] und [1.35]).

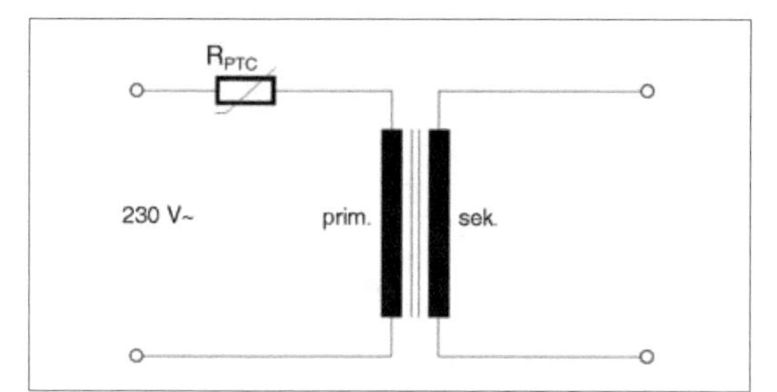

Abb. 1.112: Schutz eines Transformators (nach [1.32]). Der Kaltleiter ist am Kern befestigt oder in die Wicklung eingearbeitet. Bei übermäßiger Erwärmung wird der Stromfluss verringert (Strombegrenzung), gleichgültig ob sie durch Erwärmung des Trafos (sekundärseitige Überlastung, Windungsschluss) oder durch einen zu starken Primärstrom (primärseitiger Kurzschluss) bewirkt worden ist.

Zeitverzögerung

In diesem Anwendungsbereich nutzt man die Tatsache aus, dass die Eigenerwärmung und damit die Zunahme des Widerstandswertes R_{PTC} Zeit kostet. Hierbei ist zwischen indirekter und direkter Wirkung zu unterscheiden.

Indirekte Wirkung

Der Kaltleiter stellt praktisch nur die Zeitkonstante dar (Alternative zum Kondensator oder zur digitalen Zählschaltung). Die Schaltungstechnik entspricht grundsätzlich der des Heißleiters (nur andere Richtung der Widerstandsänderung), so dass auf Seite 78 und 79 sowie auf Abb. 1.90 verwiesen werden kann.

Direkte Wirkung

Hier ist der Kaltleiter das Gegenstück des Heißleiters. Der Heißleiter bildet einen verzögerten Impuls, oder er lässt den Strom erst nach einer anfänglichen Verzögerung in voller Stärke fließen (Einschaltstrombegrenzung). Demgegenüber bildet der Kaltleiter einen anfänglichen Impuls, oder er lässt anfangs einen starken Strom fließen und vermindert die Stromstärke nach einer gewissen Zeit.

Der Kaltleiter als direkt wirkender Verzögerungsschalter

Sofort nach dem Einschalten soll ein starker Stromimpuls durch die Last fließen. Dann soll die Stromstärke auf den üblichen Betriebsstrom zurückgehen. Mit Kaltleitern lassen sich solche Aufgaben auf einfache Weise lösen (Abb. 1.113 und 1.114). Der Kaltleiter wirkt näherungsweise wie ein Kontakt, der anfänglich kurzzeitig geschlossen ist und dann öffnet, um den Stromfluss zu unterbrechen. Vorsicht: In diesem Betriebszustand (näherungsweise Stromunterbrechung = hoher Widerstand) ist das Bauelement heiß – und zwar für die gesamte Betriebsdauer. Es eignen sich also nur Typen, die ausdrücklich für solche Anwendungen bestimmt sind.

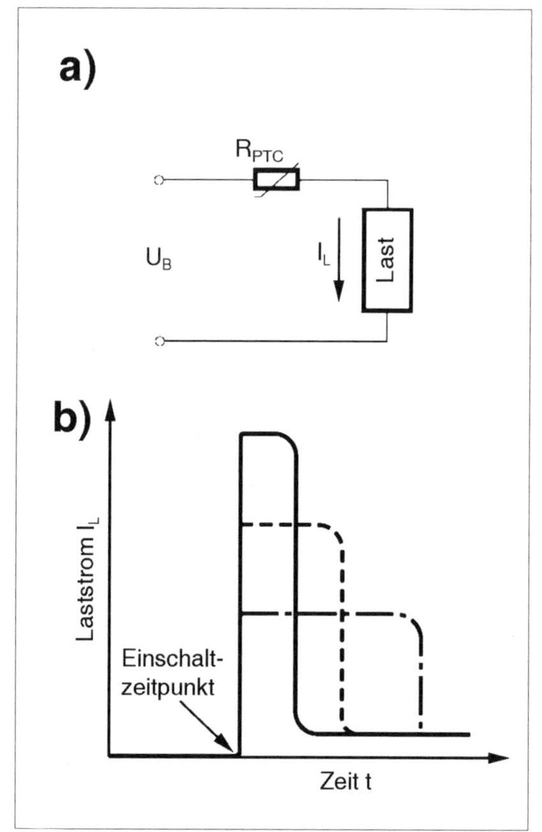

***Abb. 1.113:** Der Kaltleiter als direkt wirkender Verzögerungsschalter. a) Prinzip. b) durch entsprechende Bauelementewahl lassen sich verschiedene Strom-Zeit-Verläufe realisieren.*

Schaltzeitberechnung (nach [1.24]):

$$t_s \approx \frac{c \cdot \delta \cdot V \cdot (T_{REF} - T_A)}{P} = \frac{\frac{C_{th}}{m} \cdot \delta \cdot V \cdot (T_{ref} - T_A)}{P} \tag{1.119}$$

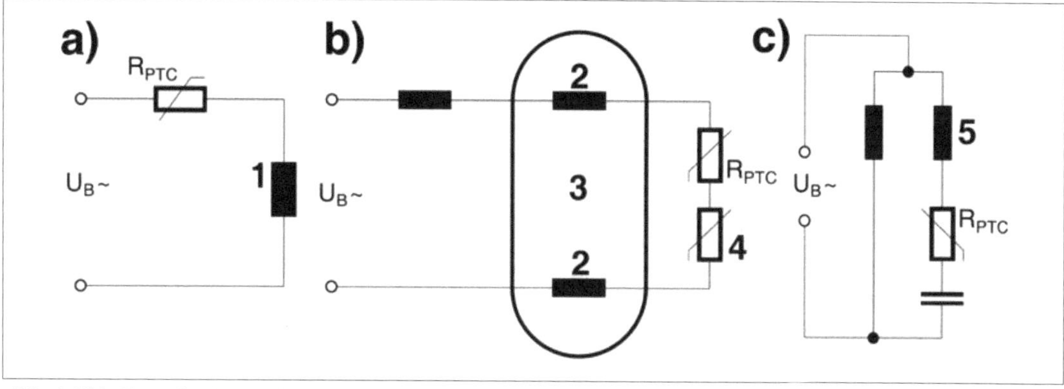

Abb. 1.114: *Typische Anwendungsbeispiele (nach [1.32]).*
a) Entmagnetisierung von Farbbildröhren. Nach dem Einschalten fließt ein starker Stromstoß durch die Entmagnetisierungsspule 1.
b) Vorwärmen der Elektroden 2 einer Leuchtstoffröhre oder Energiesparlampe 3. Ist der Kaltleiter noch kalt, so ist – infolge des niedrigen Widerstandes – die Spannung an den Elektroden geringer als die Zündspannung. Der fließende Strom erwärmt zunächst die Elektroden und den Kaltleiter. Gelangt dieser in den hochohmigen Bereich, so wird die Spannung an den Elektroden höher als die Zündspannung, und die Anordnung zündet. 4 - Varistor (Überspannungsschutz).
c) Starthilfe für Induktionsmotoren. Um einen unter Last anlaufenden Induktionsmotor zu starten, ist eine Hilfswicklung 5 vorgesehen, die bei kaltem Kaltleiter kurzzeitig von einem starken Strom durchflossen wird. Nach dem Anlaufen bewirkt der nunmehr warme Kaltleiter, dass nur noch ein schwacher Strom durch die Hilfswicklung 5 fließt.

- t_S: Schaltzeit in s,
- c: spezifische Wärme des Materials in J/K· g,
- C_{th}: Wärmekapazität in J/K,
- m: Masse des Kaltleiters in g,
- δ: Dichte des Kaltleitermaterials in g/cm³
- V: Volumen des Kaltleiters in cm³,
- T_{ref}: Bezugstemperatur,
- T_A: Anfangstemperatur des Kaltleiters beim Einschalten (typischerweise = Umgebungsbungstemperatur),
- P: Anfängliche Heizleistung in W. Sie kann näherungsweise wie folgt berechnet werden:

$$P \approx \frac{U^2 \cdot R_0}{(R_0 + R_V)^2} \qquad (1.120)$$

- U: Betriebsspannung in V,
- R_0: Widerstand des Kaltleiters vor dem Einschalten (z. B. R_{25}),
- R_V: Vor- bzw. Lastwiderstand.

Wärmekapazität, Masse und Dichte können zu einer Materialkonstanten zusammengezogen werden. Richtwert (nach [1.24]): 3 J/K · cm³. Damit ergibt sich:

$$t_s \approx \frac{3\left[\frac{J}{K \cdot cm^3}\right] \cdot V \cdot (T_{ref} - T_A) \cdot (R_0 + R_V)^2}{U^2 \cdot R_0}$$

(1.121)

Der Kaltleiter als Wärmequelle (Heizelement)

Die Eigenerwärmung wird ausgenutzt, um den Kaltleiter als Wärmequelle einzusetzen – als eine Alternative zur herkömmlichen Heizwendel. Hierbei wird der Kaltleiter typischerweise direkt (ohne Vorwiderstand) an die Speisespannung angeschlossen (Anwendungsbeispiele siehe u. a. [1.36]).

Eingangsstrom:

$$I_{in} = \frac{U}{R_{\min}} \quad (1.122)$$

Der Kaltleiter wirkt als Thermostat
Die Temperatur, die sich im stationären Zutand einstellt, ist nahezu unabhängig von der Umgebungstemperatur. Fällt die Umgebungstemperatur T_A deutlich unter die Bezugstemperatur T_{ref}, so wird der Widerstand des Kaltleiters geringer. Somit wächst die Stromstärke, und es wird eine höhere Leistung umgesetzt. Steigt die Umgebungstemperatur T_A deutlich über die Bezugstemperatur T_{ref}, so verhält es sich umgekehrt – der Widerstand des Kaltleiters steigt stark an, und die Stromstärke verringert sich beträchtlich (Selbstregulation; Abb. 1.115). Hierdurch ergibt sich in einem gegen die Außenwelt isolierten bzw. von Kaltleitern umschlossenen Raum eine Temperaturstabilisierung.

Richtwerte für den Regelfaktor $\Delta T_{PTC} / \Delta T_A$: 5...10 (bei 30 °C Umgebungstemperatur bis zu 300 °C Kaltleitertemperatur).

Der Kaltleiter kommt nicht zum Glühen, da die Oberflächentemperatur T_{surf} gemäß der Widerstands-Temperatur-Kennlinie beschränkt ist.

Der Kaltleiter ist zudem weitgehend unempfindlich gegen Betriebspannungsschwankungen. Eine steigende Betriebsspannung bewirkt eine Erwärmung, die den Stromfluss beschränkt, während eine sinkende Betriebsspannung zum Abkühlen des Bauelements führt, woduch der Stromfluss wieder zunimmt.

Im hier interessierenden Bereich der Strom-Spannungs-Kennlinie ist die Verlustleistung – und somit die Eigenerwärmung – nicht vom Quadrat der Spannung abhängig. Es gilt also nicht

$$P = \frac{U^2}{R_{PTC}},$$

sondern näherungsweise (nach [1.24]):

$$P \approx \frac{U^{0,1}}{R_{PTC}}$$

Der Kaltleiter muss weitgehend im niederohmigen Bereich arbeiten; es muss dafür gesorgt werden, dass der Widerstand nicht allzu stark ansteigt. Hierzu muss die Wärme schnell abgeführt werden. Eine typische Lösung besteht darin, einen innigen Wärmekontakt mit zur Wärmeableitung ausgebildeten Metallflächen (vergleichbar einem Kühlkörper) herzustellen. Hierzu werden solche Kaltleiter als dünne Scheiben (kreisförmig oder rechteckig) ausgeführt, die über Klemmverbindungen kontaktiert werden.

Richtwerte für Heizelemente:

- elektrische Feldstärke von 10 V/mm an aufwärts,
- R_{min} 1Ω ... einige kΩ,
- Betriebsspannungen: 12V, 24 V, 42 V, 230 V,
- Oberflächentemperatur T_{surf}: 40...300 °C,
- Scheibendicke: 1,4 mm für 12 V; 2,0..3,2 mm für 230 V. Je dünner, desto besser für die Wärmeabgabe. In dickeren Bauelementen ist jedoch die Feldstärke geringer. Hierdurch können Spannungsspitzen besser weggesteckt werden, und es ergibt sich insgesamt eine höhere Zuverlässigkeit.

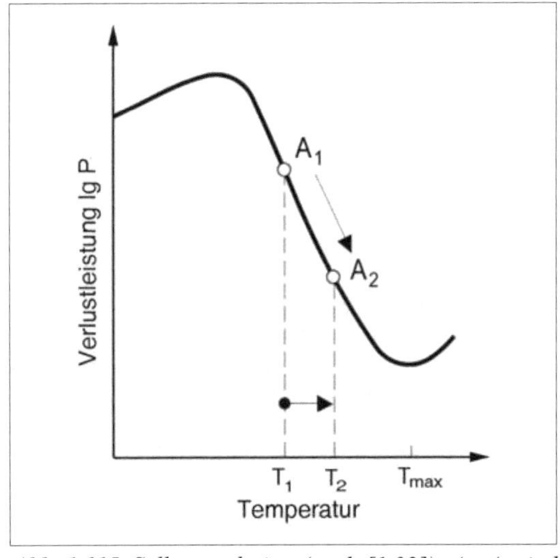

Abb. 1.115: *Selbstregulation (nach [1.32]). A_1, A_2 sind Arbeitspunkte auf der Verlustleistungs-Temperatur-Kennlinie. Das Bauelement hat beispielsweise die Temperatur T_1 und befindet sich im stationären Zustand (Arbeitspunkt A_1). Nun erhöht sich die Temperatur auf den Wert T_2, z. B. infolge eines Anstiegs der Umgebungstemperatur oder einer verringerten Wärmeableitung. Da hierdurch der Widerstandwert steigt, verringert sich der Stromfluss und damit die Verlustleistung P (Arbeitspunkt A_2). Dieses Gegeneinanderwirken von Erwärmung und elektrischer Belastung endet jedoch, wenn die Maximaltemperatur T_{max} erreicht ist. Steigt die Temperatur weiter an, kann das Bauelement zerstört werden.*

Kaltleiter parallelschalten
Im Gegensatz zum Heißleiter ist dies möglich, da hier keine Gefahr der Stromübernahme besteht. Ein Bauelement, das zuviel Strom zieht, wird wärmer, so dass sich die Stromstärke wieder verringert (Selbstregulation; vgl. Abb. 1.115).

Die Parallelschaltung kann für direkt wirkende Verzögerungsschalter oder zu Heizzwecken verwendet werden. Beispielsweise lassen sich durch Parallelschalten entsprechender Bauelemente Heizleistungen bis zu 2 kW realisieren.

1.6 Spannungsabhängige Widerstände (Varistoren, VDRs)

1.6.1 Grundlagen

Varistoren sind Widerstandsbauelemente, deren Widerstandswert von der anliegenden Spannung abhängt (VDR = Voltage Dependend Resistor). Ihr Widerstand sinkt mit zunehmender Spannung (Abb. 1.116). Die Strom-Spannungs-Kennlinie hat einen nichtlinearen Verlauf. Er ähnelt dem einer Halbleiterdiode, die in Durchlassrichtung betrieben wird, ist aber symmetrisch. Er kommt einem Verlauf nahe, der für Aufgaben der Spannungsbegrenzung und -stabilisierung ideal wäre – von 0 V bis zu einem bestimmten Spannungswert (Schutzpegel, Ansprechspannung) ein unendlich hoher Widerstand und von da an Widerstandswert Null, so dass sich die Spannung nicht ändert, gleichgültig wie hoch die Belastung ist (Abb. 1.117). Bei niedriger Spannung hat der Varistor einen sehr hohen Widerstand, so dass nur ein vergleichsweise schwacher Strom fließt. Mit zunehmender Spannung sinkt der Widerstand immer weiter ab. Diese Abhängigkeit hat einen näherungsweise exponentiellen Verlauf. Die Hersteller sind bestrebt, der Strom-Spannungs-Kennlinie eine Krümmung zu geben, die einem scharfen Knick nahekommt. Im Bereich von 0 V bis zu einem den jeweiligen Typ kennzeichnenden Spannungswert (als Schutzpegel, Ansprechspannung oder Knickspannung bezeichnet) fließt nur ein sehr geringer Reststrom. Nähert sich die Spannung dem Schutzpegel, so fällt der Widerstand auf so geringe Werte ab, dass der Strom nahezu ungehindert fließen kann (steiler Anstieg des Kennlinienverlaufs).

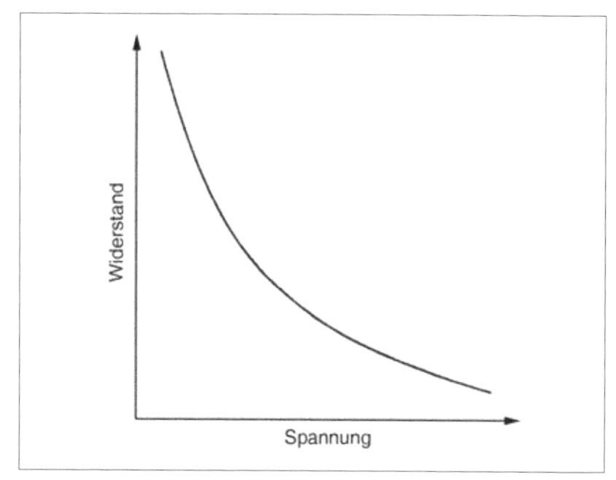

Abb. 1.116: *Varistor. Der Widerstand in Abhängigkeit von der Spannung. Es kommt nur auf den Betrag der Spannung an; die Polarität spielt keine Rolle.*

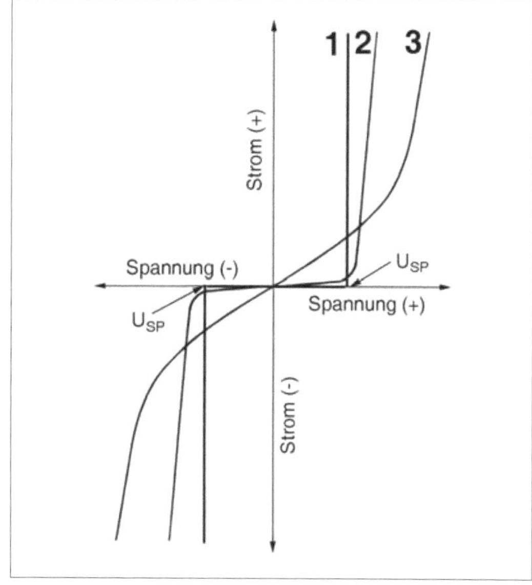

Abb. 1.117: *Typische Verläufe der Strom-Spannungs-Kennlinie.*
1 - Der für die hauptsächlichen Anwendungen gewünschte ideale Verlauf;
2 - Metalloxidvaristor;
3 - Siliziumkarbidvaristor; U_{SP} *- Schutzpegel oder Ansprechspannung.*

Varistoren sind mit Sinterverfahren gefertigte keramische Volumenwiderstände. Dem Ausgangswerkstoff nach unterscheidet man Siliziumkarbidvaristoren und Metalloxidvaristoren (MOVs). Siliziumkarbidvaristoren weichen offensichtlich (vgl. Abb. 1.117) viel stärker vom idealen Kennlinienverlauf ab als Metalloxidvaristoren. Moderne Bauelemente sind zumeist Metalloxidvaristoren auf Grundlage von Zinkoxid (ZnO). Abb. 1.118 zeigt einige typische Bauformen.

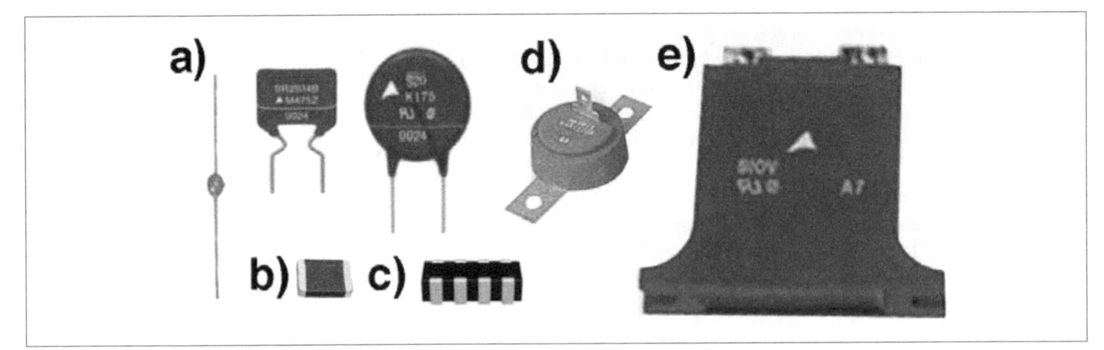

Abb. 1.118: Typische Bauformen (Auswahl). a) mit Drahtanschlüssen; b) SMD; c) SMD-Merfachanordnung (Varistor-Array); d) mit Schraub- und Steckanschlüssen; e) Blockvaristor.

Aufbau und Wirkungsweise

An den Berührungspunkten der Körner des Basismaterials ergeben sich Halbleiterübergänge, die – im Kleinen – die charakteristische Strom-Spannungs-Kennlinie aufweisen (Abb. 1.119). Diese sog. Mikrovaristoren haben eine Ansprechspannung von ca. 3...3,5 V. Die Gesamtwirkung des Bauelements ergibt sich aus dem Verbund dieser Mikrovaristoren, die durch den Sinterprozess sowohl parallel als auch in Reihe geschaltet werden. Je dicker das Bauelement, desto mehr Mikrovaristoren liegen in Reihe, desto größer ist die Ansprechspannung. Je größer die Fläche, desto mehr Mikrovaristoren sind parallel geschaltet, desto größer ist die Strombelastbarkeit. Je größer das Volumen, desto mehr Mikrovaristoren sind vorhanden, desto mehr Energie kann das Bauelement absorbieren. Weil die Funktion im ganzen Volumen des Bauelements erbracht wird – und nicht, wie beispielsweise bei Halbleiterdioden, nur in einer dünnen Sperrschicht – sind Varistoren in der Lage, hohe Überlastungen auszuhalten.

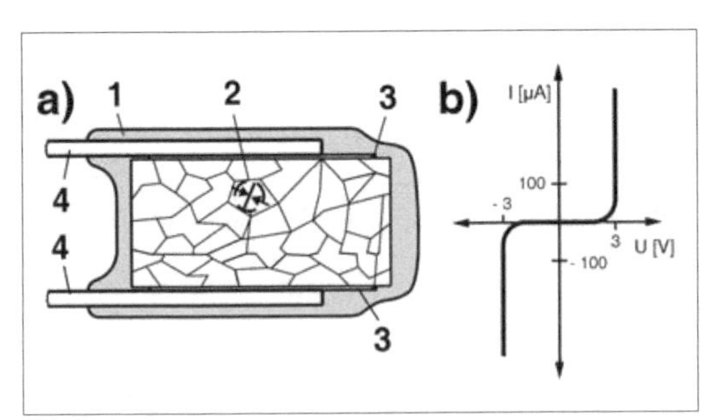

Abb. 1.119: Zu Aufbau und Wirkungsweise des Varistors (nach [1.37]).
a) Querschnitt;
b) Kennlinie eines Mikrovaristors (an den Berührungspunkten der Körner). 1 - Umhüllung; 2 - Körner, die sich untereinander berühren; 3 - Elektroden; 4 - Anschlüsse.

Vielschichtvaristoren

Vielschichtvaristoren (Multilayer Varistors; MLVs) sind Metalloxidvaristoren in SMD-Ausführung. Aufgrund ihrer Bauart haben sie folgende Vorteile:

- geringe Zuleitungsinduktivität,
- niedriger Serienwiderstand,
- geringe Ansprechzeit (typischerweise unter 1 ns).

Die Betriebsspannungswerte reichen von wenigen V bis zu etwa 60 V (Richtwert). Solche kleinen Bauelemente können offensichtlich weniger Energie absorbieren als Typen in Scheiben- oder Blockform. Sie halten aber tausende Impulse gemäß ihrer Stoßstromspezifiation aus, aus, ohne dass sich ihre Kennwerte verschlechtern.

Anwendung: Vor allem zum Überspannungsschutz von Transistoren und integrierten Schaltkreisen. Da sie sich (im Leckstrombereich) wie Kondensatoren verhalten, können sie zudem Glättungs- und Filterfunktionen übernehmen. Spezielle Typen weisen eigens ein definiertes Kondensatorverhalten auf.

Anwendungen

Der bei weitem wichtigste Anwendungsbereich ist der Überspannungsschutz. Hierzu wird der Varistor der zu schützenden Einrichtung parallel geschaltet (Abb.1.120). Das ideale Verhalten:

- Ist die anliegende Spannung kleiner als der Schutzpegel, so hat der Varistor einen unendlich großen Widerstand; es geschieht also gar nichts (offener Schalter),

- erreicht die anliegende Spannung den Schutzpegel, so wechselt der Widerstand des Varistors von Unendlich auf Null, so dass die Überspannung praktisch kurzgeschlossen wird (geschlossener Schalter).

Die Hersteller bemühen sich, diesem Ideal so nahe wie möglich zu kommen. Moderne Bauelemente werden auf diesen Einsatzfall hin optimiert.

Varistoren können überall dort eingesetzt werden, wo Spannungsspitzen zu kappen und Spannungspegel zu begrenzen sind (Funkenlöschung, Unterdrückung von Abschaltspannungsspitzen beim Schalten induktiver Lasten usw.). Zudem kann man den Kennlinienverlauf der Varistoren zur Spannungsstabilisierung und zu diversen Spezial- und Tricklösungen ausnutzen.

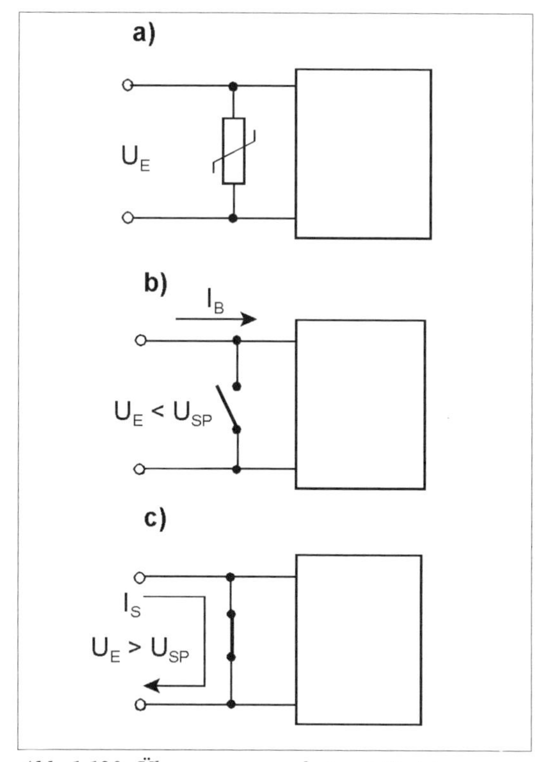

Abb. 1.120: Überspannungsschutz mit Varistor.
a) Grundschaltung;
b) idealisierte Ersatzschaltung für Spannung unterhalb des Schutzpegels;
c) idealisierte Ersatzschaltung für Spannung im Bereich des Schutzpegels (Überspannung).
I_B - Betriebsstrom; I_S - Spitzenstrom.

Kombinationsbauelemente

Um die Vielzahl der heutigen Vorschriften zu erfüllen, werden an nahezu allen extern zugänglichen Schnittstellen Schutzbauelemente benötigt. Mit einer einzigen Bauelementeart sind aber nicht alle Schutzbedürfnisse zu erfüllen. Es sind also oftmals Kombinationslösungen erforderlich. Manche Kombinationen werden als komplette Bauelemente angeboten (Abb. 1.121)[50].

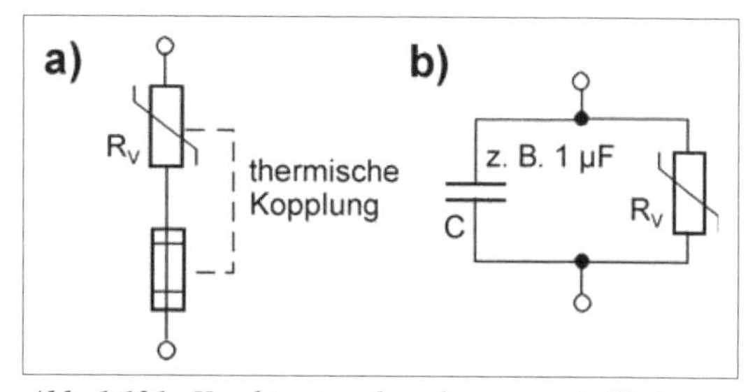

Abb. 1.121: Kombinationsbauelemente mit Varistoren (Beispiele).
a) Varistor mit Schmelzsicherung (spricht an, wenn die Überlastung zu lange dauert);
b) Varistor + Kondensator (Überspannungsschutz und Filterwirkung).

Die Spannungs-Strom-Kennlinie

Obwohl manche Darstellungen dies nahelegen, hat die Strom-Spannungs-Kennlinie keinen Knick, sondern einen stetigen Verlauf. Um Varistoren auswählen und einsetzen zu können, ist es wichtig, den Übergang zwischen den deutlich erkennbaren Bereichen hoher und niedriger Widerstandswerte genauer zu betrachten. Hierzu muss die Strom-Achse mit höherer Auflösung dargestellt werden. Eine besonders anschauliche Darstellung ergibt sich, wenn man den Spannungsverlauf in Abhängigkeit vom Strom angibt (Spannungs-Strom-Kennlinie; Abb. 1.122 bis 1.124[51]).

50 Wobei es immer wieder Neues gibt. Manche Typen sind Sonderanfertigungen für bestimmte Anwender.

51 Prinzip: Die Kennlinie gemäß Abb. 1.117 wird um 90° gedreht und um die waagerechte Achse gespiegelt. Zudem wird nur der erste Quadrant dargestellt.

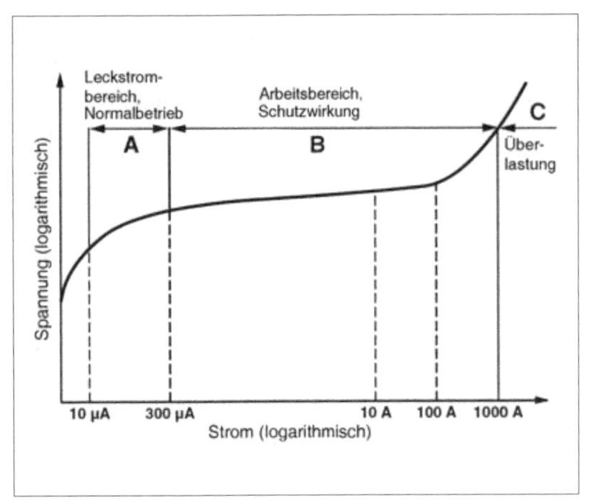

Abb. 1.122: Die Spannungs-Strom-Kennlinie eines Varistors (1). Überblick über den Kennlinienverlauf (nach [1.37]). A, B, C sind typische Bezeichnungen für die drei anwendungspraktisch wichtigen Abschnitte des Kennlinienverlaufs.

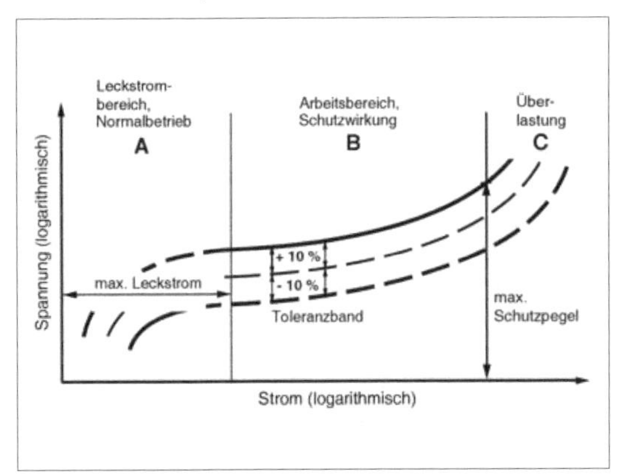

Abb. 1.123: Die Spannungs-Strom-Kennlinie eines Varistors (2). Toleranzen und Kennwerte (nach [1.36]).

Im Kennlinienverlauf lassen sich drei Bereiche erkennen:

- **Leckstrombereich.** Beim Überspannungsschutz ist dies der Normalbetrieb (es liegt keine Überspannung an). Hierbei sollte so wenig Strom wie möglich fließen (Richtwert: einige zehn bis einige hundert µA). Die Breite dieses Bereichs wird durch den maximalen Leckstrom bestimmt.

  Anfängliche Widerstandswerte (bei kleinen Spannungen): MΩ ...GΩ.

- **Arbeitsbereich.** Beim Überspannungsschutz ist dies der Ernstfall. Es liegt Überspannung an, und das Bauelement erbringt seine Schutzwirkung – es wird niederohmig, wodurch die Quelle der Überspannung so stark belastet wird, dass die Spannung nicht über den Bereich des Schutzpegels ansteigen kann. Der niedrige Widerstand des Varistors hat einen entsprechenden Stromfluss zur Folge. Wenn die Stromstärke wächst, erhöht sich die Spannung nur wenig. Das Ende des Bereichs wird durch den maximalen Schutzpegel und den zugehörigen Stoßstrom bestimmt. Im Bereich der höheren Stromstärken darf der Varistor typischerweise nicht dauernd, sondern nur kurzzeitig betrieben werden (Impulsbelastung).

- **Überlastung.** Übersteigt die anliegende Spannung den maximalen Schutzpegel, kann das Bauelement zerstört werden. Richtwert für die Grenze zwischen Betriebsfähigkeit und Zerstörung ist der maximale Stoßstrom – ein Stromstoß, den das Bauelement ein einziges Mal in seinem Leben aushalten muss.

Im Arbeitsbereich (Bereich der Schutzwirkung) kann der Zusammenhang zwischen Strom und Spannung näherungsweise durch einfache Exponentialfunktionen beschrieben werden. Jede solche Funktion ist durch eine sog. Varistorkonstante (K oder C) und einen nicht ganzzahligen Exponenten (α oder β) gekennzeichnet. Die Varistorkonstante ist für das jeweilige Bauelement typisch; der Exponent hängt von den Materialeigenschaften ab. Richtwerte:

- Siliziumkarbid: $\alpha = 2...10$; $\beta = 0{,}1...0{,}5$,
- Zinkoxid: $\alpha = 20...40$; $\beta = 0{,}025 ...0{,}05$.

Es ergeben sich zwei Funktionen. Die eine beschreibt den Strom in Abhängigkeit von der Spannung, die andere die Spannung in Abhängigkeit vom Strom (Tabelle 1.21). Der Exponent gibt den Anstieg der jeweiligen Kennlinie an. Er kann aus zwei Wertepaaren von Strom und Spannung errechnet werden ((1.129), (1.136)). Richtwerte: $I_1 = 1$ mA, $I_2 = 1$ A; U_1 und U_2 sind zu messen oder aus der Kennlinie abzulesen.

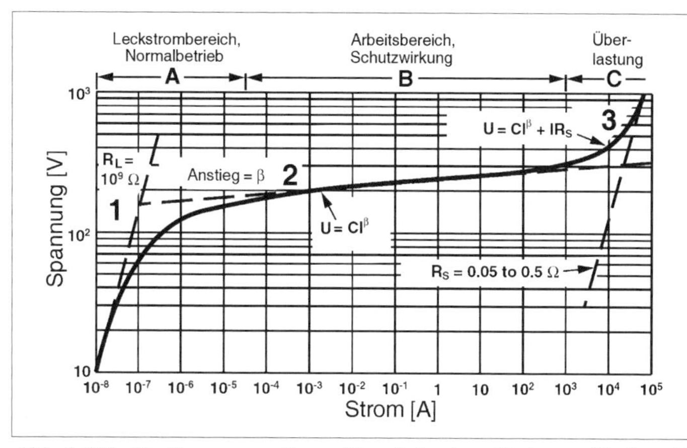

- Spannung im Leckstrombereich $\approx R_L \cdot I$ (stark temperaturabhängig),
- Spannung im Arbeitsbereich $\approx C \cdot I^{\beta}$,
- Spannung bei Überlastung $\approx C \cdot I^{\beta} + I \cdot R_S$.

Abb. 1.124: *Die Spannungs-Strom-Kennlinie eines Varistors (3). Praxisbeispiel (nach [1.37]).*
1 - anfänglicher Leckwiderstand R_L als Tangente an Kurve;
2 - Anstieg der Tangente = Exponent β;
3 - Widerstand im Überlastungsfall R_S als Tangente an Kurve.

I = f (U) (Strom-Spannungs-Kennlinie)		U = f (I) (Spannungs-Strom-Kennlinie)	
Varistorkonstante K in A/V; Exponent $\alpha > 1$		Varistorkonstante C in V/A = Ω (Nennwiderstand); Exponent $\beta < 1$	
$I = K \cdot U^{\alpha}$	(1.123)	$U = C \cdot I^{\beta}$	(1.130)
$U = \left(\frac{I}{K}\right)^{\frac{1}{\alpha}}$	(1.124)	$I = \left(\frac{U}{C}\right)^{\frac{1}{\beta}}$	(1.131)
$\log I = \log K + \alpha \cdot \log U$	(1.125)	$\log U = \log C + \beta \cdot \log I$	(1.132)
$\log R = \log\left(\frac{1}{K}\right) + (1-\alpha) \cdot \log U$	(1.126)	$\log R = \log C + (\beta - 1) \cdot \log I$	(1.133)
$R = \frac{1}{K} \cdot U^{\,1-\alpha}$	(1.127)	$R = C \cdot I^{\,\beta-1}$	(1.134)
$P = K \cdot U^{\alpha+1}$	(1.128)	$P = C \cdot I^{\,\beta+1}$	(1.135)
$\alpha = \frac{\log I_2 - \log I_1}{\log U_2 - \log U_1} = \frac{1}{\beta}$	(1.129)	$\beta = \frac{\log U_2 - \log U_1}{\log I_2 - \log I_1} = \frac{1}{\alpha}$	(1.136)

Tabelle 1.21: *Näherungsweise Zusammenhänge zwischen Strom und Spannung.*

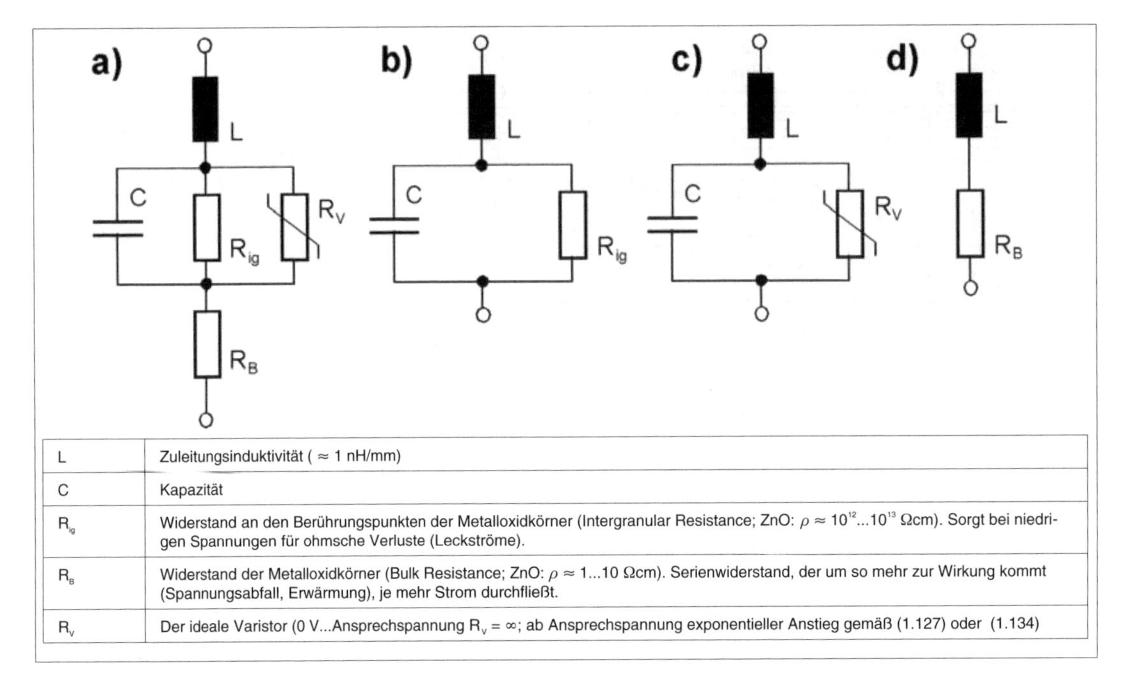

L	Zuleitungsinduktivität ($\approx$ 1 nH/mm)
C	Kapazität
R_{ig}	Widerstand an den Berührungspunkten der Metalloxidkörner (Intergranular Resistance; ZnO: $\rho \approx 10^{12}...10^{13}$ Ωcm). Sorgt bei niedrigen Spannungen für ohmsche Verluste (Leckströme).
R_B	Widerstand der Metalloxidkörner (Bulk Resistance; ZnO: $\rho \approx$ 1...10 Ωcm). Serienwiderstand, der um so mehr zur Wirkung kommt (Spannungsabfall, Erwärmung), je mehr Strom durchfließt.
R_V	Der ideale Varistor (0 V...Ansprechspannung $R_V = \infty$; ab Ansprechspannung exponentieller Anstieg gemäß (1.127) oder (1.134)

Abb. 1.125: *Ersatzschaltbilder (nach [1.38]). a) vollständig; b) Näherung für Leckstrombereich; c) Näherung für Arbeitsbereich; d) Näherung für Überlastbetrieb.*

Ersatzschaltungen

Abb 1.125 zeigt die typische Ersatzschaltung des Varistors zusammen mit Vereinfachungen, die sich in den verschiedenen Bereichen der Spannungs-Strom-Kennlinie ergeben.

Im Leckstrombereich (Abb. 1.125b) hat der ideale Varistor keinen Einfluss (Widerstand unendlich). Bei den niedrigen Stromstärken ist der Widerstand der Metalloxidkörner vernachlässigbar. Der Widerstand R_{ig} an den Berührungspunkten bestimmt den jeweils fließenden Leckstrom. Spannung und Strom sind näherungsweise proportional ($U \approx I \cdot R_{ig}$). Dieser Widerstandswert ist temperaturabhängig (negativer Temperaturkoeffizient). Somit wächst der Leckstrom mit zunehmender Temperatur.

Im Arbeitsbereich (Abb. 1.125c) hat der ideale Varistor einen so geringen Widerstand R_V, dass die anderen ohmschen Widerstände vernachlässigt werden können. Im Überlastfall (Abb. 1.125d) hat der ideale Varistor einen Widerstand von nahezu 0 Ω. Der Widerstand R_B der Metalloxidkörner wirkt als Serienwiderstand, über den der durchfließende Strom in einen Spannungsabfall – und in Wärme – umgesetzt wird.

Zuleitungsinduktivität

Die Zuleitungsinduktivität bestimmt maßgeblich die Ansprechzeit des Varistors. Der eigentliche Keramikkörper kann auf Spannungssprünge in weniger als 1 ns reagieren. Die Anschlussdrähte können diese Zeit auf mehrere ns verlängern. Wenn mit Spannungsspitzen zu rechnen ist, die steile Flanken haben, sollte auf induktivitätsarme Leitungsführung und Anschlussweise geachtet werden. SMD-Typen (Vielschichtvaristoren) haben besonders geringe Zuleitungsinduktivitäten.

Kapazität

Der Varistor verhält sich wie ein Kondensator mit einem Dielektrikum aus Metalloxid (z. B. ZnO). Die Kapazität nimmt mit der Fläche des Bauelements – also mit der Strombelastbarkeit – zu und mit der Dicke – also mit wachsendem Schutzpegel – ab.

Bei Gleichstrombetrieb bleibt die Kapazität im Leckstrombereich nahezu konstant. Sie nimmt stark ab, sobald stärkere Ströme zu fließen beginnen (das ist der Fall, wenn die anliegende Spannung die maximale Betriebsspannung übertrifft).
Bei Wechselstrombetrieb kann die Kapazität im Leckstrombereich wie ein gewöhnlicher parallel geschalteter

Kondensator behandelt werden (gemäß 1/ωC). Je höher die Frequenz, desto geringer der Wechselstromwiderstand des Varistors. Der Übergang in den Arbeitsbereich erfordert dementsprechend stärkere Ströme (Abb. 1.126).

Ein zum Überspannungsschutz eingesetzter Varistor ist im Normalbetrieb (Leckstrombereich) als Kondensator mit einer Kapazität zwischen einigen pF und einigen nF anzusehen. Die Glättungs- oder Tiefpasswirkung ist oft erwünscht (Verschleifen steiler Spannungssprünge, Unterdrückung von Störungen). Die Kapazität des Varistors kann aber nicht immer einen richtigen Kondensator ersetzen (sie ist mit großen Toleranzen behaftet und für viele Anwendungen zu niedrig; vgl. auch Abb. 1.121b). Da solche Einsatzfälle häufig vorkommen, werden auch Varistoren mit definiertem Kondensatorverhalten angeboten (vorzusgweise in Vielschichttechnologie). Richtwerte: SMD-Bauformen 50 pF... einige nF, Vielschichttypen mit Drahtanschlüssen bis zu mehreren µF.

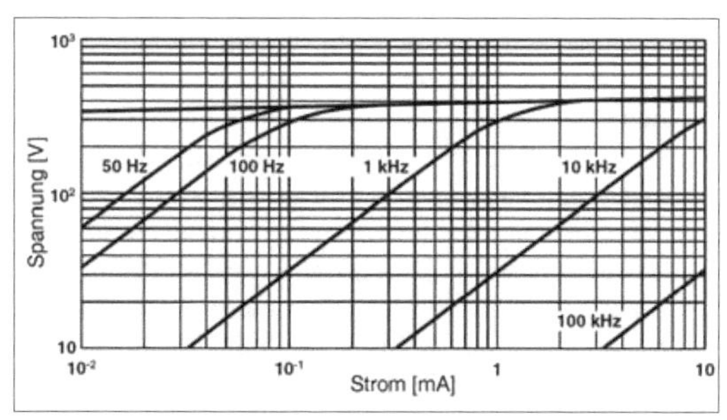

Abb. 1.126: *Je höher die Frequenz, desto mehr Strom wird benötigt. Dieser Ausschnitt aus einem Spannungs-Strom-Diagramm (nach [1.37]) zeigt den Übergang vom Leckstrom- in den Arbeitsbereich. Bei niedrigen Frequenzen ist der Wechselstromwiderstand höher, so dass zum Übergang nur vergleichweise geringe Stromstärken erforderlich sind. Bei höheren Frequenzen verhält es sich umgekehrt. Im Beispiel hat die Kapazität einen Datenblattwert von 480 pF.*

Richtwerte im Überblick:

- Betriebsspannung: 4 V...> 500 V,
- Varistorspannung: <10 V... >50 V,
- Toleranz: ± 10...20 %,
- Schutzpegel: 10 V... > 100 V,
- Maximaler Stoßstrom: <10 A... >5000 A,
- Energieabsorption: 0,01 J... >1000 J,
- Dauerbelastbarkeit: 0,01 W... wenige W.

Varistoren einsetzen

Die Zusammenhänge sind komplex und rechnerisch nur näherungsweise zu erfassen. Oftmals bleibt nichts anderes übrig, als sich mit Überschlagsrechnungen und Annahmen schrittweise heranzutasten. Das bei weitem bedeutendste Anwendungsgebiet ist der Überspannungsschutz. Riesige Mengen an Varistoren werden eingesetzt, um die einschlägigen Vorschriften zu erfüllen. Die Hersteller haben sich darauf eingestellt. Die Bauelemente werden für derartige Anwendungen optimiert, und auch die veröffentlichten Kennwerte betreffen diesen Anwendungsfall. Zudem halten manche Hersteller Rechen- und Simulationsprogramme bereit, um die Bauelementeauswahl zu unterstützen. Geht es hingegen um andere – womöglich sehr spezielle – Anwendungen, kommt man kaum ohne eigene Versuche aus[52].

1.6.2 Kennwerte

Prüfimpulse

Das Vermögen eines Varistors, Spannungsspitzen oder Stromstöße auszuhalten, wird mit standardisierten Impulsen geprüft (Abb. 1.127). Die verschiedenen Prüfimpulse werden mit ihren Zeitangaben t_1 und t_2 (in µs) bezeichnet. t_1 ist die Anstiegszeit, t_2 die Abklingzeit auf die halbe Amplitude. So spricht man von einem Impuls 8/20 µs, 10/1000 µs usw. Für Überschlagsrechnungen kann t_2 als Impulsdauer angesetzt werden.

Typische Prüfimpulse für Varistoren[53]:

- für den Stoßstrom: 8/20 µs (t_1 = 8 µs, t_2 = 20 µs),
- für die Energieabsorption: 10/1000 µs (t_1 = 10 µs, t_2 = 1000 µs).

52 Wobei man sich gelegentlich an den von den Herstellern veröffentlichten Prüfverfahren und Simulationsmodellen orientieren kann.

53 Achtung: Die Impulse sind zwar standardisiert, es gibt aber Unterschiede darin, mit welcher Impulsform welcher Kennwert geprüft wird. Im Datenmaterial nachsehen!

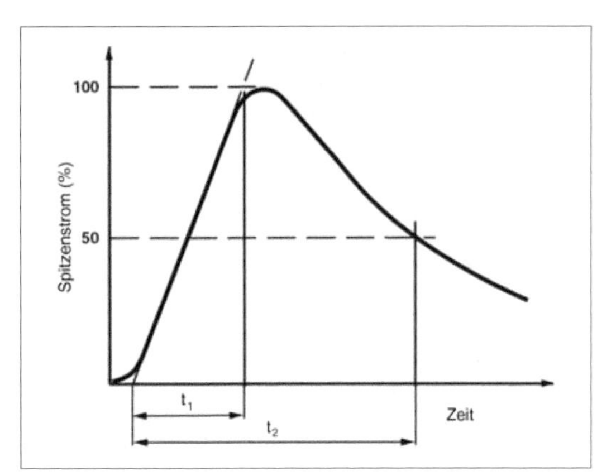

Abb. 1.127: *Der typische Verlauf eines standardisierten Prüfimpulses (nach [1.37]).*
t_1 - Anstiegszeit,
t_2 - Abklingzeit auf die halbe Amplitude.

Maximal zulässige Betriebsspannung

Die maximal zulässige Betriebsspannung (Operating Voltage, Maximum Continuous Voltage) ist die höchste Spannung, die ständig über dem Varistor abfallen darf. Die Angabe betrifft den Leckstrombereich bzw. – beim Überspannungsschutz – den Normalbetrieb. Wenn diese Spannung anliegt, ist der Strom noch vernachlässigbar (Leckstrom). Mit anderen Worten: Die Betriebsspannung ist die höchste Dauerspannung, die nicht als Überspannung gilt. Es ist der typische Kennwert, mit dem das Aussuchen eines Varistors beginnt. Höhere Spannungspegel (Überspannungen) sollten nicht ständig, sondern nur kurzzeitig anliegen (Spannungsspitzen).

Viele Datenblätter enthalten Werte für Gleichspannung (V_{DC}) und Wechselspannung (V_{RMS} oder V_{AC}).

Faustregel (wenn nur einer der Werte angegeben ist): Gleichspannungswert = Spitzenwert der Wechselspannung · 0,7.

Varistorspannung

Die Varistorspannung (Varistor Voltage V_V) ist die Spannung, die über dem Varistor abfällt, wenn ein Strom von 1 mA hindurchfließt. Es ist ein pauschaler Kennwert zum Vergleichen und Aussuchen von Varistoren. Wegen des – verglichen mit typischen Leckströmen – vergleichsweise starken Stromes ist die Varistorspannung höher als die Betriebsspannung.

Hinweis: Bei einschlägigen Messungen sollte der Strom (1 mA) nur kurze Zeit fließen, damit sich der Varistor nicht zu sehr erwärmt. Richtwerte: 0,2 .. 2 s; typisch 1 s.

Toleranz

Die Toleranzangaben betreffen typischerweise die Varistorspannung V_V bei einer Umgebungstemperatur von + 25 °C. Richtwerte ±10...±20 %.

Das Toleranzband

Über die gesamte Spannungs-Strom-Kennlinie hinweg ist mit Abweichungen vom idealen Verlauf zu rechnen. Der ideale Kennlinienverlauf ist somit von einem Toleranzband umgeben (vgl. auch Abb. 1.123). Die Breite des Toleranzbandes ist typischerweise nicht überall gleich. In der Anwendungspraxis sind nur die besonders ungünstigen Fälle von Bedeutung:

- Im Leckstrombereich soll der Widerstand hoch sein. Der ungünstigste Fall ist gegeben, wenn der Widerstandswert an der unteren Toleranzgrenze liegt, wenn also bei der jeweiligen Betriebsspannung der stärkste Leckstrom fließt. Deshalb genügt es, die untere Grenze des Toleranzbandes anzugeben.
- Im Arbeitsbereich soll der Widerstand gering sein. Der ungünstigste Fall ist gegeben, wenn der Widerstandswert an der oberen Toleranzgrenze liegt, wenn also bei Durchfließen eines Stromstoßes (beim Ableiten von Überspannungen) der höchste Spannungsabfall auftritt. Deshalb genügt es, die obere Grenze des Toleranzbandes anzugeben.

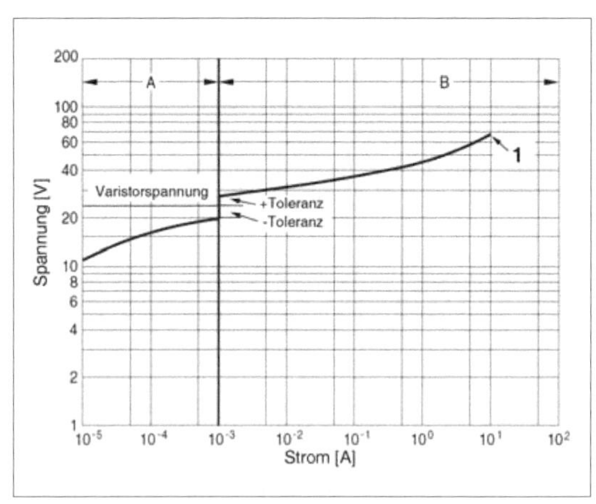

Abb. 1.128: *Aus dem Datenmaterial: die Spannungs-Strom-Kennlinie eines Varistors (nach [1.38]). 1 - Ablesebeispiel für den maximalen Schutzpegel (s. Text).*

Die Grenze zwischen beiden Bereichen zieht man typischerweise bei einem Strom von 1 mA (Abb. 1.128). Das ist ein pauschaler Standard-Wert, der lediglich festgesetzt wurde, um eine einheitliche Grundlage zum Vergleichen und Aussuchen von Bauelementen zu haben.

Schutzpegel (Ansprechspannung)

Jeder Spannungsabfall bei Strömen über 1 mA gilt als Ansprechspannung bzw. Schutzpegel (Protection Level). Der maximale Schutzpegel (Maximum Clamping Voltage) ist die höchste Spannung, die über dem Varistor abfallen darf, wenn er mit einem Standard-Prüfimpuls 8/20 µs (vgl. Abb. 1.127) belastet wird. Die Spannungs-Strom-Kennlinie gibt den jeweiligen maximalen Schutzpegel in Abhängigkeit vom durchfließenden Impulsstrom an. Die Höchstwerte sind an der rechten Grenze des Arbeitsbereichs (B) zu finden. Ablesebeispiel (vgl. Abb. 1.128): ca. 70 V bei einem Impulsstrom von 10 A.

Maximaler Leckstrom

Der maximale Leckstrom (Maximum Leakage Current) ist der Strom, der höchstens durch den Varistor fließen darf, wenn die maximal zulässige Betriebsspannung anliegt. Richtwert: 1...100 nA.

Maximaler Stoßstrom (Ableitvermögen)

Beim Ableiten von Überspannungsspitzen muss der Varistor Stromstöße aushalten. Dieses Vermögen wird typischerweise durch Angabe der Stärke eines Stromstoßes gekennzeichnet, den das Bauelement einmal in seinem Leben aushalten muss (Maximum Non-Repetitive Surge Current). Noch stärkere Ströme können zur Zerstörung führen. Geprüft wird mit einem Standard-Prüfimpuls 8/20 µs (vgl. Abb. 1.127). Der Varistor hat den Stromstoß erfolgreich überlebt, wenn die Varistorspannung (bei 1 mA) nach dem Prüfimpuls nicht mehr als ± 10% von der vorher gemessenen abweicht.

Energieabsorption

Die Energieabsorption (Transient Energy) ist der Energiebetrag (in J bzw. Ws), der bei Impulsbelastung im Varistor höchstens umgesetzt werden darf. Die Angaben beziehen sich jeweils auf bestimmte Prüfimpulse. Beispiele[54]:

- ein Impuls gemäß Abb. 1.127 mit 10 µs Anstiegszeit und 1000 µs Dauer (10/1000 µs),
- ein nahezu rechteckförmiger Impuls von 2 m Dauer.

Bei einer Impulsbelastung, die die angegebene Energie im Bauelement umsetzt, darf die Varistorspannung (bei 1 mA) nach dem Prüfimpuls nicht mehr als ± 10 % von der vorher gemessenen abweichen.

Näherungsrechnung: Energie E = Leistung · Zeit. Von diesem grundsätzlichen Zusammenhang ausgehend kann man zunächst ansetzen:

$$E = U_p \cdot I_P \cdot t_P \qquad (1.137)$$

U_P = maximaler Schutzpegel; I_P = maximaler Impulsstrom, t_P = Impulsdauer.

Der Ausdruck kann nach der jeweils gesuchten Größe umgestellt werden (erforderlicher Schutzpegel, zulässiger Impulsstrom, maximale Impulsdauer). Beim Überspannungsschutz sind – gemäß der Art der zu erwartenden Störeinflüsse – typischerweise Strom oder Spannung sowie die maximale Impulsdauer bekannt. Der jeweils unbekannte Wert (U_P oder I_P) kann aus der Spannungs-Strom-Kennlinie entnommen werden.

Für Prüfimpulse gemäß Abb. 1.127 kann man mit folgender Formel rechnen (nach [1.37]):

$$E = U_P \cdot I_P \cdot t_2 \cdot K_P \qquad (1.138)$$

t_2 ist die Abklingzeit gemäß Abb. 1.127. K_P ist eine Konstante, die von t_2 abhängt (Tabelle 1.22).

t_2 (µs)	20	50	100	1000
K_P	1	1,2	1,3	1,4

Tabelle 1.22:*Die Konstante K_p in Abhängigkeit von der Impulsdauer t_2 des Prüfimpulses (Anstiegszeit t_1 = 8...10 µs).*

Dauerbelastbarkeit

Die Belastbarkeitsangabe (Verlustleistung; Average Power Dissipation P_{max}) betrifft die Verlustleistung, die im Dauerbetrieb umgesetzt werden darf. Richtwert: < 0,1 ... > 1 W. Die Angabe ist vor allem dann von Bedeutung, wenn der Varistor nicht zu Schutzzwecken ver-

54 Der einschlägige Standard: IEC 60060.

wendet wird, wenn also ständig Ströme durchfließen, die nicht vernachlässigt werden können.

Leistungsberechnung bei Gleichspannungsbetrieb (vgl. auch (1.128) und (1.135)):

$$P_{DC} = U \cdot I = K \cdot U^{\alpha+1} = C \cdot I^{\beta+1} \quad (1.139)$$

Aus (1.128) ergibt sich, dass die Verlustleistung exponentiell mit der Spannung wächst – und zwar gemäß einem großen Exponenten. Bei $\alpha \approx 30$ (ZnO) nimmt die Verlustleistung mit der 31. Potenz der Spannung zu; ein Spannungsanstieg um nur 2,26 % ergibt eine Verdoppelung der Verlustleistung. Deshalb ist darauf zu achten, dass die Spannung nicht über einen entsprechenden Größtwert ansteigen kann. Ggf. ist der negative Temperaturkoeffizient zu berücksichtigen.

Leistungsberechung bei Wechselspannungsbetrieb: Wegen der Spannungsabhängigkeit des Widerstandes kann die Leistung nur exakt errechnet werden, indem man den Ausdruck (1.128) über den zeitabhängigen Verlauf der Spannung integriert.

Näherungsrechnung für sinusförmige Wechselspannungen (nach [1.37]):

$$P_{AC} = P_{DC} \cdot PR \quad (1.140)$$

Hierin ist PR eine Verhältniszahl, die in Abhängigkeit vom Exponenten (vgl. Tabelle 1.21) aus Tabelle 1.23 zu entnehmen ist.

α	PR	α	PR
20	249	30	6587
21	344	31	9135
22	477	32	12776
23	658	33	17734
24	915	34	24822
25	1264	35	34482
26	1763	36	48301
27	2439	37	67149
28	3404	38	94126
29	4715	39	130941

Tabelle 1.23: *Die Verhältniszahl PR in Abhängigkeit vom Exponenten α (nach [1.37]*)*.*

*Tabelle 1.23 enthält nur einen eingeschränkten (praxisüblichen) Bereich der α-Werte. Die Tabelle in [1.37] reicht von $\alpha = 1$ bis $\alpha = 50$.

Mäßige Überlastung

Spitzen- oder Dauerströme bis zum Anderthalbfachen (Richtwert) des jeweils spezifizierten Maximalwertes zerstören den Varistor meistens nicht, führen aber zu einer bleibenden Änderung seiner elektrischen Eigenschaften.

Verminderung der Belastung (Derating)

Wenn es wärmer ist oder wenn die Impulse länger dauern oder öfter auftreten, kann man den Varistor nicht so stark belasten, wie es die Datenblattwerte angeben.

Temperatur und Belastbarkeit

Das Datenmaterial enthält Derating-Diagramme, die angeben, um wieviele % die Maximalwerte (Schutzpegel, Stoßstrom, Energieabsorption, Verlustleistung) bei höheren Umgebungstemperaturen zu vermindern sind. Die Kurvenverläufe entsprechen denen der Festwiderstände (vgl. Seite 33 - 37). Typischerweise gelten die Maximalwerte bis 85 °C; danach setzt eine lineare Abnahme bis 125 °C ein.

Impulsdauer und Belastbarkeit

Es darf nicht mehr Energie umgesetzt werden als nach Datenblatt zulässig. Kontrollrechnung: gemäß (1.137) und (1.138). Die tatsächliche Impulsdauer t_P kann auf die Dauer t_{pruef} des Prüfimpulses bezogen werden, der der Angabe des maximalen Stoßstroms I_{Pmax} zugrunde liegt:

$$E = \frac{t_p}{t_{pruef}} \cdot U_p \cdot I_p; \quad E = \frac{t_p}{t_2} \cdot U_p \cdot I_p \cdot K \quad (1.141)$$

Der zulässige Impulsstrom verringert sich somit auf

$$\frac{t_{pruef}}{t_p} \cdot I_{Pmax}.$$

Das Verhältnis $t_{pruef} : t_P$ ist praktisch ein Reduktionsfaktor, mit dem die Stoßstromangabe zu multiplizieren ist.

Der Abstand zwischen zwei Impulsen sollte wenigsten so groß sein, dass die zulässige Dauerbelastbarkeit nicht überschritten wird:

$$t_{min} = \frac{E}{P_{max}} \quad (1.142)$$

Impulsanzahl, Impulsdauer und Belastbarkeit
Die Maximalwerte der Belastbarkeitsangaben (Stoßstrom, Energieabsorption) gelten für die Belastung mit einem einzigen Prüfimpuls. Ist das Bauelement in seiner Lebenszeit mehreren Impulsen ausgesetzt, so verringern sich die zulässigen Werte in Abhängigkeit von der Dauer und der Anzahl der Impulse. Dies wird in entsprechenden Derating-Diagrammen angegeben (Abb. 1.129 und 1.130).

Überschlagsrechnungen
Folgen die Impulse dicht aufeinander, so trägt jeder einzelne Impuls zum Energieumsatz bei. Ein ganz naiver Ansatz könnte n Impulse der Dauer t_P einfach als einen langen Impuls der Länge $n \cdot t_P$ ansehen. Aus (1.137) und (1.138) ergibt sich:

$$E = n \cdot U_p \cdot I_p \cdot t_p ; \quad E = n \cdot U_p \cdot I_p \cdot t_2 \cdot K \qquad (1.143)$$

$$\text{Reduktionsfaktor} = \frac{1}{n} \qquad (1.144)$$

Das ist aber eine sehr pessimistische Näherung, da sich das Bauelement in den Impulspausen abkühlen kann. Eine bessere Annäherung könnte darin bestehen, die Länge des „Ersatz-Impulses" einfach auf n/2 festzusetzen:

$$E = 0{,}5 \cdot n \cdot U_p \cdot I_p \cdot t_p ;$$

$$E = 0{,}5 \cdot n \cdot U_p \cdot I_p \cdot t_2 \cdot K ; \qquad (1.145)$$

$$\text{Reduktionsfaktor} \frac{2}{n}$$

Reduktionsfaktor für n Impulse der Breite t_P:

$$\frac{2 \cdot t_{pruef}}{n \cdot t_p} \qquad (1.146)$$

Um den Varistor aber wirklich in vollem Maße ausnutzen zu können, ist man auf genauere Herstellerangaben (vgl. Abb. 1.129 und 1.130) oder auf Versuche angewiesen.

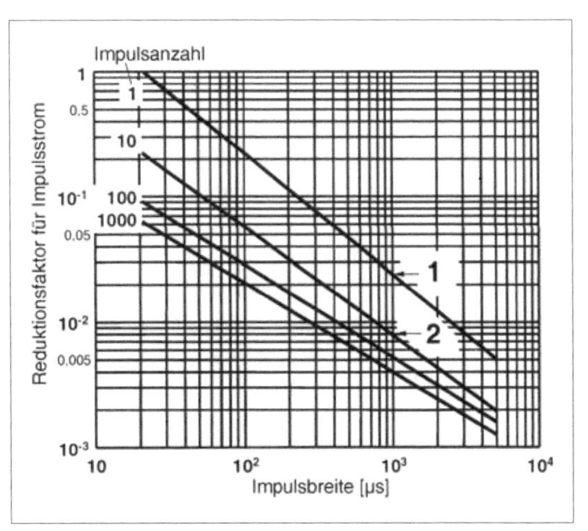

Abb. 1.129: *Impulsstrom, Impulsbreite und Impulsanzahl. Ein Derating-Diagramm (nach [1.37]; vereinfacht). Der maximale Impulsstrom wird hier auf Grundlage eines Normimpulses von 8 µs Anstiegszeit und 20 µs Dauer definiert. Ist der Impuls breiter und /oder ist das Bauelement mehreren Impulsen ausgesetzt, so ist der Datenblattwert mit dem angegebenen Reduktionsfaktor zu multiplizieren.*
Ablesebeispiel 1: 1 Impuls von 1000 µs Dauer. Reduktionsfaktor = 0,0275.
Ablesebeispiel 2: 10 Impulse von 1000 µs Dauer. Reduktionsfaktor = 0,0092. S. weiterhin Tabelle 1.24.

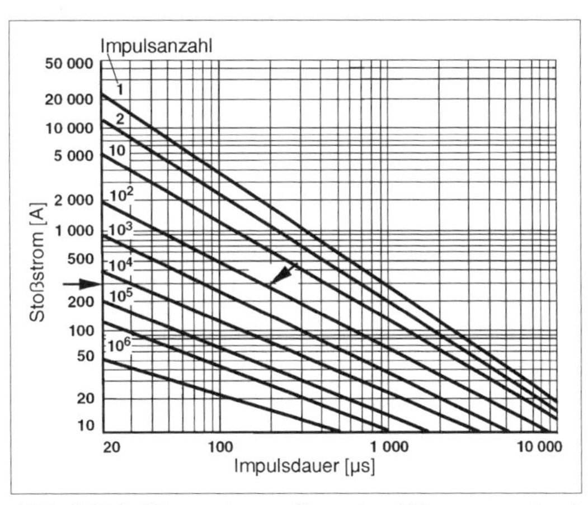

Abb. 1.130: *Ein weiteres Derating-Diagramm (nach [1.39]). Hier ist der zulässige Stoßstrom direkt angegeben.*
Ablesebeispiel (Pfeil): Soll das Bauelement wenigstens 100 Impulse mit einer Dauer von jeweils 200 µs überstehen, so ist ein Stoßstrom von höchstens 300 A zulässig.

Derating-Ansätze im Vergleich
Tabelle 1.24 veranschaulicht – ergänzend zu Abb. 1.129 – dass man mit den angegebenen naiven Überschlagsrechnungen zwar stets auf der sicheren Seite liegt, dass sich aber durch Heranziehen herstellerspezifischer Angaben die Bauelemente besser ausnutzen lassen (was in der Praxis bedeutet, dass man oftmals mit einem kleineren Bauelement auskommt).

	Lt. Datenblatt	Ablesebeispiel 1	Ablesebeispiel 2
Impulsdauer	20 µs	1000 µs	1000 µs
Anzahl	1	1	10
Reduktionsfaktor nach (1.144) und (1.146)	–	20 µs : 1000µs = 0,02	(2 · 20 µs) : (10 · 1000 µs) = 0,004
Stoßstrom	–	**24 A**	**4,8 A**
Reduktionsfaktor aus Diagramm (Abb. 1.129)	1	0,025	0,0092
Stoßstrom	1200 A	33 A	11 A

Tabelle 1.24: *Derating-Ansätze im Vergleich. Beispiel nach [1.37]. Naiverweise (mit Reduktionsfaktoren gemäß (1.144) und (1.146)) würde man dem Bauelement nicht mehr als 24 A oder 4,8 A zumuten. Der Hersteller erlaubt jedoch (gemäß Abb. 1.129) 33 A oder 11 A. Die Herstellerangaben gelten allerdings für eine über die Lebensdauer gestreckte Impulsbelastung, die Überschlagsrechnungen hingegen für aufeinanderfolgende Impulse. Mit der entsprechend geringeren Stoßstrombelastung liegt man also auf der sicheren Seite.*

Wieviele Impulse sind zu erwarten?
Das hängt naturgemäß von der jeweiligen Anwendung ab. Bei echten Schutzschaltungen, die nur in Notfällen ansprechen, kann man von plausiblen Annahmen ausgehen[55]. Beispiel: 10 Jahre Betriebszeit und ein Blitzeinschlag täglich entsprechen ca. 4000 Impulsen. Problematisch sind Einsatzgebiete, in denen eine Dauerbeanspruchung vorliegt, z. B. das Unterdrücken von Abschalt-Spannungsspitzen. Auswege:

- die größte Impulsanzahl laut Derating-Diagramm annehmen (z. B. 10^6) und ggf. die Belastung nochmals verringern (z. B. auf die Hälfte),
- mit Überschlagsrechnungen herangehen (wie vorstehend beschrieben),
- nachsehen, ob die Hersteller Passendes zu bieten haben (Formeln, Rechenprogramme, Simulation usw.),
- keine Varistoren nehmen, sondern Bauelemente, deren Betriebsdauer in Stunden und nicht in Belastungszyklen (Impulsen) angegeben wird.

Ansprechzeit
Die Ansprechzeit (Response Time) ist die Zeit, die der Varistor benötigt, um bei Auftreten eines entsprechenden Spannungssprungs (von der Betriebsspannung zum Schutzpegel) aus dem Leckstrom- in den Arbeitsbereich überzugehen. Metalloxidvaristoren brauchen dazu typischerweise weit weniger als 1 ns. Aufgrund der Zuleitungsinduktivität ergeben sich in der Praxis jedoch längere Zeiten. Richtwerte (nach [1.38]):

- Varistoren mit Drahtanschlüssen oder in Blockausführung: < 25 ns,
- SMD-Varistoren in herkömmlicher Auslegung: < 10 ns,
- SMD-Vielschichttypen: < 0,5 ns.

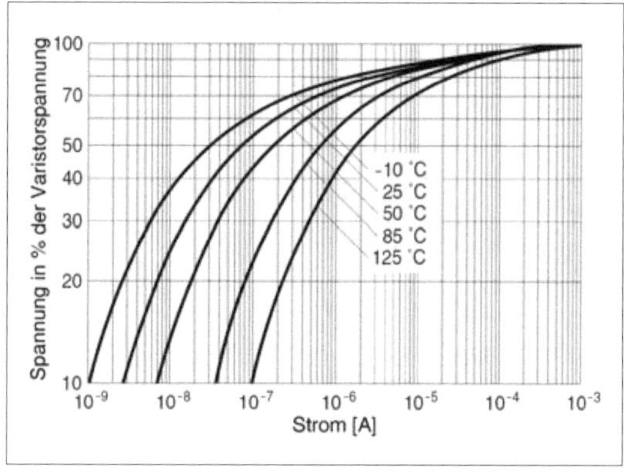

Abb. 1.131: *Die Temperaturabhängigkeit der Spannung-Strom-Kennlinie (nach [1.38]).*
Der Kennlinienverlauf ist offensichtlich nur dann temperaturabhängig, wenn die Stromstärke deutlich unter 1 mA bleibt.

55 Es sei denn, einschlägige Standards schreiben Genaueres vor.

Temperaturkoeffizient
Metalloxidvaristoren haben einen negativen Temperaturkoeffizienten, der sich vor allem im Leckstrombereich auswirkt[56] (Abb. 1.131). Je höher die Stromstärke, desto geringer der Temperaturkoeffizient. Von etwa 1 mA (Richtwert) an aufwärts ist der Temperaturkoeffizient zumeist vernachlässigbar.

Kapazität
Kapazitätswerte werden typischerweise für Frequenzen von 1 kHz und 1 MHz angegeben. Richtwerte: unter 50 pF bis über10 nF. Mit zunehmender Frequenz (Richtwert: ab etwa 100 kHz) geht die Kapazität geringfügig zurück. Viele Datenblattangaben sind Pauschalwerte, die in der Fertigung nicht geprüft werden, so dass mit beträchtlichen Schwankungen zu rechnen ist. Manche Hersteller bieten auch Varistoren mit verbindlich definierten Kapazitätswerten an (zumeist kundenspezifisch).

Varistorkonstanten
Varistorkonstanten (C, K, α, β; vgl. Tabelle 1.21) werden nur selten angegeben. Man kann sie aber aus der Spannungs-Strom-Kennlinie entnehmen oder errechnen:

- α oder β ergeben sich aus zwei Punkten des Kennlinienverlaufs gemäß (1.129) oder (1.136). Der eine Parameter ist der Kehrwert des anderen.
- Der Nennwiderstand C in ergibt sich, indem man die zu einer Stromstärke von 1 A gehörende Spannung in V abliest,
- die Varistorkonstante K lässt u. a. durch Umstellen von (1.123) aus α und einem aus der Kennlinie abgelesenen Wertepaar I, U errechnen. Mit dem vorstehend abgelesenen Nennwiderstand C ergibt sich:

$$K = \frac{1}{C^{\alpha}} \qquad (1.147)$$

1.6.3 Zur Anwendungspraxis

Überspannungsschutz
Der Überspannungsschutz betrifft zum einen Schnittstellen zur Außenwelt und zum anderen Schaltungen im Innern, die vor übermäßigen Spannungsspitzen zu schützen sind. Entsprechende Schutzbauelemente tun praktisch nichts, falls die anliegende Spannung im jeweils zulässigen Bereich bleibt. Falls aber die Spannung zu hoch ansteigt, schalten sie einen Stromweg und führen somit eine Belastung der Spannungsquelle herbei, die so hoch ist, dass der Spannungspegel in zulässigen Grenzen bleibt (vgl. Abb. 1.120 – hier wird die Überspannung einfach kurzgeschlossen). Hierzu können verschiedene physikalisch Effekte ausgenutzt werden (neben dem Varistoreffekt u. a. Durchbruchseffekte in Halbleitern und die Gasentladung). An den Schnittstellen zur Außenwelt sind einschlägige Vorschriften zu erfüllen, im Innern sind die Schutzaufgaben gezielt mit jeweils angemessenem Aufwand zu lösen. Hierzu stehen verschiedenartige Bauelemente (z. B. Varistoren, Suppressordioden und Gasentladungsableiter) zur Verfügung. Oft müssen mehrere Bauelemente im Verbund eingesetzt werden, um die geforderte Schutzwirkung zu erbringen. Der Aufwand hängt davon ab, wogegen man die Schaltung schützen will. So ist es offensichtlich, dass die einfache Lösung von Abb. 1.120 zwar gegen sehr kurze (Mikrosekunden) Spannungsspitzen helfen kann, dass sie aber ein Problem hat, wenn die Überspannung längere Zeit anliegt (Beispiel: Schutz eines Mess- oder Telekommunikationsgerätes gegen irrtümliches Anschließen an die Netzwechselspannung).

Sonderanforderungen der KFZ-Technik
Die Einsatzbedingungen im Kraftfahrzeug sind hart (Temperaturbereich, ständig wechselnde Beanspruchung usw.). Entsprechend hoch sind die Anforderungen an die Schutzbauelemente. Deshalb werden spezielle Typenreihen angeboten. Aufgrund der hohen Stückzahlen sind die Kosten vergleichsweise gering, so dass es naheliegt, solche Bauelemente auch anderweitig einzusetzen. Varistoren für diesen Einsatzbereich müssen u. a. höhere Spannungen vertragen und mehr Energie absorbieren können:

Jumpstart
Schutzbauelemente im Auto müssen das Doppelte der Batteriespannung wenigstens 5 Minuten lang aushalten (Beispiel: ein 12-V-Bordnetz erfordert Typen mit einer Jumpstart-Spezifikation ab 24 V).

Load Dump
Dies ist eine Anforderung an das Energieabsorptionsvermögen. Der Varistor muss den Energieumsatz aushalten, der auftritt, wenn die Batterie bei laufendem

56 Schuld daran ist der Widerstand an den Berührungspunkten der Metalloxid-Körner.

Motor abgetrennt wird (z. B. infolge eines Kabelbruchs). Hierbei können Spannungsspitzen von über 200 V auftreten, die mehrere hundert ms breit sein können. Ein typischer Prüfimpuls dauert 400 ms bei einer Anstiegszeit von 100 ms und einer Amplitude von ca. 150 V.

Reihenschaltung von Varistoren

Die Betriebsspannung der Reihenschaltung ergibt sich als Summe der Betriebsspannungen der einzelnen Bauelemente. Die Reihenschaltung ist somit die naheliegende Lösung, wenn seitens der Anwendung Betriebsspannungen gefordert werden, die im jeweiligen Typensortiment nicht vorgesehen sind. Es sollten jedoch nur Bauelemente der jeweils gleichen Typenreihe eingesetzt werden.

Parallelschaltung von Varistoren

Die Lösung liegt nahe, um höhere Anforderungen an die Belastbarkeit zu erfüllen. Da es sich um nichtlineare Bauelemente handelt, ist jedoch mit dem Effekt der Stromübernahme zu rechnen. Deshalb ist es im Allgemeinen besser, auf Typen entsprechend größerer Bauform überzugehen (die die Belastungsanforderungen auch einzeln erfüllen). Falls aber doch parallelgeschaltet werden soll: Manche Hersteller empfehlen, die Bauelemente auf gleiche Kennlinienverläufe[57] hin messtechnisch auszuwählen.

Elementare Schutzschaltungen gegen selbst erzeugte Überspannungen

Entsteht die Überspannung innerhalb der Schaltung, so weiß man, womit man es zu tun hat. Zusätzliche Vorkehrungen gegen weitere Fehlermechanismen (wie Kabelbrüche oder Fehlbedienung) sind typischerweise nicht erforderlich. Der wohl häufigste Einsatzfall betrifft Spannungsspitzen, die beim Abschalten von Induktivitäten[58] entstehen (Abb. 1.132).

Der Varistor bietet sich als kostengünstige Lösung an. Die Bauelementeauswahl erfordert einige Überschlagsrechnungen. Meist wird es unumgänglich sein, sie so oft zu wiederholen, bis ein geeignetes Bauelement gefunden wurde oder bis sich gezeigt hat, dass eine grundsätzlich andere Lösung gewählt werden muss:

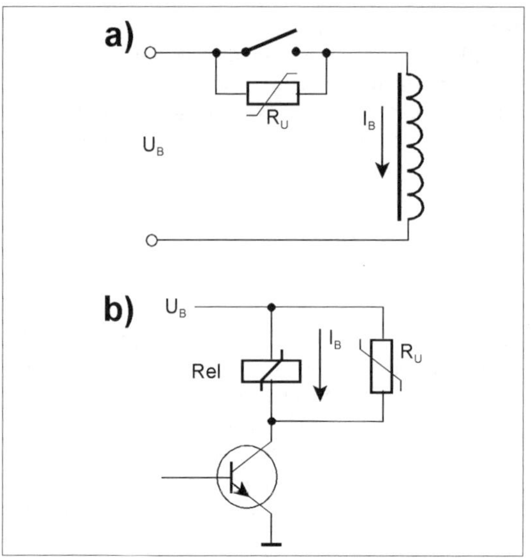

Abb. 1.132: *Zwei Beispiele elementarer Schutzschaltungen.*
a) Funkenlöschung eines Kontaktes, der eine induktive Last schaltet;
b) Unterdrückung der Abschaltspannungsspitze beim Schalten eines Relais.

- Betriebsspannung: knapp über der Betriebsspannung U_B der Schaltung (Kleinstwert der Varistor-Betriebsspanung < Größtwert der Betriebsspannung der Schaltung).
- Stoßstrom: er kann nicht höher sein als der Betriebsstrom I_B, der durch die Induktivität L fließt.
- Energieabsorption: schlimmstenfalls muss der Varistor die gesamte in der Induktivität L gespeicherte Energie aufnehmen:

$$E = \frac{1}{2} \cdot L \cdot I_B^2 \qquad (1.148)$$

- Impulsdauer: sie ergibt sich näherungsweise aus der Zeitkonstanten aus Varistorwiderstand R_U bei fließendem Betriebsstrom I_B (aus Kennlinie ablesen), Spulenwiderstand R_L und Induktivität L:

$$\tau = \frac{L}{R_U + R_L} \qquad (1.149)$$

57 Zumindest in der Umgebung des jeweils gewählten Arbeitspunktes (U, I).

58 Das müssen nicht immer richtige Spulen sein. Gelegentlich haben auch Zuleitungsinduktivitäten o. dergl. Nebenwirkungen, die zu unterdrücken sind.

- Anzahl der Impulse: bei gelegentlicher oder manueller Betätigung auf Grundlage plausibler Annahmen ermitteln. Der Varistor muss nicht länger leben als die zu schützenden Bauelemente (Beispiel: ein Schalter, der für 10^5 Schaltspiele spezifiziert ist). Ansonsten mit dem größten Wert (z. B. 10^6) in die Derating-Diagramme gehen.
- Schutzpegel: die Anforderung richtet sich danach, was die umgebende Schaltung aushält. Ggf. die zum Betriebsstrom I_B gehörende Spannung aus der Spannungs-Strom-Kennlinie ablesen[59]. Kontrollrechnung zur Energieabsorption E_{max} mit den Varistordaten I_{max} (Stoßstrom) und U_{max} (Schutzpegel) sowie der Impulsdauer τ:

$$E_{max} = U_{max} \cdot I_{max} \cdot \tau \geq \frac{1}{2} \cdot L \cdot I_B^2 \qquad (1.150)$$

- Kontollrechnung zum Mindestabstand t_{min} zwischen den Erregungen aus Energieabsorption E_{max} und Dauerbelastbarkeit P_{max} (vgl. (1.142)):

$$t_{min} = \frac{E_{max}}{P_{max}} \qquad (1.151)$$

Gründe für die Wahl eines anderen Prinzips (z. B. Freilaufdiode):

- Die Schutzpegel der zur Wahl stehenden Varistoren sind zu hoch für die zu schützende Schaltung,
- die Anordnung wird in kürzeren Abständen erregt als gemäß Kontrollrechnung für t_{min} zulässig,
- es sind deutlich mehr als 10^6 Betätigungszyklen zu erwarten.

Spannungsbegrenzung und Spannungsstabilisierung. Die Grundsatzlösung: ein Varistor mit Vorwiderstand (Abb. 1.133). Die Anordnung muss im Arbeitsbereich der Spannungs-Strom-Kennlinie betrieben werden. Dort gilt $U_A = C \cdot I^\beta$. Eine Änderung der Stromstärke I um den Wert ΔI führt zu einer Ausgangsspannungsänderung um den Wert ΔU_A:

$$U_A + \Delta U_A = C \cdot (I + \Delta I)^\beta \qquad (1.152)$$

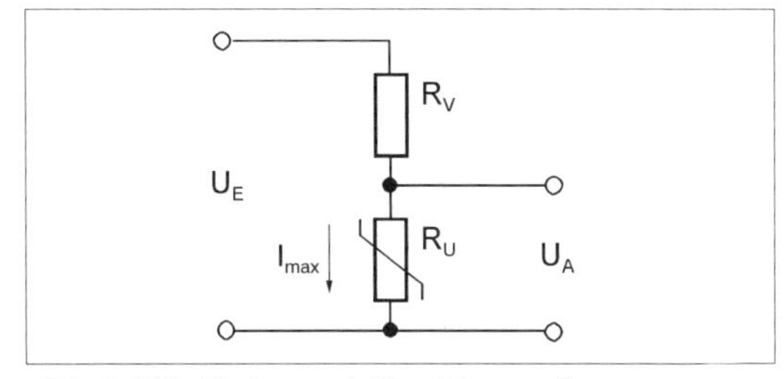

Abb. 1.133: *Varistor mit Vorwiderstand.*

Da β sehr klein ist (z. B. 0,035), haben auch größere Änderungen ΔI nur geringen Einfluss auf die Ausgangsspannung U_A.

Nutzung als Spannungsbegrenzer
Solange die Eingangsspannung U_E die Betriebsspannung des Varistors nicht übersteigt, ist U_A nahezu gleich U_E; die Eingangsspannung wird praktisch zum Ausgang durchgereicht, ggf. vermindert um den vom Laststrom hervorgerufenen Spannungsabfall über dem Vorwiderstand R_V. Bei weiterem Anstieg der Eingangsspannung U_E wird der Varistor im Arbeitsbereich der Spannungs-Strom-Kennlinie betrieben, so dass die Ausgangsspannung U_A auf den Bereich des Schutzpegels begrenzt wird.

Nutzung als Spannungsstabilisator
Die Eingangsspannung U_E muss grundsätzlich so hoch sein, dass der Varistor stets im Arbeitsbereich der Spannungs-Strom-Kennlinie betrieben wird. Auch bei größeren Schwankungen der Eingangsspannung oder der Belastung verbleibt dann die Ausgangsspannung U_A im Bereich des Schutzpegels.

Die Anordnung von Abb. 1.133 wirkt genauso wie entsprechende Diodenschaltungen[60]. Sie ist aber von der Polarität der Spannung unabhängig.

Grundregel der Dimensionierung:
Da hier ständig ein nicht vernachlässigbarer Strom durch den Varistor fließt, darf die Dauerbelastbarkeit P_{max} nie überschritten werden. Die zulässige Stromstärke:

$$I_{max} = \frac{P_{max}}{U_A} \qquad (1.153)$$

59 Beispiel (vgl. Abb. 1.128): Der maximale Betriebsstrom sei 100 mA. Aus der Kennlinie ergibt sich eine Spannung von ca. 40 V. Wenn die umgebende Schaltung diese Spannungsspitze verträgt, kann man das Bauelement einsetzen (vorbehaltlich der Kontrollrechnung gemäß (1.151)).

60 Mit Diode(n) in Flussrichtung oder mit Z-Diode.

Die Schaltung ist nur für vergleichsweise niedrige Stromstärken brauchbar. Beispiel: $U_A = 20$ V; $P_{max} = 1$ W; $I_{max} = 50$ mA.

Verringerung der Schalthysterese von Relais
Ein elektromagnetisches Relais zieht bei Erreichen einer bestimmten Spulenspannung an. Da beträchtlich weniger Energie erforderlich ist, um den angezogenen Anker zu halten, fällt das Relais bei Unterschreiten der genannten Spulenspannung noch nicht ab (Schalthysterese). Ein mit dem Relais in Reihe geschalteter Varistor verringert diesen Spannungsunterschied (Abb. 1.134). Das Relais zieht an, wenn die Eingangsspannung die Summe aus Spulenspannung des Relais und Ansprechspannung (Schutzpegel) des Varistors erreicht. Fällt die Eingangsspannung wieder unter diesen Wert wird der Varistor hochohmig (Leckstrombereich), so dass die Spulenspannung des Relais sofort auf praktisch 0 V abfällt.

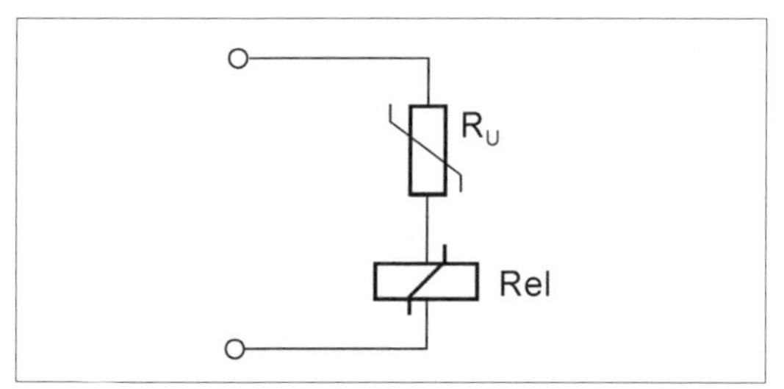

Abb. 1.134: *Verringerung der Schalthysterese eines Relais.*

Auch in dieser Schaltung wird der Varistor im Arbeitsbereich der Spannungs-Strom-Kennlinie betrieben. Sie ist somit aufgrund der Dauerbelastbarkeit P_{max} gemäß (1.153) nur für geringe Relaisströme brauchbar (typischerweise einige zehn mA). Zudem ist eine vergleichsweise hohe Schaltspannung erforderlich (Ansprechspannung + Spulenspannung).

Signalverformung
Der durch den Varistor fließende Strom ist nicht proportional zur anliegenden Spannung (nichtlineare Kennlinie). Ist die Spannung niedrig, fließt nahezu kein Strom (Leckstrombereich), ist sie hinreichend hoch (Ansprechspanung, Schutzpegel) ist der Widerstand niedrig, und der Zusammenhang zwischen Strom und Spannung kann durch Exponentialfunktionen beschrieben werden (vgl. Tabelle 1.21). Diese Tatsache kann dazu

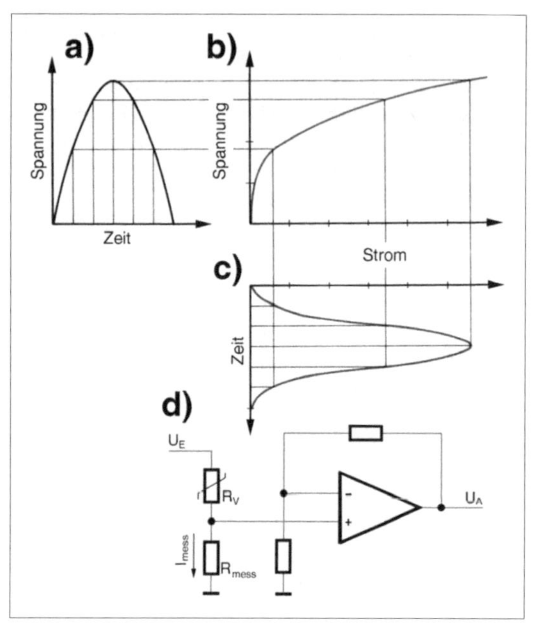

Abb. 1.135: *Signalverformung mit Varistor.*
a) ein sinusförmiger Spannungsverlauf (Eingangsspannung U_E).
b) die Spannungs-Strom-Kennlinie des Varistors;
c) der zeitliche Verlauf des Stroms, der durch den Varistor fließt;
d) Prinzipschaltung, die den Stromverlauf c) über einen Messwiderstand in eine proportionale Ausgangsspannung U_A wandelt.

verwendet werden, den zeitlichen Verlauf von Spannungen und Strömen zu beeinflussen (Abb. 1.135).

Signalverläufe mit vergleichsweise flachem Anstieg werden steiler und schmaler. Beispielsweise könnte man durch Impulsformung (z. B. mit Komparator anstelle des Operationsverstärkers in Abb. 1.135d) Abtastimpulse gewinnen, die zeitlich mit den Spitzen der Eingangsspannung (Abb. 1.135a) zusammenfallen.
Die eingangsseitige Signalamplitude muss so hoch sein, dass ein Übergang vom Leckstrombereich in den Arbeitsbereich stattfindet[61]. Auch hierbei ist letzten Endes die Dauerbelastbarkeit maßgebend. Es handelt sich aber – abhängig von den Signalverläufen – um eine Art Impulsbetrieb, so dass womöglich eine etwas höhere Strombelastung zulässig ist.

61 Im Leckstrombereich allein passiert nichts.

2. Kondensatoren

2.1 Grundlagen

Kondensatoren sind Bauelemente, die elektrische Ladungen speichern. Der einfachste Kondensator besteht aus zwei metallischen Platten (Elektroden, Beläge), die durch eine isolierende Schicht (Dielektrikum) voneinander getrennt sind (Plattenkondensator; Abb. 2.1). Die Kapazität eines Kondensators ist der Kennwert, der ausdrückt, wieviel Ladung das Bauelement speichern kann. Sie ist um so höher, je größer die Fläche der Elektroden ist, je enger diese zusammenstehen, also je dünner das Dielektrikum ist, und je besser es isoliert.

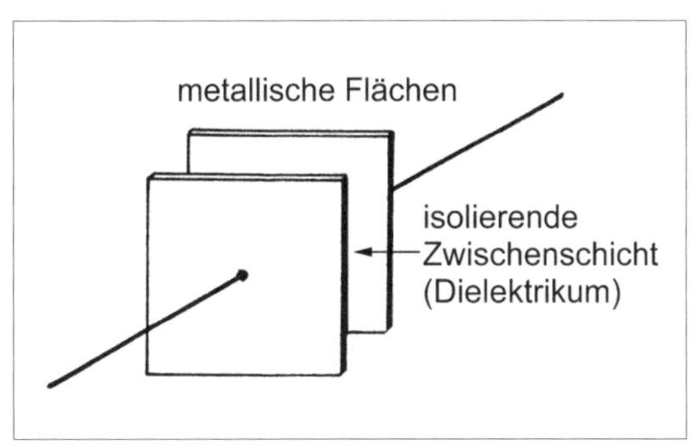

Abb. 2.1: *Der Plattenkondensator.*

Es gibt Kondensatoren mit fester und mit einstellbarer Kapazität. Die weitere Einteilung bezieht sich einerseits auf die Einsatzgebiete mit ihren besonderen Anforderungen und andererseits auf die Bauform sowie die Art des Dielektrikums. Grundsätzlich ist zwischen gepolten und ungepolten Kondensatoren zu unterscheiden (Abb. 2.2). An ungepolten Kondensatoren darf Wechselspannung anliegen und es darf Wechselstrom durchfließen. Beide Elektroden sind gleichartig; es spielt keine Rolle, „wie herum" der Kondensator angeschlossen wird[1]. An gepolten Kondensatoren (Elektrolytkondensatoren) darf hingegen nur eine Spannung anliegen, deren Polung sich nicht ändert[2]. Dabei ist die eine Elektrode (Anode) an das jeweils positivere, die andere (Katode) an das jeweils negativere Potential anzuschließen.

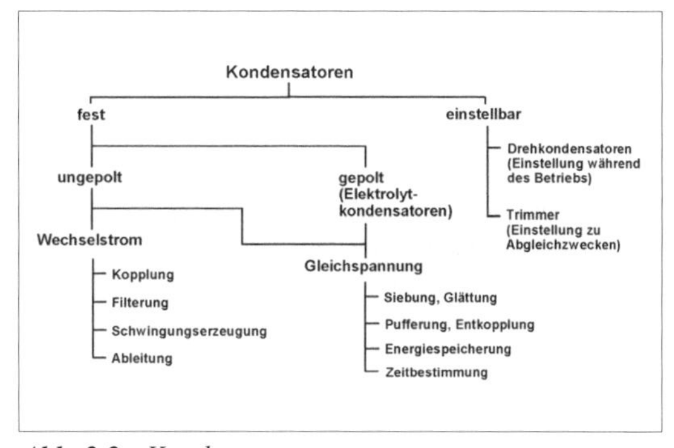

Abb. 2.2: *Kondensatoren.*

2.1.1 Elementare Zusammenhänge

Legt man an einen Kondensator eine Spannung U an, so wird er aufgeladen (Abb. 2.3). Damit die Ladungsträger auf die Platten des – anfänglich ungeladenen – Kondensators gelangen können, muss zunächst ein zeitveränderlicher Strom I(t) fließen (Abb. 2.3).

1 Abgesehen davon, dass es gelegentlich auf den Außenbelag ankommt (s. Seite 120).

2 In vielen Einsatzfällen ist dies eine mit Wechselspannung überlagerte Gleichspannung.

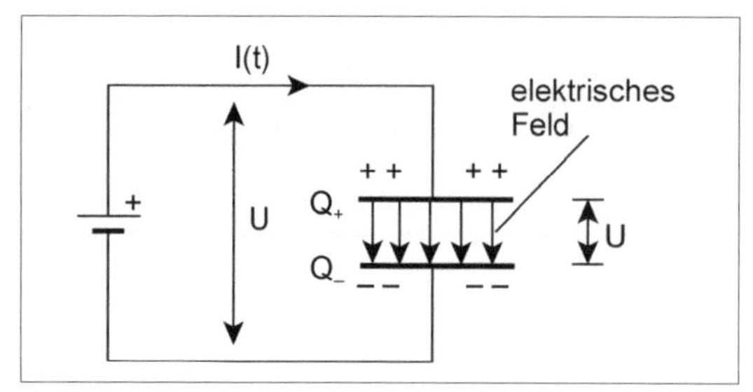

Abb. 2.3: Der geladene Kondensator.

Die Ladungsmenge Q ist das Produkt aus Stromfluss und Zeit:

$$Q = I \cdot t \qquad (2.1)$$

1 C (Coulumb) ist die Ladungsmenge, die bei einem Strom von 1 A an einer beliebigen Stelle eines Leiters in 1 s durchfließt: 1 C = 1 As (Amperesekunde).

Die Kapazität C wird in Farad (F) gemessen. Es gilt:

$$\text{Kapazität} = \frac{\text{Ladung}}{\text{Spannung}}; \qquad C = \frac{Q}{U} \qquad (2.2)$$

Ein Kondensator hat eine Kapazität von 1 F, wenn er bei 1 V Spannung eine Ladung von 1 As (1 C) aufnehmen kann. Übliche Kondensatoren haben viel geringere Kapazitäten, so dass man die Einheit meist mit „verkleinernden" Vorsätzen verwendet (mF, µF, nF, pF, fF).

Ein Kondensator mit einer Kapazität C, an dem die Spannung U anliegt, enthält die Ladung

$$Q = C \cdot U \qquad (2.3)$$

Der Kondensator als Energiespeicher

Ein Kondensator der Kapazität C, an dem die Spannung U anliegt, hat folgenden Energiebetrag E gespeichert:

$$E = \frac{1}{2} \cdot C \cdot U^2 \qquad (2.4)$$

Die Energie bleibt gespeichert, auch wenn man die zugeführte Spannung abschaltet (mit anderen Worten, ein geladener Kondensator, an den „nichts" angeschlossen ist, behält seine Ladung und damit die gespeicherte Energie). In der Theorie wird dieser Zustand unendlich lange anhalten, in der Praxis nicht (Selbstentladung).

Dielektrizitätskonstante

Die Dielektrizitätskonstante (Permittivität) ε kennzeichnet die Eigenschaften des Dielektrikums. Sie ergibt sich aus der Multiplikation der absoluten Dielektrizitätskonstanten ε_0 mit der relativen Dielektrizitätskonstanten ε_{rel} des jeweiligen Stoffes:

$$\varepsilon = \varepsilon_0 \cdot \varepsilon_{rel} \qquad (2.5)$$

Die absolute Dielektrizitätskonstante (Influenzkonstante) ε_0 ist eine Naturkonstante:

$$\varepsilon_0 = 8{,}8542 \cdot 10^{-12}\ \frac{As}{Vm} = 8{,}8542 \cdot 10^{-14}\ \frac{F}{cm} \qquad (2.6)$$

Die relative Dielektrizitätskonstante (DK, K-Faktor) ε_{rel} kennzeichnet die Güte des Dielektrikums. Es ist eine dimensionslose Zahl. Das Vakuum hat definitionsgemäß eine DK = 1. Die DK der Luft entspricht näherungsweise der des Vakuums. Die DK weiterer Stoffe ist aus Tabelle 2.1 ersichtlich.

Material	DK (ε_{rel})
Vakuum	1
Luft (1 bar)	1,00059
Papier	1,6...2
Paraffinpapier	2
Polytetraflouräthylen (Teflon)	2,1
Polystyrol	2,3
Polypropylen	2,5
Polycarbonat	3
Quarz	4,5
Glas	5
Porzellan	5
Calit	6,5
Aluminiumoxid	8,5
Tantaloxid	26
Glimmer	58
Epsilan	5000
Keramik, Klasse 1[1]	> 10 ... 500[3]
Keramik, Klasse 2[2]	700 ... > 100 000[3]

1: z. B. Titanoxid. 2: z. B. Bariumtitanat. 3: Richtwerte.

***Tabelle 2.1:** Relative Dielektrizitätskonstanen typischer Stoffe, die als Dielektrikum in Betracht kommen (Auswahl).*

Kapazität
Die Kapazität eines Plattenkondensators ergibt sich aus der Fläche der Elektroden A, deren Abstand d und der Dielektrizitätskonstanten des jeweiligen Dielektrikums (Abb. 2.4):

$$C = \varepsilon_0 \cdot \varepsilon_{rel} \cdot \frac{A}{d} \qquad (2.7)$$

Zugeschnittene Größengleichung z. B.:

$$C\,[\mu F] = 8{,}8542 \cdot 10^{-7} \cdot \varepsilon_{rel} \cdot \frac{A\,[cm^2]}{d\,[mm]}$$

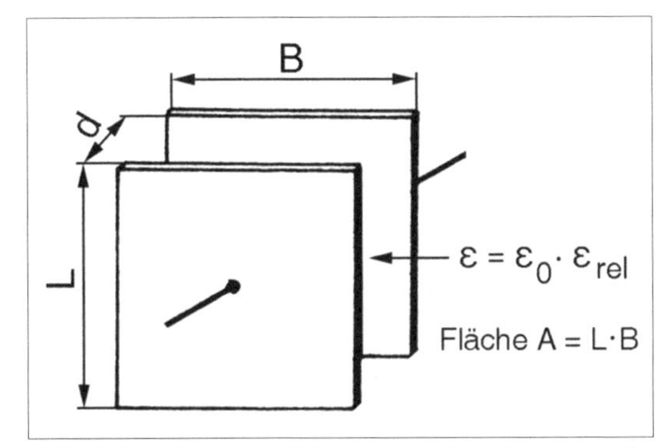

Abb. 2.4: *Die kapazitätsbestimmenden Kennwerte des Plattenkondensators.*

Jeder Kondensator ist im Grunde ein Plattenkondensator
Um zu praktisch brauchbaren Bauelementen zu kommen, ist die erforderliche Elektrodenfläche technisch zu realisieren und platzsparend zu verpacken. Die einzelnen Kondensatortypen unterscheiden sich vor allem in der Art und Dicke des Dielektrikums, in der Bauweise und im Herstellungsverfahren. Aus diesen Kleinigkeiten ergeben sich jedoch wesentliche Unterschiede in den Gebrauchseigenschaften – in vielen Schaltungen kommt es nicht nur auf die Kennwerte, sondern auch auf die Bauform der Kondensatoren an.

Der Stromfluss durch den Kondensator
Abb. 2.5 veranschaulicht einen Kondensator, der durch Anschalten an eine Spannungsquelle geladen und anschließend durch Anschalten an einen Lastwiderstand entladen wird.

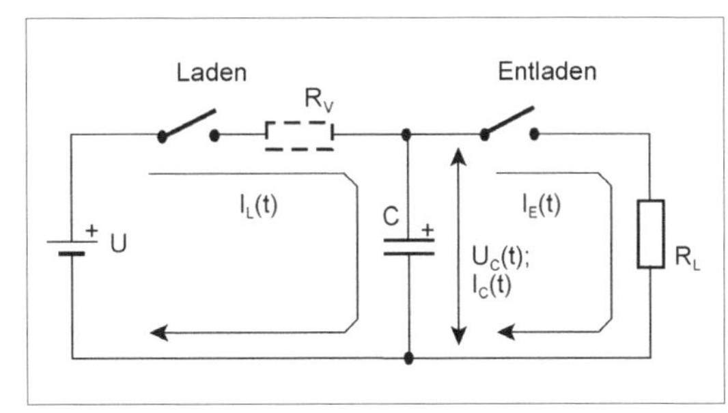

Abb. 2.5: *Laden und Entladen eines Kondensators (1). Prinzipschaltung. R_V – zusammengefasster Vorwiderstand (= Summe aller ohmschen Widerstände, durch die der Strom $I_L(t)$ fließt); R_L – Lastwiderstand; $I_L(t)$ – Ladestrom; $I_E(T)$ – Entladestrom; $U_C(t)$ – Spannung über Kondensator; $I_C(t)$ – Strom durch Kondensator.*

Laden
Das einfache Verbinden des Kondensators mit einer Spannungsquelle – ohne jeglichen weiteren Widerstand dazwischen (vgl. Abb. 2.3) – führt zum augenblicklichen Aufladen auf die Quellenspannung U. In der Theorie fließt ein Stromimpuls mit Dauer Null und Amplitude Unendlich, der die Ladung C · U auf die Elektroden des Kondensators transportiert. Im Augenblick des Einschaltens wirkt der Kondensator somit als Kurzschluss. Ist er vollständig aufgeladen, stellt er im Grunde nur noch einen offenen Kontakt dar.

Tatsächlich gibt es aber keinen Widerstand Null. Vielmehr wird die maximale Stromstärke durch parasitäre Widerstände begrenzt (Innenwiderstand der Spannungsquelle, Ersatzserienwiderstand des Kondensators). Viele Anwendungsschaltungen enthalten zudem Widerstandsbauelemente im Stromweg. In Abb. 2.5 wurden alle diese Widerstände im Vorwiderstand R_V zusammengefasst. Unter der Annahme, der ideale Kondensator sei zunächst ein Kurzschluss, kann der Strom $I_L(t)$ nicht weiter ansteigen als bis auf den Höchstwert U : R_V. Danach fällt er gemäß einer Exponentialfunktion bis auf Null ab. Gleichzeitig nähert sich die Spannung $U_C(t)$ über dem Kondensator der Quellspannung U an (Abb. 2.6a; Tabelle 2.2).

Der geladene Kondensator
Wird nach dem Laden der linke Schalter in Abb. 2.5 wieder geöffnet, so ist der Kondensator praktisch ein freistehender Energiespeicher, an dessen Elektroden die Spannung U anliegt.

Entladen
Wird der Kondensator mit einem Lastwiderstand verbunden, so fließt die Ladung ab. Da die Spannung $U_C(t) = U$ anliegt, nimmt der Entladestrom $I_E(t)$ zunächst seinen Höchstwert $U : R_V$ an. Danach fällt er zusammen mit der Spannung $U_C(t)$ gemäß einer Exponentialfunktion bis auf Null ab (Abb. 2.6b; Tabelle 2.2).

Die Zeitkonstante
Das Produkt aus Widerstands- und Kapazitätswert entscheidet über den Verlauf der Exponentialfunktionen (vgl. Tabelle 2.2). Es wird deshalb als Zeitkonstante bezeichnet:

$$\tau = R \cdot C \tag{2.8}$$

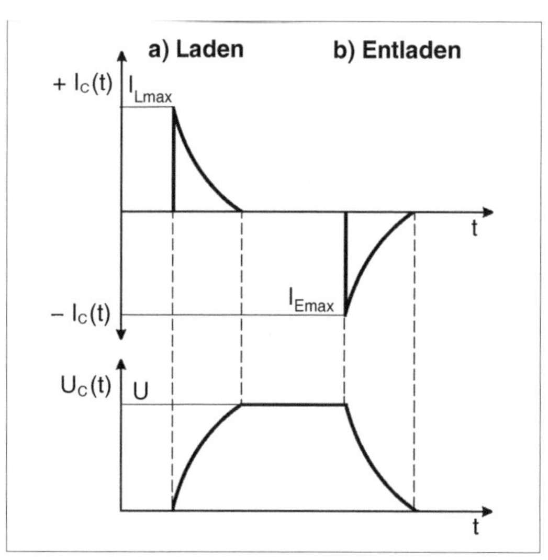

Abb. 2.6: *Strom und Spannung beim Laden und Entladen. Der Strom kann sich nahezu sprunghaft ändern, die Spannung nicht.*

Laden	Entladen
$U_C(t) = U \cdot \left(1 - e^{-\frac{t}{\tau}}\right)$ (2.9)	$U_C(t) = U \cdot e^{-\frac{t}{\tau}}$ (2.11)
$I_L(t) = \frac{U}{R_V} \cdot e^{-\frac{t}{\tau}}$ (2.10)	$I_E(t) = -\frac{U}{R_L} \cdot e^{-\frac{t}{\tau}}$ (2.12)
$\tau = R_V \cdot C$ (Zeitkonstante)	$\tau = R_L \cdot C$ (Zeitkonstante)

Tabelle 2.2: *Laden und Entladen eines Kondensators. Stombegrenzung beim Laden durch Vorwiderstand R_V, beim Entladen durch Lastwiderstand R_L.*

Allgemeine Zusammenhänge:

- Durch den Kondensator fließt nur dann ein Strom, wenn sich die Ladung ändert. Je größer die Kapazität und die Spannungsänderung, desto größer die Stromstärke.

$$I_c(t) = \frac{dQ}{dt} = C \cdot \frac{dU_c}{dt} \tag{2.13}$$

- An den Elektroden eines Kondensators kann nur dann eine Spannung anliegen, wenn er geladen ist oder aufgeladen wird. Der fließende Strom führt die Ladungsträger zu, die sich im Laufe der Zeit auf den Kondensatorplatten ansammeln. Je größer die Kapazität, desto mehr Ladungsträger müssen zufließen, um eine bestimmte Spannung zustande zu bringen. Ein bestimmter Zufluss an Ladungsträgern (= Strom) ergibt bei geringerer Kapazität eine höhere Spannung und umgekehrt.

$$U_c(t) = \frac{1}{C} \int I_c \, dt \tag{2.14}$$

Der Kondensator im Wechselstromkreis
Wird ein Kondensator an eine Spannungsquelle geschaltet, so kommt zunächst ein Stromfluss zustande. Erst der geladene Kondensator wirkt als Isolator, über dem man eine Spannung messen kann. Es ergibt sich also die Reihenfolge: erst Stromfluss, dann Spannung. Mit anderen Worten, die Spannung eilt dem Strom nach (negative Phasenverschiebung). Beim idealen Kondensator beträgt die Phasenverschiebung - $\pi/2$ bzw. - 90° (Abb. 2.7; herleitbar, indem man in (2.13) den Ausdruck $U_C(t) = U_0 \sin(\omega\tau)$ einsetzt). Der Blindwiderstand X_C eines (idealen) Kondensators ergibt sich zu:

$$X_c = \frac{1}{\omega C} = \frac{1}{2\pi f C} \tag{2.15}$$

Der Blindwiderstand eines Kondensators sinkt mit steigender Frequenz. Mit anderen Worten: Der Kondensator sperrt Gleichstrom und lässt Wechselstrom passieren, und zwar um so bessser (= um so weniger abgeschwächt), je höher dessen Frequenz ist.

Tabelle 2.3 gibt einen Überblick über die Wirkungen des Kondensators und deren anwendungsseitige Ausnutzung.

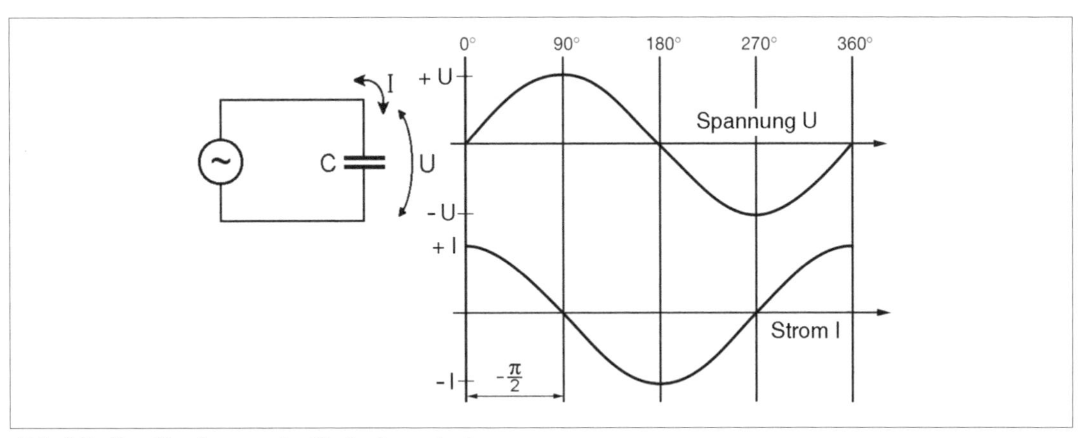

Abb. 2.7: *Der Kondensator im Wechselstromkreis.*

Wirkung	Anwendungsbeispiele in Stichworten
Energiespeicherung	• Glättung pulsierender Spannungsverläufe (Siebkondensator), • zusätzlicher Energienachschub bei Stromspitzen, Entkopplung (Stützkondensator), • Zwischenspeicher für Spannungswandlung (Spannungsverdoppler, Ladungspumpe usw.), • Spannungsversorgung (Energiespeicherkondensator)
Ladungsspeicherung	Zeitweilige Speicherung von Analogwerten; Abtast- und Haltefunktionen
Ein Stromimpuls (Laden oder Entladen) bewirkt einen Spannungsverlauf gemäß einer Exponentialfunktion – die Spannung über einem Kondensator kann sich nicht sprunghaft ändern	Glättung; Integrieren; Tiefpasswirkung
Eine Spannungsänderung bewirkt einen Stromfluss, der exponentiell abklingt	Erkennen von und Reagieren auf Änderungen; Differenzieren; Hochpasswirkung; Funkenlöschung; Entstörung
Sperren von Gleichstrom	Entkopplung; galvanische Trennung; Isolation
Durchleiten von Wechselstrom	Wechselstromkopplung; Ableiten von Störungen
Definierter Wechselstromwiderstand bei praktisch unendlich hohem Gleichstromwiderstand (Blindwiderstand; kein Wirkwiderstand, also auch keine Verlustleistung)	(nahezu) verlustlose Spannungsteilung (Abschwächung) von Wechselspannung
Der Wechselstromwiderstand sinkt mit steigender Frequenz	• Filterwirkungen, • Ableiten von Störungen, • Frequenzgangkompensation
Phasenverschiebung zwischen Strom und Spannung	Schwingungserzeugung; Blindleistungs-, Frequenz- und Phasengangkompensation
Spannungs- und Stromverläufe beim Laden und Entladen in Abhängigkeit von Zeitkonstante $\tau = R \cdot C$	Zeitbestimmende Schaltungen; Verzögerungswirkungen; Formung von Signalverläufen

Tabelle 2.3: *Kondensatorwirkungen und deren Ausnutzung.*

Der Kondensator erinnert sich – der Nachladeeffekt

Ein Kondensator wird aufgeladen. Dann wird er belastet – bis hin zum Kurzschluss. Somit wird die Ladung wieder abgebaut. An sich sollte der Kondenator vollständig entladen sein, an seinen Anschlüssen sollte also keine Spannung mehr anliegen. Wird nun aber die Belastung aufgehoben, so kann es vorkommen, dass der Kondensator erneut eine Ladung aufweist, die ebenso gepolt ist wie die ursprüngliche. An den – zuvor kurzgeschlossenen – Elektroden liegt dann wieder eine Spannung an (Nachladespannung). Größenordnung: 0,01... 0,1 · Betriebsspannung. Der Nachladeeffekt (dielektrische Absorption; Soakage) hängt nicht von der Kapazität und Bauart ab, sondern von der Art des Dielektrikums. Einen besonders geringen Nachladeeffekt haben u. a. Polystyrol, Polypropylen und C0G-Keramik.

Innen- und Außenbelag

Die beiden Anschlüsse des ungepolten Kondensators sind an sich gleichartig. Die Elektroden der üblichen Kondensatoren sind jedoch dünne Beläge, die als Wickel oder als Schichtenstapel in ein Gehäuse eingebaut sind. Dabei kommt der eine Belag außen, der andere innen zu liegen. In manchen Anwendungfällen ist es von Vorteil, diesen Unterschied auszunutzen. Beispiele:

a) Der jeweils niedrigere Spannungspegel wird an den Außenbelag gelegt. Das ergibt eine höhere Sicherheit (Isolation, Berührungsschutz). Das Dielektrikum wird hierbei praktisch als zusätzliche Isolation gegen den höheren Spannungspegel ausgenutzt.

b) Verbindet man den Außenbelag mit Masse, so ergibt sich eine bessere Abschirmwirkung.

2.1.2 Der Kondensator im Schaltplan

In Abb. 2.8 sind die üblichen Schaltsymbole für Kondensatoren zusammengestellt.

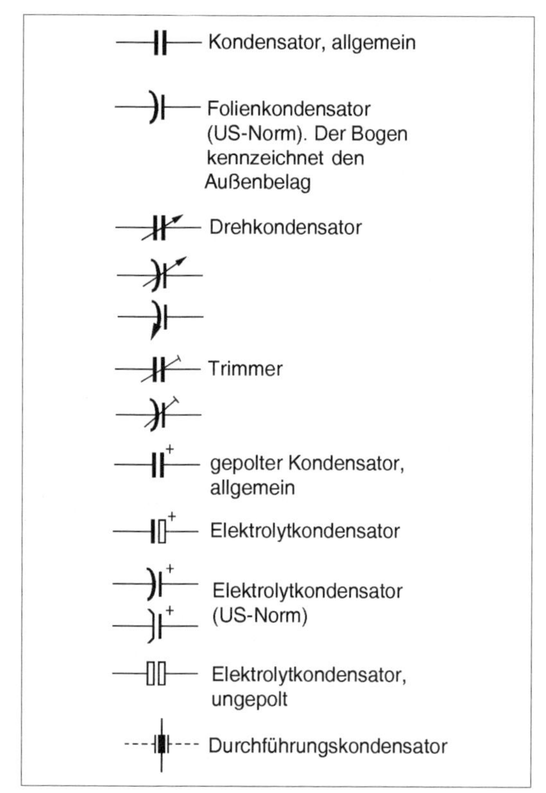

Abb. 2.8: *Schaltsymbole für Kondensatoren.*

2.1.3 Ersatzschaltungen

Abb. 2.9 zeigt verschiedene Ersatzschaltungen für Kondensatoren. Welche davon jeweils in Betracht kommt, hängt von Ausführung, Bauform und Betriebsfrequenz ab.

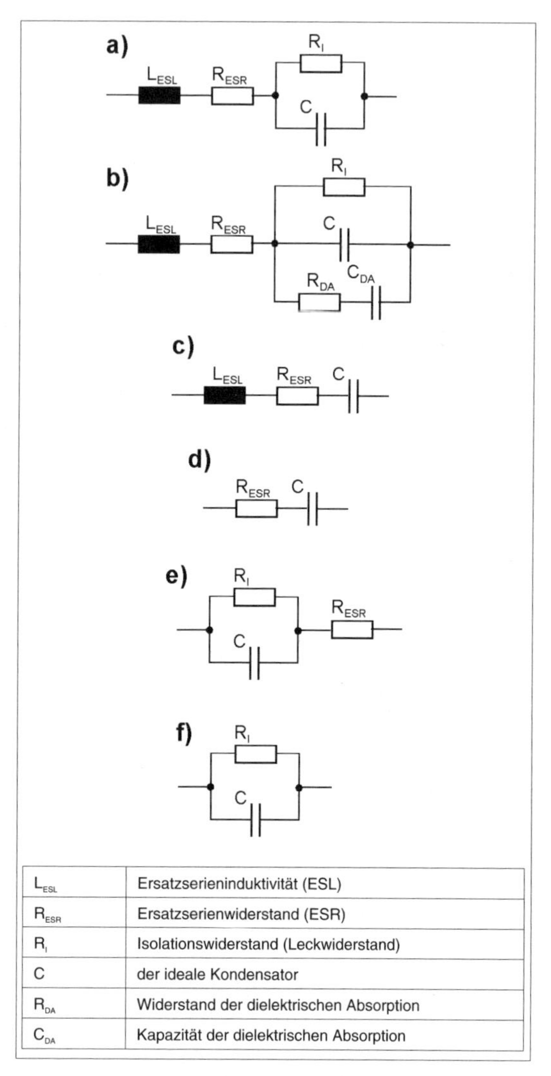

L_{ESL}	Ersatzserieninduktivität (ESL)
R_{ESR}	Ersatzserienwiderstand (ESR)
R_I	Isolationswiderstand (Leckwiderstand)
C	der ideale Kondensator
R_{DA}	Widerstand der dielektrischen Absorption
C_{DA}	Kapazität der dielektrischen Absorption

Abb. 2.9: *Ersatzschaltungen für Kondensatoren. a) ungepolter Kondensator, allgemein; b) zusätzlich mit Berücksichtigung der dielektrischen Absorption (Nachladeeffekt); c), d) ungepolter Kondensator (Wechselstromersatzschaltungen); e), f) Elektrolytkondensator (Gleichspannungsersatzschaltungen). c) bis f) sind praxisübliche Vereinfachungen. Über ihre Anwendbarkeit entscheidet der jeweilige Einsatzfall und die Größenordnung der Kennwerte.*

Das allgemeine Ersatzschaltbild des ungepolten Kondensators (Abb. 2.9a) ergibt sich aus dem grundsätzlichen Aufbau. Der Kondensator besteht aus zwei Elektroden, die durch ein Dielektrikum voneinander getrennt sind. Das Dielektrikum ist kein perfekter Isolator. Der Übergangswiderstand zwischen beiden Elektroden ist der Isolationswiderstand (Leckwiderstand) R_I. Die Elektroden sind – ebenso wie die Zuleitungen und Anschlüsse – keine idealen Leiter. Die entsprechenden ohmschen Widerstände werden zu einem Ersatzserienwiderstand (Equivalent Series Resistance) R_{ESR} zusammengefasst. Aus dem mechanischen Aufbau des Kondensators ergeben sich parasitäre Induktivitäten. Hierzu tragen sowohl die Zuleitungen als auch die Elektrodenanordnung bei (vor allem dann, wenn sie als Wickel ausgeführt ist). Diese Anteile werden zu einer Ersatzserieninduktivität L_{ESL} zusammengefasst.

Der Nachladeeffekt (dielektrische Absorption) kann nicht immer vernachlässigt werden. Im Ersatzschaltbild (Abb. 2.9b) wird er durch eine zusätzlichen Kondensator C_{DA} nachgebildet, der die verbleibende Ladung speichert. Auch dieser Kondensator weist einem Ersatzserienwiderstand R_{DA} auf, der den Entladestrom begrenzt.

In vielen Fällen ist der Nachladeeffekt so gering und der Isolationswiderstand so hoch, dass beide vernachlässigt werden können (Abb. 2.9c); der typische ungepolte Kondensator weist lediglich einen Ersatzserienwiderstand R_{ESR} und eine Ersatzserieninduktivität L_{ESL} auf.

Ist die Frequenz nicht allzu hoch und sind die Zuleitungen kurz (wie beispielsweise bei SMD-Bauformen), so können auch die parasitären Induktivitäten vernachlässigt werden (Abb. 2.9d). Die Reihenschaltung aus Kapazität und Ersatzserienwiderstand ist die Grundlage vieler überschlägiger Berechnungen.

Elektrolytkondensatoren werden nicht mit Wechselspannung betrieben. Deshalb kann man in vielen Einsatzfällen die parasitären Induktivitäten vernachlässigen (Gleichspannungsersatzschaltungen). Der Leckwiderstand R_I kann aber typischerweise nicht vernachlässigt werden (Abb. 2.9e, f).

2.1.4 Kennwerte

Bezugstemperatur (Nenntemperatur)
Die Kennwerte sind temperaturabhängig. Wertangaben werden deshalb auf eine Nenntemperatur bezogen. Typische Werte:+ 20 °C, + 23 °C, + 25 °C .

Bauart
Manche Kennwerte sind nur für bestimmte Kondensatortypen (Elektrolytkondensator, Keramikkondensator usw.) von Bedeutung.

Gegenseitige Abhängigkeiten
Im Grunde hängt alles wechselseitig voneinander ab – die Kapazität von der Spannung, die zulässige Wechselspannung von der Frequenz usw. Bei manchen Typen sind bestimmte Abhängigkeiten besonders ausgeprägt, bei anderen sind sie vernachlässigbar. Sie lassen sich auch nicht immer mit einfachen Koeffizienten beschreiben, sondern nur in Form von Kurven, Tabellen oder Näherungsformeln. Manchmal kann man sich den einschlägigen Problemen durch Überdimensionierung entziehen (dazu gehört auch, Bauformen zu wählen, die bestimmte Effekte nicht aufweisen, auch wenn sie für den Einsatzfall unverhältnismäßig teuer sind). Ansonsten hilft nur ausgiebiges Studium des Datenmaterials, die Nutzung der von den Herstellern bereitgehaltenen Entwicklungshilfen (z. B. Simulationsmodelle) sowie – vor allem – systematisches Experimentieren.

Kapazitätswert (Nennwert)
Kondensatoren werden in einer Vielzahl genormter, abgestufter Nennwerte gefertigt. Die genormten Nennwerte sind in den E-Reihen vorgegeben. Ist die Kapazität einstellbar, bezeichnet der Nennwert den größten einstellbaren Kapazitätswert.

Der Bereich der angebotenen Nennwerte erstreckt sich – über alles gesehen – von unter 1 pF bis zu über 100 F. In der Schaltungspraxis der Elektronik hat man es vor allem mit Nennwerten zwischen einigen pF und einigen tausend µF zu tun.

Die Nennwertangabe betrifft den unbelasteten Kondensator bei Nenntemperatur. Der tatsächliche Kapazitätswert im praktischen Betrieb hängt von der Genauigkeit, mit der das Bauelement gefertigt wurde (Toleranz), und von den Einsatzbedingungen ab (Belastung, Umgebungstemperatur).

Kapazitätsangabe	Anstelle des Kommas steht ein	Beispiele
in µF	µ	220 µF = 220µ
in nF	n	2,2 nF = 2n2; 0,68 nF = n68
in pF	p	47 pF = 47p oder 47p0

Tabelle 2.4: *Kurzbezeichnung mit Buchstaben und Ziffern (IEC 62).*

Kurzbezeichnung mit Buchstaben und Ziffern
Um kurze Bezeichnungen zu haben, lässt man bei Kapazitätsangaben auf Bauelementen (oftmals auch in Schaltplänen, Stücklisten und Katalogen) das Symbol F weg und schreibt die jeweilige Vorsatzangabe anstelle des Kommas (Tabelle 2.4).

Toleranz
Die zulässige Abweichung der Kapazität wird in Prozenten vom Nennwert angegeben. Typische Toleranzbereiche: ± 1 %; ± 2 %; ± 5 %; ± 10%; ± 20%. Oftmals wird an die Kapazitätsangabe gemäß Tabelle 3.4 ein Buchstabe angehängt, der die Toleranz bezeichnet (Tabelle 2.5). Die Toleranzangabe betrifft den unbelasteten Kondensator bei Nenntemperatur.

Toleranz	Kenn-buchstabe	Toleranz bis 10 pF	Toleranz ab 10 pF	Kennbuch-stabe
- 20...+ 80%	Z	± 2 pF	± 2 %	G
- 20 ...+50 %	S	± 1 pF	± 1 %	F
- 10...+ 50%	T	± 0,5 pF	± 0,5 %	D
± 30 %	N	± 0,25 pF	± 0,25 %	C
- 10... + 30 %	Q	± 0,1 pF	± 0,1 %	B
± 20 %	M		± 0,05%	W
± 10 %	K		± 0,02%	P
± 5 %	J		± 0,01%	L
			± 0,005 %	E

Tabelle 2.5: *Kennbuchstaben zur Toleranzkennzeichnung (IEC 62).*

Isolationswiderstand und Leckstrom
Beide Angaben bezeichnen im Grunde dasselbe. Zu ungepolten Kondensatoren wird zumeist der Isolationswiderstand angegeben, zu Elektrolytkondensatoren der Leckstrom. Ein niedriger Leckstrom entspricht einem hohen Isolationswiderstand und umgekehrt. Der Isolationswiderstand sinkt mit steigender Temperatur.

Hinweise:

1. Manche Dielektrika (z. B. Keramiken) haben einen so hohen Isolationswiderstand, dass er zumeist vernachlässigt werden kann. Der Isolationswiderstand solcher Kondensatoren entspricht weitgehend dem Oberflächenwiderstand der Umhüllung.
2. Leckstromangaben sind vor allem bei Elektrolytkondensatoren von Bedeutung. Der Leckstrom ist keine Konstante. Er hängt u. a. von der Dauer der stromlosen Lagerung und von der Betriebszeit ab (Näheres s. S. 143). Leckstromangaben betreffen u. a. den Betriebsbeginn nach längerer stromloser Lagerung, 1, 2 oder 5 Minuten Betriebszeit und den Dauerbetrieb (mehr als 1 Stunde Betriebszeit). Für die Prüfbedingungen gibt es internationale Standards.

Der Isolationswiderstand (Insulation Resistance IR oder R_I) ist der ohmsche Widerstand zwischen den beiden Elektroden. Er wird als Verhältnis der anliegenden Gleichspannung zu einem nach einer bestimmten Zeit fließenden Strom bestimmt. Die Datenblattangabe ist ein Widerstandswert (z. B. in MΩ) oder eine Zeitkonstante τ (in s) bzw. eine normierte IR-Angabe mit der Dimensionierung MΩ µF. Zeitkonstante und IR-Angabe haben den gleichen Wert (τ = IR):

$$\tau[s] = IR[M\Omega\,\mu F] = $$

$$= Isolationswiderstand[M\Omega] \cdot Nennkapazität[\mu F] \quad (2.16)$$

$$Isolationswiderstand[M\Omega] = \frac{\tau \; oder \; IR}{Nennkapazität[\mu F]} \quad (2.17)$$

Der Leckstrom (DC Leakage Current DCL oder I_L) ist der Gleichstrom, der unter bestimmten Bedingungen (Spannung, Temperatur, Zeit nach Anlegen der Spannung) durch den Kondensator fließt. Die Datenblattangabe ist eine Stromstärke (nA oder µA) oder eine normierte DCL-Angabe mit der Dimensionierung nA/µFV. Der Leckstrom I_L in einem bestimmten Einsatzfall ergibt sich damit zu

$$I_L = DCL \cdot C \cdot U_c \quad (2.18)$$

I_L in nA, DCL in nA/µFV, C in µF, U_C in V. U_C ist maximale Arbeitsspannung, die über dem Kondensator anliegt (Scheitelwert).

Umrechnung zwischen den normierten Leckstrom- und Isolationswiderstandsangaben:

$$DCL\left[\frac{nA}{\mu FV}\right] = \frac{10^3}{IR[M\Omega\,\mu F]}; \qquad IR[M\Omega\,\mu F] = \frac{10^3}{DCL\left[\frac{nA}{\mu FV}\right]} \quad (2.19)$$

Faustformeln zum Leckstrom

Der Leckstrom hängt von der Kapazität C und der anliegenden Spannung U ab. U. a. sind folgende Faustformeln gebräuchlich (sie betreffen vor allem Elektrolytkondensatoren):

$$I_L = 4 + (0{,}006 \cdot C \cdot U)$$
$$I_L = 0{,}01 \cdot C \cdot U \qquad (2.20)$$

(I_L in µA, C in µF, U in V.)

Ersatzserienwiderstand

Der Ersatzserienwiderstand (Equivalent Series Resistance ESR, R_{ESR}) ist ein Pauschalwert für den effektiven ohmschen Widerstand zwischen den Anschlüssen des Kondensators. Er gibt Auskunft darüber, wie gut der Kondensator niederfrequente Wechselströme durchleiten kann.

Verlustfaktor

Der ideale Kondensator ist ein reiner Blindwiderstand; der Strom eilt der Spannung um 90° voraus (vgl. Abb. 2.7). Jeder reale Kondensator hat aber induktive und ohmsche Widerstandsanteile, so dass sich eine entsprechend geringere Phasenverschiebung ergibt; der Phasenwinkel φ ist kleiner als 90°. Die Differenz zum idealen Phasenwinkel von 90° ist der Verlustwinkel δ (Abb. 2.10). Der Verlustfaktor tan δ ist das Verhältnis vom ohmschen zum kapazitiven Widerstand (bzw. vom Wirk- zum Blindwiderstand) bei einer bestimmten Frequenz. Der Verlustfaktor ist frequenzabhängig. Er wird beispielsweise für eine Frequenz von 1 kHz bei einer Umgebungstemperatur von + 20 °C angegeben. In manchen Datenblättern hat die Verlustfaktorangabe (Dissipation Factor DF) die Form $100 \cdot \tan\delta$ (Prozentangabe) oder $\tan\delta \cdot 10^{-4}$.

Gütefaktor

Der Gütefaktor Q kennzeichnet das Verhältnis der im Kondensator gespeicherten Energie zu den Energieverlusten. Die Angabe ist der Kehrwert des Verlustfaktors tan δ. Q wird definiert als Verhältnis von Blindwiderstand zu Ersatzserienwiderstand:

$$Q = \frac{X_C}{R_{ESR}} = \frac{1}{\tan\delta} \qquad (2.21)$$

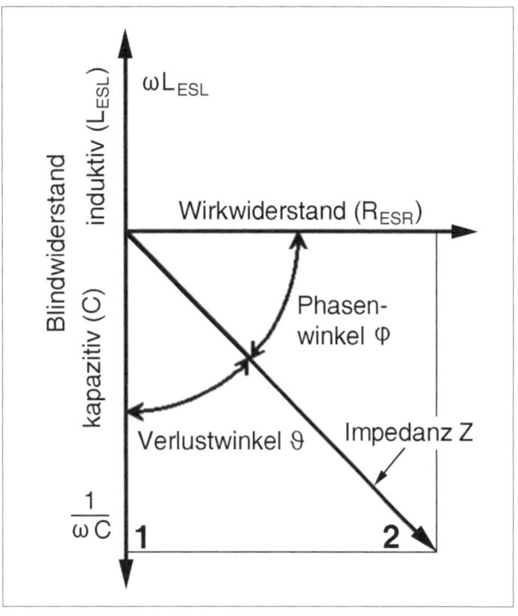

Abb. 2.10:*Der Verlustwinkel im Zeigerdiagramm.*
1 - der ideale Kondensator hat keinen Wirk-, sondern nur einen Blindwiderstand.
2 - die parasitären ohmschen und induktiven Widerstände im Kondensator wirken sich derart aus, dass Strom und Spannung nicht mehr um 90° gegeneinander phasenverschoben sind, sondern um einen Phasenwinkel φ < 90°. Der Verlustwinkel δ ergibt sich zu 90° - φ.

Leistungsfaktor und Verlustwinkel

$$\cos\varphi = \sin\delta$$
$$\tan\delta = \frac{\cos\varphi}{\sqrt{1-\cos^2\varphi}} \qquad (2.22)$$
$$\cos\varphi = \frac{\tan\delta}{\sqrt{1+\tan^2\delta}}$$

Verlustfaktor und Ersatzserienwiderstand R_{ESR} sind wechselseitig definiert:

$$\tan\delta = \frac{R_{ESR}}{X_C} = R_{ESR} \cdot 2\pi f C = R_{ESR} \cdot \omega C \qquad (2.23)$$

$$R_{ESR} = X_C \cdot \tan\delta = \frac{\tan\delta}{\omega C} = \frac{X_C}{Q} = \frac{1}{Q \cdot \omega C} \qquad (2.24)$$

Alternativ kann der Ersatzserienwiderstand aus dem Scheinwiderstand (Impedanz Z; s. 2.31) und dem Phasenwinkel bestimmt werden (vgl. auch Abb. 2.10):

$$R_{ESR} = Z \cdot \cos\varphi \qquad (2.25)$$

Verlustleistung

Wird ein Wechselstrom mit dem Effektivwert I_{RMS} durch den Kondensator geleitet, so wird am Ersatzserienwiderstand R_{ESR} eine Verlustleistung P (in W) umgesetzt, die den Kondensator erwärmt:

$$P = R_{ESR} \cdot I_{RMS}^2 = \frac{\tan\delta}{\omega C} \cdot I_{RMS}^2 = \frac{U_{ESR}^2}{R_{ESR}} \qquad (2.26)$$

U_{ESR} ist der Spannungsabfall über dem Ersatzserienwiderstand. Er muss aus der Spannung U zwischen den Anschlüssen des Kondensators bestimmt werden. In der einfachen Serienersatzschaltung Abb. 2.9d gilt:

$$U_{ESR}^2 = \frac{R_{ESR}^2}{R_{ESR}^2 + \frac{1}{\omega^2 C^2}} \cdot U^2 \qquad (2.27)$$

Bei kleinem tan δ (Richtwert: < 0,1)[3] kann (2.27) vereinfacht werden zu:

$$U_{ESR}^2 \approx R_{ESR}^2 \cdot \omega^2 \cdot C^2 \cdot U^2 \qquad (2.28)$$

Aus (2.26) ergibt sich mit $R_{ESR} = \frac{\tan\delta}{\omega C}$ (vgl. 2.24):

$$P \approx \tan\delta \cdot \omega C \cdot U^2 \qquad (2.29)$$

Im Datenblatt ist die höchste zulässige Verlustleistung angegeben (beispielsweise als Permissible Power Loss P_{Vmax}).

Blindleistung

Die Blindleistung P_B (in VA) ergibt sich aus dem Stromfluss durch den Blindwiderstand:

$$P_B = \frac{1}{\omega C} \cdot I_{RMS}^2 = \frac{P}{\tan\delta} \qquad (2.30)$$

Im Datenblatt ist gelegentlich die höchste zulässige Blindleistung angegeben (beispielsweise als Permissible Reactive Power P_{Bmax}).

Effektiver Scheinwiderstand (Impedanz)

Der effektive Scheinwiderstand (Impedanz Z) gibt Auskunft darüber, wie gut der Kondensator höherfrequente Wechselströme durchleiten kann. Hierbei kann die parasitäre Induktivität nicht mehr vernachlässigt werden. Gemäß dem Wechselstromersatzschaltbild Abb. 2.9c ergibt sich:

$$Z = \sqrt{R_{ESR}^2 + (X_L - X_C)^2}$$

$$X_L = 2\pi f L_{ESL} = \omega L_{ESL}$$

$$X_C = \frac{1}{2\pi f C} = \frac{1}{\omega C}$$

$$Z = \sqrt{R_{ESR}^2 + \left(\omega L_{ESL} - \frac{1}{\omega C}\right)^2} \qquad (2.31)$$

Eine Anordnung gemäß Abb. 2.9c entspricht einem Schwingkreis. Sie hat demzufolge eine Resonanzfrequenz f_{res}, bei der die Impedanz Z ihr Minimum erreicht (Abb. 2.11). Bei dieser Frequenz ist der kapazitive Blindwiderstand gleich dem induktiven.

$$f_{res} = \frac{1}{2\pi \cdot \sqrt{L_{ESL} \cdot C}} \qquad (2.32)$$

Welche der Komponenten R_{ESR}, X_L, X_C vor allem zur Impedanz Z beiträgt, hängt von der Frequenz f ab:

- unterhalb der Resonanzfrequenz ($f < f_{res}$): der kapazitive Blindwiderstand X_C,
- an der Resonanzfrequenz ($f = f_{res}$): der Ersatzserienwiderstand R_{ESR},
- oberhalb der Resonanzfrequenz ($f > f_{res}$): der induktive Blindwiderstand X_L.

3 Nach [2.5]. Das gilt u. a. für die üblichen Folien- und Schichtkondensatoren.

Bei Betrieb oberhalb der Resonanzfrequenz ist der induktive Anteil nicht mehr zu vernachlässigen[4]. Hier ist also auf induktivitätsarme Bauformen Wert zu legen.

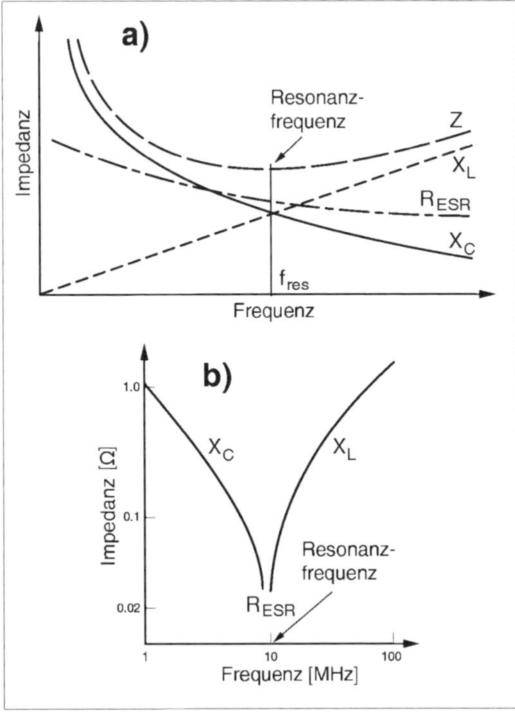

Abb. 2.11: *Die Impedanz in Abhängigkeit von der Frequenz (nach [2.1]).*
a) der grundsätzliche Verlauf der Frequenzabhängigkeit der Impedanz Z, des Ersatzserienwiderstandes R_{ESR}, des induktiven Blindwiderstandes X_L und des kapazitiven Blindwiderstandes X_C.
b) die Anteile der Impedanz anhand eines Beispiels.

Nenngleichspannung
Die Nenngleichspannung (Nennspannung; Rated Voltage U_R; Working Voltage) ist der höchste Spannungswert, der über dem Kondensator ständig anliegen darf. Die Angabe betrifft die Überlagerung von Gleich-, Wechsel- und Impulsspannungen. Sie gilt im Bereich von der unteren Grenztemperatur bis zur Nenntemperatur. Richtwerte: von 1,8 V bis ca. 15 000 V.

Dauergrenzspannung
Die Dauergrenzspannung (Category Voltage U_C) ist der höchste Spannungswert, der über dem Kondensator ständig anliegen darf, wenn die Umgebungstemperatur der oberen Grenztemperatur entspricht. Die Angabe betrifft die Überlagerung von Gleich-, Wechsel- und Impulsspannungen.

Nennwechselspannung
Die Nennwechselspannung (Rated AC Voltage U_{Rac}) ist der höchste quadratische Mittelwert (RMS) der Wechselspannung einer bestimmten Frequenz (z. B. 50 Hz), der über dem Kondensator ständig anliegen darf (betrifft ungepolte Kondensatoren). Sie gilt im Bereich von der unteren Grenztemperatur bis zur Nenntemperatur.

Die Nennwechselpannung eines Kondensators ist wesentlich geringer als die Nenngleichspannung. Der Wechselspannungskennwert bezieht sich typischerweise auf eine Frequenz von 50 Hz. Manche Datenblätter enthalten zwei Wechselspannungsangaben (Tabelle 2.6); die eine betrifft den quadratischen Mittelwert (RMS), die andere den Spannungshub von Spitze zu Spitze (Rated Peak-to-Peak Voltage; U_{RACPP}).

Gleichspannung	630 V	1000 V	1600 V	2000 V	2500 V
Wechselspannung (RMS)	300 V	400 V	500 V	600 V	880 V
Wechselspannung Spitze-Spitze	850 V	1100 V	1400 V	1700 V	2500 V

Tabelle 2.6: *Gleich- und Wechselspannungskennwerte anhand von Beispielen (Typenreihen gemäß [2.2] und [2.3]).*

Eine rohe Näherungsrechnung (mit der man gegenüber den Datenblattwerten meist[5] auf der sicheren Seite liegt):

$$U_{RACPP} = U_{RDC}$$

$$U_{RAC} = \frac{1}{2 \cdot \sqrt{2}} \cdot U_{RDC} \approx 0{,}35 \cdot U_{RDC} \quad (2.33)$$

Hinweis: An Netzanschlüssen nur ausdrücklich dafür spezifizierte Typen einsetzen (z. B. X- oder Y-Kondensatoren (vgl. S. 136)).

4 Das betrifft u. a. die typische Betriebsweise der Entkopplungs- bzw. Stützkondensatoren in Digitalschaltungen.

5 Aber nicht immer (vgl. Tabelle 2.6).

Überlagerte Wechselspannung, überlagerter Wechselstrom
Das sind typische Kennwerte der Elektrolytkondensatoren. Näheres in Abschnitt 2.4.

Nachladespannung, dielektrische Absorption
Dieser Kennwert ist typischerweise eine Prozentangabe, die sich auf die Arbeitsspannung bezieht. Der entsprechende Spannungswert kann an den Anschlüssen des Kondensators wieder auftreten, nachdem er vollständig entladen wurde.

Stoßspannung
Die Stoßspannung (Surge Voltage U_S) ist die höchste Impulsspannung, die über eine bestimmte Zeit an den Kondensator angelegt werden darf. Die Angabe gilt typischerweise im gesamten Temperaturbereich.

Zulässige Geschwindigkeit der Spannungsänderung
Dies ist ein Richtwert, der angibt, welche Spannungssprünge man dem Kondensator zumuten darf (Rate of Voltage Change; ΔU/Δt). Die Angabe hat die Form Spannung/Zeit, z. B. 1000 V/µs. Interpretation: Während 1 µs darf sich die Spannung über dem Kondensator um höchstens 1000 V ändern, während 0,5 µs um 500 V, während 2 µs um 2000 V usw. Der Zusammenhang zwischen Spannungsänderung, Strom und Kapazität (vgl. (2.13)):

$$\frac{\Delta U}{\Delta t} = \frac{I}{C} \tag{2.34}$$

Der größte Spannungshub, für den die Angabe gilt, entspricht der Nenngleichspannung. Ist der anwendungsseitige Spannungshub kleiner, ergibt sich die zulässige Geschwindigkeit der Spannungsänderung $\Delta U / \Delta t_{ANW}$ aus dem Datenblattwert $\Delta U / \Delta t_{DAT}$, der Nenngleichspannung U_R und dem Spannungshub ΔU_{ANW} der Anwendung:

$$\Delta U \big/ \Delta t_{ANW} = \Delta U \big/ \Delta t_{DAT} \cdot \frac{U_R}{\Delta U_{ANW}} \tag{2.35}$$

Stoßstrom
Der höchste zulässige Stoßstrom (Surge Current I_{SURGE}) betrifft einen Stromimpuls. Er ergibt sich aus dem Kennwert ΔU/Δt auf Grundlage von (2.13):

$$I_{SURGE} = C \cdot \frac{\Delta U}{\Delta t} \tag{2.36}$$

Spannungshub und Anstiegszeit der Anwendung lassen sich wechselseitig bestimmen:

$$\Delta U_{ANW} = \frac{I_{SURGE}}{C} \cdot \Delta t_{ANW} = \frac{\Delta U}{\Delta t_{DAT}} \cdot \Delta t_{ANW} \tag{2.37}$$

$$\Delta t_{ANW} = \frac{C}{I_{SURGE}} \cdot \Delta U_{ANW} = \frac{\Delta U_{ANW}}{\Delta U \big/ \Delta t_{DAT}} \tag{2.38}$$

Temperaturkoeffizient
Der Temperaturkoeffizient (αC, TC, TCC) kennzeichnet die Abhängigkeit des Kapazitätswertes von der Gehäusetemperatur. Er wird üblicherweise in %/°C oder in ppm/°C angegeben. Beispiel: 200 ppm/°C. Manche Kondensatortypen haben eine so starke Temperaturabhängigkeit, dass anstelle des Temperaturkoeffizienten nur eine Kapazitätsänderung über den gesamten Temperaturbereich spezifiziert wird. Der Temperaturkoeffizient C in ppm/°C ergibt sich zu:

$$\alpha_c = \frac{1}{C_1} \cdot \frac{C_2 - C_1}{T_2 - T_1} \cdot 10^6 = \frac{1}{C_1} \cdot \frac{\Delta C}{\Delta T} \cdot 10^6 \tag{2.39}$$

C_1 - Anfangswert bei Temperatur T_1 (z. B. + 20 °C); C_2 - Wert bei Temperatur T_2.

Bei bekanntem Temperaturkoeffizienten ergeben sich

a) die Kapazitätsdifferenz:

$$\Delta C = \alpha_c \cdot C_1 \cdot \Delta T \cdot 10^{-6} \tag{2.40}$$

b) die prozentuale Kapazitätsänderung:

$$\Delta C\,[\%] = \frac{C_2 - C_1}{C_1} \cdot 100\% = \alpha_c \cdot \Delta T \cdot 10^{-4}\,\% \tag{2.41}$$

c) der Kapazitätswert bei einer gegebenen Temperaturdifferenz:

$$C_2 = C_1\,(1 + \alpha_c \cdot \Delta T \cdot 10^{-6}) \tag{2.42}$$

Umgebungs- oder Betriebstemperaturbereich
In diesem Bereich (Ambient / Operating Temperature Range) ist das Bauelement grundsätzlich betriebsfähig – aber nicht überall in vollem Maße belastbar. Es gibt drei Temperaturkennwerte:

- die Nenntemperatur (Rated Temperature T_R),
- die untere Grenztemperatur (Lower Category Temperature) T_{min},
- die obere Grenztemperatur (Upper Category Temperature) T_{max}.

Die Nenntemperatur (Betriebstemperatur) ist die höchste Umgebungstemperatur, bei der die Belastbarkeitskennwerte des Bauelements noch voll ausgenutzt werden dürfen. Richtwert: + 70...90 °C. Bei Überschreitung der Nenntemperatur ist die Belastung entsprechend zu verringern (Derating).

Die Grenztemperaturangaben definieren die Bereichsgrenzen. Beispiel: - 55 °C bis + 125 °C. An der oberen Grenztemperatur darf das Bauelement praktisch gar nicht mehr belastet werden. Faustregel: Im Bereich von der Nenn- bis zur oberen Grenztemperatur nimmt die Belastbarkeit gleichmäßig vom Nennwert bis auf Null ab (lineares Derating).

2.2 Ungepolte Kondensatoren

2.2.1 Bauformen

Wickelkondensatoren
Der Wickelkondensator ist ein länglicher Plattenkondensator, der aus dünnen und flexiblen Werkstoffen besteht, die zu einem Wickel gerollt werden (Abb. 2.12 und 2.13). In einer alternativen Ausführung wird die Anordnung aus Folienbändern nicht aufgewickelt, sondern so gefaltet, dass eine Art Block entsteht. Die Bauformen unterscheiden sich in der Art des Dielektrikums, in der technischen Realisierung der Beläge und in deren Kontaktierung:

- Das Dielektrikum besteht entweder aus imprägniertem Papier oder aus einer Kunststoff-Folie.
- Die Beläge sind entweder Metallfolien (vorzugsweise Aluminium) oder sie werden als Metallbelag auf das Dielektrikum aufgedampft.
- Die Beläge sind an ihren Enden oder an den Stirnseiten des Wickels mit den Anschlüssen des Bauelements verbunden.

Die Beläge der herkömmlichen Wickelkondensatoren werden an ihren Enden mit Anschlussdrähten verbunden (Abb. 2.12a). Das hat zwei Nachteile:

a) Der Widerstand ist vergleichsweise hoch, da die Beläge sehr dünn sind, also eine geringe Querschnittsfläche haben (vgl. Abb. 2.12 – die Ladungsträger müssen vom Anschluss bis ans Ende des Wickels fließen).
b) Die Induktivität ist vergleichsweise hoch, da der Wickel eine Art Spule darstellt.

Induktivitätsarme Bauformen kontaktieren deshalb die Beläge an den Stirnflächen des Wickels (Abb. 2.12b). Hierdurch werden die Spulenwindungen praktisch kurzgeschlossen (Abb. 2.13c), und der ohmsche Widerstand wird deutlich vermindert (die Ladungsträger fließen nicht mehr längs durch den Wickel, sondern quer). Damit das funktioniert, wird der eine Belag nach links versetzt (ragt also über das Dielektrikum hinaus) und der andere nach rechts.

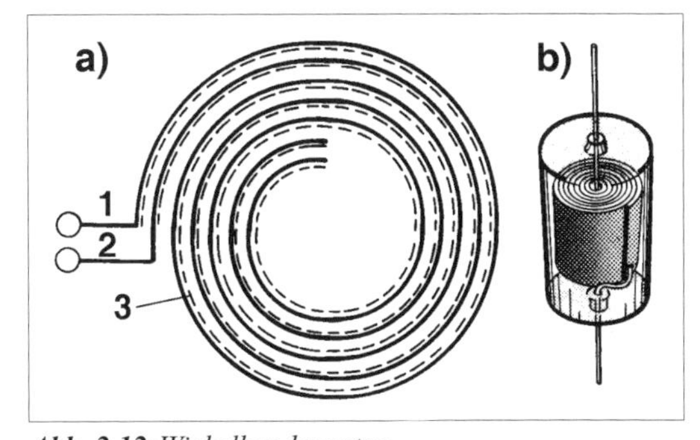

Abb. 2.12: Wickelkondensator.
a) prinzipieller Aufbau;
b) Ausführungsbeispiel.
1 - Außenbelag; 2 - Innenbelag; 3 - Dielektrikum. Das Dielektrikum muss doppelt vorhanden sein (jeder Belag hat eine eigene Schicht), um die einzelnen Lagen gegeneinander zu isolieren.

Selbstheilung
Das ist eine typische Eigenschaft verschiedener Wickelkondensatoren. Schlägt der Kondensator durch, so verdampft das Metall in der Umgebung der Durchschlagstelle. Was dem Dielektrikum zustößt, hängt u. a. vom Werkstoff und der umgesetzten Energie ab. Manchmal wird das Dielektrikum durchlöchert, manchmal nicht.

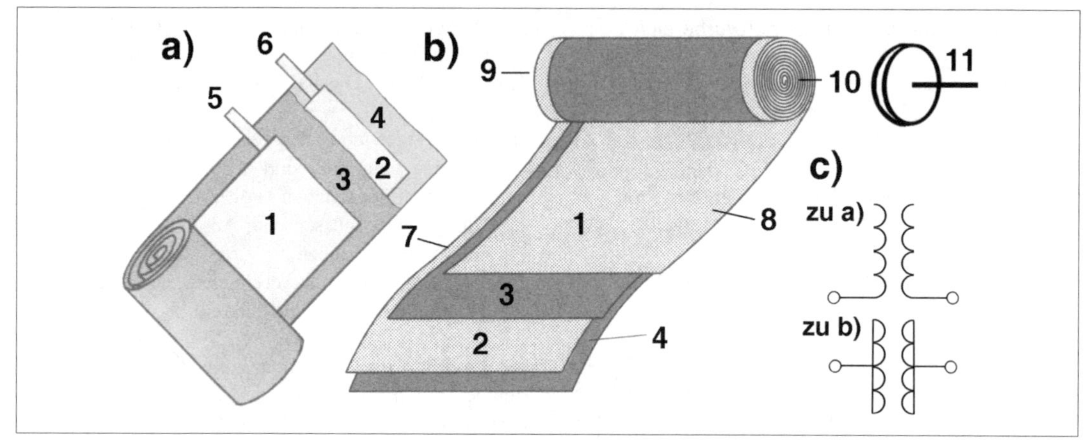

Abb. 2.13: *Wickelkondensatoren. a) herkömmliche; b) induktivitätsarme Bauform; c) Ersatzschaltbilder in Hinsicht auf die parasitäre Induktivität. 1 - Innenbelag; 2 - Außenbelag; 3, 4 - Folien (Dielektrikum); 5 - Anschluss Innenbelag; 6 - Anschluss Aussenbelag; 7 - Aussenbelag nach links versetzt; 8 - Innenbelag nach rechts versetzt; 9 - Kontaktfläche Aussenbelag; 10 - Kontaktfläche Innenbelag; 11 - Endkappe mit Anschlussdraht.*

Die Schadstelle im Dielektrikum bleibt aber stets kleiner als die freigewordenen Flächen in den Belägen. Somit gibt es keinen Schluss zwischen beiden Elektroden. Richtwerte: Dauer eines Selbstheilvorgangs: ca. 10 µs; Kapazitätsverlust < 100 pF.

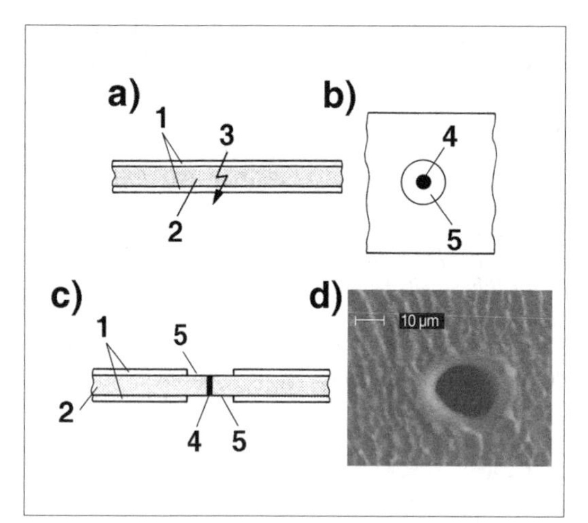

Abb. 2.14: *Selbstheilung (Prinzip). Kondensatoranordnung im Querschnitt; b) Draufsicht auf Durchschlagstelle; c) Durchschlagstelle im Querschnitt; d) Ansicht einer Durchschlagstelle (nach [2.4]). 1 - Beläge; 2 - Dielektrikum; 3 - Durchschlag; 4 - Durchschlagstelle im Dielektrikum; 5 - kein Belag (verdampft).*

Die Selbstheilung funktioniert nur in Typen mit aufgedampftem Metallbelag (Metallpapier- oder Metallfolientypen). Die Gefahr, dass bei solchen Durchschlägen Rückstände bleiben, ist allerdings immer gegeben. Solche Rückstände können Übergangswiderstände zwischen den Belägen bilden, wodurch sich der Kondensator übermäßig erwärmt (wenn er nicht gar explodiert oder brennt). Von besonderer Bedeutung hierbei ist Kohlenstoff, der sich bei den Durchschlags- und Abschmelzvorgängen bildet. Den geringsten Kohlenstoffanteil hat Papier. Die weitere Reihenfolge (nach [2.6]): Polyester, Polypropylen, Polycarbonat, Polystyrol. Deshalb werden für Anwendungen, in denen es auf die Selbstheilung ankommt (z. B. X- und Y-Kondensatoren (Abschnitt 2.2.5)) Metallpapier- oder Polyester-Metallfolientypen bevorzugt. Größere Metallpapierkondensatoren (µF) können tausend Durchschläge und mehr wegstecken, ohne dass die Kapazität wesentlich abfällt.

Schichtkondensatoren

Der Schichtkondensator ist ein in Stücke geschnittener Plattenkondensator, dessen Teile übereinandergestapelt und an den Rändern verbunden werden (Abb. 2.15). Das Dielektrikum besteht typischerweise aus einer Kunststoff-Folie, aus keramischen Werkstoffen, aus Glimmer oder aus Glas. Der besondere Vorteil dieser Bauform ist die geringe Induktivität.

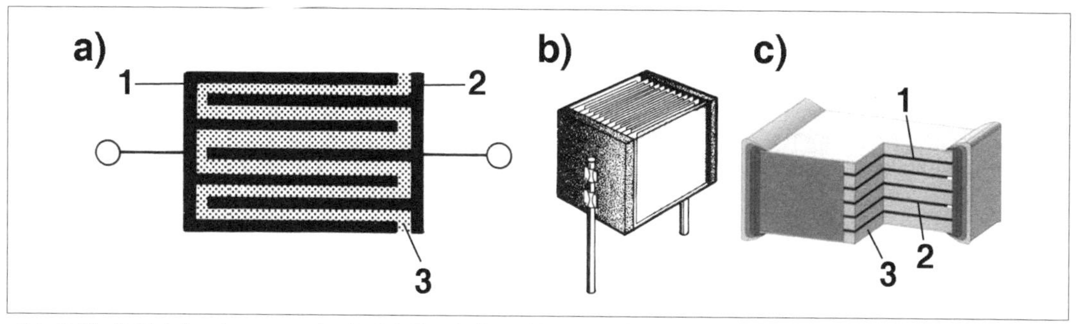

Abb. 2.15: Schichtkondensator. a) prinzipieller Aufbau; b) mit Drahtanschlüssen, c) Keramik-Vielschichtkondensator in SMD-Ausführung. 1 - Außenbelag; 2 - Innenbelag; 3 - Dielektrikum.

2.2.2 Folien- und Metallpapierkondensatoren

Metallpapierkondensatoren

Metallpapierkondensatoren (MP-Kondensatoren) sind Wickelkondensatoren, die eine imprägnierte Papierschicht als Dielektrikum haben. Das Papier ist mit einer Metallschicht bedampft. Solche Kondensatoren sind für den Betrieb an Netzwechselspannung vorgesehen. Typische Kapazitäten liegen zwischen 470 pF und 47 µF.

Folienkondensatoren

Folienkondensatoren haben eine Kunststoff-Folie als Dielektrikum. Die Elektroden (Beläge) des Kondensators werden durch Metallfolien oder durch aufgedampfte Metallschichten gebildet. Es werden sowohl Wickel- als auch Schichtkondensatoren gefertigt. Die Eigenschaften des Kondensators werden maßgeblich vom Folienmaterial bestimmt (Tabellen 2.7 bis 2.10). Im Laufe der Zeit haben die Hersteller nahezu alles eingesetzt, was die chemische Industrie liefern kann. Ab und zu kommt Neues, und es gibt auch Werkstoffkombinationen (z. B. Polyester und Polypropylen im Verbund). Typische Folienwerkstoffe:

- Polyester (z. B. Mylar),
- Polypropylen,
- Polycarbonat (z. B. Makrofol),
- Polystyrol (z. B. Styroflex),
- Polyphenylensulfid,
- Polytetraflouräthylen (z. B. Teflon).

Kondensatoren auf Grundlage aufgedampfter Metallschichten (Metallized Film Capacitors) unterscheiden sich von Typen, in denen Beläge und Dielektrikum verschiedene Folien sind (Film/Foil Capacitors), in folgenden Punkten:

- geringere Spannungen und Ströme,
- kleine Bauformen,
- höherer Verlustfaktor,
- geringerer Isolationswiderstand,
- selbstheilend.

Anwendung: bis zu mäßig hohen Frequenzen (einige hundert kHz).

Bezeichnungen von Folienwerkstoffen (DIN 41 379 / EC60062):

- K, MK: Allgemeinbezeichnungen. K = Kunststoff; M = metallisiert.
- KC, MKC: Polycarbonat,
- KF: Polymer,
- KI: Polyphenylensulfid (PPS),
- KN: Polyäthylennaphtalat (PEN),
- KP, MKP: Polypropylen (PP),
- KS, MKS: Polystryol,
- KT, MKT: Polyester (Polyäthylenterphtalat PETP),
- MKU: Lackfolie (Zelluloseacetat),
- MKY: Polypropylen, selbstheilend.

Folienkondensatoren auswählen

Es ist – wie meist – ein Herantasten. Man kann von den Eigenschaften der Werkstoffe her einsteigen (Tabellen 2.7 und 2.8) oder von den Anforderungen des Einsatzfalls ausgehen (Tabellen 2.9 und 2.10).

Ausgehend von Tabelle 2.7 ergibt sich das folgende (sehr) grobe Auswahlschema (Es ist wirklich nur zur allerersten Orientierung gedacht. Weiteres im Abschnitt 2.6).

- Der Wald- und Wiesen-Typ ist der Polyesterkondensator (KT),

- wenn es nicht so darauf ankommt, aber der Platz knapp ist: Polymer (KF),
- wenn es nicht so darauf ankommt, aber etwas wärmer wird: Polyäthylennaphtalat (KN),
- wenn die Frequenzen etwas höher sind und es etwas wärmer wird: Polyphenylensulfid (KI),
- wenn es etwas präziser sein soll: Polycarbonat (KC),
- wenn es auf Präzision ankommt, aber nicht allzu warm wird: Polystyrol (KS),
- wenn der Kondensator wirklich was aushalten soll (hohe Spannung, Impulse usw.): Polypropylen (KP),
- wenn der Nachladeeffekt stört: Polystyrol (KS) oder Polypropylen (KP).

Bezeichnung	Bedeutung	Anmerkungen
KC	Polycarbonat	Gegenüber Polyester (KT) Verlustfaktor und Temperaturkoeffizient geringer, Isolationswiderstand höher. Bessere Beständigkeit der Kennwerte. Etwas geringere Packungsdichte. In der Anwendungshäufigkeit Nr. 2 nach Polyester.
KF	Polymer	Viermal höhere DK als Polyester. Deshalb besondes hohe Packungsdichte. Aber höherer Verlustfaktor, geringerer Isolationswiderstand und höhere Kosten.
KI	Polyphenylensulfid (PPS)	Geringer Verlustfaktor; deshalb für höhere Frequenzen geeignet. Verträgt höhere Temperaturen.
KN	Polyäthylennaphtalat (PEN)	Wie Polyester (KT), aber für Einsatz bei höheren Temperaturen.
KP	Polypropylen (PP)	Geringer Verlustfaktor und hohe dielektrische Feldstärke. Hoher Isolationswiderstand. Kann somit bei höheren Frequenzen oder Spannungen eingesetzt werden. Verträgt Impulsbelastung. Einsatz u. a. in Entstörkondensatoren für Netzspannung.
KS	Polystyrol	Gute elektrische Eigenschaften und Beständigkeit der Kennwerte. Aber nur bis ca. 85° einsetzbar (Richtwert).
KT	Polyester (Polyäthylenterphtalat PETP)	Der am häufigsten verwendete Werkstoff. Die hohe Dielektrizitätskonstante ermöglicht hohe Packungsdichten, also kleine Bauelemente. Kostengünstig. Universeller Einsatz überall dort, wo es nicht so darauf ankommt (geringe Spannungen bei niedrigen Frequenzen).

Tabelle 2.7: *Typische Folienwerkstoffe (1). Überblick.*

Bezeichnung	Polyester PETP (KT)	Polyäthylennaphtalat PEN (KN)	Polyphenylensulfid (KI)	Polypropylen (KP)
max. Betriebstemperatur	125 °C	125 °C	150 °C	105 °C
Verlustfaktor bei 1 kHz	$50 \cdot 10^{-4}$	$40 \cdot 10^{-4}$	$3 \cdot 10^{-4}$	$1 \cdot 10^{-4}$
Verlustfaktor bei 10 kHz	$110 \cdot 10^{-4}$	–	$6 \cdot 10^{-4}$	$2 \cdot 10^{-4}$
Verlustfaktor bei 100 kHz	$170 \cdot 10^{-4}$	–	$12 \cdot 10^{-4}$	$2 \cdot 10^{-4}$
Verlustfaktor bei 1 MHz	$200 \cdot 10^{-4}$	–	$18 \cdot 10^{-4}$	$4 \cdot 10^{-4}$
Dielektrische Feldstärke	400 V/µm	300 V/µm	250 V/µm	600 V/µm
Leistungsdichte bei 10 kHz	50 W/cm^3	40 W/cm^3	2,5 W/cm^3	0,5 W/cm^3
Dielektrische Absorption	0,2 %	1,2 %	2,5 %	0,6 %
DK (ε_{rel}) bei 1 kHz	3,3	3	3	2,2

Tabelle 2.8: *Typische Folienwerkstoffe (2). Ausgewählte Kennwerte (nach [2.5]).*

Werkstoff	Wertebereich[1]	Anwendung
Polyester (KT)	47 pF...100 µF	Allgemeine Anwendungen, Koppel- oder Speicherkondensatoren bei niedrigen Spannungen und Frequenzen (Audiobereich). Als Stützkondensatoren (z. B. in Logikschaltungen) ungeeignet.
Polystyrol (KS)	2 pF...10 µF	Koppel- oder Speicherkondensatoren, Filterung, Analogschaltungen, zeitbestimmende Kondensatoren. Frequenzen max. einige hundert kHz. Für Hochfrequenzanwendungen ungeeignet.
Polycarbonat (KC)	100 pF...10 µF	Zeitbestimmende Kondensatoren und andere Anwendungen, wo es auf geringe Parameteränderungen ankommt.
Polypropylen (KP)	47 pF...47 µF	Für höhere Frequenzen und Spannungen geeignet. Koppel- oder Speicherkondensatoren, Rauschunterdrückung, Filterung, zeitbestimmende Kondensatoren, Motorkondensatoren.
Teflon	10 nF...3,3 µF	Zeitbestimmende Kondensatoren und andere Anwendungen, wo es auf wirkliche Präzision ankommt. Das beste Dielektrikum aller Folientypen. Teuer.

[1]: Richtwerte

Tabelle 2.9: *Folienkondensatoren (1). Typische Wertebereiche und Anwendungsgebiete.*

Werkstoff	Toleranz[1]	TC (ppm/°C)[1, 2]	Besonderheiten
Polyester (KT)	± 5...10 %	+ 600...900	• Kleine Abmessungen, • kostengünstig, • geringster Isolationswiderstand der hier genannten Werkstoffe.
Polystyrol (KS)	± 1... 5 %	- 70... + 200	• Kleine Abmessungen, • hoher Isolationswiderstand, • geringer Nachladeeffekt, • zulässige Betriebstemperatur geringer als bei Polyester und Polycarbonat, • schmaler Temperaturbereich (bis ca. 85 °C), • Billigtypen halten nicht mehr als + 70 °C aus. Werden solche Bauelemente über + 70 °C erwärmt, so nehmen sie nach dem Abkühlen nicht mehr ihren alten Kapazitätswert ein.
Polycarbonat (KC)	± 5...10 %	+ 50...100	• Temperaturgang und Isolationswiderstand besser als bei Polyester, • merklicher Nachladeeffekt, • vergleichsweise niedrige Betriebsspannungen, aber in einem weiten Temperaturbereich ohne Derating ausnutzbar (Richtwert: von - 55 bis + 125 °C), • weniger geeignet für Dauerbetrieb mit Wechselspannung.
Polypropylen (KP)	± 1...10 %	- 200 ppm	• Bester Isolationswiderstand der hier genannten Werkstoffe, • hohe Betriebsspannungen, • Kapazität stabil bis über 100 kHz, • geringer Verlustfaktor, • gute Impulsbelastbarkeit, • geringer Nachladeeffekt, • geringe Verluste bei höheren Frequenzen, geeignet für Dauerbetrieb mit hohen Wechselspannungen. • Richtwert: bis zu + 105 °C ohne Derating einsetzbar.

1: Richtwerte. 2: *Hinweis:* Keine Kunststoff-Folie hat einen konstanten Temperaturkoeffizienten.

Tabelle 2.10: *Folienkondensatoren (2). Weitere Einzelheiten.*

2.2.3 Keramische Kondensatoren

Keramische Werkstoffe ermöglichen induktivitätsarme Bauformen, die für Impuls- und Hochfrequenzanwendungen gut geeignet sind. Es gibt zwei unterschiedliche Ausführungen:

a) Klasse 1, NDK, Stable K
NDK = niedrige Dielektrizitätskonstante (Richtwert: > 10...500). Mit solchen Werkstoffen werden kleinere Kapazitätswerte gefertigt (Größenordnung: von 0,5 pF bis 10 nF). Diese werden mit geringen Toleranzen eingehalten; Temperaturkoeffizient und Verluste sind niedrig. Es gibt praktisch keine Alterung. Anwendung: frequenzbestimmende Kondensatoren, Filterschaltungen usw.

b) Klasse 2, HDK, High K
HDK = hohe Dielektrizitätskonstante (Richtwert: 500... > 100 000). Hiermit kann man Kapazitäten zwischen etwa 1 nF und 1 µF bei geringen Abmessungen fertigen. Der wesentliche Vorteil: ein geringer Ersatzserienwiderstand ESR (Richtwert: 0,1 Ω). Solche Bauelemente haben allerdings höhere Toleranzen, höhere Verluste und einen beträchtlichen, ausgeprägt nichtlinearen Temperaturgang – man gibt gar keinen richtigen Temperaturkoeffizienten an[6], sondern spezifiziert pauschal die Kapazitätsänderung über den gesamten Temperaturbereich (Richtwert: ± 20 % und mehr). Auch die Alterung ist nicht zu vernachlässigen. Zudem weisen sie piezoelektrische Effekte auf; sie reagieren auf mechanische Schwingungen (Mikrofonieeffekt)[7], und bei Erregung mit Frequenzen im Hörbereich können sie als Schallgeber wirken. Anwendung: Stütz-, Entkopplungs- und Durchführungskondensatoren. Für echte „analoge" Anwendungen – bei denen es auf Beständigkeit der Kennwerte (Stabilität) ankommt – sind sie nicht geeignet.

Richtwerte:

- Klasse 1:
  - Scheibentypen: 1 pF...22 nF,
  - Vielschichttypen: 0,5 pF...3,3 nF.
- Klassse 2:
  - Scheibentypen: 1,8 pF...220 nF,
  - Vielschichttypen: 0,1 pF... 1500 µF.

Neben Einzelkondensatoren werden auch Mehrfachanordnungen (Kondensator-Arrays) mit beispielsweise zwei oder vier Kondensatoren angeboten.

Bezeichnung der Dielektrika
Die Keramikwerkstoffe werden mit standardisierten Buchstaben-Ziffern-Kombinationen bezeichnet. Es gibt (ältere) IEC- und (neuere) EIA-Bezeichnungen. Die Hersteller verwenden für die Klasse 1 meist die IEC-Bezeichnungen und für die Klasse 2 die EIA-Bezeichnungen.

NDK-Keramiken (Klasse 1) gemäß IEC
Ein Buchstabe mit nachfolgenden Ziffern (Tabelle 2.11). Die Ziffernangabe betrifft den Temperaturkoeffizienten in ppm, der vorangestellte Buchstabe dessen Vorzeichen (N – negativ, P – positiv). Beispiele: P100 steht für + 100 ppm/°C, N750 für - 750 ppm/°C.

P 100	NP 0	N 033	N 075	N 150	N 220
N 330	N 470	N 750	N 1500	N 2200	N 5600

Tabelle 2.11: *NDK-Keramiken der Klasse 1 (Übersicht).*

NDK-Keramiken (Klasse 1) gemäß EIA
Eine Buchstaben-Ziffern-Kombination, wobei die ersten Buchstaben (von A bis V) den Temperaturkoeffizienten bezeichnen. Tabelle 2.12 enthält einige Beispiele.

IEC	EIA	Temperaturkoeffizient
NP0	C0G	± 0 ppm/°C
N150	P2G	- 150 ppm/°C
N330	S1G	- 330 ppm/°C

Tabelle 2.12: *Bezeichnungsbeispiele gemäß IEC und EIA.*

Kondensatoren der Klasse 1 gibt es mit verschiedenen Toleranzen des Temperaturkoeffizienten:
- Klasse 1A: engerer Toleranzbereich,
- Klasse 1B: normaler Toleranzbereich,
- Klasse 1F: erweiterter Toleranzbereich.

6 Versuche zur Temperaturkompensation sind also zwecklos.

7 Das kann u. a. dann ein Problem sein, wenn die betreffende Einrichtung mechanischen Schwingungen ausgesetzt ist, z. B. bei Einbau im Kraftfahrzeug oder in der Nähe von Motoren, Lautsprechern usw.

HDK-Keramiken (Klasse 2), herkömmliche Bezeichnung
Ein Kennbuchstabe (z. B. R) mit nachfolgender Angabe der Dielektrizitätskonstanten (Tabelle 2.13).

Keramiktyp	Bezeichnungen nach IEC	Bezeichnungen nach EIA
R 700, R 1400	2B4	Y5P
R 2000, R 3000	2C4, 2D2	Y5S
R 4000, R 6000	20000	Y5U
R 4000	200	X5U

Tabelle 2.13: *HDK-Keramiken der Klasse 2 (Übersicht). Zu den Bezeichnungen nach IEC und EIA vgl. die Tabellen 2.14 und 2.15.*

HDK-Keramiken (Klasse 2) gemäß IEC
Die Bezeichnungen beginnen mit der Ziffer 2 (für Klasse 2), gefolgt von einem Buchstaben und einer weiteren Ziffer. Der Buchstabe bezeichnet die maximale Kapazitätsänderung, die Ziffer den Temperaturbereich (Tabelle 2.14).

HDK-Keramiken (Klasse 2) gemäß EIA
Es handelt sich um einen Code aus drei Zeichen. Die ersten beiden Zeichen betreffen den Temperaturbereich, das dritte bezeichnet die maximale Kapazitätsänderung (Tabelle 2.15).

Maximale Kapazitätsänderung über den Temperaturbereich, bezogen auf + 20 °C Nenntemperatur			Temperaturbereich	3. Zeichen
Ohne Gleichspannung	Mit Gleichspanung	2. Zeichen		
± 10%	+ 10, - 15 %	B	- 55 ... + 125 °C	1
± 20%	+ 20, - 30 %	C	- 55 ... + 85 °C	2
+ 20, - 30%	+ 20, - 40 %	D	- 40 ... + 85 °C	3
+ 22, - 56 %	+ 22, - 70 %	E	- 20 ... + 85 °C	4
+ 30, - 60 %	+ 30, - 90 %	F	- 10 ... + 85 °C	5
± 15 %	+ 15, - 40 %	R		
± 15 %	+ 15, - 25 %	X		

Tabelle 2.14: *Bezeichnung der HDK-Keramiken (Klasse 2) gemäß IEC.*

1. Zeichen	2. Zeichen	3. Zeichen	
Untere Temperaturgrenze	Obere Temperaturgrenze	Maximale Kapazitätsänderung über den Temperaturbereich, bezogen auf + 25 °C Nenntemperatur	
X = - 55 °C	2 = + 45 °C	A = ± 1,0 %	P = ± 10 %
Y = - 30 °C	4 = + 65 °C	B = ± 1,5 %	R = ± 15 %
Z = + 10 °C	5 = + 85 °C	C = ± 2,2%	S = + 22 %
	6 = + 105 °C	D = ± 3,3 %	T = + 22, - 33 %
	7 = + 125 °C	E = ± 4,7 %	U = + 22, - 56 %
		F = ± 7,5 %	V = + 22, - 82 %

Tabelle 2.15: *Bezeichnung der HDK-Keramiken gemäß EIA.*

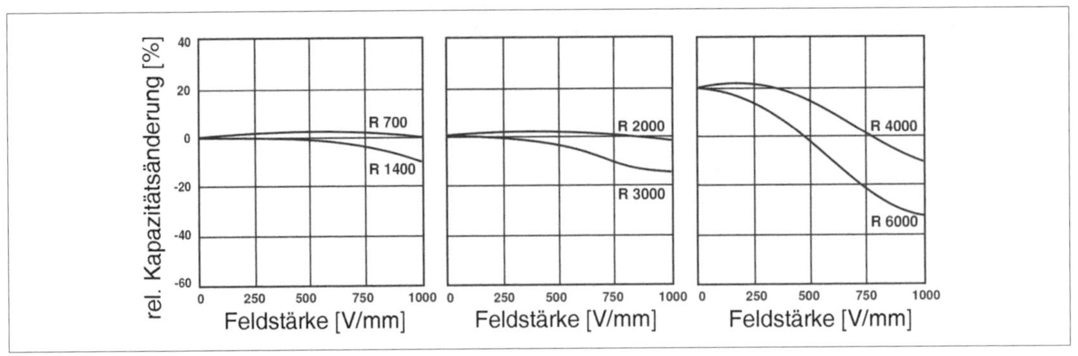

Abb. 2.16: *Die Abhängigkeit der Kapazität von der anliegenden Gleichspannung (nach [2.7]).*

Kapazität und Frequenz

Die Kapazität ist praktisch nicht von der Frequenz abhängig[8]. Das gilt für beide Klassen.

Kapazität und Gleichspannung

Kondensatoren aus Klasse-1-Werkstoffen weisen eine nur geringe (oftmals vernachlässigbare) Spannungsabhängigkeit der Kapazität auf.

Bei Werkstoffen der Klasse 2 ergibt sich hingegen eine merkliche Spannungsabhängigkeit der Kapazität – je höher die Dielektrizitätskonstante, desto stärker (Abb. 2.16).

Wechselspannung und Frequenz

Die Amplitude der Wechselspannung, die am Kondensator anliegen darf, ist frequenzabhängig. Hierbei sind drei Frequenzbereiche zu unterscheiden (Abb. 2.17). Im ersten ist die Spannung durch die zulässige Feldstärke begrenzt, im zweiten durch die zulässige Blindleistung (Permissible Reactive Power) und im dritten durch den zulässigen Blindstrom (Permissible Reactive Current).

Alterung

Die Kapazität der Kondensatoren aus Klasse-2-Werkstoffen nimmt mit der Zeit ab:

$$C_{t2} = C_{t1} \cdot \left(1 - \frac{k}{100} \cdot lg \frac{t_1}{t_2}\right) \tag{2.43}$$

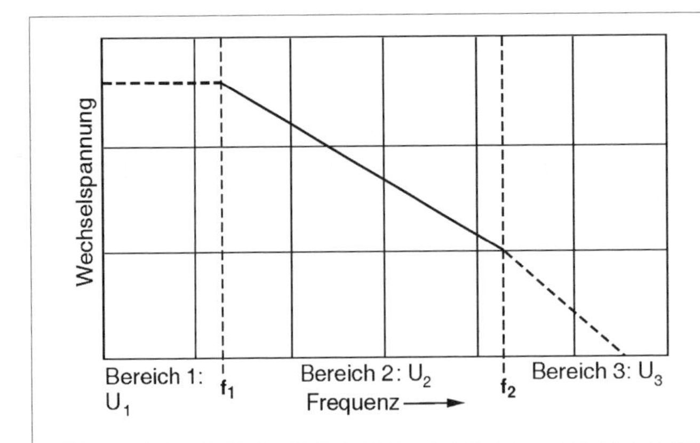

$$U_1 = \frac{U_R}{\sqrt{2}}; \quad U_2 = \sqrt{\frac{P_{Bmax}}{2\pi fC}};$$

$$U_3 = \frac{I_{max}}{2\pi fC}$$

$$f_1 = \frac{P_{Bmax}}{2\pi U_1^2 \cdot C};$$

$$f_2 = \frac{I_{max}^2}{2\pi P_{Bmax} \cdot C}$$

Abb. 2.17: *Die zulässige Wechselspannung in Abhängigkeit von der Frequenz (nach [2.7]). U_R - Nenngleichspannung; P_{Bmax} - zulässige Blindleistung in VA; I_{max} - zulässiger Blindstrom.*

8 Hinweis: Bei Betrieb im Bereich der Resonanzfrequenz fällt die Impedanz stark ab (vgl. Abb. 2.11). Somit erscheint es, als habe sich die Kapazität erhöht.

t_1 und t_2 sind die Zeitpunkte (in Stunden), k ist eine Alterungskonstante (in %) aus dem Datenmaterial (Richtwert (nach [2.7]): -1...-4 %).

Wird das Bauelement erwärmt (z. B. beim Löten), nimmt die Kapazität wieder zu. Danach beginnt die Alterung von neuem. Bei einer Temperatur von 150 °C kann die Alterung in einer Stunde fast vollständig rückgängig gemacht werden (De-ageing).

Die Kapazitätskennwerte solcher Kondensatoren beziehen sich auf ein Alter von 1000 h. Ist bekannt, wie lange der Kondensator gelagert wurde (Shelf Life), kann die Kapazität für die ersten 1000 h (also der Nennwert) aus der aktuellen (gemessenen) Kapazität gemäß (2.43) berechnet werden.

Industriestandards

Einige wenige Dielektrika haben den Charakter von Industriestandards. Die weitaus meisten keramischen Kondensatoren werden mit diesen Werkstoffen gefertigt. Typische Beispiele:

Klasse 1: C0G (NP0)

Der Temperaturkoeffizient beträgt theoretisch Null, praktisch bis zu ± 30 ppm/°C. Kapazität und Verlustfaktor sind kaum von der Frequenz und von der Spannung abhängig. Es gibt keine Alterung. Der Nachladeeffekt ist vernachlässigbar. Kondensatoren aus diesen Werkstoffen sind die einzigen Keramiktypen, die für Abtast- und Halteschaltungen geeignet sind.

Klasse 2: X5R und X7R

Mit diesen Werkstoffen werden die Wald-und-Wiesen-Typen gefertigt, die in großen Stückzahlen als Koppel-, Sieb- und Stützkondensatoren eingesetzt werden.

Klasse 2: Z5U

Z5U ermöglicht es, Kondensatoren mit sehr hoher Packungsdichte zu fertigen – allerdings auf Kosten der Toleranz und der Langzeitstabilität. Einsatz z. B. als Stützkondensatoren in Digitalschaltungen.

2.2.4 Durchführungskondensatoren

Durchführungskondensatoren dienen dazu, beim Durchtritt von Versorgungsspannungs- und Steuerleitungen durch abschirmende Gehäuse die Hochfrequenz im Innern zu halten, also in die Gehäusewand abzuleiten. Sie werden als metallisierte Keramikröhrchen (zum Einlöten) oder in Metallgehäusen mit Schraubgewinde gefertigt (Größenordnung der Kapazität: 47 pF...22 nF). In ähnlichen Bauformen werden komplette Entstörfilter angeboten (Abb. 2.18).

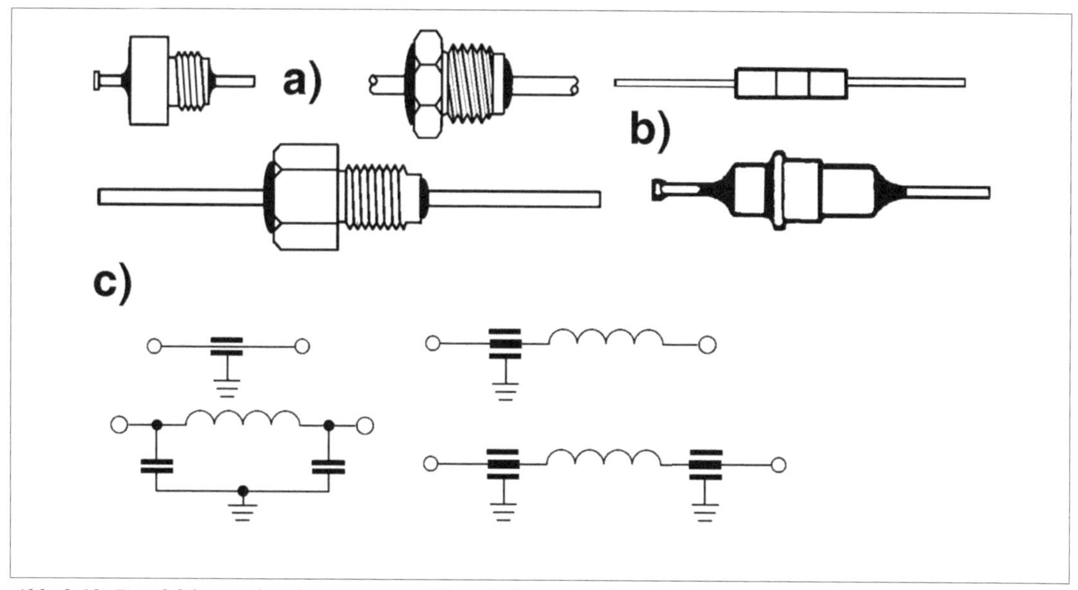

Abb. 2.18: *Durchführungskondensatoren und Entstörfilter. a) Schraubbefestigung; b) Lötbefestigung; c) Schaltbilder.*

2.2.5 Entstörkondensatoren für den Netzanschluss

Diese Bauelemente dienen zum Ableiten hochfrequenter Störungen (Abb. 2.19). Sie unterliegen besonderen Vorschriften[9].

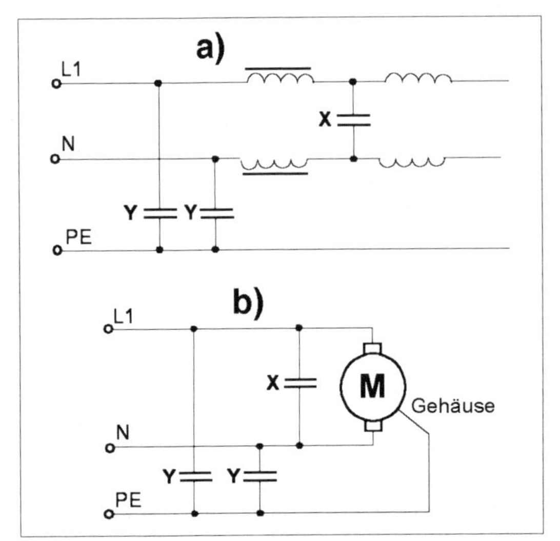

Abb. 2.19: *Entstörkondensatoren im Einsatz.*
a) Netzfilter vor einem Schaltnetzteil;
b) Wechselstrommotor.

X-Kondensatoren dienen zum Ableiten von Störungen über die stromführenden Leiter (L1 und N). Tritt ein Kurzschluss im Kondensator auf, so kann dies offensichtlich nicht zu einem gefährlichen elektrischen Schlag führen, da die Leiter L1 und N nicht mit berührbaren Metallteilen verbunden sind und ein Kurzschluss die Sicherung des Stromkreises auslösen würde. Es gibt drei Klassen:

- X1: für Spitzenspannungen über 1,2 kV (geprüft mit Impulsen von 4 kV). Für Einrichtungen, die an ein Dreiphasennetz angeschlossen werden.
- X2: für Spitzenspannungen bis zu 1,2 kV (geprüft mit Impulsen bis 2,5 kV). Für Einrichtungen, die an ein übliches Einphasennetz angeschlossen werden.
- X3: für allgemeine Verwendung. Keine Impulsprüfspannung spezifiziert. In der Praxis bedeutungslos.

Y-Kondensatoren dienen zum Ableiten hochfrequenter Störungen über den Schutzleiter. Da dieser mit den berührbaren Metallteilen (z. B. Gehäuse) verbunden ist, könnte ein Kurzschluss im Kondensator eine gefährlichen elektrischen Schlag verursachen. Deshalb sind Y-Kondensatoren so auszuführen, dass der Fehlermechanismus Kurzschluss eigentlich nicht vorkommen kann. Sie werden schärfer geprüft als die X-Kondensatoren. Es gibt vier Klassen:

- Y1: Für Einrichtungen der Schutzklasse 2 (Basisisolierung + Schutzisolierung). Netzspannung bis zu 250 V, geprüft mit Impulsen von 8 kV.
- Y2: Für Einrichtungen der Schutzklasse 1 (Basisisolierung). Netzspannung bis zu 250 V; geprüft mit Impulsen von 5 kV.
- Y3: Für Einrichtungen der Schutzklasse 1 (Basisisolierung). Netzspannung bis zu 250 V; keine Impulsprüfspannung spezifiziert. Nutzung z. B. auf der Sekundärseite von Netztransformatoren.
- Y4: Für Einrichtungen der Schutzklasse 1 (Basisisolierung). Netzspannung bis zu 150 V; geprüft mit Impulsen von 2,5 kV.

Für übliche Netzanschlüsse (230 V) sind praktisch nur die Klassen X2 und Y2 von Bedeutung. Richtwerte: X-Kondensatoren 100 nF...1 µF; Y-Kondensatoren z. B. 4,7 nF (wegen der vorgeschriebenen Begrenzung des Ableitstroms[10]).

Ausführung: vorzugsweise als Metallpapier-, Polyester- oder Polypropylen-Metallfolienkondensatoren.

2.2.6 Weitere Dielektrika

Glimmer

Glimmer (Mica) ist das traditionelle Dielektrikum für belastbare und in ihren Kennwerten beständige Kondensatoren der Hochspannungs- und Hochfrequenztechnik (z. B. in den Schwingkreisen von Sendern). Richtwerte:

- Wertebereich: 2,2 pF ... 10 nF,
- Toleranzen ±1...20 %;
- Betriebstemperatur: bis 200 °C,
- Temperaturkoeffizient: + 50 ± 50 ppm/°C,

9 Für einen ersten Überblick vgl. beispielsweise [2.6].

10 Max. 5 mA. 4,7 nF ergeben bei 50 Hz rund 3,8 mA.

- Verlustfaktor: bei 50 Hz ca. 0,005; ab etwa 1 kHz ca. 0,0005,
- Betriebsspannung: bis 500 V.

Glas

Glas ist eine Alternative zum Glimmer, wenn Kondensatoren zu fertigen sind, die für hohe Frequenzen und Betriebstemperaturen geeignet sowie in ihren Kennwerten beständig sind. Richtwerte:

- Wertebereich: 0,5 pF ... 10 nF,
- Toleranzen: ± 1%, ± 5%,
- Betriebstemperatur: bis 200 °C,
- Temperaturkoeffizient: 140 ± 25 ppm/°C,
- Verlustfaktor: < 0,001,
- dielektrische Absorption: < 0,012%,
- Betriebspannung: 50... 2000 V.

Siliziumdioxid

Silizumioxid (SiO_2) ist ein weiteres Dielektrikum, das für präzise Kondensatoren der Hochfrequenztechnik verwendet wird (z. B. in Wertebereichen zu einigen hundert pF). Hierbei werden Verfahren der Halbleiterfertigung angewendet.

Luft

Luft ist ein nahezu ideales Dielektrikum. Die Kapazität eines entsprechenden Kondensators wird im Grunde nur von der Fertigungsgenauigkeit, nicht aber von irgendwelchen Materialeigenschaften bestimmt. Die historische Anwendung: Drehkondensatoren und Trimmer (Abschnitt 2.3). Ein Kondensator mit 1 cm^2 Plattenfläche hat folgende Kapazitätswerte (vgl. (2.7)):

- bei 1 mm Abstand ca. 0,9 pF,
- bei 0,1 m Abstand ca. 9 pF.

Leiterplatten

Der Gedanke, Kondensatoren auf Leiterplatten selbst zu bauen, liegt nahe. Es können aber nur sehr kleine Kapazitätswerte realisiert werden. Richtwerte der Materialeigenschaften:

- Hartpapier: DK ca. 4,1;
  Verlustfaktor bei 1 MHz 0,032,
- Epoxyd (FR-4): DK ca. 4,9;
  Verlustfaktor bei 1 MHz 0,018.

Bei 1 mm Dicke ergibt 1 cm^2 Plattenfläche also knapp 4 pF.

Ungepolte Elektrolytkondensatoren

Eine Lösung für hohe Kapazitätswerte. Man schaltet zwei gleichartige Elektrolytkondensatoren gegeneinander in Reihe (Abb. 2.20). Hierdurch reduziert sich allerdings die Kapazität auf die Hälfte.

Bipolare oder NF-Elkos[11] werden auch als komplette Bauelemente angeboten. Sie beruhen auf demselben Prinzip (einer Anordnung Metallelektrode-Oxidschicht-Elektrolyt-Oxidschicht-Metallelektrode).

Hinweis: Kondensatoren mit trockenem Elektrolyten und Aluminiumtypen mit feuchtem Elektrolyten dürfen gemäß Abb. 2.20 zusammengeschaltet werden, nicht aber Tantaltypen mit feuchtem Elektrolyten (Gefahr durch Überdruck im Gehäuse infolge Sauerstoffbildung).

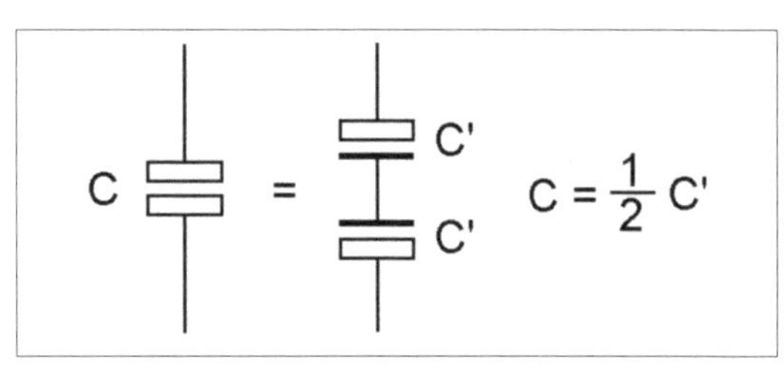

Abb. 2.20: *Elektrolytkondensatoren für Wechselspannungsbetrieb.*

2.3 Einstellbare Kondensatoren

Drehkondensatoren waren über Jahrzehnte hinweg die typischen Abstimmkondensatoren der Rundfunkempfangstechnik. Sie bestehen aus festen und drehbaren Plattenpaketen (Abb. 2.21). Heutzutage sind sie aus der Mode, da man zur Frequenzaufbereitung und Abstimmung andere Prinzipen bevorzugt.

Trimmkondensatoren (Trimmer) werden nur mit kleinen Kapazitätswerten (Größenordnung 1...100 pF) gefertigt (Abb. 2.22). Das Dielektrikum besteht aus Luft, Folie oder Keramik.

11 Der ungepolte Elektrolytkondensator darf auch mit Wechselstrom betrieben werden.

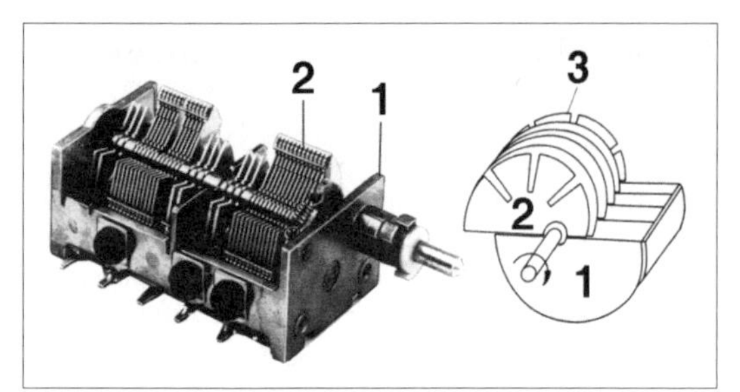

Abb. 2.21: *Drehkondensator. Links Ausführungsbeispiel, rechts Prinzip.*
1 - festes Plattenpaket (Stator);
2- drehbares Plattenpaket (Rotor);
3 - die Rotorplatten sind geschlitzt, um (durch Biegen der einzelnen Segmente) den Kondensator genau abgleichen zu können.

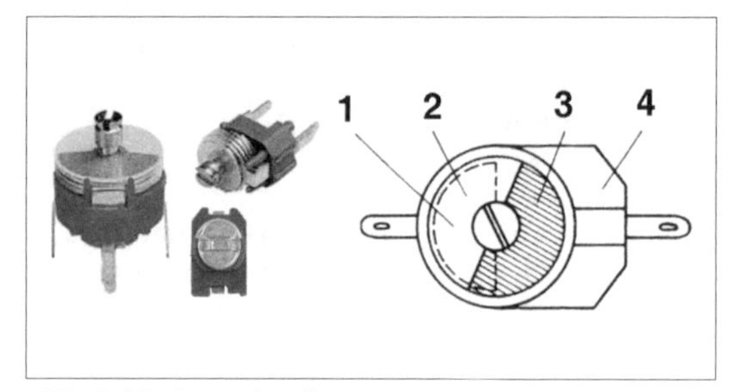

Abb. 2.22: *Trimmkondensatoren.*
Links Beispiele, rechts Aufbau eines Keramiktrimmers.
1- Rotor; 2- Statorbelag; 3- Rotorbelag; 4 - Stator.

Praxistipp: Trimmkondensatoren sind – mit ihren kleinen Kapazitäten – nur bei hohen Frequenzen oder in Schaltungsteilen anwendbar, in denen es auf kleine Kapazitätsabweichungen ankommt. Mit anderen Worten, es ist eine irgendwie empfindliche Angelegenheit. Der Schraubendreher verändert die Kapazität, sobald er angesetzt wird. Zum professionellen Abgleichen braucht man ein sog. Abgleichbesteck mit Schraubendrehern aus Kunststoff oder Keramik.

2.4 Elektrolytkondensatoren (Elkos)

Der Elektrolytkondensator hat nur eine metallische Elektrode. Die andere wird durch einen Elektrolyten gebildet. Das Dielektrikum besteht in einer äußerst dünnen Oxidschicht auf der Metall-Elektrode. Diese Bauweise erlaubt es, extreme Kapazitätswerte (einige 1000 µF...> 1 F) zu verwirklichen, hat aber zur Folge, dass man grundsätzlich einen gepolten Kondensator erhält. Die Metall-Elektrode muss auf positiverem Potential liegen als der Elektrolyt. Elektrolytkondensatoren werden als Sieb-, Glättungs- und Stützkondensatoren eingesetzt. Sie dürfen nicht mit Wechselstrom betrieben werden.

Elektrolytkondensatoren unterscheiden sich nach der Art der metallischen Elektrode (Aluminium, Tantal oder Niob) und nach der Beschaffenheit des Elektrolyten (feucht oder trocken).

Aluminium mit feuchtem Elektrolyten
Die positive Elektrode ist eine Aluminiumfolie, der Elektrolyt eine dünne Schicht aus Aluminiumoxid. Um die Fläche zu vergrößern, wird die mit Aluminiumoxid bedeckte Seite der Elektrode aufgerauht. Die negative Elektrode ist eine mit dem Elektrolyten getränkte Papierlage, die über eine weitere Aluminiumfolie kontaktiert wird (Abb. 2.23 bis 2.25).

Aluminium mit trockenen Elektrolyten
Der Aufbau entspricht Abb. 2.23, nur enthält die Zwischenlage keinen feuchten Elektrolyten, sondern einen organischen Halbleiterwerkstoff (Conductive Polymer). Solche Bauelemente haben einen niedrigen Ersatzserienwiderstand und vertragen bis zu 10 % der Nennspannung mit umgekehrter Polarität (Umpolspannung).

Tantal
Die positive Elektrode ist ein poröser Sinterkörper aus Tantal, der mit einer Tantalpentoxidschicht als Dielektrikum bedeckt ist.

Tantal mit feuchtem Elektrolyten
Der Sinterkörper befindet sich in einem Metallgehäuse aus Silber oder Tantal, das den Elektrolyten enthält (Abb. 2.26). Solche Bauelemente weisen einen sehr geringen Leckstrom auf.

Tantal mit trockenem Elektrolyten
Der zweite Belag besteht aus Mangandioxid, das auf das Tantalpentoxid-Dielektrikum aufgebracht ist. Es wird über weitere Schichten aus Graphit und Silber kontaktiert (Abb. 2.27 und 2.28). Solche Bauelemente sind klein und kostengünstig. Sie vertragen bis zu 10 % der Nennspannung mit umgekehrter Polarität (Umpolspannung) und können auch mit reiner Wechselspannung betrieben werden (< 15 % Nennspannung).

Niob

Dieses Element folgt im Periodensystem dem Tantal nach. Es kommt in größeren Mengen vor und ist kostengünstiger. Bis zur Nutzbarkeit als Kondensatorwerkstoff waren jedoch viele Probleme zu lösen. Das Dielektrikum ist Niobpentoxid. Die positive Elektrode besteht enweder aus metallischem Niob oder aus Nioboxid-Keramik. Nioboxid-Keramik (NiO) hat eine höhere spezifische Wärme als Niob oder Tantal, so dass entsprechende Bauelemente bei gleichem Volumen höher belastet werden können. Das Anwendungsgebiet entspricht dem der Aluminiumtypen. Sie sind jedoch in einem viel größeren Temperaturbereich einsetzbar (von - 55 bis + 125 °C ohne wesentliche Kennwertänderung), und sie erreichen eine sehr hohe Lebensdauer (200 000 bis 500 000 Stunden). Die Betriebsgleichspannung darf bis zu 80 % der Nennspannung betragen[12].

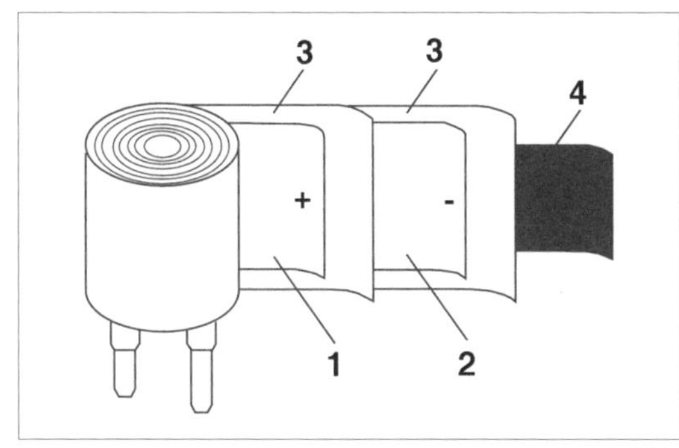

Abb. 2.23: *Der Aluminium-Elektrolytkondensator (1). Der prinzipielle Aufbau (nach [2.8]). 1 - Aluminiumfolie Pluspol (Anode); 2 - Aluminiumfolie Minuspol (Katode); 3 - Papierzwischenlagen; 4 - Klebeband (hält den Wickel zusammen).*

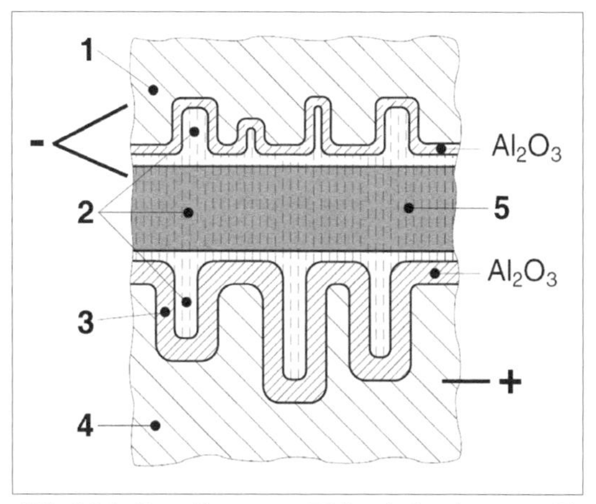

Abb. 2.24: *Der Aluminium-Elektrolytkondensator (2). Die Elektroden im Querschnitt (nach [2.9]). 1 - Aluminiumfolie Minuspol; 2 - Elektrolyt; 3 - Dielektrikum (Aluminiumoxid); 4 - Aluminiumfolie Pluspol (mit aufgerauhter Oberfläche); 5 - Papierzwischenlage (mit Elektrolyt getränkt). Der eine Kondensatorbelag (Minuspol, Katode) besteht aus dem Elektrolyten 2, der über die Aluminiumfolie 1 kontaktiert wird. Die aufgerauhte Aluminiumfolie 4 bildet den anderen Belag (Pluspol, Anode). Die Aluminiumoxidschicht 3 auf dem Anodenbelag 4 ist das Dielektrikum.*

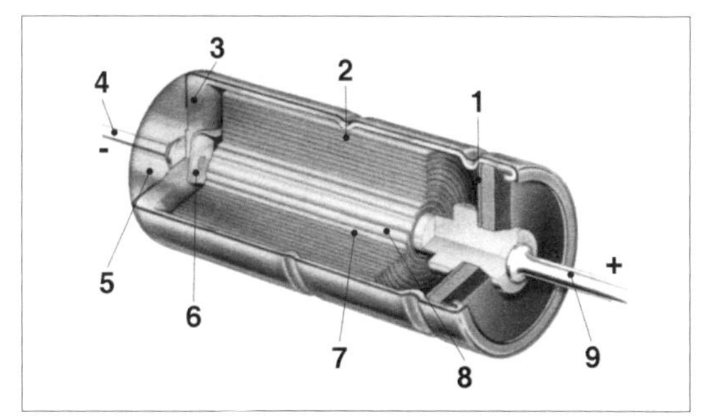

Abb. 2.25: *Der Aluminium-Elektrolytkondensator (3). Ein Typ mit axialen Anschlüssen (nach [2.9]). 1 - Verschlussscheibe; 2 - mit Elektrolyt getränkte Papierzwischenlage; 3 - Aluminiumgehäuse; 4 - Katodenanschluss (Minuspol; mit Gehäuse verbunden); 5 - isolierende Umhüllung; 6 - Verbindung der Aluminumfolie der negativen Elektrode mit dem Gehäuse; 7 - Aluminiumfolie Pluspol (Anode) mit Dielektrikum (Aluminiumoxid); 8 - Aluminiumfolie Minuspol (Anode); 9 - Anodenanschluss (Pluspol; gegen Gehäuse isoliert).*

Aluminiumtypen mit feuchtem Elektrolyten sind Billigtypen

Sie kosten nicht viel, aber alle Parameter ändern sich in Abhängigkeit von Temperatur, Spannung und Alter sowie von der Frequenz des überlagerten Wechselstroms (Abb. 2.29).

Leckstrom (DCL), Ersatzserienwiderstand (ESR) und Ersatzserieninduktivität (ESL) sind hoch, die Lebensdauer ist vergleichsweise gering (die Hersteller nennen typischerweise einige tausend Stunden).

12 Bei den meisten anderen Typen sind es nur 50 % (Derating). Näheres s. S.142.

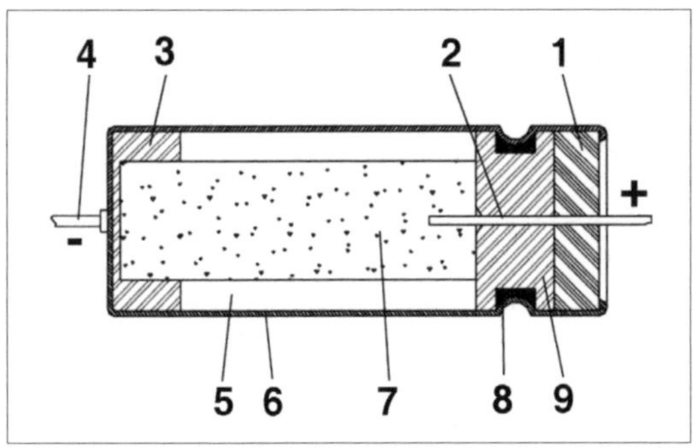

Abb. 2.26: *Tantal-Elektrolytkonensator mit feuchtem Dielektrikum (nach [2.10]). 1 - Elastomer-Dichtung; 2 - Pluspolanschluss (Anode); 3 - Isolator (Teflon); 4 - Minuspolanschluss (Katode) am Gehäuse; 5 - Elektrolyt; 6 - Metallgehäuse (Silber); 7 - Sinterkörper aus Tantal; 8 - Dichtring; 9 - Teflon-Dichtung. Der poröse Sinterkörper 7 ist die positive Elektrode (Katode), der Elektrolyt 5 die negative. Er wird vom metallischen Gehäuse 6 kontaktiert. Das Dielektrikum besteht aus Tantalpentoxid, das die Poren des Sinterkörpers 7 bedeckt.*

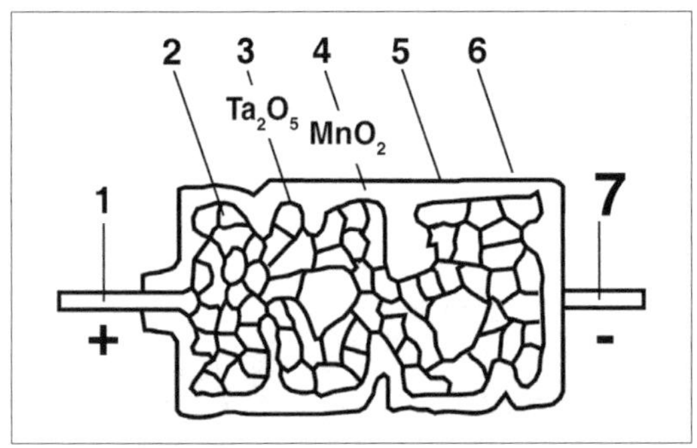

Abb. 2.27: *Tantal-Elektrolytkondensator mit trockenem Elektrolyten (nach [2.11]). 1 - Pluspolanschluss (Anode); 2 - Sinterkörper aus Tantal; 3 - Dieleketrikum (Tantalpentoxid); 4 - Mangandioxid; 5 - Graphit; 6 - Silberbeschichtung; 7 - Minuspolanschluss (Katode). Der eine Kondensatorbelag (Pluspol, Anode) ist der Sinterkörper 2 aus Tantal. Der andere Belag wird von der Mangandioxidschicht 4 gebildet, die über die Graphitschicht 5 und die Silberbeschichtung 6 kontaktiert wird. Die Tantalpentoxidschicht 3 zwischen Sinterkörper 2 und Mangandioxidschicht 4 ist das Dielektrikum.*

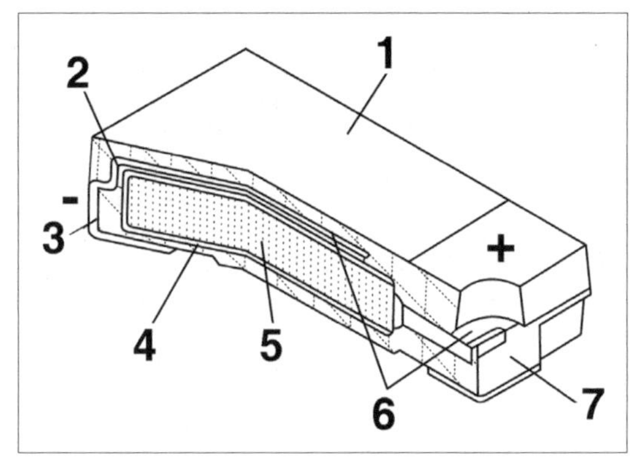

Abb. 2.28: *Tantal-Eletrolytkondensator mit trockenem Elektrolyten in SMD-Ausführung (nach [2.12]). 1 - Umhüllung (Epoxydharz); 2 - Silber; 3 - Minuspolanschluss (Katode); 4 - Beschichtung; 5 - Sinterkörper aus Tantal; 6 - Kontaktblech; 7 - Pluspolanschluss (Anode).*

Aluminiumelkos sind im Grunde nur als Siebkondensatoren in herkömmlichen Stromversorgungssschaltungen[13] und als Koppelkondensatoren für Niederfrequenz (Audiobereich) einsetzbar.

Solche Bauelemente leben nicht ewig

Der wichtigste Fehlermechanismus: das Entweichen des Elektrolyten. Billige Elektronik stirbt nicht selten an ausgetrockneten Stütz- und Siebkondensatoren[14]. Abhilfe: nicht zu sehr belasten:

- nicht zu warm,
- Betriebsgleichspannung nicht zu hoch,
- überlagerter Wechselstrom nicht zu hoch.

Die Hersteller halten Nomogramme und Rechensoftware bereit, mit denen die Lebensdauer in Abhängigkeit von den genannten Parametern berechnet werden kann. Die Lebensdauerangaben im Datenblatt betreffen den Betrieb an der oberen Grenztemperatur.

Faustregeln:

- 10 °C Absenkung der Umgebungstemperatur ergibt Verdopplung der Lebenszeit.

13 Brummspannung mit doppelter Netzfrequenz. Für Schaltnetzteile und Gleichspannungswandler, die mit höheren Frequenzen arbeiten (Richtwert: von 20 kHz an aufwärts), sind diese Bauelemente nicht geeignet.

14 Die Kondensatorbestückung ist eine der Gelegenheiten, bei denen die Gerätehersteller wirklich sparen können. Andererseits werben manche Hersteller (u. a. von Motherboards und Graphikkarten) damit, dass sie keine Aluminium-Kondensatoren einsetzen.

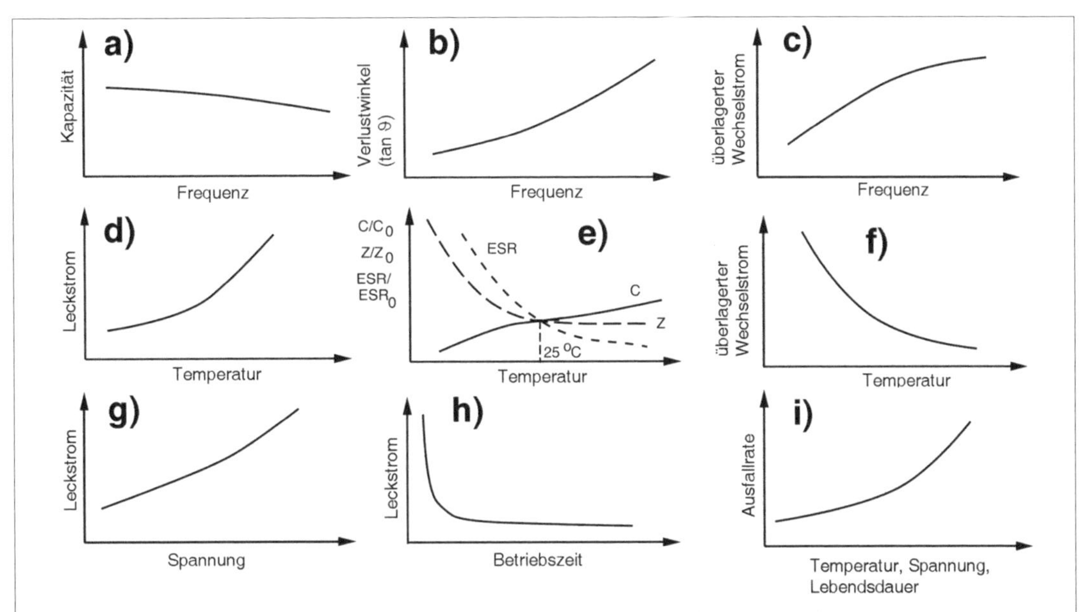

Je höher die Frequenz der überlagerten Wechselspannung, desto

- geringer die Kapazität (a),
- größer der Verlustwinkel (b),
- mehr überlagerter Wechselstrom kann vertragen werden (c).

Der Leckstrom wächst mit zunehmender Spannung (g). Er fällt mit zunehmender Betriebszeit (h).

Je höher die Temperatur, desto

- höher der Leckstrom (d),
- geringer Ersatzserienwiderstand und Impedanz (e),
- höher die Kapazität (e),
- weniger überlagerter Wechselstrom kann vertragen werden (f).

Die Ausfallrate steigt nicht nur mit zunehmender Lebensdauer, sondern auch mit höherer Temperatur oder Spannung (i).

Abb. 2.29: *Alles verändert sich ... verschiedene Abhängigkeiten bei Aluminiumtypen (nach [2.9]).*

- Bei Betriebstemperaturen von 40 °C an aufwärts ist mit Austrocknen zu rechnen.

Die Spannung über dem Elko muss in der richtigen Polung anliegen, und sie darf die Nennspannung nicht überschreiten.

Nenngleichspannung und Spitzenspannung
Kurzzeitig (z. B. beim Einschalten) darf eine höhere Spannung (Spitzenspannung) anliegen. Faustregeln:

- Aluminium: bis zu 100 V Nennspannung das 1,15fache der Nennspannung; darüber das 1,1fache,
- Tantal: das 1,3fache der Nennspannung.

Überlagerte Wechselspannung
In den üblichen Anwendungen als Sieb- und Koppelkondensator ist der anliegenden Gleichspannung eine Wechselspannung überlagert (Brummspannung, Ripple Voltage). Die Summe aus Gleichspannung und Scheitelwert der überlagerten Wechselspannung (Arbeitsspannung) darf den Wert der Nenngleichspannung nicht überschreiten (Abb. 2.30).

Überspannung und falsche Polung können zur Zerstörung des Bauelements führen. (Da infolge der großen Kapazität eine beachtliche Energie gespeichert ist, kann es richtig knallen ...)
Praxistipp: Bauelemente, die falsch herum angeschlossen und unter Spannung gesetzt wurden, nicht weiterverwenden.

Betriebsgleichspannung

Da noch der Scheitelwert der Brummspannung hinzukommt, muss die Betriebsgleichspannung (U_{DC}) deutlich unter der Nenngleichspannung bleiben (Derating). Richtwerte:

- Aluminium mit feuchtem Elektrolyten: keinesfalls mehr als die Hälfte der Nenngleichspannung. Wird eine längere Lebensdauer angestrebt, bis auf ca. 30 % heruntergehen (50...70 % Derating). $U_{DC} \leq 0{,}5...0{,}3\ U_R$.
- Tantal, Niob: 50 % Derating, also $U_{DC} \leq 0{,}5\ U_R$.
- Aluminium mit trockenem Elektrolyten, Nioboxid-Keramik: 80 % der Nenngleichspannung sind zulässig (20 % Derating). $U_{DC} \leq 0{,}8\ U_R$.

Umpolspannung

Manche Typen halten gar keine mit umgekehrter Polarität anliegende Spannung aus, andere dürfen mit geringen Spannungswerten belastet werden (Abb. 3.31). Die Umpolspannung (Reverse Voltage U_{REV}) ist der entsprechende Datenblattwert. Faustregeln:

- Aluminium feucht: 1...2 V,
- Aluminium trocken: bis zu 20 % der Nennspannung kurzzeitig (z. B. beim Einschalten); ca. 10 % bei Dauerbetrieb,
- Tantal feucht, Silbergehäuse: 0 V (gar nichts),
- Tantal feucht, Tantalgehäuse: max. 3 V,
- Tantal trocken:
  - bei 25 °C bis 10 % der Nennspannung, aber höchstens 1 V,
  - bei 85 °C bis 3 % der Nennspannung, aber höchstens 0,5 V,
  - bei 125 °C bis 1 % der Nennspannung, aber höchstens 0,1 V.
- Der Leckstrom ist um so geringer, je höher die Nennspannung ist. Also ggf. einen entsprechend höher dimensionierten Typ wählen.

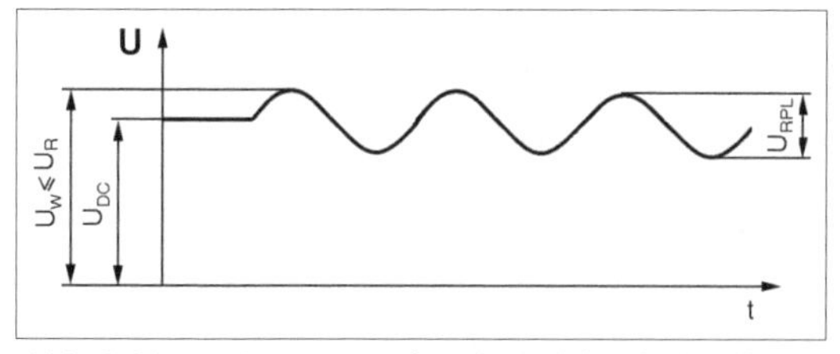

Abb. 2.30: *Die Spannung über dem Elektrolytkondensator. U_{DC} - Gleichspannung; U_{RPL} - überlagerte Wechselspannung (Brummspannung, Ripple Voltage); U_W - Scheitelwert der anliegenden Spannung (Arbeitsspannung); U_R - Nennspannung.*

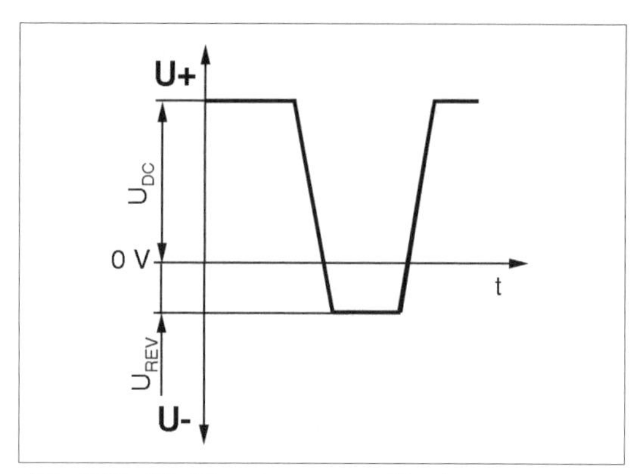

Abb. 2.31: *Die Umpolspannung (U_{REV}).*

Überlagerter Wechselstrom

Der Datenblattwert (Ripple Current I_{RPL}) ist typischerweise für 100 oder 120 Hz spezifiziert (manchmal auch z. B. für 100 kHz). Die Angabe betrifft den quadratischen Mittelwert (RMS). Sie gilt für die höchste zulässige Betriebstemperatur. Die durch den überlagerten Wechselstrom umgesetzte Leistung führt zur Erwärmung des Bauelements (Richtwert: 3... ca. 5 °C; die Stromangabe im Datenblatt bezieht sich typischerweise auf eine Temperaturerhöhung um 3 °C.).

Die umgesetzte Verlustleistung:

$$P = I_{RPL}^2 \cdot R_{ESR} \tag{2.44}$$

Der überlagerte Wechselstrom:

$$I_{RPL} \leq \sqrt{\frac{P_{max}}{R_{ESR}}} \tag{2.45}$$

Die höchste überlagerte Wechselspannung (quadratischer Mittelwert):

$$U_{RPL} = \frac{U_R}{2 \cdot \sqrt{2}} \approx 0{,}3535 \cdot U_R \tag{2.46}$$

Das ist praktisch ein sinusförmiger Spannungsverlauf zwischen 0 V und dem Wert der Nenngleichspannung (Abb. 2.32).

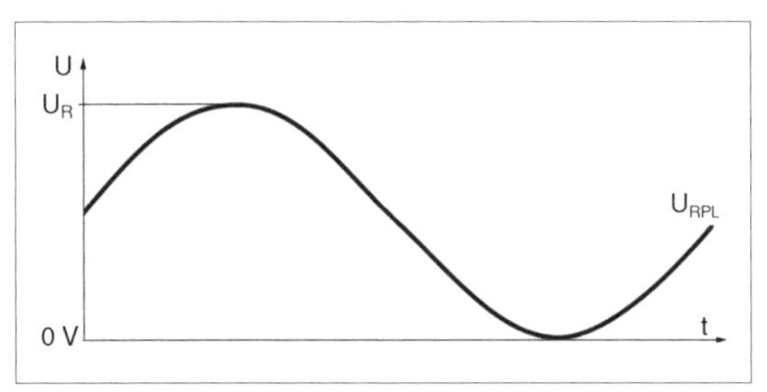

Abb. 2.32: *Die höchste überlagerte Wechselspannung. Sie überschreitet weder die Nenngleichspannung noch ist sie andersherum gepolt.*

Bei bekannter überlagerter Wechselspannung U_{RPL} ergibt sich der überlagerte Wechselstrom aus den Kenndaten des Kondensators:

$$I_{RPL} = \frac{U_{RPL}}{Z} = \frac{U_{RPL}}{\sqrt{X_c^2 + R_{ESR}^2}} = \frac{U_{RPL}}{\sqrt{\left(\frac{1}{2\pi f C}\right)^2 + \left(\frac{\tan\delta}{2\pi f C}\right)^2}} \quad (2.47)$$

Da der Verlustfaktor bei niedrigen Frequenzen vernachlässigt werden kann, ergibt sich

$$Z \approx \frac{1}{2\pi f C}\text{; und damit } I_{RPL} \approx 2\pi f C \cdot U_{RPL} \quad (2.48)$$

Zyklisches Laden und Entladen
Solche Abläufe kommen u. a. in zeitbestimmenden Schaltungen (z. B. Kippstufen) vor. Der quadratische Mittelwert (RMS) der Lade- und Entladeströme darf den I_{RPL}-Kennwert nicht überschreiten.

Leckstrom
Während bei anliegender Gleichspannung der Stromfluss durch einen ungepolten Kondensator vernachlässigbar gering ist, fließen durch Elektrolytkondensatoren vergleichsweise beträchtliche Leckströme.
Faustformel:

$$I_{DCL} = 0{,}5 \cdot C \cdot U \quad (2.49)$$

I_{DCL} = höchstzulässiger Leckstrom in µA; C = Kapazität in µF; U = Nennspannung in V.

Der Leckstrom durch einen Elektrolytkondensator ändert sich mit der Zeit. Nach dem Anlegen der Spannung ist er am höchsten (bis zu einigen 100 µA). Dann fällt er nach und nach auf einen vergleichsweise geringen Betriebsleckstrom ab (einige µA). Die Datenblattangaben betreffen typische Betriebszeiten:

- I_{L5} nach 5 Minuten bei anliegender Nennspannung und einer Umgebungstemperatur von + 20 °C,
- I_{L1}, I_{L2} nach einer Minute oder zwei Minuten unter den genannten Bedingungen,
- I_{OP} bei Dauerbetrieb über wenigstens 1 Stunde (Betriebsleckstrom). Richtwert: $I_{OP} < 0{,}2\ I_{L5}$.

Der tatsächlich in der Anwendungsschaltung fließende Leckstrom hängt von der Arbeitsspannung und der Umgebungstemperatur ab. Das Datenmaterial enthält einschlägige Angaben.

Ersatzserienwiderstand
Der Ersatzserienwiderstand (ESR) ergibt sich beim Elektrolytkondensator vor allem durch die Kontaktierung der negativen Elektrode, also des Elektrolyten. Er sinkt mit steigender Frequenz. Abb. 2.33 veranschaulicht die Umformung des einfachen Eratzschaltbildes aus Kapazität und Leckwiderstand (Isolationswiderstand) in eine Reihenschaltung aus Kapazität und Ersatzserienwiderstand.

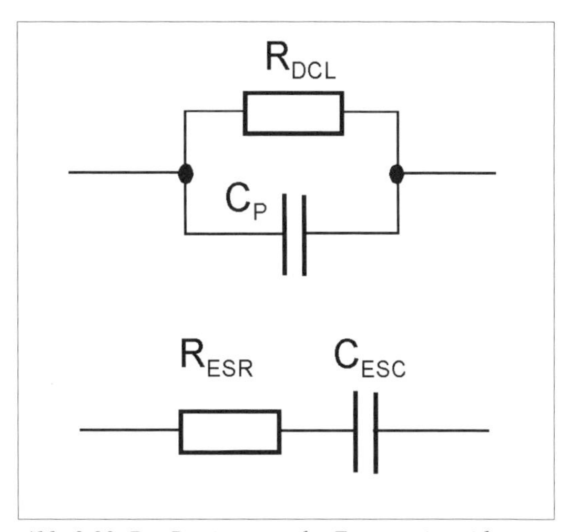

Abb. 2.33: *Die Bestimmung des Ersatzserienwiderstandes. R_{DCL} = Leckwiderstand (≈ Nennspannung : Leckstrom), C_P = Nennkapazität. R_{ESR} und C_{ESC} sind Werte, mit denen das Frequenzverhalten des Bauelements anhand der Serienersatzschaltung untersucht werden kann (nach [2.13]).*

$$R_{ESR} = \frac{R_{DCL}}{(2\pi f C_P \cdot R_{DCL})^2 + 1}$$

$$C_{ESC} = C_P + \frac{1}{(2\pi f \cdot R_{DCL})^2 \cdot C_P} \qquad (2.50)$$

Ersatzinduktivität
Die Ersatzinduktivität kann bei Frequenzen unter 100 kHz vernachlässigt werden.

Nachladespannung
Infolge der dielektrischen Absorption ist damit zu rechnen, dass eine Nachladespannung von ca. 10 % der Arbeitsspannung auftritt[15]. Abhilfe: Parallelschalten eines Entladewiderstands (Bleeder-Widerstand). Richtwert: einige 100 kΩ, ca. 2 W.

Die Anordnung der Elektrolytkondensatoren
Sie sollten sich nicht gegenseitig aufheizen oder von anderen Bauelementen aufgeheizt werden. Zudem ist die Kunststoffumhüllung des Gehäuses typischerweise nicht als Isolator ausgelegt. Abstand lassen! Richtwert: zwischen größeren, höher belasteten Elkos 10...15 mm. Direkt unter dem Elko-Gehäuse keine weiteren Leiterzüge verlegen. Bei SMD-Typen die Leiterplatte zur Wärmeableitung ausnutzen (breite Leiterbahnen, ggf. eine Kupferfläche direkt unter dem Bauelement anordnen).

Mehrere Elektrolytkondensatoren im Verbund
Die Schaltungslösungen liegen nahe:

- Parallelschaltung für höhere Kapazitätswerte,
- Reihenschaltung für höhere Arbeitsspannungen.

Parallelschaltung
Es ist darauf zu achten, dass kein Kondensator mit zuviel überlagertem Wechselstrom belastet wird. Der überlagerte Wechelstrom teilt sich gemäß dem Ersatzserienwiderstand zwischen den Kondensatoren auf (Stromteilerregel).

Bei zwei parallelgeschalteten Kondensatoren gilt:

$$I_{RPL1} = I_{RPL} \cdot \frac{R_{ESR2}}{R_{ESR1} + R_{ESR2}}$$

$$I_{RPL2} = I_{RPL} \cdot \frac{R_{ESR1}}{R_{ESR1} + R_{ESR2}} \qquad (2.51)$$

Maßnahmen zur Begrenzung des Entladestroms sollten für jeden Kondensator einzeln vorgesehen werden.

Reihenschaltung
Über keinem der Kondensatoren darf zuviel Spannung anliegen. Spannungsunterschiede können sich beim Laden aufgrund der Kapazitätstoleranzen und im stationären Zustand aufgrund der unterschiedlichen Isolations- und Ersatzserienwiderstände ergeben. Wichtig ist, dass auch im ungünstigsten Fall die Grenzwerte der Bauelemente nicht überschritten werden. Der ungünstigste Fall liegt dann vor, wenn sich der jeweilige Kennwert (Kapazität oder Widerstand) des einen Kondensators an der oberen und der des anderen an der unteren Grenze befindet[16]. Kontrollrechnung (am Beispiel von zwei in Reihe geschalten Kondensatoren):

a) Gleichspannung beim Laden (an der kleineren Kapazität liegt die höhere Spannung an):

$$U_{C1} = U \cdot \frac{C_2}{C_1 + C_2}$$

$$U_{C2} = U \cdot \frac{C_1}{C_1 + C_2} \qquad (2.52)$$

b) Gleichspannung im eingeschwungenen Zustand (über dem größeren Isolationswiderstand fällt die höhere Spannung ab):

$$U_{C1} = R_{I1} \cdot I_{DCL}\,; \quad U_{C2} = R_{I2} \cdot I_{DCL}$$

$$\text{mit} \quad I_{DCL} = \frac{U}{R_{I1} + R_{I2}} \qquad (2.53)$$

15 Der Wert betrifft vor allem Aluminiumtypen mit feuchtem Elektrolyten.

16 Hierbei auch an den Temperaturgang denken und den in dieser Hinsicht ungünstigsten Fall annehmen.

Die Isolationswiderstände ggf. näherungsweise aus Nenngleichspannung : Leckstromangabe (DCL) bestimmen, wobei z. B. für R_{I1} der geringste und für R_{I2} der höchste Leckstromwert einzusetzen ist.

c) Brummspannung (über dem größeren Ersatzserienwiderstand fällt die größere Spannung ab):

$$U_{RPL1} = I_{RPL} \cdot R_{ESR1}; \quad U_{RPL2} = I_{RPL} \cdot R_{ESR2} \tag{2.54}$$

Der Ausweg: Ausgleichswiderstände parallelschalten (Abb. 2.34). Der durch die Widerstände fließende Strom muss stärker sein als der Leckstrom.

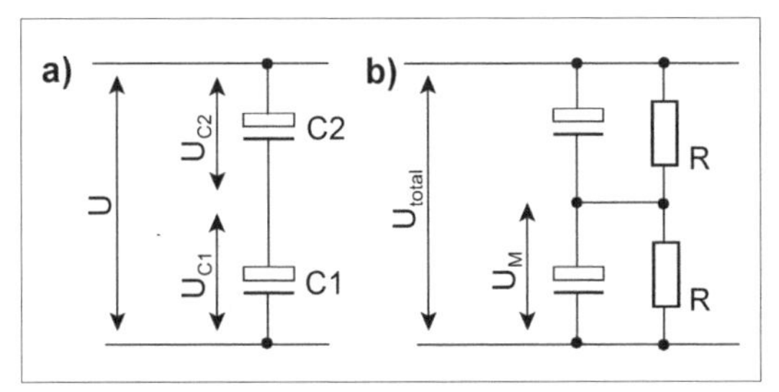

Abb. 2.34: *Reihenschaltung von Elkos.*
a) die Teilspannungen über den Kondensatoren;
b) Spannungsausgleich mit Ausgleichswiderständen.

Zur Dimensionierung der Ausgleichswiderstände seien zwei Alternativen angegeben (ggf. ausprobieren):

a) Faustformel (nach [2.9]):

$$R \leq \frac{n \cdot U_M - U_{total}}{I_{L5}} \tag{2.55}$$

n = Anzahl der in Reihe geschalteten Kondensatoren; U_{total} = die gesamte Arbeitsspannung; U_M = Nenngleichspannung des einzelnen Kondensators; I_{L5} = Leckstrom nach 5 Minuten Betriebszeit (Datenblattangabe).

b) Faustregel: Der zusätzliche Stromfluss sollte das 20- bis 50fache des Leckstroms betragen:

$$R_{ges} \leq \frac{U_{total}}{20 \ldots 50 \cdot I_{DCL}} \tag{2.56}$$

Der einzelne Widerstand R ergibt sich dann aus Gesamtwiderstand R_{ges} : Anzahl der in Reihe geschalteten Kondensatoren.

Bei Leckströmen in der Größenordnung von mehreren µA kommt man auf eine Größenordnung von weniger als 100 kΩ bis zu einigen MΩ. (2.56) führt typischerweise zu niedrigeren Werten als (2.55). Je niederohmiger die Widerstände, desto schneller der Spannungsausgleich, desto höher aber der zusätzliche Strombedarf.

Kondensatorbatterien durch Reihen- und Parallelschaltung

Hiermit kann man sehr große Kapazitätswerte verwirklichen und mit hohen Arbeitsspannungen betreiben (Abb. 2.35). Es ist zweckmäßig, die jeweils gleichartig in den Reihenschaltungen angeordneten Kondensatoren untereinander zu verbinden (Stromteilung).

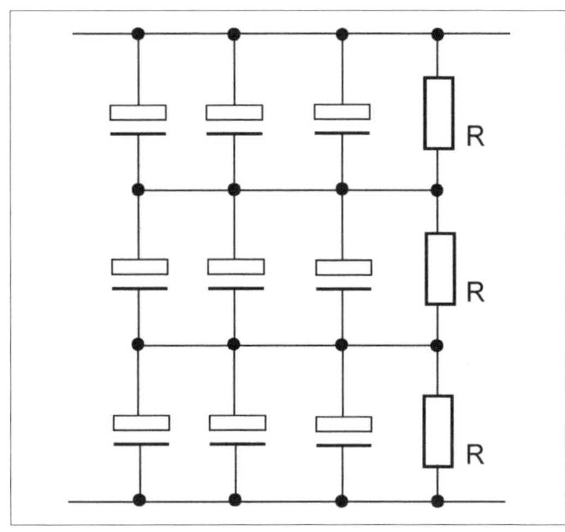

Abb. 2.35: *Kondensatorbatterie für dreifache Arbeitsspannung.*

Lagerung / Formieren

Längeres Lagern von Aluminium-Elkos kann die Oxidschicht angreifen. Die Folge: Bei der ersten Inbetriebnahme ist mit extremen Leckströmen zu rechnen. Aluminium-Elkos mit feuchtem Elektrolyten verhalten sich nach längerem Lagern besonders unschön. Der Leckstrom beim ersten Einschalten kann mehrere Minuten lang das 100fache des Betriebsleckstroms erreichen.

Formieren bedeutet, einen länger gelagerten Kondensator zunächst außerhalb der Schaltung „an Spannung zu gewöhnen" (z. B. 1 Stunde über einen Vorwiderstand zwischen 100 Ω und 1 kΩ mit seiner Nennspannung zu belegen). In der älteren Literatur wird gelegentlich empfohlen, beim Wiederinbetriebnehmen länger gelagerter Geräte die Netzspannung mittels Stelltransformator langsam hochzufahren und somit die Elkos in der Schaltung zu formieren. In der Alltagspraxis dürfte das aber kaum praktikabel sein[17].

Abhilfe: Die Schaltung so auslegen, dass sie derart hohe Leckströme verträgt (dass also davon nichts kaputtgeht). Ggf. etwa mehr Zeit zwischen Einschalten und Funktionsbereitschaft lassen (längeres Einschaltrücksetzen). Alternative: An den Stellen, an denen die hohen Leckströme wirklich stören, andere Kondensatoren einsetzen (z. B. Tantal mit festem Elektrolyten, auch wenn diese Bauelemente einige Cents mehr kosten ...).

Typische Lagerzeiten

Für moderne Bauelemente werden zwischen zwei und mehr als zehn Jahren angegeben. Bauelemente mit trockenem Elektrolyten dürfen bis zu 20 Jahre lang gelagert werden.

Stoßstrombegrenzung

Wird an einen ungeladenen Kondensator eine Spannung angelegt, so wird der Stromstoß I_{max} nur durch den Ersatzserienwiderstand R_{ESR} und durch den Innenwiderstand der Spannungsquelle R_S begrenzt:

$$I_{\max} = \frac{U}{R_{ESR} + R_S} \qquad (2.57)$$

R_S ist aber zumeist vernachlässigbar klein. Herkömmliche Aluminium- und Tantaltypen haben einen vergleichsweise hohen Ersatzserienwiderstand. Beispielsweise wurden für die ersten Tantaltypen bis zu 3 Ω je V spezifiziert, um die Stoßstrombelastung in erträglichen Grenzen zu halten. Bei den in Schaltnetzteilen, Spannungswandlern usw. üblichen Arbeitsfrequenzen von einigen zehn bis über einhundert kHz sind solche Werte jedoch viel zu hoch; man spezifiziert heutzutage nicht mehr als z. B. 100 mΩ je V. Kondensatoren mit geringem ESR erfordern deshalb gelegentlich eine Begrenzung des Einschaltstromstoßes. Typische Betriebsfälle, in denen mit extremen Stoßströmen zu rechnen ist:

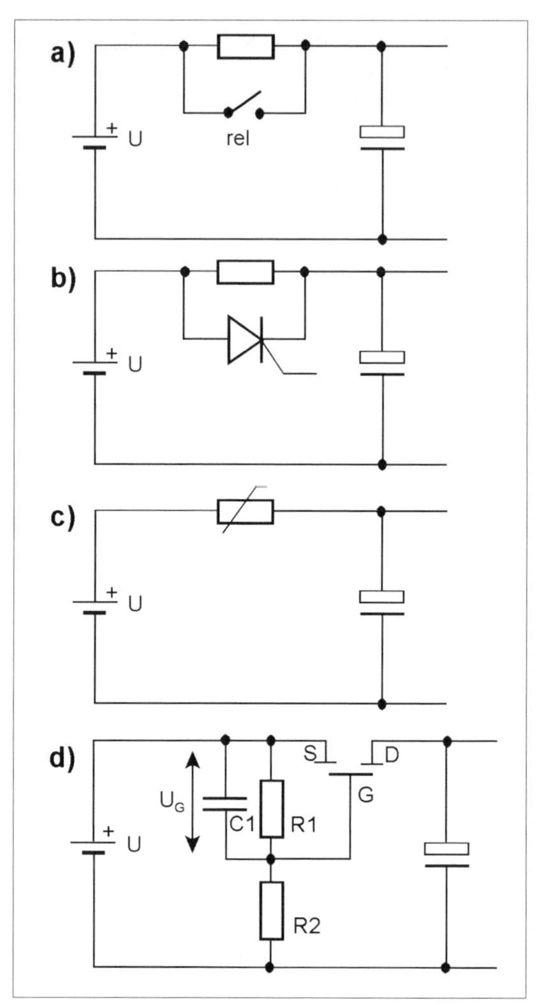

Abb. 2.36: *Typische Maßnahmen zur Einschaltstrombegrenzung.*
a) Relais (Spule nicht dargestellt),
b) Thyristor (Zündvorkehrungen nicht dargestellt);
c) Heißleiter; d) Leistungs-FET (hier ein P-Kanal-Typ mit einer einfachen Ansteuerschaltung). Das Hochlaufen wird durch die Zeitkonstante R1 · C1 bestimmt. Der Spannungsteiler R1, R2 ist so zu dimensionieren, dass im Normalbetrieb die Gatespannung U_G hoch genug ist, um den Transistor voll aufzusteuern (R_{DSon}), dass aber andererseits der zulässige Höchstwert nicht überschritten wird.

17 Wenn die Geräte Schaltnetzteile, Spannungswandler usw. enthalten, funktioniert es grundsätzlich nicht.

- das Anstecken eines Steckernetzteils, das bereits Ausgangsspannung führt[18],
- das Stecken von Leiterplatten in eingeschaltete Einrichtungen (Hot Insertion),
- der Batteriewechsel bei eingeschaltetem Gerät,
- das Verbinden eines Schaltnetzteils mit der Netzspannung.

Faustregel: Zu hohe Einschaltstromstöße können sich ergeben, wenn der Kondensator einen Strom (gemäß (2.57)) von mehr als 1 A ziehen kann.

Alle Gegenmaßnahmen laufen im Grunde darauf hinaus, im Stromweg einen strombegrenzenden Widerstand anzuordnen. Während des Dauerbetriebs stellt ein solcher Widerstand jedoch eine unnötige Belastung dar. Typische Schaltungslösungen (Abb. 2.36)[19]:

- der Widerstand wird mit einem Relaiskontakt überbrückt, wobei das Relais nach dem Hochlaufen der Versorgungsspannung anzieht,
- der Widerstand wird mit einem Thyristor überbrückt, der nach dem Hochlaufen der Versorgungsspannung gezündet wird,
- es wird ein Heißleiter eingesetzt, der sich allmählich erwärmt und im Normalbetrieb einen entsprechend geringen Widerstandswert aufweist,
- der Begrenzungswiderstand wird mit einem Leistungs-FET realisiert, dessen Drain-Source-Widerstand (R_{DS}) durch entsprechende Ansteuerung allmählich auf den Mindestwert (R_{DSon}) verringert wird.

Entladestrombegrenzung

Wenn dem Kondensator Einrichtungen nachgeschaltet sind, die hohe Entladeströme bewirken können, ist ggf. auch hier eine Begrenzung erforderlich.
Lösungen:

- Begrenzungswiderstand,
- Überstromsicherung,
- Einschaltstrombegrenzung (wie vorstehend) vor den nachgeordneten Schaltungen,
- systematisches zeitversetztes Hochfahren der angeschlossenen Einrichtungen (Power Sequencing), damit nicht zuviel Strom auf einen Schlag entnommen wird.

2.5 Energiespeicherkondensatoren

Energiespeicherkondensatoren (Doppelschichtkondensatoren)[20] sind Elektrolytkondensatoren, deren Elektrodenmaterial auf Kohlenstoff beruht. Sie werden als Energiespeicher eingesetzt (Abb. 2.37). In manchen Anwendungsgebieten sind sie eine Alternative zu Batterien und Akkumulatoren, in anderen können sie diese Spannungsquellen vorteilhaft ergänzen. Richtwerte: Ströme von µA bis A, Spannungen von etwa 2 V an aufwärts, Betriebszeiten von Minuten bis Stunden, Energiespeichervermögen bis zu ca. 1 Ah. Typische Einsatzfälle betreffen die zeitweilige Aufrechterhaltung der Stromversorgung bei Ausfall anderer Quellen (Backup) und der Energienachschub bei Bedarfsspitzen. Beispiele:

- Festplattenlaufwerke, die bei Ausfall der Speisespannung die noch anhängigen Schreibvorgänge zu Ende bringen und dann die Magnetköpfe parken,
- Aufrechterhaltung der Stromversorgung mobiler Geräte während des Batteriewechsels,
- Energielieferung bei Impulsbelastung, z. B. in Mobiltelefonen oder Digitalkameras. Eine hohe zeitweilige Strombelastung ergibt sich beispielsweise dann, wenn das Mobiltelefon kurz aktiv wird, um sich zu melden, oder wenn die Zoomfunktion der Digitalkamera betätigt wird. In den Impulspausen wird der Kondensator aus der Batterie nachgeladen. Da die Batterie nicht mit Impulsströmen belastet wird, kommt man mit kleinen Typen aus, die eine vergleichsweise hohen Innenwiderstand haben.

Abb. 2.37: *Energiespeicherkondensatoren. Typische Bauformen. Flache Ausführungen (wie rechts oben) sind u. a. zur Bestückung von Geräten in Speicherkarten-Formfaktoren vorgesehen.*

18 Beim ungeregelten Steckernetzteil ist dies nicht die Betriebsspannung, sondern die beträchtlich höhere Leerlaufspannung.

19 Vgl. auch [2.14] und [2.15].

20 Warennamen u. a. Gold Caps, Supercaps, BestCaps, PowerStor, Boostcap, Maxfarad.

Aufbau und Wirkungsweise

Im Doppelschichtkondensator gibt es zwei Arten von Ladungsträgern: Elektronen auf den Elektroden und Ionen im Elektrolyten. Dort, wo sich Elektrode und Elektrolyt berühren, entsteht eine elektrische Doppelschicht, die wie ein Kondensator wirkt (Abb. 2.38). Beim Laden werden die Ionen gleichsam in diese Doppelschicht hineingesaugt (absorbiert), beim Entladen werden sie wieder freigegeben (Abb. 2.39).

Die Elektroden

In herkömmlichen Typen bestehen sie aus Aktivkohle. Hiermit können extreme Kapazitäten auf kleinem Raum verwirklicht werden (0,1 F...1 F und mehr; die Obergrenze liegt bei etwa 70 F). Solche Bauelemente haben eine hohe Energiedichte, aber auch einen hohen Innenwiderstand (Ersatzserienwiderstand), der die entnehmbare Stomstärke begrenzt. Weiterentwickelte Werkstoffe (z. B. Carbon Aerogel [Cooper-Bussmann]) ermöglichen es, Kondensatoren mit geringem Ersatzserienwiderstand zu fertigen, die auch für Impulsbelastung geeignet sind.

Der Elektrolyt

Es gibt feuchte und trockene Elektrolyten. Feuchte Elektrolyten werden z. B. in einer entsprechend getränkten Zwischenlage gehalten. Die Alternative (z. B. die BestCap-Typen [AVX]): trockene Elektrolyten auf Basis organischer Halbleiterwerkstoffe (Conductive Polymer). Abb. 2.40 veranschaulicht den Aufbau derartiger Bauelemente.

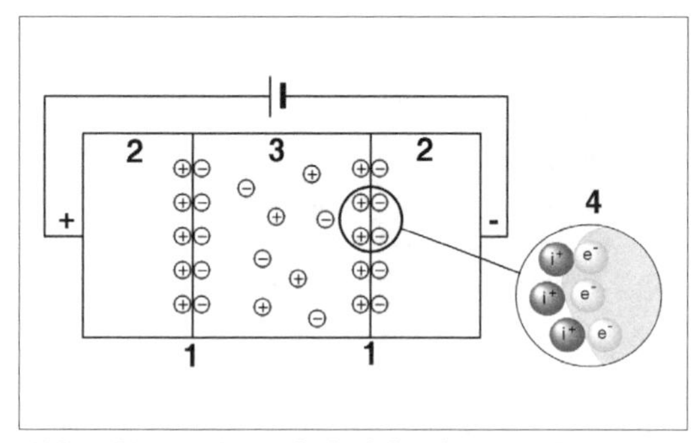

Abb. 2.38: *Der Doppelschichtkondensator (Prinzip). 1 - Doppelschicht; 2 - Kohlenstoffelektroden; 3 - Elektrolyt (feucht oder trocken); 4 - Einzelheit: Ionen (i+) und Elektronen (e-) in der Doppelschicht.*

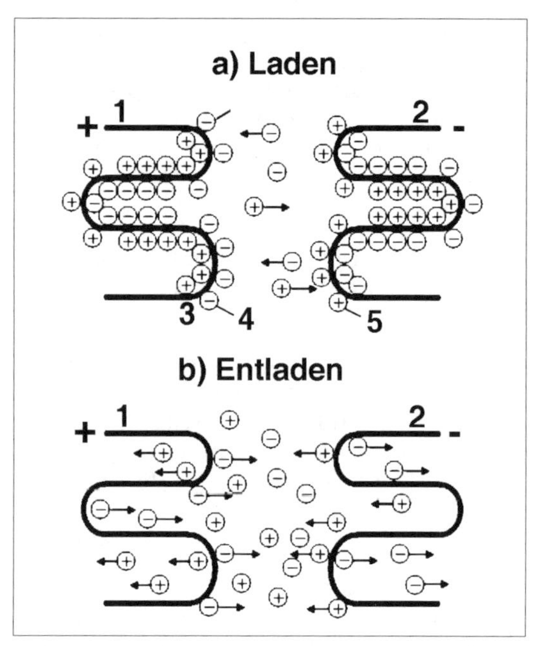

Abb. 2.39: *Der Doppelschichtkondensator beim Laden und Entladen (nach [2.16]). 1 - positive Elektrode; 2 - negative Elektrode; 3 - Doppelschicht; 4 - negatives Ion (Anion); 5 - positives Ion (Kation).*

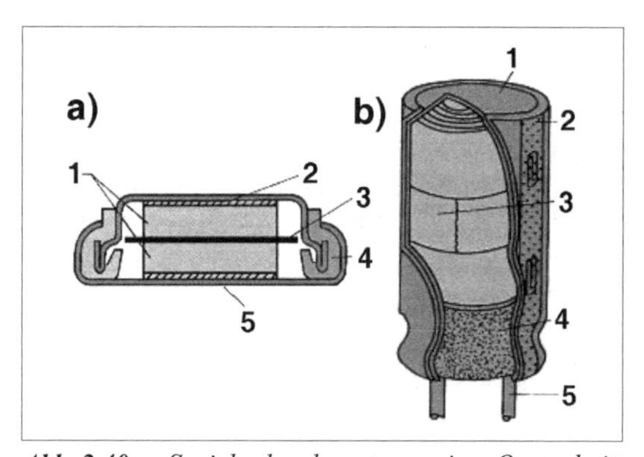

Abb. 2.40: *Speicherkondensatoren im Querschnitt (nach [2.16]).*
a) Form ähnlich Knopfzelle. Z. B. 3,3 V; 0,2 F; Innenwiderstand 200 Ω ; max. Entladestrom (Betriebsstrom)10 µA. 1 - Aktivkohleelektroden; 2 - Gehäuseoberteil; 3 - Zwischenlage; 4 - Dichtung; 5 - Gehäuseunterteil.
b) Hochstromausführung. Z. B. 2,3 V; 22 F; Innenwiderstand 0,1 Ω max. Entladestrom (Betriebsstrom)1 A. 1 - Gehäuse; 2 - Umhüllung; 3 - Kondensatorzellen; 4 - Gummidichtung; 5 - Anschlüsse.

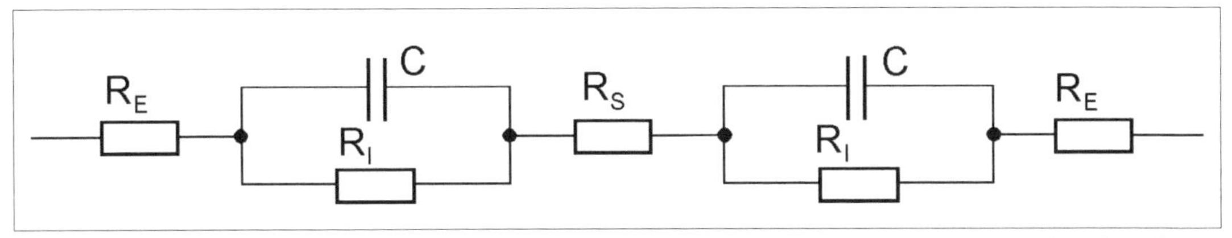

Abb. 2.41: *Ersatzschaltung eines elektrochemischen Kondensators (nach [2.14]). R_E - Widerstand an den Elektroden; R_I - Isolationswiderstand; R_S - Widerstand der Ionenleitung im Elektrolyten.*

Laden und Entladen

Jedes Kohlenstoffteilchen ist praktisch ein kleiner Kondensator (Abb. 2.41). Die gesamte Kapazität des Bauelements ergibt sich als Summe der mikroskopisch kleinen Teilkapazitäten. Da viele Widerstände im Stromweg liegen und da sich die Ionen vergleichsweise langsam bewegen, dauert es einige Zeit, bis ein solches Bauelement voll aufgeladen ist. Je kürzer die Ladezeit, desto weniger Energie kann entnommen werden, desto eher nimmt die Spannung an den Elektroden ab. Typische Ladezeiten liegen zwischen wenigen Sekunden und einigen Minuten.

Selbstentladung

Die Isolationswiderstände (vgl. Abb. 2.41) bewirken eine ständige Selbstentladung. Die Selbstentladezeit hängt jedoch davon ab, wie lange der Kondensator zuvor geladen worden war. Hierbei geht es offensichtlich um lange Zeiten (Abb. 2.42). Die Ursache: Jene der mikroskopisch kleinen Kondensatoren, die einen niedrigen Ersatzserienwiderstand haben, laden sich vergleichsweise schnell auf. Wird dann aber nicht mehr weitergeladen, so geben sie einen Teil ihrer Ladung an benachbarte Kondensatoren mit höherem Ersatzserienwiderstand ab. Doppelschichtkondensatoren werden somit nur durch lange dauerndes Laden anwendungsseitig voll brauchbar; man sollte sie eigentlich ständig an der Ladespannung lassen[21]. Richtwert[22]: Um die Selbstentladung zutreffend beurteilen zu können, sollte der Kondensator wenigsten 100 Stunden geladen werden.

Spannung und Strom beim Laden und Entladen

Zu den zeitlichen Verläufen beim Laden und Entladen s. die Formeln in Tabelle 2.2. Der Lastwiderstand R_L der Selbstentladung entspricht der Parallelschaltung der Leck- bzw. Isolationswiderstände des Bauelements und der angeschlossenen Schaltung.

Polung

Die Kondensatoranordnung ist im Grunde symmetrisch aufgebaut. Mit dem ersten Laden wird das Bauelement jedoch zum gepolten Kondensator (und auch als solches vom Hersteller ausgeliefert).

Falschpolung ist zu vermeiden. Manche Hersteller sprechen davon, dass die Bauelemente eine Umpolspannung von ca. 2,5 V noch ohne Schaden aushalten. Das sollte aber nur als Sicherheitreserve angesehen und nicht entwurfsseitig ausgenutzt werden. Falls in der Anwendungsschaltung Umpolspannungen auftreten

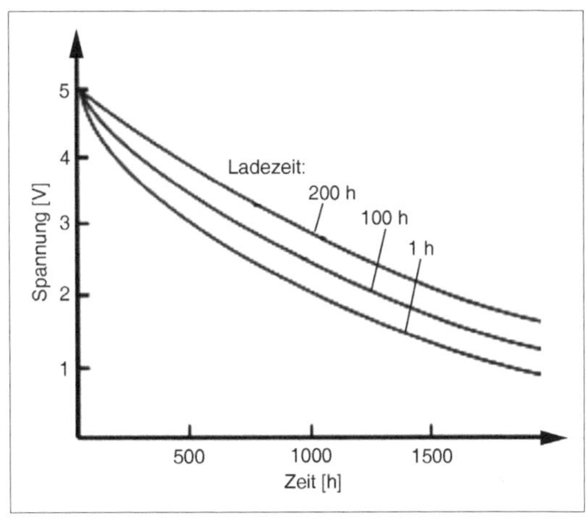

Abb. 2.42: *Die Selbstentladung in Abhängigkeit von der Ladezeit (nach [2.16]).*

21 Wird ein solcher Kondensator immer nur kurzzeitig geladen (z. B. wenige Minuten), so ist nur ein Teil seiner Kapazität nutzbar.

22 Nach [2.18].

können, ist der Kondensator davor zu schützen (z. B. durch eine parallelgeschaltete Diode). Eine Falschpolung wirkt sich um so nachteiliger aus (Verringerung der Lebensdauer, womöglich gar Zerstörung), je länger das Bauelement vorher mit der anfänglichen Polarität geladen wurde.

Nenn- oder Arbeitsspannung

Mit dieser Spannung (Nominal oder Working Voltage) darf der Kondensator geladen werden. Typische Werte: 2,3 V; 2,5 V; 3,6 V; 5,5 V. Bauelemente mit deutlich höheren Arbeitsspannungen (z. B. 12 V) sind Reihenschaltungen mehrerer Kondensatoren.

Spannungsfestigkeit

Die Spannungsfestigkeit wird durch einen Kennwert bezeichnet, der die Zersetzungsspannung (Decomposition Voltage) oder Stoßspannung (Surge Voltage) genannt wird. Unterhalb dieser Spannung wirkt der Kondensator als Isolator. Wird der Spannungswert überschritten, so fließt ein Strom, und der Kondensator beginnt sich zu zersetzen.

Die Arbeitsspannung liegt um einen gewissen Sicherheitsbetrag unterhalb der Zersetzungs- bzw. Stoßspannung. Es ist aber nicht viel (typischerweise 0,5 ...1 V). Erforderlichenfalls ist das Bauelement vor übermäßig hohen Spannungen zu schützen (z. B. mittels Zenerdiode).

Überladen ist nicht möglich. Zum Laden reicht deshalb eine einfache Strombegrenzung.

Ladestrom

Nicht zu hoch (weil sich sonst die Lebensdauer verkürzt). Faustregel (nach [2.17]):

$$I_{LD} \leq \frac{U_W}{5 \cdot R_{ESR\_DC}} \qquad (2.58)$$

I_{LD} - Ladestrom; U_W - Arbeitsspannung; R_{ESR_DC} - Gleichstrom- Ersatzserienwiderstand.

Entladestrom

Der maximale Entladestrom wird durch den Innenwiderstand des Bauelements begrenzt. Herkömmliche Typen (mit Innenwiderständen zwischen ca. 20...> 100 Ω) sind kurzschlusssicher. Das bedeutet aber nur, dass ggf. Sondermaßnahmen gegen den Fehlermechanismus Kurzschluss[23] entfallen können. Im normalen Betrieb muss die Stromentnahme aber in den jeweils vorgeschriebenen Grenzen bleiben (Tabelle 2.16) – sonst fällt das Bauelement zu früh aus. Für Impulsbelastung ausgelegte Typen haben Innenwiderstände zwischen wenigen mΩ und ca. 1 Ω. Hier ergibt sich der maximal zulässige Entladestrom aus den Herstellerangaben. Zu starke Stromspitzen verkürzen die Lebensdauer. Manchmal ist die Stromentnahme durch Zusatzbeschaltung einzuschränken (Begrenzungswiderstand, Halbleitersicherung usw.), um die Umgebung des Bauelements zu schützen (beispielsweise ergeben 3 V und 10 mΩ einen Kurzschlussstrom von rund 300 A).

Überlagerte Wechselspannung ist zu vermeiden. Aufgrund des vergleichsweise hohen Ersatzserienwiderstandes wäre die Erwärmung zu hoch. Doppelschichtkondensatoren sind reine Energiespeicher; sie eignen sich nicht als Sieb- oder Glättungskondensatoren. Richtwert: der überlagerte Wechselstrom sollte die Gehäusetemperatur um nicht mehr als 3 °C erhöhen.

Nachladespannung (Dielektrische Absorption)

Der Effekt ist in vergleichsweise beträchtlichem Maße wirksam. Probleme können sich ergeben, wenn hierdurch in der Anwendungsschaltung Betriebsfälle der Art Eingeschaltet-Ausgeschaltet (Teilabschaltung; Partial Power Down) auftreten.

Kapazität	0,47 F	0,1...0,33F	0,47...1,5 F	3,3...4,7 F	10...50 F
Stroment-nahme	200 μA	10...300 μA	300μA... 1 mA	300 mA	1 A

Tabelle 2.16: *Richtwerte zur Stromentnahme (nach [2.16]).*

Temperaturbereich

Eine typische Spezifikation: -25...+ 70 °C. Je niedriger die Temperatur, desto besser. Faustregel: Temperaturerhöhung um 10 °C halbiert die Lebensdauer. Bei höheren Temperaturen sollte die Arbeitsspannung verringert werden (Derating). Beispiel: bei + 85 °C von 2,5 V (Nennwert) auf 1,8 V.

23 Verursacht z. B. durch unsachgemäße Eingriffe, ins Gerät gefallene Metallteile oder Ausfälle nachgeordneter Schaltmittel.

Lebensdauer

Die Hersteller geben Lebensdauern im Bereich von 7...10 Jahren an, wobei das Bauelement mehrere hunderttausend Lade-Entlade-Zyklen übersteht. Überbeanspruchung (Stromentnahme, Spannung, Temperatur, Luftfeuchtigkeit) verkürzt die Lebensdauer, ein deutliches Unterschreiten der Grenzwerte verlängert sie. Zudem kommt es auf die Schaltungsauslegung an – es ist offensichtlich ein Unterschied, ob es beispielsweise schon mit 30 % Kapazitätsverlust nicht mehr funktioniert oder erst bei 50 % (Abb. 2.43). Typen mit feuchtem Elektrolyten können – wie die Aluminium-Elkos – durch Austrocknen sterben.

Ultrakondensatoren

Als Ultrakondensatoren bezeichnet man Energiespeicherkondensatoren mit besonders hoher Kapazität (Beispiel 600 F; Nennspannung 3 V). Durch Reihen- und Parallelschaltung können Energiespeichermodule für höhere Ströme bzw. Spannungen aufgebaut werden. Einsatz vor allem als Puffer für stoßartig aufzubringende Energie.

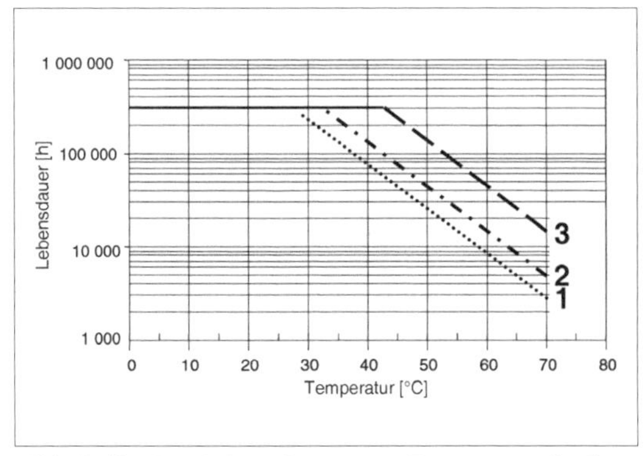

Abb. 2.43: *Zur Lebensdauer von Energiespeicherkondensatoren (nach [2.18]). Drei Beispiele.*
1 - Ende der Lebensdauer bei 30 % Kapazitätsverlust. Betrieb mit 2,5 V.
2 - Ende der Lebensdauer bei 30 % Kapazitätsverlust. Betrieb mit 1,8 V.
3 - Ende der Lebensdauer bei 50 % Kapazitätsverlust. Betrieb mit 2,5 V.
Ein Jahr sind 8760 h, also ca. 10 000h. Ab 30 ° C beginnt das Absinken der Lebensdauer. Bei + 60 ° C überlebt ein gemäß Beispiel 1 betriebener Kondensator nicht einmal das erste Jahr ...

Praxisschaltungen

Die einfachste Schaltung enthält neben dem Kondensatorbauelement einen Vorwiderstand und eine Sperrdiode (Abb. 2.44). Energiespeicherkondensatoren sollten nicht ohne Vorwiderstand (zur Ladestrombegrenzung) an die Ladespannung gelegt werden. Die Sperrdiode verhindert, dass Strom aus dem Kondensator durch die Ladeeinrichtung fließen kann (z.B. bei ausgefallener Netzstromversorgung oder entladener Batterie).

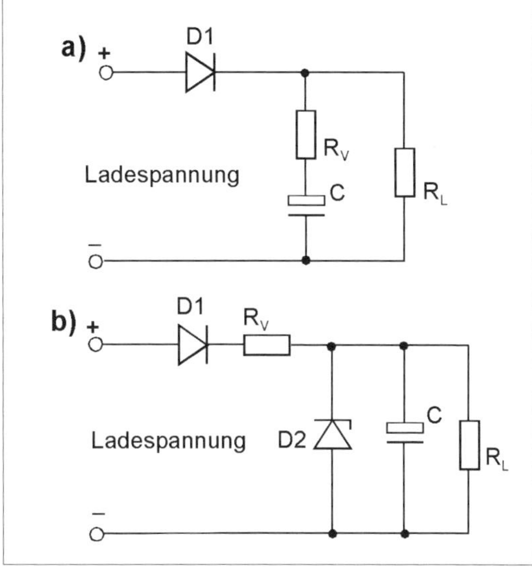

Abb. 2.44: *Energiespeicherkondensatoren im Einsatz.*
a) für geringe kontinuierliche Stromentnahme (Backup);
b) für Impulsbelastung. R_V - Vorwiderstand; R_L - Lastwiderstand (steht für die zu versorgende Einrichtung); D1- Sperrdiode; D2 - Schutzdiode (bedarfsweise).

Backup-Betrieb

Ist nur eine geringe kontinuierliche Stromentnahme vorgesehen, so schadet es nicht, auch den Entladestrom durch den Vorwiderstand fließen zu lassen (vgl. Abb. 2.44a). Der Widerstand schützt hier nicht den Kondensator (entsprechende Typen sind kurzschlussfest), sondern den Stromweg.

Impulsbetrieb

Hierfür wählt man eigens Kondensatoren mit niedrigem ESR. Also kommt ein vergleichsweise hochohmiger Begrenzungswiderstand im Laststromweg nicht in Betracht (vgl. Abb. 2.44b). Falls ein Schutz gegen zu hohe

Entladeströme oder Kurzschlüsse im Stromweg erforderlich sein sollte, müssten weitere Bauelemente eingefügt werden (z. B. eine selbstrückstellende Halbleitersicherung).

Schutz gegen Falschpolung
Die einfachste Lösung: Eine dem Kondensator parallelgeschaltete Diode (Sperrrichtung), die bei falsch gepolter Spannung leitend wird.

Schutz gegen Falschpolung und zu hohe Ladespannung (vgl. Abb. 2.44b): Eine dem Kondensator parallelgeschaltete Zenerdiode (Sperrrichtung). Zenerspannung so wählen, dass die Diode bei Überschreiten der Zersetzungs- bzw. Stoßspannung anspricht. Bei falsch gepolter Spannung wirkt sie wie die zuvor beschriebene gewöhnliche Diode.

Diese Schutzmaßnahmen wirken im Sinne des Kurzschließens. Die Anordnung muss den entsprechenden Strom aufnehmen können. Es ist also zu untersuchen, was in der jeweiligen Anwendung überhaupt auftreten kann (von Störspitzen bis zu echten Kurzschlüssen, wie sie z. B. durch Bedienfehler hervorgerufen werden können). Danach sind die Gegenmaßnahmen auszuwählen (nur hinreichend dimensionieren, aber sonst nichts tun; Strombegrenzungswiderstand; Halbleitersicherung usw.).

Der Spannungsabfall über der Sperrdiode (Flussspannung) ist bei niedrigen Arbeitsspannungen nicht zu vernachlässigen. Es sind zwei Fälle zu unterscheiden:

a) Der Spannungsabfall ist eigentlich nicht gewünscht. Ohne Rückstromsperre geht es aber auch nicht. Auswege: (1) den Ladestrom soweit verringern, dass über der Diode keine so hohe Flussspannung auftritt (Richtwert: deutlich kleiner als 0,1 · Nennstrom); (2) eine Schottky-Diode einsetzen (0,35 V statt 0,7 V).
b) Der Spannungsabfall soll ausgenutzt werden, um die (höhere) Ladespannung auf die Größenordnung der Arbeitsspannung herabzusetzen. Hierzu können auch mehrere Dioden in Reihe geschaltet werden. Eine entsprechend hohe Flussspannung (z. B. 0,7 V je Diode) ergibt sich aber nur dann, wenn ein hinreichend starker Strom durchfließt (Richtwert: wenigstens 0,1 · Nennstrom der Diode). Ggf. ist ein Belastungswiderstand vorzusehen (Abb. 2.45). Die Diode unmittelbar vor dem Kondensator kann allerdings nicht einbezogen werden, da dies darauf hinausliefe, den Belastungswiderstand direkt an den Kondensator anzuschließen, so dass er auch beim Entladen wirksam wäre.

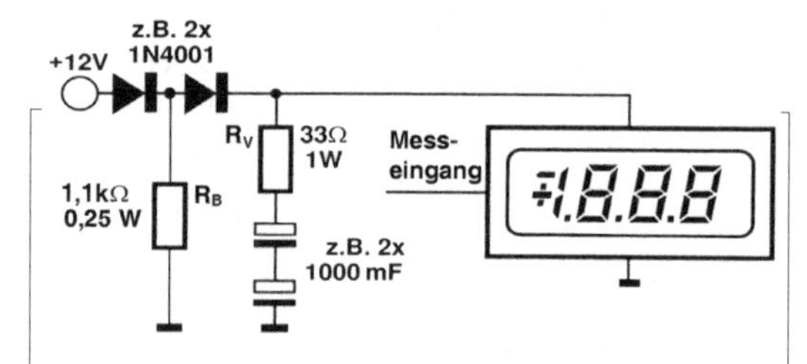

Laden (vgl. (2.59)): 4 · 0,5 F · 33 Ω ergeben 66 s, also etwa 1 min.

Entladen (vgl. (2.63)): Typische Werte für 3 1/2-stellige LCD-Panelmeter:
Mindest-Betriebsspannung 7 V, Strombedarf 1...3,5 mA. Also gilt $U_A \approx 11$ V, $U_E = 7$ V; I_L = Laststrom (3,5 mA). Mit den 0,5 F der dargestellten Reihenschaltung ergibt sich eine Überbrückungszeit von ≈570 s bzw. etwa 10 min. Eine Anordnung aus vier solchen Kondensatoren (zwei Reihen zu je zwei Kondensatoren parallel) ergibt etwa 20 min.

Abb. 2.45: *Schaltungsbeispiel. Ein digitales Messinstrument in einem Wartungsfeld soll auch dann noch funktionieren, wenn die Versorgungsspannung ausgefallen ist. Die Kondensatoren haben eine Arbeitsspannung von 5,5 V und eine Zersetzungsspannung von 6,5 V. Im Interesse der Sicherheit wurden zwei Dioden vorgeschaltet (max. 1,4 V Spannungsabfall). Damit wenigstens 0,7 V auch dann abfallen, wenn der Kondensator (nahezu) keinen Ladestrom aufnimmt, wird ein Mindeststrom von ca. 11 mA erzwungen (Belastungswiderstand R_B).*

Reihen- und Parallelschaltung; Kondensatorbatterien
Derartige Schaltungen sind zulässig. Vgl. weiterhin S. 144 f.

Parallelschaltung zwecks Kapazitätserhöhung ist zulässig. Das beim Elko gelegentlich wichtige Problem des überlagerten Wechselstroms (vgl. S. 141 f) gibt es in den typischen Energiespeicheranwendungen nicht.

Reihenschaltung zwecks Erhöhung der Arbeitsspannung ist zulässig. Dabei darf es aber nicht vorkommen, dass die Arbeitsspannung des einzelnen Kondensators überschritten wird. Ist dies von Grund auf gewährleistet (rechnerische Überprüfung anhand der ungünstigsten Wertekombinationen für Kapazität und Widerstand), sind Sondermaßnahmen unnötig. Ansonsten ist ein Spannungsausgleich vorzusehen. Der passive Ausgleich beruht auf parallelgeschalteten Widerständen (vgl. S. 145), der aktive darauf, dass die Spannungen über den Kondensatoren gemessen und entsprechende Ausgleichwege bedarfsweise geschaltet werden. Hierdurch wird den leistungsfähigeren Bauelementen Energie entnommen und den schwächeren zugeführt.

Bauelemente für höhere Arbeitsspannungen (z. B.12 oder 24 V) sind typischerweise Reihenschaltungen mit eingebautem Spannungsausgleich. Manche Typen mit niedriger Arbeitsspannung, aber besonders geringem Innenwiderstand sind Parallelschaltungen mehrerer Kondensatorelemente (vgl. Abb. 2.40b).

Anregungen zu Einfachlösungen:

- Der Spannungsausgleich ist typischerweise erst dann zu berücksichtigen, wenn drei und mehr Kondensatoren in Reihe geschaltet werden.
- Richtwert für Einfachlösungen mit Widerständen (vgl. Abb. 2.35): 100...470 Ω/F.
- Alternative: Die Kondensatoren parallelschalten und die eigentlich benötigte Spannung mit Gleichspannungswandler erzeugen (kostet typischerweise auch nicht mehr Aufwand als der aktive Spannungsausgleich[24] und ist entwicklungsseitig viel einfacher).

Ladezeit

Wie lange das Aufladen dauert, ergibt sich aus der Zeitkonstanten der Anordnung aus Vorwiderstand und Kondensator (Abb. 2.46). Richtwert: 1...6 min.

$$t_L \approx 4 \cdot \tau = 4 \cdot R \cdot C \cdot (R_V + R_{ESR\_DC}) \qquad (2.59)$$

Der Mindestwert des Vorwiderstands. Mit (2.58) ergibt sich

$$I_{LD} = \frac{U_W}{5 \cdot R_{ESR\_DC}} = \frac{U_W}{R_V + R_{ESR\_DC}} \qquad (2.60)$$

Hieraus folgt

$$R_V \geq 4 \cdot R_{ESR\_DC} \qquad (2.61)$$

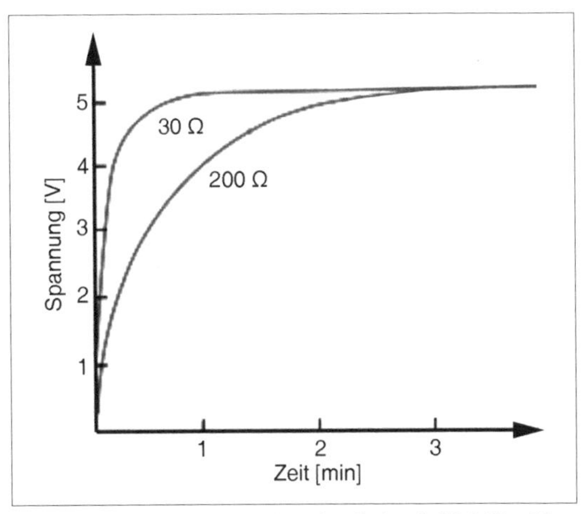

Abb. 2.46: *Ladezeiten im Vergleich (nach [2.16]). Oben mit einem Vorwiderstand von 30 Ω, darunter mit 200 Ω.*

Ersatzserienwiderstand bei Gleich- und Wechselspannung

Der Wechselstromkennwert R_{ESR_AC} ist einfacher zu messen als der Gleichstromkennwert R_{ESR_DC} (z. B. mit einer RLC-Messbrücke bei 1 kHz). Faustformel für den Gleichstromwiderstand:

$$R_{ESR\_DC} = 1{,}5 \cdot R_{ESR\_AC} \qquad (2.62)$$

Das Entladen bei Backup-Betrieb oder mit mäßiger Strombelastung

Infolge der Entladung nimmt die Spannung mit der Zeit ab (Abb. 2.47). Die Angabe der Speicherzeit (Entladedauer, Überbrückungszeit) richtet sich danach, bis zu welchem Spannungswert man die Funktion der gespeisten Schaltung noch als gesichert ansieht (Endspannung). In der Praxis liegen die Speicherzeiten im Bereich von wenigen Minuten bis zu etwa einer Woche.

24 Eher deutlich weniger. Man braucht keine Spannungsmessung, keine Leistungsbauelemente zum Schalten von Stromwegen usw. Diese Einfachlösung ist nur dann nicht mehr praktikabel, wenn es um wirklich viel Leistung geht (hunderte A usw.), z. B. bei Elektrofahrzeugen. Zum aktiven Spannungsausgleich s. beispielsweise [2.29].

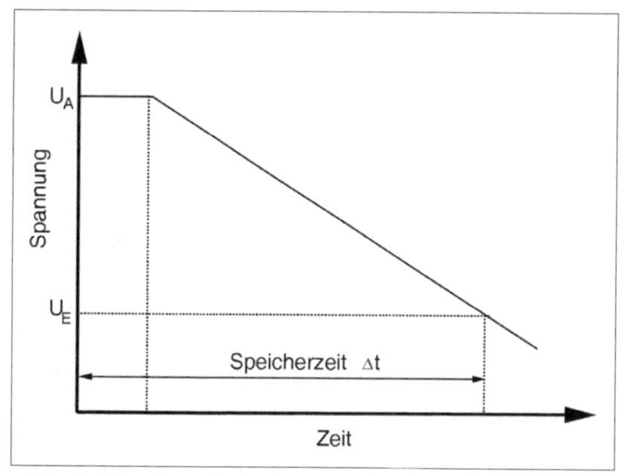

Abb. 2.47: Das Entladen im Backup-Betrieb (nach [2.14]). U_A - Anfangsspannung (typischerweise = Arbeitsspannung); U_E - Endspannung.

Die Speicherzeit (Entladedauer, Überbrückungszeit) bei gleichbleibender Stromentnahme:

$$\Delta t = C \cdot \frac{U_A - U_E}{I + I_L} \qquad (2.63)$$

U_{0A} - Anfangsspannung (typischerweise = Arbeitsspannung); U_E - Endspannung; I - Entladestrom; I_L - Leckstrom (kann oft vernachlässigt werden (Richtwert > 1 µA)).

Die für die jeweils gegebenen Betriebsdaten erforderliche Kapazität:

$$C = \Delta t \cdot \frac{I + I_L}{U_A - U_E} \approx \Delta t \cdot \frac{I}{U_A - U_E} \qquad (2.64)$$

Die Endspannung bei gegebener Kapazität und Überbrückungszeit:

$$U_E = U_A - \frac{\Delta t}{C} \cdot (I + I_L) \qquad (2.65)$$

Die Speicherzeit (Entladedauer, Überbrückungszeit) bei gleichbleibendem Lastwiderstand R_L:

$$\Delta t = C \cdot R_L \cdot \ln\left(\frac{U_A}{U_E}\right) = C \cdot R_L \cdot (\ln U_A - \ln U_E) \qquad (2.66)$$

Die für die jeweils gegebenen Betriebsdaten erforderliche Kapazität:

$$C = \Delta t \cdot \frac{1}{R_L \cdot (\ln U_A - \ln U_E)} \qquad (2.67)$$

Die Endspannung bei gegebener Kapazität und Überbrückungszeit:

$$U_E = U_A \cdot e^{-\frac{\Delta t}{C \cdot R_L}} \qquad (2.68)$$

Das Entladen bei Impulsbetrieb oder hoher Strombelastung

Am Anfang ergibt sich ein Spannungsabfall U_R aufgrund des Ersatzserienwiderstandes R_{ESR_DC}. Dann folgt ein Entladevorgang, der einen Spannungsabfall U_C bewirkt (Abb. 2.48). Die Dauer dieses Vorgangs wird von der Stromentnahme und der Kapazität bestimmt. U_R sollte so gering wie möglich sein. Deshalb sind für solche Anwendungen Typen mit niedrigem Ersatzserienwiderstand zu wählen.

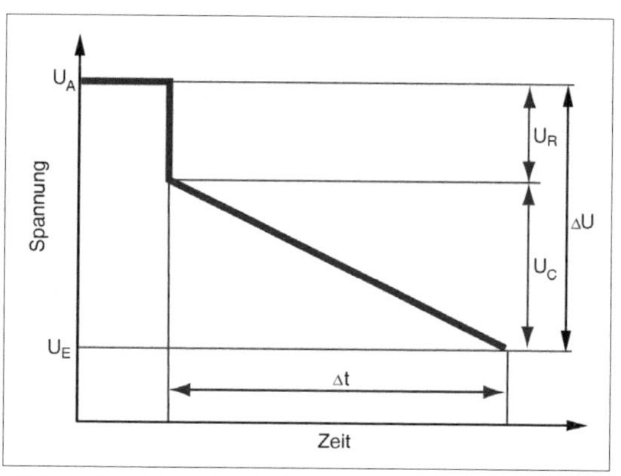

Abb. 2.48: Das Entladen im Impulsbetrieb (nach [2.17]). U_A - Anfangsspannung (typischerweise = Arbeitsspannung); U_E - Endspannung.

Der gesamte Spannungsabfall ΔU ergibt sich aus den beiden genannten Anteilen:

$$\Delta U = U_R + U_C = I \cdot \left(R_{ESR\_DC} + \frac{\Delta t}{C}\right) \qquad (2.69)$$

Die für die jeweils gegebenen Betriebsdaten erforderliche Kapazität:

$$C = \Delta t \cdot \frac{I}{\Delta U - I \cdot R_{ESR\_DC}} \quad (2.70)$$

Energie und Kapazität:
Die während der Entladedauer Δt gelieferte Energie ergibt sich als Mittelwert der Leistung multipliziert mit der Entladedauer[25]:

$$E_{ENTL} = \frac{1}{2} \cdot I \cdot (U_A + U_E) \cdot \Delta t \quad (2.71)$$

Damit diese Energie entnommen werden kann, muss sie im Kondensator gespeichert gewesen sein:

$$E_{ENTL} = \frac{1}{2} \cdot C \cdot \left(U_A^2 - U_E^2\right) \quad (2.72)$$

Aus der Gleichsetzung von (2.71) und (2.72) ergibt sich die Kapazität C zu:

$$C = \frac{1}{2} \cdot I \cdot t \cdot \frac{U_A + U_E}{U_A^2 - U_E^2} \quad (2.73)$$

Dieser Ausdruck entspricht (2.64), wenn dort der Leckstrom I_L vernachlässigt wird.

2.6 Kondensatoren auswählen

Der Ausgangspunkt
Aus der Schaltungsentwicklung heraus hat sich ein Kapazitätswert C_E ergeben. Am Anfang des Auswahlvorgangs steht die Untersuchung des Einsatzfalls (Abb. 2.49 bis 2.51). Hieraus ergibt sich eine Vorauswahl der Bauform und der Art des Dielektrikums sowie eine Vorentscheidung in Hinsicht auf die zu fordernde Genauigkeit (kommt es wirklich darauf an oder nicht?) In vielen Einsatzfällen ist der genaue Kapazitätswert nicht von Bedeutung. Manchmal kann man sich durch entsprechendes Überdimensionieren absichern, manchmal ist die Stabilität (Temperaturgang, Spannungsabhängigkeit, Frequenzabhängigkeit usw.) wichtiger als der absolute Kapazitätswert.

Hilfsmittel zum Aussuchen:

a) Die parametrische Suche im Internet (vor allem bei einschlägigen Herstellern und Distributoren).

b) Das Datenmaterial der Hersteller (einschließlich der Anwendungshinweise (Application Notes)). Anhand der dort gezeigten Diagramme (in den Abb. 2.52 bis 2.54 anhand einiger Beispiele veranschaulicht[26]) kann man sich über Tendenzen und Größenordnungen orientieren.

c) Viele Hersteller halten Rechenprogramme, Simulationsmodelle usw. im Internet bereit. Die letzten Feinheiten müssen jedoch nach wie vor im Versuch geklärt werden.

d) Bekanntermaßen funktionierende Einrichtungen. Z. B. anhand der Stücklisten von Messgeräten o. dergl. darüber orientieren, welche Ausführungen (Bauformen, Dielektrika) für welche Anwendungsfälle eingesetzt werden.

Wenn zum Kapazitätswert C_E im Rahmen der einzuhaltenden Toleranzen kein passender Standardwert C_S zu finden ist:

- lässt sich der geforderte Wert es mit einer Kombination aus mehreren Standardwerten darstellen (Reihen- und/oder Parallelschaltung)?
- kommt ein Abgleichen in Betracht (Trimmer) oder eine Maßnahme in einem anderen Teil der Schaltung?
- probieren, ob sich durch Schaltungsänderung nicht doch etwas machen lässt (Motto: Lasst Euch was einfallen ...).

Parametrische Suche
Im Idealfall gibt man die gewünschten Kennwerte ein und erhält eine Liste in Betracht kommender Baule-

25 Hier wird mit gleichbeibender Stromentnahme gerechnet. Diese Betriebsweise ist in vielen Einsatzfällen näherungsweise gegeben (z. B. bei der Versorgung eines Festplatten- oder Bandlaufwerks).

26 Es sind wirklich nur Illustrationen, die zeigen sollen, wie so etwas aussieht. Im Ernstfall an den Originalquellen nachsehen!

mente. In der Praxis geht es natürlich nicht so ideal zu. Zum einen ist der Suchbereich auf das jeweilige Angebot eingeschränkt, zum anderen passen die Auswahl- und Eingabemöglichkeiten nicht immer zu den Kennwerten, mit denen der Entwickler suchen möchte. Deshalb muss man sich gelegentlich auf verschiedenen Wegen herantasten. Der Zugang beginnt zumeist mit dem Dielektrikum. Hierzu muss man sich überlegen, welche Dielektrika für den jeweiligen Einsatzfall in Betracht kommen und die zugehörigen Typenlisten im Einzelnen durchsehen. Ggf. ist an mehreren Stellen zu suchen (verschiedene Distributoren und Hersteller). Gelegentlich lohnt sich auch eine Stichwortsuche über eine der großen Suchmaschinen im Internet. Hierzu Begriffe eingeben, die das jeweilige Anwendungsgebiet und /oder besonder wichtige Kennwerte bezeichnen (vorzugsweise in der englischen Fachsprache[27]).

Herstelleranfragen
Ehe man anfragt, sollte man wissen, was man eigentlich will. Die folgende Aufzählung[28] umfasst typische Angaben, die der Hersteller braucht, um die Anfrage bearbeiten zu können:

- Nennwert der Kapazität,
- Kapazitätstoleranz,
- Arbeitsspannungen (Gleich- und Wechselspannung),
- Einsatzgebiet,
- Betriebsbedingungen (Frequenz, Spannungsverlauf, Ströme usw.),
- Betriebstemperatur,
- Abmessungen und Gehäuseausführung,
- Sicherheitsanforderungen.

Es hat sich ein Standardwert C_S gefunden
Jetzt ist ein Bauelement zu wählen, das die im Einsatz auftretenden Belastungen aushält.

1. Welche Spannung kann schlimmstenfalls am Kondensator anliegen? Eine Baureihe mit entsprechender Nennspannung suchen (je nach Einsatzfall Nenngleichspannung (Arbeitsspannung), Nennwechselspannung oder überlagerte Wechselspannung). Eine zu hohe Spannung kann bewirken, dass der Kondensator durchschlägt, dass also das Dielektrikum wenigstens teilweise zerstört wird (das Bauelement wird dadurch entweder zur Lötstelle oder zu einem Kondensator mit unvorhersagbar geringerer Kapazität).

2. Welcher Wechselstrom muss schlimmstenfalls durchfließen? Eine Baureihe mit entsprechenden Kennwerten suchen (Ripple Current, wenn überlagert; AC Current, wenn Polung wechselt).

3. Welche Spannungen ergeben sich zwischen dem Kondensator und benachbarten Bauelementen, dem Gehäuse usw.? Mit anderen Worten: Kommt es auf Isolationsspannung, Isolationswiderstand und Durchschlagfestigkeit an?

4. Handelt es sich um besondere Einsatzbedingungen (z. B. Impulsbelastung)? Wenn ja, eine passende Ausführung suchen und die Eignung anhand der Datenblattangaben kontrollieren (z. B. Geschwindigkeit der Spannungsänderung $\Delta U/\Delta t$ oder Stoßstrom I_{SURGE}).

5. Wie kritisch ist das Temperaturverhalten? Kommt es hier auf hohe Genauigeit an (kein Temperaturgang)? Wenn ja, sind folgende Möglichkeiten zu unteruchen:

    - Wahl eines Typs mit hinreichend geringem Temperaturkoeffizienten,
    - Kühlung (durch entsprechende Anordnung im Luftstrom usw.), damit sich der Temperaturgang nicht allzu sehr auswirkt,
    - Schaltungsmaßnahmen zur Temperaturkompensation,
    - im Extremfall: Temperaturkonstanthaltung (Thermostat).

6. Gibt es weitere Effekte, die sich störend bemerkbar machen können (z. B. der piezoelektrische bzw. Mikrofonieeffekt oder die dielektrische Absorption)? Womöglich muss eine andere Baureihe gewählt werden, die solche Effekte gar nicht oder nur in deutlich abgeschwächter Form aufweist.

27 Beispiel: mit der Wortgruppe low esr tantalum capacitor nach Seiten in englischer Sprache suchen lassen.

28 Nach [2.20].

Sicherheitszuschläge beim Schaltungsentwurf wirken sich günstig auf die Zuverlässigkeit aus. Dem steht allerdings entgegen, dass Kondensatoren, die mehr aushalten, auch größer sind. Und das bedeutet nicht nur mehr Platz und höhere Kosten, sondern auch erhöhte Induktivität durch längere Zuleitungen.

Für sicherkeitskritische Anwendungen (z. B. am Stromnetz) nur ausdrücklich zugelassene Bauelemente verwenden (Beispiel: die X- und Y-Kondensatoren).

Derating /Uprating
Soll der Kondensator unter ungünstigen Betriebsbedingungen eingesetzt werden (vor allem bei höherer Temperatur), ist die Belastung entsprechend zu verringern (Derating). Können hingegen durchgehend günstigere Betriebsbedingungen angenommen werden, ist es gelegentlich möglich, das Bauelement stärker zu belasten als es das Datenblatt erlaubt (Uprating).

Beim Entwickeln stellt sich das Problem zumeist anders herum dar: Die auf den Kondensator wirkende Belastung ist aus den Anforderungen der Anwendung heraus gegeben, und es ist ein Typ mit passenden Belastbarkeitskennwerten auszuwählen. Hier ist im Grunde ebenso vorzugehen wie bei den Widerständen (vgl. S. 33 - 37).

Doppelte Sicherheit – ein naheliegender Ansatz
Alle aus der Anwendung heraus ermittelten Belastungswerte werden mit 2 multipliziert und aufgerundet. Anders herum gesehen: Das Bauelement wird nur zur Hälfte ausgenutzt (50 % Derating). Es ist eine Faustregel, die sich seit Jahrzehnten bewährt hat und auch – als erste Näherung – von den Herstellern empfohlen wird.

Vorgehensweise: Erst die Maximalwerte für Spannungen und Ströme bestimmen, dann daraus die Leistungswerte berechnen. Nach diesen Vorgaben das Bauelement auswählen.

Des Weiteren kann man die von den Herstellern bereitgehaltenen Tabellen, Diagramme, Formeln und Dimensionierungsprogramme (Internet) ausnutzen. Geht es nur um Überschlagsrechnungen, kann man durchaus die Dimensionierungshilfen des Herstellers A auf ähnliche Typen des Hersteller B anwenden[29]. Geht es um Kostenoptimierung bis ins Kleinste, wäre der Hersteller ggf. zu konsultieren[30].

Leistungskennwerte
Die Genauigkeit der Leistungsberechnung hängt von der Bestimmung des quadratischen Mittelwerts I_{RMS} ab. Einfache Formeln gelten nur bei sinusförmigem Strom- und Spannungsverlauf. Die Mittelwertberechnung für elementare nichtsinusförmige Verläufe (Rechteck, Dreieck usw.) ist aus der Grundlagenliteratur ersichtlich. Für kompliziertere Verläufe (wie sie z. B. in Schaltnetzteilen und Spannungswandlern auftreten) kann man auf Rechenprogramme (von diversen Herstellern) zurückgreifen.

Die Derating-Angaben beziehen sich typischerweise – wie beim Widerstand – auf eine maximale Umgebungstemperatur, bei der noch die volle Leistung umgesetzt werden darf und auf eine maximale Gehäusetemperatur, bei der gar keine Belastung mehr zugelassen ist. Beispiel[31]: volle Belastbarkeit bis zu einer Umgebungstemperatur von maximal + 55 °C; Eigenerwärmung maximal 30 °C, also maximale Gehäusetemperatur + 85 °C. Der Rechengang ist dann (vgl. 1.35):

$$P \leq \frac{85°C - T_A}{30°C} \cdot P_{max}$$

Betriebsgleichspannung
Die übliche Faustregel:
Nenngleichspannung ≥ 2 · höchste Betriebsgleichspannung (doppelte Sicherheit bzw. 50 % Derating). Bei manchen Typen muss man nicht so pessimistisch herangehen. So wird für bestimmte NiO-Typen (Nioboxid-Keramik) ein Derating von 20 % als ausreichend angesehen[32] (Nenngleichspannung = 1,25 · höchste Betriebsgleichspannung).

Stoßstrom und Nenngleichspannung
Wird ein Kondensator auf eine Spannung U aufgeladen, so ergibt sich ein Spitzenstrom I_P gemäß dem Ohmschen Gesetz:

29 Aber genau nachsehen, worin sich beide Typenreihen unterscheiden. Ggf. großzügig aufrunden.

30 Manche Hersteller bieten einen solchen Service ausdrücklich an.

31 Nach [2.7].

32 Nach [2.25].

$$I_P = \frac{U}{R} = \frac{U}{R_i + R_V + \ldots + R_{ESR}} \quad (2.74)$$

Der Widerstandswert umfasst alle im Stromkreis liegenden Widerstände (den Innenwiderstand der Spannungsquelle R_i, den Vorwiderstand R_V usw. sowie den Ersatzserienwiderstand R_{ESR}; vgl. auch (2.57)).

Gemäß diesem Spitzenstrom ist ein Kondensator mit hinreichender Stoßstrombelastbarkeit I_{SURGE} auszuwählen.

Stoßstrombelastbarkeit, Spannungshub und Kapazität hängen zusammen (vgl. (2.35) bis (2.37)). Die folgende Formel ist ein Beispiel für ein herstellerspezifisches Rechenverfahren[33]:

$$I_{SURGE} = \frac{1{,}1 \cdot U_R}{R_{TEST} + R_{ESR}} \quad (2.75)$$

Hierin sind U_R die Nenngleichspannung und R_{TEST} ein Widerstandswert, der für eine bestimmte Typenreihe gilt (Beispiel: $R_{TEST} = 0{,}7\ \Omega$).

Rechengang: Aus der Anwendung heraus ergibt sich (messtechnisch oder gemäß (2.74)) ein Spitzenstrom I_P. Dann ist zu prüfen, ob die Stoßstrombelastbarkeit gemäß (2.75) hierfür ausreicht. Reicht sie nicht ($I_{SURGE} < I_P$), ist ein Bauelement mit höherer Nennspannung U_R auszuwählen. Die Mindestnennspannung für eine bestimmte Stoßstrombelastbarkeit ergibt sich aus (2.75) zu:

$$U_{Rmin} \geq 0{,}091 \cdot I_{SURGE} \cdot (R_{TEST} + R_{ESR}) \quad (2.76)$$

Die Nenngleichspannung U_R wird üblicherweise als das Doppelte der anwendungsseitigen Betriebsspannung angesetzt (zweifache Sicherheit / 50 % Derating). Bei hoher Stoßstrombelastung kann dies zuwenig sein. Ist die Stoßstrombelastung jedoch vergleichsweise gering, kann es sich herausstellen, dass man die Nenngleichspannung herabsetzen kann, z. B. auf $U_{Rmin} \cdot 1{,}3$ oder maximale Betriebsspannung · 1,3 (wobei mit dem jeweils größeren Wert zu rechnen ist).

33 Nach [2.26].

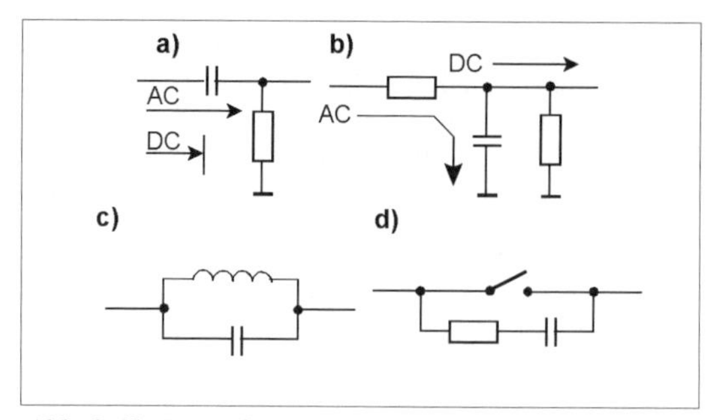

Abb. 2.49: *Typische Kondensatoranwendungen (1).*
a) Wechselspannungskopplung (galvanische Trennung);
b) Ableiten von Wechselspannung;
c) Resonanzkreis (Schwingungserzeugung, Filterung);
d) Unterdrückung von Spannungsspitzen (Funkenlöschung).

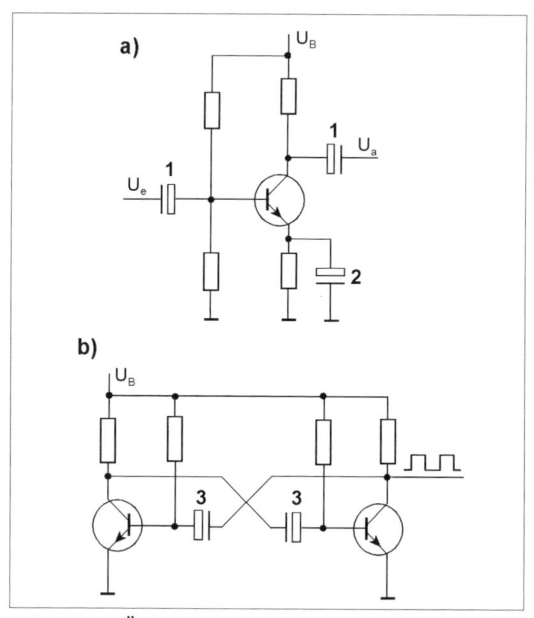

Abb. 2.50: *Ähnliche Schaltbilder, aber verschiedene Anforderungen. a) Verstärkerstufe; b) astabiler Multivibrator. 1 - Koppelkondensatoren; 2 - Ableitung von Wechselspannung; 3 - frequenzbestimmende Kondensatoren. Bei 3 kommt es auf den genauen Kapazitätswert an (bestimmt die Impulsdauer/Frequenz), bei 1 und 2 nicht (Hauptsache, der Wechselstromwiderstand ist niedrig genug).*

Wechselspannungs- und Wechelstromkennwerte
Die Belastbarkeitsgrenzen sind frequenzabhängig (als Beispiel vgl. Abb. 2.17). Manche Datenblattwerte beziehen sich auf bestimmte Einsatzfälle. Beispiel: überlagerte Wechselspannung mit doppelter Netzfrequenz (Siebkondensatoren in herkömmlichen Stromversorgungsschaltungen). Wenn nichts Brauchbares (Tabellen, Formeln, Rechenhilfen) zu finden ist: mit doppelter Sicherheit (50 % Derating) anfangen und ggf. systematisch an eine zweckmäßige Dimensionierung herantasten.

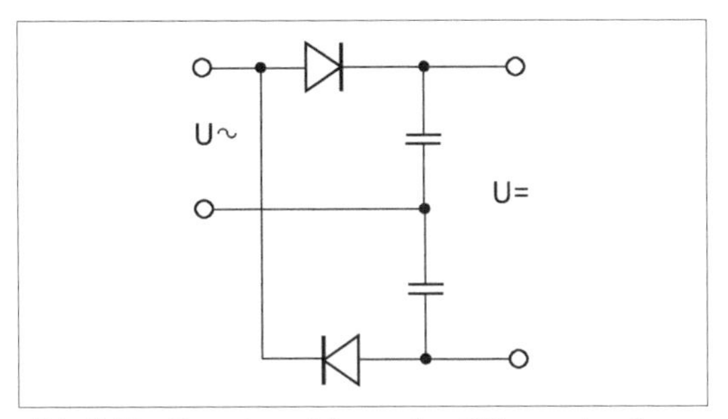

***Abb. 2.51:** Energiespeicher- oder Glättungskondensatoren in einer Spannungsverdopplerschaltung. Die Ladung muss wenigstens bis zur nächsten Halbwelle draufbleiben. Der absolute Kapazitätswert ist nicht entscheidend.*

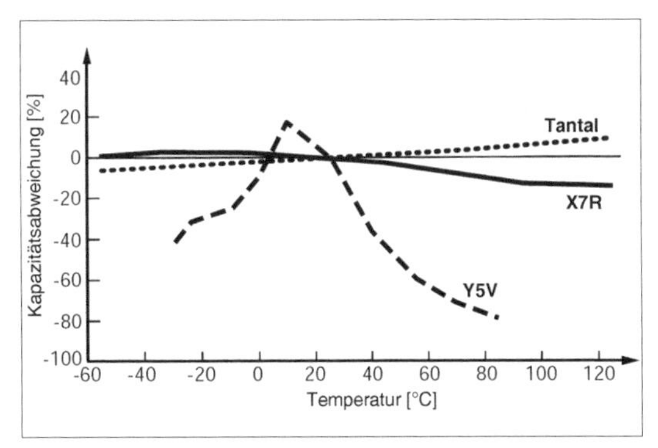

***Abb. 2.52:** Vergleichende Darstellung des Temperaturgangs (nach [2.21]). Offensichtlich ist die Keramik Y5V nicht brauchbar, wenn ein stabiler Kapazitätswert gefordert ist.*

Reihen- und Parallelschaltung von Kondensatoren
Beides bietet sich an, um bestimmte Kapazitätswerte oder Betriebskennwerte darzustellen.

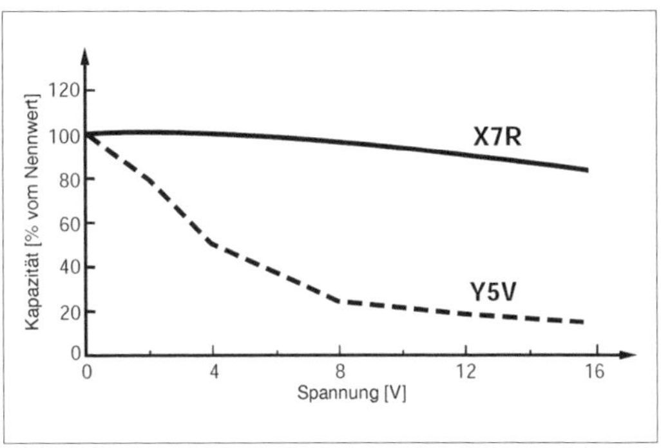

***Abb. 2.53:** Vergleichende Darstellung der Spannungsabhängigkeit (nach [2.21]). Die Bauelemente sind für 16 V spezifiziert. Bei dieser Spannung hat jedoch der Typ aus Y5V-Keramik ca. 80 % seiner Kapazität eingebüßt, der X7R-Typ hingegen nur etwa 20 %.*

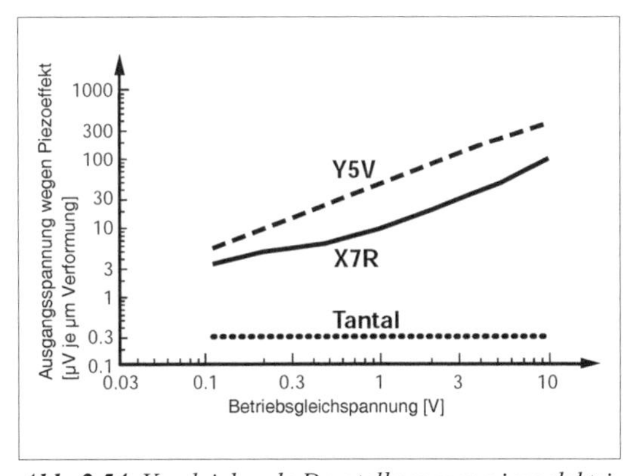

***Abb. 2.54:** Vergleichende Darstellung zum piezoelektrischen Effekt (nach [2.21]).*
Tantalkondensatoren lassen sich von der mechanischen Einwirkung gar nicht beeindrucken, Typen aus Klasse-2-Keramik reagieren jedoch recht heftig, nämlich mit einigen hundert µV. Je höher die Dielektrizitätskonstante der Keramik, desto intensiver der Effekt. In manchen Anwendungen stört das nicht, in anderen hingegen dürfte es sich hingegen unangenehm bemerkbar machen (z. B. in den Eingangsstufen empfindlicher Verstärker).

Bei Reihenschaltung verringert sich die Kapazität. Ersatzserienwiderstand und Ersatzserieninduktivität nehmen aber beide zu. Des Weiteren ist darauf zu achten, dass der Spannungsabfall über den einzelnen Kondensatoren im Rahmen des Zulässigen bleibt.

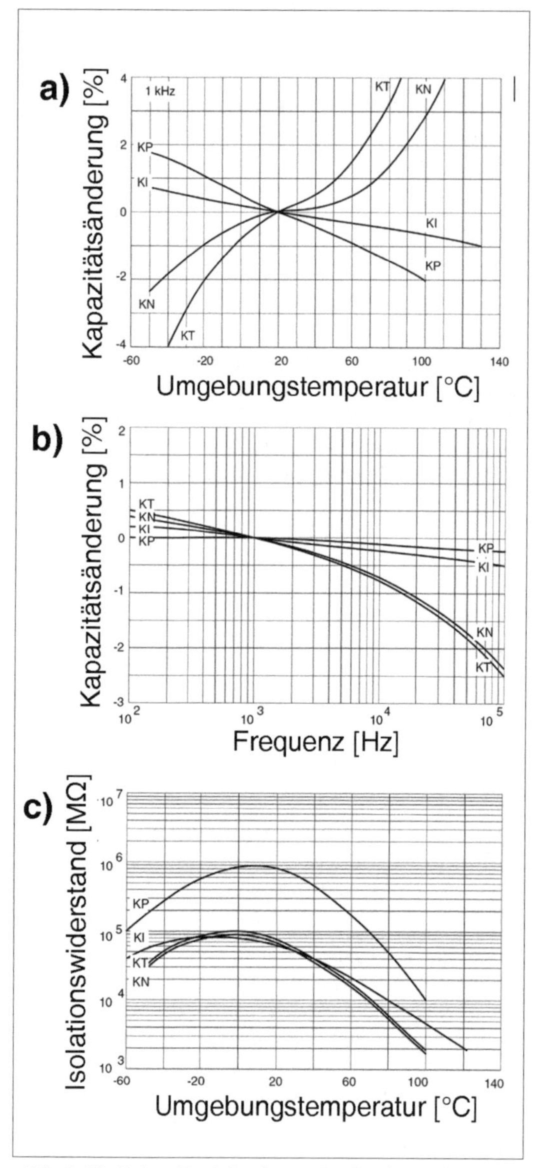

***Abb. 2.55:** Folien-Dielektrika im Vergleich (nach [2.5]).*
a) Temperaturgang der Kapazität;
b) Frequenzgang der Kapazität;
c) Temperaturgang des Isolationswiderstandes. Es gibt offensichtlich beachtliche Unterschiede – Folie ist nicht gleich Folie ...

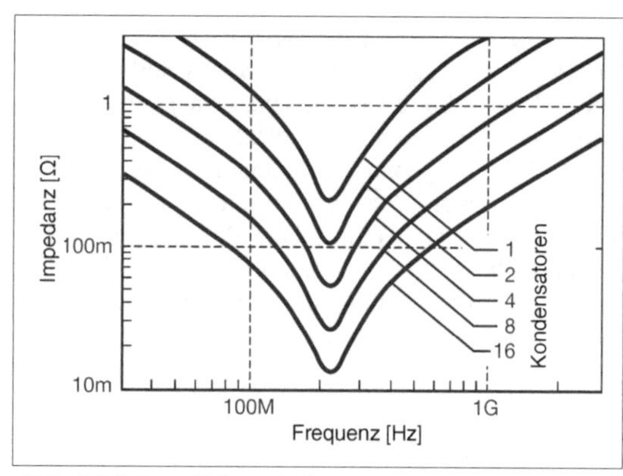

***Abb. 2.56:** Parallelgeschaltete Kondensatoren ergeben eine geringere Impedanz (nach [2.23]).*

Bei Parallelschaltung erhöht sich die Kapazität, und die Impedanz wird geringer (Ab. 2.56).
Werden gleichartige Kondensatoren parallelgeschaltet, so verringert sich lediglich die Impedanz, nicht aber die Resonanzfrequenz. Mit n Kondensatoren ergibt sich die Impedanz Z zu:

$$Z = \sqrt{\left(\frac{R_{ESR}}{n}\right)^2 + \left(\frac{\omega L_{ESL}}{n} - \frac{1}{\omega \cdot nC}\right)^2} \qquad (2.77)$$

Hinweise:

1. Wird die Anzahl der Kondensatoren verdopppelt, so sinkt die Impedanz auf die Hälfte. Um nicht allzu viele Kondensatoren parallelschalten zu müssen, sollte man von vornherein Typen mit niedrigem ESR auswählen.
2. Beim Parallelschalten verschiedenartiger Kondensatoren ergeben sich mehrere Resonanzstellen[34].

Energiespeicherkondensatoren

Energiespeicherkondensatoren sollen ihre Ladung solange behalten, bis frische Energie nachgeliefert wird. Anwendungbeispiele: Spannungsvervielfachung, Ladungspumpen, Halbwellengleichrichtung. Hierfür werden vergleichsweise große Kapazitätswerte benötigt. Der Übergang zum Glättungskondensator (mit zwar welliger, aber beständiger Energiezufuhr) ist fließend. Abhängig vom Rhythmus des Auf- und Entladens und

34 Man sollte dies also vermeiden – oder wissen, was man tut (s. beispielsweise [2.23]).

vom Spannungsverlauf sind die Wechselstrom- oder die Impulskennwerte heranzuziehen.

Sieb- bzw. Glättungskondensatoren
Diese Bauelemente sollen aus einem welligen Spannungsverlauf einen glatten machen. Da die Spannung ihre Polung nicht ändert, sind Elektrolyttypen einsetzbar. Weitere Auswahlgesichtspunkte:

- Frequenzbereich. Frequenzabhängigkeit der Kapazität beachten.
- Temperaturbereich. Temperaturgang beachten.
- Arbeitsspannung.
- Leckstrom.
- Ersatzserienwiderstand. Möglichst niedrig, um die Eigenerwärmung zu verringern. Elektrolytkondensatoren mit feuchtem Elektrolyten können sonst austrocknen und womöglich explodieren.
- Überlagerte Wechselspannung und überlagerter Wechselstrom.

Netzfrequenz
Typisch ist eine überlagerte Wechselspannung mit doppelter Netzfrequenz (100 oder 120 Hz). Herkömmliche (feuchte) Aluminium-Elkos sind einsetzbar. Richtwert: 1000 µF für 1 A Gleichstrom.

Höhere Frequenzen
Das betrifft vor allem Schaltnetzteile und Gleichspannungswandler. Über 20 kHz sind herkömmliche (feuchte) Aluminium-Elkos ungeeignet. In Betracht kommen u. a. Tantal, Niob/Nioboxid, Keramik der Klasse 2 sowie Folientypen.

Keramiktypen
Große Kapazitätsverluste kann man sich nicht leisten. Deshalb kommen nur Keramiken mit besserer Kennwertstabilität in Betracht, z. B. X7R. Jedoch können piezoelektrische Effekte ein Problem sein (Einkopplung mechanischer Schwingungen, Aussenden von hörbaren Geräuschen). S. auch Tabelle 2.17.

Entkoppungs- oder Stützkondensatoren
Solche Bauelemente sollen kurzzeitig dann Energie nachliefern, wenn sie benötigt wird (vor allem bei den Umschaltvorgängen in Digitalschaltungen). Die Speisespannung ist nicht wellig. Es sollen aber Einbrüche vermieden werden, die sich infolge einer kurzzeitigen starken Stromentnahme (Stromspitzen) ergeben können. Die Kapazität muss groß genug sein, um die in den Stromspitzen abgeforderte Energie tatsächlich liefern zu können. Zuviel schadet in erster Näherung nicht. Bei entsprechender Überdimensionierung sind somit auch große Toleranzen auszuhalten (z. B. Elektrolyttypen oder Z5U-Keramik). Da es darum geht, in kurzer Zeit viel Strom zu liefern, kommt es auf einen niedrigen Ersatzserienwiderstand[35] und – vor allem – auf einen induktivitätsarmen Anschluss an. Folientypen und Aluminium-Elkos scheiden aus. Der Vorteil von X7R und (noch ausgeprägter) Z5U ist die kleine Bauform bei vergleichsweise hoher Kapazität, die die induktivitätsarme Verbindung mit dem zu stützenden Schaltkreis begünstigt (Anordnung mit kürzesten Verbindungswegen in unmittelbarer Nachbarschaft oder auf der anderen Seite der Leiterplatte). Komplexe Schaltkreise (z. B. Prozessoren) stellen hohe Anforderungen an die Entkopplung der Speisespannung. Deren Dokumentation enthält oftmals ausführliche Richtlinien zur Typenauswahl und Leiterplattenauslegung[36]. Abb. 2.57 veranschaulicht den Einfluss, den die Länge der Anschlüsse (Zulei-

Kennwert	Keramik	Tantal
Wechselstrombelastbarkeit /ESR	+	(nur überlagerte Wechselspannung)
Packungsdichte		+
Induktivität	+	
Spannungsabhängigkeit der Kapazität		+
piezoelektrischer und Mikrofonieeffekt		+
Filterwirkung bei höheren Frequenzen	+	

Tabelle 2.17: *Keramik- und Tantalkondensatoren im Vergleich (nach [2.21]).*

35 Aber nicht ausschließlich. Man braucht stellenweise auch Kondensatoren mit ausgesprochen hohem ESR, damit die ganze Anordnung nicht ins Schwingen gerät. Vgl. u. a. [2]. Näheres enthält die Spezialliteratur zur Entkopplung von Digitalschaltkreisen, wie man sie sowohl bei den Schaltkreis- als auch bei den Kondensatorherstellern findet.

36 Die peinlich genau eingehalten werden sollten – es sei denn, man weiß, was man tut und verfügt über die erforderliche Ausrüstung (u. a. zur Analogsimulation des eigenen Entwurfs).

tungsinduktivität) auf die Impedanz hat. In Abb. 2.58 sind Bauformen besonders induktivitätsarmer Stütz- und Entkopplungskondensatoren dargestellt.

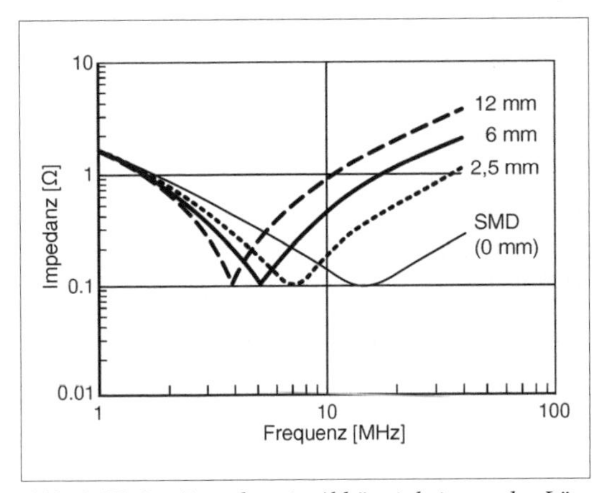

Abb. 2.57: *Die Impedanz in Abhängigkeit von der Länge der Anschlüsse (nach [2.24]). Hiernach sollte klar werden, dass ein über mehrere cm Draht angeschlossener Stützkondensator nicht viel nützen wird ...*

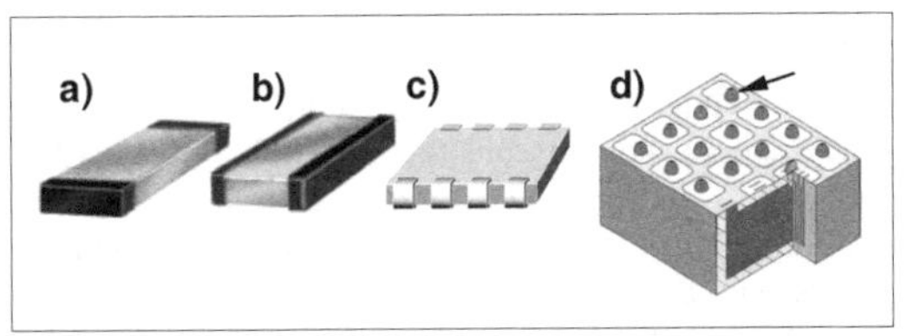

Abb. 2.58: *Stütz- und Entkopplungskondensatoren (nach [2.1] und [2.21]). a) herkömmlicher Vielschichtkondensator; b) induktivitätsarme Ausführung mit Anschlüssen an den Längsseiten; c) induktivitätsarme Ausführung mit mehreren Anschlüssen, die einander abwechseln (1. Elektrode, 2. Elektrode, 1. Elektrode usw.); d) Kondensator-Array (mehrere Kondensatoren) in Flip-Chip-Ausführung (LICA= Low Inductive Capacitor Array). Der Pfeil zeigt auf einen der Lötpunkte.*

Wechselspannungskopplung und -ableitung

Der Wechselstromwiderstand (Impedanz) muss im jeweiligen Frequenzbereich hinreichend niedrig sein. Also: Kapazität so groß wie nötig. Zuviel schadet in erster Näherung nicht. Bei entsprechender Überdimensionierung sind somit auch große Toleranzen auszuhalten (z. B. Elektrolyttypen oder Z5U-Keramik). Weitere Auswahlgesichtspunkte:

- Frequenzbereich. Frequenzabhängigkeit der Kapazität beachten.
- Temperaturbereich. Temperaturgang der anderen Kennwerte beachten.
- Isolationswiderstand (möglichst hoch). Wichtig vor allem dann, wenn der Kondensator zur galvanischen Trennung eingesetzt wird.
- Ersatzserienwiderstand (möglichst gering).
- Spannungshub und Geschwindigkeit der Spannungsänderung.
- Welche Art von Spannung liegt an? – Echte Wechselspannung (wechselnde Polung) oder überlagerte Wechselspannung (veränderlicher Spannungshub bei gleichbleibender Polung)?

Wechselspannung (wechselnde Polung)
Elektrolyttypen kommen nicht in Betracht (ungepolte Elkos nur in Ausnahmefällen[37]).

Überlagerte Wechselspannung
Elektrolyttypen sind grundsätzlich einsetzbar. Entsprechende Kennwerte (Ripple Voltage / Current) beachten.

Dielektrische Absortion und piezolektrischer Effekt
Es ist zu prüfen, ob diese Spezialeffekte in der jeweiligen Anwendung schaden. Keramiken der Klasse 2 können bei Frequenzen im Audiobereich hörbare Geräusche abgeben (piezoelektrischer Effekt), kommen also als Koppel- und Ableitkondensatoren in NF-Verstärkern usw. nicht in Betracht.

Kondensatoren zum Unterdrücken von Spannungsspitzen (Snubber Capacitors)

Wichtig sind geringer Ersatzserienwiderstand und ausreichende Spannungsbelastbarkeit (Nennspannung, Geschwindigkeit der Spannungsänderung). Es gibt Bauelemente, für die höhere kurzzeitige Spitzenspannungen spezifiziert sind. Manchmal sind aber nicht allzu viele derartige Spitzen erlaubt. Geht es um vergleichsweise seltene Schaltvorgänge (Beispiel: Funkenlöschung an manuell betätigten Kontakten), so wird in den meisten Fällen diese Einsatzbedingung erfüllt sein (während der gesamten Lebensdauer kommen weniger

37 Fertige ungepolte Elkos sind selten und teuer. Ansonsten braucht man zwei Bauelemente und erhält nur die halbe Kapazität. Zudem dürfen nicht alle Typen gemäß Abb. 2.18 zusammengeschaltet werden.

Spannungsspitzen vor als zugelassen sind). Bei fortlaufender zyklischer Erregung müßte man sich an weiteren Kennwerten orientieren oder den Anwendungsfall im einzelnen untersuchen (Simulation, Versuch).

Veränderliche Kapazität
Richtige Drehkondensatoren kommen heutzutage praktisch nicht mehr in Betracht (Verfügbarkeit, Kosten). Handelsübliche Bauelemente (Trimmer und Kapazitätsdioden) haben Einstellbereiche in der Größenordnung von ca. 100 pF. Manchmal kann das Problem mit umschaltbar angeordneten festen Kondensatoren gelöst werden (Umschaltung über handbetätigte Schalter, Relais, Analogschalter usw.). Ansonsten wären nach grundsätzlichen Alternativen zu suchen – bis hin zur digitalen Frequenzaufbereitung oder Signalverarbeitung.

Präzise Zeit- oder Frequenzdarstellung (durch RC- oder LC-Glieder)
In welchen Zeit- oder Frequenzbereichen dies möglich ist, hängt davon ab, in welchen Kapazitätsbereichen eng tolerierte und in ihren Kennwerten stabile Bauelemente verfügbar sind. Große Kapazitäten für lange Zeiten oder niedrige Frequenzen bereiten die größten Schwierigkeiten. Eng tolerierte Typen gibt es nur mit vergleichsweise geringen Kapazitätswerten (Tabelle 2.18). Weitere Gesichtspunkte – z. B. der Temperaturgang – schränken die Auswahl noch stärker ein.

Die längsten auf kostengünstige Weise[38] einigermaßen präzise darstellbaren Zeitkonstanten liegen bei mehreren nF · mehreren kΩ, also im Bereich von einigen µs bis zu einigen ms. Die Impulsbreite einer RC-Kippstufe beträgt etwa 0,7 τ (Richtwert). Eine Periode besteht aus 0,7 τ Impuls und 0,7 τ Pause. Sie dauert also insgesamt 1,4 τ. Das ergibt eine Impulsfolgefrequenz von 0,7/τ. Beispiele:

Dielektrikum	Wertebereich
Polypropylen	100 pF...100 nF
Polystyrol	100 pF...10 nF
Keramik	10 pF...470 pF
Glimmer	39 pF...47 nF

Tabelle 2.18: *Kondensatoren mit einer Kapazitätstoleranz von ± 1%. Hier ein typisches Angebot als Ergebnis einer parametrischer Suche im Internet.*

- Keramik: 200 pF · 5 kΩ = 1 µs; minimale Impulsfolgefrequenz also 700 kHz,
- Polypropylen: 100 nF · 100 kΩ = 10 ms; minimale Impulsfolgefrequenz also 70 Hz.

Praxistipp: Größere Zeiten / geringere Frequenzen nicht mit dicken Kondensatoren darstellen[39]. Statt dessen von gut darstellbaren Frequenzen (einige hundert Hz bis einige hundert kHz) ausgehen und den Rest digital erledigen (Zeitzählung, Frequenzteilung).

Der Kondensator als präziser Analogspeicher
Typische Anwendungen: Abtast- und Halteglieder, Integratoren, SC-Filter. Die Spannung, auf die der Kondensator aufgeladen wird, darf sich nicht ändern; ein entladener Kondensator darf nicht plötzlich eine von Null verschiedene Spannung aufweisen. Die Kapazitätstoleranz ist weniger von Bedeutung. Wichtig sind hingegen:

- Beständigkeit der Kennwerte (Stabilität),
- keine Nachladespannung (dielektrische Absorption),
- kein piezoelektrischer Effekt.

In Betracht kommt vor allem C0G-Keramik, Polypropylen und Polystyrol.

Lagerfähigkeit
Die Lagerfähigkeit (Shelf Life) ist auch für den Entwickler von Bedeutung, und zwar dann, wenn eine lange Lebensdauer zu den wesentlichen Gebrauchseigenschaften zählt. Das betrifft vor allem Einrichtungen, die jahrelang betriebsfähig bleiben müssen, aber nur vergleichsweise selten eingeschaltet werden. Ein typisches Beispiel: Datensicherungslaufwerke. Ist eine Lagerfähigkeit über viele Jahre zu gewährleisten, so kommen Kondensatoren mit feuchtem Elektrolyten, von selbst alternde Keramiktypen (Klasse 2) und gegen Luftfeuchtigkeit empfindliche Bauelemente nicht in Betracht.

38 Soll heißen: mit Bauelementen aus dem allgemein üblichen Angebot, nicht mit kostspieligen Spezialitäten (wie beispielsweise Teflon-Kondensatoren).

39 Und schon gar nicht mit den herkömmlichen Aluminium-Elkos. Die Toleranzen sind lausig, und sie leben nicht besonders lange.

3. Induktivitäten

3.1 Grundlagen

Induktivitäten sind Bauelemente, deren Wirkungen auf dem Elektromagnetismus beruhen. Das einfachste induktive Bauelement ist ein Draht, der zu einer Spule gewickelt ist (Abb. 3.1). Der Begriff „Induktivität“ (Inductor) als Bauelementebezeichnung fasst eine Vielzahl verschiedenartiger Bauelemente zusammen (Abb. 3.2). Die Induktivität (Inductance) als Kennwert drückt aus, wie hoch der Spannungsstoß ist, der in einer Spule durch eine gegebene Stromänderung induziert wird. Sie ist um so höher, je mehr Windungen die Spule hat, je größer ihr Querschnitt ist, je kürzer sie ist und je besser der Kernwerkstoff imstande ist, das Magnetfeld zu bündeln. Magnetfelder können mechanische Kraftwirkungen erbringen. Hier werden jedoch nur Bauelemente betrachtet, die nicht mit solchen Wirkungen zusammenhängen (also keine Relais, Betätigungsmagnete, Motoren, Lautsprecher usw.).

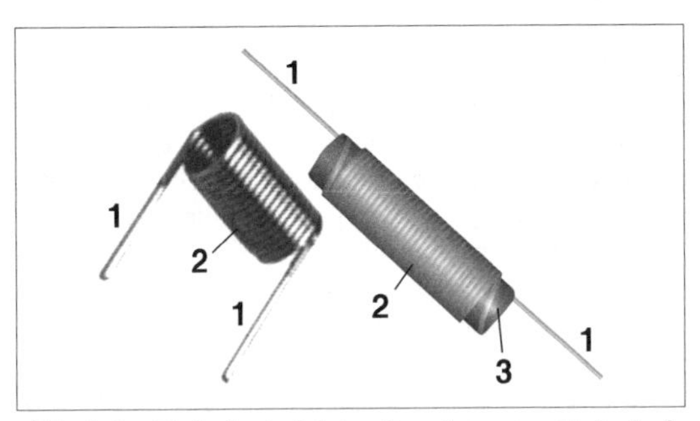

Abb. 3.1: *Einfache induktive Bauelemente. Links Luftspule, rechts Spule mit Kern. 1 - Anschlüsse; 2 - Windungen; 3 - Kern. Der Kern bewirkt, dass das Magnetfeld stärker gebündelt wird.*

Induktive Bauelemente erfordern einen vergleichsweise hohen Fertigungsaufwand. Sie können nicht in die Halbleitertechnologien der Schaltungsintegration einbezogen werden. Deshalb ist man seit vielen Jahren bestrebt, Schaltungslösungen zu finden, die ohne Induktivitäten auskommen. Das ist dann möglich, wenn nur das elektrische Verhalten der Induktivität (z. B. die Phasenverschiebung zwischen Strom und Spannung) ausgenutzt werden soll[1]. Andererseits haben Anwendungsgebiete immer mehr an Bedeutung gewonnen, in denen man auf „echte“ (elektro*magnetisch* wirkende) induktive Bauelemente nicht verzichten kann:

- die Stromversorgungstechnik (Transformatoren und als Energiespeicher wirkende Drosselspulen),
- das Unterdrücken von Störungen (Stichwort: EMV-Gesetzgebung),
- die galvanische Trennung (Potentialtrennung, Isolation), beispielsweise an Netzwerk- und Telekommunikationsschnittstellen.

Für diese Anwendungsgebiete gibt es ein breites Angebot an induktiven Bauelementen und an Dienstleistungen zur Fertigung anwendungsspezifischer Typen. Das gilt sinngemäß für herkömmliche induktive Bauelemente, wie Netztransformatoren und NF-Übertrager. Geht es um Musterbauten oder kleine Stückzahlen, wird der Praktiker versuchen, mit handelsüblichen Typen auszukommen. Wenn jedoch nichts Passendes gefunden werden kann, bleibt nur die Selbsthilfe. Induktivitäten sind praktisch die einzigen Bauelemente, die noch selbst angefertigt werden können[2] – notfalls auch am Küchentisch. Aus Aufwands- und Zeitgründen ist die

1 Vgl. beispielsweise [18].

2 Allerdings auf Grundlage industriell gefertigter Kerne, Spulenkörper usw.

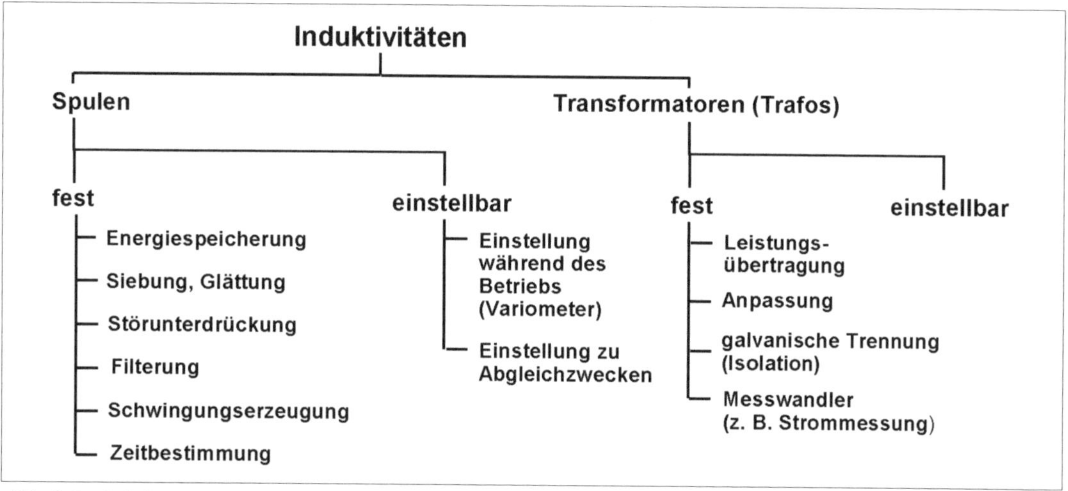

Abb. 3.2: Induktivitäten.

Selbstanfertigung typischerweise auf Musterstücke beschränkt (Funktionsnachweis)[3]. Darüber hinaus beauftragt man besser einschlägige Dienstleister; auch bei geringen Stückzahlen[4].

3.1.1 Elementare Zusammenhänge

Magnetismus

Ein Körper heißt magnetisch, wenn er Eisen oder Stahl anzieht. Dauermagnete (Permanentmagnete) üben diese Wirkung beständig aus. Ein Magnet hat zwei Pole, die man als Nord- und Südpol (N und S) bezeichnet. Jeder Magnet ist von einem Kraftfeld umgeben (magnetisches Feld oder kurz Magnetfeld). Gleichnamige Pole stoßen einander ab, ungleichnamige ziehen einander an.

Elektromagnetismus

Jede Elektronenbewegung – also jeder Stromfluss – hat zur Folge, dass sich ein Magnetfeld aufbaut; jeder stromdurchflossene Leiter ist von einem Magnetfeld umgeben (Abb. 3.3a).

Die Spule

Eine Spule erhält man durch Aufwickeln eines drahtförmigen Leiters, wodurch sich bei Stromfluss ein gebün-

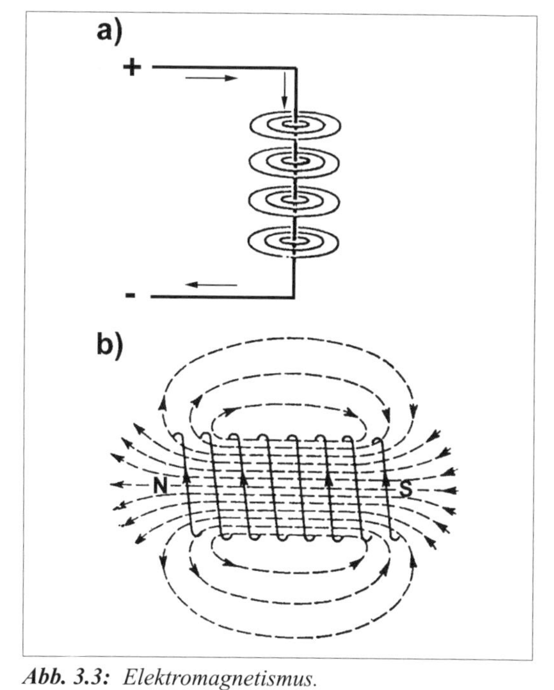

Abb. 3.3: Elektromagnetismus.
a) das Magnetfeld um einen stromdurchflossenen Leiter;
b) das Magnetfeld einer stromdurchflossenen Spule.

3 Die von den Herstellern angebotenen Rechenhilfen, Simulationsprogramme usw. erleichtern zwar das Herantasten, sind aber kein Ersatz für die labormäßige Erprobung.

4 Deshalb gehen wir hier auf Einzelheiten des Handwerks (z. B. das Wickeln von Spulen) nicht ein.

deltes Magnetfeld ergibt (Abb. 3.3b). Das Magnetfeld ist um so stärker, je mehr Windungen die Spule hat und je mehr Strom fließt. Bringt man einen Eisenkern in die Spule, wird die magnetische Wirkung weiter verstärkt.

Die elektromagnetische Induktion

Wird ein Leiter in einem Magnetfeld bewegt, so kommt im geschlossenen Stromkreis ein Stromfluss zustande (Abb. 3.4a); der bewegte Leiter wird zur Spannungsquelle. Das Gleiche geschieht, wenn der Leiter ruht und der Magnet bewegt wird (Abb. 3.4b). Man sagt, dass im Leiter eine Spannung induziert wird (Induktionsspannung).

Die Ursache der Induktionsspannung ist nicht das Bewegen, sondern die Tatsache, dass sich – aus Sicht des Leiters – die Stärke des Magnetfeldes ändert. Je größer die Änderung, desto höher die Induktionsspannung. Wird das Magnetfeld auf andere Weise verändert, beispielsweise durch Beeinflussung des Stroms in einer Spule, so ruft dies in einem Leiter, der von diesem Magnetfeld durchflutet wird, ebenfalls eine Induktionsspannung hervor (Prinzip des Transformators, Abb. 3.5).

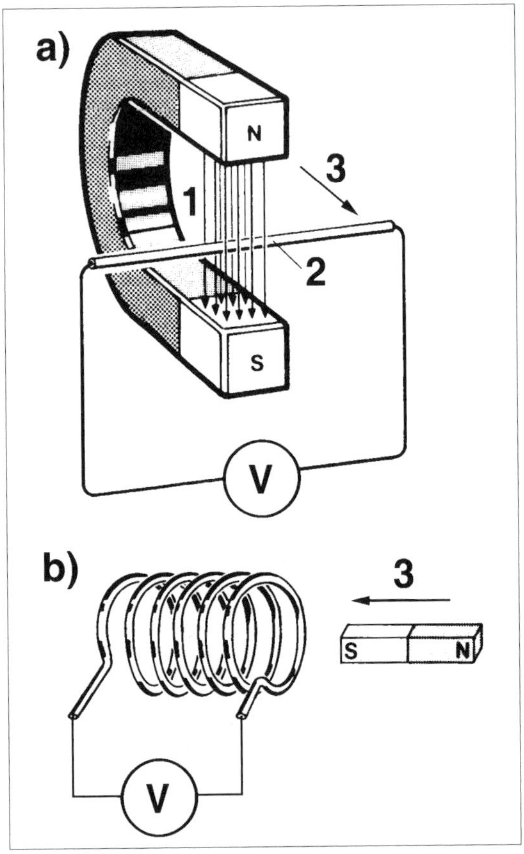

Abb. 3.4: *Elektromagnetische Induktion.*
a) Bewegung eines Leiters im Magnetfeld;
b) ein bewegtes Magnetfeld wirkt auf einen ruhenden Leiter ein. Das Voltmeter zeigt die induzierten Spannungsstöße an. 1 - Magnetfeld; 2 - Leiter; 3 - Bewegungsrichtung.

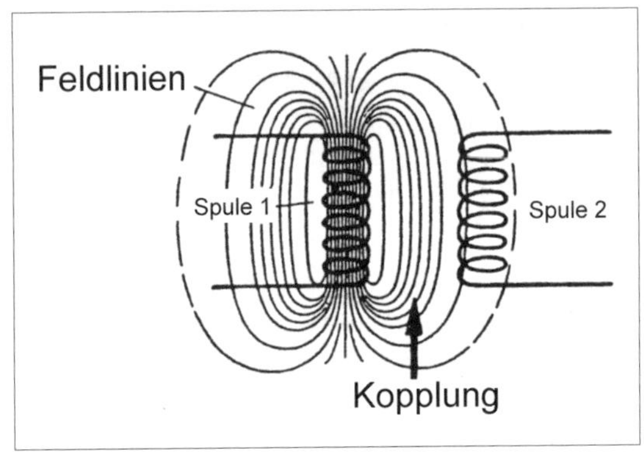

Abb. 3.5: *Der Transformator. Wenn sich das Magnetfeld der Spule 1 (Primärwicklung) ändert, wird in Spule 2 (Sekundärwicklung) eine Spannung induziert.*

Das Induktionsgesetz

Das Induktionsgesetz beschreibt den Zusammenhang zwischen Magnetfeldänderung und Induktionsspannung. Der Betrag der Induktionsspannung entspricht dem Betrag der Änderung des magnetischen Flusses[5] Φ bezogen auf die Zeit:

$$|U| = \left|\frac{\Delta\Phi}{\Delta t}\right| \qquad (3.1)$$

Da die Induktionsspannung der Flussänderung entgegengerichtet ist, kann man schreiben:

$$U = -\frac{\Delta\Phi}{\Delta t} \text{ oder allgemein } U = -\frac{d\Phi}{dt} \qquad (3.2)$$

5 Zur Definition vgl. S. 173.

Wird die Flussänderung von einer stromdurchflossenen Spule mit w Windungen erbracht, lässt sich das Induktionsgesetz[6] folgendermaßen angeben:

$$U = -w \cdot \frac{d\Phi}{dt} \quad (3.3)$$

Selbstinduktion

Ändert sich die Stärke des Stroms, der durch eine Spule fließt, so wird in einem benachbarten Leiter eine Spannung induziert. Aber auch die Spule wird vom Magnetfeld durchflutet. Folglich wird in ihr selbst eine Induktionsspannung entstehen. Deren Höhe wird nicht nur von der Stromänderung bestimmt, sondern auch vom Aufbau der Spule; genauer von Windungszahl, Querschnitt und Länge sowie von der Permeabilität des Kernwerkstoffs.

Induktivität

Die Induktivität L ist ein Kennwert, der ausdrückt, welchen Einfluss die Spule auf die Selbstinduktionsspannung hat. Das Induktionsgesetz erhält hiermit folgende Form:

$$U = -L \cdot \frac{dI}{dt} \quad (3.4)$$

Die Induktivität ist um so höher, je größer der Spannungsstoß ist, der durch eine bestimmte Stromänderung induziert wird. Sie wird in Henry (H) gemessen:

$$1\text{H} = 1\frac{\text{Vs}}{\text{A}} \quad (3.5)$$

Eine Spule hat eine Induktivität von 1 H, wenn eine gleichmäßige Stromänderung von 1 A über 1 s eine Selbstinduktionsspannung von 1 V bewirkt. Die meisten Bauelemente haben geringere Induktivitäten, so dass man die Einheit meist mit „verkleinernden" Vorsätzen verwendet (mH, µH, nH).

Die Polung der Selbstinduktionspannung ist der Stromänderung entgegengesetzt (Lenzsche Regel). Merksatz: Die Induktionsspannung will, dass es so bleibt, wie es war. Sie versucht, einem entstehenden Stromfluss entgegenzuwirken und einen vergehenden Stromfluss aufrecht zu erhalten.

Die Spule als Energiespeicher

Eine Spule der Induktivität L, die von einem Strom I durchflossen wird, hat in ihrem Magnetfeld folgenden Energiebetrag E gespeichert:

$$E = \frac{1}{2} \cdot L \cdot I^2 \quad (3.6)$$

Wird der Strom abgestellt, so wird die gespeicherte Energie in den Stromkreis zurückgegeben. Im Gegensatz zum Kondensator kann eine Spule, an die „nichts" angeschlossen ist, keine Energie speichern.

Verminderung der Selbstinduktion

Die Selbstinduktion lässt sich beträchtlich vermindern (im Idealfall: aufheben), wenn man Hin- und Rückleiter unmittelbar nebeneinander wickelt (bifilare (zweidrähtige) Wicklung; Abb. 3.6).

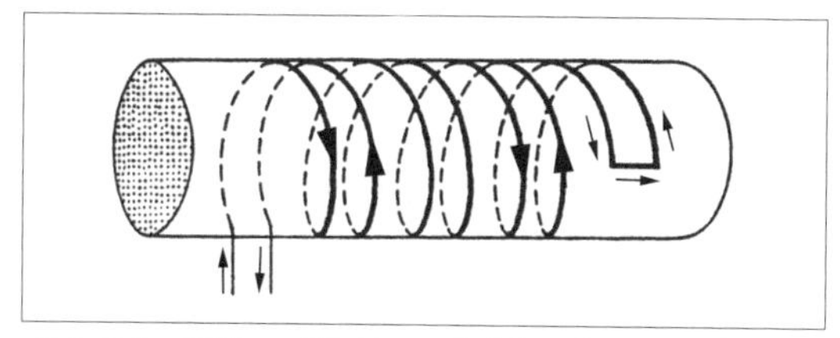

Abb. 3.6: *Bifilare Wicklung. Infolge der gegenläufigen Stromflüsse hebt sich die Selbstinduktion (nahezu) auf.*

Wirbelströme

Induktionsspannungen entstehen nicht nur in drahtförmigen Leitern, sondern auch in metallischen Flächen. Da diese einen sehr geringen Widerstand haben, äußert sich die Wirkung der Induktion in zirkulierenden Strömen (Wirbelströme; Eddy Currents). Starke Wirbelströme heizen das Material auf und bedeuten Energieverlust. Von wechselnden Magnetfeldern durchflutete „Eisen"kerne bestehen deshalb aus geschichteten, voneinander isolierten dünnen Blechen oder aus gesinterten Pulverwerkstoffen.

6 In der Literatur gelegentlich auch als Faradaysches Gesetz bezeichnet. Im Folgenden werden – im Anschluss an die Erläuterung der jeweiligen Grundlagen – weitere Formulierungen dieses Gesetzes angegeben.

Skineffekt
Der Skineffekt tritt auf, wenn die Induktivität mit Wechselstrom gespeist wird. Er ist bei höheren Frequenzen nicht zu vernachlässigen. Das den Leiter durchdringende magnetische Wechselfeld induziert Wirbelströme in der Mitte des Leiterquerschnitts, die dem eigentlichen Stromfluss entgegenwirken. Der Wechselstrom fließt deshalb vor allem im Außenbereich des Leiters (Stromverdrängung). Abhilfe: die Wicklung mit Litzendraht (HF-Litze) ausführen.

Permeabilität
Die Permeabilität μ kennzeichnet die magnetischen Eigenschaften von Stoffen. Sie ergibt sich aus der Multiplikation der absoluten Permeabilität μ_0 mit der relativen Permeabilität μ_{rel} des jeweiligen Stoffes:

$$\mu = \mu_0 \cdot \mu_{rel} \qquad (3.7)$$

Die absolute Permeabilität (Induktionskonstante) μ_0 ist eine Naturkonstante:

$$\mu_0 = 4\pi \cdot 10^{-7} \frac{Vs}{Am} \approx 1{,}257 \cdot 10^{-6} \frac{Vs}{Am} = $$
$$= 1{,}257 \cdot 10^{-8} \frac{H}{cm} \qquad (3.8)$$

Die relative Permeabilität μ_{rel} kennzeichnet das Vermögen des jeweiligen Stoffes, den Verlauf eines Magnetfeldes zu beeinflussen. Es ist eine dimensionslose Zahl. Das Vakuum hat definitionsgemäß eine relative Permeabilität $\mu_{rel} = 1$. Die Permeabilität der Luft entspricht näherungsweise der des Vakuums. Je höher die relative Permeabilität des Magnetwerkstoffs, desto höher ist die Induktivität der betreffenden Spule mit einer gegebenen Windungszahl oder desto weniger Windungen sind erforderlich, um einen bestimmten Induktivitätswert darzustellen.

Die relative Permeabilität ist keine konstante Materialeigenschaft, sondern sie hängt von der magnetischen Feldstärke ab, der das Material ausgesetzt ist. Tabellen, die zu Überblickszwecken dienen, enthalten typischerweise zwei Angaben:

- Die Anfangspermeabilität. Sie gilt bei Erregung mit geringen Feldstärken.
- Die maximale Permeabilität. Sie gilt dann, wenn die magnetische Sättigung eingetreten ist. Bei noch höheren Feldstärken nimmt die Permeabilität wieder ab.

Die Datenblätter der Magnetwerkstoffe enthalten mehrere Permeabilitätskennwerte. Die Abhängigkeiten (z. B. von der magnetischen Feldstärke und von der Frequenz) werden in Diagrammen (Magnetisierungskurven) dargestellt.

Die magnetischen Eigenschaften der Stoffe
Entsprechend der Größenordnung der Permeabilität teilt man die Stoffe in folgende Gruppen ein:

- Paramagnetische Stoffe drängen die Feldlinien – verglichen mit deren Verlauf im Vakuum – weiter auseinander (mit anderen Worten: ein paramagnetischer Kern in einer Spule schwächt das Magnetfeld ab). Die relative Permeabilität ist kleiner als Eins.
- Diamagnetische Stoffe bündeln die Feldlinien in gewissem (geringem) Maße. Die relative Permeabilität ist geringfügig größer als Eins.
- Antiferromagnetische Stoffe verhalten sich unterhalb einer bestimmten Temperatur (N'eel-Temperatur) diamagnetisch, oberhalb jedoch paramagnetisch.
- Ferromagnetische Stoffe bündeln die Feldlinien in starkem Maße.
- Ferrimagnetische Stoffe verhalten sich ähnlich wie ferromagnetische. Ihre Sättigungsmagnetisierung ist aber viel geringer.

Die relative Permeabilität dia- und paramagnetischer Stoffe liegt nahe bei 1. In der Praxis kann man diese Stoffe als unmagnetisch ansprechen. Für die hier zu behandelnden induktiven Bauelemente kommen nur ferro- oder ferrimagnetische Stoffe in Betracht[7].
Die relative Permeabilität ferro- und ferrimagnetischer Stoffe liegt in der Größenordnung von 1000 und mehr[8]. Ferromagnetisch sind Eisen, Nickel, Kobalt und verschiedene Legierungen, Ferrimagnetisch sind u. a. Ei-

7 Der Praktiker wird induktive Bauelemente gemäß den jeweils erforderlichen elektrischen Kennwerten aussuchen oder (zwecks Anfertigung) spezifizieren. Werden die Kennwerte eingehalten, ist es gleichgültig, wie der Magnetwerkstoff heißt und wie er zusammengesetzt ist. Deshalb sei zu derartigen Einzelheiten auf die Angaben der Hersteller (vgl. beispielsweise [3.7] und [3.9]) sowie auf einschlägige Tabellenwerke (z. B. [20]) verwiesen.

8 Richtwerte: Anfangspermeabilität 100... 20 000; maximale Permeabilität 1000... 500 000.

sen-, Nickel- und Manganoxide. Ferrimagnetische Werkstoffe kommen typischerweise in Pulverform zum Einsatz und werden mit Sintertechnologien verarbeitet (Ferrite). Sie sind praktisch nichtleitend. Aus solchen Werkstoffen gefertigte Kerne haben nur geringe Wirbelstromverluste.

Weich- und hartmagnetische Werkstoffe – die Remanenz

Ein weichmagnetischer Werkstoff (z. B. ein Kern aus weichem Eisen) bündelt äußere Magnetfelder, wird aber nach dem Verschwinden des Feldes nicht selbst magnetisch. Ein hartmagnetischer Werkstoff (z. B. ein Kern aus Stahl) behält einen gewissen Magnetismus bei, auch wenn kein äußeres Magnetfeld mehr vorhanden ist; er ist zum Dauermagneten geworden[9]. Diese „übriggebliebene" Magnetisierung heißt Restmagnetismus oder Remanenz.

Beide Materialeigenschaften sind wünschenswert. So dürfen die Eisenteile eines Relais praktisch keine remanente Magnetisierung behalten, wenn kein Strom mehr fließt. Hingegen beruhen die Dauermagnete in Elektromotoren und Lautsprechern auf Sonderwerkstoffen mit außergewöhnlich hoher Remanenz. Wir befassen uns hier ausschließlich mit weichmagnetischen Werkstoffen.

Die Induktivität einer idealen Spule

Eine Spule ist dann ideal, wenn ihre Feldlinien ausschließlich durch den Kern gehen und wenn die Windungen keinen ohmschen Widerstand haben. Eine weitgehende Annäherung ist eine einlagige Spule auf einem dünnen Ringkern (große Länge bei geringem Querschnitt). Die exakte Berechung realer Spulen ist schwierig. Deshalb hilft man sich zumeist mit Näherungsformeln[10].

Die Induktivität der idealen Spule ergibt sich aus den Abmessungen, der Windungszahl und der Permeabilität (Abb. 3.7):

$$L = w^2 \cdot \frac{\mu_0 \cdot \mu_{rel} \cdot A}{l} \qquad (3.9)$$

Hiermit kann das Induktionsgesetz (3.4) folgendermaßen angegeben werden:

$$U = -w^2 \cdot \frac{\mu_0 \cdot \mu_{rel} \cdot A}{l} \cdot \frac{dI}{dt} \qquad (3.10)$$

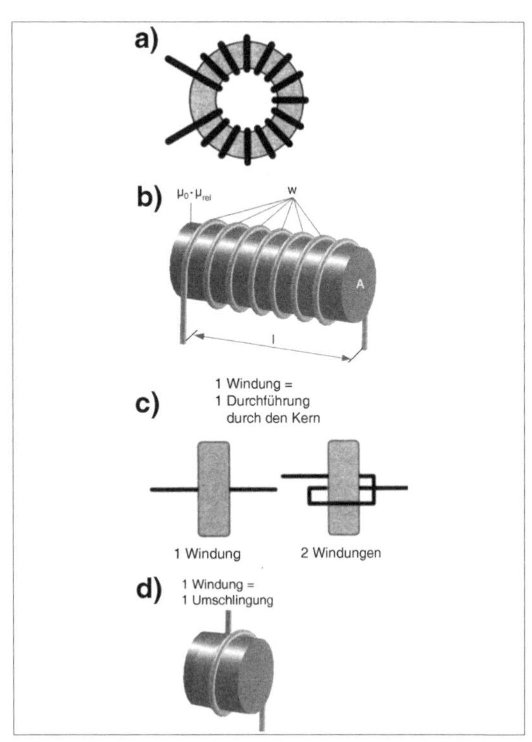

Abb. 3.7: *Ausgangswerte der Induktivitätsberechnung.*
a) der in einer Lage bewickelte Ringkern als Annäherung an die ideale Spule,
b) die Ausgangsgrößen: $\mu_0 \cdot \mu_{rel}$ - Permeabilität; w - Windungszahl; l - mittlere Länge der magnetischen Feldlinien (beim Ringkern = mittlerer Umfang); A - Kernquerschnitt.
c) Die einzelne Windung beim Ringkern ist eine Durchführung durch den Kern. Eine Umschlingung entspricht zwei Windungen.
d) Bei Zylinderkernen ist die einzelne Windung eine volle Umschlingung des Kerns, nicht nur ein Darüber-Biegen des Drahtes.

9 Die Bezeichnungen (weich / hart) stammen aus den Anfangszeiten der Elektrotechnik. Damals bestanden die Anker der Elektromagnete aus Weicheisen und die Dauermagnete aus Stahl. Die heutigen Magnetwerkstoffe sind – aus Sicht der Mechanik – als hart anzusprechen, gleichgültig ob sie den Magnetismus behalten oder nicht (aus Sinterwerkstoffen gefertigte Teile sind so hart, dass man sie nur noch durch Schleifen bearbeiten kann).

10 Näheres in Abschnitt 3.5.5 (ab Seite 266).

Die Spannung über der Induktivität

Abb. 3.8 veranschaulicht eine Induktivität L in einem umschaltbaren Stromkreis. Durch entsprechendes Umschalten kann veranlasst werden, dass die Induktivität von Strom durchflossen und dass dieser Stromfluss wieder getrennt wird. Abb. 3.9 zeigt die charakteristischen Spannungs- und Stromverläufe.

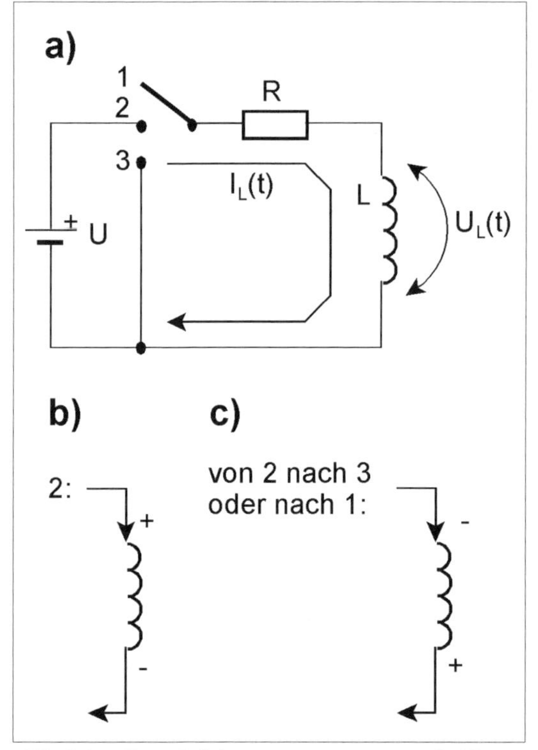

Abb. 3.8: *Eine Induktivität in einem umschaltbaren Stromkreis.*
a) Schaltung.
b) Polung der Spulenspannung bei geschlossenem Stromkreis. Die Spule ist Verbraucher (Last).
c) Polung der Spulenspannung beim Öffnen oder Kurzschließen. Die Spule wird jetzt zur Spannungsquelle. 1 - Stromkreis getrennt; 2 - Stromkreis geschlossen; 3 - Induktivität über Widerstand R kurzgeschlossen. $I_L(t)$ - Stromfluss durch Induktivität; $U_L(t)$ - Spannung über Induktivität; R - zusammengefasster Vorwiderstand (= Summe aller ohmschen Widerstände, durch die der Strom $I_L(t)$ fließt).

Einschalten

Die Induktivität ist stromlos ($I_L(t) = 0$). In Abb. 3.8 bringen wir den Schalter in Stellung 2, verbinden also die Reihenschaltung von Widerstand R und Induktivität L mit der Spannungsquelle. Der einsetzende Stromfluss bewirkt eine magnetische Durchflutung und somit einen magnetischen Fluss im Magnetkreis der Spule. Das Entstehen dieses magnetischen Flusses, also die Flussänderung von Null auf einen bestimmten Wert, verursacht eine Induktionsspannung (Selbstinduktion). Die Induktivität wirkt als zusätzliche Spannungsquelle, die genau so gepolt ist wie die eigentliche Spannungsquelle. Die Induktionsspannung will gleichsam den Stromanstieg verhindern. Die Spannung über der Induktivitität $U_L(t)$ springt zunächst auf einen Maximalwert $U_{Emax} = U$[11]. Da die Ursache der Induktionsspannung eine Stromänderung ist, kann die Spannung nicht ständig anliegen. Die Spannung $U_L(t)$ fällt gemäß einer Exponentialfunktion ab, der Strom steigt dementsprechend an. Ändert sich der Strom nicht mehr, wird die Spannung auf Null zurückgehen (Abb. 3.9a, Tabelle 3.1).

Der stationäre Wert des Stroms I ergibt sich aus Quellenspannung U und Widerstand R zu

$$I = \frac{U}{R}.$$

Ausschalten (1). Kurzschließen

Die Induktivität wird von Gleichstrom durchflossen. Um den Stromfluss abzustellen, bringen wir in Abb. 3.8 den Schalter in Stellung 3, bilden also aus Widerstand R und Spule L einen geschlossenen Stromkreis. Die Stromänderung führt zu einer Induktionsspannung, die den Stromfluss weiter aufrechterhalten will. Die Induktivität wirkt somit als Spannungsquelle, die so gepolt ist, dass der Strom in der bisherigen Richtung weiterfließt. Die Spannung über der Induktivitität $U_L(t)$ springt zunächst auf einen Maximalwert $U_{Amax} = - U$ (Abschalt-Spannungsspitze). Im ersten Moment fließt der bisherige (stationäre) Strom I = U/R weiter. Über dem Widerstand R ergibt sich somit ein Spannungsabfall $I \cdot R = U$. Da die Spule als Spannungsquelle wirkt, muss die Quellspannung U_{Amax} den gleichen Betrag haben. Das umgekehrte Vorzeichen folgt aus der beibehaltenen Stromrichtung (vgl. Abb. 3.8c). Da die Ursache der Induktionsspannung eine Stromänderung ist, kann

11 Im ersten Moment gibt es gar keinen Stromfluss – und damit auch keinen Spannungsabfall über dem Widerstand R. Die Spannung über der Induktivität entspricht deshalb der Quellspannung.

die Spannung nicht ständig anliegen. Spannung und Strom fallen gemäß einer Exponentialfunktion ab (Abb. 3.9b, Tabelle 3.1). Beide Werte sind dann auf Null abgeklungen, wenn die in der Spule gespeicherte Energie im Widerstand R in Wärme umgesetzt wurde.

Die Zeitkonstante
Der Quotient des Widerstands- und des Induktivitätswerts entscheidet über den Verlauf der Exponentialfunktionen. Er wird deshalb als Zeitkonstante τ bezeichnet:

$$\tau = \frac{L}{R} \qquad (3.11)$$

Hierbei steht R für den Gesamtwert des im Spulenstromweg liegenden ohmschen Widerstands. Der Widerstandswert R ergibt sich als Summe aus dem Gleichstromwiderstand R_{DC} der Spule und dem Widerstandswert R_V weiterer vorgeschalteter Bauelemente:

$$R = R_{DC} + R_V \qquad (3.12)$$

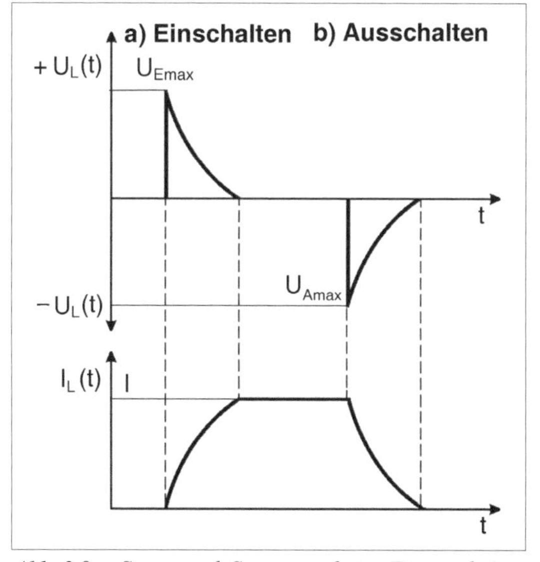

Abb. 3.9: *Strom und Spannung beim Ein- und Ausschalten. Die Spannung kann sich nahezu sprunghaft ändern, der Strom nicht.*

Einschalten	Ausschalten
$U_L(t) = U \cdot e^{-\frac{t}{\tau}}$ (3.13)	$U_L(t) = -U \cdot e^{-\frac{t}{\tau}}$ (3.15)
$I_L(t) = \frac{U}{R} \cdot \left(1 - e^{-\frac{t}{\tau}}\right)$ (3.14)	$I_L(t) = \frac{U}{R} \cdot e^{-\frac{t}{\tau}}$ (3.16)

Tabelle 3.1: *Ein- und Ausschalten einer Induktivität. Strombegrenzung durch Vor- bzw. Lastwiderstand R.*

Ausschalten (2). Trennen
Um den Stromfluss abzustellen, bringen wir in Abb. 3.8 den Schalter von Stellung 2 wieder in Stellung 1. Die Spule hängt also gleichsam in der Luft. In der Theorie bewirkt die unendlich schnelle Stromänderung eine unendlich hohe und unendlich kurze Abschalt-Spannungsspitze. In der Praxis entsteht eine sehr hohe Spannungsspitze (bis zu mehreren kV). Hierbei wird die in der Spule gespeicherte Energie so umgesetzt, wie dies die jeweilige Schaltungsanordnung zulässt (Funkenüberschlag, Durchbruch im Leistungsbauelement o. dergl.). Die Höhe der Spannungsspitze hängt von der gespeicherten Energie und von der Stromänderung ab. Die maximale Amplitude U_{Amax} ergibt sich aus dem Induktionsgesetz:

$$U_{Amax} = + L \cdot \frac{\Delta I}{\Delta t} \approx L \cdot \frac{I}{t_{off}} \qquad (3.17)$$

(t_{off} = Ausschaltzeit der Schaltstufe.)

Die Abschalt-Spannungsspitze unterdrücken
Es gibt verschiedene Schaltungsmaßnahmen (RC-Glieder, Varistoren, Dioden usw.). Hierbei bevorzugt man das Prinzip des Kurzschließens oder Ableitens. Die Schaltmittel wirken so, dass beim Abschalten der Stromweg nicht unterbrochen, sondern noch eine gewisse Zeit geschlossen gehalten wird, so dass die in der Induktivität gespeicherte Energie abfließen kann (Freilaufschaltung; Freewheel Circuit). Im Prinzip kann – vgl. Abb. 3.9 – die Amplitude der Abschalt-Spannungsspitze nicht größer sein als die Spulenspannung[12].

12 Aufgrund der Verzögerungszeiten im Stromweg (z. B. Durchlassverzögerung der Freilaufdiode) können sich anfänglich höhere Spitzenwerte ergeben.

Allerdings klingt auch das Magnetfeld vergleichsweise langsam ab, so dass beispielsweise ein angezogener Anker nur verzögert losgelassen wird. Ist diese Verzögerung nicht tragbar, bleibt manchmal nur der Ausweg, den Stromkreis tatsächlich abrupt zu trennen und Leistungsbauelemente einzusetzen, die die dann entstehende hohe Abschalt-Spannungsspitze aushalten.

Die Polarität der Induktionsspannung

Wenn eine Induktionsspannung entsteht, wird die Spule zur Spannungsquelle. Beim Einschalten soll der Stromfluss verhindert werden. Die Induktionsspannung ist also genauso gepolt wie die angelegte Spannung (so dass sich die Spannungsdifferenz verringert). Beim Ausschalten soll der Stromfluss aufrecht erhalten werden. Der Strom muss also am gleichen Ende herausfließen wie bisher. Damit dreht sich die Polung um (Abb. 3.10; vgl. auch Abb. 3.8c):

a) Wird der Stromweg am negativen Ende geschaltet (also dort, wo im eingeschalteten Zustand der Strom herausfließt), so entsteht eine positive Spannungsspitze.
b) Wird der Stromweg am positiven Ende geschaltet (also dort, wo im eingeschalteten Zustand der Strom hineinfließt), so entsteht eine negative Spannungsspitze.

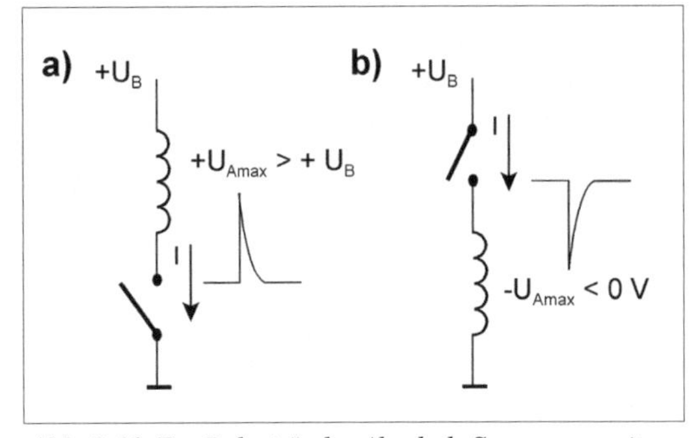

Abb. 3.10: *Zur Polarität der Abschalt-Spannungsspitze.*
a) Schaltstufe an Masse (Low Side Drive).
b) Schaltstufe an Betriebsspannung U_B (High Side Drive).

Wenn die Spule beim Einschalten dem Stromanstieg entgegenwirkt – wieso kommt es dann, dass Transformatoren und Elektromotoren für extrem hohe Einschaltströme geradezu berüchtigt sind? Weil es hier Fälle geben kann, in denen keine dem Stromanstieg entgegenwirkende Induktionsspannung wirksam wird. Dann ist die Spule zeitweise wirklich nur ein Draht, und der Strom wird lediglich durch den (vergleichsweise geringen) ohmschen Widerstand (Leitungswiderstand) begrenzt. Typische Betriebsfälle:

- Einschalten bei Nulldurchgang der Wechselspannung. Bei Spannung Null kann auch kein Strom fließen, folglich gibt es zunächst kein $\Delta I / \Delta t$, also auch keine Induktionsspannung. Im weiteren Verlauf ändert sich die Spannung nicht sprunghaft, sondern allmählich (Sinuskurve). Aus einer langsamen zeitlichen Änderung ($\Delta I / \Delta t$ klein) ergibt sich aber auch nur eine geringe Induktionsspannung (s. weiterhin S. 229).
- Beim Einschalten eines Elektromotors dreht sich zunächst nichts. Folglich gibt es anfänglich auch keine Gegeninduktionsspannung (Gegen-EMK).

Die Spule im Wechselstromkreis

Wird eine Spule an eine Spannungsquelle geschaltet, so entsteht zunächst eine Induktionsspannung, die dem Stromanstieg entgegenwirkt (Selbstinduktion). Klingt diese ab, so wird die Spule zum Leiter, durch den Strom fließt. Es ergibt sich also die Reihenfolge: erst Spannung, dann Stromfluss. Mit anderen Worten, die Spannung eilt dem Strom voraus (positive Phasenverschiebung). Bei einer idealen Spule (deren Draht ein idealer Leiter ist) beträgt die Phasenverschiebung $\pi/2 = 90°$ (Abb. 3.11)[13]. Der Blindwiderstand X_L einer idealen Spule ergibt sich zu:

$$X_L = \omega L = 2\pi f L \qquad (3.18)$$

Der Blindwiderstand einer Spule steigt mit steigender Frequenz. Mit anderen Worten: Die Spule lässt Gleichstrom passieren und schwächt Wechselstrom um so mehr ab, je höher dessen Frequenz ist (Anwendungen: Drosselspule, Hochfrequenzunterdrückung).

Gäbe es keine Induktion, wäre die Spule lediglich ein Draht mit einem Widerstand von (näherungsweise) 0 Ω; über der Spule würde also gar keine Spannung messbar sein. Die einzige Ursache der Spannung über einer (idealen) Spule ist die Selbstinduktion – es ist kein Spannungsabfall, sondern eine aufgrund von Änderun-

13 Das lässt sich leicht herleiten, indem man in (3.4) einen sinusförmigen Stromverlauf $i(t) = I_0 \sin(\omega t)$ einsetzt.

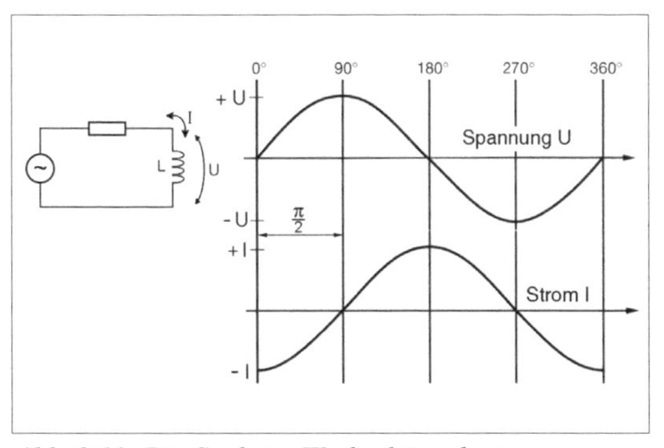

Abb. 3.11: Die Spule im Wechselstromkreis.

gen des Stromflusses selbst erzeugte Spannung. Die ideale (verlustlose) Spule entnimmt somit dem Stromkreis keine Energie (die in Wärme umgesetzt wird), es handelt sich vielmehr um einen reinen Blindwiderstand.

Tabelle 3.2 gibt einen Überblick über die Wirkungen der Induktivität und deren anwendungsseitige Ausnutzung.

3.1.2 Der magnetische Kreis

Abb. 3.12 veranschaulicht eine von einem magnetischen Fluss durchsetzte Anordnung aus ferro- oder ferrimagnetischem Material – einen magnetischen Kreis (Magnetkreis). Er kann mit einem Stromkreis verglichen werden. Der magnetische Fluss entspricht dem Strom, die magnetische Durchflutung der Spannung. Dem Ohmschen Gesetz im Stromkreis entspricht das Hopkinsonsche Gesetz im Magnetkreis:

$$\text{Magnetischer Fluss} = \frac{\text{Magnetische Spannung (Durchflutung)}}{\text{Magnetischer Widerstand}}$$

$$\Phi = \frac{\Theta}{R_m} \tag{3.19}$$

Wirkung	Anwendungsbeispiele in Stichworten
Energiespeicherung	Spannungsversorgung (Speicherdrossel)
Restmagnetismus (Remanenz)	Speicherung von Schaltzuständen (Remanenzrelais)
Die Änderung eines einwirkenden Magnetfeldes ruft eine Induktionsspannung hervor.	Leistung-, Spannungs- oder Stromübertragung bei galvanischer Trennung (Transformator); induktive Sensoren
Ein Spannungsimpuls bewirkt einen Stromverlauf gemäß einer Exponentialfunktion – der Strom durch eine Induktivität kann sich nicht sprunghaft ändern.	Glättung; Integrieren; Tiefpasswirkung
Eine Stromänderung bewirkt eine Gegenspannung, die exponentiell abklingt.	Erzeugen höherer Spannungen (Aufwärtswandler)
Sperren von Wechselstrom	Blockieren von Störungen
Durchleiten von Gleichstrom	Glättung (Siebdrossel)
Der Wechselstromwiderstand steigt mit steigender Frequenz.	Filterwirkungen, Blockieren von Störungen, Frequenzgangkompensation
Phasenverschiebung zwischen Strom und Spannung	Schwingungserzeugung; Blindleistungs-, Frequenz- und Phasengangkompensation
Spannungs- und Stromverläufe Abhängigkeit von Zeitkonstante τ = R/L	zeitbestimmende Schaltungen; Verzögerungswirkungen; Formung von Signalverläufen
Mechanische Kraftwirkung des Magnetfelds	Relais, Betätigungsmagnet, Magnetkupplung, Elektromotor

Tabelle 3.2: Wirkungen von Induktivitäten und deren Ausnutzung.

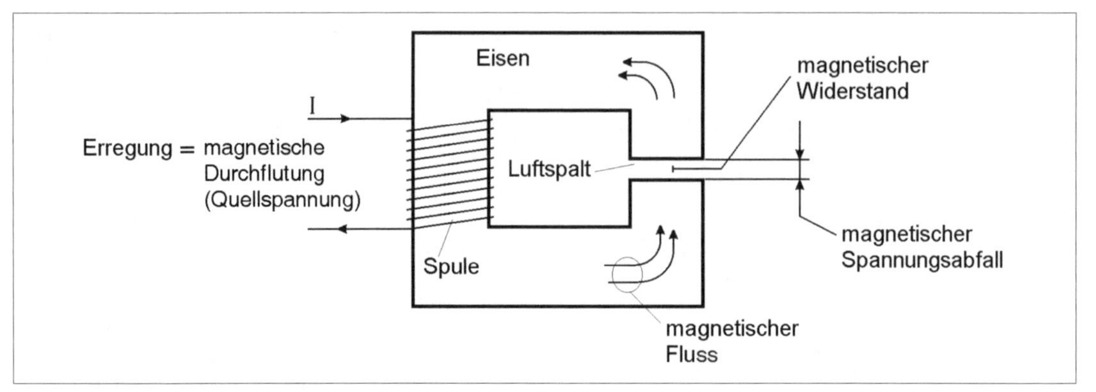

Abb. 3.12: *Der magnetische Kreis.*

Magnetischer Fluss

Den magnetischen Fluss Φ kann man sich durch die Anzahl der magnetischen Feldlinien veranschaulichen, die einen bestimmten Querschnitt durchdringen. Er wird in Voltsekunden (Vs) oder Weber (Wb) gemessen. 1 Vs = 1 Wb. Ändert sich der magnetische Fluss durch eine ihn umschlingende Windung in 1 s um 1 Vs, so induziert er – gemäß (3.1) – eine Spannung von 1 V.

Magnetische Durchflutung

Die magnetische Durchflutung Θ ist ein Maß für die Stärke des Magnetfeldes. Sie wird in Ampere (A) oder Amperewindungen (Aw) gemessen. Bei einer Spule hängt sie direkt von Stromstärke I und Windungszahl w ab:

$$\Theta = I \cdot w \qquad (3.20)$$

Magnetische Feldstärke

Die magnetische Feldstärke H gibt die Stärke des Magnetfeldes an und zwar als magnetische Durchflutung Θ bezogen auf den Abstand d vom Ursprung des Feldes:

$$H = \frac{\Theta}{d} = \frac{I \cdot w}{d} \qquad (3.21)$$

Im magnetischen Kreis gilt[14]:

$$H = \frac{I \cdot w}{l_m} \qquad (3.22)$$

(l_m = mittlere Feldlinienlänge; vgl. auch Abb. 3.13.)

Die magnetische Feldstärke wird in A/m oder Aw/cm gemessen.

Eine ältere, gelegentlich noch gebrauchte Maßeinheit ist das Oerstedt (Oe):

$$1 Oe = \frac{10}{4\pi} \frac{Aw}{cm} = \frac{10^3}{4\pi} \frac{A}{m} \approx 0{,}796 \frac{Aw}{cm}$$

$$1 \frac{A}{cm} \approx 1{,}256 Oe \qquad (3.23)$$

Mit (3.22) kann das Induktionsgesetz (3.10) folgendermaßen dargestellt werden:

$$U = -w \cdot \mu_0 \cdot \mu_{rel} \cdot A \cdot \frac{dH}{dt} \qquad (3.24)$$

Magnetische Flussdichte (Induktion)

Die magnetische Flussdichte (Induktion) B kennzeichnet den magnetischen Fluss Φ, der eine gegebene Fläche A durchdringt:

$$B = \frac{\Phi}{A} \qquad (3.25)$$

14 (3.21) wird in der Literatur gelegentlich auch als Amperesches Gesetz bezeichnet.

Die Flussdichte wird in Vs/cm^2 oder Wb/cm^2 oder in Tesla (T) gemessen:

$$1T = 1\frac{Vs}{m^2} = 10^{-4}\frac{Vs}{cm^2} \qquad (3.26)$$

Eine ältere, gelegentlich noch gebrauchte Maßeinheit ist das Gauß (G):

$$1G = 10^{-8}\frac{Vs}{cm^2} = 10^{-4}T \qquad (3.27)$$

Typische Flussdichten liegen im Bereich von weniger als tausend bis zu einigen zehntausend Gauß, also von weniger als 0,1 T bis über 1 T[15].

Die magnetische Flussdichte (Induktion) B eines Stoffes mit der Permeabilität μ_{rel}, der einer magnetischen Feldstärke H ausgesetzt ist, ergibt sich zu:

$$B = \mu_0 \cdot \mu_{rel} \cdot H \qquad (3.28)$$

Die relative Permeabilität μ_{rel} ist keine Konstante. Ihr Wert hängt vielmehr von der jeweiligen Feldstärke H ab (Magnetisierungskurve):

$$\mu_{rel} = \frac{1}{\mu_0} \cdot \frac{B}{H} \qquad (3.29)$$

Mit (3.28) ergibt sich aus (3.24) das Induktionsgesetz wie folgt:

$$U = -w \cdot A \cdot \frac{dB}{dt} \qquad (3.30)$$

Magnetische Polarisation

Die im Innern des Kerns einer Spule herrschende Flussdichte B ergibt sich aus der Flussdichte des Vakuums $\mu_0 \cdot H$ und einem materialspezifischen Anteil, der als magnetische Polarisation J bezeichnet wird:

$$B = \mu_0 \cdot H + J\,; \quad J = B - \mu_0 \cdot H \qquad (3.31)$$

Magnetischer Widerstand

Der magnetische Widerstand R_m ergibt sich durch Umstellung des Hopkinsonschen Gesetzes (3.18) als Verhältnis von Durchflutung Θ (magnetische Spannung) und magnetischem Fluss Φ (magnetischer Strom):

$$R_m = \frac{\Theta}{\Phi} \qquad (3.32)$$

R_m wird in Aw/Vs oder Aw/Wb oder in 1/H gemessen.

Der magnetische Widerstand eines Magnetkreises ergibt sich aus der mittleren Feldlinienlänge l_m, aus der Querschnittsfläche A und aus der Permeabilität μ[16]:

$$R_m = \frac{l_m}{\mu_0 \cdot \mu_{rel} \cdot A} \qquad (3.33)$$

Magnetischer Leitwert

Der magnetische Leitwert Λ ist der Kehrwert des magnetischen Widerstands R_m:

$$\Lambda = \frac{1}{R_m} = \frac{\mu_0 \cdot \mu_{rel} \cdot l \cdot A}{l} \qquad (3.34)$$

Er wird in Henry (H) gemessen.

Induktivität und magnetischer Widerstand

Wird der magnetische Kreis durch eine Spule mit w Windungen erregt und ist der magnetische Widerstand R_m konstant, so gilt folgender Zusammenhang:

$$L = \frac{w^2}{R_m} = w^2 \cdot \Lambda \qquad (3.35)$$

Reihenschaltung magnetischer Widerstände

Der Gesamtwiderstand ergibt sich als Summe der Einzelwiderstände:

$$R_{mges} = R_{m1} + R_{m2} + \ldots \qquad (3.36)$$

15 Beispiele: Netztransformatoren mit EI-Kern 12 000...14 000 G = 1,2...1,4 T; mit Ringkern ca. 16 000 G = 1,6 T; Ferritkerne um 2 000...5 000 G = 0,2...0,5 T = 200...500 mT.

16 Man beachte die Analogie zum Widerstand eines Leiters (vgl. (1.28)).

Der Magnetkreis mit Luftspalt (Abb. 3.13) ist ein elementares Beispiel einer Reihenschaltung:

$$R_{mges} = \frac{l_{FE}}{\mu_0 \cdot \mu_{rel} \cdot A} + \frac{l_{luft}}{\mu_0 \cdot A} = \frac{l_{FE} + \mu_{rel} \cdot l_{luft}}{\mu_0 \cdot \mu_{rel} \cdot A} \quad (3.37)$$

(l_{FE} = Feldlinienlänge im Eisenkreis; l_{luft} = Breite des Luftspalts.)

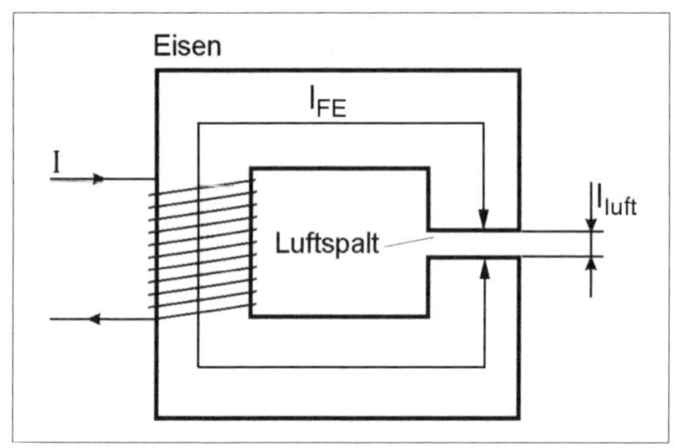

Abb. 3.13: *Magnetkreis mit Luftspalt. l_{FE} - Feldlinienlängen im Eisen; l_{luft} - Feldlinienlänge im Luftspalt.*

Parallelschaltung magnetischer Widerstände

Der Kehrwert des Gesamtwiderstands ergibt sich als Summe der Kehrwerte der Einzelwiderstände; der Gesamtleitwert ist die Summe der Einzelleitwerte:

$$\frac{1}{R_{mges}} = \frac{1}{R_{m1}} + \frac{1}{R_{m2}} + \ldots \quad (3.38)$$

$$\Lambda_{ges} = \Lambda_1 + \Lambda_2 + \ldots$$

Die Magnetisierbarkeit der Werkstoffe – die Sättigung

Die Flussdichte hängt von der magnetischen Feldstärke H und der Permeabilität ab (vgl. (3.28)). Sie ist aber nicht durch beliebiges Erhöhen der Feldstärke beliebig steigerbar. Vielmehr gelangt jedes Material von einer gewissen Feldstärke an in eine magnetische Sättigung und kann dann nicht noch stärker magnetisiert werden. Abb. 3.14 veranschaulicht dies anhand der Magnetisierungskurven einiger Eisenwerkstoffe; Abb. 3.15 zeigt, wie die relative Permeabilität von der magnetischen Feldstärke abhängt.

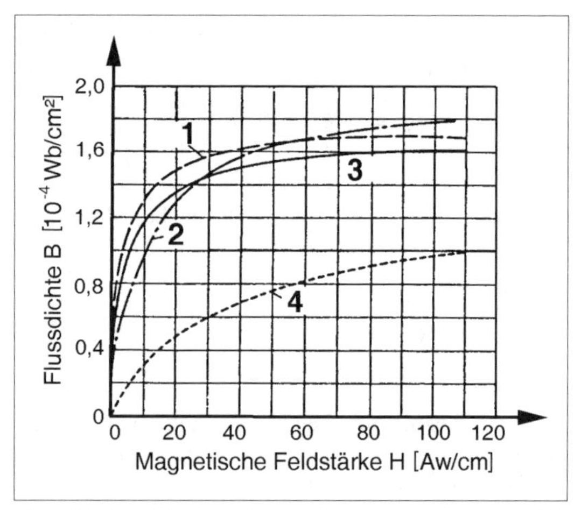

Abb. 3.14: *Magnetisierungskurven (Beispiele). Die Kurven beschreiben die Abhängigkeit der Flussdichte (Induktion) B von der magnetischen Feldstärke H. 1 - Dynamoblech; 2 - Stahlguss; 3 - legiertes Blech; 4 - Grauguss.*

Die magnetische Feldstärke ist dem Strom proportional, der durch die Spule fließt. Im Bereich geringer Feld- oder Stromstärken wächst die Flussdichte nahezu proportional zur Feldstärke. Die Permeabilität ist hier also nahezu konstant. Richtwerte der relativen Permeabilität μ_{rel}: einige hundert bis einige tausend. Bei weiter wachsender Feldstärke steigt die Flussdichte immer langsamer, bis sich schließlich ein nahezu konstanter Wert einstellt (Sättigung).

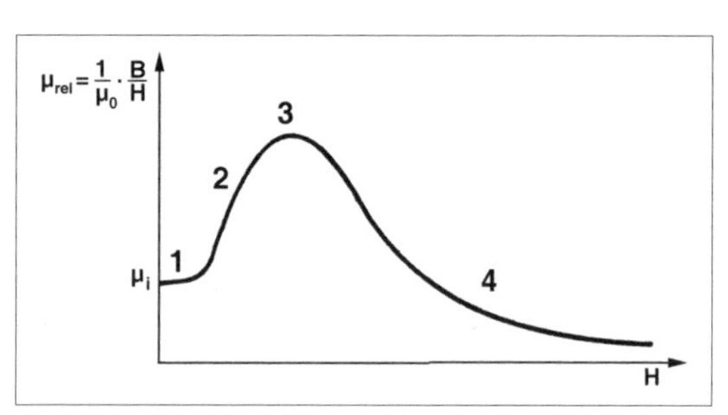

Abb. 3.15: *Die relative Permeabilität in Abhängigkeit von der magnetischen Feldstärke. 1 - Anfangspermeabilität. Im Bereich geringer Feldstärken steigt sie nur wenig an (bleibt nahezu konstant). 2 - mit wachsender Feldstärke ergibt sich ein steiler Anstieg der Permeabilität. 3 - Maximum (Übergang in den Bereich der Sättigung); 4 - Bereich der extremen Feldstärken (Permeabilität geht gegen Null).*

Mit zunehmender Feldstärke steigt die Permeabilität zunächst an, erreicht ein Maximum und fällt bei extremen Feldstärken wieder ab. Geht die magnetische Feldstärke gegen Unendlich, so geht die relative Permeabilität gegen Null (vgl. Abb. 3.15).

Abb. 3.15 ist eine Prinzipdarstellung mit linear geteilter Feldstärkeachse. Einschlägige Kurven im Datenmaterial (vgl. beispielsweise Abb. 3.43b) haben typischerweise eine logarithmische Teilung. Deshalb zeigen sie bei hohen Feldstärken kein allmähliches, sondern ein steiles Abfallen der Permeabilität.

Die Sättigung in der Praxis

Es muss grundsätzlich vermieden werden, einen magnetischen Kreis in die Sättigung zu treiben. Sättigung bedeutet, dass die relative Permeabilität und damit die Induktivität abfällt. Damit verändern sich alle Kennwerte, die von diesen Größen abhängen. Wenn ein magnetischer Kreis im Bereich der Sättigung betrieben wird, verhält er sich in starkem Maße nichtlinear. Um zu vermeiden, dass dieser Bereich im praktischen Betrieb durchlaufen wird, kann man den magnetischen Widerstand erhöhen.

Abhilfe: der Luftspalt

Elektromagnetische Bauelemente, die von Wechselstrom mit Gleichanteil durchflossen werden (das sind z. B. Drosselspulen in Netzteilen oder NF-Übertrager) müssen im Eisenkreis einen Luftspalt (Air Gap) haben. Solche Bauelemente werden durch den fließenden Gleichstromanteil ständig vormagnetisiert, so dass der überlagerte Wechselstrom den Kern schon bei vergleichsweise geringen Stromstärken in die Sättigung treiben kann. Der Luftspalt bewirkt, dass die Flussdichte über einen größeren Bereich der magnetischen Feldstärke H nahezu linear von H abhängt (Linearisierung).

Die Anordnung aus Kern und Luftspalt kann man als ein Bauelement ansehen, das die gleiche Feldlinienlänge, aber eine einheitliche (effektive) Permeabilität μ_e hat. Damit lässt sich der magnetische Gesamtwiderstand R_{mges} folgendermaßen darstellen:

$$R_{mges} = \frac{l_{FE} + l_{luft}}{\mu_0 \cdot \mu_e \cdot A} \qquad (3.39)$$

Die effektive Permeabilität ergibt sich aus der Gleichsetzung der Ausdrücke in (3.37) und (3.39):

$$\mu_e = \mu_{FE} \cdot \frac{l_{FE} + l_{luft}}{l_{FE} + \mu_{FE} \cdot l_{luft}} \qquad (3.40)$$

Typischerweise ist μ_{FE} so groß, dass gilt $l_{FE} << \mu_{FE} \cdot l_{luft}$. Somit kann l_{FE} vernachlässigt werden, und es ist möglich, μ_{FE} zu kürzen. Damit wird

$$\mu_e \approx \frac{l_{FE} + l_{luft}}{l_{luft}} \qquad (3.41)$$

Die effektive Permeabilität hängt also näherungsweise nur noch von (gleichbleibenden) Abmessungen ab und nicht mehr von (veränderlichen) Materialeigenschaften; sie ist also praktisch konstant. Somit ergibt sich ein nahezu linearer Zusammenhang zwischen magnetischer Feldstärke H und Flussdichte B (vgl. (3.26)).

Die Spule als Kraftmagnet

Typische Anwendungen: Relais, Betätigungsmagnete, Magnetkupplungen. Es gibt zwei Ausführungen:

- eine Spule mit Eisenkern zieht einen beweglichen Anker an (Abb. 3.16),
- eine Spule zieht einen beweglichen Eisenkern in sich hinein (Solenoid).

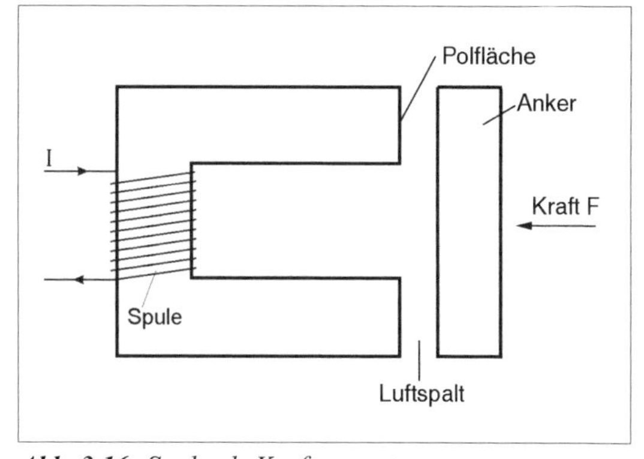

Abb. 3.16: *Spule als Kraftmagnet.*

Durch das Anziehen des Ankers wird der Luftspalt verringert. Hierdurch ändert sich die Induktivität der Magnetanordnung und somit auch die im Magnetfeld gespeicherte Energie. Die Differenz zwischen eingespeister und gespeicherter Energie entspricht der geleisteten mechanischen Arbeit. Hieraus ergibt sich die auf den Anker wirkende Kraft zu:

$$F = \frac{1}{2}i^2 \cdot \frac{dL}{dl_{luft}} \tag{3.42}$$

Die Induktivität kann nach (3.35) über den magnetischen Widerstand R_m ausgedrückt werden:

$$F = \frac{1}{i^2} \cdot w^2 \cdot \frac{d}{dl_{luft}} \cdot \left(\frac{1}{R_m}\right) \tag{3.43}$$

Für einen magnetischen Kreis ohne Luftspalt (mit „klebendem“ Anker[17]) kann man R_m gemäß (3.33) darstellen. Dann gilt:

$$F = \frac{1}{2}\mu_0 \cdot \mu_{rel} \cdot A \cdot \frac{(l\,w)^2}{l_{FE}^2} \tag{3.44}$$

(F - Kraft, I - Strom, w - Windungszahl, μ_0 - absolute Permeabilität, μ_{rel} - relative Permeabilität des Kernmaterials, A - Polquerschnitt[18], l_{FE} - Feldlinienlänge im Eisenkreis.) Mit μ_0 in Vs/Am (vgl. (3.8)), I in A, l_{FE} in m und A in m^2 erhält man F in N.

Besteht ein Luftspalt der Breite l_{luft} zwischen Spule und Anker, so ist in (3.39) der magnetische Gesamtwiderstand gemäß (3.37) und die effektive Permeabilität gemäß (3.40) anzusetzen. Es ergibt sich:

$$F = \frac{1}{2}\mu_0 \cdot A \cdot \frac{(l\,w)^2}{(l_{FE} + l_{luft}) \cdot l_{luft}} \tag{3.45}$$

Die Konsequenz aus (3.45): Die Kraft nimmt mit dem Quadrat des Luftspaltes ab. Anders ausgedrückt: Je geringer der Luftspalt, desto weniger Strom wird benötigt, um eine bestimmte Kraft auf den Anker auszuüben. Die praktische Anwendung: Nach dem Anziehen des Ankers kann der Spulenstrom verringert werden (Stromabsenkung).

3.1.3 Benachbarte Magnetfelder – die Gegeninduktivität

Die Magnetfelder benachbarter Stromkreise beeinflussen sich gegenseitig. Ihre beiden magnetischen Flüsse sind miteinander verkoppelt. Der auf den jeweils anderen Stromkreis einwirkende magnetische Fluss (Koppelfluss) ist der jeweiligen Stromstärke proportional. Der Proportionalitätsfaktor heißt Gegeninduktivität M (Abb. 3.17).

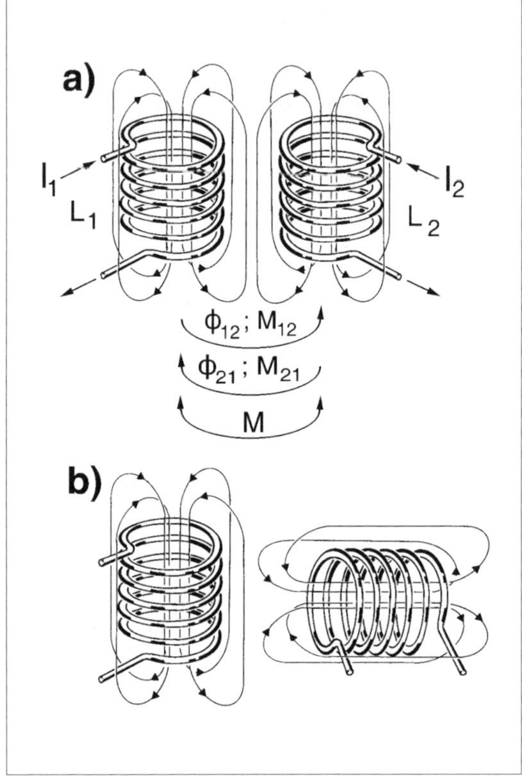

Abb. 3.17:*Die Verkopplung zweier Magnetfelder.*
a) Spulenachsen parallel zueinander = stärkste Kopplung;
b) Spulenachsen senkrecht aufeinander = geringste Kopplung.

17 In der Praxis kann man den Anker nicht wirklich am Kern kleben lassen – man bekommt ihn nämlich dann nur noch schwer wieder los (Restmagnetismus). Ein gewisser kleiner Luftspalt muss meist bleiben.

18 Wenn – ähnlich Abb. 3.16 – der Anker von beiden Polen angezogen wird, entspricht der Polquerschnitt A der Summe der beiden Polflächen.

Es gelten folgende Zusammenhänge:

$$\Phi_{12} = M_{12} \cdot I_1$$
$$\Phi_{21} = M_{21} \cdot I_2 \qquad (3.46)$$
$$M_{12} = M_{21} = M$$

Jede Stromänderung in einem Kreis induziert eine Spannung im anderen (Gegeninduktion):

$$U_{ge1} = -M \cdot \frac{\Delta I_2}{\Delta t}$$
$$U_{ge2} = -M \cdot \frac{\Delta I_1}{\Delta t} \qquad (3.47)$$

$$M = \frac{U_{ge1}}{\frac{\Delta I_2}{\Delta t}} = \frac{U_{ge2}}{\frac{\Delta I_1}{\Delta t}} \qquad (3.48)$$

Anwendung: Zur messtechnischen Bestimmung von M. In die eine Spule einen Wechselstrom einspeisen und an den Anschlüssen der zweiten Spule die Induktionsspannung messen.

Oft ist man bestrebt, die gegenseitige Beeinflussung so gering wie möglich zu halten. Typische Lösungen:

- Viel Abstand. Das kostet an sich nichts, ist aber nicht immer praktikabel. Das wohl häufigste Praxisbeispiel ist das abgesetzte Netzteil, z. B. als Steckernetzteil.
- Die induktiven Bauelemente so anordnen, dass ihre Spulenachsen senkrecht aufeinander stehen (vgl. Abb. 3.17b).
- Magnetische Abschirmung mit entsprechenden Werkstoffen (z. B. Mumetall). Kostspielig.

Im Transformator wird die Gegeninduktivität technisch ausgenutzt. Hier ist man an einer möglichst engen Kopplung interessiert – am besten wäre es, wenn beide Magnetflüsse einander vollständig durchdringen (der gesamte magnetische Fluss von L_1 wirkt auf L_2 ein und umgekehrt). Hierzu ordnet man beide Spulen auf einem gemeinsamen Kern an. Eine besonders enge Kopplung ergibt sich, wenn beide Spulen gleichsam gemischt ineinander gewickelt werden (Näheres s. Abschnitt 2.5.4).

Kopplungsgrad

Die Intensität der Kopplung wird durch den Kopplungsgrad (Kopplungsfaktor) k ausgedrückt ($0 \leq k \leq 1$). M_{max} ist die maximale Gegeninduktivität (wenn beide Felder einander vollständig durchdringen).
Es gilt:

$$M_{max} = \sqrt{L_1 \cdot L_2} \qquad (3.49)$$

$$M = k \cdot \sqrt{L_1 \cdot L_2}\,; \quad k = \frac{M}{\sqrt{L_1 \cdot L_2}} \qquad (3.50)$$

Streugrad

Der Streugrad (Streufaktor) σ ($0 \leq \sigma \leq 1$) ist ein Maß für die Kopplungsverluste, also dafür, in welchem Maße die Magnetfelder an der Kopplung nicht beteiligt sind:

$$\sigma = 1 - k^2 = 1 - \frac{M^2}{L_1 \cdot L_2} \qquad (3.51)$$

Bei Anordnung beider Spulen auf einem gemeinsamen Eisenkern (die typische Auslegung eines Transformators) ist k rund 1 und σ nahezu 0.

Der Wicklungssinn

Eine Spule kann rechts oder links herum gewickelt und in zwei Richtungen vom Strom durchflossen werden. Dieser Wicklungssinn ist dann von Bedeutung, wenn Spulen über ihre Magnetfelder verkoppelt werden. Er wird durch Punkte (Phase Dots) gekennzeichnet (Abb. 3.18).

Die übliche Konvention: Bei gleicher Stromflussrichtung in Bezug auf die Punkte (bildhafte Vorstellung: wenn alle Ströme in die Punkte hineinfließen) haben die magnetischen Flüsse die gleiche Richtung. Der resultierende Fluss ergibt sich durch Addition (Überlagerung). Die jeweilige Gegeninduktionsspannung wird addiert. Es gilt:

$$u_1 = L_1 \cdot \frac{di_1}{dt} + M \cdot \frac{di_2}{dt}\,; \quad u_2 = L_2 \cdot \frac{di_2}{dt} + M \cdot \frac{di_1}{dt} \qquad (3.52)$$

Wird entweder der Wicklungssinn oder die Stromflussrichtung geändert, so sind die magnetischen Flüsse gegeneinander gerichtet. Der resultierende Fluss ergibt sich durch Subtraktion (Verminderung). Die jeweilige Gegeninduktionsspannung wird subtrahiert. Anwendung: u. a. in Form der bifilaren Wicklung (vgl. Abb. 3.6), bei stromkompensierten Drosseln (Abschnitt 3.2.6) und beim Zusammenschalten von Transformatorwicklungen (vgl. S. 232 - 234).

Es gilt:

$$u_1 = L_1 \cdot \frac{di_1}{dt} - M \cdot \frac{di_2}{dt} \qquad (3.53)$$

$$u_2 = L_2 \cdot \frac{di_2}{dt} - M \cdot \frac{di_1}{dt}$$

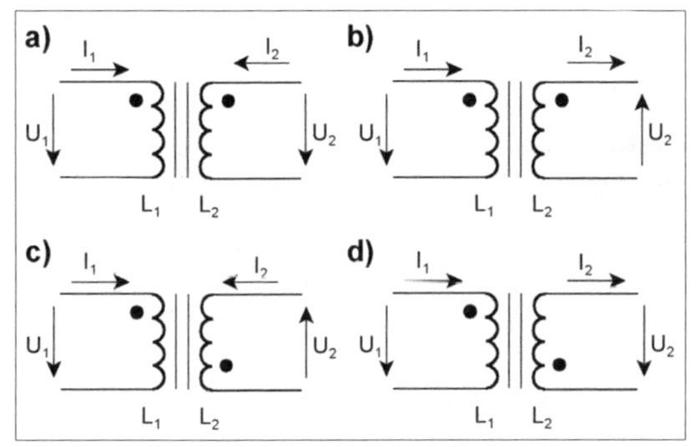

Abb. 3.18: *Zur Kennzeichnung des Wicklungssinns. a), b) gleicher, c), d) entgegengesetzter Wicklungssinn. Wenn der jeweilige Strom in den gekennzeichneten Spulenanschluss hineinfließt, haben die Magnetflüsse die gleiche Richtung. Bei a) und d) Addition gemäß (3.52), bei b) und c) Subtraktion gemäß (3.53).*

3.1.4 Magnetisierungsvorgänge

Die Hystereseschleife

Die Flussdichte hängt nicht nur von der Feldstärke, sondern auch von der Vorgeschichte ab. Um dies darzustellen, ist die Magnetisierungskurve vom Anfang der Erregung (Strom bzw. Feldstärke = 0) bis zum Erreichen der Sättigung genauer zu erfassen (Abb. 3.19). War der Kern anfänglich gar nicht magnetisiert, so führt eine wachsende Erregung zu einer zunächst zunehmenden Flussdichte, die bei weiter steigender Erregung schließlich näherungsweise konstant bleibt (Sättigungsmagnetisierung). Wird nun die Erregung wieder verringert, so ergibt sich – gleichsam auf dem Rückweg – ein anderer Verlauf der Flussdichte. Ist die Erregung gleich Null (= gar kein Stromfluss), so bleibt eine gewisse Flussdichte bestehen; der Kern ist zu einer Art Dauermagneten geworden (Restmagnetismus, Remanenz). Um die Flussdichte weiter zu verringern, muss die Erregung umgepolt werden (andere Stromrichtung). Die Feldstärke, bei der die Flussdichte zu Null wird, heißt Koerzitivfeldstärke oder Koerzitivkraft. Wird die so gerichtete Erregung weiter verstärkt, wird das Magnetfeld umgepolt. Bei entsprechend starker Erregung gelangt der Kern wieder in die Sättigung. Ein Zurücknehmen der Erregung ergibt ein Zurückgehen der Flussdichte mit einem ähnlichen, aber versetzten Verlauf. Der Zustand Erregung Null, Magnetisierung Null wird nie wieder erreicht. Hat man die Magnetisierung durch entsprechende Erregung (Koerzitivfeldstärke) auf Null gebracht und schaltet den Strom ab, so nimmt der Kern wieder seinen Restmagnetismus an.

Prinzipien der Entmagnetisierung:

- Die Hystereseschleife wird mit hoher Wiederholfrequenz mehrmals durchlaufen, wobei die Feldstärke allmählich auf Null abgesenkt wird. Einfachverfahren: Entmagnetisieren im Wechselfeld[19].
- Der Kern wird über die Curietemperatur (vgl. S. 188) hinaus erwärmt.

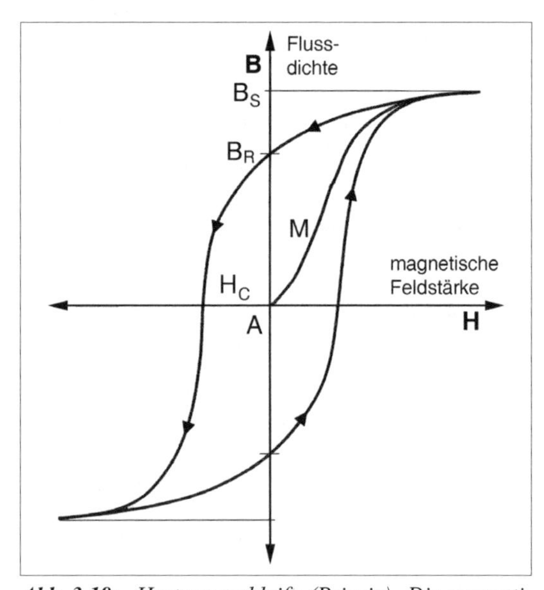

Abb. 3.19: *Hystereseschleife (Prinzip). Die magnetische Feldstärke H entspricht dem durch die Spule fließenden Strom (Erregung). A - Zustand der Entmagnetisierung (Anfangszustand) M - anfängliche Magnetisierungskurve; B_S - Sättigungsmagnetisierung ; B_R - Remanenz (Restmagnetismus); H_C - Koerzitivfeldstärke (Koerzitivkraft).*

19 Vgl. Werkstattpraxis der Metallbearbeitung.

Um die Flussdichte zu beeinflussen, ist Energie aufzuwenden. Der Energiebetrag ΔE hängt vom Volumen V des Kerns, von der Feldstärke H und von der Änderung der Flussdichte ΔB ab:

$$\Delta E = V \cdot H \cdot \Delta B \qquad (3.54)$$

Abb. 3.20 veranschaulicht, welche Energiebeträge beim Durchlaufen der Hystereseschleife umgesetzt werden. Die von der Hystereseschleife umschlossene Fläche ist ein Maß für den Energieverlust. Wünscht man geringe Verluste, muss die Hystereseschleife schmal sein (Abb. 3.21).

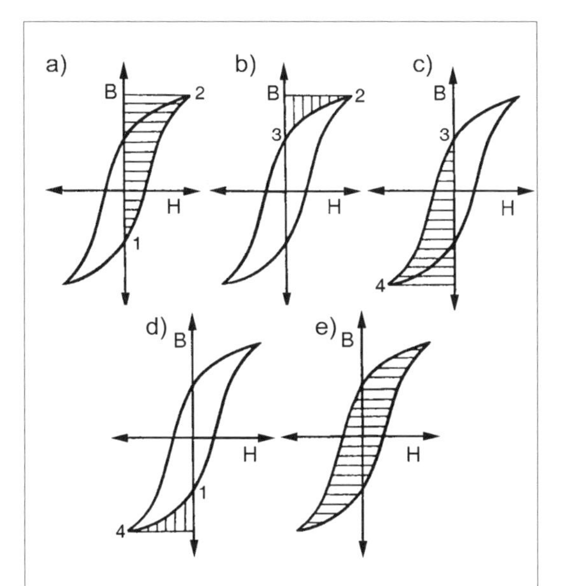

a) Aufgewendete Energie zum Durchlaufen der Kurve von Punkt 1 (Remanenz) bis Punkt 2 (Sättigung bei umgekehrer Polung des Magnetfeldes),

b) Rückführung gespeicherter Energie in den Stromkreis beim Zurückfahren der Erregung auf Null (Abschalten des Stroms); hierbei gelangt der Kern von Punkt 2 (Sättigung) in den Zustand des Restmagnetimus (Punkt 3);

c) Wie a), aber von Punkt 3 bis Punkt 4 (umgekehrte Richtung).

d) Wie b), aber von Punkt 4 bis Punkt 1 (umgekehre Richtung). Hiermit wurde die gesamte Schleife einmal durchlaufen.

e) Zieht man die zurückgeführte Energie von der aufgewendeten ab, ergibt sich die Fläche innerhalb der Hystereseschleife. Diese ist somit ein Maß für den Energieverlust.

Abb. 3.20: *Der Energieverlust beim Durchlaufen der Hystereseschleife.*

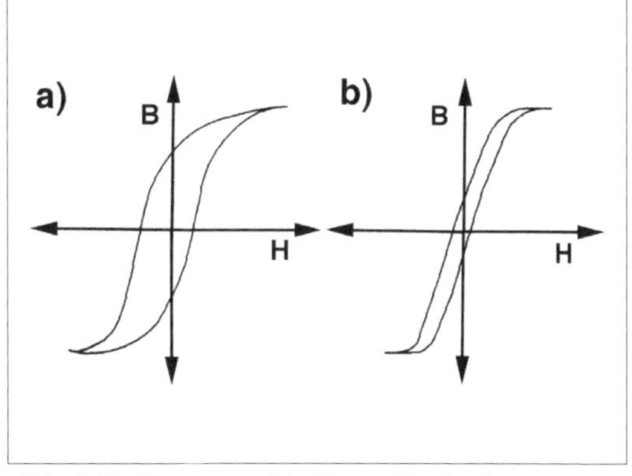

Abb. 3.21: *Hystereseschleifen im Vergleich. Der Magnetwerkstoff mit Schleife a) bewirkt offensichtlich höhere Verluste als jener mit Schleife b).*

Jeder Magnetwerkstoff hat einen kennzeichnenden Verlauf der Hystereseschleife (Abb.3.22). Weichmagnetische Werkstoffe sollten praktisch keinen Restmagnetismus aufweisen; die Hystereseschleife sollte so schmal wie möglich sein (Abb 3.22a). Bei hartmagnetischen Werkstoffen ist hingegen ein hoher Restmagnetismus erwünscht (Dauermagnete). Zudem sollte die Koerzitivfeldstärke so groß sein, dass die Flussdichte auch dann konstant bleibt, wenn andere Magnetfelder auf den Dauermagneten einwirken. Solche Werkstoffe sind demgemäß durch breite Hystereseschleifen gekennzeichnet (Abb. 3.22b). Rechteckferrite (Abb. 3.22c) sind hartmagnetische Werkstoffe, die die Flussdichte bei Über- oder Unterschreiten bestimmter Feldstärkewerte sprunghaft ändern können.
(Anwendung: als Speicher- und Schaltelemente. Der wohl wichtigste (historische) Einsatzfall: der Ferritkernspeicher.)

Magnetisierungskurven und Hystereseschleifen
Magnetisierungskurven ähnlich Abb. 3.14 sind vereinfachte Darstellungen, in denen der Restmagnetismus vernachlässigt wurde. Solche Diagramme entsprechen der Kurve M in Abb. 3.19 (erstmalige Magnetisierung). Magnetisierungskurven in Datenblättern sind hingegen oftmals Ausschnitte aus Hystereseschleifen (Abb. 3.23).

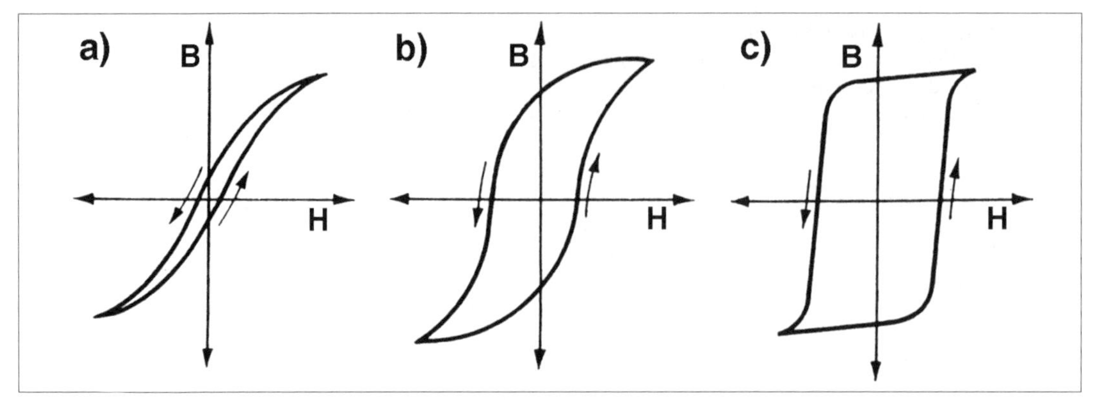

Abb. 3.22: *Typische Verläufe von Hystereseschleifen. a) - weichmagnetische Werkstoffe, b) hartmagnetische Werkstoffe (Dauermagnete in Motoren, Lautsprechern usw.); c) Rechteckferrite (binäre Speicher-, Schalt- und Koppelemente; Transfluxoren).*

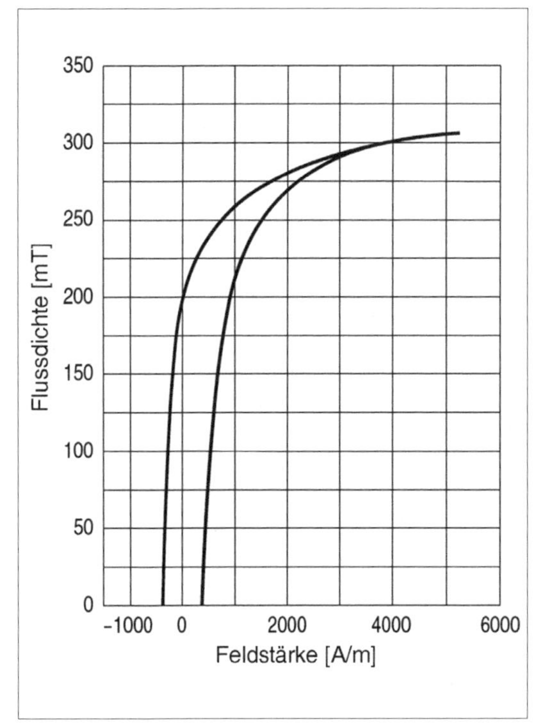

Abb. 3.23: *Eine Magnetisierungskurve aus einem Datenblatt (nach [3.7]). Es ist die obere Hälfte der Hystereseschleife dargestellt.*

3.1.5 Werkstoffkennwerte

Sättigungsmagnetisierung

Die Sättigungsmagnetisierung (Saturation Magnetization) B_S ist erreicht, wenn eine weitere Erhöhung der magnetischen Feldstärke H nicht mehr zu einer nennenswerten Erhöhung der Flussdichte führt. Für typische Ferritwerkstoffe entspricht B_S der Flussdichte bei einer Feldstärke von 1200 A/m.

Remanenz

Die Remanenz (Remanent Flux Density) $B_R(H)$ kennzeichnet die verbleibende Magnetisierung (Restmagnetisierung) bei Feldstärke H = 0 nach dem Durchlaufen der Hystereseschleife.

Koerzitivkraft

Die Koerzitivkraft (Coercive Field Strength) H_C ist die magnetische Feldstärke, die aufgewendet werden muss, um die Restmagnetisierung auf Null zu bringen.

Anfangspermeabilität

Die Anfangspermeabilität (Initial Permeability) μ_i ist die relative Permeabilität bei sehr niedrigen magnetische Feldstärken. Es ist der wichtigste Kennwert zum Vergleichen und Auswählen weichmagnetischer Werkstoffe.

$$\mu_i = \frac{1}{\mu_0} \cdot \frac{\Delta B}{\Delta H} \quad \text{für kleine } \Delta H \text{ (nahe Null)} \qquad (3.55)$$

Typische Messbedingungen (IEC 60401-3): $B < 0{,}25$ mT; Messfrequenz ≤ 10 kHz; Temperatur + 25 °C; geschlossener Magnetkreis ohne Luftspalt (z. B. Ringkern). Andere Messbedingungen sehen z. B. eine Flussdichte von 10 Gauß = 1 mT vor.

Effektive Permeabilität
Die effektive Permeabilität μ_e kennzeichnet die Permeabilität von Kernen mit Luftspalt. Es ist eine Rechengröße, die sich auf einen fiktiven (angenommenen) Kern ohne Luftspalt bezieht, der die gleichen magnetischen Eigenschaften hat. Sie ist von der Induktivität L, der Windungszahl w und einer Kernkonstanten (Formfaktor) abhängig:

$$\mu_e = \frac{1}{\mu_0} \cdot \frac{1}{w^2} \cdot \sum \frac{l}{A} \qquad (3.56)$$

Zum Formfaktor $\sum \frac{l}{A}$ (auch als Kernkonstante C_1 bezeichnet) s. Abschnitt 3.5.5, S. 268.

Näherungsformel bei kleinem Luftspalt (Spaltbreite s << effektive Feldlinienlänge l_e):

$$\mu_e = \frac{\mu_i}{1 + \frac{s}{l_e} \cdot \mu_i} \qquad (3.57)$$

Hieraus ergibt sich die Luftspaltbreite s für eine gewünschte effektive Permeabilität μ_e:

$$s = \left(\frac{\mu_i}{\mu_e} - 1\right) \cdot \frac{l_e}{\mu_i} = l_e \cdot \left(\frac{1}{\mu_e} - \frac{1}{\mu_i}\right) \qquad (3.58)$$

Wirksame Permeabilität
Die wirksame Permeabilität (Apparent Permeability) μ_{app} betrifft vor allem zylindrische Spulen, Spulen mit Schraubkernen usw. Die Streuinduktivität ist hier so groß, dass es nicht möglich ist, hinreichend genaue Werte der Anfangs- und der effektiven Permeabilität anzugeben. Man definiert deshalb eine wirksame Permeabilität als Verhältnis der Induktivitäten der Spule mit Kern (L) und ohne Kern (L_0):

$$\mu_{app} = \frac{L\,mit\,Kern}{L\,ohne\,Kern} = \frac{L}{L_0} \qquad (3.59)$$

Hinweise:
1. Beim Vergleichen einschlägiger Angaben auf die Messbedingungen achten. Nur unter gleichen Bedingungen gemessene Werte sind ohne weiteres vergleichbar.
2. Die wirksame Permeabilität ist typischerweise geringer als die effektive.

Reversible Permeabilität
Die reversible Permeabilität μ_{rev} betrifft die Überlagerung eines Gleichfeldes (Gleichstromvormagnetisierung) mit einem vergleichsweise schwachen Wechselfeld (z. B. der Brummspannung im Gleichspannungswandler oder dem Signal, das über einen Breitbandtransformator übertragen wird). Das überlagerte Wechselfeld bewirkt, dass eine Hystereseschleife durchlaufen wird. Bei kleinen Wechselfeldstärken wird diese Schleife näherungsweise zu einer Geraden. Die reversible Permeabilität gibt die Steigung dieser Geraden an:

$$\mu_{rev} = \frac{1}{\mu_0} \cdot \frac{\Delta B}{\Delta H} \qquad (3.60)$$

mit Δ H gegen 0 und Gleichfeld H_{DC}.
Bei Ringkernen gilt $\mu_{rev} = \mu_i$.

Die reversible Permeabilität ist von der Gleichstromvormagnetisierung abhängig. Diese Abhängigkeit wird in Gleichstromvormagnetisierungskurven dargestellt (als Beispiel vgl. Abb. 3.43b). Die Datenblattangaben dienen vor allem dazu, die Grenzen der Gleichstrombelastung zu bestimmen (um den Kern so weit wie möglich auszunutzen).

Amplitudenpermeabilität
Die Amplitudenpermeabilität μ_a kennzeichnet die Permeabilität bei hohen Feldstärken. Der Kennwert ist vor allem dann von Bedeutung, wenn Kernwerkstoffe und Kerne für Leistungsanwendungen auszuwählen sind (z. B. für Schaltnetzteile; siehe auch Abschnitt 3.5.5, besonders Abb. 3.146 sowie die Erläuterungen zum Induktivitätsfaktor A_{L1}).

$$\mu_a = \frac{1}{\mu_0} \cdot \frac{\hat{B}}{\hat{H}} \qquad (3.61)$$

$\hat{B}$ und $\hat{H}$ sind die jeweiligen Spitzenwerte der Flussdichte und der Feldstärke.

Komplexe Permeabiliät
Die komplexe Permeabiliät dient zur Kennzeichnung der frequenzabhängigen Eigenschaften von Ferritwerk-

stoffen bei niedrigen Feldstärken. Hierzu bezieht man sich auf eines von zwei einfachen Ersatzschaltbildern, eine Reihen- oder Parallelschaltung der idealen Induktivität L mit einem Verlustwiderstand R (vgl. Abb. 3.41c, d). Die komplexe Permeabiliät besteht aus einem realen induktiven Anteil μ' und einem imaginären Verlustanteil μ'' (Serienersatzschaltung: μ'_S, μ''_S; Parallelersatzschaltung: μ'_P, μ''_P).

Die Kennwertangaben der Magnetwerkstoffe beziehen sich typischerweise auf die Serienersatzschaltung. Sie wird auch beim Berechnen von Spulen bevorzugt. Es gibt aber Einsatzfälle, in denen die Parallelersatzschaltung eine bessere Annäherung an die tatsächlichen Verhältnisse darstellt[20].

In der Serienersatzschaltung wird die komplexe Permeabilität über folgenden Ansatz definiert:

$$Z = j\omega L_s + R_s = j\omega L_0 \cdot (\mu_s' - j\mu_s'') \quad (3.62)$$

$$\overline{\mu} = \mu' - j \cdot \mu'' \quad (3.63)$$

In der Parallelersatzschaltung gilt sinngemäß:

$$Z = \frac{1}{\frac{1}{j\omega L_P} + \frac{1}{R_P}} \quad (3.64)$$

$$\frac{1}{\overline{\mu}} = \frac{1}{\mu_P'} - \frac{1}{j\mu_P''} \quad (3.65)$$

Umrechnung der komplexen Permeabilität von der Serien- auf die Parallelersatzschaltung:

$$\mu_P' = \mu_S' \cdot \left(1 + (\tan\delta)^2\right)$$
$$\mu_P'' = \mu_S'' \cdot \left(1 + \left(\frac{1}{\tan\delta}\right)^2\right) \quad (3.66)$$

In magnetischen Kreisen ohne Luftspalt gilt:

$$\overline{\mu} = \frac{L}{L_0} + \frac{R}{j\omega L_0} \quad (3.67)$$

$$\omega L_S = \omega L_0 \mu_S' ; \quad \mu_S' = \frac{L}{L_0} \quad (3.68)$$

$$R_S = \omega L_0 \mu_S'' ; \quad \mu'' = \frac{R}{\omega L_0} \quad (3.69)$$

(L_0 = Induktivität der Spule ohne Kern. Vgl. (3.9) mit μ_{rel}=1.)

Abb. 3.24 veranschaulicht die Frequenzabhängigkeit beider Anteile. μ'_S kennzeichnet die Induktivität, μ''_S die Verluste. Bei niedrigen Frequenzen ist μ'_S nahezu konstant; μ''_S ist praktisch nicht vorhanden[21]. Das Bauelement verhält sich näherungsweise als ideale Indukti-

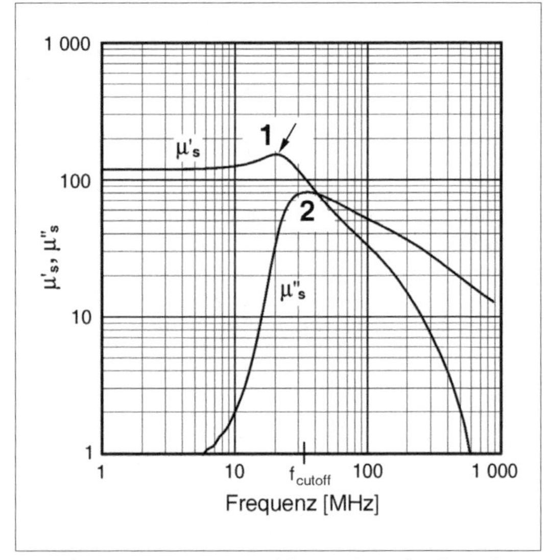

Abb. 3.24: *Die Frequenzabhängigkeit der komplexen Permeabilität (nach [3.6]). 1 - Maximum von μ'_S; 2 - Bereich der Grenzfrequenz f_{cutoff} (Maximum von μ''_S und Abfall von μ'_S).*

20 Z. B. für Spulen mit Luftspalt und Breitbandübertrager.

21 Die Erläuterung bezieht sich auf das Beispiel von Abb. 3.24. Als weiteres Beispiel vgl. Abb. 3.70b (S. 218). Hier ist bereits bei niedrigen Frequenzen ein merklicher Verlustanteil μ''_S zu erkennen, und μ'_S hat kein so ausgeprägtes Maximum.

vität. Mit wachsender Frequenz nimmt µ'S zunächst noch etwas zu und erreicht bei etwa 20 MHz sein Maximum (Pfeil). Dann fällt der Wert nahezu proportional zum Anstieg der Frequenz (~ 1/f). Von etwa 7 MHz an beginnt µ''S zu wachsen. Mit anderen Worten, die Verluste machen sich mehr und mehr bemerkbar. Aus der (fast) idealen Spule wird mehr und mehr eine Reihenschaltung aus Spule und Verlustwiderstand, wobei der Einfluss der Induktivität mit wachsender Frequenz zurückgeht. Bei weiterer Erhöhung der Frequenz nimmt auch µ''S wieder ab.

Cutoff-Frequenz
Diese Grenzfrequenzangabe (f_{cutoff}) kennzeichnet den Bereich, in dem µ''S sein Maximum hat und µ'S abfällt.

Verluste
Eine ideale Induktivität „verbraucht" – als reiner Blindwiderstand – keine Energie. Tatsächliche Bauelemente verhalten sich aber nicht so ideal. Sowohl die Wicklung als auch der Kern können zu den Verlusten beitragen. Die Wicklungsverluste (Kupferverluste; Winding/ Copper Losses) erwärmen den Draht, die Kernverluste (Eisenverluste; Core Losses) erwärmen den Kern. Tabelle 3.3 gibt einen Überblick über die einzelnen Verlustanteile. Typischerweise werden Werkstoffe und Bauelemente durch Verlustleistungsangaben gekennzeichnet. In Ersatzschaltungen werden die Verluste als Ohmsche

Verlustanteil	Ursache
Wicklungsverluste (Kupferverluste)	
Gleichstrom- oder Ohmsche Verluste	Gleichstromwiderstand der Wicklung
Wirbelstromverluste	Die in der Wicklung zirkulierenden Wirbelströme
Dielektrische Verluste	Die Dielektrika der parasitären Kapazitäten
Kernverluste (Eisenverluste)	
Hystereseverluste	Das Ummagnetisieren des Kerns (Durchlaufen der Hystereseschleife; vgl. Abb. 3.20)
Wirbelstromverluste	Die im Kern zirkulierenden Wirbelströme
Sonstige Verluste	Weitere parasitäre Effekte. Diese Verluste werden oftmals gemeinsam mit den Wirbelstromverlusten behandelt

Tabelle 3.3: *Verlustanteile im Überblick.*

Widerstände dargestellt, die eine Verlustleistung $P_v = I^2 \cdot R_v$ in Wärme umsetzen. Der Gesamtverlust ergibt sich als Reihenschaltung der Widerstände, die den einzelnen Verlustanteilen entsprechen. Nachfolgend werden für alle Verlustanteile formelmäßige Zusammenhänge angegeben[22], wobei die Verlustwiderstände auf die Induktivität L bezogen werden (die Maßeinheit ist stets Ω/H). Die verschiedenen Faktoren und Konstanten sind Datenblattwerte.

a) Wicklungsverluste (Kupferverluste)

Gleichstromverluste:

$$\frac{R_{DC}}{L} = \frac{1}{\mu_e} \cdot \frac{1}{F_{Cu}} \cdot const \qquad (3.70)$$

F_{Cu}= Kupferfüllfaktor. Er hängt vom Drahtdurchmesser, der Dicke der Isolation und dem Aufbau der Wicklung ab. Je dicker der Draht und je weniger Windungen, desto geringer die Gleichstromverluste. Alternativ kann der Gleichstromwiderstand R_{DC} aus der gestreckten Länge und dem Querschnitt des Leiters oder aus den Abmessungen der Wicklung berechnet werden (vgl. Seite 270 - 272).

Wirbelstromverluste:

$$\frac{R_{ew}}{L} = \frac{1}{\mu_e} \cdot CE_{Cu} \cdot V_{Cu} \cdot f^2 \cdot d^2 \qquad (3.71)$$

CE_{Cu} = Wirbelstromverlustfaktor;
V_{Cu} = Kupfervolumen in mm^3;
d = Durchmesser des einzelnen (massiven) Wicklungsdrahtes in mm.

Die Wirbelstromverluste wachsen mit dem Quadrat von Frequenz und Drahtdurchmesser. Bei niedrigen Frequenzen sind sie vernachlässigbar.
Bei höheren Frequenzen ist es zweckmäßig, den jeweils erforderlichen Kupferquerschnitt auf mehrere dünne Drähte aufzuteilen (Litze). Weil die Wirbelstromverluste aber auch vom Kupfervolumen (V_{Cu}) abhängen, sollte der gesamte Querschnitt nicht größer gewählt werden als unbedingt notwendig.

22 Nach [3.7]. Die Formeln werden hier nicht angegeben, um etwas zu berechnen, sondern um grundsätzliche Abhängigkeiten zu veranschaulichen.

Dielektrische Verluste:

$$\frac{R_d}{L} = \omega^3 \cdot LC \cdot \left(\frac{2}{Q} + \tan\delta_c\right) \qquad (3.72)$$

Q = Güte;
$\tan\delta_C$ = Verlustfaktor der parasitären Kapazität.

Die dielektrischen Verluste sind nur bei höheren Frequenzen von Bedeutung.

b) Kernverluste (Eisenverluste)

Hystereseverluste:

$$\frac{R_h}{L} = \omega \cdot \eta_B \cdot \hat{B} \cdot \mu_e \qquad (3.73)$$

η_B = Hysteresestoffkonstante (s. weiter unten (3.80)),
$\hat{B}$ = maximale Flussdichte.

Die Hystereseverluste wachsen linear mit der Frequenz (weil in jeder Periode die Hystereseschleife erneut durchlaufen wird). Bei Flussdichten unter 1 mT können sie typischerweise vernachlässigt werden.

Wirbelstrom- und sonstige Verluste:

$$\frac{R_{e+r}}{L} = \omega \cdot \mu_e \cdot \frac{\tan\delta}{\mu_i} \qquad (3.74)$$

Die Wirbelstromverluste sind um so geringer, je höher der spezifische Widerstand des Kernwerkstoffs ist. Sie wachsen linear mit der Frequenz. Bei Ferriten mit entsprechend hohem spezifischen Widerstand (vgl. S. 188) können sie typischerweise bis hin zu einigen MHz vernachlässigt werden[23].

Zur näherungsweisen Berechnung der Hysterese- und Wirbelstromverluste als Verlustleistungswerte s. S. 226.

Magnetische Verluste
Unter diesem Begriff werden alle Verlustanteile zusammengefasst, die durch magnetische Effekte bedingt sind, also die Hystereseverluste, die Wirbelstromverluste und die sonstigen Verluste.

Verlustfaktor
Der Verlustfaktor (Loss Factor) $\tan\delta$ kennzeichnet die Verluste im Bereich niedriger Feldstärken. Zum Verlustfaktor der Spule s. S. 200 und 201. Der Verlustfaktor des Werkstoffs ergibt sich aus der komplexen Permeabilität. Für die einfachen Ersatzschaltungen aus Induktivität und Verlustwiderstand gelten folgende Zusammenhänge:

a) Serienersatzschaltung (vgl. Abb. 3.41c):

$$\tan\delta_s = \frac{\mu_s''}{\mu_s'} = \frac{R_s}{\omega L_s} \qquad (3.75)$$

b) Parallelersatzschaltung (vgl. Abb. 3.41d):

$$\tan\delta_p = \frac{\mu_p''}{\mu_p'} = \frac{\omega L_p}{R_p} \qquad (3.76)$$

Relative Verlustfaktoren
Diese Verlustfaktoren werden auf die Anfangspermeabilität μ_i oder (bei Kernen mit Luftspalt) auf die effektive Permeabilität μ_e bezogen.

Der relative Verlustfaktor $\tan\delta/\mu_i$ (Kern ohne Luftspalt):

$$\frac{\tan\delta}{\mu_i} = \frac{\mu'}{\mu_i \cdot \mu''} \qquad (3.77)$$

Dieser Verlustfaktor kennzeichnet die magnetischen Verluste des Magnetwerkstoffs mit Ausnahme der Hystereseverluste (betrifft also die Wirbelstrom- und die sonstigen Verluste).

Der relative Verlustfaktor $\tan\delta_e$ (Kern mit Luftspalt):

$$\tan\delta_e = \frac{\tan\delta}{\mu_i} \cdot \mu_e \qquad (3.78)$$

23 Sofern der Kernquerschnitt nicht übermäßig groß ist.

Hysteresestoffkonstante
Die Hysteresestoffkonstante (Hysteresis Material Constant) η_B kennzeichnet die Hystereseverluste des Magnetwerkstoffs. Sie ergibt sich aus der Differenz der Verlustfaktoren, die für zwei Feldstärke- bzw. Flussdichtewerte (H_1, H_2 bzw. B_1, B_2) gemessen werden. Die Messungen ergeben zunächst den Hystereseverlustfaktor tan δ_h:

$$\tan\delta_h = \frac{R_h}{\omega L} = \tan\delta(B_2) - \tan\delta(B_1) \qquad (3.79)$$

(Zu R_h vgl. (3.73).)

Damit lässt sich die Hysteresestoffkonstante angeben:

$$\eta_B = \frac{\tan\delta_h}{\mu_e \cdot \Delta B} \qquad (3.80)$$

Mit diesem Datenblattwert ergibt sich der Hystereseverlustfaktor zu:

$$\tan\delta_h = \eta_B \cdot \mu_e \cdot \Delta\hat{B} \qquad (3.81)$$

Kernverluste
Die Kernverluste (Core Losses) P_V entsprechen der von der Hystereseschleife umschriebenen Fläche (vgl. Abb. 3.20 und 3.21). Pauschale Angaben im Datenmaterial beziehen sich auf bestimmte Frequenzen, Flussdichten und Temperaturen. Sie betreffen die im Kernvolumen umgesetzte Verlustleistung (Angabe beispielsweise in mW/cm^3 oder kW/m^3).

Leistungsfaktor
Der Leistungsfaktor (Performance Factor) $PF = f \cdot B_{max}$ (in Hz · T) kennzeichnet die maximale Leistung, die über den Kern übertragen werden kann, wobei eine bestimmte Kernverlustleistung nicht überschritten wird (Richtwert: 300...500 mW/cm^3 = kW/m^3). Der Leistungsfaktor ist frequenzabhängig. Aus entsprechenden Diagrammen kann man ablesen, welche Kernwerkstoffe für welchen Frequenzbereich am besten geeignet sind (s. weiterhin Seite 266 f, insbesondere Abb. 3.145).

Disakkommodation
Unter verschiedenen Einflüssen (Magnetisierung, thermische oder mechanische Einwirkung) kann sich die Anfangspermeabilität von Ferritwerkstoffen zeitweilig ändern. Wird der Ferritkern in Ruhe gelassen, geht die Änderung wieder zurück. Hierbei besteht eine logarithmische Zeitabhängigkeit. Die zeitweilige Änderung ist dann von Bedeutung, wenn es auf wirkliche Präzision ankommt. Sie wird im Datenmaterial durch den Disakkommodationskoeffizienten d oder den Disakkkommodationsfaktor D gekennzeichnet. Der Disakkkommodationsfaktor D ist der auf eine Anfangspermeabilität μ_i = 1 normierte Disakkommodationskoeffizient.

$$d = \frac{\mu_{i1} - \mu_{i2}}{\mu_{i1} \cdot \frac{lg\, t_2}{lg\, t_1}}; \quad D = \frac{d}{\mu_{i1}} \qquad (3.82)$$

Die auf den Anfangswert L_1 normierte Induktivitätsänderung ergibt sich daraus zu:

$$\frac{L_1 - L_2}{L_1} = DF \cdot \mu_{i1} \cdot lg\frac{t_2}{t_1} \qquad (3.83)$$

Bei Kernen mit Luftspalt ist anstelle von μ_{i1} die effektive Permeabilität μ_e einzusetzen.

Magnetostriktion
Magnetfelder bewirken, dass Kerne ihre Abmessungen ändern (magnetostriktiver Effekt). Die stärkste Längenänderung ergibt sich bei Sättigungsmagnetisierung. Einschlägige Datenblattangaben betreffen typischerweise eine relative Längenänderung λ.

$$\lambda = \frac{\Delta l}{l}$$

Richtwerte[24]: Nickel-Zink-Ferrite (NiZn): $-18 \cdot 10^{-6}$; Mangan-Zink-Ferrite (MnZn): $-1{,}5 \cdot 10^{-6}$.

Der Effekt ist vor allem bei Frequenzen im Audiobereich (< 20 kHz) von Bedeutung (hörbare Verzerrungen, Pfeifgeräusche usw.).

Der reziproke magnetostriktive Effekt
Werkstoffe, in denen der magnetostriktive Effekt wirksam ist, ändern nicht nur die Abmessungen, wenn sie von Magnetfeldern beeinflusst werden, sondern sie ändern auch ihre Magnetisierbarkeit, wenn mechanische

24 Nach [3.4].

Kräfte auf sie einwirken[25]. Im Bereich der hier behandelten Bauelemente kann dies eine Rolle spielen, wenn es auf geringste Toleranzen ankommt. Das betrifft u. a. die Montage geteilter Kerne mit Klammern o. dergl.[26]

Spezifischer Widerstand
Der spezifische Widerstand (Volumenwiderstand, Resistivity) ρ des Werkstoffs ist vor allem dann von Bedeutung, wenn der Kern ohne Spulenkörper direkt bewickelt werden soll oder wenn er mit nicht isolierten Leitern in Berührung kommt (in den Kern eingeklebte Anschlussdrähte, manche Einsatzfälle der Störunterdrückung usw.). Der Kennwert wird üblicherweise in Ωm oder Ωcm angegeben.

Je höher der spezifische Widerstand, desto geringer die Wirbelstromverluste.
Ferritwerkstoffe auf Nickel-Zink-Basis (NiZn) haben einen besonders hohen spezifischen Widerstand.
Richtwert[27]:
$10^7...10^9\ \Omega cm = 10^5...10^7\ \Omega m = 10^{11}...10^{13}\ \frac{\Omega mm^2}{m}$.

Der spezifische Widerstand von Werkstoffen mit besonders hoher Permeabilität (z. B. auf Mangan-Zink-Basis (MnZn)) ist hingegen vergleichsweise gering (von weniger als 0,1 Ωm bis zu einigen zehn Ωm).

Temperaturverhalten
Bei steigender Temperatur steigt die Permeabilität – und damit auch die Induktivität – zunächst an und fällt dann steil ab (Abb. 3.25).

Curietemperatur
Die Curietemperatur T_C ist die Temperatur, von der an – bei weiterer Erhöhung – der Werkstoff seine magnetischen Eigenschaften verliert. Sinkt die Temperatur unter die Curietemperatur, werden diese Eigenschaften wieder wirksam. Gemäß Abb. 3.25 wird durch die Punkte, die 80 % und 20 % der maximalen Induktivität kennzeichnen, eine Gerade gelegt. Deren Schnittpunkt mit der Temperaturachse ergibt die Curietemperatur. Eine andere Definition nennt die Temperatur, bei der die Permeabilität auf 10 % des Wertes bei Nenntemperatur abgefallen ist. Typische Curietemperaturen reichen von knapp über 100 °C (manche Ferritwerkstoffe) bis zu etwa 600 °C (Eisenwerkstoffe).

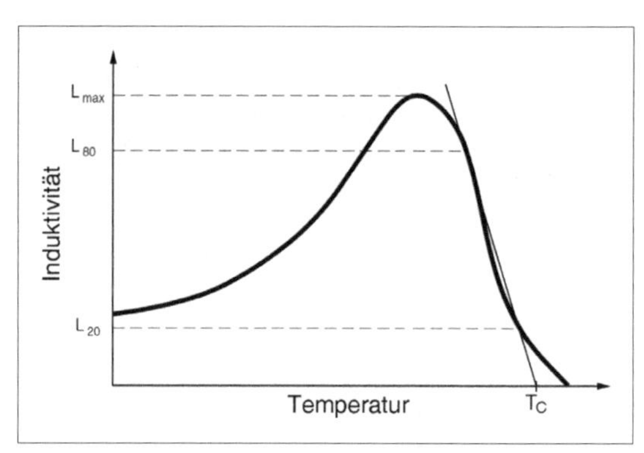

Abb. 3.25: *Zum Temperaturverhalten von Ferritwerkstoffen (nach [3.4]).*

Temperaturkoeffizenten der Permeabilität
Verschiedene Temperaturkoeffizienten kennzeichnen die Abhängigkeit der Permeabilität von der Temperatur.

Der Temperaturkoeffizient α betrifft die Anfangspermeabilität μ_i:

$$\alpha = \frac{\mu_{i2} - \mu_{i1}}{\mu_{i1}} \cdot \frac{1}{T_2 - T_1} \quad (3.84)$$

Der relative Temperaturkoeffizient α_F bezieht sich auf eine Anfangspermeabilität $\mu_i = 1$:

$$\alpha_F = \frac{\alpha}{\mu_i} = \frac{\mu_{i2} - \mu_{i1}}{\mu_{i2} \cdot \mu_{i1}} \cdot \frac{1}{T_2 - T_1} \quad (3.85)$$

Typische Datenblattangaben betreffen Temperaturbereiche von 25 bis 55 °C sowie von 5 bis 25 °C. Aus dem Datenblattwert α_F ergibt sich der Temperaturkoeffizient für eine bestimmte Anfangspermeabilität μ_i zu:

$$\alpha = \alpha_F \cdot \mu_i \quad (3.86)$$

Der effektive Temperaturkoeffizient α_E betrifft Magnetkreise mit Luftspalt. Hier ist die effektive Permeabilität μ_e von Bedeutung:

25 Anwendung: Ultraschallgeber und -empfänger.

26 Im Fall des Falles: Montagevorschriften genau beachten. S. weiterhin Abschnitt 3.5.2, S. 258.

27 Zum Vergleich: „richtige" Isolatorwerkstoffe haben etwa $10^{12}...10^{14}$ Ωm.

$$\alpha_e = \frac{\mu_e}{\mu_i} \cdot \alpha \qquad (3.87)$$

Hinweise:

1. Als Bezugstemperatur T_1 gelten typischerweise +25 °C.
2. Temperaturkoeffizienten werden zumeist in 10^{-6}/K = ppm/°C angegeben.
3. Je höher die effektive Permeabilität des Kerns, desto höher der Temperaturkoeffizient (vgl. (3.87)).
4. Mit Temperaturkoeffizienten kann man nur dann sinnvoll rechnen, wenn die Permeabilität näherungsweise linear von der Temperatur abhängt (also nicht in Bereichen, in denen – vgl. Abb. 3.25 – die Permeabilität steil ansteigt).

Permeabilitätsfaktor

Dies ist eine Bezeichnung für den Ausdruck

$$\frac{\mu_{i2} - \mu_{i1}}{\mu_{i2} \cdot \mu_{i1}} \text{ in (3.79).}$$

Die Werte sind temperaturabhängig. Manche Datenblätter enthalten einschlägige Diagramme. Auf Grundlage des Permeabilitätsfaktors kann man die relative Induktivitätsänderung in Abhängigkeit von zwei Temperaturwerten näherungsweise berechnen[28]:

$$\frac{L_2 - L_1}{L_1} = \frac{\alpha}{\mu_i} \cdot (T_2 - T_1) \cdot \mu_e = \frac{\mu_{i2} - \mu_{i1}}{\mu_{i2} \cdot \mu_{i1}} \cdot \mu_e \qquad (3.88)$$

$$\frac{L_2 - L_1}{L_1} = \text{Permeabilitätsfaktor} \cdot \mu_e$$

Temperaturabhängigkeit der Sättigungsmagnetisierung

Die Sättigungsmagnetisierung B_S nimmt mit steigender Temperatur bis auf Null ab (Curietemperatur). Das Datenmaterial der Magnetwerkstoffe enthält Angaben zu typischen Betriebstemperaturen, z. B. Werte der Sättigungsmagnetisierung bei + 25 und + 100 °C ($B_S(25)$, $B_S(100)$).

28 Vgl. [3.4].

3.1.6 Bauformen

Induktive Bauelemente bestehen herkömmlicherweise aus Kern, Spulenkörper(n), Wicklung(en) sowie Anschluss- und Befestigungsarmaturen bzw. Montagezubehör (z. B. Lötösenleisten, Befestigungswinkel und Bügel). Je nach Ausführung können einzelne Bestandteile fehlen – mit Ausnahme der Wicklung (Abb. 3.26).

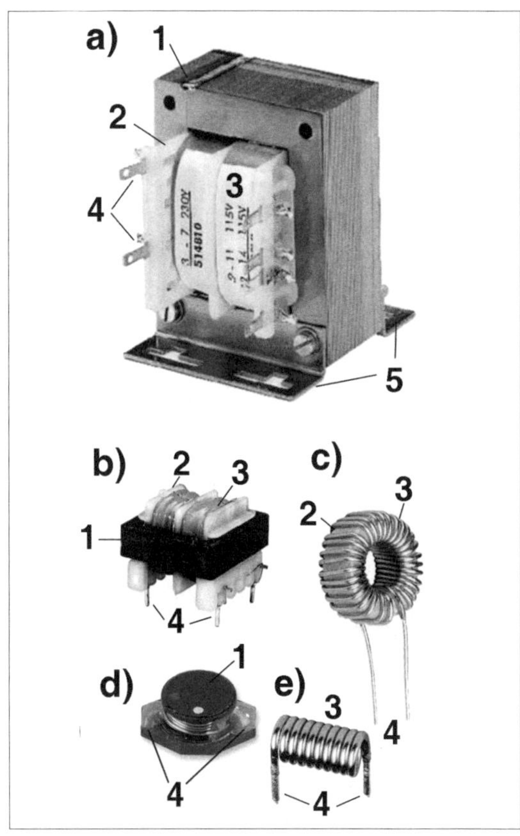

Abb. 3.26: *Ausführungsbeispiele induktiver Bauelemente.*
a) herkömmliche Auslegung;
b) zum direkten Einlöten;
c) nur Kern und Wicklung;
d) der Kern ist der Spulenkörper (dieses Bauelement hat SMD-Anschlüsse);
e) nur Wicklung (Luftspule). 1 - Kern; 2 - Spulenkörper; 3 - Wicklung(en); 4 - Anschlüsse; 5- Befestigungswinkel.

Kerne
Der Kern (Core) dient zum Bündeln des Magnetfeldes. Er besteht aus ferro- oder ferrimagnetischen Werkstoffen. Kerne werden entweder aus dünnen, gegeneinander isolierten Blechen geschichtet (Laminated Cores) oder aus pulverförmigen Werkstoffen (Ferriten oder Pulvereisen) gepresst (Sintertechnologie).

Spulenkörper
Der Spulenkörper (Coil Former) nimmt die Wicklung auf. Er besteht aus Isolierstoff. Manche Sinterwerkstoffe haben einen so hohen spezifischen Widerstand, dass – entsprechende Formgebung oder Fertigungstechnologie vorausgesetzt[29] – kein Spulenkörper erforderlich ist.

Wicklungen
Der Wicklungsaufbau beeinflusst die Anwendungseigenschaften des induktiven Bauelements, vor allem seine Eignung für bestimmte Einsatzgebiete (hohe Frequenzen, hohe Isolationsspannungen usw.). Näheres dazu in Abschnitt 3.5.4.

Kernformen
Der Ring (Toroid) ist an sich die ideale Kernform. Im Innern ist die magnetische Feldstärke näherungsweise konstant (homogenes Feld). Außerhalb des Kerns ist praktisch kein Magnetfeld (Streufeld) vorhanden. Äußere Magnetfelder, die den Kern durchsetzen, bleiben nahezu wirkungslos (Abb. 3.27). Voraussetzung ist, dass die Wicklungen gleichmäßig um den Kern verteilt sind. Das Wickeln erfordert jedoch aufwendige Sondermaschinen[30]. Deshalb werden, wenn es auf geringste Kosten ankommt (Massenfertigung), Bauformen mit getrennten – vergleichsweise einfach zu bewickelnden – Spulenkörpern bevorzugt. Der Ringkern kommt auch dann nicht in Betracht, wenn – infolge einer entsprechenden Gleichstrombelastung – ein definierter Luftspalt erforderlich ist. Abb. 3.28 veranschaulicht zwei Kerntypen, die näherungsweise geschlossene Magnetkreise darstellen:

a) Mantelkern. Die Wicklungen befinden sich auf einem Spulenkörper, der den Mittelsteg umschließt. Der wirksame Kernquerschnitt entspricht dem Querschnitt des Mittelstegs.
b) UI- oder CC-Kern. Eine Annäherung an den Ringkern. DieWicklungen sind auf zwei Spulenkörper verteilt[31].

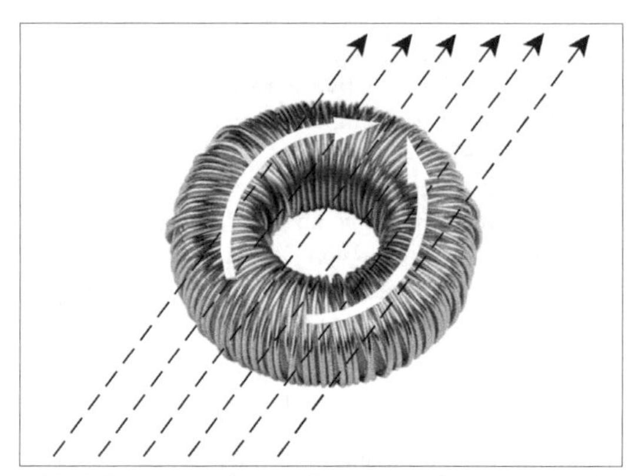

Abb. 3.27: *Im Ringkern ruft ein von außen einwirkendes Magnetfeld Induktionsströme hervor, die einander entgegengerichtet sind und sich somit aufheben.*

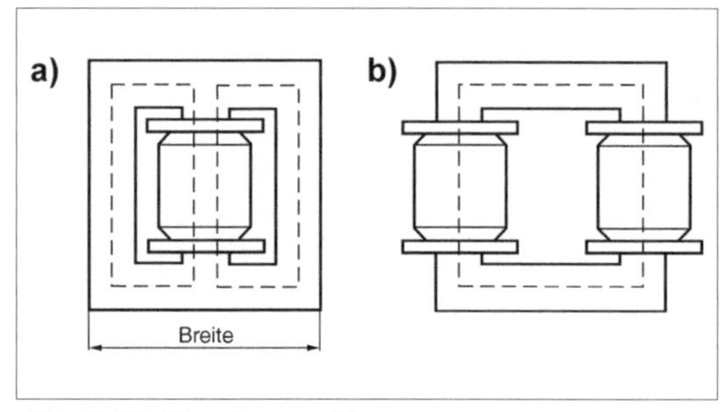

Abb. 3.28: *Kernformen (1).*
a) Mantelkern (z. B. M oder EI);
b) UI- oder CC-Kern. Die Breitenangabe ist ein typischer Teil der Kernbezeichnung.

29 So dass die Windungen nicht herunterfallen können. Das wird beispielsweise durch die Form des Kerns (vgl. beispielsweise Abb. 3.26d und 3.32c) gewährleistet. Weitere Ausführungsbeispiele: Die Wicklung wird (1) mit Klebstoff fixiert oder (2) mit Schrumpffolie überzogen.

30 Manche Induktivitäten mit Ringkern werden auch heute noch von Hand gewickelt – und das führt naturgemäß zu beträchtlichen Toleranzen (vgl. [3.11]) .

31 Beim Transformator befinden sich die Primär- und Sekundärwicklungen zu jeweils gleichen Teilen auf beiden Spulenkörpern. Bei einer lehrbuchmäßigen Anordnung (wie beispielsweise in Abb. 3.74) wären die Streuverluste viel zu hoch.

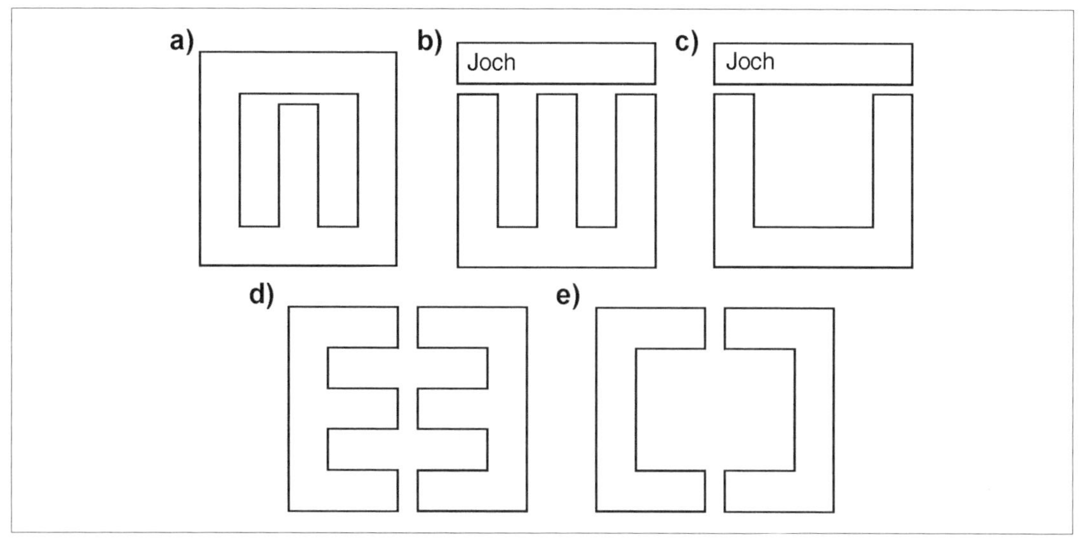

Abb. 3.29: Kernformen (2). a) M-Kern; b) EI-Kern; c) UI-Kern; d) EE-Kern; c) CC-Kern.

Abb. 3.29 zeigt Kernformen, mit denen man Anordnungen gemäß Abb. 3.28 aufbauen kann. Die Bezeichnungen (M, EI usw.) leiten sich in naheliegener Weise aus der Formgebung ab[32]. Mit Ausnahme des M-Kerns (Abb. 3.28a) werden solche Kerne sowohl aus Blech als auch mit Sinterwerkstoffen (Pulvereisen, Ferrite) gefertigt (Abb. 3.30 und 3.31).

M-Kerne (Abb. 3.29a) haben nur noch historische Bedeutung. Sie wurden früher bevorzugt, weil der fertig gestopfte Kern von selbst im Spulenkörper hält. Allerdings muss zum Stopfen der Mittelsteg abgebogen werden. Mit Sinterwerkstoffen ist diese Form offensichtlich nicht zu verwirklichen.

Kerne aus gestanzten Blechen werden vor allem in EI- und UI-Ausführung gefertigt (Abb. 3.29b, c). Der eigentliche Kern in E- oder U-Form wird hierbei mit einem stabförmigen Joch überbrückt. Die meisten der kleinen Netztrafos und Audio-Übertrager haben EI-Kerne[33]. UI kommt dann in Betracht, wenn man mehr Wickelraum braucht oder wenn von außen einwirkende Magnetfelder ein Problem darstellen[34].

Kerne aus Sinterwerkstoffen und Schnittbandkerne werden vowiegend in symmetrischen Bauformen gefertigt, z. B. als EE- und CC-Kerne (Abb. 3.29c, d). Die Vielfalt der Ausführungen erschließt man sich am besten anhand einschlägiger Kataloge[35]. Die Abb. 3.30 bis 3.32 veranschaulichen typische Ausführungen.

Ring- und Mehrlochkerne aus Sinterwerkstoffen brauchen keinen Spulenkörper. Der Mehrlochkern ist im Grunde ein Verbund aus zwei oder mehr Ringkernen[36].

In manchen Anwendungsfällen genügt ein einfacher Stabkern (Rod oder Slug Core). Rollen- oder Trommelkerne (Bobbin oder Drum Cores) sind Stabkerne, die als

32 Der Kernbezeichnung nachfolgende Zahlenangaben betreffen zumeist Außenabmessungen. Beispiel: EI 130/36 ist ein EI-Kern mit 130 mm Breite und (rund) 36 mm Dicke. Zu Einzelheiten s. die Maßzeichnungen in den einschlägigen Katalogen (z. B. [3.9]).

33 Sie sind besonders kostengünstig, weil die Bleche ohne Abfall gestanzt werden können (zwei E's gegeneinander; die ausgestanzten Streifen ergeben die Jochbleche).

34 Ein äußeres Magnetfeld beeinflusst die Spulen auf beiden Schenkeln gleichartig, so dass die induktiven Wirkungen gegeneinander gerichtet sind und sich weitgehend aufheben; vgl. auch Abb. 3.27.

35 Vgl. beispielsweise [3.9].

36 Näheres zum Wicklungsaufbau s. Abschnitt 3.5.4.

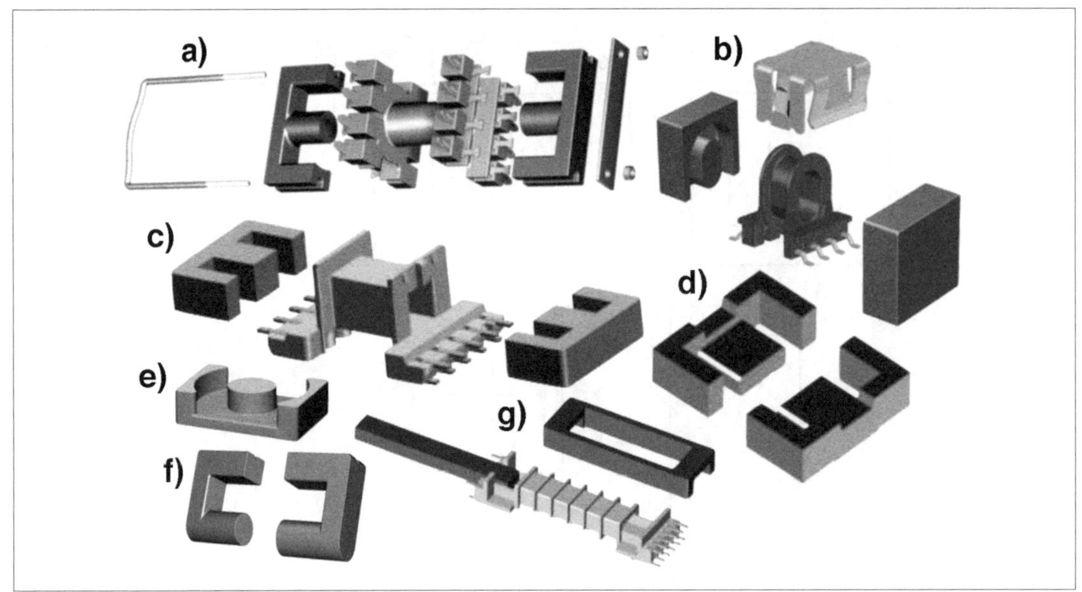

Abb. 3.30: Ferritkerne. Eine kleine Auswahl (nach [3.9]).
a) zwei EC-Kerne mit Spulenkörper und Montagebügel; b) zwei EPX-Kerne mit SMD-Spulenkörper und Montageklammer; c) zwei E-Kerne mit Spulenkörper (ergeben eine EE-Bauform); d) zwei EFD-Kerne; e) EQ-Kern; f) zwei UR-Kerne; g) Stabkern (BAR) mit Spulenkörper und Ferritrahmen (FRM).

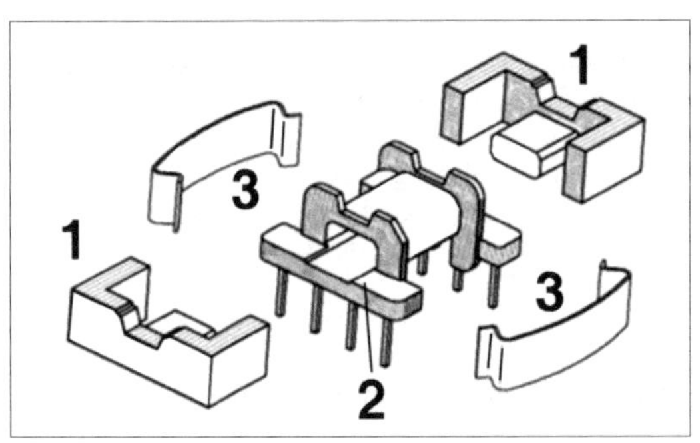

Abb. 3.31: Ein induktives Bauelement mit Ferritkern.
1 - zwei Kernhälften im Formfaktor EFD;
2 - Spulenkörper; 3 - Montageklammern.

Spulenkörper ausgelegt sind; sie haben erhöhte Ränder, so dass die Windungen nicht herunterrutschen können.

Schnittbandkerne (Cut Cores) bestehen aus dünnen Blechbändern, die zu einem der gesamten Kernform entsprechenden Ring gewickelt werden (Abb. 3.33). Dieser Ring (Abb. 3.33d) wird in zwei Hälften zerschnitten. Aus den Teilen ergeben sich Kernhäften in C-Form (Abb. 3.33a). E-Kernhäften bestehen aus C-Teilen unterschiedlicher Größe (Abb. 3.33b). Nach

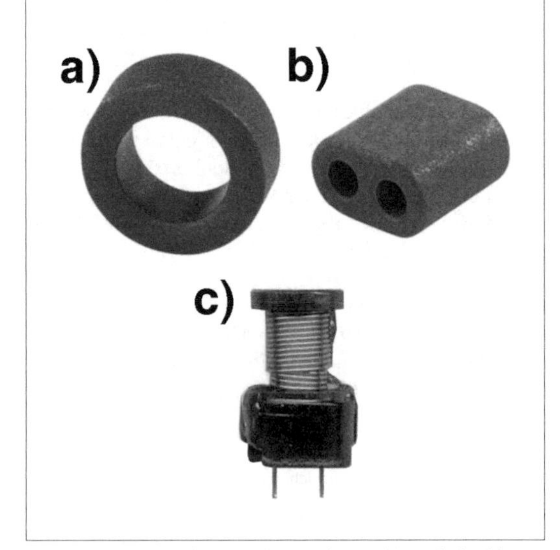

Abb. 3.32: Ferritkerne. a) Ringkern; b) Mehrlochkern; c) Trommelkern.

dem Aufstecken der bewickelten Spulenkörper werden die Kernhäften zusammengefügt und durch ein Spannband oder eine Klammer-Mechanik gehalten (Abb.

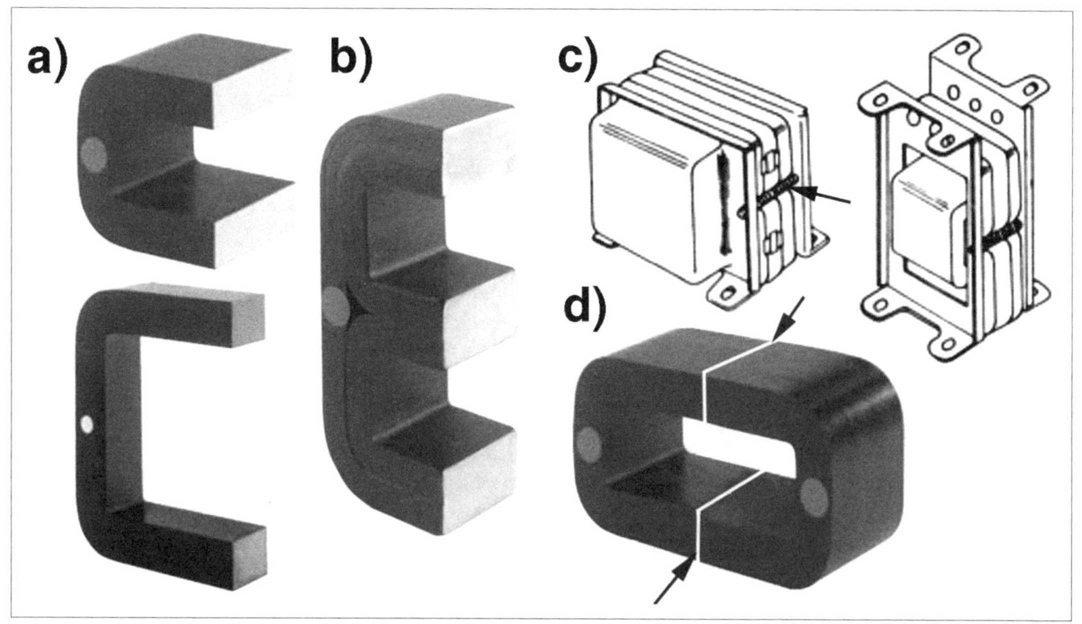

Abb. 3.33: Schnittbandkerne (nach [3.13]). a) zwei C-Kerne; b) E-Kern; c) zwei montierte Transformatoren. Die umhüllenden Klammern werden durch Verschraubung (Pfeil) zusammengehalten. d) ein als Ring gewickelter Kern mit angedeuteten Trennfugen (Pfeile).

3.33c). Der Vorteil gegenüber dem echten Ringkern besteht darin, dass das aufwendige Bewickeln des Rings umgangen wird (stattdessen werden auf herkömmliche Weise bewickelte Spulenkörper verwendet).

Der Schalenkern (Topfkern, Pot Core) ist ein zylindrischer Mantelkern (Abb. 3.34 bis 3.36)[37]. Manche Kerne haben eine Gewindehülse, in die – zu Abgleichzwecken – ein Ferritstift eingeschraubt werden kann[38]. Richtwert für den Einstellbereich: 10...30 %.

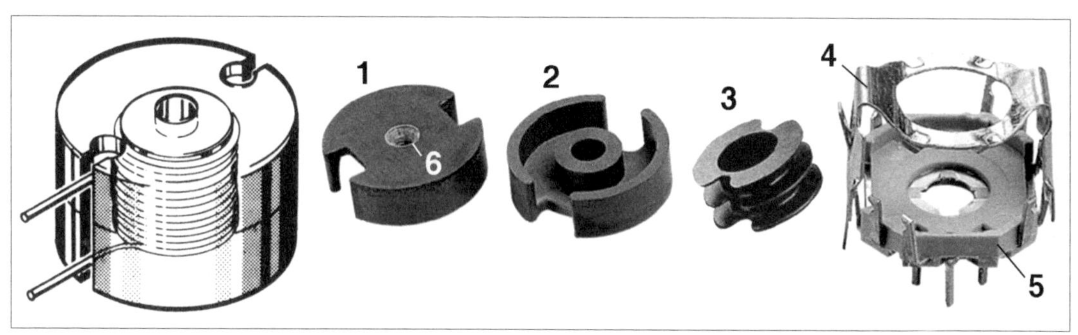

Abb. 3.34: Schalenkern. 1, 2 - Kernhälften; 3 - Spulenkörper; 4 - Bügel; 5 - Anschlussträger mit Lötanschlüssen; 6 - Gewinde für Ferritstift (zum Abgleichen).

37 Man stelle sich z. B. Abb. 3.28a als einen Schnitt durch einen Rotationskörper vor. Vgl. weiterhin Abb.3.38a.

38 Das Abgleichen beruht darauf, dass der Ferritstift den Luftspalt verändert. Schalenkerne ohne Luftspalt können somit nicht abgeglichen werden.

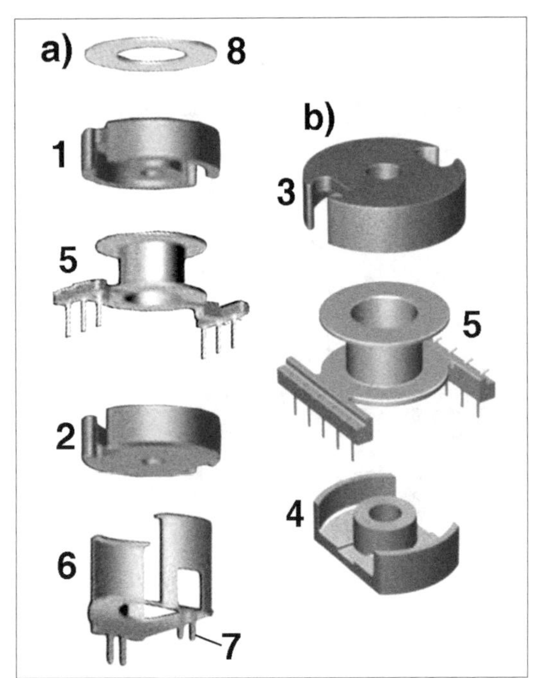

Abb. 3.35: Zwei Schalenkerne (nach [3.9]).
a) P-Kern; b) PT-Kern (Montagezubehör wie bei a)). 1...4 - Kernhälften; 5 - Spulenkörper; 6 - Bügel; 7 - Lötstifte; 8 - Unterlegscheibe. Hier trägt der Spulenkörper die Anschlüsse, und das Bauelement wird durch Einlöten des Bügels auf der Leiterplatte fixiert.

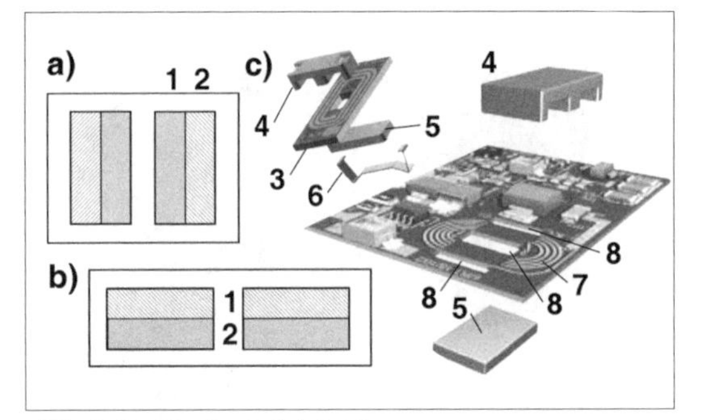

Abb. 3.36: Flache Induktivitäten.
a) Aufbau eines herkömmlichen Transformators mit schraubenartig gewundenen Windungen, die übereinander liegen;
b) Aufbau eines flachen („planaren") Transformators mit spiralförmigen Windungen;
c) zwei Beispiele (nach [3.9]). 1 - Primärwicklung; 2 - Sekundärwicklung; 3 - Windungen; 4 - ein „planarer" E-Kern; 5 - Joch; 6 - Bügel; 7 - Windungen auf einer Leiterplatte; 8 - Durchbrüche für die Schenkel und den Mittelsteg des Kerns 4.

Flache Induktivitäten

Herkömmliche Spulen haben axial aufeinanderfolgende Windungen, die ggf. in mehreren Lagen übereinander liegen. Alle Windungen einer Lage haben den gleichen Durchmesser. Die einzelne Lage ähnelt einem Gewinde. In einer alternativen Auslegung werden die Windungen radial angeordnet, also nicht im Raum, sondern in der Ebene[39]. Aufeinanderfolgende Windungen bilden eine Spirale. Diese kann man mit einem Leiterzug auf einer Leiterplatte darstellen[40] oder mit Draht wickeln, der einen rechteckigen Querschnitt hat. Für derart flache Anordnungen gibt es besondere Kernformen (Abb. 3.36).

Induktivitäten in Schaltkreisform

Es gibt verschiedene Technologien (Abb. 3.37). Abb. 3.37a zeigt ein Bauelement, das eine Ferritplatine mit darüber angebrachten Leiterstreifen enthält, die zu einer den Kern umschlingenden Wicklung ergänzt werden, indem man die Anschlüsse auf der Leiterplatte miteinander verbindet (Abb. 3.37b). Die in Abb. 3.37c veranschaulichte Lösung besteht aus abwechselnden Schichten von Leiterbahnen und Ferritmaterial.

Der Luftspalt

Induktivitäten ohne Luftspalt geraten schon bei vergleichsweise geringen magnetischen Feldstärken in die Sättigung. Werden Spulen von Gleichstrom durchflossen (Gleichstromvormagnetisierung), so ist typischerweise ein Luftspalt erforderlich, damit die Sättigung erst bei höheren Feldstärken einsetzt. Andererseits verlässt an den Polflächen des Luftspalts das Magnetfeld den Kern und wird in der Umgebung wirksam (Streufeld). Somit hängt es vom Anwendungsfall ab, ob ein Luftspalt gewünscht ist oder nicht.

39 Der einschlägige Fachbegriff: Planar Magnetics.

40 Für höhere Ströme kommen auch gestanzte Kupferbleche in Betracht.

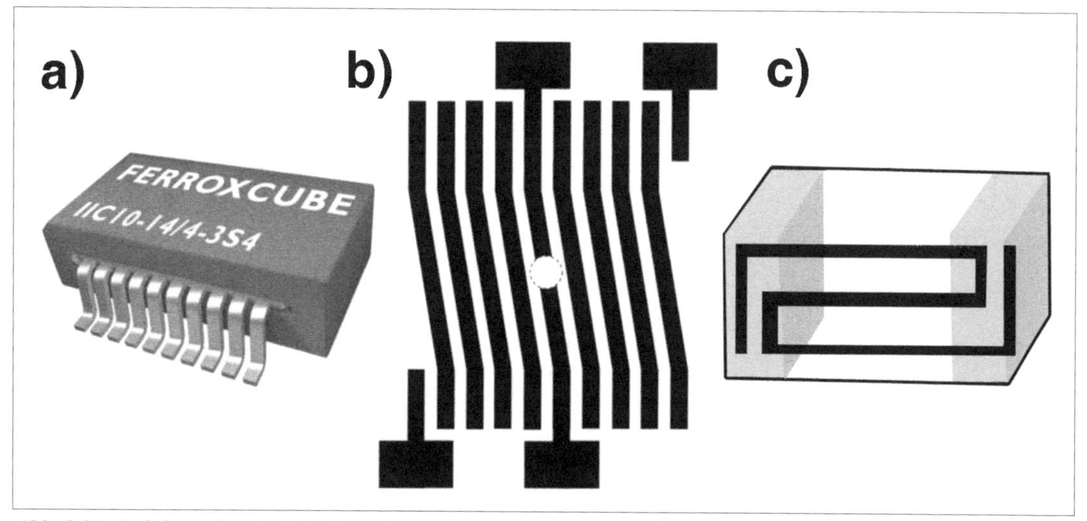

Abb. 3.37: Induktivitäten in Schaltkreisform. a) ein integriertes induktives Bauelement; b) ein zugehöriges Leiterzugschema (nach [3.9]). Dieses ergibt zwei Spulen mit je fünf Windungen (braucht man eine Spule mit 10 Windungen, sind die getrennten Leiterbahnen (in der Mitte) miteinander zu verbinden). c) Mehrschichtinduktivität (nach [3.12]). Hier ist nur eine Schicht mit dem kennzeichnenden mäanderförmigen Leiterzug dargestellt.

Hinweise:

1. Im Vergleich zum Kern ohne Luftspalt verringern sich Verlustfaktor tan δ und Temperaturkoeffizient im Verhältnis μ_e / μ_i.
2. Hystereseverluste lassen sich durch einen entsprechenden Luftspalt reduzieren[41].
3. Im Luftspalt wird die meiste Energie gespeichert.

M-Kerne
Der Luftspalt ist durch den Schlitz zwischen Mittelsteg und äußerem Rahmen gegeben (vgl. Abb. 3.29a). Richtwert: 0,5...2 mm. Braucht man einen Kern mit Luftspalt, werden alle Bleche in gleicher Richtung gestopft. Andernfalls wechselt die Richtung von Blech zu Blech.

E-, U- und C-Kerne
Der Luftspalt ergibt sich durch eine Zwischenlage zwischen dem eigentlichen Kern und dem Joch oder zwischen den aufeinander treffenden Kernhälften. Er kann somit auf eine beliebige Breite eingestellt werden. Einen Kern ohne Luftspalt erhält man, indem man die Zwischenlage weglässt. EI- und UI-Kerne ohne Luftspalt werden typischerweise – ähnlich wie M-Kerne – von Blech zu Blech umschichtig gestopft.

Bei E-Kernen gibt es zwei Arten der Luftspaltbildung:

a) Das Joch liegt auf den äußeren Stegen auf; der mittlere Steg ist kürzer (Center Gap).
b) Alle Stege sind gleich lang. Der Luftspalt wird durch eine Zwischenlage hergestellt (Butt Gap).

Wird der Luftspalt durch eine Zwischenlage zwischen Kern und Joch oder zwischen den Kernhäften gebildet, so tritt er im magnetischen Kreis zweimal auf. Somit gilt: Dicke der Zwischenlage = die Hälfte der gewünschten Luftspaltbreite.

Schalenkerne
Der Luftspalt ergibt sich durch den Abstand der Mittelstege (Abb. 3.41). Dies wird durch entsprechendes Schleifen erreicht. Schalenkerne werden mit festen Luftspaltbreiten geliefert (Richtwerte: zwischen 0,1 und 0,6 mm). Bei Schalenkernen mit Luftspalt Null berühren die Mittelstege einander.

41 Aus den vorgegebenen maximalen Hystereseverlusten tan δ_h und den Werkstoffkennwerten erhält man durch Umstellen von (3.81) die erforderliche effektive Permeabiliät. Daraus lässt sich nach (3.58) näherungsweise die Luftspaltbreite bestimmen.

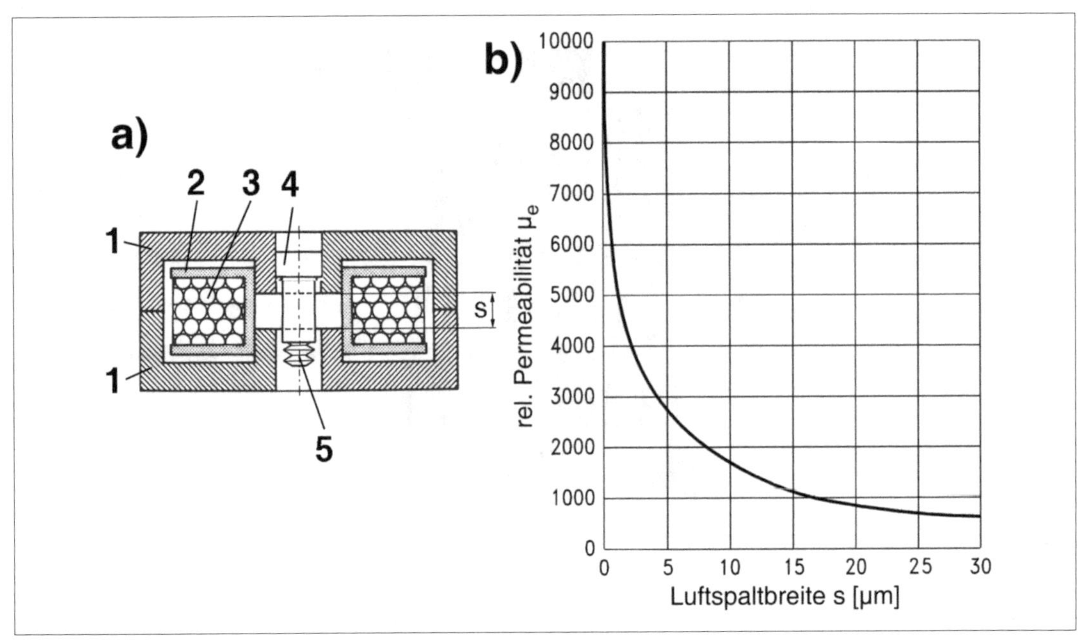

Abb. 3.38: *Schalenkern mit Luftspalt.*
a) Schnittzeichnung. 1 - Kernhälften; 2 - Spulenkörper; 3- Wicklung; 4 - Gewindeeinsatz; 5 - Ferritstift. s = Luftspaltbreite.
b) Die Abhängigkeit der relativen Permeabilität von der Luftspaltbreite (nach [3.15]). Es kommt offensichtlich auf tausendstel mm an ...

Hinweise:

1. Wenn Flächen aufeinander treffen, kann es – infolge der Oberflächenrauigkeit – keinen wirklichen Luftspalt Null geben. Das gilt sinngemäß beim umschichtigen Stopfen von Blechen[42].
2. Richtwerte zum verbleibenden Luftspalt bei Schalenkernen[43]:
   - präzisionsgeschliffene oder geläppte Kerne ohne Luftspalt: ≈ 1 µm,
   - übliche geschliffene Kerne ohne Luftspalt: ≈ 10 µm,
   - Kerne mit Luftspalt (Gapped Cores): ≥ 10 µm (mit anderen Worten: Ein richtiger Luftspalt beginnt vom 10 µm an aufwärts).

Stabkerne

Der Luftweg zwischen den Polen kann als ein sehr breiter Luftspalt angesehen werden. Solche Kerne sind für höhere Flussdichten spezifiziert; sie können eine vergleichsweise beträchtliche Gleichstrombelastung vertragen, ehe sie in die Sättigung gelangen.

Ringkerne

Aus Blechstreifen gewickelte und aus Ferrit gepresste Ringkerne haben keinen Luftspalt. Sie gelangen deshalb vergleichsweise schnell in die Sättigung. Pulvereisenkerne können als Kerne mit verteiltem Luftspalt angesprochen werden, da die Eisenteilchen in der Pressmasse gegeneinander isoliert sind. Die Sättigung setzt hierdurch nicht abrupt, sondern allmählich ein (Soft Saturation; Abb. 3.39).

42 Richtwert: Der Kernquerschnitt geht an den Stoßstellen auf die Hälfte zurück (Luftgitter; vgl. [3.1]).

43 Vgl. [3.15]. Ähnliche Größenordnungen können auch bei anderen geteilten Kernen aus Sinterwerkstoffen angenommen werden.

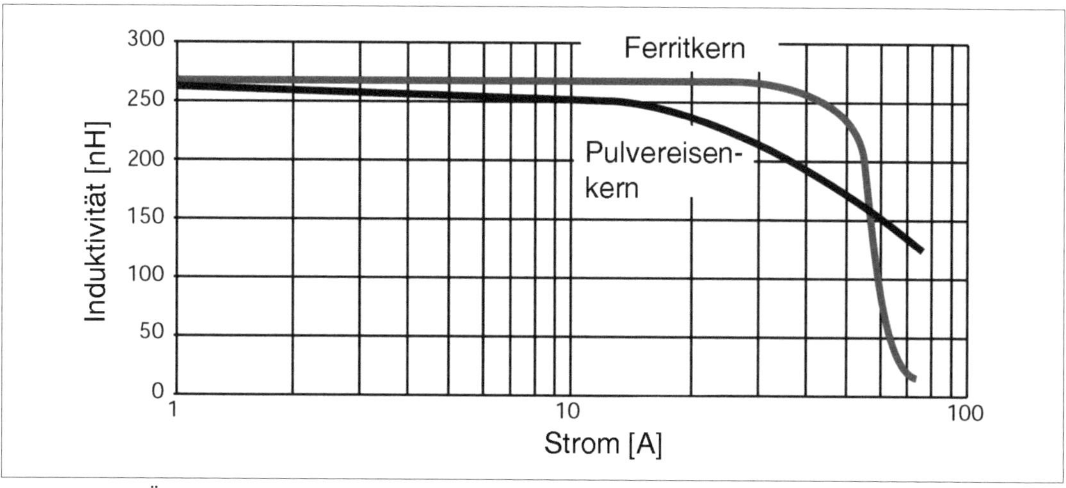

Abb. 3.39: Der Übergang in die Sättigung (anhand von Beispielen; nach [3.14]). Nimmt die Stromstärke zu, so geraten Induktivitäten mit Ferritkern nahezu schlagartig, solche mit Pulvereisenkern hingegen nur allmählich in die Sättigung.

3.1.7 Die Induktivität im Schaltplan

In Abb. 3.40 sind übliche Schaltsymbole für die hier behandelten Induktivitäten (Spulen und Transformatoren) zusammengestellt.

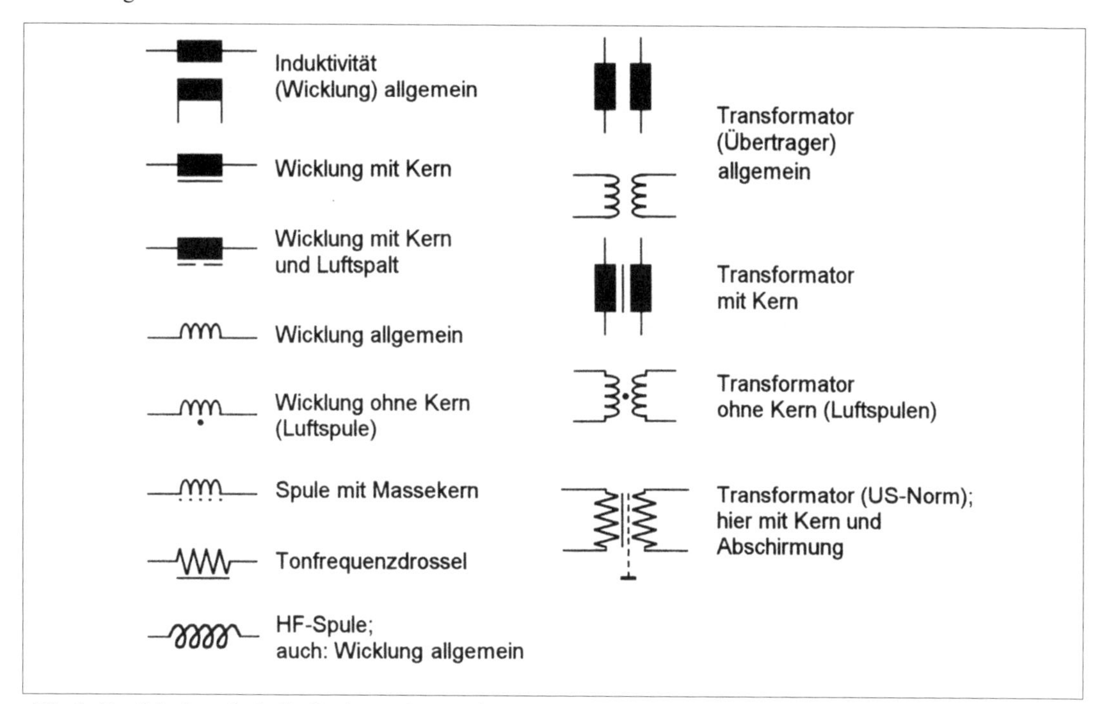

Abb. 3.40: Schaltsymbole für Spulen und Transformatoren.

3.2 Spulen

3.2.1 Ersatzschaltungen

Abb. 3.41 zeigt verschiedene Ersatzschaltungen für Spulen. Welche davon jeweils in Betracht kommt, hängt von Ausführung, Bauform und Betriebsbedingungen ab. Gelegentlich ist darauf zu achten, für welche Ersatzschaltung die im Datenmaterial angegebenen Kennwerte gelten. Zu Ersatzschaltungen von Transformatoren s. Abschnitt 3.4.1.

Hat die Spule keinen Kern, so ergeben sich die parasitären Einflüsse vor allem durch den Leitungswiderstand des Wickeldrahtes (Gleichstromwiderstand) und durch die Kapazität zwischen den neben- und aufeinander liegenden Windungen (Wicklungskapazität). Im Ersatzschaltbild werden diese Einflüsse üblicherweise durch eine Reihenschaltung aus idealer Induktivität L und Leitungswiderstand R_S nachgebildet, der die Wicklungskapazität R_P parallelgeschaltet ist (Abb. 3.41a).

Die Kernverluste werden im Ersatzschaltbild als Parallelwiderstand R_P dargestellt (Abb. 3.41b). In vielen Fällen ist der Leitungswiderstand R_S vergleichsweise so gering, dass er vernachlässigt werden kann.

Bei niedrigen Frequenzen kann die Wicklungskapazität vernachlässigt werden. Sind die Kernverluste nicht vorhanden (Luftspule), so ergibt sich als Vereinfachung von Abb. 3.41a eine Reihenschaltung aus Induktivität und Leitungswiderstand (Abb. 3.41c).

Für Spulen mit Kern kommt sowohl die Reihenschaltung als auch die Parallelschaltung von Induktivität und Verlustwiderstand in Betracht. Die Wahl hängt vom Kernwerkstoff, von der Bauform und von den typischen Betriebsbedingungen ab[44]. Ist die magnetische Feldstärke vergleichsweise gering, bevorzugt man die Reihenschaltung (Serienersatzschaltung; Abb. 3.41c). Spulen mit Luftspalt werden hingegen zumeist als Parallelersatzschaltung (Abb. 3.41d) dargestellt.

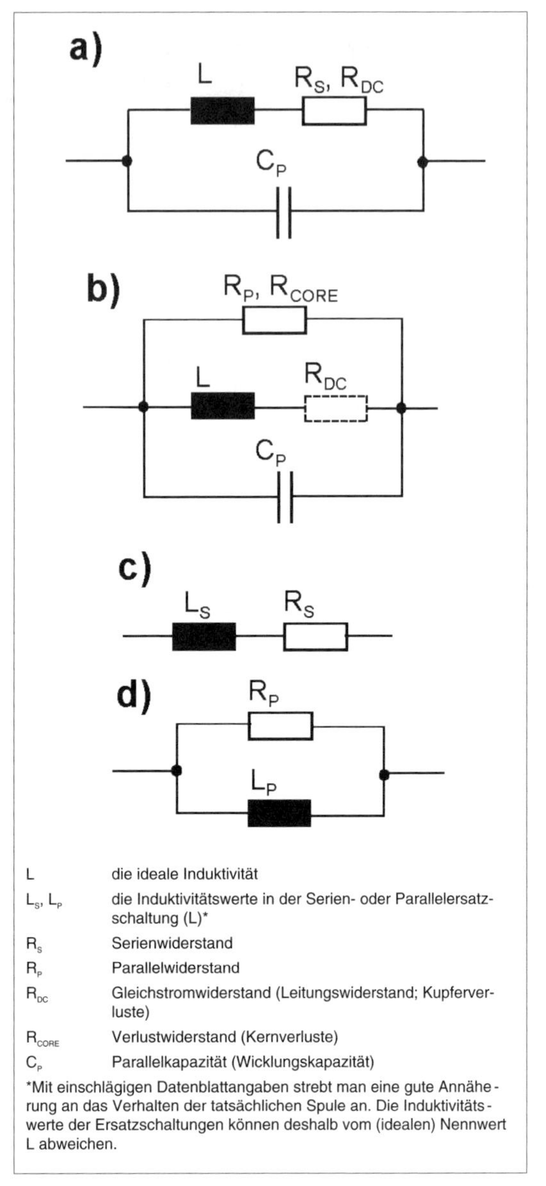

Abb. 3.41: *Ersatzschaltung einer Spule. a) Spule ohne Kern (Luftspule); b) Spule mit Kern; c) Serienersatzschaltung; d) Parallelersatzschaltung. c) und d) sind Vereinfachungen für geringe Erregungen und Spulen mit Luftspalt.*

3.2.2 Kennwerte

Bezugstemperatur

Die Kennwerte sind temperaturabhängig. Wertangaben werden deshalb auf eine Bezugstemperatur (Reference

44 Entscheidend ist, welche Ersatzschaltung eine bessere Annäherung an die tatsächlichen Verhältnisse ergibt. Zum praktischen Rechnen mit Ersatzschaltungen und zu Datenbeispielen vgl. [3.16].

Temperature) bezogen. Die typische Bezugstemperatur: + 20 °C (nach IEC 60068-1).

Induktivitätswert (Nennwert)
Spulen für verschiedene Anwendungsgebiete werden in einer Vielzahl genormter, abgestufter Nennwerte gefertigt. Die genormten Nennwerte sind in den E-Reihen vorgegeben.

Der Bereich der angebotenen Nennwerte erstreckt sich – über alles gesehen – von weniger als 1 nH bis zu über 1 H. In der Schaltungspraxis der Elektronik hat man es vor allem mit Nennwerten zwischen weniger als 1 n und einigen hundert mH zu tun.

Der tatsächliche, im jeweiligen Betriebsfall gegebene Induktivitätswert hängt von der Frequenz und der Stromstärke ab. Die Frequenzabhängigkeit wird anhand von Abb. 3.42 veranschaulicht, die Stromabhängigkeit anhand von Abb. 3.43a. Die Nennwertangabe gilt im Betriebstemperaturbereich bei Wechselstromerregung mit geringen Stromstärken (also ohne Gleichstromvormagnetisierung) und nicht allzu hohen, für den jeweiligen Anwendungsbereich typischen Prüffrequenzen f_L (Tabelle 3.4).

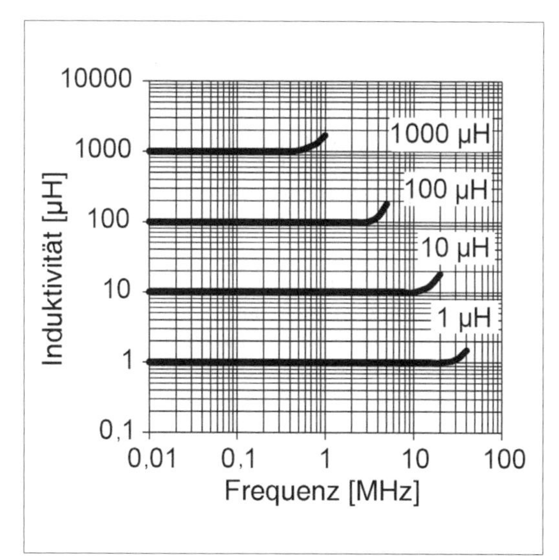

Abb. 3.42: *Die Frequenzabhängigkeit der Induktivität (nach [3.20]). Der 1-µH-Typ kann bis zu etwa 2 MHz betrieben werden, der 1000-µH-Typ nur bis etwa 400 kHz.*

Prüffrequenz f_L	Art der Induktivität
1 kHz	Leistungstypen
0,079 MHz	HF-Typen; > 10 mH... 100 mH
0,250 MHz	HF-Typen; > 1 mH ... 10 mH
0,790 MHz	HF-Typen; > 100 µH... 1 mH
2,5 MHz	HF-Typen; > 10 µH... 100 µH
7,9 MHz	HF-Typen; > 1 µH... 10 µH
25 MHz	HF-Typen; > 0,1µH... 1 µH
50 MHz	HF-Typen; 0,01 µH... 0,1 µH

Tabelle 3.4: *Typische Prüffrequenzen für Induktivitäten (nach [3.18]).*

Toleranz
Die zulässige Abweichung der Induktivität wird in Prozenten vom Nennwert angegeben. Typische Toleranzbereiche: ± 1 %; ± 2 %; ± 5 %; ± 10%; ± ± 15 %, ± 20%; ± 30%. Die Toleranzangabe betrifft die Wechselstromerregung bei Nenntemperatur. Tabelle 3.5 gibt einen Überblick über Kennbuchstaben zur Toleranzkennzeichnung. Die Toleranz der Induktivität kann typischerweise auch als Toleranz der parasitären Parameter angesetzt werden.

Toleranz	Kennbuchstabe	Toleranz	Kennbuchstabe
+ 80 %, - 0%	U	± 7%	E
+ 40 %, - 30 %	Y	± 6%	C
± 30 %	N	± 5%	J
+ 30 %, - 20 %	R	± 4%	B
+ 30 %, - 10 %	Q	± 3%	H oder A
± 25 %	V	± 2%	G
± 20 %	M	± 1%	F
± 15 %	L	± 0,5 nH	D
± 12 %	H	± 0,3 nH	S
± 10 %	K	± 0,2 nH	C
± 8%	D	± 0,15 nH	B

Tabelle 3.5: *Kennbuchstaben zur Toleranzkennzeichnung (IEC 62358).*

Gleichstromwiderstand

Der Gleichstromwiderstand (Wicklungswiderstand; DC Resistance R_{DC} oder DCR) ist der ohmsche Widerstand der Wicklung. Er kann aus der gestreckten Länge, dem Querschnitt und dem spezifischem Widerstand des Drahtmaterials berechnet werden (zum praktischen Rechnen s. Abschnitt 3.5.5). Die Datenblattangabe ist ein Höchstwert, der im Betriebstemperaturbereich gilt.

Gleichstromangaben

Die Bezeichnungen sind nicht einheitlich. Deshalb stets genau nachsehen, was eigentlich gemeint ist. Grundsätzlich ist zwischen zwei Angaben zu unterscheiden:

a) Die Nenngleichstromangabe betrifft das grundsätzliche Überleben des Bauelements (bei höheren Stromstärken kann es thermisch überlastet und infolgedessen zerstört werden).

b) Die Sättigungsstromangabe betrifft die Betriebsfähigkeit des Bauelements als Induktivität. Ist der Gleichstrom zu stark, so gelangt die Spule derart weit in die Sättigung, dass die Permeabilität zu sehr abnimmt.

Nenngleichstrom

Der Nenngleichstrom (Rated DC Current I_{DC}) ist der Höchstwert des Gleichstroms, der durch die Wicklung fließen darf. Diese Grenze ist gegeben durch den höchstzulässigen Temperaturanstieg (Eigenerwärmung) bei der höchstzulässigen Umgebungstemperatur[45]. Sie hängt nicht mit den magnetischen Kennwerten der Spule zusammen. Bei niedrigen Frequenzen gilt die Angabe typischerweise auch für den höchstzulässigen Effektivwert des Spulenstroms (RMS Current).

Die hier in Betracht kommende Eigenerwärmung hat ihre Ursache in den Kupferverlusten, d. h. im Stromfluss durch den Draht der Wicklung, der über deren Gleichstromwiderstand R_{DC} eine Verlustleistung P_{VCu} umsetzt:

$$P_{VCu} = I_{DC}^2 \cdot R_{DC} \quad (3.89)$$

Sättigungsstrom

Wird die Spule vom Sättigungsstrom (Saturation Current) durchflossen, so verringert sich die Induktivität. Typische Messbedingungen betreffen eine Verringerung um 5 %, 10 % oder 20 % vom Nennwert. Bei Ferritkernen bezieht man sich meist auf 10 %, bei Pulvereisenkernen auf 20 % Induktivitätsverringerung.

Incremental Current ist eine andere Bezeichnung für den Sättigungsstrom, der eine Verringerung der Induktivität um 5 % bewirkt. Ist ein solcher Wert angegeben, so deutet dies meist darauf hin, dass bei weiterer Erhöhung der Stromstärke die Induktivität besonders stark abnehmen wird. Ein abrupter Übergang in die Sättigung ist eine Eigenheit der Ferritwerkstoffe. Pulvereisenkerne gehen hingegen vergleichsweise allmählich in die Sättigung über (Soft Saturation; vgl. Abb. 3.39).

In vielen Datenblättern gibt es nur eine einzige Gleichstromangabe, die als Nenngleichstrom (Rated Current I_{DC}, IDC Max o. dergl.) bezeichnet wird. Es handelt sich aber eigentlich um einen Sättigungsstrom[46]. Die Angabe gilt bei Betrieb an der oberen Grenze der Umgebungstemperatur (z. B. + 85 °C), wobei die Wicklungstemperatur um einen bestimmten Wert steigen darf (Eigenerwärmung, z. B. um 20 °C).

Gleichstromvormagnetisierung

Eine Induktivitätsverringerung um 5...20 % (und mehr) ist manchmal zuviel. In solchen Einsatzfällen ist die Sättigungsstromangabe lediglich ein pauschaler Grenzwert. Näheres ist aus Gleichstromvormagnetisierungskurven ersichtlich (Abb. 3.43).

Verlustfaktor

Die ideale Induktivität ist ein reiner Blindwiderstand; die Spannung eilt dem Strom um 90° voraus (vgl. Abb. 3.11). Jede reale Spule hat aber induktive und ohmsche Widerstandsanteile, so dass sich eine entsprechend geringere Phasenverschiebung ergibt; der Phasenwinkel φ ist kleiner als 90°. Die Differenz zum idealen Phasenwinkel von 90° ist der Verlustwinkel δ (Abb. 3.44). Der Verlustfaktor tan δ ist das Verhältnis vom ohmschen zum kapazitiven Widerstand (mit anderen Worten: vom Wirk- zum Blindwiderstand) bei einer bestimmten Fre-

45 Viele Datenblätter nennen einen Gleichstromwert, der einen Temperaturanstieg (Eigenerwärmung) um maximal 40 °C bewirkt.

46 Vgl. Abb. 3.48 und 3.49 (S. 204 und 205).

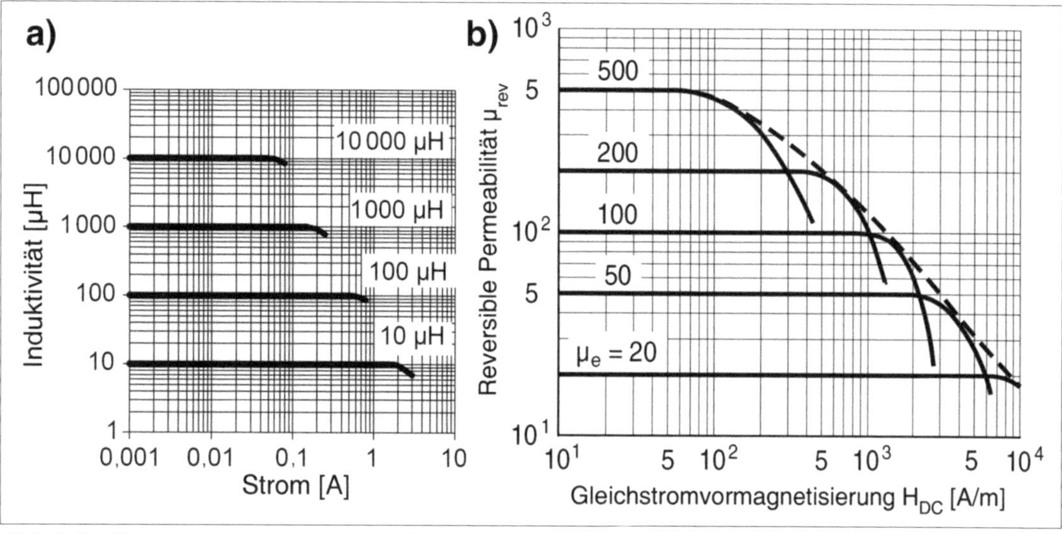

Abb. 3.43: *Gleichstromvormagnetisierungskurven.*
a) die Induktivität in Abhängigkeit von der Gleichstromerregung (nach [3.20]). Der 10-µH-Typ kann mit ca. 2 A belastet werden, der 10000-µH-Typ hingegen nur mit etwa 40 mA.
b) die reversible Permeabilität in Abhängigkeit von der Feldstärke (nach [3.15]). Die verschiedenen Typen sind hier durch ihre effektive Permeabilität gekennzeichnet. Ablesebeispiel: Bei $\mu_e = 100$ beginnt die Permeabilität abzunehmen, wenn die Feldstärke ca. 1000 A/m überschreitet. Ist die Feldlinienlänge bekannt, kann man daraus die Stromstärke bestimmen. Beispiel: Mit 50 mm Feldlinienlänge ergibt sich ein Gleichstrom von 50 A. Bei der Entnahme von Werten aus solchen Kurven ist darauf zu achten, unter welchen Bedingungen sie gelten (vgl. dazu die im Datenmaterial angegebenen Messbedingungen).

quenz[47]. Der Verlustfaktor ist frequenzabhängig. Im Datenmaterial wird anstelle des Verlustfaktors zumeist die Güte Q angegeben.

$$\tan\delta = \frac{R_L}{X_L} = \frac{R_L}{2\pi f L} \tag{3.90}$$

R_L = effektiver Ersatzwiderstand (ergibt sich – je nach Spulentyp – aus Gleichstrom- und Verlustwiderstand).

Güte

Die Güte (Quality Factor) Q ist der Kehrwert des Verlustfaktors:

$$Q = \frac{1}{\tan\delta} = \frac{X_L}{R_L} = \frac{2\pi f L}{R_L} \tag{3.91}$$

Die Datenblattangabe ist ein Mindestwert, der bei einer bestimmten, jeweils angegebenen Prüffrequenz f_Q gemessen wird[48]. Manche Datenblätter stellen die Frequenzabhängigkeit der Güte in besonderen Diagrammen (Gütekurven) dar (Abb. 3.45). Hieraus ist ersichtlich, für welche Frequenzbereiche das Bauelement besonders geeignet ist.

Der effektive Widerstand R_L bei einer bestimmten Frequenz f kann aus den Datenblattwerten der Güte Q und der Induktivität L berechnet werden:

$$R_L = \frac{2\pi f L}{Q} \tag{3.92}$$

Bei niedrigen Frequenzen ändert sich – als Funktion der Frequenz – der induktive Blindwiderstand stärker

47 Zum Zusammenhang zwischen Leistungsfaktor und Verlustwinkel vgl. auch (2.22).

48 Vgl. beispielsweise Abb. 3.48 und 3.49 (S. 204 und 205).

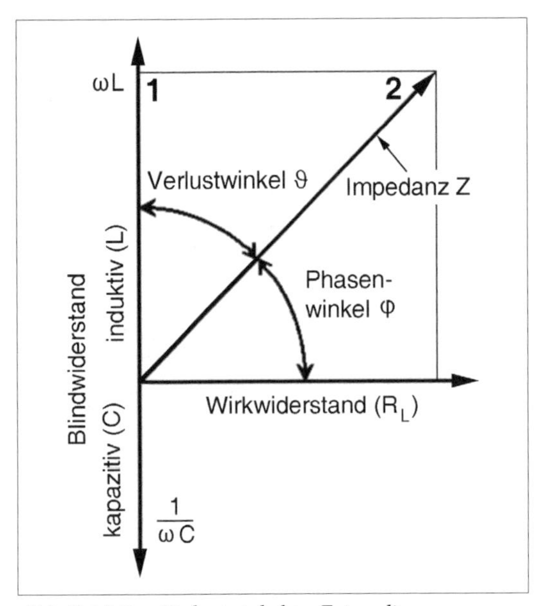

Abb. 3.44: Der Verlustwinkel im Zeigerdiagramm.
1 - Die ideale Induktivität hat keinen Wirk-, sondern nur einen Blindwiderstand.
2 - Die parasitären ohmschen und kapazitiven Widerstände in der Spule wirken sich derart aus, dass Strom und Spannung nicht mehr um 90° gegeneinander phasenverschoben sind, sondern um einen Phasenwinkel φ < 90°. Der Verlustwinkel δ ergibt sich zu 90°- φ.

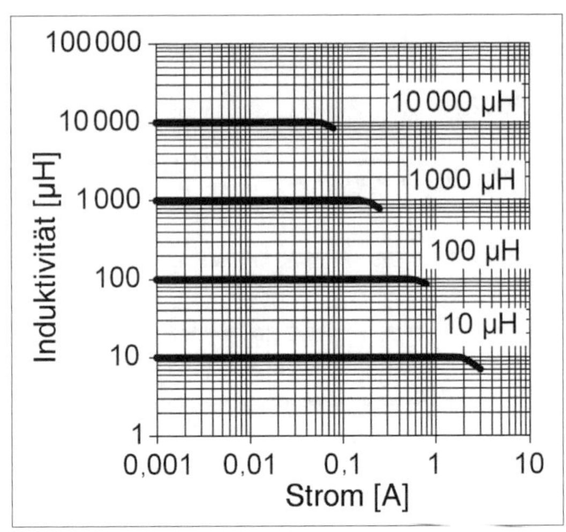

Abb. 3.45: Gütekurven – die Güte in Abhängigkeit von der Frequenz (nach [3.18]).

Bei Frequenzen oberhalb der Eigenresonanzfrequenz übertrifft der kapazitive Blindwiderstand den induktiven; die Spule verhält sich wie ein Kondensator. Die Ersatzschaltungen gemäß Abb. 3.41a, b gelten mit hinreichender Näherung bis zum 1,25fachen der Eigenresonanzfrequenz. Bei Frequenzen bis zu etwa 20 % der Eigenresonanzfrequenz kann die Spule näherungsweise als ideale Induktivität betrachtet werden (Abb. 3.46).

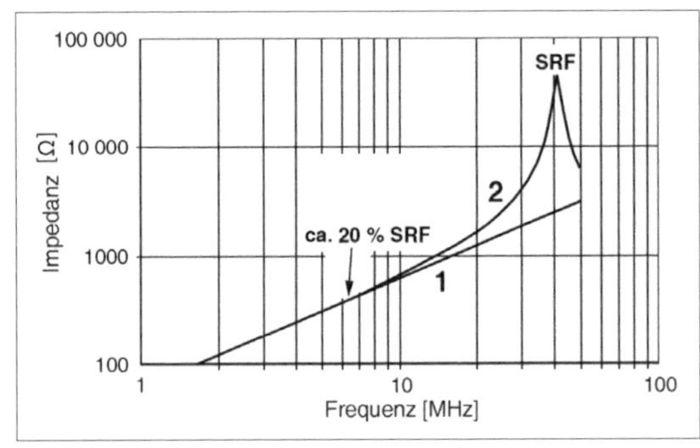

Abb. 3.46: Die Impedanz einer Spule in Abhängigkeit von der Frequenz (nach [3.16]). Im Beispiel hat die Spule eine Induktivität von 10 µH. SRF = Eigenresonanzfrequenz. Ersichtlicherweise hat die Impedanz hier ihren Höchstwert. 1 - die Impedanzkurve einer idealen Induktivität; 2 - die Impedanzkurve der betreffenden Spule.

als der effektive Widerstand, bei höheren Frequenzen ist es umgekehrt. Das Maximum der Güte ist dann gegeben, wenn die Summe der Wicklungsverluste gleich der Summe der Kernverluste ist[49]:

$$R_{DC} + R_{ew} + R_d = R_h + R_{e+r} \qquad (3.93)$$

Eigenresonanzfrequenz

Die Eigenresonanzfrequenz (Self-Resonant Frequency SRF) ist definiert als jene Frequenz, bei der der induktive Blindwiderstand gleich dem kapazitiven ist: $X_L = X_C$. Die Impedanz hat hier ihr Maximum. Die Datenblattangabe (typischerweise in MHz) ist ein Mindestwert.

49 Zu den Variablen in (3.93) vgl. Seite 185 und 186.

Impulsbelastbarkeit (Spannungs-Zeit-Produkt; Volt-Mikrosekunden-Konstante)
Die Volt-Mikrosekunden-Konstante (Volt Microsecond Constant, ET Constant) ist eine pauschale Spannungs-Zeit-Angabe, die das Vermögen des Bauelements kennzeichnet, unter Impulsbelastung bestimmte Energiebeträge umzusetzen, ohne in die Sättigung zu gelangen[50]. Der Datenblattwert (in V · µs oder mVs; 1 mVs = 10^3 V · µs) betrifft den Maximalwert des Produktes aus Impulsamplitude und Impulsdauer. Beispiel: ET = 10 V · µs bedeutet, dass ein Impuls mit 10 V Amplitude maximal 1 µs dauern darf, ein Impuls mit 1 V Amplitude maximal 10 µs usw.

Umgebungs- oder Betriebstemperaturbereich
In diesem Bereich (Ambient / Operating Temperature Range) ist das Bauelement grundsätzlich betriebsfähig – wenngleich nicht überall in vollem Maße belastbar. Es gibt drei Temperaturkennwerte:

- die Nenntemperatur (Rated Temperature T_R),
- die untere Grenztemperatur (Lower Category Temperature) T_{min},
- die obere Grenztemperatur (Upper Category Temperature) T_{max}.

Die Nenntemperatur (maximale Betriebstemperatur) ist die höchste Umgebungstemperatur, bei der das Bauelement noch vom Nenngleichstrom durchflossen werden darf. Richtwerte: + 70...90 °C.

Manche Datenblätter geben eine maximale Lagertemperatur (Storage Temperature T_S) an. Dieser Wert entspricht der maximal zulässigen Umgebungstemperatur. Die Betriebstemperatur T_O der Spule darf – unter Einschluss der Eigenerwärmung ΔT – nicht größer sein als die maximal zulässige Umgebungs- oder Lagertemperatur:

$$T_o \leq T_s - \Delta T \tag{3.94}$$

Übersteigt die Umgebungstemperatur die maximale Betriebstemperatur, so muss die Strombelastung zurückgenommen werden (Derating). Die Grenztemperaturangaben definieren die Bereichsgrenzen. Beispiel: - 55 °C bis + 125 °C. An der oberen Grenztemperatur darf das Bauelement praktisch gar nicht mehr belastet werden. Faustregel: Im Bereich von der Nenn- bis zur obe-

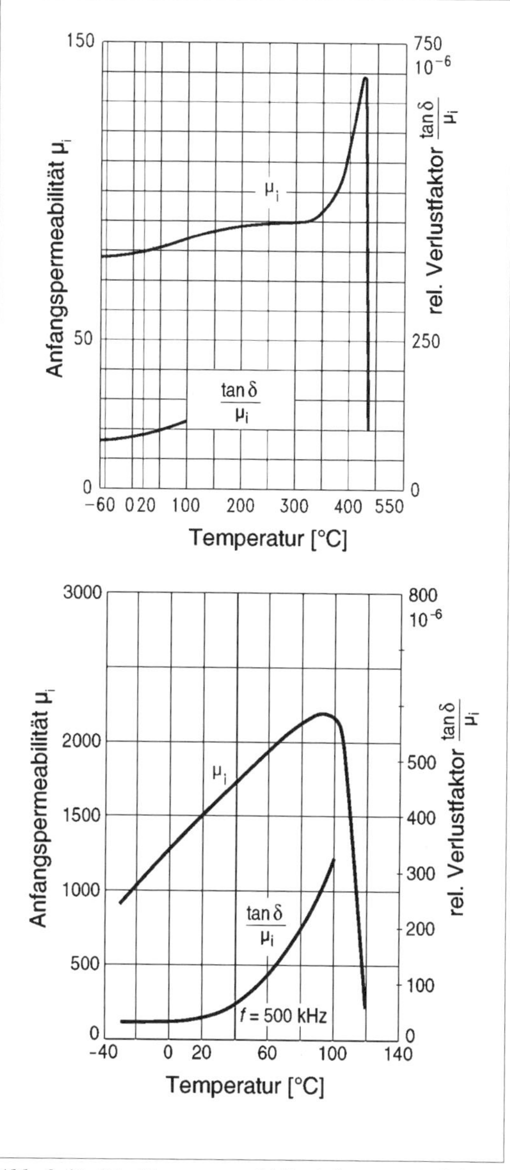

Abb. 3.47: *Die Temperaturabhängigkeit von Induktivitätskennwerten anhand von zwei Beispielen (nach [3.5]). Beide Diagramme betreffen die Anfangspermeabilität und den relativen Verlustfaktor. Die Kurven gelten unter den jeweiligen (im Datenmaterial angegebenen) Messbedingungen.*

50 Die Flussdichte ist proportional zur anliegenden Spannung und zur Dauer des Anliegens.

ren Grenztemperatur nimmt die Belastbarkeit gleichmäßig vom Nennwert bis auf Null ab (lineares Derating). Manche Bauelemente dürfen jedoch stärker belastet werden. Näheres in Abschnitt 3.5.3.

Temperaturkoeffizienten
Da die Temperaturabhängigkeit der Induktivitätskennwerte meist stark nichtlinear ist, werden Temperaturkoeffizenten nur selten angegeben. Zumeist werden solche Abhängigkeiten graphisch dargestellt (Abb. 3.47). Ist nichts zu finden, kommt man gelegentlich über die Werkstoffdaten weiter (vgl. beispielsweise (3.86) und (3.87)).

3.2.3 Spulen auswählen

Die Spulenauswahl beginnt – im Sortiment der Bauelemente, die für das jeweilige Anwendungsgebiet grundsätzlich geeignet sind – typischerweise mit folgenden Kennwerten:

- Induktivität L,
- Güte Q,
- Eigenresonanzfrequenz SFR,
- Gleichstromwiderstand DCR,
- Gleichstrombelastbarkeit IDC.

Die Angaben der Induktivität und der Güte hängen nicht nur von der Messfrequenz, sondern auch vom Messverfahren und von den verwendeten Messgeräten ab. So sind in den Beschreibungen der Messbedingungen (im Datenmaterial) oftmals auch die verwendeten Geräte angegeben. Ist die Gleichstrombelastung zu stark, so gelangt die Spule derart weit in die Sättigung, dass die Permeabilität zu sehr abnimmt. Die Abb. 3.48 und 3.49 veranschaulichen typische Kennwerte anhand von Datenblattauszügen.

TOKO Part Number (1)	Inductance (2) (mH)	Tolerance (%)	Q (3) Min.	DC Resistance (Ω) max.	Rated DC Current (4) (mA) max.	Self-resonant Frequency (5) (MHz) min.
#181LY-102 □	1.0	±5,±10	70	3.4	55	0.77
#181LY-122 □	1.2	±5,±10	70	3.7	52	0.70
#181LY-152 □	1.5	±5,±10	70	4.0	47	0.64
#181LY-182 □	1.8	±5,±10	70	4.5	44	0.57
#181LY-222 □	2.2	±5,±10	70	5.2	41	0.51

(1) Add the tolerance code of inductance to within the □ of the Part Number as follows : J=±5%, K=±10%.
(2) L measured at 1KHz with a universal bridge or equivalent.
(3) Q measured at 50KHz with a Q meter 4343B * or equivalent.
(4) The rated DC current is that at which the inductance value decreases by 10% by the excitation with DC current, measured at 1KHz with a universal bridge or equivalent.
(5) Self – resonant frequency is for reference only.

* Agilent Technologies

Abb. 3.48: *Ein Datenblattauszug (nach [3.34]). Es handelt es sich um eine Wald- und Wiesen-Baureihe für allgemeine Anwendungen (Standard Coils). Von links nach rechts: Artikelnummer – Induktivität – Toleranz – Güte – Gleichstromwiderstand – maximale Gleichstrombelastung – Eigenresonanzfrequenz. Darunter u. a. die Messbedingungen. (1) - Toleranzbereiche; (2) - Induktivitätsmessung bei 1 kHz mit Universalmessbrücke; (3) - Gütemessung bei 50 kHz mit dem angegebenen Gerät; (4) - Erklärung der Gleichstrombelastung nebst Messbedingungen: (5) - die Eigenresonanzfrequenzangabe ist nur ein Orientierungswert.*

Inductance Code	Inductance (nH) @ 250MHz	Tolerance (%)	Q Min.	S.R.F. Min. (GHz)	R.D.C. Max (Ohms)	I.D.C. Max. (mA)	900MHz L Typ.	900MHz Q Typ.	1.7GHz L Typ.	1.7GHz Q Typ.
1N0	1.0	10	16	12.7	0.045	1360	1.02	77	1.02	69
1N9	1.9	10,5	16	11.3	0.070	1040	1.72	68	1.74	82

Abb. 3.49: *Ein weiterer Datenblattauszug (nach [3.35]). Das Datenblatt enthält praktisch die gleichen Angaben wie jenes von Abb. 3.48, nur etwas anders bezeichnet. 1 - die Prüffrequenz für die Induktivität; 2 - Induktivitäts- und Gütewerte für noch höhere Frequenzen. Diese Spulen sind offensichtlich für höhere Frequenzen vorgesehen und bis in den GHz-Bereich hinein verwendbar.*

3.2.4 Speicher- und Glättungsdrosseln (Power Inductors)

Der typische Einsatzfall ist die Energiespeicherung in Netzteilen und Gleichspannungswandlern (Abb. 3.50). Diese Bauelemente werden von Gleichstrom durchflossen, dem ein Wechselstrom überlagert ist (Brummstrom, Ripple Current). Die Schaltfrequenz reicht von etwa 20 kHz bis zu einigen MHz. Infolge der Gleichstrombelastung kommen vor allem Kerne mit Luftspalt in Betracht.
Die grundsätzlichen Anforderungen:

- hohe Gleichstrombelastbarkeit,
- geringer Gleichstromwiderstand (d. h. hohe Güte),
- hohe Sättigungsmagnetisierung,
- geringe Verluste.

Bauelementeauswahl:

1. Vorauswahl in Hinblick auf die Schaltfrequenz. Die Eignung für die jeweilige Schaltfrequenz ist anhand der Eigenresonanzfrequenz und der Angaben zu den Prüffrequenzen erkennbar, ggf. auch anhand von Leistungsfaktorkurven (vgl. Abb. 3.145). Die Eigenresonanzfrequenz muss nicht allzu hoch sein; einige MHz genügen meist.
2. Strombelastbarkeit: Wieviel Gleichstrom muss durchfließen? Wie stark ist der überlagerte Wechselstrom? Das Bauelement darf keinesfalls in die Sättigung gelangen. Also (vgl. Abb. 3.50c):

$$\text{Nennstrom} \geq I_o + 0{,}5 \cdot I_{ac} \qquad (3.95)$$

3. Weitere Prüfpunkte:

   - Wie weit sinkt die Induktivität ab, wenn der Nennstrom fließt? Ist diese Verminderung tragbar oder nicht?

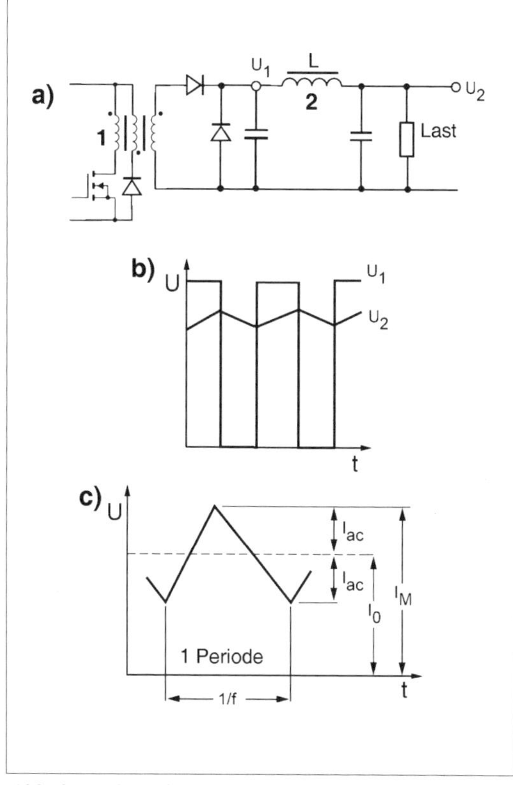

Abb. 3.50: *Speicherdrossel im Einsatz (nach [3.9]). a) Prinzipschaltbild eines Durchflusswandlers. Es sind zwei induktive Bauelemente erforderlich: der Transformator 1 und die Drossel 2. b) die Spannungsverläufe vor und hinter der Drossel; c) der Strom durch die Drossel im Einzelnen. Dem Ausgangsgleichstrom I_O ist ein dreieckförmiger Wechselstromverlauf (Brummstrom, Ripple Current) I_{ac} überlagert. Die Überlagerung ergibt einen Spitzenwert des Magnetisierungsstroms I_M. Auch bei dieser Stromstärke darf der Kern nicht in die Sättigung geraten.*

- Temperaturerhöhung. Bei richtiger Auslastung werden die Spulen warm (Beispiel: 40 °C Temperaturanstieg bei Nenngleichstrom). Kommen die anderen Bauelemente in der Umgebung damit zurecht[51]?
- Spannungsfestigkeit (vor allem beim Einsatz in Aufwärtswandlern).

Bauformen

Trommel- und Ringkerne sind die am weitesten verbreiteten Typen. Einfache Trommelkerne (ohne Abschirmung) sind besonders kostengünstig. Sie werden dann eingesetzt, wenn das aus dem Kern austretende Magnetfeld nicht anderweitig stört (keine Einwirkung auf empfindliche Signalleitungen, keine Verkopplung mit benachbarten induktiven Bauelementen, Störabstrahlung im Rahmen des Zulässigen). Sollte das Magnetfeld stören, kommen Typen mit magnetischer Abschirmung oder Ringkerne in Betracht.

Der hauptsächliche Nachteil des Ringkerns ist der vergleichsweise hohe Platzbedarf. Der übliche Kernwerkstoff ist Pulvereisen (verteilter Luftspalt). Solche Kerne haben den Vorzug, nur allmählich in die Sättigung zu gelangen (Soft Saturation; vgl. Abb. 3.39), weisen aber bei höheren Frequenzen beträchtliche Kernverluste auf.

Schaltfrequenz und Kerngröße

Induktivität, Strom und Spannung hängen über das Induktionsgesetz zusammen (vgl. (3.4)). Höhere Schaltfrequenzen (im Induktionsgesetz: di/dt) führen – bei vorgegebener Spannung – auf kleinere Induktivitäten. Diese brauchen weniger Platz. Es fließt aber ein stärkerer Brummstrom. Somit ergeben sich höhere Kernverluste, und der Einfluss der parasitären Induktivitäten des Schaltungsaufbaus (z. B. der Leiterbahnen) ist nicht mehr zu vernachlässigen. Neuere Entwicklungen sind u. a. darauf gerichtet, niedrige Induktivitätswerte darzustellen und dabei – auch bei vergleichsweise hohen Strömen – die Kernverluste erträglich zu halten. Tabelle 3.6 gibt einen Überblick über typische Bauformen.

Glättungsdrosseln in herkömmlichen Netzteilen

Um Brummspannungen zwischen 50 und 120 Hz[52] zu glätten, sind hohe Induktivitätswerte erforderlich (bis hin zu mehreren H). Solche Bauelemente sehen wie Netztransformatoren aus, ihr Kern hat aber einen Luftspalt. Die Schaltungstechnik der LC-Siebglieder ist als veraltet anzusehen.

Netzdrosseln

Netzdrosseln (Line Reactors) dienen vor allem zur Einschaltstrombegrenzung, zum Glätten von Spannungsspitzen und zum Abschwächen (Filtern) von Oberschwingungen[53].

Bauform	Stromstärke1)	Induktivität1)
Trommelkerne, Ringkerne2)	bis ca.20 A	1...1000 µH
Zusammengesetzte Kerne3)	5...30 A	1...50 µH
Spiralförmig gewickelte Spulen (Helical Inductors)	5...40 A	1...5 µH
Flächenhafte Induktivitäten (Planar Inductors)4)	40... über 70 A	0,5...2 µH
Ferritringe mit Luftspalt (Power Beads)5)	15...50 A	0,1...0,5 µH

1) Strom- und Induktivitätswerte in Anlehnung an [3.24].
2) Vgl. beispielsweise Abb. 3.26c, d.
3) Vgl. beispielsweise Abb. 3.30 und 3.31.
4) Mit Windungen aus Leiterbahnen oder Blech; vgl. Abb. 3.36c.
5) Dies sind quaderfömige Kerne, durch die ein einziger Leiter (= 1 Windung) hindurchgeht. Vgl. [3.11].

Tabelle 3.6: *Bauformen für Speicherdrosseln (Übersicht).*

51 Ein typischer Fehlermechanismus: das Austrocknen in der Nähe angeordneter herkömmlicher Elektrolytkondensatoren.

52 Diese Frequenzen ergeben sich bei Einweggleichrichtung von 50 Hz und Zweiweggleichrichtung von 60 Hz.

53 Vgl. beispielsweise [3.23].

Sättigungsdrosseln

Diese Bauelemente werden absichtlich im Bereich der Sättigung betrieben. Die Nennstromangabe betrifft den Sättigungszustand (Abb. 3.51). Anwendung: zur Abflachung des Stromanstiegs (z. B. des durch Thyristoren oder Triacs fließenden Arbeitsstroms). Anfänglich ist die Induktivität hoch. Somit setzt das Bauelement dem Einschaltstrom zunächst einen hohen Widerstand entgegen. Der Höchstwert des anfänglichen Stoßstroms ist beispielsweise als das 20fache des Nennstroms spezifiziert. Beim Hochlaufen des Stroms gelangt die Drossel nach und nach in die Sättigung. Im stationären Zustand ist die Impedanz niedrig, so dass die Drossel nur geringe Verluste verursacht.

Impulsverzögerung

Ein weiterer Anwendungsfall der absichtlich herbeigeführten Sättigung ist die Impulsverzögerung (Abb. 3.52). Die Induktivität wirkt zunächst dem Stromanstieg entgegen. Aus einer steilen Schaltflanke wird ein allmählicher Anstieg. Das Bauelement ist aber so dimensioniert, dass es von einer bestimmten Stromstärke an in die Sättigung gelangt und somit praktisch keine induktive Wirkung mehr aufweist. Dann wird die Anstiegsgeschwindigkeit des Stroms nicht mehr begrenzt.

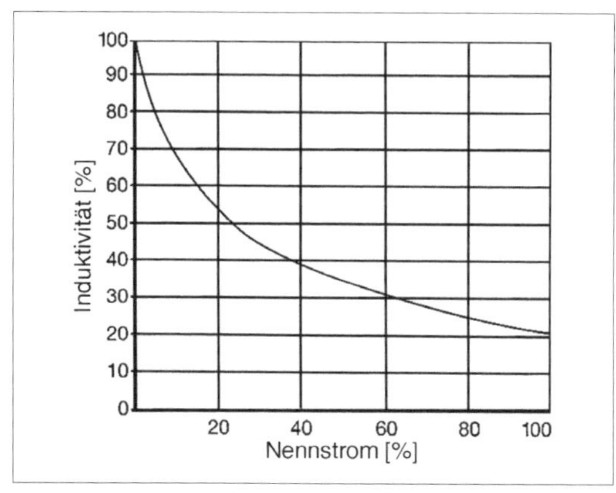

Abb. 3.51: *Die Induktivitätskennlinie einer Sättigungsdrossel (nach [3.22]). Wenn der Nennstrom fließt, ist die Induktivität auf 20 % des Anfangswertes abgesunken (Sättigung).*

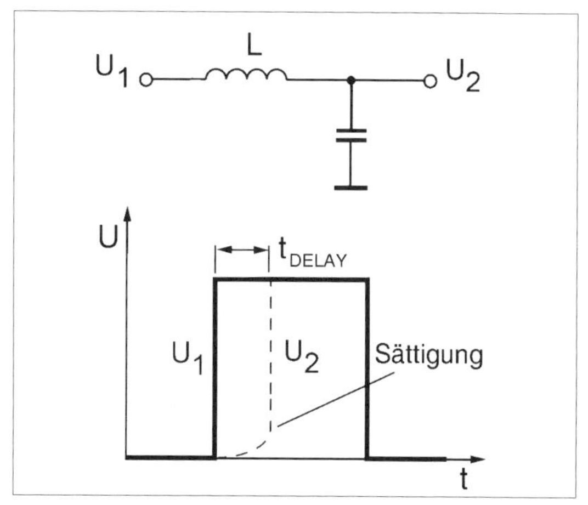

Abb. 3.52: *Impulsverzögerung mittels Drossel (nach [3.9]). Die Anstiegsflanke des Impulses wird verzögert.*

Derartige Bauelemente müssen – um schon bei vergleichsweise geringen Strömen in die Sättigung zu gelangen – eine hohe Anfangspermeabilität haben.

3.2.5 Entstördrosseln (EMC Inductors, Chokes)

Entstördrosseln sind Spulen, die Hochfrequenz sperren. Sie sollen verhindern, dass hochfrequente Störungen weitergeleitet werden[54] (Abb. 3.53). Um die einschlägigen EMV-Vorschriften zu erfüllen, werden riesige Mengen dieser Bauelemente benötigt. Sie werden sowohl in Daten- und Signalwegen als auch an Netzanschlüssen eingesetzt. In vielen Einsatzfällen sind besondere Vorschriften zu beachten. Das betrifft Telekommunikationsschnittstellen, Bussysteme (z. B. den CAN-Bus), Netzanschlüsse usw. Die Entwicklungsarbeiten[55] werden hierdurch aber eher erleichtert als erschwert, da man auf ein umfangreiches Bauelementeangebot und viele Anwendungshinweise zurückgreifen kann. Auch ergeben solche gleichsam vorgestanzten Lösungen einen guten Ausgangspunkt für eigene Entwicklungen außerhalb der jeweiligen Standards[56].

54 Das betrifft beide Richtungen – die im Gerät erzeugte Hochfrequenz darf nicht nach außen, Störungen auf außen angeschlossenen Leitungen dürfen nicht ins Gerät.

55 Die Rede ist hier nur vom Entwickeln, nicht von standardkonformen Prüfungen, Zertifizierungstests usw.

56 Wir sehen nach, welche eingeführten Standards unserem Problem am nächsten kommen (elektrische Kennwerte, Betriebsbedingungen, Schutzanforderungen usw.) und nehmen die einschlägigen Lösungen (Bauelementeauswahl, Leiterplattengestaltung usw.) für den Anfang als Vorbild.

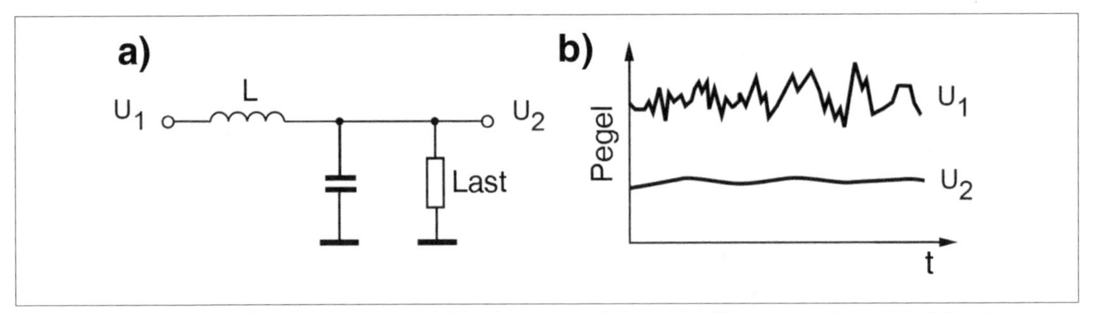

Abb. 3.53: *Entstördrossel im Einsatz (nach [3.9]). a) Prinzipschaltung; b) Glättungswirkung. Die höherfrequenten Anteile des Eingangsspannungsverlaufs U_1 werden blockiert, so dass eine geglättete Ausgangsspannung U_2 abgenommen werden kann.*

In den meisten Einsatzfällen braucht man vergleichsweise[57] hohe Induktivitätswerte. Die Güte darf aber nicht allzu hoch sein, um Resonanzeffekte zu vermeiden. Typische Ausführungen: Ringkerne, D-Kerne, Stabkerne, Luftspulen (als ausgeprochene HF-Drosseln, die die Nutzsignale nicht beeinflussen). Es gibt ein breites Angebot an Bauelementen, die für bestimmte Einsatzzwecke (z. B. für Mobiltelefone) gefertigt werden, darunter auch Mehrfachausführungen (mehrere Drosseln in einem Gehäuse) und Filterbauelemente, die komplette Filterschaltungen aus Drosseln und Kondensatoren enthalten. Die Drossel soll Störungen blockieren, Nutzsignale und Arbeitsströme aber durchlassen. Hieraus ergeben sich zwei grundsätzliche Fragestellungen:

a) In welchem Frequenzbereich ist die Drossel als Sperre wirksam (Filterwirkung)?
b) Hält die Drossel die Betriebsbedingungen aus, die an der jeweiligen Schnittstelle herrschen (Ströme, Spannungen usw.)?

Die Filterwirkung ist anhand der Impedanz und der Einfügungsdämpfung[58] ersichtlich. Beide Kennwerte sind frequenzabhängig. Sie werden in entsprechenden Kurven dokumentiert (Abb. 3.54). Im Frequenzbereich der zu blockierenden Störungen müssen Impedanz und Einfügungsdämpfung hoch sein. Über alles gesehen geht es um Frequenzen zwischen etwa 150 kHz und 1 GHz[59].

Im Einzelnen kommt es auf die Nutzsignale und Arbeitsströme an:

- Bei Gleichstrom oder niedrigen Frequenzen sollte der Frequenzbereich, in dem die Drossel wirksam ist, möglichst breit sein.
- Bei höheren Frequenzen muss die Drossel gezielter wirken. Im Einzelnen ist es eine Frage der Feinabstimmung. Manchmal ist es erwünscht, die Nutzsignale leicht zu verschleifen, um die Störabstrahlung zu verringern, manchmal dürfen sie nicht beeinträchtigt werden, und es geht nur darum, ausgesprochen hochfrequente Störüberlagerungen abzublocken.

Die Bauelementeauswahl beginnt typischerweise mit dem gewünschten Verlauf der Impedanzkurve oder der Einfügungsdämpfung. Dann sind die Kurven in den Datenblättern daraufhin durchzusehen, ob etwas Geeignetes dabei ist[60].

Aus den Kennwerten im Datenmaterial kann man die Eignung für den jeweiligen Anwendungsfall näherungsweise erkennen. Im Vergleich zu „gewöhnlichen“ Spulen (vgl. Abschnitt 3.2.2) gibt es zusätzliche Angaben, und manche Kennwerte sind etwas anders aufzufassen (beispielsweise die Nennstromangabe).

57 In Bezug auf den jeweiligen Frequenzbereich.

58 Je höher die Einfügungsdämpfung, desto undurchlässiger ist die Drossel im jeweiligen Frequenzbereich – eine Dämpfungskurve (zum grundsätzlichen Aussehen vgl. Abb. 3.103) ist praktisch eine umgekehrte Durchlasskurve (vgl. Abb. 3.102).

59 Zu Einzelheiten vgl. die EMV-Vorschriften.

60 Ggf. Vorauswahl anhand der Eigenresonanzfrequenz. Dort hat die Impedanz ihr Maximum.

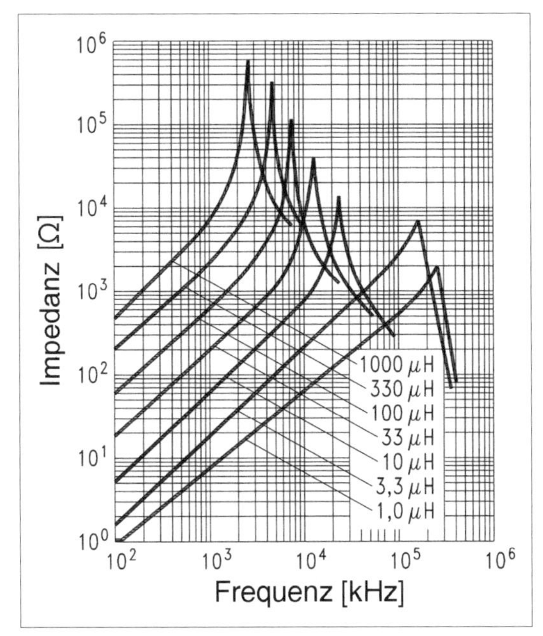

***Abb. 3.54:** Impedanzkurven einer Baureihe von HF-Drosseln (nach [3.25]). Je höher die Impedanz, desto besser die Sperrwirkung. Die Spitzen (Maxima) im Kurvenverlauf kennzeichnen die jeweilige Eigenresonanzfrequenz. Von da an geht's bergab...*

Nenninduktivität
Diese Angabe (Rated Inductance L_R) dient zur grundsätzlichen Kennzeichnung des Bauelements. Sie wurde unter geringer (praktisch vernachlässigbarer) Strombelastung bei der jeweils angegebenen Prüffrequenz f_L ermittelt.

Nennstrom
Es gibt Gleichstrom- und Wechselstromangaben[61]. Ein Strom der jeweiligen Stärke (Rated Current I_R) darf im Dauerbetrieb durch die Drossel fließen, sofern die Umgebungstemperatur innerhalb des Betriebstemperaturbereichs liegt. Bei Mehrfachbauelementen gilt die Angabe typischerweise für den einzelnen Stromweg (alle Stromwege dürfen gleichzeitig jeweils mit dem Nennstrom belastet werden).

Das Bauelement muss so ausgewählt werden, dass es den jeweiligen maximalen Arbeitsstrom zuzüglich Störstrom verträgt (Nennstrom ≥ Arbeitsstrom + Störstrom). Besteht der Stromweg aus einem Hin- und Rückleiter, in denen jeweils – mit unterschiedlichem Vorzeichen – der gleiche Strom fließt, kann man sog. stromkompensierte Drosseln einsetzen, in denen sich die von den Arbeitsströmen verursachten Magnetfelder gegenseitig aufheben. Näheres dazu im folgenden Abschnitt 3.2.6.

Induktivitätsverlust
Um diesen Prozentwert (Inductivity Decrease $\Delta L/L_0$) verringert sich die Induktivität, wenn das Bauelement mit seinem Nennstrom betrieben wird. Richtwert: <10 %.

$$\Delta L \big/ L_0 = \frac{L_0 - L_1}{L_0} \qquad (3.96)$$

L_0 ist die Induktivität bei einer sehr geringen Stromstärke (die so gewählt wird, dass der Magnetwerkstoff näherungsweise seine Anfangspermeabilität μ_i aufweist), L_1 ist die Induktivität bei Betrieb mit Nennstrom.

Swing
Dieser Kennwert ist das Verhältnis der beiden Induktivitäten L_0 und L_1; es ist nur eine andere Art, den Induktivitätsverlust auszudrücken:

$$\text{Swing} = \frac{L_0}{L_1}$$

$$\text{Swing} = \frac{1}{1 - \Delta L \big/ L_0}; \quad \Delta L \big/ L_0 = 1 - \frac{1}{\mathit{Swing}} \qquad (3.97)$$

Da die relative Permeabilität näherungsweise der Induktivität proportional ist (vgl. (3.9)), ergibt sich die relative Permeabilität bei Nennstrombelastung $\mu_{rel/IR}$ zu:

$$\mu_{rel\,/\,IR} = \mu_i \cdot \frac{1}{\mathit{Swing}} = \mu_i \cdot \left(1 - \Delta L \big/ L_0\right) \qquad (3.98)$$

Beispiel: Ein Induktivitätsverlust von 10 % entspricht einem Swing von 1,1. Dabei beträgt die Permeabilität bei Erregung mit Nennstrom 90 % der Anfangspermeabilität.

61 Nichtsinusförmige Wechselströme können zur Folge haben, dass sich der Kern stärker erwärmt. Abhilfe: Stromstärke verringern oder anderes Bauelement einsetzen.

Stromabsenkung
Bei Überschreitung der höchstzulässigen Betriebstemperatur ist der Betriebsstrom gemäß der jeweiligen Derating-Kurve zu verringern (Current Derating I_{OP}/I_R).

Nennspannung
Es gibt Gleichstrom- und Wechselstromangaben. Eine entsprechende Spannung (Rated Voltage V_R) darf im Dauerbetrieb an der Drossel anliegen, sofern die Umgebungstemperatur innerhalb des Betriebstemperaturbereichs liegt. Der Kennwert wird typischerweise durch eine Prüfspannungsangabe ergänzt.

Impulsbelastbarkeit
Die Drossel sollte auch bei Impulsbelastung nicht in die Sättigung geraten. Die Impulsbelastbarkeit wird typischerweise durch ein Spannungs-Zeit-Produkt gekennzeichnet (Volt Microsecond Constant ET; vgl. S. 203). Richtwert: 1...10 mVs.

Temperaturkennwerte
Temperaturangaben betreffen – neben dem Betriebstemperaturbereich (vgl. S. 203) – die Eigenerwärmung der Wicklung bei Nennstrom (über die Umgebungstemperatur hinaus) und die maximal zulässige Wicklungstemperatur.

3.2.6 Stromkompensierte Drosseln (Common Mode Chokes)

Hochfrequente Störungen beeinflussen nebeneinander liegende Leitungen auf gleiche Weise, sind also im Grunde Gleichtaktstörungen (Common Mode Interference). Die Drosselspule soll die Störströme blockieren. Durch den gleichen Draht fließt aber auch der Strom, der für die eigentliche Funktion erforderlich ist (Arbeitsstrom). Er ist viel stärker als der Störstrom. Damit alles richtig funktioniert, müsste man den Kern so groß dimensionieren, dass er auch bei maximaler Stromstärke (Arbeitsstrom + überlagerte Störungen) nicht in die Sättigung geraten kann. Besteht der Stromweg aus Hin- und Rückleiter, so kann man die zu beiden Leitern gehörenden Wicklungen auf einem gemeinsamen Kern unterbringen. Der Arbeitsstrom fließt durch beide Leiter, aber in jeweils entgegengesetzter Richtung. Die hierdurch erzeugten Magnetfelder heben sich auf (Stromkompensation). Die Störströme hingegen fließen durch beide Leiter in jeweils gleicher Richtung. Sie sind somit der Gegenwirkung der gesamten Induktivität ausgesetzt (Abb. 3.55). Da der Kern praktisch nur die Störenergie aufzunehmen hat, kommt man mit kleinen Bauformen aus. So gibt es SMD-Typen, die Arbeitsströme von 10 A und mehr durchleiten können.

Gleichtaktstörungen werden näherungsweise in folgendem Verhältnis abgeschwächt:

$$\frac{U_a}{U_e} = \frac{Z_0}{\omega L + Z_0} \tag{3.99}$$

(U_a = Ausgangsspannung (nach Drossel); U_e = Eingangsspannung (vor Drossel), Z_0 = Wellenwiderstand des Kabels.)

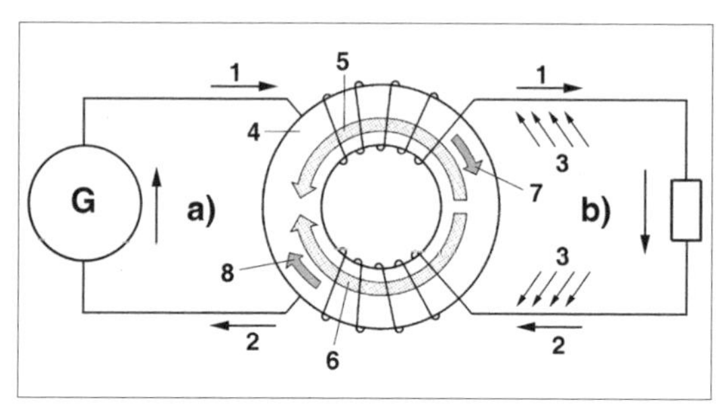

Abb. 3.55: *Die stromkompensierte Drossel (nach [3.5]). a) Stromquelle (z. B. Netzanschluss), b) Stromsenke (z. B. Netzteil). 1 - Arbeitsstrom in Einwärtsrichtung; 2 - Arbeitsstrom in Auswärtsrichtung; 3 - auf beide Leiter gleichermaßen einwirkende Störungen (Gleichtaktstörung); 4 - Ringkern; 5 - Magnetfeld des einwärts fließenden Arbeitsstroms; 6 - Magnetfeld des auswärts fließenden Arbeitsstroms. Beide Magnetfelder 5, 6 heben sich gegenseitig auf. 7, 8 - Magnetfelder der Störströme (haben beide die gleiche Richtung).*

Die Stromkompensation gemäß Abb. 3.55 funktioniert nur, wenn Hin- und Rückstrom gleich groß sind und sich lediglich im Vorzeichen unterscheiden. Eine solche Drossel kann nur Gleichtaktstörungen unterdrücken. Auf Gegentaktstörungen (Differential Mode Interference) dürfte sie gar keine Wirkung haben. Infolge der Streuinduktivität des Bauelements werden aber auch derartige Störungen abgeschwächt (Abb. 3.56).

Der Wicklungssinn
Aufpassen, er ist nicht immer eindeutig dokumentiert. Um uns das Problem klarzumachen, betrachten wir zunächst zwei hintereinander angeordnete verkoppelte Spulen (Abb. 3.57). Wenn sich die Magnetfelder kompensieren sollen, müssen sie gegeneinander gerichtet sein. Das ist dann der Fall, wenn beide Spulen in unterschiedlicher Richtung vom Strom durchflossen werden. In die eine muss er am gekennzeichneten Anschluss eintreten, die andere am gekennzeichneten Anschluss verlassen.

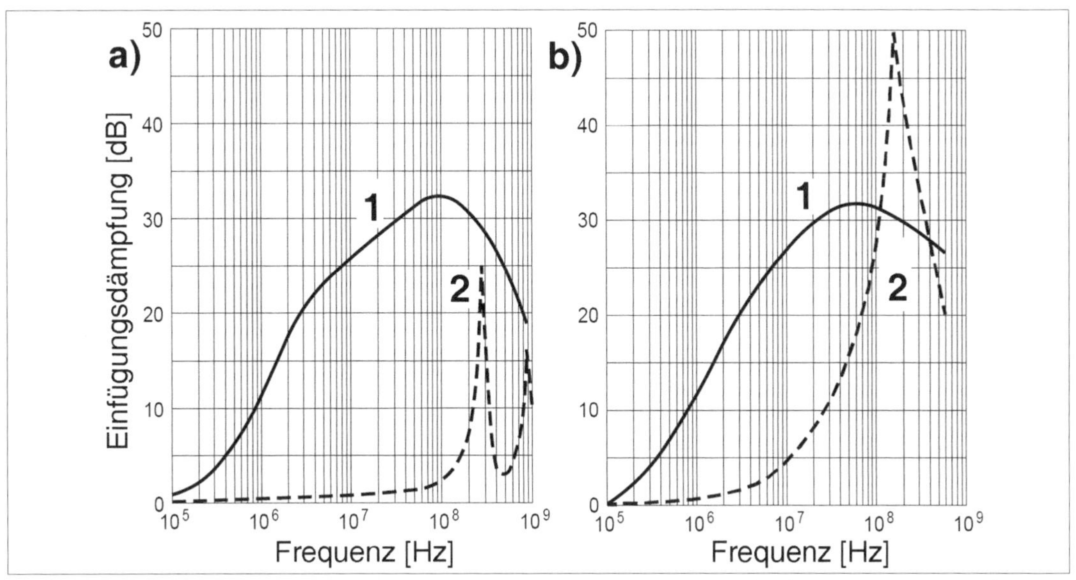

Abb. 3.56: *Die Einfügungsdämpfung zweier stromkompensierter Drosseln mit gleichem Nennwert der Induktivität (nach [3.26]). a) bifilare Wicklung (geringe Streuinduktivität), b) sektorweise Wicklung (hohe Streuinduktivität). Je größer die Einfügungsdämpfung, desto besser die Sperrwirkung im jeweiligen Frequenzbereich. 1 - Gleichtaktbetrieb = Abschwächung von Gleichtaktstörungen; 2 - Gegentaktbetrieb = Abschwächung von Gegentaktstörungen. In dieser Hinsicht ist Ausführung b) offensichtlich wirksamer. Gegentakt-Nutzsignale werden aber ebenso abgeschwächt. Das ist manchmal erwünscht (Flankenverschleifung zwecks Verminderung der Störstrahlung), manchmal aber nicht tragbar.*

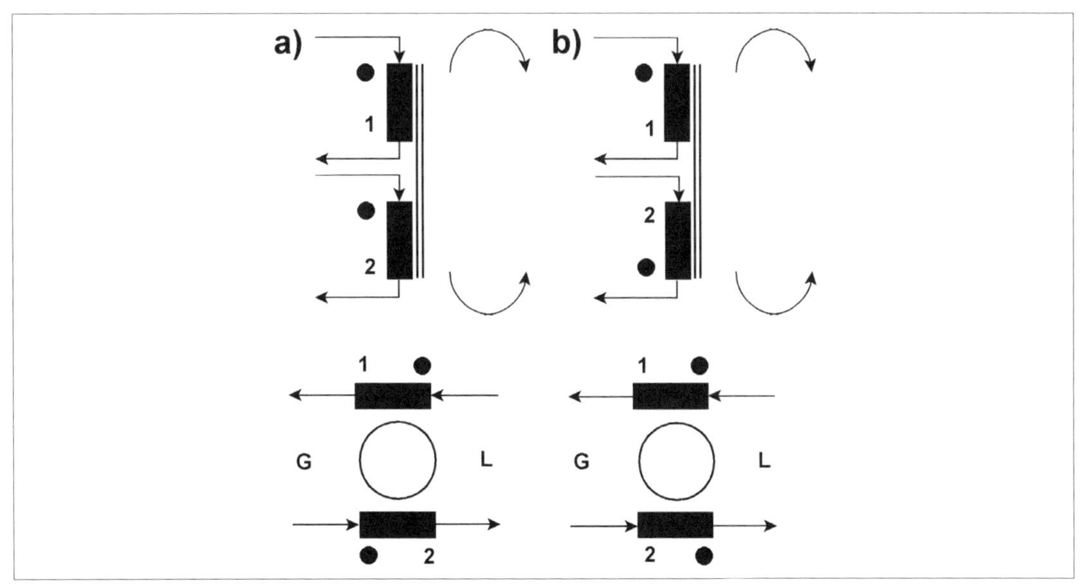

Abb. 3.57: *Zum Wicklungssinn stromkompensierter Drosseln. a) Überlagerung, b) Aufhebung (Kompensation) der Magnetfelder. Oben Stabkern (Modellvorstellung), darunter Stab zum Ring gebogen. G = Stromquelle (Generator), L = Last. Wichtig ist nicht, an welcher Stelle die Punkte dargestellt sind, sondern dass der eine Stromweg in den Punkt der einen Spule hinein- und der andere Stromweg aus dem Punkt der anderen Spule herausführt.*

Drosseln in Reihen- und Parallelschaltung

Gemäß Abb. 3.55 und 3.57 ist die Drossel in die Stromwege (Hin- und Rückleitung) eingeschaltet (Reihenschaltung; Series Choke). Der induktive Widerstand bewirkt ein Abschwächen der Störströme, wobei der Kern die Störenergie aufnimmt. Abb. 3.58 veranschaulicht eine alternative Schaltungsanordnung. Hier werden die Störströme nach Masse abgeleitet. Diese stromkompensierte Drossel ist ein Autotransformator mit Mittenanzapfung, der zwischen Hin- und Rückleiter angeordnet ist (Parallelschaltung; Shunt Choke)[62]. Die Arbeitsströme, die in die entgegengesetzte Richtung fließen, sehen zwei in Reihe geschaltete Induktivitäten mit gleichem Wicklungssinn. Die magnetischen Flüsse haben die gleiche Richtung. Die Drossel stellt somit eine hohe Impedanz dar. Die Störströme hingegen fließen in die gleiche Richtung, treten also an beiden Enden mit gleicher Polung in die Drossel ein. Aufgrund des Wicklungssinns sind jetzt die magnetischen Flüsse einander entgegengerichtet und heben sich (nahezu) auf. Die Spulen wirken somit nicht mehr als Induktivitäten, sondern nur als niederohmige Widerstände, über die die Störströme nach Masse abgeleitet werden. Damit dieses Ableiten funktioniert, ist es wichtig, die Masseverbindung induktivitätsarm auszuführen. Da sich Zuleitungsinduktivitäten nicht vollkommen vermeiden lassen, ist diese Drosselausführung für höhere Frequenzen weniger geeignet[63]. In manchen Filterschaltungen werden Gleichtaktdrosseln beider Arten eingesetzt (vgl. Abb. 3.115).

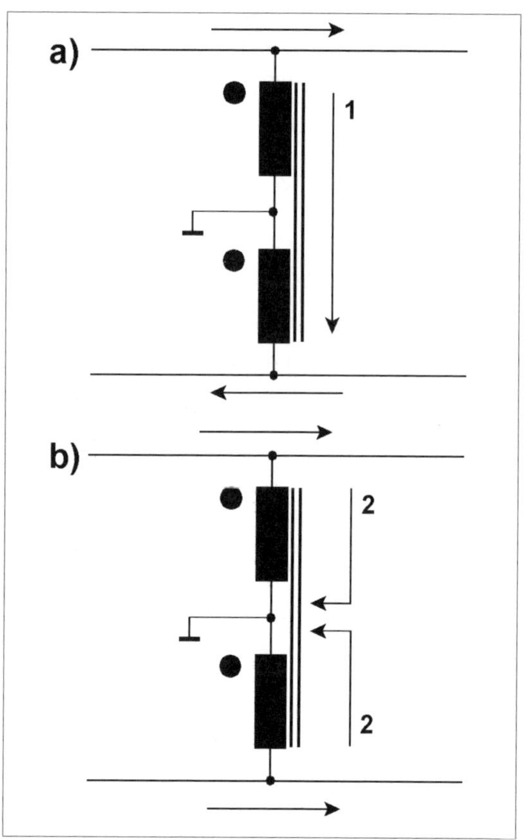

Abb. 3.58: *Stromkompensierte Drossel in Parallelschaltung (Shunt Choke). a) Wirkung auf die Arbeitsströme; b) Wirkung auf die Störströme. 1 - Gleiche Stromrichtung in Bezug auf beide Spulen. Die magnetischen Flüsse haben die gleiche Richtung. Infolge des Magnetfeldes stellen die Spulen eine hohe Impedanz dar, über die (näherungsweise) kein Strom abgeleitet wird. 2 - unterschiedliche Stromrichtungen. Die magnetischen Flüsse heben einander auf. Somit gibt es (nahezu) keine induktive Gegenwirkung, und die Störströme fließen über den niederohmigen Gleichstromwiderstand der Spulen nach Masse ab.*

Streuinduktivität

Die Streuinduktivität (Stray Inductance L_S, Leak Inductance L_L) kennzeichnet die Ungleichheit beider Induktivitäten und damit die Unvollkommenheit der Stromkompensation. Die Streuinduktivität hängt wesentlich von der Art der Wicklung ab. Manche Drosseln gibt es in zwei Ausführung:

a) Mit bifilarer Wicklung (die Drähte beider Spulen liegen nebeneinander). Die Streuinduktivität ist gering. Gleichtaktstörungen werden unterdrückt. Nutzsignale mit Frequenzen bis zu mehreren MHz können nahezu unbeeinflusst durchlaufen.
b) Mit einzelnen Wicklungen (sektorweise Wicklung). Die Streuinduktivität ist vergleichsweise hoch. Sowohl Gleichtakt- als auch Gegentaktstörungen werden unterdrückt. Die HF-Anteile der Nutzsignale werden abgeschwächt (Flankenverschleifung, Glättung). Dieser Effekt ist manchmal erwünscht (Verringerung der Störabstrahlung).

62 Vgl. [3.6] und [3.7]. Zum Autotransformator s. S. 230 und 231.

63 [3.37] nennt eine Obergrenze von 150 MHz.

Mehrfachnutzung

Stromkompensierte Drosseln sind vielseitig einsetzbar (Abb. 3.59):

- bestimmungsgemäß zur Unterdrückung von Gleichtaktstörungen bei Kompensation des Arbeitsstroms (vgl. Abb. 3.55a),
- zum Unterdrücken von Gegentaktstörungen (vgl. Abb. 3.59b).
- als „gewöhnliche" Drosselspulen. 1. Variante: Es wird nur eine Wicklung genutzt (vgl. Abb. 3.59c). 2. Variante: Zwecks Induktivitätserhöhung (näherungsweise Vervierfachung) werden beide Wicklungen in Reihe geschaltet (vgl. Abb. 3.59d). Solche Drosseln können sowohl zu Entstör- als auch zu Energiespeicherzwecken verwendet werden (die Eignung hängt vom jeweiligen Typ ab).
- als 1:1-Impulstransformatoren (vgl. Abb. 3.5ge).

Manche Anbieter unterstützen die Mehrfachnutzung durch entsprechende Angaben im Datenmaterial. Nicht selten muss man aber selbst nachdenken und probieren.

Die Kennwerte im Datenblatt betreffen die einzelne Wicklung (vgl. Abb. 3.59c). Die Reihenschaltung beider Wicklungen (Wicklungssinn beachten!) ergibt – wegen der Koppelinduktivität – insgesamt einen nahezu vierfachen Induktivitätswert (vgl. Abb. 3.59d).

Bauelementeauswahl

Man muss wissen, was man will. Welche Arbeitsströme sollen durchfließen? In welchen Frequenzbereichen sind Störungen zu unterdrücken, in welchen Nutzsignale durchzulassen? Man sollte einen Überblick darüber haben, wie die Kennwerte und Kurven gemessen werden (Abb. 3.60 und 3.61). Dann heißt es, im reichhaltigen Angebot nach etwas Passendem zu suchen (Abb. 3.62).

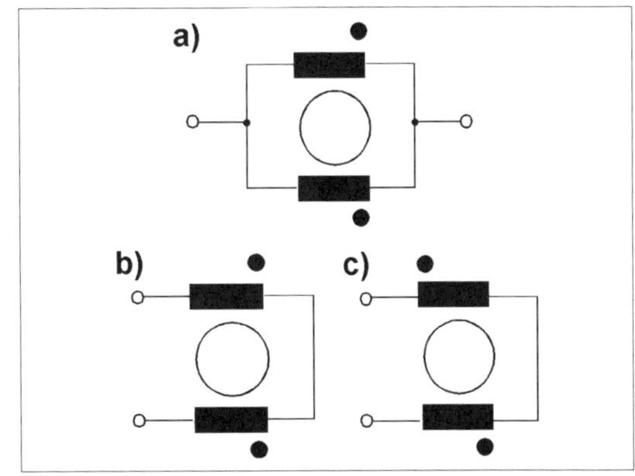

Abb. 3.60: *Typische Anordnungen der Impedanzmessung. Das Messgerät wird an die Klemmen angeschlossen. a) Impedanz im Gleichtaktbetrieb (Parallelschaltung); b) Impedanz im Gegentaktbetrieb (Streuinduktivität); c) Impedanz der Reihenschaltung.*

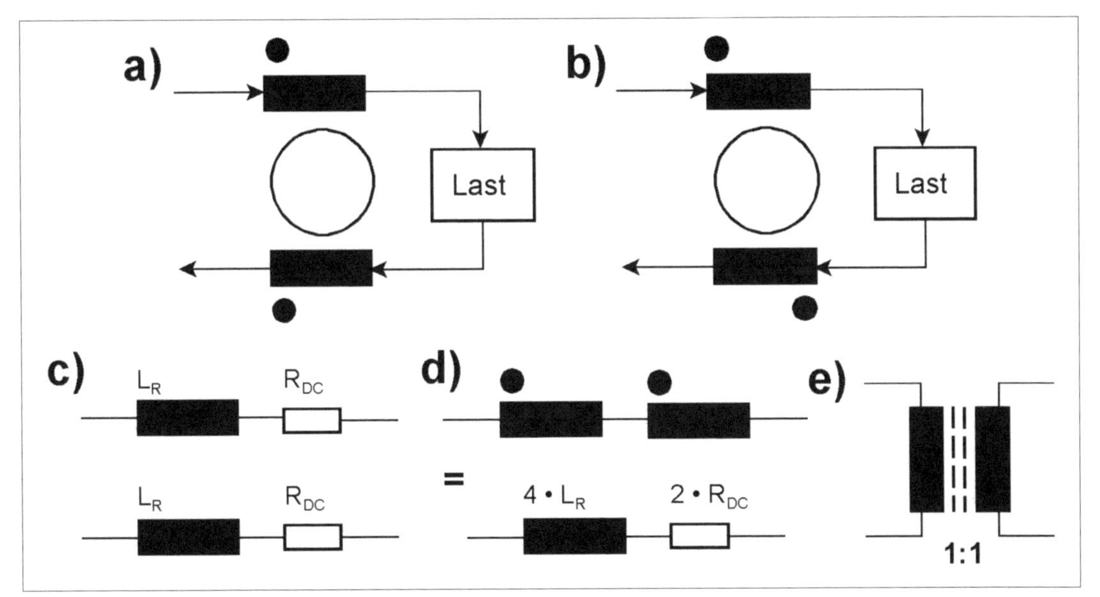

Abb. 3.59: *Stromkompensierte Drosseln ausnutzen. a) Unterdrückung von Gleichtaktstörungen (mit Stromkompensation); b) Unterdrückung von Gegentaktstörungen; c) die Kennwerte im Datenblatt betreffen die einzelne Wicklung; d) die Reihenschaltung ergibt nahezu die vierfache Induktivität; e) Nutzung als Impulstransformator.*

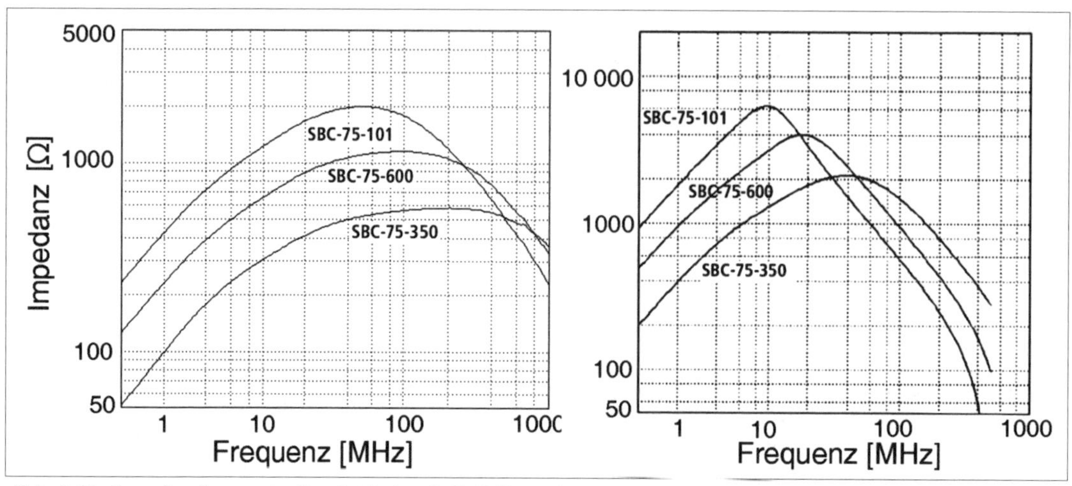

Abb. 3.61: *Impedanzkurven im Vergleich (nach [3.27]). Links in Parallelschaltung (vgl. Abb. 3.60a), rechts in Reihenschaltung (vgl. Abb. 3.60b) gemessen.*

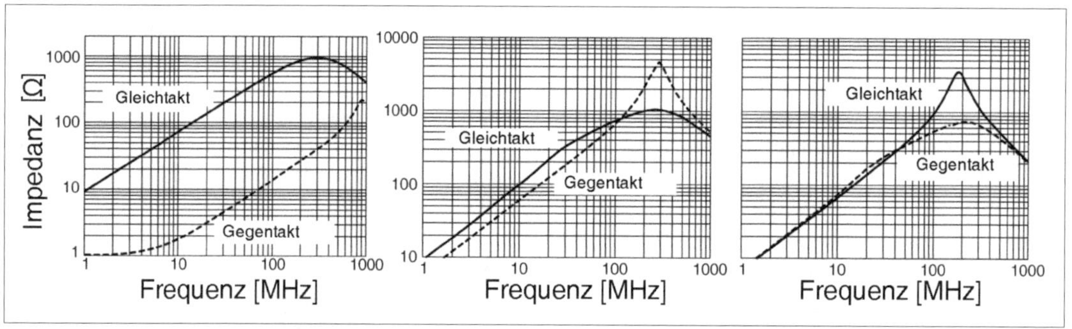

Abb. 3.62: *Eine Typenreihe, viele Impedanzkurven (nach [3.28]). Die Auswahl richtet sich nach den Erfordernissen der Anwendung.*

Strombelastbarkeit

Die Strombelastbarkeit ist in jenen Anwendungsfällen, in denen keine Stromkompensation wirksam ist (vgl. Abb. 3.59b...e), naturgemäß geringer. Die Bauelemente halten typischerweise ihren Nennstrom (IR) noch aus, können aber nur wenig überlastet werden (Abb. 3.63). Man muss also mit der Strombelastung deutlich unter dem Nennwert bleiben.

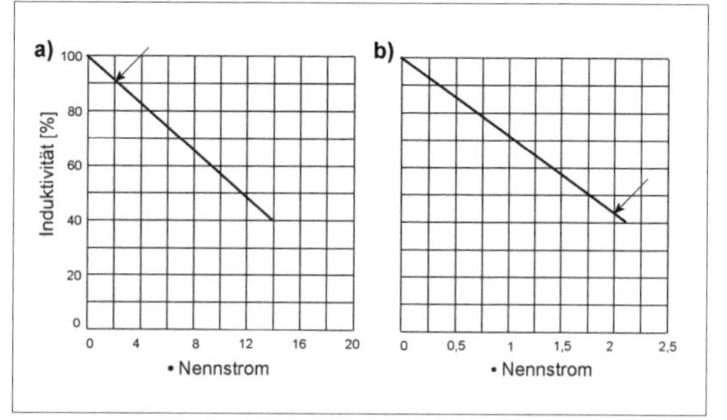

Abb. 3.63: *Die Induktivität in Abhängigkeit vom Strom (nach [3.29]). a) mit Stromkompensation; b) beide Spulen in Reihe. Mit Stromkompensation geht bei doppeltem Nennstrom (Pfeil) die Induktivität auf etwa 90 % zurück, ohne Stromkompensation auf etwas über 40 % – der Kern gelangt also viel eher in die Sättigung.*

3.2.7 Schwingkreis- und Filterspulen

Der wichtigste Kennwert dieser Bauelemente ist die Induktivität, die die Resonanzfrequenz des Schwingkreises oder den Frequenzgang des Filters direkt beeinflusst (Abb. 3.64). Der Wert ist vergleichsweise genau einzuhalten; die Toleranzen sind zumeist deutlich enger als in anderen Anwendungsgebieten. Die Strombelastbarkeit ist typischerweise weniger von Bedeutung. Spulen in Schwingkreisen sollten eine hohe Güte aufweisen. Bei Filteranwendungen kommt es auf den Einsatzfall an. Manchmal darf die Güte gar nicht allzu hoch sein (Vermeiden von Resonanzeffekten). Bei Spulen hoher Güte ist die Gleichfeldbelastung zu vermeiden oder durch Luftspalt hinreichend klein zu halten.

Zusätzliche Forderungen für Anwendungen, in denen es auf Genauigkeit ankommt:

- Hohe Langzeitstabilität. Gelegentlich sind Subtilitäten zu berücksichtigen, die üblicherweise vernachlässigt werden, wie die Disakkommodation und der reziproke magnetostriktive Effekt, also die Empfindlichkeit gegen mechanische Beanspruchung.
- Geringer Temperaturkoeffzient. Wenn eine stärkere Temperaturabhängigkeit besteht, so sollte der Temperaturkoeffizient in engen Grenzen spezifiziert sein (um im Verbund mit dem Kondensator des Resonanzkreises eine Temperaturkompensation vornehmen zu können).

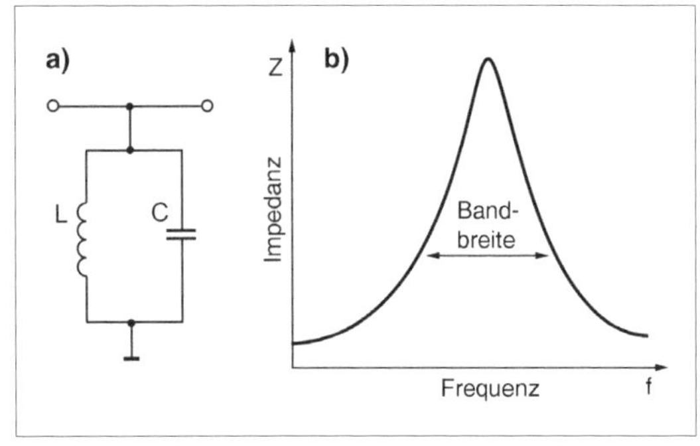

Abb. 3.64: *Resonanzkreis. a) Schaltung; b) Resonanzkurve (Frequenzgang der Impedanz).*

Es gibt Typensortimente von abgleichbaren Filterspulen und kompletten Bandfiltern. Richtwerte (nach [3.30]): Induktivität von über 1000 µH bis unter 1 µH, Frequenzen von 10 kHz bis 2,5 GHz. Kommt man mit derartigen Standardtypen nicht aus, muss das induktive Bauelement anwendungsspezifisch gefertigt werden. Oft sind die ersten Exemplare – zu Erprobungszwecken – selbst zu wickeln. Hierzu gibt es entsprechende Spulenbausätze (Coil Assemblies; Abb. 3.65). Richtwerte

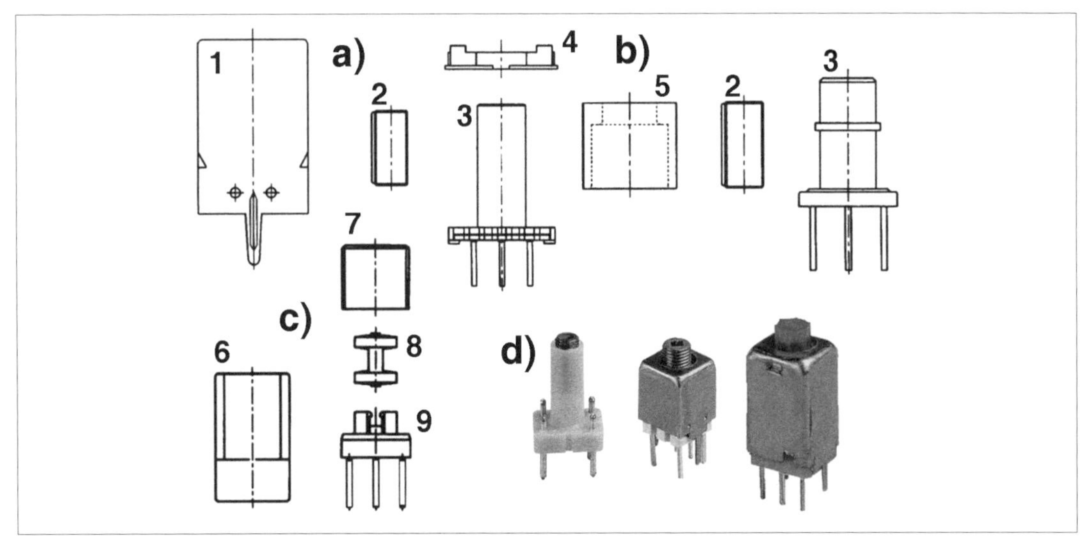

Abb. 3.65:*Spulenbausätze – eine kleine Auswahl (nach [3.30]). a) Einfachausführung mit Gewindekern in Spulenkörper. 1 - Abschirmbecher; 2 - Gewindekern; 3 - Spulenkörper ; 4 - Isolierrahmen (= Abstandhalter für Abschirmbecher). b) Ausführung mit zusätzlichem Kappenkern 5. Abgleich nach wie vor mit Gewindekern 2. c) Ausführung mit außenliegendem Kappenkern. 6 - Führungshülse; 7 - Kappenkern; 8 - Spulenkörper; 9 - Sockel. Die Führungshülse 6 kommt über die Anordnung aus Sockel 9 und Spulenkörper 8. Der Kappenkern 7 (mit Außengewinde) wird in die Führungshülse 6 eingeschraubt (Abgleich). Abschirmbecher nicht dargestellt. d) drei Beispiele einfacher Spulenkörper gemäß Prinzip a). Die Abschirmbecher können weggelassen werden, wenn es keine Störstrahlungs- und Verkopplungsprobleme gibt.*

(Pauschalangaben für Bauformen ähnlich Abb. 3.65): A_L = 4...25 nH[64]; Brauchbarkeit für Frequenzen zwischen 100 kHz und 200 MHz. Spulen für niedrigere Frequenzen können z. B. mit Schalenkernen aufgebaut werden.

Da der Aufwand zum Entwickeln solcher Lösungen beträchtlich ist, wird man versuchen, Induktivitäten zu vermeiden (Alternativen sind u. a. RC-Oszillatoren, andere Prinzipien der Frequenzaufbereitung, aktive Filter, Oberflächenwellenfilter usw. bis hin zur digitalen Signalverarbeitung).

3.2.8 Veränderliche Induktivitäten

Die Spule mit einschraubbarem Kern ist das induktive Gegenstück zum Trimmer. Typische Verstellbereiche:

a) Spulen ähnlich Abb. 3.65 mit Ferritkern: etwa ± 15 % (von der Mittellage aus).
b) Spulen ähnlich Abb. 3.65 für sehr hohe Frequenzen (mehrere hundert MHz). Die Induktivität ist so gering, dass ferromagnetische Kerne nicht verwendbar sind. Hier setzt man z. B. Aluminiumkerne ein, deren Verstellbereich deutlich geringer ist (z. B. ± 5 %).
c) Schalenkerne: etwa ± 6..8 % (Abb. 3.66).

Hinweise:
1. Das Betätigungswerkzeug muss nichtmagnetisch sein (z. B. Schraubendreher aus Plastik).
2. Bei Schalenkernen darf der eingeschraubte Ferritstift die zweite Kernhälfte nicht berühren. Die Anwendungsvorschriften des Herstellers beachten.

Die *kontinuierlich verstellbare* Spule – das Gegenstück zum Potentiometer und zum Drehkondensator – heißt Variometer. Typische Ausführungen:

- Spulenkernvariometer. Eine Spule mit beweglichem Kern (ähnlich Abb. 3.65), der über eine Mechanik eingeschoben oder herausgezogen wird.

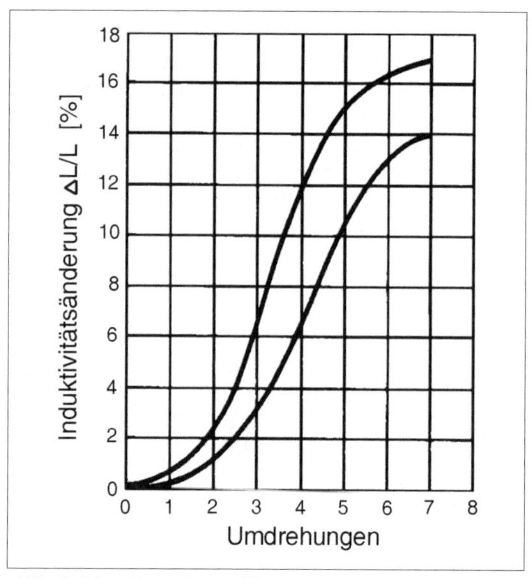

Abb. 3.66: *Der Einstellbereich eines Schalenkerns (nach [3.31]). 0 Umdrehungen bedeutet, dass der Kern gerade soweit eingedreht ist, dass das Gewinde greift, sich der Kern also selbst hält (das entspricht wenigstens einer Umdrehung nach dem Ansetzen).*

- Drehspulvariometer. Eine feststehende Luftspule, die eine kleinere drehbare Spule enthält. Die Veränderung der Induktivität ergibt sich durch Veränderung der Kopplung zwischen beiden Spulen.
- Schleifvariometer. Eine einlagige Spule, deren Wicklung von einem Schleifer kontaktiert wird (ähnlich Potentiometer). Die Spule ist z. B. ein drehbar gelagerter Keramikkörper, die Wicklung eine eingebrannte Wendel, der Schleifer ein verschiebliches Rädchen, das in der Wendel geführt wird.

Derartige Bauelemente sind heutzutage – von Sonderanwendungen in der HF-Technik abgesehen – nicht mehr üblich.

64 Näheres zum A_L-Wert s. Abschnitt 3.5.5.

3.3 Ferritringe

Ferritringe (Ferrritperlen, Ferrite Beads; Abb. 3.67) dienen zum Unterdrücken von Hochfrequenzstörungen und Schwingneigungen.

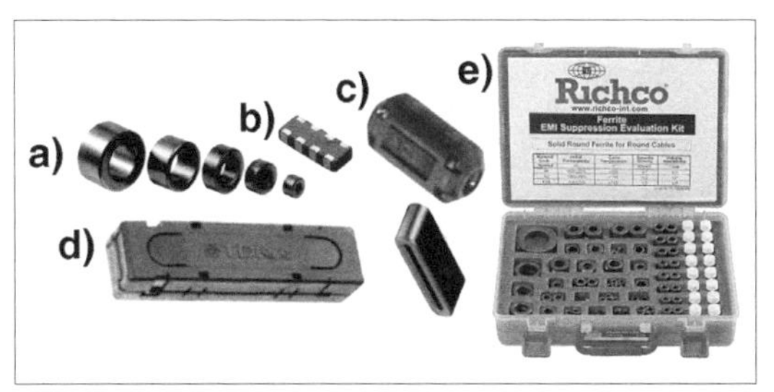

Abb. 3.67: *Ferritringe. a) Ringe in verschiedenen Abmessungen; b) SMD-Ausführung mit mehreren Leitungswegen; c) aufklappbarer Kern für Interfacekabel; d) längliche Ringkerne für Flachbandkabel (aufklappbar und fest); e) Ringkernsortiment zum Experimentieren.*

Die betreffende Leitung wird durch den Ferritring geführt. So ergibt sich eine Induktivität mit einer Windung. Gleichstrom kann ungehindert durchfließen, ebenso Ströme mit vergleichsweise niedrigen Frequenzen. Hochfrequenzenergie hingegen wird absorbiert und im Kern in Wärme umgesetzt. Die Wirksamkeit dieser einfachen Lösung ist allein schon daran zu erkennen, dass es kaum noch Interfacekabel gibt, die nicht mit Ferritringen ausgerüstet sind.

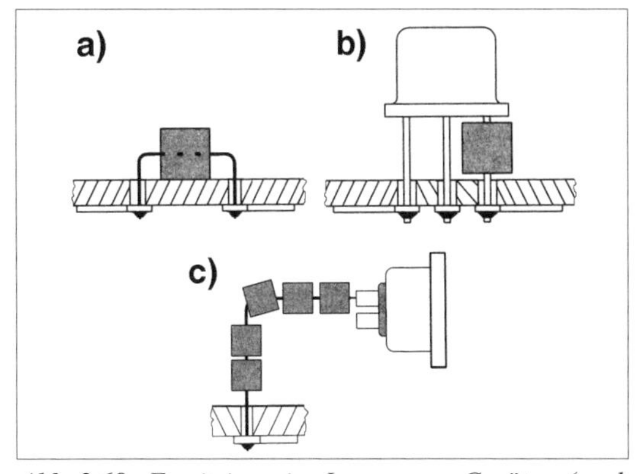

Abb. 3.68: *Ferritringe im Innern von Geräten (nach [8]). a) Einsatz auf Leiterplatten. Der Leitungsweg wird durch den Ferritring geführt. b) Um die Schwingneigung zu unterdrücken, wird z. B. der Basis- oder Gateanschluss des Transistors durch einen Ferritring geführt. c) mehrere Ferritringe – zwecks verstärkter Wirkung – auf einem Kabel zwischen Leiterplatte und Steckverbinder.*

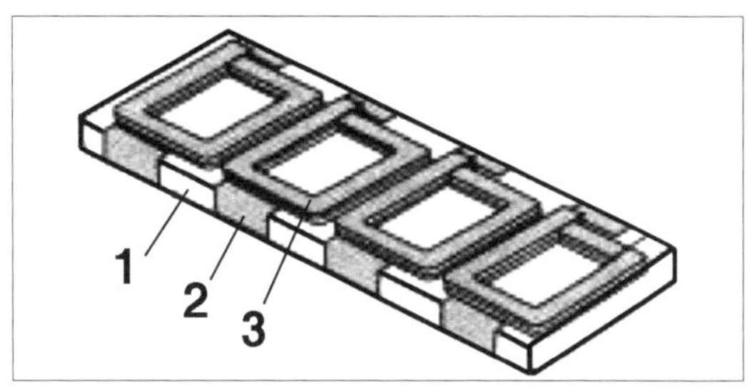

Abb. 3.69: *Mehrfachanordnung in SMD-Ausführung (Chip Beads). Das Einlöten von Drähten (vgl. Abb. 3.70a) ist nicht erforderlich. 1 - Ferritplatine; 2 - Kontakt; 3 - interner Leitungsweg.*

Ferritringe können auch im Innern von Geräten und auf Leiterplatten eingesetzt werden. Typische Anwendungsfälle betreffen u. a. die Störunterdrückung an internen Schnittstellen (z. B. zwischen analogen und digitalen Schaltungsteilen) und das Unterdrücken parasitärer Schwingungen (Abb. 3.68 und 3.69).

Grundregel: Der Ring ist in der Nähe der Störquelle anzuordnen.

Der Ring ist im Grunde ein frequenzabhängiger Widerstand, eine Induktivität, die mit einem ohmschen Widerstand in Reihe geschaltet ist (vgl. Abb. 3.41c). Die Impedanz Z hat einen induktiven Anteil (Blindwiderstand) X_L und einen ohmschen Anteil (Wirkwiderstand) R_S. Alle Größen sind frequenzabhängig (Abb. 3.70). Impedanz und Induktivität können folgendermaßen bestimmt werden (nach [3.8]):

$$Z = j\omega L_s + R_s = j\omega L_0 \cdot (\mu_s' - \mu_s'') \qquad (3.100)$$

$$\omega L_s = \omega L_0 \cdot \mu_s' \,; \quad R_s = \omega L_0 \cdot \mu_s'' \qquad (3.101)$$

$$L_0 = \frac{4\,\pi\,w^2}{C_1}\ [\mathrm{nH}] \qquad (3.102)$$

L_0 ist die Induktivität der Spule ohne Kern – eine fiktive Hilfsgröße, deren Wert von den Ringabmessungen und der Windungszahl abhängt. C_1 ist eine Kernkonstante mit der Dimension cm^{-1}. Die Werkstoffeigenschaften werden über die komplexe Permeabilität (μ'_s, μ''_s) erfasst (vgl. S. 184).

Näherungsformeln für Ferritringe:
h = Höhe; d_A = Außendurchmesser; d_I = Innendurchmesser.

a) Abmessungen in Zoll, Ergebnis in 10^{-8} H:

$$L_0 = 1{,}17\,w^2 \cdot h \cdot lg\frac{d_A}{d_I} \qquad (3.103)$$

b) Abmessungen in mm, Ergebnis in nH:

$$L_0 = 0{,}46\,w^2 \cdot h \cdot lg\frac{d_A}{d_I} \qquad (3.104)$$

Aus (3.103) und (3.104) ist zu erkennen, dass es vor allem auf die Länge des Rings ankommt. Wird die Länge verdoppelt, so verdoppelt sich auch das Volumen und damit die Induktivität und die Impedanz. Wird hingegen die Verdopplung des Volumens bei gleichbleibender Länge durch Vergrößern des Außen- und/oder Verringern des Innendurchmessers erreicht (Querschnittsvergrößerung), so ergibt sich eine deutlich geringere Zunahme. Sie ist um so stärker, je dünner der Ring ist. Richtwerte: (1) Bei einem anfänglichen Durchmesserverhältnis von 3:1 (Dicke des Rings = Innendurchmesser) ergibt eine Verdopplung des Volumens einen Zuwachs an Induktivität bzw. Impedanz um ca. 30 %; (2) ein Durchmesserverhältnis von 1,2:1 (Dicke = 0,1 · Innendurchmesser) ergibt etwa 73 %; (3) Pauschalwert für typische Ringquerschnitte nach [3.8]: 40 %.
Die folgenden Erläuterungen beziehen sich auf Abb. 3.70. Zahlenangaben sind Richtwerte.

a) Impedanz. Ferritringe sind von einigen MHz an bis ca. 1 GHz wirksam. Die Impedanzwerte liegen zwischen einigen Ω und einigen kΩ. Unterhalb von 10 MHz ist die Impedanz gering (ca. 10 Ω). Mit steigender Frequenz wird zunächst der induktive Blindwiderstand X_L wirksam. Er erreicht sein Maximum bei etwa 100 MHz und sinkt dann wieder ab. Der Wirkwiderstand R_S steigt aber weiter an. Bei Frequenzen oberhalb von 100 MHz hat die Impedanz praktisch keinen Blindanteil mehr. Weil hier nur der ohmsche Widerstand wirkt, ergeben sich keine parasitären Schwingkreisstrukturen; somit gibt es keine Resonanzprobleme.

b) Komplexe Permeabilität. Bei niedrigen Frequenzen bestimmt μ'_S die Werkstoffeigenschaften. Der Ring verhält sich vor allem als Induktivität, die höherfrequente Störungen unterdrückt. Je höher die Frequenz, desto stärker der Einfluss von μ''_S. Der Ring verhält sich zunehmend als Wirkwiderstand, der die geleiteten Störungen absorbiert.

Steigerung der Wirksamkeit
Die Impedanz wächst proportional zur Länge des Rings und der Anzahl der Ringe (vgl. Abb. 3.68c). Vor allem aber wächst sie mit dem Quadrat der Windungszahl (vgl. (3.102) bis (3.104)). Es liegt also nahe, den Leitungsweg mehrmals durch den Ring zu führen (Abb. 3.71). Die Grenzen ergeben sich einerseits aus dem verfügbaren Querschnitt und andererseits daraus, dass bei

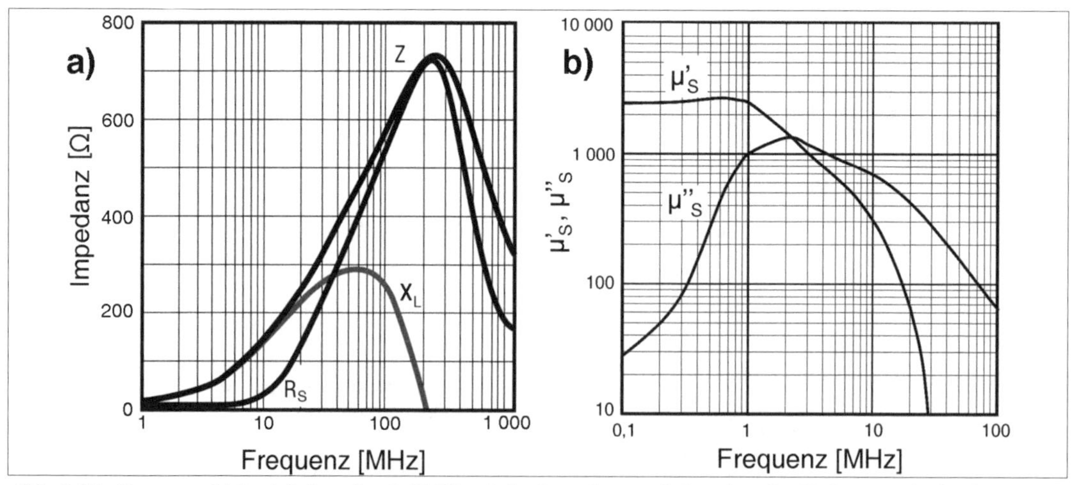

Abb. 3.70: *Frequenzabhängigkeiten (nach [3.8]). a) die Impedanz und ihre Anteile; b) die Anteile der komplexen Permeabilität. a) betrifft einen bestimmten Ring, b) einen bestimmten Werkstoff.*

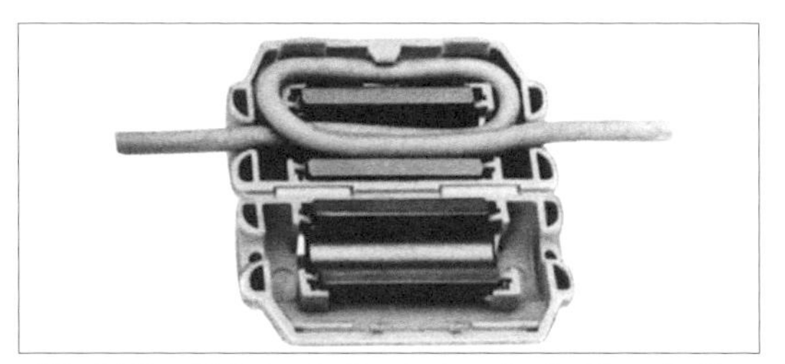

Abb. 3.71: Kabel mit Ferritring (aufgeklappt). Eine Umschlingung entspricht zwei Windungen.

höheren Frequenzen die Kapazität der Wicklung zu wirken beginnt, wodurch sich das Maximum der Impedanz in Richtung niedrigerer Frequenzen verschiebt (Abb. 3.72). Man begnügt sich deshalb typischerweise mit zwei oder drei Windungen = einer oder zwei Umschlingungen.

Bauelementeauswahl

Manche Typen werden ausdrücklich für bestimmte Anwendungsbereiche gefertigt. Findet man kein passendes Typensortiment, ist zunächst der Magnetwerkstoff auszuwählen. Die Wahl richtet sich nach dem Frequenzbereich, in dem die Störunterdrückung wirksam sein soll. Die Hersteller halten entsprechende Auswahllisten und Diagramme bereit. Ggf. müsste man sich anhand der Impedanz- und Permeabilitätskurven (vgl. beispielsweise Abb. 3.70) herantasten.
Weitere Auswahlgesichtspunkte:

- der Temperaturgang,
- die Strombelastbarkeit. Manchmal ist sie als Kennwert angegeben, manchmal muss man entsprechende Kurven auswerten (Induktivität oder Impedanz in Abhängigkeit von der magnetischen Feldstärke). Das ist vor allem dann von Bedeutung, wenn stärkere Ströme fließen.
- die Art der zu unterdrückenden Störungen und die Anzahl der Signale (Tabelle 3.7, Abb. 3.73),
- mechanische Probleme: Befestigung, Platzbedarf, Drahtstärke usw.

Anordnung	Hilft gegen...
Ein Ring je Signal (Abb. 3.73b)	Gleichtaktstörungen bei niedrigen Stromstärken, Gegentaktstörungen
Ein gemeinsamer Ring für Hin- und Rückleiter (Abb. 3.73a, c)	Gleichtaktstörungen (höhere Stromstärken)
Mehrere Leitungen durch einen gemeinsamen Ring (Abb. 3.73d)	Gleichtaktstörungen (Sparlösung)

***Tabelle 3.7:** Ferritringanordnungen zum Abschwächen von Gleichtakt- und Gegentaktstörungen.*

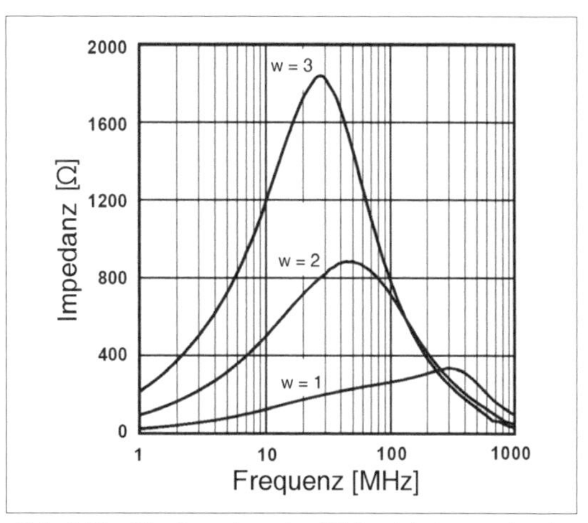

***Abb. 3.72:** Die Impedanz in Abhängigkeit von der Anzahl der Windungen (nach [3.8]). Je mehr Windungen, desto mehr verschiebt sich das Maximum der Impedanz in Richtung niedrigerer Frequenzen – viel hilft also nicht immer viel ...*

Geht es ums Unterdrücken von Schwingneigungen (z. B. von Verstärkerstufen), hilft oft nur Probieren – am besten auf Grundlage eines umfassenden Sortiments (vgl. Abb. 3.67e).

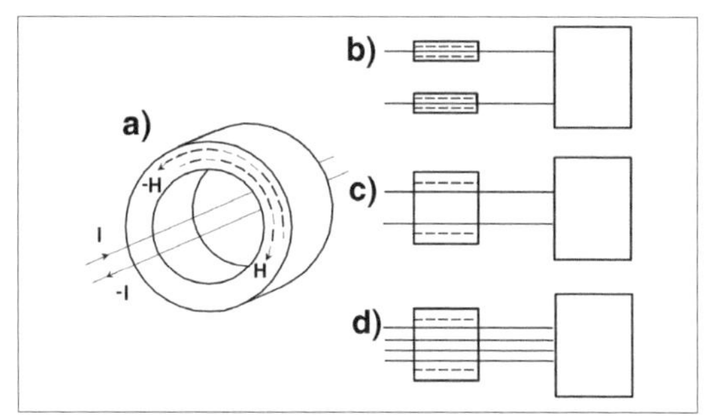

***Abb. 3.73:** Störunterdrückung auf mehreren Leitungen (nach [3.8]). a) Unterdrücken von Gleichtaktstörungen. Die Magnetfelder der entgegengerichteten Stromflüsse wirken gegeneinander. Sind die Ströme dem Betrag nach gleich, so heben sich die Magnetfelder auf – der Ring ist dann praktisch eine stromkompensierte Drossel mit je einer Windung. Gegentaktstörungen werden nicht abeschwächt. b) Unterdrückung von Gegentaktstörungen durch einen Ring je Leitung (hilft bei geringen Stromstärken auch gegen Gleichtaktstörungen). c) Unterdrückung von Gleichtaktstörungen bei stärkeren Strömen (vgl. a)). d) hier sind mehrere Leitungen durch einen gemeinsamen Ring geführt (z. B. ein Flachbandkabel; vgl. Abb. 3.67d). In dieser Anordnung werden die Gleichtaktstörungen auf allen Leitungen abgeschwächt.*

3.4 Transformatoren

3.4.1 Grundlagen

Transformatoren (Trafos) oder Übertrager sind elektromagnetische Bauelemente mit wenigstens zwei voneinander isolierten Spulen (Wicklungen). Die erste Wicklung (Primärwicklung) wird von außen erregt, die zweite Wicklung (Sekundärwicklung) wirkt als Spannungsquelle und kann einen weiteren, vom ersten galvanisch getrennten Stromkreis betreiben (Abb. 3.74). Beide Wicklungen sind über einen gemeinsamen Magnetfluss Φ gekoppelt. Transformatoren können Wechselstrom oder Impulse übertragen. Sie haben folgende grundsätzliche Anwendungsgebiete:

- das Übertragen von Leistung bei einer festen Frequenz (Beispiel: Netztransformator),
- Widerstandsanpassung,
- Pegelwandlung,
- Phasenumkehr,
- Spannungsübertragung über einen größeren Frequenzbereich,
- Impulsübertragung,
- Wandlung von Messgrößen,
- galvanische Trennung (Potentialtrennung, Isolation).

Die Primärwicklung setzt die im Primärstromkreis gegebene elektrische Energie in magnetische um. Der Primärstrom I_1 bewirkt eine magnetische Durchflutung $\Theta = I_1 \cdot w_1$ (vgl. (3.20)).

Die Selbstinduktionsspannung U_1 der Primärwicklung muss der Quellspannung U_0 gleich sein (Induktionsgesetz; vgl. (3.3) und (3.4)) :

$$U_0(t) = -L \cdot \frac{dI}{dt} = -w_1 \cdot \frac{d\Phi}{dt}$$

Die Induktivität L_1 der Primärwicklung muss so groß sein, dass diese Gleichung auch an der unteren Grenzfrequenz f_U erfüllt ist (im Folgenden wird mit sinusförmigen Verläufen weitergerechnet):

$$I(t) = I_{1S} \cdot \sin \omega t; \quad \Phi(t) = \Phi_{1S} \cdot \sin \omega t$$

$$\omega = 2\pi f_U$$

$$U_0(t) = -2\pi f_U \cdot L_1 \cdot I_{1S} \cdot \cos \omega t =$$

$$= -2\pi f_U \cdot w_1 \cdot \Phi_{1S} \cdot \cos \omega t$$

I_{1S} = Spitzenwert des Primärstroms, Φ_{1S} = Spitzenwert des magnetischen Flusses.

Die untere Grenzfrequenz f_U bezieht sich auf eine Spannung $U_U = \frac{1}{\sqrt{2}} \cdot U_0$. Der Übergang auf Effektivwerte ergibt näherungsweise[65]:

$$U_0 \approx 4{,}44 \cdot f_U \cdot L_1 \cdot I_{1S} = 4{,}44 \cdot f_U \cdot w_1 \cdot \Phi_{1S} \tag{3.105}$$

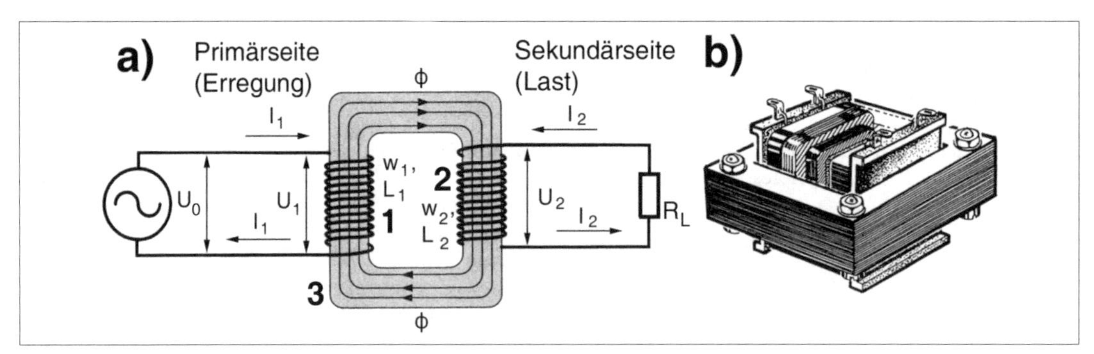

Abb. 3.74: Der Transformator. a) grundsätzlicher Aufbau, b) Ausführungsbeispiel. 1 – Primärwicklung mit Windungszahl w_1 und Induktivität L_1; 2 - Sekundärwicklung mit Windungszahl w_2 und Induktivität L_2; 3 - Kern; Φ - magnetischer Fluss.

65 Mit $\frac{1}{\sqrt{2}} \cdot 2\pi \approx 4{,}44$

Hieraus ergibt sich die Primärinduktivität zu:

$$L_1 = \frac{U_0}{4{,}44 \cdot f_U \cdot I} \qquad (3.106)$$

Mit $\Phi_{1S} = B \cdot A_K$ (A_K = Kernquerschnitt) ergibt sich die Primärwindungszahl zu:

$$w_1 = \frac{U_0}{4{,}44 \cdot f_U \cdot B \cdot A_K} \qquad (3.107)$$

Die maximale Flussdichte:

$$B_{max} = \frac{U_0}{4{,}44 \cdot f_U \cdot w_1 \cdot A_K} \qquad (3.108)$$

Der Kern ist ein Magnetkreis mit einem magnetischen Widerstand R_m. Die Durchflutung Θ bewirkt einen magnetischen Fluss

$$\Phi = \frac{\Theta}{R_m}$$

(Hopkinsonsches Gesetz; vgl. (3.19)).

Dieser induziert in der Sekundärwicklung eine Spannung

$$U_2 = -w_2 \cdot \frac{\Delta\Phi}{\Delta t}$$

(Induktionsgesetz; vgl. (3.3)).

Der ideale (verlustlose) Transformator
Beim verlustlosen Transformator sind – weil nichts verlorengeht – Eingangs- und Ausgangsleistung gleich:

$$P_1 = P_2 \text{; also } U_1 \cdot I_1 = U_2 \cdot I_2 \qquad (3.109)$$

Die Spannungen verhalten sich wie die Windungszahlen:

$$\frac{U_1}{U_2} = \frac{w_1}{w_2} = \ddot{U}_U \text{ (Spannungsübersetzung)} \qquad (3.110)$$

Die Stromstärken verhalten sich umgekehrt zu den Windungszahlen:

$$\frac{I_1}{I_2} = \frac{w_2}{w_1} = \ddot{u}_I \text{ (Stromübersetzung)} \qquad (3.111)$$

Das Übersetzungsverhältnis
Typischerweise wird die Spannungsübersetzung als Übersetzungsverhältnis ü bezeichnet.

$$\ddot{u} = \ddot{u}_U = \frac{1}{\ddot{u}_I} = \frac{w_1}{w_2} \qquad (3.112)$$

Die Widerstände verhalten sich wie die Quadrate der Windungszahlen. Als Widerstände R_1, R_2 betrachten wir hier jeweils das Verhältnis von Spannung und Strom auf der Primär- und auf der Sekundärseite ($R_1 = U_1 : I_1$; $R_2 = U_2 : I_2$). Es gilt:

$$\frac{R_1}{R_2} = \frac{\frac{U_1}{I_1}}{\frac{U_2}{I_2}} = \frac{U_1}{U_2} \cdot \frac{I_2}{I_1} = \frac{w_1}{w_2} \cdot \frac{w_1}{w_2} = \frac{w_1^2}{w_2^2} = \ddot{u}^2 \qquad (3.113)$$

Induktivitäten
Beim einfachen Transformator mit zwei Wicklungen sind drei Induktivitätskennwerte zu unterscheiden:

- die Induktivität L_1 der Primärwickung,
- die Induktivität L_2 der Sekundärwicklung,
- die Gegeninduktivität M (vgl. Abschnitt 3.1.3).

Die Induktivitäten verhalten sich wie die Quadrate der Windungszahlen:

$$\frac{L_1}{L_2} = \left(\frac{w_1}{w_2}\right)^2 = \ddot{u}^2 \qquad (3.114)$$

Erregungsstrom (Magnetisierungsstrom)
Damit sich der Magnetfluss im Kern überhaupt ändert, muss eine bestimmte magnetische Feldstärke einwirken. Der hierfür erforderliche Mindeststrom (in Aw) heißt Erregungs- oder Magnetisierungsstrom (Exciting Current I_{EX})[66]. Ist der durch die Primärwicklung fließende Strom kleiner als der Magnetisierungsstrom, so passiert auf der Sekundärseite praktisch nichts.

66 Bei gegebener (Koerzitiv-) Feldstärke kann er aus (3.22) errechnet werden.

Der Transformator im sekundärseitigen Leerlauf
An die Sekundärwicklung ist keine Last angeschlossen (Abb. 3.75). Da auf der Sekundärseite kein Strom fließt, kann die Sekundärwicklung auch keinen magnetischen Fluss hervorrufen. Die primärseitige Spannungsquelle sieht somit die Primärwicklung als einzige Induktivität L_1. Somit ergibt sich – als Folge der Selbstinduktion – die typische Phasenverschiebung zwischen Strom und Spannung (der Strom I_0 eilt der Spannung U_1 um 90° nach). In der Sekundärwicklung induziert der dem Strom I_1 proportionale magnetische Fluss eine Leerlaufspannung U_{02}. Die Stromänderung ist dann am größten, wenn der Strom durch Null geht, und sie ist gleich Null, wenn der Strom seinen Höchstwert hat. An den Nulldurchgängen des Stromverlaufs hat also die induzierte Spannung ihre Maxima, an den Höchstwerten hat sie den Wert Null. Das entspricht einer Phasenverschiebung von 90°. Gegenüber der Primärspannung U_1 hat die sekundärseitige Leerlaufspannung U_{02} somit eine Phasenverschiebung von 180° (90° Primärstrom gegen Primärspannung + 90° Sekundärspannung gegen Primärstrom)[67]. Der ideale Transformator ist im Leerlauf ein reiner induktiver Blindwiderstand, hat also keine Verlustleistung. In der Praxis treten nur Kernverluste und Verluste der Primärwicklung auf.

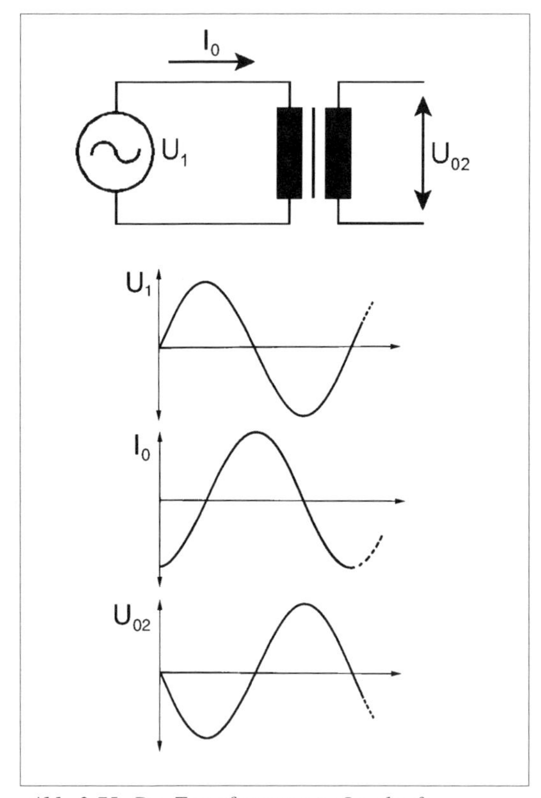

***Abb. 3.75:** Der Transformator im Leerlauf.*

Der Transformator bei sekundärseitiger Belastung
Infolge der Belastung fließt auf der Sekundärseite ein Strom I_2 (Abb. 3.76). Dieser baut über die Sekundärwicklung seinerseits ein Magnetfeld auf, das dem der Primärwicklung entgegengerichtet ist (Durchflutung Θ_2). Der die Primärwicklung durchdringende magnetische Fluss wird somit geringer. Infolgedessen verringert sich die Selbstinduktionsspannung, so dass ein stärkerer Primärstrom fließen kann. Hierdurch steigt aber auch die Durchflutung Θ_1 der Primärwicklung und damit der magnetische Fluss – und zwar so lange, bis die Gegenwirkung der Sekundärwicklung (Gegeninduktion) aufgehoben ist. Der Primärstrom kann nur soweit ansteigen, bis sich aufgrund der resultierenden Durchflutung $\Theta_1 + \Theta_2$ ein magnetischer Fluss ergibt, bei dem die Selbstinduktionsspannung der Primärwicklung der Quellspannung U_1 entspricht (elektrisches Gleichgewicht)[68]. Somit bestimmt der Sekundärstrom praktisch den Primärstrom – mit anderen Worten: der Primärstrom I_1 folgt in Verlauf und Phasenlage dem Sekundärstrom I_2 nach.

Die Phasenverschiebung zwischen Primärspannung U_1 und Primärstrom I_1 wird von der Last R_L im Sekundärkreis bestimmt (ohmsche Last: 0°, kapazitive Last: -90°, induktive Last: + 90° usw.).

Ein idealer Transformator reicht also das elektrische Verhalten der sekundärseitigen Last gleichsam zum Primärkreis durch (Abb. 3.77). Er wirkt lediglich im Sinne der Übersetzung und – abhängig vom Wicklungssinn – der Phasendrehung (Phasenverschiebung 0° oder 180°). Hat er ein Übersetzungsverhältnis ü = 1 und sind die

67 Die Erläuterungen beziehen sich darauf, dass beide Wicklungen den gleichen Wicklungssinn haben. Bei anderem Wicklungssinn haben Primär- und Sekundärspannung die gleiche Phasenlage (Näheres s. S. 224).

68 Auch im Leerlauffall gilt Selbstinduktionsspannung = Quellspannung (vgl. S. 220). Folglich muss die resultierende Durchflutung der Primärwicklung gleich der Durchflutung im Leerlauf sein: $\Theta_1 + \Theta_2 = \Theta_0$ ($I_1 w_1 + I_2 w_2 = I_0 w_1$). Der Primärstrom steigt soweit, bis das von ihm erzeugte Magnetfeld in der Primärwicklung die Wirkung des von der Sekundärwicklung eingekoppelten Magnetfeldes aufhebt.

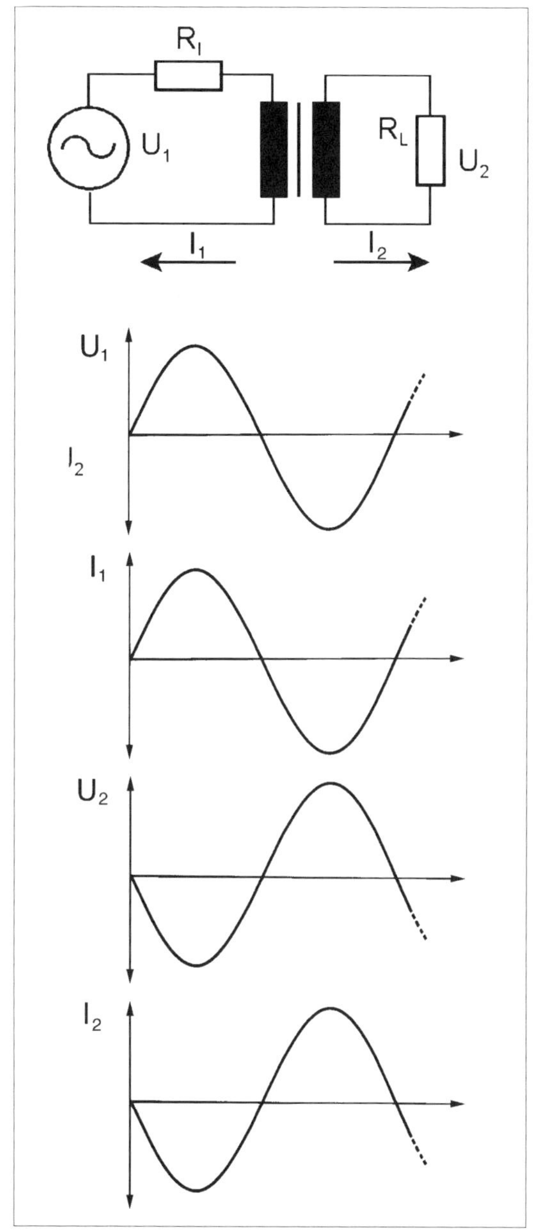

Abb. 3.76: Der belastete Transformator. R_i = Innenwiderstand der Spannungsquelle, R_L = Lastwiderstand.

Wicklungen entsprechend angeschlossen, so trennt er beide Kreise voneinander, wirkt aber ansonsten so, als sei er nicht vorhanden.

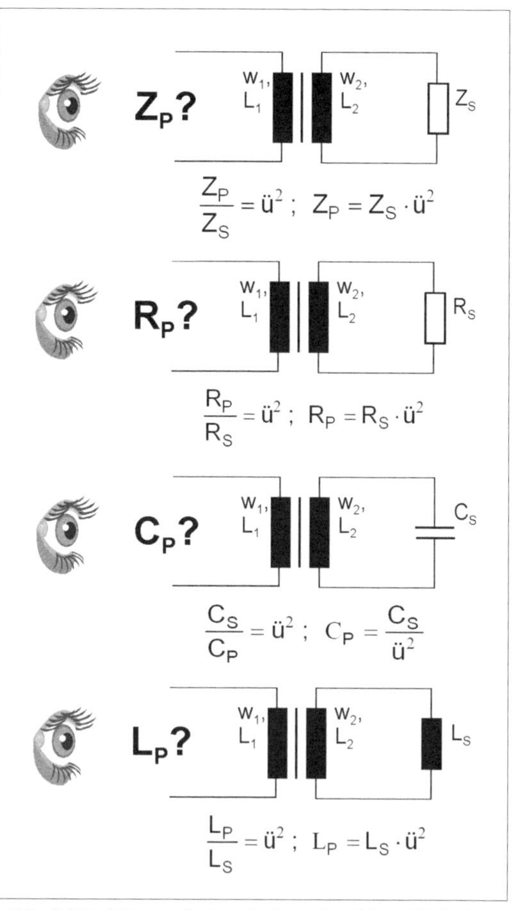

Abb. 3.77: Wie erscheint die Last im Sekundärkreis an den Anschlüssen der Primärwicklung?

Leistungsübertragung

Eine ohmsche Last R_L im Sekundärkreis setzt eine bestimmte Verlustleistung um, die der Transformator übertragen muss. Auf der Primärseite muss folgende Leistung aufgebracht werden:

$$P_1 = U_1^2 \cdot \frac{ü^2 \cdot R_L}{R_i + ü^2 \cdot R_{L)}^2} \qquad (3.115)$$

Ausgangsspannung

Die am Lastwiderstand R_L abfallende Spannung U_2 ergibt sich folgendermaßen:

$$U_2 = \frac{1}{ü} \cdot U_1 \cdot \frac{ü^2 \cdot R_L}{R_i + ü^2 \cdot R_L} \qquad (3.116)$$

Widerstandsanpassung
Auf der Primärseite eines Transformators wird ein Widerstand wirksam, der $ü^2$ mal so groß ist wie der Lastwiderstand R_L (vgl. Abb. 3.77). Durch einen entsprechend ausgelegten Transformator kann man somit eine Wechselspannungsquelle an einen beliebigen Eingangswiderstand des Lastkreises anpassen. Für beliebige allgemeine Widerstände (Impedanzen) Z_1, Z_2 gilt:

$$ü = \frac{w_1}{w_2} = \sqrt{\frac{Z_1}{Z_2}} \qquad (3.117)$$

Leistungsanpassung
Hierzu muss das Übersetzungsverhältnis so gewählt werden, dass der Widerstand auf der Primärseite dem Innenwiderstand der Spannungsquelle gleich ist.

Phasenlage und Wicklungssinn
Je nachdem, in welchem Drehsinn die Wicklungen angelegt sind und an welchen Enden man den Transformator mit Spannungsquelle und Last verbindet, stimmen die primär- und sekundärseitigen Spannungs- und Stromverläufe in ihrer Phasenlage überein oder es ergibt sich eine Phasenverschiebung von 180° (Phasenumkehr). Es ist im Grunde eine Konventionssache.

Zur Veranschaulichung zeigt Abb. 3.78 einen Transformator mit Stabkern. Beide Wicklungen wurden untereinander in gleicher Weise angelegt (z. B. wurde jeweils am oberen Ende begonnen und – von oben gesehen – im Uhrzeigersinn gewickelt). Der Anfang jeder Wicklung wird – vorläufig – mit einem **x** bezeichnet.

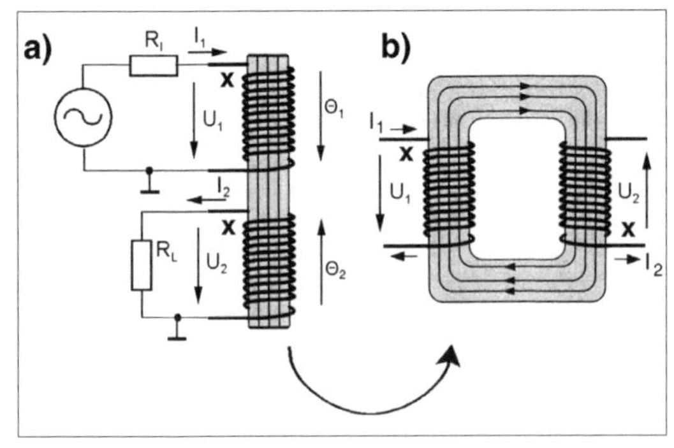

Abb. 3.78: *Wicklungssinn und Phasenlage.*
a) Transformator mit Stabkern. Beide Wicklungen haben den gleichen Wicklungssinn.
b) Durch Umbiegen des Stabs ergibt sich die übliche Darstellung des Transformators.

Um zutreffende Aussagen zu erhalten, muss man den Primär- und den Sekundärkreis auf etwas Gemeinsames beziehen (hier: auf einen Massepegel). Die Sekundärspannung U_2 ist die vom Primärstrom I_1 hervorgerufene Induktionsspannung in der Sekundärwicklung. Wie anhand von Abb. 3.77 gezeigt, beträgt die Phasenverschiebung gegenüber der Primärspannung 180° (Phasenumkehr). Der Sekundärkreis wird über den Lastwiderstand R_L geschlossen. Infolge der rein ohmschen Belastung hat der Sekundärstrom I_2 die gleiche Phasenlage wie die Sekundärspannung U_2, also – im Vergleich zum Primärstrom – die jeweils umgekehrte Richtung. Fließt der Primärstrom zum **x** hinein, so fließt der Sekundärstrom aus dem **x** heraus. Die vom Sekundärstrom I_2 hervorgerufene magnetische Durchflutung Θ_2 wirkt der vom Primärstrom I_1 bewirkten Durchflutung Θ_1 entgegen. Die Phasenlagen der Ströme und Spannungen entsprechen Abb. 3.76.

Wird der Wicklungssinn einer der beiden Wicklungen geändert oder werden die entsprechenden Anschlüsse vertauscht, so drehen sich die Richtungen des Sekundärstroms und der sekundärseitigen Durchflutung um. Bei ohmscher Belastung im Sekundärkreis haben dann alle Ströme und Spannungen die gleiche Phasenlage (Abb. 3.79).

Die oberen Schaltbilder in Abb. 3.79 beziehen sich auf den eigentlichen Wicklungssinn gemäß Abb. 3.78. Beide Wicklungen haben den gleichen Drehsinn, und das **x** bezeichnet jeweils den Anfang. Die übliche Bezeichnung mit Punkten (zweite Reihe in Abb. 3.79) bezieht sich hingegen auf die Polung oder Phasenlage der Spannungen. Die Punkte sind so angebracht, dass bei gleichartiger Verbindung mit dem Bezugspotential (z. B. Masse) die Spannungen an den primär- und sekundärseitigen Anschüssen die gleiche Polung oder Phasenlage haben (vgl. Abb. 3.79b).

Die Phasenkennzeichnung in der Praxis
Hinsichtlich der Phasenlage sind drei Einsatzfälle zu unterscheiden.

a) Sie ist gleichgültig. Beispiel: Netztrafo.
b) Sie ist nur von Bedeutung, um mehrere Primär- oder Sekundärwicklungen richtig untereinander zu verbinden (Reihen- oder Parallelschaltung; vgl. S. 232 ff); die Phasenlage zwischen Primär- und Sekundärseite ist gleichgültig. Beispiel: Netztrafo mit mehreren Wicklungen.
c) Es kommt wirklich darauf an. Beispiel: Impulstransformator.

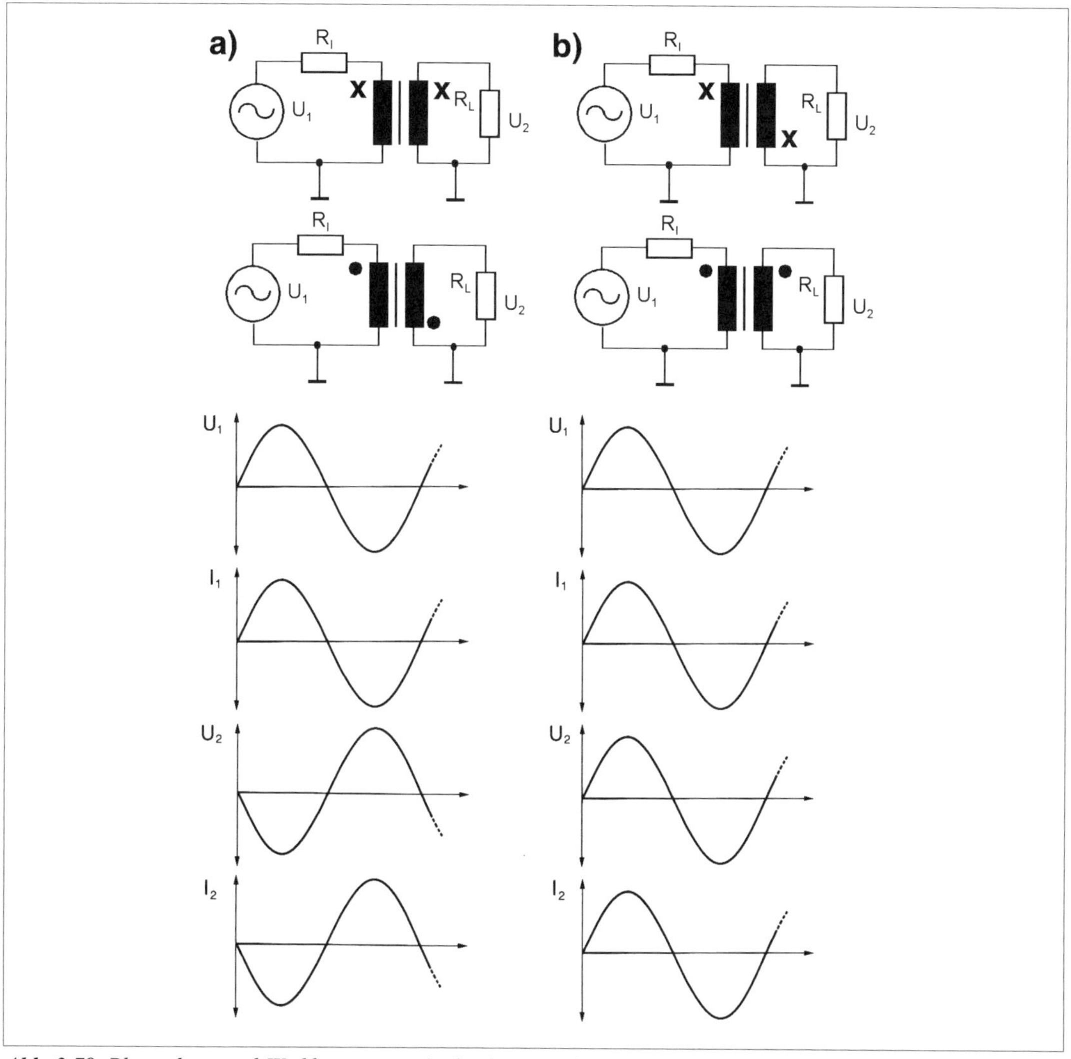

Abb. 3.79: *Phasenlage und Wicklungssinn. a) gleicher Wicklungssinn (gemäß Abb. 3.78) ergibt eine Phasenverschiebung von 180° (Phasenumkehr). b) entgegengesetzter Wicklungssinn. Keine Phasenverschiebung.*

Die Phasenpunkte sind nicht immer angegeben. Manchmal geht die Anschlussbelegung aus dem Datenmaterial hervor. Gelegentlich muss die Phasenlage durch Versuch bestimmt werden (z. B. mittels Funktionsgenerator und Oszilloskop in einem Aufbau ähnlich Abb. 3.79).

Der reale Transformator

Jeder reale Transformator hat Verluste und somit einen Wirkungsgrad < 1. Die Verluste haben mehrere Ursachen:

- Wicklungsverluste (Kupferverluste) der einzelnen Wicklungen,
- Kernverluste (Eisenverluste),
- Streuverluste. Nicht alle magnetischen Feldlinien verbleiben im magnetischen Kreis. Somit wirkt nicht die gesamte magnetische Energie auf die Wicklungen ein.

Richtwert: Reale Transformatoren haben einen Wirkungsgrad zwischen 70 und 98 %.

Für einige Verlustanteile gibt es einfache Zusammenhänge, die empirisch gefunden wurden[69].

a) Hystereseverluste nach Steinmetz:

$$P_{Vh} \approx k_h \cdot B_{max}^{1,6} \qquad (3.118)$$

b) Wirbelstromverluste:

$$P_e \approx k_e \cdot B_{max}^2 \qquad (3.119)$$

(k_h und k_e sind Werkstoffkonstanten (aus dem Datenmaterial), B_{max} ist die maximale Flussdichte).

c) Faustregel:
Die Kernverluste sind näherungsweise dem Quadrat der Primärspannung proportional. Sie können durch einen zur Primärwicklung parallelgeschalteten Verlustwiderstand R_C modelliert werden.

Ersatzschaltungen
Die Abb. 3.80 bis 3.82 zeigen einige Ersatzschaltungen für Transformatoren. Welche davon in Betracht kommt, hängt von Ausführung, Bauform und Betriebsbedingungen ab.
Abb. 3.80 veranschaulicht ein naheliegendes Ersatzschaltbild des realen Transformators, das folgende Einflussgrößen berücksichtigt:

- Jede Wicklung hat einen Wicklungswiderstand (R_1, R_2),
- die magnetischen Flüsse der Wicklungen sind nicht 100%ig miteinander verkoppelt; es verbleiben vielmehr Streuflüsse, die über die Streuinduktivitäten L_{S1}, L_{S2} erfasst werden,
- jede Wicklung hat eine Streukapazität (C_1, C_2),
- da die Wicklungen nahe beieinander angeordnet sind, ergibt sich eine Koppelkapazität C_M.

Das ist allerdings kaum mehr als ein plausibles Modell. Für die rechnerische Behandlung muss der ideale Transformator weggeschafft werden, so dass nur vermaschte Stromkreise übrigbleiben, auf die man die elementaren Gesetze der Elektrotechnik anwenden kann. Ein typischer Ansatz besteht darin, von den Anschlüssen der Primärwicklung aus in den Transformator hineinzusehen und die Kennwerte des Sekundärkreises vermittels des Übersetzungsverhältnisses zu berücksichtigen (Abb. 3.81; vgl. auch Abb. 3.77).

Sind die Kernverluste klein, kann man sie vernachlässigen. Sinngemäß spielen die Kapazitäten praktisch keine Rolle, wenn die Frequenzen nicht allzu hoch sind. Hierdurch ergeben sich vereinfachte Ersatzschaltungen, die in typischen Anwendungsbereichen (Netz, Audio usw.) brauchbar sind (Abb. 3.82).

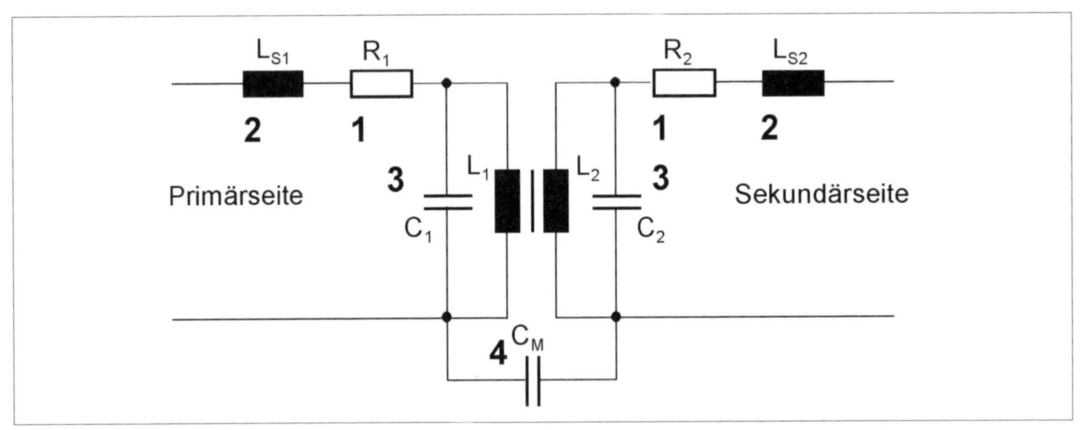

Abb. 3.80: *Der reale Transformator in einem naiven Ersatzschaltbild. 1 - Wicklungswiderstände; 2 - Streuinduktivitäten; 3 - Streukapazitäten; 4 - Koppelkapazität.*

69 a), b), c) nach [3.3]. Grundsätzliches zu den Verlusten vgl. S. 185 f. WelcheVerlustanteile Bedeutung haben und welche vernachlässigt werden können, hängt vom Einsatzfall und von der Bauart des Transformators ab. Zum praktischen Rechnen sei auf die Angaben der Transformatorhersteller verwiesen (Internet).

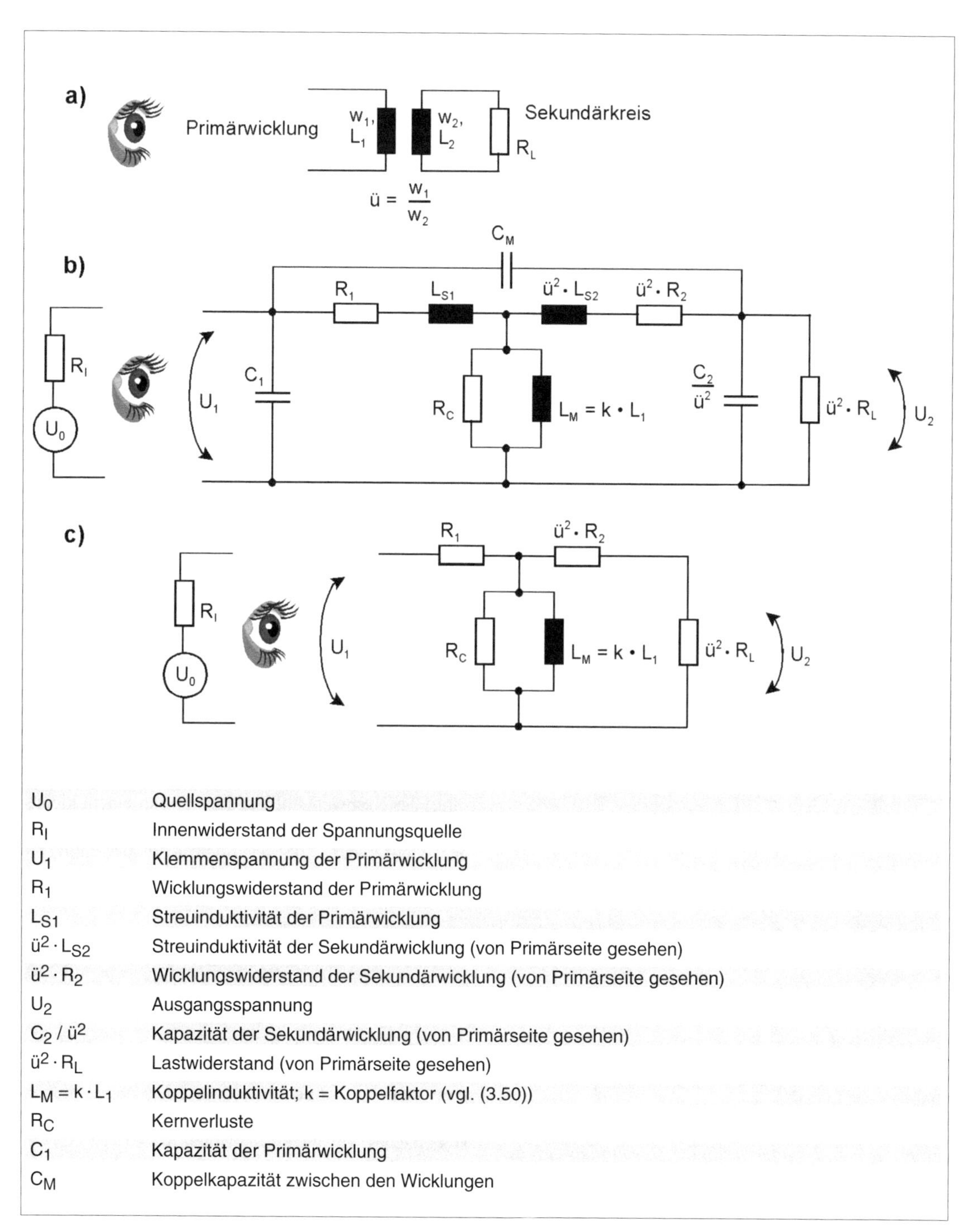

Abb. 3.81: *Ersatzschaltungen eines Transformators. a) der ideale Transformator; b) eine universelle Ersatzschaltung; c) Vereinfachung für niedrige Frequenzen.*

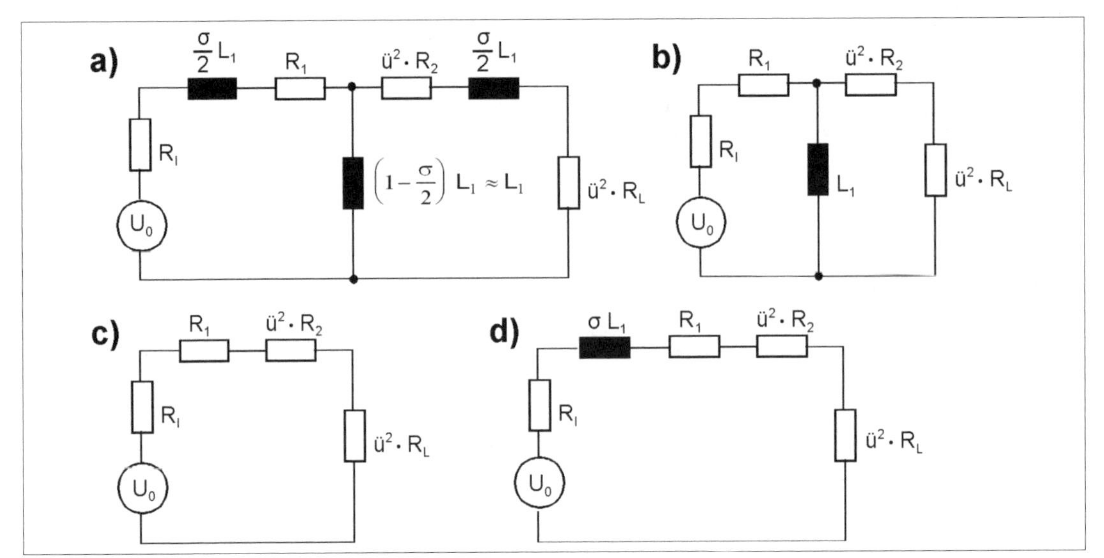

Abb. 3.82: *Vereinfachte Ersatzschaltungen. a) Vollständig; b) für niedrige Frequenzen; c) für mittlere Frequenzen; d) für höhere Frequenzen. Zu den Bezeichnungen s. Abb. 3.81. Die Streuinduktivitäten ergeben sich hier über den Streugrad σ.*
Hinweis: Zu vergleichsweise einfachen Ersatzschaltungen vgl. auch [3.1]. Die Schaltbilder von [3.1] enthalten ideale Transformatoren. Hingegen werden hier die sekundärseitigen Parameter entsprechend dem Übersetzungsverhältnis auf der Primärseite dargestellt.

Die magnetische Feldstärke
Der Kern des Transformators darf nicht in die Sättigung gelangen. Deshalb kann man nur den (nahezu) linearen Teil der Magnetisierungskennlinie ausnutzen (Abb. 3.83).

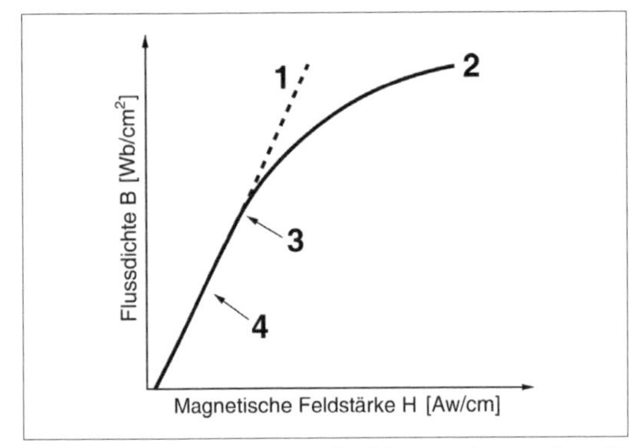

Abb. 3.83: *Zur Ausnutzung der Magnetisierungskennlinie. 1 - idealer, 2- realer Verlauf. 3 - bis hierher darf die Kennlinie höchstens ausgenutzt werden, darüber hinaus gelangt der Kern allmählich in die Sättigung. Anwendungsbeispiel: Netztransformator. 4 - wenn es darauf ankommt, Strom- und Spannungsverläufe unverfälscht zu übertragen, sollte man den Kern nicht bis zum letzten ausnutzen (Anwendungsbeispiel: Audio-Transformator).*

Frequenzbereiche
Aus (3.108) ist ersichtlich, dass – bei gegebener Spannung – die Flussdichte im Kern mit zunehmender Frequenz abnimmt. Bei höheren Frequenzen kommt man also – wenn man die zulässige Flussdichte (Magnetisierung) des Kernwerkstoffs ausnutzt – mit einem kleineren Kern aus, um eine bestimmte Leistung zu übertragen. Stellt man (3.108) nach dem Kernquerschnitt um und setzt die Kernquerschnitte A_{K1}, A_{K2} für zwei Frequenzen f_1, f_2 ins Verhältnis, so ergibt sich:

$$\frac{A_{K1}}{A_{K2}} = \frac{f_2}{f_1} \tag{3.120}$$

Zwar verschlechtert sich der Wirkungsgrad (infolge der Hystereseverluste), Gewicht und Abmessungen verringern sich aber beträchtlich (die Abmessungen proportional zur Quadratwurzel des Verhältnisses (3.120)). Historisches Anwendungsbeispiel: die 400-Hz-Versorgung in Rechenzentren und Flugzeug-Bordnetzen (400 Hz ergeben – im Vergleich zur üblichen Netzfrequenz – nach (3.120) eine Kernquerschnittsverringerung im Verhältnis 1:8 und damit etwa ein Drittel der Kerngröße).

Ein Absenken der Frequenz wirkt sich entgegengesetzt aus; die Flussdichte steigt, und der Kern kann in die Sättigung geraten. Ringkerntypen sind in dieser Hinsicht besonders empfindlich; es kann schon Probleme geben, wenn man einen für 60 Hz spezifizierten Typ mit 50 Hz betreibt.

Allgemeine Richtwerte für Netztransformatoren: Frequenz nicht niedriger als 25 Hz und nicht höher als etwa 1 kHz (bei Ringkernen gelegentlich mehr; manche Typen sind bis zu 100 kHz spezifiziert). Im Einzelfall entscheidet der Versuch. (Es kommt u. a. auch auf die Belastung an. Erprobungsbeispiel: Zum Hochtransformieren der Rufspannung in einer Telefonanlage (20 Hz) hat sich ein umgedrehter herkömmlicher Netztrafo besser bewährt als ein spezieller NF-Übertrager.)

Der Einschaltstrom

Er hängt vom Zeitpunkt des Einschaltens ab und kann sehr hoch werden. Es gibt zwei extreme Einschaltzeitpunkte (Abb. 3.84).

a) Der günstigste Fall: Einschalten bei einem Spannungsmaximum. Das Anlegen einer Spannung an eine Induktivität ruft – als Folge der Stromänderung $\Delta I/\Delta t$ – sofort eine Induktionsspannung hervor, die den Stromanstieg bremst. Der Strom kann deshalb nicht übermäßig ansteigen, der Kern also auch nicht in die Sättigung gelangen.

b) Der ungünstigste Fall: Einschalten bei Nulldurchgang der Wechselspanung. Bei Spannung 0 kann nichts passieren: kein $\Delta I/\Delta t$, also auch keine Induktionsspannung. Damit wird der Strom zunächst nur durch den Leitungswiderstand der Primwärwicklung begrenzt. Der magnetische Fluss erreicht den doppelten Wert gegenüber dem Einschaltfall a)[70]. Hierdurch kann der Kern in die Sättigung gelangen. Richtwerte: Der Einschaltstrom kann das 10- bis 40fache des normalen Betriebsstroms erreichen, bei typischen Ringkern-Netztransformatoren etwa das 15fache.

Besonders hohe Einschaltströme ergeben sich,

- wenn das Magnetfeld des Restmagnetismus in die gleiche Richtung orientiert wie das Feld, das sich beim Einschalten aufbaut,
- wenn der Kern bis zum letzten ausgenutzt wurde (vgl. Position 3 in Abb. 3.83).

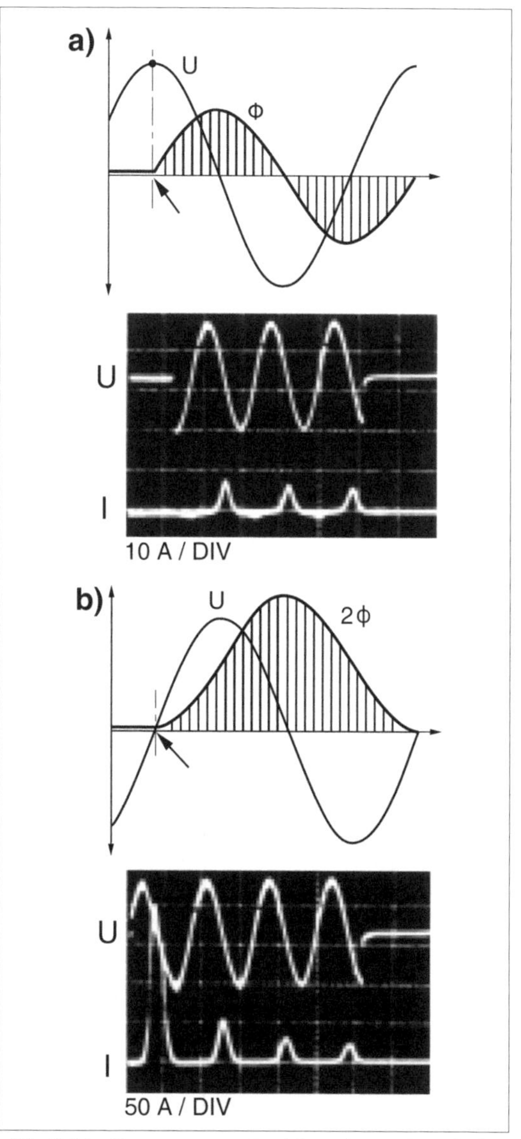

Abb. 3.84: *Der magnetische Fluss beim Einschalten (nach [3.38]). a) Einschalten bei Spannungsmaximum; b) Einschalten bei Nulldurchgang. Oben Prinzip, darunter Messbeispiel (Transformator 160 VA). Wird bei Spannungsmaximum eingeschaltet, beträgt der maximale Einschaltstrom etwa 7 A. Wird hingegen bei Nulldurchgang eingeschaltet, ergibt sich eine anfängliche Stromspitze von etwa 200 A.*

70 Integration des Spannungsverlaufs vom Einschaltzeitpunkt bis zum ersten Nulldurchgang.

Typische Schadenswirkungen zu hoher Einschaltströme:

- übermäßige Belastung der Schaltelemente,
- übermäßige Störstrahlung,
- übermäßige mechanische Beanspruchung des Transformators,
- Ansprechen von Sicherungen.

Abhilfe:

- Nicht bei Nulldurchgang schalten (Triacs usw.),
- Einschaltstrom begrenzen (Heißleiter, Vorwiderstand, der nach dem Einschalten durch einen Relaiskontakt überbrückt wird, Sättigungsdrossel o. ä.),
- Transformator überdimensionieren (Magnetisierungskennlinie nicht bis zum Anschlag ausnutzen),
- Schaltelemente, Sicherungen usw. so dimensionieren, dass sie die Einschaltströme aushalten.

Spar- oder Autotransformatoren

Diese Transformatoren haben keine getrennten Primär- und Sekundärwicklungen (Abb. 3.85). Die Anordnung kann man als Reihenschaltung von zwei Wicklungen w_1, w_2 oder als eine einzige Wicklung mit Anzapfung betrachten, wobei ein Teil gleichzeitig dem Primär- und dem Sekundärkreis angehört.

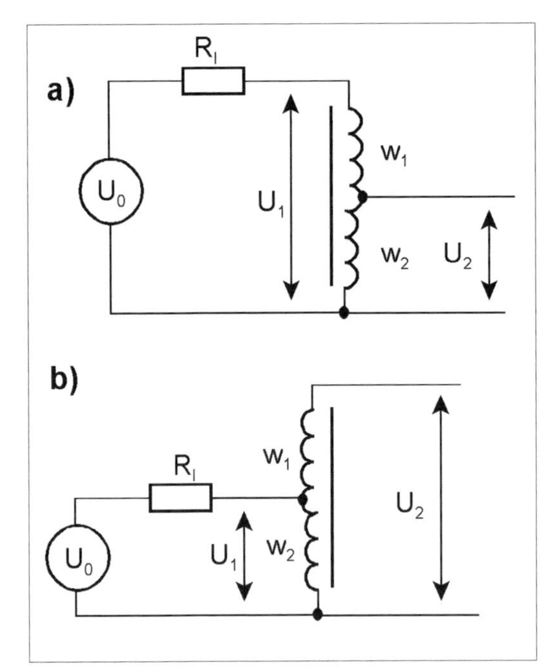

Abb. 3.85: *Spar- oder Autotransformator. a) Abwärts-, b) Aufwärtstransformation.*

Das Übersetzungsverhältnis ergibt sich zu:

$$ü = \frac{\text{Primärwindungszahl}}{\text{Sekundärwindungszahl}} = \frac{w_p}{w_s} \tag{3.121}$$

$$ü_{abwärts} = \frac{w_1 + w_2}{w_2}; \quad ü_{aufwärts} = \frac{w_2}{w_1 + w_2}$$

a) Bei Abwärtstransformation (Ausgangsspannung $<$ Eingangsspannung) bilden $w_1 + w_2$ die Primärwicklung, und w_2 ist die Sekundärwicklung ($w_P = w_1 + w_2$, $w_S = w_2$).

b) Bei Aufwärtstransformation (Ausgangsspannung Eingangsspannung) bilden $w_1 + w_2$ die Sekundärwicklung, und w_2 ist die Primärwicklung ($w_P = w_2$, $w_S = w_1 + w_2$).

Was wird hier eigentlich gespart? – Die Vorteile:

- Ein Teil des Stroms wird nicht durch induktive Kopplung, sondern direkt (galvanisch) übertragen; deshalb kann man bei gleicher Kerngröße mehr Leistung übertragen als mit einem herkömmlichen Transformator.
- In der gemeinsamen Wicklung w_2 sind die Primär- und Sekundärströme entgegengesetzt gerichtet (vgl. auch Abb. 3.78a). Der resultierende Strom wird somit geringer (Differenzstrom); das ermöglicht es, diese Wicklung mit dünnerem Draht auszuführen.

Diese Vorteile treten allerdings nur dann ein, wenn das Übersetzungsverhältnis nicht allzu hoch ist (Richtwert: höchstens 4:1 oder 1:4).

Der grundsätzliche Nachteil

Es gibt keine galvanische Trennung, so dass der Anwendungsbereich entsprechend eingeschränkt ist (Einsatz als Netztransformator nur bei Schutzisolierung).

Typenleistung

Die Typenleistung P_{typ} des Kerns kennzeichnet die induktiv zu übertragende Leistung (Datenblattwert):

$$P_{typ} = I_1 \cdot |U_1 - U_2| \tag{3.122}$$

Die anwendungsseitig insgesamt zu übertragende Leistung P betrifft die gesamte Wicklung ($w_1 + w_2$). Hiermit ergibt sich:

$$P_{typ} = P \cdot \frac{U_1 - U_2}{U_1} = P \cdot \frac{ü - 1}{ü}$$

Abwärtstransformation (3.123)

$$P_{typ} = P \cdot \frac{U_2 - U_1}{U_2} = P \cdot (1 - ü)$$

Aufwärtstransformation

Offensichtlich ist es möglich, für eine bestimmte zu übertragende Leistung P mit einer geringeren Typenleistung P_{typ} (also mit einem kleineren Kern) auszukommen.

Anzapfungen und mehrere Wicklungen

Diese Vorkehrungen (Abb. 3.86) dienen dazu, (1) verschiedene Übersetzungsverhältnisse mit einem einzigen Trafotyp zu verwirklichen (je nachdem, über welche Anzapfung man die Wicklung anschließt), und (2) verschiedene Sekundärspannungen bereitzustellen. Die jeweils verwendeten Teilwicklungen bestimmen das Übersetzungsverhältnis. Ungenutzte Teilwicklungen stören nicht (Leerlauf).

Mittenanzapfung

Beide Teilwicklungen haben jeweils die gleiche Windungszahl. Diese Auslegung (Abb. 3.87) ist dann erforderlich, wenn man symmetrische Spannungen benötigt, beispielsweise zum Ansteuern von Gegentaktstufen oder zur Zweiweggleichrichtung.

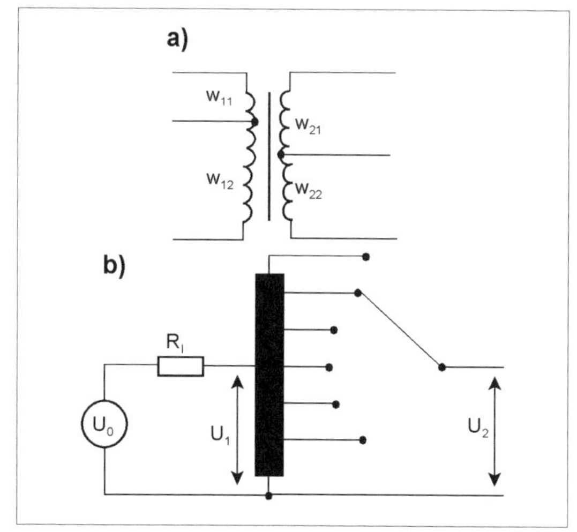

Abb. 3.86:*Anzapfungen und mehrere Wicklungen.*
a) Transformator mit primär- und sekundärseitiger Anzapfung;
b) Autotransformator mit Anzapfungen und Wahlschalter.

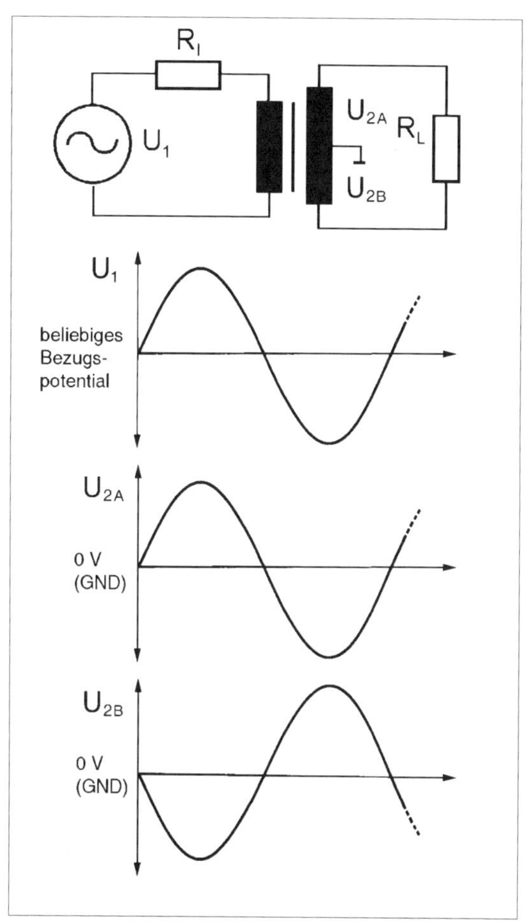

Abb. 3.87: *Symmetrierung durch Mittenanzapfung. Die Primärspannung U_1 kann auf ein beliebiges Potential bezogen und auch mit Gleichspannung überlagert* sein. Die Mittenanzapfung der Sekundärwicklung ist mit dem sekundärseitigen Bezugspotential verbunden (z. B. Masse). Der Lastwiderstand wird von einer zu diesem Bezugspotential symmetrischen Wechselspannung (ohne Gleichanteil) durchflossen.*

*: Sofern der Kern dies aushält (ggf. Luftspalt vorsehen).

Reihen- und Parallelschaltung von Wicklungen

Viele industriell gefertigte Transformatoren haben keine Anzapfungen, sondern einzeln anschließbare Teilwicklungen, die man je nach Einsatzfall verschalten kann (Abb. 3.88). Hierbei auf den Wicklungssinn bzw. die Phasenkennzeichnung achten.

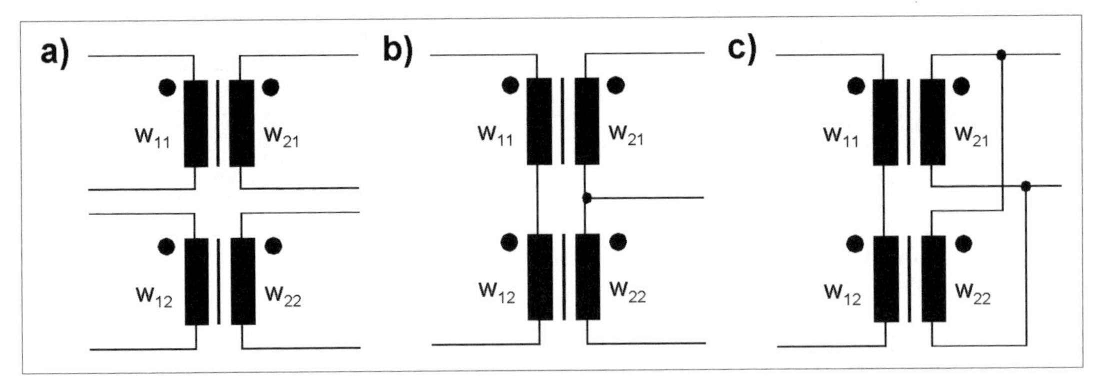

Abb. 3.88: *Transformatoren mit mehr als zwei Wicklungen (Ausführungs- und Verschaltungsbeispiele). a) Transformator mit je zwei Primär- und Sekundärwicklungen; b) Reihenschaltung der Primär- und der Sekundärwicklungen. Die Verbindung der beiden Sekundärwicklungen dient hier zugleich als Mittenanzapfung. c) Primärwicklungen in Reihe (für höhere Spannung), Sekundärwicklungen parallel (für mehr Strom). Vgl. auch Abb. 3.97.*

Durch Reihenschaltung erhält man eine Wicklung mit höherer Windungszahl (Summe der Teilwicklungen). Somit ergibt sich eine entsprechend höhere Spannung bei gleichbleibender Stromstärke. Der Anfang der nachfolgenden Teilwicklung ist mit dem Ende der jeweils vorhergehenden zu verbinden.

Werden die Wicklungen gegeneinander in Reihe geschaltet, so subtrahieren sich die Spannungen. Offensichtlich ist diese Verschaltung nur dann sinnvoll, wenn die betreffenden Wicklungen verschiedene Windungszahlen haben. Anwendung: üblicherweise im Sinne von Behelfslösungen (als Beispiel vgl. Abb. 3.91).

Die Parallelschaltung ist auf gleichartige Teilwicklungen beschränkt. Hierdurch ergibt sich eine entsprechend höhere Stromstärke bei gleichbleibender Spannung. Es sind jeweils die Anfänge und die Enden der Teilwicklungen miteinander zu verbinden.

Die Wicklung kontinuierlich abgreifen – der Stelltransformator

Die Oberseite der Wicklung auf einem Ringkern ist metallisch blank und wird von einem drehbaren Schleifer abgegriffen. Hiermit kann das Übersetzungsverhältnis kontinuierlich eingestellt werden (Regel- oder Stelltrafo). Solche Bauelemente werden typischerweise als Autotransformatoren ausgeführt (Abb. 3.89).

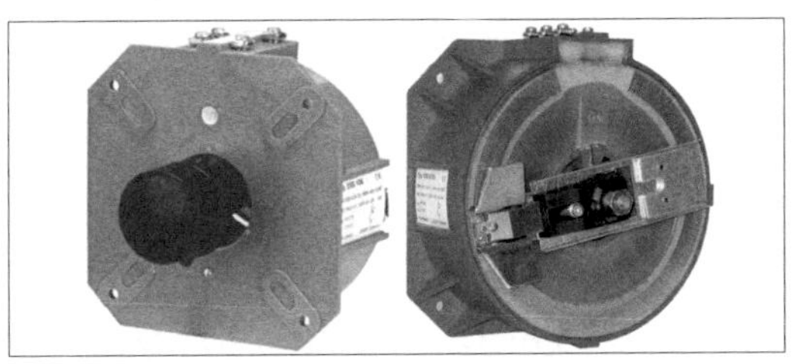

Abb. 3.89: *Stelltransformator (nach [3.39]). Einbau vorzugsweise mit waagerechter Achse (damit die Kühlluft von unten nach oben an der gesamten Wicklung vorbeistreichen kann).*

Reihen- und Parallelschaltung von Transformatoren

Die Reihenschaltung ergibt eine höhere Spannung, die Parallelschaltung eine höhere Stromstärke (Abb. 3.90). Ein typischer Einsatzfall: Zwei Transformatoren werden primärseitig parallel und sekundärseitig in Reihe geschaltet, um entsprechend hohe Sekundärspannungen zu liefern. Die Parallelschaltung dient dazu, die jeweilige Stromstärke entsprechend zu erhöhen.

Grundsätzliche Anforderungen:

1. Die Spannungen an den jeweils zusammengeschalteten Wicklungen müssen gleiche Phasenlage haben.
2. Parallelgeschaltete Wicklungen müssen für die gleiche Nennspannung ausgelegt sein.

Die sicherste Lösung: nur Transformatoren gleichen Typs einsetzen[71]. Beim Verschalten auf den Wicklungssinn achten.

Grundsätzliche Grenzen solcher Schaltungstricks:

- Reihenschaltung: Die Spannungsfestigkeit der Transformatoren (Isolationspannung).
- mehrere Transformatoren: die gegenseitige magnetische Beeinflussung (vgl. S. 259).

Ringkern mit erweiterter Sekundärwicklung
Ringkerntransformatoren kann man für abweichende Sekundärspannungen einrichten, indem man zusätzliche Windungen aufbringt und mit der Sekundärwicklung in Reihe schaltet. Gleicher Wicklungssinn ergibt Spannungserhöhung (Addition der Teilspannungen), entgegengesetzter Wicklungssinn ergibt Spannungsverminderung (Subtraktion der Teilspannungen).

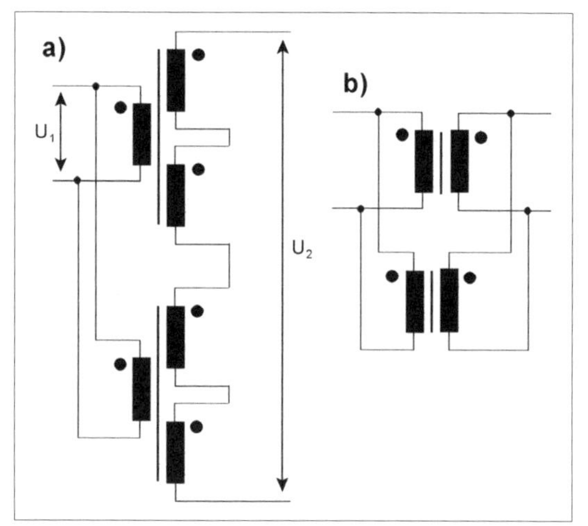

Abb. 3.90: *Reihen- und Parallelschaltung von Transformatoren. a) primärseitige Parallel- und sekundärseitige Reihenschaltung (zwecks höherer Ausgangsspannung); b) Parallelschaltung (zwecks höherer Stromstärke).*

Autotransformatoren selbst gebaut

Transformatoren mit getrennten Wicklungen kann man in Autotransformatoren umbauen, indem man die Wicklungen in Reihe schaltet (Abb. 3.91).

Derartige Schaltungstricks kommen vor allem in Betracht, um mit verfügbaren Transformatoren Sonderanforderungen zu erfüllen. Der Einsatz wird sich zumeist auf Musterbauten, Einzelstücke usw. beschränken. Geht es um höhere Stückzahlen, ist es typischerweise besser, einen anwendungsspezifischen Transformator anfertigen zu lassen.

Transformatoren auswählen und einsetzen

Beim Auswählen von Transformatoren kommen in erster Linie folgende Kennwerte in Betracht:

- Frequenz oder Frequenzbereich (Bandbreite),
- Primär- und Sekundärspannungen,
- Übersetzungsverhältnis,
- übertragbare Leistung,
- Gleichstrombelastbarkeit,
- Spannungszunahme (Regulation),
- Isolationsspannung.

Allgemeine Hinweise:

1. Keine höhere Spannung an eine Wicklung legen als spezifiziert ist.
2. Zulässige Isolationsspannung beachten.
3. Nicht zuviel Gleichstrom durchfließen lassen (Sättigung).
4. Nicht mit zu niedriger Frequenz betreiben. Hierdurch wird die Impedanz geringer; es fließt mehr Strom und der Transformator wird wärmer.
5. Transformatoren dürfen umgedreht werden (Nutzung der Sekundärwicklung als Primärwicklung und umgekehrt), solange die jeweils spezifizierten Spannungen nicht überschritten werden.
6. Wird der Transformator nicht ständig, sondern nur stoßweise (intermittierend) belastet, so darf mehr Leistung übertragen werden als der einschlägige Kennwert angibt (Abb. 3.92).

Die Hersteller geben verschiedene Zusammenhänge an, um die Leistungserhöhung (Uprating) näherungsweise zu berechnen:

1. Beispiel (nach [3.40]):

$$P_{nom} = P_{\max} \cdot \sqrt{\frac{t_{ON}}{t_P}} \qquad (3.124)$$

71 Alles andere erfordert genauere Untersuchungen (rechnerisch + messtechnisch).

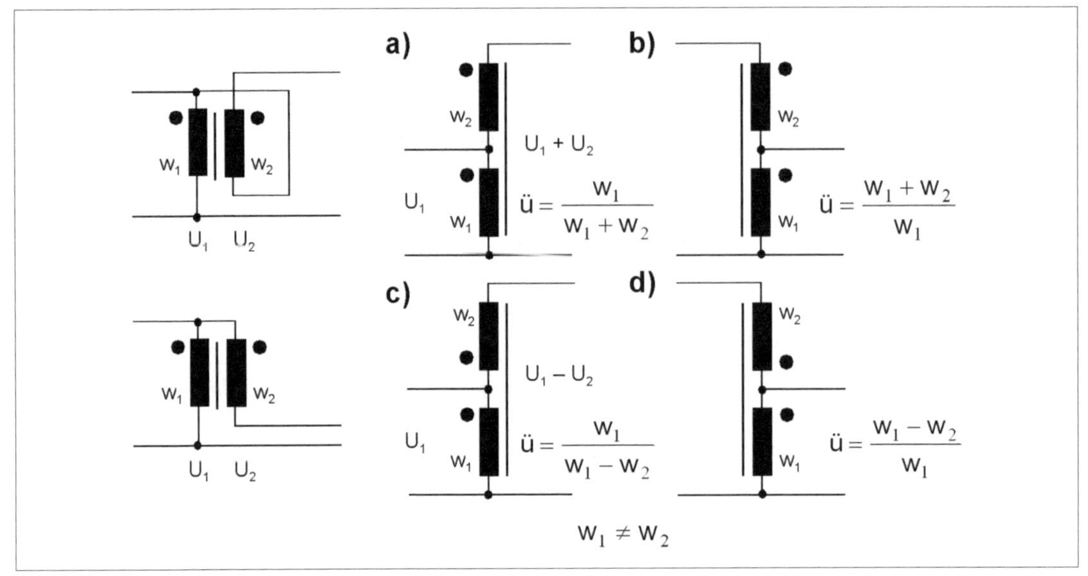

Abb. 3.91: *Umwandlung eines Transformators mit getrennten Wicklungen in einen Autotransformator. Obere Reihe: echte Reihenschaltung = Spannungsaddition. a) Aufwärts-, b) Abwärtstransformation. Untere Reihe: entgegengesetzte Reihenschaltung = Spannungssubtraktion. c) Abwärts-, d) Aufwärtstransformation.*

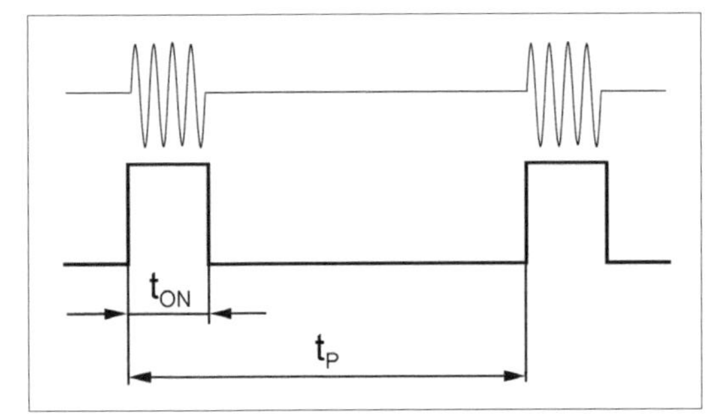

Abb. 3.92: *Intermittierender Betrieb eines Transformators. t_{ON} = Dauer der Belastung (mit Leistung P_{max}), t_P = Periodendauer.*
Hinweis: Es handelt sich nicht um einen Impulsverlauf, sondern um Zeitabschnitte des Stromflusses und der Ruhe. Diese Zeitabschnitte können vergleichsweise lang sein (Sekunden und mehr).

2. Beispiel (nach [3.41]):

$$P_{nom} = P_{\max} \cdot \frac{t_{ON}}{t_P} \qquad (3.125)$$

P_{nom} = Nennleistung (Kennwert zum Aussuchen); P_{max} = die zeitweise umgesetzte Leistung; t_{ON}, t_P vgl. Abb. 3.92.

Praxistipp: Man orientiere sich sicherheitshalber an der etwas pessimistischeren Näherungsformel (3.124).

3.4.2 Netztransformatoren

Netztransformatoren (Abb. 3.93) sind primärseitig für den Anschluss an das übliche Stromnetz ausgelegt. Die meisten der gängigen Typen liefern sekundärseitig Spannungen zwischen 6 und 48 V (Richtwerte) . Netztransformatoren werden vorzugsweise mit EI-, EE-, UI- und Ringkernen gefertigt. Es gibt offene und verkapselte Ausführungen.

Typische Kennwerte:

- Nennleistung,
- Kurzzeitleistung,
- Nenneingangsspannung,
- Nennausgangsspannung,
- Leerlaufspannung,
- Nennfrequenz,
- Umgebungstemperatur,
- Wirkungsgrad,
- Gesamtverluste bei Nennbetrieb,

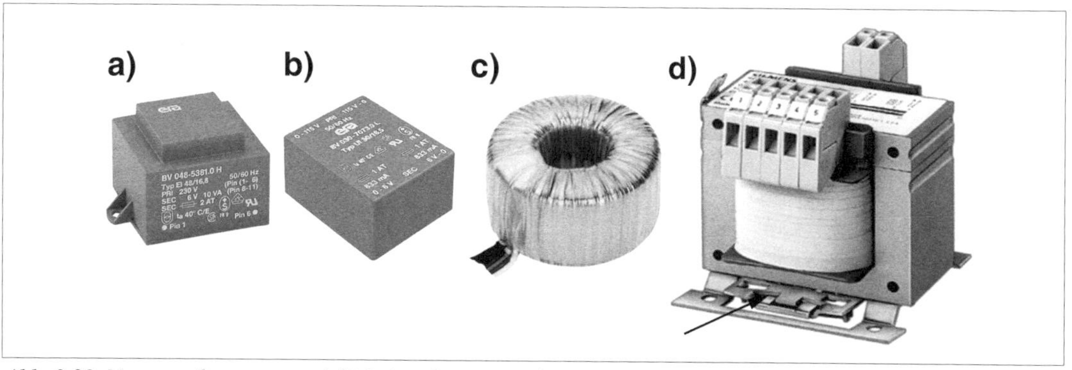

Abb. 3.93: Netztransformatoren. a), b) Leiterplattentransformatoren; c) Ringkerntransformator; d) Steuertransformator. Der Pfeil zeigt auf die Befestigungsarmatur für die Hutschienenmontage.

- Durchschlagfestigkeits- und Isolationsangaben (z. B. Prüfspannungen).

Nennleistung

Die Nennleistung P_{nom} wird in VA angegeben (Scheinleistung). Nennleistungsangaben betreffen typischerweise die Sekundärwicklungen.

Dimensionierung / Auswahl:
Nennleistung (in VA) ≥ sekundärseitige Stromentnahme · Sekundärspannung[72]. Damit einen passenden Typ aussuchen.

Nennleistung, Leistungsaufnahme, Verlustleistung, Wirkungsgrad

Die Nennleistung wird weitergegeben, aber nicht in Wärme umgesetzt. Überschlagsrechnung (falls keine Verlustleistungsangabe zu finden ist):

$$\text{Leistungsaufnahme} \approx \frac{\text{Nennleistung}}{\text{Wirkungsgrad [\%]}} \cdot 100 \tag{3.126}$$

Verlustleistung = Leistungsaufnahme - Nennleistung

$$\text{Wirkungsgrad} = \frac{\text{Ausgangsleistung}}{\text{aufgenommene Leistung}} \tag{3.127}$$

$$\eta = \frac{P_{out}}{P_{prim}} \cdot 100\%$$

Der Wirkungsgrad ist um so besser, je größer der Transformator ist. Er hängt zudem davon ab, wie weit die Nennleistung tatsächlich ausgenutzt wird (Abb. 3.94). Richtwerte: Manteltransformatoren 80...85 %, Ringkerntransformatoren 90...95 %.

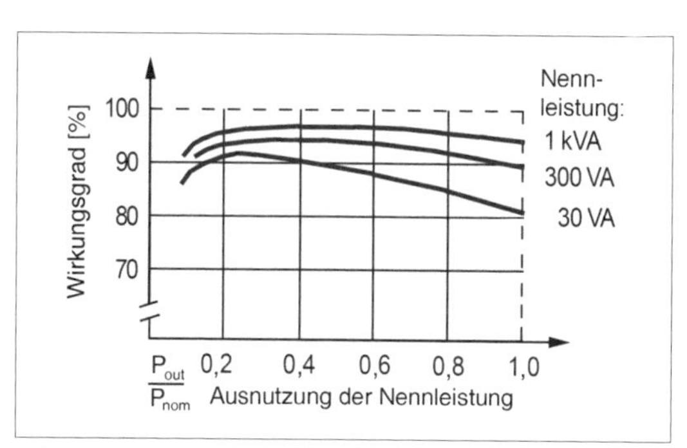

Abb. 3.94: Der Wirkungsgrad in Abhängigkeit von der Größe des Transformators (nach [3.40]). P_{out} / P_{nom} ist das Verhältnis der sekundärseitig tatsächlich entnommenen Leistung zur Nennleistung.

Leerlaufspannung

Die Leerlaufspannung ist höher als die Nennspannung. Sie ergibt sich folgendermaßen:

$$\text{Leerlaufspannung} = \text{Nennspannung} \cdot \text{Spannungszunahme} \tag{3.128}$$

72 Bei mehreren Sekundärspannungen die VA-Werte addieren.

Spannungszunahme
Die Spannungszunahme (Regulation) kennzeichnet den Unterschied der Sekundärspannungen im Leerlauf (U_{2_leer}) und bei voller Belastung (U_{2_voll}). Sie liegt typischerweise zwischen 1,05 und 1,5 bzw. 5 und 50 %. Aus Tabelle 3.8 und Abb. 3.95 sind einige Richtwerte ersichtlich.

$$\text{Spannungszunahme} = \frac{U_{2\_leer} - U_{2\_voll}}{U_{2\_voll}} \cdot 100\% \quad (3.129)$$

$$\text{Spannungszunahme (als Faktor)} = 1 + \frac{\text{Spannungszunahme [\%]}}{100} \quad (3.130)$$

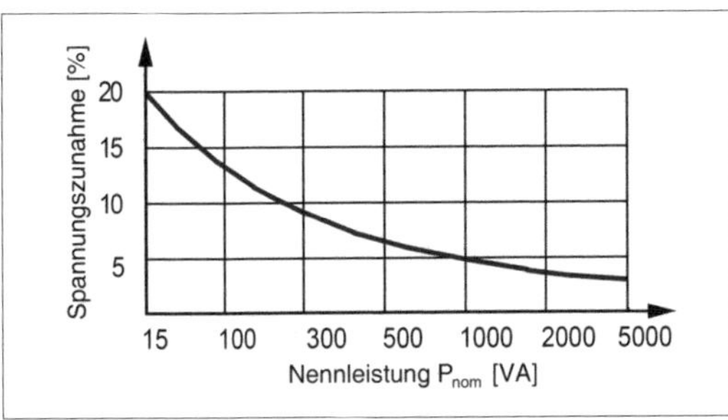

Abb. 3.95: *Die Spannungszunahme in Abhängigkeit von der Nennleistung (typische Ringkerntransformatoren; nach [3.40]).*

Zwecks Überschlagsrechnung kann die Sekundärwicklung als Spannungsquelle mit einem Innenwiderstand R_I angesehen werden:

$$R_I = \frac{\text{Leerlaufspannung - Nennspannung}}{\text{Nennstrom}} \quad (3.131)$$

Damit ergibt sich die Ausgangsspannung U_A bei einer bestimmten Strombelastung I_A:

$$U_A = \text{Leerlaufspannung} - R_I \cdot I_A \quad (3.132)$$

Wird der Transformator nur gering belastet, kann es sein, dass die Ausgangsspannung erheblich über der Nennspannung liegt.

Faustregeln:

1. Je geringer der Streufluss, desto geringer die Spannungszunahme.
2. Je größer der Transformator, desto geringer die Spannungszunahme (vgl. Abb. 3.95).

Die Spannungszunahme ausnutzen
Indem man einen größeren Trafo wählt, hat man die Möglichkeit, die Spannungszunahme gering zu halten oder bewusst auszunutzen. Beispiel: Um ca. 14 V bereitzustellen, wählen wir einen 12-V-Typ und beziehen eine Spannungszunahme von 20 % ein. Damit das funktioniert, wird der Trafo deutlich unter Nennlast betrieben[73]. Anwendung: u. a. zu Erprobungszwecken (um die Zeit zu überbrücken, bis ein genau passend gefertigter Trafo zur Verfügung steht).

Im Grunde handelt es sich aber um ein Überdimensionieren, das sich normalerweise nicht lohnt (Trafo zu groß, zu schwer, zu teuer). Somit wird man die Netztransformatoren üblicherweise vernünftig auslasten, al-

Nennleistung	Spannungszunahme		Nennleistung	Spannungszunahme	
	Prozent	Faktor		Prozent	Faktor
bis 25 VA	20 %	1,2	bis 500 VA	10 %	1,1
bis 60 VA	15 %	1,15	über 500 VA	6 %	1,06
bis 120 VA	12 %	1,12	über 1000 VA	5 %	1,05
typische kleine Leiterplattentransformatoren				30 bis 50 %	1,3 bis1,5

Tabelle 3.8: *Richtwerte der Spannungszunahme (herkömmliche Netztranformatoren).*

73 Zur jeweils erforderlichen Belastung vgl. (3.131) und (3.132).

so nahe der Nennleistung betreiben. Trotzdem kann die Spannungszunahme wirksam werden, nämlich dann, wenn sich die Belastung ändert.

Stromspar- und Standby-Zustände
Ein typischer Betriebsfall ist der Übergang in einen Stromspar- oder Standby-Zustand, wodurch sich die Belastung beträchtlich vermindert. Die Schaltungsteile, die in diesem Zustand weiterhin gespeist werden, müssen mit der höheren Spannung zurechtkommen. Alternative: einen Transformator mit besonders geringer Spannungszunahme wählen (Steuertransformator).

Isolierstoffklassen
Netztransformatoren bestehen im Wesentlichen aus Eisen, Kupfer und Isolierstoffen. Letztere halten am wenigsten aus – die Temperaturfestigkeit der Isolierstoffe bestimmt die zulässige Betriebstemperatur. Die Isolierstoffe sind in Klassen eingeteilt, denen bestimmte Betriebstemperaturen zugeordnet sind (Tabelle 3.9). Viele Transformatoren der Massenfertigung entsprechen der Isolierstoffklasse B, sind also für eine maximale Betriebstemperatur von 130 °C geeignet.

Isolierstoffklasse	maximale Betriebstemperatur
A	105 °C
B	130 °C
F	155 °C
H	180 °C

Tabelle 3.9: *Typische Isolierstoffklassen (IEC85).*

Schutzklassen
Aus der Schutzklassenangabe geht hervor, ob der Transformator einen Schutzleiteranschluss hat oder nicht:

- Schutzklasse I. Schutzleiteranschluss vorhanden. Verbindung mit Schutzleiter erforderlich.
- Schutzklasse II. Die Transformatoren sind so aufgebaut (Isolation, Verkapselung), dass kein Schutzleiteranschluss erforderlich ist.

Kurzschlusssicherheit
Kurzschlusssicherheit bedeutet, dass der Transformator bei primärseitig anliegender Nennspannung einen Kurzschluss der Sekundärwicklung überlebt. Es gibt folgende Auslegungen:

- Kurzschlusssicher. Der Transformator hat sekundärseitig einen so hohen Innenwiderstand, dass auch bei Kurzschluss die Erwärmung in den Grenzen des Zulässigen bleibt[74].
- Bedingt kurzschlusssicher. Es sind Maßnahmen zum Überlastschutz eingebaut, z. B. in die Wicklungen eingebundene Kaltleiter oder thermisch auslösende Schmelzsicherungen[75].
- Kurzschlussverträglich. Der Transformator hält den Kurzschluss zeitweilig aus (solange, bis andere Maßnahmen (Überstromabschaltung) greifen).
- Nicht kurzschlusssicher. Der Überlastschutz muss in der Anwendungsschaltung vorgesehen werden.

Netzfrequenz
Viele Typen sind für 50 bis 60 Hz spezifiziert. Bei zu niedriger Frequenz ergibt sich eine zu geringe Impedanz, so dass der Transformator zu warm wird und womöglich in die Sättigung gelangt. Hocheffektive Transformatoren, die den Magnetkreis besonders gut ausnutzen (vor allem Ringkerntypen), sind manchmal nur für eine einzige Netzfrequenz (50 oder 60 Hz) geeignet. Wird ein 60-Hz-Typ mit 50 Hz betrieben, kann der soeben beschriebene Effekt auftreten.

Kleine, kostengünstige Netztransformatoren
Bei solchen Ausführungen (vorwiegend mit EI-Kern) ist mit typischen Nachteilen zu rechnen:

- Der Streufluss ist vergleichsweise groß.
- Die Trafos werden warm (Kupferverluste), weil Kupfer gespart wird[76]. Typische Verlustanteile: Kernverluste 1/3, Kupferverluste 2/3.
- Sie weisen eine beträchtliche Spannungszunahme auf (Richtwert: 30...50 %; vgl. Tabelle 3.8).

Ringkerntransformatoren
Die typischen Vorteile des Ringkerntransformators:
- kleinere Abmessungen und geringeres Gewicht im

74 Beispiel: die herkömmlichen Klingeltransformatoren.

75 Schmelzsicherungen stellen allerdings nur eine Art letzter Notbremse dar, da nach dem Ansprechen der Transformator nicht mehr funktionsfähig ist.

76 Zu Richtwerten des Drahtquerschnitts s. S.272.

Vergleich zu herkömmlichen Manteltransformatoren (Richtwert: nur etwa halb so schwer),
- besserer Wirkungsgrad (Richtwert: > 95 %),
- bessere Wärmeableitung,
- sehr schwache magnetische Streufelder (Richtwert: $\frac{1}{8}$ bis $\frac{1}{10}$ des Streufeldes eines EI-Trafos mit gleicher Nennleistung) ,
- geringere Verluste im Leerlauf (wichtig für Standby-Betrieb),
- geringere Brummgeräusche (auch bei Alterung[77]),
- freie Wahl des Formfaktors (flach mit großem oder hoch mit geringerem Durchmesser),
- da der Kern gewickelt wird und nicht aus gestanzten Blechen besteht, können im Grunde beliebige Kernabmessungen anwendungsspezifisch gefertigt werden.

Dem stehen folgende Nachteile gegenüber:
- höhere Einschaltströme,
- teurer.

Der Formfaktor
Das optimale Verhältnis von Durchmesser zu Höhe ist 2:1.
Praktische Grenzen:
- Für besonders flache Bauformen: ca. 3:1,
- für Einsatz bei beschränkter Grundfläche: etwa 1,5:1
- damit die Wickelmaschine arbeiten kann, ist ein bestimmter Mindest-Innendurchmesser erforderlich.

Sicherheitstransformatoren
Sicherheitstransformatoren dienen zum Bereitstellen von Schutzkleinspannungen (≤ 50 V ~). Sie weisen eine verstärkte Isolation zwischen Primär- und Sekundärwicklung auf (die z. B. mit 4,5 kV geprüft wird). Drahtbrüche oder Isolationsfehler dürfen nicht dazu führen, dass leitende Verbindungen zwischen den Wicklungen oder zwischen einer Wicklung und den Metallteilen des Transformators entstehen. Sekundärseitig ist höchstens eine Anzapfung zulässig. Typische Ausgangsspannungen sind 12 V und 24 V.

Steuertransformatoren
Steuertransformatoren sind zur Versorgung von Steuerstromkreisen in Schaltanlagen, Maschinen usw. vorgesehen. Hier sind vor allem folgende Anforderungen zu erfüllen:
- geringe Einschaltströme,
- Kurzschlussverträglichkeit (der Trafo muss die Zeit bis zum Wirksamwerden der primärseitigen Überstromabschaltung aushalten),
- geringe Differenz zwischen Leerlaufspannung und Spannung unter Last (Spannungszunahme; Beispiel: Leerlaufspannung ca. 1,1 · Nennspannung). Das ist wichtig, da in vielen Einsatzfällen die Belastung ständig wechselt (z. B. zwischen Standby- und Normalbetrieb[78]).

Typische Ausführungen[79]:
- 400 V auf 230 V,
- 400 V auf 24 V,
- 230 V auf 24 V.

Typen mit entsprechend geringer Sekundärspannung (z. B. 24 V) sind zumeist auch als Sicherheitstransformatoren ausgelegt.

Primärseitige Anschlüsse
Folgende Auslegungen sind üblich (Abb. 3.96):

a) eine Wicklung (für nur eine Netzspannung, z. B. 230 V),
b) zwei gleichartige Wicklungen, z. B. für jeweils 115 V (beide Wicklungen für 230 V in Reihe, für 110/115 V parallel),
c) eine Wicklung mit Anzapfungen.

Manche Netztrafos werden mit Anzapfungen gefertigt, die den gängigen Netzspannungen entsprechen (110/115 V, 230 V usw.).

Steuer- und Sicherheitstransformatoren haben zumeist zwei Anzapfungen, die zur Anpassung an kleinere Spannungsabweichungen vorgesehen sind (Abb. 2.96d). Beispiel: 1. Anzapfung 230 V - 5 % (ca. 218 V); 2. Anzapfung 230 V; Ende der Wicklung 230 V + 5 % (ca. 242 V).

77 Aus Blechen geschichtete Trafokerne können vernehmlich brummen, wenn mit zunehmendem Alter der Lack versprödet und die Bleche locker werden.

78 Es gibt Steuertransformatoren mit elektronisch gesteuerter Umschaltung, die im Standby-Betrieb ihre Stromaufnahme deutlich absenken (vgl. beispielsweise [3.42]).

79 Zu Beispielen vgl. [3.43].

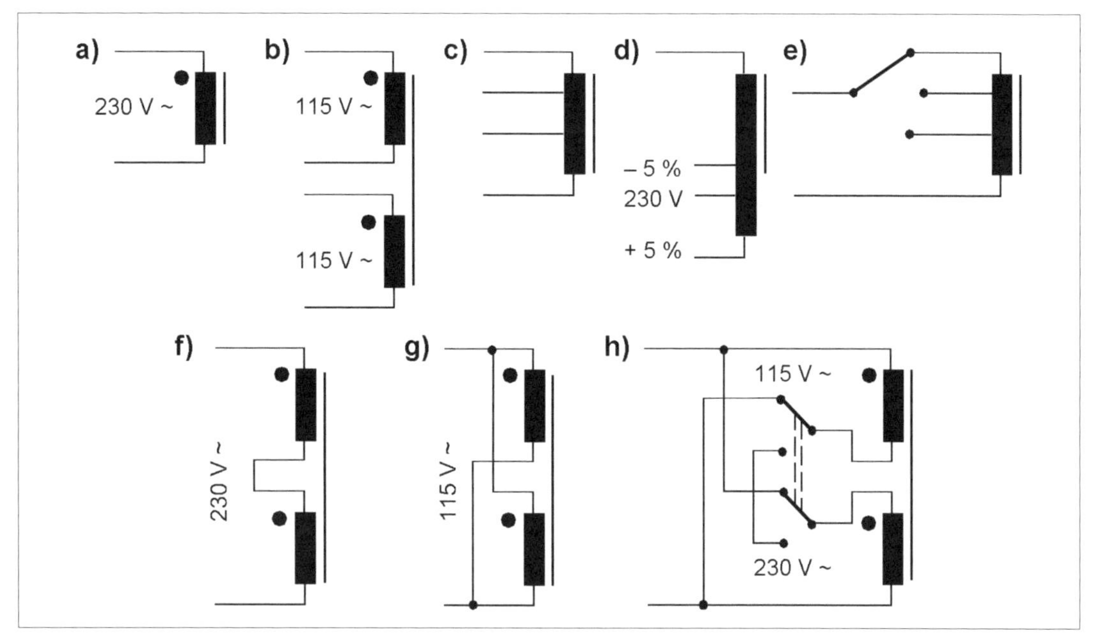

Abb. 3.96: *Primärwicklungen und primärseitige Anschlüsse von Netztransformatoren. a) Nur eine Netzspannung; b) zwei Wicklungen; c) Wicklung mit Anzapfungen; d) die typischen Anzapfungen der Steuer- und Sicherheitstransformatoren; e) Anzapfungen mit Netzspannungswahl; f) Ausführung b) für 230 V verschaltet; g) Ausführung b) für 110/115 V verschaltet; h) Ausführung b) mit Netzspannungswahlschalter – ein zweipoliger Umschalter (DPDT). Für diesen Einsatzfall werden eigens Schalterbauelemente gefertigt – und zwar gleich mit der passenden Beschriftung (z. B. als Schiebeschalter). Vgl. auch Abb. 4.34f (S. 299).*

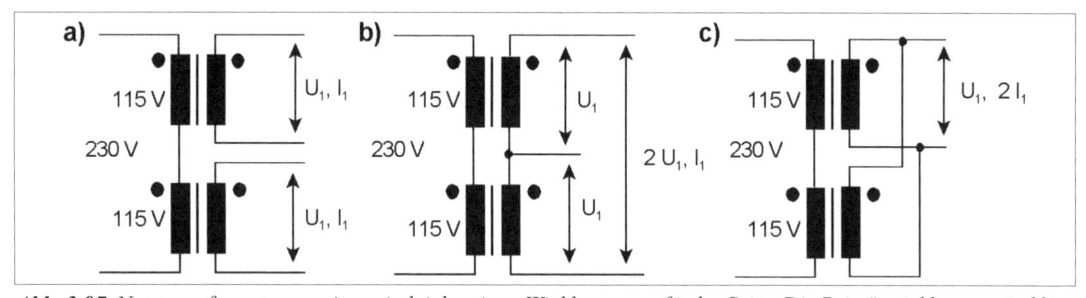

Abb. 3.97: *Netztransformatoren mit zwei gleichartigen Wicklungen auf jeder Seite. Die Primärwicklungen sind hier in Reihe geschaltet (230 V). U_1, I_1 sind hier die Nennwerte der einzelnen Sekundärwicklung. a) beide Wicklungen unabhängig; b) beide Wicklungen in Reihe. Doppelte Spannung bei Nennstrom. Verbindung kann als Mittenanzapfung genutzt werden. Jede Wicklung darf nur mit dem Nennstrom I_1 belastet werden (bei Nutzung der Mittenanzapfung beachten). c) beide Wicklungen parallel. Doppelter Strom ($2\ I_1$) bei Nennspannung.*

In Abb. 3.96f, g ist dargestellt, wie mehrere Primärwicklungen für die typischen Netzspannungen verschaltet werden.

Die Umschaltbarkeit auf verschiedene Netzspannungen (Abb. 3.96e, h) ist etwas aus der Mode gekommen. Wenn es um weltweite Einsetzbarkeit geht, bevorzugt man heutzutage oftmals das Schaltnetzteil mit hinreichend weitem Eingangsspannungsbereich (z. B. von 110 V bis 240 V). Manchmal (z. B. in empfindlichen Messgeräten) ist die Störabstrahlung solcher Schaltnetzteile aber einfach zu groß.

Sekundärseitige Anschlüsse
Das Angebot ist reichhaltig. Typische Nennspannungen reichen von 2 V bis 48 V (gängige Leiterplattentransformatoren: 6 – 9 – 12 – 15 – 18 – 24 V). Die Auslegung der Wicklungen entspricht der Primärseite (nur eine Wicklung – zwei gleichartige Wicklungen – Wicklung mit Anzapfungen). Viele Leiterplattentransformatoren haben primär- und sekundärseitig jeweils zwei gleichartige Wicklungen (Abb. 3.97).

Trenntransformatoren
Trenntransformatoren dienen dazu, Verbraucher galvanisch vom Netz zu trennen (Schutztrennung). Das Übersetzungsverhältnis beträgt typischerweise 1:1. Es werden sowohl „nackte" Bauelemente als auch komplette Geräte angeboten. Diese werden vor allem im Werkstatt- und Laborbetrieb eingesetzt (Netztrennung beim Messen und Prüfen). Bei Anschluss über einen Trenntransformator haben beide Leiter des verbraucherseitigen Stromkreises keinen Bezug zum Erdpotential (Abb. 3.98).

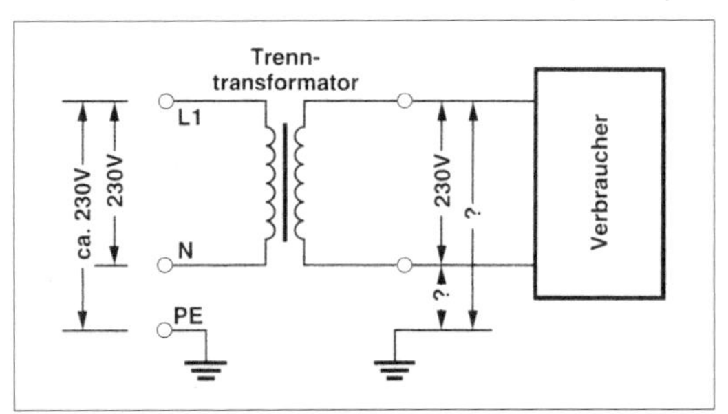

Abb. 3.98: *Schutztrennung über Trenntransformator (Prinzip).*

Der Trenntransformator beim Messen und Prüfen
Das TN-Netz stellt infolge der Erdung eine Spannungsquelle dar, die gegen Erde nahezu einen Innenwiderstand von Null hat. Der Phasenleiter L1 führt unter allen Umständen 230 V~ gegen Erde. Wenn man einen Leiter berührt, an dem Netzspannung anliegt, so ist dies wirklich zu spüren. „Keine Erdverbindung" auf der Sekundärseite des Trenntrafos bedeutet aber nichts anderes, als dass beide Leiter gegen Erde jeweils eine Spannungsquelle mit einem Innenwiderstand von nahezu ∞ darstellen. Bei Innenwiderstand Unendlich führt aber schon die kleinste Belastung (z. B. durch den Übergangswiderstand des menschlichen Körpers) dazu, dass die Spannung zusammenbricht. Damit ist es ungefährlich, mit nur einem der Leiter Körperkontakt zu haben (*Aber selbstverständlich nicht mit beiden Leitern gleichzeitig*!!!), und es ist auch möglich, wahlweise jeden der beiden Leiter auf Erdpotential zu ziehen (z. B. beim Messen mit einem geerdeten Messgerät).

Hinweise:

1. Trenntransformatoren müssen sekundärseitig kurzschlussfest sein (entweder ist der sekundärseitige Innenwiderstand so hoch, dass ein Kurzschluss nicht schadet oder es ist eine passende Sicherung erforderlich).
2. Als komplette Geräte ausgeführte Trenntransformatoren haben sekundärseitig zwar eine Schutzkontaktsteckdose, deren Schutzkontakt darf aber nirgends angeschlossen sein.
3. An einen Trenntransformator darf normalerweise nur ein Verbraucher angeschlossen werden. Mehrere Verbraucher, die der Schutzklasse I entsprechen, dürfen dann angeschlossen werden, wenn ihre Schutzleiter zusammengeführt sind (Potentialausgleich).
4. Zu beachten: (1) Die Leistungswerte des Transformators müssen der Leistungsaufnahme des anzuschließenden Verbrauchers angemessen sein. (2) Wenn sich trotz offensichtlich ausreichender Trafo-Leistung das angeschlossene Gerät nicht so verhält wie bei direktem Netzbetrieb, kann es sein, dass der Trafo extrem stoßweise oder in beiden Halbwellen ungleichmäßig belastet wird (z. B. durch ein Gerät mit netzseitiger Einweggleichrichtung).

Trennstelltransformatoren
Gelegentlich braucht man sowohl die Netztrennung als auch eine einstellbare netzfrequente Wechselspannung. Die typische Lösung besteht aus einem 1:1-Trenntransformator, dem ein Stelltransformator (als Autotransformator; vgl. Abb. 3.89) nachgeschaltet ist (Abb. 3.99).

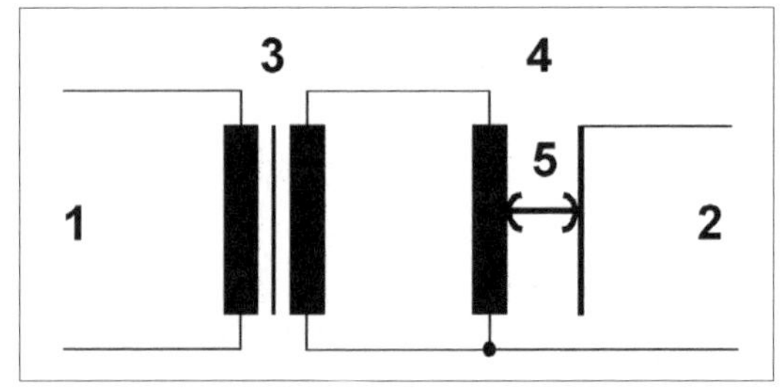

Abb. 3.99: *Trennstelltransformator. 1 - Primärseite; 2 - Sekundärseite; 3 - Trenntransformator; 4 - Stelltransformator; 5 - Schleifer.*

Vorschalttransformatoren
Vorschalttransformatoren dienen zum Anpassen von Netzspannungen, z. B. von 400 V (Dreiphasennetz) auf 230 V, von 230 V auf 115 V (US-Netzanschluss) oder von 230 V auf 220 V (z. B. zum Betreiben älterer Geräte mit Röhrenbestückung). Sie sind zumeist als Spartransformatoren ausgelegt. Es werden aber auch entsprechende Trenntransformatoren gefertigt. Ausführungsbeispiel: auf jeder Seite zwei Wicklungen für jeweils 115 V.

Verschaltungen:

- 230 V auf 230 V: jeweils beide Wicklungen in Reihe,
- 230 V auf 115 V: 230-V-Seite in Reihe, 115-V-Seite parallel,
- 115 V auf 115 V: jeweils beide Wicklungen parallel.

Vorschriften, Vorschriften ...
Zu den vielen Vorschriften und Standards im Bereich des Netzanschlusses sowie zu den damit verbundenen Zertifizierungen muss auf die Spezialliteratur, auf die einschlägigen Standardisierungsgremien und auf die Angaben der Hersteller verwiesen werden.

3.4.3 Transformatoren für Schaltnetzteile und Spannungswandler

Ähnlich wie die Netztransformatoren dienen sie zur Leistungsübertragung (Power Transformers). Die Frequenzen liegen jedoch zwischen etwa 10 kHz und mehr als 500 kHz. Die meisten Transformatoren in solchen Stromversorgungsanwendungen sind anwendungsspezifisch gewickelte Ringkerntypen (als Einsatzbeispiel vgl. Abb. 3.50a). Es gibt jedoch auch Baureihen aus der Massenfertigung, vor allem in den unteren Leistungsbereichen (Richtwert 0,5...1 W). Die Transformatoren sind zumeist auf bestimmte Schaltkreissätze abgestimmt (Abb. 3.100). Sie ähneln den kleineren Impulstransformatoren (Spannungs-Zeit-Produkt ET z. B. 25 bis 50 Vµs).

3.4.4 Signal- und Impulstransformatoren

Signaltransformatoren (Breitbandübertrager) sollen Signalverläufe in einem weiten Frequenzbereich möglichst ohne Verfälschung (mit anderen Worten: verzerrungsfrei) übertragen. Typische Einsatzbereiche sind die galvanische Trennung, die Impedanzanpassung sowie die Kopplung symmetrischer und asymmetrischer Signalwege. Solche Transformatoren müssen geringe Streuinduktivitäten und Kapazitäten aufweisen. Impulstransformatoren dienen vor allem zur galvanischen Trennung, z. B. beim Ansteuern von Leistungsbauelementen. Da es nicht erforderlich ist, besonders niedrige Frequenzen zu berücksichtigen, kommt man mit vergleichsweise kleinen Kernen aus[80]. Bei der Impulsübertragung ist die Streuinduktivität oftmals weniger von Bedeutung.

Die Grenzen sind fließend
Viele Bauelemente sind als Impulstransformator, Signaltransformator und Gleichtaktdrossel einsetzbar (Abb. 3.101), manche auch als Leistungstransformato-

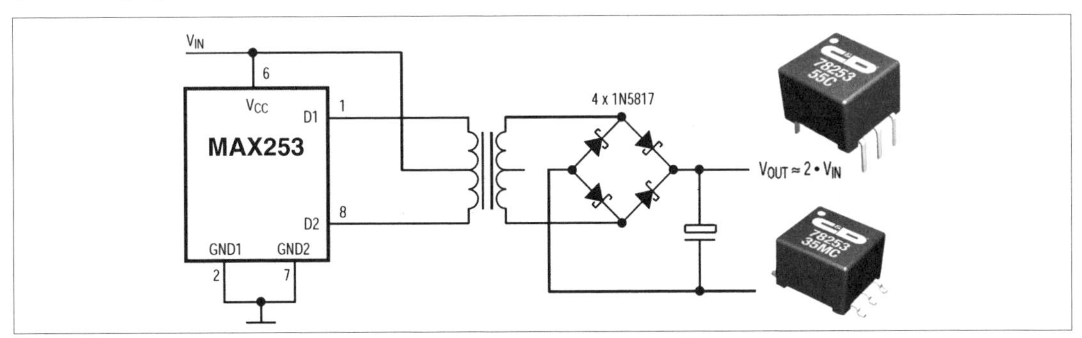

Abb. 3.100: *Stromversorgungssteuerschaltkreis und Transformator. Links eine Anwendungsschaltung, rechts zwei auf diesen Schaltkreis abgestimmte Transformatoren (nach [3.44]).*

80 Die Grenze der Miniaturisierung ist typischerweise durch die Anforderungen an die Spannungsfestigkeit gegeben (Isolationsspannung).

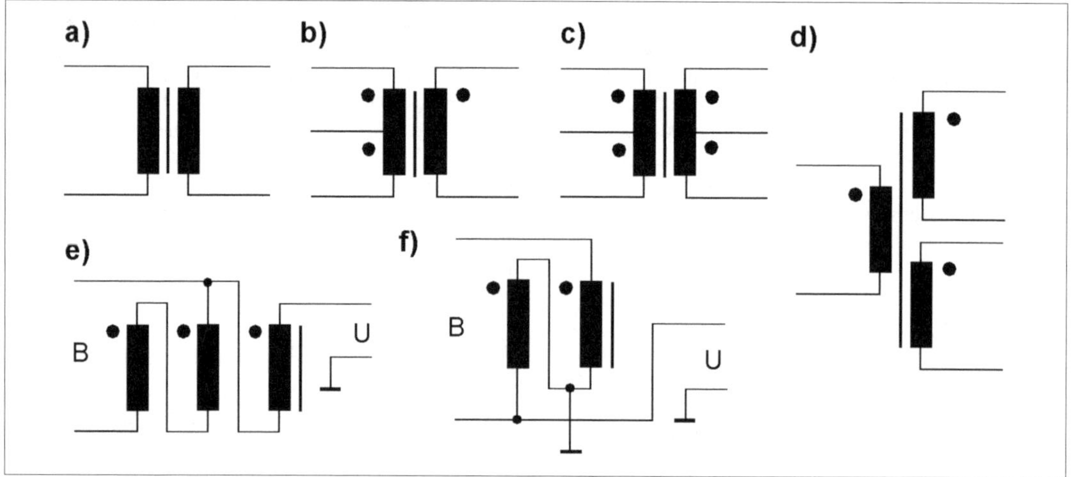

Abb. 3.101: *Signal- und Impulstransformatoren. Typische Auslegungen. a) Einfachausführung. Typische Übersetzungsverhältnisse: 1:1, 1:2, 2:1, 3:1, 4:1. b) Primärwicklung mit Mittenanzapfung. Typische Übersetzungsverhältnisse: 1:1, 2:1 (bezogen auf eine Hälfte der Primärwicklung). c) beide Wicklungen mit Mittenanzapfung. Typische Übersetzungsverhältnisse: 1:1, 2:1, 1:2 (bezogen auf je eine Hälfte der Wicklungen). d) zwei getrennte Sekundärwicklungen. Typische Übersetzungsverhältnisse: 1:1:1, 2:1:1, 3:3:2. e) Autotransformator zur Kopplung symmetrischer und asymmetrischer (massebezogener) Signale (Balun). Drei Wicklungen, Übersetzung 1:1. f) Balun mit zwei Wicklungen, Übersetzung 4:1. B = symmetrisch (Balanced); U = auf Masse bezogen (Unbalanced).*

ren in Schaltnetzteilen und Spannungswandlern (sofern die zu übertragende Leistung nicht zu hoch ist). Auswahl: Vorauswahl anhand der Kennwerte und ggf. der Empfehlungen des Herstellers; endgültige Auswahl durch Versuch[81].

Typische Kennwerte:

- Übersetzungsverhältnis: 1:1 bis 8:1,
- Primärinduktivität: wenige µH bis > 10 mH,
- Streuinduktivität: 0,1 µH bis 30 µH,
- Wicklungkapazität: 3 pF bis 30 pF,
- Gleichstromwiderstand: wenige hundert mΩ bis einige Ω,
- sekundärseitiger Spitzenstrom: bis ca. 200 mA,
- Betriebstemperaturbereich: 0...70 °C,
- Frequenzbereich: kHz bis MHz,
- Isolationsspannung 500 V bis 4000 V.

Signaltransformatoren (Breitbandübertrager)

Breitbandübertrager sind Transformatoren, die nicht nur mit einer Frequenz betrieben, sondern in einem bestimmten Frequenzbereich eingesetzt werden. Der ideale Breitbandübertrager hat einen konstanten Frequenzgang, überträgt also jede Wechselspannung im jeweiligen Frequenzbereich gemäß seinem (festen) Übersetzungsverhältnis. In der Praxis ist der Frequenzgang aber nicht konstant (Abb. 3.102 und 3.103).

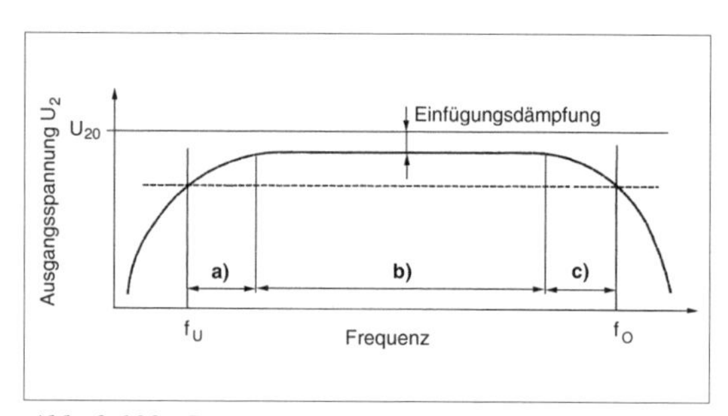

Abb. 3.102: *Das Frequenzverhalten eines Breitbandübertragers. Die Koordinatenachsen haben zumeist eine logarithmische Teilung. f_U untere, f_O obere Grenzfrequenz. a) Bereich der niedrigen; b) der mittleren; c) der höheren Frequenzen.*

81 Wenn möglich, nicht nur in der Anwendungsschaltung probieren, sondern die jeweils in Betracht kommenden Kennwerte messtechnisch überprüfen (Charakterisierung).

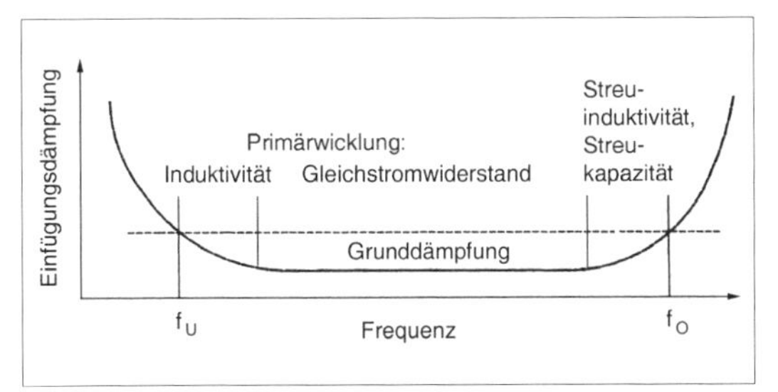

Abb. 3.103: *Die Einfügungsdämpfung eines Übertragers und deren wichtigste Ursachen. Die Einfügungsdämpfung (Insertion Loss) drückt aus, in welchem Maße ein in einen Stromkreis eingefügtes Bauelement die Ausgangsspannung herabsetzt.*

In den Frequenzgangdiagrammen sind auf den ersten Blick drei Bereiche zu erkennen. Die Besonderheiten dieser Bereiche können anhand einfacher Ersatzschaltungen veranschaulicht werden (Abb. 3.104)[82].

a) Der Bereich der niedrigen Frequenzen. Die Induktivität der Primärwicklung bestimmt die Einfügungsdämpfung. Je niedriger die Frequenz, desto niedriger der Wechselstromwiderstand ωL_1 der Primärwicklung. Da er die Spannungsquelle stark belastet, kann sich nur eine geringe Ausgangsspannung ergeben. Mit zunehmender Frequenz wächst dieser Wechselstromwiderstand. Hierdurch wird die Spannungsquelle immer weniger belastet, die Einfügungsdämpfung geht zurück, und die Ausgangsspannung steigt an.

b) Der Bereich der mittleren Frequenzen. Der Wechselstromwiderstand ωL_1 der Primärwicklung ist bereits so hoch, dass er vernachlässigt werden kann. Parasitäre Kapazitäten kommen – da die Frequenz nicht hoch genug ist – noch nicht zur Wirkung. Deshalb ist die Einfügungsdämpfung nahezu konstant. Sie hat hier ihren minimalen Wert (Grunddämpfung), der im Wesentlichen durch den Gleichstromwiderstand R_1 (Wicklungswiderstand) der Primärwicklung bestimmt wird.

c) Der Bereich der höheren Frequenzen. Der Wechselstromwiderstand ωL_1 der Primärwicklung ist so hoch, dass er gar keine Auswirkungen mehr hat. Der Wechselstromwiderstand der Streuinduktivität ωL_{S1} macht sich zunehmend bemerkbar. Bei entsprechend hohen Frequenzen wird zudem die Spannungsquelle mit dem Wechselstromwiderstand $1/\omega C_{S1}$ der Streukapazität belastet. Deshalb steigt die Einfügungsdämpfung mit zunehmender Frequenz.

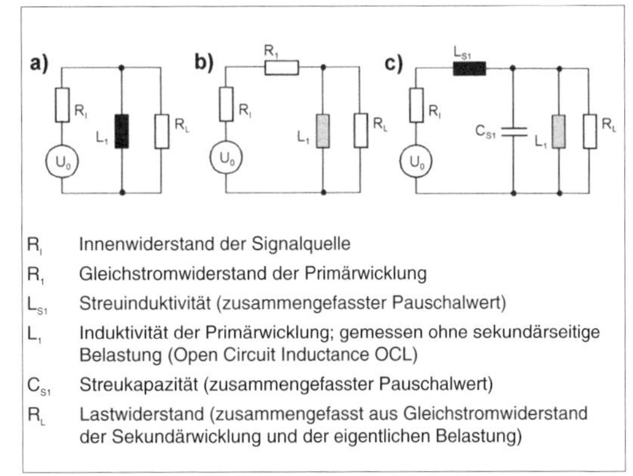

Abb. 3.104: *Näherungsweise Ersatzschaltungen (nach [3.3]). a) für die niedrigen; b) für die mittleren; c) für die höheren Frequenzen.*

Verzerrungsfreie Signalübertragung

Ein einfaches Kriterium ist die Amplitude der 3. Harmonischen auf der Sekundärseite, die durch Verzerrung einer primärseitig eingespeisten Sinusspannung erzeugt wird. Ursache der Verzerrungen sind vor allem die Hystereseverluste. Das Verhältnis der 3. Harmonischen (U_3) zur Grundwelle (U_1) ergibt sich näherungsweise wie folgt[83]:

$$\frac{U_3}{U_1} = 0{,}6 \cdot \tan \delta_h = 0{,}6 \cdot \mu_e \cdot \eta_B \cdot \hat{B} \qquad (3.133)$$

Das Impulsverhalten des Transformators

Wird der Primärwicklung ein Spannungsimpuls zugeführt, so ergeben sich – infolge der grundsätzlichen Wirkungsweise einer Induktivität – drei Zeitbereiche (Abb. 3.105 bis 3.108).

82 Hier kann es nur um einen knappen Überblick gehen. Zur Einführung in die Übertragerberechnung sei beispielsweise auf [3.1], [3.2], [3.3] und [3.8] verwiesen.

83 Vgl. [3.5].

a) **Einschalten.** Auf einen steilen Spannungssprung hin ist die Impedanz der Primärwicklung so groß, dass sie vernachlässigt werden kann. Auch die Induktivität der Primärwicklung (L_1) kann vernachlässigt werden, da sie für einen steilen Spannungsanstieg eine nahezu unendlich hohe Impedanz darstellt. Der Spannungsverlauf hängt von der Streuinduktivität L_{S1}, der Streukapazität C_{S1} und vom Wicklungswiderstand R_1 ab – es handelt sich praktisch um einen bedämpften Schwingkreis, in dem die Werte R_1, L_{S1} und C_{S1} den Verlauf des Einschaltvorgangs bestimmen (vgl. Abb. 3.108).

b) **Impulsdach.** Wenn sich nichts mehr ändert, fällt die Induktionsspannung der Primärwicklung gemäß einer Exponentialfunktion ab (vgl. Abb. 3.9). Streuinduktivität und Streukapazität sind vernachlässigbar. Die Zeitkonstante des Abfallens wird von der Induktivität der Primärwicklung (L_1), dem Wicklungswiderstand R_1 und dem Innenwiderstand R_I der Impulsquelle bestimmt (Parallelschaltung $R_1 || R_I$).

c) **Ausschalten.** Die Primärwicklung versucht, den Strom weiter fließen zu lassen. Es entsteht eine entgegengesetzt gepolte Abschaltspannungsspitze. Primärinduktivität, Streukapazität und Lastwiderstand bilden einen bedämpften Schwingkreis, in dem die Werte L_{S1}, C_{S1} und R_L den Verlauf des Ausschaltvorgangs bestimmen. Je stärker der durch die Primärinduktivität fließende Magnetisierungsstrom, desto höher die Amplitude der Abschaltspannungsspitze (vgl. Abb. 3.108). Bei geringer Stromstärke ähnelt der Spannungsverlauf einer abklingenden Sinusschwingung[84].

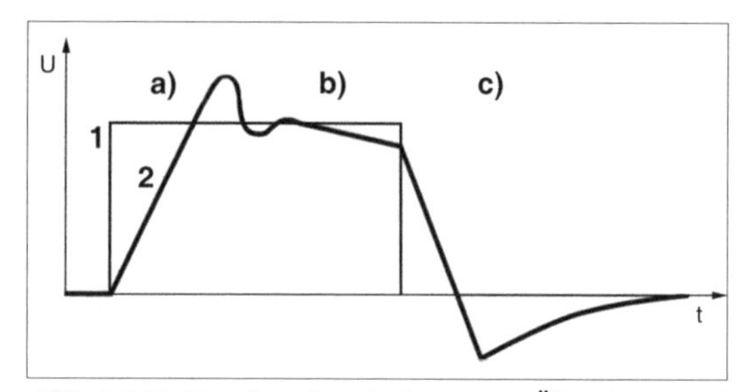

***Abb. 3.105:** Das Impulsverhalten eines Übertragers. a) Einschalten; b) Impulsdach; c) Ausschalten. 1 - der primärseitige (ideale) Impuls; 2 - der sekundärseitige (verformte) Impuls.*

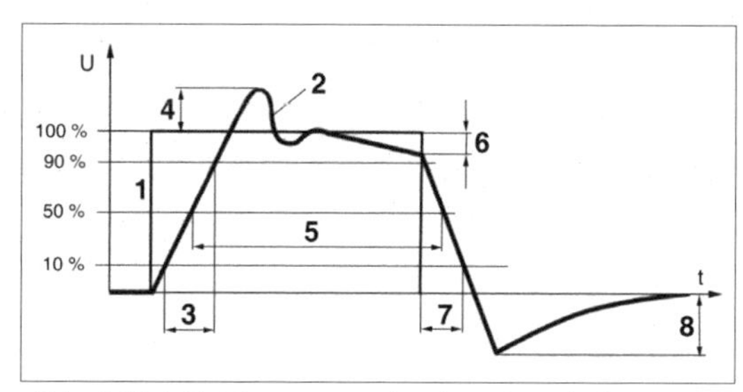

***Abb. 3.106:** Zeitkennwerte des Impulsverhaltens. Einschlägige Angaben im Datenmaterial beziehen sich auf die Ansteuerung mit einem idealen Impuls. 1 - der primärseitige (ideale) Impuls; 2 - der sekundärseitige (verformte) Impuls; 3 - Anstiegszeit (Rise Time); 4 - Überschwingen (Overshoot); 5 - Impulsbreite (Pulse Width); 6 - Dachabfall (Droop); 7 - Abfallzeit (Fall Time); 8 - Unterschwingen (Undershoot, Backswing).*

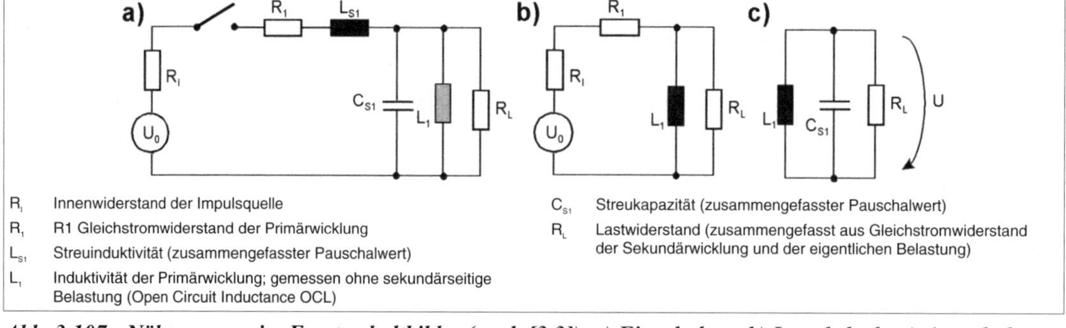

Abb. 3.107: Näherungsweise Ersatzschaltbilder (nach [3.3]). a) Einschalten; b) Impulsdach; c) Ausschalten.

84 Praxistipp: Damit die Spitze nicht zu groß wird, den Impulstransformator nicht größer wählen als wirklich notwendig (ein größerer Trafo bedeutet höhere Stromstärken und parasitäre Kapazitäten).

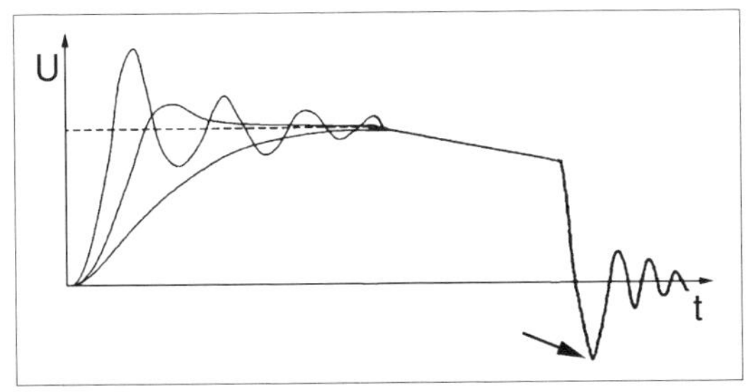

Abb. 3.108: *Wie die Flanken aussehen, wird vor allem von den parasitären Parametern bestimmt (nach [3.3]). Beim Ein- und Aussschalten verhält sich der Impulstransformator wie ein mehr oder weniger bedämpfter Schwingkreis. Wird ein vergleichsweise starker Magnetisierungsstrom abgeschaltet, kann eine Abschalt-Spannungsspitze mit größerer Amplitude entstehen (Pfeil).*

Impulsbelastbarkeit
Die Impulsbelastbarkeit wird durch das Spannungs-Zeit-Produkt (ET Constant) gekennzeichnet (Impulsamplitude · Impulsdauer; vgl. S. 203).

Richtwerte:
- ausgesprochene Miniaturtypen: 2... 50 Vµs,
- gängige Standardtypen: 200 Vµs (allgemein üblich) bis 400 Vµs.

Die tatsächliche Impulsbelastbarkeit hängt auch vom Spannungsverlauf ab (Abb. 3.109).

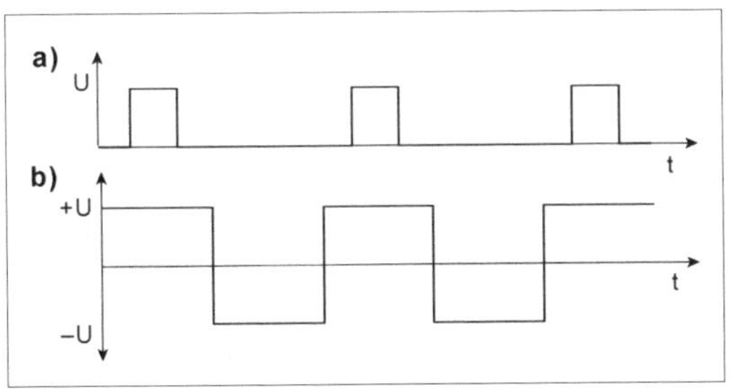

Abb. 3.109: *Impulsbelastbarkeit und Spannungsverlauf. a) nur eine Polung, damit nur eine Stromrichtung und eine Richtung der Magnetisierung. Wird die Sättigungsmagnetisierung erreicht, sinkt die Induktivität stark ab. Die Impulsbelastbarkeit ist entsprechend gering. b) wechselnde Polung, damit wechselnde Stromrichtung. Somit wechselt auch die Richtung der Magnetisierung. Der Kern kann in beiden Richtungen bis zur Sättigungsmagnetisierung ausgenutzt werden. Die Impulsbelastbarkeit ist deutlich höher.*

3.4.5 Audio-Transformatoren (NF-Übertrager)

Audio-Transformatoren werden in Frequenzbereichen von etwa 20 Hz bis ca. 20...30 kHz eingesetzt. Sie dienen vor allem zur Impedanzanpassung und zur galvanischen Trennung. Typische Kennwerte betreffen:

- die primäre und sekundäre Impedanz (Richtwerte: primär einige hundert Ω bis einige kΩ, sekundär einige Ω bis einige hundert Ω),
- den primären und sekundären Gleichstromwiderstand,
- das Übersetzungsverhältnis (Richtwerte: 1:1 bis 1:10),
- die Spannungsfestigkeit (Isolationsspannung, Prüfspannung; Richwerte: 1 000...2000 V),
- der zulässige Bereich der Eingangsspannung (Aussteuerbereich),
- die übertragbare Leistung (Nennleistung; Richtwerte: einige mW bis einige W).

Gleichstromvormagnetisierung
Es ist zu prüfen, ob im jeweiligen Einsatzfall Wicklungen von Gleichstrom durchflossen werden. Wenn ja, muss der Kern einen Luftspalt haben oder aus einem Werkstoff bestehen, durch den ein gleichsam verteilter Luftspalt gegeben ist (z. B. Pulvereisen). Tritt im jeweiligen Anwendungsfall keine Gleichstromvormagnetisierung auf, kann man Ferritkerne mit hoher Permeabilität (Richtwert: > 10 000) einsetzen, so dass man mit besonders kleinen Kerngrößen auskommt.

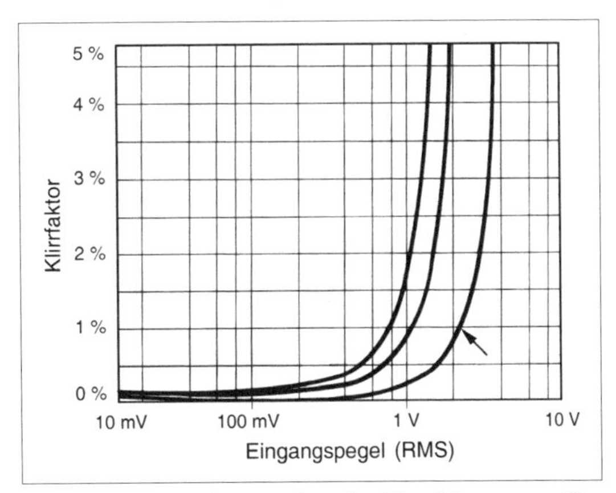

Abb. 3.110: *Die Abhängigkeit des Klirrfaktors vom Eingangspegel (nach [3.45]). Ablesebeispiel (Pfeil): ein Eingangspegel von 2 V entspricht einem Klirrfaktor von ca. 1 %. Im Bereich von einigen hundert mV ist der Klirrfaktor nahezu vernachlässigbar.*

Aussteuerbereich
Die übertragene Leistung und der Bereich der Eingangsspannung (Aussteuerbereich) beeinflussen die Signalverzerrungen, die vom Transformator hervorgerufen werden (Klirrfaktor, THD). Je mehr Leistung übertragen wird (mit anderen Worten: je mehr man den Kern ausnutzt), desto größer die Verzerrungen. Gelegentlich sind im Datenmaterial entsprechende Angaben zu finden (Abb. 3.110). Wichtig: der Kern darf keineswegs in die Sättigung geraten.

Audio-Transformatoren der Massenfertigung
Sie werden vor allem in folgenden Bauformen angeboten (Abb. 3.111 bis 3.113):

a) Eingangstransformatoren in Miniaturbauweise. Typische Kennwerte:
- Übersetzungsverhältnis: 1:1 bis 1:10,
- Eingangsimpedanzen: 50 Ω bis einige kΩ,
- Aussteuerbereich < 1 V bis ca. 6 V,
- Nennleistung: wenige mW,
- Isolationsspannung 1000 V bis > 2000 V.

b) Mikrophon-Eingangstransformatoren zur Anpassung niederohmiger Mikrophone an hochohmige Verstärkereingänge. Hierbei wird die Ausgangsspannung des Mikrophons hochtransformiert.
Typische Eingangsimpedanzen:

- 20 ... 30 Ω (Tauchspulmikrophone),
- 200...600 Ω (dynamische und Elektretmikrophone).

Weitere Richtwerte:
Ausgangsimpedanz ca. 50 kΩ, Übersetzungsverhältnis bis etwa 1:50. Ein hohes Übersetzungsverhältnis wirkt sich aber ungünstig auf den Frequenzgang aus (Dämpfung der höheren Frequenzen infolge der sekundärseitigen Parallelkapazität). Eine Größenordnung von 1:50 ist typischerweise nur für Sprachübertragung annehmbar. Richtwert für verzerrungsarme Übertragung: Spannungsübersetzung nicht mehr als 25 dB, also ca. 1:18...1:20.

c) Ausgangstransformatoren für die 100-V-Übertragung. Ein Industriestandard für ausgedehnte Lautsprecheranlagen (in Gebäuden, Parks usw.) sieht vor, die Niederfrequenz mit einer Amplitude von 100 V zu übertragen, um mit dünnen Leiterquerschnitten auszukommen[85]. Da Lautsprecher eine vergleichsweise geringe Impedanz haben (typischerweise wenige Ω), muss jeder Lautsprecher über einen Anpassungstransformator angeschlossen werden (Abb. 3.113).

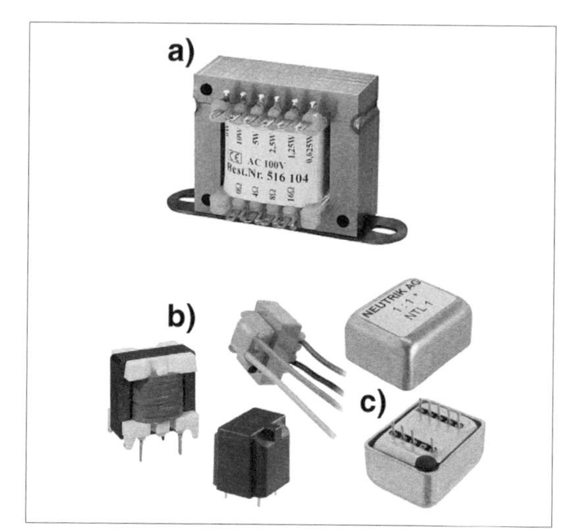

Abb. 3.111: *Audio-Transformatoren (1). Typische Bauformen. a) 100-V-Ausgangsübertrager; b) Eingangsübertrager; c) ein hochwertiger Eingangsübertrager (Studio-Übertrager) in Mumetall-Gehäuse (magnetische Abschirmung).*

3.4.6 Isolation und Pegelwandlung in Digitalschaltungen

Dieses Problem kann u. a. mit Impulstransformatoren gelöst werden. Entsprechende Bauelemente (Abb. 3.114) enthalten z. B. kleine Ringkerntransformatoren. Da die Kopplung auf der Induktion beruht, können keine statischen Logikpegel, sondern nur Impulse übertragen werden. Die Impulsdauer darf bestimmte Maximalwerte nicht überschreiten (Beispiel: 5 µs). Die Bauelemente sind in beiden Richtungen nutzbar (bidirektional).

85 Der Leistungsverlust im Kabel ist dem Quadrat des Stroms proportional. Deshalb überträgt man eine bestimmte Leistung besser mit höherer Spannung bei entsprechend schwachem Strom.

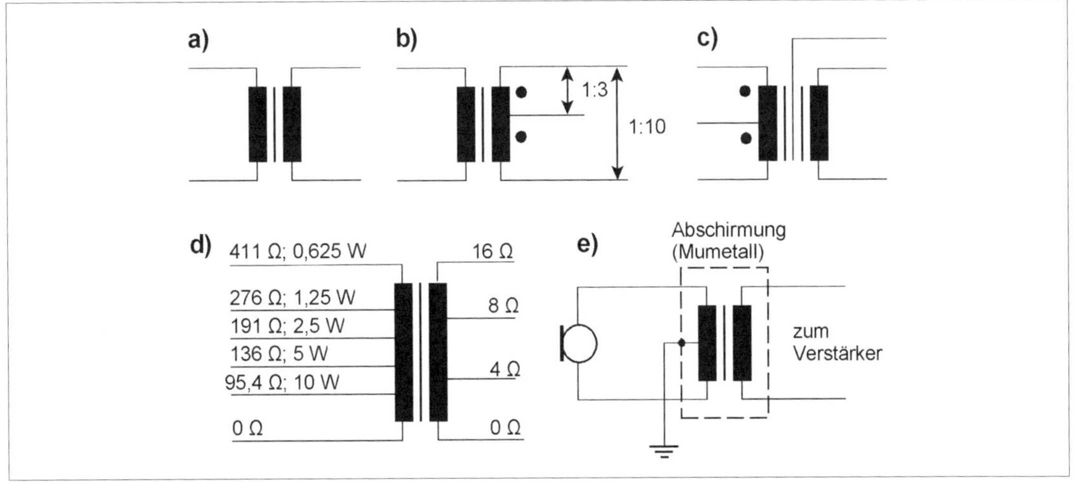

Abb. 3.112: *Audio-Transformatoren (2). Typische Auslegungen. a) Einfachausführung; b) Sekundärwicklung mit Anzapfung (Ausführungsbeispiel nach [3.45]); c) Primärwicklung mit Mittenanzapfung, Abschirmung zwischen Primär- und Sekundärwicklung; d) Beispiel eines 100-V-Transformators mit verschiedenen Anzapfungen (rechts Leitungs-, links Lautsprecheranschluss; e) Mikrophonübertrager im Einsatz. Magnetische Abschirmung und Erdverbindung dienen dazu, die Brummeinstreuung gering zu halten.*

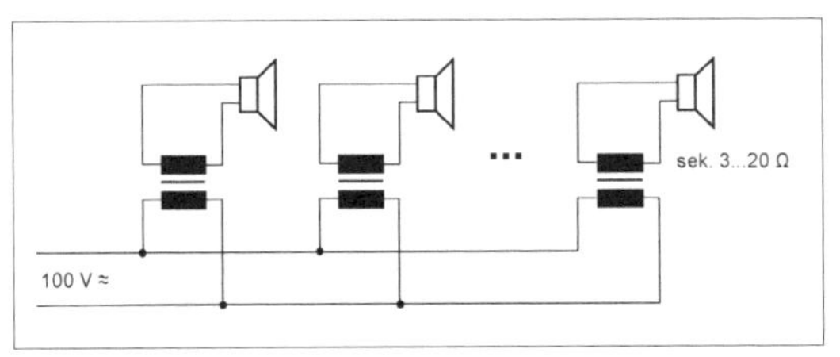

Abb. 3.113: *100-V-Lautsprecheranlage mit Ausgangstransformatoren.*

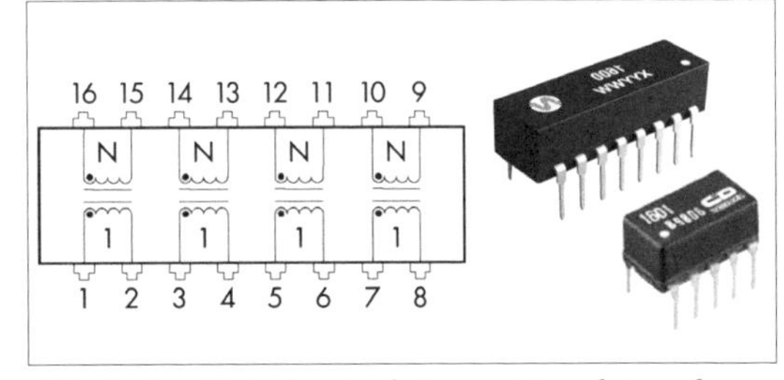

Abb. 3.114: *Datenbus-Isolation mit Impulstransformatoren (nach [3.46]). Links die schematische Darstellung eines Bauelements mit vier Signalwegen (Quad Isolator), rechts Ansicht zweier Bauelemente (oben Quad, darunter Dual Isolator). Es werden folgende Übersetzungsverhältnisse angeboten: 1:1; 1:1,5 (3,3 V auf 5 V); 1:2 (5 V auf 10 V) und 1:3 (5 V auf 15 V). Isolationsspannung: 700 V.*

3.4.7 Transformatoren für Kommunikations- und Netzwerkschnittstellen

Sie dienen dazu, das Kommunikationsnetz vom Endgerät galvanisch zu isolieren, das Endgerät an die Impedanz der Kommunikationsleitungen anzupassen und das Kommunikationsnetz vor Schäden im Endgerät zu schützen[86]. Der bestimmungsgemäße Einsatz dieser Bauelemente (Line Matching / Line Isolation Transformers; Abb. 3.115) ist aus den einschlägigen Standards, aus Handbüchern, Applikationsschriften usw. ersichtlich. Da solche Transformatoren in großen Stückzahlen gefertigt werden, liegt es nahe, sie auch für anwendungsspezifische Zwecke einzusetzen.

86 Unter anderem dagegen, dass infolge eines Defekts im Endgerät die Spannung des Versorgungsnetzes (z. B. 230 V) auf die Kommunikationsleitungen gelangt. Eine Überlastung auf der Sekundärseite (dem Endgerät) darf nicht zur Primärseite (dem Netz) durchgereicht werden.

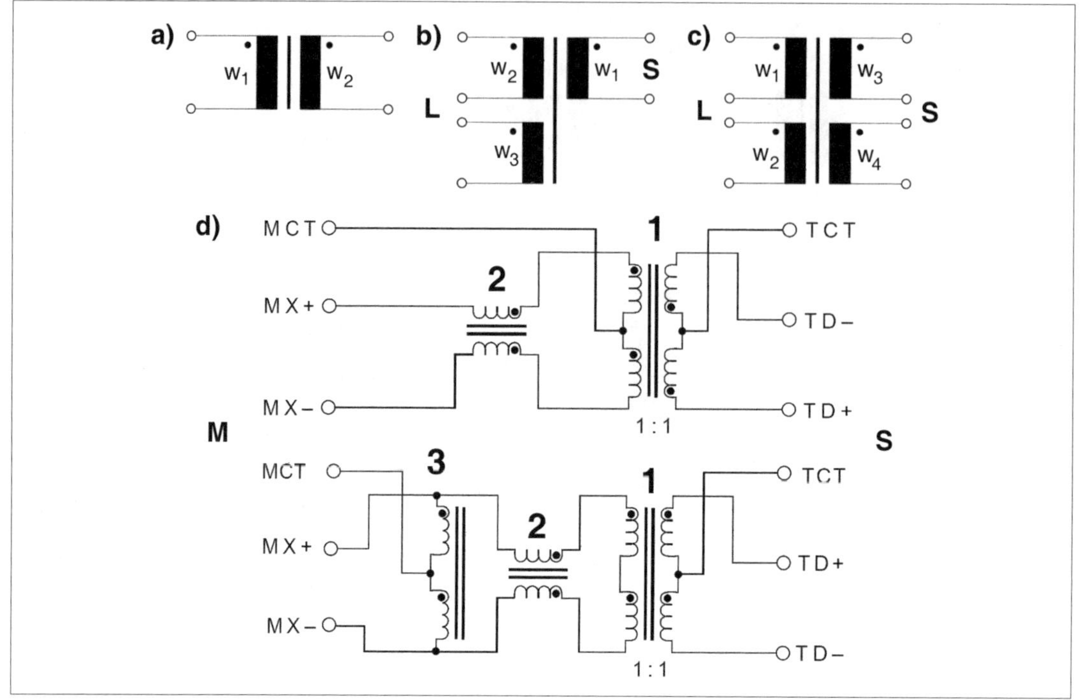

Abb. 3.115: Transformatoren für Kommunikations- und Netzwerkschnittstellen. a), b) c) verschiedene Ausführungen für Telefonanschlüsse (POTS, ISDN, ADSL; s. auch Tabelle 3.9); d) zwei Ethernet-Impulstransformatoren. L - Kommunikationsschnittstelle (Line); M - Medienanschluss (Netzwerkkabel); S - Schaltkreisanschluss; 1 - Impulstransformator; 2 - Gleichtaktdrossel in Reihenschaltung; 3 - Gleichtaktdrossel in Parallelschaltung; MCT, TCT - Masseanschlüsse.

Die Sättigung als Sicherheitsmechanismus

Gelangt der Transformator durch Überlastung in die Sättigung, so gibt es keine magnetische Kopplung mehr. Diese Tatsache wird ausgenutzt, um das Kommunikationsnetz vor Schäden im Endgerät zu schützen[87]. Man legt es absichtlich darauf an, dass im Fall des Falles eine Überlast zum Durchbrennen der Sekundärwicklung führt; man opfert also notfalls das billigere Bauelement (den Transformator), um Schäden von der viel teureren Infrastruktur (z. B. dem Telefonnetz) abzuwenden.

Telefonnetz (POTS[88])

Die Transformatoren dienen zum Ankoppeln von Modems und ähnlichen Einrichtungen. Sie sind jeweils für bestimmte Datenübertragungsstandards vorgesehen (z. B. V.32bis oder V.90/V.92).

Die grundsätzliche Auslegung:

- Übersetzungsverhältnis: 1:1,
- Eingangsimpedanz: 600 Ω,
- Isolationsspannung: > 5000 V.

Die Wicklungen dürfen nicht von Gleichstrom durchflossen werden. Weitere Kenndaten (Richtwerte):

- Gleichstromwiderstand (jede Wicklung) 50 Ω bis ca. 150 Ω,
- Aussteuerbereich: ca. 10 V_{RMS} oder 65 V_{SS} (bei 50 Hz),
- Bandbreite (3 dB): 10 Hz bis 10 kHz.

87 Zum Schutz des Endgerätes vor Einflüssen aus dem Kommunikationsnetz (z. B. vor Überspannungen infolge von Blitzeinschlägen) sind anderweitige Maßnahmen erforderlich.

88 Plain Old Telephony Services.

	ISDN (UX0-Interface)	**ADSL-Interface**	**ADSL-Tiefpass**
Auslegung	Abb. 3.115b	Abb. 3.115c	Abb. 3.115a
Übersetzungsverhältnis	$w_1:w_2:w_3$ = 1:1:1	$w_1:w_2:w_3:w_4$ = 1,31:1,31:1:1	1:1
Primärinduktivität	15 mH	1,5 mH	6,8 mH
Streuinduktivität	190 µH	4,5 µH	250 µH
Wicklungskapazität	10 pF	36 pF	3 pF
Gleichstromwiderstand primär	5,6 Ω	1,9 Ω	5 Ω
Gleichstromwiderstand sekundär	1,7 Ω	1,15 Ω	5 Ω
Isolationsspannung	5000 V_{RMS}	1500 V_{RMS}	1500 V_{RMS}

Tabelle 3.10: *ISDN- und ADSL-Transformatoren. Typische Kennwerte (gerundet) anhand von Beispielen (nach [3.47]).*

ISDN und ADSL

Die Transformatoren dienen dazu, die jeweilige Kommunikationsschnittstelle an den Steuerschaltkreis anzukoppeln. Sie sind zumeist für bestimmte Schaltkreise ausgelegt. Tabelle 3.10 gibt einen Überblick über typische Kennwerte.

Höhere Netzebenen, z. B. T1/E1

Es handelt sich um Impulstransformatoren mit Übersetzungsverhältnissen von 1:1 oder 1:2. Sie dienen vor allem zur Anpassung an den Wellenwiderstand der Kabel. Hierzu werden Transformatoren mit Impedanzen von 75 Ω (Koaxialkabel) sowie 100 Ω und 125 Ω (paarweise verdrillte Kabel) gefertigt.
Weitere Richtwerte:

- Primärinduktivität: 1,2 mH,
- Streuinduktivität: 600 nH,
- Streukapazität: 35 pF,
- Gleichstromwiderstand: 0,8 Ω,
- Isolationsspannung: 1500 V_{RMS}.

Lokale Netzwerke

Die weiteste Verbreitung haben Ethernet-Schnittstellen auf Grundlage paarweise verdrillter Kabel (10/100/1000 BaseTX). Jedes Leitungspaar wird über einen 1:1-Impulstransformator mit vorgeordneter Gleichtaktdrossel angeschlossen (vgl. Abb. 3.113d). Solche Anordnungen werden als komplette Bauelemente angeboten[89].

Richtwerte:

- Einfügungsdämpfung: 1 dB,
- Isolationsspannung: 1500 V_{RMS},
- zulässige Gleichstrombelastung: max. 8 mA.
- Impulsfolgefrequenzen: Die Ethernet-Schnittstellen arbeiten mit 10 oder 125 Mbits/s. Infolge der jeweils verwendeten Codierung entspricht dies Impulsfolgefrequenzen von 10 oder 75 MHz.

3.4.8 Messwandler

Mit transformatorischen Messwandlern (Instrument Transformers; Abb. 3.116 und 3.117) können Wechselspannungen und -ströme gemessen werden. Die wesentlichen Vorteile:

- galvanische Trennung,
- einfache Anpassung an die Eigenheiten der Messschaltung oder des Messinstruments (Hinauf- oder Heruntertransformieren; Widerstandsanpassung),
- vergleichsweise geringe Kosten (z. B. im Vergleich zu Halleffekt-Stromwandlern).

Präzise Messwandler gehören in das Gebiet der eigentlichen Messtechnik, das hier nicht behandelt werden kann. Die technischen Anforderungen sind in Standards festgelegt[90]. Komplette Funktionseinheiten (z. B. zum Aufschnappen auf Hutschienen) sind handelsüblich (vgl. Abb. 3.116c, d). Im Bereich der Embedded Sys-

89 Auch in Kombination mit dem Kabelanschluss (Steckverbinder RJ45).

90 U. a. VDE 0414 , DIN 42 600, DIN 42 601 und ANSI C57.13.

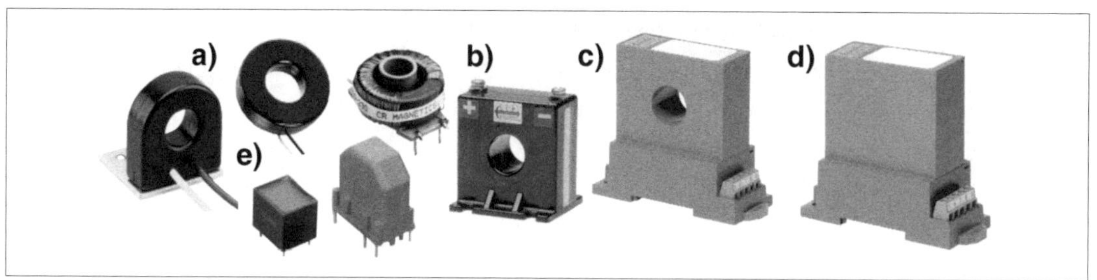

Abb. 3.116:Transformatorische Messwandler (nach [3.48] und [3.49]). a) Stromwandler mit Ringkern; b) Strom-Spannungs-Wandler; c) , d) Strom- und Spannungswandler für Hutschienenmontage; e) vergossene/verkapselte Stromwandler (mit Primärwicklung) für höhere Frequenzen (Anwendung z. B. in Schaltnetzteilen). b), c) und d) sind Präzisionstypen mit eingebauter Elektronik. Sie liefern eine der Messgröße proportionale Gleichspannung (max. 5 oder 10 V) oder einen Strom im Bereich von 4 bis 20 mA (Industriestandard).

tems sind vor allem kostengünstige Lösungen für Überwachungsaufgaben[91] von Interesse.

Spannungswandler

Der Spannungswandler wird – wie jede andere Spannungsmesseinrichtung – der zu messenden Spannung parallelgeschaltet. Er soll nur eine geringe (= vernachlässigbare) Belastung darstellen. Der transformatorische Spannungswandler hat eine hohe Eingangsimpedanz und eine Primärwicklung mit hoher Induktivität (= viele Windungen, dünner Draht). Der typische Einsatzfall ist die Abwärtstransformation, z. B. von der Netzspannung auf eine Messspannung von wenigen V.

Stromwandler

Der Stromwandler muss vom zu messenden Strom durchflossen werden. Er soll dem Stromfluss nur einen geringen (= vernachlässigbaren) Widerstand entgegensetzen. Der transformatorische Stromwandler hat eine geringe Eingangsimpedanz und eine Primärwicklung mit niedriger Induktivität (= wenige Windungen, dicker Draht). Zumeist besteht die Primär"wicklung" aus einer einzigen Windung, nämlich aus dem durch den Ringkern geführten Leiter.

Sekundärseitige Belastung (Bürde, Burden)

Transformatorische Messwandler wollen auf der Sekundärseite eine Belastung sehen – sonst funktioniert es nicht. Der unbelastete ideale Messwandler wäre ein induktiver Blindwiderstand. Erst dann, wenn im Sekundärkreis Strom fließen kann, wirkt die Gegeninduktion, und die Belastung wird gemäß dem Übersetzungsverhältnis gleichsam zur Primärseite durchgereicht. Ist die Belastung ein ohmscher Widerstand R_L, so macht sich auf der Primärseite ein ohmscher Widerstand $R_L \cdot ü^2$ bemerkbar.

Der Sekundärkreis eines Spannungswandlers darf nicht kurzgeschlossen, der eines Stromwandlers nicht unterbrochen werden. Ansonsten kann es sein, dass der

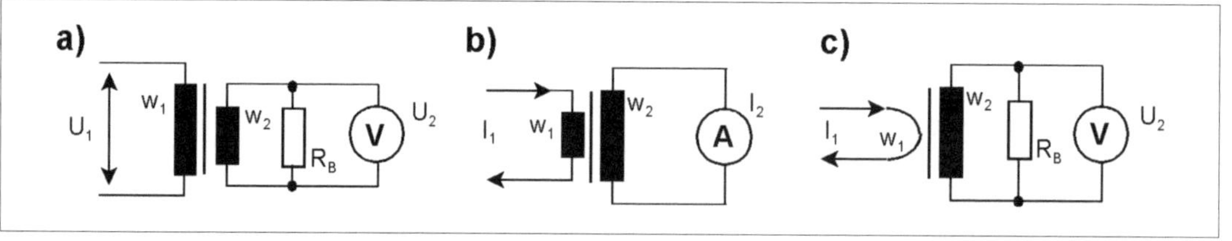

Abb. 3.117: Messwandler. a) Spannungswandler; b) Stromwandler mit sekundärseitiger Strommessung; c) Stromwandler mit Bürde und sekundärseitiger Spannungsmessung. Hier ist zudem angedeutet, dass auf der Primärseite oftmals eine einzige Windung (= die einfache Durchführung des Leiters durch den Ringkern) genügt.

91 Beispielsweise zum Unterscheiden der Betriebszustände keine Last – normale Belastung – Überlastung.

Wandler oder die Messschaltung beschädigt wird (beim Spannungswandler infolge des Kurzschlussstroms, beim Stromwandler infolge des Übergangs in die Sättigung oder infolge der Induktionsspannung).

Übersetzungsverhältnis
Achtung – es gibt zwei Angaben:

a) Wie bei Transformatoren allgemein üblich als Primärwindungszahl zu Sekundärwindungszahl. Unser Formelzeichen: ü.
b) Genau umgekehrt, beispielsweise 1000:1 = 1000 Sekundärwindungen auf eine Primärwindung (das betrifft vor allem Stromwandler für die Netzfrequenz; vgl. Abb. 3.124). Unser Formelzeichen: $ü_R$ (R = reziprok).

Grundsätzliche Zusammenhänge:
a) Spannungswandler:

$$U_2 = \frac{w_2}{w_1} \cdot U_1 = \frac{1}{ü} \cdot U_1 = ü_R \cdot U_1 \quad (3.134)$$

b) Stromwandler:

$$I_2 = \frac{w_1}{w_2} \cdot I_1 = ü \cdot I_1 = \frac{1}{ü_R} \cdot I_1$$

$$U_2 = ü \cdot I_1 \cdot R_B \quad (3.135)$$

Stromwandler mit einer Primärwindung (Durchführung durch den Kern):

$$I_2 = \frac{1}{w_2} \cdot I_1 \; ; \quad U_2 = \frac{1}{w_2} \cdot I_1 \cdot R_B$$

Wesentliche Wandlerkennwerte:

- Nennspannung oder Nennstrom,
- Messbereich,
- Frequenzbereich,
- Übersetzungsverhältnis oder (Stromwandler mit durchzuführendem Leiter) Windungszahl,
- Isolationsspannung,
- erforderliche sekundärseitige Belastung (Nennbürde).

Genauigkeitsangaben:

- Übersetzungsfehler (Ratio Error),
- Fehlwinkel (Phase Angle Error).

Bürdenwiderstand
In den Wert des Bürdenwiderstands R_B ist alles einzurechnen, womit die Sekundärwicklung belastet wird: die eigentliche Bürde (als Widerstandsbauelement), die Leitungswiderstände der Zuführungen und die Belastung durch die angeschlossene Messeinrichtung. Ggf. ist die Bürde (als Bauelement) so zu dimensionieren, dass sich unter Einrechnung aller anderen Belastungen näherungsweise der Wert der Nennbürde ergibt.

Übersetzungsfehler
Der Übersetzungsfehler (Ratio Error RE) wird als Verhältnis von Messabweichung und korrektem Wert angegeben:

$$RE = \frac{\text{Messabweichung}}{\text{korrekter Wert}} \cdot 100\% = \frac{\text{gemessener Wert - korrekter Wert}}{\text{korrekter Wert}} \cdot 100\% \quad (3.136)$$

Er ergibt sich aus den Verlusten des Wandlers:

- Die Wirbelstrom- und Hystereseverluste wirken sich derart aus, dass ein Verluststrom (Excitation Current I_E) durch die Sekundärwicklung fließt,
- der Wicklungswiderstand R_2 bewirkt einen zusätzlichen Spannungsabfall.

Nähere Einzelheiten werden nachfolgend anhand eines einfachen Ersatzschaltbildes erläutert (Abb. 3.118). Bei einer bestimmten Sekundärspannung U_S fließt ein Verluststrom I_E. Die Kernverluste werden durch einen sekundärseitigen Parallelwiderstand R_C nachgebildet, der sich als Spannungs-Strom-Verhältnis $R_C = U_S/I_E$ ergibt.

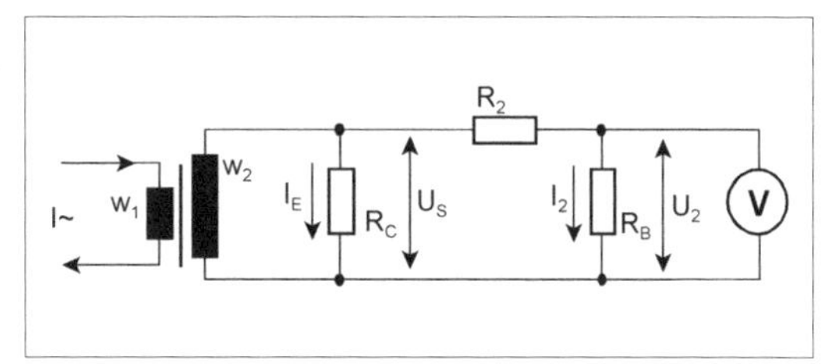

Abb. 3.118: *Ersatzschaltung eines Stromwandlers. R_C - Kernverluste; R_2 - Wicklungswiderstand; R_B - Bürde.*

Die Wirkung der Wirbelstrom- und Hystereseverluste wird in Verluststromkurven (Excitation Curves) dargestellt (Abb. 3.119).

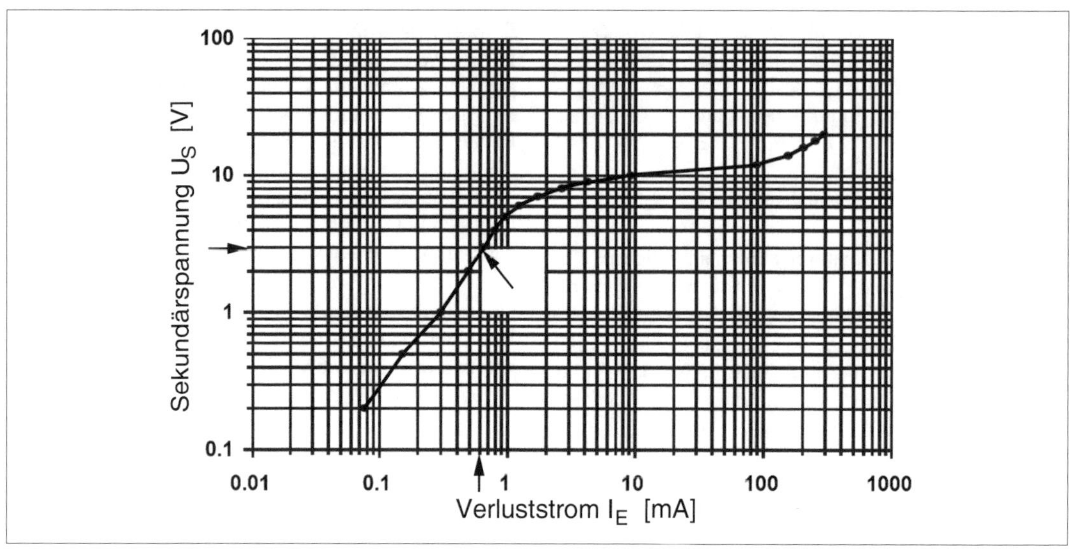

Abb. 3.119: *Die Verluststromkurve eines Stromwandlers (nach [3.48]). Ablesebeispiel (Pfeile): Bei einer Sekundärspannung von 3 V fließt ein Verluststrom von 0,6 mA.*

Die Bestimmung des Übersetzungsfehlers

Wir wollen eine bestimmte Stromstärke I_1 messen. Bei einem gegebenen Übersetzungsverhältnis ü muss – im Idealfall – auf der Sekundärseite ein Strom

$$I_2 = \ddot{u} \cdot I_1 = \frac{1}{\ddot{u}_R} \cdot I_1 \text{ fließen.}$$

Welche Sekundärspannung U_S ergibt sich, wenn dieser Strom I_2 fließt? Gemäß Abb. 3.118 fließt I_2 durch die Sekundärwickung und durch die Bürde. Also gilt:

$$U_S = I_2 \cdot (R_2 + R_B) \quad (3.137)$$

Mit diesem Wert gehen wir in die Verluststromkurve und finden den zugehörigen Verluststrom I_E (vgl. das Ablesebeispiel in Abb. 3.119).

Die Summe der beiden sekundärseitigen Ströme (Verluststrom + Bürdenstrom) entspricht dem mit dem Übersetzungsverhältnis multiplizierten Primärstrom:

$$I_1 \cdot \ddot{u} = I_2 + I_E$$

$$I_1 = \frac{1}{\ddot{u}} \cdot (I_2 + I_E)$$

Ohne Übersetzungsfehler würde gelten:

$$I_1 \cdot \ddot{u} = i_2\,; \quad I_1 = \frac{1}{\ddot{u}} \cdot I_2$$

Der Übersetzungsfehler ergibt sich zu:

$$\text{RE} = \frac{\text{Stromdifferenz}}{\text{Primärstrom}} \cdot 100\% =$$

$$= \frac{I_{1\,gemessen} - I_{1\,ideal}}{I_{1\,ideal}} \cdot 100\% = \frac{\frac{1}{\ddot{u}} \cdot (I_2 + I_E) - I_1}{I_1} \cdot 100\%$$

Für Stromwandler mit nur einer Primärwicklung gilt:

$$\text{RE} = \frac{w_2 \cdot (I_2 + I_E) - I_1}{I_1} \quad (3.138)$$

Ersetzt man I_1 durch $\frac{1}{\ddot{u}} \cdot I_2$, so ergibt sich:

$$\text{RE} = \frac{I_E}{I_2} \quad (3.139)$$

Dieses Verhältnis gilt sowohl beim Strom- als auch beim Spannungswandler.

Korrektur des Übersetzungsfehlers

Infolge der Verluste wird zu wenig gemessen – der tatsächliche Wert auf der Primärseite ist höher als der messtechnisch ermittelte. Ist der Übersetzungsfehler bekannt, kann die Abweichung rechnerisch korrigiert werden.

Der Übersetzungskorrekturfaktor (Ratio Correction Factor RCF)[92] ergibt sich zu:

$$RCF = 1 + \frac{RE}{100} \quad (3.140)$$

Messwertkorrektur:

$$\text{Korrigierter Messwert} = \text{tatsächlich gemessener Wert} \cdot RCF \quad (3.141)$$

Übersetzungsfehler und Korrekturfaktor sind keine Konstanten
Das geht schon aus dem Verlauf der Verluststromkurve hervor (vgl. Abb. 3.119). Ausweg: Die Verluststromkurve in Abschnitte einteilen, die näherungsweise durch Geraden angenähert werden können (abschnittsweise Linearisierung) oder in kleine Schritte auflösen und die zugehörigen Übersetzungsfehler oder Korrekturfaktoren tabellarisch erfassen. Fehlerkorrektur mittels Software (Mikrocontroller).

Ausgangsspannung und Genauigkeit
Die Sekundärwicklung des Stromwandlers wirkt als Konstantstromquelle. Je niedriger der Bürdenwiderstand, desto höher die Genauigkeit (Abb. 3.120), desto geringer aber die Ausgangsspannung. Für einen großen Spannungshub[93] bei niedrigen Primärströmen braucht man einen höherohmigen Bürdenwiderstand (Abb. 3.121). Hierbei ist ggf. auf die Verlustleistung $I^2 \cdot R_B$ zu achten – sie kann u. U. nicht mehr vernachlässigt werden.

In der Praxis ist ein Kompromiss zwischen Genauigkeit und Zusatzaufwand zu finden. Typischerweise ist ein bestimmter Spannungshub erforderlich, z. B. am Eingang eines Analog-Digital-Wandlers oder eines Komparators. Die grundsätzlichen Wahlmöglichkeiten:

a) Eine entsprechend hochohmige Bürde, über der der Spannungshub direkt abgenommen werden kann. Die kostengünstigste Lösung, vor allem dann, wenn es nicht auf besondere Genauigkeit ankommt.

b) Eine niederohmige Bürde mit nachgeschalteter Verstärkung. Im Sinne einer hohen Genauigkeit wird man den Bürdenwiderstand so niederohmig wie möglich festlegen. Die Dimensionierung wird davon bestimmt, welche (niedrige) Ausgangsspannung von den nachfolgenden Stufen noch ohne weiteres verstärkt werden kann (ohne Beeinträchtigung durch Rauschen, Temperaturgang usw.). Mit anderen Worten: Die kostengünstigste Lösung wählen, die den gesamten Messfehler innerhalb der jeweiligen Anforderungen hält.

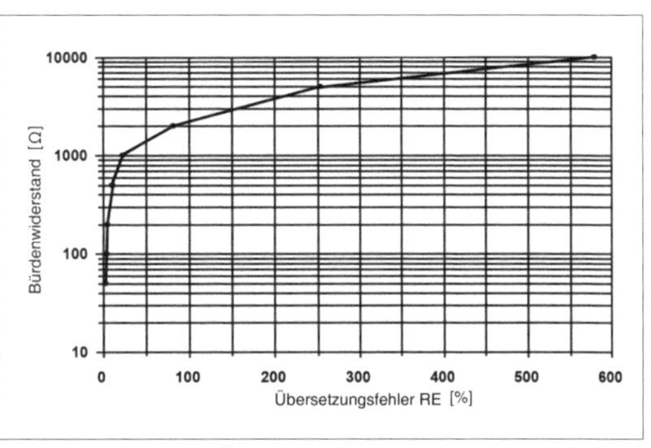

Abb. 3.120: *Der Übersetzungsfehler in Abhängigkeit vom Bürdenwiderstand (nach [3.48]).*

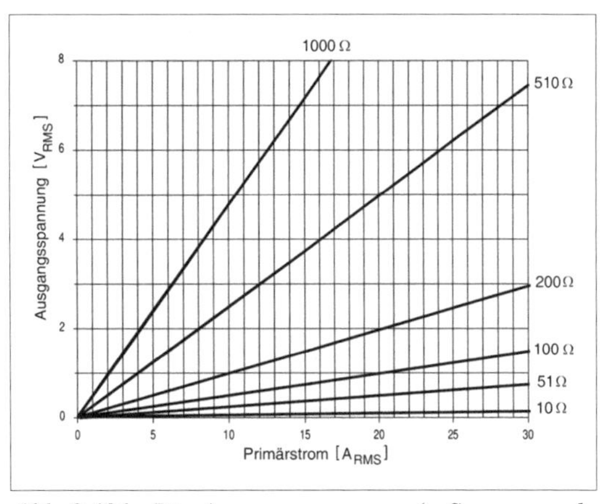

Abb. 3.121: *Die Ausgangsspannung (= Spannungsabfall über der Bürde) in Abhängigkeit von Primärstrom und Bürdenwiderstand (nach [3.49]).*

92 Manche Datenblätter geben anstelle des Übersetzungsfehlers den Korrekturfaktor an.

93 Typische Praxisanforderungen: 200 mV für digitale Einbauinstrumente; 2...4 V für A-D-Wandler in Zusammenhang mit Mikrocontrollern.

Der Übersetzungsfehler ist um so geringer, je niedriger der Gleichstromwiderstand R_2 und je höher der induktive Widerstand ωL der Sekundärwicklung ist. Um Letzteres zu erreichen, gibt es zwei Möglichkeiten:

a) Eine höhere Windungszahl. Die Grenzen liegen zum einen in den Kosten und Abmessungen und zum anderen in vorgegebenen (standardisierten) Übersetzungsverhältnissen, z. B. des jeweiligen primären Nennstroms auf einen Ausgangsstrom von 5 A (ein typischer Messbereich herkömmlicher Dreheiseninstrumente). Wird die Windungszahl auf der Sekundärseite erhöht, sind dann u. U. auch auf der Primärseite mehr Windungen erforderlich, um das Übersetzungsverhältnis einzuhalten.

b) Ein Kern mit hoher Anfangspermeabilität. Das kann man sich leisten, da die Sekundärspannung gering ist und damit auch der magnetische Fluss[94]. Dass mit zunehmender Flussdichte die Permeabilität abfällt, spielt hier also keine Rolle. Diese Auslegung hat aber zur Folge, dass der Stromwandler nicht mit offener Sekundärwicklung betrieben werden darf. Stattdessen sind ungenutzte Stromwandler mit aktivem Primärkreis sekundärseitig kurzzuschließen (z. B. beim Auswechseln nachgeschalteter Messgeräte bei laufendem Betrieb). Ansonsten ist die Betriebsbedingung $\Phi \approx 0$ nicht mehr gegeben; der Kern gelangt dann in die Sättigung und wird unbrauchbar (irreversible Änderung der magnetischen Kennwerte).

Das Übersetzungsverhältnis ändern

Der primärseitige Stromkennwert hat im Grunde die Dimension Amperewindungen (Aw). Eine Windung = die gerade Durchführung durch den Kern, zwei Windungen = eine Umschlingung des Kerns usw. Mehrere Windungen des stromführenden Leiters ergeben eine Verringerung des Übersetzungsverhältnisses $ü = w_1/w_2$. Hierdurch wird der Wandler empfindlicher; der Endwert des Sekundärstroms oder der Bürdenspannung wird dann schon bei einem entsprechend geringeren Primärstrom erreicht:

$$\text{max. Primärstrom} = \frac{\text{Nennstrom (Datenblatt)}}{w_1} \qquad (3.142)$$

Feinabstimmung

Zusätzliche Windungen auf der Primärseite bewirken eine Absenkung des maximalen Primärstroms auf die Hälfte, ein Drittel usw. des Nennstroms. Braucht man einen zwischen diesen Schritten liegenden Wert, kann man die Sekundärwicklung erweitern, indem man einen der Anschlussdrähte durch den Kern führt (Abb. 3.122).

Das modifizierte Übersetzungsverhältnis $ü_{mod}$ ergibt sich zu:

$$ü_{mod} = \frac{w_p}{w_2 \pm w_s} \qquad (3.143)$$

w_P = Primärwindungen; w_S = zusätzliche Sekundärwindungen. Bei gleichem Wicklungssinn wird der Wert addiert, bei entgegengesetztem Wicklungssinn subtrahiert.

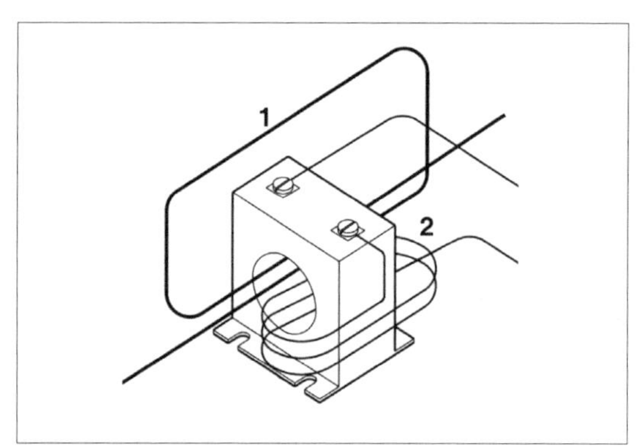

Abb. 3.122: *Das Ändern des Übersetzungsverhältnisses durch zusätzliche Windungen (nach [3.49]). 1 - Primärwindungen; 2 - zusätzliche Sekundärwindungen.*

Stromwandler hintereinanderschalten

Der Stromwandler wirkt sekundärseitig im Grunde als Konstantstromquelle und arbeitet somit am besten (= mit höchstmöglicher Genauigkeit), wenn er kurzgeschlossen ist. Der Sekundärstrom lässt sich mit einem weiteren Stromwandler messen. Das ist vorzugsweise ein Präzisionstyp (Abb. 3.123). Diese Anordnung kann dann von Vorteil sein, wenn hohe Stromstärken zu messen sind (Kostensenkung durch Kombination eines einfachen Wandlers für den hohen Primärstrom mit einer

94 Beim idealen Stromwandler (Konstantstromquelle) ist die Sekundärspannung $U_2 = 0$.

Da $U_2 = -w_2 \cdot \frac{d\Phi}{dt} = 0$, ist auch $\Phi = 0$.

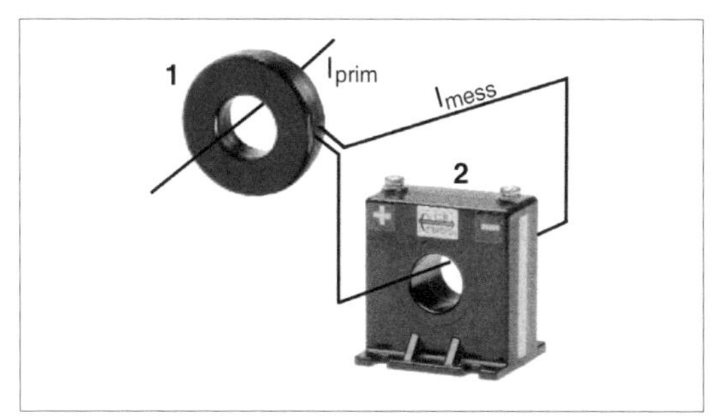

Abb. 3.123: *Der Sekundärstrom des einfachen Stromwandlers 1 wird mit einem präzisen Strom-Spannungs-Wandler 2 gemessen (nach [3.49]).*

Präzisionsausführung für den niedrigen Sekundärstrom, die vergleichsweise kostengünstig ist).

Stromwandler auswählen

Die Auswahl richtet sich nach Messbereich (Nennstrom) und Frequenz. Das Angebot der Massenfertigung betrifft vor allem die Netzfrequenz sowie jene Frequenzbereiche, die in Schaltnetzteilen, Gleichspannungswandlern usw. von Bedeutung sind (von einigen zehn bis zu einigen hundert kHz). Die Abb. 3.124 und 3.125 veranschaulichen typische Kennwerte anhand von Datenblattauszügen.

1	2	3	4		5	6	7				8	9
Part No.	I_P Amps	Turns Ratio	Terminating Resistor		DCR (Ohms)	RCF	Volts/Amp @ rated I_P for various loads (Ohms)				Iex	Vex
			Ohms	Watt	Nominal	@ 10%	100	500	2K	5K	µArms	Vrms
AC1005	5	1000:1	100	0.0025	41.80	1.010	0.10	0.46	1.43	2.01	237	0.66
AC1010	10	1000:1	100	0.0100	41.80	1.010	0.10	0.45	1.10	1.42	386	1.32
AC1015	15	1000:1	100	0.0230	41.80	1.010	0.10	0.45	0.90	1.12	513	1.99
AC1020	20	1000:1	100	0.0400	41.80	1.010	0.10	0.43	0.76	0.93	628	2.65

Abb. 3.124: *Typische Stromwandler für die Netzfrequenz (Datenblattauszug aus [3.48]. 1 - Typennummer; 2 - Nennstrom; 3 - Übersetzungsverhältnis sekundär : primär ($ü_R$); 4 - Nennbürde; 5 - Gleichstromwiderstand der Sekundärwicklung; 6 - Übersetzungskorrekturfaktor (hier für 10 % des Nennstroms); 7 - die Ausgangsspannung in Abhängigkeit von Primärstrom und Bürdenwiderstand; hier angegeben als Verhältnis Sekundärspannung zu Primärstrom für typische Widerstandswerte; 8 - Verluststrom; 9 - Sekundärspannung (beides bei Betrieb mit Nennstrom).*

1	2	3	4	5	6	7
Part Number	Prim./Sec. Ratio	L_{sec} (1) (mH Min)	DCR_{sec} (Ohms Max.)	Sec. Term. (2) Resistance (Ohms Nom.)	I_{sec} (3) Max.	Volt µS (4) Max.
AS-100	1:50	6	0.6	50	300mA	175
AS-101	1:100	25	1.1	100	150mA	350
AS-102	1:200	100	4.5	200	75mA	700
AS-103	1:300	250	10.0	300	50mA	900
AS-104	1:500	700	25.0	500	30mA	1500

Anmerkungen:

1) Der Induktivitätswert wurde gemessen bei 10 kHz und 10 mV.
2) Dieser Widerstandswert ergibt etwa 1 V für jede Amperewindung (Aw) auf der Primärseite.
3) Dieser Sekundärstrom ergibt sich bei einem maximalen Primärstrom von 15 Aw.
4) $V\mu s = \frac{\text{Bürdenwiderstand} \cdot \text{Sekundärstrom}}{2 \cdot \text{Frequenz}}$

Abb. 3.125: *Typische Stromwandler für Frequenzen zwischen 20 kHz und 200 kHz (Datenblattauszug aus [3.48]). 1 - Typennummer; 2 - Übersetzungsverhältnis primär : sekundär (ü); 3 - Induktivität der Sekundärwicklung; 4 - Gleichstromwiderstand der Sekundärwicklung; 5 - Nennbürde; 6 - maximaler Sekundärstrom; 7 - Spannungs-Zeit-Produkt (kennzeichnet die Impulsbelastbarkeit).*

3.5 Induktivitäten auswählen und einsetzen

3.5.1 Grundsätzliches

Der Ausgangspunkt

Aus der Schaltungsentwicklung heraus hat sich die Notwendigkeit ergeben, ein induktives Bauelement einzusetzen. Es hängt vom Anwendungsgebiet und von der Art des Bauelements ab, mit welchen Kennwerten der Auswahlvorgang begonnen wird (Tabelle 3.11).

Anwendungsgebiet bzw. Bauelement	Kennwerte
Energiespeicherung und Glättung (Power Inductors)	Induktivität, Gleichstrombelastung, Betriebsfrequenz
Störunterdrückung (EMC Inductors)	Impedanz oder Einfügungsdämpfung in bestimmten Frequenzbereichen
Schwingkreis- und Filterspulen	Induktivität, Güte, Frequenzbereich
Leistungstransformatoren	Primär- und sekundärseitige Ströme und Spannungen, zu übertragende Leistung, Betriebsfrequenz
Signaltransformatoren	Übersetzungsverhältnis, Frequenzbereich, Isolationsspannung
Wandler	Messbereich, Übersetzungsverhältnis

Tabelle 3.11: *Anwendungspraktisch besonders wichtige Kennwerte im Überblick. Es sind typischerweise jene, mit denen die Bauelementeauswahl beginnt.*

Bauform	Prüffrequenz	Güte	Eigenresonanzfrequenz	Gleichstromwiderstand	Gleichstrombelastung
	1 kHz	–	3 MHz	1,5 Ω	0,33 A
	0,736 MHz	20	1,9 MHz	1,1 Ω	0,68 A

Tabelle 3.12: *Induktivität ist nicht alles. Beide Bauelemente haben 470 µH (nach [3.50]). Oben eine Spule für die Stromversorgungstechnik (Power Inductor); darunter eine HF-Drossel (RF Choke).*

Parametrische Suche

Die Auswahl beginnt mit den anwendungsspezifisch naheliegenden, pauschalen Kennwerten (vgl. Tabelle 3.11), wobei das Anwendungsgebiet oder die Art des Bauelements voranzustellen ist. Grundsatz: Erst das Anwendungsgebiet eingrenzen, dann nach Kennwerten suchen – sonst ist es recht wahrscheinlich, genau das falsche Bauelement zu erwischen (Tabelle 3.12). Kataloge sind typischerweise nach Anwendungen sortiert; Suchmaschinen liefern mehr wirklich brauchbare Treffer, wenn man nicht nur den Induktivitätswert eingibt, sondern auch Stichworte zur Anwendung. Die so getroffene Auswahl wird dann durch Einbeziehen weiterer Anforderungen (Gleichstrombelastbarkeit, Güte, Eigenresonanzfrequez, Abmessungen, Bauform usw.) schrittweise eingeschränkt.

Die Angaben im Datenmaterial richten sich nach dem jeweiligen Anwendungsgebiet. Je subtiler die Anforderungen, desto mehr Kennwerte werden genannt, desto mehr Diagramme beigegeben. Manche Hersteller halten zudem Auswahlhilfen und Simulationsprogramme bereit (Internet). Wo es hingegen nicht so genau darauf ankommt (z. B. bei kleinen Netztrafos), begnügt man sich meist mit einigen pauschalen Kenndaten.

Bleibt man im jeweiligen Awendungsgebiet, so genügt es zumeist, sich an den Pauschalangaben zu orientieren (Auswahl z. B. nach Induktivität, Gleichstrombelastbarkeit, Frequenzbereich und Bauform). Geht es um einen anderweitigen Einsatz (zweckentfremdete Verwendung, z. B. um die Fertigung eines anwendungsspezifischen Typs zu vermeiden), müsste man sich die Messbedingungen für die Kennwerte, den konstruktiven Aufbau, den Kernwerkstoff usw. genauer ansehen. Ggf. wären die in die engere Wahl gezogenen Bauelemente durchzumessen und zu erproben. Im Grunde läuft es darauf hinaus, die Induktivität zunächst selbst zu dimensionieren und dann im Angebot des Marktes nachzusehen, ob es einen den gewünschten Kennwerten nahekommenden Typ gibt.

Herantasten

Im Grunde hängt alles wechselseitig voneinander ab – die elektrischen Kennwerte, die jeweiligen Betriebsbedingungen, die Materialeigenschaften und die konstruktive Auslegung. Da in induktiven Bauelementen elektrische und magnetische Effekte zusammenwirken, sind sie sowohl rechnerisch als auch messtechnisch nur schwierig zu erfassen. Ein Überdimensionieren hilft nur selten – und wenn, dann hat es oft Nebenwirkungen (Platzbedarf, Störfelder, höhere Anforderungen an die Ansteuerung, höhere Abschaltspannungsspitzen usw.)[95]

95 Wo es manchmal hilft: im Umfeld der elektromagnetischen Verträglichkeit. Prinzip: Mit der jeweils wirksamsten Maßnahme der Störunterdrückung beginnen und ggf. später „abrüsten“, um Kosten zu sparen.

Von ganz elementaren Einsatzfällen[96] abgesehen wird man kaum ohne Versuche auskommen.

Beim Herantasten geht man zweckmäßigerweise von bewährten Schaltungen und empfohlenen Typen aus. Drei naheliegende Fragen:

1. Welche der Industriestandard- oder Kochbuchlösungen[97] kommt dem eigenen Problem am nächsten?
2. Welche Kennwerte werden dort genannt, welche Typen empfohlen? Damit hätte man zumindest eine erste Orientierung. Auch könnten von diesen Grundlagen aus jetzt schon Fragen der Gerätekonstruktion angegangen werden (ungefähre Abmessungen, Platzbedarf, Temperatur- und Kühlungsprobleme, Abschirmung usw.).
3. Was ist beim eigenen Problem eigentlich anders? Hieraus ist oft zu erkennen, in welche Richtung die Kennwerte zu verändern sind.

Die Hersteller der induktiven Bauelemente halten Typensortimente und Bausätze (Kerne, Spulenkörper, Montagematerial) bereit (Lab Kits), um das systematische Probieren zu unterstützen (vgl. beispielsweise Abb. 3.67e). Manche Firmen fordern eigens dazu auf, in Problemfällen deren Applikationsingenieure zu konsultieren. (Aber dann sollte man schon selbst einigermaßen genau wissen, wonach zu fragen ist. Ansonsten liefe es ja darauf hinaus, die gesamte Problemlösung außer Haus erledigen zu lassen. Natürlich werden auch solche Dienstleistungen angeboten – allerdings wohl kaum um Gottes Lohn ...)

Manchmal sind die Nachteile, die sich aus der Wahl einer fertigen Induktivität ergeben, nicht allzu groß, so dass man sie hinnehmen kann (Kompromisslösung). Beispiel: Wir nehmen einen handelsüblichen Netztransformator, obwohl er für unsere Anwendung eigentlich überdimensioniert ist (er braucht mehr Platz, und er gibt eine höhere Sekundärspannung ab, so dass im nachfolgenden Linearregler mehr Verlustleistung umgesetzt wird).

Zumindest kann man in der Entwicklungsphase zunächst so vorgehen und dann für den Serienbau einschlägige Fachfirmen konsultieren, um anwendungsspezifische Bauelemente fertigen zu lassen[98].

Hinweise:

1. Beim Experimentieren und Messen achtgeben. Den Kern nicht überlasten. Gelangt er in die Sättigung, so kann er unbrauchbar werden (irreversible Änderung der magnetischen Kennwerte).
2. Die Datenblätter und Applikationsschriften der Hersteller enthalten oftmals gute Hinweise zum Aufbau von Messanordungen. Ggf. genau nachsehen, wie und womit die eigenen Geräte messen (z. B. Messfrequenz) und womit der Hersteller gemessen hat[99].
3. Die wichtigste Größe beim Messen und Fehlersuchen ist der Stromverlauf. Für schnelle Spannungsänderungen ist die Induktivität eine nahezu unendlich hohe Impedanz. Deshalb sieht man, wenn man nur Spannungsverläufe beobachtet, nicht immer das, worauf es wirklich ankommt (Abb. 3.126)[100].

Vermischte Hinweise und Spitzfindigkeiten:

1. Induktivitäten mit hoher Güte (Richtwerte: Güte um 1000 bei Frequenzen bis zu 100 kHz). Hierzu werden Kernwerkstoffe mit extrem niedrigen Verlusten eingesetzt (vor allem NiZn-Ferrite), und die Windungslänge wird gering gehalten. Entsprechende Kerne haben eine besonders hohe effektive Permeabilität. Daraus ergibt sich aber eine geringere Stabilität des Induktivitätswertes. Sie können zudem gegen externe Magnetfelder empfindlich sein (infolge der Magnetisierung nehmen Verlustfaktor und Permeabilität zu). Demgemäß sind sowohl bei der Verarbeitung als auch im Einsatz externe Magnetfelder fernzuhalten.

96 Das betrifft u. a. herkömmliche Netztrafos, Induktivitäten für standardisierte Schnittstellen sowie Kochbuchlösungen der Stromversorgungstechnik (z. B. Schaltregler und Spannungswandler).

97 Man findet sie z. B.in den Applikationsschriften der Schaltkreishersteller. Als Beispiel vgl. [3.52].

98 Als Beispiele für einschlägige Angebote und Bestellformulare vgl. [3.32] und [3.33].

99 Vgl. die Abb. 3.48 und 3.49. [3.19] enthält Näheres zur Messtechnik. Das Praxisproblem: Der Entwickler, der nur gelegentlich mit Induktivitäten zu tun hat, wird wohl nur selten über die entsprechenden hochwertigen Messgeräte verfügen.

100 Also beim Beschaffen von Strommesszangen und Differentialtastköpfen nicht am falschen Platz sparen ...

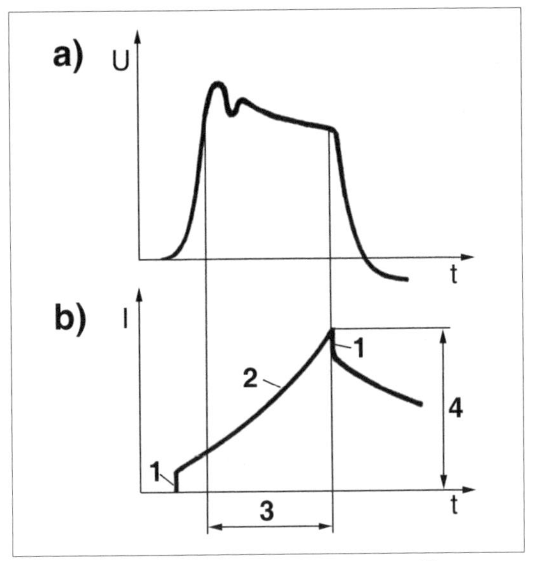

Abb. 3.126: *Messungen an der Primärwicklung eines Impulstransformators (nach [1.24]).*
a) Spannungsmessung. Es handelt sich um einen realen Impuls mit Anstiegszeit, Überschwingen, Dachabfall, Abfallzeit und Unterschwingen (vgl. Abb. 3.106).
b) Strommessung. Der Stromverlauf sieht doch sehr anders aus ... 1 - Stromanteil infolge der Kernverluste; 2 - Stromanteil infolge der induktiven Belastung; 3 - Impulsdauer; 4 - maximaler Magnetisierungsstrom. U. a. kann mit solchen Messungen die Frage geklärt werden, ob der Verlustanteil 1 vernachlässigt werden darf oder nicht.

2. Alterung. Die Induktivität von Ferritkernen nimmt im Laufe der Zeit ab. Die Hersteller erfassen die Alterung typischerweise über die Disakkommodation, wobei Messungen in Zeitabschnitten zwischen 10 und 100 Minuten üblich sind. Für eine Vorhersage der Langzeit-Alterung ist dies nicht ausreichend. Richtwert für alterungsbeständige Ferritwerkstoffe: weniger als 0,5 % über 20 Jahre.

3.5.2 Induktive Bauelemente montieren

Leiterplattenmontage
Die weitaus meisten induktiven Bauelemente – bis hin zu kleineren Transformatoren (vgl. Abb. 3.93a) – werden direkt auf die Leiterplatte gelötet. Schwerere Ausführungen haben zusätzliche Befestigungsvorkehrungen (vgl. Abb. 3.93b). Ausnutzen!

Chassismontage
Das Bauelement hat Befestigungswinkel zum Festschrauben (vgl. Abb. 3.93d). Die Wicklungen werden über Draht angeschlossen (Löt- oder Klemmverbindungen).

Hutschienenmontage
Das Bauelement hat eine Armatur, die das Aufschnappen auf Hutschienen ermöglicht (vgl. Abb. 3.116c, d). Das ist gelegentlich eine zusätzlich anzubringende oder fest angebaute Ergänzung zur herkömmlichen Schraubbefestigung (Kombifußplatte; vgl. Abb.3.93d).

Ringkerntransformatoren
Offene Ringkerntransformatoren[101] (vgl. Abb. 3.93c) werden typischerweise mit einer Schraube befestigt (Abb. 3.127) und über herausgeführte Drähte angeschlossen. Um mechanische Resonanzeffekte zu vermeiden, sollten die Transformatoren schwingungsdämpfend montiert werden[102]. Wichtig ist, dass bei der Montage keine Kurzschlusswicklung entsteht (Abb. 3.128).

Mehrere induktive Bauelemente
Sind zwei oder mehrere induktive Bauelemente eng beieinander zu montieren, ist mit einer Verkopplung der magnetischen Flüsse zu rechnen. Um die Verkopplung so gering wie möglich zu halten, müssen die Achsen der Wicklungen senkrecht aufeinander stehen (Abb. 3.129). Ringkerne haben ein so schwaches Streufeld, dass diese Maßnahme nicht immer erforderlich ist (Abb. 3.130).

101 Zu vergossenen und verkapselten Typen (vgl. auch Abb. 3.131) sei auf die Dokumentation der Hersteller verwiesen.

102 Die Gummischeiben (vgl. Pos. 3 und 5 in Abb. 3.127) sind in dieser Hinsicht eine Art Erstausstattung. Erforderlichenfalls sind weitere schwingungsdämpfende Befestigungsmittel einzusetzen. Gelegentlich eine Alternative: auf einem Blechchassis vormontierte Transformatoren.

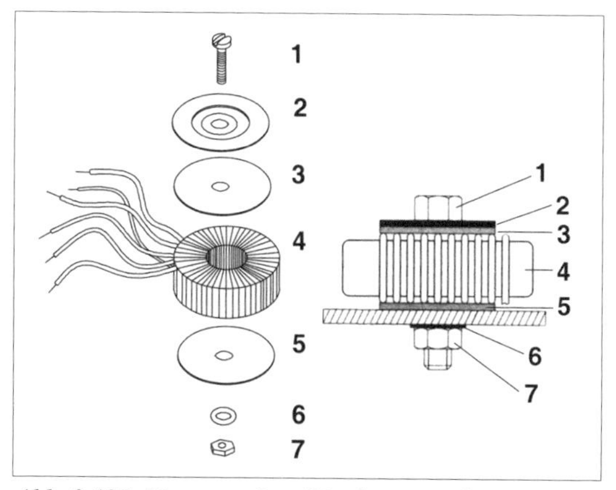

Abb. 3.127: Montage eines Ringkerntransformators. 1 - Schraube; 2 - Druckplatte (Metallscheibe); 3 - Gummischeibe; 4 - Ringkerntransformator; 5 - Gummischeibe; 6 - Unterlegscheibe; 7 - Mutter.

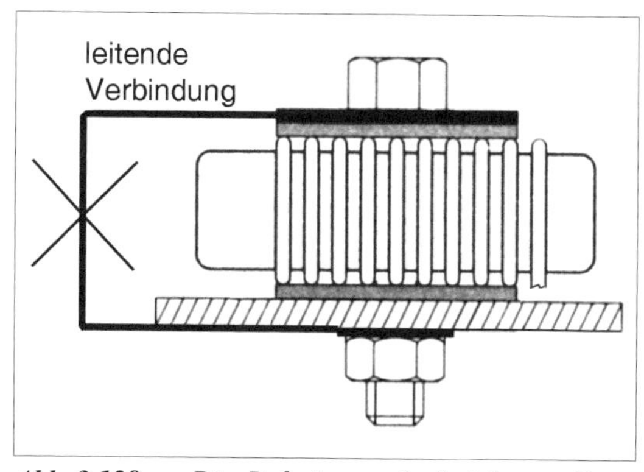

Abb. 3.128: Die Befestigung darf nicht zur Kurzschlusswicklung werden. Die den Kern haltende Schraube darf z. B. nur auf einer Seite mit dem Chassis oder Gehäuse metallischen Kontakt haben, nicht aber auf beiden Seiten.

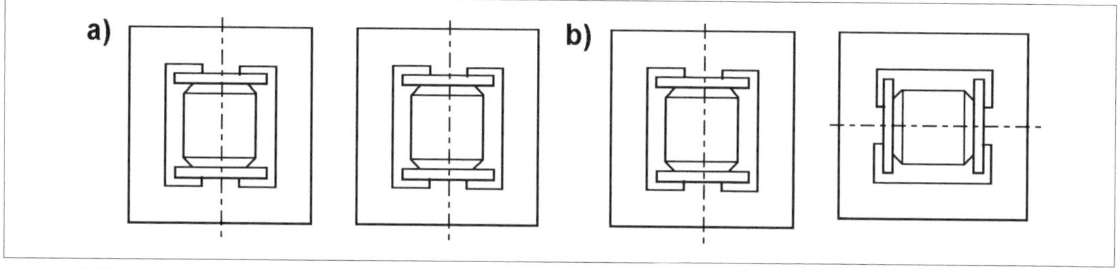

Abb. 3.129: Benachbarte Induktivitäten (z. B. zwei Transformatoren). a) falsch. Achsen parallel zueinander = stärkste Kopplung. b) richtig. Achsen senkrecht aufeinander = geringste Kopplung. Vgl. auch Abb. 3.17.

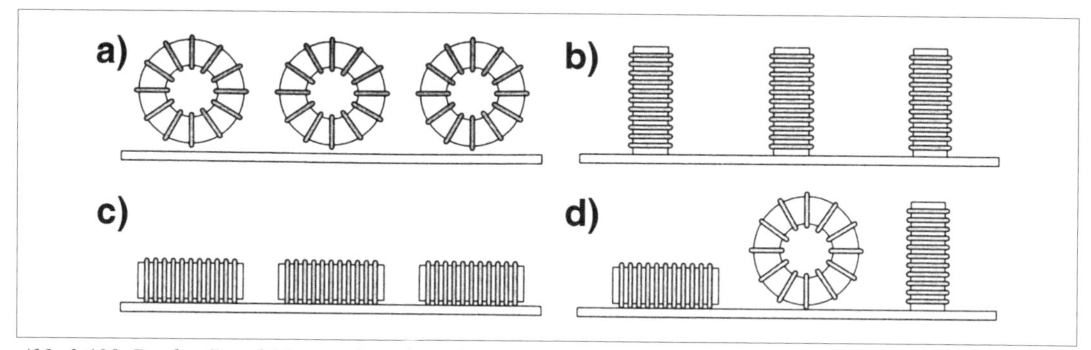

Abb. 3.130: Da das Streufeld nur schwach ist, können Ringkerne oftmals parallel zueinander angeordnet werden (nach[8]). a) und b) stehend; c) liegend. d) Die Montage mit senkrecht aufeinander stehenden Achsen minimiert aber auch hier die gegenseitige Beeinflussung.

Abschirmung des induktiven Bauelements

Das Bauelement ist vor der Beeinflussung durch externe Störfelder zu schützen. Das betrifft vor allem Filter- und Schwingkreisspulen sowie Signaltransformatoren. Es kann sich sowohl um elektrische als auch um magnetische Störfelder handeln.

Maßnahmen:

- Verkapselung (Abschirmbecher; vgl. auch Abb. 3.65 und 3.111c),
- Wahl von Kernformen, die abschirmend wirken (z. B. Ring- oder Schalenkern),
- elektrostatische Schirmung (Kupferfolie) zwischen Primär- und Sekundärwicklung (Abb. 3.131 und 3.132).

Abschirmung der Umgebung
Die Umgebung ist vor den Einflüssen der Induktivität zu schützen; genauer: vor dem magnetischen Streufeld. Maßnahmen:

- das induktive Bauelement wird so angeordnet, dass dessen Störfeld im Bereich der am meisten gefährdeten Einrichtungen ein Minimum hat,
- Wahl von Kernformen, die ein besonders schwaches Streufeld haben (z. B. Ring- oder Schalenkerne)[103],
- Verkapselung bzw. Abschirmung mit entsprechenden hochpermeablen weichmagnetischen Werkstoffen (z. B. Mumetall), wobei entweder das induktive Bauelement oder die vom Streufeld beeinflusste Einrichtung abgeschirmt wird (Beispiel: die Bildröhre im Oszilloskop),
- das induktive Bauelement wird von den gefährdeten Schaltungsteilen weit genug abgesetzt. Das wohl bekannteste Ausführungsbeispiel: das Steckernetzteil. Hiermit kann man den gesamten Netzanschluss aus der eigentlichen Anwendungsschaltung heraushalten und erspart sich nicht nur Probleme mit der Unterbringung des Transformators (Größe,Gewicht) und mit magnetischen Störfeldern, sondern auch mit den einschlägigen elektrotechnischen Sicherheitsvorschriften[104].

Hinweise (zu allen genannten Abschirmproblemen):

1. Abschirmungsvorkehrungen sind mit dem entsprechenden Bezugspotential (z. B. Schutzleiter oder Stromversorgungsmasse) zu verbinden (Abb. 3.132).
2. Bauteile zur magnetischen Abschirmung sorgfältig behandeln. Bearbeitungsvorschriften einhalten. Jedes Bearbeiten der hochpermeablen Teile (vor allem Hämmern, Biegen usw.) hat Einfluss auf den Restmagnetismus.

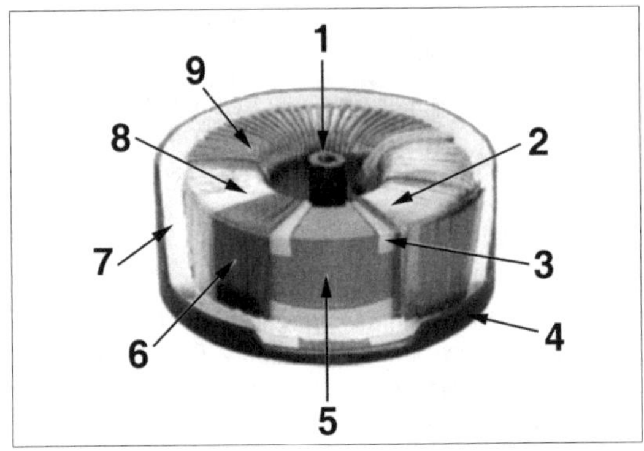

Abb. 3.131: *Ringkerntransformator (verkapselte Bauform) mit elektrostatischer Abschirmung. 1 - Durchführung für Befestigungsschraube; 2 - Isolation zwischen Primär- und Sekundärwicklung; 3 - Kernisolation; 4 - Gehäuse; 5 - Kern; 6 - Primärwicklung; 7 - Vergussmasse; 8 - Abschirmfolie zwischen Primär- und Sekundärwicklung; 9 - Sekundärwicklung.*

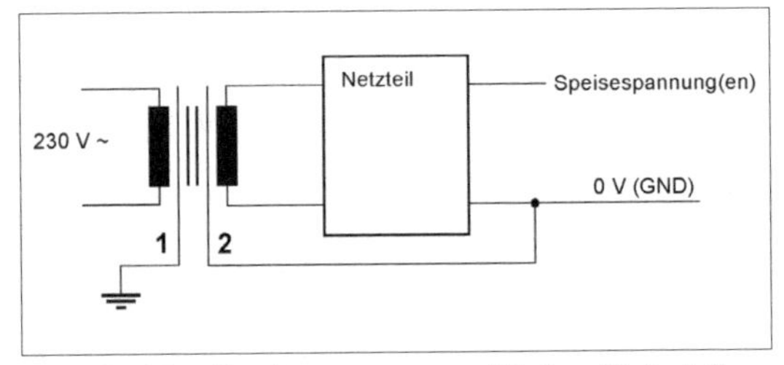

Abb. 3.132: *Abschirmungen anschließen (Beispiel). Der hier dargestellte Netztrafo hat zwei Abschirmwicklungen. Die primärseitige Abschirmung 1 ist mit dem Schutzleiter verbunden, die sekundärseitige Abschirmung 2 mit der Stromversorgungsmasse.*

103 Es gibt u. a. Ringkerntransformatoren mit besonders schwachem Streufeld.

104 Zumeist ist das Freihalten des eigentlichen Gerätes von magnetischen Störeinflüssen des Netztransformators nur ein angenehmer Nebeneffekt dieser an sich wenig schönen Auslegung. Das Auslagern der Stromversorgung ist aber auch eine kostengünstige Lösung für empfindliche Messanordnungen u. dergl. (historische Beispiele: manche Oszilloskope aus der Zeit der Röhrentechnik).

Vermischte Hinweise und Spitzfindigkeiten:

1. Beim Montieren von geteilten Kernen exakt arbeiten. Berührungsflächen sauberhalten.

2. Die mechanische Beanspruchung beeinflusst die magnetischen Eigenschaften des Kerns[105]. Deshalb ist eine übermäßige mechanische Belastung(z. B. durch Halteklammern) zu vermeiden. Handhabungs- und Montagevorschriften beachten.

3. Bei Schalenkernen besonders genau hinsehen: werden wirklich die richtigen Kernhälften eingesetzt? Es gibt zwei Ausführungen der Schalenkerne mit Luftspalt:
   - Asymmetrisch. Der Luftspalt ist nur in eine der Kernhälften eingeschliffen. Diese ist besonders gekennzeichnet.
   - Symmetrisch. Beide Kernhälften sind auf Luftspalt geschliffen. Diese Kerne sind nicht besonders gekennzeichnet.

4. Schalenkern mit Luftspalt improvisieren. Einen Kern ohne Luftspalt nehmen und Folie zwischenlegen (Foliendicke = halbe Luftspaltbreite).

3.5.3 Temperaturprobleme

Betriebstemperatur und Umgebungstemperatur
Die Umgebungstemperatur wird typischerweise etwa 1...1,5 cm vom Kern entfernt gemessen.

Der Temperaturanstieg
Richtwerte für induktive Leistungsbauelemente: Betriebstemperatur höchstens 60...70 °C über Umgebungstemperatur. Die Nennleistung kann noch bei Umgebungstemperaturen zwischen 40 und 50 °C umgesetzt werden. Ist die Umgebungstemperatur höher, ist die Leistung entsprechend zu vermindern (Derating). Gibt es keine entsprechenden Angaben im Datenmaterial, bleibt man mit einem linearen Derating von der Nenntemperatur bis zur maximalen Umgebungs- oder Lagertemperatur (vgl. Seite 33 - 37) typischerweise auf der sicheren Seite. Aus genaueren Kurven und Diagrammen ergeben sich oftmals Anhaltswerte für eine optimistische Dimensionierung – soll heißen, das Bauelement darf bei höheren Temperaturen stärker belastet werden (Abb. 3.133 und 3.134).

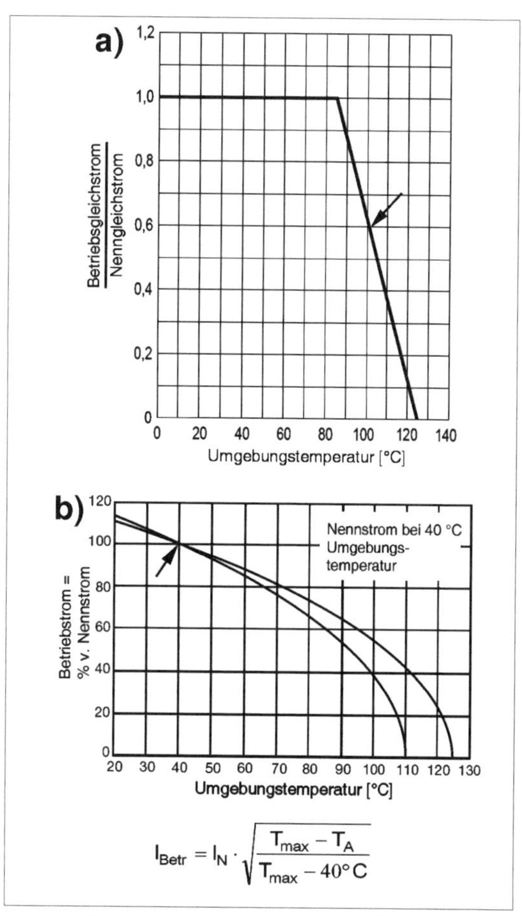

$$I_{Betr} = I_N \cdot \sqrt{\frac{T_{max} - T_A}{T_{max} - 40°C}}$$

Abb. 3.133: *Derating-Diagramme. a) lineares Derating (nach [3.21]). Die betreffende Baureihe hat eine maximale Betriebstemperatur (Nenntemperatur) von + 85 °C und eine obere Grenztemperatur von + 125 °C. Wird die maximale Betriebstemperatur überschritten, ist die Gleichstrombelastung zu verringern. Ablesebeispiel (Pfeil): bei + 100 °C auf das 0,6fache des Nenngleichstroms. b) Nichtlineares Derating (nach [3.22]). Betriebsstrom I_{Betr} mit der angegebenen Formel ausrechnen oder aus Diagramm ablesen. Bei geringerer Umgebungstemperatur (40 °C) darf dem Bauelement mehr zugemutet werden (Uprating).*

105 Die mechanische Beanspruchung von Ferritkernen bewirkt ein Absinken der Anfangspermeabilität (nach [3.4] bis zu 50 % und mehr).

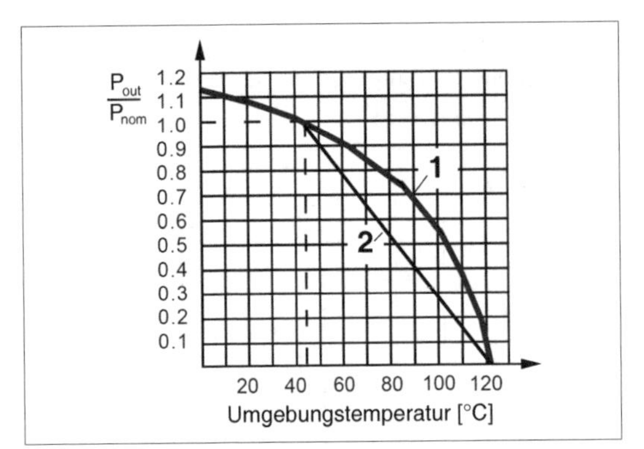

Abb. 3.134: *Das Verhältnis von tatsächlicher Ausgangsleistung (P_{out}) zur Nennleistung (P_{nom}).*
1 - eine Derating-Kurve typischer Netztransformatoren (nach [3.40]);
2 - lineares Derating (zum Vergleich). Die Nennleistung darf hier noch bei einer Umgebungstemperatur von ca. 45 °C umgesetzt werden. Ablesebeispiel: Umgebungstemperatur = 100 °C. Bei linearem Derating ist die Leistung auf ca. 27 % der Nennleistung zu vermindern. Demgegenüber lässt die Kurve 1 noch 50 % der Nennleistung zu.

Der Rechengang des linearen Derating entspricht (1.35). In diesen Formeln bedeuten: T_C = Betriebstemperatur; T_{Cmax} = maximale Betriebstemperatur (Nenntemperatur); T_A = aktuelle Umgebungstemperatur; T_{Amax} = maximale Umgebungstemperatur = Lagertemperatur T_S.

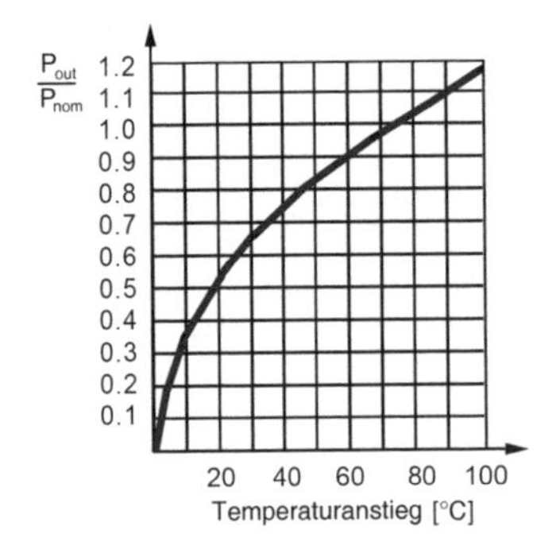

Abb. 3.135: *Der Temperaturanstieg in Abhängigkeit von der umgesetzten Leistung P_{out}, die auf die Nennleistung P_{nom} bezogen ist (nach [3.40]). Bei Nennleistung (P_{out} / P_{nom} = 1) ergibt sich ein Temperaturanstieg von 70 °C. Bei einer Umgebungstemperatur von 40 °C führt dies auf eine Betriebstemperatur von 110 °C. In der Nähe befindliche Bauelemente müssen diese Temperatur aushalten...*

Faustformel zum Temperaturanstieg infolge der Kupfer- und Eisenverluste (nach [3.51]):

$$\text{Temperaturanstieg} = \frac{\text{Gesamtverlustleistung}^{0,833}}{\text{Kernquerschnitt}} \qquad (3.144)$$

Temperaturanstieg in °C, Gesamtverlustleistung in mW, Kernquerschnitt in cm^2.

Hinweise:

1. Manche Ferritwerkstoffe haben Curietemperaturen von nur knapp über 100 °C. Also Vorsicht in der Nähe von Trafos mit ähnlich hohen Gehäusetemperaturen.
2. Wie warm ein Netztransformator werden darf, wird vor allem von den verwendeten Isolierstoffen bestimmt. Zu den Isolierstoffklassen und Grenztemperaturen vgl. Tabelle 3.9 (S. 237).
3. Den Temperaturanstieg kann man durch Überdimensionieren vermindern. Ablesebeispiel aus Abb. 3.135: Wenn es nicht mehr als 20 °C Temperaturanstieg sein soll, kann man nur 50 % der Nennleistung ausnutzen, müsste also für eine bestimmte Leistung P_{out} ein Bauelement mit doppelter Nennleistung ($P_{nom} = 2\ P_{out}$) einsetzen.

3.5.4 Wicklungen

Wicklungskapazität

Aufeinanderliegende, gegeneinander isolierte Leiter verhalten sich wie Kondensatoren – Wicklungen weisen verteilte parasitäre Kapazitäten auf (Abb. 3.136).

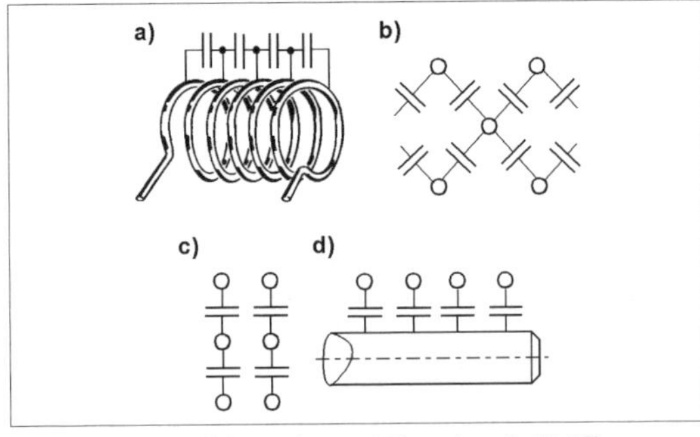

Abb. 3.136: *Wicklungskapazitäten (nach [3.1]).*
a) Kapazität zwischen nebeneinanderliegenden Windungen einer Lage; b) und c) Kapazität zwischen übereinanderliegenden Lagen; d) Kapazität zwischen Wicklung und Kern.

Die Kapazität zwischen den nebeneinanderliegenden Windungen einer Lage (Abb. 3.136a) kann oftmals vernachlässigt werden, denn zwischen zwei benachbarten Windungen ist der Spannungsunterschied nur gering[106]. Zumeist ist lediglich die Kapazität zwischen aufeinanderliegenden Lagen von Bedeutung (Abb. 3.136b, c).

Richtwert[107] zur Kapazität einer mehrlagigen Wicklung aus Kupferlackdraht (CuL): 2...3 pF/cm.

Spulen

Abb. 3.137 veranschaulicht drei Wicklungsarten von Drosselspulen.

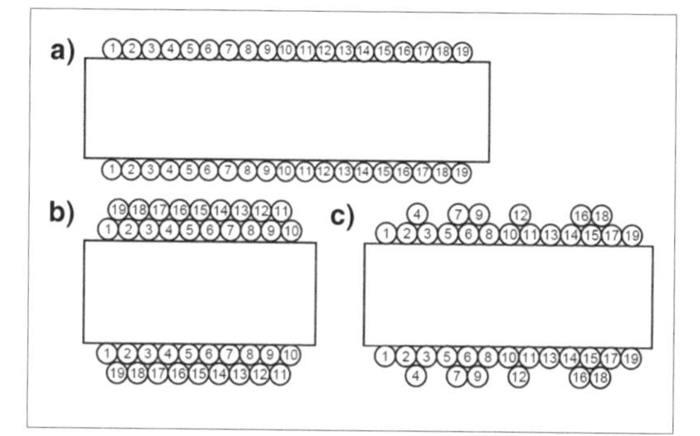

Abb. 3.137: *Wicklungsarten von Drosselspulen (nach [3.6]). a) einlagig; b) mehrlagig; c) unregelmäßig.*

a) Einlagig. Die Steigung des Wickels entspricht dem Drahtdurchmesser oder ist größer. Hierbei kommt nur die parasitäre Kapazität zwischen den benachbarten Windungen zur Wirkung. Diese Ausführung hat die niedrigste Kapazität und die höchste Resonanzfrequenz.

b) Mehrlagig. Herkömmlicherweise wird die Wicklung in mehreren Lagen übereinander aufgebracht. Die Steigung des Wickels entspricht dem Drahtdurchmesser. Zusätzlich zur Kapazität zwischen den benachbarten Windungen gibt es noch parasitäre Kapazitäten zwischen den Lagen (vgl. Abb. 1.136b). Diese Ausführung hat die höchste Kapazität und die niedrigste Resonanzfrequenz.

c) Unregelmäßig (Random Winding). Die Steigung des Wickels ist kleiner als der Drahtdurchmesser. Kommen Windungen übereinander zu liegen, so ist die Reihenfolge unregelmäßig. Die parasitären Kapazitäten sind nur geringfügig größer als die der einlagigen Wicklung, und die Resonanzfrequenz liegt in der gleichen Größenordung.

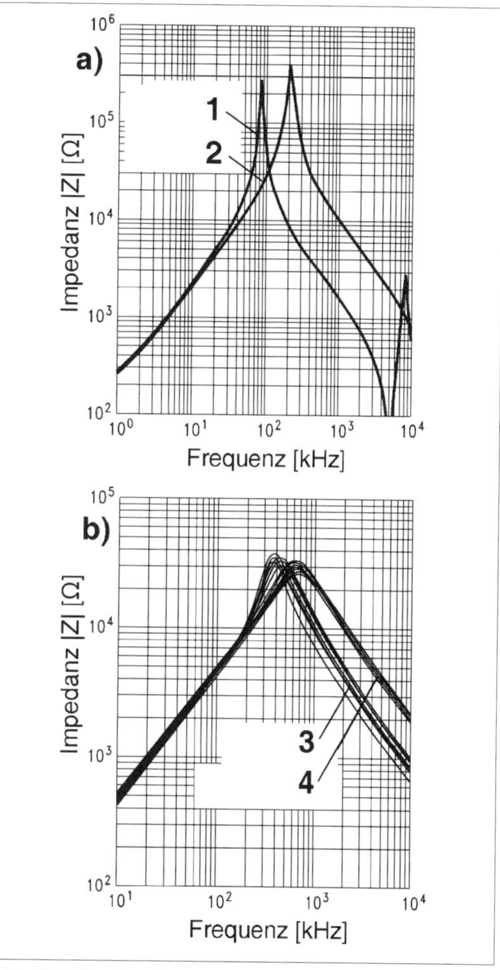

Abb. 3.138: *Wicklungsarten und Wickelverfahren im Vergleich (nach [3.6]). a) Vergleich der Wicklungsarten; b) Vergleich der Wickelverfahren (anhand jeweils mehrerer Exemplare, so dass auch die Streuung der Kennwerte ersichtlich ist). 1 - zweilagig konventionell; 2 - unregelmäßig; 3 - von Hand; 4 - maschinell.*

106 Eine Kapazität ist nur dann wirksam, wenn sie von Strom durchflossen wird. Ein Stromfluss ergibt sich aber nur, wenn sich die anliegende Spannung ändert (vgl. (2.13)).

107 Nach [3.1].

Abb. 3.138a zeigt, dass die unregelmäßig gewickelte Spule eine deutlich höhere Eigenresonanzfrequenz hat als eine zweilagige Spule mit ordentlich übereinanderliegenden Windungen. Die Reproduzierbarkeit der Kennwerte hängt allerdings vom Wickelverfahren ab (Abb. 3.138b). Beim Wickeln von Hand ist die Resonanzfrequenz niedriger und die Streuung der Kennwerte höher als beim maschinellen Wickeln. Die unregelmäßige Wicklung hat zudem nur dann Vorteile, wenn die Spulenspannung vergleichsweise gering ist. Liegen Wicklungsabschnitte eng beieinander, zwischen denen größere Spannungsunterschiede bestehen (Extremfall: eine Windung von einem Ende der Spule unmittelbar neben einer vom anderen Ende), so werden (gemäß (2.13)) stärkere Ströme über die parasitären Kapazitäten fließen und somit zu größeren Verlusten führen.

Maßnahmen zum Aufbau besonders kapazitätsarmer Wicklungen:

- die Wicklung vergleichsweise locker ausführen (Windungen nicht eng beieinander, Folien zwischen die einzelnen Lagen),
- die Wicklung mit kleiner Breite und großer Höhe ausführen, also scheibenförmig (Extremfall: spiralförmig in der Ebene („planar"; vgl. Abb. 3.36)),
- besondere Wickelverfahren anwenden, die dafür sorgen, dass keine längeren Wicklungsabschnitte eng beieinander liegen. Beispiel: Kreuzwicklung (Abb. 3.139).

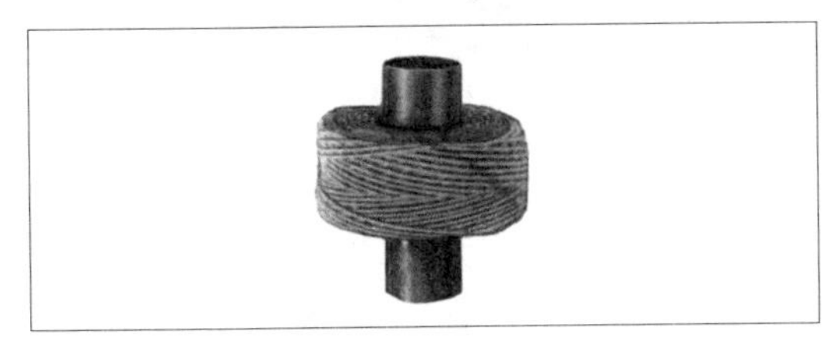

***Abb. 3.139:** Kreuzwickelspule.*

Transformatoren
Aus (3.106) geht hervor, welche Induktivität die Primärwicklung aufweisen muss. Braucht man eine große Bandbreite, ist diese Induktivität mit möglichst wenigen Windungen zu realisieren, um die Einfügungsdämpfung in den mittleren und höheren Frequenzbereichen gering zu halten. Ein kurzer Draht bedeutet einen geringen Wicklungswiderstand. Wenige Windungen bedeuten geringe Streukapazitäten. Abb. 3.140 veranschaulicht typische Wicklungsanordnungen.

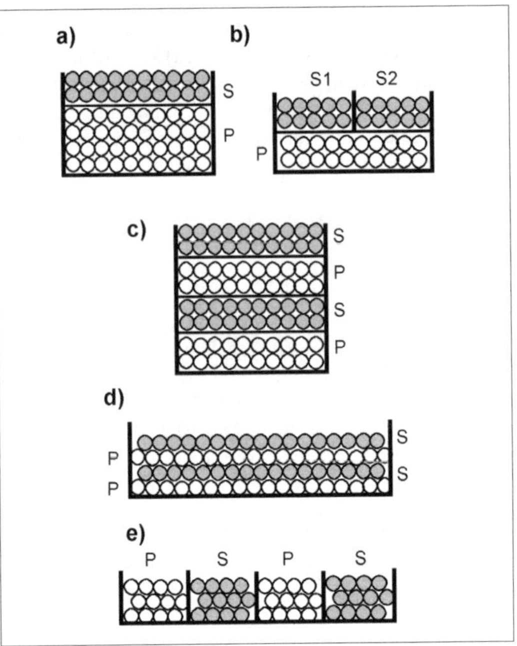

***Abb. 3.140:** Wicklungsanordnungen von Transformatoren. P = Primärwicklung, S = Sekundärwicklung. a) die einfachste herkömmliche Auslegung. Primärwicklung um den Kern, Sekundärwicklung darüber. b) Zwei Sekundärwicklungen nebeneinander. Übereinanderliegende Wicklungen sind typischerweise durch isolierende Zwischenlagen voneinander getrennt. Manche Transformatoren enthalten zusätzliche Abschirmfolien (vgl. Abb. 3.131 und 132). Einen geringen Streugrad erreicht man durch Ineinanderschachteln der Wicklungen. c) jeweils mehrere Lagen; d) einzelne Lagen; e) in Scheiben.*

Maßnahmen zur Verringerung der Streuinduktivität
Die Wicklungen sollten eng am Kern anliegen und so innig wie möglich ineinander gewickelt werden. Ausführungsbeispiele:

- alle Wicklungen auf einem Schenkel des Kerns unterbringen (Mantelkern, Schalenkern, Ringkern),
- den Abstand zwischen den Wicklungen gering halten,
- die Windungen eng um den Kern führen,
- für jede Wicklung die gesamte Länge des Spulenkörpers ausnutzen; die Wicklungen also möglichst breit anlegen (als langer Zylinder),
- Primär- und Sekundärwicklungen in Lagen ineinandergeschachtelt wickeln (Abb. 3.140c, d),

- die Drähte der beiden Wicklungen parallel nebeneinander wickeln (bifilare Wicklung).

Maßnahmen zur Verringerung der Streukapazität
Sie sind typischerweise denen zur Verringerung der Streuinduktivität entgegengerichtet:

- den Abstand zwischen den Windungen (= Dicke des Dielektrikums) erhöhen (Folien zwischen den Lagen; Steigung größer als Drahtdurchmesser),
- die Wicklungen möglicht schmal (scheibenförmig) anlegen,
- Primär- und Sekundärwicklungen in Scheiben ineinandergeschachtelt wickeln (Abb. 3.140e),
- die Anzahl der Drahtlagen erhöhen (entspricht einem In-Reihe-Schalten der Teilkapazitäten),
- die Spannungsdifferenz zwischen den Wicklungsabschnitten gering halten.

Es sind also Kompromisse zu finden. Innig verschachtelte Wicklungen haben eine höhere Kapazität. Zudem ist die Spannungsfestigkeit geringer. So hat die Wickelart gemäß Abb. 3.140d eine sehr geringe Streuinduktivität, die Kapazität ist aber vergleichsweise groß. Andererseits sind gemäß Abb. 3.140e die Wicklungen offensichtlich besser gegeneinander isoliert, und die Kapazität ist geringer. Verwendet man – im Sinne einer geringen Streuinduktivität – dünnen Draht, um die Wicklung nicht allzu dick werden zu lassen, nimmt der Gleichstromwiderstand zu, verwendet man einen größeren Kern, wird es unwirtschaftlich (zu schwer, zu groß, zu teuer).

Der typische Ausweg: Einen Kern mit möglichst hoher Permeabilität wählen, um mit möglichst wenigen Windungen auszukommen (die Streuinduktivität ist dem Quadrat der Windungszahl proportional). Hierdurch werden auch die parasitären Kapazitäten gering gehalten.

Ringkerne
Abb. 3.141 veranschaulicht typische Ausführungen von Wicklungen. Die Windungen[108] sind um den gesamten Umfang des Kerns herum gleichmäßig zu verteilen. Bei hohen Frequenzen dürfen aber die Enden nicht allzu nahe beieinander liegen, um eine kapazitive Kopplung zu vermeiden. Deshalb ist in Abb. 3.141a ein Winkel von wenigstens 30° dargestellt. Besonders geringe Streuverluste ergeben sich, wenn man die Drähte der einzelnen Wicklungen parallel nebeneinander aufbringt:

- Zwei Drähte nebeneinander (bifilare Wicklung; vgl. Abb. 3.141b) ergeben einen Transformator mit zwei gleichartigen Wicklungen (1:1),
- drei Drähte nebeneinander (trifilare Wicklung; vgl. Abb. 3.141c) ergeben einen Transformator mit drei gleichartigen Wicklungen (als Anwendungsbeispiel vgl. Abb. 3.101e).

In Abb. 3.141d, e, f ist dargestellt, wie Primär- und Sekundärwicklungen mit ungleichen Windungszahlen ausgeführt werden können. Im Einzelnen zeigen: Abb. 3.141d eine bifilar begonnene Wicklung, Abb. 3.141e eine eingeschachtelte Sekundärwicklung und Abb. 3.141e getrennt angelegte Wicklungen.

Mehrlochkerne
Mehrlochkerne können als nebeneinander angeordnete Ringkerne angesehen werden. Die einzelne Windung entspricht einer Durchführung des Drahtes durch alle Löcher (Abb. 3.142).

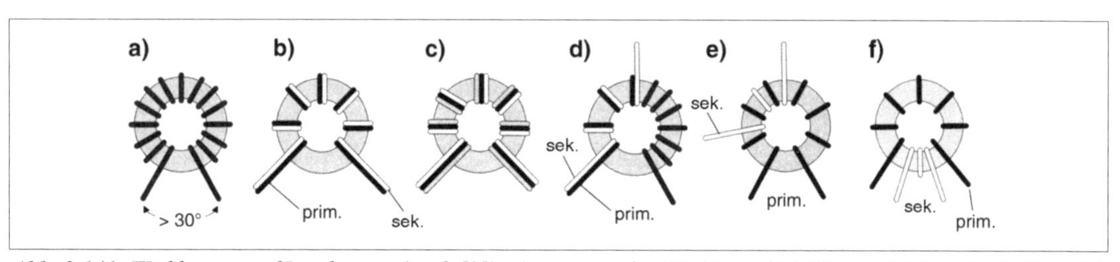

Abb. 3.141: *Wicklungen auf Ringkernen (nach [8]). a) eine einzelne Wicklung; b) bifilar; c) trifilar;d), e), f) ungleiche Windungszahlen.*

108 1 Windung = 1 Durchführung, 2 Windungen = 2 Durchführungen = 1 Umschlingung (vgl. Abb. 3.7c).

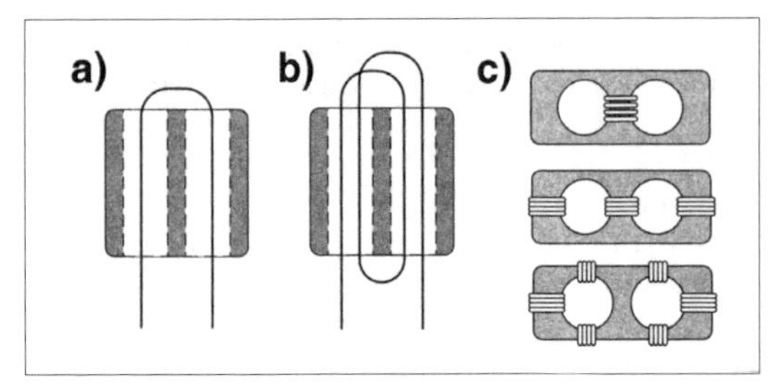

Abb. 3.142: *Wicklungen auf Mehrlochkernen. Hier geht jede Windung durch alle Löcher.*
a) eine Windung; b) 1 Umschlingung = 2 Windungen; c) verschiedene Wicklungsanordnungen (nach [8]).

3.5.5 Einführung in die Spulenberechnung

Magnetwerkstoffe und Kerne auswählen
Die Vorauswahl beginnt zweckmäßigerweise vom Anwendungsgebiet her. Das Datenmaterial der Hersteller enthält entsprechende Auswahlhilfen (Abb. 3.143).

Die weitere Auswahl bezieht sich auf den Frequenzbereich und die zu übertragende Leistung. Kerntypen, die in Betracht kommen, findet man u. a. in Tabellen ähnlich Abb. 3.144. Zur Werkstoffauswahl kann man sich an der komplexen Permeabilität[109], am Leistungsfaktor (Performance Factor $f \cdot B_{max}$) und an der Amplitudenpermeabilität orientieren (Abb. 3.145 und 3.146).

1	2	3	4	5
Usage	Frequency range	Material	Specific application	Core type
High Q inductors in resonant circuits and filters	up to 0.1 MHz	N48	Filters in telephony, MW IF filters	Gapped RM, P, adjusting cores
	0.2 – 1.6 MHz	M33		
	1.5 – 12 MHz	K1		
Current transformers	up to 3 MHz	T36	Energy meters	Toroids
Broadband transformers (e.g. antenna transformers, ISDN transformers, digital data transformers (xDSL, LAN)	up to 3 MHz	T46	Impedance and matching transformers (ISDN, xDSL using paired core shapes with air gap)	Toroids
		T38		EP, RM, toroids
		T66		
		N45		
	up to 10 MHz	M33	Radio-frequency transformers	Double aperture, toroids
	up to 100 MHz	T57	LAN (also suitable for xDSL in paired core shapes)	Toroids
		M33	Balun transformers	Double aperture, toroids
		K1		
Electromagnetic Interference (EMI)	up to 3 MHz	T38	Current-compensated chokes	E, toroids
		T37		
		T36		
		T35		
		T65		
	up to 5 MHz	N30		E, toroids

Abb. 3.143: *Auszug aus einer Auswahltabelle (nach [3.7]). 1 - Anwendungsgebiet; 2 - Frequenzbereich; 3 - Magnetwerkstoff; 4 - typische Anwendungsfälle; 5 - Kerntypen. Über die Werkstoffbezeichnung kommt man an die Datenblätter und Diagramme der magnetischen Eigenschaften. Hat man anhand dieser Daten eine Vorauswahl getroffen, ist ein passender Kern auszusuchen.*

109 Vgl. Abb. 3.24 und 3.70b.

POWER RANGE (W)	CORE TYPE
<5	RM4; P11/7; T14; EF13; U10
5 to 10	RM5; P14/8
10 to 20	RM6; E20; P18/11; T23; U15; EFD15
20 to 50	RM8; P22/13; U20; RM10; ETD29; E25; T26/10; EFD20
50 to 100	ETD29; ETD34; EC35; EC41; RM12; P30/19; T26/20; EFD25
100 to 200	ETD34; ETD39; ETD44; EC41; EC52; RM14; P36/22; E30; T58; U25; U30; E42; EFD30
200 to 500	ETD44; ETD49; E55; EC52; E42; P42/29; U67
>500	E65; EC70; U93; U100; P66/56; PM87; PM114; T140

Abb. 3.144: *Auswahltabelle für Kerntypen in Abhängigkeit von der zu übertragenden Leistung (nach [3.9]).*

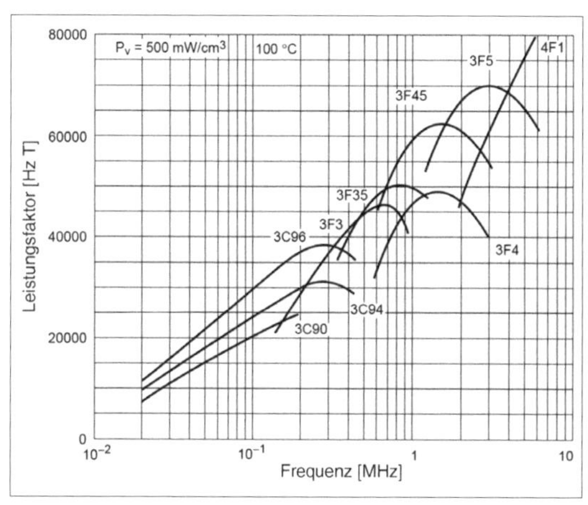

Abb. 3.145: *Leistungsfaktoren verschiedener Magnetwerkstoffe in Abhängigkeit von der Frequenz (nach [3.9]). Es ist zu erkennen, bei welchen Frequenzen die einzelnen Werkstoffe ihren maximalen Leistungsfaktor haben.*

Hinweise zum Auswählen von Ferritkernen[110]*:*

1. Magnetwerkstoffe für nicht allzu hohe obere Grenzfrequenzen (Richtwert: bis zu einigen hundert kHz). Das Material auswählen, das an der jeweiligen unteren Grenzfrequenz die höchste Anfangspermeabilität μ_i hat.

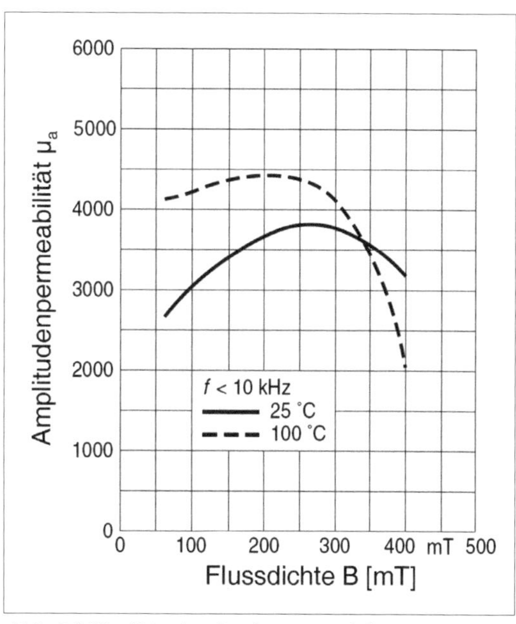

Abb. 3.146: *Die Amplitudenpermeabilität eines Magnetwerkstoffs in Abhängigkeit von der Flussdichte (nach [3.7]). Aus solchen Diagrammen ist zu ersehen, mit welchen Flussdichten der Magnetwerkstoff ausgenutzt werden kann (im Beispiel in einem Bereich von 250...300 mT = 2500...3000 G).*

2. Kerne für nicht allzu hohe obere Grenzfrequenzen. Der gewünschte Induktivitätswert muss sich mit möglichst wenig Draht und wenigen Windungen darstellen lassen (um Gleichstromwiderstand, Streuinduktivität und Wicklungskapazität gering zu halten). Das Verhältnis des Gleichstromwiderstandes zur Induktivität (R_{DC}/L) sollte minimal sein (z. B. Schalenkerne). Weitere Richtwerte:

- Unter 20 kHz: Große Kerne mit hohem A_L-Wert. Volldraht mit dünner Isolation (z. B. Kupferlackdraht CuL).
- 20...200 kHz: die maximale Güte hängt nicht unmittelbar von der Kerngröße ab. Der A_L-Wert ist weniger von Bedeutung. Litzendraht, um die Wirbelstromverluste der Wicklung gering zu halten. Der einzelne Draht der Litze nicht dicker als 0,07 mm.

110 Nach [3.8] und [3.9].

- 200 kHz bis 2 MHz: Der einzelne Draht der Litze nicht dicker als 0,04 mm.

3. Kerne für besonders hohe obere Grenzfrequenzen. Hochfrequenztransformatoren werden oft in Schaltungen mit niedriger Quellimpedanz eingesetzt. Dort muss auch die Induktivität der Primärwicklung entsprechend gering sein. Dies kann oft mit wenigen Windungen erreicht werden. Dann ist der Wicklungswiderstand so gering, dass eine Minimierung des Verhältnisses zur Induktivität nicht mehr erforderlich ist (mit anderen Worten: auf die Güte kommt es nicht so sehr an). Da die Grenzfrequenz f_{cutoff} (vgl. S. 185) und die Anfangspermeabilität μ_i umgekehrt proportional zueinander sind[111], liegt es nahe, Werkstoffe mit niedriger Anfangspermeabilität zu wählen. Es kommen vor allem Ringkerne oder Mehrlochkerne in Betracht. Die Windung des Mehrlochkerns ist kürzer als bei Ringkernen mit gleicher Kernkonstante C_1. Damit ergibt sich eine größere Bandbreite.

Effektive Abmessungen des Magnetkreises – der fiktive Ringkern

Der Ringkern ist – als weitgehende Annäherung an eine ideale Induktivität – rechnerisch besonders einfach zu behandeln (vgl. S. 169). Berechnungen mit komplizierten Kernformen können auf das Rechnen mit einem fiktiven Ringkern zurückgeführt werden, der aus dem gleichen Werkstoff besteht und die gleichen magnetischen Eigenschaften hat. Die Abmessungen dieses Ringkerns sind als sog. effektive Abmessungen im Datenmaterial angegeben. Diese Kennwerte umfassen:

- den effektiven Kernquerschnitt A_e in cm^2,
- die effektive Feldlinienlänge l_e in cm (mittlerer Umfang des Ringkerns),
- das effektive Volumen V_e in cm^3.

$$V_e = A_e \cdot l_e \qquad (3.145)$$

Hinzu kommt die Angabe des (tatsächlichen) geringsten Kernquerschnitts A_{min} (in cm^2). Mit diesem Wert kann die maximale Flussdichte B_{max} berechnet werden.

$$B_{max} = \frac{A_e}{A_{min}} \cdot B_e \qquad (3.146)$$

Kernkonstanten

Kernkonstanten sind Datenblattangaben für überschlägige Spulenberechnungen.

Kernkonstante C_1 (Formfaktor)

Die Kernkonstante C_1 ist die Summe der magnetischen Feldlinienlängen der einzelnen Abschnitte des Magnetkreises geteilt durch den jeweiligen Kernquerschnitt.

$$C_1 = \sum_i \frac{l_i}{A_i} \, [cm^{-1}] \qquad (3.147)$$

Diese Kernkonstante kann mit den effektiven Abmessungen des fiktiven Ringkerns ausgedrückt werden:

$$C_1 = \sum \frac{l}{A} = \frac{l_e}{A_e} \qquad (3.148)$$

Die Induktivität ergibt sich damit zu:

$$L = \frac{\mu_0 \cdot \mu_{rel} \cdot w^2}{\sum \frac{l}{A}} \qquad (3.149)$$

μ_{rel} steht für den jeweils einzusetzenden Permeabilitätskennwert. Die Wahl richtet sich nach der Kernform und dem Einsatzfall, genauer: dem im Betracht kommenden Bereich der Magnetisierungskurve (Feldstärke und Flussdichte):

- Kerne ohne Luftspalt: Anfangspermeabilität μ_i,
- Kerne mit Luftspalt (allgemein): effektive Permeabilität μ_e,
- Zylinderkerne, Gewindekerne usw.: wirksame Permeabilität μ_{app},
- Leistungsbauelemente (Power Inductors): Amplitudenpermeabilität μ_a.

Kernkonstante C_2

Die Kernkonstante C_2 ist die Summe der magnetischen Feldlinienlängen der einzelnen Abschnitte des Magnetkreises geteilt durch das Quadrat des jeweiligen Kernquerschnitts.

$$C_2 = \sum_i \frac{l_i}{A_i^2} \, [cm^{-2}] \qquad (3.150)$$

111 Dieser Zusammenhang ist als Snoeks Gesetz bekannt.

Induktivitätsfaktor A_L

Der Induktivitätsfaktor (A_L-Wert, Inductance Factor) ist ein Maß für die Selbstinduktion einer Spule, die man mit dem betreffenden Kern bauen kann. Aus der Angabe kann man berechnen, wieviele Windungen erforderlich sind, um mit dem jeweiligen Kern eine Spule mit einer bestimmten Induktivität zu realisieren.

Der A_L-Wert hat genaugenommen die Dimension Induktivität/Windungsquadrat (H/w^2). In den Datenblättern werden verschiedene Angaben genannt. Typische Beispiele:

- nH (für eine Windung),
- nH oder µH für 100 Windungen,
- mH für 1000 Windungen.

Allgemein gilt:

$$A_L = \frac{L}{w^2} = \frac{\mu_0 \cdot \mu_e}{\sum \frac{l}{A}} \qquad (3.151)$$

$$L = A_L \cdot w^2 \qquad (3.152)$$

$$w = \sqrt{\frac{L}{A_L}} \qquad (3.153)$$

Bei Angabe für 100 Windungen:

$$L = \frac{A_L \cdot w^2}{10000}; \quad w = 100 \cdot \sqrt{\frac{L}{A_L}}$$

Bei Angabe für 1000 Windungen:

$$L = \frac{A_L \cdot w^2}{1000000}; \quad w = 1000 \cdot \sqrt{\frac{L}{A_L}}$$

Induktivitätsfaktor AL_1

Der Induktivitätsfaktor AL_1 bezieht sich auf die Amplitudenpermeabilität μ_a. In manchen Datenblättern wird die Amplitudenpermeabilität indirekt über den AL_1-Wert angegeben. Typische Messbedingungen:
Frequenz ≤ 10 kHz; Flussdichte B = 200 oder 320 mT; Temperatur = 100 °C.

$$A_{L1} = \frac{\mu_0 \cdot \mu_a}{\sum \frac{l}{A}} \qquad (3.154)$$

Widerstandsfaktor A_R

DerWiderstandsfaktor (A_R-Wert, Resistance Factor) ist analog zum Induktivitätsfaktor A_L gebildet. Er gibt an, welchen Gleichstromwiderstand die einzelne Windung hat:

$$A_R = \frac{R_{DC}}{w^2} \qquad (3.155)$$

Der Gleichstromwiderstand der Wicklung ergibt sich damit zu:

$$R_{DC} = A_R \cdot w^2 \qquad (3.156)$$

A_R kann folgendermaßen berechnet werden:

$$A_R = \frac{\rho \cdot l_w}{f_{Cu} \cdot A_w} \; [\mu\Omega] \qquad (3.157)$$

ρ = spezifischer Widerstand (Kupfer: 17,2 µΩ mm),
l_w = mittlere Länge einer Windung (Umfang) in mm;
A_W = Wickelraumquerschnitt in mm²,
f_{Cu} = Kupferfüllfaktor. Richtwert: f_{Cu} = 0,5[112].

Umrechnung von A_R auf einen beliebigen Kupferfüllfaktor f_{Cu}:

$$A_{R(f_{Cu})} = A_{R(0,5)} \cdot \frac{0{,}5}{f_{Cu}} \qquad (3.158)$$

Die Wicklung

Der Kern wurde ausgewählt. Nun sind drei weitere Aufgaben zu lösen:

1. Wieviele Windungen sind aufzubringen, um einen bestimmten Induktivitätswert darzustellen? Die Windungszahl bestimmt – zusammen mit Kernform und Kernwerkstoff – die magnetischen Eigenschaften.
2. Welcher Drahtquerschnitt ist zu wählen? Der Drahtquerschnitt hat nichts mit den magnetischen Eigenschaften zu tun, sondern nur nur mit den

112 Pauschalangaben beruhen typischerweise auf einem Kupferfüllfaktor von 0,5 (der Wickelraum ist zur Hälfte mit Kupfer ausgefüllt; die andere Hälfte enthält Isolierstoff und Luft).

Kupferverlusten und somit der Erwärmung (Gleichstromwiderstand).
3. Passen die Windungen überhaupt in den verfügbaren Wickelraum?

Wenn es nicht aufgeht, ist ein anderer Kern auszusuchen, und alle Schritte sind erneut zu durchlaufen.

Windungszahl

Die Windungszahl ergibt sich aus dem A_L-Wert gemäß (3.153). Typische A_L-Angaben beziehen sich auf 100 Windungen[113], die – bei einem Kupferfüllfaktor von rund 0,5 – den gesamten Wickelraum belegen. Wird der Wickelraum nicht bis zur vollen Höhe ausgenutzt, geht der A_L-Wert zurück. Je geringer die effektive Permeabilität, desto stärker der Rückgang (Abb. 3.147).

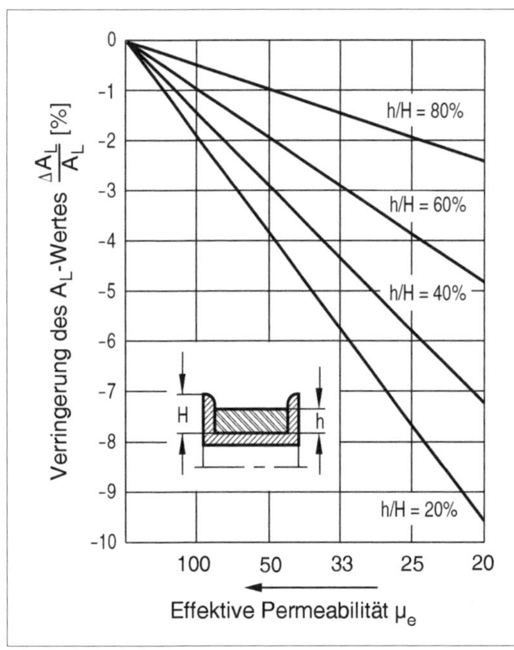

Abb. 3.147:*Wickelraumhöhe und A_L-Wert (nach [3.15]). H = volle, h = genutzte Wickelraumhöhe. Werden nur 20 % der Wickelraumhöhe genutzt und ist die relative Permeabilität ausgesprochen niedrig ($\mu_e = 20$), so verringert sich der A_L-Wert um 10 %.*

Näherungsweise Bestimmung des A_L-Wertes

Eine Spule probeweise wickeln (am besten: 100 Windungen, die den Wickelraum voll ausnutzen) und die Induktivität messen. Daraus den A_L-Wert nach (3.151) berechnen.

Vermischte Hinweise und Spitzfindigkeiten:

1. Breitbandübertrager u. dergl. mit Mittenfrequenzen über 500 kHz. A_L-Wert und andere Kernkonstanten können hier nicht mehr als ausreichend genau angesehen werden.

2. Schalenkerne mit Luftspalt. Das aus dem Luftspalt austretende Streufeld kann zu Wirbelstromverlusten in der Wicklung führen. Abhilfe: In der Nähe des Luftspaltes Platz lassen, also dort keine Windungen aufbringen. Zu Einzelheiten sei auf die Anwendungshinweise der Kernhersteller verwiesen.

3. Je kleiner der A_L-Wert, desto größer der Einfluss der Streuinduktivität[114]. Es kommt dann nicht nur auf die Windungszahl an, sondern auch auf den Aufbau der Wicklung.

Wickelraumberechnung

Wickelraumberechnungen sind typischerweise pauschale Berechnungen. Um das Prinzip zu zu zeigen, nehmen wir zunächst an, der gesamte Spulenkörper sei mit Kupfer gefüllt (Abb. 3.148).

Wird dieser Kupferring aufgeschnitten, so stellt er ein Stück Leiter gemäß Abb. 3.148b dar. Dessen Widerstand beträgt:

$$R_{Cu} = \frac{\rho \cdot u_m}{A_w} \tag{3.159}$$

Nun wird der Kupferblock mit dem Wickelraumquerschnitt A_W in w Windungen aufgeteilt (Abb. 3.149). Der Querschnitt der einzelnen Windung (Drahtquerschnitt) beträgt somit $A_{Cu} = A_W : w$.

113 Sie werden mit 100 Windungen gemessen, auch dann, wenn sie für nur eine Windung angegeben sind (z. B. in nH).

114 Beispiel einer Herstellerangabe: Ein merklicher Einfluss der Streuinduktivität ergibt sich bei AL-Werten von 25 an abwärts.

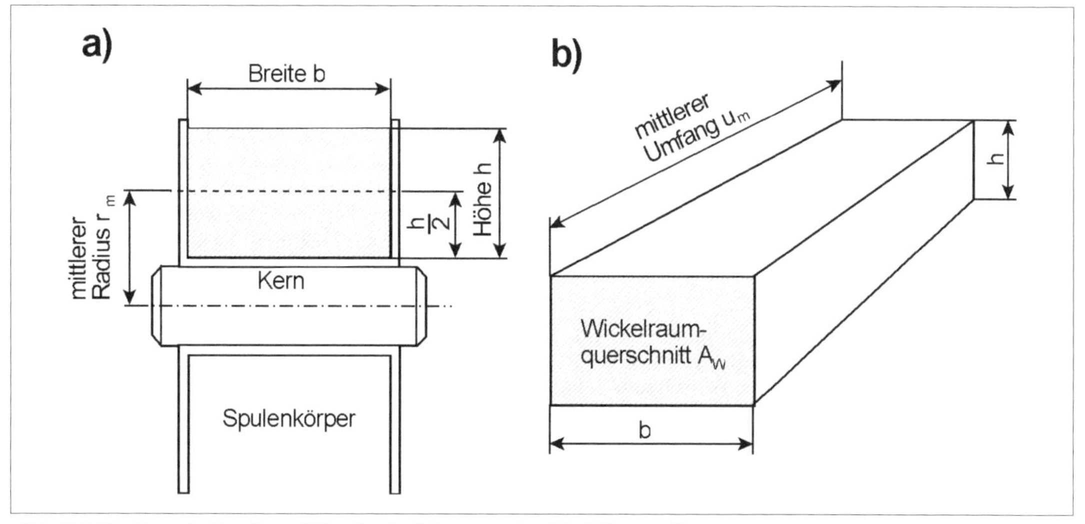

Abb. 3.148: *Der mit Kupfer gefüllte Spulenkörper – eine Modellvorstellung.*

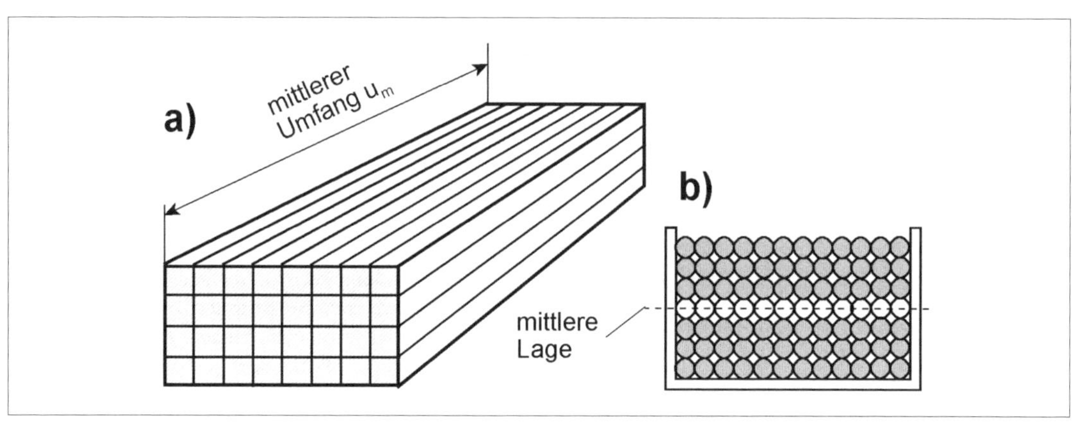

Abb. 3.149: *Der in Windungen aufgeteilte Wickelraumquerschnitt.*
a) Modellvorstellung – der Kupferblock von Abb. 3.138 wird in w Windungen zerschnitten;
b) in der Praxis sind die Drähte gegeneinander isoliert, und sie sind üblicherweise rund. Grundlage der Berechnung bildet die mittlere Lage der Wicklung (vgl. auch den mittleren Radius r_m in Abb. 3.148).

Gleichstromwiderstand

Die gesamte Wicklung besteht aus n Windungen der Länge u_m, die hintereinandergeschaltet sind (es ist ein Draht der Länge $w \cdot u_m$). Der Widerstand einer Windung:

$$R_{CuW} = \frac{\rho \cdot u_m}{\frac{A_w}{w}} = \frac{\rho \cdot u_m}{A_w} \cdot w = R_{Cu} \cdot w \qquad (3.160)$$

Der gesamte Wicklungswiderstand ist der Widerstand der w hintereinandergeschalteten Windungen:

$$R_{DC} = R_{CuW} \cdot w = R_{Cu} \cdot w^2 \qquad (3.161)$$

Nun sind die Windungen gegeneinander isoliert, und der Draht ist üblicherweise nicht rechteckig. Demzufolge ist nicht der gesamte Wickelraumquerschnitt mit

Kupfer ausgefüllt. Um diese Tatsache zu berücksichtigen, wird der Kupferfüllfaktor f_{Cu} eingeführt[115]. Damit ergibt sich:

$$R_{DC} = \frac{R_{Cu}}{f_{Cu}} \cdot w^2 \qquad (3.162)$$

Der Ausdruck R_{Cu}/f_{Cu} entspricht dem Widerstandsfaktor A_R (vgl. (3.155)).

Wickelraumkontrolle

Windungszahl w, Drahtquerschnitt A_d, Wickelraumquerschnitt A_w und Kupferfüllfaktor f_{Cu} sind bekannt. Passt die entsprechende Spule in den Wickelraum? – Es muss gelten:

$$A_w \geq \frac{w \cdot A_d}{f_{Cu}} \qquad (3.163)$$

Wickelraumausnutzung

Der maximale Drahtquerschnitt A_d, den man sich leisten kann (wenn der Wickelraum voll ausgenutzt wird):

$$A_d = \frac{f_{Cu} \cdot A_w}{w} \qquad (3.164)$$

Wahl des Drahtquerschnitts

Der naheliegende Grundsatz: den Draht so dick wie möglich – dann bleiben die Kupferverluste gering. Es gibt zwei Gründe, die gegen diese Auslegung sprechen:

a) Je dicker der Draht, desto mehr Streuinduktivität[116].

b) Kosten. Deshalb wählt man in der Massenfertigung den Drahtquerschnitt oftmals so gering, wie es gerade noch erträglich ist. Hierbei geht man von Erfahrungswerten der Stromdichte aus. Typische Richtwerte: herkömmlicherweise 0,35 ... 0,25 mm^2 je A, neuerdings oft nur noch ca. 0,17 mm^2 je A[117].

Transformatorberechnung

Die überschlägige Transformatorberechnung stützt sich auf Faustformeln, Nomogramme und Tabellen. Es gibt verschiedene Ansätze. Einzelheiten finden sich in der Spezialliteratur und – vor allem – im Internet. Das Selbstberechnen und -wickeln von Transformatoren ist seit einiger Zeit etwas aus der Mode gekommen. Auch sind beispielsweise Transformatorbausätze (Abb. 3.150) kaum noch erhältlich. Deshalb wollen wir uns hier auf die kurze Darstellung eines Rechenweges beschränken:

1. Auf Grundlage des Einsatzgebietes und der Entwurfsdaten (Größenordnung von Primärspannung, Leistung und Frequenzbereich) Werkstoff und Bauform des Kerns auswählen. Damit liegt auch der Bereich der Flussdichte fest. Beispiele: Ferritkerne 0,2...0,5 T, Mantelkerne aus Blech 1,2 ...1,4 T, gewickelte Ringkerne ca. 1,6 T. Möchte man den Kern nicht bis zum Letzten ausnutzen, bleibt man in der Nähe der jeweiligen unteren Grenze.

2. Auf Grundlage der zu übertragenden Leistung den Kernquerschnitt auswählen (Faustformeln, Tabellen oder Diagramme im Datenmaterial der Kernbaureihe). Hierbei ggf. großzügig nach oben aufrunden.

3. Zusammen mit den Entwurfsdaten Primärspannung und untere Grenzfrequenz hat man jetzt alle Angaben, um die Primärwindungszahl nach (3.107) zu bestimmen. Manche Kerntabellen nennen direkt die Windungen je Volt.

4. Die Sekundärwindungszahl ergibt sich aus dem geforderten Übersetzungsverhältnis:

$$w_2 = \frac{w_1}{\ddot{U}_u} = w_1 \cdot \ddot{u}_l \qquad (3.165)$$

Gelegentlich enthält das Datenmaterial eine direkte Angabe in Windungen je Volt für die Sekundärseite.

115 Richtwert: f_{CU} = 0,5 (vgl. S. 269). Einzelheiten sind aus dem Datenmaterial der Spulenkörper, aus Wickeltabellen und Diagrammen ersichtlich.

116 Hinweis: Die Kapazität ist vom Drahtquerschnitt näherungsweise unabhängig (vgl. [3.1]).

117 Drahtquerschnitte werden in der englischsprachigen Literatur gelegentlich in Circular Mils (c.m.) angegeben. 1 c.m. ist die Fläche eines Kreises von 1 mil = 0,001 Zoll Durchmesser. 1 c. m. = 0,0005064506 mm^2. 0,35 mm^2 = 700 c.m. 0,25 mm^2 = 500 c.m. 0,17 mm^2 = 340 c.m.

Alternativ zu (3.165) kann man mit den Windungen je Volt der Primärseite rechnen. Wenn diese Angabe (hier mit w_{U1} bezeichnet) nicht im Datenmaterial steht, kann sie aus Primärwindungszahl und Primärspannung ermittelt werden:

$$w_{U1} = \frac{w_1}{U_1} \quad (3.166)$$

Beim idealen Transformator gilt dieser Wert auch für die Sekundärwicklung. Deren Windungszahl ergibt sich dann zu:

$$w_{2ideal} = w_{U1} \cdot U_2 \quad (3.167)$$

Die Verluste des realen Transformators können über einen entsprechenden Tabellenwert (z. B. als $\Delta U/U$ bezeichnet) oder über den Wirkungsgrad η eingerechnet werden:

$$w_2 = w_{2ideal} \cdot \left(1 + \frac{\Delta U}{U}\right)$$
$$w_2 \approx \frac{W_{2ideal}}{\eta} \cdot 100\% \quad (3.168)$$

5. Die Drahtquerschnitte ergeben sich aus plausiblen Annahmen zur Stromdichte. Beispiel: 0,25 mm^2 je A. Ggf. zunächst etwas dickeren Draht wählen (z. B. 0,3...0,35 mm^2 je A).

6. Mit den so festliegenden Wicklungsdaten prüfen, ob die Wicklungen in den verfügbaren Wickelraum passen (Wickelraumkontrolle). Hierbei auch isolierende Zwischenlagen, Abschirmwicklungen usw. berücksichtigen. Ggf. können die Drahtquerschnitte soweit erhöht werden, bis der Wickelraum vollständig ausgenutzt ist.

7. Falls es passt: Muster anfertigen und erproben. Falls es nicht passt: Einen größeren Kern wählen und alles noch einmal von vorn...

8. Falls es nicht funktioniert: Ermitteln, woran es liegt. Ggf. alles noch einmal von vorn...

9. Falls sich ein zwar funktionsfähiger, aber überdimensionierter Trafo ergeben hat: Die Kerngröße zurücknehmen und alles noch einmal von vorn (systematisches Herantasten an die optimale Auslegung).

Es ist nicht falsch, zunächst mit einer gewissen Überdimensionierung heranzugehen. Man erhält hierdurch – aller Voraussicht nach – vergleichsweise schnell ein funktionsfähiges Muster. Geht es um die Fertigung von Stückzahlen, müsste man sich ohnehin an einschlägige Fachfirmen wenden (und die haben sowohl die Erfahrung als auch hochentwickelte Rechenprogramme).

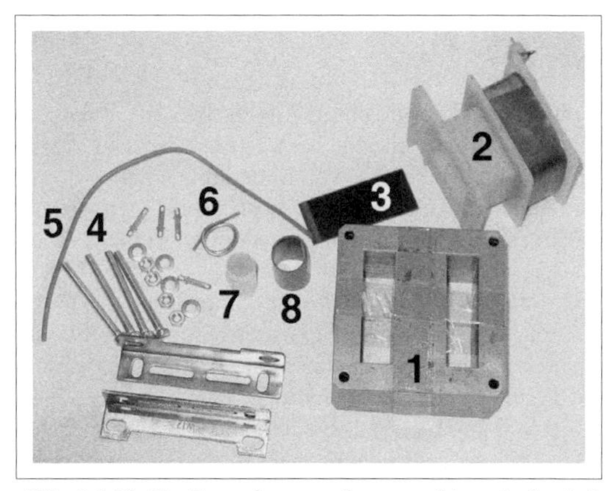

Abb. 3.150:*Ein Transformatorbausatz (historische Aufnahme). 1 - Kernbleche (hier M 74); 2 - Spulenkörper mit fertiger Primärwicklung; 3 - Keil (um das Blechpaket im Spulenkörper zusammenzudrücken); 4 - Montagezubehör; 5 - Silikon-Isolierschlauch (wärmebeständig); 6 - Lötzinn (für höhere Löttemperatur); 7 - Folie; 8 - Klebestreifen. Es ist fast alles drin – nur den Draht für die Sekundärwicklung müsste man extra kaufen ...*

4. Kontaktbauelemente

4.1 Grundlagen

Kontakte sind elektrisch leitfähige Verbindungen, die getrennt und zusammengefügt werden können. Sie kommen vor als Steck- oder Klemmverbindungen, als Schalter und Taster und als elektromagnetisch betätigte Relais (Abb. 4.1).

Kontakte sind die gleichsam klassischen Schaltelemente der Elektrotechnik. Sie haben grundsätzliche Vorteile, die auch heute noch[1] von Bedeutung sind:

- Kontaktbauelemente sind kostengünstig zu fertigen (mechanische Fertigungsverfahren; keine Halbleitertechnologien),
- einfache, überschaubare Wirkungsweise,
- sehr geringer Übergangswiderstand im geschlossenen Zustand (der geschlossene Kontakt ist ein näherungsweise idealer Leiter),
- sehr hoher Übergangswiderstand im geöffneten Zustand (der geöffnete Kontakt ist ein näherungsweise idealer Isolator),
- sehr großer Bereich von Spannung und Strom; hoch überlastbar,
- ist der Kontakt erst einmal geschlossen, hat er praktisch keine Durchlassverzögerung (<< 1 ns),
- es spielt keine Rolle, in welche Richtung der Strom fließt; ebenso ist es – wenigstens näherungsweise – dem Kontakt gleichgültig, welchen zeitlichen Verlauf Strom und Spannung haben (Kontakte übertragen Gleichstrom, Wechselstrom, Impulse, Hochfrequenz usw.).

Dem stehen folgende Nachteile gegenüber:

- Kontakte schalten vergleichsweise langsam (geringe Schaltfrequenz; Obergrenze bei einigen hundert Hz, im Extremfall wenige kHz),
- Kontakte unterliegen der Abnutzung,
- infolge der mechanischen Bewegung und der elektrochemischen Beeinflussbarkeit der Kontaktoberflächen sind Kontakte vergleichsweise unzuverlässig,

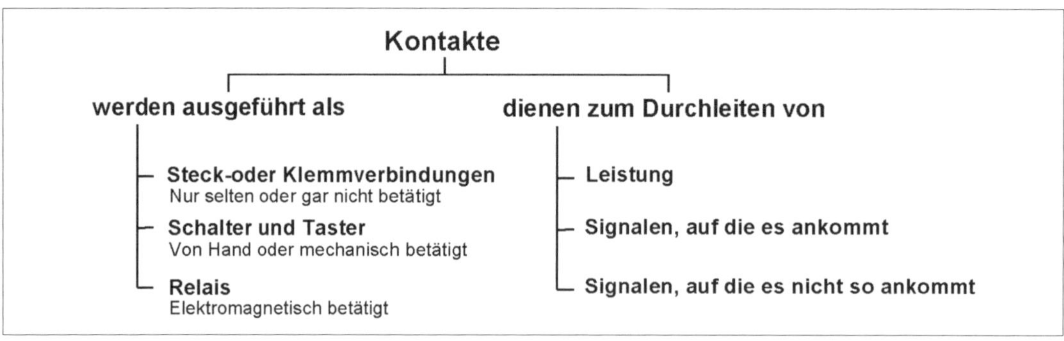

Abb. 4.1: Kontakte.

1 Trotz aller Fortschritte der Halbleitertechnologie. Es gibt ein geradezu unüberschaubares Angebot an Kontaktbauelementen, und es kommt immer wieder Neues auf den Markt (vgl. die Internetseiten und Kataloge der Hersteller und Vertriebsfirmen).

- Kontakte, die Stromflüsse herstellen oder unterbrechen, sind Quellen von Funkstörungen,
- man kann mit Kontaktschaltungen nur eine vergleichsweise geringe funktionelle Komplexität verwirklichen (keine Schaltungsintegration).

Infolge dieser Nachteile ist das Bestreben verständlich, Kontaktschaltungen weitgehend zu vermeiden. Der Ehrgeiz des echten Elektronikers geht dahin, praktisch vollständig „kontaktlose" Schaltungen zu entwickeln. Das ist aber nicht immer möglich. Manchmal sind kontaktlose Schaltungslösungen einfach zu teuer[2], und manchmal sind die geforderten Gebrauchseigenschaften nur mit Kontaktbauelementen zu gewährleisten.

4.1.1 Der Kontakt im Schaltplan

Steckkontakte

Abb. 4.2 gibt einen Überblick über Schaltsymbole für Steckkontakte.

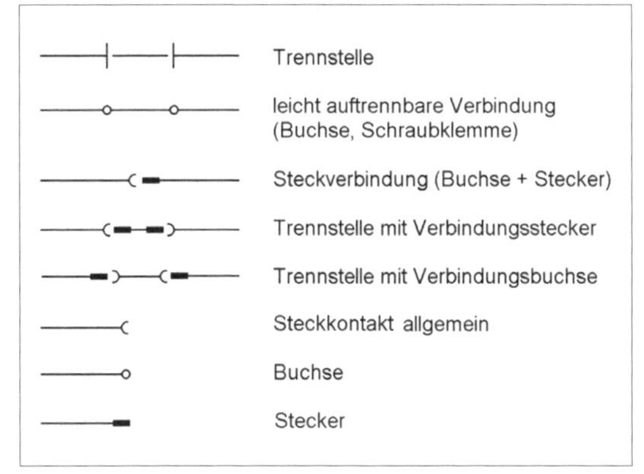

Abb. 4.2: *Schaltsymbole für Steckkontakte.*

Bewegliche Kontakte

Diese Kontakte werden entweder von Hand oder durch mechanische bzw. elektromagnetische Betätigung umgeschaltet. Gemeinsam betätigte Kontakte bilden einen Kontaktsatz oder einen mehrpoligen Schalter. Abb. 4.3 zeigt Schaltsymbole wichtiger Kontaktanordnungen[3].

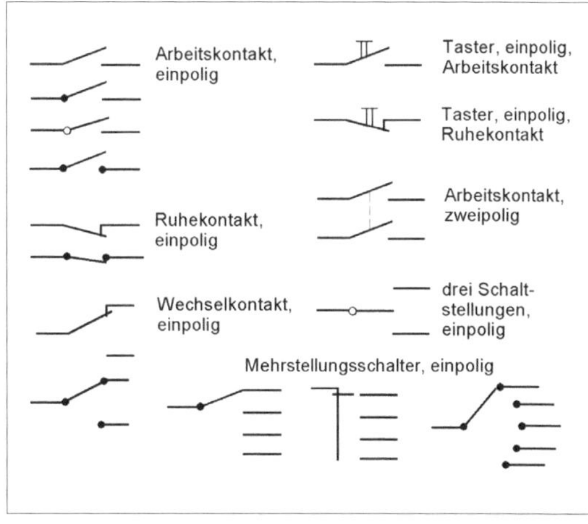

Abb. 4.3: *Schaltsymbole beweglicher Kontakte (Beispiele). Es gibt standardgerechte und mehr oder weniger ausgeschmückte Darstellungen. DIN EN 60 617 bevorzugt die einfachste Symbolik, lässt aber Punkte oder Ringe zur Hervorhebung des Drehpunkts zu. In vielen Schaltplänen hebt man zudem die Kontaktstellen hervor (z.B. durch weitere Punkte). Typische Varianten sind hier anhand des einpoligen Arbeitskontakts (links oben) dargestellt. Es versteht sich von selbst, dass die Ausschmückungen (mit Punkten usw.) auf alle anderen Kontaktformen anwendbar sind (wie an den Beispielen Ruhekontakt, Wechselkontakt und Mehrstellungsschalter gezeigt).*

4.1.2 Grundbegriffe

Ruhezustand und Arbeitszustand

In Schaltbildern werden Kontakte stets im Ruhezustand dargestellt. Es gilt folgende Zuordnung:

- Ruhezustand: Der Kontakt ist nicht betätigt oder er befindet sich in seiner Ruhelage, d. h. in der Stellung, in der die betreffende Wirkung nicht eintreten soll (Beispiel: ein Kippschalter, dessen Hebel nach unten zeigt).
- Arbeitszustand: Der Kontakt ist betätigt oder er befindet sich in seiner aktiven Stellung, d. h. in der

2 Beispiel: Eine aufwendige Schaltung mit Leistungshalbleitern gegenüber einem kostengünstigen elektromechanischen Relais.

3 Weitere Beispiele in Abb. 4.7 und 4.77 (S. 277 und 316). Zur speziellen Symbolik in den verschiedenen Anwendungsbereichen (Relaisschaltungen, Schaltgeräte, Steuerungstechnik, Installationstechnik usw.) muss auf einschlägige Handbücher, Tabellenbücher und Standards verwiesen werden.

Stellung, in der die betreffende Wirkung eintreten soll (Beispiel: ein Kippschalter, dessen Hebel nach oben zeigt).

Arbeitskontakt
Im Ruhezustand ist die Verbindung getrennt, im Arbeitszustand geschlossen. Andere Bezeichnungen: Schließer, Einschalter.

Ruhekontakt
Im Ruhezustand ist die Verbindung geschlossen, im Arbeitszustand getrennt. Andere Bezeichnungen: Öffner, Ausschalter.

Wechselkontakt
Ein Wechselkontakt ist ein Verbund aus Ruhe- und Arbeitskontakt. Er hat drei Anschlüsse. Sie seien hier mit A, B, C bezeichnet (Abb. 4.4). Im Ruhezustand besteht eine Verbindung von A nach B (Ruhekontakt), im Arbeitszustand eine von A nach C (Arbeitskontakt). Andere Bezeichnungen: Wechsler, Umschalter.

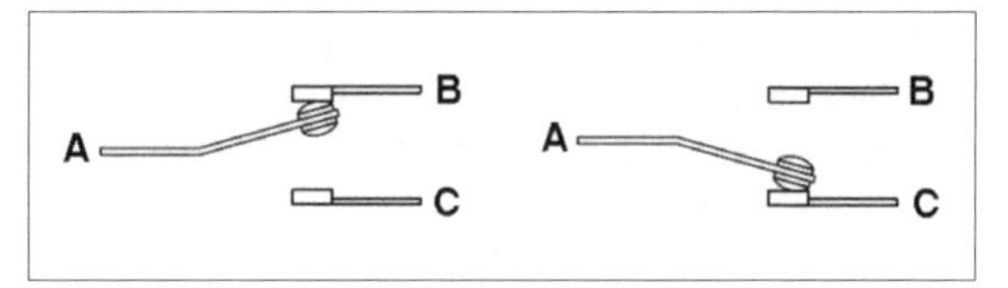

Abb. 4.4: *Der Wechselkontakt. a) im Ruhe-, b) im Arbeitszustand.*

Anzahl der Kontaktstellen
Im einfachsten Fall hat das Kontaktbauelement nur eine Kontaktstelle; einer der beiden Anschlüsse ist mit dem beweglichen Schaltglied unlösbar verbunden. Es gibt aber auch Kontaktbauelemente mit zwei Kontaktstellen (Abb. 4.5).

Anzahl der Pole (Poles)
Ein einpoliger Kontakt schaltet eine einzige Verbindung, ein zweipoliger zwei unabhängige Verbindungen usw. (Abb. 4.6). Manchmal spricht man nicht von Po-

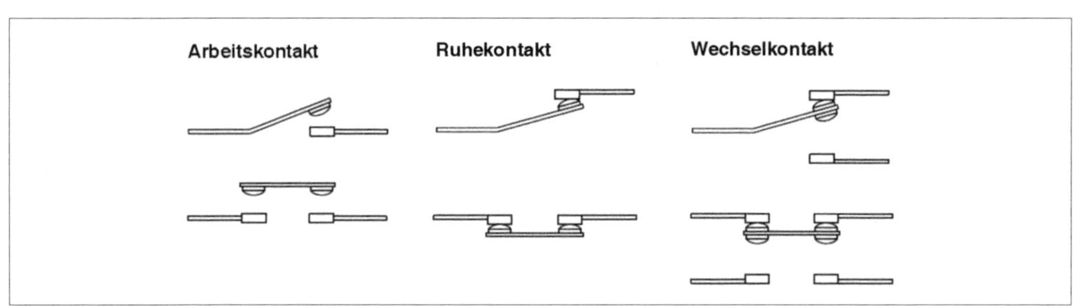

Abb. 4.5: *Einpolige Kontakte. Oben mit einer, darunter mit zwei Kontaktstellen.*

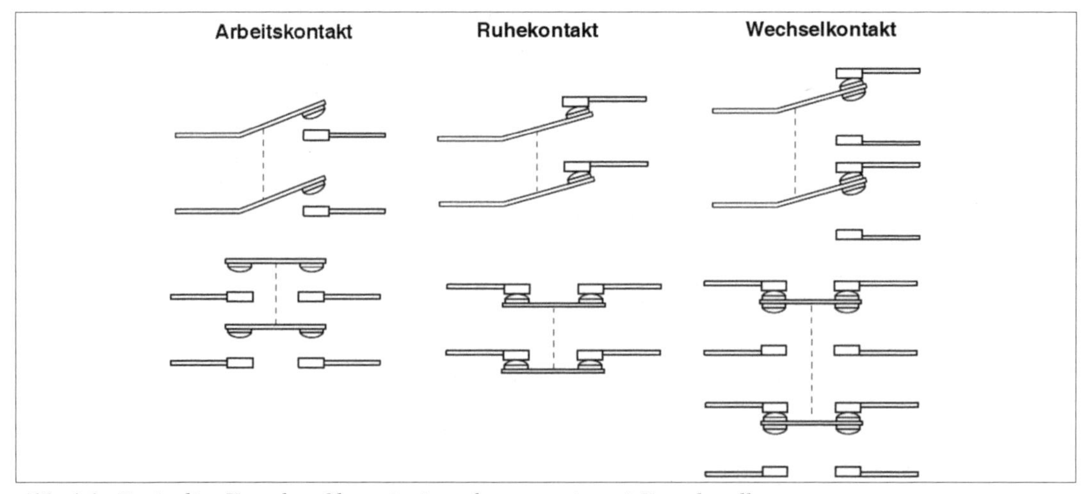

Abb. 4.6: *Zweipolige Kontakte. Oben mit einer, darunter mit zwei Kontaktstellen.*

len, sondern von Schaltebenen (es gibt Ein-, Zwei- und Mehrebenenschalter).

Anzahl der Schaltstellungen (Positions)
Es sind zwei, drei und mehr Schaltstellungen möglich.

Taster und Schalter
Ein Taster kehrt in den Ruhezustand zurück, sobald die mechanische Betätigung aufhört, ein Schalter verbleibt in dem Zustand, in den er durch die letzte Betätigung überführt wurde[4].

Kontaktsätze
Kontaktsätze sind Kontaktanordnungen, die mechanisch betätigt werden, z. B. durch einen Elektromagneten (Relais) oder durch Schaltnocken (elektromechanische Programmgeber, Endlagenkontakte usw.). Alle Kontaktanordnungen beruhen auf den vorstehend beschriebenen Grundformen: Arbeitskontakt (Schließer) – Ruhekontakt (Öffner) – Wechselkontakt (Wechsler). Je nachdem, wie die Kontaktfedern angeordnet werden und an welcher Stelle der Betätiger einwirkt, ergeben sich vielfältige Kombinationen, und es lassen sich ungewöhnliche Schaltwirkungen hervorbringen (Abb. 4.7). In der heutigen Anwendungspraxis werden aber zumeist nur die einfachsten Kontaktarten benötigt. Zu typischen Kontaktsätzen von Relais s. weiterhin S. 316 f.

Übersicht über typische englischsprachige Abkürzungen und Bezeichnungen
Die folgenden Bezeichnungen sollte man kennen, um sich im Datenmaterial der Hersteller und in einschlägigen Katalogen zurechtzufinden.

Kontaktformen
Die Kontaktanordnungen werden als Form A, Form B usw. bezeichnet (Tabelle 4.1), wobei eine vorangestellte Zahl die Anzahl der Kontakte angibt.

Bezeichnung	Kontaktanordnung
Form A	Arbeitskontakt (Make)
Form B	Ruhekontakt (Break)
Form C	Wechselkontakt, unterbrechend schaltend (Break, Make)
Form D	Folge-Wechselkontakt, überlappend schaltend (Make, Break; vgl. Abb. 4.7f)
Form E	Folge-Wechselkontakt (Break, Make, Break)
Form F	Zwillings-Arbeitskontakt (Make, Make; vgl. Abb. 4.7d)

Tabelle 4.1: *Kontaktformen (Auswahl)*.*

*: In der heutigen Praxis sind vor allem Kontakte der Formen A, B und C von Bedeutung. Zu weiteren Kontaktformen, Bezeichnungen und näheren Einzelheiten vgl. [4.3].

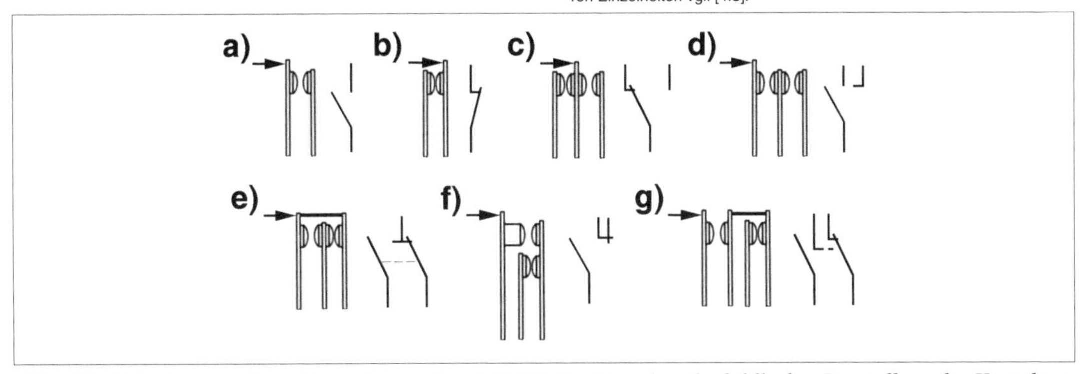

Abb. 4.7: *Beispiele von Kontaktanordungen (nach [4.2]). Rechts neben der bildhaften Darstellung der Kontaktanordung ist jeweils das Schaltsymbol dargestellt. Die Pfeile deuten an, wo der Betätiger einwirkt. a) Arbeitskontakt; b) Ruhekontakt; c) Wechselkontakt; d) Zwillingsarbeitskontakt (Make-Make); e) Umschaltkontakt; f) Folge-Umschaltkontakt (erst wird die jeweils neue Verbindung hergestellt, dann die bisherige unterbrochen; Make-before-Break); g) Folgekontakt Schließer – Öffner.*

4 Dies ist die Wirkung aus Sicht der Schaltung. Das jeweilige Verhalten wird aber durch die Mechanik verwirklicht. So gibt es – aus Sicht der Bedienung – Schalter, die wie Taster bedient werden (einfachstes Beispiel: der Druckschalter in der Nachttischlampe) und auch Taster, die beispielsweise wie Kippschalter aussehen, aber nach dem Loslassen zurückfedern.

Das Bezeichnungsschema der NARM
NARM = National Association of Relay Manufacturers (USA). Polzahl, Schaltstellungen und Kontaktbestückung werden durch eine Folge von Abkürzungen beschrieben.

Polzahl:

- SP = Single Pole (einpolig),
- DP = Double Pole (zweipolig),
- höhere Polzahlen werden in Ziffernform angegeben, z. B. 4P (vierpolig).

Nutzbare Schaltstellungen (Throw)
Die Angabe kennzeichnet, wieviele Stellungen mit Kontakten belegt (also zum Herstellen von Verbindungen ausnutzbar) sind:

- ST = Single Throw; es ist nur in einer der beiden Stellungen ein Kontakt vorgesehen,
- DT = Double Throw; es sind in beiden Stellungen Kontakte angeordnet,
- höhere Anzahlen werden in Ziffernform angegeben, z. B. 6T (sechs Stellungen).

Ruhe-, Arbeits- und Wechselkontakte:

- NC = Normally Closed (Ruhekontakt). Auch: Break (B).
- NO = Normally Open (Arbeitskontakt). Auch: Make (M).
- CO = Change Over (Wechselkontakt). Auch: Break – Make (B–M).

Anzahl der Kontaktstellen

a) Eine Kontaktstelle:

- SM = Single Make (Arbeitskontakt),
- SB = Single Break (Ruhekontakt),
- SM–SB = Wechselkontakt.

b) Zwei Kontaktstellen:

- DM = Double Make (Arbeitskontakt),
- DB = Double Break (Ruhekontakt),
- DB–DM = Wechselkontakt.

Reihenfolge der Abkürzungen
Eine Kontaktanordnung wird folgendermaßen gekennzeichnet:

1. Polzahl (Poles),
2. Schaltstellungen (Throws),
3. Ruhezustand (Normal Position).

Gelegentlich folgt noch eine Break-Make-Angabe für die Reihenfolge der Kontaktbetätigung (Abb. 4.8 und 4.9). Beispiele:

- SPST NO = einpoliger Einschalter (Schließer, Arbeitskontakt). Auch 1 Form A.
- SPST NC = einpoliger Ausschalter (Öffner, Ruhekontakt). Auch 1 Form B.
- SPDT = einpoliger Umschalter (Wechselkontakt). Auch SP CO oder 1 Form C.
- DPST NO = zweipoliger Einschalter. Auch 2 Form A.

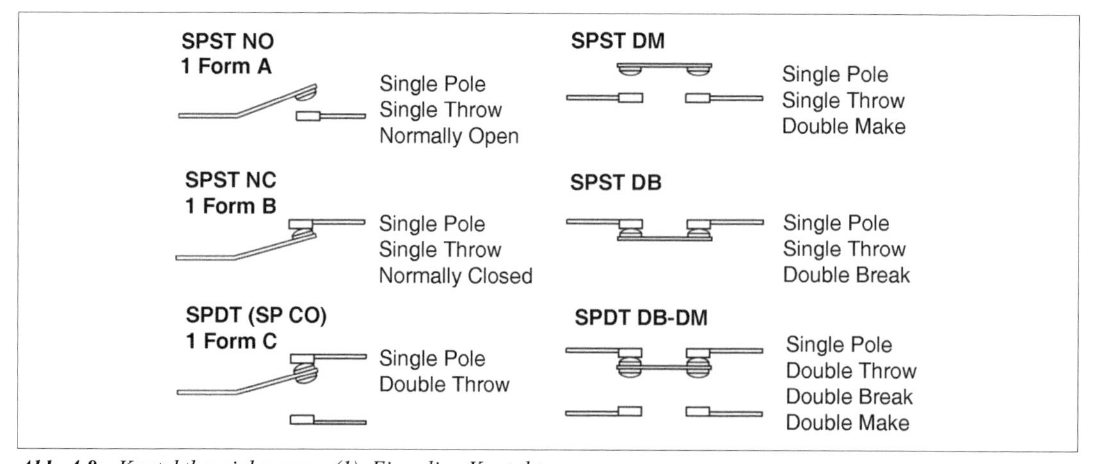

Abb. 4.8: *Kontaktbezeichnungen (1). Einpolige Kontakte.*

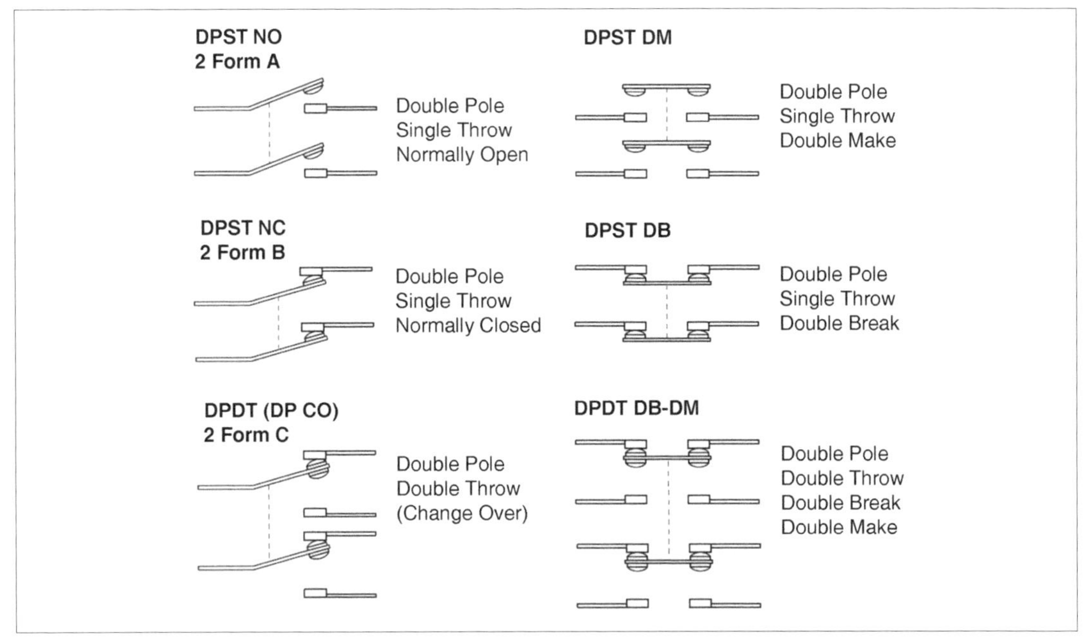

Abb. 4.9: *Kontaktbezeichnungen (2). Zweipolige Kontakte.*

- 4PST NO = vierpoliger Einschalter. Auch 4 Form A.
- DPST NC = zweipoliger Ausschalter. Auch 2 Form B.
- DPDT = zweipoliger Umschalter. Auch DP CO oder 2 Form C.
- 4P6T = vierpoliger Auswahlschalter mit 6 Stellungen.

4.1.3 Ersatzschaltungen

Abb. 4.10 zeigt einfache Ersatzschaltungen für den offenen und für den geschlossenen Kontakt.

Gleichstrombetrieb
Der offene Kontakt ist durch seinen Isolationswiderstand R_i gekennzeichnet, der geschlossene Kontakt durch seinen Durchgangswiderstand (Kontaktwiderstand) R_k. Wenn man es genau nimmt, sind zudem die Isolationswiderstände zwischen den Anschlüssen und der Masse zu berücksichtigen (R_1, R_2). Diese Widerstände können oft vernachlässigt werden – aber nicht immer (Tabelle 4.2).

Wechselstrombetrieb
Die Kontaktkapazitäten können nicht ohne weiteres vernachlässigt werden. Sie wirken sich um so stärker aus, je höher die Frequenz ist. Ein offener Kontakt ist – infolge der Kontaktkapazität C_s – bei hohen Frequenzen keineswegs ein nahezu idealer Isolator. Wenige pF ergeben bei einigen MHz bereits Blindwiderstände im kΩ -Bereich. Kontakte, die Hochfrequenz schalten oder entsprechende Signalwege miteinander verbinden (Steckverbinder), müssen besonders kapazitätsarm ausgeführt werden. Bei geschlossenem Kontakt – also bei fließendem Wechselstrom – müssen zudem die Induktivitäten der Zuleitungen (Leitungsinduktivitäten L_1, L_2) berücksichtigt werden. Die Isolationswiderstände gegen Masse sind im Vergleich zu den entsprechenden parasitären Kapazitäten C_1, C_2 zumeist vernachlässigbar.

Kontakte in Übertragungsleitungen müssen den gleichen Wellenwiderstand aufweisen wie die Übertragungsleitung, ansonsten sind sie Inhomogenitäten (Störstellen), die Reflexionserscheinungen verursachen. Ausgesprochene Hochfrequenz-Schalter und -Steckverbinder sind deshalb oft in koaxialer Bauform ausgeführt. Ggf. ist darauf zu achten, dass die Kontaktbauelemente für den jeweiligen Wellenwiderstand geeignet sind. So gibt es Koax-Steckverbinder für die Wellenwiderstände 50 Ω (Ethernet, Meßtechnik), 75 Ω (Videosignale, Antennenkabel) und 100 Ω (IBM-Twinax-Verkabelungssystem).

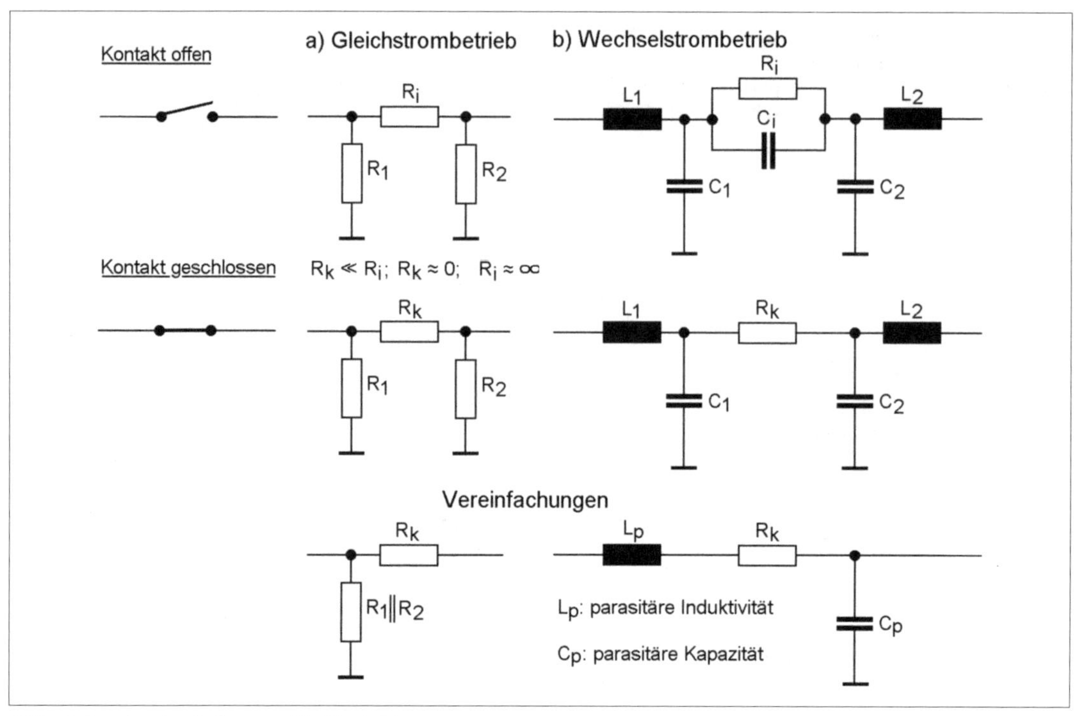

Abb. 4.10: Ersatzschaltungen für Kontakte.

Art des Widerstandes	Größenordnung	Nicht zu vernachlässigen ...
Kontaktwiderstand R_K	mΩ	bei hohen Stromstärken
Isolationswiderstände R_i, R_1, R_2	MΩ ....GΩ	• bei hohen Spannungen (kV), • in extrem hochohmigen Schaltungen

Tabelle 4.2: Widerstände im Ersatzschaltbild. Manchmal darf man sie nicht einfach vernachlässigen ...

4.1.4 Elektrische Kennwerte

Beim Auswählen eines Kontaktbauelements ist es offensichtlich entscheidend, welche Spannung über dem geöffneten Kontakt anliegt und welcher Strom durch den geschlossenen Kontakt fließt. Diese pauschalen Angaben (Schaltspannung, Schaltstrom) müssen je nach Anwendungsfall durch weitere Kennwerte ergänzt werden (Abb. 4.11).

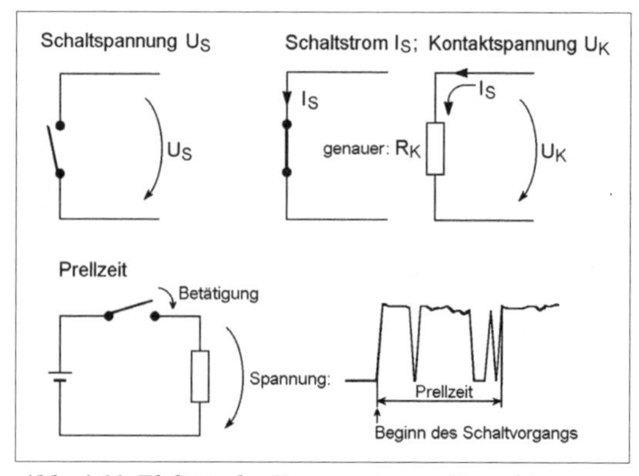

Abb. 4.11: Elektrische Kennwerte von Kontakten.

Spannungs- und Stromkennwerte werden typischerweise für Gleichspannungsbetrieb (DC) und Wechselspannungsbetrieb (AC) angegeben. AC-Werte sind hierbei Effektivwerte (RMS). Im Wechselspannungsbetrieb ist die Belastbarkeit oftmals deutlich höher (z. B. maximale Schaltspannung DC = 48 V, AC = 230 V). Näheres dazu in Abschnitt 4.1.6.

Schaltspannung

Die maximale Schaltspannung (U_{Smax}) ist die höchste zulässige Betriebsspannung, die am offenen Kontakt anliegen darf. Andere Bezeichnungen: Spannungsnennwert, Spannungsbelastbarkeit. Die Angabe gilt für eine induktivitätsfreie (rein ohmsche) Last.

Die minimale Schaltspannung (U_{Smin}) ist die Spannung, die am offenen Kontakt wenigstens anliegen muss, um eine zuverlässige Kontaktgabe zu gewährleisten. Bei zu geringer Schaltspannung ist mit einem höheren oder im Betrieb schwankenden Kontaktwiderstand zu rechnen.

Schaltstrom

Genaugenommen ist zwischen drei Stromkennwerten zu unterscheiden, die den Betriebszuständen des Kontakts zugeordnet sind:

1. Einschaltstrom: Der Stromfluss, der beim Einschalten hervorgerufen wird. Datenblattangabe: maximaler Einschaltstrom.
2. Dauerstrom: Der Strom, der durch den geschlossenen Kontakt fließt. Datenblattangabe: Grenzdauerstrom bzw. Strombelastbarkeit. Wie groß der Dauerstrom sein darf, wird durch die Wärmeentwicklung im Kontakt bestimmt ($P = I^2 \cdot R_k$). Er ist deshalb üblicherweise stärker als der Strom, der sich rechnerisch aus der Schaltleistung ergibt.
3. Ausschaltstrom: Der Stromfluss, der beim Ausschalten getrennt wird. Datenblattangabe: Maximaler Ausschaltstrom.

In vielen Datenblättern beschränkt man sich auf eine pauschale Schaltstromangabe, die alle drei Betriebsfälle umfasst.

Der maximale Schaltstrom (I_{Smax}) entspricht dabei dem stärksten Dauerstrom, der durch den geschlossenen Kontakt fließen darf.

Der minimale Schaltstrom (I_{Smin}) ist der Strom, der durch den geschlossenen Kontakt wenigstens fließen muss, um dessen Funktion zu gewährleisten. Ein Kontakt, durch den ein schwächerer Strom fließt, muss als unzuverlässig angesehen werden.

Wo muss der Kontakt mehr aushalten: beim Ein- oder beim Ausschalten?

Das hängt davon ab, welche Last zu schalten ist[5]. Bei rein ohmscher Last ist die Annahme Einschaltstrom = Dauerstrom = Ausschaltstrom in der Praxis typischerweise gerechtfertigt.

Hohe Einschaltströme (Inrush Currents) ergeben sich beim Einschalten von Glühlampen und kapazitiven Lasten (wie beispielsweise Schaltnetzteilen), Elektromotoren, Transformatoren und Wechselstrom-Betätigungsmagneten (einschließlich Wechselstromrelais).

Wird eine induktive Last ausgeschaltet, so wird schlimmstenfalls der maximale Betriebsstrom unterbrochen. Es entsteht aber eine Abschalt-Spannungsspitze. Gibt es keine Unterdrückungsmaßnahmen, kann sie mehrere kV erreichen.

Hinweise:

1. Gelegentlich sind für ohmsche und induktive Lasten verschiedene Schaltströme angegeben.
2. Es gibt Kontaktbauelemente mit besonders hoher Einschaltbelastbarkeit (z. B. 100 A für 5 ms bei ansonsten maximal 6 A Dauerstrom).

Schaltleistung

Die Schaltleistung (P_{Smax}) ist die maximal zulässige Dauerleistung, die durch den Kontakt unterbrochen werden darf (dabei wird eine induktivitätsfreie – rein ohmsche – Last angenommen). Näherungswert: $P_{Smax} = U_{Smax} \cdot I_{Smax}$.

Manche Datenblätter nennen zudem eine minimale Schaltleistung (P_{Smin}), die vom Kontakt geschaltet werden sollte, um die Selbstreinigung zu gewährleisten. Die Mindestwerte für Schaltspannung und Schaltstrom ergeben sich dann zu:

$$U_{Smin} = \frac{P_{Smin}}{I_S}; \quad I_{Smin} = \frac{P_{Smin}}{U_S} \qquad (4.1)$$

S. weiterhin Seite 287 - 289.

5 Vgl. Abschnitt 4.47 sowie Kapitel 2 und Kapitel 3.

Kontaktwiderstand
Der Kontaktwiderstand ist der Widerstand des geschlossenen Kontaktes (R_k in Abb. 4.10 und 4.11; andere Bezeichnungen: Übergangswiderstand, Durchgangswiderstand). Der Kontaktwiderstand wächst mit zunehmender Lebensdauer – und zwar nicht nur durch Abnutzung im Betrieb, sondern oft auch bei längerem Nichtgebrauch (Lagerung). Manche Datenblätter geben anstelle des Widerstandswertes einen Spannungsabfall bei einer bestimmten Stromstärke an. Damit der im Datenblatt angegebene Widerstandswert mit Sicherheit eingehalten wird, muss ein bestimmter Mindeststrom durch den Kontakt fließen. Dies wird gelegentlich in Form einer Empfehlung angegeben[6]. Bei schwächeren Strömen kann sich ein deutlich größerer Kontaktwiderstand ergeben.

Kontaktspannung
Die Kontaktspannung ist die Spannung, die über dem geschlossenen Kontakt abfällt, wenn er von einem vorgegebenen Strom durchflossen wird.

Isolationswiderstand
Der Isolationswiderstand ist der Widerstand des offenen Kontaktes (R_i in Abb. 4.11).

Spannungsfestigkeit, Prüfspannung
Die Spannungsfestigkeit kennzeichnet praktisch das Isolationsvermögen des Bauelements bei offenem Kontakt – es hält die anliegende Spannung aus, ohne durchzuschlagen (Durchschlagfestigkeit). Die Prüfspannung ist die Spannung, mit der diese Eigenschaft geprüft wird.

Praxisüblich: Prüfspannung ≥ 2...10 · zu schaltende Spannung. Kontaktbauelemente, über die Netzspannung (230 V) geführt wird, sollten für eine Spannungsfestigkeit von wenigstens 1000 V spezifiziert sein (Prüfspannung nach VDE 0410: 2000 V).

Kapazitätsangaben
Die parasitären Kapazitäten sind von Bedeutung, wenn Impulse mit steilen Flanken oder Hochfrequenzsignale über den Kontakt geführt werden (vgl. Abb. 4.10). In der Praxis beschränkt man sich meist darauf, pauschal einen einzigen Kapazitätswert anzugeben, der auf Masse bezogen wird (das betrifft z. B. Kapazitätsangaben von Steckverbindern und Schaltkreisfassungen).

Prellzeit
Kontakte prellen beim Umschalten. Näheres zu diesem Effekt (Contact Bounce) in Abschnitt 4.1.6 (S. 284). Die Prellzeitangabe (Bounce Time) kennzeichnet das Zeitintervall vom Beginn des Schaltvorgangs bis zum Erreichen des stationären Zustandes (Verbindung sicher hergestellt oder sicher getrennt). Der Wert ist von Bedeutung, um Gegenmaßnahmen (Entprell-Vorkehrungen) richtig zu dimensionieren. Prelleffekte sind vor allem von Bedeutung bei Kontaktbauelementen, die auf Digitalschaltungen wirken oder programmseitig abgefragt werden.

4.1.5 Mechanische und Zuverlässigkeitskennwerte

Lebensdauer
Die Lebensdauer wird meist nicht in Stunden, sondern in Form einer zugesicherten Mindestanzahl von Schaltspielen oder Steckzyklen angegeben.

Mechanische Lebensdauer
Diese Angabe beschreibt die Standfestigkeit der Mechanik (Anzahl der Schaltspiele bis zum Ausfall oder Bruch).

Elektrische Lebensdauer
Diese Angabe beschreibt die Lebensdauer der Kontakte unter voller elektrischer Belastung (Anzahl der Schaltspiele bis zur Unbrauchbarkeit durch Kontaktabnutzung).

Beispiele:

- Steckverbinder sind – je nach Qualität – für 20...50, 100...250, 500...1000 oder mehr Steckzyklen[7] spezifiziert,
- preiswerte Netz- und Leistungsschalter gestatten 10^4...10^5 Schaltspiele (unter Volllast),
- in ähnlicher Größenordnung liegen die in elektronischen Geräten üblichen Kippschalter, Drehschalter und Taster (30 000...60 000 Schaltspiele und mehr; je komplizierter die Mechanik, desto kürzer die Lebensdauer),

6 Z. B. „Empfohlen für Lasten der Mindeststromstärke 5 A."

7 Die genannten Wertebereiche entsprechen den Anforderungsstufen 1, 2 und 3 gemäß DIN 41612.

- die Mechanik hochwertiger Taster und Mikroschalter hält wenigstens 10^7 Betätigungen aus; die elektrische Lebensdauer wird größenordnungsmäßig mit 10^6 Schaltspielen angegeben,
- preisgünstige DIL-Schalter sind für etwa 1000 Betätigungen spezifiziert; hochwertige Ausführungen (die wesentlich teurer sind) für 10^4 und mehr Betätigungen.

Die Lebensdauerkennwerte gelten typischerweise für Betriebsfälle ohne Lichtbogenbildung (ohmsche Last, induktive Last mit Funkenlöschung). Beim Schalten von Wechselstrom verringert sich die Lebensdauer oder die zulässige Schaltleistung mit zunehmender Phasenverschiebung. Im Datenmaterial der Kontaktbauelemente wird dies in Form von Diagrammen dargestellt, aus denen ein sog. Reduktionsfakor F ersichtlich ist (Abb. 4.12).
Anwendung:

- Wenn die Schaltleistung gemäß Datenblattangabe ausgenutzt werden soll: Lebensdauer (z. B. in Schaltspielen) = Datenblattwert · F.
- Wenn die Lebensdauer gemäß Datenblattangabe erhalten bleiben soll: Schaltleistung (in VA) = Datenblattwert · F.

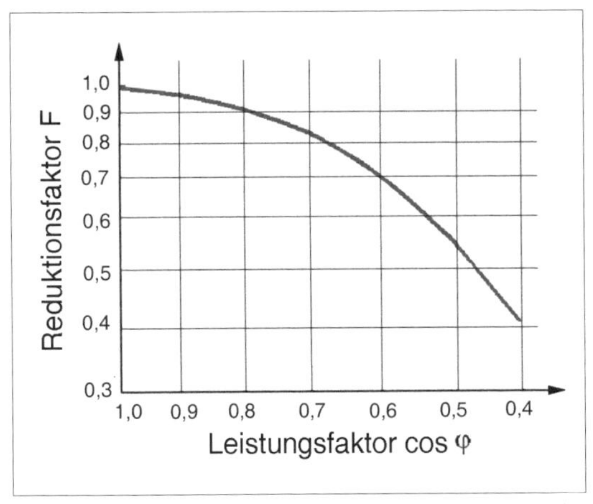

Abb. 4.12: *Verkürzung der Lebensdauer oder der Schaltleistung beim Schalten von Wechselstrom (Beispiel nach [4.1]). Aus dem Leistungsfaktor cos φ ergibt sich ein Reduktionsfaktor F.*

Temperaturbereich
Diese Angabe beschreibt den zulässigen Bereich der Betriebstemperatur. Gelegentlich ist zusätzlich der Bereich der Lagertemperatur angegeben.

Schalt- oder Steckkräfte
Diese Angaben beschreiben die Kraft, die aufzuwenden ist, um den Kontakt geschlossen zu halten, die am Betätigungselement (z. B. Schaltknebel) aufzuwendenden Kräfte sowie – bei Steckverbindern – die zum Stecken oder Trennen notwendigen Druck- oder Zugkräfte. Manchmal gilt eine solche Angabe für den einzelnen Kontakt, manchmal für den gesamten Steckverbinder.

Technologische und Verarbeitungsangaben
Diese betreffen die Löttemperatur, die Lötzeit, die jeweils anwendbaren Lötverfahren, die Waschbarkeit usw. Geht es um die Serienfertigung, so entscheiden solche Kennwerte oftmals darüber, ob ein bestimmtes Bauelement einsetzbar ist oder nicht.

4.1.6 Die Schaltvorgänge

Abb. 4.13 veranschaulicht Einzelheiten des Ein- und Ausschaltens. Von besonderer Bedeutung sind (1) das Einschalten bei anliegender Spannung und (2) das Ausschalten bei fließendem Strom. Aber auch das Schalten ohne Spannung oder Stromfluss (man spricht hier bildhaft vom trockenen Schalten) hat seine Tücken.

Der Kontakt beim Ein- und Ausschalten
Ein Kontakt kann nicht wirklich schlagartig geschlossen oder geöffnet werden. Vielmehr kommen beim Schließen zunächst mikroskopisch kleine Punkte nach und nach miteinander in Berührung. Liegt am Kontakt bereits Spannung an, so kommt ein Stromfluss zustande, der das Kontaktmaterial erwärmt. Das kann soweit gehen, dass das Material an den Kontaktpunkten weich wird, schmilzt oder gar verdampft[8]. Wird der Kontaktwerkstoff weich, so vergrößert sich die jeweilige Berührungsfläche, so dass die Stromdichte wieder sinkt. Bei völlig geschlossenem Kontakt gibt es dann so viele Berührungspunkte, dass beim Fließen des zulässigen Schaltstroms keine übermäßige Erwärmung mehr auftritt. Beim Öffnen eines stromdurchflossenen Kontakts werden mehr und mehr Berührungspunkte getrennt, und die Stromdichte durch die verbleibenden Berührungspunkte steigt zunächst an.

8 Der Effekt tritt bereits bei Strömen im mA-Bereich auf.

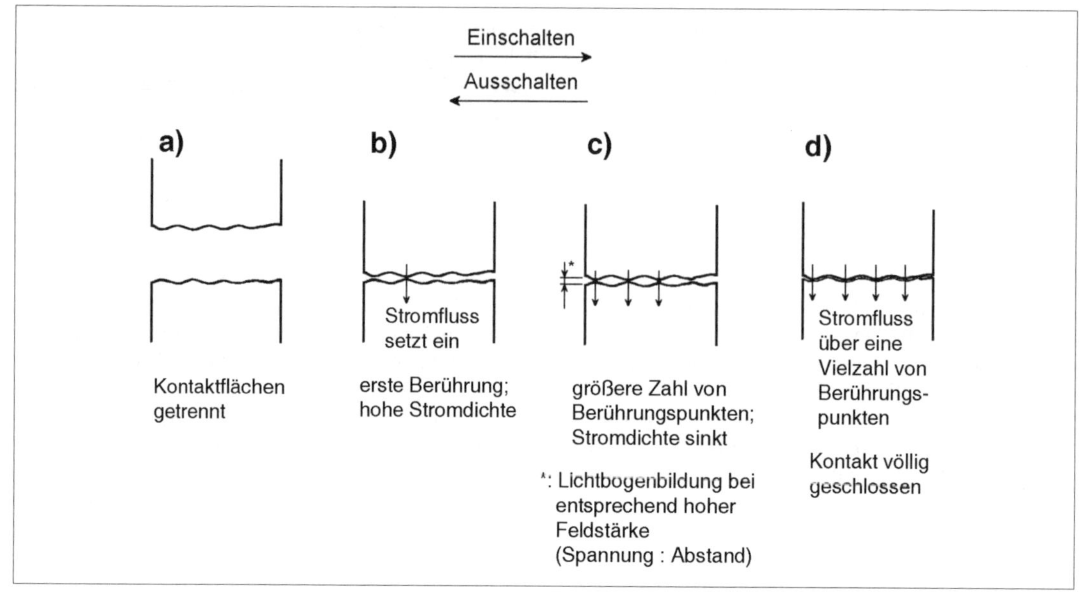

Abb. 4.13: *Das Ein- und Ausschalten in Zeitlupe. a) Kontakt offen; b) und c) allmähliches Schließen oder Öffnen; d) Kontakt geschlossen.*

Prellen

Die soeben beschriebenen Vorgänge des Öffnens und Schließens wirken sich so aus, dass die Spannung über dem Kontakt (und sinngemäß der durchfließende Strom) für eine gewisse Zeit (Prellzeit) einen pulsierenden oder anderweitig unregelmäßigen Verlauf aufweist (Abb. 4.14). Prellvorgänge treten sowohl beim Schließen als auch beim Öffnen von Kontakten auf.

Mit Ausnahme mancher quecksilberbenetzter Kontakte kann kein Kontakt als wirklich prellfrei angesehen werden. Auch wenn manche Exemplare eines bestimmten Kontakttyps nachweislich nicht prellen (das betrifft vor allem Elastomerkontakte), sollte man sich nicht darauf verlassen. Richtwerte der Prellzeiten: von etwa 1...2 bis ca. 20...30 ms.

Lichtbogen (Funkenbildung)

Ist der Kontakt nicht völlig geschlossen, gibt es sowohl Berührungspunkte als auch Kontaktflächen, die einen gewissen Abstand voneinander haben. Sind die Abstände mikroskopisch klein, so können auch geringe Spannungen beachtliche Feldstärken verursachen. An den ebenfalls mikroskopisch kleinen Berührungspunkten

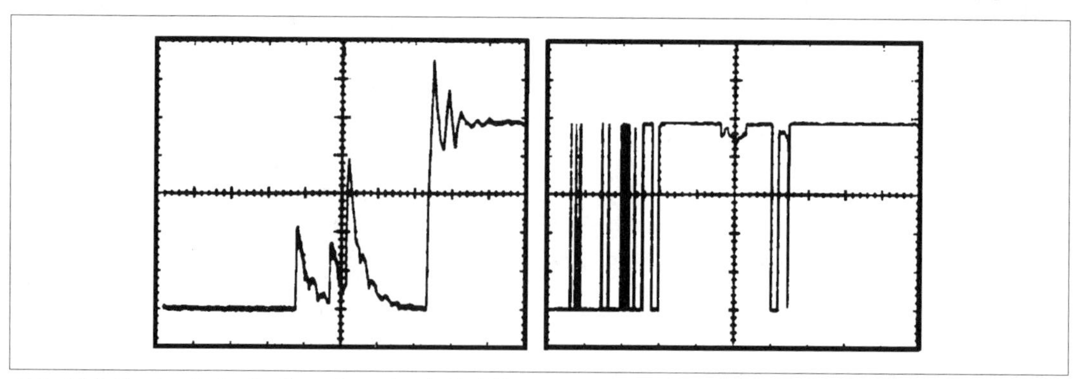

Abb. 4.14: *Zwei typische Prellvorgänge (nach [4.46]).*

ergeben sich so hohe Stromdichten, dass die Temperatur bis auf ca. 5000 ° C ansteigen kann. Die umgebende Luft wird ionisiert. Dies kann dazu führen, dass ein Elektronenstrom vom negativen Pol (der Katode) zum positiven Pol (der Anode) fließt – es bildet sich zeitweilig ein Lichtbogen (Funken).

Materialverlust und -wanderung (Kontaktabbrand)
Wird ein Kontakt unter Last geschaltet, sind Abnutzungserscheinungen grundsätzlich nicht zu vermeiden. Der Kontaktwerkstoff wandert von einer Kontaktfläche zur anderen (Abb. 4.15). Zudem kann er durch Verdampfen verlorengehen.

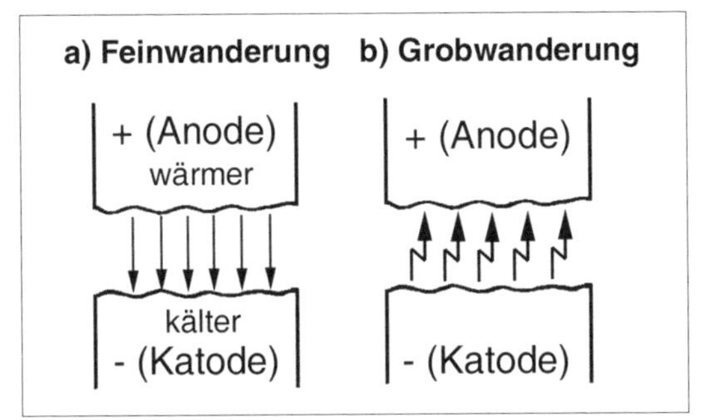

Abb. 4.15: *Materialwanderung zwischen Kontaktflächen.*

Materialwanderung infolge Erwärmung (Feinwanderung)
Der Kontaktwerkstoff geht von der wärmeren Kontaktfläche auf die kältere über. Wanderungsrichtung: von Plus (Anode) nach Minus (Katode). Diese Materialwanderung findet immer statt, wenn der Kontaktwerkstoff weich wird, also auch dann, wenn sich kein Lichtbogen bildet. Der Kontaktwerkstoff wird immer dann weich, wenn die Schaltspannung größer ist als die Schmelzspannung (Melting Voltage) des Werkstoffs.

Materialwanderung infolge Lichtbogenbildung (Grobwanderung)
Hat ein Lichtbogen gezündet, so wird die Katode wärmer als die Anode. Wanderungsrichtung: von Minus (Katode) nach Plus (Anode).

Die Materialwanderung infolge Lichtbogenbildung (Grobwanderung) überwiegt typischerweise die Materialwanderung infolge Erwärmung (Feinwanderung); das Kontaktmaterial wird von der negativ zur positiv gepolten Kontaktfläche (also von der Katode zu Anode) übertragen.

Bei welcher Spannung bildet sich ein Lichtbogen?
Der pauschale Kennwert ist die sog. Lichtbogengrenzspannung (Arc Voltage) des Kontaktwerkstoffs. Richtwerte[9]: Kadmium: 10 V, Feinsilber: 14 V, Palladium und Gold: 15 V. Bleibt die Schaltspannung unterhalb der Lichtbogengrenzspannung, so bildet sich kein Lichtbogen. Für höhere Spannungen ist die Lichtbogengrenzkurve (s. weiter unten) des jeweiligen Bauelements maßgebend.

Kontaktfehler als Folge der Materialwanderung:

- Es ist soviel Material verschwunden, dass der Kontakt nicht mehr richtig schließt,
- auf dem einen Pol hat sich ein Krater gebildet und auf dem anderen eine Spitze. Es kann vorkommen, dass sich die Spitze im Krater verhakt und somit der Kontakt nicht mehr richtig öffnet.

Verschweißung
Ist der Kontakt geschlossen, so wirkt sich das Abkühlen des geschmolzenen Metalls so aus, dass die entsprechenden Berührungspunkte praktisch miteinander verschweißen. Im Normalfall sind diese Schweißverbindungen aber so schwach, dass sie beim Öffnen des Kontaktes ohne weiteres aufgebrochen werden. Im Fehlerfall (überlasteter Kontakt) kann es jedoch vorkommen, dass die Stellkräfte nicht ausreichen, den Kontakt zu trennen.

Schalten von Gleichstrom
Diese Betriebsweise belastet den Kontakt besonders stark:

- Die Polung der Kontaktflächen bleibt gleich, so dass der Kontaktwerkstoff stets in die gleiche Richtung wandert,
- wenn der Kontakt öffnet, so bleibt der Lichtbogen solange stehen, bis der Abstand zwischen den Kontaktflächen hinreichend groß ist[10].

9 Nach [4.41].

10 Zur Abhilfe sind in manchen Relais sog. Blasmagnete angeordnet, deren Magnetfeld den Lichtbogen so in die Länge zieht, dass er eher abreißt.

Ähnliche Verhältnisse liegen vor, wenn Wechselstrom immer während der gleichen Halbwelle geschaltet wird (vgl. S. 332, Hinweis 1).

Schalten von Wechselstrom
In dieser Betriebsweise wird der Kontakt weniger stark belastet:

- Die Polung der Kontaktflächen wechselt ständig, so dass der Kontaktwerkstoff zwischen beiden Flächen hin und her wandert. Der Theorie nach dürften sich somit gar keine Krater und Spitzen bilden.
- Ein Lichtbogen bleibt nur bis zum nächsten Nulldurchgang der Wechselspannung stehen. Deshalb genügt zum Verlöschen – verglichen mit dem Gleichstrombetrieb – ein deutlich geringerer Abstand zwischen den Kontaktflächen.
- Je höher die Frequenz, desto kürzer die Zeit bis zum nächsten Nulldurchgang, desto eher geht der Lichtbogen aus. Bei höheren Frequenzen darf der Kontakt also stärker belastet werden als bei niedrigeren.

Lastgrenzkurven
Aus den Lastgrenzkurven (Abb. 4.16) ist ersichtlich, welche Schaltströme und Schaltspannungen ein Kontakt unter bestimmten Betriebsbedingungen aushält.

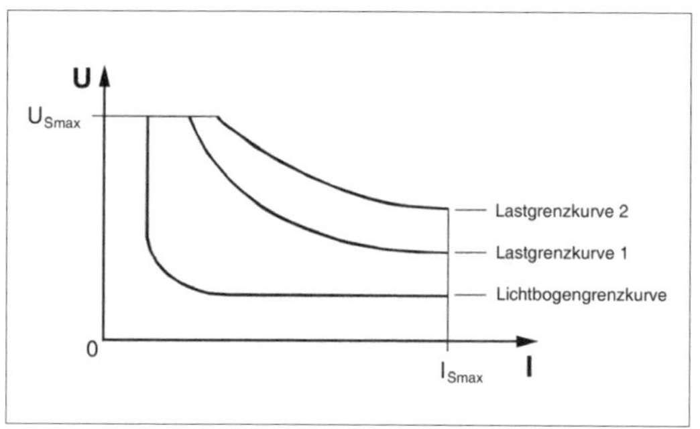

Abb. 4.16: *Lastgrenzkurven (Prinzipdarstellung; nach [4.1]).*

Lichtbogengrenzkurve
Liegen Schaltspannung und Schaltstrom unterhalb dieser Kurve (Abb. 4.17), so tritt kein Lichtbogen auf.

Lastgrenzkurve 1
Liegen Schaltspannung und Schaltstrom unterhalb dieser Kurve, so verlischt der Lichtbogen, bevor der bewegte Kontakt die jeweils andere feste Kontaktstelle erreicht (Abb. 4.18).

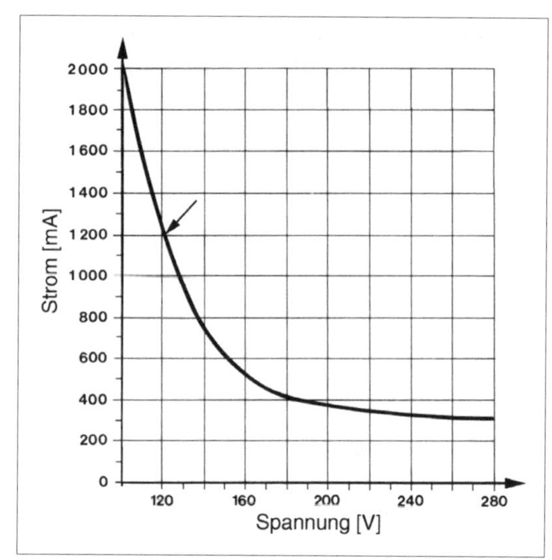

Abb. 4.17: *Beispiel einer Lichtbogengrenzkurve (nach [4.2]). Ablesebeispiel (Pfeil): Bei einer Schaltspannung von 120 V dürfen höchstens 1,2 A geschaltet werden, um die Lichtbogenbildung zu vermeiden.*

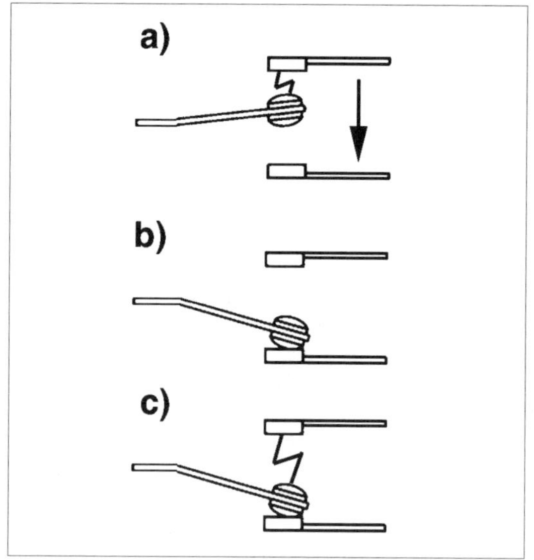

Abb. 4.18: *Zur Bedeutung der Lastgrenzkurve 1. Ein Wechselkontakt schaltet um. a) Dabei wird zunächst ein Lichtbogen gezogen. b) Werden die Bedingungen der Lastgrenzkurve 1 eingehalten, so ist der Lichtbogen sicher erloschen, wenn der bewegliche Kontakt die jeweils andere feste Kontaktfläche erreicht. c) Ansonsten kann es vorkommen, dass dann der Lichtbogen noch ansteht und somit eine leitende Verbindung zwischen beiden festen Kontaktflächen gegeben ist.*

Lastgrenzkurve 2
Liegen Schaltspannung und Schaltstrom unterhalb dieser Kurve, so ist gewährleistet, dass der Kontakt sicher abschaltet (kein Verschweißen, kein stehender Lichtbogen). Richtwert: Brenndauer des Lichtbogens ≤ 10 ms.

Maßnahmen zu Lichtbogenunterdrückung:

- entsprechende Beschaltung des Kontaktes bzw. der geschalteten Last (Funkenlöschung; Näheres in den Abschnitten 4.7 und 4.8),
- Wahl geeigneter Kontaktwerkstoffe (Abschnitt 4.1.7),
- Betrieb unterhalb ber Lichtbogengrenzkurve.

Das trockene Schalten

Trockenes Schalten (Dry Switching) liegt in folgenden Fällen vor:

- Es werden niedrige Spannungen (µV... einige V) und sehr schwache Ströme (µA...mA) geschaltet,
- beim Schalten liegt keine Spannung über dem Kontakt, und der Stromfluss wird nur bei geschlossenem Kontakt zugelassen (Relaisschaltungen mit entsprechender Taktsteuerung[11]).

Auf den ersten Blick sind dies schonende Betriebsweisen, in denen die Kontakte nur wenig abgenutzt werden (nur mechanischer Verschleiß, keine Funkenbildung und Materialwanderung). Dieser Effekt – Verlängerung der Lebensdauer – tritt jedoch nur dann ein, wenn man Kontaktwerkstoffe verwendet, die keine chemischen Reaktionen mit der Umgebung eingehen (z. B. Gold). Bei Kontakten aus kostengünstigeren Werkstoffen kann sich das trockene Schalten hingegen so auswirken, dass der Übergangswiderstand des Kontaktes mit der Zeit wächst. Solche Kontakte werden besser unter einer angemessenen Last geschaltet, um die chemischen Reaktionsprodukte auf den Kontaktflächen zu beseitigen (Selbstreinigung).

Die minimale Kontaktbelastung

Bei den meisten Kontaktwerkstoffen ist eine gewisse Mindestbeanspruchung der Kontaktflächen sicherzustellen, so dass Oxidschichten und andere Ablagerungen gleichsam abgebrannt werden. Diese Selbstreinigung kann durch einen stärkeren Strom bei niedrigerer Spannung oder durch einen schwächeren Strom bei höherer Spannung erreicht werden. Verbindliche Mindestwerte sind aber nur schwierig zu bestimmen (und vor allem: in der Fertigung abzuprüfen)[12]. Deshalb werden sie nicht immer angegeben. Oft wird es als Selbstver-

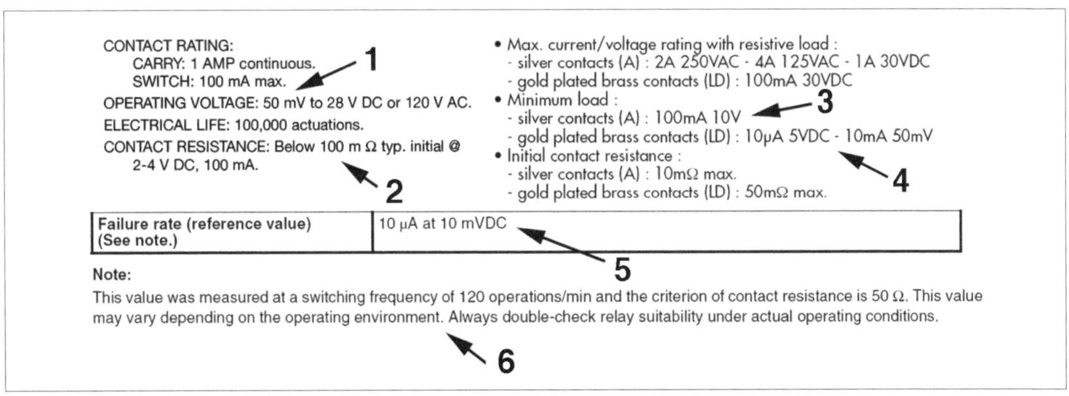

Abb. 4.19: *Typische Datenblattangaben. Drei Beispiele, aufs Geratewohl ausgewählt. Die Pfeile zeigen auf Werte und Aussagen, an denen man sich orientieren kann. 1 - 50 mV sollten mindestens geschaltet werden. 2 - Wenn man den Kontakt weniger stark belastet, muss man auf Dauer mit einer Erhöhung des Kontaktwiderstands rechnen. 3 - Silberkontakte wollen Strom oder Spannung sehen, sonst werden sie mit der Zeit unzuverlässig. 4 - Mit Gold beschichtete Kontakte brauchen nicht viel. Es ist aber keine konstante Schaltleistung. 5 - Die Werte sind wirklich sehr gering. 6 - Dafür gilt es aber, einiges zu beachten ...*

11 Beispielsweise waren die Relais-Rechner von Konrad Zuse nach diesem Prinzip ausgelegt.

12 Es ist eine Kostenfrage. Nicht zuletzt deshalb sind nach militärischen Spezifikationen gefertigte Bauelemente so teuer...

Werkstoff	Erläuterungen
Silber (Feinsilber; Ag)	Silber ist der beste elektrische Leiter und der am meisten verwendete Kontaktwerkstoff. Kann durch Schwefeleinwirkung anlaufen. Empfehlung: Schaltspannung > 6 V. Silberkontakte neigen zum Verschweißen und zur Materialwanderung. Um die Lagerfähigkeit zu verbessern, haben Silberkontakte oft eine Hauchvergoldung.
Silber-Nickel (Ag Ni)	Gute Abbrandfestigkeit, geringe Verschweißneigung. Geeignet, um Lasten zu schalten, die Stromspitzen verursachen. Etwas höherer Kontaktwiderstand als Feinsilber.
Silber-Palladium (Ag Pd)	Gute Abbrandfestigkeit; unempfindlich gegen Schwefel. Etwas höherer Kontaktwiderstand als Feinsilber.
Silber-Cadmiumoxid (Ag Cd O)	Für große Schaltleistungen (gute Abbrandfestigkeit, geringe Verschweißneigung). Empfohlene Schaltspannung >12 V. Vorzugsweise in Netzstromkreisen angewendet, wenn bei hohen Schaltleistungen Einschaltstromspitzen auftreten. Nicht für trockenen Betrieb geeignet.
Silber-Zinnoxid (Ag Sn O_2)	Für große Schaltleistungen (gute Abbrandfestigkeit, sehr geringe Verschweißneigung). Geringe Materialwanderung bei Gleichstrombelastung. Geringe Umweltbelastung. Alternative (RoHS) zu Ag Cd O (das aber auch als RoHS-konform eingestuft ist).
Gold (Feingold, Au)	Geringer Durchgangswiderstand; weitgehend unempfindlich gegen Umgebungseinflüsse. Für trockenes Schalten geeignet. Sinnvoller Einsatz auf geringere Schaltleistungen beschränkt (gängige Höchstwerte: 24 V, 200 mA, 5 W); ansonsten Abnutzung zu groß. (Gold wird als galvanischer Überzug von 0,1...10 µm beispielsweise auf Nickel aufgebracht.)
Gold-Legierungen (Gold-Nickel Au Ni, Gold-Silber Au Ag usw.)	Härter als Feingold (Au-Ni ist deutlich härter als Au Ag), höhere Abbrandfestigkeit, weitgehend unempfindlich gegen Industrieatmosphäre (Schwefel usw.).
Platin (Pt)	Sehr widerstandsfähig gegen chemische Einflüsse, hohe Abbrandfestigkeit. Gut einsetzbar bei mittleren Spannungen und geringen Strömen (z. B. in der Fernschreibtechnik: 60 V; 20... 40 mA). Bei höheren Schaltleistungen Neigung zu Materialwanderung.
Palladium (Pd)	Gute Abbrandfestigkeit; kostengünstiger als Platin. Einsatz z. B. in der KFZ-Elektrik.
Palladium-Kupfer (Pt Cu)	Gute Abbrandfestigkeit und lange Lebensdauer. Durchgangswiderstand höher. Einsatz z. B. in der KFZ-Elektrik beim Schalten von Lampen.
Rhodium (Rh) Palladium-Nickel (Pt Ni)	Chemisch noch widerstandsfähiger als Platin; geringer Durchgangswiderstand. Wird als harte und abriebfeste galvanische Schicht verwendet (z. B. auf Steckkontakten).
Wolfram (Tungsten; W)	Höchster Schmelzpunkt aller Metalle; geringe Schweißneigung, hohe Abbrandfestigkeit, korrosionsanfällig. Erfordert hohe Kontaktkräfte. Empfohlene Schaltspannung > 6 V. Anwendung z. B. in Unterbrechern von Verbrennungsmotoren oder als Vorlaufkontakt (vgl. S. 316) in hoch belastbaren Relais.
Kohle	Lichtbogenfreies Schalten hoher Ströme bei niedrigen Spannungen, hohe Widerstandsfähigkeit gegenüber chemischen Einflüssen, sehr gute Gleiteigenschaften (selbstschmierend). Anwendung vorwiegend für Schleifkontakte (Kohlebürsten).

Tabelle 4.3: *Kontaktwerkstoffe (Auswahl).*

ständlichkeit vorausgesetzt, dass man mit einem Schalter „fürs Grobe“ keine Ströme im A-Bereich schaltet und dass man einen Kontakt, der z. B. für 48...230 V vorgesehen ist, nicht dort einsetzen kann, wo es auf μV ankommt. Manchmal sind in den Datenblättern Pauschalangaben zu finden (Abb. 4.19), anhand derer man sich herantasten kann.

Oftmals ergeben die Wertepaare Mindestspannung und Mindeststrom keine konstante minimale Schaltleistung. Vgl. Pos. 4 in Abb. 4.19: 10 µA · 5 V = 50 µW; 10 mA · 50 mV = 500 µW. Immerhin ist erkennbar, dass dieses Bauelement bei 5 V mit einem nahezu vernachlässigbaren Strom betrieben werden kann, und dass man andererseits auch noch 50 mV schalten kann, vorausgesetzt, es fließt genügend Strom durch den Kontakt. Liegt der Kennwert des eigenen Vorhabens irgendwo dazwischen, könnte man es zunächst mit linearer Interpolation versuchen[13]. Beispiel: Der Kontakt ist an einen Mikrocontroller anzuschalten, der mit 1,8 V betrieben wird. Roh gerechnet ergibt sich eine minimale Schaltleistung P_{min} für eine bestimmte Spannung U < 5 V zu:

$$P_{\min} = 100 \frac{\mu W}{V} \cdot (5V - U)$$

Für U =1,8 V ergeben sich 320 µW und somit ein Strom von rund 178 µA. Lassen wir also sicherheitshalber das Drei- bis Fünffache fließen (d. h. 0,5...1 mA).

Bei hochwertigen Goldkontakten ist der Mindeststrom normalerweise kein Problem; er darf praktisch = Null sein (trockenes Schalten).

Bei sehr empfindlichen Kontakten läuft es manchmal darauf hinaus, dass vergleichsweise hohe Kontaktwiderstände zugelassen werden[14]. Vgl. hierzu die Pos. 5 und 6 in Abb. 4.19. Der Hersteller dieses Bauelements bezieht die Mindestangaben lediglich auf einen Lebensdauertest (was bedeutet, dass er sie in der Fertigung nicht fortlaufend prüfen muss ...). Zum Ausgleich empfiehlt er dem Kunden, sein Problem selbst zu lösen (vgl. Pos. 6).

Ist keine Mindeststromangabe bekannt, so schadet es nicht, etwa 1...5 % des zulässigen Schaltstroms anzusetzen (das sind bei typischen Kontakten in Bedienfeldern usw. etwa 1...10 mA).

4.1.7 Kontaktwerkstoffe

Kontaktbauteile sind meist Verbundkonstruktionen. Der eigentliche Kontaktwerkstoff bedeckt lediglich als dünne Schicht die Kontaktfläche. Manche hoch belastbaren Kontakte werden in Sintertechnologie hergestellt. Tabelle 4.3 gibt einen Überblick über wichtige Kontaktwerkstoffe. Aus den Tabellen 4.4 und 4.5 sind typische Einsatzbereiche und Kontaktbelastungen ersichtlich.

Werkstoff	Spannung	Strom
Gold (Au) und Gold-Legierungen (Au Ni, Au Ag)	Trockenes Schalten	
	µV...24 V	µA...200 mA
Silber (Ag)	1 V...150 V	50 mA ...100 A
Silber-Nickel (Ag Ni)	6 V...380 V	10 mA... 100 A
Silber-Palladium (Ag Pd)	1 V...150 V	50 mA ... 5 A
Palladium-Kupfer (Pd Cu)	6 V...24 V	5 A...20 A
Silber-Cadmium-oxid (Ag Cd O)	12 V... 380 V	> 0,5 A
Silber-Zinnoxid (Ag Sn O_2)	12 V...380 V	> 0,5 A
Wolfram (W)	> 60 V	> 1 A
Rhodium (Rh)	< 150 V	< 2 A
Palladium-Nickel (Pd Ni)	< 150 V	< 5 A

Tabelle 4.4: *Einsatzbereiche von Kontaktwerkstoffen (Auswahl).*

Betriebsweise	Schaltspannung	Schaltstrom	Kontaktwerkstoffe
trockenes Schalten	< 30 mV	< 10 mA	Goldbasis
geringe Last	< 300 mV	< 10 mA	Goldbasis
mittlere Last	< 12 V	< 300 mA	Gold- und Silberbasis
hohe Last	> 12 V	> 300 mA	Hartsilber, Silber-Nickel (AgNi), Silber-Cadmiumoxid (AgCdO), Wolfram(W), Silberzinnoxid ($AgSnO_2$)

Tabelle 4.5: *Typische Kontaktbelastungen (nach [4.52]).*

13 Die 10 mA bei 5 V und die 50 mV bei 500 mW werden vernachlässigt. Damit ergibt sich aus den Endwerten 5 V, 0 µW und 0 V, 500 µW ein linearer Abfall von 100 µW/V.

14 Das ist dann erträglich, wenn nur schwache Ströme fließen, wenn der Kontakt also in einem hochohmigen Stromkreis angeordnet ist. Beispiele: (1) Messstellenauswahl für Spannungsmessung; (2) Eingänge speicherprogrammierbarer Steuerungen. In manchen Fällen kann sogar eine Widerstandserhöhung hingenommen werden, die sich bei trockenem Schalten von Kontakten ergibt, die für diese Betriebsweise an sich weniger geeignet sind.

Die Goldauflage

Gold wird in Schichten von (Richtwerte) < 0,1 bis ca. 10 µm Dicke auf einer Trägerschicht aufgebracht. Da reines Gold zu weich ist, verwendet man Legierungen mit Kobald oder Nickel (Hartvergoldung). Man unterscheidet drei Größenordnungen der Goldauflage:

Hauchvergoldung (Gold Flash) bis ca. 0,2 µm

Dieser Goldüberzug dient lediglich zur Verbesserung der Lagerfähigkeit. Die Goldschicht ist schon nach wenigen Schaltvorgängen abgetragen.

Hartvergoldung bis ca. 2 µm

Eine solche Goldauflage gewährleistet einen weitgehenden Schutz gegen atmosphärische Einflüsse. Sie sind zum trockenen Schalten und zum Schalten bei niedriger Belastung geeignet. Richtwerte zu den oberen Grenzen: 15 V, 20...200 mA[15]. Bei stärkerer Belastung führt die Funkenbildung dazu, dass die Goldauflage unbrauchbar wird.

Hartvergoldung im Bereich von 5 bis 10 µm

Das ist die kostspieligste Auslegung mit den besten Zuverlässigkeitskennwerten (Lebensdauer, Beständigkeit gegenüber Umwelteinflüssen). Ansonsten entsprechen die Anwendungseigenschaften denen der etwas dünneren Hartvergoldung.

Wie wird das Gold aufgebracht?

Gemäß dem jeweils angewandten technologischen Verfahren gibt es zwei Ausführungen, deren Bezeichnungen oft im Datenmaterial des Kontaktbauelements genannt werden:

- Gold Plated (elektrochemisches Plattieren). Dieses Verfahren ist für Goldschichten beliebiger Dicke bei beliebigen Kontaktformen anwendbar. Solche Schichten können aber Haarrisse (Cracks) und Poren (Pinholes) aufweisen.
- Gold Clad (Kaltverschweißen). Auf diese Weise werden dickere Goldauflagen gefertigt. Da es prinzipbedingt keine Haarrissse und Poren gibt, eignen sich solche Kontakte besonders für den Einsatz in aggressiver Umgebung.

Hinweise:

1. Gold ist nichts fürs Grobe – viel (im Sinne des Geldausgebens) hilft nicht immer viel. Goldkontakte nur dann einsetzen, wenn sie nicht überlastet werden. Werden sie überlastet, so verdampft die Goldauflage. Dann hat man einen Kontakt mit den Kennwerten der Trägerschicht (z. B. Silber-Nickel[16]).
2. Schaltende Kontakte und Steckverbinder unterscheiden sich sehr in Hinblick auf die Betätigungshäufigkeit. 10 000 Schaltspiele sind für ein Relais fast nichts, für einen Steckverbinder hingegen nahezu eine Unmöglichkeit. Deshalb brauchen schaltende Kontakte eine dickere Goldauflage (Beispiel: Relaiskontakt 2 µm, Steckkontakt 0,8 µm)[17].
3. Die Kontaktwerkstoffe und Fertigungsverfahren werden laufend verbessert. Deshalb kommt man – um bestimmte Anwendungsanforderungen zu erfüllen – oftmals mit dünneren Goldauflagen aus als früher[18].

Leitfähige Kunststoffe (Elastomere)

Leitfähige Kunststoffe bilden die Grundlage vieler kostengünstiger Folientastaturen (z. B. in Taschenrechnern und Bedienfeldern). Der Durchlasswiderstand ist wesentlich höher als bei metallischen Kontakten, so dass nur geringe Ströme geschaltet werden können. Typische Werte: 2...200 Ω. Der Wert hängt vom Kontaktdruck ab; ein schnelles, sprungartiges Umschalten wie bei metallischen Kontakten ist nicht zu erwarten.

Quecksilber

Auf Grundlage von Quecksilber kann man prellfreie Kontakte aufbauen. Dazu erhalten herkömmliche metallische Kontaktflächen eine Quecksilberbenetzung. Quecksilberbenetzte Schutzrohrkontakte gehören zu den schnellsten Schaltern überhaupt; sie schalten tatsächlich nahezu schlagartig um, so dass die Schaltflanken Anstiegszeiten im Bereich um 100 ps aufweisen (allerdings bei ziemlich geringen Schaltfrequenzen im Bereich von höchstens einigen hundert Hz).

15 Die maximale Spannung ist eine Frage der Lichtbogenbildung (Lichtbogengrenzspannung), die höchste zulässige Stromstärke eine Frage der Auslegung des jeweiligen Kontakts. Herstellerangaben beachten!

16 Manchmal wird dies bewusst in Kauf genommen (Mehrbereichskontakte; vgl. S. 332).

17 Näheres zu den Steckkontakten s. Abschnitt 4.4.4.

18 Nach [4.52] haben heutige Relaiskontakte mit 2 µm Goldauflage Anwendungseigenschaften, die früher nur mit 5 bis 10 µm zu erreichen waren.

Anwendungsbeispiel: Impulsgeneratoren in Messanordnungen für extrem schnelle Bauelemente und Schaltungen.

Eine weitere Anwendung von Quecksilber[19] als Kontaktwerkstoff ist der Neigungsschalter. Prinzip: Quecksilber stellt entweder die Verbindung zwischen zwei Elektroden in einem Glasröhrchen her (bei waagerechter Lage) oder unterbricht sie (beim Ankippen). Einsatz- beispiel: Alarmgeber, die ansprechen, wenn irgendwer versucht, das zu schützende Objekt wegzutragen.

4.2 Schalter und Taster

4.2.1 Bedienelemente

Bedienelemente sind Kippschalter, Drehschalter, Schiebeschalter, Taster[20] usw., die von Hand betätigt werden (Abb. 4.20). Sie wirken entweder direkt oder indirekt.

Direkt wirkende Bedienelemente sind in die Strom- oder Signalwege eingefügt. Sie schalten die jeweils benötigte Leistung oder analoge Signale, auf die es ankommt (die also nicht abgeschwächt oder verfälscht werden dürfen).

Indirekt wirkende Bedienelemente schalten Signale, die beispielsweise von einem Mikrocontroller ausgewertet werden, um die jeweils eigentlichen Wirkungen zu veranlassen.

Direkt wirkende Bedienelemente sind vergleichsweise teuer – und zwar um so mehr, je höher die Anforderungen sind, die sie zu erfüllen haben[21]. Und es ist auch vergleichsweise mühevoll, sie einzusetzen (Befestigung in Frontplatten, Anschluss über einzeln anzulötende Drähte usw.).

Deshalb bevorzugt man heutzutage indirekt wirkende Bedienelemente – vor allem solche, mit denen komplette Bedienfelder usw. weitgehend automatisiert gefertigt

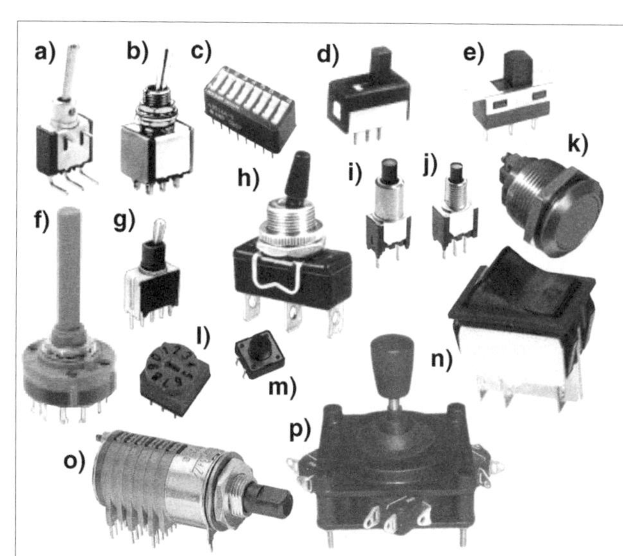

a) Kippschalter für Leiterplattenmontage (liegend)
b) Kippschalter für Frontplattenmontage. Lötanschlüsse
c) DIL-Schalter. Enthält 8 einzelne Schalter SPST
d) Schiebeschalter für Leiterplattenmontage
e) Schiebeschalter für Frontplattenmontage. Lötanschlüsse
f) Drehschalter für Frontplattenmontage. Lötanschlüsse
g) Kippschalter für Leiterplattenmontage (stehend)
h) Hochstrom-Kippschalter für Frontplattenmontage, Flachsteckeranschlüsse
i) Taster SPST für Leiterplattenmontage (stehend)
j) Taster SPDT für Leiterplattenmontage (stehend)
k) Hochstrom-Taster für Frontplattenmontage. Schraubklemmanschlüsse
l) Codierdrehschalter
m) Miniatur-Kurzhubtaster
n) Wippenschalter für Frontplattenmontage. Flachsteckeranschlüsse. Ein typischer Netzschalter
o) Mehrebenen-Drehschalter für Leiterplattenmontage (liegend)
p) Koordinatenschalter (Joystick). Enthält vier Mikroschalter SPDT

***Abb. 4.20:** Bedienelemente. Eine (sehr) kleine Auswahl ...*

19 Aufgrund der Umweltgesetzgebung (RoHS) ist der Einsatz von Quecksilber stark eingeschränkt. Zu Ausnahmeregelungen und zu quecksilberfreien Ersatzprodukten sei auf die einschlägigen Vorschriften und auf das Angebot der Industrie verwiesen.

20 Zum Fach-Englisch: Kippschalter = Toggle Switch; Wippenschalter = Rocker Switch; Schiebeschalter = Slide Switch; Taster = Pushbutton Switch, Tastenfeld = Keypad, Tastatur = Keyboard.

21 Ausgesprochen teuer sind u. a. Drehschalter, die zur Bereichsumschaltung in Präzisionsmessgeräten geeignet sind.

werden können (auf Leiterplatten, mit Spritzgussverfahren usw.). Nicht selten läßt man auch noch das einzige Bedienelement weg, das eigentlich unbedingt direkt wirken müsste – den Netzschalter ...

Der Funktionsumfang vieler moderner Geräte kann mit herkömmlichen Bedienvorkehrungen (Tasten, Schalter, Leuchtanzeigen) nicht mehr unterstützt werden. Der Ausweg: Bildschirmbedienung, z. B. über Menüsysteme oder graphische Bedienoberflächen. Nicht zuletzt deshalb sind mechanisch aufwendige Bedienelemente weitgehend aus der Mode gekommen.

Einfache Schalter und Taster
Die meisten Bedienelemente haben zwei oder drei Schaltstellungen. Viele Funktionen lassen sich mit einpoligen Ein- oder Wechselschaltern erledigen. Der Grundgedanke: Die Mechanik so einfach und kostengünstig wie möglich auslegen. Alles, was komplizierter ist, in die Software verlagern. Wenn es sein muss, einen Mikrocontroller mehr einsetzen – der kostet womöglich viel weniger als ein einziger der etwas aufwendigeren Schalter (z. B. Position o in Abb. 4.20). Abb. 4.21 veranschaulicht typische Kontaktanordnungen.

Schalter mit mehreren Schaltstellungen
Sie werden vor allem als Schiebeschalter, Drehschalter und Koordinatentaster ausgeführt (Abb. 4.22). Es gibt folgende Ausführungen:

a) Mehrfachschalter. In jeder Schalterstellung werden Verbindungen zwischen jeweils bestimmten Anschlüssen hergestellt.
b) Auswahlschalter. In jeder Schalterstellung wird eine Verbindung zwischen einem zentralen Anschluss C (Common) und einem einzigen ausgewählten Anschluss hergestellt.
c) Codierschalter. In jeder Schalterstellung wird gemäß dem jeweiligen Code eine Verbindung zwischen einem zentralen Anschluss C und den anderen Anschlüssen hergestellt.

Unterbrechende (non-shorting) Schaltweise
Beim Übergang von einer Schaltstellung zur nächsten wird die Verbindung unterbrochen (Break before Make (BBM); Abb. 4.23a). Anwendung:

- beim Auswählen von Spannungen (sonst Kurzschluss zwischen zwei Spannungen),

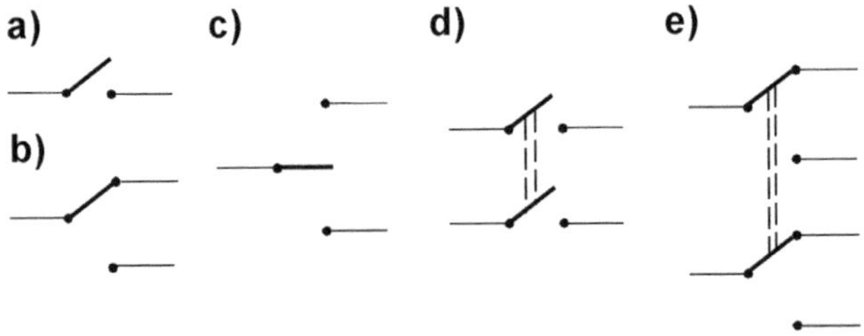

a) c) d) e)

b)

Position	Schaltweise	Ausführung	Anmerkungen
a)	Einschalter, einpolig (SPST)	Schalter oder Taster	Die übliche Auslegung der einfachen Taster.
b)	Wechselschalter, einpolig (SPDT)	Schalter oder Taster	Die übliche Auslegung der einpoligen Kippschalter. Diese Schaltweise ist Voraussetzung zum Entprellen mittels RS-Latch (vgl. Abb. 4.107, Seite 342).
c)	einpolig, drei Stellungen, zwei Kontake	Kippschalter	Wahlweise in einer oder in beiden Betätigungsstellungen rückfedernd (Tastfunktion). In Mittellage wird nichts durchgeschaltet.
d)	Einschalter, zweipolig (DPST)	Schalter	Der typische Netzschalter.
e)	Wechselschalter, zweipolig (DPDT)	Schalter	

Abb. 4.21: *Typische Kontaktanordnungen in Schaltern und Tastern.*

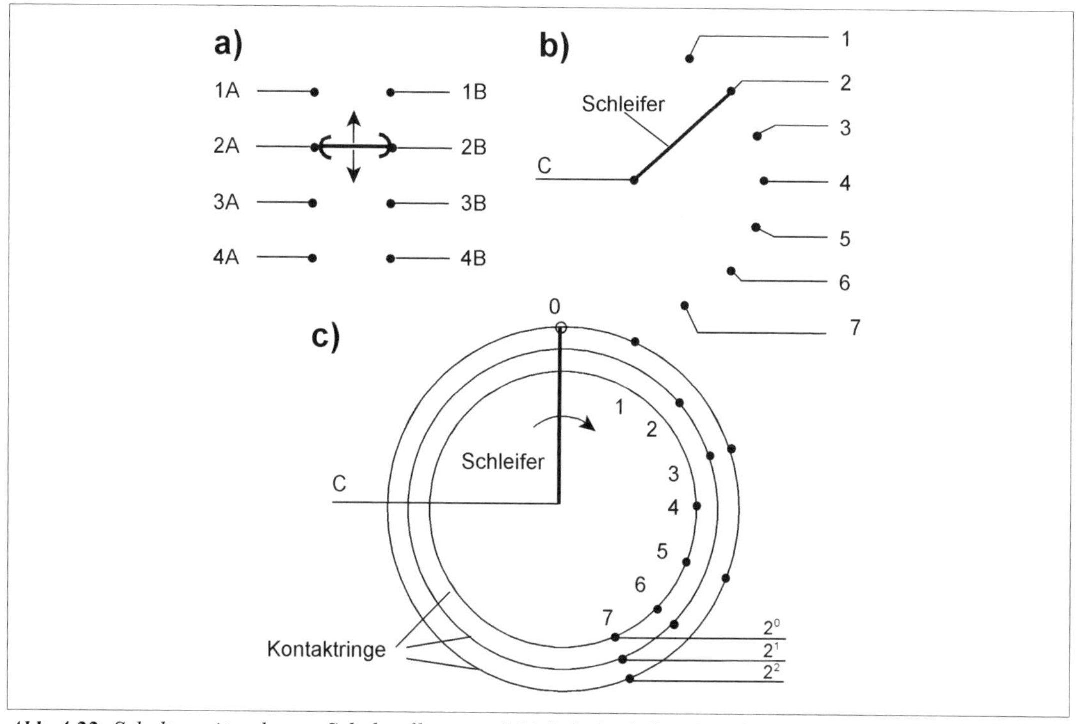

Abb. 4.22: *Schalter mit mehreren Schaltstellungen. a) Mehrfachschalter. In jeder Stellung sind zwei Kontakte miteinander verbunden. b) Auswahlschalter. In jeder Stellung ist einer der Kontakte 1, 2 usw. über den Schleifer zum zentralen Anschluss C durchgeschaltet. c) Codierschalter (Prinzip). Im Beispiel werden acht Stellungen binär codiert (von 0 bis 7). Hierzu sind drei Kontaktringe vorgesehen, die an den entsprechenden Stellen (hier durch Punkte gekennzeichnet) vom Schleifer berührt werden.*

- dann, wenn das Umschalten (zwischen zwei Stellungen) erkennbar sein soll.

Kurzschließende bzw. überlappende (shorting) Schaltweise
Beim Übergang von einer Schaltstellung zur nächsten wird die Verbindung nicht unterbrochen; beide Stellungen sind zeitweise überbrückt (Make before Break (MBB); Abb. 4.22b). Anwendung: Dann, wenn ein Trennen nicht zulässig ist, z. B. beim Auswählen von Stromwegen (sonst Unterbrechung des Stromkreises).

Schiebeschalter
Die Anzahl der Schaltstellungen reicht von zwei bis (Richtwert) acht. Schiebeschalter mit zwei oder drei Schaltstellungen sind als Ein-Aus-, Wechsel- oder Auswahlschalter ausgeführt (Abb. 4.24). Die einfachste Ausführung: der bewegliche Schieber überbrückt in jeder Schaltstellung nur jeweils zwei benachbarte Kontakte (Abb. 4.25). Die Abb. 4.26 und 4.27 zeigen, wie

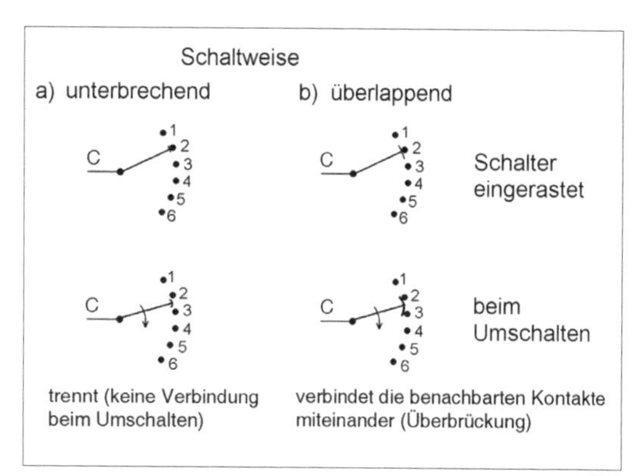

Abb. 4.23: *Unterbrechende und kurzschließende (überlappende) Schaltweise. C = zentraler Anschluss (Common).*

solche Schalter als Auswahlschalter eingesetzt werden können.

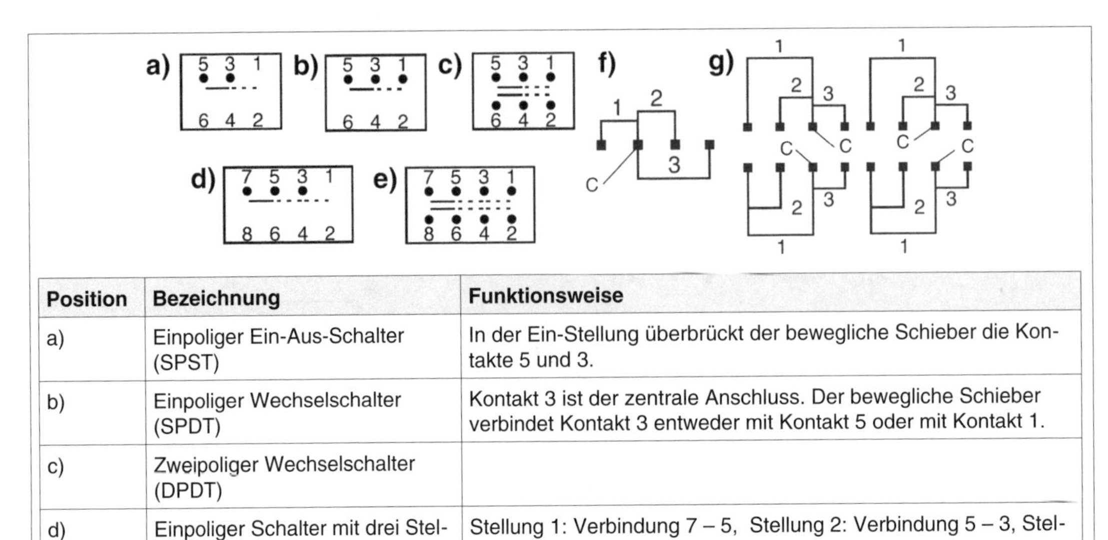

Position	Bezeichnung	Funktionsweise
a)	Einpoliger Ein-Aus-Schalter (SPST)	In der Ein-Stellung überbrückt der bewegliche Schieber die Kontakte 5 und 3.
b)	Einpoliger Wechselschalter (SPDT)	Kontakt 3 ist der zentrale Anschluss. Der bewegliche Schieber verbindet Kontakt 3 entweder mit Kontakt 5 oder mit Kontakt 1.
c)	Zweipoliger Wechselschalter (DPDT)	
d)	Einpoliger Schalter mit drei Stellungen	Stellung 1: Verbindung 7 – 5, Stellung 2: Verbindung 5 – 3, Stellung 3: keine Verbindung.
e)	Zweipoliger Schalter mit drei Stellungen	Stellung 1: Verbindung 7 – 5 und 8 – 6, Stellung 2: Verbindung 5 – 3 und 6 – 4, Stellung 3: Verbindung 3 – 1 und 4 – 2. Dieses Überbrücken benachbarter Kontakte ist typisch für Schiebeschalter mit mehr als zwei Stellungen.
f)	Einpoliger Auswahlschalter mit drei Stellungen	Die Linien geben an, welche Kontakte in welchen Stellungen jeweils miteinander verbunden sind.
g)	Vierpoliger Auswahlschalter mit drei Stellungen	

Abb. 4.24: *Schiebeschalter mit zwei und drei Schaltstellungen, dargestellt anhand der Symbolik, die in einschlägigen Katalogen, Datenblättern usw. üblich ist. Man veranschaulicht entweder den Weg des Schiebers (a bis e) oder deutet an, welche Anschlüsse in welchen Stellungen miteinander Verbindung haben (f, g). C = zentraler Anschluss (Common).*

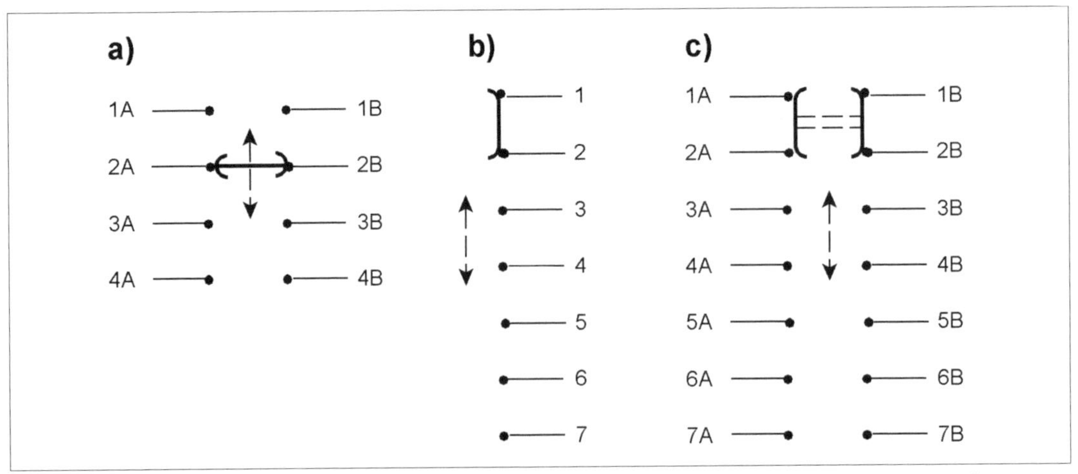

Abb. 4.25: *Schiebeschalter als Mehrfachschalter. Typische Ausführungen. a) und b) einpolig, c) zweipolig.*

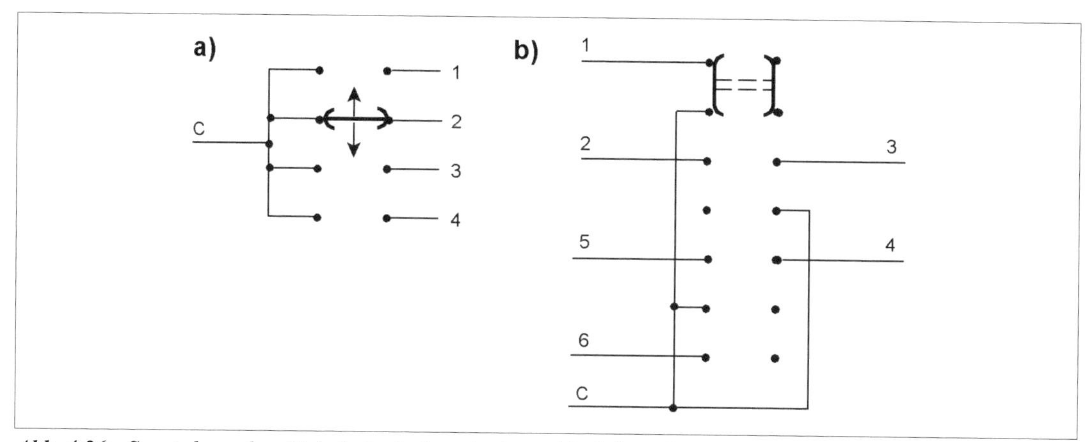

Abb. 4.26: So wird aus dem Mehrfachschalter ein Auswahlschalter. C = zentraler Anschluss (Common).

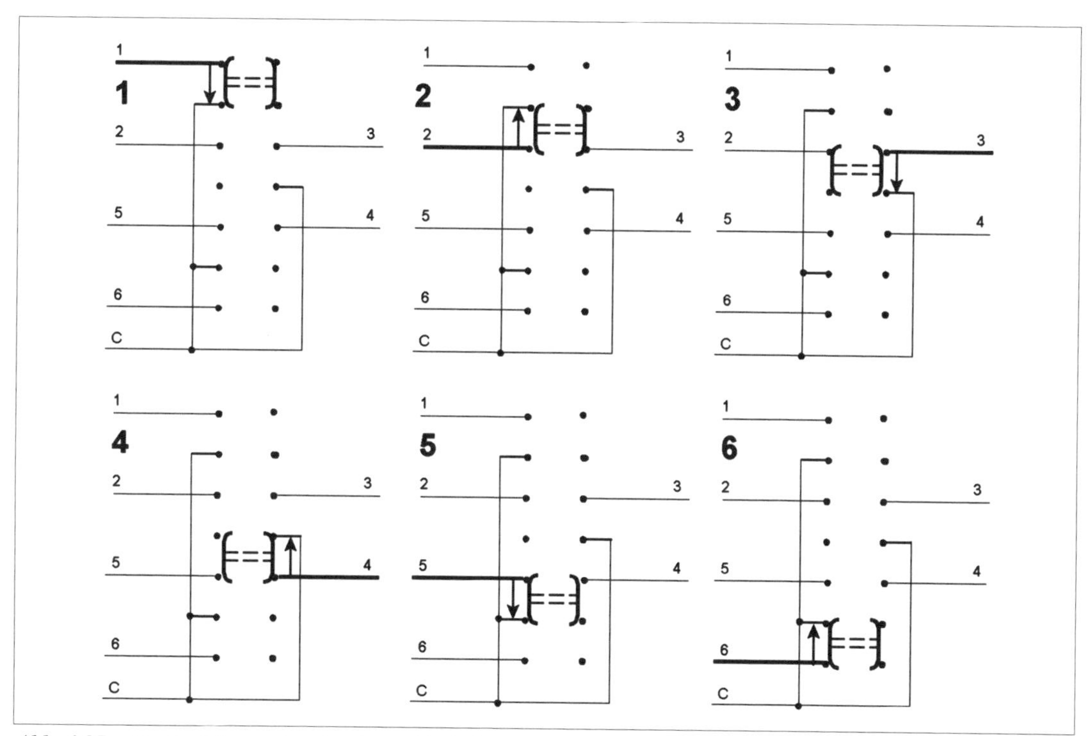

Abb. 4.27: Die Funktionsweise des Auswahlschalters im Einzelnen. Während die Abwandlung gemäß Abb. 4.26a naheliegt, ist die Funktion der Abwandlung gemäß Abb. 4.26b nicht ohne weiteres einzusehen. Deshalb werden hier alle sechs Schaltstellungen gezeigt.

Drehschalter

Der Drehschalter ist der klassische Auswahlschalter. Es gibt eine Vielzahl von Ausführungen, darunter auch Baukastensysteme (mit Rastmechanismen, Schaltebenen usw.), aus denen man Schalter nach eigenen Vorstellungen zusammensetzen kann. Die offensichtlichen Vorteile des Drehschalters: Die Schaltstellung ist sofort zu erkennen (auch im ausgeschalteten Zustand); die Bedeutung der einzelnen Schaltstellungen kann durch entsprechendes Beschriften der Frontplatte auf einfache Weise dargestellt werden (Leuchtanzeigen o. dergl. sind unnötig). Er ist aber als Bauelement vergleichsweise teuer, und der Einbau erfordert typischerweise einiges an manuellem Arbeitsaufwand (Befestigung, Lötanschlüsse).

Schaltstellungen

Deren Anzahl hängt vom Schalt- bzw. Rastwinkel (Angle of Throw) ab (Tabellen 4.6 und 4.7). Viele Drehschalter erlauben es, durch einstellbare Anschläge die Anzahl der Schaltstellungen beliebig zu begrenzen (Abb. 4.28).

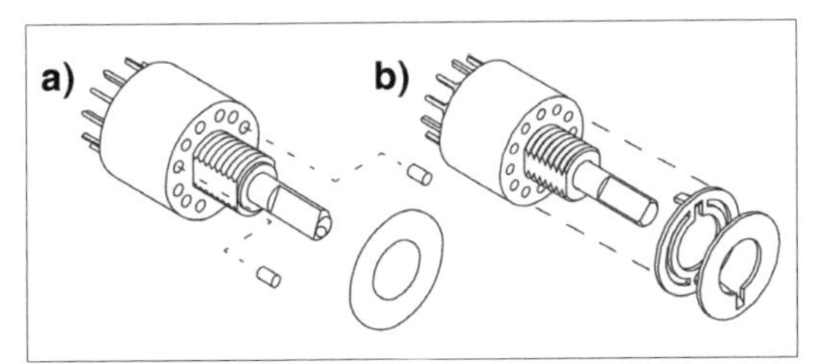

Abb. 4.28: *Einstellbare Anschläge. Zwei Varianten (nach [4.4]).*
a) mit Anschlagstiften, b) mit Anschlagring.

Anhaltswerte zu Drehmomenten:

- Betätigungsdrehmoment: Größenordnung 0,07 bis 0,6 Nm; Richtwert ca. 0,3 Nm = 30 Ncm,
- das Drehmoment, das der Anschlag aushält (Anschlagfestigkeit): Richtwert 0,8 Nm = 80 Ncm,
- welches Drehmoment kann von Hand aufgebracht werden? Faustregel: Drehmoment in Ncm = 6...7 mal Bedienknopfdurchmesser in mm.

Bei der Befestigung des Drehschalters ist das aufzunehmende Drehmoment zu berücksichtigen. Auch bei Leiterplattenmontage den Schalter richtig befestigen, nicht nur an den Anschlüssen einlöten. Verdrehsicherungen ausnutzen (Abflachungen am Befestigungsgewinde (vgl. Abb. 4.28), Zapfen usw.).

Der Drehschalter in der modernen Gerätefertigung

Er muss typischerweise von Hand montiert und angeschlossen werden. Abb 4.29 veranschaulicht einen Ausweg: Diese Schalterbaureihe hat eine abnehmbare Bodenplatte, die die Löt- und Waschverfahren der Massenfertigung aushält (erst Bodenplatte einlöten, dann Schaltmechanik aufschnappen).

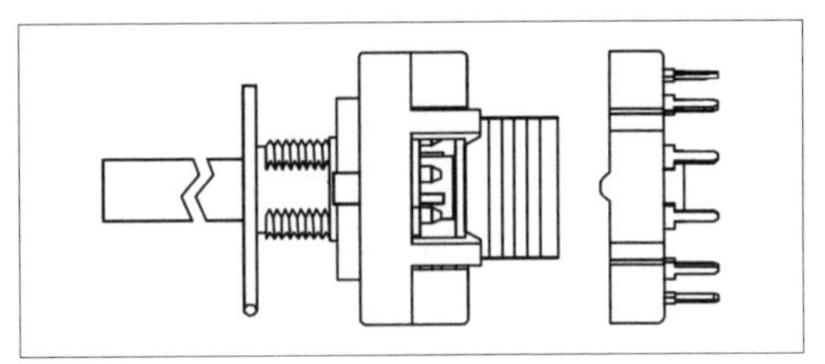

Abb. 4.29: *Drehschalter mit abnehmbarer Bodenplatte (nach [4.5]).*

Schaltwinkel	**Schaltstellungen (maximal)**
15°	24
30°	12
36°	10
45°	8
60°	6
90°	4

Tabelle 4.6: *Die maximale Anzahl der Schaltstellungen in Abhängigkeit vom Schaltwinkel.*

Schalt-winkel	Schaltebenen (Pole)						
	1	2	3	4	5	6	7
15°	24	–	–	–	–	–	–
30°	2...12	2...7	2...5	2...4	2 o. 3	2	2
36°	2...10	2...5	2...4	2 o. 3	–	–	–
45°	2...8	–	–	–	–	–	–
60°	2...6	2...6	2 o. 3	2 o. 3	2	nur Ein–Aus	–

Tabelle 4.7: *Ausführungsbeispiele anhand einer Drehschalter-Typenreihe (nach [4.6]). Die Tabelle gibt an, wieviele Schaltstellungen bei gegebenem Schaltwinkel und gegebener Anzahl an Schaltebenen (Polen) vorgesehen sind.*

Codierschalter

Es gibt HEX-Schalter, BCD-Schalter, Schalter, die das Neunerkomplement im BCD-Code liefern usw. Die jeweilige Codierung ist aus dem Katalog oder Datenblatt ersichtlich (Abb. 4.30). Die Angaben in den Codetabellen betreffen die Verbindung mit dem zentralen Anschluss (vgl. Abb. 4.22c):

- 0 oder kein Kennzeichen = keine Verbindung (offener Kontakt),
- 1 oder Kennzeichen (z. B. Punkt) = Verbindung (geschlossener Kontakt).

Binärcode	Codetabelle und Schaltweise	
	Positive Codierung	Negative Codierung
"0" = 0 0 0 0	0 0 0 0 = aus - aus - aus -aus	1 1 1 1 = ein- ein - ein - ein
"9" = 1 0 0 1	1 0 0 1 = ein - aus - aus - ein	0 1 1 0 = aus - ein - ein - aus

Tabelle 4.8: *Codierbeispiele.*

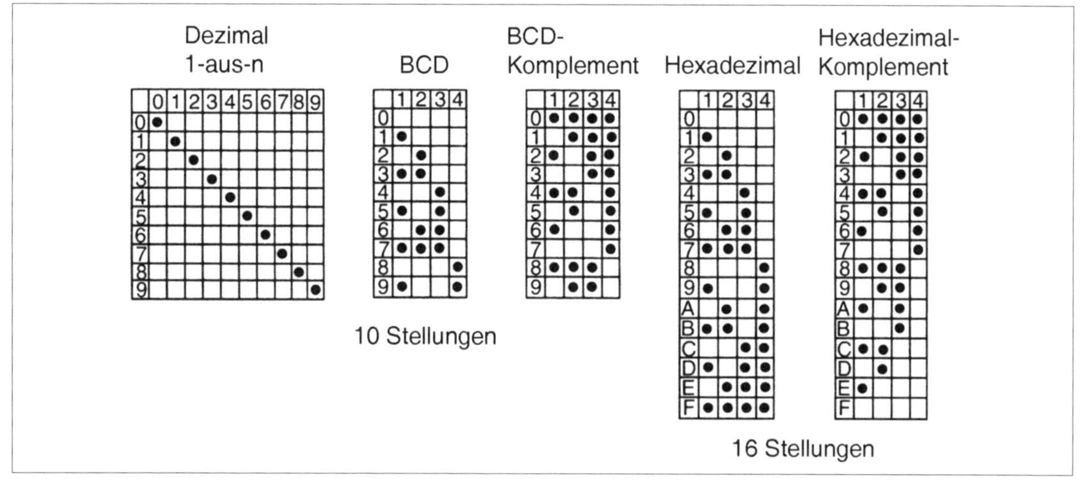

Abb. 4.30: *Codetabellen von Codierschaltern (Beispiele). Zu weiteren Ausführungen vgl. beispielsweise [4.7].*

Beispielsweise ist der BCD-Code der Stellung "6" = 0110B und der zugehörige Neuner- Komplement-Code 0011B $(9-6=3)$. Bei der üblichen Anschaltung über Pull-up-Widerstände (vgl. S. 338) ergibt sich bei geschlossenem Kontakt aber Low-Pegel (invertierende Wirkung). Deshalb gibt es Schalter mit positiver und negativer Codierung (Tabelle 4.8). Die typische Schaltweise: Break before Make (Abb. 4.31).

Praxistipp: Die kostengünstigste oder einfachste Mechanik wählen und ggf. erforderliche Wandlungen programmseitig erledigen (Mikrocontroller).

Zum Einbau in Bedienfelder vorgesehene Codierschalter werden typischerweise über ein Rändelrad (Thumbwheel Switch) oder über eine Tastenmechanik (Pushwheel Switch) betätigt (Abb. 4.32).

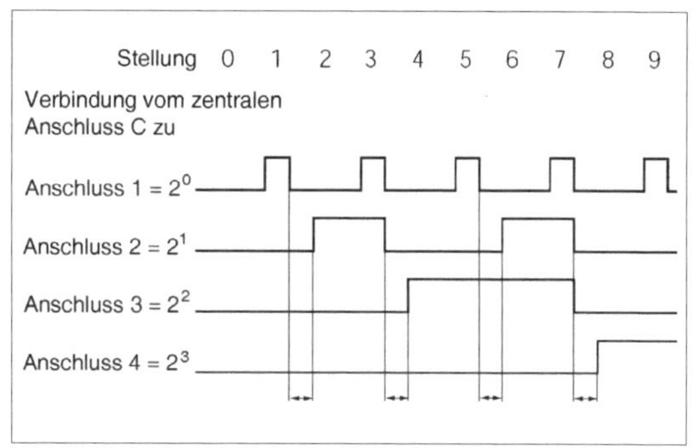

Abb. 4.31: *Die Schaltweise eines typischen Codierschalters (nach [4.7]). Sind beim Wechsel zwischen zwei Schaltstellungen sowohl bestehende Verbindungen zu unterbrechen als auch neue Verbindungen zu schalten, werden erst die bestehenden Verbindungen unterbrochen und dann die neuen geschaltet (Break before Make). Hierdurch ergeben sich die eingezeichneten Intervalle (die man schaltungs- oder programmtechnisch auswerten kann, um das Betätigen des Schalters zu erkennen).*

Koordinatenschalter

Koordinatenschalter sind Bedienelemente, die mehrere Betätigungsrichtungen zulassen (z. B. nach rechts oder links und nach unten oder oben). Sie werden vor allem eingesetzt, wenn die Bedienhandlungen auf ein Positionieren in wenigstens zwei Dimensionen hinauslaufen.

Abb. 4.32: *Codierschalter mit Tastenbetätigung (Pushwheel Switches). Rechts eine Steckfassung zur Leiterplattenmontage (nach [4.7]).*

Das betrifft nicht nur die Steuerung von Maschinen aller Art, sondern auch das Navigieren in Bedienmenüs (z. B. von Digitalkameras). Abb. 4.33 veranschaulicht zwei gängige Ausführungen: den Steuerhebel (Joystick) und den Navigationstaster.

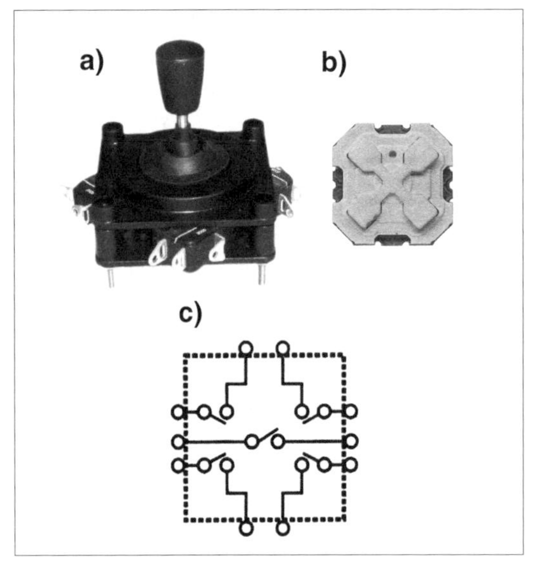

Abb. 4.33: *Koordinatenschalter.*
a) Joystick; b) Navigationstaster in SMD-Ausführung (Kantenlänge ca. 10 mm); c) Kontaktanordnung des Navigationstasters. Der Joystick kann mit Mikroschaltern verschiedener Typen bestückt werden.

Die gängigen Koordinatenschalter unterstützen zwei Achsen (links – rechts, oben – unten), die über vier Ein-Aus- oder Wechselkontakte erfasst werden. Dabei ist das gleichzeitige Betätigen zweier benachbarter Kontakte typischerweise zulässig (links + oben, rechts + unten usw.) Viele Typen haben zudem eine weitere Kontaktstelle, die auf senkrechten Druck anspricht.

4.2.2 Einstellelemente

Einstellelemente (Abb. 4.34) werden zumeist auf Leiterplatten montiert. Sie werden nur selten betätigt und sind typischerweise von außen nicht zugänglich. Der für Einstellvorkehrungen zu treibende Aufwand wird vor allem durch den Grad an Narrensicherheit bestimmt, der zu gewährleisten ist. Kommt es in dieser Hinsicht nicht darauf an[22], genügen einfachste Steckbrücken oder Ein-Aus-Schalter (SPST). Die grundsätzliche Alternative: Programmgesteuertes Einstellen, beruhend auf Angaben, die in nichtlöschbaren Speichern (z. B. EEPROMs) untergebracht sind.

Steckbrücken

Steckbrücken (Jumper) lösen Einstellprobleme auf denkbar einfachste Weise. Jede schaltbare Verbindung entspricht einer Anordnung aus zwei Steckkontakten. Mehrpolige Schalter, Wechselschalter, Auswahlschalter usw. sind durch mehrere Steckkontaktpaare nachzubilden (ähnlich Abb. 4.26a). Die am weitesten verbreitete Ausführung beruht auf Pfostenleisten im Raster von 2,54 mm = 0,1".

22 Das ist u. a. dann der Fall, wenn es exakte Einstellvorschriften gibt und alle Einstellarbeiten von fachkundigem Personal durchgeführt werden.

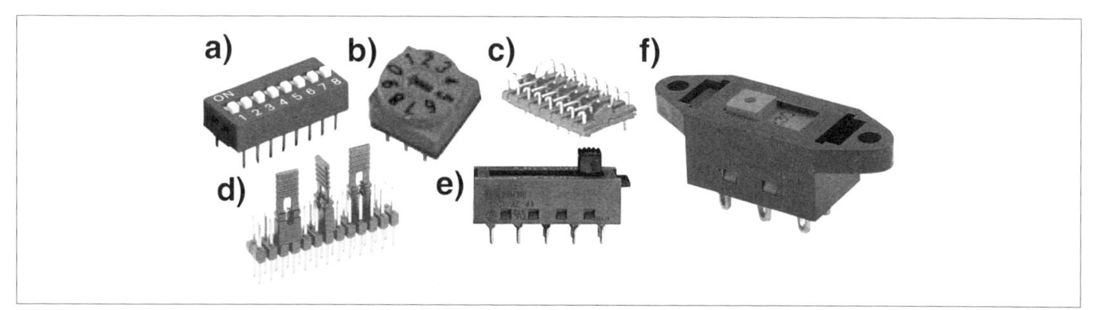

Abb. 4.34: *Einstellelemente. a) DIL-Schalter; b) Codierdrehschalter; c) DIL-Kontaktbrücke; d) Steckbrücke; e) Schiebeschalter für Leiterplattenmontage; f) Netzspannungswahlschalter.*

DIL-Schalter

DIL-Schalter sind – in ihrer Grundform – aneinandergereihte Ein-Aus-Schalter (SPST) in Miniaturausführung. Die üblichen Baureihen umfassen Bauelemente mit 1...8 Schaltern. Herkömmliche Typen entsprechen dem Formfaktor der DIL-Schaltkreisgehäuse (Anschlussabstand 2,54 mm = 0,1", Abstand der beiden Anschlussreihen 7,62 mm = 0,3"). Des Weiteren stehen SMD-Ausführungen zur Wahl.

Mehrpolige Schalter, Wechselschalter, Auswahlschalter usw. können durch mehrere SPST-Kontakte nachgebildet werden (ähnlich Abb. 4.26a). Wird auf mehr Komfort (oder auf mehr Narrensicherheit) Wert gelegt, kann man entsprechende Sonderausführungen einsetzen (Abb. 4.35).

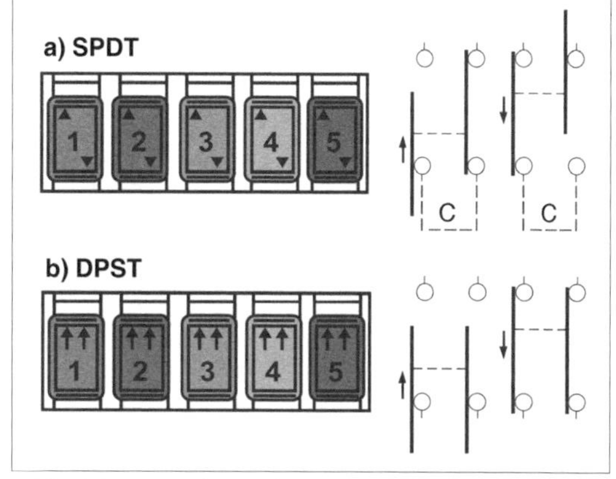

Abb. 4.35: *Sonderausführungen von DIL-Schaltern (Beispiele; nach [4.9]). Jeweils zwei SPST-Schalter mit gemeinsamer Betätigung. a) Wechselschalter; b) zweipoliger Ein-Aus-Schalter. C = gemeinsamer Anschluss (Common; beide Anschlüsse sind auf der Leiterplatte miteinander zu verbinden).*

Codierdrehschalter

Codierdrehschalter in Miniaturausführung gibt es mit Drehknopf und mit Schraubendreherbetätigung. Die gängigen Codes: BCD und hexadezimal (sowohl direkt als auch invers; vgl. Abb. 4.30).

Schiebeschalter in Miniaturausführung

Einfache Schiebeschalter für Leiterplattenmontage sind kostengünstig und für größere Ströme (z. B. bis 2,5 A) geeignet. Zudem gibt es miniaturisierte Schiebeschalter im DIL-Formfaktor (Abb. 4.36).

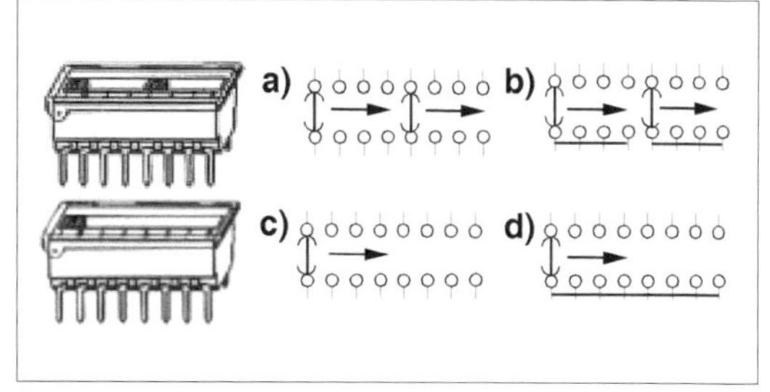

Abb. 4.36: *Schiebeschalter im DIL-Formfaktor. Eine kleine Auswahl aus dem Sortiment (nach [4.10]). a) und b) zweipolig mit vier Stellungen; c) und d) einpolig mit acht Stellungen. b) und d) sind als Auswahlschalter vorgefertigt (vgl. Abb. 4.26a).*

Kontaktbrücken

Kontaktbrücken sind kostengünstige Alternativen zum DIL-Schalter. Die einzelne Verbindung wird durch eine Kontaktfeder hergestellt, die in eine gegenüberliegende Öse eingehängt wird. Wechselkontakte haben zwei Ösen je Kontaktfeder. Diese Bauelemente sind vor allem dann von Vorteil, wenn nur eine einmalige Einstellmöglichkeit (in der Fertigung) gewünscht ist. Verbindungen können durch Löten gesichert, ungenutzte Kontaktfedern abgetrennt werden.

Netzspannungswahlschalter
Der herkömmliche Netzspannungswahlschalter ist im Grunde ein Auswahlschalter, der jeweils eine der Anzapfungen der Primärwicklung des Netztrafos auswählt. Diese Bauelemente müssen für die Netzspannung und den jeweiligen Netzstrom dimensioniert sein. Sie sind typischerweise von außen zugänglich. Zum Einsatz vgl. S. 239.

4.2.3 Inkrementalgeber und Winkelcodierer

Diese Bauelemente (Abb. 4.37) dienen zum Erfassen von kontinuierlichen Drehbewegungen (sie haben keine Anschlagbegrenzung). Ausführungen, die auf Kontakten beruhen, sind deutlich preisgünstiger als kontaktlose Typen (photoelektrische Abtastung, Halleffekt usw.).

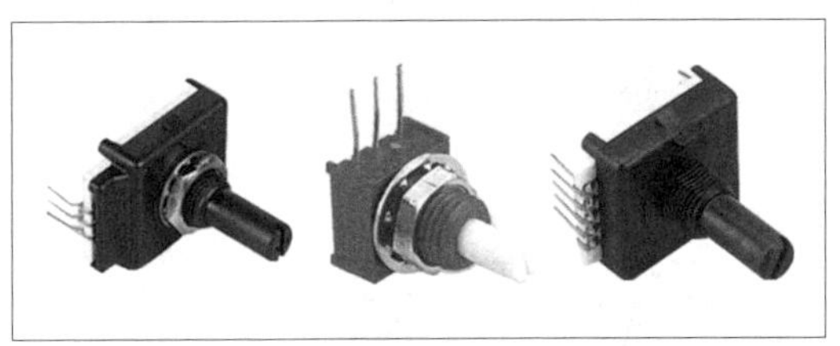

Abb. 4.37: *Inkrementalgeber (links und Mitte) sowie Winkelcodierer (rechts).*

Inkrementalgeber
Inkrementalgeber enthalten zwei Kontaktanordnungen, die durch Drehen der Welle betätigt werden. Sie liefern Impulse, aus deren Verlauf die Drehrichtung erkennbar ist. Manche Typen haben einen weiteren Kontakt, der durch Niederdrücken der Welle betätigt wird (Abb. 4.38).

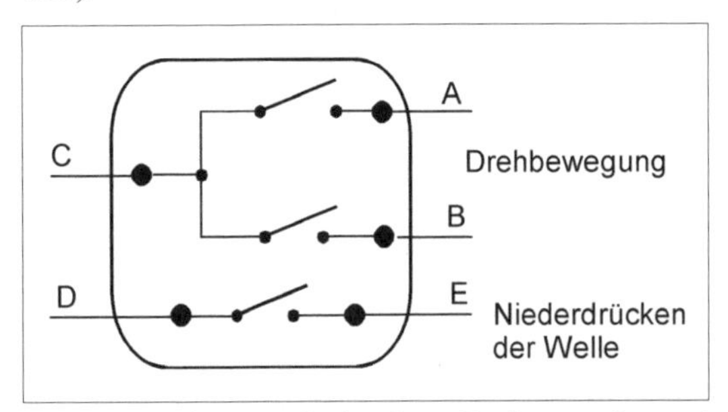

Abb. 4.38: *Inkrementalgeber. Beim Drehen werden zwei Kontakte betätigt, die die Anschlüsse A und B zyklisch mit Anschluss C verbinden. Manche Typen haben zusätzlich einen Druckkontakt (Anschlüsse D, E).*

Die – bei entsprechender Beschaltung (Abb. 4.39) – an den Anschlüssen A und B erscheinenden Impulse sind gegeneinander um 90° phasenverschoben (Quadraturcodierung; Abb. 4.40).

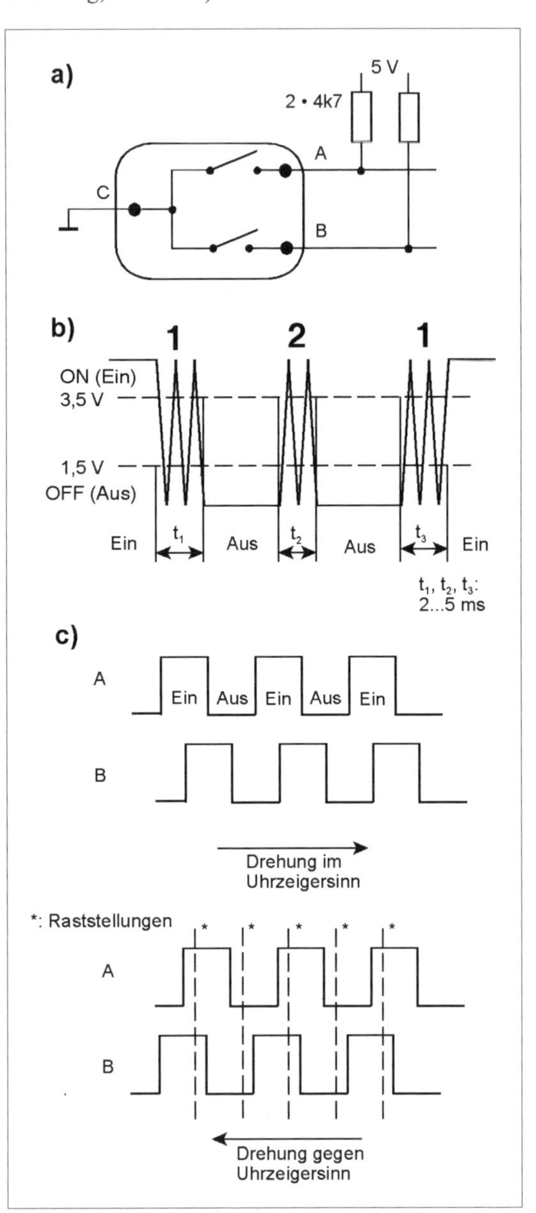

Abb. 4.39: *Der typische Inkrementalgeber. a) eine übliche Beschaltung; b) ein Impulsverlauf im Einzelnen; c) die Impulsverläufe in beiden Drehrichtungen. 1 - Prellen beim Umschalten (Chatter); 2 - Prellen im jeweiligen Schaltzustand (Bounce).*

Allgemeine Richtwerte:
Spannung 5 V, maximaler Strom 10 mA, Mindeststrom 1 mA, Lebensdauer 20 000... 100 000 Umdrehungen.

Schaltzustände
In vielen Datenblättern[23] bezieht man sich auf eine Schaltung ähnlich Abb. 4.39a und ordnet die Schaltzustände den Signalpegeln zu (vgl. Abb. 4.39b):

- OFF (Aus) = Signalpegel < 1,5 V (Low-Pegel) = geschlossener Kontakt,
- ON (Ein) = Signalpegel > 3,5 V (High-Pegel) = offener Kontakt.

Auflösung
Üblich sind zwischen 4 und 24 Impulse je Umdrehung (gängige Werte: 4, 6, 9, 15, 16, 20, 24). Viele Typen haben 15 Impulse je Umdrehung (Pulses per Revolution PPR). Ein Impuls entspricht einem vollständigen Quadraturzyklus gemäß Abb. 4.40, also zwei phasenverschobenen Impulsen A, B, bzw. insgesamt vier Signalflanken.

Raststellungen
Viele Inkrementalgeber haben deutlich wahrnehmbare Raststellungen (eine oder zwei je Impuls). Eine übliche Auslegung: 30 Raststellungen bei 15 Impulsen/Umdrehung (beim Betätigen entsprechen zwei deutlich fühlbare Klicks einem Impuls). In jedem Rastpunkt haben beide Kontakte die gleiche Lage (entweder beide ein oder beide aus). Es gibt aber auch Typen, die sich kontinuierlich – ohne fühlbare Rastpunkte – durchdrehen lassen.

Drehzahl und Impulsdauer
Die hier betrachteten Bauelemente sind für den Handbetrieb vorgesehen. Die Obergrenze der Drehzahl liegt typischerweise zwischen 60 und 120 U/min bzw. 1 bis 2 Umdrehungen je Sekunde.

Überschlagsrechnung zur Zeitbestimmung:
Drehzahl in Umdrehungen je Sekunde = U_S, je Minute = U_M; Auflösung in Impulsen je Umdrehung = P.

1 Quadraturzyklus (360°) in ms =

$$\frac{U_S}{P} \cdot 1000 = \frac{U_M}{60 \cdot P} \cdot 1000 \approx 16{,}67 \frac{U_M}{P} \quad (4.2)$$

23 Vgl. beispielsweise [4.11].

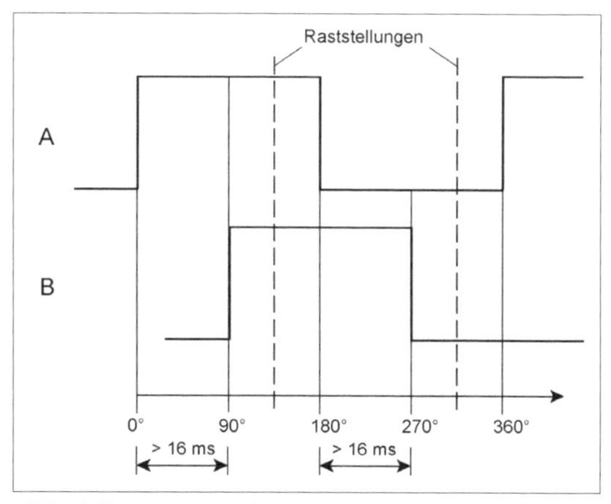

Abb. 4.40: *Ein Quadraturzyklus. Eine komplette Impulsperiode entspricht 360° (hier anhand der A-Impulsfolge dargestellt). Die zweite Impulsfolge (B) hat eine Phasenverschiebung von 90°. Der Zeitversatz von näherungsweise 16 ms ergibt sich bei einer Umdrehung je Sekunde und 15 Impulsen/Umdrehung.*

$$\text{¼ Impulsdauer (90°)} = \frac{U_S}{P} \cdot 250 \approx 4{,}17 \frac{U_M}{P} \quad (4.3)$$

Prellzeiten
Die Hersteller unterscheiden zwei Arten des Prellens (vgl. Abb. 4.39b):

- Prellen beim Umschalten (Chatter),
- Prellen im jeweiligen Schaltzustand (Bounce).

Richtwerte : 2...5 ms. Abb. 4.41 zeigt eine Filterschaltung zur Prellunterdrückung. S. weiterhin Abschnitt 4.46.

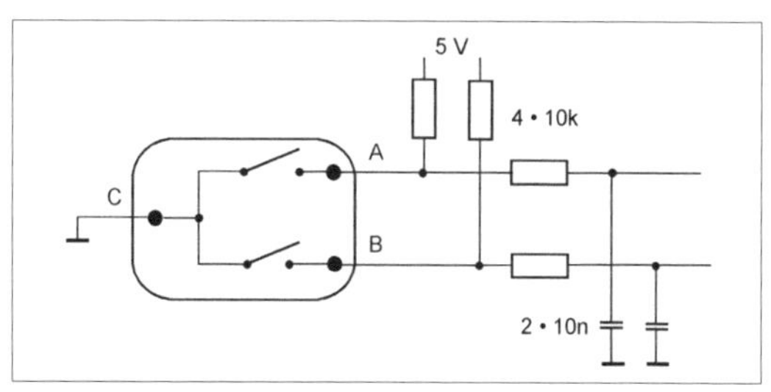

Abb. 4.41: *Filterschaltung zur Prellunterdrückung (nach [4.11]).*

Drehrichtungsbestimmung
Im Ruhezustand liegen beide Anschlüsse A, B auf jeweils gleichem Signalpegel. Entscheidend ist, welches Signal sich zuerst ändert. Zuordnungsbeispiel:

- wenn erst A, dann B: Drehung im Uhrzeigersinn,
- wenn erst B, dann A: Drehung gegen den Uhrzeigersinn.

Die höchste Auflösung ergibt sich, wenn man alle vier Flanken oder Zustandsübergänge des Quadraturzyklus ausnutzt[24] (Tabelle 4.9, Abb. 4.42 und 4.43).

Gegen den Uhrzeigersinn			**Im Uhrzeigersinn**		
A	**B**	**Zustandsübergänge**	**A**	**B**	**Zustandsübergänge**
0	↑	0,0 → 0,1	↑	0	0,0 → 1,0
↑	1	0,1 → 1,1	1	↑	1,0 → 1,1
1	↓	1,1 → 1,0	↓	1	1,1 → 0,1
↓	0	1,0 → 0,0	0	↓	0,1 → 0,0

Tabelle 4.9: *Signalflanken und Zustandsübergänge im Quadraturzyklus. 0 = OFF oder Low-Pegel, 1 = ON und High-Pegel.*

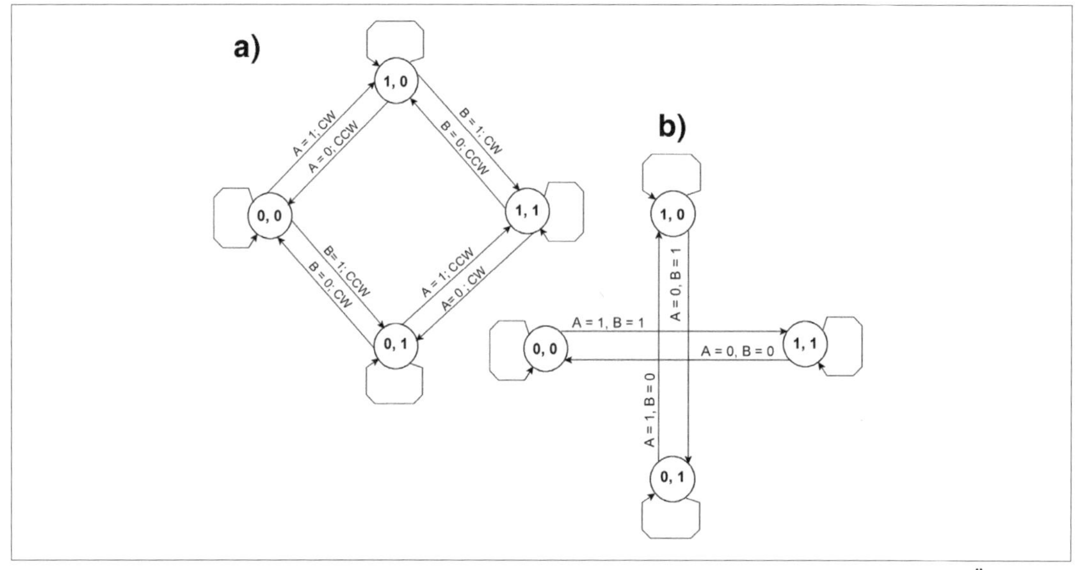

Abb. 4.42: *Zustände und Zustandsübergänge im Quadraturzyklus. a) Normalfunktion; b) fehlerhafte Übergänge (können sich ergeben, wenn – beim schnellen Drehen – einzelne Übergänge nicht erfasst werden).*

24 Gelegentlich wird es als angenehmer empfunden, wenn beim Übergang zwischen zwei Raststellungen nur ein Impuls abgegeben wird (ausprobieren).

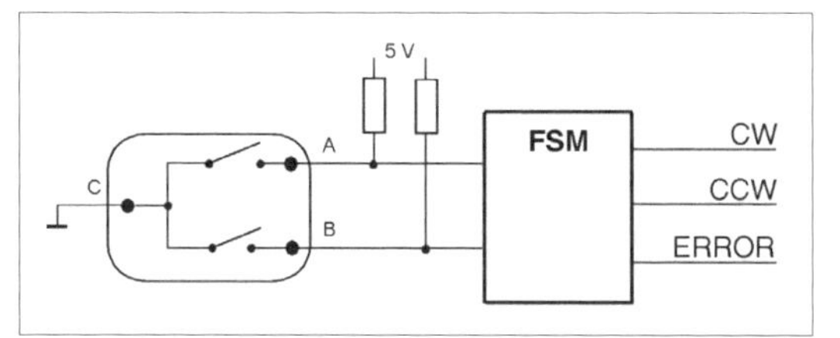

Abb. 4.43: Anwendungslösung. Die Zustandsübergänge werden von einem Zustandsautomaten FSM (Finite State Machine) erfasst (der Zustandsautomat kann schaltungstechnisch oder als Programm realisiert werden). Entsprechen die Zustandsübergänge Abb. 4.42a, werden Schrittimpulse für das Weiterschreiten im Uhrzeigersinn (CW = Clockwise) oder gegen den Uhrzeigersinn (CCW = Counterclockwise) abgegeben. Wenn der Inkrementalgeber stillsteht (vgl. die Schleifen in Abb. 4.42) oder wenn fehlerhafte Zustandsübergänge erkannt werden (vgl. Abb. 4.42b), erscheinen keine Schrittimpulse. Das Auftreten fehlerhafter Zustandsübergänge wird durch ein Fehlersignal (ERROR) angezeigt.

Winkelcodierer

Winkelcodierer liefern eine absolute Winkelangabe im Graycode (Abb. 4.44). Die Schalterkennwerte entsprechen näherungsweise denen der Inkrementalgeber.

Auflösung: 16 bis 128 Winkelschritte je Umdrehung sind üblich.

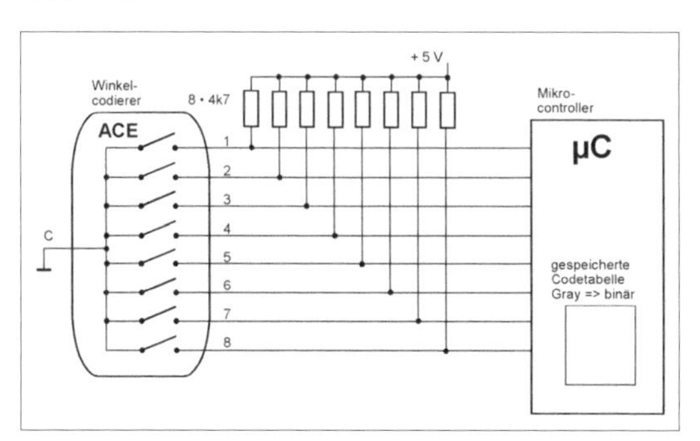

Abb. 4.44: Winkelcodierer in Einsatzschaltung. Hier der Absolute Contacting Encoder (ACE) nach [4.12]. Auflösung: 128 Winkelschritte. Der Drehwinkel wird in einem 8-Bit-Graycode geliefert. Diese Angabe kann beispielsweise in einem Mikrocontroller über eine gespeicherte Codetabelle in eine Binär- oder Dezimalzahl umgesetzt werden.

4.2.4 Mikroschalter

Mikroschalter (Abb. 4.45) sind Kontaktbauelemente, die für die mechanische Betätigung ausgelegt sind (Einsatz als Endlagenkontakte, Türkontakte usw.). Sie dienen aber auch als Kontaktsätze in manuell betätigten Schaltern vielfältiger Konstruktion (Abb. 4.41).

Schaltverhalten

Mikroschalter enthalten eine Schnappmechanik, die auch bei allmählichem Schließen oder Öffnen schlagartig umschaltet (Schnappschalter, Snap Action Switch). Die am weitesten verbreitete Ausführung ist der einpolige Wechselkontakt (SPDT).

Betätigung

Es gibt zwei grundsätzliche Ausführungen: Tasterbetätigung und Drehwellenbetätigung. Die Taststößel oder Wellen können mit verschiedenen Betätigern ergänzt werden (Abb. 4.42).

Abb. 4.45: Mikroschalter (nach [4.8]).

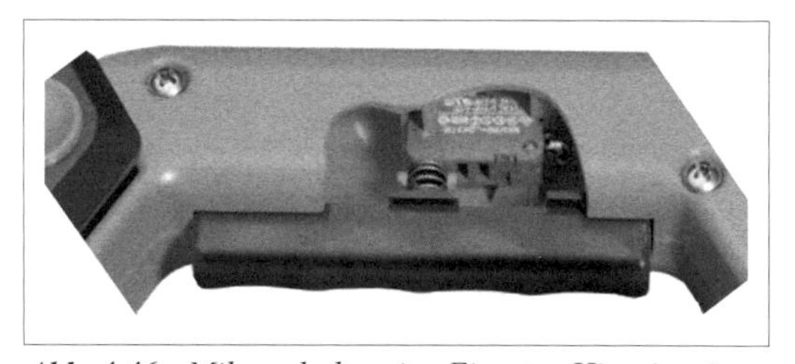

Abb. 4.46: Mikroschalter im Einsatz. Hier in einem Handgriff (nach [4.13]).

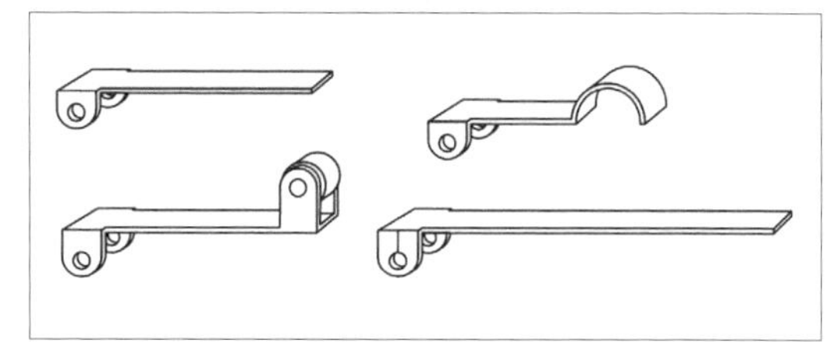

Abb. 4.47: Betätiger für Mikroschalter (nach [4.8]).

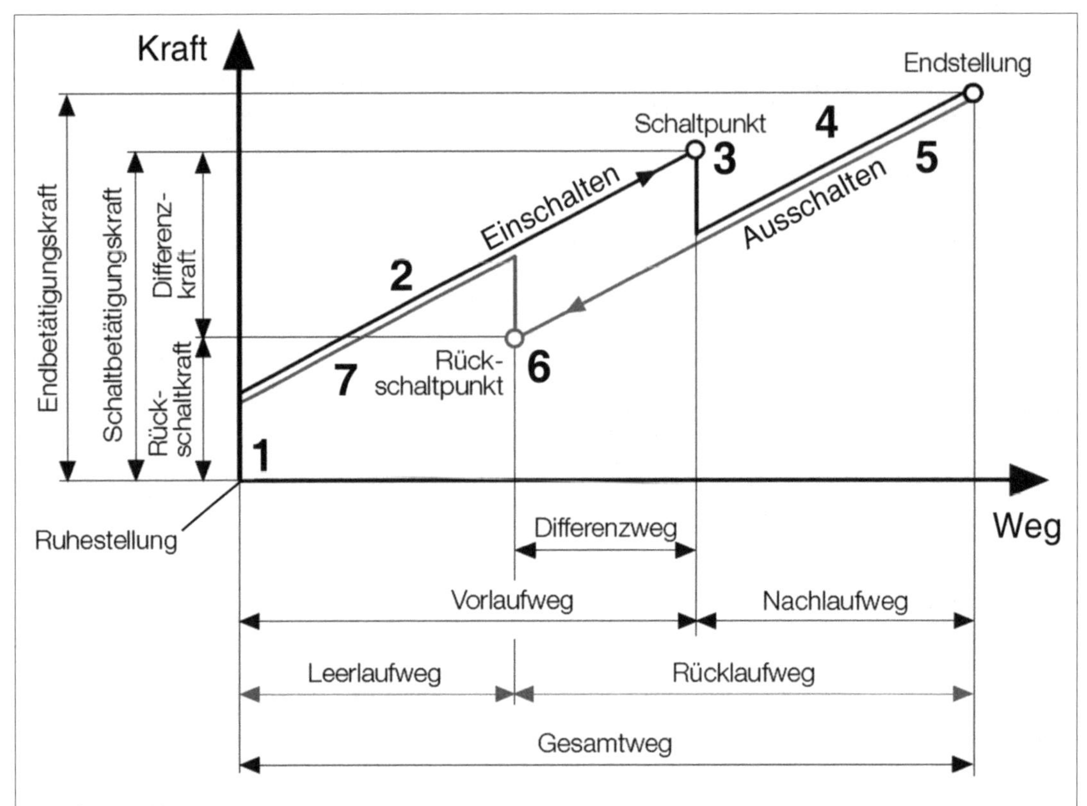

Der Schaltzyklus:

1 Schalter in Ruhe.
2 Betätigungskraft wirkt.
3 Nach Durchlaufen des Vorlaufwegs schaltet der Kontakt um (Ein-Stellung).
4 Um den Kontakt sicher im eingeschalteten Zustand zu halten, läuft der Betätiger weiter bis zur Endstellung (Nachlaufweg) – aber nicht noch weiter, denn sonst geht irgend etwas kaputt ...
5 Die Betätigungskraft lässt nach, der Betätiger läuft zurück.
6 Nach Durchlaufen des Rücklaufwegs schaltet der Kontakt um (Aus-Stellung).
7 Wirkt keine Betätigungskraft mehr ein, ist der Kontakt sicher ausgeschaltet. Hierzu hat der Betätiger den Leerlaufweg zurückgelegt (Ruhestellung).

Anhaltswerte (anhand von zwei typischen Baureihen):

	Bauform für max. 24 V, 2 A	**Baufom für 250 V~; Kontaktöffnungsweite ≥ 3 mm**
Vorlaufweg	1,3 mm	1,9 mm
Nachlaufweg	1,2 mm	0,7 mm
Differenzweg	0,4 mm	1,2 mm

Abb. 4.48: *Das Betätigungskraft-Weg-Diagramm (nach [4.13]).*

Auslegung der Mechanik

Es will vieles überlegt sein. Der Schalter muss sicher umschalten, darf aber auch nicht mechanisch überlastet werden. Die Richtwerte für die Auslegung ergeben sich aus dem Betätigungskraft-Weg-Diagramm (Abb. 4.48). Im Interesse der Schaltsicherheit sollten die Vor- und Nachlaufwege voll ausgenutzt werden[25]. Die Betätigungskraft ist so in den Schalter einzuleiten, dass sie zuverlässig wirkt, aber keinen Schaden anrichtet. Abb. 4.49 veranschaulicht, was gemeint ist. Erforderlichenfalls ist mit Zusatzbetätigern ähnlich Abb. 4.47 nachzuhelfen.

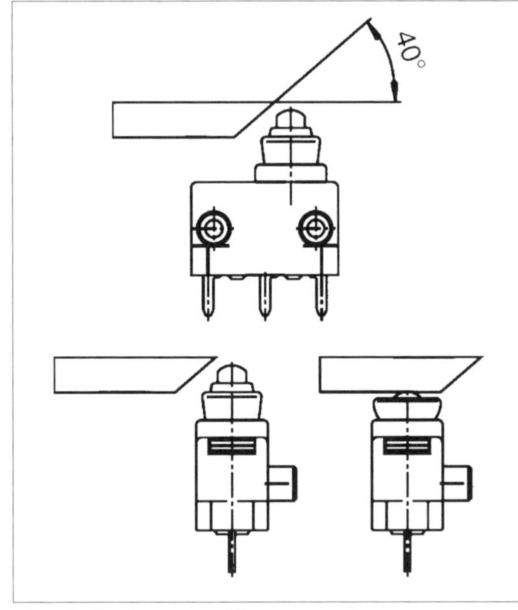

Abb. 4.49: *Diese Ausführung erlaubt eine Betätigung durch Schieber oder Nocken mit einem sog. Anfahrwinkel von max. 40° (nach [4.13]). Offensichtlich klappt es nicht, wenn der Winkel steiler ist – dann wird nämlich der Schalter nicht betätigt, sondern beiseite geschoben oder zerstört ... Ob solche Lösungen in der Praxis wirklich zuverlässig funktionieren, hängt von den Werkstoff- und Oberflächeneigenschaften der mechanischen Betätigungsglieder ab (ist die Reibung zu groß, sind die 40° offensichtlich viel zuviel).*

4.2.5 Tastenfelder

Die gleichsam klassischen Bedienfelder und Frontplatten weisen unterschiedliche Schalter, Tasten und Anzeigen auf (Abb. 4.50). Diese Bauelemente haben unterschiedliche Bauhöhen und Befestigungsvorkehrungen. Die Aufwendungen in Konstruktion und Fertigung sind beachtlich. In der Massenfertigung bevorzugt man deshalb einfachste Lösungen, die eine weitestgehend automatisierte Fertigung ermöglichen:

- das gesamte Bedienfeld in einer Ebene (= auf einer Leiterplatte),
- Implementierung von Bedienprinzipien, die ohne mechanisch aufwendige Bedienfelder auskommen,
- Beschränkung auf einpolige Arbeitskontakte mit Tastfunktion.

Die Beschränkung auf Tastwirkungen hat allerdings zur Folge, dass man die Schaltzustände nicht mehr erkennen und auch nicht im ausgeschalteten Zustand beibehalten kann. Zudem sind kontinuierliche Einstellvorgänge mit Tastfunktionen nachzubilden[26]. Solche Bedienfelder müssen durch Leuchtanzeigen ergänzt werden (LEDs, LCD usw. – von der Einzelanzeige bis hin zum Bildschirm). Erforderlichenfalls sind Vorkehrungen zu treffen, den jeweiligen Schaltzustand unverlierbar abzuspeichern (z. B. in einem EEPROM).

Tastenfelder aus Einzeltasten

Die Tastenelemente werden auf einer Leiterplatte angeordnet. Kostengünstige Bedienfelder werden mit Tastenelementen in Miniaturausführung bestückt, die einen besonders kurzen Betätigungsweg haben (Kurzhubtasten). Sie können auch direkt – ohne Tastenknöpfe o. dergl. – durch eine darübergespannte elastische Folie hindurch betätigt werden (Abb. 4.51). Des Weiteren steht ein umfangreiches Sortiment an Knöpfen und Kappen zur Verfügung. Sind die Stückzahlen hoch genug, kommen auch anwendungsspezifische Tastenkappen, Rahmen usw. in Betracht (Abb. 4.52). Für höhere Ansprüche gibt es Tastenelemente, die mehr Schaltspiele zulassen und ein ausgesprochen angenehmes Betätigungsverhalten aufweisen (Schaltweg, Kräfte, Betätigungsgeräusch). Auf diese Tastenelemente lassen sich größere, bequem zu bedienende Tastenknöpfe aufset-

25 Des Weiteren wird in [4.13] empfohlen, Schalter mit möglichst hohen Kontaktkräften zu wählen. Das läuft darauf hinaus, die Betätigungskräfte, die in der Anwendungsumgebung aufgebracht werden können, sinnvoll auszunutzen (mit anderen Worten: nicht den empfindlichsten Schalter nehmen, sondern einen robusten Typ, der in der Anwendungsumgebung noch sicher betätigt werden kann).

26 Beispiel: die typischen Rauf-Runter-Tasten zum Einstellen der Lautstärke, Bildhelligkeit usw.

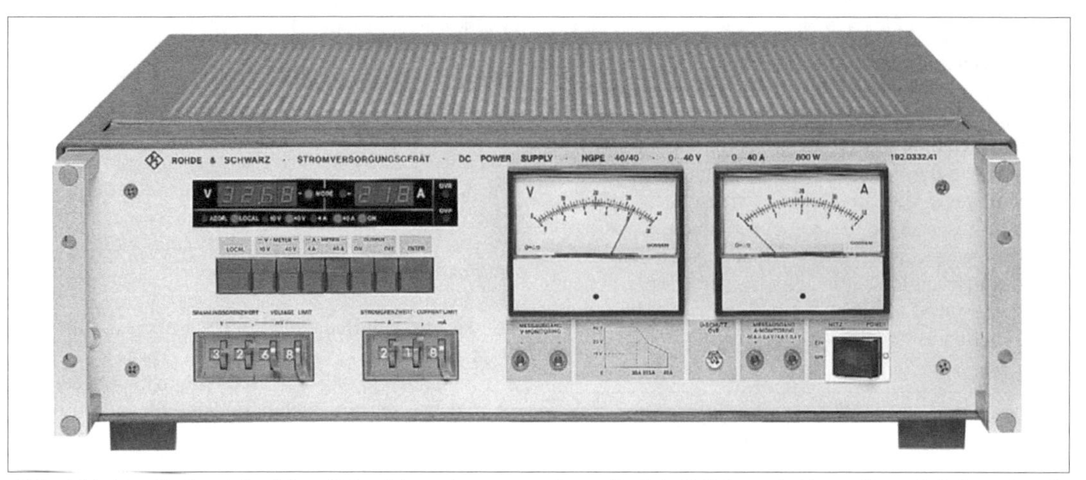

Abb. 4.50: *Ein Gerät mit herkömmlicher Frontplattengestaltung (Rohde & Schwarz). Eine offensichtlich aufwendige Angelegenheit ...*

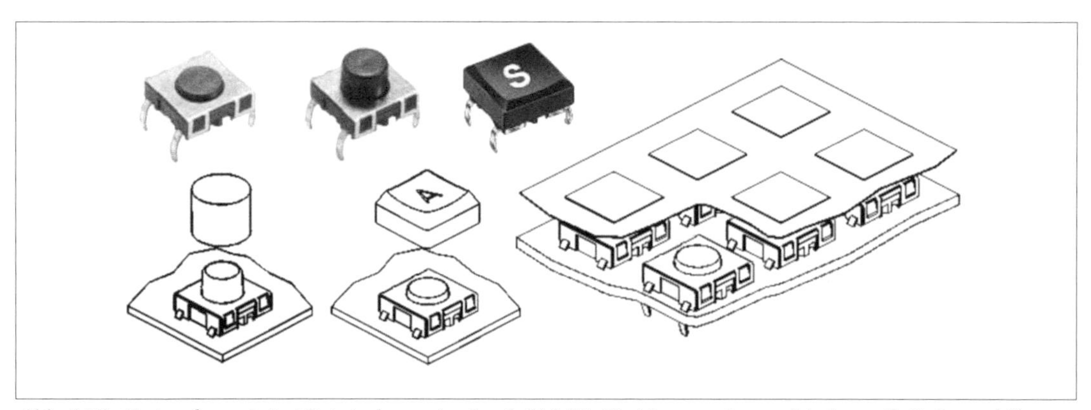

Abb. 4.51: *Tastenelemente in Miniaturbauweise (nach [4.14]). Sie können mit verschiedenen Knöpfen und Kappen versehen oder mit einer Folie abgedeckt werden.*

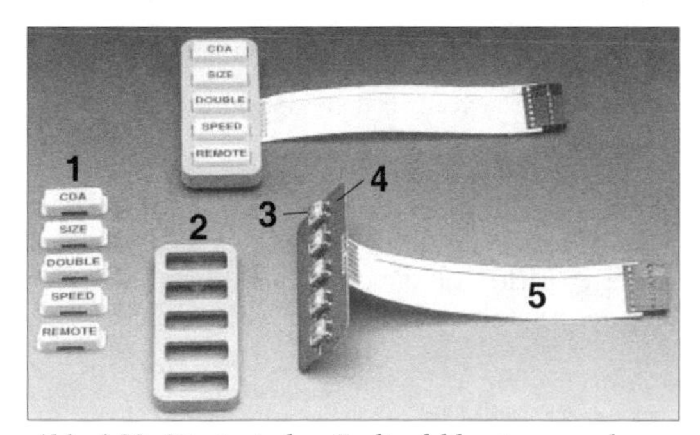

Abb. 4.52: *Ein typisches Bedienfeld mit anwendungsspezifischen Kunststoffteilen (nach [4.15]). 1 - Tastenkappen; 2 - Rahmen; 3 - Kurzhubtasten; 4 - Leiterplatte; 5 - Flachbandkabel.*

Abb. 4.53: *Ausschnitt aus einem anwendungsspezifischen Tastenfeld ([4.13]). Besonders breite Tastenknöpfe werden durch eine Zusatzmechanik (Parallelführung) unterstützt.*

zen. Typische Rastermaße: 15...19 mm, wobei auch breitere Tastenknöpfe verwendet werden können (Abb. 4.53).

Folienkontakte

Folien-Kontaktanordnungen bestehen aus zwei Folien, die Kontaktflächen tragen und die durch eine Zwischenlage voneinander getrennt sind[27] (Abb. 4.54 und 4.55). Im Betätigungsbereich ist die Zwischenlage ausgespart, um die Kontaktgabe zu ermöglichen.

Vorteile:

- es lassen sich ganze Bedientafeln gleichsam aus einem Stück (= als gedruckte Schaltung) fertigen,
- guter Schutz gegen Staub und Wasser (typische Schutzart: IP65),
- weitgehende Gestaltungsfreiheit in Hinsicht auf Formgebung (Abb. 4.56[28]),
- kostengünstige Fertigung.

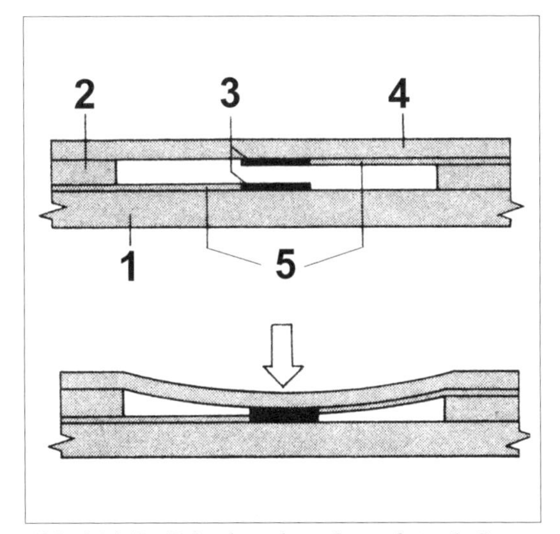

Abb. 4.54: *Ein Folienkontakt im Querschnitt. 1 - Leiterplatte oder passive Folie; 2 - Abstandsfolie; 3 - Kontaktflächen; 4 - aktive Folie; 5 - Leiterbahnen.*

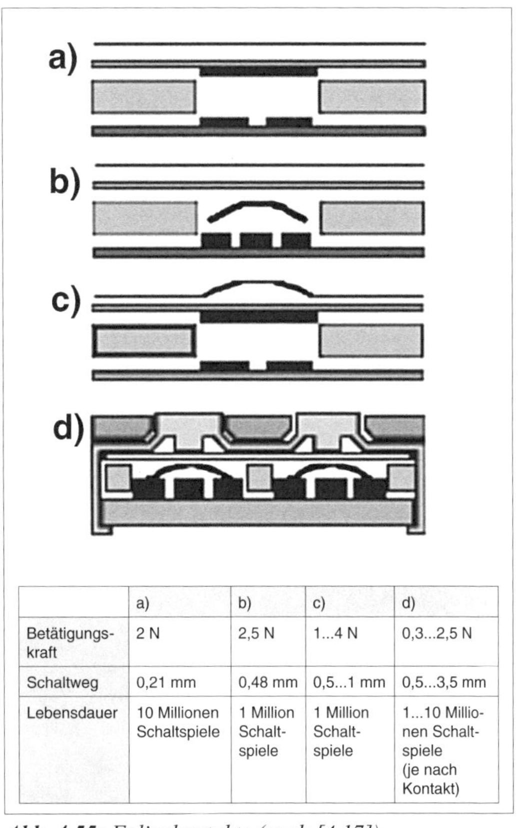

	a)	b)	c)	d)
Betätigungskraft	2 N	2,5 N	1...4 N	0,3...2,5 N
Schaltweg	0,21 mm	0,48 mm	0,5...1 mm	0,5...3,5 mm
Lebensdauer	10 Millionen Schaltspiele	1 Million Schaltspiele	1 Million Schaltspiele	1...10 Millionen Schaltspiele (je nach Kontakt)

Abb. 4.55: *Folienkontakte (nach [4.17]). a) keine taktile Rückmeldung; b) taktile Rückmeldung durch Sprungmembran (aus rostfreiem Stahl); c) taktile Rückmeldung durch Erhebung in der Abdeckfolie; d) Elastomer-Bedienelemente, die auf Metallmembranen wirken.*

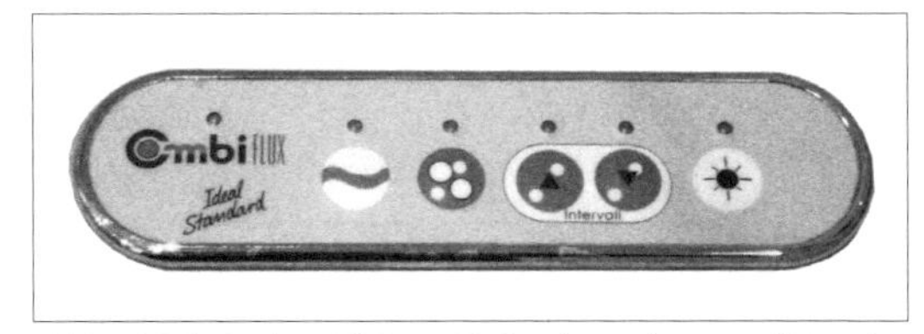

Abb. 4.56: *Bedienfeld mit Folienkontakten und Leuchtdioden.*

27 Alternative: eine Folie und eine starre Leiterplatte.

28 Vgl. weiterhin beispielsweise [4.15].

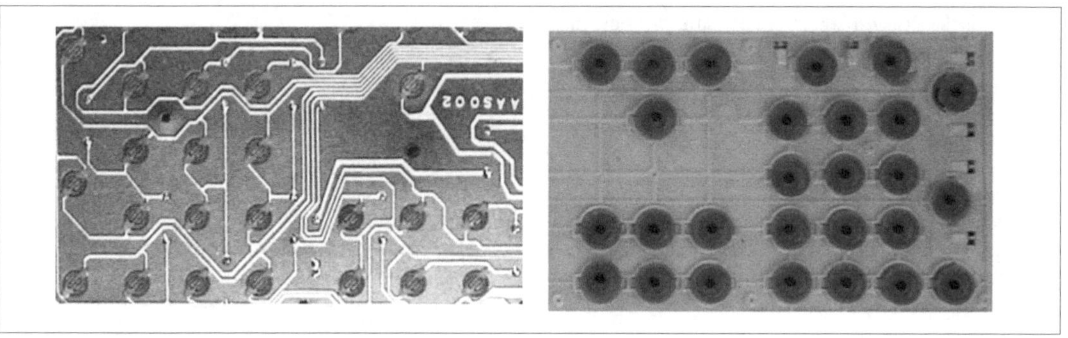

Abb. 4.57: Elastomerkontakte in einer PC-Tastatur. Links die Leiterplatte mit den Kontaktflächen; rechts die Elastomerkontakte, die von den Tastenknöpfen betätigt werden.

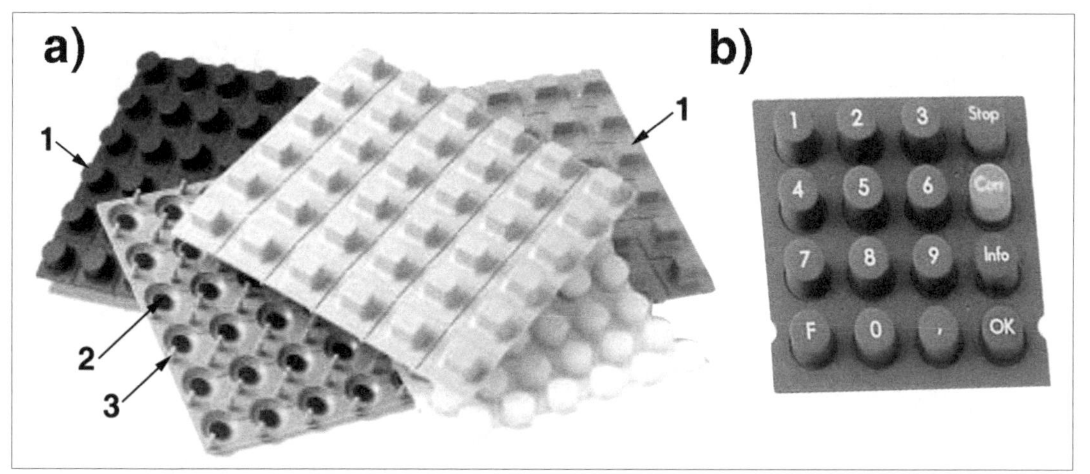

Abb. 4.58: Elastomerkontakte. a) als Meterware (nach [4.18]). Mit solchen Matten (Switchpads) können komplette Bedientafeln aufgebaut werden. 1 - Ansicht von oben. Auf diese Noppen drücken die Tastenknöpfe. 2 - Ansicht von unten. Diese Flächen sind leitfähig beschichtet (z. B. mit Kohlenstoff). Beim Betätigen drücken sie gegen die Kontaktflächen der Leiterplatte. 3 - Abstandhalter. b) dieses Bedienfeld besteht aus einem Stück (nach [4.22]).

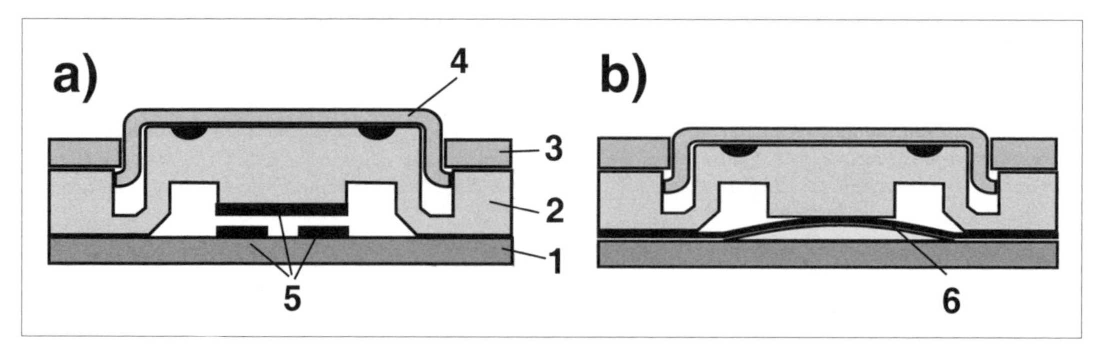

Abb. 4.59: Elastomerkontakte in hartem Einsatz. Bedientafeln aus Stahl (nach [4.19]). a) ohne taktile Rückmeldung; b) taktile Rückmeldung durch Sprungmembran. 1 - Leiterplatte; 2 - Elastomer-Matte; 3 - Frontplatte (Stahl); 4 - Tastenkappe (Stahl); 5 - Kontaktflächen; 6 - Sprungmembran.

Elastomerkontakte
Ein leifähig beschichtetes Kontaktstück aus Silikongummi dient dazu, zwei Kontaktflächen auf einer Leiterplatte miteinander zu verbinden (Abb. 4.57). Die Kontaktstücke können über Tastenknöpfe betätigt werden (Abb. 4.58a und 4.59). Da sie aus einem isolierendem Werkstoff bestehen, ist es möglich, Kontakt- und Bedienelement als Einheit auszulegen. Dies erlaubt es, ganze Bedienfelder und Tastaturen im Spritzverfahren aus einem Stück herzustellen (Abb. 4.58b)[29].

4.2.6 Schutzrohrkontakte (Reedkontakte)

Schutzrohrkontakte (Reedkontakte) werden berührungslos betätigt. Der Schutzrohrkontakt besteht aus beweglichen Kontaktzungen (Reeds) aus ferromagnetischem Material, die in ein mit Schutzgas gefülltes Glasröhrchen eingeschmolzen sind (Abb. 4.60 bis 4.62). Werden die Kontaktzungen von einem Magnetfeld durchflutet, so bilden sich an den offenen Enden entgegengesetzte Magnetpole. Die Kontaktzungen ziehen einander an. Dadurch bewegen sie sich aufeinander zu; der Kontakt wird geschlossen.

Das Magnetfeld kann durch Dauer- oder Elektromagnete hervorgerufen werden. Für die Nutzung als berührungsloser Schalter kommt vor allem die Dauermagneterregung in Betracht. (Anwendungsbeispiel: Es soll überwacht werden, ob ein Gerätegehäuse geschlossen ist oder nicht. Dazu kann man am beweglichen Teil des Gehäuses einen Dauermagneten anordnen und am festen Teil einen Schutzrohrkontakt. Auch die Tür- und Fensterkontakte der gängigen Alarmanlagen arbeiten nach diesem Prinzip.)

Arbeitskontakt (SPST NO bzw. Form A)
Der typische Schutzrohrkontakt ist – aufgrund des vorstehend beschriebenen Wirkprinzips – ein einpoliger Arbeitskontakt (Abb. 4.62a).

Wechselkontakt (SPDT bzw. Form C)
Der Ruhekontakt wird durch eine dritte Kontaktzunge gebildet, die nicht ferromagnetisch ist (Abb. 4.62b). Wirkt das Magnetfeld ein, so bewegen sich die beiden ferromagnetischen Kontaktzungen aufeinander zu, wobei der Ruhekontakt getrennt wird.

Ruhekontakte (SPST NC bzw. Form B)
Diese Ausführung ist vergleichsweise selten. Es gibt verschiedene Lösungen:

- Einsatz eines Wechselkontakts, dessen Arbeitskontakt nicht genutzt wird.
- Einsatz eines Arbeitskontakts, der durch einen Dauermagneten geschlossen gehalten wird (Abb. 4.62c). Das erregende Magnetfeld muss dem Feld des Dauermagneten entgegenwirken.
- Die beiden Kontaktzungen sind am selben Ende des Glasröhrchens eingeschmolzen. Ohne magnetische Erregung berühren sie einander. Im Magnetfeld bilden sich gleichartige Magnetpole, so dass die Kontaktzungen voneinander abgestoßen werden und somit den Kontakt trennen.

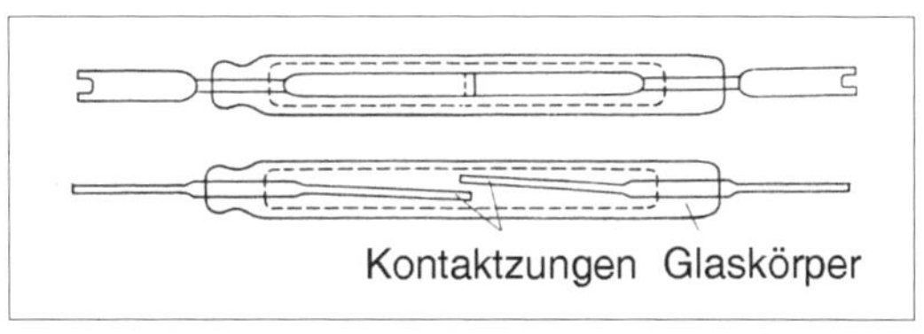

Abb. 4.60: *Ein typischer Reedkontakt. Schaltweise: SPST NO.*

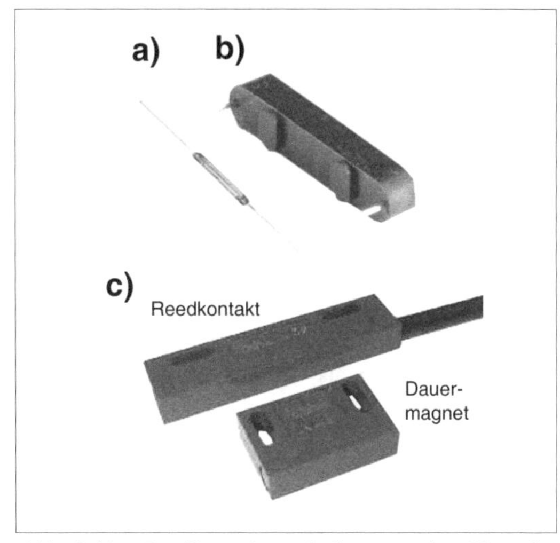

Abb. 4.61: *Reedkontakte. a) das typische Glasröhrchen; b) in Gehäuse; c) Näherungsschalter (Proximity Switch) mit verkapseltem Reedkontakt und zugehörigem Dauermagneten.*

29 Vgl. beispielsweise [4.20] und [4.21].

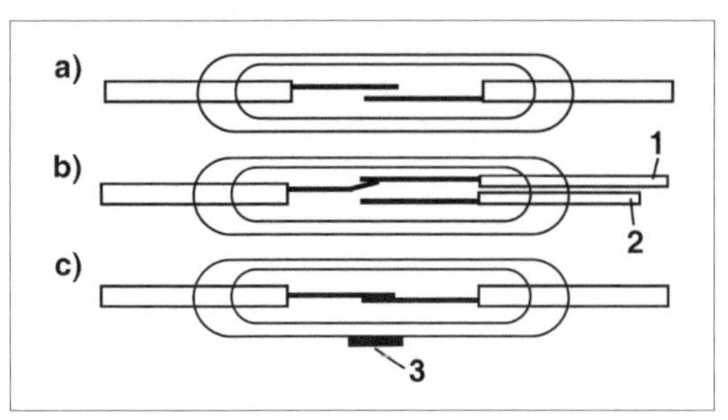

Abb. 4.62: *Reedkontakte (nach [4.25]). a) Arbeitskontakt (SPST NO); b) Wechselkontakt (SPDT); c) Ruhekontakt (SPST NC). 1 - Ruhekontakt (nicht ferromagnetisch); 2 - Arbeitskontakt (ferromagnetisch); 3 - Dauermagnet.*

Die Füllung des Glasröhrchens
Es ist typischerweise eine Stickstofffüllung, die unter Überdruck steht. Hiermit ergibt sich eine höhere Durchbruchspannung, so dass man mit entsprechenden Reedkontakten – trotz der kleinen Abmessungen – auch 240 V Wechselspannung schalten kann. Ausgesprochene Hochspannungstypen (Beispiel: Schaltspannung bis zu 7500 V, Schaltstrom bis zu 3 A[30]) haben gar keine Gasfüllung – die Kontaktzungen arbeiten im Vakuum.

Erregerkennwerte
Diese Kennwerte betreffen das Betätigen des Kontakts, also das Einschalten (Anziehen, Ansprechen) und das Freigeben (Abschalten, Rückfallen). Sie werden typischerweise in Amperewindungen (Aw; Ampere Turns AT) angegeben. Die Werte werden durch Messungen mit standardisierten Testspulen ermittelt. Beispiel: Einschalten 15...50 Aw; Abfallen 5...45 Aw. Bezieht man sich auf Dauermagnete, gibt man gelegentlich die Durchflutung in Gauß, Millitesla oder Tesla an (G, mT, T), manchmal auch als Abstand (in mm) zu einem bestimmten Magneten.

Anzugsempfindlichkeit
Die Anzugsempfindlichkeit (AWan, Pull-in Value, Pull-in Sensitivity PI, Operate Value) kennzeichnet die Größenordnung der magnetischen Durchflutung, von der an der Kontakt schaltet (Pull-in, Operate Point). Je geringer der Wert, desto empfindlicher der Reedkontakt.

Abschaltempfindlichkeit
Die Abschaltempfindlichkeit (AWab, Drop-out Value, Drop-out Sensitivity DO, Release Value) kennzeichnet die Größenordnung der magnetischen Durchflutung, bei deren Unterschreitung der Kontakt sicher zurückfällt (Drop-out, Release Point).

Die Werte hängen vor allem von der verwendeten Testspule[31] und vom zeitlichen Verlauf der Erregung ab. Sie werden u. a. vom Restmagnetismus der Kontaktzungen beeinflusst. Um in dieser Hinsicht für gleichbleibende Anfangsbedingungen zu sorgen, wird die Testspule vor der eigentlichen Messung mit einer Sättigungsdurchflutung erregt (Abb. 4.63). Richtwert für die zeitliche Änderung der Erregung beim eigentlichen Messvorgang: 0,1 Aw/ms.

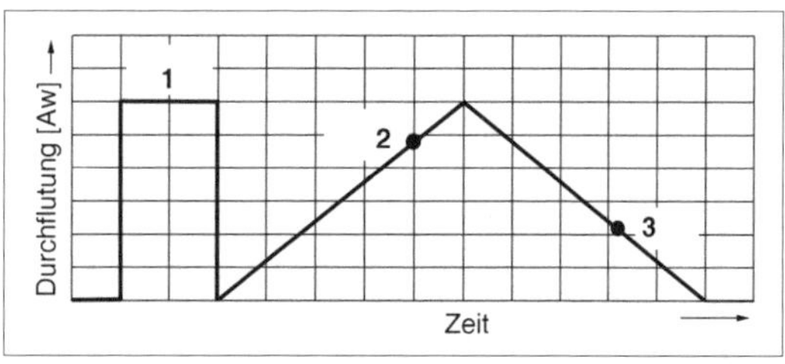

Abb. 4.63: *So wird die Anzugs- und Abschaltempfindlichkeit gemessen (nach [4.32]). 1 - Sättigungsimpuls. Hierzu wird eine Durchflutung gewählt, die so stark ist, dass eine weitere Erhöhung keinen Einfluss auf den Reedkontakt hat. 2 - Anzugsempfindlichkeit (Operate Point; Kontakt spricht an); 3 - Abschaltempfindlichkeit (Release Point; Kontakt fällt zurück).*

Zeit-, Kontakt- und Isolationskennwerte
Sie entsprechen im Grunde den einschlägigen Kennwerten der Relais (Abschnitt 4.3) und der Kontakte im Allgemeinen (Abschnitt 4.1). Zu Einzelheiten und Spitzfindigkeiten muss auf die jeweiligen Herstellerangaben verwiesen werden[32].

30 Bei rein ohmscher Last.

31 Vgl. beispielsweise [4.30].

32 Vgl. beispielsweise [4.26] bis [4.32]).

Zum Handwerk

Die Glas-Metall-Verbindungen sind empfindlich, und die heraustretenden Anschlüsse der Kontaktzungen sind in den magnetischen Kreis einbezogen. Daraus ergibt sich[33]:

- Beim Abtrennen oder Abbiegen der Anschlüsse vorsichtig arbeiten – an den Anschlüssen halten, nicht am Glas (Abb. 4.64a, b). Gelegentlich eine Alternative: Reedkontakte mit fertig gebogenen Anschlüssen (Abb. 4.65).
- Bei Leiterplattenmontage das Glasröhrchen nicht direkt auf der Leiterplatte aufliegen lassen; es könnte Risse bekommen oder gar brechen, wenn sich die Leiterplatte verbiegt (Abb. 4.64c),
- werden die Anschlüsse gekürzt, so ist typischerweise eine höhere magnetische Erregung aufzubringen (Abb. 4.66).

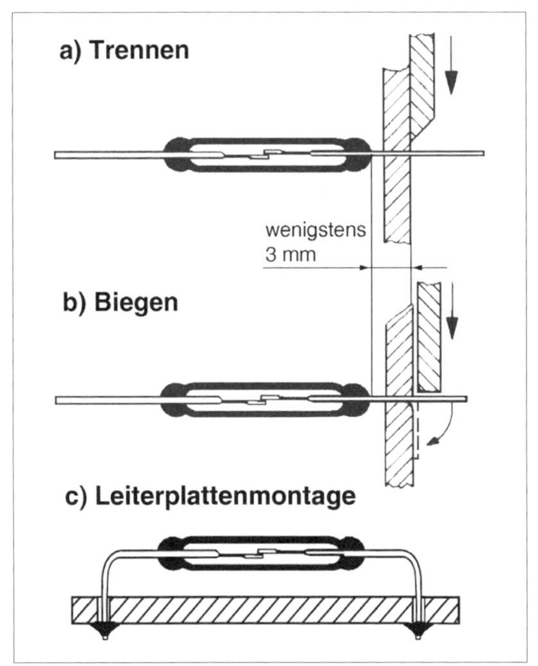

Abb. 4.64: *Vorsicht beim Trennen, Biegen und Bestücken von Reedkontakten (nach [4.24] und [4.26]).*

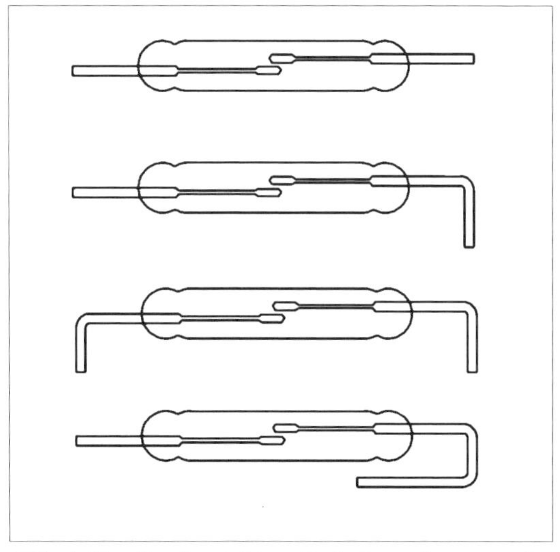

Abb. 4.65: *Reedkontakte mit fertig gebogenen Anschlüssen (nach [4.23]).*

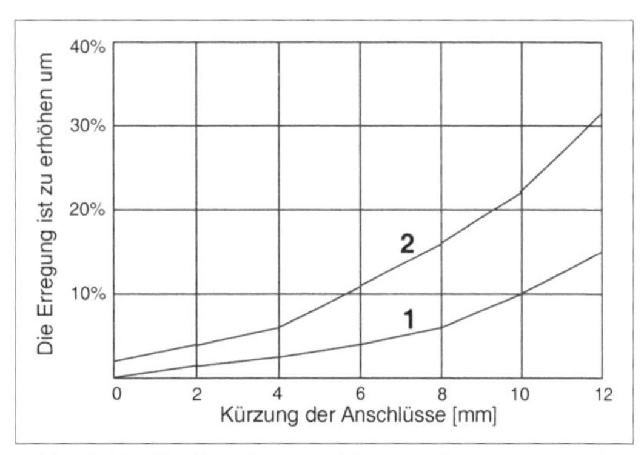

Abb. 4.66: *Werden die Anschlüsse gekürzt, ist eine höhere magnetische Erregung (in Aw) erforderlich (nach [4.25]). 1 - Ansprechen; 2 - Abfallen.*

Die magnetische Erregung

Der Reedkontakt schaltet dann, wenn die Kontaktzungen in Längsrichtung von eine magnetischem Feld durchflutet werden. In vielen Anwendungen wird das Magnetfeld von Dauermagneten erzeugt. Lage, Abstand und Feldstärke des Dauermagneten entscheiden darüber, ob der Reedkontakt schaltet oder nicht. Dies wird anhand sog. Steuerkennlinien (Drive Characteris-

33 Näheres in [4.23] bis [4.26].

tics) dargestellt (Abb. 4.67 bis 4.69). Abb. 4.70 veranschaulicht typische Einsatzfälle.

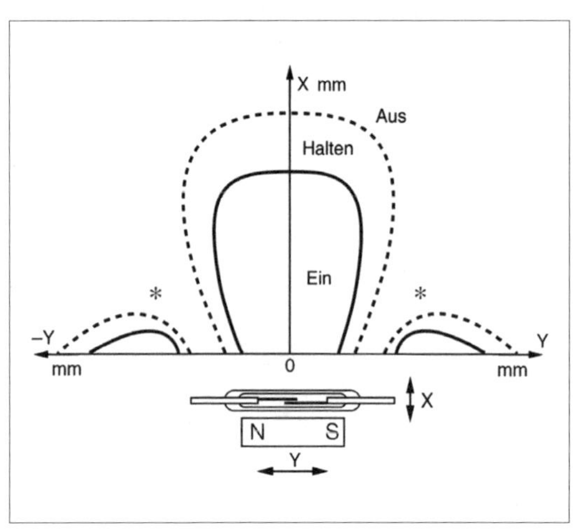

Abb. 4.67: *Typische Steuerkennlinien (1). Magnet längs zum Reedkontakt (nach [4.26]). Es kann sein, dass der Kontakt auch an den mit * gekennzeichneten Stellen anspricht. X-Koordinate: Höhe über dem Reedkontakt = Bewegungsrichtung der Kontaktzungen; Y-Koordinate in Längsrichtung des Reedkontakts = Richtung der Relativbewegung zwischen Reedkontakt und Magnet. Aus = Kontakt sicher abgefallen; Ein = Kontakt sicher betätigt; Halten = es kann sein, dass der zuvor betätigte Kontakt noch nicht abfällt.*

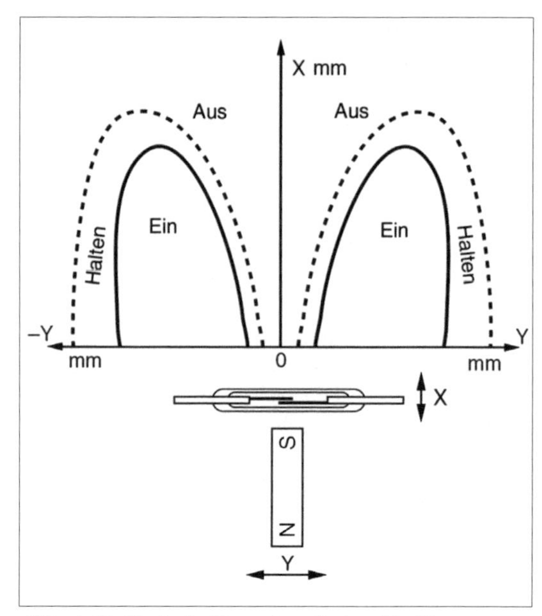

Abb. 4.68: *Typische Steuerkennlinien (2). Magnet quer zum Reedkontakt (nach [4.26]). Zu weiteren Erläuterungen vgl. Abb. 4.67.*

Näherungsschalter sind einbaufertige Kombinationen von Reedkontakten und Dauermagneten (Abb. 4.71; vgl. auch Abb. 4.61c). Im Gegensatz zum mechanisch betätigten Mikroschalter ist die konstruktive Auslegung einfacher, denn es ist im Grunde nur ein entsprechender Luftspalt (Schaltabstand, Switching / Operating Distance) zwischen Reedkontakt und Dauermagnet einzuhalten[34]. Richtwert: 3...10 mm.

Welchen Magneten auswählen, wie den zulässigen Schaltabstand bestimmen?
Die Datenblätter der Hersteller beziehen sich meist auf bestimmte Magneten. Manchmal kann man sich an einschlägigen Diagrammen orientieren (Abb. 4.72). Zumeist muss allerdings der Versuch entscheiden.

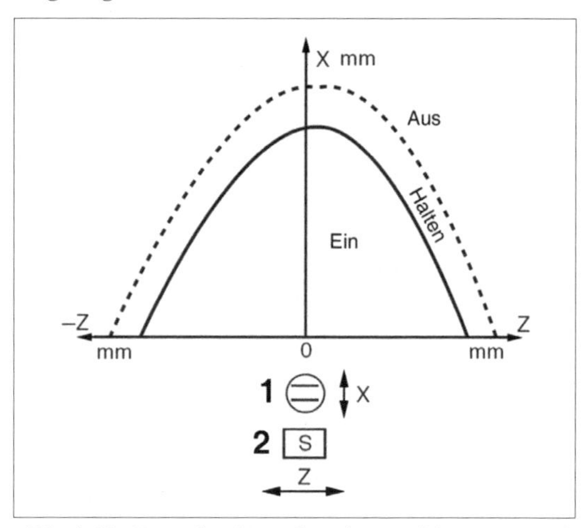

Abb. 4.69: *Typische Steuerkennlinien (3). Die Anordnung im Querschnitt (nach [4.26]). 1 - Reedkontakt; 2 - Magnet; Z-Koordinate in Querrichtung des Reedkontakts = Richtung der Relativbewegung zwischen Reedkontakt und Magnet. Zu weiteren Erläuterungen vgl. Abb. 4.67.*

34 Die Auswahl der Bauelemente sowie die Planung der relativen Positionen von Magnet und Reedkontakt (vgl. Abb. 4.67 bis 4.69) bereiten allerdings doch einige Mühe.

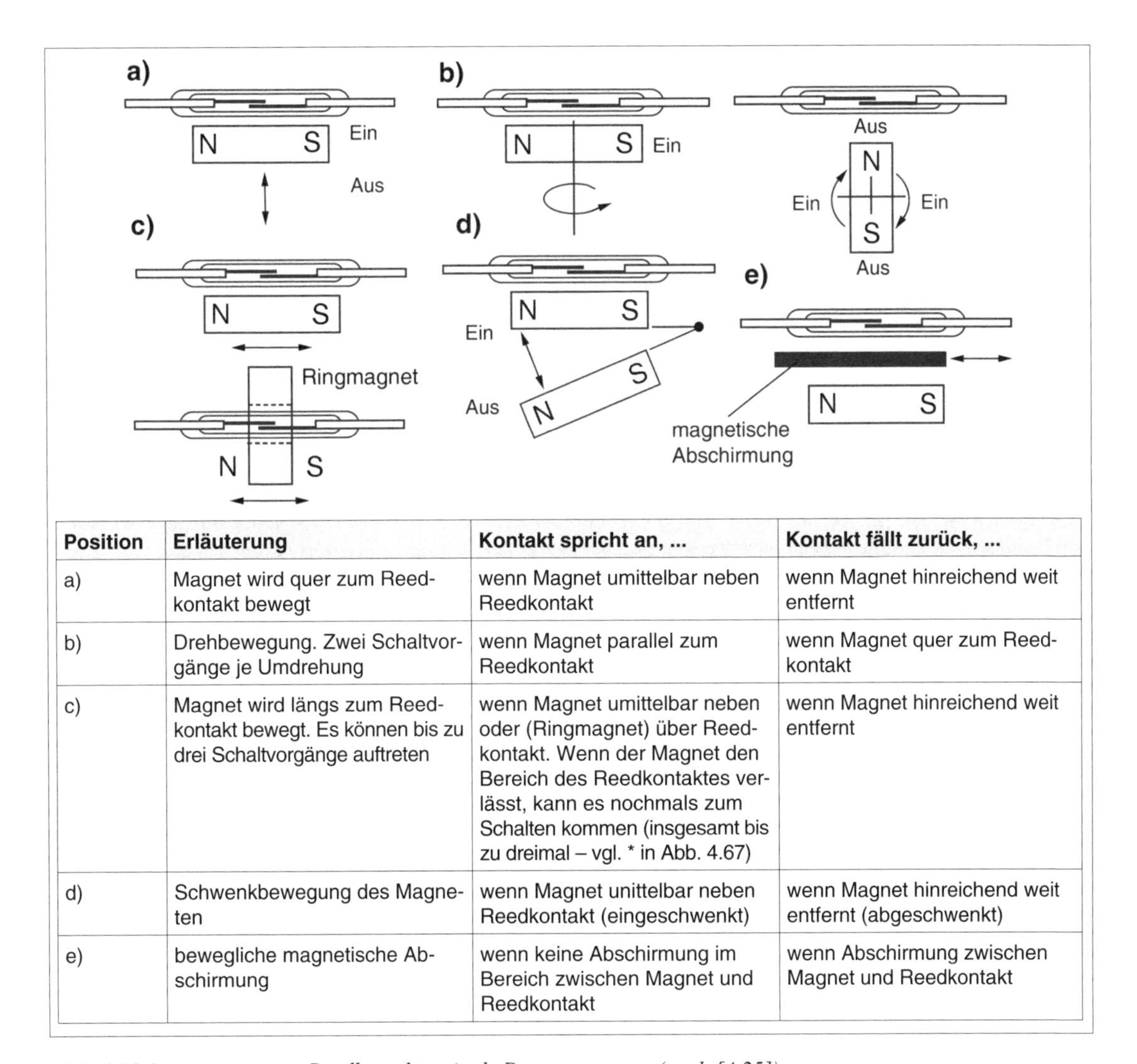

Position	Erläuterung	Kontakt spricht an, ...	Kontakt fällt zurück, ...
a)	Magnet wird quer zum Reedkontakt bewegt	wenn Magnet umittelbar neben Reedkontakt	wenn Magnet hinreichend weit entfernt
b)	Drehbewegung. Zwei Schaltvorgänge je Umdrehung	wenn Magnet parallel zum Reedkontakt	wenn Magnet quer zum Reedkontakt
c)	Magnet wird längs zum Reedkontakt bewegt. Es können bis zu drei Schaltvorgänge auftreten	wenn Magnet umittelbar neben oder (Ringmagnet) über Reedkontakt. Wenn der Magnet den Bereich des Reedkontaktes verlässt, kann es nochmals zum Schalten kommen (insgesamt bis zu dreimal – vgl. * in Abb. 4.67)	wenn Magnet hinreichend weit entfernt
d)	Schwenkbewegung des Magneten	wenn Magnet unittelbar neben Reedkontakt (eingeschwenkt)	wenn Magnet hinreichend weit entfernt (abgeschwenkt)
e)	bewegliche magnetische Abschirmung	wenn keine Abschirmung im Bereich zwischen Magnet und Reedkontakt	wenn Abschirmung zwischen Magnet und Reedkontakt

Abb. 4.70:*Betätigung eines Reedkontakts mittels Dauermagneten (nach [4.25]).*

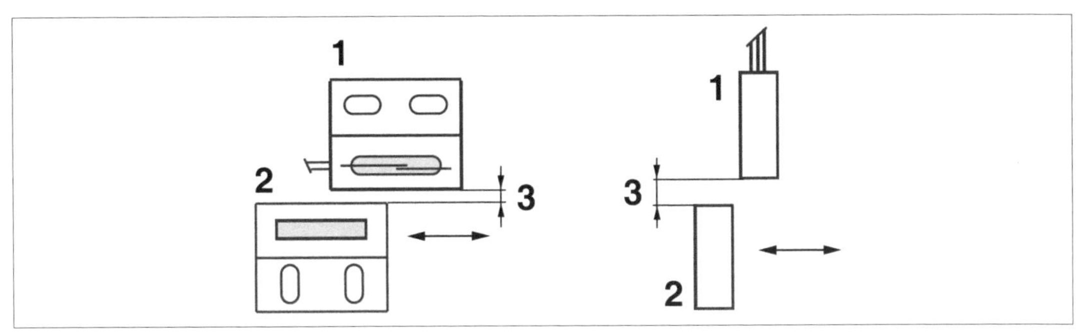

Abb. 4.71: *Näherungsschalter (nach [4.26]). Links in rechteckiger, rechts in zylindrischer Bauform. 1 - Reedkontakt; 2 - Dauermagnet; 3 - Schaltabstand.*

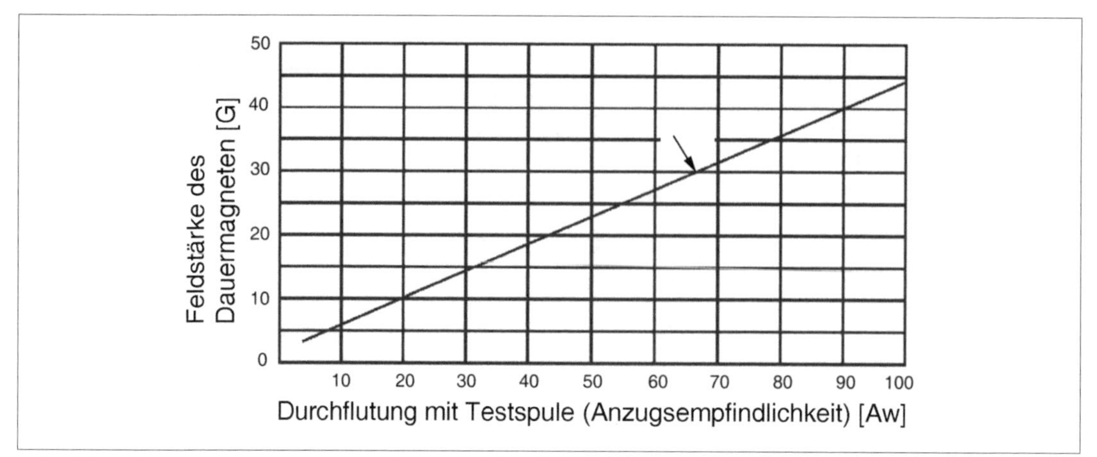

Abb. 4.72: *Welcher Dauermagnet, welcher Abstand? Hier – zu Orientierungszwecken – ein entsprechendes Diagramm (nach [4.28]). Anwendung: (1) Aussuchen eines Magneten, (2) Bestimmen des Schaltabstandes bei gegebenem Reedkontakt; (3) Aussuchen eines Reedkontakts bei gegebener Feldstärke (Typ des Magneten, Schaltabstand). Die Feldstärke in Gauß ergibt sich aus dem Datenblatt des Dauermagneten; die Durchflutung in Aw ist eine Datenblattangabe des Reedkontakts. Bei allen Wertekombinationen oberhalb der Kennlinie wird der Kontakt sicher ansprechen. Ablesebeispiel (Pfeil): bei einer Feldstärke von 30 G darf die Anzugsempfindlichkeit nicht mehr als ca. 65 Aw betragen. In der Praxis wird man einen etwas empfindlicheren Kontakt wählen, also mit der Anzugsempfindlichkeit noch etwas heruntergehen – aber nicht allzu weit, denn sonst kann es sein, dass der Kontakt auch an Stellen anspricht, an denen er eigentlich nicht soll (vgl. Abb. 4.67).*

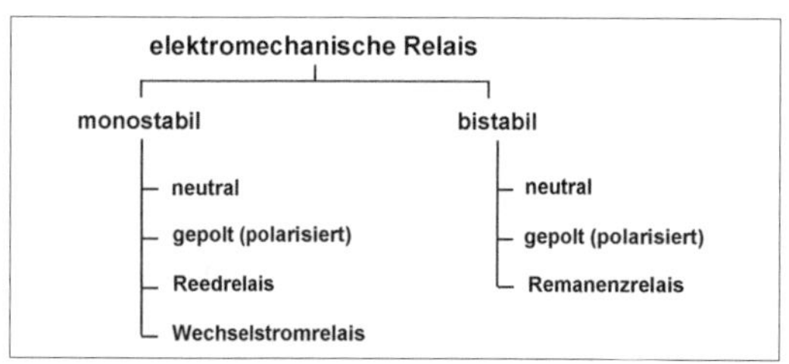

Abb. 4.73: *Ausführungsformen elektromagnetischer Relais.*

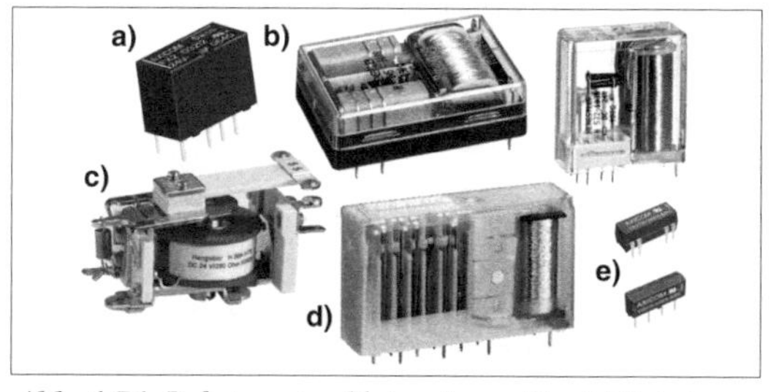

Abb. 4.74: *Relais – eine kleine Auswahl. a) Miniaturrelais; b) zwei Leiterplattenrelais (links liegende, rechts stehende Bauform); c) Hochspannungsrelais; d) Sicherheitsrelais, d) zwei Reedrelais.*

4.3 Relais

Relais sind elektromagnetisch betätigte Kontaktbauelemente. Sie wurden über viele Jahre hinweg eingesetzt, um anspruchsvolle Aufgaben der Steuerung und Informationsverarbeitung zu bewältigen (industrielle Steuerungen, Telefonvermittlungen, Relaisrechner). Hierzu wurde eine kaum überschaubare Vielfalt an Typen und Ausführungsformen entwickelt (Abb. 4.73 und 4.74). Heutzutage liegt es nahe, die Elektromechanik so einfach wie möglich auszulegen und alle irgendwie komplizierten Funktionen in die Elektronik zu verlagern[35]. Das Relais wird somit zum bloßen Leistungsschaltglied; die logischen Verknüpfungen und die zeitbestimmenden Schaltvorgänge werden mit elektronischen Schaltungen oder Mikrocontrollern erledigt.

35 In manchen Einsatzfällen müssen bestimmte Funktionen aber nach wie vor direkt – ohne zwischengeordnete Elektronik oder gar Software – von Relaisschaltungen ausgeführt werden. Das betrifft vor allem die Sicherheitstechnik (Not-Aus-Funktionen usw.). Dieser Problemkreis kann aber hier nicht angesprochen werden. Zu Einzelheiten sei auf einschlägige Firmenschriften (z. B. [4.2]) und Standards verwiesen.

4.3.1 Das Relais im Schaltplan

Antrieb (Spule) und Kontakte werden getrennt dargestellt. Abb. 4.75 veranschaulicht übliche Schaltsymbole für Relaisantriebe. Die Kontakte (zur Symbolik vgl. Abb. 4.3 und 4.7) müssen nicht in der Nähe der Spule eingezeichnet sein. Um die Zuordnung zu ermöglichen, erhalten Spulen und Kontakte gleichartige Bezeichner, wobei die einzelnen Kontakte durchnummeriert werden. So ist im (deutschen) Fernmeldewesen folgende Regelung üblich (DIN 41220). Man bezeichnet:

- Spulen mit Großbuchstaben,
- die zugehörigen Kontakte mit den entsprechenden Kleinbuchstaben,
- die Anordnung im Kontaktsatz mit römischen Ziffern,
- die Funktion mit arabischen Ziffern (1: Ruhekontakt, 2: Arbeitskontakt, 21: Umschalter).

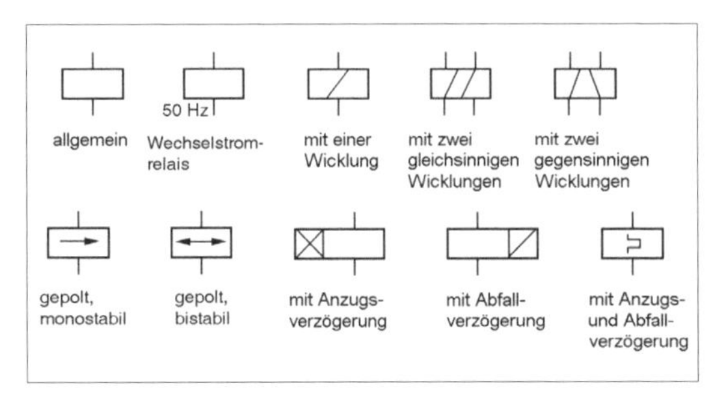

Abb. 4.75: *Schaltsymbole für Relaisantriebe (Spulen).*

4.3.2 Aufbau und Wirkungsweise

Das Relais ist im Grunde ein Kontaktsatz mit elektromagnetischer Betätigung (Abb. 4.76) Eine Spule mit Eisenkern zieht, wenn erregt, einen Anker an, der Kontaktfedern bewegt. Bei ausgeschalteter Erregung werden Anker und Kontaktsatz durch Federkraft in die Ausgangslage zurückgeführt (Abfallen oder Rückfallen des Relais).

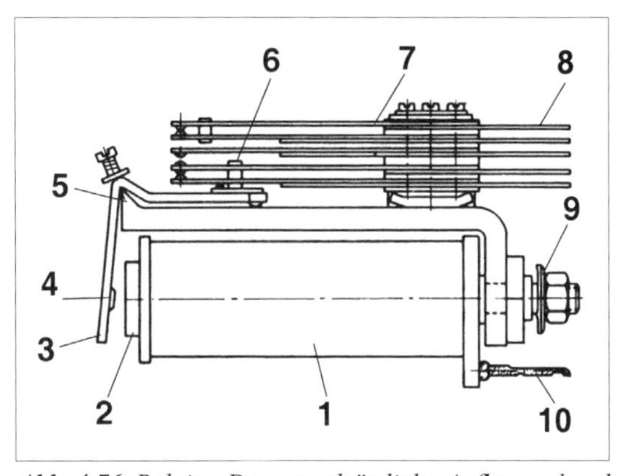

Abb. 4.76: *Relais. Der grundsätzliche Aufbau anhand eines klassischen Beispiels - des altbewährten Rundrelais 26 (nach [4.36]). 1 - Spule; 2 - Eisenkern; 3 - Anker; 4 - magnetische Trennung (sorgt dafür, dass der Anker nicht am Eisenkern festklebt); 5 - Gelenk (Schneide); 6 - Betätiger; 7 - Kontaktsatz; 8 Kontaktanschlüsse; 9 - Befestigung; 10 - Spulenanschlüsse.*
Die vom Betätiger 6 bewegten Kontaktfedern wirken sowohl als Umschaltkontakte als auch als Rückstellfedern.

Kontaktsätze

Der Kontaktsatz eines Relais kann aus verschiedenartigen Kontakten zusammengesetzt sein (vgl. Abb. 4.7). Heutzutage wird man mit dem Relais typischerweise nur die Last ein- und ausschalten und alle Steuerfunktionen in der Elektronik erledigen (und dort wiederum zumeist programmseitig). Deshalb haben die meisten Relais nur einfache Kontaktsätze (z. B. 1 bis 4 Schließer oder Wechsler). Abb. 4.77 veranschaulicht typische Relaiskontakte. Kompliziertere Kontaktanordungen sind vor allem in der Sicherheitstechnik von Bedeutung[36].

Hinweis: Auf mechanische Weise im Kontaktsatz gebildete Zwangsfolgen (z. B. erst den zweiten Stromkreis schließen, dann den ersten trennen; vgl. Abb. 4.7 f, g) sind stets mit Prellvorgängen behaftet. Durch elektronische Ansteuerung lassen sich solche Zeitprobleme besser beherrschen (z. B. den ersten Stromkreis erst dann trennen, nachdem die Prellvorgänge beim Schließen des zweiten wirklich abgeklungen sind).

36 Zu Einzelheiten sei auf einschlägige Handbücher (z. B. [4.3]), Firmenschriften (z. B. [4.2]) und Standards (z. B. DIN 41020) verwiesen.

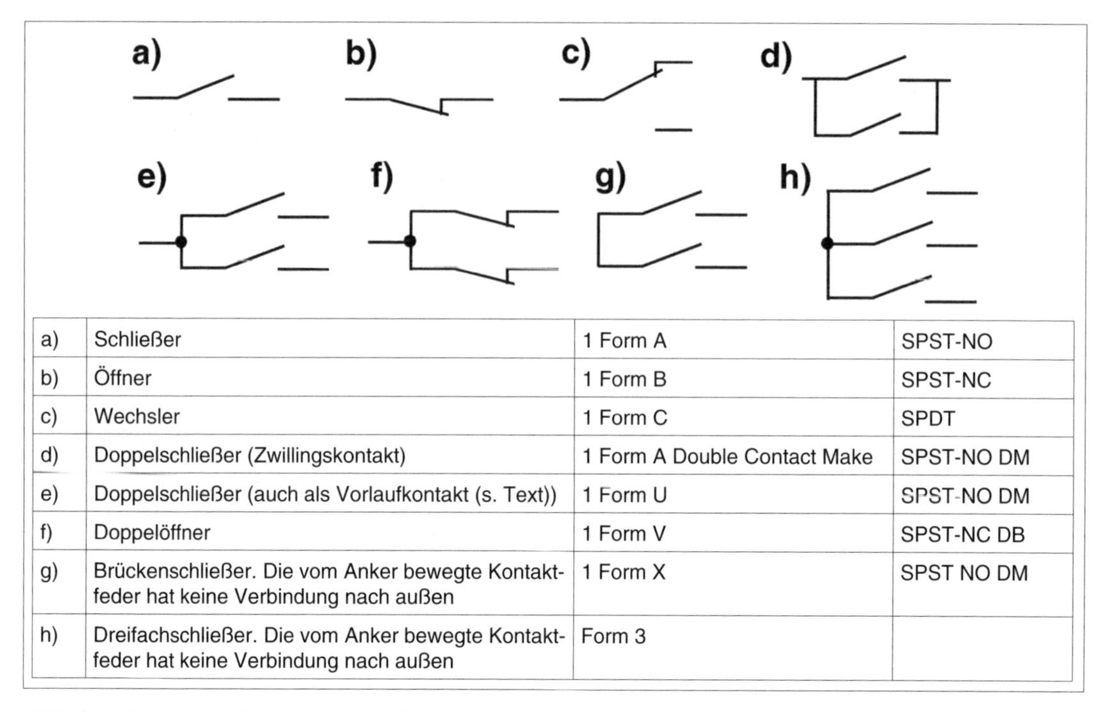

a)	Schließer	1 Form A	SPST-NO
b)	Öffner	1 Form B	SPST-NC
c)	Wechsler	1 Form C	SPDT
d)	Doppelschließer (Zwillingskontakt)	1 Form A Double Contact Make	SPST-NO DM
e)	Doppelschließer (auch als Vorlaufkontakt (s. Text))	1 Form U	SPST-NO DM
f)	Doppelöffner	1 Form V	SPST-NC DB
g)	Brückenschließer. Die vom Anker bewegte Kontaktfeder hat keine Verbindung nach außen	1 Form X	SPST NO DM
h)	Dreifachschließer. Die vom Anker bewegte Kontaktfeder hat keine Verbindung nach außen	Form 3	

Abb. 4.77: *Typische Relaiskontakte (nach [4.1] und [4.54]).*

Der Vorlaufkontakt
Zwei Kontakte sind gemäß Abb. 4.77e angeordnet. Sie bestehen aus verschiedenen Werkstoffen und schalten zeitversetzt:

- Der Vorlaufkontakt dient dazu, den Lichtbogen auszuhalten. Er besteht aus einem Werkstoff mit hoher Abbrandfestigkeit (z. B. Wolfram). Er schließt als erster und öffnet als letzter.
- Der Hauptkontakt dient dazu, den Strom durchzuleiten. Er besteht aus einem Werkstoff (z. B. auf Silbergrundlage), der einen geringen Durchgangswiderstand aufweist. Dieser Kontakt schaltet nur dann, wenn der Vorlaufkontakt geschlossen ist.

Relais mit Schutzrohrkontakten (Reedrelais)
Der Reedkontakt wird zum Relais, wenn eine Erregerspule über das Röhrchen gewickelt wird – die Kontaktzungen sind gleichsam ihr eigener Anker (Abb. 4.78 und 4.79). Reedrelais brauchen nur eine geringe Erregerleistung.

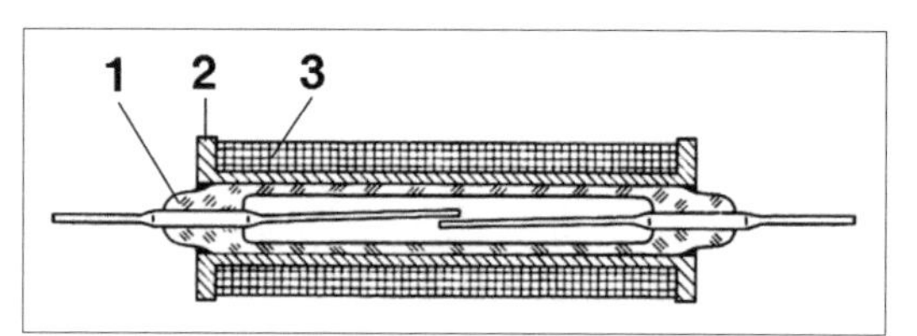

Abb. 4.78: *Reedrelais im Längsschnitt. 1 - Reedschalter in Glasrohr; 2 - Spulenkörper; 3 - Wicklung.*

Stabile Zustände
Ein Schaltzustand eines Relais heißt stabil, wenn er auch ohne anliegende Erregung beibehalten wird.

- Monostabile Relais bleiben nur solange betätigt, wie die Erregung anliegt (stabiler Zustand = keine Erregung = Relais abgefallen).
- Bistabile Relais (Latching Relays) behalten den Zustand bei, in den sie durch die jeweils letzte Erregung überführt wurden – das bistabile Relais ist praktisch eine Art 1-Bit-EEPROM.

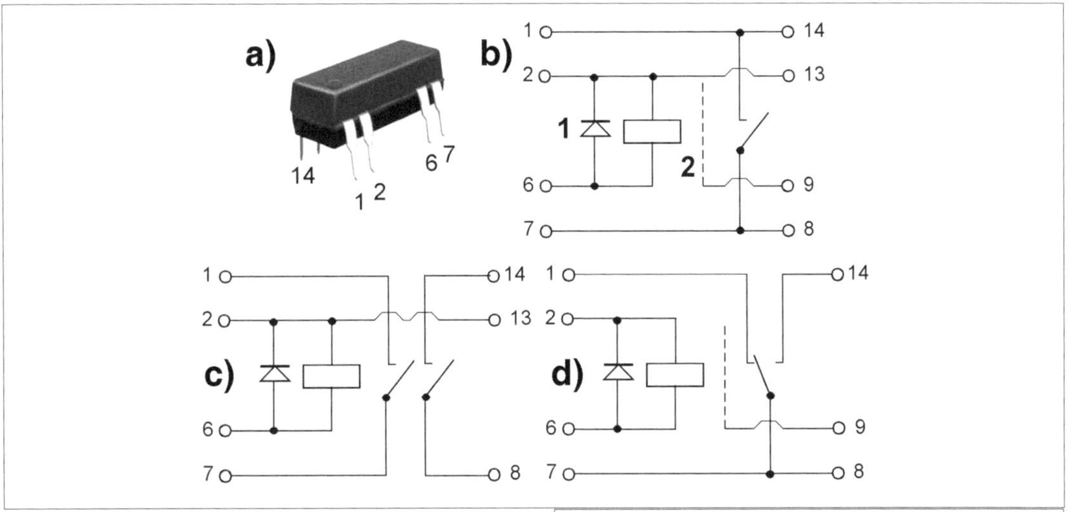

__Abb. 4.79:__ Typische Reedrelais in DIL-Gehäusen. a) Gehäuseansicht; b) einpoliger Schließer (SPST); c) zweipoliger Schließer (DPST); d) einpoliger Wechsler (SPDT). 1 - eingebaute Schutzdiode (Freilaufdiode); 2 - elektrostatische Abschirmung.

Gleichstromerregung (1) – ungepolte oder neutrale Relais

Diese Relais ziehen an, sobald ein hinreichender Erregerstrom fließt. Dessen Richtung spielt keine Rolle.

Gleichstromerregung (2) – gepolte (polarisierte) Relais

Hier kommt es auf die Richtung des Erregerstroms an:

- Gepolte monostabile Relais sprechen nur bei einer bestimmten Stromrichtung an. Auf eine andersherum gepolte Erregerspannung reagieren sie nicht.
- Gepolte bistabile Relais nehmen je nach Stromrichtung den einen oder den anderen Schaltzustand ein.

Gepolte (polarisierte) monostabile Relais

Die Richtung des Erregerstroms bestimmt den Schaltzustand. Technische Lösungen:

- Durch Überlagerung eines permanenten Magnetfeldes. Nach diesem Prinzip kann man Relais bauen, die bei sehr geringer Ansprechleistung präzise schalten („Telegraphenrelais“; Abb. 4.80).
- Durch Vorschalten einer Diode. Hiermit kann man im Grunde jedes beliebige Relais in ein polarisiertes umbauen.

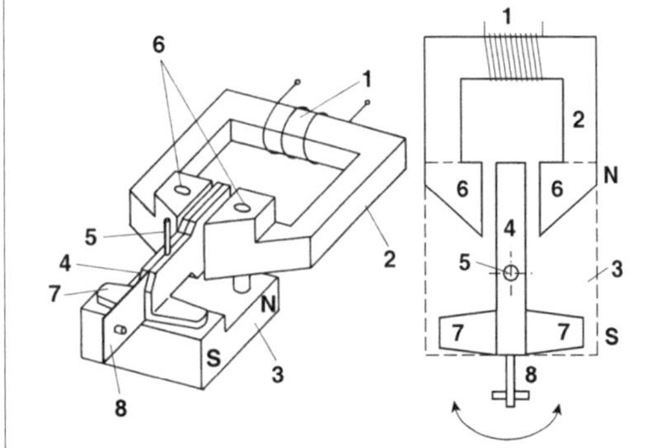

__Abb. 4.80:__ Polarisiertes Relais mit Dauermagneten (Telegraphenrelais; nach [4.36]). 1 - Spule; 2 - Joch; 3 - Dauermagnet; 4 - Anker; 5 - Drehachse; 6 - Polschuhe des Dauermagneten im Joch; 7 - Polschuhe des Ankers; 8 - Kontaktfeder/Betätiger. Der Kontaktsatz ist nicht dargestellt. Der Anker befindet sich durch die Polschuhe 6 und 7 im Magnetkreis des Dauermagneten 3. Ist die Spule 1 stromlos, so wird der Anker 4 über das beiderseits der Drehachse 5 einwirkende Magnetfeld des Dauermagneten 3 in Mittellage gehalten. Wird die Spule erregt, so wirkt deren Magnetfeld über das Joch 2 auf das Magnetfeld des Dauermagneten und damit auf den Anker 4 ein, der je nach Polung des resultierenden Magnetfeldes nach links oder nach rechts gedreht wird. Dabei greifen die beiderseits der Drehachse 5 auf den Anker 4 einwirkenden Magnetkräfte so an, dass sie die Drehung des Ankers unterstützen (wenn sie an den Polschuhen 6 den Anker nach rechts ziehen, so ziehen sie an den Polschuhen 7 den Anker nach links und umgekehrt). Durch entsprechende Auslegung der Mechanik können verschiedene Schaltweisen verwirklicht werden (monostabil, bistabil, Nullpunktmittellage).

Bistabile Relais mit zwei Wicklungen
Jeder Wicklung ist ein Schaltzustand zugeordnet (Abb. 4.81). Entscheidend ist, welche der beiden Wicklungen jeweils erregt wird.

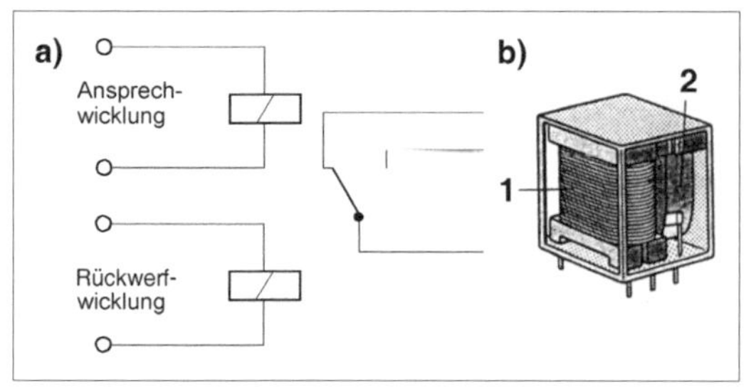

Abb. 4.81: *Bistabiles Relais mit zwei Wicklungen. a) Prinzip; b) Ausführungsbeispiel (Mikroschalterrelais). 1 - Wicklungen; 2 - Mikroschalter.*

Remanenzrelais
Remanenzrelais sind ungepolte bistabile Relais, die durch den Restmagnetismus (Remanenz) des Magnetkreises im jeweiligen Schaltzustand gehalten werden (Abb. 4.82). Der Erregerstrom kann eine beliebige Richtung haben. Durch einen geringeren Erregerstrom entgegengesetzter Richtung wird der Magnetkreis entmagnetisiert, und das Relais fällt in den anderen Schaltzustand zurück (Entregung).

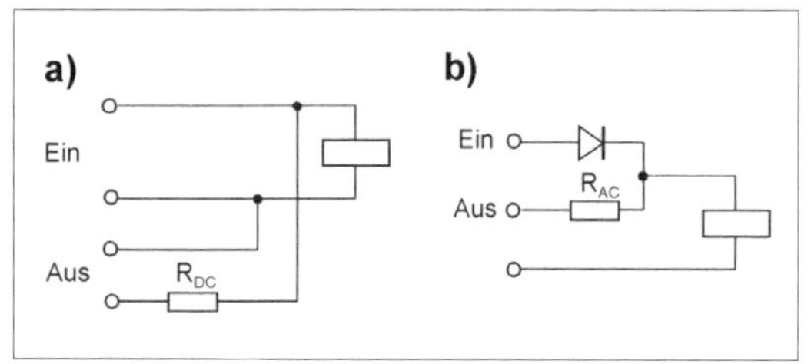

Abb. 4.82: *Remanenzrelais. a) Gleichstromerregung. Zum Ausschalten (Entregung) wird die Steuerspannung umgepolt, und der Steuerstrom wird über den Vorwiderstand entsprechend verringert. b) Wechselstromerregung. Einschalten mit Gleichstrom (über Diode), Ausschalten (Entregung) mit Wechselstrom herabgesetzter Stärke (Vorwiderstand). Die Dimensionierung des Vorwiderstandes ist aus dem Datenmaterial ersichtlich.* $R_{AC} \approx 1{,}3\ R_{DC}$.

Stromstoßrelais
Stromstoßrelais sind ungepolte bistabile Relais, die durch impulsweise Erregung umgeschaltet werden (mechanisches Schaltwerk).

Wechselstromrelais
Das Magnetfeld einer von Wechselstrom durchflossenen Spule wird im Rhythmus des Erregerstroms schwanken. Die Folge: der Anker wird zwar angezogen, klappert aber. Um dies abzustellen, gibt es im Wesentlichen drei Lösungen:

- Das Phasenrelais (Abb. 4.83a). Es handelt sich um eine Spule mit zwei Wicklungen. Die Ströme in ihnen sind (über einen Kondensator) gegeneinander um 90° phasenverschoben. Damit ist die eine Spule immer voll erregt, wenn der Erregerstrom in der anderen durch Null geht. Somit wird der Anker stets mit fast gleichbleibender Kraft angezogen.
- Das Spaltpolrelais (Abb. 4.83b). Um einen Teil eines Poles des Eisenkerns ist ein Kupferring gelegt. Dieser wirkt als Energiespeicher bei zu geringem Erregerstrom. (Im Kupferring wird eine Spannung induziert, die bewirkt, dass ein Kurzschlussstrom fließt. Der wiederum hält einen Magnetfluss auch dann noch aufrecht, wenn die Erregung bereits abgeklungen ist.)
- Das Gleichstromrelais mit vorgeschaltetem Gleichrichter (Abb. 4.84). Die Erregung muss so ausgelegt werden, dass sich die Erregerdaten des Gleichstrombetriebs als Effektivwerte der jeweiligen Wechselstromerregung ergeben. Die naheliegende Lösung – um das Klappern infolge des pulsierenden Gleichstroms zu verhindern – ist der Glättungskondensator (Abb. 4.85a). Alternativ dazu kann man die im Magnetkreis gespeicherte Energie ausnutzen, beispielsweise indem man in der jeweils entgegengesetzt gepolten Halbwelle den Spulenstrom über eine Freilaufdiode abklingen lässt (Abb. 4.84b). Abb. 4.84c veranschaulicht ein Wechselstromrelais mit zwei symmetrischen Wicklungen. In jeder Halbwelle ist eine Wicklung aktiv. Wenn der Erregerstrom gegen Null geht, so bewirkt die Induktionsspannung der jeweils anderen Wicklung, dass über die parallelgeschaltete Diode ein Kurzschlussstrom fließt, der das Magnetfeld weiter aufrecht erhält. Die beiden Dioden wirken somit von Halbwelle zu Halbwelle abwechselnd als Gleichrichter und als Freilaufdioden.

Hinweise:

1. Dimensionierung des Glättungskondensators. Richtwerte für 50 Hz: 10...100 µF. Die Anhaltspunkte: (1) Brummspannung höchstens 5 %, also Kondensator nicht zu klein; (2) Rückfallzeit nicht zu lang, (3) Erregerspannung nicht zu hoch (weil sonst die Spule zu warm wird), also Kondensator nicht zu groß. (Ist er zu groß, so entspricht die Erregerspannung nicht dem Effektiv-, sondern dem Spitzenwert der Wechselspannung). Bei Einsatz von Elektrolytkondensatoren auf richtige Polung achten (vgl. Abb. 4.84a, b).
2. Bei Halbwellengleichrichtung gilt: Effektivwert der Erregerspannung = doppelter Gleichstromnennwert (z. B. für 12 V~ ein 6-V-Relais verwenden).
3. Halbwellengleichrichtung mit Glättungskondensator. Ist er zu groß, liegt am Relais nicht der Effektivwert der Halbwellengleichrichtung an, sondern der Spitzenwert der Wechselspannung (im Beispiel von Hinweis 2 rund 17 V statt 6 V – also entschieden zuviel), ist er zu klein, kann das Relais klappern. Es kann sein, dass es gar nicht gelingt, für ein bestimmtes Relais diese Einfachschaltung vernünftig zu dimensionieren (Versuchssache).

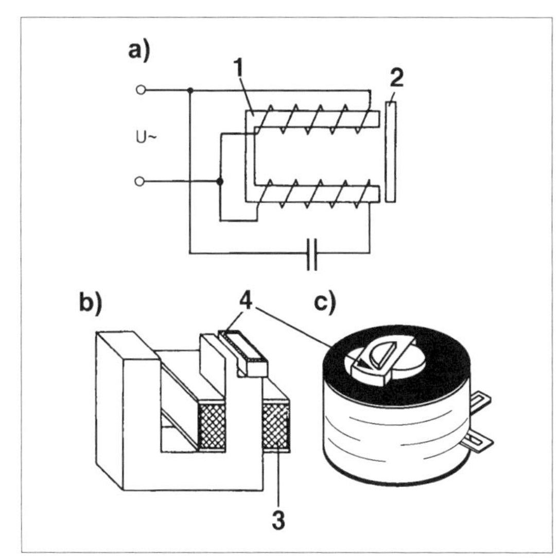

Abb. 4.83: *Wechselstromrelais (1).*
a) Phasenrelais (Prinzip); b) Spaltpolrelais (Prinzip); c) Ausführungsbeispiel (nach [4.34]). 1 - Kern; 2 - Anker; 3 - Wicklung; 4 - Kupferring (Kurzschlusswicklung).

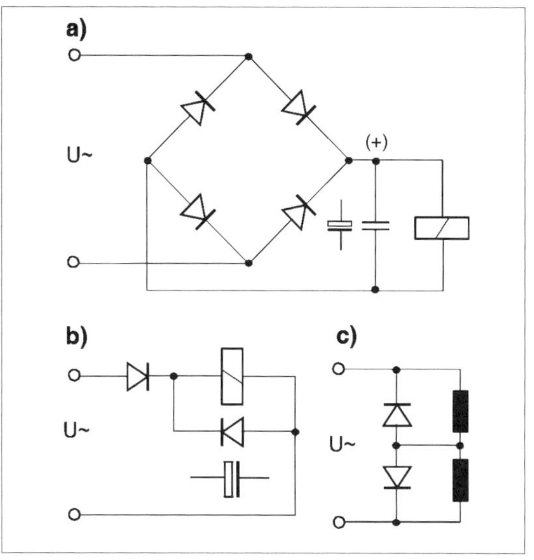

Abb. 4.84: *Wechselstromrelais (2). Wechselstromerregung über Gleichrichter. a) Zweiweggleichrichtung mit Glättungskondensator; b) Einweggleichrichtung mit Freilaufdiode oder Glättungskondensator; c) Zweiweggleichrichtung mit Doppelwicklung (nach [4.34]).*

Gleichstromrelais an Wechselspannung und umgekehrt

Vorsicht. Solche Betriebsweisen sind an sich möglich. Man sollte sich aber das jeweilige Relais genau ansehen:

a) Wechselstrombetrieb eines Gleichstromrelais. Hierzu können u. a. die in Abb. 4.84a, b gezeigten Schaltungen genutzt werden. Achtung: Wird ein Relais mit eingebauter Freilaufdiode direkt an Wechselspannung angeschlossen, so wirkt die Diode in Durchlassrichtung als Kurzschluss und wird in den meisten Fällen zerstört werden. Zur richtigen Anschaltung vgl. Abb. 4.84b.

b) Gleichstrombetrieb eines Wechselstromrelais (1). Gleichstromrelais haben eine magnetische Trennung, die dafür sorgt, dass der Anker nicht (infolge des Restmagnetismus) am Kern klebenbleibt (vgl. Abb. 4.76), Wechselstromrelais hingegen typischerweise nicht.

c) Gleichstrombetrieb eines Wechselstromrelais (2). Der Kurzschlussring der Spaltpolrelais (vgl. Abb. 4.83b, c) bewirkt sowohl eine Ansprech- als auch eine Rückfallverzögerung.

d) Gleichstrombetrieb eines Wechselstromrelais (3). Die Erregerdaten betreffen den Wechselstrombetrieb und beziehen sich auf Effektivwerte. Die Gleichstromerregung muss deshalb verringert werden. Aus den Datenblattwerten der Spulen-Nennleistung P_{nenn} und des Spulenwiderstands R_{DC} ergibt sich die Gleichstrom-Erregerspannung U_{DC} zu:

$$U_{DC} = \sqrt{P_{nenn} \cdot R_{DC}} \tag{4.4}$$

4.3.3 Kennwerte

Erregerdaten
Diese Kennwerte betreffen den elektromagnetischen Antrieb.

Nennspannung (Betriebspannung)
Relais werden für bestimmte Nennspannungen U_{nenn} gefertigt. Typische Werte sind 5 V, 6 V , 12 V, 24 V, 48 V Gleichspannung sowie 24 V, 48 V, 115 V, 230 V Wechselspannung. Betriebsspannungskennwerte betreffen Spannungen, bei denen das Relais sicher anspricht. Die Relais arbeiten normalerweise auch bei beträchtlichen Abweichungen der Erregerspannung vom Nennwert noch zuverlässig. Tabelle 4.10 nennt einige Beispiele.

Das Relais bei geringer Erregerspannung
Faustregel: Gleichstromrelais sprechen noch bei 75 % der Nennspannung sicher an, Wechselstromrelais bei 85%.

Minimalspannung
Die Minimalspannung U_{min} (minimale Ansprechspannung U_1) ist die geringste Erregerspannung, bei der das Relais bei Bezugstemperatur (z. B. + 20° C) noch sicher anspricht. Richtwerte:

$$U_1 \approx 0{,}7 \cdot U_{nenn}\,; \quad U_{nenn} \approx 1{,}4 \cdot U_1 \tag{4.5}$$

Nennspannung	Untere Grenze	Obere Grenze
5 V	3,5...3,8 V	6,5...10 V
6 V	4 V	7...10 V
12 V	8,5 V	14...18 V
24 V	17 V	28...34 V
48 V	34 V	58 V
115 V	88...92 V	120...130 V
230 V	180 V	250...265 V

Tabelle 4.10: *Toleranzen der Erregerspannung (Anhaltswerte).*

Maximalspannung
Die Maximalspannung U_{max} (Spulengrenzspannung U_2) ist die höchste zulässige Erregerspannung bei Dauererregung. Hierbei wird das Relais bis zu seiner oberen Grenztemperatur erwärmt.

Haltespannung
Die Haltespannung U_H betrifft den Mindestwert der Betriebsspannung, bei der nach dem Ansprechen die Arbeitsstellung noch sicher gehalten wird. *Hinweis:* Das Absenken der Spulenspannung – und damit des Spulenstroms – nach dem Ansprechen (Haltestrom) ist eine naheliegende Maßnahme, um Strom zu sparen und die Abschalt-Spannungsspitze niedrig zu halten. Das Relais wird hierdurch aber empfindlicher gegen Erschütterungen und Stöße (die Kennwerte der Vibrations- und Stoßfestigkeit gelten typischerweise nur dann, wenn das Relais mit seiner Nennspannung im Arbeitszustand gehalten wird).

Rückfallspannung
Die Rückfallspannung ist die maximale Spulenspannung, bei der das Relais sicher zurückfällt, also vom Arbeits- in den Ruhezustand übergeht. *Hinweis:* Nachsehen, ob es sich um einen wirklichen – vom Hersteller garantierten – Kennwert handelt oder nur um eine Pauschalangabe. Solche Angaben besagen oftmals nicht mehr, als dass das Relais bei einer Spannung $\neq 0$ zurückfällt (dass es also nicht notwendig ist, die Spule voll auszuschalten, um ein sicheres Rückfallen zu veranlassen).

Praxistipp: Wenn ein wirklich präzises spannungsabhängiges Umschalten gefordert ist, sollte dies in der Elektronik erledigt werden (z. B. mittels Komparator). Dann kommt man mit einfachen Relais aus und braucht keine teuren Präzisionstypen.

Rückwerfspannung
Die Rückwerfspannung ist die Spulenspannung, mit der ein bistabiles Relais aus dem Arbeits- in den Ruhezustand gebracht werden kann. Die Angabe ist ein Minimalwert (um ein sicheres Rückwerfen auszulösen, ist mindestens diese Spulenspannung anzulegen). Remanenzrelais haben zudem einen Maximalwert. Wird diese Spulenspannung überschritten, so kehrt das Relais nicht in den Ruhezustand zurück (oder es verlässt den Arbeitszustand nur kurzzeitig).

Erregerspannung und Umgebungstemperatur
Bei Erwärmung erhöht sich die erforderliche Erregerspannung. Faustformel: um 0,4 % je °C = 4 % je 10 °C. Genauere Angaben sind aus einschlägigen Tabellen oder Diagrammen im Datenmaterial ersichtlich (Abb. 4.85 und 4.86).

Typische Temperaturangaben:

- Bezugstemperatur = Temperatur, die den einschlägigen Angaben im Datenblatt zugrunde liegt (Richtwert: + 20 °C),
- obere Grenztemperatur = höchste Temperatur der Spule, die während des Betriebs im Relais auftreten darf (Richtwert: 100 °C),
- Umgebungstemperatur = die Temperatur, die in unmittelbarer Nähe des Relais herrscht,
- minimale Umgebungstemperatur = niedrigste Einsatztemperatur, für die das Relais vorgesehen ist,
- maximale Umgebungstemperatur = höchste Einsatztemperatur, für die das Relais vorgesehen ist,
- zulässige Umgebungstemperatur = Temperaturbereich, in dem das Relais betrieben werden darf.

Das Diagramm von Abb. 4.85 liefert die sog. k-Faktoren, mit denen die Datenblattangaben auf eine gegebene Umgebungstemperatur T_{amb} umgerechnet werden können.

Minimale Ansprechspannung:

$$U_1 (T_{amb}) = k_1 (T_{amb}) \cdot U_{1nenn} \qquad (4.6)$$

Spulengrenzspannung:

$$U_2(T_{amb}) = k_2 (T_{amb}) \cdot U_{2nenn} \qquad (4.7)$$

Abb. 4.86 zeigt die gleiche Tendenz wie Abb. 4.85. Je höher die Umgebungstemperatur, desto höher die minimale Ansprechspannung, desto geringer die Spulengrenzspannung. Die Kurvenverläufe sehen nur deshalb anders aus, weil sich Abb. 4.86 auf die Datenblattwerte der Ansprech- und der Spulengrenzspannung bezieht und Abb. 4.86 auf die pauschale Nennspannung.

Die Erhöhung der Spulentemperatur ΔT ergibt sich aus den (gemessenen) Spulenwiderständen R_1, R_2 und den zugehörigen Umgebungstemperaturen T_1, T_2 wie folgt:

$$\Delta T = \frac{R_2 - R_1}{R_1} \cdot (234{,}5 + T_1) - (T_2 - T_1) \qquad (4.8)$$

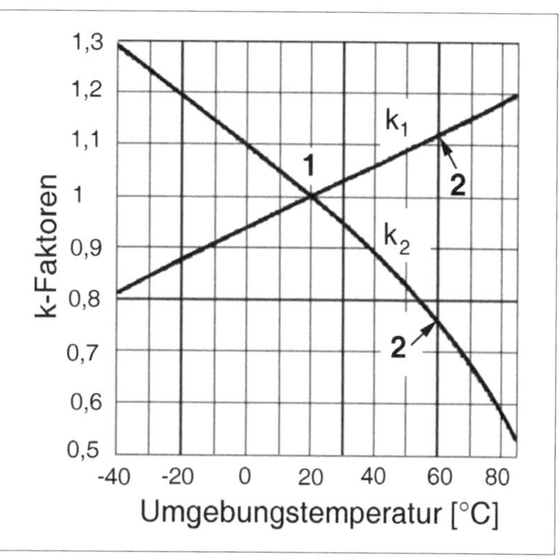

Abb. 4.85: *Graphik zur Berechnung der Minimal- und Maximalspannung aus den Datenblattwerten.*
1 - bei 20 °C ist nichts zu korrigieren, da die Datenblattwerte für diese Umgebungstemperatur gelten.
2 - Ablesebeispiel für eine Umgebungstemperatur von 60 °C. k_1 liegt knapp über 1,1 (minimale Ansprechspannung erhöhen), k_2 um 0,77 (Spulengrenzspannung absenken).

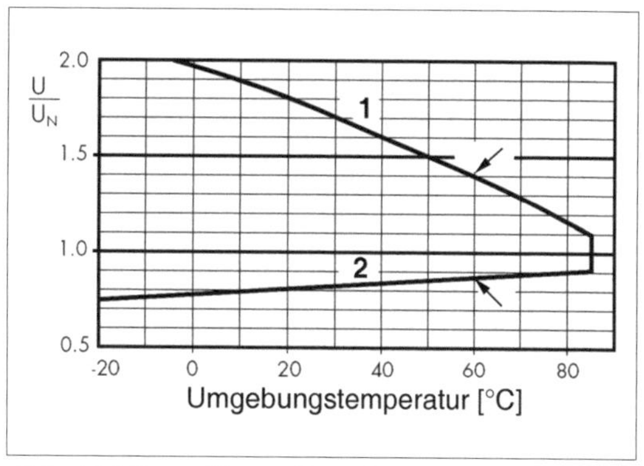

Abb. 4.86: *Der zulässige Betriebsspannungsbereich bei Spulentemperatur = Umgebungstemperatur (nach [4.44]). 1 - Spulengrenzspannung; 2 - minimale Ansprechspannung. Gemäß Umgebungstemperatur beide Werte ablesen und jeweils mit der Nennspannung U_N multiplizieren. Ablesebeispiel (Pfeile): Bei 60 °C Umgebungstemperatur Spulengrenzspannung = Nennspannung · 1,4; minimale Ansprechspannung = Nennspannung · 0,88.*

Temperaturerhöhung durch Laststrom
Dieser Kennwert betrifft die Erhöhung der Spulentemperatur, wenn ein angegebener Laststrom dauernd über die Kontakte fließt. Dieser Wert ist ggf. bei der Berechnung des Betriebsspannungsbereichs zur Umgebungstemperatur zu addieren.

Die Erregerspannung bei Impulsbelastung
Wird das Relais nicht ständig, sondern impulsweise erregt, ist oftmals eine höhere Spulengrenzspannung U_2 zulässig. Korrekturrechnung[37]:

$$U_{2Impuls} = U_{2DC} \cdot q \qquad (4.9)$$

U_{2DC} ist hierbei die bei der jeweiligen Umgebungstemperatur geltende Spulengrenzspannung für Gleichstrombelastung, q ist ein Korrekturfaktor aus dem Datenmaterial. Für kurze Einschaltdauern (t_{on} < 2..3 s) gilt näherungsweise[38]:

$$q \approx \sqrt{\frac{t_p}{t_{on}}} \qquad (4.10)$$

(t_P = Periodendauer (Dauer eines Schaltspiels); t_{on} = Einschaltzeit.)

Spulenwiderstand
Anstelle eines Erregerstroms wird oft der Spulenwiderstand angegeben. Bei Gleichstromerregung lässt sich der Erregerstrom aus Erregerspannung und Spulenwiderstand nach dem Ohmschen Gesetz berechnen.

Spulen-Nennleistung
Die Nennleistung ist eine weitere Alternative zur Angabe des Erregerstroms. Sie betrifft die Leistungsaufnahme der Wicklung bei Nennspannung des Relais und beim Nennwert des Wicklungswiderstandes. Angabe bei Gleichstromerregung in W, bei Wechselstromerregung üblicherweise in VA.

Nennkurzzeitstrom
Der Nennkurzzeitstrom ist ein Maß für die Überlastbarkeit. Es ist der Strom, den die Spulenwicklung 1 s lang aushält, ohne durch zu starke Erwärmung Schaden zu erleiden (nach: VDE 0435/9.62). Faustregel: Relais können kurzzeitig durchaus mit dem 10fachen des Nennstroms belastet werden.

Haltestrom
Um einen Anker in angezogenem Zustand zu halten, braucht man eine deutlich geringere Erregung als nötig ist, um ihn anzuziehen (die bei gegebener Erregung auf einen Anker wirkende Kraft ist – in quadratischer Ab-

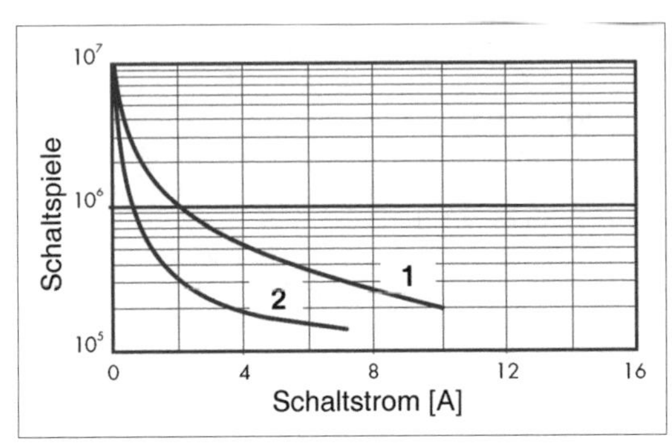

Abb. 4.87: *Zulässige Schaltströme (nach [4.44]). Je länger das Relais leben soll und / oder je mehr Kontakte bestückt sind, desto weniger Strom darf fließen. 1 - zwei oder drei Wechsler bestückt (max. 10 A); 2 - vier Wechsler bestückt (max. 7 A).*

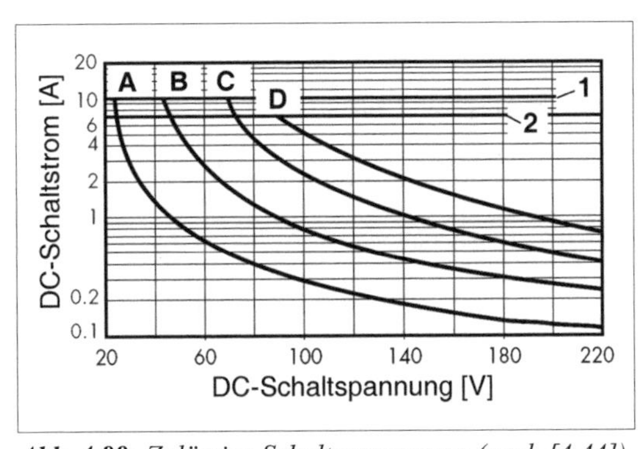

Abb. 4.88: *Zulässige Schaltspannungen (nach [4.44]). 1 - zwei oder drei Wechsler bestückt; 2 - vier Wechsler bestückt. A - ein Kontakt; B, C, D - zwei, drei oder vier Kontakte in Reihe. Wählt man eine Strom-Spannungs-Kombination unterhalb der jeweiligen Kurve, kann eine Lebensdauer von mehr als 100 000 Schaltspielen erwartet werden.*

37 Nach [4.35].
38 Vgl. auch Abb. 3.92 (S. 234).

hängigkeit – umgekehrt proportional zum Luftspalt[39]). Man kann also nach dem Anziehen den Strom auf einen zum sicheren Halten ausreichenden Wert vermindern. In Katalogen und Datensammlungen ist allerdings der Haltestrom nicht immer angegeben. Vgl. weiterhin S. 320 (Haltespannung).

Kontaktdaten

Diese Kennwerte betreffen den Kontaktsatz. Zu den grundsätzlichen Angaben vgl. Abschnitt 4.1.4. Oftmals hängen die Kennwerte von der Bestückung und Nutzung des Kontaktsatzes ab (Abb. 4.87 und 4.88).

Vibrations- und Stoßfestigkeit

Diese Anwendungseigenschaften werden durch Frequenz- und Beschleunigungsangaben gekennzeichnet. Die Bedeutung: Bis hin zur spezifizierten Belastung (durch Rütteln, Bewegen usw.) bleiben die Kontakte zuverlässig in der jeweiligen Position. Abb. 4.89 zeigt eine typische Datenblattangabe. Wichtig sind in diesem Zusammenhang (1) die Einbaulage des Relais und (2) der Erregerstrom[40].

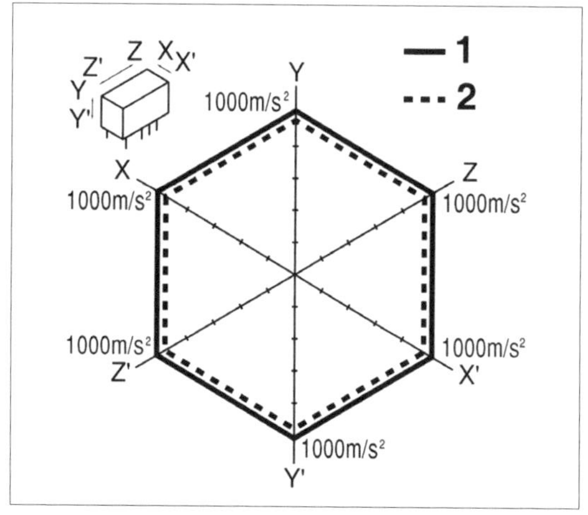

Abb. 4.89: *Zur Vibrations- und Stoßfestigkeit (nach [4.53]). Die Zeichnung soll einen Würfel darstellen, der die drei Raumkoordinaten X, Y, Z veranschaulicht (die Würfelform erschließt sich womöglich erst bei längerem Hinsehen). Es ist angegeben, welche Beschleunigung das Relais in jeder Raumkoordinate aushält. 1 - nicht erregt; 2 - erregt.*

Zeitkennwerte

Die typischen Zeitkennwerte sind in den Abb. 4.90 bis 4.92 veranschaulicht. Sie gelten bei Erregung mit Nennspannung (ohne Spulenbeschaltung) und bei Bezugstemperatur.

Ansprech- oder Anzugszeit

Die Ansprechzeit (Operate Time) wird von Beginn der Erregung bis zum ersten Schalten des Kontaktes gemessen. Die anfängliche Prellzeit wird nicht eingerechnet.

Rückfall- oder Abfallzeit

Die Rückfallzeit (Release Time, Drop-out Time) wird vom Ende der Erregung bis zum ersten Trennen des Kontaktes gemessen. Die nachfolgende Prellzeit wird nicht eingerechnet.

Prellzeit

Die Prellzeit ist die Zeit vom ersten bis zum letzten Schließen bzw. vom ersten bis zum letzten Öffnen eines Relaiskontaktes. Wie Prellzeiten in der Anwendungslösung zu verrechnen sind, hängt vom gewählten Entprellverfahren ab. So wirkt beim RS-Latch (s. Abb. 4.107) jeweils die erste Flanke, während bei zeitabhängigen Verfahren die Entprell-Zeitkonstanten addiert werden müssen.

Umschlagzeit

Diese Angabe kennzeichnet das Zeitintervall, in dem beide Kontaktstellen eines Wechselkontaktes geöffnet sind.

Weitere Zeitkennwerte bistabiler Relais:

- Die Rückwerfzeit betrifft das Umschalten vom Arbeits- in den Ruhezustand. Sie wird vom Beginn der entsprechenden Erregung bis zum Umschalten des letzten Kontaktes gemessen. Prellzeiten werden nicht eingerechnet.
- Die Impulszeit (Mindesterregungsdauer) ist die minimale Impulsbreite, die benötigt wird, damit ein bistabiles Relais seinen Schaltzustand ändert.

39 Vgl. S. 178, insbesondere (3.44).

40 Ein Problem bei herabgesetztem Haltestrom, es ist nicht immer klar, ob dann die Vibrations- und Stoßfestigkeit noch gewährleistet ist.

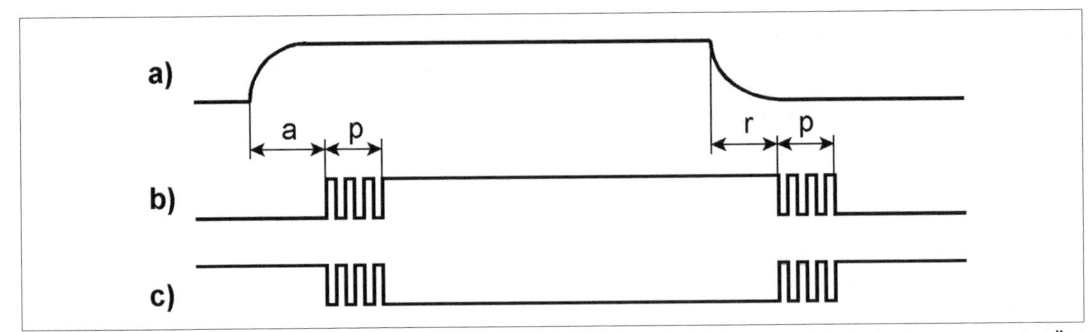

Abb. 4.90: Zeitkennwerte (1). Monostabile Relais. a) Erregung; b) Arbeitskontakt (Schließer); c) Ruhekontakt (Öffner). a - Ansprechzeit; r - Rückfallzeit; p - Prellzeit.

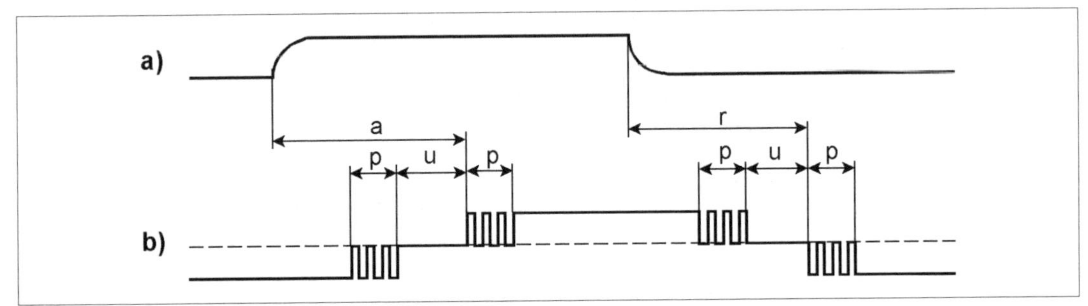

Abb. 4.91: Zeitkennwerte (2). Monostabile Relais. a) Erregung; b) Wechselkontakt. a - Ansprechzeit; r - Rückfallzeit; p - Prellzeit; u - Umschlagzeit.

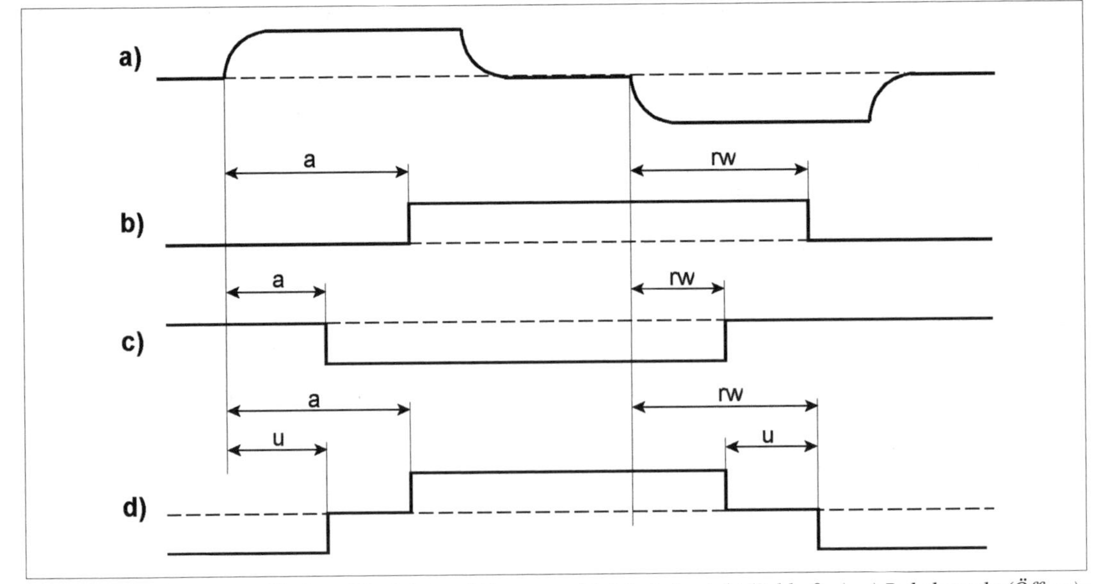

Abb. 4.92: Zeitkennwerte (3). Bistabile Relais. a) Erregung; b) Arbeitskontakt (Schließer); c) Ruhekontakt (Öffner); d) Wechselkontakt. Jedes Umschalten ist mit einer Prellzeit verbunden. Diese Prellzeiten sind nicht dargestellt. a - Ansprechzeit; rw - Rückwerfzeit; u - Umschlagzeit.

4.3.4 Ansprech- und Rückfallverzögerung

Das Problem, das Ansprechen (Anziehen) oder Rückfallen (Abfallen) eines Relais gegenüber dem Schalten der Erregerspannung zeitlich zu verzögern, wird man in modernen Schaltungen zumeist mit analogen oder digitalen Zeitstufen (Abb. 4.93) oder programmseitig lösen.

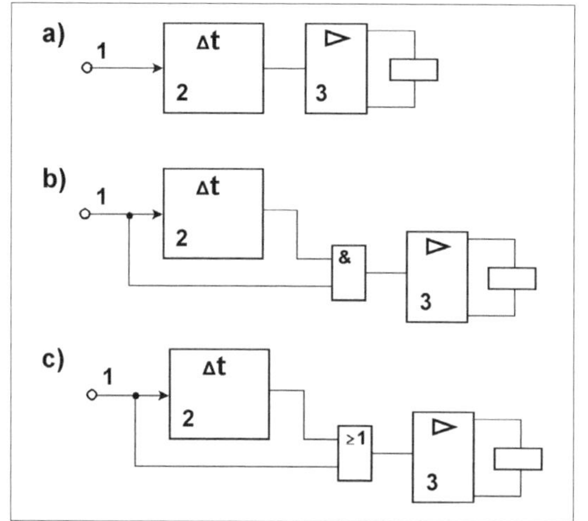

Abb. 4.93: *Ansprech- und Rückfallverzögerung mit elektronischen Schaltmitteln. a) Ansprech- und Rückfallverzögerung; b) nur Ansprechverzögerung; c) nur Rückfallverzögerung. 1 - Schaltsignal; 2 - Zeitstufe (Verzögerung); 3 - Treiberstufe.*

Herkömmliche Lösungen (Abb. 4.94 bis 4.97) kommen dann in Betracht, wenn Sonderanforderungen (z. B. Sicherheitsvorschriften) einzuhalten sind oder wenn es um minimalen Aufwand geht.

Aufwendigere Lösungen erfordern Relais mit zwei Wicklungen. Gemäß Abb. 4.94 sind beide Wicklungen 1, 2 antiparallel zusammengeschaltet, so dass die von ihnen bewirkten Durchflutungen Θ_1 und Θ_2 einander entgegengerichtet sind (Differentialrelais). Wicklung 1 ist die Arbeitswicklung, die das Anziehen des Ankers bewirkt. Sie ist so zu dimensionieren, dass das Relais sicher anspricht. Wicklung 2 ist die Verzögerungswicklung. Sie muss eine geringere Durchflutung erzeugen als Wicklung 1[41]. Der von Wicklung 2 hervorgerufene Magnetfluss (Gegenerregung) verlangsamt das Auf- und Abbauen des Magnetfeldes, so dass eine Ansprech- und Rückfallverzögerung eintritt. Deren Größenordnung richtet sich nach der Summe der Zeitkonstanten beider Wicklungen

$$\frac{L_1}{R_{DC1}} + \frac{L_2}{R_{DC2}}.$$

Der Trimmregler dient zum Einstellen der Durchflutung und damit der Verzögerungszeit. Die Abwandlung gemäß Abb. 4.94b ermöglicht längere Verzögerungszeiten. Beim Einschalten wirkt der Kondensator zunächst als Kurzschluss und sorgt dafür, dass ein kräftiger Strom durch Wicklung 2 fließt, so dass anfänglich eine stärkere Gegenerregung wirksam wird. Mit dem Trimmregler kann die Ansprechverzögerung eingestellt werden. Ist der Kondensator aufgeladen, so ist Wicklung 2 stromlos. Der von Wicklung 1 bewirkte Magnetfluss wird also nicht mehr durch eine Gegenerregung herabgesetzt. Beim Auschalten bewirkt das Entladen des Kondensators eine Rückfallverzögerung. Sie ist größer als die Ansprechverzögerung.

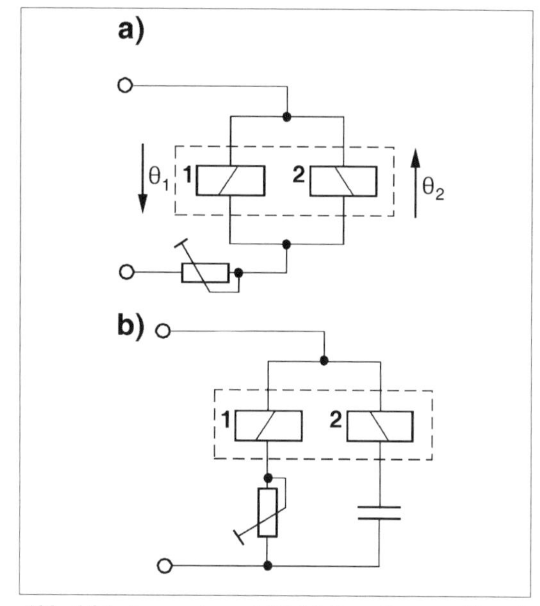

Abb. 4.94: *Ansprech- und Rückfallverzögerung über eine zweite Wicklung (nach [4.36]). a) Prinzipschaltung; b) eine Abwandlung, die für längere Verzögerungszeiten geeignet ist. 1 - Arbeitswicklung; 2 - Verzögerungswicklung.*

41 Ansonsten würden sich die Wirkungen aufheben, und der Anker würde sich gar nicht bewegen.

Gemäß Abb. 4.95 wird die zweite Wicklung als Kurzschlusswicklung betrieben. Die Wicklungen 1, 2, sind so in Reihe geschaltet, dass – ohne Kurzschluss – die von ihnen bewirkten Durchflutungen Θ_1 und Θ_2 die gleiche Richtung haben. Ist die Wicklung 2 kurzgeschlossen, so veranlasst jede Änderung des Magnetfeldes, dass ein Kurzschlussstrom fließt. Die in einer Wicklung mit gleichem Wicklungssinn durch Induktion hervorgerufene Durchflutung ist aber der ursprünglichen Durchflutung entgegengerichtet (vgl. Abb. 3.78). Der zeitweilige Magnetfluss wirkt beim Einschalten gegen und beim Ausschalten in Richtung der Erregung. Hierdurch wird das Auf- und Abbauen des Magnetfeldes verzögert. Soll die Verzögerung nicht wirksam werden, so ist der Kurzschluss aufzutrennen. Dazu wird ein Kontakt des Relais ausgenutzt. Ein Ruhekontakt schaltet den Kurzschlussweg im Ruhezustand und unterbricht ihn im Arbeitszustand (Abb. 4.95b). Somit wird zwar das Ansprechen verzögert, nicht aber das Rückfallen. Ein Arbeitskontakt (Abb. 4.95c) hat die umgekehrte Wirkung.

Die Kurzschlusswicklung wirkt nur durch magnetische Kopplung. Es ist deshalb nicht unbedingt erforderlich, sie mit der Arbeitswicklung zusammenzuschalten (Abb. 4.96). In manchen Relais ist sie als Kupferrohr ausgeführt (das geschlitzt ist, wenn der Kurzschluss von außen schaltbar sein soll).

Die folgenden Schaltungslösungen kommen mit einfachen Relais aus. Abb. 4.97 veranschaulicht die Verzögerung mit Heißleitern. Bei der Ansprechverzögerung (Abb. 4.97a) wird die Tatsache ausgenutzt, dass der Strom durch einen Heißleiter nur allmählich zunimmt (Eigenerwärmung). Zur Dimensionierung vgl. S. ****. Bei der graphischen Dimensionierung gemäß Abb. 1.92 ist der Gleichstromwiderstand der Wicklung als Vorwiderstand anzusetzen.

Dimensionierungshinweise[42]:

- Schaltspannung = 1,5...6 · Spannungsmaximum U_1 des Heißleiters (vgl. Abb. 1.92),

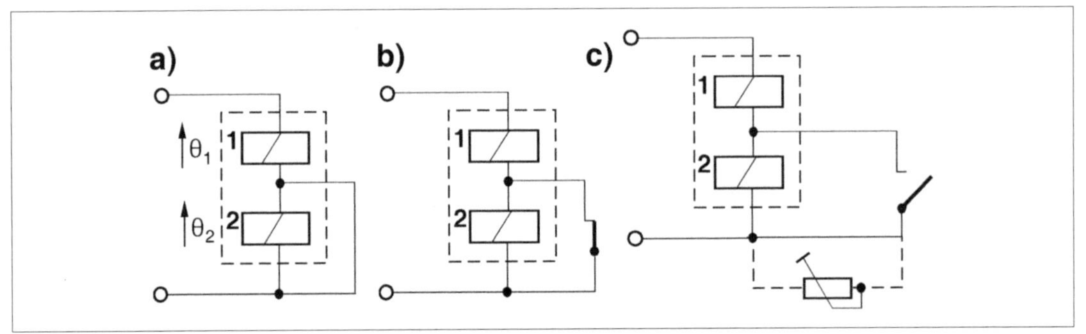

Abb. 4.95: *Ansprech- und Rückfallverzögerung über Kurzschlusswicklung (1). a) Ansprech- und Rückfallverzögerung; b) nur Ansprechverzögerung; c) nur Rückfallverzögerung. 1 - Arbeitswicklung; 2 - Kurzschlusswicklung.*

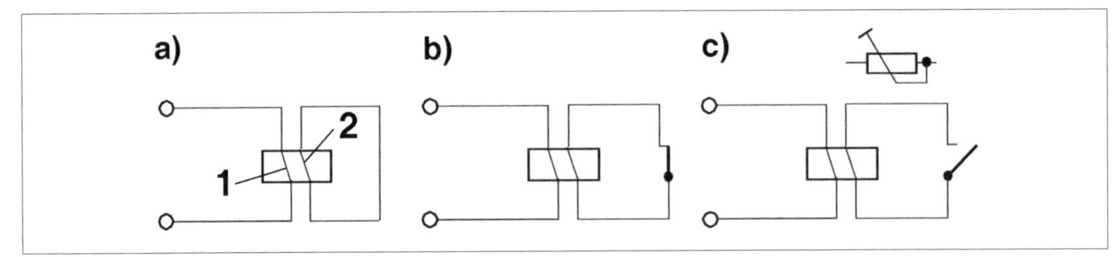

Abb. 4.96: *Ansprech- und Rückfallverzögerung über Kurzschlusswickung (2). a) Ansprech- und Rückfallverzögerung; b) nur Ansprechverzögerung; c) nur Rückfallverzögerung. Der Trimmregler kann bedarfsweise vorgesehen werden. 1 - Arbeitswicklung; 2 - Verzögerungswicklung (typischerweise ein Kupferrohr).*

42 Nach [1.24].

- Schaltspannung = 1,5...2 · Nennspannung des Relais,
- Endstrom I_E des Heißleiters (vgl. S. 80 f) > 1,25 · Erregerstrom des Relais (Nennspannung : Spulenwiderstand).

Die Schaltung kann nur dann erneut wirksam werden, wenn sich der Heißleiter abgekühlt hat (Wiederbereitschaftszeit). Wird er mit einem Arbeitskontakt überbrückt, so kann er bereits abkühlen, während das Relais erregt ist.

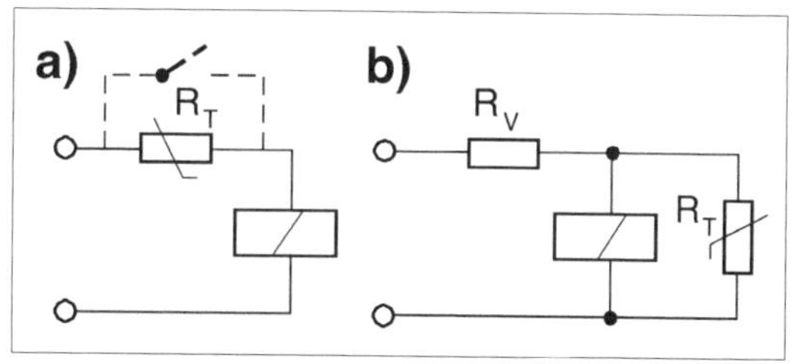

Abb. 4.97: Verzögerungsschaltungen mit Heißleitern. a) Ansprechverzögerung. Das Überbrücken mit einem Arbeitskontakt des Relais gibt dem Heißleiter mehr Zeit zum Abkühlen. b) Impulsbildung durch Rückfallverzögerung.

Abb. 4.97b zeigt eine Impulsbildung mit Heißleiter. Wenn die Schaltspannung anliegt, zieht zunächst das Relais an. Der Heißleiter erwärmt sich. Sein Widerstand nimmt mit der Zeit ab. Damit steigt der Strom durch den Vorwiderstand R_V, und der Spannungsabfall über R_V nimmt zu. Dementsprechend verringert sich die Erregerspannung über dem Relais. Hat sie den Wert der Rückfallspannung erreicht, fällt das Relais zurück. Das Spiel kann von neuem beginnen, nachdem die Schaltspannung abgestellt wurde und der Heißleiter wieder kalt geworden ist (Wiederbereitschaftszeit).
Die Schaltungen von Abb. 4.98 erreichen Ansprech- und Rückfallverzögerungen mit einfachsten Mitteln. Anordnungen mit parallelgeschalteten Widerstände oder Dioden (Abb. 4.98 a, c, d) sind im Grunde Freilaufschaltungen. Die Rückfallverzögerung beruht allein auf der in der Spule gespeicherten Energie. Die Verzögerungszeiten sind deshalb vergleichsweise gering (einige zehn...hundert ms). Zudem können sich die grundsätzlichen Nachteile der Freilaufschaltung auswirken (vgl. S. 346bis 349). Ist das der Fall, ist diese Einfachlösung nicht brauchbar.
Hinreichend groß dimensionierte Kondensatoren (100 ... > 1000 µF) ermöglichen deutlich längere Rückfallverzögerungszeiten (Sekunden ... Minuten). Das Relais fällt ab, wenn die Spannung über dem Kondensator die Haltespannung unterschreitet:

$$U_H = U_S \cdot e^{-\frac{t}{\tau}}; \quad t = \tau \cdot \ln\frac{U_S}{U_H}$$

Mit $\tau = R_S \cdot C$ ergibt sich:

$$C \approx \frac{t}{R_S \cdot \ln\frac{U_S}{U_H}} = \frac{t}{R_S \cdot \ln\frac{U_S}{R_S \cdot I_H}} \quad (4.11)$$

(U_S = Spulenspannung; U_H = Haltespannung; I_H =Haltestrom; R_S= Spulenwiderstand.)

Der Kondensator muss aber beim Einschalten geladen werden. Erforderlichenfalls ist der Ladestrom zu begrenzen (z. B. gemäß Abb. 4.98b), wodurch sich längere Ansprechzeiten ergeben.

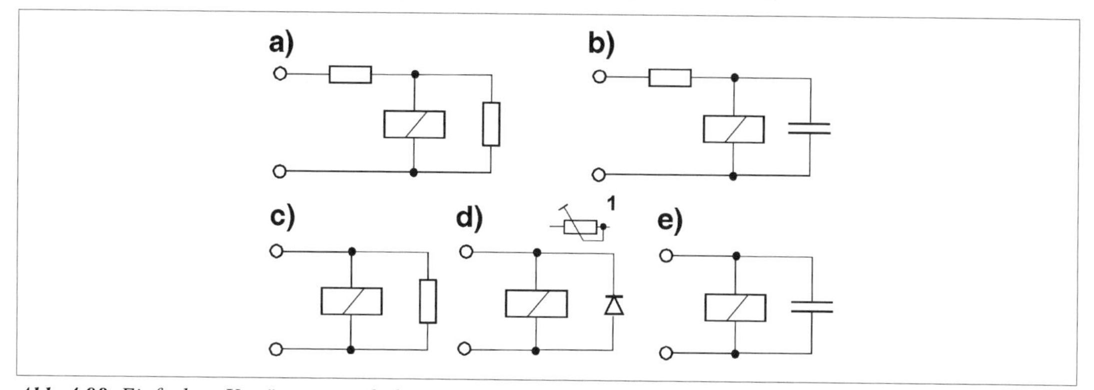

Abb. 4.98: Einfachste Verzögerungsschaltungen. a), b) Ansprech- und Rückfallverzögerung; c), d), e) nur Rückfallverzögerung. Bei der Freilaufdiode d) auf die Polung achten (bezogen auf die Erregerspannung in Sperrrichtung; 1- Trimmregler zur Feineinstellung (wahlweise).

Grundsätzlich sind alle Schaltungen der Abb. 4.97 und 4.98 unpräzise. Die Verzögerung beruht stets auf exponentiellen Verläufen der Erregerspannung. Die Kontaktstellen werden demzufolge nicht schlagartig, sondern irgendwie schleichend verbunden und getrennt. Diese Verzögerungsschaltungen eignen sich somit nur für geringe Schaltleistungen. Die Kontaktwerkstoffe sollten für diese Betriebsweise geeignet sein.

4.4 Kontaktbauelemente auswählen und einsetzen

4.4.1 Kontaktbauelemente auswählen

Der Ausgangspunkt

Aus der Schaltungsentwicklung heraus hat sich die Notwendigkeit ergeben, ein Kontaktbauelement einzusetzen. Typische Kontaktbauelemente sind Bedienelemente, Relais, Steckverbinder und Sensoren[43]. Beim Auswählen sind verschiedenartige Anforderungen zu beachten:

- das Schaltvermögen (Spannung, Strom),
- die Besonderheiten der Betriebsweise (wie trockenes Schalten, geringe Betätigungskräfte oder hohe Isolationsspannungen),
- die Bedingungen der Gerätekonstruktion (Abmessungen, Art der Befestigung, ggf. zusätzlich erforderliche Betätiger usw.),
- die Betriebszuverlässigkeit (z. B. Anzahl der Schaltspiele),
- die Kosten.

Kontaktdaten interpretieren – Hinweise und Spitzfindigkeiten:

1. Überdimensionieren in Hinsicht auf das Schaltvermögen hilft nicht immer. Werden die Mindestwerte des Schaltstroms und/oder der Schaltspannung unterschritten, so gibt es keine Selbstreinigung, weil die Kontaktoberflächen beim Aufeinandertreffen nicht weich werden und sich keine Funken bilden. Deshalb kann der Kontaktwiderstand mit der Zeit sehr hoch werden.
2. Kontaktdaten gelten für ohmsche Last bei der spezifizierten Spannung und Frequenz. Sie werden nur für die spezifizierte Lebensdauer (= Anzahl an Schaltzyklen) zugesichert.
3. Wurden Kontakte überlastet, die für niedrige Ströme und Spannungen spezifiziert sind, so kann es sein, dass sie nur noch unzuverlässig funktionieren.
4. Wechselstromangaben gelten nur für die spezifizierte Frequenz. Bei niedrigerer Frequenz ist das Schaltvermögen typischerweise deutlich geringer, weil die Spannung später durch Null geht, der Lichtbogen also länger ansteht.
5. Das Schaltvermögen für Gleichstrom ist deutlich geringer als das für Wechselstrom, da die Spannung nicht durch Null geht, wenn der Kontakt öffnet.
6. Ein für Einphasenstrom spezifiziertes Schaltvermögen gilt nicht immer auch für Dreiphasenstrom; ein für Dreiphasenstrom spezifiziertes Schaltvermögen gilt nicht immer für nichtsynchrone Phasen.
7. Kontakte der Kraftfahrzeugtechnik. Es gibt ein reichhaltiges Angebot, sowohl an Schaltern und Tastern als auch an Relais. Diese Bauelemente sind kostengünstig und robust. Sie sind aber andererseits nur etwas fürs Grobe und nicht zum Schalten von Signalen geeignet[44]. Für Netzspannung sind sie nicht zugelassen.

Signale schalten

Hier geht es um Signale, auf die es ankommt. Beispiele: Messbereichsumschaltung, Messstellenauswahl und Interfaceumschaltung. Die Kontaktbauelemente müssen im Signalweg passend angeordnet werden. Mit anderen Worten: Der Signalweg bestimmt die Anordnung (z. B. auf der Leiterplatte), nicht umgekehrt. Bei manuell zu betätigenden Schalterbauelementen erfordert dies gelegentlich mechanische Sonderlösungen, z. B. Fernantriebe. Relais haben demgegenüber zwei offensichtliche Vorteile:

- Es sind keine besonderen Aufwendungen in der Mechanik erforderlich,

43 Z. B. ein Mikroschalter, der überwacht, ob ein Gehäuse geschlossen ist, oder ein Reedkontakt als Drehzahlgeber.

44 Datenblattbeispiel (Miniaturrelais Typ K nach [4.54]): Nenn-Schaltstrom 15 A für den Ruhekontakt, 20 A für den Arbeitskontakt; empfohlene Mindestbelastung: 1 A und 5 V.

- die Schaltvorgänge können ohne jeglichen Bedienereingriff ausgelöst werden.

Es stehen Signalrelais mit Anker und Reedrelais zur Wahl. Das Reedrelais (Abb. 4.99) ist die naheliegende Alternative zum direkt bedienten mechanischen Schalter. Es ist klein, kostengünstig und zuverlässig, und es braucht nur eine geringe Erregerleistung (z. B. 100 mW = 20 mA bei 5 V). Weil die Kontaktzungen aus magnetischen Werkstoffen bestehen, ist jedoch der Kontaktwiderstand etwas höher. Auch kann sich der Skineffekt stärker bemerkbar machen. Die Auswahl wird deshalb vor allem von den Kennwerten der zu schaltenden Signale bestimmt[45].

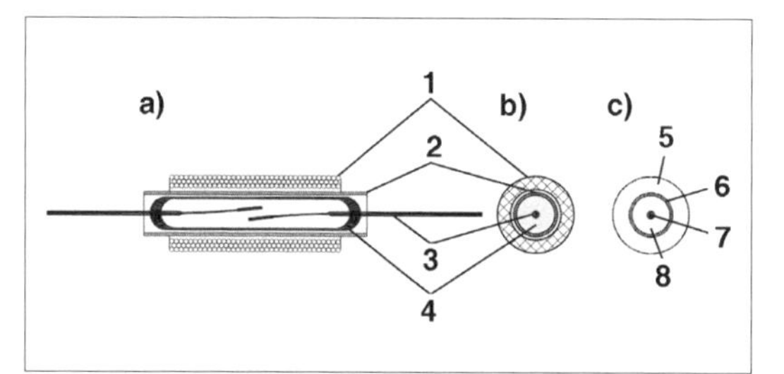

Abb. 4.99: *Reedrelais zum Schalten hochfrequenter Signale (nach [4.32]). a) Längsschnitt; b) Querschnitt; c) Querschnitt durch ein Koaxialkabel. 1 - Spule; 2 - statische Abschirmung (unterdrückt Übersprechen zwischen Spule und Kontakt); 3 - Anschluss; 4 - Glaskörper; 5 - äußere Isolation (Mantel) 6 - Schirm; 7 - Innenleiter; 8 - innere Isolation. Derartige Relais sind zum Schalten von sehr geringen Strömen und von Hochfrequenzsignalen bis zu mehreren GHz geeignet. Bei trockenem Schalten (weniger als 5 V oder 10 mA) hat ein solches Relais eine Lebensdauer von über 10^9 Schaltspielen.*

Reihen- und Parallelschaltung von Kontakten
Kontaktnetzwerke, die Signalverknüpfungen verwirklichen, sind letzten Endes Reihen- und Parallelschaltungen von Kontakten. Auch kann die Parallelschaltung von zwei Kontakten desselben Kontaktsatzes die Zuverlässigkeit verbessern. Es ist aber folgendes zu beachten:

- In einer Reihenschaltung von Kontakten schalten alle Kontakte trocken bis auf den, der als letzter schaltet.
- Geht es darum, stärkere Ströme zu schalten, ist das Parallelschalten von Kontakten nicht zu empfehlen. Die Kontakte schalten nie absolut gleichzeitig, so dass ein Kontakt stets kurzzeitig mit dem gesamten Schaltstrom belastet wird. Parallelgeschaltete Wechselkontakte können sogar eine zeitweilige Verbindung zwischen Arbeits- und Ruhekontakt herstellen

Umwelteinflüsse
Kontaktbauelemente unbedingt in geschlossenen Behältern lagern. Obwohl Kontakte als elementare mechanische Bauteile ziemlich widerstandsfähig erscheinen, sind sie doch recht empfindlich. So können dampfförmige Absonderungen (z. B. von silikonhaltigen Schmiermitteln) Schichten bilden, die den Übergangswiderstand erhöhen und die Korrosion fördern. Zu Lagerung und Verarbeitung (Montieren, Löten, Waschen usw.) und zu den Umgebungsbedingungen im Einsatz unbedingt die Herstellerangaben beachten.

4.4.2 Bedienelemente

Welche Alternativen zu untersuchen sind, hängt davon ab, was eigentlich geschaltet werden soll:

- Leistung (z. B. Netzschalter),
- Ein-Aus-Signale, die lediglich zu Bedienzwecken ausgewertet werden,
- Signale, auf die es ankommt (z. B. Messstellenauswahl). Solche Einsatzfälle erfordern entsprechend hochwertige Bauelemente und ggf. mechanische Sonderkonstruktionen.

Im Vordergrund steht die konstruktive Ausführung. Nicht selten geht es darum, eine vorgegebene Bedienkonzeption oder Bedienfeldgestaltung zu verwirklichen. Anordungen aus verschiedenartigen Bedienelementen (vgl. Abb. 4.50) sind in der Fertigung aufwendig (manuell herzustellende Drahtverbindungen oder Anordnungen aus mehreren Leiterplatten, um Bauelemente unterschiedlicher Bauhöhe aufnehmen zu können). Deshalb bevorzugt man oft flache Tastenfelder (vgl. Abb. 4.56 und 4.58) und verwirklicht die eigentlichen Bedienfunktionen programmtechnisch (Mikrocontroller). Beim Auswählen kann man sich auf Gebrauchseigenschaften wie Aussehen, Betätigungskräf-

45 Zu Spitzfindigkeiten (z. B. Thermospannungen) muss auf einschlägige Firmenschriften verwiesen werden (vgl. beispielsweise [4.29] und [4.51]).

te, Abmessungen und Art der Befestigung konzentrieren; die eigentlichen Kontaktdaten sind im Grunde bedeutungslos. Ausnahme: Mindestströme und Mindestspannungen – wenn man billige Kontakte trocken schaltet, werden sie nicht allzu lange zuverlässig funktionieren. Man muss also dafür sorgen, dass diese Mindestwerte im Einsatz eingehalten werden – oder man muss nach besser geeigneten Bauelementen suchen.

Richtwerte:

- Miniaturschalter mit höherwertigen Kontakten (z. B. Gold über Nickel): 0,4 W bei max. 20 V (Schaltstrom max. 20 mA),
- Miniaturschalter mit robusten Kontakten (z. B. auf Silbergrundlage): 2...3 A bei max. 28 V = oder 125 V ~ .

Netzschalter
Hier ist auf den Schaltstrom und – vor allem – auf die Einschaltbelastbarkeit zu achten, da die meisten am Netz zu schaltenden Einrichtungen hohe Einschaltströme haben. Gelegentlich ist der frontseitig angebrachte Netzschalter ein konstruktives Problem – man muss entweder die Netzspannung quer durchs Gerät zuführen oder man braucht eine mechanische Fernbetätigung. Typische Ausweichlösungen:

- Netzschalter an Geräterückseite (manchmal im Netzteil eingebaut),
- die Netzspannung wird über ein Relais geschaltet, das an einer geeigneten Stelle – ohne Rücksicht auf Bedienbarkeit – angeordnet werden kann. Das Relais kann seinerseits mit Netzspannung oder Niederspannung geschaltet werden. Schaltet man mit Netzspannung, so besteht der Vorteil gegenüber dem direkt zu bedienende Netzschalter darin, dass man kleine Bedienelemente einsetzen kann (z. B. Taster), die wenig Strom aufnehmen (Frage der Leiterquerschnitte)[46] und nur geringe Betätigungskräfte erfordern. Beim Schalten mit Niederspannung kann man sich noch mehr Komfort leisten (z. B. Fernbedienung). Zudem entfällt das Isolationsproblem (im Bedienbereich gibt es keine Leitungswege, die Netzspannung führen). Man muss aber, um die Ansteuerung betriebsbereit zu halten, ständig eine gewisse Leistung aus dem Netz entnehmen (Standby-Betrieb) – eine heutzutage (mit gewissem Recht) wenig populäre Lösung (Stromverbrauch, Brandgefahr).
- Auslagerung der Netzstromversorgung (z. B. Steckernetzteil). Eine hässliche, aber in der Industrie offensichtlich sehr beliebte Lösung (denn man wird dadurch das gesamte Netzanschlussproblem im Gerät los). Dauernd eingesteckte Steckerknetzteile sind aber in Hinsicht auf unnötigen Stromverbrauch und Brandgefahr womöglich viel schlimmer als sorgfältig durchentwickelte Standby-Stromversorgungen...

4.4.3 Relais

Die Auswahl beginnt von der Kontaktseite her: Schaltvermögen – Art der Kontakte – Anzahl der Kontakte. Um den Kontaktsatz zu betätigen, braucht das Relais eine Antriebsleistung, die als Spulen-Nennleistung im Datenblatt steht. Viele Relaisbaureihen enthalten Typen mit gleicher Kontaktbestückung und Spulen-Nennleistung, aber unterschiedlichen Nennspannungen (Richtwerte: 5...48 V). Es liegt nahe, die jeweils höchste Nennspannung zu wählen, da bei dieser Auslegung der niedrigste Spulenstrom fließt[47] (wegen I = P : U). Der bestimmende Kennwert beim Auswählen von Leistungsbauelementen (als Relais-Treiber) ist der Strom; Spannungen bis etwa 48 V halten die meisten Leistungsbauelemente ohne weiteres aus. Im diesem Spannungsbereich bereitet auch die Isolation keine Schwierigkeiten.

Das eigentliche Problem ist jedoch oftmals die Bereitstellung höherer Betriebsspannungen. Für ein oder zwei Relais lohnt es sich offensichtlich nicht, eigens eine Stromversorgung aufzubauen. Es liegt dann nahe, vorhandene Speisespannungen (z. B. 5 V oder 12 V) auszunutzen.

Vorauswahl der Relaistypen
Sie beginnt mit dem Anwendungsgebiet. Was soll eigentlich geschaltet werden? Dementsprechend ergibt sich eine Vorauswahl zwischen Reedrelais, Signalrelais (mit Anker) und Leistungsrelais. Beim Leistungsrelais

46 Gelegentlich bekommt man die Netztaster sogar auf der Leiterplatte unter.

47 Richtwerte anhand einer typischen Relaisbaureihe (gleiche Bauform und gleicher Kontaktsatz, aber unterschiedliche Spulenauslegung): Nennleistung 400...430 mW; Erregerstrom bei 5 V Nennspannung 80 mA, bei 12 V 33,3 mA, bei 24 V 16,7 mA, bei 48 V 8,96 mA.

entscheidet dann die Art der Montage (also eine Entwurfsentscheidung der Gerätekonstruktion) über die weitere Auswahl (Leiterplattenrelais, Steckrelais, Relais für Hutschienenmontage usw.). Nach dieser Vorauswahl kann man mit der parametrischen Suche beginnen und sich von den Anwendungsschriften der Relaishersteller anregen lassen[48].

Richtwerte für Reedrelais:

- Erregung: Spulenleistung 50...100 mW bei Nennspannungen von beispielsweise 3,3, 5, 12 und 24 V.
- Kontakte: Schaltstrom 0,1...2 A, Schaltspannung 100...250 V, Kontaktwiderstand 100... 200 mΩ.

Richtwerte für Signalrelais:

- Erregung: Spulenleistung 30...ca. 500 mW (typisch rund 150 mW) bei Nennspannungen von beispielsweise 5, 12 und 24 V (es gibt auch Baureihen mit Nennspannungen bis hinab zu 1,5 V)
- Kontaktsatz: Schaltstrom 0,5...2 A, Schaltspannung 100...250 V, Kontaktwiderstand < 100 mΩ.

Richtwerte für Leistungsrelais

Abhängig von Bauform und Größe sind die Werte von Schaltspannung und Schaltstrom praktisch nach oben hin offen. Bei Beschränkung auf Leiterplattenmontage (Leiterplattenrelais) gilt:

- Erregung: Spulenleistung 300 mW...2 W (typisch rund 500 mW) bei Nennspannungen von 3 V...48 V = oder 110...240 V ~.
- Kontaktsatz: Schaltstrom 5...20 A, Schaltspannung 250...400 V ~.

Kontaktkategorien und Kontaktwerkstoffe

Um die Anwendungsbereiche der Relais zu kennzeichnen, gibt es verschiedene standardisierte Schemata (Kontaktkategorien, Gebrauchskategorien, Kontaktklassen usw.)[49]. In den Tabellen 4.11 und 4.12 sind zwei übliche Klassifizierungen angegeben. Des weiteren kann man sich an typischen Kontaktwerkstoffen orientieren (Tabelle 4.13).

Kontaktkategorie	Anwendungsbereiche
CC0	Trockenes Schalten mit maximal 30 mV und 10 mA
CC1	Steuerstromkreise mit Kleinspannungen (z. B. SPS-Eingänge)
CC2	Freigabepfade mit Niederspannung (230 V), womit z. B. Schütze geschaltet werden

Tabelle 4.11: *Kontaktkategorien nach IEC 61810-2. CC1 und CC2 sind durch die Lichtbogengrenzkurve getrennt.*

Kontaktklasse	Spannung am offenen Kontakt	Strom durch geschlossenen Kontakt
0	< 30 mV	10 mA
1	30mV... 60 V	10...100 mA
2	5 V... 250 V	100 mA...1 A
3	5 V...600 V	100 mA...100 A

Tabelle 4.12: *Kontaktklassen nach EN 69255-23.*

Werkstoff	typische Anwendungsbereiche
Silber-Nickel (AgNi)	Ohmsche und schwach induktive Lasten. Einschaltströme bis 25 A, Dauer- und Abschaltströme bis 12 A.
Silber-Nickel mit 5 µm Hartvergoldung (AgNiAu)	Niedrige oder nicht vorhersehbare Lasten (Mehrbereichskontakte (s. Text)). Bereich der niedrigen Lasten: 50 mW (5 V / 2mA) bis 1,5 W und max. 24 V (Widerstandslast). Das Gold verdampft, wenn stärkere Ströme geschaltet werden. Danach gelten die Kennwerte des Silber-Nickel-Kontakts.
Silber-Cadmiumoxid (AgCdO)	Induktive Wechselspannungslasten. Einschaltströme bis 50 A, Dauer- und Abschaltströme bis 30 A.
Silber-Zinnoxid ($AgSnO_2$)	Hohe Einschaltströme (> 100 A für < 5 ms).

Tabelle 4.13: *Typische Kontaktwerkstoffe für Industrierelais (nach [4.44]).*

48 Hier sei die Empfehlung wiederholt, das Relais nur als möglichst einfaches Leistungsschaltglied einzusetzen und alles, was komplizierter ist, in der Elektronik oder programmseitig zu erledigen.

49 Anwendung: vor allem bei Suchanfragen (Internet). Zu Einzelheiten muss auf die Schriften der Hersteller und auf die einschlägigen Standards verwiesen werden.

Mehrbereichskontakte

Diese Auslegung betrifft Einsatzfälle, in denen der Kontaktsatz des Relais sowohl Lasten als auch Signale (z. B. Sensordaten) schaltet. Für die empfindlichen Signalstromkreise sind Goldkontakte erforderlich. Für jeden Anwendungsfall würde man somit ein Relais mit einer bestimmten Kombination von Signal- und Leistungskontakten benötigen. Um die Typenvielfalt zu verringern und Fehlbestückungen zu vermeiden, werden Relais angeboten, die durchgehend mit hartvergoldeten Kontakten bestückt sind (z. B. Silber-Nickel mit 5 µm Hartvergoldung). In den Lastkreisen verdampft das Gold nach den ersten Schaltspielen. Solche Kontakte haben dann die Anwendungseigenschaften „gewöhnlicher" Leistungskontakte (z. B. Silber-Nickel).

Praxistipps:

1. Bei hartvergoldeten Mehrbereichskontakten 50 mW Schaltleistung (5 V, 2 mA) nicht unterschreiten. Für niedrigere Schaltleistungen (Richtwerte: bis 0,1 V, 1 mA) zwei Kontakte parallelschalten (nach [4.44]).
2. Bei der hier in Rede stehenden Systemauslegung (alles Komplizierte in die Elektronik/Software) liegt es nahe, in solchen Fälle zwei einfache Relais einzusetzen (Leistungsrelais + Signalrelais; letzteres ggf. als Reedrelais).

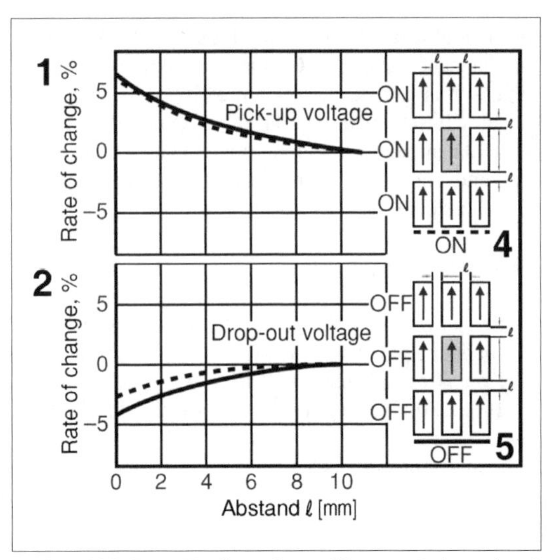

Abb. 4.100: *Der Einfluss benachbarter Relais (nach [4.53]). 1 - prozentuale Änderung der Ansprechspannung; 2 - prozentuale Änderung der Rückfallspannung; beides in Abhängigkeit vom Abstand. Rechts zwei Darstellungen der Anordnung. Alle Relais sind gleichartig ausgerichtet (gleiche Polung). 4 - die gestrichelten Kurven gelten dann, wenn alle umgebenden Relais erregt sind. 5 - die durchgezogenen Kurven gelten dann, wenn alle umgebenden Relais nicht erregt sind. Offensichtlich ist bei etwa 10 mm Abstand keine Beeinflussung mehr vorhanden.*

Relais eng beieinander anordnen

Das kann gelegentlich erforderlich sein, z. B. beim Aufbau von Schaltermatrizen[50]. Werden zwei Spulen mit gleicher Polung der Magnetfelder nebeneinander angeordnet, so wirkt der vom Nachbarrelais eingekoppelte magnetische Fluss dem eigenen entgegen. Somit ist eine höhere Ansprechspannung erforderlich (Richtwert: 5...20 %). Aufgrund ihrer geringen Größe sind vor allem Reedrelais von diesem Problem betroffen. Abb. 4.100 zeigt eine entsprechende Datenblattangabe. Abhilfe:

- magnetische Abschirmung,
- genügend Abstand (wie aus Abb. 4.101 ersichtlich),
- die Polung der Spule von Relais zu Relais umdrehen. Benachbarte Relais nicht gleichzeitig, sondern zeitversetzt betätigen.

Vermischte Hinweise und Spitzfindigkeiten:

1. Wenn eine Wechselspannungslast zyklisch geschaltet wird, so kann es vorkommen, dass das Umschalten immer an einer nahezu gleichen Stelle der Sinuswelle stattfindet[51]. Es wird also praktisch Gleichstrom geschaltet, und die Materialwanderung verläuft nur in einer Richtung. In einer solchen Betriebsweise kann das für Wechselstrom

50 Vgl. beispielsweise [4.51].

51 Fallbeispiel: Das Relais wird von einem Mikrocontroller geschaltet, der über die Nulldurchgänge des Netzsinus synchronisiert wird. Da Relais ziemlich konstante Schaltzeiten haben, kann es vorkommen, dass der Zeitabstand zwischen zwei Schaltvorgängen immer einem geraden Vielfachen der Dauer einer Netzhalbwelle entspricht. (Praxistip: z. B. programmseitig für ein gewisses Variieren der Schaltabstände sorgen.)

spezifizierte Schaltvermögen nicht ausgenutzt werden.

2. Schalten unterschiedlicher Spannungen in einem Relais. Das ist grundsätzlich zulässig. Die Lichtbögen, die beim Öffnen der Kontakte entstehen, verhalten sich aber wie stromdurchflossene Leiter und ziehen einander an. Richtwert[52]: Das Produkt beider Ströme ($I_1 \cdot I_2$) sollte nicht größer sein als 16 A^2. Ansonsten einen Kontaktplatz dazwischen freilassen.

3. Wechselstromrelais. Der Einschaltstrom kann das 1,3...1,7fache des Nennwertes bzw. des Erregerstroms erreichen, der sich aus den Spulendaten (Nennspannung : Spulenwiderstand oder Nennleistung : Nennspannung) ergibt.

4. Zeitkennwerte gelten für den Betrieb ohne Schutzbeschaltung bei Ansteuerung mit den Nennwerten der Erregerdaten.

5. Netzspannung in der Nähe von Relais, die Signale schalten. Es kann zu Einkopplungen und damit auch zu verstärkter Belastung der Kontakte kommen.

6. Das Schalten der Last kann auf die Erregerseite durchschlagen (Einkoppeln von Störungen über die Spule oder über die Zuleitungen). Praxistipp: Die Anwendungslösung unbedingt mit den richtigen Lasten (oder wenigstens mit näherungsweisen Nachbildungen) erproben, nicht einfach die Relais leer klappern lassen.

7. Wechselkontakte. Der Abschaltlichtbogen kann kurzzeitig eine elektrische Verbindung zwischen Öffner- und Schließerkontakten herstellen. Deshalb dürfen in sicherheitskritischen Anwendungen keine Wechselkontakte verwendet werden.

8. Relais in Metallgehäuse. Falls die Kontaktdaten für das ungeerdete Gehäuse gelten, kann sich das Schaltvermögen deutlich verringern, wenn das Gehäuse Erdverbindung hat[53].

9. Reinigen von Leiterplatten. Es kann sein, dass das Reinigungsmittel die Spulen oder Isolationswerkstoffe im Relais angreift. Nur gasdicht (hermetisch) oder wenigstens „waschfest" gekapselte Relais kann man unbedenklich auf der Leiterplatte mitreinigen. Herstellerangaben beachten.

10. Wenn die Spule im Betrieb sehr warm wird, sollte die Pause zwischen zwei Erregungen so lang sein, dass sie richtig abkühlen kann. Ansonsten (also bei Folgen aus längerer Erregung und kurzer Pause) kann es beim erneuten Ansprechen Probleme geben (weil hierzu mehr Leistung erforderlich ist als zum Halten des Ankers). In einer solchen Betriebsweise kann nicht die volle Schaltleistung ausgenutzt werden.

11. Relais sind grundsätzlich empfindlich gegen Erschütterungen. Auf die g-Angaben im Datenblatt achten (vgl. S. 323).

12. Relais so montieren, dass mechanische Kopplungen zu benachbarten Relais oder Motoren, Resonanzerscheinungen usw. ausgeschlossen sind.

13. Relais nicht auf Bauteilen montieren, die sich im Betrieb durchbiegen können (z. B. auf größeren Leiterplatten ohne entsprechende Abstützung).

14. Relais (vor allem Reedrelais) nicht in der Nähe starker Magnetfelder anordnen. Wenn es nicht zu vermeiden ist, eine magnetische Abschirmung vorsehen (zusätzlich anbringen oder Relais mit magnetischer Abschirmung einsetzen).

15. Wechselstromrelais sind typischerweise für Sinusspannungen mit einer Frequenz von 50 bis 60 Hz ausgelegt. Es kann sein, dass sie mit anderen Spannungsverläufen nicht richtig funktionieren. Abhilfe: Gleichstromrelais einsetzen und Gleichrichtung vorsehen.

16. Gleichstromrelais wollen eine möglichst glatte Gleichspannung sehen (und keineswegs die Sinusimpulse einer Halbwellengleichrichtung...). Richtwert: Brummspannung $< 5\,\%$.

52 Nach [4.44].

53 Nach [4.3] macht sich der Effekt bei Schaltspannungen > 30 V bemerkbar.

17. Schutzbeschaltungen in unmittelbarer Nähe des Relais anordnen; zu weit weg sind sie nutzlos (Richtwert für Leistungsrelais: keineswegs mehr als 50 cm Leitungslänge).

4.4.4 Steckverbinder

Steckverbinder auswählen

Abgesehen von Sonderanforderungen[54] ist der Steckverbinder ein vergleichsweise einfaches Kontaktbauelement. Aus Sicht der Geräteentwicklung ergeben sich zunächst die grundsätzlichen Anforderungen hinsichtlich der Anzahl und der Art der Kontakte:

- Strombelastung,
- Spannungsfestigkeit (allgemeine Isolationsspannung, zulässige Spannung zwischen benachbarten Kontakten usw.),
- Kapazitäten (zwischen den Kontakten, zwischen Kontakt und Masse oder Abschirmung usw.)
- Durchgangs- und Isolationswiderstände,
- Einfügungsdämpfung,
- Sonderanforderungen, wie voreilende Kontakte und Kontakte mit definiertem Wellenwiderstand.

Die meisten Überlegungen zur Steckverbinderauswahl betreffen typischerweise Fragen der Mechanik, Gerätekonstruktion und Fertigung[55]. Es gibt zwei Ausgangslagen:

- Es sind Standards oder anderweitige Vorgaben[56] einzuhalten. Damit liegt die grundsätzliche Art des Steckverbinders fest.
- Man hat weitgehende Wahlfreiheit. Das ist vor allem dann der Fall, wenn die Steckverbindung nur dazu dient, die einzelnen Funktionseinheiten im Gerät untereinander zu verbinden.

Alternativen zum Steckverbinder

Steckverbindern wird oftmals von vornherein – weil sie Kontaktbauelemente sind – eine gewisse Unzuverlässigkeit nachgesagt. Sie lassen sich aber nicht völlig vermeiden. Die typische Alternative an den Schnittstellen zur Außenwelt ist die drahtlose Übertragung. Sie ist aber offensichtlich aufwendiger und deutlich weniger zuverlässig (das betrifft sowohl die Anzahl der Bauelemente als auch die Möglichkeit der Störbeeinflussung). In der Geräteentwicklung ergibt sich gelegentlich die Alternative, die Anzahl der über Steckverbinder zu verschaltenden Funktionseinheiten zugunsten größerer Baugruppen zu vermindern. Im Extremfall lässt sich das gesamte Gerät auf einer einzigen Leiterplatte unterbringen. Die Zuverlässigkeit solcher Auslegungen ist tatsächlich höher, ebenso aber die Aufwendungen beim Fertigen und (vor allem) beim Prüfen. Auch werden solche Lösungen von den Anwendern nicht immer gern gesehen[57]. Kompromisslösungen laufen darauf hinaus, die Anzahl der Steckkontakte zu vermindern. Typische Auslegungen in dieser Hinsicht[58]:

- serielle statt parallele Informationsübertragung,
- Erzeugung von Betriebsspannungen an Ort und Stelle (gelegentlich aus einer einzigen Rohspannung – z. B. 12 V – die vom zentralen Netzteil geliefert wird).

Hat man eine in diesem Sinne vernünftige Aufteilung gefunden, kann man auch das Zuverlässgkeitsproblem der verbleibenden Steckverbindungen angehen, und zwar durch Auswählen entsprechend hochwertiger Typen[59].

54 Beispielsweise extrem hohe oder extrem niedrige Stromstärken, hohe Frequenzen, hohe Kontaktdichten, ungewöhnliche Kontaktbelegungen (z. B. Leistungs- und Hochfrequenzkontakte im selben Steckverbinder), Einhaltung bestimmter Zwangsfolgen beim Stecken und Trennen.

55 Diese Problemkreise können hier nicht betrachtet werden. Die folgenden Ausführungen beschränken sich auf den Steckverbinder als Kontaktbauelement.

56 Z. B. zur Frontplattengestaltung.

57 Sie denken naheliegenderweise an die Kosten im Servicefall. Oftmals wünschen sie zudem die Möglichkeit, das Gerät freizügig umbauen und erweitern zu können. Das wohl populärste Beispiel: der PC. Bei den heutigen Taktfrequenzen und Datenraten wäre es am günstigsten, auf Fassungen, Stecksockel und Slots zu verzichten und stattdessen alle Schaltkreise (auch Prozessor und Arbeitsspeicher) fest einzulöten. Das hat sich aber am Markt nicht durchsetzen können – die Kunden wünschen auswechselbare Prozessoren und erweiterungsfähige Speicher.

58 Auch hierfür mag die Technik der heutigen Personalcomputer als Beispiel dienen (PCI Express, Serial ATA, USB usw.).

59 Die man sich leisten kann, weil man nicht mehr so viele Steckkontakte braucht.

Schalten oder nicht schalten?
Es gibt beides:

- Steckverbinder, die zum Stecken unter Last vorgesehen sind. Das Stecken und Trennen wird somit zum Schaltvorgang. Naheliegende Beispiele: die Netzstecker, die Niederspannungssteckverbinder der Steckernetzteile und die USB-Steckverbinder.
- Steckverbinder, die dafür spezifiziert sind, dass beim Stecken oder Trennen keine Spannung an den Kontakten anliegt und kein Strom durch die Kontakte fließt. Das Stecken und Trennen entspricht somit einem trockenen Schalten.

In manchen Anwendungsfällen ist die Frage gegenstandslos, weil die Steckverbindungen nie während des Betriebs betätigt werden (sondern nur beim Montieren des Gerätes und ggf. im Service). Auch hier ist das Stecken und Trennen ein trockenes Schalten. Beim Auswählen ist vor allem die Einsatzumgebung zu berücksichtigen (Temperaturen, Korrosionsgefahr)[60].

Hinweis: Es ist zu unterscheiden zwischen (1) Stecken unter Last und (2) Stecken bei laufendem Betrieb. Letzteres ist heutzutage in Mode. Viele einschlägige Schnittstellen sind aber so ausgelegt, dass ein Stecken unter Last weitgehend vermieden wird. Es handelt sich vielmehr um ein systematisches Hoch- und Herunterfahren unter Mitwirkung der Schnittstellensteuerung (und manchmal auch der Systemsoftware). Die Steckverbinder dieser Schnittstellen haben entsprechende Vorkehrungen (z. B. voreilende Massekontakte).

Direkte Leiterplattensteckverbindungen
Steckkarten in kostengünstiger Hardware haben üblicherweise direkte Steckverbindungen. Die Steckflächen sind mit Kontaktwerkstoffen beschichtete Leiterzüge (meist mit einer Goldauflage über einer Nickelschicht).

Indirekte Steckverbindungen
Direkte Steckverbindungen haben zwei wesentliche Nachteile: (1) Die Anzahl der Kontakte kann, bezogen auf eine bestimmte Länge, nicht allzu hoch sein (begrenzte Kontaktdichte), (2) die konstruktive Auslegung der Steckverbindung und auch deren Betriebszuverlässigkeit hängen maßgeblich von der Leiterplatten-Technologie ab (so ist es offensichtlich, dass hinsichtlich der Dicke des Leiterplatten-Basismaterials nur sehr geringe Toleranzen zulässig sind). Bei einer indirekten Steckverbindung sind hingegen beide Verbindungselemente als eigenständige Bauteile ausgeführt. Somit sind Steckverbinder-Technologie und Leiterplatten-Technologie völlig voneinander entkoppelt, und man kann extreme Kontaktdichten verwirklichen.

Strombelastbarkeit
Nachsehen, wofür der Nennwert im Datenblatt gilt: betrifft er den gesamten Steckverbinder oder nur den einzelnen Kontakt? Ist letzteres der Fall, so ist zu berücksichtigen, dass sich der Kontakt in der Nachbarschaft von vielen anderen Kontakten befindet und dass die Umgebungstemperatur beträchtlich höher sein kann.

Richtwerte für einen typischen Leiterplattensteckverbinder[61]:

- bei + 20 °C: 2,0 A,
- bei + 70 °C: 1,0 A,
- bei + 100 °C: 0,5 A.

Pauschale Faustregel: Über einen Kontakt eines an sich für Signalübertragungszwecke vorgesehenen Steckverbinders sollten nicht mehr als etwa 1 A fließen[62].

Wichtig: Die Anzahl der Massekontakte – über die Masse müssen alle Ströme zurück.

Selbstreinigung
Nahezu alle Steckkontakte sind selbstreinigend, da sie beim Stecken aufeinander reiben. Ziehen und wieder Stecken beseitigt die meisten Verunreinigungen.

Der einmal gesteckte Kontakt sollte halten
Hier geht es nicht nur um das unabsichtliche Trennen oder Auseinanderfallen der Steckverbindung, sondern vor allem auch um an sich geringfügige mechanische Bewegungen der Kontaktflächen gegeneinander (durch

60 Es wäre falsch, bedenkenlos anzunehmen, dass hier das billigste Bauelement vollkommen ausreicht ...

61 Nach [4.47]. Die Werte gelten näherungsweise für typische Schaltkreisfassungen, D-Sub-Stecker, Pfostenstecker usw.

62 Hieraus ergibt sich eine Grenze für die Auslegung von Steckkarten. Beispielsweise sind die herkömmlichen PC-Slots mit ihren wenigen Stromversorgungs- und Massekontakten nur für 2...3 A Stromaufnahme je Versorgungsspannung spezifiziert.

Vibrationen, Wärmedehnung usw.). Dabei können die Kontaktflächen aufeinander fressen (Fretting), sich punktuell abnutzen und in weiterer Folge von Korrosion betroffen werden. Das gilt vor allem für Zinnkontakte (und auch für Kontakte mit dünner Golauflage, sobald die Goldschicht abgetragen ist). Abhilfe: eine entsprechende mechanische Arretierung der Steckverbindung[63].

Steckzyklen

Die im Datenblatt spezifizierte Anzahl der Steckzyklen (Stecken und wieder Trennen) ist das wichtigste offensichtliche Qualitätsmerkmal. Hier gibt es – auch bei ansonsten gleich aussehenden Steckverbindern – beträchtliche Unterschiede. Es gibt „kommerzielle", „industrielle" und hochzuverlässige Ausführungen (Tabelle 4.14). Die Qualitätsunterschiede äußern sich vor allem in der Stärke der Goldauflage auf den Kontakten:

- Ausgesprochene Billigausführungen: keinerlei Goldauflage (auch dann nicht, wenn – im Neuzustand – die Kontakte wie vergoldet aussehen). Höchstens 20...50 Steckzyklen[64].
- Kommerzielle Qualität: fast keine Goldauflage (Hauchvergoldung, Gold Flash). Höchstens 50...100 Steckzyklen.
- Industrielle Qualität: bis zu 3 μm Goldauflage[65]. Typischerweise bis zu 500 Steckzyklen.
- Höchste Qualität (für militärische o. ä. Anwendungen): 5 μm Goldauflage, wenigstens 500 Steckzyklen.

Hochwertige und kostengünstige Kontaktwerkstoffe

Gold ist der hochwertigste Kontaktwerkstoff[66]. Reines = weiches Gold führt aber zu hohen Steckkräften. Man verwendet deshalb Legierungen mit Kobald oder Nickel (Hartgold). Es kommt auf die Dicke der Goldauflage an (Tabelle 4.15; vgl. auch Tabelle 4.14).

Zinn und Zinnlegierungen sind besonders kostengünstige Kontaktwerkstoffe. Die Steckkräfte sind vergleichsweise hoch. Richtwert zur Dicke der Zinnauflage: wenigstens 2,5 µm.

Sowohl Gold- als auch Zinnkontakte sind für extrem niedrige Spannungen und Ströme geeignet (trockenes Schalten).

Bezeichnung	Kontakt-ausführung	Goldauflage	Kontakt-widerstand	Anzahl der Steckzyklen	Stückpreis*
Preiswerte kommerzielle Ausführung	Geprägte Kontakte	0,1 µm oder Gold über Nickel	15 mΩ	100	1,50 €
Mittlere kommerzielle Ausführung	Gedrehte Kontakte	0,2 µm	10 mΩ	250	ca. 2 €
Industrieausführung	Gedrehte Kontakte	0,7 µm	5 mΩ	500	ca. 7 €
Sonderausführung	Gedrehte Kontakte	5 µm	5 mΩ	500	ca. 20 €

*: Richtwerte für geringe Stückzahlen.

Tabelle 4.14: *Qualitätsunterschiede bei 25-poligen D-Sub-Steckern.*

63 Zu Einzelheiten muss auf das Fachschrifttum verwiesen werden ([4.50] mag als Einstieg dienen).

64 Beim Aufbauen und Erproben eines Gerätes oder einer Computerinstallation kommen schnell mehr als 20 Zyklen (Stecken – Trennen – Stecken usw.) zusammen...

65 Moderne Technologien ermöglichen hohe Zuverlässigkeitswerte mit vergleichsweise dünnen Goldauflagen. 0,7...1,0 µm sind in den meisten Einsatzfällen vollauf ausreichend (vgl. auch Tabelle 4.15).

66 Kontaktwerkstoffe sind eine Wissenschaft für sich. Hier geht es lediglich um einige Hinweise zu besonders hochwertigen und besonders kostengünstigen Kontakten. Deshalb die Beschränkung auf die Werkstoffe Gold und Zinn (vgl. [4.48] und [4.49]). Zu tieferen Einzelheiten muss auf die Schriften der Hersteller verwiesen werden.

Dicke	Anzahl der Steckzyklen bis zum Ausfall
0,4 µm	200
0,8 µm	1000
1,3 µm	2000

Tabelle 4.15: *Die Anzahl der Steckzyklen in Abhängigkeit von der Dicke der Goldauflage (nach [4.48]). Es sind keine Datenblatt-, sondern Messwerte.*

Vermischte Hinweise und Spitzfindigkeiten:

1. Eine Hartgoldauflage von 0,8 µm ist für die meisten Anwendungen vollauf ausreichend und auch unter ungünstigen Umweltbedingungen einsetzbar.

2. Kontakte mit dünnen Goldschichten (0,03... 0,1 µm) sind nur dann hinreichend zuverlässig, wenn der Abrieb gering ist (wenige Steckzyklen) und wenn die Umweltbedingungen günstig sind (keine hohen Temperaturen, keine aggressive Atmosphäre).

3. Sofern die Goldschicht nicht bis auf die darunterliegende Trägerschicht abgenutzt ist, sind Goldkontakte unempfindlich gegen Fretting.

4. Zinnkontakte sind empfindlich gegen Fretting; sie sollten mechanisch so gesichert werden, dass sich die Kontaktflächen nicht gegeneinander bewegen können.

5. Grundsätzlich nur gleiche Kontaktwerkstoffe zusammenbringen (z. B. Gold auf Gold, Zinn auf Zinn). Wird beispielsweise ein Gold- mit einem Zinnkontakt zuammengefügt, überträgt sich das Zinn auf das härtere Gold und bildet dort Zinnoxidschichten, die nur schwer zu durchdringen sind.

6. Gelegentlich kann die Zuverlässigkeit der Kontaktgabe durch Schmierung verbessert werden (Kontaktsprays o. dergl.) – die Kontaktflächen gleiten besser aufeinander und fressen einander nicht an. Achtung: Das muss nicht immer gelten. Herstellerangaben beachten!

7. Stecken und Trennen unter Last vermeiden. Goldkontakte, die für diese Betriebsart ausdrücklich vorgesehen sind, haben eine beim Stecken voreilende Kontaktfläche, die von der eigentlichen – mit Goldauflage versehenen – Kontaktfläche abgesetzt ist und deren Funktion darin besteht, den Lichtbogen auszuhalten.

8. Zinnkontakte sind nicht geeignet:
   - für häufiges Stecken und Ziehen,
   - für höhere Temperaturen oder Einsatz in einer aggressiven Atmosphäre,
   - für das Stecken und Trennen unter Last.

   Ein typischer Einsatzfall (in dem diese Bedingungen nicht auftreten): Steckverbindungen im Innern von Geräten (z. B. Speichermodule).

4.4.5 Kontakte in Digitalschaltungen

Kontaktsignale

Kontakte bringen typischerweise sehr steile Schaltflanken hervor. Werden von Kontakten geschaltete Signale über längere Wege geführt[67], so kann sich das in benachbarten Leitungen als Störung bemerkbar machen. Abhilfe:

- Das Kontaktsigal wird in der Nähe des Kontakts auf Signale mit jeweils typischen Anstiegszeiten umgesetzt (Abb. 4.101a), mit anderen Worten, der zur Abfrage oder Auswertung dienende Schaltkreis wird in unmittelbarer Nähe des Kontakts angeordnet[68].
- Verschleifen der Flanken, z. B. über RC-Glieder (Abb. 4.101b).

Direktanschaltung

Abb. 4.101 veranschaulicht übliche Anschaltungen eines Kontaktes an einen digitalen Schaltkreis. Zur Dimensionierung des Pull-up-Widerstandes:

67 Die Länge beginnt bereits ab etwa 20 cm. Ein typischer Anwendungsfall: Ein Bedienfeld mit Schaltern, Tasten usw. ist über längere Kabel mit der Steuerelektronik verbunden.

68 Extreme Auslegung: Das Bedienfeld erhält einen eigenen Mikrocontroller, der direkt mit den Bedienelementen verbunden ist (das ist im übrigen viel weniger kostspielig, als es womöglich auf den ersten Blick erscheint).

- bei offenem Kontakt muss der Mindest-High-Pegel am Schaltkreiseingang sicher gehalten werden,
- bei geschlossenem Kontakt muss (1) der höchstzulässige Low-Pegel am Schaltkreiseingang sicher unterschritten werden[69] (Spannungsteiler aus Pullup- und Kontaktwiderstand). Dabei muss (2) durch den Kontakt ein Mindeststrom fließen, der dessen Funktionsfähigkeit sicherstellt.

Richtwerte zum Mindeststrom: 1...10 mA. Ausdrücklich für trockenes Schalten zugelassene Kontakte kommen mit weniger aus. Ansonsten: je billiger der Kontakt, desto mehr Strom. Sind 5 V zu schalten, so genügen bei Kontakten, die für diesen Anwendungsbereich vorgesehen sind, 1...2 mA. Typische Pullup-Widerstände liegen somit bei etwa 4,7 kΩ. Bei niedrigeren Spannungen (wie in heutigen Digitalschaltungen üblich) kann es zweckmäßig sein, die Stromstärke zu erhöhen[70]. Faustregel: bei 5 V Schaltspannung 1...5 % des Nennstroms (je billiger der Kontakt, desto höher der anzusetzende Prozentwert). Damit ergibt sich ein pauschaler Prozentwert für eine niedrigere Spannung U zu:

$$I_{min}[\%] = \frac{5V}{U} \cdot 1 \ldots 5\% \qquad (4.12)$$

Alternative: besser geeignete Kontaktbauelemente aussuchen.

Hinweis: Manche Schaltkreise (z. B. Mikrocontroller) haben eingebaute Pull-up-Widerstände. Diese sind aber oft ziemlich hochohmig (Richtwert: 20...100 kΩ) und somit für Billigkontakte nur bedingt geeignet (das betrifft u. a. auch den in Abb. 4.102b dargestellten Spezialschaltkreis). Ausweg: externe Widerstände parallelschalten.

Viele Kontakte abfragen

Die Einzelabfrage vieler Kontakte (z . B. eines umfangreicheren Bedienfeldes) erfordert entsprechend viele Signalleitungen und Anschlüsse am abfragenden Schaltkreis (z. B. Mikrocontroller). Alternativen:

- eine Art Vorauswahl, z. B. über Multiplexer, Schieberegister oder Busstrukturen (Abb. 4.102),
- die Organisation als Kontaktmatrix (Abb. 4.104). Eine Matrix mit n Zeilen und m Spalten erfordert n + m Signalleitungen, es können aber m · n Kontakte abgefragt werden.

Die abfragende Einrichtung (z. B. ein Mikrocontroller[71]) arbeitet eine Abfrageschleife (Polling Loop) ab, die zyklisch nachfragt, welche Tasten gerade betätigt werden. Im Beispiel erregt der Mikrocontroller Zeilenleitung für Zeilenleitung und fragt dann jeweils über die Spaltenleitungen ab, welche Kontakte geschlossen sind.

Abfrageprinzip

Führt eine Zeilenleitung Low-Pegel, so bewirkt eine an diese Leitung angeschlossene betätigte Taste, dass die betreffende Spaltenleitung ebenfalls auf Low gezogen wird.

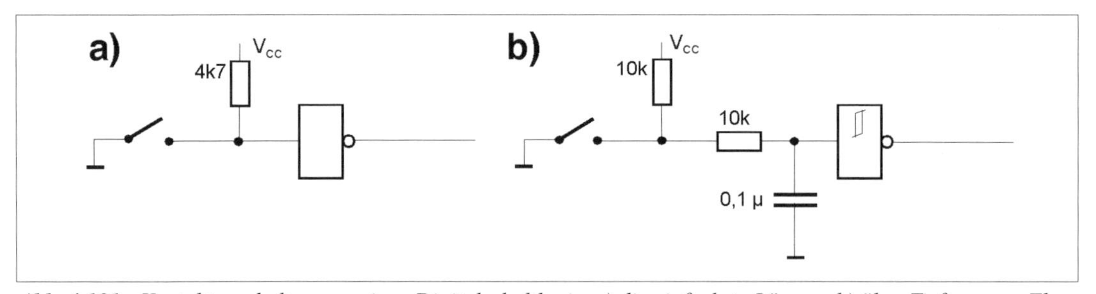

Abb. 4.101: *Kontaktanschaltung an einen Digitalschaltkreis. a) die einfachste Lösung; b) über Tiefpass zur Flankenverschleifung (Filterung) oder Entprellung (Frage der Zeitkonstante). Der Schaltkreiseingang muss ein Schmitt-Trigger-Eingang sein. Die Dimensionierungsangaben sind Richtwerte für V_{CC} = 5 V.*

69 Das kann bei manchen Elastomerkontakten ein Problem sein.

70 Nachsehen, was im Datenblatt steht (vgl. S. 287 - 289). Auf S. 288 und 289 ist dargestellt, wie man mit den Kennwerten besserer Kontakte rechnen kann. Sind keine derartigen Angaben zu finden, den Strom gemäß (4.12) bestimmen. Großzügig aufrunden.

71 Es gibt auch Abfrageschaltkreise, die nach demselben Prinzip arbeiten (Beispiele: Fairchild MM74C922/923).

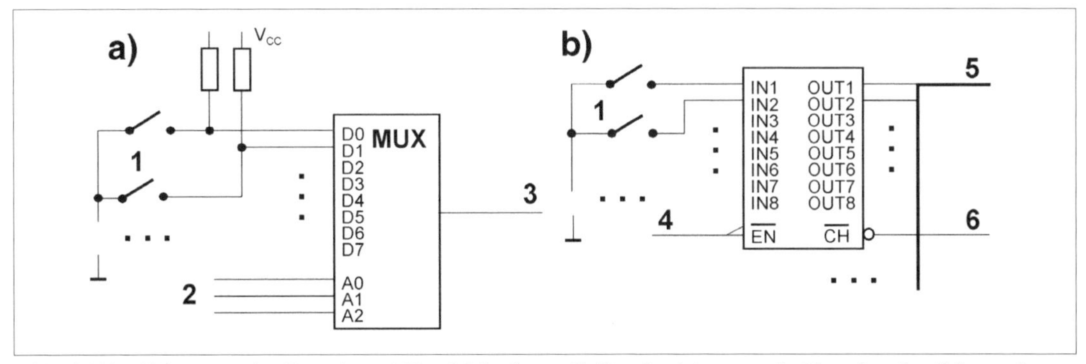

Abb. 4.102: Abfragen vieler Kontakte. a) über Multiplexer; b) über Busleitungen. 1 - Kontakte; 2 - Abfrageadresse; 3 - Abfragesignal; 4 - Auswahlsignal (Aufschalterlaubnis auf Bus); 5 - Busleitungen; 6 - Änderungsanzeige. Der hier gezeigte Koppelschaltkreis ist ein Spezialschaltkreis mit Entprellfunktionen, Änderungserkennung und eingebauten Pull-up-Widerständen. (Typ MAX 6818; vgl. Abb. 4.109 und [4.45]).

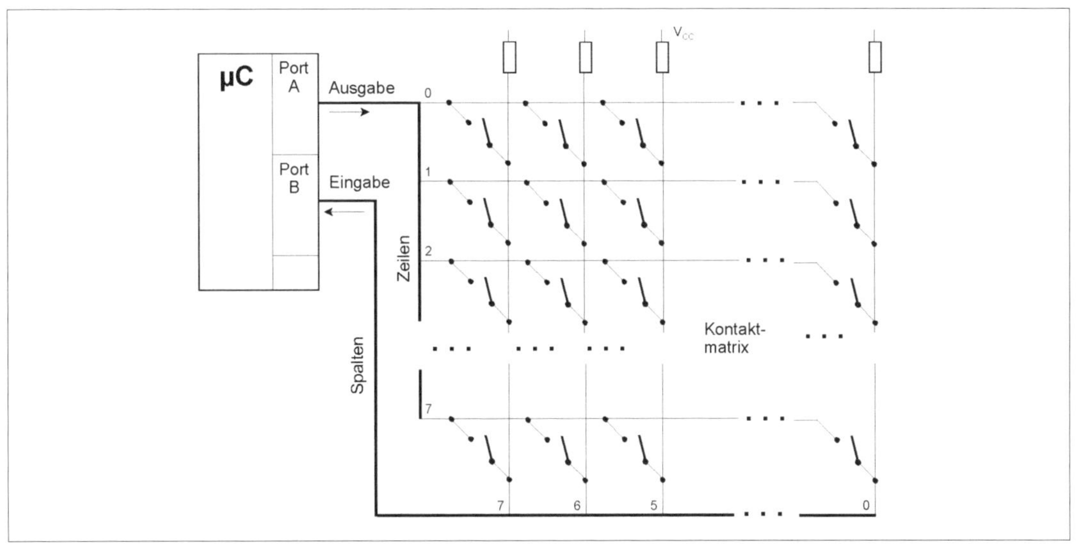

Abb. 4.103: Kontaktmatrix. Hier mit acht Zeilen und acht Spalten (für maximal 64 Kontakte). Zur Abfrage werden zwei 8-Bit-Ports eines Mikrocontrollers verwendet.

Ablaufbeispiel:

- anfänglich werden alle Zeilenleitungen mit High-Pegeln belegt,
- die Zeilenleitung 0 wird mit einem Low-Pegel belegt,
- die Spalten 7...0 werden abgefragt (das ergibt den Zustand der ersten Zeile),
- die Zeilenleitung 0 wird mit einem High-Pegel belegt,
- die Zeilenleitung 1 wird mit einem Low-Pegel belegt,
- die Spalten 7...0 werden abgefragt (das ergibt den Zustand der zweiten Zeile),
- die Zeilenleitung 1 wird mit einem High-Pegel belegt,
- die Zeilenleitung 2 wird mit einem Low-Pegel belegt usw.

Das einfache Prinzip ist aber mit Spitzfindigkeiten behaftet.

Spitzfindigkeit 1: scheinbare Tastenbetätigungen (Phantom Keys)

Es können mehr Tasten als betätigt erscheinen als tatsächlich betätigt sind (Abb. 4.104). Der Effekt tritt dann auf, wenn wenigstens drei Tasten betätigt sind, und zwar zwei in einer Spalte sowie eine weitere in einer weiteren Spalte.

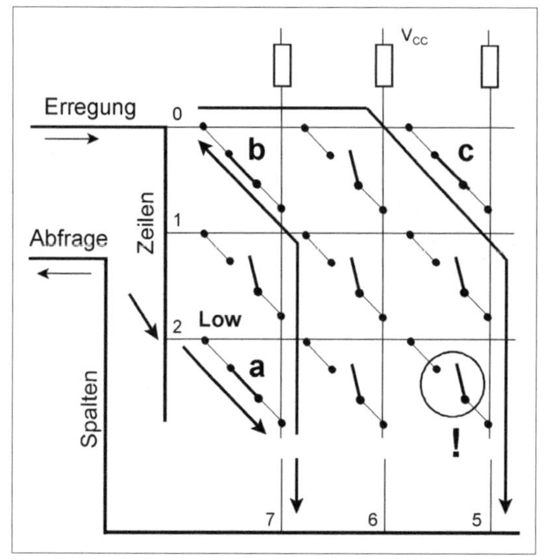

Abb. 4.104: *Scheinbare Tastenbetätigungen (Phantom Keys). Die Tasten a, b und c werden gleichzeitig betätigt. Die Zeile 2 wird erregt (Low-Pegel). Die gedrückte Taste a verbindet Spaltenleitung 7 mit Zeilenleitung 2. Spaltenleitung 7 führt damit auch Low-Pegel. Die ebenfalls gedrückte Taste b schaltet den Low-Pegel von Spaltenleitung 7 zur Zeilenleitung 0 durch (die an sich gar nicht erregt ist). Die weitere gedrückte Taste c verbindet Zeilenleitung 0 mit Spaltenleitung 5, so dass diese ebenfalls Low-Pegel führt. Der Mikrocontroller sieht somit Low-Pegel auf den Spaltenleitungen 7 und 5. Der Pegel auf Spaltenleitung 7 ist korrekt, weil von Taste a bewirkt; der auf Spaltenleitung 5 ist falsch, weil in Zeile 2 die zu Spalte 5 gehörende Taste gar nicht betätigt ist.*

Abhilfe:

1. Die Tastenbelegung nur dann auswerten, wenn lediglich eine Taste oder zwei Tasten als betätigt erkannt werden[72].
2. Aufteilung des Tastenfeldes in mehrere unabhängige Blöcke.
3. Zwischenschaltung von Dioden (Abb. 4.106).

Spitzfindigkeit 2: Kurzschluss zwischen Treiberstufen

Sind die Zeilenleitungen an übliche binäre Gegentakttreiber angeschlossen, kann es beim gleichzeitigen Betätigen mehrerer Tasten zu einem Konfliktfall kommen (Abb. 4.105).

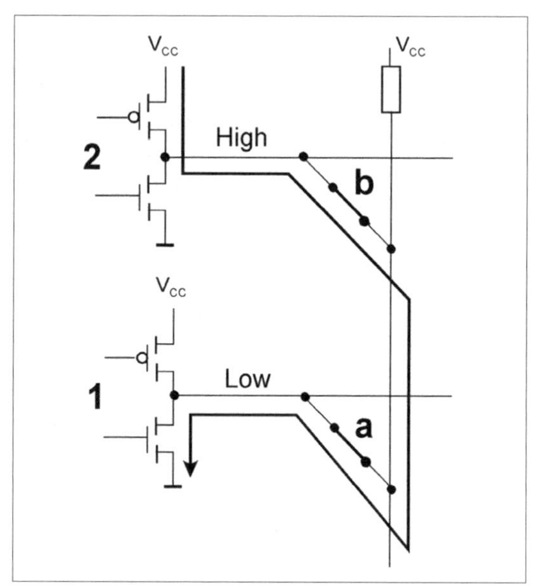

Abb. 4.105: *Ein Konfliktfall. 1, 2 sind Treiberstufen für Zeilenleitungen. Stufe 1 wird auf Low getrieben, Stufe 2 auf High. Die Tasten a und b sind betätigt. Hiermit ergibt sich ein Stromweg von Stufe 2 (High ≈ V_{CC}) nach Stufe 1 (Low ≈ GND). Das ist nahezu ein Kurzschluss (Überlastung der Treiberstufen).*

Abhilfe:

1. Open-Collector-Treiber (oder Nachbildung des Open-Collector-Verhaltens mit Tri-State-Stufen),
2. Strombegrenzungswiderstände in den Zeilenleitungen,
3. Dioden in der Kontaktmatrix (Abb. 4.106).

72 Oftmals begnügt man sich damit, nur eine betätigte Taste auszuwerten. Wird mehr als eine Taste gedrückt, geschieht nichts. Beispiel: Taschenrechner.

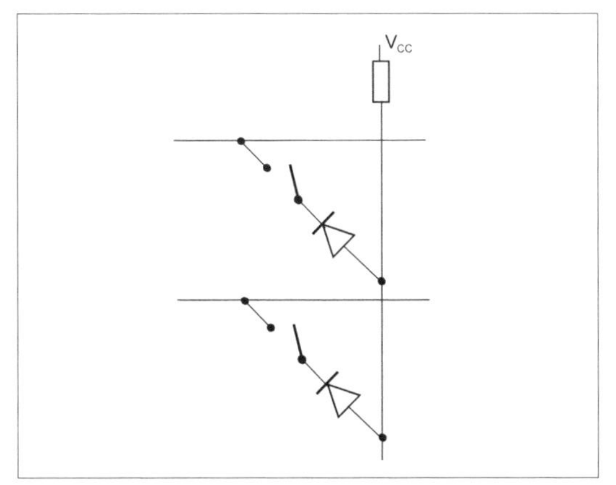

Abb. 4.106: *Kontaktmatrix mit Dioden. Die Diode läßt den Strom nur von der Spalten- zur Zeilenleitung fließen, und zwar nur dann, wenn die Zeilenleitung mit Low belegt ist.*

Diese Auslegung vermeidet beide Spitzfindigkeiten von Grund auf. Die in Abb. 4.104 und 4.105 veranschaulichten Stromwege werden gesperrt. In derartigen Kontaktmatrizen werden beliebig viele gleichzeitig betätigte Kontakte korrekt erkannt. Somit ist es möglich, nicht nur Tasten, sondern auch rastende Schalter in die Matrix aufzunehmen.

4.4.6 Entprellung

Wenn das Prellen (Contact Bounce) stört, muss es beseitigt werden (Debouncing). Hierzu können Analogschaltungen, Digitalschaltungen oder programmtechnische Lösungen eingesetzt werden.

Das Entprellen mit Analogschaltungen ist im Grunde ein Verschleifen (Glätten) der Signalflanken (Tiefpasswirkung). Hierdurch ergeben sich allerding Signalflanken mit geringer Steilheit, die nicht den Spezifikationen der Digitalschaltkreise entsprechen. Abhilfe: mittels Schwellwertschaltung, z. B. Schmitt-Trigger (vgl. Abb. 4.101b).

Schmitt-Trigger gibt es als Schaltkreise. Die E-A-Stufen vieler Mikocontroller, CPLDs und FPGAs lassen sich auf Schmitt-Trigger-Verhalten programmieren. Für ungewöhnliche Signalpegel bleibt der Aufbau mit Komparatoren, Operationsverstärkern oder diskreten Bauelementen.

Die Wirkung des RC-Glieds hängt von dessen Zeitkonstante $\tau = R \cdot C$ ab. Das richtiggehende Entprellen – am Ausgang erscheint ein Impuls, auf dessen Prellfreiheit man sich verlassen kann – erfordert, die Signalflanken so zu verschleifen, dass die Anstiegszeiten größer sind als die maximalen Prellzeiten, also auf 10...100 ms (Richtwerte). Um wirklich sicherzugehen, sollte die Zeitkonstante wenigstens so lang sein wie die maximale Prellzeit. Hat die nachgeordnete Schwellwertschaltung eine entsprechende Schalthysterese, kann die Zeitkonstante verringert werden (Richtwert: bis auf ca. 0,5 · Prellzeit). Kürzere Zeitkonstanten bewirken eine Flankenverschleifung, liefern aber keine garantiert prellfreien Impulse. Ist eine solche Auslegung beabsichtigt, wählt man zweckmäßigerweise – um mit kleinen Kapazitätswerten auszukommen[73] – die Zeitkonstante nur so groß, wie zur Signalverschleifung zwecks Störunterdrückung notwendig (Richtwert: einige µs).
Hinweis: Die in Abb. 4.101b angegebene Dimensionierung wird in der Literatur immer wieder vorgeschlagen (vgl. beispielsweise Abb. 4.41). 10 kΩ und 0,1 µF ergeben eine Zeitkonstanten von 1 ms. Es müssen aber schon recht hochwertige Kontakte sein, die derart kurze Prelllzeiten haben.

Entprellen mittels RS-Latch
Eine rein digitale Lösung, deren Entprellwirkung nicht von Annahmen zu Prellzeiten abhängt, ergibt sich, indem ein Wechselkontakt an ein RS-Latch angeschlossen wird (Abb. 4.107). Das Latch schaltet um, sofern der Wechselkontakt die jeweils erste Verbindung zur anderen Seite hergestellt hat. Beim Umschalten prellt jeweils nur eine Kontaktstelle; es kommt aber nicht vor, dass der Kontakt von der einen auf die andere Kontaktstelle umschlägt. Im Grunde wird die Tatsache ausgenutzt, dass der jeweilige Zustand des Latches erhalten bleibt, wenn sich die Eingangsbelegung von 0, 1 oder 1, 0 auf 1, 1 ändert. Das Prinzip kann auch programmtechnisch ausgenutzt werden. Die offensichtlichen Nachteile: Man benötigt (1) einen Wechselkontakt und (2) zwei E-A-Anschlüsse des Mikrocontrollers.

Hinweis: Latches brauchen an ihren Eingängen gewisse Flankensteilheiten – sonst können sie sich recht ungewöhnlich verhalten. Für Kontakte, die nicht schlagartig, sondern eher schleichend umschalten (z. B. Elastomer-

73 Eine Kosten- und Platzfrage.

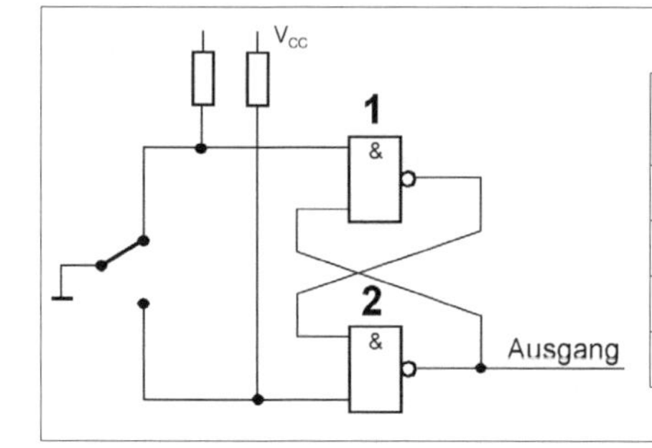

Lage des Kontakts	Eingang 1	Eingang 2	Ausgang 1	Ausgang 2
Oben	0	1	1	0
Hebt von oben ab	1	1	1	0
Trifft unten auf	1	0	0	1
Hebt von unten ab	1	1	0	1

Abb. 4.107: *Entprellen mittels RS-Latch (Beispiel auf Grundlage von NAND-Gattern).*

kontakte), ist die Lösung also nicht geeignet (zumindest nicht in der einfachen Ausführung von Abb. 4.107). Die Einfachlösung für solche Kontakte ist der Anschluss an einen Schmitt-Trigger, wobei sicherheitshalber ein Tiefpass ähnlich Abb. 4.101b vorgeschaltet werden kann (viele Elastomerkontakte prellen gar nicht; das ist aber kein zugesichertes Verhalten, auf das man sich bedenkenlos verlassen kann).

Entprellen durch Zeitbewertung

Der Grundgedanke: Ein Prellimpuls ist viel kürzer als eine absichtliche Betätigung. Kurze Impulse sind Preller. Sie werden ignoriert. Damit ein neuer Kontaktzustand akzeptiert wird, muss die zugehörige Signalbelegung eine gewisse Dauer aufweisen (Entprellzeit). Um die richtige Auslegung zu finden, ist der Anwendungsfall näher zu untersuchen.

Auslegung 1

Jede beliebige Betätigung – gleichgültig, wie lange – wird als absichtlich gewertet. Nach Erkennen der Betätigung wird lediglich die Entprellzeit abgewartet. Die Hardwarelösung: die Kontaktbelegung wird mit einem hinreichend langsamen Takt (Taktperiode Prellzeit) in ein Flipflop übenommen (Abb. 4.108). Die Softwarelösung: wurde der Zustandswechsel erstmalig erkannt, so wird die jeweilige Aktion ausgeführt. Dann wird mit der nächsten Abfrage gewartet, bis die Prellzeit abgelaufen ist. Ob solche Einfachlösungen anwendbar sind, hängt von den Gegebenheiten des Anwendungsfalls ab:

- Was kann auf den Signalleitungen sonst noch vorkommen? Ist mit eingekoppelten Störungen zu rechnen, die wie kurze Preller aussehen, oder nicht?
- Ist mit mit kurzzeitigen Kontaktgaben zu rechnen, die nicht ausgewertet werden dürfen? Das kann Erschütterungen usw. betreffen, aber auch das unabsichtliche Betätigen von Bedienelementen, z. B. durch Antippen oder Darüberstreichen.

Auslegung 2

Eine Betätigung muss eine gewisse Mindestzeit andauern. Zu kurze Betätigungen werden ignoriert. Es gibt Schaltkreise (Debouncer), die nach diesem Prinzip arbeiten (Abb. 4.109; der Schaltkreis von Abb. 4.102b enthält acht derartige Anordnungen). Solche Schaltkreise arbeiten mit pauschalen Entprellzeiten, die für viele typische Kontaktbauelemente brauchbar, aber mit beachtlichen Toleranzen behaftet sind[74].

Richtwerte zur maximalen Prelldauer: Gute Kontaktbauelemente haben etwa 2...5 ms; ist kein Wert angegeben, sind 10...20 ms üblicherweise ausreichend.

Hinweis: Kontakte prellen beim Öffnen und beim Schließen. Es ist also sowohl das Betätigen als auch das Loslassen zu entprellen.

Signale außerhalb der üblichen Digitalpegel

Die Schaltungslösungen Tiefpass mit Schwellwertschalter und RS-Latch können – mit Analogschaltkreisen und diskreten Bauelementen – für beliebige Signal-

74 Vgl. beispielsweise [4.45] und [4.46]. Es werden Entprellzeiten von 40 ± 20 ms genannt. Das naheliegende Mittel zur Implementierung anwendungsspezifischer Entprellzeiten ist der eigens zum Entprellen vorgesehene Mikrocontroller (der typischerweise deutlich kostengünstiger ist als Hardwarelösungen in CPLDs o. dergl.).

pegel verwirklicht werden. Die 4000er CMOS-Logikbaureihe eignet sich für Pegel bis zu 15 V.

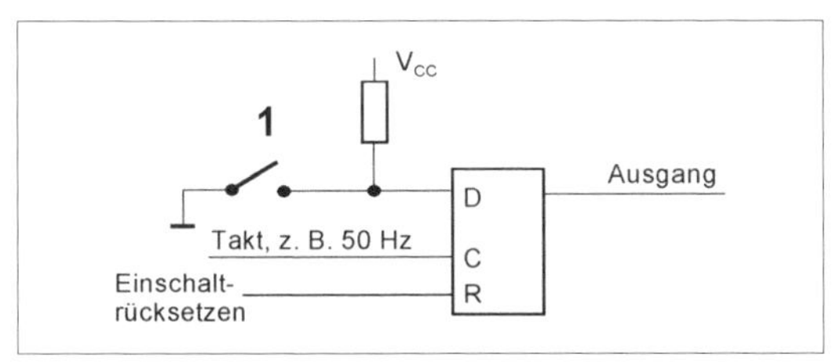

Abb. 4.108: *Entprellen mit D-Flipflop (Einfachlösung). Taktperiode: länger als Prelldauer, aber kürzer als die Hälfte der kürzesten Betätigungsdauer*.*

*: Praxishinweise: (1) Einen brauchbaren Takt kann man z. B. aus der Netzfrequenz gewinnen (Optokoppler). (2) Soll das Ausgangssignal in Digitalschaltungen ausgewertet werden (im Gegensatz zur Abfrage durch Mikrocontroller), darf das Flipflop kein ausgeprägtes metastabiles Verhalten zeigen. Baureihe dementsprechend auswählen (metastable-resistant) oder den Effekt beim Entwerfen der Auswerteschaltung berücksichtigen.

4.4.7 Kontakt und Last: Schutzbeschaltungen

Die Last stellt für den Kontakt dann ein Problem dar, wenn sie beim Einschalten einen übermäßig starken Strom aufnimmt (Einschaltstromspitze) oder beim Ausschalten eine übermäßig hohe Spannung über dem Kontakt entstehen lässt (Abschaltspannungspitze). Das einfache Überdimensionieren des Kontaktes (so dass er die Belastungsspitzen aushält) ist nicht immer zweckmäßig. Oftmals ist eine Zusatzbeschaltung (Schutzbeschaltung) erforderlich, um die Kontaktbelastung abzusenken.

Einschaltstromspitzen entstehen beim Schalten von:

- kapazitiven Lasten,
- Kaltleitern (Glühlampen, Heizwendeln usw.),
- Elektromotoren[75],
- induktiven Lasten im Wechselstrombetrieb[76].

Abschaltspannungspitzen treten auf, wenn Induktivitäten abgeschaltet werden.

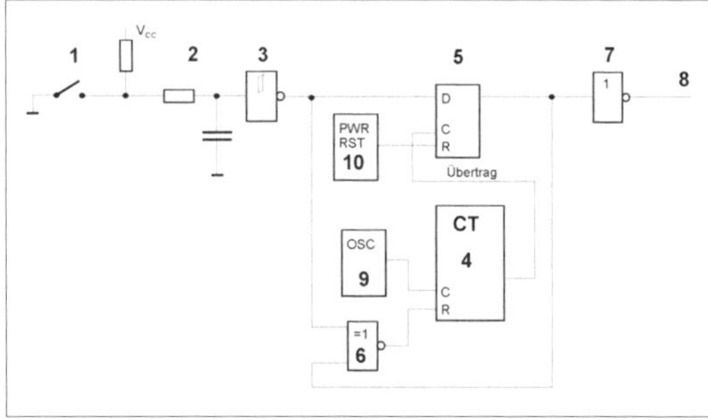

Abb. 4.109: *Digitale Entprellschaltung (nach [4.45]). 1 - Kontakt; 2 - Pull-up-Widerstand und Tiefpassfilter; 3 - Schmitt-Trigger; 4 - Zeitzähler; 5 - Speicherflipflop; 6 - Vergleicher; 7 - Ausgangstreiber; 8 - Ausgangssignal (hier: aktiv Low); 9 - interner Taktgenerator; 10 - internes Einschaltrücksetzen. Das Speicherflipflop 5 speichert die letzte gültige Kontaktstellung. Entspricht die aktuelle Lage des Kontakts 1 der gespeicherten Stellung, so hält der Vergleicher 6 den Zeitzähler 4 im Rücksetzzustand. Wechselt der Kontakt 1 seine Lage, so gibt Vergleicher 6 den Zeitzähler 4 frei. Jedes Rückfallen des Kontakts 1 in die bisherige Lage (= Prellen) setzt über den Vergleicher 6 den Zeitzähler 4 erneut zurück. Erst wenn der Kontakt längere Zeit in der anderen Lage verweilt, hat der Zeitzähler 4 Gelegenheit, bis zum Ende (= Übertrag) durchzulaufen. Das Übertragssignal wirkt als Takt für das Speicherflipflop 5, das nunmehr die neue Stellung des Kontakts 1 übernimmt.*

Mit diesen Problemen (Einschaltstrom, Abschaltspannung) ist bei Schaltvorgängen stets zu rechnen. Es gibt viele Möglichkeiten der Abhilfe. Die folgende Darstellung beschränkt sich jedoch auf Einfachlösungen, die im Bereich der Kontaktbauelemente und Kontaktschaltungen üblich sind.

Kapazitive Lasten

Wird an einen ungeladenen Kondensator Spannung angelegt, so lädt er sich auf, werden die Elektroden eines geladenen Kondensators mit einer niederohmigen Impedanz verbunden, so entlädt er sich. In beiden Fällen fließen anfänglich Spitzenströme, die nur durch die im Stromkreis liegenden ohmschen Widerstände und Induktivitäten begrenzt werden.

75 Befindet sich der Motor in Ruhe, entwickelt er keine Gegen-EMK. Somit wird anfänglich ein höherer Strom entnommen.

76 Das betrifft auch Wechselstromrelais.

Abhilfe: Strombegrenzung durch Widerstände oder Induktivitäten (Abb. 4.110). Typische kapazitive Lasten sind Schaltnetzteile, Spannungswandler, Übertragungsleitungen, EMI-Filter und piezoelektrische Bauelemente. Der Serienwiderstand ist die einfachste und oftmals zweckmäßigste Lösung. Dimensionierung aus Sicht des Kontaktes: so hochohmig wie möglich. Die Obergrenze des Widerstandswertes ergibt sich aus den seitens der Last höchstens zulässigen Anstiegszeiten und aus der Forderung, den Verlustleistungsumsatz im Widerstand möglichst gering zu halten.

Alternativen zum Serienwiderstand, die eine deutlich geringere Verlustleistung aufweisen:

- Serieninduktiviät (Drosselspule; vgl. Abb. 4.110c). Vorsicht – ein zu großer Induktivitätswert kann dazu führen, dass eine Abschalt-Spannungsspitze entsteht.
- Heißleiter. Das Problem: die Wiederbereitschaftzeit. Damit der Heißleiter beim nächsten Einschaltvorgang wieder wirksam werden kann, muss er Gelegenheit zum Abkühlen gehabt haben. Heißleiter kommen also nur dann in Betracht, wenn vergleichsweise selten eingeschaltet wird. Vgl. weiterhin S. 80 - 82.

Eine gelegentlich nicht zu vernachlässigende kapazitive Belastung stellen die Streukapazitäten dar, die von der Anordnung aus Last, Kontakt und Leitungen, Abschirmungen usw. gebildet werden (Abb. 4.111). Diese Streukapazitäten können zu Funkenbildung führen, die empfindliche Kontakte schädigen kann[77].

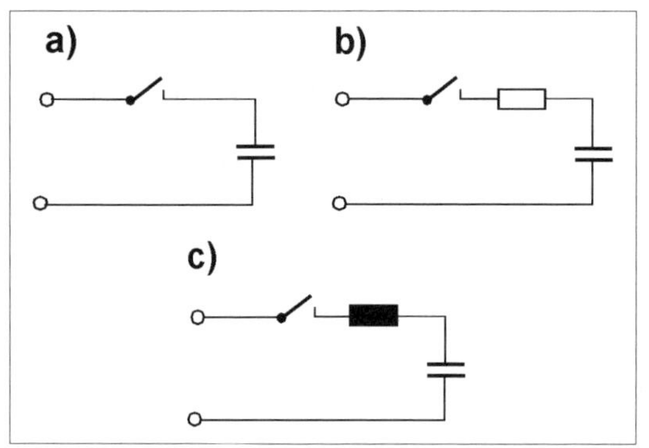

Abb. 4.110: *Kontaktbeschaltung für kapazitive Lasten. a) keine Beschaltung b) Serienwiderstand, c) Serieninduktivität (Drosselspule).*

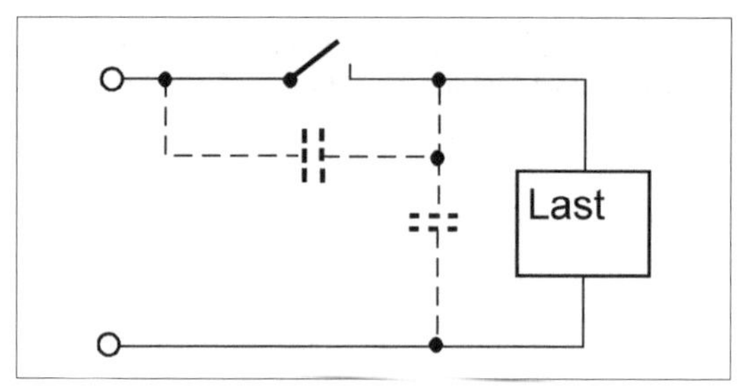

Abb. 4.111: *Streukapazitäten als zusätzliche kapazitive Belastung.*

Kaltleiter

Die anwendungspraktisch wichtigsten Kaltleiter sind Glühlampen und Heizelemente. Der Einschaltstrom einer Glühlampe kann das 10...15fache des Betriebsstroms betragen. Abb. 4.112 veranschaulicht einfache Maßnahmen zur Einschaltstrombegrenzung, die z. B. für kleinere Glühlampen in Bedienfeldern o. dergl. in Betracht kommen.

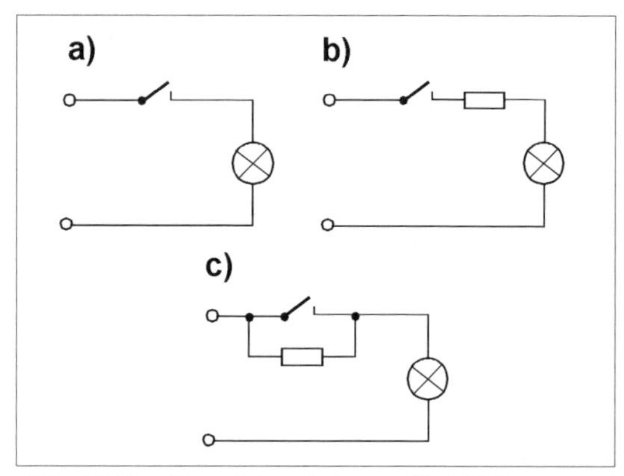

Abb. 4.112: *Kontaktbeschaltung für Glühlampen. a) keine Beschaltung b) Serienwiderstand, c) Kontaktüberbrückung zum Vorheizen. Der Widerstand ist so zu dimensionieren, dass der Glühfaden zwar warmgehalten wird, aber noch nicht glüht. Hierdurch ergibt sich ein geringerer Stromstoß beim Einschalten.*

77 Beispiel (nach [4.43]): Beim Schalten von 50 V können 50 pF Streukapazität die Lebensdauer von Reedkontakten merklich beeinflussen. Es wird empfohlen, die ersten 50 ns solcher Schaltvorgänge genau zu untersuchen (rechnerisch anhand von Ersatzschaltungen oder durch Simulation).

Abschaltspannungsspitzen
Um eine Abschaltspannungsspitze zu unterdrücken oder wenigstens abzuschwächen, ist ein Stromweg zu schalten, über den die in der Spule gespeicherte Energie abfließen kann. Entsprechende Schaltmittel können über dem Kontakt oder über der Spule angeordnet werden (Schutzbeschaltung; Abb. 4.113).

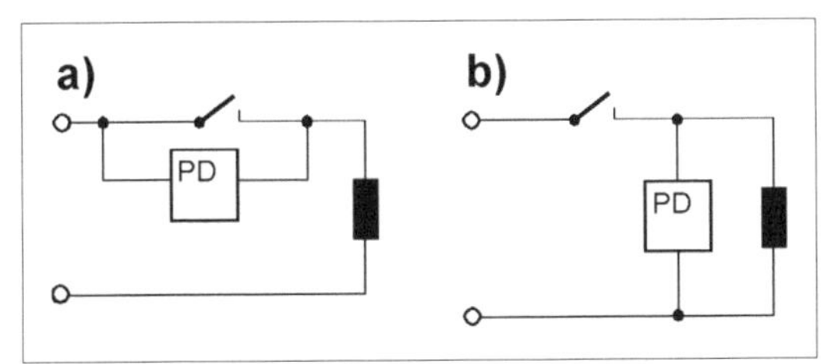

Abb. 4.113: *Grundsätzliche Anordnungen der Schutzbeschaltung (PD = Protection Device) zum Abschwächen oder Unterdrücken von Abschaltspannungsspitzen. a) über dem Kontakt (Kontaktbeschaltung); b) über der Induktivität (Spulenbeschaltung; Coil Suppression).*

Die Anwendungsschriften der Hersteller enthalten vielfältige Lösungsvorschläge und Dimensionierungshinweise. Diese betreffen vor allem zwei Problemkreise:

- den Schutz des Kontaktbauelements vor übermäßigen Spannungsspitzen, ganz gleich, welches induktive Bauelement geschaltet wird,
- die Beschaltung von Relaisspulen. Hierbei wird nicht nur die Abschaltspannungsspitze betrachtet, sondern auch der Einfluss, den die jeweilige Schaltungsmaßnahme auf das Relais ausübt.

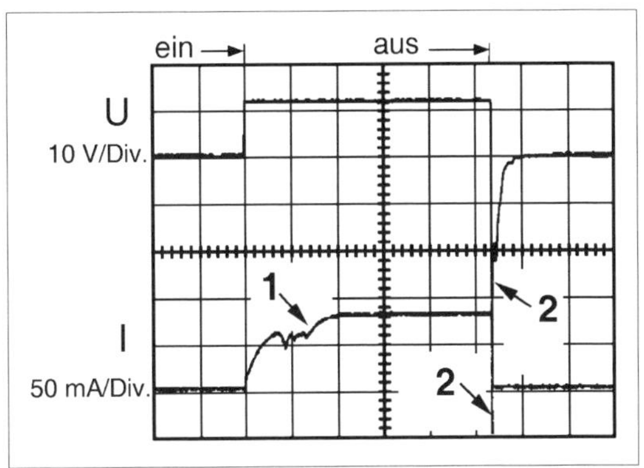

Abb. 4.114: *Ein Relais schaltet (nach [4.37]). Zeitmaßstab 0,01 s/Div. Es gibt keine Unterdrückungsmaßnahmen. 1 - wenn der Anker anzieht, wird der Luftspalt kleiner. Somit steigt die Induktivität, und der Stromanstieg wird nochmals abgeschwächt. 2 - der Pfeil zeigt auf die Abschaltspannungsspitze. Deren volle Amplitude (einige hundert Volt) kann das Oszilloskop gar nicht darstellen. Der Strom allerdings schaltet schlagartig ab. Demzufolge ist die Rückfallzeit kurz.*

Offensichtlich sind dies nur unterschiedliche Sichtweisen oder Schwerpunktsetzungen – die elektrotechnischen Zusammenhänge sind stets die gleichen. Im folgenden werden deshalb beide Problemkreise gemeinsam behandelt, und zwar am Beispiel der Relaisspule. Abb. 4.114 veranschaulicht das Schalten eines Relais ohne jegliche Unterdrückungsmaßnahmen. Die Abb. 4.115 bis 4.117 zeigen typische Varianten der Spulen- und Kontaktbeschaltung.

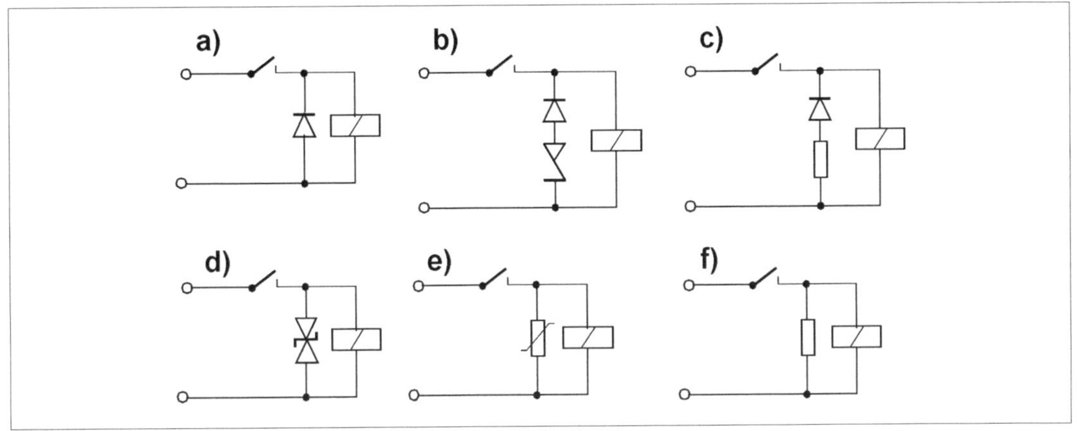

Abb. 4.115: *Spulenbeschaltung. a) Freilaufdiode; b) Freilaufdiode mit Zenerdiode; c) Freilaufdiode mit Serienwiderstand; d) bidirektionale Suppressordiode; e) Metalloxidvaristor; f) Parallelwiderstand.*

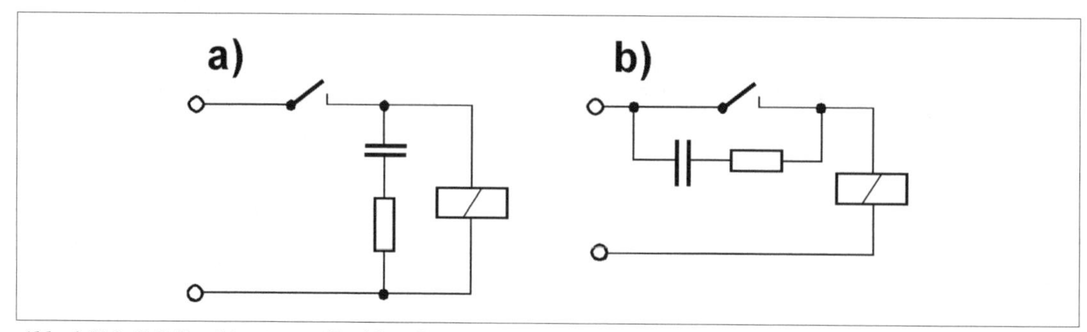

Abb. 4.116: *RC-Kombinationen (Snubber Circuits). a) als Spulenbeschaltung; b) als Kontaktbeschaltung.*

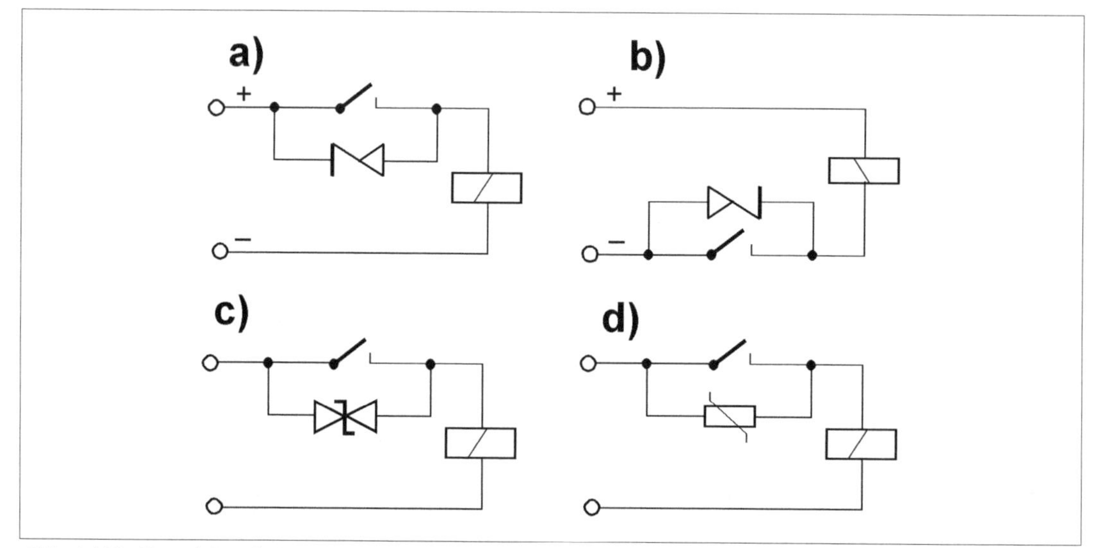

Abb. 4.117: *Kontaktbeschaltungen. a) Zenerdiode über Schalter in Stromzuführung (Pluspol); b) Zenerdiode über Schalter in Stromrückleitung (Minuspol); c) bidirektionale Suppressordiode;d) Metalloxidvaristor.*

Freilaufdiode (Abb. 4.115a)
Die Diode wird so angeschlossen, dass sie bei anliegender Erregerspannung in Sperrrichtung gepolt ist. Für die beim Abschalten induzierte Spannung liegt sie dann in Durchlassrichtung. Somit wird dieAbschaltspannungsspitze nahezu vollkommen kurzgeschlossen[78]. Die in der Spule gespeicherte Energie wird dabei aber nur langsam abgebaut; der im Freilaufstromkreis umlaufende Spulenstrom lässt das Magnetfeld nur allmählich abklingen (Abb. 4.118). Am Anker wirken somit die magnetische Anziehung und die Rückstellkraft der Kontaktfedern gegeneinander. Die Rückfallzeit des Relais wird beträchtlich länger (Richtwert: 2...5 · Datenblattangabe). Es kann sogar vorkommen, dass – nach einer gewissen Rückfallbewegung – der Anker nochmals kurzzeitig anzieht. Dieses Verhalten wirkt sich auf Arbeits- und Ruhekontakte unterschiedlich aus:

- Arbeitskontakte werden nicht schlagartig, sondern nur schleichend getrennt. Der Lichtbogen brennt somit länger. Das verkürzt die Lebensdauer beträchtlich. Es kann sogar zu Kontaktverschweißun-

78 Sie wird auf die Größenordnung der Flussspannung begrenzt (etwa 0,7 V).

gen kommen. Die Freilaufdiode kann deshalb nur eingesetzt werden, wenn geringe Belastungen abzuschalten sind[79].

- Ruhekontakte werden gleichsam schonend geschlossen, weil die Aufprallgeschwindigkeit infolge der verlangsamten Ankerbewegung geringer ist. Infolgedessen prellt der Kontakt nicht so sehr.

Dimensionierungshinweis: Sperrspannung > 10 · Betriebsspannung; Durchlassstrom > Laststrom.

Freilaufdiode mit Zenerdiode (Abb. 4.115b)
Die Zenerdiode wird so angeschlossen, dass sie für die beim Abschalten induzierte Spannung in Sperrrichtung gepolt ist. Freilauf- und Zenerdiode sind somit gegeneinander in Reihe geschaltet. Die Freilaufdiode dient dazu, den Stromweg zu sperren, wenn die Erregerspannung anliegt. Der Freilaufstromkreis wird erst dann geschlossen, wenn die Abschaltspannung größer ist als die Zenerspannung. Der nach dem Abschalten noch fließende Spulenstrom wird durch die Differenz von Zenerspannung und Speisespannung bestimmt. Der Einfluss auf die Rückfallzeit ist nur gering (Abb. 4.119). Alternativ zur Zenerdiode kann eine unidirektionale Suppressordiode eingesetzt werden. Dimensionierungshinweis: Zenerspannung = 1,5...3 · Betriebsspannung.

Freilaufdiode mit Serienwiderstand (Abb. 4.115c)
Ein Teil der in der Spule gespeicherten Energie wird im Widerstand in Wärme umgesetzt. Zur Dimensionierung:

$$R = \frac{U_P}{I_{Coil}} \tag{4.12}$$

(U_P = maximale (zulässige) verbleibende Amplitude der Abschaltspannungsspitze; I_{Coil} = Spulenstrom.)

Bidirektionale Suppressordiode (Abb. 4.115d, 4.117c)
Die Suppressordiode wird leitend, wenn die Abschaltspannungsspitze die Ansprechspannung (Durchbruchspannung) des Bauelements erreicht hat. Als Spulenbeschaltung wirkt die Anordnung wie die Reihenschaltung aus Freilauf- und Zenerdiode (sie schaltet durch, wenn die Abschaltspannungsspitze eine gewisse Amplitude erreicht hat, bleibt aber gesperrt, wenn die Erregerspannung anliegt). Es ist ein Typ auszuwählen, der die Energie der Abschaltspannungsspitze aushält. Zur Dimensionierung wird angenommen, dass in der Diode die gesamte in der Spule gespeicherte Energie umgesetzt wird. Somit beträgt die durchschnittliche Verlustleistung (für wiederholte Belastung):

$$P_{AV} = \frac{1}{2} L I^2 \tag{4.14}$$

Kontrollrechnung: Die Kristalltemperatur T_J darf den maximalen Datenblattwert nicht überschreiten:

$$T_J = T_{Amb} + P_{AV} \cdot R_{th} \tag{4.15}$$

(T_{Amb} = Umgebungstemperatur in °C; R_{th} = Wärmewiderstand in °C/W.)

Metalloxidvaristor (Abb. 4.115e und 4.117d)
Varistoren sind kostengünstiger und robuster als Suppressordioden. Oberhalb der Ansprechspannung ist aber die Impedanz höher. Auch liegt die Amplitude der verbleibenden Abschaltspannungsspitze – im Gegensatz zur Suppressordiode – deutlich über dem Nennwert der Ansprechspannung. Zu Einzelheiten s. Seite 112 und 113.

Parallelwiderstand (Abb. 4.115f)
Dies ist oft die kostengünstigste Beschaltung. Der grundsätzliche Nachteil: Der Widerstand wird auch dann vom Strom durchflossen, wenn das Relais erregt ist. Die Lösung ist also nur dann einsetzbar, wenn der zusätzliche Erregerstrom

$$I_R = \frac{U_{Coil}}{R_P}$$

und die Erwärmung (infolge der Verlustleistung)

$$I_R^2 \cdot R_P$$

in Kauf genommen werden können. Zur Dimensionierung:

Durch die erregte Spule fließt ein Erregerstrom I_{Coil}:

$$I_{Coil} = \frac{U_{Coil}}{R_{Coil}} \tag{4.16}$$

Nach dem Abschalten wird dieser Strom von der Spule – die jetzt als Stromquelle wirkt – durch den Parallelwiderstand R_P getrieben. Am Widerstand R_P tritt somit ein Spannungsabfall U_{Trans} auf:

79 Trockenes Schalten; Schalten unterhalb der Lichtbogengrenzkurve.

$$U_{Trans} = I_{Coil} \cdot R_P \tag{4.17}$$

Die Höhe dieses Spannungsabfalls wird als maximale Amplitude der Abschaltspannungsspitze vorgegeben. Mit (4.15) ergibt sich:

$$U_{Trans} = \frac{R_P}{R_{Coil}} \cdot U_{Coil} \tag{4.18}$$

$$R_P = \frac{U_{Trans}}{U_{Coil}} \cdot R_{Coil} \tag{4.19}$$

Praxistipp[80]: $R_P \approx 6 \cdot R_{Coil}$. Damit wird die Abschaltspannungsspitze näherungsweise auf die sechsfache Betriebsspannung begrenzt. Zu Dimensionierungsbeispielen s. auch weiter unten Tabelle 4.16.

RC-Kombination (Snubber Circuit; Abb. 4.116)
Der Grundgedanke: Der Widerstand wird nicht ständig vom Strom durchflossen, sondern – über den Kondensator – nur dann, wenn sich die Spannung ändert. Dimensionierungshinweise[81]:

$$C = \frac{I^2}{10} \tag{4.20}$$

$$R = \frac{U}{10I \cdot \left(1 + \frac{50}{U}\right)} \tag{4.21}$$

(I in A, U in V, C in µF, R in Ω.)

Der durch die Anordnung fließende Spitzenstrom:

$$I_P = \frac{U_{Coil}}{R} \tag{4.22}$$

Zenerdiode (Abb. 4.117a, b)
Die Zenerdiode allein ist nicht geeignet, einen Freilaufstromweg zu schalten, weil sie – als Spulenbeschaltung – bei anliegender Erregerspannung in Durchlassrichtung liegen würde. Sie ist somit nur als Kontaktbeschaltung nutzbar (Polung: bezogen auf die Erregerspannung in Sperrrichtung). Der Vorteil: Die Rückfallzeit wird kaum verlängert. Richtwert: Zenerspannung = 2..3 · Nennspannung der Spule.

Auswahl
In der Praxis ist es vor allem eine Kostenfrage. Es sollen möglichst billige Bauelemente sein – und es sollen möglichst wenige sein (Fertigungskosten, Zuverlässigkeit). Aus Tabelle 4.16 ist die Wirksamkeit verschiedener Spulenbeschaltungen anhand von Beispielen ersichtlich.

Spulen- oder Kontaktbeschaltung?
Die Vor- und Nachteile sind fallweise abzuwägen. Die Spulenbeschaltung verlängert die Rückfallzeit, die Kontaktbeschaltung (allgemein: die Überbrückung des die Erregung steuernden Schaltelements[82]) speist die umzusetzende Energie in die Stromversorgung ein. Das kann u. a. zu einer zeitweiligen Anhebung des Massepotentials führen (Ground Bounce).

Freilaufdiode
Die Freilaufdiode ist grundsätzlich ungeeignet, wenn die Verlängerung der Rückfallzeit nicht tragbar ist. Ansonsten kommt es darauf an, welche Kontaktart beim Schalten am stärksten belastet wird. Sind es die Arbeitskontakte, ist die Freilaufdiode weniger geeignet (sie ist es überhaupt nicht, wenn das Schaltvermögen der Kontakte vergleichsweise weit ausgenutzt wird oder wenn der Anker beim Rückfallen nochmals anzieht). Sind es die Ruhekontakte, kann die Freilaufdiode von Vorteil sein (weniger Kontaktprellen).

Widerstand
Billiger geht es wohl kaum – nur ein einziges und zudem kostengünstiges Bauelement. Es muss aber der Strom aufgebracht werden, der bei Erregung des Relais durch den Widerstand fließt. Zudem wird der Widerstand warm. Die Rückfallzeit verlängert sich merklich (vgl. Tabelle 4.16). Deshalb ist diese Lösung nur dann anwendbar, wenn das Schaltvermögen der Arbeitskontakte nicht voll ausgenutzt wird.

80 Nach [4.1].

81 Nach [2.28] und [4.40]. Weitere Richtwerte (nach [4.55]): R = 0,5 ... 1Ω je V; C = 0,5 ... 1 µF je A.

82 Z. B. eines Leistungstransistors.

Spulenbeschaltung	Rückfallzeit	Abschaltspannungsspitze	
		theoretisch*	gemessen
Keine	1,5 ms	∞	- 750 V
Freilaufdiode + Zenerdiode 24 V	1,9 ms	- 24,8 V	- 25 V
Widerstand 680 Ω	2,3 ms	- 167 V	- 120 V
Widerstand 470 Ω	2,8 ms	- 115 V	- 74 V
Widerstand 330 Ω	3,2 ms	- 81 V	- 61 V
Widerstand 220 Ω	3,7 ms	- 54 V	- 41 V
Widerstand 100 Ω	5,5 ms	- 24,6 V	- 22 V
Widerstand 82 Ω	6,1 ms	- 20,1 V	- 17 V
Freilaufdiode	9,8 ms	- 0,8 V	- 0,7 V

*: Die Werte ergeben sich bei Diodenbeschaltung aus den Kenndaten (Zenerspannung, Flussspannung), bei Widerstandsbeschaltung nach (4.15).

Tabelle 4.16: *Spulenbeschaltungen im Vergleich (nach [4.38]. Messbedingungen: Spulenwiderstand 55 Ω, Spulenspannung 13,5 V.*

Geringe Rückfallzeiten

Hierfür kommen Beschaltungen mit Freilauf- und Zenerdiode, mit einer Zenerdiode allein (vgl. Abb. 4.117a, b), mit Suppressordioden oder Metalloxidvaristoren in Betracht. Je geringer die Rückfallzeit, desto weniger Energie kann im Freilaufstromkreis umgesetzt werden, desto höher die Amplitude der verbleibenden Abschaltspannungsspitze. Die umgebende Schaltung muss so ausgelegt werden, dass sie diese Spannungsspitzen aushält[83].

Kompromisslösungen

Als kostengünstige Kompromisslösungen (zwischen Kosten, Rückfallzeit und Amplitude der verbleibenden Abschaltspannungsspitze) sind die Kombinationen Freilaufdiode + Widerstand (im Gegensatz zu Freilaufdiode + Zenerdiode nur ein Halbleiterbauelement) und Widerstand + Kondensator (Snubber) anzusprechen.

Polarisierung

Durch Beschalten mit Dioden, also mit Bauelementen, die nur in eine Richtung wirken, wird das Relais zum polarisierten Relais. Das kann dann ein Problem sein, wenn die Schutzbeschaltung (z. B. eine Freilaufdiode) ins Relais eingebaut ist[84]. Anschließen mit falscher Polung führt zur Zerstörung des Bauelements. Manche

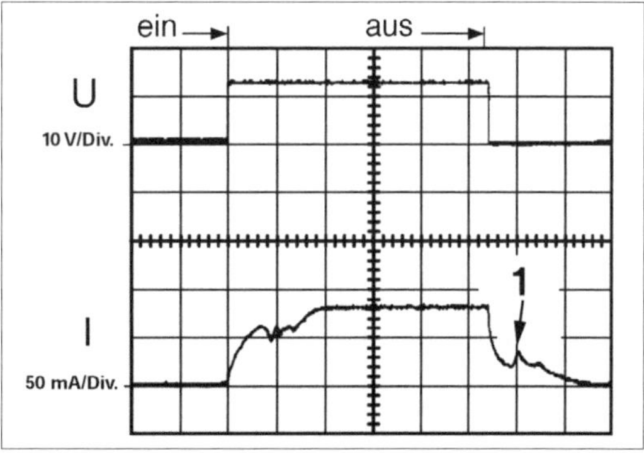

Abb. 4.118: *Schalten eines Relais mit Freilaufdiode (nach [4.37]). Zeitmaßstab 0,01 s/Div. Die Abschaltspannungsspitze ist offensichtlich verschwunden. 1 - die in der Spule gespeicherte Energie wird nur langsam abgebaut; der Spulenstrom nimmt nur allmählich ab. Das Rückfallen des Ankers wird von den gegeneinanderwirkenden Magnet- und Federkräften bestimmt. Nehmen die Federkräfte (infolge der Annäherung an die Ruhelage) stärker ab als die Magnetkräfte, kann es sein, dass der Anker zeitweise die Bewegungsrichtung umkehrt und womöglich nochmals soweit anzieht, dass die Arbeitskontakte geschlossen werden. Die Richtungsumkehr ist an der Stromspitze zu erkennen, die sich aufgrund der Verringerung des Luftspalts ergibt.*

83 Der Extremfall (wenn es wirklich auf Geschwindigkeit ankommt): gar keine Unterdrückungsmaßnahmen; stattdessen Wahl von Schaltelementen, die die Abschaltspannungsspitzen vertragen – auch im Dauerbetrieb.

84 Das gilt sinngemäß für Stecksockel mit eingebauter Schutzbeschaltung, ansteckbare Module usw. (Beispiele für derartige Schaltungsauslegungen sind u. a. in [4.44] zu finden).

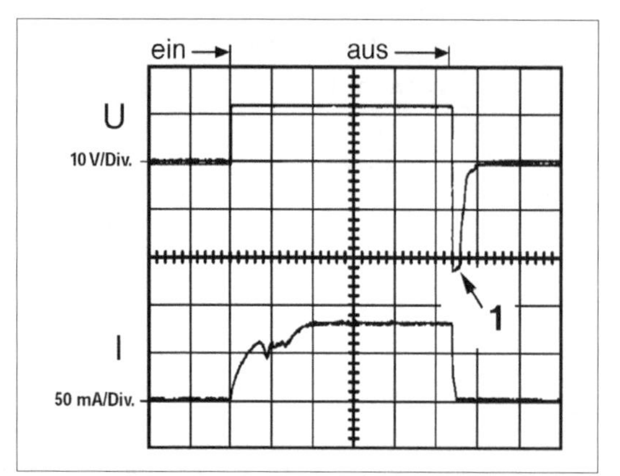

Abb. 4.119: *Schalten eines Relais, das mit einer Kombination aus Freilaufdiode und Zenerdiode beschaltet ist (nach [4.37]). Zeitmaßstab 0,01 s/Div.1 - die Abschaltspannungsspitze wird auf den Wert der Zenerspannung abgeschnitten (hier auf etwa 24 V). Der Strom schaltet schnell ab (verglichen mit Abb.4.114 ist die Verlängerung kaum merklich).*

Relais haben deshalb einen zusätzlichen Verpolschutz (z. B. eine in Reihe geschaltete Diode). Ungepolte Bauelemente sind Widerstände, RC-Kombinationen (Snubber), Metalloxidvaristoren und bidirektionale Suppressordioden. Derartige Schutzbeschaltungen sind auch für Wechselstrom geeignet.

4.4.8 Funk-Entstörung

Es gibt mehrere Ursachen dafür, dass Kontakte Funkstörungen verursachen, gegen die bedarfsweise etwas unternommen werden muss:

- beim Umschalten unter Stromfluss entsteht Abbrand (Lichtbogenbildung),
- beim Zuschalten von Kapazitäten enstehen Stromspitzen,
- beim Abschalten von Induktivitäten entstehen Spannungsspitzen,
- die von Kontakten bewirkten Schaltflanken können extrem steil sein (Anstiegszeiten kleiner als 1 ns).

Die vorstehend erläuterten Gegen- und Schutzmaßnahmen sind zugleich Entstörmaßnahmen. Es ist aber jede Schaltungsanordnung mit parasitären Kapazitäten und Induktivitäten behaftet. Deshalb treten Strom- und Spannungsspitzen auch dann auf, wenn über den Kontakt keine kapazitiven oder induktiven Bauelemente geschaltet werden. Diese Effekte können sich als Funkstörungen bemerkbar machen[85].

Das Entstören läuft praktisch auf eine Funkenlöschung am Kontakt und auf das Ableiten oder Sperren hochfrequenter Störströme hinaus. Bewährte Entstörmittel sind Kondensatoren, Drosseln und Abschirmungen. Abb. 4.120 zeigt einige Entstörschaltungen.

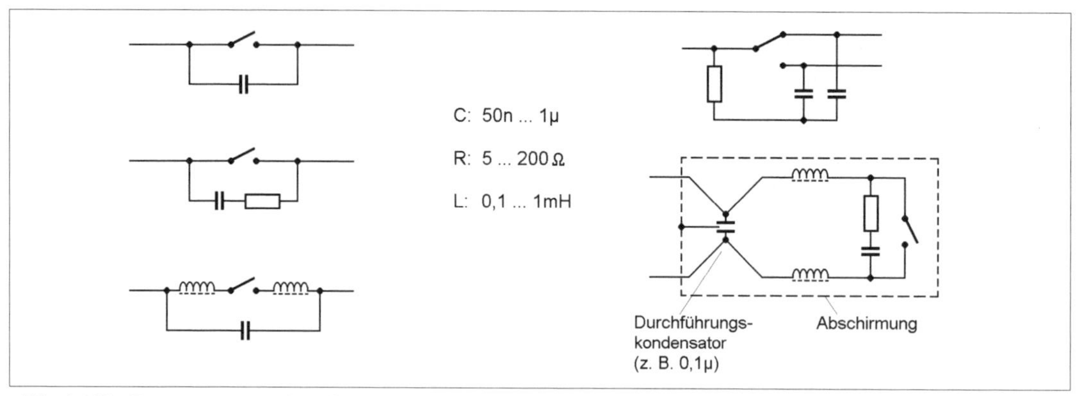

Abb. 4.120: *Entstörung von Kontakten.*

85 Die auch dann unterdrückt werden müssen,wenn sie keine Auswirkungen auf den Betrieb der Schaltung haben (EMV-Gesetzgebung).

Kondensatoren wirken dem Spannungsanstieg entgegen. Sie schaffen Wege für hochfrequente Störströme (so dass die Störenergie abfließen kann). Der einem Kontakt parallelgeschaltete Kondensator unterdrückt Abreißfunken beim Trennen. Drosseln wirken dem Stromanstieg entgegen. Sie sperren Wege für hochfrequente Störströme.

Kondensatoren sollten eine geringe Streuinduktivität haben, Drosseln eine geringe Streukapazität. Kondensatoren, die Kontakte überbrücken, sollten nicht zu groß gewählt werden. Sonst könnte sich infolge der Ladeströme und der im Kondensator gespeicherten Energie eine zu starke Kontaktbelastung ergeben.

5. Anhang

5.1 E-Reihen

Die E-Reihen nach DIN/IEC beschreiben die Staffelung der Nennwerte passiver Bauelemente. Die einzelnen E-Reihen unterscheiden sich nach der jeweils zulässigen Toleranz der Nennwerte (Tabelle 1).

E-Reihe	Toleranz	Faktor
E 6	± 20 %	$\sqrt[6]{10} \approx 1{,}46$
E 12	± 10 %	$\sqrt[12]{10} \approx 1{,}21$
E 24	± 5 %	$\sqrt[24]{10} \approx 1{,}1$
E 48	± 2 %	$\sqrt[48]{10} \approx 1{,}05$
E 96	± 1 %	$\sqrt[96]{10} \approx 1{,}02$
E 192	± 0,5 %	$\sqrt[192]{10} \approx 1{,}01$

Tabelle 5.1: *Toleranzbereiche der E-Reihen (in Prozent vom Nennwert).*

5.1.1 Das Bildungsprinzip der E-Reihen

Alle Bauelemente, die aus der Fertigung kommen, müssen sich verkaufen lassen. Folglich muß es möglich sein, jedem Bauelement einen Nennwert zuzuordnen. Eine einfache Modellvorstellung: Für jeden Nennwert ist eine Schachtel vorgesehen. Jedes Bauelement wird gemessen und in einer der Schachteln abgelegt. Ist beispielsweise ein gemessener Wert größer als ein bestimmter Nennwert + größte Plustoleranz, so wird das Bauelement in die Schachtel mit dem nächstgrößeren Nennwert einsortiert. Es hat dann eine entsprechend hohe Minustoleranz. Hierzu werden die Nennwerte der E-Reihen im Sinne einer geometrischen Reihe gebildet. Der jeweils nächste Kennwert muß um knapp das Doppelte der vorgesehenen Toleranz größer sein, damit sich beide Toleranzbereiche berühren (vorhergehender Nennwert + Plustoleranz, nachfolgender Nennwert – Minustoleranz). Der jeweils nächste Kennwert ergibt sich, indem der vorhergehende mit einem festen Faktor (vgl. Tabelle 5.1) multipliziert wird.

Beispiel der Reihenbildung (Reihe E 12):

- $1 \cdot 1{,}21 \approx 1{,}2$
- $1{,}2 \cdot 1{,}21 \approx 1{,}5$
- $1{,}5 \cdot 1{,}21 \approx 1{,}8$ usw.

Sortierbeispiel (Reihe E 12): Ein Widerstand mit (gemessenen) 1,65 kΩ wird als 1,5-kΩ-Typ verkauft (1,5 kΩ + 10 %), einer mit 1,66 kΩ als 1,8-kΩ-Typ (1,8 kΩ – 9,2 %). In der Reihe E6 wären beide Bauelemente 1,5-kΩ-Typen.

Nutzung der Angaben: Die Nennwerte der Bauelemente ergeben sich, indem die Werte der E-Reihen mit entsprechenden Zehnerpotenzen multipliziert werden. Beispiel: 6,8 (Reihen E 12 und E 24) steht u. a. für 680 mΩ; 6,8 Ω; 68 Ω; 680 Ω; 6,8 kΩ; 68 µF, 6,8 µF; 680 nF; 6,8 mH usw.

Bauelementeauswahl bei bekannterDimensionierung (die z. B. rechnerisch oder durch Versuch bestimmt wurde):

1. Wie genau (= mit wieviel Prozent Toleranz) ist der Wert einzuhalten? (Es genügt zunächst eine pauschale Größenordnung.) Demgemäß eine passende E-Reihe aussuchen. Ggf. nachsehen (Internet, Kataloge), welche Reihen von den Herstellern jeweils bevorzugt werden.
2. Mit den Ziffernstellen des vorgegebenen Wertes in die entsprechende Tabelle gehen. Den Eintrag auffinden, der dem vorgegebenen Wert am nächsten

kommt. Ob man den nächst-kleineren oder nächst-größeren Kennwert auswählt, hängt oftmals von Sicherheitsbetrachtungen ab. Hierfür ist zu untersuchen, in welche Richtung sich die Betriebswerte der Schaltung jeweils entwickeln. Beispiel: wenn die Stromstärke eine bestimmte Grenze nicht überschreiten darf, ist für den vom Strom durchflossen Widerstand typischerweise der größere Nennwert zu wählen.

3. Den gefundenen Eintrag mit der jeweiligen Zehnerpotenz mutiplizieren.
4. Kontrollieren,ob es mit dem gewählten Nennwert und dessen Toleranzen immer noch funktioniert.
5. Nachsehen, ob etwas Passendes angeboten wird.
6. Wenn es nicht klappt, sich etwas einfallen lassen ...

Beispiel: Aus der Schaltungsentwicklung heraus hat sich ein Widerstandswert von 52,9 kΩ ergeben. Viele Widerstandsbaureihen sind gemäß E 24oder E 96 abgestuft. Ein Durchsuchen dieser E-Reihen ergibt Werte gemäß Tabelle 5.2. Es ist dann zu überlegen, mit welchen Abweichungen man leben kann. Annahme: Die Entscheidung sei für Reihe E 96 und 53,6 kΩ gefallen. Nun ist noch nachzurechnen, mit welchen Toleranzen der eigentlich gewünschte Wert dargestellt werden kann. Im Beispiel (Tabelle 5.3) ergibt sich eine maximale Abweichung von 1,236 kΩ oder 2,34 %. Wenn man damit auskommt (Sache der Anwendungsentwicklung), ist es gut. Ansonsten müßte man sich etwas einfallen lassen. Beispiele für Alternativen: (1) nachsehen, ob brauchbare Bauelemente in der Reihe E 192 angeboten werden (wenn ja, könnte man 53 kΩ wählen), (2) den gewünschten Widerstandswert mit zwei Bauelementen darstellen (Reihen- oder Parallelschaltung); (3) Anwendungslösung so ändern, dass alles passt.

	E 24 (± 5 %)	**E 96 (± 1%)**
Der nächst kleinere Wert	5,1	5,23
Widerstandswert:	51 k?	52,3 k?
Abweichung	– 1,9 k? = – 3,6 %	– 0,6 k? = – 1,13 %
Der nächst größere Wert	5,6	5,36
Widerstandswert:	56 k?	53,6 k?
Abweichung	3,1 k? = 5,86 %	0,7 k? = 1,32 %

Tabelle 5.2: *Beispiel einer Bauelementeauswahl (1). Der gewünschte Wert: 52,9 kΩ.*

Toleranzen des Bauelements	53,6 kΩ – 1 % = 53,064 kΩ	53,6 kΩ + 1 % = 54,136 kΩ
Abweichung vom gewünschten Wert	0,164 kΩ = 0,31 %	1,236 kΩ = 2,34 %

Tabelle 5.3: *Beispiel einer Bauelementeauswahl (2). Gewünschter Wert: 52,9 kΩ; gewählter Nennwert: 53,6 kΩ.*

Wenn wir ein Bauelement ausmessen: wann ist es o.k. und wann nicht?

Wir bezeichnen den Nennwert mit N und die Prozent-Toleranzangabe mit p. Dann gilt

- für den noch zulässigen kleinsten Wert W_{min}: $W_{min} = N\ (1 - 0{,}01\ p)$,
- für den noch zulässigen größten Wert W_{max}: $W_{max} = N\ (1 + 0{,}01\ p)$.

Beispiel:

Ein Widerstand 4,7 kΩ ± 5 % ist in Ordnung, wenn wir einen Widerstandswert im Bereich von 4,465 kΩ bis 4,935 kΩ messen:

$$R_{min} = 4{,}7\ (1 - 0{,}05) = 4{,}465\ k\Omega;$$
$$R_{max} = 4{,}7\ (1 + 0{,}05) = 4{,}935\ k\Omega.$$

Hinweis:

In den folgenden Wertetabellen sind verschiedene Felder grau hinterlegt. Dies dient lediglich dazu, die einzelnen Wertebereiche 1,...; 2,... usw. schneller auffinden zu können.

Reihe E3 > ± 20 %		
1	2,2	4,7

Reihe E6 ± 20 %					
1	1,5	2,2	3,3	4,7	6,8

Reihe E12 ± 10 %					
1	1,2	1,5	1,8	2,2	2,7
3,3	3,9	4,7	5,6	6,8	8,2

Reihe E24 ± 5 %					
1	1,1	1,2	1,3	1,5	1,6
1,8	2	2,2	2,4	2,7	3
3,3	3,6	3,9	4,3	4,7	5,1
5,6	6,2	6,8	7,5	8,2	9,1

Reihe E48 ± 2 %					
1	1,05	1,1	1,15	1,21	1,27
1,33	1,4	1,47	1,54	1,62	1,69
1,78	1,87	1,96	2,05	2,15	2,26
2,37	2,49	2,61	2,74	2,87	3,01
3,16	3,32	3,48	3,65	3,83	4,02
4,22	4,42	4,64	4,87	5,11	5,36
5,62	5,9	6,19	6,49	6,81	7,15
7,5	7,87	8,25	8,66	9,09	9,53

Reihe E96 ± 1 %					
1	1,02	1,05	1,07	1,1	1,13
1,15	1,18	1,21	1,24	1,27	1,3
1,33	1,37	1,4	1,43	1,47	1,5
1,54	1,58	1,62	1,65	1,69	1,74
1,78	1,82	1,87	1,91	1,96	2
2,05	2,1	2,15	2,21	2,26	2,32
2,37	2,43	2,49	2,55	2,61	2,67
2,74	2,8	2,87	2,94	3,01	3,09
3,16	3,24	3,32	3,4	3,48	3,57
3,65	3,74	3,83	3,92	4,02	4,12
4,22	4,32	4,42	4,53	4,64	4,75
4,87	4,99	5,11	5,23	5,36	5,49
5,62	5,76	5,9	6,04	6,19	6,34
6,49	6,65	6,81	6,98	7,15	7,32
7,5	7,68	7,87	8,06	8,25	8,45
8,66	8,87	9,09	9,31	9,53	9,76

Reihe E192 ± 0,5 %					
1	1,01	1,02	1,04	1,05	1,06
1,07	1,09	1,1	1,11	1,13	1,14
1,15	1,17	1,18	1,2	1,21	1,23
1,24	1,26	1,27	1,29	1,3	1,32
1,33	1,35	1,37	1,38	1,4	1,42
1,43	1,45	1,47	1,49	1,5	1,52
1,54	1,56	1,58	1,6	1,62	1,64
1,65	1,67	1,69	1,72	1,74	1,76
1,78	1,8	1,82	1,84	1,87	1,89
1,91	1,93	1,96	1,98	2	2,03
2,05	2,08	2,1	2,13	2,15	2,18
2,21	2,23	2,26	2,29	2,32	2,34
2,37	2,4	2,43	2,46	2,49	2,52
2,55	2,58	2,61	2,64	2,67	2,71
2,74	2,77	2,8	2,84	2,87	2,91
2,94	2,98	3,01	3,05	3,09	3,12
3,16	3,2	3,24	3,28	3,32	3,36
3,4	3,44	3,48	3,52	3,57	3,61
3,65	3,7	3,74	3,79	3,83	3,88
3,92	3,97	4,02	4,07	4,12	4,17
4,22	4,27	4,32	4,37	4,42	4,48
453	4,59	4,64	4,7	4,75	4,81
4,87	4,93	4,99	5,05	5,11	5,17
5,23	5,3	5,36	5,42	5,49	5,56
5,62	5,69	5,76	5,83	5,9	5,97
6,04	6,12	6,19	6,26	6,34	6,42
6,49	6,57	6,65	6,73	6,81	6,9
6,98	7,06	7,15	7,23	7,32	7,41
7,5	7,59	7,68	7,77	7,87	7,96
8,06	8,16	8,25	8,35	8,45	8,56
8,66	8,76	8,87	8,98	9,09	9,2
9,31	9,42	9,53	9,65	9,76	9,88

5.2 Farbcodes

Die nachfolgend dargestellten Farbcodes werden zur Kennzeichnung von Widerständen, Kondensatoren und Induktivitäten verwendet. Es gibt Farbcodes mit vier, fünf oder sechs Ringen (Abb. 1). Die Ringe betreffen eine zwei- oder dreistellige Wertangabe, einen zugehörigen Multiplikator sowie wahlweise Angaben der Toleranz und des Temperaturkoeffizienten. Unabhängig von der Anzahl der Ringe sind die Dezimalziffern (0...9) der Wertangaben, der Multiplikator und die Toleranzangabe gleichartig codiert (Tabellen 5.4 und 5.5).

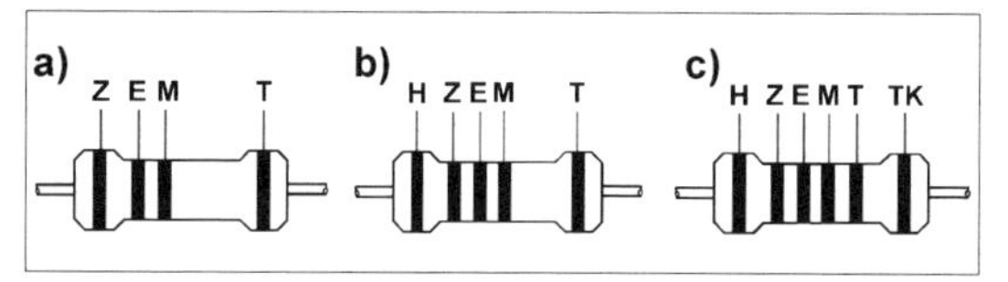

Abb. 5.1: *Farbcodes. a) mit vier; b) mit fünf; c) mit sechs Ringen. H - Hunderter-, Z - Zehner-, E - Einerstelle (Wertangaben); M - Multiplikator; T - Toleranz; TK - Temperaturkoeffizient.*

a) Farbcodes mit vier Ringen (DIN 41429) haben eine zweistellige Wertangabe (Tabelle 5.4). Ring 1 betrifft die Zehner-, Ring 2 die Einerstelle. Die vierte Ring (Toleanzangabe) kann fehlen. Dann beträgt die Toleranz typischerweise ± 20 %.

b) Farbcodes mit fünf Ringen (IEC 62) haben eine dreistellige Wertangabe (Tabelle 5.5). Ring 1 betrifft die Hunderter-, Ring 2 die Zehner- und Ring 3 die Einerstelle.

c) Farbcodes mit sechs Ringen entsprechen jenen mit fünf Ringen. Der sechste Ring kennzeichnet den Temperaturkoeffizienten (TK). Er wird üblicherweise nur dann angebracht, wenn der TK kleiner ist als 50 ppm/°C.

Farbe	Zehner	Einer	Multiplikator[1]	Toleranz
Schwarz	0	0	1	± 20 %
Braun	1	1	10	± 1 % (F)
Rot	2	2	100	± 2 % (G)
Orange	3	3	1 000	
Gelb	4	4	10 000	
Grün	5	5	100 000	± 0,5 % (D)
Blau	6	6	1 000 000	± 0,25 % (C)
Violett	7	7	10 000 000	± 0,1 % (B)
Grau	8	8	100 000 000	± 0,05 %
Weiß	9	9		
Gold			0,1	± 5 % (J)
Silber			0,01	± 10 % (K)

[1]: Ω oder pF oder μH.

Tabelle 5.4: *Farbcodes mit vier Ringen.*

Farbe	Hunderter	Zehner	Einer	Multiplikator[1]	Toleranz	TK
Schwarz	0	0	0	1		± 250 ppm/K
Braun	1	1	1	10	± 1 % (F)	± 100 ppm/K
Rot	2	2	2	100	± 2 % (G)	± 50 ppm/K
Orange	3	3	3	1 000		± 15 ppm/K
Gelb	4	4	4	10 000		± 25 ppm/K
Grün	5	5	5	100 000	± 0,5 % (D)	± 20 ppm/K
Blau	6	6	6	1 000 000	± 0,25 % (C)	± 10 ppm/K
Violett	7	7	7	10 000 000	± 0,1 % (B)	± 5 ppm/K
Grau	8	8	8	100 000 000	± 0,05 %	± 1 ppm/K
Weiß	9	9	9			
Gold				0,1	± 5 % (J)	
Silber				0,01	± 10 % (K)	

[1]: Ω oder pF oder µH.

Tabelle 5.5: *Farbcodes mit fünf oder sechs Ringen.*

Die Wertangaben der ersten zwei oder drei Ringe betreffen folgende Maßeinheiten:

- Widerstände: Ohm,
- Kondensatoren: pF,
- Induktivitäten: μH.

Die abgelesenen Werte sind sind mit dem jeweiligen Multiplikator zu multiplizieren.

Ablesebeispiel 1: Widerstand mit vier Ringen.

1. Ring	2. Ring	3. Ring	4. Ring
Grau	Rot	Orange	Gold
8	2	· 1 000	± 5 %

82 · 1 000 Ω = 82 kΩ ± 5 %.

Ablesebeispiel 2: Widerstand mit sechs Ringen.

1. Ring	2. Ring	3. Ring	4. Ring	5. Ring	6. Ring
Orange	Weiß	Schwarz	Orange	Braun	Rot
3	9	0	· 1000 Ω	± 1 %	± 50 ppm/K

390 · 1 000 Ω = 390 kΩ ± 1 % ± 50 ppm/K.

Ablesebeispiel 3: Kondensator mit fünf Ringen.

1. Ring	2. Ring	3. Ring	4. Ring	5. Ring
Gelb	Violett	Schwarz	Rot	Gold
4	7	0	· 100 pF	± 5 %

470 · 100 pF = 470 000 pF= 470 nF ± 5 %.

5.3 Vorsatzangaben

Vorsatz	**Zeichen**	**Faktor**
Yotta	Y	10^{24} = 1 000 000 000 000 000 000 000 000
Zetta	Z	10^{21} = 1 000 000 000 000 000 000 000
Exa	E	10^{18} = 1 000 000 000 000 000 000
Peta	P	10^{15} = 1 000 000 000 000 000
Tera	T	10^{12} = 1 000 000 000 000
Giga	G	10^{9} = 1 000 000 000
Mega	M	10^{6} = 1 000 000
Kilo	k	10^{3} = 1 000
Hekto	h	10^{2} = 100
Deka	da	10^{1} = 10
Dezi	d	10^{-1} = 0,1
Zenti	c	10^{-2} = 0,01
Milli	m	10^{-3} = 0,001
Mikro	μ	10^{-6} = 0,000 001
Nano	n	10^{-9} = 0,000 000 001
Piko	p	10^{-12} = 0,000 000 000 001
Femto	f	10^{-15} = 0,000 000 000 000 001
Atto	a	10^{-18} = 0,000 000 000 000 000 001
Zepto	z	10^{-21} = 0,000 000 000 000 000 000 001
Yocto	y	10^{-24} = 0,000 000 000 000 000 000 000 001

Literatur

Dieses Buch betrifft die Entwicklungspraxis. Demgemäß stützen sich die Ausführungen auf praxisbezogene Literatur – und zwar vor allem auf jene Quellen, in denen Brauchbares zu Bauelementen zu finden ist, die man tatsächlich kaufen kann – soll heißen: auf Datenblätter, Kataloge, Handbücher und Applikationsschriften einschlägiger Hersteller. Hier ist aber alles in Bewegung: Firmen werden verkauft, Geschäftsfelder ausgelagert, es gibt Fusionen, Übernahmen und Umbenennungen, neue Unternehmen werden gegründet usw. Deshalb kann man von einschlägigen bibliographischen Angaben nicht den Grad an Vollständigkeit und Ausführlichkeit erwarten, wie er im akademischen Schrifttum üblich ist. Auf Internetadressen wurde verzichtet, denn (1) ist die Aktualität solcher Angaben naturgemäß begrenzt, und es ist (2) einfacher, sie anzuklicken als sie aus dem Buch abzutippen. Näheres auf den Internetseiten des Verlags und des Verfassers:

- http://www.elektor.de
- http://www.controllersandpcs.de

Allgemein

[1] Horn, Delton T.: Electronic Components: A Complete Reference for Project Builders. McGraw-Hill/TAB Electronics, 1991.

[2] Pease, Robert A.: Troubleshooting Analog Circuits. Butterworth-Heinemann, 1991.

[3] Beuth, Klaus: Bauelemente. Vogel, 1992.

[4] Nührmann, Dieter: Das große Werkbuch Elektronik. Franzis, 1994.

[5] Horowitz, Paul; Hill, Winfield: The Art of Electronics. Cambridge University Press, 1989. Deutsch: Die Hohe Schule der Elektronik. Elektor, 1996.

[6] Harper, Charles A.: Electronic Component Handbook. McGraw-Hill Professional, 1997.

[7] Sinclair, Ian: Passive Components for Circuit Design. Newnes, 2001.

[8] Carr, Joe: RF Components and Circuits. Newnes, 2002.

[9] Williams, Tim: The Circuit Designer's Companion. Newnes, 2004.

[10] Scherz, Paul: Practical Electronics for Inventors. Mc Graw-Hill, 2007.

[11] Becker, John (ed.): MSM – Modern Electronics Manual (CD ROM Edition). Wimborne, 2001.

[12] Tooley, Mike (ed.): ESM – Electronics Service Manual (CD ROM Edition). Wimborne, 2004.

[13] Hickman, Ian: Analog Electronics. Second Edition. Newnes, 1999.

[14] Küpfmüller, Karl: Einführung in die theoretische Elektrotechnik. Springer, 1990.

[15] Kordybian, Tony: Hot Air Rises and Heat Sinks. Everything You Know About Cooling Electronics Is Wrong. ASME Press, 1998.

[16] Watson, Robert: Silicon is the Ultimate Simulation. Design Seminar 2. Texas Instruments, o. J.

[17] Mancini, Ron: Op Amps for Everyone. Application Report SLOD006B, Texas Instruments, 2002.

[18] Carter, Bruce; Huelsman, L.P.: Handbook Of Operational Amplifier Active RC Networks. Application Report SBOA093A. Texas Instruments, 2001.

[19] Frohne, Heinrich; Löcherer, Karl-Heinz; Müller, Hans: Moeller Grundlagen der Elektrotechnik. Teubner, 19. Auflage 2002.

[20] Van Valkenburg, Mac E.; Middleton, Wendy M.: Reference Data for Engineers. Newnes, 2002.

Kapitel 1

[1.1] Low Range Chip Resistors vs Metal Strip Resistors. Welwyn Components, 2004.

[1.2] An Introduction to Carbon Composition Resistors. Welwyn Components, 2003.

[1.3] 100–267 Decade Divider, Single In-Line Network. Document Number 60044. Vishay, 2007.

[1.4] Bulk MetalFoil Surface Mount Voltage Divider. Document Number 91000. Vishay, 2005.

[1.5] Resistors for Circuit Protection.Welwyn Components, 2004.

[1.6] UL Recognised Fusible Resistors (EMC Series). Welwyn Components, 2003.

[1.7] High Voltage Resistors. Welwyn Components, 2003.

[1.8] Current Sense Resistors. Welwyn Components, 2004.

[1.9] Surface Mount Sense Resistors. Welwyn Components, 2004.

[1.10] Aluminium Housed Power Resistors (Type HS Series). Literature No. 1773035. Tyco Electronics, 2005.

[1.11] Power Resistors. Component Selector 4000G. Ohmite, 2007.

[1.12] General Application Note Poetntiometers – Liearity. Bourns, 2003.

[1.13] Application Notes Potentiometers and Trimmers. Document Number 51001. Vishay, 2005.

[1.14] Selecting a Rheostat. Application Note, Ohmite o. J.

[1.15] Best of the Trimmer Primers. Bourns o. J.

[1.16] Tiangco, Anna Melissa: Effects fo Stetting the Wiper at End Set on Cermet Resistors. Bourns, 2007.

[1.17] Slide Potentiometers. Common Specification. Panasonic, 2005.

[1.18] Creating Non-Linear Transfer Functions With Linear Potentiometer Circuits. Application Note 838. Maxim Integrated Products, 2005.

[1.19] Audio Gain Control Using Digital Potentiometers. Application Note 1828. Maxim Integrated Products, 2005.

[1.20] Digital Potentiometer Design Guide. Microchip, 2007.

[1.21] DACs vs. Digital Potentiometers: Which Is Right for My Application? Application Note 4025. Maxim Integrated Products, 2007.

[1.22] NTC Thermistors. General technical information. Epcos, 2005.

[1.23] Selecting NTC Thermistors. Document Number 33001. Vishay, 2002.

[1.24] Bauelemente. Technische Erläuterungen und Kenndaten für Studierende. 2. Auflage. Siemens, 1977.

[1.25] NTC Thermistors, High Temperature Sensors. Document Number 29050. Vishay, 2006.

[1.26] NTC (%/°C) vs Temperature Curves. Document Number 33002. Vishay, 2006.

[1.27] NTC Thermistors. Application notes. Epcos, 2006.

[1.28] NTC Thermistors. Standardized R/T characteristics. Epcos, 2006.

[1.29] Katalog LCD-Module. Electronic Assembly GmbH, 1998.

[1.30] Datenblatt Measurement and Control Disks B59901 / D901. Siemens Matsushita Components, o. J.

[1.31] PTC Thermistors. General technical information. Epcos, 2006.

[1.32] PTC Thermistors. Application notes. Epcos, 2006.

[1.33] PTC Thermistors, For Temperature Protection. Document Number 29017. Vishay, 2006.

[1.34] Circuit Protection with Non-Linear Resistors. Vishay, o. J.

[1.35] Technology Focus: Circuit Protection Devices. Tyco Electronics eDigest. Tyco Electronics, 2005.

[1.36] PTC Application Notes Extract 2002. Epcos, 2002.

[1.37] Varistors (Introduction). Document Number 29079. Vishay, 2006.

[1.38] Varistors. General technical information. Epcos, 2002.

[1.39] Industrial High Energy Metal-Oxide Varistors. Data Sheet. File Number2973.5. Littlefuse, 1999.

Kapitel 2

[2.1] Martin, Arch: Decoupling: Basics. AVX Corporation, o. J.

[2.2] KP/MKP 375 AC and Pulse Metallized Polypropylene Film Capacitors. Product Specification. BCcomponents, 2000.

[2.3] MKP/MKP 378 AC and Pulse Metallized Polypropylene Film Capacitors. Document Number 28134. Vishay, 2005.

[2.4] PoleCap PFC Capacitors for Outdoor Low-Voltage PFC Applications. EPC 26015-7600. Epcos, 2005.

[2.5] Film Dielectrics Used in Film Capacitor Products. Introduction. Document Number 28147. Vishay, 2004.

[2.6] Capacitors for the RFI Suppression of the AC Line: Basic Facts. Evox-Rifa, Inc., 1996.

[2.7] Ceramic Singlelayer Capacitors. General Information. Document Number 22019. Vishay, 2000.

[2.8] Solid Aluminium Capacitors. Construction and Characteristics. Document Number 90015. Vishay, 2004.

[2.9] Aluminium Capacitors. Introduction. Document Number 28356. Vishay, 2007.

[2.10] Wet Electrolyte Tantalum Capacitors. Introduction. Document Number 40021. Vishay, 2003.

[2.11] AC Ripple Current Calculations Solid Tantalum Capacitors. Application Note. Document Number 40031. Vishay, 2006.

[2.12] Guide for Molded Capacitors. Introduction. Document Number 40074. Vishay, 2007.

[2.13] Franklin, R. W.: Equivalent Series resistance of Tantalum Capacitors. AVX, o. J.

[2.14] Solid Aluminum Capacitors With Organic Semiconductor Electrolyte. Precautions When Using In Circuits. Document Number 90018. Vishay, 2001.

[2.15] Mattingly, David: Increasing Reliability of SMD Tantalum Capacitors in Low Impedance Applications. Technical Information. AVX, o. J.

[2.16] Gold Capacitors Technical Guide. Panasonic, 2005.

[2.17] MAXFARADTM Supercapacitors. ICD Sales Coroporation., o. J.

[2.18] PowerStor Application Guidelines. Cooper-Bussmann, o. J.

[2.19] Tripp, Scott; Meitav, Arieh: Bestcap. A new Dimension in „fast" Supercapacitors. AVX, o. J.

[2.20] Film Capacitors. Handling Precautions. Panasonic, 2004.

[2.21] Cain, Jeffrey: Comparison of Multilayer Ceramic and Tantalum Capacitors. AVX, o. J.

[2.22] Troup, Phil: LICAR Design Guide. AVX, o. J.

[2.23] Chase, Y.: Introduction to Choosing MLC Capacitors For Bypass/Decoupling Applications. Technical Information. AVX, o. J.

[2.24] Cain, Jeffrey; Makl, Steve: Capacitor Selection and EMI Filtering. Technical Information. AVX, 1997.

[2.25] Zednicek, T. u. a.: Tantalum and Niobium Technology Roadmap. Technical Information. AVX, o. J.

[2.26] Gill, J.; Zednicek, T.: Voltage Derating Rules for Solid Tantalum and Niobium Capacitors. AVX / CTI CARTS Europe 2003.

[2.27] Franklin, R. W.: An Exploration of Leakage Current. Technical Information. AVX, o. J.

[2.28] Applications. Illinois Capacitor, Inc., o. J.

[2.29] Barrade, P.: Series Connection of Supercapacitors: Comparative Study of Solutions for the Active equalization of the Voltages. Ecole Polytechnique Fédérale de Lausanne, 2002.

Kapitel 3

[3.1] Feldtkeller, Richard: Theorie der Spulen und Übertrager. S. Hirzel Verlag Stuttgart. 3. Auflage 1958.

[3.2] Feldtkeller, Richard: Tabellen und Kurven zur Berechnung von Spulen und Übertragern. S. Hirzel Verlag Stuttgart. 3. Auflage 1958.

[3.3] Introduction to Transformer Magnetics. Applikationsschrift G022.A. Pulse, 1999.

[3.4] Ferrites and accessories. General – Definitions. Epcos, 2006.

[3.5] Ferrites and accessories. Application notes. Epcos, 2006.

[3.6] Inductive components for electronic equipment. General Technical Information. Epcos, 2000.

[3.7] Ferrites and accessories. Materials. Epcos, 2006.

[3.8] Fair-Rite Catalog. 14th Edition. Fair-Rite, 2001.

[3.9] Soft Ferrites and Accessoirs. Ferroxcube, 2004.

[3.10] Ferrites and accessories. Standards and specifications. Epcos, 2006.

[3.11] Gallahager, John: Bead Inductor Meets CPU Power Challenges. Power electronics techology, April 2007, S. 40 bis 46.

[3.12] Soft Ferrites – Multilayer suppressors. Product Specification. Philips Components, 2000.

[3.13] Wound Cores. A Transformer Designers Guide. Wiltan Telmag, o.J.

[3.14] Gallahager, John: Pick the right inductor construction for a desktop-CPU voltage regulator. EDN, April 27, 2006, S. 83ff.

[3.15] Ferrites and accessories. Processing notes. Epcos, 2006.

[3.16] Circuit Simulation of Surface Mount Inductors and Impedance Beads. Engineering Note. Document Number 34098. Vishay, 2006.

[3.17] Fancher, David B.: ILB, ILBB Ferrite Beads. Electro-Magnetic Interference and Electro-Magnetic Compatibility (EMI/EMC). Document Number 34901. Vishay, 1999.

[3.18] Inductor and Magnetic Product Teminology. Document Number 34053. Vishay, 2002.

[3.19] Frequency Dependance of Inductor Testing and Correlation of Results Between Q Meters and Impedance Meters. Document Number 34093. Vishay, 2006.

[3.20] Leaded RF Inductors SMCC, SMCC/N. Fastron, o. J.

[3.21] SMD Inductors, SIMID Series. SIMID 0805-B. Datenblatt B82498-B. Epcos, 2000.

[3.22] RFI suppression chokes. Schaffner, o. J.

[3.23] Application of line reactors in power electronics. Schaffner, 2003.

[3.24] Healy, Gerard: Selecting a power inductor for your SMPS design. Electronuic Products; Power Supplement 2006, S. 37 bis 39.

[3.25] RF Chokes SIMID 03 Series. Datenblatt B82432. Siemens-Matsuhita Components, o. J.

[3.26] Chokes for data and signal lines. Double Chokes. Datenblatt B82790C0. Epcos, 2006.

[3.27] Common Mode Chokes / Transformer SBC-75 Series. Datenblatt. Kitagawa, o. J.

[3.28] EMC Components ACM Series. Common Mode Choke Coils for DC Power Line (SMD). Datenblatt 20050906 / e9713_acm. TDK, 2004.

[3.29] Differential/symmetrical chokes / Storage mode chokes. Datenblatt RS 512, 514, 522, 612, 614, 622. Schaffner, 1995.

[3.30] Elektronische Bauelemente / Electronic Components. Gesamtkatalog. Neosid, o. J.

[3.31] RM 5 Core and Accessories. Datenblatt. Siemens Matsushita Components, o. J.

[3.32] Magnetic Components. Custom Products. Document Number 34003. Vishay, 2002.

[3.33] Magnetic Components. Custom Magnetics Design Form. Document Number 342113. Vishay, 2007.

[3.34] Fixed Inductors Type 10RB. Selection Guide for Standard Coils. Toko, o. J.

[3.35] Low Inductance, High Frequency Chip Inductor Type 3650 Series. Datenblatt. Tyco Electronics, 2005.

[3.36] Understanding Common Mode Noise. Pulse, 1999.

[3.37] Hinrichs, Hank: The Risk of Unwanted EMI Increases as Data Transfer Rates Increase and Circuit Size Compresses. Pulse, o. J.

[3.38] Beware of Zero-Crossover Switching of Transformers. Application Note 13C3206. Tyco, 2000.

[3.39] Datenmaterial Ringkern-Stelltransformatoren. Thalheimer Transformatorenwerke GmbH, o. J.

[3.40] Toroidal Transformers for Universal Application. Talema, o. J.

[3.41] Toroidal Transformer Basics. Tabtronix, o. J.

[3.42] Der Standby-ECO-Transformator. Datenblatt. Weiss Elektrotechnik GmbH, o. J.

[3.43] Steuer-, Trenn-, Sicherheitstransformator ST 25 VA...2,5 kVA. Datenblatt. Schmidbauer GmbH, 2003.

[3.44] 78253 Series MAX 253 Compatibe Converter Transformers. Datenblatt. C&D Technologies, 2005.

[3.45] Übertrager NTL1. Datenblatt. Neutrik, 2006.

[3.46] 1600 Series Dual and Quad Data-bus Isolators. Datenblatt. C&D Technologies, o. J.

[3.47] Inductors: ISDN/x/DSL Transformers. Datenblätter. Epcos, o. J.

[3.48] Current Sense Transformers and Inductors. Amveco Magnetics, o. J.

[3.49] Current Monitoring Handbook. CR Magnetics, 2000.

[3.50] Product Selection Catalog. Bourns Magnetics – J. W. Miller Products. Bourns, 2006.

[3.51] Glossary of Terms and Formulae. Tabtronix, o. J.

[3.52] Power-Supply Cookbook. Maxim, 2007.

Kapitel 4

[4.1] Relays. Product Information. CD-ROM. Siemens, 1997.

[4.2] Sicherheitsrelais-Handbuch. Hengstler, 1995.

[4.3] Engineer's Relay Handbook. National Association of Relay Manufacturers. Third Edition, 1980.

[4.4] C&K M Series Half-inch Rotary Switches. Datenblatt. ITT Cannon, o. J.

[4.5] C&K A Series 1 to 4 Pole Rotary Switches. Datenblatt. ITT Cannon, o. J.

[4.6] Rotary Wafer Switches – Model MU-MA. Engineering Bulletin RW 25. NSF Controls Ltd., 0. J.

[4.7] Pushwheel Switches. Cherry, o. J.

[4.8] Master Catalog Switches. Cherry, 2006.

[4.9] Spectra DIL 014 Style. Datenblatt. Erg Components, o. J.

[4.10] DILswitch – 16. Datenblatt. Erg Components, o. J.

[4.11] CI11 11 mm Incremental Encoder. Datenblatt. Piher, o. J.

[4.12] EAW – Absolute Contacting Encoder ACE. Datenblatt. Bourns, 2006.

[4.13] Standardschalter von Marquard. Katalog. Marquard, 2003.

[4.14] Switches and Indicators – Panel and Pcb Mount. Katalog. Schurter, o. J.

[4.15] Panel Assemblies. ITT Cannon, o. J.

[4.16] RC80 Series Keyboards. Datenblatt. Cherry, 2006.

[4.17] APEM Switch Panels. APEM, o. J.

[4.18] CRS Series Standard Conductive Rubber Switchpads. Datenblatt. ITT Cannon, o. J.

[4.19] Stainless Steel Keyboards for Harsh Environments. APEM, o. J.

[4.20] CRS Series Conductive Rubber Custom Keypads. Datenblatt. ITT Cannon, o. J.

[4.21] Precision Molded Polymers. ITT Cannon, 2004.

[4.22] Silicon Rubber Keypads. Assemtech Europe, o. J.

[4.23] Modifying Reed Switches. Application Note AN101. Hamlin Electronics, 2005.

[4.24] Mechanische und elektrische Schutzmaßnahmen für Reedschalter beim Einsatz in Reedrelais und Reedsensorapplikationen. Meder electronic, o. J.

[4.25] Reed Switches. Assemtech, 2007.

[4.26] Reed Switch Data Book. Oki, 2004.

[4.27] Grundlagen der Reedtechnik. Meder electronic, o. J.

[4.28] Technical & Applications Information (Switches). Coto Technology, o. J.

[4.29] Technical & Applications Information (Relays). Coto Technology, o. J.

[4.30] Testspulen für Reedschalter. Meder electronic, o. J.

[4.31] Measuring Reed Switch Sensitivity and Contact Resistance. Application Note AN103A. Hamlin Electronics, 2003.

[4.32] Der Reedschalter als Schaltelement in einem Reedrelais. Meder electronic, o. J.

[4.33] Magnetische und elektrische Parameter für Reed-Bauelemente. Meder electronic, o. J.

[4.34] Operating DC Relays from AC and Vice-Versa. Application Note. Tyco, 2000.

[4.35] Relais Datenbuch 1975. Siemens, 1975.

[4.36] Bartels, K.; Oklobdzija, B.: Schaltungen und Elemente der digitalen Technik. Verlag für Radio-Foto-Kinotechnik, Berlin 1964.

[4.37] Coil Suppression Can Reduce Relay Life. Application Note. Tyco, 2000.

[4.38] The application of relay suppression with DC relays. Application Note. Tyco, 1998.

[4.39] Temperature Considerations for DC Relays. Application Note. Tyco, 2000.

[4.40] Reed Switches. Switches + Sensors, o. J.

[4.41] Contact Arc Phenomenon. Application Note. Tyco, 2000.

[4.42] Mounting, Termination and Cleaning of Printed Circuit Board Relays. Application Note. Tyco, 2000.

[4.43] Elektrische Schutzbeschaltungen. Meder electronic, o. J.

[4.44] Relaiskatalog. Finder, 2004.

[4.45] Datenblatt MAX6816/6817/6818. Maxim Integrated Producs, 2005.

[4.46] Switch Bounce and Other Dirty Little Secrets. ApplicationNote. Maxim Integrated Producs, 2005.

[4.47] Datenbuch Steckverbinder Sub D und Schneidklemmverbinder. Siemens, 1996.

[4.48] Golden Rules: Guidelines For The Use Of Gold On Connector Contacts. Technical Report AMP Incorporatde. Tyco, 2004.

[4.49] The Tin Commandments: Guidelines For The Use Of Tin On Connector Contacts. Technical Report AMP Incorporated. Tyco, 2004.

[4.50] van Dijk, Piet; van Meijl, Frank: Contact Problems Due to Fretting and Their Solutions. AMP Journal of Technology Vol. 5 June 1996, p.14 - 18.

[4.51] Switching Handbook. A Guide to Signal Switching in Automated Test Systems. Keithley. 5th Edition, 2006.

[4.52] Relaiskatalog. Hengstler, o. J.

[4.53] Panasonic TX Relays. Datenblatt. Matsushita Electric Works, Ltd., o. J.

[4.54] Automotive Relays and Switching Modules. Catalog 1308028-2. Tyco, 2008.

[4.55] NAIS Relay Technical Information. Matsushita Automation Controls, o. J.

Stichwortverzeichnis

A

B

C

D

E

H

I

J

K

L

M

N

O

P

Q

R

S

T

U

V

W

X

Y

Z